Lehrbuch der höhere
Mathemat

W. I. Smirnow
Lehrgang der höheren Mathematik · Teil II

Hochschulbücher für Mathematik

Herausgegeben von H. Grell, K. Maruhn und W. Rinow
Band 2

Lehrgang der höheren Mathematik

Teil II

von W. I. Smirnow
Mitglied der Akademie der Wissenschaften der UdSSR

Mit 136 Abbildungen

Fünfzehnte Auflage

VEB Deutscher Verlag der Wissenschaften
Berlin 1981

Titel der Originalausgabe:
В. И. Смирнов
Курс высшей математики, Том 2
„Наука", Москва 1965

Die Ausgabe in deutscher Sprache besorgten nach der 12. Auflage Klaus Krienes (Übersetzung), Klaus Krienes und Helmut Pachale (wissenschaftliche Redaktion).

Die Übersetzung nach der im Jahre 1965 erschienenen neunzehnten, bearbeiteten russischen Auflage erfolgte durch Peter Langrock und Jürgen Tiedge.

Verlagslektoren: Erika Arndt, Brigitte Mai
Umschlaggestaltung: Hartwig Hoeftmann
© der deutschsprachigen Ausgabe 1955 und 1972
VEB Deutscher Verlag der Wissenschaften, DDR 1080 Berlin, Postfach 1216
Lizenz-Nr. 206 · 435/81/81
Printed in the German Democratic Republic
Satz: VEB Druckhaus „Maxim Gorki", Altenburg
Offsetdruck und buchbinderische Verarbeitung: VEB Druckerei „Thomas Müntzer", 582 Bad Langensalza
LSV 1034
Bestellnummer: 569 406 9
DDR 32,50 M

VORWORT ZUR
NEUNZEHNTEN RUSSISCHEN AUFLAGE

Der Grundaufbau der vorliegenden Auflage des zweiten Teils entspricht dem Aufbau der vorhergehenden Auflage. Wesentliche Änderungen sind in den ersten beiden Kapiteln vorgenommen worden, die sich auf Differentialgleichungen beziehen. Schon im Punkt 2 des ersten Kapitels wird der Existenz- und Eindeutigkeitssatz für die Lösung einer Differentialgleichung bei vorgegebener Anfangsbedingung formuliert. Die weitere Darstellung steht mit diesem Satz in unmittelbarer Verbindung. Der Inhalt von Kapitel II, § 5, wurde bedeutend erweitert.

In Kapitel III, § 9, werden nach der Darlegung der Theorie des Jordanschen Maßes und der Untersuchung des Riemannschen Integrals die Lebesguesche Maßtheorie, die Eigenschaften meßbarer Funktionen und das Lebesguesche Integral behandelt. In Verbindung mit dieser Erweiterung werden in Kapitel VI, § 15, die Eigenschaften der Klasse L_2 und die Theorie der orthonormalen Funktionensysteme in dieser Klasse dargestellt.

Die ersten drei Kapitel wurden von Herrn S. M. LOSINSKI durchgesehen, von dem ich eine Reihe wertvoller Hinweise erhielt. Ich möchte ihm dafür meinen besten Dank aussprechen.

11. Dezember 1964   W. SMIRNOW

INHALT

I. Gewöhnliche Differentialgleichungen 13

§ 1. Differentialgleichungen erster Ordnung 13

1. Allgemeine Begriffe 13
2. Festlegung der Lösung durch die Anfangsbedingung. Ein Existenz- und Eindeutigkeitssatz 15
3. Differentialgleichungen mit separierbaren Veränderlichen 18
4. Beispiele 19
5. Homogene Differentialgleichungen 23
6. Lineare Differentialgleichungen und die Bernoullische Differentialgleichung 28
7. Das Euler-Cauchysche Verfahren 33
8. Anwendung von Potenzreihen 36
9. Das allgemeine Integral und die singuläre Lösung 38
10. Gleichungen, die nicht nach y' aufgelöst sind 40
11. Die Clairautsche Differentialgleichung 43
12. Die Lagrangesche Differentialgleichung 46
13. Die Einhüllende einer Kurvenschar und die singulären Lösungen 49
14. Die isogonalen Trajektorien 51

§ 2. Differentialgleichungen höherer Ordnung und Systeme von Differentialgleichungen 54

15. Allgemeine Begriffe 54
16. Graphische Verfahren zur Integration einer Differentialgleichung zweiter Ordnung 56
17. Die Gleichung $y^{(n)} = f(x)$ 59
18. Die Reduktion der Ordnung einer Differentialgleichung 61
19. Systeme gewöhnlicher Differentialgleichungen 65
20. Beispiele 68
21. Systeme von Differentialgleichungen und Differentialgleichungen höherer Ordnung 74
22. Lineare partielle Differentialgleichungen 75
23. Geometrische Interpretation 78
24. Beispiele 80

II. Lineare Differentialgleichungen und ergänzende Ausführungen zur Theorie der Differentialgleichungen ... 84

§ 3. Allgemeine Theorie. Differentialgleichungen mit konstanten Koeffizienten .. 84

25. Die lineare homogene Differentialgleichung zweiter Ordnung 84
26. Die lineare inhomogene Differentialgleichung zweiter Ordnung 88
27. Lineare Differentialgleichungen höherer Ordnung 89
28. Die homogene Differentialgleichung zweiter Ordnung mit konstanten Koeffizienten ... 91
29. Die lineare inhomogene Differentialgleichung zweiter Ordnung mit konstanten Koeffizienten ... 94
30. Spezialfälle ... 96
31. Die Nullstellen einer Lösungsfunktion und oszillierende Lösungen 98
32. Lineare Differentialgleichungen höherer Ordnung mit konstanten Koeffizienten . 101
33. Lineare Differentialgleichungen und die Schwingungsvorgänge 103
34. Eigenschwingungen und erzwungene Schwingungen 106
35. Sinusförmige äußere Kraft und Resonanz 108
36. Randwertaufgaben ... 113
37. Beispiele ... 116
38. Die Operatorenmethode ... 117
39. Lineare homogene Differentialgleichungen höherer Ordnung mit konstanten Koeffizienten ... 120
40. Lineare inhomogene Differentialgleichungen mit konstanten Koeffizienten ... 123
41. Beispiel ... 124
42. Die Eulersche Differentialgleichung ... 125
43. Systeme linearer Differentialgleichungen mit konstanten Koeffizienten ... 128
44. Beispiele ... 131

§ 4. Integration mittels Potenzreihen ... 135

45. Integration einer linearen Differentialgleichung mittels einer Potenzreihe ... 135
46. Beispiele ... 138
47. Entwicklung der Lösung in eine verallgemeinerte Potenzreihe 140
48. Die Besselsche Differentialgleichung ... 142
49. Differentialgleichungen, die sich auf die Besselsche Differentialgleichung zurückführen lassen ... 146

§ 5. Ergänzende Ausführungen zur Theorie der Differentialgleichungen 148

50. Die Methode der sukzessiven Approximation für lineare Differentialgleichungen 148
51. Nichtlineare Differentialgleichungen ... 156
52. Ergänzungen zum Existenz- und Eindeutigkeitssatz ... 162
53. Die Konvergenz des Euler-Cauchyschen Verfahrens ... 165
54. Singuläre Punkte einer Differentialgleichung erster Ordnung 167
55. Autonome Systeme ... 177
56. Beispiele ... 179

III. Mehrfache Integrale und Kurvenintegrale. Uneigentliche Integrale und Integrale, die von einem Parameter abhängen ... 186

§ 6. Mehrfache Integrale ... 186

57. Volumina ... 186
58. Das Doppelintegral ... 190
59. Die Berechnung des Doppelintegrals ... 192

60. Krummlinige Koordinaten	196
61. Das dreifache Integral	200
62. Zylinderkoordinaten und Kugelkoordinaten	205
63. Krummlinige Koordinaten im Raum	210
64. Fundamentaleigenschaften mehrfacher Integrale	212
65. Der Inhalt einer Fläche	213
66. Flächenintegrale und die Gauß-Ostrogradskische Formel	217
67. Integrale über eine bestimmte Seite der Fläche	221
68. Momente	223
§ 7. Kurvenintegrale	228
69. Definition des Kurvenintegrals	228
70. Die Arbeit in einem Kraftfeld. Beispiele	232
71. Flächeninhalt und Kurvenintegral	236
72. Die Greensche Formel	238
73. Die Stokessche Formel	241
74. Die Unabhängigkeit eines ebenen Kurvenintegrals vom Weg	244
75. Der Fall eines mehrfach zusammenhängenden Bereiches	249
76. Die Unabhängigkeit eines räumlichen Kurvenintegrals vom Weg	252
77. Die stationäre Strömung einer Flüssigkeit	254
78. Der integrierende Faktor	256
79. Die vollständige Differentialgleichung im Fall dreier Veränderlicher	261
80. Substitution der Veränderlichen in einem Doppelintegral	263
§ 8. Uneigentliche Integrale und Integrale, die von einem Parameter abhängen	265
81. Integration unter dem Integralzeichen	265
82. Die Dirichletsche Formel	268
83. Differentiation unter dem Integralzeichen	271
84. Beispiele	274
85. Uneigentliche Integrale	279
86. Nicht absolut konvergente Integrale	283
87. Gleichmäßig konvergente Integrale	287
88. Beispiele	290
89. Uneigentliche mehrfache Integrale	293
90. Beispiele	297
§ 9. Maß und Integrationstheorie	303
91. Grundbegriffe	303
92. Grundlegende Sätze	305
93. Abzählbare Mengen. Operationen mit Punktmengen	308
94. Das Jordansche Maß	310
95. Meßbare Mengen	312
96. Die Unabhängigkeit von der Wahl des Bezugssystems	316
97. Der Fall beliebig vieler Dimensionen	318
98. Integrierbare Funktionen	319
99. Die Berechnung des Doppelintegrals	321
100. Die n-fachen Integrale	323
101. Beispiele	325
102. Das äußere Lebesguesche Maß	327
103. Meßbare Mengen	329
104. Meßbare Funktionen	334
105. Ergänzende Ausführungen	338

106. Das Lebesguesche Integral 339
107. Eigenschaften des Lebesgueschen Integrals 342
108. Integrale unbeschränkter Funktionen 346
109. Der Grenzübergang unter dem Integralzeichen 350
110. Der Satz von FUBINI 353
111. Integrale über Mengen mit unendlichem Maß 356

IV. Vektoranalysis und Feldtheorie 358

§ 10. Grundzüge der Vektoralgebra 358

112. Addition und Subtraktion von Vektoren 358
113. Multiplikation eines Vektors mit einem Skalar. Komplanare Vektoren 360
114. Die Zerlegung eines Vektors in drei nichtkomplanare Vektoren 361
115. Das skalare Produkt 362
116. Das Vektorprodukt 364
117. Beziehungen zwischen skalaren Produkten und Vektorprodukten 367
118. Die Geschwindigkeitsverteilung bei der Drehung eines starren Körpers. Das Moment eines Vektors 369

§ 11. Feldtheorie 371

119. Differentiation eines Vektors 371
120. Das skalare Feld und sein Gradient 373
121. Das Vektorfeld. Rotation und Divergenz 377
122. Potential- und Solenoidalfeld 380
123. Das orientierte Flächenelement 382
124. Einige Formeln der Vektoranalysis 384
125. Die Bewegung eines starren Körpers. Kleine Deformationen 385
126. Die Kontinuitätsgleichung 388
127. Die hydrodynamischen Gleichungen einer idealen Flüssigkeit 391
128. Die Gleichungen der Schallausbreitung 392
129. Die Differentialgleichung der Wärmeleitung 394
130. Die Maxwellschen Gleichungen 396
131. Die Darstellung des Laplaceschen Operators in orthogonalen Koordinaten 399
132. Differentiation im Fall eines veränderlichen Feldes 404

V. Anfangsgründe der Differentialgeometrie 411

§ 12. Kurven in der Ebene und im Raum 411

133. Die ebene Kurve, ihre Krümmung und Evolute 411
134. Die Evolvente 417
135. Die natürliche Gleichung einer Kurve 418
136. Die Fundamentalgrößen einer Raumkurve 421
137. Die Frenetschen Formeln 425
138. Die Schmiegebene 426
139. Die Schraubenlinie 427
140. Das Feld der Einheitsvektoren 429

§ 13. Elemente der Flächentheorie 430

141. Die Parameterdarstellung einer Fläche 430
142. Die erste Gaußsche Fundamentalform 433
143. Die zweite Gaußsche Fundamentalform 434
144. Die Krümmung der Flächenkurven 436

145. Die Dupinsche Indikatrix und die Eulersche Formel 439
146. Bestimmung der Haupkrümmungsradien und der Hauptkrümmungsrichtungen 442
147. Krümmungslinien 444
148. Der Dupinsche Satz 446
149. Beispiele 447
150. Die Gaußsche Krümmung 449
151. Variation des Flächenelements und mittlere Krümmung 451
152. Die Einhüllende einer Flächenschar und die Einhüllende einer Kurvenschar . 454
153. Abwickelbare Flächen 457

VI. Fourier-Reihen 460

§ 14. Die harmonische Analyse 460

154. Die Orthogonalität der trigonometrischen Funktionen 460
155. Der Dirichletsche Satz 465
156. Beispiele 466
157. Die Entwicklung im Intervall $[0, \pi]$ 469
158. Periodische Funktionen der Periode $2l$ 474
159. Der mittlere quadratische Fehler 476
160. Allgemeine orthogonale Funktionensysteme 481
161. Die Klasse L_2 486
162. Konvergenz im Mittel 488
163. Orthonormale Systeme in L_2 491

§ 15. Ergänzende Ausführungen zur Theorie der Fourier-Reihen 494

164. Die Entwicklung in eine Fourier-Reihe 494
165. Der zweite Mittelwertsatz der Integralrechnung 499
166. Das Dirichletsche Integral 502
167. Der Dirichletsche Satz 507
168. Approximation einer stetigen Funktion durch Polynome 508
169. Die Vollständigkeitsrelation 513
170. Der Konvergenzcharakter der Fourier-Reihen 516
171. Verbesserung der Konvergenz von Fourier-Reihen 520
172. Beispiel 523

§ 16. Fourier-Integral und mehrfache Fourier-Reihen 525

173. Die Fouriersche Formel 525
174. Die Fourier-Reihen in der komplexen Form 533
175. Mehrfache Fourier-Reihen 534

VII. Partielle Differentialgleichungen der mathematischen Physik 537

§ 17. Die Wellengleichung 537

176. Die Differentialgleichung der schwingenden Saite 537
177. Die d'Alembertsche Lösung 541
178. Spezialfälle 544
179. Die begrenzte Saite 549
180. Die Fouriersche Methode 554
181. Die Harmonischen. Stehende Wellen 557
182. Erzwungene Schwingungen 560
183. Eine Einzelkraft 562

184. Die Poissonsche Formel 566
185. Zylinderwellen 571
186. Der n-dimensionale Raum 573
187. Die inhomogene Wellengleichung 575
188. Die punktförmige Quelle. 579
189. Querschwingungen einer Membran 580
190. Die rechteckige Membran 581
191. Die kreisförmige Membran 585
192. Der Eindeutigkeitssatz 593
193. Anwendung des Fourierschen Integrals 595

§ 18. Die Telegraphengleichung 598

194. Die Grundgleichungen. 598
195. Stationäre Prozesse 599
196. Einschwingvorgänge 601
197. Beispiele. 605
198. Die verallgemeinerte Gleichung der Schwingungen einer Saite 608
199. Der unbegrenzte Leiter im allgemeinen Fall 611
200. Das Fouriersche Verfahren für den begrenzten Leiter 613
201. Die verallgemeinerte Wellengleichung 617

§ 19. Die Laplacesche Gleichung. 620

202. Harmonische Funktionen 620
203. Die Greensche Formel 621
204. Fundamentaleigenschaften der harmonischen Funktionen 626
205. Die Lösung des Dirichletschen Problems für den Kreis. 630
206. Das Poissonsche Integral 634
207. Das Dirichletsche Problem für die Kugel 638
208. Die Greensche Funktion 643
209. Der Fall des Halbraums 644
210. Das Potential räumlich verteilter Massen 646
211. Die Poissonsche Gleichung 649
212. Die Kirchhoffsche Formel 653

§ 20. Die Wärmeleitungsgleichung 656

213. Grundgleichungen 656
214. Der unbegrenzte Stab 657
215. Der einseitig begrenzte Stab 663
216. Der beidseitig begrenzte Stab 667
217. Ergänzende Bemerkungen 670
218. Der kugelsymmetrische Fall 671
219. Der Eindeutigkeitssatz 674

Literaturhinweise der Herausgeber 678

Namen- und Sachverzeichnis 687

I. GEWÖHNLICHE DIFFERENTIALGLEICHUNGEN

§ 1. Differentialgleichungen erster Ordnung

1. Allgemeine Begriffe. Als *Differentialgleichung* bezeichnet man eine Gleichung, die außer den unabhängigen Veränderlichen und den unbekannten Funktionen dieser Veränderlichen auch noch die Ableitungen der unbekannten Funktionen oder deren Differentiale enthält [I, 51]. Hängen die in der Differentialgleichung auftretenden Funktionen nur von *einer unabhängigen Veränderlichen* ab, so heißt die Gleichung eine *gewöhnliche Differentialgleichung*. Treten jedoch in der Gleichung partielle Ableitungen der unbekannten Funktionen nach mehreren unabhängigen Veränderlichen auf, so nennt man die Gleichung *partielle Differentialgleichung*. In diesem Kapitel werden wir nur gewöhnliche Differentialgleichungen behandeln. Der größere Teil des Kapitels wird dem Fall gewidmet sein, daß nur eine Gleichung mit einer einzigen unbekannten Funktion vorgegeben ist.

Es sei x die unabhängige Veränderliche und y die gesuchte Funktion dieser Veränderlichen. Die allgemeine Form einer Differentialgleichung ist dann

$$\Phi(x, y, y', y'', \ldots, y^{(n)}) = 0.$$

Die höchste Ordnung der in der Gleichung auftretenden Ableitungen der unbekannten Funktion heißt *Ordnung der Differentialgleichung*. In diesem Paragraphen wollen wir nur gewöhnliche Differentialgleichungen *erster Ordnung* betrachten. Die allgemeine Form einer solchen Gleichung lautet

$$\Phi(x, y, y') = 0 \tag{1}$$

oder, nach y' aufgelöst,

$$y' = f(x, y). \tag{2}$$

Benutzen wir eine andere Bezeichnung für die Ableitung, so können wir diese Gleichung in der Form

$$\frac{dy}{dx} = f(x, y) \tag{3}$$

schreiben.

Genügt eine Funktion
$$y = \varphi(x) \tag{4}$$
der Differentialgleichung, d. h., wird diese Gleichung beim Einsetzen von $\varphi(x)$ und $\varphi'(x)$ für y bzw. y' zu einer Identität in x, so heißt $\varphi(x)$ *Lösung dieser Differentialgleichung*. Dabei wird natürlich $\varphi(x)$ als stetig differenzierbar vorausgesetzt.

Die Ermittlung von Lösungen einer Differentialgleichung wird bisweilen *Integration* einer Differentialgleichung genannt.

Im einfachsten Fall, wenn die rechte Seite der Gleichung (2) die Variable y nicht enthält, ergibt sich eine Differentialgleichung der Form
$$y' = f(x). \tag{5}$$
Die Ermittlung der Lösungen dieser Gleichung stellt die Grundaufgabe der Integralrechnung dar [I, 86]; die Gesamtheit dieser Lösungen ist gegeben durch
$$y = \int f(x)\, dx + C, \tag{6}$$
wobei C eine willkürliche Konstante ist. So existiert also in diesem einfachen Fall eine Schar von Lösungen der Differentialgleichung, die von einer willkürlichen Konstante abhängt. Es wird sich zeigen, daß sich auch im allgemeinen Fall einer Differentialgleichung erster Ordnung eine Lösungsschar ergibt, die eine willkürliche Konstante enthält:
$$y = \varphi(x, c). \tag{7}$$
Eine solche Lösungsschar heißt *allgemeines Integral* der Differentialgleichung. Das allgemeine Integral kann implizit oder nach C aufgelöst angegeben werden:
$$\psi(x, y, C) = 0 \quad \text{oder} \quad \omega(x, y) = C. \tag{7_1}$$
Geben wir der willkürlichen Konstanten C verschiedene Zahlenwerte, so erhalten wir verschiedene Lösungen der Gleichung, sogenannte *partikuläre Lösungen*.

Wir werden jetzt Differentialgleichung und Lösungen geometrisch interpretieren. Sieht man x und y als Punktkoordinaten in der Ebene an, so ordnet die Differentialgleichung (2) jedem Punkt (x, y), in dem die Funktion $f(x, y)$ definiert ist, einen Richtungskoeffizienten y' einer Tangente an eine gewisse Kurve zu. Die gesuchte Lösung (4) der Gleichung (2) ist eine solche Kurve (im Spezialfall eine Gerade), die in jedem ihrer Punkte den Richtungskoeffizienten y' der Tangente besitzt, wie er durch Gleichung (2) bestimmt ist.

Eine solche Kurve heißt *Integralkurve* der Differentialgleichung. Der Begriff der Lösung der Gleichung (2) stimmt also mit dem Begriff der Integralkurve (im Spezialfall der Geraden) dieser Gleichung in der x, y-Ebene überein.

Das allgemeine Integral (7) liefert eine unendliche Vielfalt von Integralkurven oder, genauer gesagt, eine Kurvenschar, die von einer willkürlichen Konstanten abhängt.

Wir setzen voraus, daß die Funktion $f(x, y)$ in einem bestimmten Bereich B der x, y-Ebene eindeutig und stetig ist. Die Kurve l sei die entsprechende Lösung (7) in diesem Bereich, und $\varphi(x)$ sei definiert auf einem gewissen Intervall I.

Um von einer Lösung (4) sprechen zu können, müssen wir in Einklang mit den obigen Darlegungen voraussetzen, daß $\varphi(x)$ stetig ist und in I eine Ableitung nach x besitzt. Falls zum Intervall I auch dessen linke Begrenzung gehört, soll $\varphi'(x)$ die rechtsseitige Ableitung sein; falls seine rechte Begrenzung dazu gehört, soll $\varphi'(x)$ die linksseitige Ableitung bedeuten.

Aus der Gleichung (3) und aus der Stetigkeit von $f(x, y)$ folgt sofort die Stetigkeit der Ableitung $\varphi'(x)$ im Intervall I.

Bis jetzt haben wir naturgemäß angenommen, daß alle Funktionen eindeutig sind.

Aus der Eindeutigkeit von $\varphi(x)$ folgt, daß zur y-Achse parallele Geraden die Integralkurve in höchstens einem Punkt schneiden können. Schreiben wir die Gleichung (2) oder (3) in der Form

$$\frac{dx}{dy} = \frac{1}{f(x, y)}, \tag{3_1}$$

d. h., betrachten wir nicht y als Funktion von x, sondern x als Funktion von y, so können zur x-Achse parallele Geraden die Integralkurve in höchstens einem Punkt schneiden.

Es sei l eine Integralkurve der Gleichung (2) derart, daß nicht nur zur y-Achse parallele Geraden, sondern auch zur x-Achse parallele Geraden diese Kurve l in höchstens einem Punkt schneiden; dann besitzt die Funktion $\varphi(x)$ in der Gleichung $y = \varphi(x)$ eine eindeutige Umkehrfunktion $x = \psi(y)$. Dabei ist l auch Integralkurve der Differentialgleichung (3_1).

Im weiteren werden wir hauptsächlich mit Gleichungen der Form (2) zu tun haben.

2. Festlegung der Lösung durch die Anfangsbedingung. Ein Existenz- und Eindeutigkeitssatz. Die sehr einfache Gleichung (5) hat eine unendliche Vielfalt von Lösungen, da in die Formel (6) eine willkürliche Konstante eingeht. Es ist leicht zu zeigen, daß wir eine vollständig bestimmte Lösung der Gleichung (5) erhalten, wenn wir eine sogenannte *Anfangsbedingung* vorgeben, wenn wir nämlich fordern, daß die gesuchte Funktion y für einen vorgegebenen Wert $x = x_0$ einen bestimmten Wert y_0 annimmt.

Diese Anfangsbedingung schreiben wir in der Form

$$y|_{x=x_0} = y_0. \tag{8}$$

Wenn $f(x)$ eine stetige Funktion in einem gewissen Intervall I ist, gehöre auch der Punkt $x = x_0$ zu diesem Intervall. Ersetzt man in der Formel (6) das unbestimmte Integral durch ein bestimmtes mit der veränderlichen oberen Grenze x und der unteren Grenze x_0, so erhält man anstelle von (6)

$$y = \int_{x_0}^{x} f(t)\, dt + C.$$

Der erste Summand wird Null für $x = x_0$. Um die Bedingung (8) zu erfüllen, muß man $C = y_0$ setzen. Also besitzt die Gleichung (5) bei dieser Anfangsbedingung eine eindeutige Lösung

$$y = \int_{x_0}^{x} f(t)\, dt + y_0.$$

Es sei bemerkt, daß diese Lösung im gesamten Intervall I gilt.

Damit das allgemeine Integral (7) einer beliebigen Gleichung (2) die Anfangsbedingung (8) erfüllt, muß analog die willkürliche Konstante C aus der Gleichung

$$y_0 = \varphi(x_0, C) \tag{9}$$

bestimmt werden.

Wir wenden uns nun der geometrischen Interpretation zu und setzen voraus, daß die Funktion $f(x, y)$ in einem gewissen Bereich B der x, y-Ebene definiert und in diesem Bereich eindeutig und stetig ist. Wie wir schon erwähnt haben, wird durch Gleichung (2) in jedem Punkt (x, y) aus B der Richtungskoeffizient y' der Tangente an die gesuchte Integralkurve bestimmt.

Durch den Punkt (x, y) legen wir einen kurzen Abschnitt der Geraden, die mit der x-Achse einen Winkel α bildet, wobei $\tan \alpha = y'$ ist. Diesem Abschnitt geben wir eine beliebige Orientierung (der Übergang zur entgegengesetzten Orientierung ändert den Wert $\tan \alpha$ nicht). Wir sehen, daß Gleichung (2) der

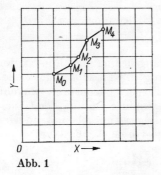

Abb. 1

Definition eines *Richtungsfeldes* im Bereich B entspricht, d. h., in jedem Punkt des Bereiches B definiert Gleichung (2) eine bestimmte Richtung. Integralkurven der Gleichung (2) sind die Kurven l, die im Bereich B liegen und folgende Eigenschaften besitzen: In jedem Punkt (x, y) hat die Tangente an l die Richtung, die durch das oben angegebene Richtungsfeld bestimmt ist. Die Anfangsbedingung (8) reduziert sich auf die Forderung, daß die Integralkurve durch einen gegebenen Punkt (x_0, y_0) des Bereiches B verläuft.

Wir führen jetzt geometrische Erwägungen an, aus denen anschaulich (aber nicht streng logisch) folgt, daß durch einen gegebenen Punkt $M_0(x_0, y_0)$ eine und nur eine Integralkurve geht. Mit Hilfe achsenparalleler Geraden (Abb. 1) unterteilen wir die x, y-Ebene so in kleine Quadrate, daß der Punkt M_0 in einen Eckpunkt eines dieser Quadrate fällt (dies ist für die Betrachtung unwesentlich).

Vom Punkt M_0 ausgehend konstruieren wir in der Richtung wachsender x-Werte einen Geradenabschnitt $\overline{M_0 M_1}$ mit dem Richtungskoeffizienten $y_0' = f(x_0, y_0)$ bis zum ersten Schnittpunkt mit einer der Geraden des quadratischen Netzes. (x_1, y_1) seien die Koordinaten des Punktes M_1. Vom Punkt M_1 ausgehend ziehen wir in Richtung wachsender x-Werte einen Geradenabschnitt mit dem Richtungskoeffizienten $y_1' = f(x_1, y_1)$ bis zum nächsten Schnittpunkt mit einer Geraden des quadratischen Netzes, usw. Diese Konstruktion kann ebenfalls in Richtung fallender x-Werte ausgeführt werden. Der in der angegebenen Weise konstruierte Polygonzug stellt näherungsweise für alle x, die in der Nähe von x_0 liegen, die gesuchte Integralkurve der Gleichung (2) dar, die durch den Punkt M_0 verläuft. Diese Konstruktion legt den Schluß nahe, daß durch jeden Punkt M_0 aus B eine und nur eine Integralkurve verläuft. Diese Behauptung ist richtig, und sie wird im weiteren bewiesen werden, wenn $f(x, y)$ außer der Stetigkeit noch eine weitere Eigenschaft besitzt.

Wir wollen nun annehmen, daß B ein offener Bereich ist, d. h. ein Bereich, der seine Berandung nicht enthält (B kann auch die gesamte Ebene sein). Es gilt der folgende Satz.

Satz A. *Wenn $f(x, y)$ stetig ist und eine stetige partielle Ableitung nach y in B besitzt, verläuft durch jeden Punkt aus B eine und nur eine Integralkurve der Gleichung (2).*

Diesen Satz, den wir jetzt ohne Beweis hinnehmen, nennt man gewöhnlich *Existenz- und Eindeutigkeitssatz* für die Lösung der Differentialgleichung (2) bei vorgegebener Anfangsbedingung.

Am Schluß des folgenden Kapitels führen wir den Beweis dieses Satzes und eine Reihe Ergänzungen dazu an. Wir wollen jetzt erklären, wie die Behauptung, die Lösung sei bei vorgegebener Anfangsbedingung eindeutig, zu verstehen ist.

Es seien $y = \varphi_1(x)$ und $y = \varphi_2(x)$ zwei Lösungen der Gleichung (2), die die Bedingung (8) erfüllen, wobei die erste auf einem Intervall I_1 und die zweite auf dem Intervall I_2, in dem x variiert, definiert sei. Der Punkt x_0 soll diesen beiden Intervallen angehören. Dann muß auf dem Durchschnitt der beiden Intervalle I_1 und I_2 die Identität $\varphi_1(x) \equiv \varphi_2(x)$ gelten. Es wird natürlich vorausgesetzt, daß die Integralkurven $y = \varphi_1(x)$ und $y = \varphi_2(x)$ nicht aus dem Bereich B hinausführen, in dem $f(x, y)$ definiert ist und die im Satz A angegebenen Bedingungen erfüllt.

In den folgenden Abschnitten werden wir einige spezielle Typen von Differentialgleichungen behandeln, deren Integration auf die Berechnung unbestimmter Integrale hinausläuft, oder wie man auch sagt: Ihre Integration führt auf Quadraturen.

Es sei bemerkt, daß die Berechnung eines Integrals mit der des Inhalts einer Fläche verknüpft ist. Hieraus ergibt sich auch der Ausdruck „Quadratur".

Zur Untersuchung der erwähnten speziellen Typen bringen wir eine Reihe von Beispielen, an denen wir die weiter oben aufgezeigten Überlegungen illustrieren werden, die mit dem Satz A zusammenhängen.

3. Differentialgleichungen mit separierbaren Veränderlichen.

Neben der einfachsten Gleichung (5) betrachten wir die Differentialgleichung

$$y' = f(y) \quad \text{oder} \quad \frac{dy}{dx} = f(y).$$

Wir schreiben sie in der Form

$$\frac{dx}{dy} = \frac{1}{f(y)}$$

und erhalten ihr allgemeines Integral in der Gestalt

$$x = \int \frac{dy}{f(y)} + C.$$

Jetzt nehmen wir an, daß die rechte Seite der Gleichung (3) ein Produkt zweier Funktionen ist, von denen die eine nur von x und die andere nur von y abhängt:

$$\frac{dy}{dx} = g(x) h(y). \tag{10}$$

Diese Gleichung kann man in der Form

$$\frac{dy}{h(y)} = g(x) \, dx \tag{10_1}$$

schreiben. Es sei $y(x)$ eine bestimmte Lösung der Gleichung (10) und damit auch der Gleichung (10_1). Die Gleichung (10_1) ist eine Gleichheit zweier Differentiale, deren linke Seite nur y enthält (die Form des Differentials erster Ordnung hängt nicht von der Wahl der Veränderlichen ab [I, 50]). Aus der Gleichheit der Differentiale folgt, daß sich ihre unbestimmten Integrale nur durch einen willkürlichen konstanten Summanden unterscheiden:

$$\int \frac{dy}{h(y)} = \int g(x) \, dx + C.$$

Nachdem man die Quadraturen ausgeführt und bezüglich y aufgelöst hat, erhält man das allgemeine Integral der Differentialgleichung (10).

Den Übergang von (10) zu (10_1) bezeichnet man gewöhnlich als *Separation (Trennung) der Veränderlichen*.

In Verbindung mit dem oben Gesagten stellen wir einige allgemeine Betrachtungen an.

Jede Differentialgleichung erster Ordnung, die bezüglich der Ableitung aufgelöst wurde, kann man in der Form

$$M(x, y) \, dx + N(x, y) \, dy = 0 \tag{11}$$

darstellen. Eine Gleichung, die in dieser Form geschrieben ist, ist nicht gebunden an die Auswahl der unbekannten Funktion. Man kann sowohl y als auch x als unbekannte Funktion ansehen.

$M(x, y)$ und $N(x, y)$ sollen nun jeweils Produkt zweier Funktionen sein, von denen die eine nur von x und die andere nur von y abhängt:

$$M_1(x) M_2(y) \, dx + N_1(x) N_2(y) \, dy = 0.$$

Eine solche Gleichung nennt man *Differentialgleichung mit separierbaren Veränderlichen* [I, 93].

Indem wir jeden Summanden durch $N_1(x) M_2(y)$ dividieren, „separieren wir die Veränderlichen":

$$\frac{M_1(x)}{N_1(x)} \, dx + \frac{N_2(y)}{M_2(y)} \, dy = 0.$$

Das allgemeine Integral der Differentialgleichung erhalten wir in der Form

$$\int \frac{M_1(x)}{N_1(x)} \, dx + \int \frac{N_2(y)}{M_2(y)} \, dy = C.$$

Im weiteren werden wir uns ebenfalls mit der allgemeinen Gleichung (11) beschäftigen.

Bisher haben wir die Bedingungen noch nicht präzisiert, die man den Funktionen $g(x)$, $h(y)$ usw. auferlegen muß; wir haben auch nicht die Frage der Umformungen, die ausgeführt wurden, erörtert, z. B. die Division beider Seiten der Gleichung (10) durch $h(y)$. Dies wird sich ausführlicher in den Beispielen klären.

4. Beispiele.

1. Wir betrachten die Differentialgleichung

$$\frac{dy}{dx} = a \frac{y}{x}, \tag{12}$$

wobei a eine von Null verschiedene Konstante ist. Die Veränderlichen lassen sich trennen:

$$\frac{dy}{y} = a \frac{dx}{x}.$$

Hieraus folgt

$$\log |y| = a \log |x| + \log |C| \tag{13}$$

oder

$$|y| = |C| \cdot |x|^a$$

Bei der Integration schreiben wir als Argument des Logarithmus eine absolute Größe, damit auch die Möglichkeit negativer Größen berücksichtigt wird; die willkürliche Konstante bezeichnen wir mit $\log |C|$. Die Gleichung (12) bestimmt ein Richtungsfeld auf der gesamten Ebene, außer auf der Geraden $x = 0$. Wenn wir die Differentialgleichung in der Form

$$\frac{dx}{dy} = \frac{1}{a} \frac{x}{y} \tag{12_1}$$

schreiben, so sehen wir, daß das Richtungsfeld auf der Geraden $x = 0$ bestimmt ist für $y \neq 0$. In diesen Punkten ist die Tangente parallel zur y-Achse.

Im Punkt $(0, 0)$ ist die rechte Seite von (12) und (12_1) sinnlos.

Für die Gleichung (12) hat man zwei Bereiche B in Satz A, nämlich die linke Halbebene $x < 0$ und die rechte Halbebene $x > 0$; für Gleichung (12_1) hat man die obere Halbebene $y > 0$ und die untere Halbebene $y < 0$.

Wir betrachten jetzt die Fälle $a = 2$, $a = 1$ und $a = -1$.

Für $a = 2$ folgt aus (13) $y = Cx^2$, d. h., wir erhalten eine Schar von Parabeln, die in ihrem Scheitelpunkt $(0, 0)$ die x-Achse berühren, und die Gerade $y = 0$ (für $C = 0$). Für die Gleichung (12_1) ist auch die Gerade $x = 0$ eine Integralkurve. Mit Ausnahme des Punktes $(0, 0)$ verläuft durch jeden Punkt der Ebene eine und nur eine Kurve der Lösungsschar, die aus den erwähnten Parabeln und den Koordinatenachsen besteht. Im Punkt $(0, 0)$, in dem die Differentialgleichung nicht definiert ist, treffen sich alle Kurven der erwähnten Schar (*Knotenpunkt aller Integralkurven*).

Würden wir nur die Gleichung (12) betrachten, so würde die y-Achse ($x = 0$) aus der Schar der Integralkurven ausgeschlossen werden. Überall auf dieser Achse, mit Ausnahme des Ursprungs, wächst die rechte Seite von (12) über alle Grenzen (die Stetigkeit geht verloren). Es sei bemerkt, daß alle Integralkurven der Gleichung (12) die x-Achse berühren.

Für $a = 1$ folgt aus (13) $y = Cx$, d. h., die Schar der Integralkurven ist die Schar aller Geraden, die durch den Ursprung verlaufen. Diese Schar enthält, wie für $a = 2$, auch die Koordinatenachsen. In diesem Fall durchlaufen die Integralkurven der Gleichung (12) (Geraden) den Ursprung mit verschiedenen Richtungskoeffizienten.

Für $a = -1$ erhalten wir aus (13) $y = \dfrac{C}{x}$, d. h., die Schar der Integralkurven der Gleichungen (12) und (12_1) enthält alle gleichseitigen Hyperbeln, deren Asymptoten die Koordinatenachsen sind, und diese Achsen selbst. Letzteres hat man so zu verstehen: Im Ursprung treffen sich die positiven und die negativen Strahlen der Koordinatenachsen.

2. Wir betrachten die Differentialgleichung

$$\frac{dy}{dx} = a\,\frac{x}{y}. \tag{14}$$

Die Veränderlichen lassen sich separieren,

$$y\,dy = ax\,dx,$$

und wir erhalten durch Integration

$$y^2 = ax^2 + 2C. \tag{15}$$

Für Gleichung (14) hat man dem Satz A entsprechend zwei Bereiche B, wie im Beispiel 1, nämlich die obere Halbebene $y > 0$ und die untere Halbebene $y < 0$.

Für $a = -1$ erhalten wir $x^2 + y^2 = 2C$, d. h., die Schar der Integralkurven ist die Schar aller Kreise mit dem Mittelpunkt in $(0, 0)$. Mit Ausnahme des Punktes $(0, 0)$ geht durch jeden Punkt der Ebene genau ein solcher Kreis, aber keine Integralkurve, die dem Ursprung beliebig nahe kommt.

Wenn man nur die Gleichung (14) betrachtet, muß man y als eine eindeutige Funktion von x ansehen. Deshalb wird jeder Kreis aus zwei Integralkurven bestehen: aus dem oberen Kreisbogen (für $y > 0$) und dem unteren (für $y < 0$).

Auf der x-Achse (für $y = 0$ und $x \neq 0$) wächst die rechte Seite von (14) über alle Grenzen. In diesen Punkten sind die Tangenten der Kreise Parallelen zur y-Achse. Wenn wir (14) für $a = -1$ in der Form

$$\frac{dx}{dy} = -\frac{y}{x} \tag{14_1}$$

schreiben, verschwindet die Singularität an der Stelle $y = 0$, aber es entsteht eine Singularität bei $x = 0$. Man muß dann die rechten Teile der Kreise (für $x > 0$) und die linken (für $x < 0$) betrachten, für die dann x eine eindeutige Funktion von y ist, wie es Gleichung (14_1) verlangt. Der Bereich B aus Satz A ist bei Gleichung (14_1) verschieden von dem entsprechenden Bereich bei Gleichung (14) für $a = -1$; für die Anwendung des Satzes A müssen wir also die Differentialgleichung in irgendeiner bestimmten Form vorgeben. Wir werden auch weiterhin dabei bleiben, falls es keine speziellen Vorbehalte von einem anderen Gesichtspunkt aus gibt.

Man kann die Gleichungen (14) und (14_1) auch zusammen betrachten, wie wir es in Beispiel 1 taten. Dieser Gesichtspunkt wird im Buch von I. G. PETROWSKI, Vorlesungen über die Theorie der gewöhnlichen Differentialgleichungen, B. G. Teubner, Leipzig 1954 (Übersetzung aus dem Russischen), behandelt. Die angedeuteten Unbequemlichkeiten bei der Untersuchung der Integralkurven hängen damit zusammen, daß wir ihre Gleichungen in expliziter Form $y = \varphi(x)$ oder $x = \psi(y)$ betrachten. Wenn wir zur Parameterdarstellung der Gleichungen der Integralkurven übergehen, d. h., wenn wir x und y als Funktionen eines Hilfsparameters t betrachten, geht (14) in ein System von zwei Gleichungen für zwei Funktionen x und y der unabhängigen Veränderlichen t über:

$$\frac{dx}{dt} = -y, \qquad \frac{dy}{dt} = x.$$

Die Integration von Systemen werden wir später behandeln.

Wir wollen noch die Gleichung (14) für $a = 1$ betrachten. Aus (15) erhalten wir $y^2 - x^2 = 2C$. Die Schar der Integralkurven enthält alle gleichseitigen Hyperbeln und ihre Asymptoten $y = \pm x$.

3. Wir betrachten die Gleichung

$$\frac{dy}{dx} = y^2. \tag{16}$$

Hier ist das Richtungsfeld auf der gesamten Ebene definiert. Die rechte Seite von (16) ist stetig und besitzt eine stetige Ableitung nach y auf der gesamten Ebene. Der Bereich B aus Satz A ist hier die ganze Ebene. Durch jeden Punkt in der Ebene verläuft genau eine Integralkurve, die in ihrem gesamten Verlauf keine gemeinsamen Punkte mit anderen Integralkurven besitzt.

In der Gleichung (16) lassen sich die Veränderlichen trennen, und das allgemeine Integral hat die Form

$$y = -\frac{1}{x+C} \quad \text{oder} \quad (x+C)y = -1. \tag{17}$$

Dies ist eine Schar von gleichseitigen Hyperbeln, die ihren Mittelpunkt in $(-C, 0)$ und die Asymptoten $y = 0$ und $x = -C$ haben. Außerdem hat (16) die Lösung $y = 0$. Die Gleichung (17) liefert zwei Integralkurven (zwei Hyperbeläste):

$$y = -\frac{1}{x+C} \quad \text{für} \quad -\infty < x < -C,$$

$$Y = -\frac{1}{x+C} \quad \text{für} \quad -C < x < \infty.$$

Die ersten füllen für alle möglichen C, ohne sich zu kreuzen, die obere Halbebene ($y > 0$) aus; die anderen füllen die untere Halbebene ($y < 0$) aus.

Die Lösung $y = 0$ kann man formal aus der Lösung (17) erhalten. Dazu ersetzt man in der zweiten Formel von (17) C durch $\frac{1}{C}$ und multipliziert beide Seiten mit C. Dies führt auf die Formel

$$(Cx + 1)y = -C.$$

Für $C = 0$ erhalten wir hieraus $y = 0$. Diese Gerade füllt zusammen mit den erwähnten Hyperbeln kreuzungsfrei die gesamte Ebene aus.

4. Die Differentialgleichung

$$\frac{dy}{dx} = 3y^{2/3} \tag{18}$$

definiert, wie im Beispiel 3, auf der gesamten Ebene ein Richtungsfeld. Die Veränderlichen lassen sich trennen, und das allgemeine Integral ist gegeben durch

$$y = (x + C)^3. \tag{19}$$

Dies ist eine Schar kubischer Parabeln, die man aus der Parabel $y = x^3$ durch Parallelverschiebung längs der x-Achse erhält (Abb. 2).

Die Gleichung (18) besitzt außerdem die Lösung $y = 0$ (die x-Achse), die man aus der Formel (19) für keinen Zahlenwert von C erhält. Man kann leicht zeigen, daß für die Gleichungen (18) und $\frac{dx}{dy} = \frac{1}{3} y^{-2/3}$ keine weiteren Lösungen existieren.

Wie schon gesagt wurde, definiert die Gleichung (18) auf der gesamten Ebene ein Richtungsfeld. Die Ableitung der rechten Seite nach y, nämlich $2y^{-1/3}$, existiert jedoch nicht für $y = 0$ (sie wird dort unendlich groß). Der Satz A gilt hier in zwei getrennten Bereichen: in der oberen ($y > 0$) und in der unteren Halbebene ($y < 0$). Diese Gebiete werden von den Parabeln (19) überdeckt. Durch jeden Punkt (x_0, y_0) verläuft nur eine Parabel. Dabei ergibt sich die Konstante C aus der Gleichung

$$y_0 = (x_0 + C)^3 \quad \text{oder} \quad C = y_0^{1/3} - x_0.$$

Durch den Punkt $A(x_0, 0)$ verläuft außer der Parabel noch die Lösung $y = 0$. Für die Anfangsbedingung $(x_0, 0)$ geht hier die Eindeutigkeit der Lösung verloren. Wenn wir ein beliebig kleines Intervall $x_0 - \delta \leq x \leq x_0 + \delta$ herausgreifen (Abb. 2), ergeben sich in diesem Intervall vier Lösungen der Gleichung (18):

a) der Parabelabschnitt BAC;

b) der Abschnitt DAE der x-Achse;

c) die Linie DAC, die aus dem Abschnitt DA der x-Achse und dem Parabelabschnitt AC besteht;

d) die Linie BAE, die sich aus dem Parabelabschnitt BA und dem Abschnitt AE der x-Achse zusammensetzt.

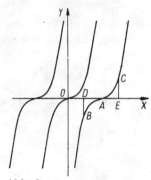

Abb. 2

Alle diese Kurven genügen einer Gleichung der Form $y = \varphi(x)$, wobei $\varphi(x)$ und $\varphi'(x)$ stetig sind (längs dieser Linien ändert sich der Winkel, den die Tangente mit der x-Achse bildet, stetig). Diese vier Integralkurven und nur sie existieren im Intervall $x_0 - \delta \leq x \leq x_0 + \delta$ für ein beliebig klein gewähltes festes $\delta > 0$. Kurz gesagt, verlaufen durch den Punkt $(x_0, 0)$ „im Kleinen" vier Integralkurven.

Wenn wir einen beliebigen Punkt (x_0, y_0) der oberen Halbebene ($y_0 > 0$) betrachten, verläuft durch diesen Punkt eine einzige Parabel (19); diese schneidet sich nicht mit den übrigen Parabeln, so daß sie in ihrem gesamten Verlauf in der oberen Halbebene keine gemeinsamen Punkte mit anderen Integralkurven der Gleichung (18) hat (Eindeutigkeit in der oberen Halbebene).

Wenn wir uns jedoch auf einer solchen Parabel nach unten bewegen, bis wir die x-Achse erreichen, so haben wir dort unendlich viele Möglichkeiten, diese Integralkurve fortzusetzen: Wir können uns auf der gleichen Parabel weiter nach unten bewegen, oder wir können auf der x-Achse nach rechts gehen und uns dann auf einer anderen Parabel nach oben bewegen (oder wir können nur auf der x-Achse bleiben). Durch jeden Punkt der Ebene verlaufen also nicht „im Kleinen", sondern „im Großen" unendlich viele Integralkurven.

5. Homogene Differentialgleichungen. Eine Funktion $\varphi(x, y)$ heißt *homogene Funktion nullten Grades* oder einfach *homogene Funktion*, wenn sie nur vom Verhältnis $\dfrac{y}{x}$ abhängt, d. h., wenn $\varphi(x, y) = f\left(\dfrac{y}{x}\right)$ gilt. Dies ist genau dann erfüllt, wenn $\varphi(tx, ty) = \varphi(x, y)$ ist [**I, 154**].

Eine Gleichung der Form

$$y' = f\left(\frac{y}{x}\right) \quad (x \neq 0) \tag{20}$$

heißt *homogene Differentialgleichung*. Wir behalten die ursprüngliche unabhängige Veränderliche x bei, führen aber anstelle der Funktion y eine neue Funktion u ein: $y = xu$, womit $y' = u + xu'$ wird. Die Differentialgleichung lautet nun in der neuen Form

$$u + xu' = f(u) \quad \text{oder} \quad x\frac{du}{dx} = f(u) - u.$$

Der Fall $f(u) \equiv u$ wurde in [4] betrachtet. Wir setzen nun $f(u) \not\equiv u$ voraus. Die Veränderlichen lassen sich separieren, und nach der Integration erhalten wir

$$x = C\psi(u) \quad \text{mit} \quad \psi(u) = e^{-\int \frac{du}{u-f(u)}}.$$

Werden die ursprünglichen Veränderlichen wieder eingeführt, so können wir die Gleichung der Integralkurvenschar in folgender Form schreiben:

$$x = C\psi\left(\frac{y}{x}\right). \tag{21}$$

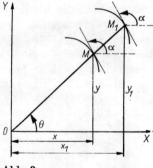

Abb. 3

Wir betrachten eine Ähnlichkeitstransformation der x, y-Ebene mit dem Ähnlichkeitszentrum im Koordinatenursprung. Diese Transformation läuft darauf hinaus, daß der Punkt (x, y) in die neue Lage

$$x_1 = kx, \quad y_1 = ky \quad (k > 0) \tag{22}$$

übergeht. Es wird also der Radiusvektor eines jeden Punktes der Ebene um den Faktor k gestreckt. Ist M die Ausgangslage des Punktes und M_1 die Lage desselben Punktes nach der Transformation, so wird (Abb. 3)

$$|OM_1| : |OM| = x_1 : x = y_1 : y = k.$$

5. Homogene Differentialgleichungen

Wenden wir die Transformation (22) auf die Gleichung (21) an, so entsteht die Gleichung

$$x_1 = kC\psi\left(\frac{y_1}{x_1}\right),$$

die sich, da C eine beliebige Konstante ist, nicht von der Gleichung (21) unterscheidet; die Transformation (22) verändert also nicht die Gesamtheit der Kurven (21), sondern führt nur eine Kurve aus der Schar (21) in eine andere derselben Schar über. Jede Kurve der Schar (21) kann offensichtlich aus einer bestimmten Kurve dieser Schar mit Hilfe der Transformation (22) erhalten werden, wenn man die Konstante k in entsprechender Weise wählt. Dieses Ergebnis kann man folgendermaßen formulieren: *Alle Integralkurven einer homogenen Differentialgleichung kann man aus einer Integralkurve durch eine Ähnlichkeitstransformation mit dem Ähnlichkeitszentrum im Koordinatenursprung erhalten.*

Die Gleichung (20) läßt sich noch folgendermaßen schreiben:

$$\tan \alpha = f(\tan \theta).$$

Dabei ist $\tan \alpha$ der Richtungskoeffizient der Tangente und θ der Winkel, den der Radiusvektor vom Koordinatenursprung aus mit der positiven Richtung der x-Achse bildet. Gleichung (20) stellt somit zwischen den Winkeln α und θ eine Beziehung her, die besagt, daß *längs jeder Geraden durch den Koordinatenursprung die Tangenten an die Integralkurven einer homogenen Differentialgleichung zueinander parallel sein müssen* (Abb. 3).

Aus dieser Eigenschaft der Tangenten geht hervor, daß die Ähnlichkeitstransformation mit dem Ähnlichkeitszentrum im Koordinatenursprung eine Integralkurve wieder in eine Integralkurve überführt, weil sich bei der Streckung der Radiusvektoren der Kurvenpunkte in demselben Verhältnis die Richtungen der Tangenten auf jedem Radiusvektor nicht ändern (Abb. 4).

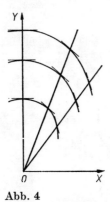

Abb. 4

Wird die oben angegebene Ähnlichkeitstransformation auf eine Integralkurve angewendet, die eine durch den Koordinatenursprung verlaufende Gerade ist, so ergibt sich nach Ausführung der Transformation dieselbe Gerade.

In diesem Fall ist also das oben angegebene Verfahren zur Bestimmung der Integralkurven aus einer von ihnen nicht anwendbar.

Beispiel. Es sind die Kurven zu bestimmen, für die der Abschnitt $\overline{MT}$ der Tangente vom Berührungspunkt M bis zum Schnittpunkt T mit der x-Achse gleich dem Abschnitt $\overline{OT}$ der x-Achse ist (Abb. 5).

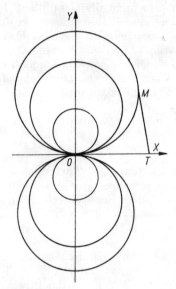

Abb. 5

Die Gleichung der Tangente hat die Form

$$Y - y = y'(X - x)$$

mit (X, Y) als laufende Koordinaten der Tangente. Wir bestimmen den Schnittpunkt T der Tangente mit der x-Achse, indem wir $Y = 0$ setzen:

$$|OT| = x - \frac{y}{y'}.$$

Die Bedingung $|MT|^2 = |OT|^2$ liefert [**I, 77**]

$$\frac{y^2}{y'^2} + y^2 = \left(x - \frac{y}{y'}\right)^2,$$

woraus die Differentialgleichung

$$y' = \frac{2xy}{x^2 - y^2} \tag{23}$$

entsteht, die offenbar homogen ist. Anstelle von y führen wir die neue Funktion u durch die Beziehung

$$y = xu, \quad y' = xu' + u$$

ein. Nach Einsetzen in die Differentialgleichung entsteht

$$x\,u' + u = \frac{2u}{1-u^2} \quad \text{oder} \quad x\frac{du}{dx} - \frac{u+u^3}{1-u^2} = 0,$$

so daß sich die Veränderlichen separieren lassen:

$$\frac{dx}{x} - \frac{(1-u^2)}{u+u^3}\,du = 0.$$

Integration liefert

$$\frac{x(u^2+1)}{u} = C$$

oder, nach Rückkehr zur ursprünglichen Veränderlichen y,

$$x^2 + y^2 - Cy = 0, \tag{24}$$

d. h., die gesuchten Kurven sind Kreise, die durch den Koordinatenursprung gehen und in diesem Punkt die x-Achse berühren (Abb. 5). Die Gleichung (23) hat offensichtlich noch die Lösung $y = 0$. Diese Lösung ist aber auch *formal* in der Gleichung (24) enthalten. Um sie zu bekommen, ersetze man in (24) die beliebige Konstante C durch $\frac{1}{C}$, multipliziere dann beide Seiten von (24) mit C und setze dann $C = 0$. Dieses Verfahren wurde schon im Beispiel 3 aus [4] angewendet.

Zähler und Nenner der rechten Seite von (23) verschwinden gleichzeitig nur im Punkt (0, 0). Durch diesen Punkt laufen alle Kreise und die Gerade $y = 0$, so daß in diesem Punkt das Richtungsfeld nicht definiert ist. Betrachtet man nur die Gleichung (23), so liegen in der Ebene vier Bereiche B aus Satz A. Man erhält sie, indem man die Ebene durch die Gerade $y = \pm x$ unterteilt. In den Punkten dieser Geraden verschwindet der Nenner auf der rechten Seite der Gleichung (23). In allen diesen vier Bereichen ist y eine eindeutige Funktion von x.

Die Differentialgleichung

$$\frac{dy}{dx} = f\left(\frac{ax+by+c}{a_1x+b_1y+c_1}\right) \tag{25}$$

läßt sich, wie wir gleich zeigen werden, auf eine homogene zurückführen. Dazu führen wir anstelle von x und y neue Veränderliche ξ und η ein:

$$x = \xi + \alpha, \quad y = \eta + \beta, \tag{26}$$

wobei α und β Konstanten sind, die wir sogleich bestimmen werden.

Die Gleichung (25) lautet in den neuen Veränderlichen

$$\frac{d\eta}{d\xi} = f\left(\frac{a\xi + b\eta + a\alpha + b\beta + c}{a_1\xi + b_1\eta + a_1\alpha + b_1\beta + c_1}\right).$$

Wir bestimmen α und β aus den Bedingungen

$$a\alpha + b\beta + c = 0, \quad a_1\alpha + b_1\beta + c_1 = 0.$$

Dadurch reduziert sich die Differentialgleichung auf eine homogene:

$$\frac{d\eta}{d\xi} = f\left(\frac{a + b\frac{\eta}{\xi}}{a_1 + b_1\frac{\eta}{\xi}}\right).$$

Der Transformation (26) entspricht eine Parallelverschiebung der Koordinatenachsen, wobei der Koordinatenursprung in den Schnittpunkt (α, β) der Geraden

$$ax + by + c = 0 \quad \text{und} \quad a_1 x + b_1 y + c_1 = 0 \tag{27}$$

übergeht.

Die im Vorangehenden erhaltenen Resultate können somit auch auf die Gleichung (25) angewendet werden, nur mit dem Unterschied, daß der Punkt (α, β) die Rolle des Koordinatenursprungs spielt.

Sind die Geraden (27) parallel, so kann die oben angegebene Transformation nicht ausgeführt werden. Wie aus der analytischen Geometrie bekannt ist, müssen in diesem Fall die Koeffizienten in den Gleichungen (27) proportional sein:

$$\frac{a_1}{a} = \frac{b_1}{b} = \lambda \quad \text{und} \quad a_1 x + b_1 y = \lambda(ax + by).$$

Wird in diesem Fall für y die neue Veränderliche

$$u = ax + by$$

eingeführt, so entsteht, wie leicht zu sehen ist, eine Gleichung mit separierbaren Veränderlichen.

Später werden wir eine wichtige Anwendung der homogenen Gleichung bei der Untersuchung von Flüssigkeitsströmungen kennenlernen.

6. Lineare Differentialgleichungen und die Bernoullische Differentialgleichung.

Als *lineare Differentialgleichung erster Ordnung* bezeichnet man eine Gleichung der Form

$$y' + P(x)y + Q(x) = 0. \tag{28}$$

Wir betrachten zunächst die entsprechende Gleichung ohne das freie Glied $Q(x)$:

$$z' + P(x)z = 0.$$

Die Veränderlichen lassen sich hier separieren:

$$\frac{dz}{z} + P(x)\,dx = 0;$$

damit wird

$$z = C e^{-\int P(x)dx}. \tag{29}$$

Das unbestimmte Integral wird durch das bestimmte Integral mit veränderlicher oberer Grenze ersetzt:

$$z = Ce^{-\int_{x_0}^{x} P(t)dt}$$

Falls die Anfangsbedingung

$$y|_{x=x_0} = y_0 \qquad (30)$$

vorgegeben ist, erhält man $C = y_0$.

Zur Integration der vorgegebenen linearen Differentialgleichung (28) benutzen wir die *Methode der Variation der Konstanten*; dazu setzen wir die Lösung dieser Gleichung in einer zu (26) analogen Form an:

$$y = u e^{-\int P(x)dx},$$

wobei u aber keine Konstante, sondern eine gesuchte Funktion von x ist. Durch Differentiation entsteht

$$y' = u' e^{-\int P(x)dx} - P(x) u e^{-\int P(x)dx}.$$

Nach Einsetzen in (28) ergibt sich

$$u' e^{-\int P(x)dx} + Q(x) = 0, \qquad u' = -Q(x) e^{\int P(x)dx},$$

$$u = C - \int Q(x) e^{\int P(x)dx} \, dx.$$

Es folgt schließlich für y die Beziehung

$$y = e^{-\int P(x)dx} \left[C - \int Q(x) e^{\int P(x)dx} \, dx \right]. \qquad (31)$$

Bei der Bestimmung von y nach dieser Formel ist nur je ein spezielles der unbestimmten Integrale

$$\int P(x) \, dx \quad \text{und} \quad \int Q(x) e^{\int P(x)dx} \, dx$$

zu wählen, denn das Hinzufügen beliebiger Konstanten zu ihnen ändert nur den Wert C.

Ersetzen wir die unbestimmten Integrale durch bestimmte Integrale mit veränderlicher oberer Grenze [I, 96], so können wir die Formel (31) folgendermaßen schreiben:

$$y = e^{-\int_{x_0}^{x} P(t)dt} \left[C - \int_{x_0}^{x} Q(z) e^{\int_{x_0}^{z} P(t)dt} \, dz \right]. \qquad (32)$$

Um Verwechslungen zu vermeiden, bezeichnen wir die Integrationsvariable mit verschiedenen Buchstaben t und z.

Wird der Anfangswert (30) für die gesuchte Lösung bei $x = x_0$ vorgegeben, so liefert (32) die vollständig bestimmte Lösung

$$y(x) = e^{-\int_{x_0}^{x} P(t)dt} \left[y_0 - \int_{x_0}^{x} Q(z) e^{-\int_{x_0}^{x} F(t)dt} \, dz \right]. \qquad (33)$$

Wir haben bisher stets vorausgesetzt, daß $P(x)$ und $Q(x)$ in einem gewissen Intervall I, das den Punkt x_0 enthält, stetig sind. Aus (33) ergibt sich die folgende wichtige Tatsache: *Die Lösung $y(x)$ existiert im gesamten Intervall I, in dem x variiert.*

Aus (32) folgt, daß die Lösungen einer linearen Differentialgleichung die Form

$$y = \varphi_1(x)C + \varphi_2(x) \tag{34}$$

haben; *y ist also eine lineare Funktion der willkürlichen Konstanten.*

Es sei y_1 eine partikuläre Lösung der Gleichung (28). Wird

$$y = y_1 + z \tag{35}$$

gesetzt, so entsteht für z die Gleichung

$$z' + P(x)z + [y_1' + P(x)y_1 + Q(x)] = 0.$$

Die in eckigen Klammern stehende Summe ist gleich Null, da nach Voraussetzung y_1 eine Lösung der Gleichung (28) ist. Folglich stellt z eine Lösung der entsprechenden Gleichung ohne freies Glied dar und bestimmt sich nach Formel (29); es wird dann

$$y = y_1 + C e^{-\int P(x)dx}. \tag{36}$$

Wir nehmen jetzt an, daß uns noch eine zweite Lösung y_2 der Gleichung (28) bekannt sei; diese Lösung möge sich aus der Formel (36) für $C = a$ ergeben:

$$y_2 = y_1 + a e^{-\int P(x)dx}. \tag{36_1}$$

Durch Elimination von $e^{-\int P(x)dx}$ aus den Gleichungen (36) und (36$_1$) entsteht eine Darstellung der Lösungen der linearen Gleichung durch ihre beiden Lösungen y_1 und y_2,

$$y = y_1 + C_1(y_2 - y_1).$$

wobei C_1 eine beliebige Konstante ist, die an die Stelle von $\dfrac{C}{a}$ in der früheren Bezeichnungsweise tritt. Aus der letzten Gleichung ergibt sich die Beziehung

$$\frac{y_2 - y}{y - y_1} = \frac{1 - C_1}{C_1} = C_2,$$

aus der hervorgeht, daß das Verhältnis $\dfrac{y_2 - y}{y - y_1}$ konstant ist.

Die Schar der Integralkurven einer linearen Differentialgleichung besteht also aus den Kurven, die den Ordinatenabschnitt zwischen je zwei beliebigen Kurven dieser Schar in einem konstanten Verhältnis teilen.

Sind also zwei Integralkurven L_1 und L_2 einer linearen Gleichung bekannt, so wird jede weitere Integralkurve L durch einen konstanten Wert der Verhältnisse

$$\frac{|AA_2|}{|A_1A|} = \frac{|BB_2|}{|B_1B|} = \frac{|CC_2|}{|C_1C|} = \frac{|DD_2|}{|D_1D|} = \cdots$$

bestimmt (Abb. 6). Auf Grund dieser Gleichung müssen sich die Sehnen $\overline{A_1B_1}$, $\overline{AB}$ und $\overline{A_2B_2}$ entweder in einem Punkt schneiden oder parallel sein. Bei unbegrenzter Annäherung des Ordinatenabschnitts $\overline{B_1 B_2}$ an den Abschnitt $\overline{A_1 A_2}$ geht die Richtung dieser Sehnen in die Richtung der Tangenten an die Kurven in den Punkten A_1, A und A_2 über. Wir erhalten somit das folgende Ergebnis: *Die Tangenten an die Integralkurven einer linearen Differentialgleichung in den Schnittpunkten dieser Kurven mit einer zur y-Achse parallelen Geraden schneiden sich entweder in einem Punkt oder sind parallel.*

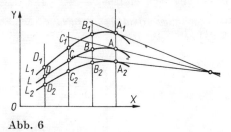

Abb. 6

Beispiel. Wir betrachten den Einschaltvorgang eines zeitabhängigen Stromes in einem Leiter mit Selbstinduktion. Es sei i die Stromstärke, v die Spannung, R der Leitungswiderstand und L der Selbstinduktionskoeffizient

Es gilt die Beziehung

$$v = Ri + L \frac{di}{dt},$$

woraus für i die lineare Differentialgleichung

$$\frac{di}{dt} + \frac{R}{L} i - \frac{v}{L} = 0$$

folgt. Sieht man R und L als konstant und v als vorgegebene Funktion der Zeit t an, so ergibt sich für die in Formel (33) auftretenden Integrale

$$\int_0^t P\,dz = \int_0^t \frac{R}{L}\,dz = \frac{R}{L} t, \quad \int_0^t Q e^{\int_0^u P\,dz}\,du = -\frac{1}{L} \int_0^t v e^{\frac{R}{L} u}\,du.$$

Bezeichnen wir mit i_0 den Anfangswert von i, d. h. den Wert der Stromstärke für $t = 0$, so erhalten wir gemäß (33) für die Bestimmung von i zu einem beliebigen Zeitpunkt die Formel

$$i = e^{-\frac{R}{L} t} \left(i_0 + \frac{1}{L} \int_0^t v e^{\frac{R}{L} z}\,dz \right).$$

Bei konstanter Spannung v wird

$$i = \left(i_0 - \frac{v}{R} \right) e^{-\frac{R}{L} t} + \frac{v}{R}.$$

Mit wachsendem t nimmt der Faktor $e^{-\frac{R}{L} t}$ schnell ab. Praktisch kann somit der Vorgang nach einem kurzen Zeitintervall als stationär angesehen werden, wobei die Stromstärke nach dem Ohmschen Gesetz $i = \frac{v}{R}$ bestimmt wird.

Für $i_0 = 0$ erhalten wir speziell die Beziehung

$$i = \frac{v}{R}\left(1 - e^{-\frac{R}{L}t}\right) \qquad (37)$$

für die Stromstärke bei *Einschalten* des Leiters.

Die Größe $\frac{L}{R}$ nennt man *Zeitkonstante* des untersuchten Leiters.

Wir betrachten jetzt den sinusförmigen Spannungsverlauf $v = A \sin \omega t$. Nach Formel (33) wird

$$i = e^{-\frac{R}{L}t}\left[i_0 + \frac{A}{L}\int_0^t e^{\frac{R}{L}z} \sin \omega z\, dz\right].$$

Es ist leicht zu sehen, daß

$$\int e^{\frac{R}{L}t} \sin \omega t\, dt = e^{\frac{R}{L}t}\left[\frac{RL}{\omega^2 L^2 + R^2}\sin \omega t - \frac{\omega L^2}{\omega^2 L^2 + R^2}\cos \omega t\right]$$

ist und folglich

$$\int_0^t e^{\frac{R}{L}z} \sin \omega z\, dz = e^{\frac{R}{L}t}\left[\frac{RL}{\omega^2 L^2 + R^2}\sin \omega t - \frac{\omega L^2}{\omega^2 L^2 + R^2}\cos \omega t\right] + \frac{\omega L^2}{\omega^2 L^2 + R^2}.$$

Nach Einsetzen in den Ausdruck für i entsteht

$$i = \left(i_0 + \frac{\omega L A}{\omega^2 L^2 + R^2}\right)e^{-\frac{R}{L}t} + \frac{RA}{\omega^2 L^2 + R^2}\sin \omega t - \frac{\omega L A}{\omega^2 L^2 + R^2}\cos \omega t. \qquad (38)$$

Der erste Summand, der den Faktor $e^{-\frac{R}{L}t}$ enthält, klingt schnell ab, so daß die Stromstärke kurz nach dem Zeitpunkt $t = 0$ praktisch durch die Summe der beiden übrigen Glieder in Formel (38) bestimmt wird. Diese Summe liefert eine sinusförmige Zeitabhängigkeit mit der Spannungsfrequenz ω, jedoch mit anderer Amplitude und Phase. Wir bemerken noch, daß diese Summe, die den stationären Vorgang liefert, nicht von dem Anfangswert i_0 des Stroms abhängt.

Eine Verallgemeinerung der linearen Differentialgleichung (28) stellt die *Bernoullische Differentialgleichung* dar:

$$y' + P(x)y + Q(x)y^m = 0, \qquad (39)$$

wobei der Exponent m als von Null und Eins verschieden angenommen werden kann, da in diesen Fällen die Gleichung linear ist. Wir dividieren beide Seiten durch y^m,

$$y^{-m}y' + P(x)y^{1-m} + Q(x) = 0,$$

und führen anstelle von y die neue gesuchte Funktion u ein:

$$u = y^{1-m}, \quad u' = (1-m)y^{-m}y'.$$

Dadurch wird die Differentialgleichung auf die Form

$$u' + P_1(x)u + Q_1(x) = 0$$

zurückgeführt mit

$$P_1(x) = (1-m)P(x) \quad \text{und} \quad Q_1(x) = (1-m)Q(x),$$

d. h., *durch die Substitution* $u = y^{1-m}$ *reduziert sich die Bernoullische Gleichung* (39) *auf eine lineare Differentialgleichung* und läßt sich dann in bekannter Weise integrieren.

Es sei noch erwähnt, daß sich die Integration der als *Riccatische Gleichung* bezeichneten Differentialgleichung

$$y' + P(x)y + Q(x)y^2 + R(x) = 0 \tag{40}$$

im allgemeinen nicht auf Quadraturen zurückführen läßt. Man kann sie jedoch auf eine lineare Gleichung reduzieren, wenn irgendeine spezielle Lösung bekannt ist. Es sei nämlich $y_1(x)$ eine Lösung der Gleichung (40), d. h.

$$y_1' + P(x)y_1 + Q(x)y_1^2 + R(x) = 0. \tag{41}$$

Anstelle von y führen wir in die Gleichung (40) die neue gesuchte Funktion u durch die Beziehung

$$y = y_1 + \frac{1}{u}$$

ein. Nach Einsetzen in (40) ergibt sich dann unter Beachtung der Identität (41) für u die lineare Differentialgleichung

$$u' - [P(x) + 2Q(x)y_1]u - Q(x) = 0.$$

Das allgemeine Integral dieser Gleichung hat die Form $u = C\varphi(x) + \psi(x)$. Setzen wir diesen Ausdruck für u in die oben angegebene Gleichung für y ein, so erhält das allgemeine Integral der Riccatischen Differentialgleichung die Form

$$y = \frac{C\varphi_1(x) + \psi_1(x)}{C\varphi_2(x) + \psi_2(x)}.$$

7. Das Euler-Cauchysche Verfahren. In [2] haben wir eine Näherungskonstruktion für die Integralkurve der Gleichung

$$y' = f(x, y) \tag{42}$$

bei vorgegebener Anfangsbedingung

$$y|_{x=x_0} = y_0 \tag{43}$$

I. Gewöhnliche Differentialgleichungen

angegeben. Dieses Verfahren läßt sich vereinfachen, wenn man anstelle des Quadratnetzes lediglich **Parallelen zur** y-**Achse** verwendet. Das in dieser Weise abgeänderte Verfahren führt auf eine verhältnismäßig einfache und praktisch bequeme Methode zur näherungsweisen Berechnung der Ordinate y der gesuchten Integralkurve bei vorgegebener Abszisse. Wir zeichnen in der Ebene eine Schar von Geraden, die parallel zur y-Achse verlaufen:

$$x = x_0, \quad x = x_1, \quad x = x_2, \ldots \quad \text{mit} \quad x_0 < x_1 < x_2 < \ldots$$

Es sei $M_0(x_0, y_0)$ der Anfangspunkt der Integralkurve (Abb. 7). Von diesem Punkt aus ziehen wir den Strahl mit dem Richtungskoeffizienten $f(x_0, y_0)$ bis zu seinem Schnitt mit der zur y-Achse parallelen Geraden $x = x_1$ im Punkt M_1. Es sei y_1 die Ordinate von M_1. Sie wird offenbar durch die Beziehung

$$y_1 - y_0 = f(x_0, y_0)(x_1 - x_0)$$

bestimmt, da die Strecken $\overline{M_0 N}$ und $\overline{N M_1}$ durch die Werte von $x_1 - x_0$ und $y_1 - y_0$ dargestellt werden und der Tangens des Winkels $N M_0 M_1$ der Konstruktion entsprechend gleich $f(x_0, y_0)$ ist.

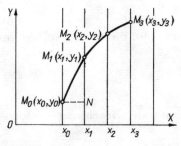

Abb. 7

Vom Punkt (x_1, y_1) aus ziehen wir den Strahl $M_1 M_2$ mit dem Richtungskoeffizienten $f(x_1, y_1)$ bis zu einem Schnitt mit der nächsten zur y-Achse parallelen Geraden $x = x_2$ im Punkt M_2. Die Ordinate des Schnittpunktes bestimmt sich so wie oben aus der Beziehung

$$y_2 - y_1 = f(x_1, y_1)(x_2 - x_1).$$

Entsprechend kann man, vom Punkt $M_2(x_2, y_2)$ ausgehend, den nächsten Punkt $M_3(x_3, y_3)$ bestimmen usw.

Es sei jetzt für einen vorgegebenen Wert x der Wert y einer Lösung von (42), die der Anfangsbedingung (43) genügt, zu bestimmen. Nach vorstehenden Betrachtungen müssen wir dazu so verfahren: Wir zerlegen das Intervall (x_0, x),

$$x_0 < x_1 < x_2 < x_3 < \cdots < x_{n-2} < x_{n-1} < x, \tag{44}$$

7. Das Euler-Cauchysche Verfahren

und bestimmen nacheinander die Ordinaten $y_1, y_2, \ldots, y_{n-1}$ aus den Beziehungen

$$\left.\begin{aligned} y_1 - y_0 &= f(x_0, y_0) (x_1 - x_0) \\ y_2 - y_1 &= f(x_1, y_1) (x_2 - x_1) \\ y_3 - y_2 &= f(x_2, y_2) (x_3 - x_2) \\ &\cdots\cdots\cdots\cdots\cdots\cdots\cdots\cdots \\ y_{n-1} - y_{n-2} &= f(x_{n-2}, y_{n-2}) (x_{n-1} - x_{n-2}) \\ Y - y_{n-1} &= f(x_{n-1}, y_{n-1}) (x - x_{n-1}). \end{aligned}\right\} \tag{45}$$

Wird die Anzahl der Intervalle vergrößert und strebt jedes von ihnen gegen Null, so ist zu vermuten, daß der aus den Formeln (45) erhaltene Wert Y unter den in [2] über die Funktion $f(x, y)$ gemachten Voraussetzungen gegen die wahre Ordinate y der gesuchten Integralkurve strebt, wenn der vorgegebene Wert x hinreichend nahe bei dem Anfangswert x_0 liegt (vgl. [53]).

Durch Addition der Gleichungen (45) finden wir leicht

$$y \approx Y = y_0 + f(x_0, y_0) (x_1 - x_0) + f(x_1, y_1) (x_2 - x_1) + \cdots \tag{46}$$
$$+ f(x_{n-2}, y_{n-2}) (x_{n-1} - x_{n-2}) + f(x_{n-1}, y_{n-1}) (x - x_{n-1}).$$

In dem einfachsten Fall der Differentialgleichung

$$y' = f(x)$$

erhält die angegebene Formel die Gestalt

$$y = y_0 + \sum_{s=0}^{n-1} f(x_s) (x_{s+1} - x_s),$$

die bekanntlich [I, 87] einen Näherungsausdruck für den Wert des Integrals $y_0 + \int_{x_0}^{x} f(t)\, dt$, d. h. für die Lösung der gegebenen Gleichung liefert.

Die Berechnungen nach den Formeln (45) werden in der folgenden Anordnung durchgeführt. Die erste der Formeln (45) liefert die Differenz $y_1 - y_0$. Addieren wir sie zu y_0, so erhalten wir die zweite Ordinate y_1, und mit Hilfe der zweiten der Formeln (45) finden wir die Differenz $y_2 - y_1$. Addieren wir diese zu y_1, so ergibt sich die dritte Ordinate y_2. Die dritte Formel (45) liefert die Differenz $y_3 - y_2$ usw. Addieren wir alle diese Differenzen zu y_0, so finden wir Y.

Im folgenden Kapitel werden wir nochmals zu dieser Methode zurückkehren.

Beispiel. Wir wenden das angegebene Näherungsverfahren auf die Gleichung

$$y' = \frac{xy}{2}$$

mit der Anfangsbedingung $y(0) = 1$ an. Nach der Trennung der Veränderlichen und der Integration ergibt sich die gesuchte Lösung aus der Formel

$$y = e^{x^2/4}.$$

Für die Anwendung der Formel (45) werden wir $x_k - x_{k-1} = 0{,}1$ setzen ($k = 1, 2, \ldots$).

x	y	$\dfrac{xy}{2}$	$\Delta y = \dfrac{xy}{2} \cdot 0{,}1$	$e^{x^2/4}$
0	1	0	0	1
0,1	1	0,05	0,005	1,0025
0,2	1,005	0,1005	0,0101	1,0100
0,3	1,0151	0,1523	0,0152	1,0227
0,4	1,0303	0,2061	0,0206	1,0408
0,5	1,0509	0,2627	0,0263	1,0645
0,6	1,0772	0,3232	0,0323	1,0942
0,7	1,1095	0,3883	0,0388	1,1303
0,8	1,1483	0,4593	0,0459	1,1735
0,9	1,1942	0,5374	0,0537	1,2244

In dieser Tabelle sind die Resultate der Rechnungen angegeben. Die erste Spalte enthält die x-Werte, die zweite die ihnen entsprechenden y-Werte, die dritte die Werte von $f(x, y)$, d. h. $\dfrac{xy}{2}$, die vierte die Differenzen $\Delta y = y_{s+1} - y_s$ und schließlich die letzte die Werte der Ordinaten der exakten Integralkurve $y = e^{x^2/4}$.

Wie aus der Tabelle hervorgeht, ist der Fehler bei $x = 0{,}9$ kleiner als $0{,}031$; er macht also ungefähr $2{,}5\%$ aus.

8. Anwendung von Potenzreihen.

Differentialgleichungen lassen sich nur in Ausnahmefällen durch Quadraturen lösen. Deshalb wollen wir außer der in [7] angegebenen Methode zur näherungsweisen Integration von Differentialgleichungen, die auf eine sehr weite Klasse von Gleichungen anwendbar ist, noch die Methode der Potenzreihen darlegen. Für ihre Anwendungen setzen wir voraus, daß die rechte Seite von (42) im Punkt (x_0, y_0) und in dessen Umgebung beliebig oft nach x und y differenzierbar ist.

Wir betrachten also die Gleichung (42) mit der Anfangsbedingung (43). Setzen wir auf der rechten Seite von (42) $x = x_0$, $y = y_0$, so erhalten wir den Wert y_0' der Ableitung von y nach x an der Stelle $x = x_0$. Differenziert man (42) nach x, so erhält man unter der Annahme, daß y die gesuchte Lösung ist, die Gleichung

$$y'' = \frac{\partial f(x, y)}{\partial x} + \frac{\partial f(x, y)}{\partial y} y'.$$

Setzt man auf der rechten Seite $x = x_0$, $y = y_0$ und $y' = y_0'$, so bestimmt man damit den Wert y_0'' der zweiten Ableitung an der Stelle $x = x_0$. Differenziert man die obige Gleichung noch einmal nach x, so erhält man analog den Wert y_0''' der dritten Ableitung y''' für $x = x_0$ usw. Wenn wir die Funktion $f(x, y)$ beliebig oft differenzieren, können wir die Ableitungen beliebiger Ordnung von y an der Stelle $x = x_0$ bestimmen. So können wir also die Taylorreihe von y konstruieren:

$$y_0 + \frac{y_0'}{1!}(x - x_0) + \frac{y_0''}{2!}(x - x_0)^2 + \cdots. \tag{47}$$

Es entsteht nun die Frage nach der Konvergenz dieser Reihe. Die rechte Seite der Gleichung (42) sei als eine Reihe darstellbar, die aus ganzzahligen positiven Potenzen der Differenzen $x - x_0$ und $y - y_0$ besteht [I, 161]:

$$f(x, y) = \sum_{p, q=0}^{\infty} a_{pq}(x - x_0)^p (y - y_0)^q.$$

Diese Reihe soll konvergieren, wenn die absoluten Werte dieser Differenzen hinreichend klein sind. Es kann dann gezeigt werden, daß die Funktion $f(x, y)$ beliebig oft differenzierbar ist für die Werte von x und y, die hinreichend nahe an x_0 und y_0 liegen, daß die Reihe (47) konvergiert für alle x, die hinreichend nahe bei x_0 liegen, und daß ihre Summe y eine Lösung der Gleichung (42) ist, die die Bedingung (43) erfüllt.

Anstelle des beschriebenen Verfahrens der schrittweisen Bestimmung der Ableitungen für $x = x_0$ kann man auch ein anderes Verfahren, nämlich die *Methode der unbestimmten Koeffizienten* anwenden. Dabei ersetzen wir auf beiden Seiten von (42) y durch eine Potenzreihe mit unbestimmten Koeffizienten:

$$y = y_0 + a_1(x - x_0) + a_2(x - x_0)^2 + \cdots. \tag{48}$$

Ordnet man die rechte Seite von (42) nach Potenzen von $x - x_0$ und setzt die Koeffizienten entsprechender Potenzen gleich, so kann man schrittweise die Koeffizienten $a_1, a_2, \ldots$ bestimmen.

Man überzeugt sich leicht, daß die Reihen (47) und (48) dann übereinstimmen.

Beispiel. Wir suchen die Lösung der Gleichung

$$y' = \frac{xy}{2} \tag{49}$$

mit der Anfangsbedingung

$$y|_{x=0} = 1 \tag{50}$$

in Form einer Potenzreihe

$$y = 1 + \sum_{s=1}^{\infty} a_s x^s.$$

Dabei haben wir das freie Glied der Anfangsbedingung (50) entsprechend gleich 1 gewählt. Die Differentiation dieser Reihe liefert

$$y' = \sum_{s=1}^{\infty} s a_s x^{s-1}.$$

Wir ersetzen y und y' in Gleichung (49) durch die gewonnenen Ausdrücke und erhalten

$$a_1 + 2a_2 x + 3a_3 x^2 + \cdots + (n+1) a_{n+1} x^n + \cdots$$
$$= \frac{1}{2} x (1 + a_1 x + a_2 x^2 + \cdots + a_{n-1} x^{n-1} + \cdots).$$

Durch Koeffizientenvergleich erhalten wir folgende Beziehungen:

x^0: $\qquad a_1 = 0$

x^1: $\qquad 2a_2 = \dfrac{1}{2}$

x^2: $\qquad 3a_3 = \dfrac{1}{2} a_1$

x^3: $\qquad 4a_4 = \dfrac{1}{2} a_2$

. . . .

x^n: $\qquad (n+1)a_{n+1} = \dfrac{1}{2} a_{n-1}$

. . . .

Hieraus folgt

$$a_1 = a_3 = a_5 = \cdots = a_{2n+1} = \cdots = 0,$$

$$a_2 = \frac{1}{4}, \quad a_4 = \frac{1}{2!\,4^2}, \quad \ldots, \quad a_{2n} = \frac{1}{n!\,4^n}.$$

Damit erhalten wir schließlich [**I, 126**]

$$y = 1 + \frac{x^2}{4} + \frac{1}{2!}\left(\frac{x^2}{4}\right)^2 + \frac{1}{3!}\left(\frac{x^2}{4}\right)^3 + \cdots + \frac{1}{n!}\left(\frac{x^2}{4}\right)^n + \cdots = e^{x^2/4}.$$

9. Das allgemeine Integral und die singuläre Lösung. Das allgemeine Integral einer Differentialgleichung haben wir schon definiert als Lösung dieser Gleichung, die eine willkürliche Konstante enthält.

Der Punkt (x_0, y_0) aus der Anfangsbedingung (43) gehöre zum Bereich B aus Satz A. Variieren wir in der Anfangsbedingung den Wert y_0, so erhalten wir eine unendliche Mannigfaltigkeit von Lösungen der Gleichung (42). Dabei kann y_0 die Rolle der willkürlichen Konstanten übernehmen. Bei der Behandlung einiger Beispiele von Differentialgleichungen erhielten wir aber auch allgemeine Integrale, in denen die willkürliche Konstante nicht als Anfangswert auftrat.

Der Begriff des allgemeinen Integrals erfordert streng genommen zusätzliche Überlegungen. Wir werden uns nicht damit befassen, da der oben angegebene Satz A die natürliche Grundlage der theoretischen Untersuchung von Differentialgleichungen ist. Außerdem läßt sich das allgemeine Integral ganz selten durch elementare Funktionen oder Quadraturen ausdrücken.

Naturgemäß ist unter dem allgemeinen Integral eine solche Lösung der Differentialgleichung (42) zu verstehen, die eine willkürliche Konstante enthält und aus der man gemäß Satz A alle Lösungen für die Anfangsbedingungen (x_0, y_0) erhalten kann, die irgendeinen Bereich der x, y-Ebene ausfüllen.

Wenn das allgemeine Integral in impliziter Form

$$\psi(x, y, C) = 0 \tag{51}$$

vorliegt, ergibt sich der entsprechende Wert von C aus der Gleichung

$$\psi(x_0, y_0, C) = 0.$$

9. Das allgemeine Integral und die singuläre Lösung

Das allgemeine Integral der Gleichung (42) kann auch in einer nach C aufgelösten Form erhalten werden:

$$\omega(x, y) = C. \tag{52}$$

In dieser Form ergibt es sich bei einer Gleichung mit separierbaren Veränderlichen.

Die Funktion $\omega(x, y)$ oder die Gleichung (52) heißt gewöhnlich *Integral der Differentialgleichung* (42).

Setzen wir in diese Funktion anstelle von y irgendeine partikuläre Lösung der Gleichung (42) ein, so muß sich ein konstanter Wert ergeben. Man kann also folgende Definition aufstellen: Unter einem *Integral der Gleichung* (42) versteht man eine Funktion von x und y, deren vollständige Ableitung nach x auf Grund der Gleichung (42) gleich Null wird.

Die vollständige Ableitung beider Seiten der Gleichung (51) nach x liefert [I, 69]

$$\frac{\partial \omega(x, y)}{\partial x} + \frac{\partial \omega(x, y)}{\partial y} y' = 0$$

bzw., wenn y' durch $f(x, y)$ ersetzt wird,

$$\frac{\partial \omega(x, y)}{\partial x} + \frac{\partial \omega(x, y)}{\partial y} f(x, y) = 0, \tag{53}$$

da y voraussetzungsgemäß eine Lösung der Gleichung (42) ist.

Die Funktion $\omega(x, y)$ muß dieser Gleichung genügen, unabhängig davon, welche partikuläre Lösung der Gleichung (42) gerade in diese Funktion eingesetzt wird. Wegen der frei zu wählenden Anfangsbedingung (43) im Existenz- und Eindeutigkeitssatz können aber die Werte von x und y beliebig sein, wenn wir alle Lösungen der Gleichung (42) nehmen. Mithin muß *die Funktion $\omega(x, y)$ die Gleichung* (53) *identisch in x und y erfüllen*.

Schließlich zeigen wir, in welcher Weise eine Lösung der Gleichung (42) bestätigt werden kann, wenn sie in der impliziten Form

$$\omega_1(x, y) = 0 \tag{54}$$

gegeben ist. So wie vorher erhalten wir die Gleichung

$$\frac{\partial \omega_1(x, y)}{\partial x} + \frac{\partial \omega_1(x, y)}{\partial y} f(x, y) = 0, \tag{55}$$

wobei diese Beziehung in allen Punkten der Kurve (54) erfüllt sein muß. Die Gleichung (55) braucht also nicht unbedingt identisch in x und y erfüllt zu sein, sondern nur bei Beachtung der Gleichung (54); kurz gesagt, (55) muß eine Folge von (54) sein.

Wir betrachten z. B. die Differentialgleichung

$$y' = \frac{1 - 3x^2 - y^2}{2xy} \quad (x \neq 0, \; y \neq 0).$$

Es ist leicht zu sehen, daß der Kreis

$$x^2 + y^2 - 1 = 0$$

eine Lösung dieser Gleichung ist. Im vorliegenden Fall ist nämlich $f(x, y) = \dfrac{1 - 3x^2 - y^2}{2xy}$ und $\omega_1(x, y) = x^2 + y^2 - 1$.
Die Gleichung (55) hat dann die Form

$$2x + 2y \frac{1 - 3x^2 - y^2}{2xy} = 0, \quad \text{d. h.} \quad \frac{1 - x^2 - y^2}{x} = 0;$$

sie ist offenbar wegen der Kreisgleichung erfüllt. Wir zeigen, daß das allgemeine Integral der vorliegenden Differentialgleichung folgendermaßen lautet:

$$x^3 + xy^2 - x = C.$$

Durch Einsetzen von $\omega_1(x, y) = x^3 + xy^2 - x$ in (53) entsteht

$$3x^2 + y^2 - 1 + 2xy \frac{1 - 3x^2 - y^2}{2xy} = 0,$$

und es ist unmittelbar klar, daß diese Gleichung identisch für alle x und y erfüllt ist.

Die Gleichung (42) kann auch Lösungen besitzen, die nicht in der Schar des allgemeinen Integrals enthalten sind, d. h., die man für keinen Wert C aus der Formel (51) erhalten kann. Solche Lösungen heißen gewöhnlich *singuläre Lösungen*. Als Beispiel kann die Gleichung (18) und ihr allgemeines Integral (19) dienen. Die Lösung $y = 0$ der Gleichung (18) ist nicht in der Schar (19) enthalten. Wie wir sahen, verläuft durch jeden Punkt der Lösung $y = 0$ irgendeine Integralkurve. Die Lösungen, die im Bereich B aus Satz A liegen, nennen wir nicht singulär.

Eine Integralkurve nennt man im allgemeinen eine singuläre Lösung, wenn in all ihren Punkten die Bedingungen des Existenz- und Eindeutigkeitssatzes nicht erfüllt sind. Man kann sie gewöhnlich aus dem allgemeinen Integral nicht erhalten.

In weiteren Beispielen werden wir uns noch mit diesen singulären Lösungen befassen.

Der Satz A wird jedoch als Grundlage aller weiteren Betrachtungen dienen.

10. Gleichungen, die nicht nach y' aufgelöst sind. Die Theorie der Differentialgleichungen, die nicht nach y' aufgelöst sind,

$$\Phi(x, y, y') = 0, \tag{56}$$

ist bedeutend komplizierter.

Lösen wir diese Gleichungen nach y' auf, so erhalten wir eine Gleichung der Form (42). Dabei kann die Funktion $f(x, y)$ aber mehrdeutig sein. Wir beschränken uns darauf, daß die linke Seite von (56) ein Polynom zweiten Grades bezüglich y' ist:

$$y'^2 + 2P(x, y)y' + Q(x, y) = 0. \tag{57}$$

10. Gleichungen, die nicht nach y' aufgelöst sind

Dabei wollen wir annehmen, daß $P(x, y)$ und $Q(x, y)$ Polynome von x und y sind. Die Auflösung nach y' liefert

$$y' = -P(x, y) \pm \sqrt{R(x, y)} \qquad (58)$$

mit

$$R(x, y) = [P(x, y)]^2 - Q(x, y). \qquad (59)$$

Wir können einen oder mehrere Bereiche B der x, y-Ebene erhalten, in denen $R(x, y) > 0$ ist. In diesen Bereichen liefert die Formel (58) zwei verschiedene Differentialgleichungen (durch die verschiedenen Vorzeichen der Wurzel). Die rechte Seite beider Differentialgleichungen ist stetig in B und besitzt dort eine stetige partielle Ableitung nach y. Nach Satz A verlaufen folglich durch jeden Punkt M aus B zwei und nur zwei Integralkurven. Die Kurven berühren sich im Punkt M nicht, da sich ihre Ableitungen dort um den Wert $2\sqrt{R(x, y)}$ unterscheiden. Weitere nichtsinguläre Lösungen existieren neben diesen Lösungen, die man aus Satz A erhält, nicht. In allen Bereichen der Ebene, in denen $R(x, y) < 0$ ist, liefert die Gleichung (58) keine reellen Werte y' (und damit auch kein Richtungsfeld). Dort existieren keine Integralkurven.

Schließlich müssen wir noch die Gleichung

$$R(x, y) = 0 \qquad (60)$$

betrachten. Sie kann eine oder mehrere Kurven bestimmen (die Ränder des Bereiches B, falls solche existieren). Diese Kurven können Integralkurven der Gleichung (57) sein, sie brauchen es aber nicht.

Kompliziertere Fälle von Differentialgleichungen, die nicht nach y' aufgelöst sind, werden wir nicht betrachten.

Beispiele.
1. Zum besseren Verständnis des oben Gesagten betrachten wir als einfaches Beispiel eine Gleichung, die bezüglich y' quadratisch ist:

$$y^2 y'^2 + y^2 - a^2 = 0 \quad (a > 0).$$

Wenn wir sie nach y' auflösen, erhalten wir

$$\frac{dy}{dx} = \pm \frac{\sqrt{a^2 - y^2}}{y}. \qquad (61)$$

In diesem Fall ist $R(x, y) = (a^2 - y^2)/y^2$. Der Bereich B ist der innere Streifen zwischen den Geraden $y = \pm a$. Es sei bemerkt, daß die Geraden $y = a$ und $y = -a$ Lösungen der Gleichung (61) sind. In Gleichung (61) führen wir die Trennung der Variablen durch und erhalten nach Integration

$$(x - C)^2 + y^2 = a^2, \qquad (62)$$

d. h., das allgemeine Integral liefert eine Schar von Kreisen mit den Mittelpunkten auf der x-Achse und dem Radius a (Abb. 8). Durch jeden Punkt, der im Innern des Streifens liegt, gehen zwei Kreise, was den beiden Gleichungen (61) entspricht.

Wir untersuchen jetzt den Rand des Streifens, d. h. die Geraden $y = \pm a$. Man kann sich leicht davon überzeugen, daß sie Lösungen der Gleichung (61) sind. Sie ergeben sich nicht aus dem allgemeinen Integral (62), für keinen konstanten Wert C. In keinem Punkt der Geraden $y = \pm a$ gilt für die Gleichung (61) der Existenz- und Eindeutigkeitssatz, und die erwähnten Geraden sind singuläre Lösungen der Gleichung (61).

Durch jeden Punkt dieser Geraden verlaufen „im Kleinen" vier Integralkurven der Gleichung (61); vgl. Beispiel 4 aus [4]. Für $y > a$ und $y < -a$ ist die Differentialgleichung (61) nicht definiert.

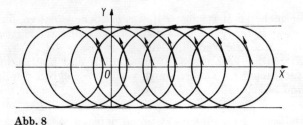

Abb. 8

Es sei (x_0, y_0) ein Punkt aus B. Durch Einsetzen von $x = x_0$ und $y = y_0$ in Gleichung (62) erhält man eine quadratische Gleichung für C. Die Wurzeln dieser Gleichung ergeben die Werte C, für die zwei Kreise aus (62) sich in (x_0, y_0) schneiden. Wie wir schon sagten, ist Gleichung (62) das allgemeine Integral der beiden Gleichungen (61). Beide Gleichungen sind natürlich im bekannten Sinne miteinander verknüpft.

2. Wir betrachten noch eine Gleichung, die von der aus Beispiel 1 abweicht:

$$y'^2 - xy' = 0. \tag{63}$$

Die linke Seite läßt sich in zwei Faktoren aufspalten,

$$y'(y' - x) = 0,$$

und damit entspricht (63) den beiden Gleichungen

$$y' = 0 \quad \text{und} \quad y' = x,$$

die die allgemeinen Integrale

$$y = C \quad \text{bzw.} \quad y = \frac{x^2}{2} + C$$

besitzen.

Wir können beide zum allgemeinen Integral der Gleichung (63) zusammenfassen:

$$(y - C)\left(y - \frac{x^2}{2} - C\right) = 0. \tag{63_1}$$

Aber die Gleichung (63) ist ihrem Wesen nach eine „künstliche" Vereinigung der Gleichungen $y' = 0$ und $y' = x$. Auf beide Gleichungen ist Satz A anwendbar; der Bereich B ist jeweils die gesamte x, y-Ebene.

Die Formel (63_1) ist eine „künstliche" Vereinigung der allgemeinen Integrale beider Gleichungen.

Die Funktion $y = 0$ ist für $x \leqq 0$ und $y = \dfrac{x^2}{2}$ ist für $x \geqq 0$ Lösung der Gleichung (63). Beim Durchgang durch den Wert $x = 0$ ändern sich y und y' stetig. Diese Integralkurve besteht aus Lösungen von $y' = 0$ und $y' = x$.

Wir werden jetzt zwei Typen von Differentialgleichungen behandeln, die nicht nach y' aufgelöst sind.

11. Die Clairautsche Differentialgleichung. Einleitend führen wir einen neuen Begriff ein. Ersetzen wir in der Differentialgleichung (42) oder in (56) y' durch eine beliebige Konstante C_1, so erhalten wir die Kurvenschar

$$f(x, y) = C_1 \quad \text{oder} \quad \Phi(x, y, C_1) = 0. \tag{64}$$

Jede Kurve dieser Schar stellt den geometrischen Ort für diejenigen Punkte der Ebene dar, denen ein und dieselbe Richtung der Tangente der Integralkurve zugeordnet ist.

Die ganze Schar heißt daher *Isoklinenschar* (oder Schar der *Linien gleicher Richtung* des Richtungsfeldes) der gegebenen Differentialgleichung.

Bei der homogenen Differentialgleichung [5] waren die Isoklinen Geraden, die durch den Ursprung verlaufen.

Wir wollen nun untersuchen, in welchen Fällen eine Isokline eine Integralkurve der Differentialgleichung darstellt, d. h. eine Lösung der Gleichung liefert. Wir wählen dazu eine beliebige Isokline

$$\Phi(x, y, b) = 0,$$

die dem speziellen Wert $C_1 = b$ entspricht. In den Punkten dieser Isokline liefert die Differentialgleichung ein und dieselbe Tangentenrichtung, und zwar wird $y' = b$.

Damit die Isokline gleichzeitig eine Lösung ergibt, ist notwendig und hinreichend, daß der Richtungskoeffizient der Tangente an die Isokline in allen deren Punkten ebenfalls gleich b ist.

Hieraus folgt unmittelbar, daß die Isokline eine Gerade mit dem Richtungskoeffizienten b sein muß; denn aus $y' = b$ folgt $y = bx + c$, wobei c eine beliebige Konstante ist.

Eine Isokline ist also nur dann eine Lösung der Gleichung, wenn sie eine Gerade ist, deren Richtung mit der konstanten Richtung der Tangenten übereinstimmt, die durch die Differentialgleichung den Punkten dieser Isoklinen zugeordnet ist.

Wir betrachten nun den ersten Typ einer nicht nach y' aufgelösten Gleichung. Eine Differentialgleichung der Form

$$y = xy' + \varphi(y') \tag{65}$$

heißt *Clairautsche Differentialgleichung*.

Wird anstelle von y' eine beliebige Konstante eingesetzt, so ergibt sich die Isoklinenschar dieser Gleichung:

$$y = xC_1 + \varphi(C_1). \tag{66}$$

Offenbar werden alle Isoklinen Geraden; der Richtungskoeffizient C_1 jeder dieser Geraden ist dabei dieselbe Konstante, durch die y' ersetzt wurde. Somit stimmt die Richtung jeder dieser Geraden (66) mit der konstanten Tangentenrichtung überein, die durch die Differentialgleichung in den Punkten dieser Geraden vorgeschrieben ist. Aus den Feststellungen im vorigen Abschnitt folgt nun, daß jede dieser Geraden (66) eine Lösung der Gleichung (65) ist. Die Schar der Isoklinen (66) ist also gleichzeitig eine Schar des allgemeinen Integrals der Differentialgleichung (65).

Wir geben nun eine andere Methode zur Ermittlung des allgemeinen Integrals der Gleichung (65) an, die nicht nur das allgemeine Integral liefert, sondern auch die singuläre Lösung der Gleichung (65). Setzen wir $y' = p$, so geht (65) über in

$$y = xp + \varphi(p). \tag{65_1}$$

Die Aufgabe wird damit auf die Ermittlung einer Funktion $p = \psi(x)$ zurückgeführt, welche die Eigenschaft hat, daß bei Einsetzen von $p = \psi(x)$ in die rechte Seite von (65_1) für y eine Funktion von x entsteht, deren Ableitung y' gleich $p = \psi(x)$ wird. Bildet man die Differentiale beider Seiten von (65_1) und setzt links $dy = y'\,dx = p\,dx$, so ergibt sich eine Differentialgleichung erster Ordnung für p:

$$p\,dx = p\,dx + x\,dp + \varphi'(p)\,dp \quad \text{oder} \quad [x + \varphi'(p)]\,dp = 0.$$

Setzen wir jeden der Faktoren Null, so erhalten wir zwei Fälle. Der Fall $dp = 0$ liefert $p = C$, wobei C eine beliebige Konstante ist. Durch Einsetzen von $p = C$ in die Gleichung (65_1) erhalten wir wieder das allgemeine Integral (66). Im zweiten Fall entsteht die Gleichung

$$x + \varphi'(p) = 0.$$

Durch Elimination von p aus den beiden Gleichungen

$$y = xp + \varphi(p) \quad \text{und} \quad x + \varphi'(p) = 0$$

ergibt sich ebenfalls eine Lösung von (65), die jetzt keine willkürliche Konstante enthält. Diese Lösung ist im allgemeinen eine singuläre Lösung der Gleichung.

Auf die Clairautsche Differentialgleichung führen solche geometrischen Aufgaben, bei denen eine Kurve gemäß einer vorgegebenen Eigenschaft ihrer Tangente bestimmt werden soll, wenn sich diese Eigenschaft nur auf die Tangente selbst, jedoch nicht auf den Berührungspunkt bezieht. Die Gleichung der Tangente hat nämlich die Form

$$Y - y = y'(X - x) \quad \text{oder} \quad Y = y'X + (y - xy'),$$

und jede Eigenschaft der Tangente läßt sich durch eine Beziehung zwischen $y - xy'$ und y' ausdrücken:

$$\Phi(y - xy', y') = 0.$$

Durch Auflösung dieser Beziehung nach $y - xy'$ kommen wir zu einer Differentialgleichung der Form (65). Die geraden Linien, die ein allgemeines Integral der Clairautschen Gleichung darstellen, sind offenbar als Lösung der Aufgabe nicht von Interesse; diese wird vielmehr durch die singuläre Lösung der Gleichung geliefert.

11. Die Clairautsche Differentialgleichung

Beispiele.

1. Die Gleichung
$$y = xy' + y'^2$$
hat das allgemeine Integral
$$y = xC + C^2.$$
Eliminiert man p aus den Gleichungen
$$y = xp + p^2 \quad \text{und} \quad x + 2p = 0,$$
so erhält man die Lösung
$$y = -\frac{x^2}{4}.$$
Man erhält sie ebenfalls, wenn man auf die Gleichung
$$y'^2 + xy' - y = 0$$
die Formel (60) anwendet. Die Geraden des allgemeinen Integrals bilden eine Schar von Tangenten an die Parabel $y = -\dfrac{x^2}{4}$.

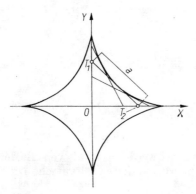

Abb. 9

2. Es ist eine Kurve so zu bestimmen, daß der Abschnitt $\overline{T_1 T_2}$ ihrer Tangente zwischen den Koordinatenachsen die konstante Länge a hat (Abb. 9).

Wir bestimmen aus der Tangentengleichung die Abschnitte $\overline{OT_1}$ und $\overline{OT_2}$ der Tangente auf den Koordinatenachsen und bilden dann leicht die Differentialgleichung der gesuchten Kurve:
$$\frac{(y - xy')^2}{y'^2} + (y - xy')^2 = a^2 \quad \text{oder} \quad y = xy' \pm \frac{ay'}{\sqrt{1 + y'^2}}.$$

Das allgemeine Integral dieser Differentialgleichung ist
$$y = xC \pm \frac{aC}{\sqrt{1 + C^2}}. \tag{67}$$

Es stellt eine Schar gerader Linien dar, für welche die Länge des Abschnitts zwischen den Koordinatenachsen gleich a ist. Die singuläre Lösung erhält man durch Elimination von p aus der Gleichung

$$y = xp \pm \frac{ap}{\sqrt{1+p^2}} \tag{68}$$

und der Gleichung

$$x \pm a \, \frac{\sqrt{1+p^2} - \dfrac{p^2}{\sqrt{1+p^2}}}{1+p^2} = 0,$$

die sich auf die Form

$$x \pm \frac{a}{(1+p^2)^{3/2}} = 0$$

reduziert. Setzen wir $p = \tan\varphi$, so ergibt sich

$$x = \mp a \cos^3 \varphi;$$

aus der Gleichung (68) erhalten wir für y

$$y = \mp a \cos^3\varphi \tan\varphi \pm a \sin\varphi = \pm a \sin^3\varphi.$$

Wir erheben beide Seiten der letzten beiden Gleichungen in die Potenz 2/3, addieren und können dann φ eliminieren:

$$x^{2/3} + y^{2/3} = a^{2/3}.$$

Die gesuchte Kurve ist also eine Astroide [**I, 80**]. Die Geraden (67) bilden die Schar der Tangenten an die Astroide (Abb. 9).

12. Die Lagrangesche Differentialgleichung. Eine Differentialgleichung der Form

$$y = x\varphi_1(y') + \varphi_2(y') \tag{69}$$

heißt *Lagrangesche Differentialgleichung*; dabei werde $\varphi_1(y')$ als verschieden von y' angesehen, da sich für $\varphi_1(y') = y'$ die schon behandelte Clairautsche Differentialgleichung ergibt.

Wir wenden auf die Gleichung (69) dieselbe „Methode der Differentiation" wie bei der Clairautschen Gleichung an. Mit $y' = p$ schreibt sich die Gleichung in der Form

$$y = x\varphi_1(p) + \varphi_2(p). \tag{70}$$

Bildet man die Differentiale beider Seiten, so ergibt sich eine Differentialgleichung erster Ordnung für p:

$$p\,dx = \varphi_1(p)\,dx + x\varphi_1'(p)\,dp + \varphi_2'(p)\,dp.$$

Nach Division durch dp erhält man

$$[\varphi_1(p) - p] \frac{dx}{dp} + \varphi_1'(p)x + \varphi_2'(p) = 0. \tag{71}$$

Sieht man x als Funktion von p an, so stellt dies eine lineare Differentialgleichung dar. Nach Division beider Seiten durch den Koeffizienten $[\varphi_1(p) - p]$ hat sie die Form (28). Ihr allgemeines Integral ist dann

$$x = \psi_1(p)C + \psi_2(p). \tag{72}$$

Wir setzen diesen Ausdruck für x in die Gleichung (70) ein und erhalten für y eine Gleichung der Form

$$y = \psi_3(p)C + \psi_4(p). \tag{73}$$

Die Formeln (72) und (73) stellen x und y durch die willkürliche Konstante C und den veränderlichen Parameter p dar, d. h., sie geben eine Parameterdarstellung des allgemeinen Integrals der Lagrangeschen Differentialgleichung. Wird aus den Gleichungen (72) und (73) der Parameter p eliminiert, so entsteht das allgemeine Integral in der üblichen Form.

Die Isoklinen der Gleichung (63) sind Geraden:

$$y = x\varphi_1(C_1) + \varphi_2(C_1)$$

Für solche Werte C_1 mit $\varphi_1(C_1) = C_1$ liefert diese Formel eine Lösung der Gleichung (69), wovon man sich leicht überzeugen kann.

Beispiel. Für die Gleichung

$$y'^2 + 2xy' + y = 0 \quad \text{oder} \quad y' = -x \pm \sqrt{x^2 - y} \tag{74}$$

liefert die Formel (60) $y = x^2$. Diese Funktion ist jedoch keine Lösung der Gleichung. Folglich hat diese Gleichung keine singulären Lösungen. Der Bereich B aus Satz A ist das Äußere der Parabel $y = x^2$ ($y < x^2$).

Löst man die Gleichung nach y auf, so erhält man eine Gleichung der Form (69). Die Gleichung (71) hat hierbei die Gestalt

$$3p\,dx + (2x + 2p)\,dp = 0. \tag{75}$$

Nach Division durch dp erhält man eine lineare Differentialgleichung

$$\frac{dx}{dp} + \frac{2}{3p}x + \frac{2}{3} = 0. \tag{75_1}$$

In der oben angegebenen Weise findet man

$$x = Cp^{-2/3} - \frac{2}{5}p, \quad y = -Cp^{1/3} - \frac{1}{5}p^2. \tag{76}$$

Die Isoklinen der Gleichung (74) sind die Geraden

$$y = -2C_1 x - C_1^2.$$

Für $-2C_1 = C_1$, d. h. für $C_1 = 0$, liefern sie eine Lösung $y = 0$, die man aus (76) nicht erhalten kann, ganz gleich, wie man den Zahlenwert von C wählt. Aber diese Lösung ist keine singuläre Lösung, da die Gleichung (74) keine singulären Lösungen besitzt. Diese Lösung $y = 0$ ging bei der Division der Gleichung (75) durch dp verloren.

Für diese Lösung gilt $dp = dy' \equiv 0$. Dabei kann die Veränderliche p aber keine unabhängige Veränderliche sein, wie wir es in Gleichung (75_1) voraussetzen.

Es sei bemerkt, daß der Punkt (0, 0) auf der Parabel $y = x^2$ liegt. Deshalb gehört nicht die gesamte x-Achse ($y = 0$) dem Bereich B an, sondern nur der Strahl $x > 0$ und der Strahl $x < 0$. Die Formeln (76) bestimmen daher für jedes feste C zwei Integralkurven: die eine erhält man für $-\infty < p < 0$, die andere für $0 < p < \infty$. Dies sind sämtliche Lösungen von (74) mit Ausnahme von $y = 0$.

Wenn ein Punkt $M_0(x_0, y_0)$ mit $x_0^2 - y_0 > 0$ vorgegeben ist, so erhält man für p zwei Werte:

$$p_0 = -x_0 \pm \sqrt{x_0^2 - y_0}.$$

Eine der Gleichungen (76) liefert dann zwei Werte für C, die den Integralkurven durch den Punkt M_0 entsprechen.

Für die Punkte $(x_0, 0)$, $x_0 \neq 0$, erhalten wir $p_0 = 0$ und $p_0 = -2x_0$. Dem ersten Wert entspricht die Lösung $y = 0$.

13. Die Einhüllende einer Kurvenschar und die singulären Lösungen. Wir hatten bereits zwei Beispiele, in denen sich außer dem allgemeinen Integral auch singuläre Lösungen ergaben. In dem Beispiel aus [10] war das allgemeine Integral die Schar der Kreise

$$(x - C)^2 + y^2 = a^2 \tag{77}$$

mit den Mittelpunkten auf der x-Achse und dem konstanten Radius a.

Singuläre Lösungen waren die zwei zur x-Achse parallelen Geraden $y = \pm a$. Diese Geraden berühren in jedem Punkt einen der Kreise der Schar (77) (Abb. 8). Im Beispiel 2 aus [11] stellte das allgemeine Integral eine Schar von Geraden dar, für welche die Länge des Abschnitts zwischen den Koordinatenachsen gleich dem vorgegebenen Wert a ist. Die singuläre Lösung war eine Astroide, die in jedem ihrer Punkte von einer der erwähnten Geraden berührt wird. Die erwähnte Geradenschar stellt somit die Schar der Tangenten dieser Astroide dar.

Diese Beispiele führen uns zu dem Begriff der Einhüllenden einer gegebenen Kurvenschar. Gegeben sei die Kurvenschar

$$\psi(x, y, C) = 0, \tag{78}$$

in der C ein beliebiger Parameter ist. Eine Kurve, die in jedem ihrer Punkte eine Kurve der Schar berührt, also in jedem ihrer Punkte eine gemeinsame Tangente mit der durch denselben Punkt gehenden Kurve der Schar (78) hat, heißt *Einhüllende* dieser Schar.

Es soll nun eine Regel zur Ermittlung von Einhüllenden angegeben werden. Zunächst bestimmen wir den Richtungskoeffizienten der Tangente an eine Kurve der Schar (78). Differenzieren wir die Gleichung (78) und beachten, daß y eine Funktion von x ist und C eine Konstante, so erhalten wir

$$\frac{\partial \psi(x, y, C)}{\partial x} + \frac{\partial \psi(x, y, C)}{\partial y} \frac{dy}{dx} = 0$$

und daraus

$$\frac{dy}{dx} = -\frac{\dfrac{\partial \psi(x, y, C)}{\partial x}}{\dfrac{\partial \psi(x, y, C)}{\partial y}}. \tag{79}$$

13. Die Einhüllende einer Kurvenschar und die singulären Lösungen

Die gesuchte Einhüllende sei durch die Gleichung

$$R(x, y) = 0 \tag{80}$$

gegeben. Wir können dabei annehmen, daß die uns zunächst unbekannte linke Seite dieser Gleichung, also $R(x, y)$, die Form $\psi(x, y, C)$ hat, wobei jedoch C keine Konstante, sondern irgendeine noch unbekannte Funktion von x und y ist. Bei beliebiger Funktion $R(x, y)$ können wir nämlich durch die Gleichung

$$R(x, y) = \psi(x, y, C)$$

C als Funktion von x und y definieren. Die Gleichung der Einhüllenden kann also ebenfalls in der Form (78) angesetzt werden, wobei C als gesuchte Funktion von x und y anzusehen ist. Bilden wir die Differentiale beider Seiten der Gleichung (78), so erhalten wir, da C jetzt nicht konstant ist,

$$\frac{\partial \psi(x, y, C)}{\partial x} dx + \frac{\partial \psi(x, y, C)}{\partial y} dy + \frac{\partial \psi(x, y, C)}{\partial C} dC = 0. \tag{81}$$

Für die gesuchte Einhüllende muß der Richtungskoeffizient $\frac{dy}{dx}$ der Tangente nun derselbe sein wie für die durch denselben Punkt gehende Kurve der Schar (78). Somit muß die Gleichung (81) für $\frac{dy}{dx}$ den früheren Ausdruck (79) liefern. Das ist aber nur dann der Fall, wenn der dritte Summand auf der linken Seite der Formel (81) gleich Null wird, d. h. $\frac{\partial \psi(x, y, C)}{\partial C} dC = 0$ ist. Die Möglichkeit $dC = 0$ liefert ein konstantes C, d. h., sie liefert wieder eine Kurve der Schar, aber nicht die Einhüllende, und folglich müssen wir, um die Einhüllende zu erhalten,

$$\frac{\partial \psi(x, y, C)}{\partial C} = 0$$

setzen. Diese Gleichung definiert jetzt C als Funktion von x und y. Setzt man diese Darstellung von C durch x und y in die linke Seite der Gleichung (78) ein, so ergibt sich die gesuchte Gleichung der Einhüllenden (80). *Die Gleichung der Einhüllenden der Schar* (78) *läßt sich durch Elimination von C aus beiden Gleichungen*

$$\psi(x, y, C) = 0, \quad \frac{\partial \psi(x, y, C)}{\partial C} = 0 \tag{82}$$

gewinnen.

Bewegen wir uns nun längs der Einhüllenden, so berühren wir die verschiedenen Kurven der Schar (78), von denen jede durch ihren Wert der Konstanten C bestimmt wird. Auf diese Weise wird der Ansatz für die Gleichung der Einhüllenden ist der Form (78) mit veränderlichem C verständlich.

Nun kehren wir zu den singulären Lösungen einer Differentialgleichung zurück. Wir nehmen an, daß (78) das allgemeine Integral der Differentialgleichung

$$\Phi(x, y, y') = 0 \tag{83}$$

darstellt; auf jeder Kurve der durch (78) gegebenen Schar sollen also die Koordinaten x, y und der Richtungskoeffizient y' der Tangente die Gleichung (83) erfüllen. In jedem Punkt der Einhüllenden stimmen x, y und y' mit den entsprechenden Werten einer gewissen Kurve der Schar (78) überein, d. h., x, y und die dazugehörige Richtung y' der Einhüllenden erfüllen ebenfalls (83). *Die Einhüllende der das allgemeine Integral darstellenden Schar ist somit ebenfalls eine Integralkurve der Differentialgleichung.*

Ist also $\psi(x, y, C) = 0$ ein allgemeines Integral der Gleichung (83), so führt uns die Elimination von C aus den Gleichungen (82) in gewissen Fällen auf eine singuläre Lösung. Der Vorbehalt „in gewissen Fällen" ist notwendig wegen folgender Überlegungen: Oben nahmen wir an, daß die Kurven (78) eine gemeinsame Tangente haben, und wenn wir C aus den Gleichungen (82) eliminieren, so brauchen wir nicht nur die Einhüllende zu erhalten; außer der Einhüllenden kann sich auch noch die Gesamtheit aller singulären Punkte der Kurven der Schar (78) ergeben, d. h. die Menge derjenigen Punkte der Kurven (78), in denen diese Kurven keine Tangente haben [I, 76]. Außerdem kommt es mitunter vor, daß die Einhüllende selbst in dem Bestand der Kurvenschar (78) auftritt. Wir gehen nicht auf eine strenge Darlegung der Theorie der Einhüllenden und der singulären Lösungen ein. Eine solche Theorie muß in engem Zusammenhang mit dem Existenz- und Eindeutigkeitssatz, den wir in [2] erwähnt hatten, behandelt werden. Wir beschränken uns deshalb auf eine Erläuterung der Frage an einigen Beispielen.

1. Es soll die Einhüllende der Kreisschar (62)

$$(x - C)^2 + y^2 = a^2$$

bestimmt werden. Die Gleichungen (82) lauten im vorliegenden Fall

$$(x - C)^2 + y^2 = a^2, \quad -2(x - C) = 0.$$

Die zweite Gleichung liefert $C = x$. Setzen wir dies in die erste Gleichung ein, so erhalten wir $y^2 = a^2$; somit ergeben sich die beiden Geraden $y = \pm a$, in Übereinstimmung mit dem schon früher Gefundenen.

2. Das allgemeine Integral der Clairautschen Gleichung $y = xy' + \varphi(y')$ wird

$$y = xC + \varphi(C).$$

Die Einhüllende ergibt sich durch Elimination von C aus den beiden Gleichungen

$$y = xC + \varphi(C), \quad 0 = x + \varphi'(C).$$

Diese Gleichungen stimmen mit den Gleichungen aus [11] überein bis auf die unwesentliche Vertauschung des Buchstabens p mit dem Buchstaben C. Wir erhalten also die frühere Regel zur Ermittlung der singulären Lösung der Clairautschen Gleichung.

3. Die Kurve $y^2 = x^3$ stellt eine sogenannte *semikubische Parabel* dar (Abb. 10). Verschieben wir sie parallel zur y-Achse, so erhalten wir die folgende Schar semikubischer Parabeln:

$$(y + C)^2 = x^3.$$

Jede dieser Kurven hat eine Spitze auf der y-Achse, und in jeder Spitze gibt es eine rechtsseitige Tangente parallel zur x-Achse. Die Gleichungen (82) haben im vorliegenden Fall die Form

$$(y + C)^2 = x^3, \quad 2(y + C) = 0.$$

Durch Elimination von C erhalten wir $x = 0$, d. h. die y-Achse. Im vorliegenden Fall ist die y-Achse keine Einhüllende der Schar, sondern die Menge der singulären Punkte der Kurven der Schar.

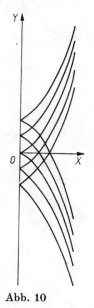

Abb. 10

4. Wir betrachten die Kurvenschar

$$y = C(x - C)^2.$$

Für $C \neq 0$ erhalten wir Parabeln, für $C = 0$ die x-Achse. Die Gleichungen (82) haben die Form

$$y = C(x - C)^2, \quad (x - C)(x - 3C) = 0.$$

Die zweite Gleichung liefert $C = x$ oder $C = \dfrac{1}{3} x$. Durch Einsetzen in die erste Gleichung erhalten wir entweder $y = 0$ oder $y = \dfrac{4}{27} x^3$. Die erste Kurve $y = 0$ ist die x-Achse, die in der Kurvenschar selbst enthalten ist; die kubische Parabel $y = \dfrac{4}{27} x^3$ ist die Einhüllende der Schar.

14. Die isogonalen Trajektorien. Als *isogonale Trajektorien* der Kurvenschar

$$\psi(x, y, C) = 0 \tag{84}$$

bezeichnet man diejenigen Kurven, welche die Kurven der gegebenen Schar unter einem festen Winkel schneiden. Ist dieser konstante Winkel insbesondere ein rechter, so heißen sie *orthogonale Trajektorien*. Wir werden zeigen, daß die Ermittlung der isogonalen Trajektorien auf die Integration einer Differentialgleichung erster Ordnung hinausläuft.

Durch Elimination von C aus den Gleichungen

$$\psi(x, y, C) = 0, \qquad \frac{\partial \psi(x, y, C)}{\partial x} + \frac{\partial \psi(x, y, C)}{\partial y} y' = 0 \tag{85}$$

entsteht die gesuchte Differentialgleichung

$$\Phi(x, y, y') = 0. \tag{86}$$

Wir befassen uns zunächst mit der Bestimmung der orthogonalen Trajektorien. Gemäß der Bedingung für die Orthogonalität hat die Tangente an die gesuchte Kurve in einem Schnittpunkt mit irgendeiner Kurve der Schar (84) einen Richtungskoeffizienten, der dem Betrag nach reziprok und dem Vorzeichen nach entgegengesetzt ist zu dem entsprechenden Richtungskoeffizienten der Scharkurve. Folglich muß *zur Ermittlung der Differentialgleichung der orthogonalen Trajektorien in der Differentialgleichung der vorgegebenen Schar y' durch $-\dfrac{1}{y'}$ ersetzt werden.*

Die Ermittlung der orthogonalen Trajektorien läuft somit auf die Integration der Differentialgleichung

$$\Phi\left(x, y_1, -\frac{1}{y_1'}\right) = 0$$

hinaus, wobei y_1 die gesuchte Funktion von x ist.

Wir wenden uns jetzt dem allgemeinen Problem der isogonalen Trajektorien zu. Es sei φ der feste Winkel, unter dem die gesuchten Kurven die Kurven der Schar (84) schneiden sollen. Bezeichnen wir so wie vorher mit y_1 die Ordinate der gesuchten Kurve und beachten wir, daß der Tangens der Differenz zweier Winkel durch

$$\tan \varphi = \tan(\psi_1 - \psi) = \frac{\tan \psi_1 - \tan \psi}{1 + \tan \psi \tan \psi_1}$$

gegeben wird, wobei $\tan \psi = y'$ der Richtungskoeffizient der Tangente an die Kurve (84) und $\tan \psi_1 = y_1'$ derjenige für die gesuchten Kurven ist, so ergibt sich

$$\frac{y_1' - y'}{1 + y' y_1'} = \tan \varphi. \tag{87}$$

Dabei wird φ von der Kurve (84) aus bis zu der gesuchten Kurve gerechnet. Eliminieren wir y' aus der letzten Gleichung und der Gleichung (86), so erhalten wir die Differentialgleichung der isogonalen Trajektorien, die zu integrieren ist.

Beispiel. Es sind die isogonalen Trajektorien der Schar

$$y = C x^m \tag{88}$$

zu finden.

Eliminieren wir C aus den Gleichungen

$$y = C x^m, \qquad y' = C m x^{m-1},$$

so erhalten wir die Differentialgleichung der Schar (88):

$$y' = m\,\frac{y}{x}.$$

Wird dieser Ausdruck für y' in die Formel (87) eingesetzt, so ergibt sich die Differentialgleichung der gesuchten Schar:

$$\frac{y' - m\,\dfrac{y}{x}}{1 + m\,\dfrac{yy'}{x}} = \frac{1}{k}.$$

Dabei wurde die Konstante $\tan\varphi$ mit $\dfrac{1}{k}$ bezeichnet und anstelle von y_1 einfach y geschrieben.
Diese Gleichung läßt sich auf die Form

$$y' = \frac{km\,\dfrac{y}{x} + 1}{k - m\,\dfrac{y}{x}} \qquad (89)$$

bringen und stellt somit eine homogene Differentialgleichung dar [5].

Für $m = 1$ liefert (88) eine Schar von Strahlen, die durch den Koordinatenursprung verlaufen; die gesuchten Kurven schneiden diese unter einem konstanten Winkel; sie werden also logarithmische Spiralen [**I, 83**] oder Kreise sein.

Ist $m = -1$ und $k = 0$, so läuft die Aufgabe auf die Ermittlung der orthogonalen Trajektorien der gleichseitigen Hyperbel

$$xy = C \qquad (90)$$

hinaus.

Die Gleichung (89) läßt sich in diesem Fall auf eine Gleichung mit separierbaren Veränderlichen zurückführen:

$$\frac{dy}{dx} = \frac{x}{y} \quad \text{oder} \quad x\,dx - y\,dy = 0.$$

Durch Integration erhalten wir wieder eine Schar gleichseitiger Hyperbeln, die jedoch auf die Symmetrieachsen bezogen sind:

$$x^2 - y^2 = C.$$

Wie leicht nachzuprüfen ist, ergibt sich diese Schar aus der gegebenen Schar (90), wenn man diese um den Koordinatenursprung um 45° dreht. Allgemein reduziert sich die Gleichung (89) für $k = 0$ auf die Form

$$\frac{dy}{dx} = -\frac{x}{my},$$

deren allgemeines Integral

$$my^2 + x^2 = C$$

lautet, d. h., die orthogonalen Trajektorien der Schar (88) bilden für $m > 0$ $(m < 0)$ eine Schar ähnlicher Ellipsen (Hyperbeln). In Abb. 11 sind die orthogonalen Trajektorien der Parabeln $y = Cx^2$ dargestellt.

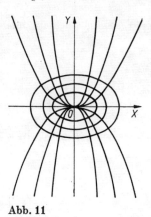

Abb. 11

§ 2. Differentialgleichungen höherer Ordnung und Systeme von Differentialgleichungen

15. Allgemeine Begriffe. Die gewöhnliche Differentialgleichung n-ter Ordnung hat die Form

$$\Phi(x, y, y', y'', \ldots, y^{(n)}) = 0 \tag{1}$$

oder, nach $y^{(n)}$ aufgelöst,

$$y^{(n)} = f(x, y, y', y'', \ldots, y^{(n-1)}). \tag{2}$$

Jede stetige Funktion y, die stetige Ableitungen bis zur n-ten Ordnung besitzt und die der Gleichung (1) oder (2) genügt, heißt *Lösung dieser Gleichung*; die Ermittlung der Lösungen einer Differentialgleichung selbst nennt man auch *Integration einer Differentialgleichung*.

Als Beispiel betrachten wir die geradlinige Bewegung eines Massenpunktes m unter der Einwirkung einer Kraft F, die von der Zeit t, der Lage des Punktes und seiner Geschwindigkeit abhängt. Wählen wir die Gerade, auf der sich der Punkt bewegt, als x-Achse, so können wir die Kraft F als vorgegebene Funktion von t, x und $\dfrac{dx}{dt}$ ansehen. Nach dem Newtonschen Gesetz muß das Produkt aus der Masse des Punktes und seiner Beschleunigung gleich der wirkenden Kraft sein. Wir erhalten so die Differentialgleichung der Bewegung:

$$m \frac{d^2 x}{dt^2} = F\left(t, x, \frac{dx}{dt}\right). \tag{3}$$

Die Integration dieser Differentialgleichung zweiter Ordnung liefert x in Abhängigkeit von t, also die Bewegung des Punktes unter dem Einfluß der vorgegebenen Kraft. Um eine bestimmte Lösung der Aufgabe zu erhalten, müssen wir noch die *Anfangsbedingungen der Bewegung* vorgeben, etwa die Lage des Punktes und seine Geschwindigkeit in einem gewissen Anfangszeitpunkt, z. B.

$$x\bigg|_{t=0} = x_0, \quad \frac{dx}{dt}\bigg|_{t=0} = x_0'. \tag{4}$$

Für die Differentialgleichung n-ter Ordnung (1) oder (2) bestehen die Anfangsbedingungen in der Vorgabe der Funktion y und ihrer Ableitungen bis zur $(n-1)$-ten Ordnung einschließlich für einen bestimmten Wert $x = x_0$:

$$y|_{x=x_0} = y_0, \quad y'|_{x=x_0} = y_0', \quad \ldots, \quad y^{(n-1)}|_{x=x_0} = y_0^{(n-1)}. \tag{5}$$

In diesen Bedingungen sind $y_0, y_0', \ldots, y_0^{(n-1)}$ bestimmte vorgegebene Werte.

Dabei gilt für die Gleichung n-ter Ordnung (in sinnvoller Verallgemeinerung des Satzes für die Gleichung erster Ordnung) ein dem Satz A aus [2] völlig analoger Existenz- und Eindeutigkeitssatz, den wir in der folgenden Weise formulieren können:

Satz A. *Ist $f(x, y, y', \ldots, y^{(n-1)})$ eine eindeutige Funktion ihrer Argumente, die für alle Werte $x, y, y', \ldots, y^{(n-1)}$ in einer gewissen Umgebung der Werte $x_0, y_0, y_0', \ldots, y_0^{(n-1)}$ und für diese Werte stetig ist und stetige partielle Ableitungen erster Ordnung nach $y, y', \ldots, y^{(n-1)}$ besitzt, so existiert genau eine den Anfangsbedingungen (5) entsprechende Lösung der Gleichung* (2).

Wir könnten diesen Satz auch so wie in [2] formulieren, wobei wir dann im $(n+1)$-dimensionalen Raum der Veränderlichen $x, y, y', \ldots, y^{(n-1)}$ einen Bereich B betrachten, in welchem die rechte Seite der Gleichung (2) eindeutig und stetig ist und stetige Ableitungen nach den Argumenten $y, y', \ldots, y^{(n-1)}$ besitzt. Alle diese Argumente sehen wir dann zusammen mit x als unabhängige Veränderliche der Funktion $f(x, y, y', \ldots, y^{(n-1)})$ an. Im folgenden Kapitel werden wir noch zu diesem Satz zurückkehren.

Verändern wir in den Anfangsbedingungen die Konstanten $y_0, y_0', \ldots, y_0^{(n-1)}$, so erhalten wir eine unendliche Mannigfaltigkeit von Lösungen oder, genauer gesagt, eine Schar von Lösungen, die von n willkürlichen Konstanten abhängt. Diese willkürlichen Konstanten brauchen in die Lösung nicht als Anfangsbedingungen einzugehen, sondern können auch in allgemeinerer Form auftreten:

$$y = \varphi(x, C_1, C_2, \ldots, C_n). \tag{6}$$

Eine solche Lösung der Gleichung (2), die n willkürliche Konstanten enthält, heißt *allgemeines Integral* der Gleichung (2). Das allgemeine Integral kann auch in impliziter Form geschrieben werden:

$$\psi(x, y, C_1, C_2, \ldots, C_n) = 0. \tag{7}$$

Geben wir den Konstanten $C_1, C_2, \ldots, C_n$ bestimmte Werte, so erhalten wir eine *partikuläre Lösung* der Gleichung (2).

Werden die Gleichungen (6) oder (7) $(n-1)$-mal nach x differenziert, setzt man danach $x = x_0$ und berücksichtigt die Anfangsbedingungen (5), so ergeben sich n Gleichungen zur Bestimmung der Werte der beliebigen Konstanten.

Es wird vorausgesetzt, daß sich diese Gleichungen bei beliebigen Anfangsbedingungen $(x_0, y_0, y_0', \ldots, y_0^{(n-1)})$ aus einem gewissen Gebiet derselben nach $C_1, C_2, \ldots, C_n$ auflösen lassen. Auf diese Weise erhält man eine Lösung, die den Anfangsbedingungen (5) genügt.

Die *singuläre Lösung* wird ebenso bestimmt wie für eine Differentialgleichung erster Ordnung. Die Grundlage der weiteren Betrachtungen bildet Satz A.

Wir wollen kurz auf die Verallgemeinerung der Methode der Potenzreihen [8] für eine Gleichung n-ter Ordnung eingehen.

Ist die rechte Seite der Gleichung (2) in eine Reihe nach ganzen nichtnegativen Potenzen der Differenzen

$$x - x_0, \quad y - y_0, \quad y' - y_0', \quad \ldots, \quad y^{(n-1)} - y_0^{(n-1)}$$

entwickelbar, wobei die Absolutbeträge dieser Differenzen eine bestimmte Zahl nicht übersteigen dürfen, so kann die den Anfangsbedingungen (5) genügende Lösung ebenfalls in Form einer Reihe dargestellt werden:

$$y = y_0 + \frac{y_0'}{1!}(x - x_0) + \frac{y_0''}{2!}(x - x_0)^2 + \cdots, \tag{8}$$

wobei die Gleichung (2) selbst, so wie auch im Fall der Gleichung erster Ordnung [8], wohlbestimmte Werte für die Koeffizienten dieser Reihe liefert. Setzen wir nämlich $x = x_0$ und die Anfangsbedingungen (5) in die Gleichung ein, so erhalten wir $y_0^{(n)}$. Wird dann die Gleichung (2) nach x differenziert und $x = x_0$, die Anfangsbedingungen (5) sowie $y^{(n)} = y_0^{(n)}$ eingesetzt, so ergibt sich $y_0^{(n+1)}$, usw. Man kann zeigen, daß die Reihe (8) konvergiert, wenn der Absolutbetrag $|x - x_0|$ genügend klein ist, und daß die Summe der Reihe der Gleichung (2) genügt. Die Anfangsbedingungen werden trivial erfüllt.

Die Reihenkoeffizienten lassen sich auch in der Weise bestimmen, daß man auf beiden Seiten der Gleichung (2) anstelle von y die Potenzreihe

$$y = y_0 + \frac{y_0'}{1!}(x - x_0) + \frac{y_0''}{2!}(x - x_0)^2 + \cdots + \frac{y_0^{(n-1)}}{(n-1)!}(x - x_0)^{n-1}$$
$$+ a_n(x - x_0)^n + a_{n+1}(x - x_0)^{n+1} + \cdots \tag{9}$$

mit den unbestimmten Koeffizienten $a_n, a_{n+1}, \ldots$ einsetzt. Wird dann die rechte Seite nach Potenzen von $x - x_0$ geordnet, so ergeben sich die erwähnten Koeffizienten durch Vergleich der Glieder mit gleichen Potenzen von $x - x_0$ auf beiden Seiten der erhaltenen Identität [8].

16. Graphische Verfahren zur Integration einer Differentialgleichung zweiter Ordnung. Jeder Lösung einer Differentialgleichung n-ter Ordnung entspricht eine gewisse Kurve, die wir, so wie bei der Differentialgleichung erster Ordnung, als *Integralkurve* dieser Gleichung bezeichnen. Der Differentialgleichung erster Ordnung entsprach ein Richtungsfeld [2].

16. Graphische Verfahren zur Integration

Wir erläutern jetzt die geometrische Bedeutung der Differentialgleichung zweiter Ordnung

$$y'' = f(x, y, y'). \tag{10}$$

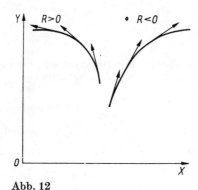

Abb. 12

Es sei s die Bogenlänge der Integralkurve und α der Winkel, der von der positiven Richtung der Tangente mit der positiven Richtung der x-Achse gebildet wird. Es gilt [**I, 70**]

$$\frac{dy}{dx} = \tan \alpha, \quad \frac{dx}{ds} = \cos \alpha.$$

Durch Differentiation nach x entsteht

$$\frac{d^2y}{dx^2} = \frac{1}{\cos^2 \alpha} \frac{d\alpha}{dx} = \frac{1}{\cos^2 \alpha} \frac{d\alpha}{ds} \frac{ds}{dx} = \frac{1}{\cos^3 \alpha} \frac{d\alpha}{ds};$$

$\dfrac{d\alpha}{ds}$ ist aber bekanntlich [**I, 71**] die Krümmung der Kurve,

$$\frac{d\alpha}{ds} = \frac{1}{R}. \tag{11}$$

Die vorstehende Gleichung liefert also

$$\frac{1}{R} = \cos^3 \alpha \frac{d^2y}{dx^2}. \tag{12}$$

Hierbei wird R positiv gezählt, wenn α mit s zunimmt, und negativ, wenn α mit wachsendem s abnimmt.

Es sei, wie üblich, die x-Achse nach rechts gerichtet und die y-Achse nach oben (Abb. 12). Dann windet sich die Kurve für $R > 0$ mit wachsendem s entgegen dem Uhrzeigersinn und für $R < 0$ im Uhrzeigersinn.

Gemäß Formel (12) läßt sich die Differentialgleichung (10) folgendermaßen schreiben:

$$\frac{1}{R} = f(x, y, \tan \alpha) \cos^3 \alpha. \tag{13}$$

Hieraus ist ersichtlich, daß *die Differentialgleichung zweiter Ordnung die Größe des Krümmungsradius liefert, wenn die Lage des Punktes und die Richtung der Tangente in diesem Punkt gegeben sind.*

Aus dieser Tatsache ergibt sich ein Verfahren zur Annäherung der Integralkurve der Differentialgleichung zweiter Ordnung durch eine aus Kreisbögen gebildete *Kurve mit stetig veränderlicher Tangente*. Dieses Verfahren entspricht der Annäherung der Integralkurve einer Differentialgleichung erster Ordnung durch einen Polygonzug [2].

Es seien

$$y\,|_{x=0} = y_0, \qquad y'\,|_{x=0} = y_0'$$

die Anfangsbedingungen für die gesuchte Integralkurve. Wir markieren den Punkt M_0 mit den Koordinaten (x_0, y_0) und in diesem Punkt die Richtung $M_0 T_0$ mit dem Richtungskoeffizienten $y' = \tan \alpha = y_0'$ (Abb. 13).

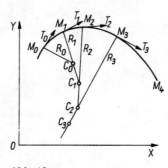

Abb. 13

Die Gleichung (13) liefert uns den entsprechenden Wert $R = R_0$. Wir tragen die Strecke $\overline{M_0 C_0}$ der Länge R_0 senkrecht zur Richtung $M_0 T_0$ ab und beschreiben um den Punkt C_0 den kleinen Kreisbogen $\widehat{M_0 M_1}$ mit dem Radius R_0.

Die Richtung der Strecke $\overline{M_0 C_0}$ wird auf Grund des oben Gesagten durch das Vorzeichen von R_0 bestimmt. Ist beispielsweise $R_0 < 0$, so muß die Bewegung längs des Kreisbogens von M_0 nach M_1 im Uhrzeigersinn verlaufen (Abb. 13). Es seien nunmehr x_1, y_1 die Koordinaten des Punktes M_1 und $\tan \alpha_1$ der Richtungskoeffizient der Tangente $M_1 T_1$ an den konstruierten Kreis im Punkt M_1. Die Beziehung (13) liefert die entsprechende Größe $R = R_1$. Wir tragen die Strecke $\overline{M_1 C_1}$ der Länge R_1 senkrecht zu $M_1 T_1$, d. h. auf der Geraden $M_1 C_0$ ab; ihre Richtung wird dabei durch das Vorzeichen von R_1 bestimmt. Nun beschreiben wir um den Punkt C_1 den kleinen Kreisbogen $\widehat{M_1 M_2}$ vom Radius R_1. Für den Punkt M_2 erhalten wir ebenso wie für M_1 aus der Gleichung (13) den Wert $R = R_2$; dann tragen wir die Strecke $\overline{M_2 C_2}$ (der Länge R_2) ab, usw.

Für die angegebene Konstruktion können wir ein Lineal verwenden, das an einem Ende eine Aussparung für den Bleistift besitzt. Von dieser Aussparung ausgehend ist auf dem Lineal eine geradlinige Einteilung abgetragen, auf der die jeweilige Größe R eingestellt wird. Weiterhin benutzen wir einen kleinen Dreifuß, dessen eine Spitze in dem der Größe R entsprechenden Punkt auf der Linealeinteilung steht. Seine beiden anderen Spitzen verbleiben auf dem Papier. Wenn wir in den Punkten M_1, M_2 usw. den Dreifuß längs der Geraden in Abhängigkeit von der Änderung der Größe R verschieben, so ändern wir in diesen Punkten nicht die Tangentenrichtung. Somit erhalten wir die gesuchte Kurve.

Wir geben jetzt noch ein anderes Verfahren zur graphischen Integration der Differentialgleichung (10) an, das eine Näherungsdarstellung der Integralkurve in Form eines Polygonzuges liefert. Dieses Verfahren stellt eine Verallgemeinerung des von uns in Abb. 7 angegebenen

Verfahrens dar. Außer $\hat{y}$ führen wir noch die unbekannte Funktion $z = y'$ ein. Anstelle der einen Differentialgleichung zweiter Ordnung (10) erhalten wir dann ein System von zwei Differentialgleichungen erster Ordnung mit den beiden unbekannten Funktionen y und z:

$$\frac{dy}{dx} = z, \quad \frac{dz}{dx} = f(x, y, z). \tag{14}$$

Das darzulegende Verfahren wenden wir auf den allgemeinen Fall zweier beliebiger Differentialgleichungen erster Ordnung an:

$$\frac{dy}{dx} = g(x, y, z), \quad \frac{dz}{dx} = f(x, y, z). \tag{15}$$

Dabei seien die Anfangsbedingungen

$$y|_{x=x_0} = y_0, \quad z|_{x=x_0} = z_0 \tag{16}$$

vorgegeben.

Sowohl für $y(x)$ als auch für $z(x)$ zeichnen wir die entsprechenden Polygonzüge in der x, y-Ebene (Abb. 14).

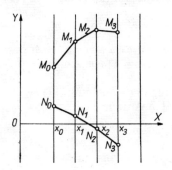

Abb. 14

Wie in [7] ziehen wir die zur y-Achse parallelen Geraden $x = x_0, x = x_1, x = x_2, \ldots$, wobei $x_0 < x_1 < x_2 < \cdots$ ist. Den Punkten M_0 und N_0 ordnen wir die Koordinaten (x_0, y_0) und (x_0, z_0) zu. Von diesen Punkten ausgehend konstruieren wir jeweils einen Strahl mit den Richtungskoeffizienten $g(x_0, y_0, z_0)$ bzw. $f(x_0, y_0, z_0)$, der die Gerade $x = x_1$ in $M_1(x_1, y_1)$ bzw. $N_1(x_1, z_1)$ schneidet. In diesen Punkten zeichnen wir wiederum die Strahlen mit den Richtungskoeffizienten $g(x_1, y_1, z_1)$ und $f(x_1, y_1, z_1)$ bis zu ihren Schnittpunkten $M_2(x_2, y_2)$ und $N_2(x_2, z_2)$ mit der Parallelen $x = x_2$, usw.

Für die Ordinaten y_1, z_1, y_2, z_2 usw. erhält man Formeln, die denen in [7] entsprechen.

17. Die Gleichung $y^{(n)} = f(x)$.

Die Gleichung

$$y^{(n)} = f(x), \tag{17}$$

wobei $f(x)$ eine stetige Funktion ist, stellt eine unmittelbare Verallgemeinerung der Gleichung $y' = f(x)$ dar. Wir untersuchen zunächst die Formel für das allgemeine Integral der Gleichung (17). Es sei $y_1(x)$ eine Lösung der Gleichung (17), d. h.

$$y_1^{(n)}(x) = f(x). \tag{18}$$

Nun führen wir statt y die neue gesuchte Funktion z mittels der Beziehung

$$y = y_1(x) + z \tag{19}$$

ein. Durch Einsetzen in (17) entsteht für z die Gleichung

$$y_1^{(n)} + z^{(n)} = f(x)$$

oder auf Grund der Identität (18)

$$z^{(n)} = 0.$$

Soll die n-te Ableitung der Funktion z verschwinden, so muß die Funktion z selbst ein Polynom $(n-1)$-ten Grades mit beliebigen konstanten Koeffizienten sein:

$$z = C_1 + C_2 x + \cdots + C_n x^{n-1}.$$

Die Formel (19) liefert mithin das allgemeine Integral der Gleichung (17):

$$y = y_1(x) + C_1 + C_2 x + \cdots + C_n x^{n-1}.$$

Das allgemeine Integral der Gleichung (17) *ist also die Summe aus einer partikulären Lösung dieser Gleichung und einem Polynom $(n-1)$-ten Grades mit beliebigen konstanten Koeffizienten.*

Es ist somit nur noch eine partikuläre Lösung der Gleichung (17) zu bestimmen. Wir werden diejenige Lösung ermitteln, die den Anfangsbedingungen

$$y|_{x=x_0} = 0, \quad y'|_{x=x_0} = 0, \quad \ldots, \quad y^{(n-1)}|_{x=x_0} = 0 \tag{20}$$

genügt. Wird die Gleichung (17) gliedweise von x_0 bis zu dem veränderlichen Wert x integriert, so ist

$$y^{(n-1)} - y_0^{(n-1)} = \int_{x_0}^{x} f(t)\, dt,$$

wobei $y_0^{(n-1)}$ den Wert von $y^{(n-1)}$ bei $x = x_0$ darstellt. Nach der n-ten Bedingung (20) ist $y_0^{(n-1)} = 0$, folglich wird

$$y^{(n-1)} = \int_{x_0}^{x} f(t)\, dt.$$

Durch nochmalige Integration zwischen den Grenzen x_0 und x ergibt sich $y^{(n-2)}$ usw. Nach der n-ten Integration erhalten wir schließlich die gesuchte Funktion. Diese wiederholte Integration schreibt man gewöhnlich in der Form

$$y = \int_{x_0}^{x} dz \int_{x_0}^{z} dw \cdots \int_{x_0}^{v} du \int_{x_0}^{u} f(t)\, dt. \tag{21}$$

Man kann sie durch eine einzige ersetzen, wie wir sogleich zeigen werden. Dazu schreiben wir für $y(x)$ die Taylorsche Formel mit dem Restglied in der Integralform [I, 126] hin:

$$y(x) = y_0 + (x - x_0)\frac{y_0'}{1!} + (x - x_0)^2 \frac{y_0''}{2!} + \cdots$$

$$+ (x - x_0)^{n-1} \frac{y_0^{(n-1)}}{(n-1)!} + \frac{1}{(n-1)!} \int_{x_0}^{x} (x - t)^{n-1} y^{(n)}(t)\, dt,$$

wobei $y_0, y_0', y_0'', \ldots, y_0^{(n-1)}$ die Werte von y und seinen Ableitungen bei $x = x_0$ sind und t lediglich die Integrationsvariable bezeichnet. Auf Grund der Anfangsbedingungen (20) ist

$$y_0 = y_0' = y_0'' = \cdots = y_0^{(n-1)} = 0,$$

gemäß der Differentialgleichung (17) gilt $y^{(n)}(t) = f(t)$, so daß nach der oben angegebenen Taylorschen Formel

$$y(x) = \frac{1}{(n-1)!} \int_{x_0}^{x} (x - t)^{n-1} f(t)\, dt \tag{22}$$

wird. *Die Formel (22) liefert also die Lösung der Gleichung (17) unter den Anfangsbedingungen (20) oder, was dasselbe ist, die Darstellung des iterierten Integrals (21) in Form eines einfachen Integrals.*

Durch Addition eines Polynoms $(n - 1)$-ten Grades mit beliebigen konstanten Koeffizienten zur Lösung (22) entsteht das allgemeine Integral der Gleichung (17). Dabei ist zu bemerken, daß auf der rechten Seite der Formel (22) x sowohl in der oberen Grenze des Integrals als auch unter dem Integralzeichen auftritt. Die Integration erfolgt über t, wobei x als Konstante anzusehen ist. Die Formel (22) gilt offenbar auch für $n = 1$, sofern man $0! = 1$ setzt.

18. Die Reduktion der Ordnung einer Differentialgleichung. Wir führen noch einige Spezialfälle an, in denen die Ordnung der Gleichung erniedrigt werden kann.

1. Die Gleichung möge die Funktion y und die Ableitungen $y', y'', \ldots, y^{(k-1)}$ nicht enthalten, also die Form

$$\Phi(x, y^{(k)}, y^{(k+1)}, \ldots, y^{(n)}) = 0$$

haben. Durch Einführen der neuen Funktion $z = y^{(k)}$ wird die Ordnung der Gleichung um k erniedrigt:

$$\Phi(x, z, z', \ldots, z^{(n-k)}) = 0.$$

Lautet das allgemeine Integral dieser Gleichung

$$z = \varphi(x, C_1, C_2, \ldots, C_{n-k}),$$

so ergibt sich y aus der Gleichung

$$y^{(k)} = \varphi(x, C_1, C_2, \ldots, C_{n-k}),$$

die bereits in [17] untersucht wurde.

2. Enthält eine Differentialgleichung die unabhängige Veränderliche x nicht, hat sie also die Form

$$\Phi(y, y', y'', \ldots, y^{(n)}) = 0,$$

so wählen wir y als unabhängige Veränderliche und führen die neue Funktion $p = y'$ ein.

Wird p also als eine Funktion von y angesehen, die über y von x abhängt, so liefert die Kettenregel für die Ableitungen von y nach x die Ausdrücke

$$y'' = \frac{dp}{dx} = \frac{dp}{dy} p,$$

$$y''' = \frac{d}{dx}\left(\frac{dp}{dy} p\right) = \frac{d}{dy}\left(\frac{dp}{dy} p\right) p = \frac{d^2 p}{dy^2} p^2 + \left(\frac{dp}{dy}\right)^2 p,$$

. . . .

Hieraus geht hervor, daß die Ordnung der Differentialgleichung in den neuen Veränderlichen gleich $n-1$ wird.

Ist

$$p = \varphi(y, C_1, C_2, \ldots, C_{n-1})$$

eine Lösung der umgeformten Gleichung, so reduziert sich die Ermittlung des allgemeinen Integrals der gegebenen Gleichung auf eine Quadratur,

$$dy = p\, dx = \varphi(y, C_1, C_2, \ldots, C_{n-1})\, dx,$$

woraus

$$\int \frac{dy}{\varphi(y, C_1, C_2, \ldots, C_{n-1})} = x + C_n$$

folgt. Eine der willkürlichen Konstanten C_n tritt als Summand bei x auf, was damit gleichbedeutend ist, daß man jede Integralkurve parallel zur x-Achse verschieben kann.

3. Ist die linke Seite der Gleichung

$$\Phi(x, y, y', \ldots, y^{(n)}) = 0$$

eine homogene Funktion [I, 154] der Argumente $y, y', \ldots, y^{(n)}$, so erhalten wir durch Einführen einer neuen Funktion $u(x)$ durch die Beziehung

$$y = e^{\int u\, dx}$$

für u eine Gleichung $(n-1)$-ter Ordnung. Dies folgt aus den leicht zu bestätigenden Formeln

$$y' = e^{\int u\, dx} u, \quad y'' = e^{\int u\, dx}(u' + u^2), \quad \ldots$$

sowie daraus, daß sich nach Einsetzen in die linke Seite der Gleichung eine gewisse Potenz der angegebenen Exponentialfunktion herausziehen läßt (auf Grund der Homogenität) und beide Seiten der Gleichung durch diesen Faktor dividiert werden können. Eine additive Konstante in dem im Exponenten von e stehenden Integral erscheint als konstanter Faktor in der Lösung y.

18. Die Reduktion der Ordnung einer Differentialgleichung

Beispiele.
1. Die Differentialgleichung der Form

$$y'' = f(y) \tag{23}$$

gehört zum Fall 2. Sie läßt sich auch unmittelbar integrieren. Wir multiplizieren beide Seiten mit $2y'\, dx = 2\, dy$; es ergibt sich

$$2y'y''\, dx = 2f(y)\, dy.$$

Links steht offenbar das Differential von y'^2; durch Integration erhalten wir

$$y'^2 = \int_{y_0}^{y} 2f(t)\, dt + C_1 = f_1(y) + C_1, \quad \text{also} \quad \frac{dy}{dx} = \sqrt{f_1(y) + C_1}; \tag{24}$$

nach Separation der Veränderlichen liefert die Integration

$$x + C_2 = \int_{y_0}^{y} \frac{dt}{\sqrt{f_1(t) + C_1}}. \tag{25}$$

Liegen die Anfangsbedingungen

$$y|_{x=x_0} = y_0, \quad y'|_{x=x_0} = y_0'$$

vor und setzen wir $x = x_0$, $y = y_0$ und $y' = y_0'$ in (24) und (25) ein, so wird

$$C_1 = y_0'^2, \quad C_2 = -x_0,$$

und die gesuchte Lösung lautet

$$x - x_0 = \int_{y_0}^{y} \frac{du}{\sqrt{\int_{y_0}^{u} 2f(t)\, dt + y_0'^2}}.$$

Wir nehmen an, daß sich ein Punkt auf der x-Achse unter der Einwirkung einer Kraft $F(x)$ bewegt, die nur von der Lage des Punktes abhängig ist. Die Differentialgleichung der Bewegung lautet dann [15]

$$m\frac{d^2 x}{dt^2} = F(x).$$

Es seien x_0 und v_0 Anfangsabszisse und Anfangsgeschwindigkeit des Punktes für $t = 0$,

$$x\Big|_{t=0} = x_0, \quad \frac{dx}{dt}\Big|_{t=0} = v_0.$$

Multiplizieren wir beide Seiten der Gleichung mit $\dfrac{dx}{dt}\, dt$ und integrieren, so erhalten wir

$$\frac{1}{2} m \left(\frac{dx}{dt}\right)^2 - \frac{1}{2} m v_0^2 = \int_{x_0}^{x} F(t)\, dt \quad \text{oder} \quad \frac{1}{2} m \left(\frac{dx}{dt}\right)^2 - \int_{x_0}^{x} F(t)\, dt = \frac{1}{2} m v_0^2. \tag{26}$$

Der erste Summand auf der linken Seite, $\frac{1}{2} m \left(\frac{dx}{dt}\right)^2$, stellt die kinetische Energie, der zweite Summand, $\left[-\int\limits_{x_0}^{x} F(u)\, du\right]$, die potentielle Energie des sich bewegenden Massenpunktes dar. Aus (26) folgt, daß die Summe von kinetischer und potentieller Energie während der Bewegung konstant bleibt. Lösen wir die Gleichung (26) nach dt auf und integrieren, so erhalten wir den Zusammenhang zwischen t und x.

2. Es ist die Kurve zu finden, deren Krümmung eine vorgegebene Funktion der Abszisse ist, nämlich

$$\frac{1}{R} = \varphi(x). \tag{27}$$

Diese Gleichung stellt eine Differentialgleichung zweiter Ordnung dar:

$$\frac{y''}{(1+y'^2)^{3/2}} = \varphi(x).$$

Führen wir $p = y'$ ein, so erhalten wir eine Differentialgleichung erster Ordnung mit separierbaren Veränderlichen:

$$\frac{dp}{(1+p^2)^{3/2}} = \varphi(x)\, dx;$$

durch Integration entsteht

$$\frac{p}{\sqrt{1+p^2}} = \int\limits_{x_0}^{x} \varphi(t)\, dt + C_1,$$

woraus

$$p = \frac{dy}{dx} = \frac{\int\limits_{x_0}^{x} \varphi(t)\, dt + C_1}{\sqrt{1 - [\int\limits_{x_0}^{x} \varphi(t)\, dt + C_1]^2}} = \psi(x) \tag{28}$$

und schließlich

$$y = \int\limits_{x_0}^{x} \psi(t)\, dt + C_2$$

folgt.

3. Wir betrachten die Differentialgleichung

$$x^2 y y'' = (y - x y')^2,$$

deren beide Seiten homogene Funktionen von y, y' und y'' sind. Die Substitution

$$y = e^{\int u\, dx}$$

liefert

$$x^2 (u' + u^2) = (1 - xu)^2,$$

woraus für u die lineare Differentialgleichung

$$u' + \frac{2}{x} u - \frac{1}{x^2} = 0$$

folgt, deren Integration

$$u = x^{-2}(C_1 + x) = C_1 x^{-2} + x^{-1}$$

ergibt. Setzt man dies in den Ausdruck für y ein, so wird

$$y = e^{-C_1 x^{-1} + \lg x + C}$$

oder

$$y = C_2 x e^{C_1 x^{-1}},$$

wobei C_2 für e^C und C_1 statt $-C_1$ gesetzt ist.

19. Systeme gewöhnlicher Differentialgleichungen. Ein System von n Differentialgleichungen erster Ordnung mit n unbekannten Funktionen lautet in der nach den Ableitungen aufgelösten Form

$$\left.\begin{array}{l} \dfrac{dy_1}{dx} = f_1(x, y_1, y_2, \ldots, y_n), \\[4pt] \dfrac{dy_2}{dx} = f_2(x, y_1, y_2, \ldots, y_n), \\[4pt] \cdots \cdots \cdots \cdots \cdots \\[4pt] \dfrac{dy_n}{dx} = f_n(x, y_1, y_2, \ldots, y_n). \end{array}\right\} \quad (29)$$

Eine Gesamtheit von n Funktionen $y_i = \psi_i(x)$ ($i = 1, 2, \ldots, n$) heißt *Lösung des Systems* (29), wenn sie beim Einsetzen die Gleichungen des Systems (29) in Identitäten bezüglich x überführen. Dabei wird natürlich vorausgesetzt, daß die Funktionen $\psi_i(x)$ stetig sind und stetige Ableitungen besitzen.

Wie im Fall einer Differentialgleichung n-ter Ordnung gilt auch hier ein Satz, der dem Satz A aus [2] entspricht. Die *Anfangsbedingungen* haben die Form

$$y_1|_{x=x_0} = y_1^{(0)},\ y_2|_{x=x_0} = y_2^{(0)},\ \ldots,\ y_n|_{x=x_0} = y_n^{(0)}, \qquad (30)$$

wobei hier statt $x_0, y_0, y_0', \ldots, y_0^{(n-1)}$ die Argumente $x_0, y_1^{(0)}, y_2^{(0)}, \ldots, y_n^{(0)}$ auftreten.

Weiterhin wollen wir noch auf allgemeine Begriffe eingehen, die mit dem System (29) zusammenhängen. Wir werden uns hier nicht mit Einzelheiten befassen, da wir diese Fragen schon für eine Gleichung behandelt haben.

Wir können in den Anfangsbedingungen die Werte $y_i^{(0)}$ verändern, so daß die allgemeine Lösung des Systems (29) n willkürliche Konstanten enthält. Diese willkürlichen Konstanten brauchen dabei nicht als Anfangswerte $y_i^{(0)}$ in die Lösung einzugehen, sondern können auch in der allgemeinen Form

$$y_i = \psi_i(x, C_1, C_2, \ldots, C_n) \quad (i = 1, 2, \ldots, n) \qquad (31)$$

auftreten.

Jedem festen Wertesystem der Konstanten $C_1, C_2, \ldots, C_n$ entspricht eine spezielle Lösung des Gleichungssystems (29). Zur Ermittlung derjenigen Lösung, die den Bedingungen (30) genügt, sind die willkürlichen Konstanten aus den Gleichungen

$$y_i^{(0)} = \psi_i(x_0, C_1, C_2, \ldots, C_n) \qquad (i = 1, 2, \ldots, n) \tag{32}$$

zu bestimmen und die gefundenen Werte in die Formeln (31) einzusetzen.

Wenn die willkürlichen Konstanten C_i die $y_i^{(0)}$ sind und wenn die Bedingungen des Satzes A erfüllt sind, dann kann man zeigen, daß die Gleichungen (31) nach C_i auflösbar sind, so daß das allgemeine Integral in der Form

$$\varphi_i(x, y_1, y_2, \ldots, y_n) = C_i \qquad (i = 1, 2, \ldots, n) \tag{33}$$

geschrieben werden kann. Für eine Differentialgleichung erster Ordnung erhielten wir eine solche Gleichung [9]. Hier heißt jede der Gleichungen (33) *erstes Integral* oder einfach *Integral des Systems* (29).

Bei der Lösung des Systems finden wir natürlich nicht sofort die n Integrale des Systems. Das Auffinden eines jeden einzelnen Integrals erleichtert uns aber, wie wir noch sehen werden, die weitere Integration des Systems.

Wir geben nun die Definition eines einzelnen Integrals des Systems. Die Beziehung

$$\varphi(x, y_1, y_2, \ldots, y_n) = C \tag{34}$$

heißt *Integral des Systems* (29), wenn die Funktion $\varphi(x, y_1, y_2, \ldots, y_n)$ nicht identisch konstant ist und wenn sie zu einer Konstanten wird, sobald man eine beliebige Lösung $y_i = \psi_i(x)$ $(i = 1, 2, \ldots, n)$ des Systems (29) in sie einsetzt. Unter einer „beliebigen" Lösung des Systems (29) verstehen wir alle Lösungen, die man entsprechend Satz A in irgendeinem Bereich erhält, in dem die Anfangswerte liegen. Der Wert dieser Konstanten ist bei unterschiedlicher Auswahl der Anfangswerte verschieden (willkürliche Konstante).

Gesetzt den Fall, wir haben einige Integrale des Systems (29) gefunden,

$$\varphi_i(x, y_1, y_2, \ldots, y_n) = C_i \qquad (i = 1, 2, \ldots, k), \tag{35}$$

wobei k die Anzahl dieser Integrale ist. Jede dieser Funktionen φ_i wird zu einer Konstanten, wenn man für $y_1, y_2, \ldots, y_n$ eine beliebige Lösung des Systems (29) einsetzt. Nehmen wir eine willkürliche Funktion $F(\varphi_1, \varphi_2, \ldots, \varphi_k)$ der rechten Seiten der Gleichungen (35), so wird diese Funktion zu einer Konstanten, wenn wir für $y_1, y_2, \ldots, y_n$ eine beliebige Lösung des Systems einsetzen. Somit ist auch

$$F(\varphi_1, \varphi_2, \ldots, \varphi_k) = C \tag{36}$$

ein Integral des Systems. Anders ausgedrückt: Eine beliebige Funktion der linken Seiten irgendwelcher Integrale des Systems ist selbst ein Integral des Systems. Das Integral (36) ist eine klare Folgerung aus den Integralen (35). Diese Überlegung erfordert einige Einschränkungen. Man muß nämlich voraussetzen, daß die linken Seiten aller Gleichungen (35) zu Konstanten werden, wenn man die Lösungen $y_i = \psi_i(x)$ $(i = 1, 2, \ldots, n)$ in sie einsetzt, die man gemäß Satz A in ein und demselben Bereich, in dem die Anfangswerte liegen, erhält. Für die Anzahl der willkürlichen Konstanten in der Lösung (31) ist es wesentlich, daß sich diese Anzahl nicht auf eine kleinere Zahl reduzieren läßt.

19. Systeme gewöhnlicher Differentialgleichungen

Zum Beispiel kann man in den Beziehungen

$$y_1 = (C_1 + C_2)x + C_3, \quad y_2 = C_3 x^2, \quad y_3 = x^2 + C_3 x + C_1 + C_2$$

die drei willkürlichen Konstanten auf zwei reduzieren, indem man $C_1 + C_2 = C$ setzt. Ein Kriterium dafür, daß dies nicht möglich ist und daß die Beziehungen (31) das allgemeine Integral des Systems (29) darstellen, besteht darin, daß bei entsprechender Wahl der willkürlichen Konstanten beliebige Anfangswerte erfüllt werden können, die in einem gewissen Bereich variieren. Das bedeutet, daß das System (32) nach $C_1, C_2, \ldots, C_n$ auflösbar ist für einen gewissen Bereich, in dem die Größen $(x_0, y_1^{(0)}, y_2^{(0)}, \ldots, y_n^{(0)})$ liegen. Dabei setzen wir natürlich voraus, daß die rechten Seiten des Systems (29) den Bedingungen des Satzes A genügen.

Das System (29) läßt sich als Kette von Proportionen darstellen:

$$dx = \frac{dy_1}{f_1(x, y_1, y_2, \ldots, y_n)} = \frac{dy_2}{f_2(x, y_1, y_2, \ldots, y_n)} = \cdots$$
$$= \frac{dy_n}{f_n(x, y_1, y_2, \ldots, y_n)}. \tag{37}$$

Multiplizieren wir alle Nenner mit demselben Faktor, so tritt auch in der ersten Proportion anstelle des Nenners Eins eine gewisse Funktion der Veränderlichen $x, y_1, y_2, \ldots, y_n$ auf. Bezeichnet man der Symmetrie halber diese Veränderlichen mit den Buchstaben $x_1, x_2, \ldots, x_n, x_{n+1}$, so kann das Differentialgleichungssystem (29) in der Form

$$\frac{dx_1}{X_1} = \frac{dx_2}{X_2} = \cdots = \frac{dx_n}{X_n} = \frac{dx_{n+1}}{X_{n+1}} \tag{38}$$

geschrieben werden, wobei X_i ($i = 1, 2, \ldots, n + 1$) vorgegebene Funktionen der Veränderlichen $x_1, x_2, \ldots, x_n, x_{n+1}$ sind. Die Darstellung des Systems (29) in der symmetrischen Gestalt (38) ist für die späteren Untersuchungen zweckmäßig. Bei der Form (38) ist insbesondere nicht festgelegt, welche der $n + 1$ Veränderlichen $x_1, x_2, \ldots, x_n, x_{n+1}$ als unabhängige Veränderliche angesehen wird. Wir setzen voraus, daß in einem gewissen Bereich, in dem die Veränderlichen x_i variieren, alle Funktionen X_i ($i = 1, 2, \ldots, n + 1$) stetig sind und stetige Ableitungen nach allen unabhängigen Veränderlichen besitzen. Außerdem nehmen wir an, daß die Funktion X_{n+1} in einem gewissen Punkt $M_0(x_1^{(0)}, x_2^{(0)}, \ldots, x_{n+1}^{(0)})$ dieses Bereichs von Null verschieden ist. Wegen der Stetigkeit wird sie dann auch in einer Umgebung dieses Punktes von Null verschieden sein. Für das Gleichungssystem

$$\frac{dx_i}{dx_{n+1}} = \frac{X_i}{X_{n+1}} \quad (i = 1, 2, \ldots, n)$$

ist deshalb der Satz A in einer Umgebung von M_0 anwendbar. Singulär sind nur solche Punkte, in denen alle X_i ($i = 1, 2, \ldots, n + 1$) Null werden.

Bisher haben wir für beliebiges positives ganzzahliges $n + 1$ die geometrischen Begriffe „Punkt", „Umgebung eines Punktes" und „Bereich" verwendet. Für $n = 1$ und $n = 2$ ist dies geometrisch anschaulich. Im allgemeinen Fall definiert man diese Begriffe analytisch, wie man es zum Beispiel auch im dreidimensionalen Raum mit Hilfe geradliniger rechtwinkliger Koordinaten macht. Wir kommen später noch darauf zurück. Das Integral des Systems (38) hat die Form

$$\varphi(x_1, x_2, \ldots, x_{n+1}) = C. \tag{34_1}$$

Nehmen wir an, wir hätten n Integrale

$$\varphi_i(x_1, x_2, \ldots, x_{n+1}) = C_i \quad (i = 1, 2, \ldots, n). \tag{33_1}$$

Sie heißen *unabhängig*, wenn sich diese Gleichungen nach n beliebig gewählten Variablen der $n+1$ Veränderlichen x_i ($i = 1, 2, \ldots, n+1$) auflösen lassen. Diese Auflösung liefert uns n Funktionen von einer unabhängigen Veränderlichen und von n willkürlichen Konstanten, d. h. Beziehungen, die zu (31) analog sind. In (33_1) sind diese Formeln nach den willkürlichen Konstanten aufgelöst. Das allgemeine Integral des Systems ergibt sich also aus n unabhängigen Integralen des Systems (38). Wie immer bezieht sich dies auf einen gewissen Bereich, in dem die Veränderlichen variieren.

Man kann zeigen, daß die Unabhängigkeit der Integrale (33_1) gleichbedeutend damit ist, daß zwischen den linken Seiten dieser Integrale keine Beziehung der Form

$$\Phi(\varphi_1, \varphi_2, \ldots, \varphi_n) = 0$$

besteht, die bezüglich x_i identisch erfüllt wird. Dabei wird natürlich vorausgesetzt, daß alle Integrale (33_1) in ein und demselben Bereich definiert sind, in dem die Veränderlichen variieren.

Im Vorhergehenden haben wir keinerlei Kriterium angegeben, nach dem zu entscheiden ist, ob die Integrale (33_1) unabhängig sind. Wir betrachten den Fall $n = 2$:

$$\varphi_1(x_1, x_2, x_3) = C_1, \quad \varphi_2(x_1, x_2, x_3) = C_2. \tag{39}$$

Nach dem Satz über implizite Funktionen [I, 159] ist für die Auflösbarkeit der Gleichungen (39) nach x_2 und x_3 hinreichend, daß der Ausdruck

$$\Delta_{x_2, x_3}(\varphi_1, \varphi_2) = \frac{\partial \varphi_1}{\partial x_2} \frac{\partial \varphi_2}{\partial x_3} - \frac{\partial \varphi_1}{\partial x_3} \frac{\partial \varphi_2}{\partial x_2}$$

von Null verschieden ist. Ein analoges Resultat gilt bezüglich der Veränderlichen x_3, x_1 und x_1, x_2. Setzt man φ_1 und φ_2 nebst ihren Ableitungen erster Ordnung als stetig voraus, so kann man beweisen, daß die notwendige und hinreichende Bedingung für die Unabhängigkeit der Integrale (39) darauf hinausläuft, daß mindestens einer der Ausdrücke

$$\Delta_{x_2, x_3}(\varphi_1, \varphi_2), \quad \Delta_{x_3, x_1}(\varphi_1, \varphi_2), \quad \Delta_{x_1, x_2}(\varphi_1, \varphi_2)$$

nicht identisch Null wird. In Teil III_1 kommen wir auf die Frage der Unabhängigkeit von Funktionensystemen mit beliebig vielen Veränderlichen zurück.

20. Beispiele.

1. Wir betrachten das System

$$\frac{dx}{xz} = \frac{dy}{yz} = \frac{dz}{-(x^2 + y^2)}. \tag{40}$$

Multiplizieren wir die Gleichung
$$\frac{dx}{xz} = \frac{dy}{yz}$$
mit z, so entsteht eine Differentialgleichung mit separierbaren Veränderlichen. Integration liefert
$$\log x = \log y - C, \quad \text{d. h. } \log \frac{y}{x} = C,$$
was gleichbedeutend ist mit
$$\frac{y}{x} = C_1. \tag{41}$$

Wir nehmen nunmehr die zweite Gleichung des Systems
$$\frac{dx}{xz} = \frac{dz}{-(x^2 + y^2)}$$
und setzen in ihr unter Benutzung des bereits gefundenen Integrals $y = C_1 x$. Multipliziert man mit x, so ergibt sich
$$\frac{dx}{z} = \frac{dz}{-(1 + C_1^2)x}, \quad \text{d. h. } (1 + C_1^2)x\,dx + z\,dz = 0.$$
Integration liefert
$$(1 + C_1^2)x^2 + z^2 = C_2.$$
Führen wir hier $C_1 = \frac{y}{x}$ ein, so erhalten wir als zweites Integral des Systems
$$x^2 + y^2 + z^2 = C_2. \tag{42}$$

Es ergeben sich also die beiden Integrale des Systems zu
$$\frac{y}{x} = C_1, \quad x^2 + y^2 + z^2 = C_2. \tag{43}$$

2. Das System der Differentialgleichungen für die Bewegung eines Massenpunktes m unter dem Einfluß einer vorgegebenen Kraft hat die Form
$$m\frac{d^2x}{dt^2} = X, \quad m\frac{d^2y}{dt^2} = Y, \quad m\frac{d^2z}{dt^2} = Z, \tag{44}$$
wobei die Komponenten X, Y, Z der Kraft in Richtung der Koordinatenachsen von der Zeit, der Lage des Punktes und seiner Geschwindigkeit abhängen, d. h. von den Veränderlichen
$$t, x, y, z, x', y', z'.$$
Durch Einführung neuer unbekannter Funktionen — der Ableitungen x', y', z' von x, y und z nach t — bringen wir das System (44) auf ein System von sechs Gleichungen erster Ordnung:
$$\frac{dx}{dt} = x', \quad \frac{dy}{dt} = y', \quad \frac{dz}{dt} = z', \quad m\frac{dx'}{dt} = X, \quad m\frac{dy'}{dt} = Y, \quad m\frac{dz'}{dt} = Z. \tag{45}$$

Die allgemeine Lösung dieses Systems enthält sechs willkürliche Konstanten, zu deren Bestimmung die Lage des Punktes und seine Geschwindigkeit im Anfangszeitpunkt gegeben sein müssen.

Aus den Gleichungen (44) ergeben sich die drei Gleichungen

$$\left.\begin{aligned} m\left(y\frac{d^2z}{dt^2} - z\frac{d^2y}{dt^2}\right) &= yZ - zY, \\ m\left(z\frac{d^2x}{dt^2} - x\frac{d^2z}{dt^2}\right) &= zX - xZ, \\ m\left(x\frac{d^2y}{dt^2} - y\frac{d^2x}{dt^2}\right) &= xY - yX, \end{aligned}\right\} \quad (46)$$

die man — wie leicht zu sehen ist — folgendermaßen schreiben kann:

$$\left.\begin{aligned} \frac{d}{dt}\, m\left(y\frac{dz}{dt} - z\frac{dy}{dt}\right) &= yZ - zY, \\ \frac{d}{dt}\, m\left(z\frac{dx}{dt} - x\frac{dz}{dt}\right) &= zX - xZ, \\ \frac{d}{dt}\, m\left(x\frac{dy}{dt} - y\frac{dx}{dt}\right) &= xY - yX. \end{aligned}\right\} \quad (47)$$

Wir nehmen an, die Kraft sei zentral, d. h., ihre Richtung verlaufe immer durch einen gewissen festen Punkt, das sogenannte Zentrum, das wir als Koordinatenursprung wählen. Da die Projektionen eines Vektors proportional seinem Richtungskosinus sind und im vorliegenden Fall die Richtung des Vektors durch den Koordinatenursprung und den Punkt (x, y, z) verläuft, ergibt sich

$$\frac{X}{x} = \frac{Y}{y} = \frac{Z}{z}.$$

Die rechten Seiten der Gleichungen (47) werden somit Null; damit ergeben sich drei Integrale des Systems (46):

$$m\left(y\frac{dz}{dt} - z\frac{dy}{dt}\right) = C_1, \quad m\left(z\frac{dx}{dt} - x\frac{dz}{dt}\right) = C_2, \quad m\left(x\frac{dy}{dt} - y\frac{dx}{dt}\right) = C_3. \quad (48)$$

Sie bringen, wie aus der Mechanik bekannt ist, zum Ausdruck, daß die Flächengeschwindigkeit der Projektionen des sich bewegenden Punktes auf die Koordinatenebenen konstant ist.

Aus den Gleichungen (48) folgt

$$C_1 x + C_2 y + C_3 z = 0, \quad (49)$$

woraus hervorgeht, daß die Bahnkurve eine ebene Kurve ist. Die Ebene der Bahnkurve wird offensichtlich durch das Kraftzentrum und den Geschwindigkeitsvektor im Anfangszeitpunkt bestimmt.

Wir nehmen jetzt an, daß X, Y, Z die partiellen Ableitungen einer gewissen von x, y, z abhängigen Funktion U sind. Diese Funktion U heißt *Kräftepotential*, und $-U$ die *potentielle Energie des Punktes*[1]); es möge also

$$X = \frac{\partial U}{\partial x}, \quad Y = \frac{\partial U}{\partial y}, \quad Z = \frac{\partial U}{\partial z} \quad (50)$$

---

[1]) Die hier gegebene Definition der Funktion U unterscheidet sich von der in der deutschen Literatur meist üblichen durch das Vorzeichen. (D. Red.)

gelten. Multiplizieren wir die Gleichungen

$$m\frac{d^2x}{dt^2} = \frac{\partial U}{\partial x}, \quad m\frac{d^2y}{dt^2} = \frac{\partial U}{\partial y}, \quad m\frac{d^2z}{dt^2} = \frac{\partial U}{\partial z} \tag{51}$$

mit $\frac{dx}{dt}, \frac{dy}{dt}, \frac{dz}{dt}$ und addieren sie, so erhalten wir

$$m\left(\frac{dx}{dt}\frac{d^2x}{dt^2} + \frac{dy}{dt}\frac{d^2y}{dt^2} + \frac{dz}{dt}\frac{d^2z}{dt^2}\right) = \frac{dU}{dt}$$

oder

$$\frac{d}{dt}\frac{m}{2}\left[\left(\frac{dx}{dt}\right)^2 + \left(\frac{dy}{dt}\right)^2 + \left(\frac{dz}{dt}\right)^2\right] = \frac{dU}{dt}, \tag{52}$$

woraus das Integral

$$T - U = C \tag{53}$$

folgt; dabei stellt

$$T = \frac{m}{2}\left[\left(\frac{dx}{dt}\right)^2 + \left(\frac{dy}{dt}\right)^2 + \left(\frac{dz}{dt}\right)^2\right] = \frac{1}{2}mv^2 \tag{54}$$

die *kinetische Energie des Punktes* dar.

Die Gleichung (53) drückt die Konstanz der Summe der kinetischen Energie T und der potentiellen Energie $-U$ während der Bewegung aus.

3. Wir stellen uns nun ein System von n Punkten vor, die untereinander durch solche Bedingungen verknüpft sind, daß sich die Koordinaten eines beliebigen Punktes des Systems als Funktionen der unabhängigen Parameter $q_1, q_2, \ldots, q_k$ und der Zeit t bestimmen:

$$x_i = \varphi_i(q_1, q_2, \ldots, q_k, t), \quad y_i = \psi_i(q_1, q_2, \ldots, q_k, t), \quad z_i = \omega_i(q_1, q_2, \ldots, q_k, t) \tag{55}$$
$$(i = 1, 2, \ldots, n).$$

Ferner werde angenommen, daß die auf die Punkte des Systems wirkenden Kräfte ein Potential U besitzen, das nur von den Koordinaten der Punkte abhängt, so daß die Komponenten X_i, Y_i, Z_i der auf den i-ten Punkt wirkenden Kraft in Richtung der Koordinatenachsen durch die partiellen Ableitungen von U nach x_i, y_i, z_i gegeben sind. Es seien schließlich $m_1, m_2, \ldots, m_n$ die Massen unserer Punkte. Mit Hilfe der Gleichungen (55) können wir die kinetische Energie

$$T = \sum_{i=1}^{n} \frac{m_i}{2}\left[\left(\frac{dx_i}{dt}\right)^2 + \left(\frac{dy_i}{dt}\right)^2 + \left(\frac{dz_i}{dt}\right)^2\right] \tag{56}$$

durch q_s, q_s', t und die Funktion U durch q_s, t ausdrücken ($s = 1, \ldots, k$), wobei q_s' die Ableitung von q_s nach t ist; die Bewegung des Systems läßt sich dann, wie aus der Mechanik bekannt ist, aus den folgenden Lagrangeschen Gleichungen bestimmen:

$$\frac{d}{dt}\left(\frac{\partial T}{\partial q_s'}\right) - \frac{\partial T}{\partial q_s} = \frac{\partial U}{\partial q_s} \quad (s = 1, 2, \ldots, k). \tag{57}$$

Die Funktion T ist offenbar ein Polynom zweiten Grades in den Ableitungen $q_1', q_2', \ldots, q_k'$ der Parameter nach der Zeit, und die Gleichungen (57) stellen k Differentialgleichungen zweiter Ordnung dar, die $2k$ Differentialgleichungen erster Ordnung äquivalent sind; die Integration der Gleichungen (57) liefert die Ausdrücke für q_k als Funktionen von t und $2k$ beliebigen Konstanten.

Es werde nun angenommen, daß in den Gleichungen (55) die Zeit t nicht auftritt. Dann werden T und U ebenfalls t nicht enthalten. Wir multiplizieren nun die Gleichungen (57) in entsprechender Reihenfolge mit $q_1', q_2', \ldots, q_k'$ und addieren; es ergibt sich

$$\sum_{s=1}^{k} q_s' \frac{d}{dt}\left(\frac{\partial T}{\partial q_s'}\right) - \sum_{s=1}^{k} q_s' \frac{\partial T}{\partial q_s} = \frac{dU}{dt}. \tag{58}$$

Offenbar gilt die Identität

$$\sum_{s=1}^{k} q_s' \frac{d}{dt}\left(\frac{\partial T}{\partial q_s'}\right) - \sum_{s=1}^{k} q_s' \frac{\partial T}{\partial q_s} = \frac{d}{dt}\sum_{s=1}^{k} q_s' \frac{\partial T}{\partial q_s'} - \sum_{s=1}^{k} q_s'' \frac{\partial T}{\partial q_s'} - \sum_{s=1}^{k} q_s' \frac{\partial T}{\partial q_s}.$$

Im betrachteten Fall ist T ein homogenes Polynom der q_s', und daher wird

$$\sum_{s=1}^{k} q_s' \frac{\partial T}{\partial q_s'} = 2T \tag{59}$$

auf Grund des Eulerschen Satzes über homogene Funktionen [**I, 154**]. Demzufolge ergibt sich

$$\sum_{s=1}^{k} q_s' \frac{d}{dt}\left(\frac{\partial T}{\partial q_s'}\right) - \sum_{s=1}^{k} q_s' \frac{\partial T}{\partial q_s} = 2\frac{\partial T}{\partial t} - \frac{dT}{dt} = \frac{dT}{dt},$$

und die Formel (58) liefert

$$\frac{dT}{dt} = \frac{dU}{dt},$$

woraus sich

$$T - U = C \tag{60}$$

als ein Integral des Systems (57) (*Integral der lebendigen Kraft*) ergibt.

4. Das Vorhandensein eines Integrals der Differentialgleichungen für die Bewegung eines Systems erlaubt in gewissen Fällen, die Frage nach der Stabilität kleiner Schwingungen des Systems um die Gleichgewichtslage zu entscheiden. Bei der mathematischen Formulierung des Problems beschränken wir uns, um die Überlegungen zu vereinfachen, auf den Fall dreier unbekannter Funktionen x, y, z, die dem folgenden System von Differentialgleichungen genügen:[1]

$$\frac{dx}{dt} = X, \quad \frac{dy}{dt} = Y, \quad \frac{dz}{dt} = Z; \tag{61}$$

dabei sind X, Y, Z bekannte Funktionen von x, y, z und t, die für

$$x = y = z = 0 \tag{62}$$

Null werden.

Das System (61) hat dabei offenbar die Lösung (62), der die Gleichgewichtslage entspricht. Diese Gleichgewichtslage [oder einfach Lösung (62)] heißt stabil, wenn zu jedem vorgegebenen positiven ε ein positives η existiert derart, daß für jede Lösung des Systems (61), die den Anfangsbedingungen

$$x|_{t=0} = x_0, \quad y|_{t=0} = y_0, \quad z|_{t=0} = z_0$$

---

[1] Bei der Bewegung eines Massenpunktes gibt es sechs unbekannte Funktionen.

genügt, für alle $t > 0$

$$|x| < \varepsilon, \quad |y| < \varepsilon \quad \text{und} \quad |t| < \varepsilon \tag{63}$$

wird, sofern

$$|x_0| < \eta, \quad |y_0| < \eta \quad \text{und} \quad |z_0| < \eta \tag{64}$$

ist. Wir nehmen an, daß das System (61) das Integral

$$\varphi(x, y, z) = C \tag{65}$$

besitzt, das t nicht enthält und so beschaffen ist, daß *die Funktion* $\varphi(x, y, z)$ *bei* $x = y = z = 0$ *ein Maximum oder Minimum hat*. Es läßt sich nun zeigen, daß dabei die Gleichgewichtslage stabil ist. Durch eine eventuelle Änderung des Vorzeichens von φ sowie durch Addition einer passend gewählten Konstanten kann stets erreicht werden, daß an der betrachteten Stelle ein Minimum von φ vorliegt und dieses Minimum gleich Null ist.

Es sei also die Funktion φ gleich Null im Punkt $x = y = z = 0$ und positiv in allen vom Nullpunkt verschiedenen Punkten (x, y, z) aus einer gewissen Umgebung von $(0, 0, 0)$. Wir konstruieren um den Koordinatenursprung herum einen Würfel δ_ε mit dem Mittelpunkt im Koordinatenursprung und der Seitenlänge 2ε. Auf der Oberfläche dieses Würfels ist die stetige Funktion φ positiv und nimmt dort folglich ihren kleinsten positiven Wert m an, so daß auf der ganzen Oberfläche

$$\varphi \geqq m > 0 \tag{66}$$

ist. Wir konstruieren jetzt um den Koordinatenursprung einen konzentrischen Würfel δ_η mit der Seitenlänge 2η so, daß innerhalb dieses Würfels die Ungleichung

$$\varphi < m \tag{67}$$

gilt, was wegen $\varphi(0, 0, 0) = 0$ möglich ist. Wir nehmen an, daß sich der Punkt (x, y, z) zur Zeit $t = 0$ im Innern des Würfels δ_η befindet, daß also die Bedingung (64) erfüllt ist. Die Ungleichung (67) wird dann nicht nur im Anfangszeitpunkt $t = 0$ erfüllt, sondern auch während der ganzen Bewegung. Wegen (65) hat nämlich φ stets den konstanten Wert C bei der Bewegung. Dann kann aber der Punkt (x, y, z) während der ganzen Bewegung nicht durch die Oberfläche des Würfels δ_ε hindurchtreten, da auf dieser Oberfläche die Ungleichung (66) gelten muß, die aber (67) widerspricht; also wird die Bedingung (63) für alle $t > 0$ erfüllt, was zu beweisen war.

Die Funktionen x, y, z können eine beliebige geometrische oder mechanische Bedeutung haben, und nur der Anschaulichkeit des Beweises halber haben wir sie als Punktkoordinaten angesehen. Wir nehmen z. B. an, daß in den Gleichungen (57) T und U die Zeit t nicht enthalten, also das Integral der lebendigen Kraft existiert. Für die Werte $q_s = 0$ ($s = 1, 2, \ldots, k$) mögen die Gleichungen

$$\frac{\partial U}{\partial q_1} = \frac{\partial U}{\partial q_2} = \cdots = \frac{\partial U}{\partial q_k} = 0$$

gelten. Die Gleichungen (57) haben dabei offenbar die Lösung

$$q_s = q_s' = 0 \quad (s = 1, 2, \ldots, k), \tag{68}$$

der die Gleichgewichtslage des Systems entspricht. Hat außerdem die potentielle Energie $-U$ bei den Werten $q_s = 0$ ein Minimum, so besitzt offenbar die Differenz $T - U$ bei den Werten (68) ebenfalls ein Minimum, da T, das nicht negativ sein kann, dort Null wird und somit auch ein Minimum aufweist. Wir sehen also, daß im Fall eines Minimums der potentiellen Energie die entsprechende Gleichgewichtslage bezüglich der Größen q_s und q_s' stabil wird (Satz von LAGRANGE-DIRICHLET).

21. Systeme von Differentialgleichungen und Differentialgleichungen höherer Ordnung. Wir erläutern den Zusammenhang zwischen einem System von Differentialgleichungen erster Ordnung und einer Differentialgleichung höherer Ordnung. Liegt z. B. die Differentialgleichung dritter Ordnung

$$y''' = f(x, y, y', y'')$$

vor, so können wir durch Einführen von $y = y_1, y' = y_2, y'' = y_3$ diese Gleichung dritter Ordnung in ein System von drei Differentialgleichungen erster Ordnung verwandeln:

$$\frac{dy_1}{dx} = y_2, \quad \frac{dy_2}{dx} = y_3, \quad \frac{dy_3}{dx} = f(x, y_1, y_2, y_3).$$

Wie man leicht sieht, sind die Differentialgleichung dritter Ordnung und das letzte System im folgenden Sinn äquivalent: Wenn $y(x)$ eine Lösung der Gleichung dritter Ordnung ist, sind $y_1(x) = y(x)$, $y_2(x) = y'(x)$ und $y_3(x) = y''(x)$ Lösungen des Systems. Falls $y_1(x)$, $y_2(x)$, $y_3(x)$ Lösungen des Systems sind, ist $y(x) = y_1(x)$ Lösung der Gleichung dritter Ordnung.

Eine ähnliche Substitution hatten wir bereits in [16] ausgeführt. Ist z. B. ein System von zwei Differentialgleichungen zweiter Ordnung gegeben,

$$y'' = f_1(x, y, y', z, z'), \quad z'' = f_2(x, y, y', z, z'),$$

in dem y und z die gesuchten Funktionen sind, so kann dieses entsprechend durch ein System von vier Gleichungen erster Ordnung ersetzt werden. Hierzu führen wir die vier neuen Funktionen $y = y_1, y' = y_2, z = y_3, z' = y_4$ ein. Das ursprüngliche System schreibt sich dann in der Form

$$\frac{dy_1}{dx} = y_2, \quad \frac{dy_2}{dx} = f_1(x, y_1, y_2, y_3, y_4),$$

$$\frac{dy_3}{dx} = y_4, \quad \frac{dy_4}{dx} = f_2(x, y_1, y_2, y_3, y_4).$$

Umgekehrt kann man, wie sogleich gezeigt wird, die Integration eines Systems durch die Integration einer einzigen Gleichung höherer Ordnung ersetzen. Wir betrachten nur den Fall eines Systems von expliziten Differentialgleichungen erster Ordnung:

$$y_1' = f_1(x, y_1, y_2, y_3), \quad y_2' = f_2(x, y_1, y_2, y_3), \quad y_3' = f_3(x, y_1, y_2, y_3). \tag{69}$$

Die erste der Gleichungen möge y_2 effektiv enthalten. Ihre Auflösung nach y_2 liefert

$$y_2 = \omega_1(x, y_1, y_1', y_3). \tag{70}$$

Nach Einsetzen in die beiden übrigen Gleichungen des Systems entstehen Gleichungen der Form

$$\frac{\partial \omega_1}{\partial x} + \frac{\partial \omega_1}{\partial y_1} y_1' + \frac{\partial \omega_1}{\partial y_3} y_3' + \frac{\partial \omega_1}{\partial y_1'} y_1'' = \psi_2(x, y_1, y_1', y_3),$$
$$y_3' = \psi_3(x, y_1, y_1', y_3).$$

Setzen wir in die erste Gleichung den Ausdruck y_3' aus der zweiten ein und lösen sie, sofern möglich, nach y_1'' auf, so erhalten wir für die gesuchten Funktionen y_1 und y_3 ein System von zwei Gleichungen:

$$y_1'' = \varphi(x, y_1, y_1', y_3), \qquad y_3' = \psi(x, y_1, y_1', y_3). \tag{71}$$

Die erste Gleichung (71) enthalte y_3. Lösen wir sie, sofern möglich, danach auf,

$$y_3 = \omega_3(x, y_1, y_1', y_1''), \tag{72}$$

und setzen dies in die zweite der Gleichungen (71) ein, so ergibt sich eine Gleichung dritter Ordnung für y_1, die wir in der Form

$$y_1''' = F(x, y_1, y_1', y_1'') \tag{73}$$

schreiben können. Diese Differentialgleichung (73) habe die Lösung

$$y_1 = \Phi(x, C_1, C_2, C_3).$$

Durch Einsetzen in (72) erhalten wir y_3 und durch Einsetzen in (70) darauf y_2 jetzt ohne jegliche Integration. Wenn die erste der Gleichungen (71) die Funktion y_3 nicht enthält, so haben wir schon eine Differentialgleichung zweiter Ordnung für y_1. Ihr allgemeines Integral enthält dann zwei willkürliche Konstanten. Setzen wir dieses allgemeine Integral in die zweite der Gleichungen (71) ein, so ergibt sich eine Gleichung erster Ordnung für y_3. Ihre Integration liefert eine dritte willkürliche Konstante. Schließlich bestimmt Formel (70) jetzt ohne jegliche Integration y_2.

22. Lineare partielle Differentialgleichungen.
Bisher hatten wir Differentialgleichungen betrachtet, welche die Ableitungen der Funktionen nach einer unabhängigen Veränderlichen allein enthielten. Wie bereits erwähnt, heißen solche Gleichungen gewöhnliche Differentialgleichungen. Wir betrachten jetzt eine Klasse *partieller Differentialgleichungen*, die unmittelbar mit der Theorie der Systeme gewöhnlicher Differentialgleichungen verknüpft sind.

Wir wenden uns nochmals dem System (38) von Differentialgleichungen

$$\frac{dx_1}{X_1} = \frac{dx_2}{X_2} = \cdots = \frac{dx_{n+1}}{X_{n+1}} \tag{74}$$

zu und erinnern daran, daß die Beziehung

$$\varphi(x_1, x_2, \ldots, x_{n+1}) = C$$

oder auch die sich nicht identisch auf eine Konstante reduzierende Funktion $\varphi(x_1, x_2, \ldots, x_{n+1})$ selbst als *Integral des Systems* (74) bezeichnet wurde, sofern sie bei Einsetzen irgendeiner Lösung des Systems, die man nach dem Existenz- und Eindeutigkeitssatz erhielt, eine Konstante ergibt.

Es sei z. B. x_1 die unabhängige Veränderliche, und $x_2, x_3, \ldots, x_{n+1}$ seien von x_1 abhängige Lösungsfunktionen des Systems (74). Werden diese in den Ausdruck $\varphi(x_1, x_2, \ldots, x_{n+1})$ eingesetzt, so ergibt sich eine Konstante, d. h., die unabhängige Veränderliche x_1 tritt nicht mehr auf. Folglich muß die totale Ableitung nach x_1 Null werden [I, 69]. Es gilt also

$$\frac{\partial \varphi}{\partial x_1} + \frac{\partial \varphi}{\partial x_2} \frac{dx_2}{dx_1} + \frac{\partial \varphi}{\partial x_3} \frac{dx_3}{dx_1} + \cdots + \frac{\partial \varphi}{\partial x_{n+1}} \frac{dx_{n+1}}{dx_1} = 0$$

oder

$$\frac{\partial \varphi}{\partial x_1} dx_1 + \frac{\partial \varphi}{\partial x_2} dx_2 + \cdots + \frac{\partial \varphi}{\partial x_{n+1}} dx_{n+1} = 0. \tag{75}$$

Da aber eine Lösung des Systems (74) eingesetzt wurde, müssen die Differentiale dx_s den Werten X_s proportional sein; ersetzen wir in der Formel (75) die dx_s durch die proportionalen Größen X_s, so erhalten wir für φ die Gleichung

$$X_1 \frac{\partial \varphi}{\partial x_1} + X_2 \frac{\partial \varphi}{\partial x_2} + \cdots + X_{n+1} \frac{\partial \varphi}{\partial x_{n+1}} = 0. \tag{76}$$

Die Funktion $\varphi(x_1, x_2, \ldots, x_{n+1})$ muß dann dieser Gleichung genügen, unabhängig davon, welche Lösung des Systems (74) auch immer in diese Funktion eingesetzt wird. Wegen der beliebigen Anfangsbedingungen im Existenz- und Eindeutigkeitssatz können aber die Werte der Veränderlichen $x_1, x_2, \ldots, x_{n+1}$ ganz beliebig sein. Mithin erfüllt die Funktion $\varphi(x_1, x_2, \ldots, x_{n+1})$ die Gleichung (76) identisch in $x_1, x_2, \ldots, x_{n+1}$. Wir erhalten somit den folgenden

Satz 1. *Ist $\varphi(x_1, x_2, \ldots, x_{n+1}) = C$ ein Integral des Systems* (74), *so genügt die Funktion $\varphi(x_1, x_2, \ldots, x_{n+1})$ der partiellen Differentialgleichung* (76).

Auch die Umkehrung des Satzes ist leicht zu beweisen.

Satz 2. *Ist $\varphi(x_1, x_2, \ldots, x_{n+1})$ irgendeine Lösung der Gleichung* (76), *so wird $\varphi(x_1, x_2, \ldots, x_{n+1}) = C$ ein Integral des Systems* (74).

Zum Beweis setzen wir in die Funktion $\varphi(x_1, x_2, \ldots, x_{n+1})$ irgendeine Lösung des Systems (74) ein und bilden das vollständige Differential

$$d\varphi(x_1, x_2, \ldots, x_{n+1}) = \frac{\partial \varphi}{\partial x_1} dx_1 + \frac{\partial \varphi}{\partial x_2} dx_2 + \cdots + \frac{\partial \varphi}{\partial x_{n+1}} dx_{n+1}.$$

Da eine Lösung des Systems eingesetzt wurde, können wir wegen (74) die dx_s durch die proportionalen Größen X_s ersetzen. Mit $dx_s = \lambda X_s$, wobei λ ein Proportionalitätsfaktor ist, wird dann

$$d\varphi(x_1, x_2, \ldots, x_{n+1}) = \lambda \left(X_1 \frac{\partial \varphi}{\partial x_1} + X_2 \frac{\partial \varphi}{\partial x_2} + \cdots + X_{n+1} \frac{\partial \varphi}{\partial x_{n+1}} \right).$$

Da aber φ nach Voraussetzung des Satzes die Gleichung (76) identisch in $x_1, x_2, \ldots, x_{n+1}$ erfüllt, gilt $d\varphi(x_1, x_2, \ldots, x_{n+1}) = 0$. Der Ausdruck eines Differentials erster Ordnung hängt nicht davon ab, ob die Veränderlichen unabhängig sind oder nicht [I, 153]. In unserem Fall wird φ beim Einsetzen einer Lösung des

22. Lineare partielle Differentialgleichungen

Systems eine Funktion einer unabhängigen Veränderlichen, z. B. x_1; andererseits erwies sich das Differential dieser Funktion φ als Null. Mithin verschwindet die Ableitung nach x_1 (nach dem Einsetzen) identisch, mit anderen Worten — nach dem Einsetzen hängt φ nicht von x_1 ab, wird also eine Konstante. Dies zeigt nun, daß $\varphi(x_1, x_2, \ldots, x_{n+1})$ ein Integral des Systems ist, was zu beweisen war.

Die beiden soeben bewiesenen Sätze zeigen die Äquivalenz der Begriffe „Integral des Systems (74)" und „Lösung der partiellen Differentialgleichung (76)". Stellen

$$\varphi_1 = C_1, \quad \varphi_2 = C_2, \quad \ldots, \quad \varphi_k = C_k$$

k Integrale des Systems dar, so liefert die willkürliche Funktion $F(\varphi_1, \varphi_2, \ldots, \varphi_k)$, wie wir gesehen hatten, ebenfalls ein Integral des Systems. Demzufolge *ist eine beliebige Funktion irgendwelcher Lösungen der Gleichung* (76) *ebenfalls eine Lösung dieser Gleichung*. Das kann man auch unmittelbar nachprüfen, wenn man $\varphi = F(\varphi_1, \varphi_2, \ldots, \varphi_k)$ in die Gleichung (76) einsetzt und berücksichtigt, daß die Funktionen $\varphi_1, \varphi_2, \ldots, \varphi_k$ dieser Gleichung genügen. Sind

$$\varphi_1(x_1, x_2, \ldots, x_{n+1}) = C_1, \quad \ldots, \quad \varphi_n(x_1, x_2, \ldots, x_{n+1}) = C_n \tag{77}$$

n unabhängige Integrale des Systems (74), so ist die beliebige Funktion $F(\varphi_1, \varphi_2, \ldots, \varphi_n)$ eine Lösung der Gleichung (76). Man kann beweisen, worauf wir jedoch nicht weiter eingehen, daß diese ein allgemeines Integral der Gleichung (76) wird. Hieraus ergibt sich die folgende Regel für die Integration der Gleichung (76):

Um die allgemeine Lösung der linearen partiellen Differentialgleichung (76) *zu finden, bilde man das dieser Gleichung entsprechende System* (74) *gewöhnlicher Differentialgleichungen und ermittle n unabhängige Integrale* (77) *dieses Systems; die allgemeine Lösung der Gleichung* (76) *wird dann*

$$\varphi = F(\varphi_1, \varphi_2, \ldots, \varphi_n),$$

wobei F eine willkürliche Funktion ihrer n Argumente ist.

Die in den partiellen Ableitungen lineare Gleichung (76) weist zwei Besonderheiten auf; ihre Koeffizienten X_i enthalten die gesuchte Funktion φ nicht, und ihr freies Glied ist gleich Null. Im allgemeinen Fall der linearen partiellen Differentialgleichung werden wir es mit einer Gleichung der Form

$$Y_1 \frac{\partial \varphi}{\partial x_1} + Y_2 \frac{\partial \varphi}{\partial x_2} + \cdots + Y_n \frac{\partial \varphi}{\partial x_n} + Y_{n+1} = 0 \tag{78}$$

zu tun haben. Dabei hängen $Y_1, Y_2, \ldots, Y_{n+1}$ von $x_1, x_2, \ldots, x_n$ und φ ab. Wir setzen die Lösungsschar der Gleichung (78) in der impliziten Form

$$\omega(x_1, x_2, \ldots, x_n, \varphi) = C \tag{79_1}$$

an, wobei C eine willkürliche Konstante ist. Gemäß der Differentiationsregel für eine implizite Funktion gilt

$$\frac{\partial \varphi}{\partial x_i} = - \frac{\dfrac{\partial \omega}{\partial x_i}}{\dfrac{\partial \omega}{\partial \varphi}};$$

durch Einsetzen in (78) erhalten wir für ω die Gleichung

$$Y_1 \frac{\partial \omega}{\partial x_1} + Y_2 \frac{\partial \omega}{\partial x_2} + \cdots + Y_n \frac{\partial \omega}{\partial x_n} - Y_{n+1} \frac{\partial \omega}{\partial \varphi} = 0, \tag{79$_2$}$$

welche die beiden oben angegebenen Besonderheiten besitzt.

Da nun C willkürlich wählbar ist, können in (79$_1$) die Veränderlichen $x_1, x_2, \ldots, x_n, \varphi$ beliebige Werte annehmen. So wie früher folgt hieraus, daß die Gleichung (79$_2$) identisch in $x_1, x_2, \ldots, x_n, \varphi$ erfüllt sein muß. Ihre Lösung wird auf die Integration des ihr entsprechenden Systems gewöhnlicher Differentialgleichungen zurückgeführt. Ist ω gefunden, so liefert uns (79$_1$) die Funktion φ. Man kann zeigen, daß man unter gewissen allgemeinen Voraussetzungen bezüglich Y_k auf diese Weise alle Lösungen der Gleichung (78) erhalten kann.

Dabei ist zu beachten, daß die allgemeine Lösung einer partiellen Differentialgleichung eine willkürliche Funktion enthält, während in der allgemeinen Lösung gewöhnlicher Differentialgleichungen nur willkürliche Konstanten auftreten.

In Teil IV werden wir die linearen partiellen Differentialgleichungen eingehender studieren und den entsprechenden Existenz- und Eindeutigkeitssatz herleiten. Hier werden wir uns nur auf formale Darlegungen beschränken.

23. Geometrische Interpretation. Wir geben nun eine geometrische Interpretation der in [22] dargelegten Theorie für den Fall dreier Veränderlicher. Dazu werde angenommen, daß im dreidimensionalen Raum ein Richtungsfeld vorliegt, d. h. in jedem Punkt des Raumes eine wohlbestimmte Richtung vorgegeben ist. Wir führen irgendwelche geradlinigen rechtwinkligen Koordinatenachsen ein. Damit läßt sich jede Richtung durch drei Zahlen bestimmen, die proportional den Richtungskosinus sind, d. h. proportional den Kosinus der Winkel, die von dieser Richtung mit den Koordinatenachsen gebildet werden. Verschiedenen Punkten werden im allgemeinen verschiedene Richtungen zugeordnet sein. Das gesamte Richtungsfeld wird durch drei Funktionen

$$u(x, y, z), \quad v(x, y, z), \quad w(x, y, z) \tag{80}$$

bestimmt, so daß die Richtungskosinus der im Punkt (x, y, z) vorgegebenen Richtung proportional den Größen (80) sind.

Wie auch bei den Differentialgleichungen erster Ordnung stellen wir uns die Aufgabe, im Raum die Kurven zu finden, deren Tangente in jedem Punkt gerade diejenige Richtung hat, die in diesem Punkt durch das Richtungsfeld vorgeschrieben ist. Bekanntlich [**I, 160**] sind aber die Richtungskosinus der Tangente proportional den Differentialen dx, dy und dz; bei Übereinstimmung zweier Richtungen müssen die Größen, die proportional ihren Richtungskosinus sind, zueinander proportional sein. Somit ergibt sich zur Bestimmung der gesuchten Kurven im Raum das Differentialgleichungssystem

$$\frac{dx}{u(x, y, z)} = \frac{dy}{v(x, y, z)} = \frac{dz}{w(x, y, z)}. \tag{81}$$

Die Integration dieses Systems läuft auf die Ermittlung zweier unabhängiger Integrale

$$\varphi_1(x, y, z) = C_1, \quad \varphi_2(x, y, z) = C_2 \tag{82}$$

hinaus, die also so beschaffen sind, daß die Gleichungen (82) nach irgend zwei ihrer Veränderlichen auflösbar sind. Diese zwei Gleichungen definieren eine gewisse Raumkurve [**I, 160**]; geben wir C_1 und C_2 verschiedene Zahlenwerte, so erhalten wir eine Schar von Integralkurven des Systems (81). Die Anfangsbedingungen laufen auf die Forderung hinaus, daß die gesuchte Kurve durch einen gegebenen Punkt (x_0, y_0, z_0) geht. Gemäß diesen Anfangsbedingungen bestimmen sich die willkürlichen Konstanten C_1 und C_2.

Wir gehen jetzt zur geometrischen Interpretation der partiellen Differentialgleichungen über und nehmen wiederum an, daß die Funktionen (80) so wie vorher irgendein Richtungsfeld definieren. Es sollen solche Flächen bestimmt werden, für die in jedem ihrer Punkte P die durch das Richtungsfeld definierte Richtung in der Tangentialebene an die Fläche im Punkt P liegt. Die Schar der gesuchten Flächen sei durch

$$\varphi(x, y, z) = C$$

gegeben.

Die Richtungskosinus der Normalen dieser Fläche sind bekanntlich [**I, 160**] proportional $\frac{\partial \varphi}{\partial x}, \frac{\partial \varphi}{\partial y}, \frac{\partial \varphi}{\partial z}$; die Richtung der Normalen muß senkrecht zu der durch die Größen (80) definierten Richtung sein, da letztere in der Tangentialebene liegen soll. Benutzen wir die übliche Bedingung für die Orthogonalität zweier Richtungen [**I, 160**], so erhalten wir zur Bestimmung von φ die lineare partielle Differentialgleichung

$$u(x, y, z) \frac{\partial \varphi}{\partial x} + v(x, y, z) \frac{\partial \varphi}{\partial y} + w(x, y, z) \frac{\partial \varphi}{\partial z} = 0. \tag{83}$$

Das dieser Gleichung entsprechende System gewöhnlicher Differentialgleichungen ist das System (81), so daß die allgemeine Lösung der Gleichung (83) die Form

$$\varphi = F(\varphi_1, \varphi_2)$$

hat. Die allgemeine Gleichung der gesuchten Flächen wird dann

$$F(\varphi_1, \varphi_2) = 0, \tag{84}$$

wobei F eine willkürliche Funktion ihrer beiden Argumente ist. Die beliebige Konstante C braucht man nicht besonders hervorzuheben, da die Funktion F willkürlich ist und φ_1 und φ_2 zwei unabhängige Integrale (82) des Systems (81) darstellen. Wird die Funktion F in bestimmter Weise gewählt, so ist die entstehende Fläche (84) offenbar der geometrische Ort derjenigen Integralkurven des Systems (81), für welche die Werte der Konstanten in den Gleichungen (82) durch die Beziehung

$$F(C_1, C_2) = 0 \tag{85}$$

verknüpft sind.

Die Lösung der Gleichung (83) wird im allgemeinen durch die Forderung festgelegt, daß die gesuchte Fläche durch eine im Raum vorgegebene Kurve (L) verlaufen soll. Diese Forderung stellt eine Anfangsbedingung für die partielle

Differentialgleichung (83) dar. Die gesuchte Fläche wird offenbar von denjenigen Integralkurven des Systems (81) gebildet, die von den Punkten der Kurve (L) ausgehen, für die also die Koordinaten der Punkte der Kurve (L) die Anfangsbedingungen festlegen. Nach dem Existenz- und Eindeutigkeitssatz für das System (81) ergibt sich somit im allgemeinen eine bestimmte Fläche. Ein Ausnahmefall tritt ein, wenn die gegebene Kurve (L) selbst eine Integralkurve des Systems (81) ist. Dann liefert uns die vorstehende Konstruktion keine Fläche, sondern die Kurve (L) selbst. Es läßt sich zeigen, daß in diesem Fall durch die Kurve (L) im allgemeinen unendlich viele Flächen $\varphi = 0$ hindurchgehen, wobei φ der Gleichung (83) genügt. Eingehender werden wir darüber in Teil IV sprechen.

Die Gleichung der Kurve (L) sei nun durch die beiden Gleichungen

$$\psi_1(x, y, z) = 0, \quad \psi_2(x, y, z) = 0 \tag{86}$$

gegeben. Eliminieren wir aus den vier Gleichungen (82) und (86) die drei Veränderlichen x, y, z, so erhalten wir eine Beziehung zwischen C_1 und C_2. Diese definiert gemäß (85) die Funktion F, die man zu wählen hat, damit die Gleichung (84) die gesuchte durch die Kurve (86) verlaufende Fläche liefert.

24. Beispiele.

1. Gegeben ist die partielle Differentialgleichung

$$xz \frac{\partial \varphi}{\partial x} + yz \frac{\partial \varphi}{\partial y} - (x^2 + y^2) \frac{\partial \varphi}{\partial z} = 0. \tag{87}$$

Das entsprechende System gewöhnlicher Differentialgleichungen wird dann

$$\frac{dx}{xz} = \frac{dy}{yz} = \frac{dz}{-(x^2 + y^2)}. \tag{88}$$

Wir hatten bereits [20] zwei zugehörige unabhängige Integrale gefunden:

$$\frac{y}{x} = C_1, \quad x^2 + y^2 + z^2 = C_2. \tag{89}$$

Die erste der Gleichungen liefert die Schar der Ebenen, die durch die z-Achse gehen, und die zweite Kugeln mit dem Mittelpunkt im Koordinatenursprung. Die Integralkurven des Systems (88) sind Kreise, die in den angegebenen Ebenen liegen und deren Mittelpunkt mit dem Koordinatenursprung zusammenfällt. Als allgemeine Lösung der Gleichung (87) ergibt sich

$$\varphi = F\left(\frac{y}{x}, x^2 + y^2 + z^2\right), \tag{90}$$

wobei F eine willkürliche Funktion ihrer beiden Argumente ist. Die Funktion F soll so beschaffen sein, daß die Fläche

$$F\left(\frac{y}{x}, x^2 + y^2 + z^2\right) = 0 \tag{91}$$

durch die Gerade

$$x = 1, \quad y = z \tag{92}$$

verläuft. Zur Bestimmung von F eliminieren wir x, y und z aus den Gleichungen (89) und (92). Die erste der Gleichungen (89) und die Gleichungen (92) liefern

$$x = 1, \quad y = C_1, \quad z = C_1;$$

durch Einsetzen in die zweite der Gleichungen (89) erhalten wir folgende Beziehung zwischen C_1 und C_2:

$$1 + 2C_1^2 - C_2 = 0, \quad \text{also} \quad F(C_1, C_2) = 1 + 2C_1^2 - C_2.$$

Mit dieser Form der Funktion F liefert die Gleichung (91) die Gleichung der gesuchten Fläche:

$$1 + 2\frac{y^2}{x^2} - (x^2 + y^2 + z^2) = 0 \quad \text{oder} \quad x^2 + 2y^2 - x^2(x^2 + y^2 + z^2) = 0.$$

2. Es sei nun das Richtungsfeld, das durch das System der Differentialgleichungen bestimmt wird, so beschaffen, daß in allen Punkten des Raumes die Richtung ein und dieselbe ist. Die Werte a, b, c seien proportional dem Richtungskosinus dieser festen Richtung. Das System der Differentialgleichungen wird

$$\frac{dx}{a} = \frac{dy}{b} = \frac{dz}{c}$$

oder

$$c\,dx - a\,dz = 0, \quad c\,dy - b\,dz = 0,$$

was sofort die zwei Integrale

$$cx - az = C_1, \quad cy - bz = C_2$$

liefert.

Integralkurven sind offenbar die parallelen Geraden, welche die oben angegebene feste Richtung besitzen. Die entsprechende partielle Differentialgleichung

$$a\,\frac{\partial \varphi}{\partial x} + b\,\frac{\partial \varphi}{\partial y} + c\,\frac{\partial \varphi}{\partial z} = 0 \tag{93}$$

definiert die Flächen $\varphi(x, y, z) = 0$, die den geometrischen Ort für gewisse der oben angegebenen Geraden darstellen; somit ist (93) die Gleichung der Zylinderflächen. Ihre allgemeine Lösung hat die Form

$$\varphi = F(cx - az, cy - bz);$$

dabei ist F eine willkürliche Funktion, und die allgemeine Gleichung der Zylinderflächen, deren Erzeugende die oben angegebene Richtung haben, lautet

$$F(cx - az, cy - bz) = 0.$$

3. Das Richtungsfeld sei jetzt so beschaffen, daß in jedem Punkt $M(x, y, z)$ die durch das Feld gegebene Richtung mit der Richtung eines Vektors übereinstimmt, der von einem festen Punkt $A(a, b, c)$ nach dem Punkt $M(x, y, z)$ führt. Die Projektionen dieses Vektors auf die Koordinatenachsen sind

$$x - a, \quad y - b, \quad z - c,$$

und folglich sind diese drei Größen proportional dem Richtungskosinus der im Punkt M vorgegebenen Richtung. Das entsprechende Differentialgleichungssystem lautet dann

$$\frac{dx}{x - a} = \frac{dy}{y - b} = \frac{dz}{z - c}.$$

Offensichtlich sind nun

$$\frac{x-a}{z-c} = C_1, \quad \frac{y-b}{z-c} = C_2$$

Integrale des Differentialgleichungssystems.

Es ist einleuchtend, daß die Integralkurvenschar aus denjenigen Geraden besteht, die durch den Punkt $A(a, b, c)$ verlaufen. Die entsprechende partielle Differentialgleichung

$$(x-a)\frac{\partial \varphi}{\partial x} + (y-b)\frac{\partial \varphi}{\partial y} + (z-c)\frac{\partial \varphi}{\partial z} = 0$$

definiert also Kegelflächen, die ihre Spitze im Punkt A haben. Die allgemeine Gleichung solcher Flächen lautet

$$F\left(\frac{x-a}{z-c}, \frac{y-b}{z-c}\right) = 0,$$

wobei F wieder eine willkürliche Funktion ihrer beiden Argumente ist.

Offenbar können wir durch eine im Raum vorgegebene Kurve (L) im allgemeinen nur eine Kegelfläche legen, die von Geraden gebildet wird, welche vom Punkt A zu den Punkten der Kurve (L) verlaufen. Ist aber die Kurve (L) eine Gerade, die selbst zur Schar der Integralkurven des Systems gehört, also eine durch den Punkt A verlaufende Gerade, dann läßt sich eine unendliche Mannigfaltigkeit von Kegelflächen konstruieren, welche diese Gerade (L) enthalten.

4. Wir betrachten jetzt das Differentialgleichungssystem

$$\frac{dx}{cy-bz} = \frac{dy}{az-cx} = \frac{dz}{bx-ay}. \tag{94}$$

Werden alle drei Quotienten gleich dem Differential dt einer neuen Veränderlichen t gesetzt, so ergibt sich

$$dx = (cy-bz)\,dt, \quad dy = (az-cx)\,dt, \quad dz = (bx-ay)\,dt. \tag{95}$$

Hieraus lassen sich leicht zwei Gleichungen gewinnen, die unmittelbar integriert werden können. Zur Bildung der ersten multiplizieren wir die Gleichungen (95) gliedweise mit a, b, c und addieren; zur Bildung der zweiten Gleichung multiplizieren wir die Gleichungen (95) mit x, y, z und addieren. Auf diese Weise erhält man die beiden Gleichungen

$$a\,dx + b\,dy + c\,dz = 0, \quad x\,dx + y\,dy + z\,dz = 0,$$

deren Integration zwei Integrale des Systems

$$ax + by + cz = C_1, \quad x^2 + y^2 + z^2 = C_2 \tag{96}$$

liefert.

Das erste der Integrale stellt eine Schar paralleler Ebenen dar mit Normalen, deren Richtungskosinus proportional den Werten (a, b, c) sind. Das zweite der Integrale liefert eine Schar von Kugeln mit dem Mittelpunkt im Koordinatenursprung. Der Schnitt dieser Ebenen und Kugeln erzeugt die Integralkurvenschar des Systems (94). Diese besteht offensichtlich aus denjenigen Kreisen, die in den oben angegebenen Ebenen liegen und ihren Mittelpunkt auf der Geraden

$$\frac{x}{a} = \frac{y}{b} = \frac{z}{c} \tag{97}$$

haben, welche durch den Koordinatenursprung verläuft und senkrecht zu sämtlichen angegebenen Ebenen steht.

Es ist leicht zu erkennen, daß die entsprechende partielle Differentialgleichung

$$(cy - bz)\frac{\partial \varphi}{\partial x} + (az - cx)\frac{\partial \varphi}{\partial y} + (bx - ay)\frac{\partial \varphi}{\partial z} = 0$$

Rotationsflächen definiert, für welche die Gerade (97) Rotationsachse ist; die allgemeine Gleichung solcher Flächen wird dann

$$F(ax + by + cz,\ x^2 + y^2 + z^2) = 0;$$

dabei stellt F eine willkürliche Funktion ihrer beiden Argumente dar. Wir bemerken noch, daß man die Nenner im System (97) auch auf Grund geometrischer Überlegungen bestimmen könnte, indem man in entsprechender Weise das Richtungsfeld vorgibt, so wie wir dies in den vorhergehenden Beispielen getan haben.

5. Auf eine lineare partielle Differentialgleichung führt das Problem der orthogonalen Trajektorien im Raum. Wir nehmen an, daß eine Schar von Flächen

$$\omega(x, y, z) = C \tag{98}$$

vorgegeben ist, die von dem Parameter C abhängt, so daß durch jeden Punkt des Raumes im allgemeinen eine und nur eine Fläche der Schar geht. Es sind nun diejenigen Flächen

$$\varphi(x, y, z) = C_1 \tag{99}$$

zu ermitteln, die alle Flächen (98) unter einem rechten Winkel schneiden. Die Bedingung dafür, daß die Normalen der Flächen (98) und (99) aufeinander senkrecht stehen, liefert uns für die gesuchte Funktion φ die lineare partielle Differentialgleichung

$$\frac{\partial \omega}{\partial x}\frac{\partial \varphi}{\partial x} + \frac{\partial \omega}{\partial y}\frac{\partial \varphi}{\partial y} + \frac{\partial \omega}{\partial z}\frac{\partial \varphi}{\partial z} = 0.$$

Das entsprechende System gewöhnlicher Differentialgleichungen

$$\frac{dx}{\frac{\partial \omega}{\partial x}} = \frac{dy}{\frac{\partial \omega}{\partial y}} = \frac{dz}{\frac{\partial \omega}{\partial z}} \tag{100}$$

definiert diejenigen Kurven, für die in jedem ihrer Punkte die Tangente eine Normale zu der Fläche (98) ist, die durch diesen Punkt hindurchgeht. Sind

$$\varphi_1(x, y, z) = C_1, \quad \varphi_2(x, y, z) = C_2$$

zwei unabhängige Integrale des Systems (100), so hat die Gleichung der gesuchten Flächen die Form

$$F(\varphi_1, \varphi_2) = 0.$$

II. LINEARE DIFFERENTIALGLEICHUNGEN UND ERGÄNZENDE AUSFÜHRUNGEN ZUR THEORIE DER DIFFERENTIALGLEICHUNGEN

§ 3. Allgemeine Theorie. Differentialgleichungen mit konstanten Koeffizienten

25. Die lineare homogene Differentialgleichung zweiter Ordnung. Die Theorie der linearen Differentialgleichungen ist das einfachste und am weitesten entwickelte Gebiet in der Theorie der Differentialgleichungen, und gerade die linearen Differentialgleichungen treten sehr häufig in den Anwendungen auf. In [6] wurde die lineare Differentialgleichung erster Ordnung behandelt. In diesem Kapitel werden wir die linearen Differentialgleichungen beliebiger Ordnung untersuchen, und zwar zunächst die Differentialgleichungen zweiter Ordnung.

Eine Gleichung der Form

$$P(y) = y'' + p(x)y' + q(x)y = 0 \tag{1}$$

heißt *lineare homogene Differentialgleichung zweiter Ordnung*, wobei zur Abkürzung die linke Seite mit $P(y)$ bezeichnet wurde.

Aus der Linearität des Ausdrucks $P(y)$ bezüglich der Funktion y und ihrer Ableitungen folgt, daß bei beliebigen Konstanten C, C_1 und C_2

$$P(Cy) = CP(y), \quad P(C_1 y_1 + C_2 y_2) = C_1 P(y_1) + C_2 P(y_2)$$

gilt. Ist $y = y_1$ eine Lösung der Differentialgleichung, d. h. $P(y_1) = 0$, so gilt offenbar $P(Cy_1) = 0$, d. h., $y = Cy_1$ stellt ebenfalls eine Lösung der Gleichung dar. Ebenso ist

$$y = C_1 y_1 + C_2 y_2 \tag{2}$$

mit beliebigen Konstanten C_1 und C_2 eine Lösung, wenn y_1 und y_2 Lösungen sind; d. h., *man kann Lösungen der linearen homogenen Differentialgleichung* (1) *mit beliebigen Konstanten multiplizieren und addieren und erhält wiederum Lösungen dieser Differentialgleichung.* Mit anderen Worten, eine beliebige Linearkombination zweier Lösungen mit konstanten Koeffizienten ist ebenfalls eine Lösung; offenbar gilt das auch für eine lineare homogene Differentialgleichung beliebiger Ordnung.

Der Existenz- und Eindeutigkeitssatz läßt sich für die Gleichung (1) besonders einfach formulieren, wie wir am Ende dieses Kapitels beweisen werden:

Sind $p(x)$ und $q(x)$ in einem endlichen abgeschlossenen Intervall I ($a \leq x \leq b$)

25. Die lineare homogene Differentialgleichung zweiter Ordnung

stetige Funktionen und ist x_0 ein beliebiger Wert aus diesem Intervall, so existiert genau eine Lösung von (1), *die den Anfangsbedingungen*

$$y|_{x=x_0} = y_0, \quad y'|_{x=x_0} = y_0' \tag{3}$$

genügt, wobei y_0 und y_0' beliebige vorgegebene Zahlen sind. Diese Lösung existiert im ganzen Intervall I.

Wenn man x_0 festlegt und y_0 und y_0' alle möglichen Zahlenwerte durchlaufen läßt, so bestimmt die im Satz angegebene Lösung alle Lösungen der Gleichung (1). In allen diesen Lösungen sind die Funktionen $y(x)$, $y'(x)$ und $y''(x)$ stetig bis zu den Enden des Intervalls $a \leq x \leq b$.

Die beiden Grenzwerte $y'(x)$ und $y''(x)$ sind für $x = a$ die rechtsseitigen Ableitungen $y'(a + 0)$ und $y''(a + 0)$ bzw. für $x = b$ die linksseitigen Ableitungen $y'(b - 0)$ und $y''(b - 0)$. Im weiteren werden wir in den Argumenten nicht mehr ± 0 schreiben (vgl. [I]).

Aus dem oben formulierten Satz folgt unmittelbar eine völlig analoge Behauptung auch für ein offenes Intervall $a < x < b$, das sowohl endlich als auch unendlich sein kann.

Wir werden immer Lösungen der Gleichung (1) in einem Intervall betrachten, in dem die Koeffizienten $p(x)$ und $q(x)$ stetig sind.

Die Gleichung (1) hat offensichtlich die Lösung $y \equiv 0$ (triviale Lösung). Dieser Lösung entspricht $y_0' = y_0 = 0$. Wenn wir im folgenden von einer Lösung der Differentialgleichung (1) sprechen, so verstehen wir darunter eine Lösung, die von der trivialen Lösung verschieden ist.

Wir führen noch einen neuen Begriff ein, den wir im weiteren benötigen werden. Es seien y_1 und y_2 zwei Lösungen der Gleichung (1). Wir führen für unsere Betrachtungen den Ausdruck

$$\Delta(y_1, y_2) = y_1 y_2' - y_2 y_1' \tag{4}$$

ein, den man als *Wronskische Determinante* der Lösungen y_1 und y_2 bezeichnet. Diese Determinante besitzt die bemerkenswerte Eigenschaft

$$\Delta(y_1, y_2) = \Delta_0 e^{-\int_{x_0}^{x} p(t)dt}, \tag{5}$$

dabei ist die Konstante Δ_0 gleich dem Wert von $\Delta(y_1, y_2)$ für $x = x_0$. Zum Beweis berechnen wir die Ableitung

$$\frac{d\Delta(y_1, y_2)}{dx} = y_1' y_2' + y_1 y_2'' - y_2' y_1' - y_2 y_1'' = y_1 y_2'' - y_2 y_1''.$$

Da y_1 und y_2 Lösungen der Differentialgleichung (1) sind, wird

$$y_1'' + p(x) y_1' + q(x) y_1 = 0, \quad y_2'' + p(x) y_2' + q(x) y_2 = 0.$$

Multiplizieren wir die erste Gleichung mit $-y_2$, die zweite mit y_1 und addieren gliedweise, so erhalten wir

$$y_1 y_2'' - y_2 y_1'' + p(x)(y_1 y_2' - y_2 y_1') = 0$$

und folglich

$$\frac{d\Delta(y_1, y_2)}{dx} + p(x)\,\Delta(y_1, y_2) = 0.$$

Dies ist eine lineare homogene Differentialgleichung für Δ. Bei Anwendung der Formel (29) aus [6] ergibt sich unmittelbar die Formel (5).

Aus dieser Formel folgt, daß *$\Delta(y_1, y_2)$ in I entweder identisch verschwindet*, nämlich dann, wenn die Konstante Δ_0 gleich Null ist, *oder aber für keinen Wert von x aus I verschwindet*, da die Exponentialfunktion niemals Null wird. Dabei ist $p(x)$ als in I stetige Funktion vorausgesetzt.

Zwei nichttriviale Lösungen y_1 und y_2 der Differentialgleichung (1) heißen *linear unabhängig*, wenn keine identisch in x geltende Beziehung (für x aus I)

$$\alpha_1 y_1 + \alpha_2 y_2 = 0 \qquad (6)$$

mit den konstanten Koeffizienten α_1 und α_2 existiert, wobei α_1 und α_2 von Null verschieden sind. Falls eine solche Beziehung existiert, nennt man y_1 und y_2 *linear abhängig*.

Wenn einer der Koeffizienten, z. B. α_1, gleich Null ist, aber $\alpha_2 \neq 0$, so folgt aus (3) $y_2 \equiv 0$. Dies widerspricht der Annahme, daß beide Lösungen nichttrivial sind. Hieraus folgt die Notwendigkeit der Forderung, daß beide Koeffizienten von Null verschieden sein sollen.

Die lineare Abhängigkeit der Lösungen y_1 und y_2, wie sie durch die Identität (6) beschrieben wird, ist offensichtlich damit äquivalent, daß sich beide Lösungen nur durch einen konstanten Faktor unterscheiden, $y_2 = Cy_1$, wobei die Konstante C von Null verschieden ist. Differenzieren wir diese Beziehung, so folgt aus den beiden Gleichungen

$$y_2(x) = Cy_1(x), \qquad y_2'(x) = Cy_1'(x)$$

unmittelbar, daß *die Wronskische Determinante $\Delta(y_1, y_2)$ von zwei linear abhängigen Lösungen identisch verschwindet*.

Umgekehrt nehmen wir jetzt an, daß die Wronskische Determinante $\Delta(y_1, y_2)$ identisch verschwindet, und zeigen, daß dann die Lösungen $y_1(x)$ und $y_2(x)$ linear abhängig sind. Wir wählen einen festen Wert $x = x_0$, für den $y_1(x_0) \neq 0$ ist. Dann betrachten wir die beiden Gleichungen, die eine Konstante C enthalten, wobei wir mit y_{10}, y_{20}, y_{10}' und y_{20}' die Werte von y_1, y_2 und deren Ableitungen an der Stelle $x = x_0$ bezeichnen:

$$y_{20} = Cy_{10}, \qquad y_{20}' = Cy_{10}'.$$

Wenn wir $C = \dfrac{y_{20}}{y_{10}}$ aus der ersten Gleichung in die zweite einsetzen, können wir uns davon überzeugen, daß auch diese Gleichung gilt, da ja $\Delta(y_1, y_2)$ nach Voraussetzung auch für $x = x_0$ identisch verschwindet.

Die Lösung $y(x) = y_2(x) - Cy_1(x)$ der Gleichung (1) genügt also den Anfangsbedingungen (3) für $y_0 = 0$ und $y_0' = 0$, d. h., $y(x)$ ist die triviale Lösung.

Daraus folgt
$$y_2(x) - C y_1(x) \equiv 0$$
oder
$$y_2(x) \equiv C y_1(x).$$

Wir kommen somit zu der folgenden Zusammenfassung: *Das Verschwinden der Wronskischen Determinante $\Delta(y_1, y_2)$ ist notwendig und hinreichend für die lineare Abhängigkeit der Lösungen y_1 und y_2. Zwei Lösungen der Gleichung* (1) *sind also genau dann linear unabhängig, wenn ihre Wronskische Determinante von Null verschieden ist.*

Wir geben noch die folgende Beziehung für die Ableitung des Quotienten zweier Lösungen an:

$$\frac{d}{dx}\left(\frac{y_2}{y_1}\right) = \frac{\Delta(y_1, y_2)}{y_1^2} = \Delta_0 \frac{e^{-\int_{x_0}^{x} p(t)dt}}{y_1^2}. \qquad (7)$$

Sie verliert natürlich ihren Sinn in allen Punkten, in denen $y_1 = 0$ ist.

Sind y_1 und y_2 linear unabhängige Lösungen der Differentialgleichung (1), so liefert die Formel (2) bei passender Wahl der Konstanten C_1 und C_2 eine Lösung der Differentialgleichung (1), welche den beliebig vorgegebenen Anfangsbedingungen

$$y|_{x=x_0} = y_0, \qquad y'|_{x=x_0} = y_0' \qquad (8)$$

genügt. Das soll jetzt gezeigt werden.

Mit y_{10}, y_{20}, y'_{10} und y'_{20} seien die Werte von y_1, y_2 und deren erste Ableitungen in $x = x_0$ bezeichnet. Zur Erfüllung der Anfangsbedingungen (8) sind die Konstanten C_1 und C_2 in (2) aus dem Gleichungssystem

$$C_1 y_{10} + C_2 y_{20} = y_0, \qquad C_1 y'_{10} + C_2 y'_{20} = y_0'$$

zu bestimmen. Aus der linearen Unabhängigkeit von y_1 und y_2 folgt

$$\Delta_0 = y_{10} y'_{20} - y_{20} y'_{10} \neq 0;$$

somit erhalten wir aus dem angegebenen System eindeutig bestimmte Werte für C_1 und C_2, womit unsere Behauptung bewiesen ist.

Nach dem Existenz- und Eindeutigkeitssatz wird aber jede Lösung der Differentialgleichung (1) vollständig bestimmt durch ihre Anfangsbedingungen. Es gilt daher der folgende

Satz. *Sind y_1 und y_2 zwei linear unabhängige Lösungen der Differentialgleichung* (1), *so liefert die Formel* (2) *alle Lösungen dieser Gleichung.*

Die Integration von (1) reduziert sich also auf die Ermittlung zweier linear unabhängiger Lösungen. Es sei y_1 eine Lösung dieser Gleichung und y_2 eine weitere Lösung. Durch Integration der Beziehung (7) erhalten wir

$$\frac{y_2}{y_1} = \Delta_0 \int e^{-\int_{x_0}^{x} p(t)dt} \frac{dx}{y_1^2} \quad \text{oder} \quad y_2 = \Delta_0 y_1 \int e^{-\int_{x_0}^{x} p(t)dt} \frac{dx}{y_1^2}. \qquad (9)$$

Ist also eine spezielle Lösung y_1 der Differentialgleichung (1) bekannt, so gewinnt man eine weitere Lösung y_2 durch die Formel (9); dabei ist Δ_0 eine Konstante, die wir gleich Eins setzen können.

Im allgemeinen erweist es sich jedoch bei beliebig gegebenen Funktionen $p(x)$ und $q(x)$ als unmöglich, diese eine Lösung in geschlossener Form oder auch nur mit Hilfe von Quadraturen zu finden. Dagegen gelingt dies in gewissen speziellen Fällen; unter anderem, wenn $p(x)$ und $q(x)$ Konstanten sind.

Im folgenden wird auch eine Lösungsmethode angegeben, die in den Anwendungen häufig gebraucht wird, nämlich die Konstruktion einer Lösung in Form einer unendlichen Reihe.

26. Die lineare inhomogene Differentialgleichung zweiter Ordnung.

Eine Gleichung der Form

$$u'' + p(x)u' + q(x)u = f(x) \tag{10}$$

heißt *lineare inhomogene Differentialgleichung zweiter Ordnung*.

Sind $p(x)$, $q(x)$ und $f(x)$ in einem Intervall $a < x < b$ stetig, so gilt, wie wir später beweisen werden, genau so ein Existenz- und Eindeutigkeitssatz wie für die homogene Gleichung (1). Im weiteren werden wir die Lösung der Gleichung (10) im Stetigkeitsgebiet der $p(x)$, $q(x)$ und $f(x)$ betrachten.

Es sei $u = u_1$ eine partikuläre Lösung dieser Gleichung, d. h.

$$u_1'' + p(x)u_1' + q(x)u_1 = f(x). \tag{11}$$

Anstelle von u führen wir nun mittels

$$u = y + u_1 \tag{12}$$

eine neue Funktion y ein. Einsetzen in (10) liefert

$$[y'' + p(x)y' + q(x)y] + [u_1'' + p(x)u_1' + q(x)u_1] = f(x)$$

oder auf Grund von (11)

$$y'' + p(x)y' + q(x)y = 0. \tag{13}$$

Diese Gleichung heißt die *der Gleichung* (10) *entsprechende homogene Gleichung*. Sind y_1 und y_2 zwei linear unabhängige Lösungen von (13), so liefert nach Formel (12) und dem Satz aus [25] der Ausdruck

$$u = C_1 y_1 + C_2 y_2 + u_1$$

mit beliebigen Konstanten C_1 und C_2 sämtliche Lösungen der Differentialgleichung (10). Wir erhalten also das folgende Resultat: *Die allgemeine Lösung einer linearen inhomogenen Differentialgleichung zweiter Ordnung ist gleich der Summe aus der allgemeinen Lösung der entsprechenden homogenen Differentialgleichung und irgendeiner partikulären Lösung der inhomogenen Differentialgleichung.*

Der oben angeführte Beweis ist offensichtlich auch für lineare inhomogene Differentialgleichungen von beliebiger Ordnung gültig, so daß auch für sie das hier Gesagte zutrifft.

Kennt man zwei linear unabhängige Lösungen der homogenen Differentialgleichung (13), so kann man, wie wir gleich sehen werden, auch eine partikuläre Lösung der Gleichung (10) und folglich auch deren allgemeine Lösung finden. Wir wenden dabei das sogenannte *Lagrangesche Verfahren der Variation der Konstanten* an [6].

Es seien y_1 und y_2 zwei linear unabhängige Lösungen der Differentialgleichung (13). Ihre allgemeine Lösung wird, wie bereits bekannt ist, durch Formel (2) dargestellt. Wir setzen nun eine Lösung der Differentialgleichung (10) in derselben Form an, nur daß wir dabei C_1 und C_2 nicht als konstant, sondern als gesuchte Funktionen von x ansehen:

$$u = v_1(x)y_1 + v_2(x)y_2. \tag{14}$$

Da unser Ansatz *zwei* zu ermittelnde Funktionen $v_1(x)$ und $v_2(x)$ enthält, können wir für diese noch eine zusätzliche Bedingung vorschreiben. Wir fordern

$$v_1'(x)y_1 + v_2'(x)y_2 = 0. \tag{15}$$

Differenzieren wir den Ausdruck (14) und benutzen die Bedingung (15), so entsteht

$$u = v_1(x)y_1 + v_2(x)y_2$$
$$u' = v_1(x)y_1' + v_2(x)y_2'$$
$$u'' = v_1(x)y_1'' + v_2(x)y_2'' + v_1'(x)y_1' + v_2'(x)y_2'.$$

Nach Einsetzen in die linke Seite der Differentialgleichung (10) ergibt sich

$$v_1(x)[y_1'' + p(x)y_1' + q(x)y_1] + v_2(x)[y_2'' + p(x)y_2' + q(x)y_2]$$
$$+ v_1'(x)y_1' + v_2'(x)y_2' = f(x).$$

Da y_1 und y_2 Lösungen der homogenen Differentialgleichung (13) sind, erhalten wir mit Rücksicht auf die Bedingung (15) das Gleichungssystem

$$v_1'(x)y_1 + v_2'(x)y_2 = 0, \quad v_1'(x)y_1' + v_2'(x)y_2' = f(x) \tag{16}$$

zur Bestimmung von $v_1'(x)$ und $v_2'(x)$. Wegen der linearen Unabhängigkeit der Lösungen y_1 und y_2 ist

$$\Delta(y_1, y_2) = y_1 y_2' - y_2 y_1' \neq 0;$$

daher liefert das System (16) eindeutig bestimmte Ausdrücke für $v_1'(x)$ und $v_2'(x)$. Nach Ausführung der Quadraturen findet man $v_1(x)$ und $v_2(x)$ und damit nach Einsetzen in (14) eine Lösung der Differentialgleichung (10).

27. Lineare Differentialgleichungen höherer Ordnung. Die linearen Differentialgleichungen höherer Ordnung besitzen viele Eigenschaften der Differentialgleichung zweiter Ordnung. Wir formulieren sie, ohne auf die Beweise einzugehen.

Als *lineare homogene Differentialgleichung n-ter Ordnung* wird eine Gleichung der Form

$$y^{(n)} + p_1(x)y^{(n-1)} + p_2(x)y^{(n-2)} + \cdots + p_{n-1}(x)y' + p_n(x)y = 0 \tag{17}$$

bezeichnet.

Sind $y_1, y_2, \ldots, y_k$ Lösungen von (17), so ist die Summe

$$C_1 y_1 + C_2 y_2 + \cdots + C_k y_k$$

mit beliebigen Konstanten $C_1, C_2, \ldots, C_k$ ebenfalls eine Lösung von (17). Der Beweis dieser Behauptung verläuft wortwörtlich wie im Fall der Differentialgleichung zweiter Ordnung [25].

Der Existenz- und Eindeutigkeitssatz wird ebenso formuliert wie für Gleichungen zweiter Ordnung, wobei die Anfangsbedingungen die Form

$$y|_{x=x_0} = y_0, \quad y'|_{x=x_0} = y_0', \ldots, y^{(n-1)}|_{x=x_0} = y_0^{(n-1)} \tag{*}$$

haben.

Die Lösungen $y_1, y_2, \ldots, y_k$ heißen *linear unabhängig*, wenn zwischen ihnen keine identisch in x geltende Beziehung

$$\alpha_1 y_1 + \alpha_2 y_2 + \cdots + \alpha_k y_k = 0$$

besteht, in der die konstanten Koeffizienten $\alpha_1, \alpha_2, \ldots, \alpha_k$ nicht sämtlich verschwinden.

Sind $y_1, y_2, \ldots, y_n$ insgesamt n linear unabhängige Lösungen der Differentialgleichung (17), so liefert die Formel

$$y = C_1 y_1 + C_2 y_2 + \cdots + C_n y_n \tag{18}$$

mit beliebigen Konstanten C_i alle Lösungen dieser Differentialgleichung. Indem wir über die Konstanten C_i verfügen, können wir die durch die beliebig vorgegebenen Anfangsbedingungen (*) eindeutig bestimmte Lösung $y(x)$ erhalten.

Die *lineare inhomogene Differentialgleichung n-ter Ordnung* hat die Form

$$u^{(n)} + p_1(x) u^{(n-1)} + p_2(x) u^{(n-2)} + \cdots + p_{n-1}(x) u' + p_n(x) u = f(x). \tag{19}$$

Ist u_1 irgendeine Lösung dieser Differentialgleichung und sind $y_1, y_2, \ldots, y_n$ linear unabhängige Lösungen der entsprechenden homogenen Differentialgleichung (17), so liefert die Formel

$$y = C_1 y_1 + C_2 y_2 + \cdots + C_n y_n + u_1$$

mit beliebigen Konstanten $C_1, C_2, \ldots, C_n$ die allgemeine Lösung der Gleichung (19).

Dabei kann bei bekannten $y_1, y_2, \ldots, y_n$ die Lösung von (19) nach der Formel

$$u = v_1(x) y_1 + v_2(x) y_2 + \cdots + v_n(x) y_n$$

gewonnen werden; die $v_i'(x)$ bestimmen sich hierbei aus dem folgenden System algebraischer Gleichungen erster Ordnung:

$$v_1'(x) y_1 + v_2'(x) y_2 + \cdots + v_n'(x) y_n = 0,$$
$$v_1'(x) y_1' + v_2'(x) y_2' + \cdots + v_n'(x) y_n' = 0,$$
$$\cdots\cdots\cdots\cdots\cdots\cdots\cdots\cdots\cdots\cdots\cdots\cdots\cdots\cdots$$
$$v_1'(x) y_1^{(n-2)} + v_2'(x) y_2^{(n-2)} + \cdots + v_n'(x) y_n^{(n-2)} = 0,$$
$$v_1'(x) y_1^{(n-1)} + v_2'(x) y_2^{(n-1)} + \cdots + v_n'(x) y_n^{(n-1)} = f(x).$$

Für den mit der Determinantentheorie vertrauten Leser formulieren wir eine notwendige und hinreichende Bedingung für die lineare Unabhängigkeit von Lösungen der Gleichung (17), die der früher für die Differentialgleichung zweiter Ordnung angegebenen entspricht. Es seien $y_1, y_2, \ldots, y_n$ wieder Lösungen der Differentialgleichung (17). Als *Wronskische Determinante* dieser Lösungen bezeichnet man dann die Determinante n-ter Ordnung

$$\Delta(y_1, y_2, \ldots, y_n) = \begin{vmatrix} y_1 & y_2 & \cdots & y_n \\ y_1' & y_2' & \cdots & y_n' \\ y_1'' & y_2'' & \cdots & y_n'' \\ \cdot & \cdot & \cdot & \cdot \\ y_1^{(n-1)} & y_2^{(n-1)} & \cdots & y_n^{(n-1)} \end{vmatrix};$$

für sie läßt sich analog zu Formel (5) die Beziehung

$$\Delta(y_1, y_2, \ldots, y_n) = \Delta_0\, e^{-\int_{x_0}^{x} p_1(t)\,dt}$$

beweisen. Hierbei ist Δ_0 der Wert von Δ bei $x = x_0$. Aus dieser Formel folgt so wie früher, daß Δ entweder identisch gleich Null ist oder für keinen Wert von x verschwindet. Eine notwendige und hinreichende Bedingung für die lineare Unabhängigkeit der Lösungen $y_1, y_2, \ldots, y_n$ besteht darin, daß ihre Wronskische Determinante nicht identisch verschwindet. Hierbei werden die willkürlichen Konstanten in Formel (18) vollständig durch beliebig vorgegebene Anfangsbedingungen bestimmt.

Wie auch für die Gleichung zweiter Ordnung liefert der Existenz- und Eindeutigkeitssatz die Lösung im ganzen Intervall, in dem die Koeffizienten der Gleichung $p_1(x), p_2(x), \ldots, p_n(x)$ stetige Funktionen sind.

28. Die homogene Differentialgleichung zweiter Ordnung mit konstanten Koeffizienten. Bevor wir zu den Differentialgleichungen mit konstanten Koeffizienten übergehen, werden wir eine im folgenden benötigte Formel der Differentialrechnung beweisen. Gegeben sei eine komplexe Funktion einer reellen Veränderlichen:

$$f(x) = \varphi(x) + i\psi(x) \qquad (i = \sqrt{-1}).$$

Dabei sind $\varphi(x)$ und $\psi(x)$ reelle Funktionen. Die Ableitung der Funktion $f(x)$ definieren wir durch die Formel

$$f'(x) = \varphi'(x) + i\psi'(x).$$

Daraus folgt

$$f''(x) = \varphi''(x) + i\psi''(x) \text{ usw.}$$

Ist r eine reelle Zahl, so gilt bekanntlich

$$(e^{rx})' = re^{rx}.$$

Wir weisen die Gültigkeit dieser Formel auch für den Fall nach, daß r eine komplexe Zahl ($r = a + bi$) und x eine gewöhnliche reelle Veränderliche bedeutet, d. h., daß auch

$$(e^{(a+bi)x})' = (a+bi)e^{(a+bi)x}$$

ist. Aus der Definition der Exponentialfunktion bei komplexem Exponenten [I, 176] folgt nämlich

$$e^{(a+bi)x} = e^{ax}(\cos bx + i \sin bx);$$

durch Differentiation dieser Funktion gemäß den üblichen Regeln erhalten wir

$$(e^{(a+bi)x})' = ae^{ax}(\cos bx + i \sin bx) + be^{ax}(-\sin bx + i \cos bx)$$

oder, wenn wir i aus der zweiten Klammer herausziehen und dabei beachten, daß $\frac{1}{i} = -i$ ist,

$$(e^{(a+bi)x})' = ae^{ax}(\cos bx + i \sin bx) + bie^{ax}(\cos bx + i \sin bx)$$
$$= (a + bi)e^{ax}(\cos bx + i \sin bx) = (a + bi)e^{(a+bi)x},$$

was zu beweisen war.

Weiterhin ergibt sich

$$(e^{(a+bi)x})'' = (a + bi)^2 e^{(a+bi)x}.$$

Wir befassen uns jetzt mit der Auflösung der linearen homogenen Differentialgleichung zweiter Ordnung mit beliebig vorgegebenen konstanten Koeffizienten p und q:

$$y'' + py' + qy = 0. \tag{20}$$

Wenn p und q reelle Zahlen sind und wenn eine gewisse komplexe Funktion $y(x) = \varphi(x) + i\psi(x)$ Lösung dieser Gleichung ist, so sind offenbar auch die reellen Funktionen $\varphi(x)$ und $\psi(x)$ Lösungen der Gleichung (20). Setzen wir auf der linken Seite von (20)

$$y = e^{rx}, \tag{21}$$

wobei r eine gewisse reelle oder komplexe Zahl ist, so erhalten wir, indem wir e^{rx} ausklammern,

$$e^{rx}(r^2 + pr + q) = 0.$$

Die Differentialgleichung (20) wird tatsächlich durch (21) erfüllt, wenn der Wert r eine Wurzel der quadratischen Gleichung

$$r^2 + pr + q = 0 \tag{22}$$

ist, die als *charakteristische Gleichung der Differentialgleichung* (20) bezeichnet wird. Im weiteren setzen wir voraus, daß p und q reelle Zahlen sind. Hat diese quadratische Gleichung (22) zwei verschiedene Wurzeln $r = r_1$ und $r = r_2$, so liefert Formel (21) zwei linear unabhängige Lösungen der Differentialgleichung,

$$y_1 = e^{r_1 x}, \quad y_2 = e^{r_2 x}. \tag{23}$$

Es ist nämlich leicht zu sehen, daß das Verhältnis $e^{r_2 x} : e^{r_1 x} = e^{(r_2 - r_1)x}$ nicht konstant ist. Wenn die Wurzeln nicht reell sind, müssen sie konjugiert komplex sein: $r_1 = \alpha + \beta i$ und $r_2 = \alpha - \beta i \quad (\beta \neq 0)$.

28. Die homogene Differentialgleichung zweiter Ordnung

Nehmen wir Real- und Imaginärteil von $e^{(\alpha+\beta i)x}$, so erhalten wir ebenfalls zwei linear unabhängige Lösungen:

$$e^{\alpha x} \cos \beta x = \frac{1}{2} [e^{(\alpha+\beta i)x} + e^{(\alpha-\beta i)x}],$$

$$e^{\alpha x} \sin \beta x = \frac{1}{2i} [e^{(\alpha+\beta i)x} - e^{(\alpha-\beta i)x}].$$

Wir betrachten jetzt den Fall, daß die quadratische Gleichung (22) eine Doppelwurzel besitzt. Aus der Formel für die Lösung einer quadratischen Gleichung geht hervor, daß dies bei $p^2 - 4q = 0$ der Fall ist; hierbei wird diese Doppelwurzel der Gleichung gegeben durch

$$r_1 = r_2 = -\frac{p}{2}. \tag{24}$$

Im vorliegenden Fall kann auf dem angegebenen Weg nur die eine Lösung $y_1 = e^{r_1 x}$ konstruiert werden; es ist also noch eine zweite Lösung zu finden. Zu ihrer Ermittlung benutzen wir die folgenden Überlegungen.

Wir ändern die Koeffizienten p und q in der Weise etwas ab, daß sich zwei verschiedene Wurzeln ergeben; z. B. so, daß die Wurzel r_1 wie vorher den Wert (24) hat, die Wurzel r_2 sich aber um einen kleinen Betrag von ihr unterscheidet. Diesen Wurzeln entsprechen die beiden Lösungen (23). Nun ziehen wir diese beiden Lösungen voneinander ab und dividieren durch $r_2 - r_1$. Auf diese Weise entsteht wiederum eine Lösung [25]:

$$y = \frac{e^{r_2 x} - e^{r_1 x}}{r_2 - r_1}. \tag{25}$$

Wir lassen jetzt die Koeffizienten p und q gegen ihre Ausgangswerte streben, bei denen die Gleichung (22) eine Doppelwurzel hat. Dabei strebt r_2 gegen r_1, und in Formel (25) streben Zähler und Nenner gegen Null. Der Quotient hat als Grenzwert die Ableitung der Funktion e^{rx} nach r bei $r = r_1$; als zweite Lösung der Differentialgleichung erhält man demnach $y_2 = xe^{r_1 x}$. Falls also die Gleichung (22) zwei gleiche Wurzeln hat, ergeben sich die beiden linear unabhängigen Lösungen

$$y_1 = e^{r_1 x}, \quad y_2 = xe^{r_1 x}. \tag{26}$$

Durch direktes Einsetzen überzeugen wir uns noch davon, daß y_2 tatsächlich eine Lösung der Differentialgleichung (20) ist. Wir erhalten

$$(r_1^2 xe^{r_1 x} + 2r_1 e^{r_1 x}) + p(r_1 xe^{r_1 x} + e^{r_1 x}) + qxe^{r_1 x}$$
$$= xe^{r_1 x}(r_1^2 + pr_1 + q) + e^{r_1 x}(2r_1 + p).$$

Der erste der Summanden auf der rechten Seite wird gleich Null, da $r = r_1$ eine Wurzel der Gleichung (22) ist, und der zweite Summand wird gleich Null auf Grund von (24); somit ist y_2 tatsächlich eine Lösung der Differentialgleichung (20).

Hat die Gleichung (22) reelle voneinander verschiedene Wurzeln, so liefern die Formeln (23) zwei linear unabhängige reelle Lösungen, und das allgemeine Integral der Differentialgleichung lautet

$$y = C_1 e^{r_1 x} + C_2 e^{r_2 x}. \tag{27}$$

In dem Fall, daß die Gleichung (22) die konjugiert komplexen Wurzeln $r = \alpha \pm \beta i$ besitzt, hat das allgemeine Integral der Differentialgleichung die Form

$$y = e^{\alpha x}(C_1 \cos \beta x + C_2 \sin \beta x). \tag{28}$$

Hat schließlich die Gleichung (22) gleiche Wurzeln, so wird gemäß (26) das allgemeine Integral der Differentialgleichung

$$y = (C_1 + C_2 x) e^{r_1 x}. \tag{29}$$

Wir behandeln noch einen Spezialfall von (28). Hat nämlich die Gleichung (22) rein imaginäre Wurzeln, ist also $\alpha = 0$ und $\beta \neq 0$, so muß $p = 0$ und q positiv sein. Setzen wir $q = k^2$, so bekommen wir für die Gleichung (22) die Wurzeln $\pm k i$, und folglich hat die Differentialgleichung

$$y'' + k^2 y = 0 \tag{30}$$

das allgemeine Integral

$$y = C_1 \cos kx + C_2 \sin kx. \tag{31}$$

29. Die lineare inhomogene Differentialgleichung zweiter Ordnung mit konstanten Koeffizienten. Wir betrachten jetzt die inhomogene Differentialgleichung

$$u'' + pu' + qu = f(x), \tag{32}$$

in der p und q, so wie früher, reelle Zahlen sind und $f(x)$ eine vorgegebene stetige Funktion von x darstellt. Zur Ermittlung des allgemeinen Integrals dieser Differentialgleichung genügt es, eine partikuläre Lösung zu finden und sie zum allgemeinen Integral der entsprechenden homogenen Differentialgleichung (20) zu addieren. Sofern das allgemeine Integral der homogenen Differentialgleichung bekannt ist, kann man mit Hilfe von Quadraturen diese partikuläre Lösung finden, indem man die Methode der Variation der Konstanten anwendet [26]. Wir führen dies z. B. für eine Gleichung der Form

$$u'' + k^2 u = f(x) \tag{33}$$

durch. Das allgemeine Integral der entsprechenden homogenen Differentialgleichung wird durch (31) dargestellt; wir machen daher für eine partikuläre Lösung der Gleichung (33) den Ansatz

$$u = v_1(x) \cos kx + v_2(x) \sin kx. \tag{34}$$

Hierbei sind $v_1(x)$ und $v_2(x)$ gesuchte Funktionen von x. Die Gleichungen (16) liefern im vorliegenden Fall für die Ableitungen dieser Funktionen das folgende System von Differentialgleichungen erster Ordnung:

$$v_1'(x) \cos kx + v_2'(x) \sin kx = 0,$$
$$-v_1'(x) \sin kx + v_2'(x) \cos kx = \frac{1}{k} f(x).$$

Als Lösungssystem ergibt sich

$$v_1'(x) = -\frac{1}{k} f(x) \sin kx, \quad v_2'(x) = \frac{1}{k} f(x) \cos kx.$$

Wir schreiben die Stammfunktionen als Integrale mit veränderlicher oberer Grenze, bezeichnen die Integrationsvariable mit ξ und erhalten

$$v_1(x) = -\frac{1}{k} \int_{x_0}^{x} f(\xi) \sin k\xi \, d\xi, \quad v_2(x) = \frac{1}{k} \int_{x_0}^{x} f(\xi) \cos k\xi \, d\xi;$$

dabei ist x_0 ein fester Wert. Einsetzen in Formel (34) liefert die partikuläre Lösung

$$u = -\frac{\cos kx}{k} \int_{x_0}^{x} f(\xi) \sin k\xi \, d\xi + \frac{\sin kx}{k} \int_{x_0}^{x} f(\xi) \cos k\xi \, d\xi; \qquad (34_1)$$

ziehen wir noch die von der Integrationsvariablen unabhängigen Faktoren unter das Integralzeichen, so wird

$$u = \frac{1}{k} \int_{x_0}^{x} f(\xi) \sin k(x - \xi) \, d\xi, \qquad (34_2)$$

und das allgemeine Integral der Differentialgleichung (33) lautet

$$u = C_1 \cos kx + C_2 \sin kx + \frac{1}{k} \int_{x_0}^{x} f(\xi) \sin k(x - \xi) \, d\xi.$$

Zur Formel (34$_2$) machen wir noch eine Bemerkung. Die Veränderliche x tritt auf der rechten Seite dieser Formel in zweifacher Eigenschaft auf. Erstens ist x obere Grenze des Integrals, und zweitens erscheint es unter dem Integralzeichen, und zwar nicht als Integrationsvariable, sondern als zusätzlicher Parameter, der bei der Integration als konstant anzusehen ist. Ferner zeigt man leicht, daß die partikuläre Lösung (34$_2$) den homogenen Anfangsbedingungen

$$u|_{x=x_0} = 0, \qquad u'|_{x=x_0} = 0 \qquad (34_3)$$

genügt.

Die erste dieser Gleichungen folgt unmittelbar aus (34$_2$), da für $x = x_0$ die obere Grenze des Integrals mit der unteren zusammenfällt und das Integral gleich

Null wird. Zur Bestätigung der zweiten Beziehung wird u' aus der Formel (34_1) bestimmt. Man beachte dabei, daß die Ableitung eines Integrals nach der oberen Grenze gleich dem Integranden an der oberen Grenze ist. Nach Ausführung der Differentiation ergibt sich

$$u' = \sin kx \int_{x_0}^{x} f(\xi) \sin k\xi \, d\xi + \cos kx \int_{x_0}^{x} f(\xi) \cos k\xi \, d\xi,$$

woraus unmittelbar die zweite der Formeln (34_3) folgt.

30. Spezialfälle. Bei gewissen speziellen Formen der rechten Seite der Differentialgleichung (32) kann man partikuläre Lösungen beträchtlich einfacher auffinden, ohne auf die Methode der Variation der Konstanten zurückzugreifen. Im weiteren werden wir die gesuchte Funktion sowohl in der inhomogenen als auch in der homogenen Gleichung mit y bezeichnen. Zunächst eine Bemerkung: Wir nehmen an, daß die rechte Seite der Differentialgleichung (32) eine Summe von zwei Gliedern ist,

$$y'' + py' + qy = f_1(x) + f_2(x), \tag{35}$$

und daß $u_1(x)$ und $u_2(x)$ partikuläre Lösungen der inhomogenen Differentialgleichung darstellen, wenn als rechte Seite $f_1(x)$ bzw. $f_2(x)$ gewählt wird, also

$$u_1'' + pu_1' + qu_1 = f_1(x), \quad u_2'' + pu_2' + qu_2 = f_2(x)$$

gilt. Durch Addition ergibt sich

$$(u_1 + u_2)'' + p(u_1 + u_2)' + q(u_1 + u_2) = f_1(x) + f_2(x),$$

d. h., $u_1 + u_2$ ist eine partikuläre Lösung der Differentialgleichung (35).

Wir betrachten jetzt die inhomogene Differentialgleichung

$$y'' + py' + qy = a e^{kx}, \tag{36}$$

in der a und k vorgegebene Konstanten sind. Im folgenden werden wir zur Abkürzung eine spezielle Bezeichnung für die linke Seite der Gleichung (22) einführen:

$$\varphi(r) = r^2 + pr + q. \tag{37}$$

Für die Differentialgleichung (36) machen wir jetzt einen Lösungsansatz von derselben Form wie das freie Glied,

$$y = a_1 e^{kx};$$

dabei ist a_1 ein noch zu bestimmender Koeffizient. Setzen wir diesen Ausdruck in (36) ein und dividieren durch e^{kx}, so erhalten wir zur Bestimmung von a_1 eine Gleichung, die wegen (37) in der Form

$$\varphi(k) a_1 = a$$

geschrieben werden kann. Ist k nicht Wurzel der Gleichung (22), gilt also $\varphi(k) \neq 0$, so läßt sich a_1 aus dieser Gleichung bestimmen.

Es sei jetzt k eine einfache Wurzel der Gleichung (22), also $\varphi(k) = 0$, aber $\varphi'(k) \neq 0$ [I, 186]. In diesem Fall wird für die Differentialgleichung (36) der Lösungsansatz

$$y = a_1 x e^{kx}$$

gemacht.

Nach Einsetzen in die Differentialgleichung und Division durch e^{kx} entsteht
$$\varphi(k)a_1 x + \varphi'(k)a_1 = a$$
oder wegen $\varphi(k) = 0$
$$\varphi'(k)a_1 = a,$$
woraus sich a_1 bestimmen läßt, da $\varphi'(k) \neq 0$ ist. Stellt k_1 schließlich eine Doppelwurzel der Gleichung (22) dar, d. h. gilt $\varphi(k) = \varphi'(k) = 0$, dann ist so wie vorher leicht zu zeigen, daß eine Lösung der Differentialgleichung in der Form
$$y = a_1 x^2 e^{kx}$$
angesetzt werden kann. Nach derselben Methode kann man die Lösung auch in dem allgemeineren Fall finden, wenn das freie Glied die Form $P(x)e^{kx}$ hat, wobei $P(x)$ ein Polynom in x darstellt. Ist k nicht Wurzel der Gleichung (22), so versucht man eine Lösung in der Form
$$y = P_1(x)e^{kx} \tag{38}$$
zu bestimmen, wobei $P_1(x)$ ein Polynom von demselben Grad wie $P(x)$ ist. Die Koeffizienten von $P_1(x)$ treten dann als Unbekannte auf. Setzen wir (38) in die Differentialgleichung ein, dividieren durch e^{kx} und vergleichen die Koeffizienten gleicher Potenzen von x, so erhalten wir ein Gleichungssystem zur Bestimmung der Koeffizienten von $P_1(x)$.

Wenn jedoch k eine Wurzel der Gleichung (22) ist, muß man auf der rechten Seite von (38) den Faktor x oder x^2 hinzufügen, je nachdem, ob k eine einfache oder doppelte Wurzel der Gleichung (22) ist.

Wir gehen jetzt zu dem Fall über, daß das freie Glied trigonometrische Funktionen enthält. Zunächst betrachten wir die Differentialgleichung
$$y'' + py' + qy = e^{kx}(a \cos lx + b \sin lx). \tag{39}$$
Unter Benutzung der Formeln [**I, 177**]
$$\cos lx = \frac{e^{lxi} + e^{-lxi}}{2}, \quad \sin lx = \frac{e^{lxi} - e^{-lxi}}{2i}$$
können wir die rechte Seite der Differentialgleichung (39) in der Form
$$A e^{(k+li)x} + B e^{(k-li)x}$$
mit gewissen Konstanten A und B darstellen. Sind die konjugiert komplexen Werte $k \pm li$ nicht Wurzeln der Gleichung (22), so setzt man entsprechend dem Vorhergehenden eine Lösung der Differentialgleichung in der Gestalt
$$y = A_1 e^{(k+li)x} + B_1 e^{(k-li)x}$$
an. Kehren wir nun von den Exponentialfunktionen mittels
$$e^{\pm lxi} = \cos lx \pm i \sin lx$$
zu den trigonometrischen Funktionen zurück, so erkennen wir: Sind $k \pm li$ nicht Wurzeln der Gleichung (22), so hat die Lösung der Differentialgleichung (39) die Form
$$y = e^{kx}(a_1 \cos lx + b_1 \sin lx), \tag{40}$$
wobei a_1 und b_1 gesuchte Konstanten sind. Entsprechend läßt sich zeigen, daß man zur rechten Seite der Formel (40) den Faktor x hinzufügen muß, wenn $k \pm li$ Wurzeln der Gleichung (22) sind. Die Konstanten a_1 und b_1 bestimmen sich dabei durch Einsetzen des Ausdrucks (40) in

die Differentialgleichung (39). Ist auf der rechten Seite von (39) z. B. nur cos lx beteiligt, so kann trotzdem in der Lösung (40) sowohl das Glied mit cos lx als auch das mit sin lx auftreten, so daß wir auch in diesem Fall den vollständigen Ansatz machen müssen.

Ohne auf den Beweis einzugehen, führen wir noch ein allgemeineres Resultat an. Hat die rechte Seite von (32) die Form

$$e^{kx}[P(x)\cos lx + Q(x)\sin lx],$$

wobei $P(x)$ und $Q(x)$ Polynome in x sind und $k \pm li$ keine Wurzel der Gleichung (22) sei, so erscheint die Lösung in derselben Form; es gilt also

$$y = e^{kx}[P_1(x)\cos lx + Q_1(x)\sin lx].$$

Dabei sind $P_1(x)$ und $Q_1(x)$ Polynome in x, deren Grad gleich dem größeren der Grade der Polynome $P(x)$ und $Q(x)$ ist. Sind $k \pm li$ Wurzeln der Gleichung (22), so tritt ein zusätzlicher Faktor x auf.

31. Die Nullstellen einer Lösungsfunktion und oszillierende Lösungen. In diesem Abschnitt behandeln wir die Frage nach den Nullstellen einer Lösung der Differentialgleichung (1), d. h. nach den Wurzeln der Gleichung $y(x) = 0$, wobei $y(x)$ eine gewisse Lösung der Differentialgleichung (1) ist. Natürlich werden wir voraussetzen, daß die Lösung $y(x)$ nicht identisch verschwindet. Wie bisher werden sich unsere Überlegungen auf ein x-Intervall beziehen, in dem die Koeffizienten $p(x)$ und $q(x)$ stetig sind.

Ist x_0 eine Nullstelle einer gewissen nichttrivialen Lösung $y(x)$, d. h., $y(x_0) = 0$, dann gilt $y'(x_0) \neq 0$, weil den Anfangsbedingungen $y(x_0) = y'(x_0) = 0$ die triviale Lösung entspricht.

Ist x_0 Nullstelle von zwei Lösungen $y_1(x)$ und $y_2(x)$, so folgt aus (4) $\Delta(y_1, y_2) = 0$ für $x = x_0$. Die Lösungen y_1 und y_2 sind dann also linear abhängig. Somit besitzen linear unabhängige Lösungen keine gemeinsamen Nullstellen. Sind Lösungen linear abhängig, d. h., unterscheiden sie sich nur durch einen konstanten Faktor, so haben sie offenbar die gleichen Nullstellen.

Es sei x_0 eine Nullstelle der nichttrivialen Lösung $y(x)$. Wir beweisen, daß *eine Umgebung $x_0 - \delta \leq x_0 \leq x_0 + \delta$ dieses Punktes existiert, die keine anderen Nullstellen von $y(x)$ enthält.*

Wenn für ein beliebig kleines positives δ in der erwähnten Umgebung noch von x_0 verschiedene Nullstellen existieren würden, so könnten wir eine unendliche Folge von Nullstellen $x_1, x_2, \ldots$ konstruieren, die von x_0 verschieden sind. Diese Folge würde gegen x_0 konvergieren ($x_n \to x_0$). Wir betrachten die Beziehung

$$\frac{y(x_n) - y(x_0)}{x_n - x_0}.$$

Wegen $y(x_n) = y(x_0) = 0$ ist diese Beziehung für jedes n gleich Null. Andererseits hat sie für $x_n \to x_0$ den Grenzwert $y'(x_0)$, und es gibt damit $y'(x_0) = 0$. Da nach Voraussetzung $y(x_0) = 0$ ist, stellt $y(x)$ dann die triviale Lösung $y(x) \equiv 0$ dar, was aber unserer obigen Annahme widerspricht. Aus diesem Beweis folgt, daß *in jedem endlichen abgeschlossenen Intervall $a \leq x \leq b$ nur endlich*

31. Die Nullstellen einer Lösungsfunktion und oszillierende Lösungen

viele Nullstellen einer beliebigen Lösung $y(x)$ existieren können. Wäre dies nicht der Fall, so kann man leicht zeigen, daß dann die Folge der verschiedenen Nullstellen x_n ($n = 1, 2, \ldots$) im Intervall $a \leq x \leq b$ einen Grenzwert x_0 besitzt. Wegen der Stetigkeit von $y(x)$ folgt aus $x_n \to x_0$ und $y(x_n) = 0$ auch $y(x_0) = 0$. Dann liegen in einer beliebigen Umgebung von x_0 unendlich viele Nullstellen x_n der Lösung $y(x)$. Dies ist aber nicht möglich, wie wir schon gezeigt haben.

Es seien x_0 und x_1 zwei aufeinanderfolgende Nullstellen einer gewissen Lösung $y_2(x)$:
$$y_2(x_0) = y_2(x_1) = 0, \quad y_2(x) \neq 0 \quad \text{für} \quad x_0 < x < x_1;$$
$y_1(x)$ sei eine von $y_2(x)$ linear unabhängige Lösung. Wir wollen zeigen, daß $y_1(x)$ mindestens eine Nullstelle im Intervall $x_0 < x < x_1$ besitzt.

Der Beweis wird indirekt geführt. Eine solche Nullstelle möge nicht existieren. Aus der linearen Unabhängigkeit folgt, daß $y_1(x)$ für $x = x_0$ und $x = x_1$ ungleich Null ist, d. h. $y_1(x) \neq 0$ im abgeschlossenen Intervall $x_0 \leq x \leq x_1$. Der Quotient $\frac{y_2}{y_1}$ ist also in diesem Intervall eine stetige Funktion, die an den Intervallenden verschwindet. Gemäß Formel (7) ist der Quotient in diesem Intervall eine monotone Funktion (für $\Delta_0 > 0$ monoton wachsend und für $\Delta_0 < 0$ monoton fallend). Dieser Widerspruch zeigt, daß $y_1(x)$ im Intervall $x_0 < x < x_1$ mindestens eine Nullstelle besitzt. Würde $y_1(x)$ in diesem Intervall zwei Nullstellen x_0' und x_1' ($x_0 < x_0' < x_1' < x_1$) besitzen, so könnten wir die vorstehenden Überlegungen nochmals anwenden. Dies würde ergeben, daß $y_2(x)$ mindestens eine Nullstelle zwischen x_0' und x_1' besitzt. Da x_0 und x_1 aber aufeinanderfolgende Nullstellen von $y_2(x)$ sein sollten, führt diese Annahme zu einem Widerspruch. So kommen wir zu dem folgenden Satz:

Satz 1 (STURM). *Sind x_0 und x_1 zwei aufeinanderfolgende Nullstellen einer Lösung $y(x)$ der Differentialgleichung* (1), *so besitzt jede andere von $y(x)$ linear unabhängige Lösung von* (1) *genau eine Nullstelle zwischen x_0 und x_1.*

Man kann diesen Satz auch so formulieren: *Die Nullstellen zweier linear unabhängiger Lösungen der Differentialgleichung* (1) *trennen sich gegenseitig.*

Besitzt also eine gewisse Lösung der Differentialgleichung (1) in einem endlichen abgeschlossenen Intervall $a \leq x \leq b$ genau m Nullstellen, so genügt die Anzahl k der Nullstellen jeder anderen nichttrivialen Lösung der Gleichung (1) im Intervall $a \leq x \leq b$ der Ungleichung $m - 1 \leq k \leq m + 1$.

Es werden nun neue Begriffe eingeführt. Wenn eine Lösung $y(x)$ in einem gewissen Intervall I höchstens eine Nullstelle besitzt, so heißt sie *nichtoszillierend*. Ist jedoch die Anzahl der Nullstellen in I nicht kleiner als 2, so nennt man sie *oszillierend* in I.

Wir betrachten die sehr einfache Differentialgleichung $y'' - k^2 y = 0$, in der k^2 eine positive Konstante ist.

Die Lösungen e^{kx} und e^{-kx} besitzen im gesamten unendlichen Intervall $-\infty < x < +\infty$ keine Nullstellen. Die allgemeine Lösung $C_1 e^{kx} + C_2 e^{-kx}$ hat ebenfalls keine Nullstellen, wenn C_1 und C_2 von gleichem Vorzeichen sind; haben die Konstanten C_1 und C_2 verschiedene Vorzeichen, so existiert eine Nullstelle $\frac{1}{2k} \ln\left(-\frac{C_2}{C_1}\right)$. Jede Lösung der obigen Differentialgleichung ist also in einem beliebigen Intervall nichtoszillierend. Die Differentialgleichung $y'' + k^2 y = 0$ besitzt die Lösungen $\cos kx$ und $\sin kx$, die in jedem abgeschlossenen Intervall, dessen Länge mindestens $\frac{2\pi}{k}$ beträgt, mindestens zwei Nullstellen aufweisen. Sie sind demnach in einem solchen Intervall oszillierend. Diese Aussage gilt offensichtlich auch für jede Lösung der Gleichung $y'' + k^2 y = 0$.

Das unterschiedliche Verhalten der Lösungen der betrachteten Differentialgleichungen ist durch das unterschiedliche Vorzeichen des Koeffizienten von y in beiden Gleichungen bedingt. Wir werden jetzt einen Satz über nichtoszillierende Lösungen für Differentialgleichungen mit veränderlichen Koeffizienten beweisen.

Satz 2. *Ist $r(x)$ eine stetige Funktion in einem endlichen abgeschlossenen Intervall $a \leq x \leq b$ und gilt in diesem Intervall $r(x) \leq 0$, so sind alle Lösungen der Differentialgleichung*

$$y'' + r(x) y = 0 \tag{41}$$

nichtoszillierend in $a \leq x \leq b$.

Der Beweis wird indirekt geführt. Es sei $y_0(x)$ eine Lösung der Gleichung (41), die nichttrivial ist und im Intervall $a \leq x \leq b$ mehr als eine Nullstelle besitzt; x_1 und x_2 mögen zwei aufeinanderfolgende Nullstellen von $y_0(x)$ sein:

$$y_0(x_1) = y_0(x_2) = 0, \quad y_0(x) \neq 0 \quad \text{für} \quad x_1 < x < x_2.$$

Ohne Beschränkung der Allgemeinheit können wir $y_0(x) > 0$ für $x_1 < x < x_2$ annehmen; ist nämlich $y_0(x) < 0$, so ersetzen wir $y_0(x)$ durch $-y_0(x)$. Aus (41) und $r(x) \leq 0$ folgt

$$y_0''(x) = -r(x) y_0(x) \geq 0 \quad \text{für} \quad x_1 \leq x \leq x_2.$$

Demnach ist $y_0'(x)$ in diesem Intervall nicht fallend, d. h., es ist $y_0'(\xi) \geq y_0'(x_1)$ für $x_1 \leq \xi \leq x_2$. Wir benutzen die Lagrangesche Formel [I, 63]:

$$y_0(x_2) = y_0(x_1) + y_0'(\xi)(x_2 - x_1) \quad (x_1 < \xi < x_2).$$

Der Faktor $y_0'(\xi)$ vor der positiven Differenz $x_2 - x_1$ wird durch $y_0'(x_1) \leq y_0'(\xi)$ ersetzt; dann ergibt sich

$$y_0(x_2) \geq y_0(x_1) + y_0'(x_1)(x_2 - x_1)$$

oder mit $y_0(x_1) = 0$

$$y_0(x_2) \geq y_0'(x_1)(x_2 - x_1).$$

Aus $y_0(x_1) = 0$ und $y_0(x) > 0$ für $x_1 < x < x_2$ folgt $y_0'(x_1) \geq 0$. Da aber $y_0(x)$ eine nichttriviale Lösung ist, muß $y_0'(x_1) > 0$ sein. Die obige Ungleichung führt also auf $y_0(x_2) > 0$. Damit ist ein Widerspruch zu unserer Annahme $y_0(x_2) = 0$ eingetreten und der Satz bewiesen.

Wir formulieren noch einen Satz, dessen Beweis ganz analog geführt werden kann. Er berührt die Frage des Vergleichs der Oszillation von Lösungen zweier Differentialgleichungen

$$y'' + r_1(x)y = 0, \quad z'' + r_2(x)z = 0 \qquad \bigl(r_1(x) \not\equiv r_2(x)\bigr).$$

Satz 3. *Es sei* $r_2(x) \geqq r_1(x)$ *im Intervall* $a \leqq x \leqq b$. *Zwischen je zwei Nullstellen einer beliebigen Lösung* $y(x)$ *der ersten Differentialgleichung befindet sich dann mindestens eine Nullstelle einer beliebigen Lösung* $z(x)$ *der zweiten Gleichung.*

Das bedeutet kurz gesagt: Bei Vergrößerung des Koeffizienten $r(x)$ in der Differentialgleichung (41) kann sich nur die Oszillation aller ihrer Lösungen verstärken. Es soll noch erwähnt werden, daß der Satz 2 eine Folgerung aus dem letzten Satz ist.

Die allgemeine Differentialgleichung der Form (1) kann durch Einführen einer neuen gesuchten Funktion $u(x)$ auf die Gestalt (41) gebracht werden:

$$y(x) = e^{-\frac{1}{2}\int p(x)dx} u(x).$$

Setzt man diesen Ausdruck in die ursprüngliche Differentialgleichung (1) ein, so erhält man die Gleichung

$$u'' + r(x)u = 0.$$

Dabei ist

$$r(x) = q(x) - \frac{1}{4}[p(x)]^2 - \frac{1}{2}p'(x).$$

Der Faktor von exponentiellem Typ in der Beziehung zwischen $y(x)$ und $u(x)$ kann nicht Null werden. Deshalb besitzen die Funktionen $y(x)$ und $u(x)$ die gleichen Nullstellen.

32. Lineare Differentialgleichungen höherer Ordnung mit konstanten Koeffizienten. In diesem Abschnitt bringen wir ohne Beweis die analog zum Vorhergehenden für die Differentialgleichungen höherer Ordnung geltenden Resultate. Später stellen wir die allgemeine Theorie der linearen Differentialgleichungen mit konstanten Koeffizienten unter Benutzung der sogenannten *Operatorenmethode* dar, wobei dann die erwähnten Resultate bewiesen werden.

Die homogene lineare Differentialgleichung n-ter Ordnung mit konstanten Koeffizienten hat die Form

$$y^{(n)} + p_1 y^{(n-1)} + \cdots + p_{n-1} y' + p_n y = 0, \tag{42}$$

wobei $p_1, p_2, \ldots, p_n$ vorgegebene reelle Zahlen sind. Wir bilden analog der Gleichung (22) die charakteristische Gleichung

$$r^n + p_1 r^{n-1} + \cdots + p_{n-1} r + p_n = 0. \tag{43}$$

Jeder einfachen reellen Wurzel $r = r_1$ dieser Gleichung entspricht eine Lösung $y = e^{r_1 x}$. Hat diese Wurzel die Vielfachheit s, so entsprechen ihr die s Lösungen

$$e^{r_1 x}, \quad xe^{r_1 x}, \ldots, \quad x^{s-1}e^{r_1 x}.$$

Zu einem Paar einfacher konjugiert komplexer Wurzeln $r = \alpha \pm \beta i$ gehören die Lösungen

$$e^{\alpha x} \cos \beta x \quad \text{und} \quad e^{\alpha x} \sin \beta x.$$

Sind diese Wurzeln nicht einfach, sondern haben sie die Vielfachheit s, so entsprechen ihnen die $2s$ Lösungen

$$e^{\alpha x} \cos \beta x, \quad x e^{\alpha x} \cos \beta x, \quad \ldots, \quad x^{s-1} e^{\alpha x} \cos \beta x,$$

$$e^{\alpha x} \sin \beta x, \quad x e^{\alpha x} \sin \beta x, \quad \ldots, \quad x^{s-1} e^{\alpha x} \sin \beta x.$$

Unter Benutzung aller Wurzeln der Gleichung (43) erhalten wir somit n Lösungen der Gleichung (42). Multiplizieren wir diese Lösungen mit beliebigen Konstanten und addieren, so bekommen wir das allgemeine Integral der Differentialgleichung (42).

Zum Aufsuchen einer partikulären Lösung der inhomogenen Differentialgleichung

$$y^{(n)} + p_1 y^{(n-1)} + \cdots + p_{n-1} y' + p_n y = f(x)$$

kann man im allgemeinen die Methode der Variation der Konstanten [27] verwenden.

Hat die rechte Seite die Form $P(x) e^{kx}$ und ist k nicht Wurzel der Gleichung (43), so kann die Lösung der Differentialgleichung in der Form $y = P_1(x) e^{kx}$ angesetzt werden, wobei $P_1(x)$ ein Polynom vom gleichen Grad ist wie $P(x)$. Ist dagegen k eine Wurzel der Gleichung (43) mit der Vielfachheit s, so setzen wir $y = x^s P_1(x) e^{kx}$. Wenn die rechte Seite die Form

$$f(x) = e^{kx}[P(x) \cos lx + Q(x) \sin lx] \tag{44}$$

hat und $k \pm li$ nicht Wurzeln der Gleichung (43) sind, erscheint auch die Lösung in der Form

$$y = e^{kx}[P_1(x) \cos lx + Q_1(x) \sin lx],$$

wobei der Grad der Polynome $P_1(x)$ und $Q_1(x)$ gleich dem höheren der Grade von $P(x)$ und $Q(x)$ ist.

Sind jedoch $k \pm li$ Wurzeln der Gleichung (43) von der Vielfachheit s, so tritt zur rechten Seite der letzten Formel der Faktor x^s hinzu.

Beispiele.

1. Wir betrachten die Differentialgleichung

$$y'' - 5y' + 6y = 4 \sin 2x.$$

Die entsprechende charakteristische Gleichung

$$r^2 - 5r + 6 = 0$$

hat die Wurzeln $r_1 = 2$ und $r_2 = 3$. Das allgemeine Integral der homogenen Differentialgleichung lautet

$$C_1 e^{2x} + C_2 e^{3x}. \tag{45}$$

Eine partikuläre Lösung der Differentialgleichung erscheint in der Form

$$y = a_1 \cos 2x + b_1 \sin 2x.$$

Durch Einsetzen in die Differentialgleichung ergibt sich

$$(2a_1 - 10b_1) \cos 2x + (10a_1 + 2b_1) \sin 2x = 4 \sin 2x,$$

was

$$2a_1 - 10b_1 = 0, \quad 10a_1 + 2b_1 = 4$$

liefert, wonach $a_1 = \dfrac{5}{13}$ und $b_1 = \dfrac{1}{13}$ wird. Mithin ist

$$y = \frac{5}{13} \cos 2x + \frac{1}{13} \sin 2x$$

eine partikuläre Lösung; addieren wir sie zu (45), so erhalten wir das allgemeine Integral der Differentialgleichung.

2. Wir betrachten jetzt die Differentialgleichung vierter Ordnung

$$y^{(IV)} - 2y''' + 2y'' - 2y' + y = x \sin x.$$

Die entsprechende charakteristische Gleichung

$$r^4 - 2r^3 + 2r^2 - 2r + 1 = 0$$

kann in der Form

$$(r^2 + 1)(r - 1)^2 = 0$$

dargestellt werden und hat die Doppelwurzel $r_1 = r_2 = 1$ und das Paar konjugiert komplexer Wurzeln $r_{3,4} = \pm i$. Das allgemeine Integral der homogenen Differentialgleichung wird dann

$$(C_1 + C_2 x)e^x + C_3 \cos x + C_4 \sin x.$$

Vergleichen wir das freie Glied mit der Formel (44), so sehen wir, daß im vorliegenden Fall $k = 0$, $l = 1$, $p = 1$ ist, und $k \pm li = \pm i$ sind einfache Wurzeln der charakteristischen Gleichung, so daß sich gewiß eine partikuläre Lösung in der Gestalt

$$y = x[(ax + b) \cos x + (cx + d) \sin x] = (ax^2 + bx) \cos x + (cx^2 + dx) \sin x$$

ergibt, wobei a, b, c, d noch passend zu bestimmende Koeffizienten sind.

33. Lineare Differentialgleichungen und die Schwingungsvorgänge. Wir erläutern die Bedeutung der linearen Differentialgleichungen zweiter Ordnung mit konstanten Koeffizienten anhand von Schwingungsvorgängen. In Zukunft werden wir häufig die unabhängige Veränderliche mit t (Zeit) und die Funktion mit x bezeichnen.

Zunächst betrachten wir die vertikalen Schwingungen eines an einer Feder aufgehängten Körpers der Masse m um die Gleichgewichtslage, in der das Gewicht des Körpers der elastischen Kraft der Feder genau das Gleichgewicht hält.

Es sei x der Abstand des Körpers in senkrechter Richtung von der Gleichgewichtslage (Abb. 15). Wir nehmen an, daß die Bewegung in einem Medium vor sich geht, dessen Widerstand proportional der Geschwindigkeit $\dfrac{dx}{dt}$ ist.

Auf den Körper wirken dann die folgenden Kräfte: 1. die rückführende Kraft der Feder, die den Körper in die Gleichgewichtslage zurückzuführen sucht und die wir proportional der Entfernung x des Körpers von der Gleichgewichtslage

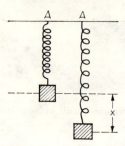

Abb. 15

ansetzen, und 2. die Widerstandskraft, die proportional der Geschwindigkeit ist und eine der Geschwindigkeit entgegengesetzte Richtung hat. Die Differentialgleichung der Bewegung lautet dann

$$m \frac{d^2 x}{dt^2} = -b \frac{dx}{dt} - cx \quad \text{oder} \quad m \frac{d^2 x}{dt^2} + b \frac{dx}{dt} + cx = 0.$$

Als zweites Beispiel betrachten wir die Bewegung eines einfachen Pendels der Länge l in einem Medium, das einen der Geschwindigkeit proportionalen Widerstand hervorruft. Die Differentialgleichung der Bewegung hat dann, wie aus der Mechanik bekannt ist, die Gestalt

$$ml \frac{d^2 \theta}{dt^2} = -mg \sin \theta - b \frac{d\theta}{dt}, \tag{46}$$

wobei θ der von der Gleichgewichtslage aus gerechnete Ausschlagwinkel des Pendels ist. Betrachten wir den Fall kleiner Schwingungen des Pendels um die Gleichgewichtslage, so können wir $\sin \theta$ näherungsweise durch den Winkel θ selbst ersetzen, und die Differentialgleichung (46) reduziert sich auf die Form

$$ml \frac{d^2 \theta}{dt^2} + b \frac{d\theta}{dt} + mg\theta = 0. \tag{47}$$

Wirkt auf das Pendel eine äußere von der Zeit abhängige Kraft, so ergibt sich anstelle der Differentialgleichung (47) folgende Differentialgleichung mit einem freien Glied:

$$ml \frac{d^2 \theta}{dt^2} + b \frac{d\theta}{dt} + mg\theta = f(t). \tag{48}$$

In den beiden betrachteten Fällen bestimmt sich die Bewegung näherungsweise aus einer linearen Differentialgleichung zweiter Ordnung mit konstanten Koeffizienten.

Zur weiteren Untersuchung dieser Differentialgleichungen schreiben wir sie in der Gestalt

$$\frac{d^2x}{dt^2} + 2h\frac{dx}{dt} + k^2 x = 0 \tag{49}$$

bzw.

$$\frac{d^2x}{dt^2} + 2h\frac{dx}{dt} + k^2 x = f(t). \tag{50}$$

Eine solche Differentialgleichung ergibt sich allgemein bei der Betrachtung kleiner Schwingungen eines Systems mit einem Freiheitsgrad um seine Gleichgewichtslage. Das Glied $2h\frac{dx}{dt}$ entspricht dem Widerstand des Mediums oder der Reibung; h heißt der Widerstandskoeffizient. Das Glied $k^2 x$ rührt von der inneren Kraft des Systems her, die das System in die Gleichgewichtslage zurückzuführen sucht; k^2 heißt daher der Rückführungskoeffizient. Das freie Glied $f(t)$ in der Differentialgleichung (50) bringt eine äußere auf das System wirkende Störkraft zum Ausdruck. Die Differentialgleichung der angegebenen Form tritt nicht nur bei der Untersuchung von Schwingungen mechanischer Systeme auf, sondern auch in verschiedenen anderen physikalischen Problemen, die mit Schwingungsvorgängen zusammenhängen. Als Beispiel betrachten wir die Entladung eines Kondensators mit der Kapazität C durch einen Leiter mit dem Widerstand R und dem Selbstinduktionskoeffizienten L. Es sei mit v die Spannung an den Kondensatorplatten bezeichnet; für den Schwingungskreis ergibt sich dann

$$v = Ri + L\frac{di}{dt}. \tag{51}$$

Dabei bedeutet i die Stromstärke im Leiter. Außerdem ist noch der folgende Zusammenhang bekannt:

$$i = -C\frac{dv}{dt}. \tag{52}$$

Wir nehmen an, daß in dem Leiter noch eine Stromquelle mit der elektromotorischen Kraft E vorhanden ist, die positiv gerechnet sei, wenn sie in der zu i entgegengesetzten Richtung wirkt. In diesem Fall bekommen wir anstelle der Gleichung (51) die Beziehung

$$v - E = Ri + L\frac{di}{dt}.$$

Substituiert man hierin den Ausdruck (52), so entsteht die Differentialgleichung

$$LC\frac{d^2v}{dt^2} + RC\frac{dv}{dt} + v = E,$$

d. h.

$$\frac{d^2v}{dt^2} + \frac{R}{L}\frac{dv}{dt} + \frac{1}{LC}v = \frac{E}{LC}. \tag{53}$$

Ein Vergleich von (53) mit (50) zeigt, daß $\dfrac{R}{L}\dfrac{dv}{dt}$ dem von dem Widerstand herrührenden Glied, $\dfrac{1}{LC}v$ dem von der rückführenden Kraft herrührenden Glied und schließlich das freie Glied $\dfrac{E}{LC}$ dem Ausdruck für die Störkraft entspricht.

Ist v aus der Differentialgleichung (53) bestimmt, so ergibt sich durch Einsetzen in (52) die Stromstärke i.

34. Eigenschwingungen und erzwungene Schwingungen. Wir betrachten die homogene Differentialgleichung

$$x'' + 2hx' + k^2 x = 0, \tag{54}$$

die dem Fall entspricht, daß keine äußere Kraft vorhanden ist. Die Lösung dieser Differentialgleichung bestimmt die *freien* Schwingungen oder, wie man sagt, die *Eigenschwingungen*. Die entsprechende charakteristische Gleichung lautet

$$r^2 + 2hr + k^2 = 0. \tag{55}$$

Für die weitere Untersuchung treffen wir Fallunterscheidungen.

1. **Die gedämpfte Schwingung.** In der Mehrzahl der Fälle ist der Widerstandskoeffizient h klein im Vergleich zum Rückführungskoeffizienten k^2, so daß die Differenz $h^2 - k^2$ negativ wird, also $h^2 - k^2 = -p^2$. In diesem Fall hat die Gleichung (55) die konjugiert komplexen Wurzeln $r_{1,2} = -h \pm pi$, und das allgemeine Integral der Gleichung (54) lautet gemäß (28)

$$x = e^{-ht}(C_1 \cos pt + C_2 \sin pt). \tag{56}$$

Setzen wir

$$C_1 = A \sin \varphi, \quad C_2 = A \cos \varphi, \tag{57}$$

so nimmt die Lösung (56) die Form

$$x = A e^{-ht} \sin(pt + \varphi) \tag{58}$$

an; mit $p = \dfrac{2\pi}{\tau}$ erhalten wir schließlich

$$x = A e^{-ht} \sin\left(\dfrac{2\pi t}{\tau} + \varphi\right). \tag{59}$$

Hier stellt τ die Periode der freien Schwingungen dar, A ihre Anfangsamplitude und φ die Anfangsphase. Wird der Widerstand des Mediums vernachlässigt, also $h = 0$ gesetzt, so hat die Gleichung (55) die Wurzeln $r = \pm ki$, und anstelle von (58) ergibt sich

$$x = A \sin(kt + \varphi). \tag{60}$$

Dies ist eine *rein harmonische Schwingung* mit der Periode $\tau = \dfrac{2\pi}{k}$. Die Formel (59) liefert eine gedämpfte Schwingung [I, 59], wobei der Faktor e^{-ht} die

34. Eigenschwingungen und erzwungene Schwingungen

Stärke der Dämpfung charakterisiert. Im Verlauf einer Periode verringert sich die Amplitude im Verhältnis $e^{-h\tau}$. Die Werte der Konstanten C_1 und C_2 in (56) oder, was dasselbe ist, die Konstanten A und φ in (58) hängen von den Anfangsbedingungen ab. Es sei hier gefordert:

$$x|_{t=0} = x_0, \quad x'|_{t=0} = x_0'. \tag{61}$$

Setzen wir in (56) $t = 0$, so erhalten wir $C_1 = x_0$. Durch Differentiation von (56) nach t ergibt sich

$$x' = -he^{-ht}(C_1 \cos pt + C_2 \sin pt) + pe^{-ht}(-C_1 \sin pt + C_2 \cos pt)$$

und hieraus durch Einsetzen von $t = 0$

$$C_2 = \frac{x_0' + hx_0}{p}. \tag{62}$$

Die den Anfangsbedingungen (61) genügende Lösung lautet mithin

$$x = e^{-ht}\left(x_0 \cos pt + \frac{x_0' + hx_0}{p} \sin pt\right). \tag{63}$$

Wir stellen fest, daß der Dämpfungskoeffizient h und die Schwingungsfrequenz $p = \sqrt{k^2 - h^2}$ in der Lösung (63) vollständig durch die Koeffizienten der Differentialgleichung (54) bestimmt werden. Was die Amplitude A und die Anfangsphase φ anbelangt, so hängen diese von den Anfangsbedingungen ab, und auf Grund von (57) gelten die Gleichungen

$$A \sin \varphi = x_0, \quad A \cos \varphi = \frac{x_0' + hx_0}{p},$$

aus denen sich A und φ bestimmen lassen. Im Fall $h = 0$ ist überall p durch k zu ersetzen.

2. **Die aperiodische Bewegung.** Ist die Differenz $h^2 - k^2$ positiv, gilt also

$$h^2 - k^2 = q^2,$$

so werden die Wurzeln der Gleichung (55) durch

$$r_1 = -h + q, \quad r_2 = -h - q \tag{64}$$

gegeben, und wir erhalten [28]

$$x = C_1 e^{(q-h)t} + C_2 e^{-(q+h)t}. \tag{65}$$

Dabei ist offenbar $q < h$, und die beiden Wurzeln (64) sind negativ. Folglich strebt x bei unbegrenzt zunehmendem t gegen Null.

Wir differenzieren die Gleichung (65) nach t:

$$x' = C_1(q-h)e^{(q-h)t} - C_2(q+h)e^{-(q+h)t}. \tag{66}$$

Setzt man in (65) und (66) $t = 0$, so ergeben sich zur Bestimmung der Konstanten C_1 und C_2 aus den Anfangsdaten (61) die beiden Gleichungen

$$C_1 + C_2 = x_0, \quad (q-h)C_1 - (q+h)C_2 = x_0'$$

und daraus

$$C_1 = \frac{(q+h)x_0 + x_0'}{2q}, \quad C_2 = \frac{(q-h)x_0 - x_0'}{2q}.$$

3. Ein Spezialfall der aperiodischen Bewegung. Ist schließlich $h^2 - k^2 = 0$, so hat die Gleichung (55) die Doppelwurzel $r_1 = r_2 = -h$, und es wird [28]

$$x = e^{-ht}(C_1 + C_2 t). \tag{67}$$

Da bei unbegrenzt wachsendem t die Funktion te^{-ht} gegen Null strebt [**I, 66**], geht der Ausdruck (67) ebenfalls gegen Null.

Die inhomogene Differentialgleichung

$$x'' + 2hx' + k^2 x = f(t), \tag{68}$$

in der das freie Glied $f(t)$ von einer äußeren Kraft herrührt, kennzeichnet die *erzwungenen Schwingungen*. Im Fall der reinen harmonischen Eigenschwingung

$$x'' + k^2 x = f(t) \tag{69}$$

lautet das allgemeine Integral dieser Gleichung [29]

$$x = C_1 \cos kt + C_2 \sin kt + \frac{1}{k} \int_0^t f(u) \sin k(t-u)\, du,$$

wobei der letzte Summand rechts die reine erzwungene Schwingung liefert, also diejenige Lösung der Differentialgleichung (69), die den Anfangsbedingungen

$$x|_{t=0} = x'|_{t=0} = 0 \tag{70}$$

genügt. Unter Benutzung der Methode der Variation der Konstanten ergibt sich für den Fall, daß die Eigenschwingung eine gedämpfte Schwingung ist, die den Anfangsbedingungen (70) genügende partikuläre Lösung in der Form

$$x_0(t) = \frac{1}{p} e^{-ht} \int_0^t e^{hu} f(u) \sin p(t-u)\, du; \tag{71}$$

diese partikuläre Lösung lautet im aperiodischen Fall

$$x_0(t) = \frac{1}{2q} e^{(q-h)t} \int_0^t e^{(h-q)u} f(u)\, du - \frac{1}{2q} e^{-(q+h)t} \int_0^t e^{(q+h)u} f(u)\, du. \tag{72}$$

Der Nachweis bleibe dem Leser überlassen.

35. Sinusförmige äußere Kraft und Resonanz. In den Anwendungen pflegt das freie Glied häufig eine sinusförmige Größe zu sein:

$$x'' + 2hx' + k^2 x = H_0 \sin(\omega t + \varphi_0). \tag{73}$$

35. Sinusförmige äußere Kraft und Resonanz

Wir setzen die Lösung der Gleichung als Sinusfunktion derselben Frequenz ω wie in dem freien Glied an [**30**]:

$$x = N \sin(\omega t + \varphi_0 + \delta). \tag{74}$$

Zu bestimmen ist die Amplitude N und die *Phasenverschiebung* δ dieser Schwingung. Dazu setzen wir den Ausdruck (74) in die Differentialgleichung (73) ein:

$$-\omega^2 N \sin(\omega t + \varphi_0 + \delta) + 2h\omega N \cos(\omega t + \varphi_0 + \delta)$$
$$+ k^2 N \sin(\omega t + \varphi_0 + \delta) = H_0 \sin(\omega t + \varphi_0).$$

Das Argument der auf der linken Seite der Differentialgleichung stehenden trigonometrischen Funktionen stellen wir als Summe der beiden Glieder $\omega t + \varphi_0$ und δ dar. Nach dem Additionstheorem für den Sinus und Kosinus gilt

$$[(k^2 - \omega^2)N\cos\delta - 2h\omega N \sin\delta]\sin(\omega t + \varphi_0)$$
$$+ [2h\omega N \cos\delta + (k^2 - \omega^2)N\sin\delta]\cos(\omega t + \varphi_0) = H_0 \sin(\omega t + \varphi_0).$$

Setzen wir den Koeffizienten bei $\sin(\omega t + \varphi_0)$ gleich der Konstanten H_0 und den bei $\cos(\omega t + \varphi_0)$ gleich Null, so erhalten wir zwei Gleichungen zur Bestimmung von N und δ:

$$(k^2 - \omega^2)N\cos\delta - 2h\omega N \sin\delta = H_0, \quad 2h\omega N \cos\delta + (k^2 - \omega^2)N\sin\delta = 0.$$

Auflösung nach $\cos\delta$ und $\sin\delta$ liefert

$$\cos\delta = \frac{(k^2 - \omega^2)H_0}{N[(k^2 - \omega^2)^2 + 4h^2\omega^2]}, \quad \sin\delta = -\frac{2h\omega H_0}{N[(k^2 - \omega^2)^2 + 4h^2\omega^2]}.$$

Quadrieren wir diese beiden Beziehungen und addieren, so entsteht

$$1 = \frac{H_0^2}{N^2[(k^2 - \omega^2)^2 + 4h^2\omega^2]},$$

woraus sich

$$N = \frac{H_0}{\sqrt{(k^2 - \omega^2)^2 + 4h^2\omega^2}} \tag{75}$$

ergibt. Einsetzen dieses Wertes von N in die vorhergehenden Ausdrücke für $\cos\delta$ und $\sin\delta$ liefert zur Bestimmung von δ die Formeln

$$\cos\delta = \frac{k^2 - \omega^2}{\sqrt{(k^2 - \omega^2)^2 + 4h^2\omega^2}}, \quad \sin\delta = -\frac{2h\omega}{\sqrt{(k^2 - \omega^2)^2 + 4h^2\omega^2}}. \tag{76}$$

Mit den Werten N und δ erhalten wir gemäß (74) die sinusförmige partikuläre Lösung der Differentialgleichung (73). Die allgemeine Lösung dieser Differentialgleichung lautet

$$x = Ae^{-ht}\sin(pt + \varphi) + N\sin(\omega t + \varphi_0 + \delta), \tag{77}$$

wobei A und φ willkürliche Konstanten sind, die sich aus den Anfangsbedingungen bestimmen. Dabei nehmen wir an, daß $h^2 - k^2 = -p^2 < 0$ ist, also die Eigenschwingungen gedämpft sind. Wegen des Faktors $e^{-ht}(h > 0)$ klingt der erste Summand in dem Ausdruck (77) bei größer werdendem t rasch ab, so daß dieses Glied auf x nur für t-Werte nahe bei Null einen merklichen Einfluß hat (Einschwingvorgang); für große t-Werte wird x fast ausschließlich durch das zweite, rein sinusförmige Glied bestimmt, das nicht von den Anfangsbedingungen abhängt (stationärer Vorgang).

Wir untersuchen jetzt die Formeln (75) und (76), die zur Bestimmung der Amplitude N und der Phasendifferenz δ zwischen der Lösung (74) und dem freien Glied in der Gleichung (73) dienen. Stünde auf der rechten Seite der Differentialgleichung (73) nur die Konstante H_0, so hätte die Differentialgleichung

$$x'' + 2hx' + k^2 x = H_0$$

offenbar die partikuläre Lösung

$$\xi_0 = \frac{H_0}{k^2}.$$

Diese Konstante ist der Wert desjenigen *statischen Ausschlages*, der von einer konstanten Kraft H_0 hervorgerufen würde.

Wir führen nun das Verhältnis

$$\lambda = \frac{N}{\xi_0}$$

ein, das als Maß für die *dynamische Empfindlichkeit* des Systems gegenüber der Wirkung einer äußeren Kraft dient. Unter Berücksichtigung der Formel (75) und des Ausdrucks für ξ_0 erhalten wir

$$\lambda = \frac{k^2}{\sqrt{(k^2 - \omega^2)^2 + 4h^2\omega^2}} = \frac{1}{\sqrt{\left(1 - \frac{\omega^2}{k^2}\right)^2 + \frac{4h^2}{k^2} \cdot \frac{\omega^2}{k^2}}}.$$

Hieraus geht hervor, daß λ nur von den beiden Quotienten

$$q = \frac{\omega}{k}, \quad \gamma = \frac{2h}{k} \tag{78}$$

abhängt. Wir erläutern die mechanische Bedeutung des ersten Quotienten. Wäre kein Widerstand vorhanden, so würden die Eigenschwingungen durch die Formel (60)

$$x = A \sin(kt + \varphi)$$

dargestellt werden und die Periode $\tau = \frac{2\pi}{k}$ haben. Die Periode der erregenden Kraft bezeichnen wir mit $T = \frac{2\pi}{\omega}$. Für q erhalten wir dann

$$q = \frac{\tau}{T}, \tag{79}$$

d. h., q ist gleich dem Verhältnis der Periode der freien Schwingung des Systems ohne Widerstand zur Periode der erregenden Kraft.

Somit ergibt sich für die Größe λ

$$\lambda = \frac{1}{\sqrt{(1 - q^2)^2 + \gamma^2 q^2}}; \tag{80}$$

dabei ist q gemäß (79) zu wählen, und die Konstante γ hängt, wie aus ihrer Definition hervorgeht, nicht von der äußeren Kraft ab. Wegen des kleinen Wertes von h ist die Konstante γ im allgemeinen klein, und wenn q überdies klein gegenüber 1 ist, ist λ etwa gleich dem Wert

$\frac{1}{1-q^2}$. In Abb. 16 sind die Werte λ für einige vorgegebene Werte von γ als Funktionen von q graphisch dargestellt.

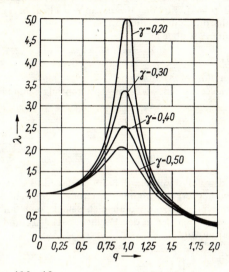

Abb. 16

Dividieren wir Zähler und Nenner in den Ausdrücken (76) durch k^2, so erhalten wir die Formeln

$$\cos \delta = (1-q^2)\lambda, \qquad \sin \delta = -\gamma q \lambda, \tag{81}$$

welche die Phasendifferenz zwischen der äußeren Kraft und der von ihr hervorgerufenen Störung bestimmen.

Die Größe λ hängt vermittels q von der Periode T der äußeren Kraft ab. Es soll nun das Maximum von λ als Funktion von q ermittelt werden. Hierzu genügt es, das Minimum von

$$\frac{1}{\lambda^2} = (1-q^2)^2 + \gamma^2 q^2$$

als Funktion von q^2 zu bestimmen. Wie leicht zu sehen ist, wird dieses Minimum bei $q^2 = 1 - \frac{\gamma^2}{2}$ erreicht und ist gleich $\gamma^2 - \frac{\gamma^4}{4}$. Hieraus folgt, daß das Maximum von λ bei

$$q = \sqrt{1 - \frac{\gamma^2}{2}} \tag{82}$$

angenommen wird und gleich

$$\lambda_{\max} = \frac{1}{\gamma} \cdot \frac{1}{\sqrt{1 - \frac{\gamma^2}{4}}}$$

ist. Bei kleinem γ liegt der Wert von q, der dem Maximum von λ entspricht, nahe bei 1, d. h., die Periode der äußeren Kraft, die bei gegebener Amplitude die größte Wirkung hervorruft, liegt dicht bei der Periode der freien Schwingung. Die Differenz dieser beiden Perioden hängt von der Größe γ ab und wird durch das Vorhandensein des Widerstandes bedingt.

Ist kein Widerstand vorhanden, so ist $\gamma = 0$, und das Maximum von λ liegt bei $q = 1$ und wird unendlich groß. In diesem Fall, der durch die Bedingung $h = 0$ und $\omega = k$ charakterisiert wird, geht die Differentialgleichung (73) über in

$$x'' + k^2 x = H_0 \sin(kt + \varphi_0); \tag{83}$$

ihre Lösung kann man jetzt nicht in der Form (74) ansetzen.

Es bleibe dem Leser überlassen, nachzuprüfen, daß die Differentialgleichung (83) die partikuläre Lösung

$$x = -\frac{H_0}{2k} t \cos(kt + \varphi_0)$$

besitzt, die t als Faktor enthält [**30**].

Wir kehren wieder zur Betrachtung des Falles zurück, daß ein Widerstand vorhanden ist, also $h \neq 0$ gilt. Wie aus der Bildkurve hervorgeht, nimmt die Größe λ vor dem Maximum schnell zu und dahinter schnell ab. Hiervon überzeugt man sich leicht auch anhand der Formel (80) für den Fall kleiner γ-Werte. Setzen wir in den Formeln (81) $\lambda_{\max}$ und den Ausdruck für q aus Formel (82) ein, so erhalten wir

$$\cos \delta = \frac{\gamma}{2} \frac{1}{\sqrt{1 - \frac{\gamma^2}{4}}}, \qquad \sin \delta = - \frac{\sqrt{1 - \frac{\gamma^2}{2}}}{\sqrt{1 - \frac{\gamma^2}{4}}},$$

woraus hervorgeht, daß bei maximaler Wirkung der äußeren Kraft und kleinem γ die Phasendifferenz δ dicht bei $-\frac{\pi}{2}$ liegt.

Wir kehren jetzt zur Formel (77) zurück. Schon bei verhältnismäßig kleinen Werten von t wird das erste Glied, das die gedämpften Eigenschwingungen liefert, klein im Verhältnis zum zweiten. Die Größe ω, also die Periode T der erregenden Kraft, werde nun verändert. Nach dem oben Gesagten tritt dabei die folgende Erscheinung auf: Bei Annäherung von T an einen bestimmten Wert wachsen die erzwungenen Schwingungen schnell an, erreichen ein Maximum und nehmen danach bei der weiteren Änderung von T schnell ab. Diese Erscheinung heißt *Resonanz*. Sie tritt bei den verschiedenartigsten Schwingungsvorgängen auf, z. B. bei Schwingungen von Massensystemen, elektrischen Schwingungen, bei akustischen Vorgängen usw.

Es werde jetzt angenommen, daß die rechte Seite der inhomogenen Differentialgleichung die Form einer Summe mehrerer sinusförmiger Größen hat, also

$$x'' + 2hx' + k^2 x = \sum_{i=1}^{m} H_i \sin(\omega_i t + \varphi_i) \tag{84}$$

gilt. Jedem Summanden auf der rechten Seite dieser Differentialgleichung entspricht eine erzwungene Schwingung der Form

$$N_i \sin(\omega_i t + \varphi_i + \delta_i) \qquad (i = 1, 2, \ldots, m),$$

wobei N_i und δ_i durch die Formeln (75) und (76) bestimmt werden, wenn die rechte Seite der Gleichung bekannt ist. Der Summe aller äußeren Kräfte entspricht dann die Summe aller oben angegebenen erzwungenen Schwingungen. Eine partikuläre Lösung der Differentialgleichung (84) ist also [**30**]

$$x = \sum_{i=1}^{m} N_i \sin(\omega_i t + \varphi_i + \delta_i). \tag{85}$$

Wir zeigen jetzt, auf welche Weise man durch Beobachtung einer erzwungenen Schwingung die Amplituden und Perioden der Komponenten auf der rechten Seite der Differentialgleichung (84) bestimmen kann. Dazu werde angenommen, daß wir die Größe k^2, d. h. die Periode τ der freien Schwingungen ändern können. Dann tritt die folgende Erscheinung auf: Bei Annäherung von τ an einen Wert τ_1 wächst die Amplitude der erzwungenen Schwingungen schnell an, erreicht ein Maximum und fällt bei der weiteren Veränderung von τ schnell ab; sie bleibt anschließend so lange klein, bis sich die Periode τ einem Wert τ_2 nähert, dem ein zweites Maximum der Amplitude vom oben beschriebenen Charakter entspricht usw.

Diese Maxima erklären sich aus der Erscheinung der Resonanz mit einer der auf der rechten Seite der Differentialgleichung (84) stehenden äußeren Kräfte; die Größen $\tau_1, \tau_2, \ldots$ liefern dabei die angenäherten Werte der Perioden dieser äußeren Kräfte. Tragen wir auf der Abszissenachse die Perioden der freien Schwingungen ab und auf der Ordinatenachse die Amplituden der erzwungenen Schwingungen, so erhalten wir eine Kurve mit mehreren Maxima (Abb. 17).

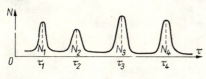

Abb. 17

Bei $\tau = \tau_j$ $\left(\text{d. h. } k = k_j = \dfrac{2\pi}{\tau_j}\right)$ wird in der Summe (85) ein Glied im Vergleich zu den anderen groß, und zwar dasjenige, bei dem ω_j nahe bei k_j liegt. Den aus dem Versuch abgelesenen Maximalwert der Amplitude der erzwungenen Schwingung können wir näherungsweise gleich N_j setzen. Aus der Formel

$$N_j \approx \frac{H_j}{\sqrt{(k_j - \omega_j)^2 + 4h^2 \omega_j^2}} \tag{86}$$

läßt sich dann unter Berücksichtigung, daß k_j dicht bei ω_j liegt, ein Näherungswert für die Intensität H_j der Kraft bestimmen:

$$H_j \approx 2h k_j N_j. \tag{87}$$

36. Randwertaufgaben. Bisher betrachteten wir die Integration einer Differentialgleichung bei vorgegebenen Anfangsbedingungen. Im weiteren werden wir oft Aufgaben behandeln, bei denen keine Anfangsbedingungen vorgegeben sind, sondern Bedingungen an beiden Enden des Intervalls, in dem die Integration der Differentialgleichung durchgeführt wird. Solche Bedingungen nennt man gewöhnlich *Randbedingungen*. Ihre Anzahl muß gleich der Ordnung der Differentialgleichung sein. Wir werden uns einige grundlegende Tatsachen bei Randwertaufgaben am Beispiel der linearen Differentialgleichungen klarmachen. Zunächst bringen wir uns einige Kenntnisse über Systeme linearer algebraischer Gleichungen in Erinnerung.

Gegeben seien zwei Gleichungen mit zwei Unbekannten

$$a_1 x + b_1 y = c_1, \quad a_2 x + b_2 y = c_2 \qquad (88)$$

oder

$$a_1 x + b_1 y = 0, \quad a_2 x + b_2 y = 0. \qquad (89)$$

Das System (89) heißt gewöhnlich *homogen*.

Für die Lösung der angegebenen Systeme muß man folgende zwei Fälle unterscheiden:

1. Ist $a_1 b_2 - a_2 b_1 \neq 0$, so besitzt das System (88) eine eindeutige Lösung für beliebige freie Glieder c_1 und c_2; das homogene System (89) besitzt jedoch nur die triviale Lösung $x = y = 0$.

2. Ist $a_1 b_2 - a_2 b_1 = 0$, so besitzt das homogene System (89) nichttriviale Lösungen; das System (88) besitzt dann entweder für alle freien Glieder keine Lösung, oder die Anzahl der Lösungen, falls welche existieren, ist unendlich.

Den zweiten Fall wollen wir näher betrachten. Es sei $x = x_0$, $y = y_0$ eine nichttriviale Lösung des Systems (89). Wie man leicht sieht, ist dann auch $x = cx_0$, $y = cy_0$ eine Lösung des Systems (89), wobei c eine willkürliche Konstante ist. Wenn die freien Glieder im System (88) so beschaffen sind, daß dieses System eine Lösung $x = x_1$ und $y = y_1$ besitzt, so liefern die Formeln

$$x = x_1 + cx_0, \quad y = y_1 + cy_0$$

für beliebiges c ebenfalls eine Lösung des Systems (88). Analoge Aussagen gelten auch für n lineare Gleichungen mit n Unbekannten: Entweder besitzt das homogene System (dessen freie Glieder sind gleich 0) nur die triviale Lösung (das entsprechende inhomogene System hat dann eine eindeutige Lösung für beliebige freie Glieder), oder das homogene System besitzt nichttriviale Lösungen; dabei hat das inhomogene System dann entweder für beliebige freie Glieder keine Lösung oder unendlich viele Lösungen. Wir werden noch oft auf solche Alternativen stoßen.

Die vollständige Untersuchung der Systeme linearer algebraischer Gleichungen ist in Teil III$_1$ enthalten.

Wir betrachten jetzt das allgemeine Schema zur Lösung von *Randwertaufgaben* für lineare homogene Differentialgleichungen zweiter Ordnung mit homogenen Randbedingungen. Es sei eine Differentialgleichung der Form

$$y'' + [\lambda r(x) + q(x)] y = 0 \qquad (90)$$

gegeben, wobei $r(x)$ und $q(x)$ im endlichen Intervall $a \leq x \leq b$ stetige Funktionen sind. Der Zahlenparameter λ kann verschiedene Werte annehmen. An den Enden des Intervalls seien die homogenen Randbedingungen

$$y(a) = 0, \quad y(b) = 0 \qquad (91)$$

oder allgemeiner

$$\alpha y(a) + \beta y'(a) = 0, \quad \gamma y(b) + \delta y'(b) = 0 \qquad (92)$$

vorgegeben, wobei $\alpha, \beta, \gamma, \delta$ Zahlenkoeffizienten sind.

Nun betrachten wir irgendwelche linear unabhängigen Lösungen der Differentialgleichung (90). Sie hängen natürlich nicht nur von der unabhängigen Variablen x ab, sondern auch vom Wert des Parameters λ. Wir bezeichnen sie mit $y_1(x, \lambda)$ und $y_2(x, \lambda)$. Die allgemeine Lösung von (90) hat die Form

$$y(x, \lambda) = C_1 y_1(x, \lambda) + C_2 y_2(x, \lambda). \tag{93}$$

Die homogenen Randbedingungen (91) führen auf ein homogenes System für C_1 und C_2:

$$\begin{aligned} C_1 y_1(a, \lambda) + C_2 y_2(a, \lambda) &= 0, \\ C_1 y_1(b, \lambda) + C_2 y_2(b, \lambda) &= 0. \end{aligned} \tag{94}$$

Dieses System hat offensichtlich die triviale Lösung $C_1 = C_2 = 0$, die der Lösung $y(x, \lambda) \equiv 0$ von (90), (91) entspricht. Wenn λ so gewählt wurde, daß das System (94) nur die triviale Lösung besitzt, hat auch die Randwertaufgabe (90), (91) nur diese triviale Lösung. Wenn λ jedoch der Gleichung

$$y_1(a, \lambda) y_2(b, \lambda) - y_1(b, \lambda) y_2(a, \lambda) = 0 \tag{95}$$

genügt, besitzt das System (94) eine nichttriviale Lösung. Wenn wir diese Werte von C_1 und C_2 in (93) einsetzen, erhalten wir eine nichttriviale Lösung $y(x, \lambda)$ der Aufgabe (90), (91). Für solche λ genügt die Funktion $y(x, \lambda)$ der Gleichung (90) und den Bedingungen (91). Diese Lösung kann man auch mit einer willkürlichen Konstanten multiplizieren, d. h., $C y(x, \lambda)$ ist ebenfalls eine Lösung der Aufgabe (90), (91).

Bei fest gewähltem λ hat die Aufgabe keine weiteren Lösungen, weil alle Lösungen, die die Nullstelle $x = a$ haben, linear abhängig sind.

Wenn λ also keine Wurzel der Gleichung (95) ist, besitzt die Aufgabe (90), (91) keine nichttrivialen Lösungen. Ist λ jedoch eine Wurzel der Gleichung (95), so hat diese Aufgabe eine nichttriviale Lösung, die bis auf einen willkürlichen konstanten Faktor eindeutig bestimmt ist. Die Wurzeln der Gleichung (95), d. h. die Werte λ, für die die Aufgabe (90), (91) eine nichttriviale Lösung $y(x, \lambda)$ besitzt, nennt man gewöhnlich *Eigenwerte* dieser Aufgabe; die Lösungen $y(x, \lambda)$ heißen die den Eigenwerten entsprechenden *Eigenfunktionen*. Ganz analog kann auch der Fall für Randbedingungen der Form (92) betrachtet werden.

Wir untersuchen jetzt die inhomogene Differentialgleichung

$$z'' + [\lambda r(x) + q(x)] z = f(x) \tag{96}$$

mit den inhomogenen Randbedingungen

$$z(a) = c, \quad z(b) = d. \tag{97}$$

Mit $y_1(x, \lambda)$ und $y_2(x, \lambda)$ bezeichnen wir wieder die linear unabhängigen Lösungen der Gleichung (90), und für C_1 und C_2 erhalten wir ein inhomogenes System, dessen linke Seiten mit den linken Seiten der Gleichungen (94) übereinstimmen. Wenn λ kein Eigenwert der Aufgabe (90), (91) ist, d. h., wenn das homogene System nur die triviale Lösung besitzt, hat die inhomogene Aufgabe (96), (97) für beliebige $f(x)$, c und d die eindeutige Lösung $z(x, \lambda)$.

Für lineare Differentialgleichungen gerader Ordnung $2m$ muß man natürlich m Randbedingungen für $x = a$ und auch für $x = b$ festlegen. Dabei erhalten wir anstelle des Systems (94) ein System von $2m$ Gleichungen für $2m$ Unbekannte $C_1, C_2, \ldots, C_{2m}$.

37. Beispiele.

1. Wir betrachten die Differentialgleichung

$$y'' + \lambda y = 0 \tag{98}$$

im Intervall $0 \leq x \leq \pi$ und die Randbedingungen

$$y(0) = 0, \quad y(\pi) = 0.$$

Für $\lambda \leq 0$ besitzt die Gleichung keine oszillierenden Lösungen [31] und folglich für $\lambda \leq 0$ keine Lösung, die die Nullstellen $x = 0$ und $x = \pi$ hat. Somit können zu dieser Aufgabe nur positive Eigenwerte existieren. Das allgemeine Integral der Gleichung (98) hat dabei die Form

$$y = C_1 \cos \sqrt{\lambda}\, x + C_2 \sin \sqrt{\lambda}\, x. \tag{99}$$

Dabei kann $\sqrt{\lambda}$ als positive Größe angesehen werden, denn ein Vorzeichenwechsel beeinflußt nicht die Größe $\cos \sqrt{\lambda}\, x$, sondern ändert nur das Vorzeichen von $\sin \sqrt{\lambda}\, x$, wobei dieser Vorzeichenwechsel in die willkürliche Konstante C_2 aufgenommen werden kann. Die Randbedingungen $y(0) = y(\pi) = 0$ liefern

$$C_1 \cos 0 + C_2 \sin 0 = 0, \quad C_1 \cos \sqrt{\lambda}\, \pi + C_2 \sin \sqrt{\lambda}\, \pi = 0.$$

Aus der ersten Gleichung folgt $C_1 = 0$, die zweite liefert $C_2 \sin \sqrt{\lambda}\, \pi = 0$. Die Konstante C_2 kann nicht verschwinden, da wir dann für $C_1 = C_2 = 0$ die triviale Lösung $y \equiv 0$ erhalten. Folglich bekommen wir für λ die Gleichung $\sin \sqrt{\lambda}\, \pi = 0$ und daraus $\sqrt{\lambda}\, \pi = \pm k\pi$ ($k = 1, 2, \ldots$), d. h. $\sqrt{\lambda} = \pm k$ und $\lambda = k^2$. So erhalten wir unendlich viele Eigenwerte mit den entsprechenden Eigenfunktionen $\lambda_k = k^2$, $y_k(x) = C_k \sin kx$ ($k = 1, 2, \ldots$), wobei die C_k willkürliche Konstanten sind. Bei Vergrößerung von k vergrößert sich auch die Anzahl der Nullstellen der Eigenfunktionen im Intervall $0 \leq x \leq \pi$.

Wenn λ nicht das Quadrat einer ganzen Zahl ist, hat jede beliebige inhomogene Aufgabe eine eindeutige Lösung. Als Beispiel betrachten wir die Aufgabe

$$y'' - k^2 y = x, \quad y(0) = 0, \quad y(\pi) = d \quad (k > 0). \tag{100}$$

Das allgemeine Integral dieser Differentialgleichung hat die Form

$$y = C_1 e^{kx} + C_2 e^{-kx} - \frac{x}{k^2},$$

und die Randbedingungen liefern

$$C_1 + C_2 = 0, \quad C_1 e^{k\pi} + C_2 e^{-k\pi} = d + \frac{\pi}{k^2}.$$

Daraus folgt

$$C_1 = -C_2 = \frac{k^2 d + \pi}{k^2 (e^{k\pi} - e^{-k\pi})}.$$

2. Wir betrachten die Gleichung (98) im Intervall $0 \leq x \leq l$ für die Randbedingungen
$$y(0) = 0, \quad y'(l) + h y(l) = 0 \quad (h > 0). \tag{101}$$
Wie man zeigen kann, liefern die Werte $\lambda \leq 0$ keine Lösungen der Aufgabe. Die erste Bedingung ergibt $C_1 = 0$, und durch Einsetzen in (99) erhalten wir aus der zweiten Randbedingung eine Gleichung für λ:
$$\sqrt{\lambda} \cos \sqrt{\lambda}\, l = -h \sin \sqrt{\lambda}\, l.$$
Setzen wir $\sqrt{\lambda}\, l = v$, so ergibt sich
$$\tan v = \alpha v \quad \left(\alpha = -\frac{1}{h l} \right).$$
Diese Gleichung besitzt unendlich viele Lösungen $\pm v_k$ $(k = 1, 2, \ldots)$, und diese entsprechen den folgenden Eigenwerten und Eigenfunktionen:
$$\lambda_k = \frac{v_k^2}{l^2}, \quad y_k(x) = C_k \sin \frac{v_k}{l} x.$$
Die Wurzeln v_k sind die Abszissen der Schnittpunkte der Kurve $z = \tan v$ mit der Geraden $z = \alpha v$ in der v, z-Ebene.

38. Die Operatorenmethode. Wir gehen jetzt zur Darstellung einer neuen Integrationsmethode für eine lineare Differentialgleichung und für Systeme linearer Differentialgleichungen mit konstanten Koeffizienten über. Dieses Verfahren läßt sich bei entsprechender Verallgemeinerung auf kompliziertere Probleme anwenden. Das Wesen des Verfahrens besteht darin, daß die Operation der Differentiation nach der unabhängigen Veränderlichen t symbolisch durch den Faktor D gekennzeichnet wird, der links von der Funktion steht, die zu differenzieren ist. Stellt x eine Funktion von t dar, so ist
$$D x = \frac{d x}{d t} \tag{102}$$
und allgemein für beliebige ganzzahlige positive s
$$D^s x = \frac{d^s x}{d t^s}. \tag{103}$$
Ist a eine Konstante, so wird offenbar
$$D^s (a x) = a D^s x; \tag{104}$$
es gilt mithin das kommutative Gesetz für das Produkt aus dem symbolischen Faktor D und einem beliebigen konstanten Faktor.

Es bezeichne nun $F(D)$ ein Polynom in D mit konstanten Koeffizienten, also
$$F(D) = a_0 D^n + a_1 D^{n-1} + \cdots + a_{n-1} D + a_n.$$
Die Operation $F(D) x$ wird dann folgendermaßen definiert:
$$\begin{aligned} F(D) x &= a_0 D^n x + a_1 D^{n-1} x + \cdots + a_{n-1} D x + a_n x \\ &= a_0 \frac{d^n x}{d t^n} + a_1 \frac{d^{n-1} x}{d t^{n-1}} + \cdots + a_{n-1} \frac{d x}{d t} + a_n x. \end{aligned}$$

Sind $\varphi_1(D)$ und $\varphi_2(D)$ zwei Polynome und ist $\varphi(D)$ ihr Produkt, so ergibt sich unter Beachtung der Formel (104) und der trivialen Identität $D^{n_1}(D^{n_2}x) = D^{n_1+n_2}x$

$$\varphi_1(D)\,[\varphi_2(D)x] = \varphi(D)x.$$

Dabei können die Faktoren $\varphi_1(D)$ und $\varphi_2(D)$ vertauscht werden.

Offenbar gilt entsprechend

$$[\varphi_1(D) + \varphi_2(D)]x = \varphi_1(D)x + \varphi_2(D)x;$$

das erhaltene Resultat hängt nicht von der Reihenfolge der Summanden $\varphi_1(D)$ und $\varphi_2(D)$ ab.

Somit lassen sich die gewöhnlichen Regeln der Addition, Subtraktion und Multiplikation auf die von uns eingeführten symbolischen Polynome ausdehnen.

Gemäß (104) kann man einen konstanten Faktor vor das Zeichen des symbolischen Polynoms ziehen, d. h., neben der Formel (104) gilt

$$F(D)\,(ax) = a F(D)x.$$

Im Fall eines von t abhängigen Faktors besteht diese Relation natürlich nicht.

Wir beweisen jetzt die Formel

$$F(D)\,(e^{mt}x) = e^{mt} F(D+m)x, \tag{105}$$

in der m eine beliebige Konstante ist. Die Formel zeigt, daß *ein Faktor der Form e^{mt} vor das Zeichen des symbolischen Polynoms gezogen werden kann, indem man darin D durch die Summe $D + m$ ersetzt.*

Der Ausdruck $F(D)\,(e^{mt}x)$ besteht aus Summanden der Form $a_{n-s}D^s(e^{mt}x)$; man braucht daher die Formel (105) nur für jeden solchen Summanden zu beweisen, also die Richtigkeit der Formel

$$D^s(e^{mt}x) = e^{mt}(D+m)^s x \tag{106}$$

zu zeigen.

Wenden wir die Leibnizsche Regel für die Differentiation eines Produkts an, so können wir [I, 53]

$$D^s(e^{mt}x) = \frac{d^s(e^{mt}x)}{dt^s} = (e^{mt})^{(s)}x + \binom{s}{1}(e^{mt})^{(s-1)}x' + \binom{s}{2}(e^{mt})^{(s-2)}x'' + \cdots$$
$$+ \binom{s}{k}(e^{mt})^{(s-k)}x^{(k)} + \cdots + e^{mt}x^{(s)}$$

schreiben, wobei die oben in Klammern stehenden Indizes die Ordnung der Ableitung nach t angeben. Unter Berücksichtigung von $(e^{mt})^{(p)} = m^p e^{mt}$ und $x^{(p)} = D^p x$ läßt sich e^{mt} vor die Klammer ziehen, und es wird

$$D^s(e^{mt}x) = e^{mt}\left(m^s x + \binom{s}{1}m^{s-1}Dx + \binom{s}{2}m^{s-2}D^2 x + \cdots + \binom{s}{k}m^{s-k}D^k x\right.$$
$$\left. + \cdots + D^s x\right)$$

$$= e^{mt}\left(m^s + \binom{s}{1}m^{s-1}D + \binom{s}{2}m^{s-2}D^2 + \cdots + \binom{s}{k}m^{s-k}D^k + \cdots + D^s\right)x.$$

Die rechte Seite stimmt aber mit der rechten Seite der Formel (106) überein. Somit ist diese Formel und mit ihr auch (105) bewiesen.

Wir definieren jetzt die negativen Potenzen von D als Umkehroperationen der Differentiation, d. h., $D^{-s}f(t)$ sei eine Lösung der Gleichung

$$D^s x = f(t). \tag{107}$$

Um dem Symbol $D^{-s}f(t)$ einen wohlbestimmten Sinn zu geben, vereinbaren wir, darunter diejenige Lösung der angegebenen Gleichung zu verstehen, die den homogenen Anfangsbedingungen

$$x|_{t=t_0} = x'|_{t=t_0} = \cdots = x^{(s-1)}|_{t=t_0} = 0 \tag{108}$$

genügt; mit anderen Worten, wir setzen [17]

$$D^{-s}f(t) = \frac{1}{(s-1)!} \int_{t_0}^{t} (t-u)^{s-1} f(u)\, du. \tag{109}$$

Die allgemeine Lösung der Gleichung (107) wird dann [17]

$$x = D^{-s}f(t) + P_{s-1}(t) = \frac{1}{(s-1)!} \int_{t_0}^{t} (t-u)^{s-1} f(u)\, du + P_{s-1}(t), \tag{110}$$

wobei $P_{s-1}(t)$ ein Polynom $(s-1)$-ten Grades in t mit beliebigen konstanten Koeffizienten ist.

Die allgemeinere Operation $(D-\alpha)^{-s}f(t)$ definieren wir als diejenige Lösung der Gleichung

$$(D-\alpha)^s x = f(t), \tag{111}$$

die den Bedingungen (108) genügt. Zu ihrer Ermittlung führen wir anstelle von x durch

$$x = e^{\alpha t} z \tag{112}$$

eine neue unbekannte Funktion z ein. Nach Einsetzen in (111) ergibt sich unter Benutzung der durch (105) ausgedrückten Regel für z die Gleichung

$$e^{\alpha t}(D + \alpha - \alpha)^s z = f(t) \quad \text{oder} \quad D^s z = e^{-\alpha t} f(t). \tag{113}$$

Die Lösung dieser Gleichung, die den Bedingungen

$$z|_{t=t_0} = z'|_{t=t_0} = \cdots = z^{(s-1)}|_{t=t_0} = 0 \tag{114}$$

genügt, kann nach Formel (109) bestimmt werden, wenn man in dieser $f(t)$ durch $e^{-\alpha t}f(t)$ ersetzt:

$$z = \frac{1}{(s-1)!} \int_{t_0}^{t} (t-u)^{s-1} e^{-\alpha u} f(u)\, du.$$

Aus
$$D^j x = D^j e^{\alpha t} z = e^{\alpha t}(D+\alpha)^j z \qquad (j = 0, 1, 2, \ldots, s-1)$$
folgt aber, daß unter den Anfangsbedingungen (114) die durch (112) definierte Funktion x den Bedingungen (108) genügt. Setzen wir den gefundenen Ausdruck für z in (112) ein, so erhalten wir die gesuchte Lösung der Gleichung (111):

$$(D-\alpha)^{-s} f(t) = \frac{e^{\alpha t}}{(s-1)!} \int_{t_0}^{t} (t-u)^{s-1} e^{-\alpha u} f(u)\, du. \tag{115}$$

Die allgemeine Lösung dieser Gleichung ergibt sich durch Multiplikation der allgemeinen Lösung der Gleichung (113) mit $e^{\alpha t}$; sie lautet also

$$\begin{aligned} x &= (D-\alpha)^{-s} f(t) + e^{\alpha t} P_{s-1}(t) \\ &= \frac{e^{\alpha t}}{(s-1)!} \int_{t_0}^{t} (t-u)^{s-1} e^{-\alpha u} f(u)\, du + e^{\alpha t} P_{s-1}(t), \end{aligned} \tag{116}$$

wobei $P_{s-1}(t)$ ein Polynom in t vom Grad $s-1$ mit beliebigen konstanten Koeffizienten ist.

Insbesondere ergibt sich im Fall $f(t) = 0$ die allgemeine Lösung der Gleichung

$$(D-\alpha)^s x = 0 \tag{117}$$

in der Form

$$x = e^{\alpha t} P_{s-1}(t). \tag{118}$$

39. Lineare homogene Differentialgleichungen höherer Ordnung mit konstanten Koeffizienten. Die lineare homogene Differentialgleichung n-ter Ordnung mit konstanten Koeffizienten hat die Form

$$x^{(n)} + a_1 x^{(n-1)} + \cdots + a_{n-1} x' + a_n x = 0. \tag{119}$$

Bezeichnet man mit dem Operator D die Differentiation nach t und führt das Polynom

$$\varphi(D) = D^n + a_1 D^{n-1} + \cdots + a_{n-1} D + a_n$$

ein, so läßt sich die Differentialgleichung (119) in der Form

$$\varphi(D) x = 0 \tag{120}$$

schreiben.

Wir bilden die der Gleichung (119) entsprechende charakteristische Gleichung

$$r^n + a_1 r^{n-1} + \cdots + a_{n-1} r + a_n = 0, \tag{121}$$

welche die Wurzeln $r_1, r_2, \ldots, r_m$ mit den Vielfachheiten $k_1, k_2, \ldots, k_m$ besitzen möge, so daß

$$k_1 + k_2 + \cdots + k_m = n \tag{122}$$

gilt.

Wird das Polynom $\varphi(D)$ in Faktoren zerlegt, so können wir die Differentialgleichung (120) in der Form

$$(D - r_1)^{l_1}(D - r_2)^{l_2} \cdots (D - r_m)^{l_m} x = 0 \tag{123}$$

darstellen.

Die Differentialgleichung

$$(D - r_m)^{k_m} x = 0 \tag{124}$$

hat gemäß Formel (118) [38] die allgemeine Lösung

$$x = e^{r_m t} P_{k_m - 1}(t), \tag{125}$$

wobei $P_{k_m-1}(t)$ ein Polynom vom Grad $k_m - 1$ mit beliebigen konstanten Koeffizienten ist.

Die Funktion (125) ist offenbar auch eine Lösung der Differentialgleichung (123). Durch Einsetzen des Ausdrucks (125) in diese Differentialgleichung ergibt sich nämlich als Resultat der Operation $(D - r_m)^{k_m}$ Null, und die Operation

$$(D - r_1)^{l_1}(D - r_2)^{k_2} \cdots (D - r_{m-1})^{k_{m-1}},$$

angewendet auf Null, liefert offensichtlich ebenfalls Null. Durch Umstellen der Faktoren kann man erreichen, daß statt $(D - r_m)^{k_m}$ irgendein anderer Faktor $(D - r_s)^{k_s}$ unmittelbar vor x steht. Auf diese Weise überzeugt man sich von der Existenz der partikulären Lösungen

$$x_s = e^{r_s t} P_{k_s - 1}(t) \qquad (s = 1, 2, \ldots, m), \tag{126}$$

wobei $P_{k_s-1}(t)$ ein Polynom vom Grad $k_s - 1$ mit beliebigen konstanten Koeffizienten ist.

Lassen wir s in Formel (126) alle Werte von 1 bis m durchlaufen und addieren die erhaltenen Lösungen, so bekommen wir eine Lösung der Differentialgleichung (123) [27]:

$$x = e^{r_1 t} P_{k_1-1}(t) + e^{r_2 t} P_{k_2-1}(t) + \cdots + e^{r_m t} P_{k_m-1}(t). \tag{127}$$

Jedes Polynom $P_{k_s-1}(t)$ vom Grad $k_s - 1$ mit beliebigen konstanten Koeffizienten enthält insgesamt k_s willkürliche Konstanten, und folglich weist die Lösung (127) auf Grund der Beziehung (122) insgesamt n willkürliche Konstanten auf. Daher kann man vermuten, daß die Formel (127) die allgemeine Lösung der Differentialgleichung (119) liefert, also jede Lösung dieser Differentialgleichung in dieser Formel enthalten ist.

Für $m = 1$ wurde der Beweis bereits durch die Formel (118) aus [38] erbracht; somit bleibt zu zeigen, daß aus der Gültigkeit unserer Behauptung für den Fall von $m - 1$ Faktoren der Form $(D - r_s)^{k_s}$ auch die Richtigkeit unserer Behauptung für m Faktoren folgt. Dies soll jetzt bewiesen werden. Die Differentialgleichung (123) kann man in die Form

$$(D - r_1)^{l_1}(D - r_2)^{l_2} \cdots (D - r_{m-1})^{k_{m-1}} y = 0$$

bringen, wobei

$$y = (D - r_m)^{k_m} x$$

ist. Wir sehen also unsere Behauptung für $m-1$ Faktoren als bewiesen an und haben daher für y die allgemeine Lösung

$$y = (D - r_m)^{k_m} x = e^{r_1 t} Q_{k_1-1}(t) + e^{r_2 t} Q_{k_2-1}(t) + \cdots + e^{r_{m-1} t} Q_{k_{m-1}-1}(t),$$

wobei $Q_{k_s-1}(t)$ beliebige Polynome vom Grad $k_s - 1$ sind. Setzen wir

$$x = e^{r_m t} z, \tag{128}$$

ziehen $e^{r_m t}$ vor das Zeichen des symbolischen Polynoms und dividieren beide Seiten der Gleichung durch $e^{r_m t}$, so erhalten wir

$$D^{k_m} z = e^{(r_1 - r_m) t} Q_{k_1-1}(t) + e^{(r_2 - r_m) t} Q_{k_2-1}(t) + \cdots + e^{(r_{m-1} - r_m) t} Q_{k_{m-1}-1}(t).$$

Der allgemeine Ausdruck für z ergibt sich nun, wenn die rechte Seite k_m-mal bezüglich t integriert und ein Polynom vom Grad $k_m - 1$ hinzugefügt wird [17]. Nun hat aber [I, 201] das Integral des Produkts aus der Exponentialfunktion e^{xt} und einem Polynom k-ten Grades von t wieder dieselbe Gestalt; mithin muß z von der Form

$$z = e^{(r_1 - r_m) t} P_{k_1-1}(t) + e^{(r_2 - r_m) t} P_{k_2-1}(t) + \cdots + e^{(r_{m-1} - r_m) t} P_{k_{m-1}-1}(t) + P_{k_m-1}(t)$$

sein. Auf Grund von (128) folgt, daß x die durch (127) gegebene Form haben muß, was zu beweisen war.

Sind insbesondere alle Wurzeln der charakteristischen Gleichung einfach, so werden sämtliche Polynome $P_{k_s-1}(t)$ von nulltem Grad ($k_s = 1$) sein, d. h., sie reduzieren sich auf willkürliche Konstanten C_s, und die allgemeine Lösung der Differentialgleichung bekommt die Form

$$x = C_1 e^{r_1 t} + C_2 e^{r_2 t} + \cdots + C_n e^{r_n t}.$$

Unter den Wurzeln der Gleichung (121), deren Koeffizienten wir als reell voraussetzen, können auch komplexwertige sein. Die ihnen entsprechenden Glieder der Lösung (127) lassen sich leicht auf eine reelle Form zurückführen, indem man die Exponentialfunktionen in trigonometrische Funktionen umformt. Wir nehmen an, daß die Gleichung (121) das Paar konjugiert komplexer Wurzeln $\gamma \pm \delta i$ von der Vielfachheit k besitzt. Ihnen entspricht eine Lösung der Form

$$e^{(\gamma+\delta i)t} S_{k-1}(t) + e^{(\gamma-\delta i)t} T_{k-1}(t) = e^{\gamma t} [e^{\delta t i} S_{k-1}(t) + e^{-\delta t i} T_{k-1}(t)],$$

wobei $S_{k-1}(t)$ und $T_{k-1}(t)$ Polynome vom Grad $k - 1$ mit beliebigen konstanten Koeffizienten sind. Setzt man

$$e^{\delta t i} = \cos \delta t + i \sin \delta t, \quad e^{-\delta t i} = \cos \delta t - i \sin \delta t,$$

so erhält die Lösung die Gestalt

$$e^{\gamma t} [U_{k-1}(t) \cos \delta t + V_{k-1}(t) \sin \delta t],$$

wobei $U_{k-1}(t)$ und $V_{k-1}(t)$ Polynome vom Grad $k - 1$ mit beliebigen konstanten Koeffizienten sind, die mit $S_{k-1}(t)$ und $T_{k-1}(t)$ durch die Formeln

$$U_{k-1}(t) = S_{k-1}(t) + T_{k-1}(t), \quad V_{k-1}(t) = i [S_{k-1}(t) - T_{k-1}(t)]$$

verknüpft sind.

Aus dem Gesagten ergibt sich die folgende Regel [32]: *Um die Differentialgleichung* (119) *zu integrieren, bildet man die ihr entsprechende charakteristische Gleichung* (121) *und ermittelt deren Wurzeln. Jeder reellen k'-fachen Wurzel $r = r'$ entspricht eine Lösung der Form*

$$e^{r't} P_{k'-1}(t),$$

wobei $P_{k'-1}(t)$ ein Polynom vom Grad $k' - 1$ mit beliebigen konstanten Koeffizienten ist; jedem Paar konjugiert komplexer Wurzeln $r = \gamma \pm \delta i$ der Vielfachheit k entspricht eine Lösung der Form

$$e^{\gamma t}[U_{k-1}(t) \cos \delta t + V_{k-1}(t) \sin \delta t],$$

wobei $U_{k-1}(t)$ und $V_{k-1}(t)$ Polynome vom Grad $k - 1$ mit beliebigen konstanten Koeffizienten sind. Durch Addition aller auf diese Weise erhaltenen Lösungen entsteht die allgemeine Lösung der Differentialgleichung (119). *Im Fall einfacher Wurzeln sind die erwähnten Polynome willkürliche Konstanten.*

40. Lineare inhomogene Differentialgleichungen mit konstanten Koeffizienten. Die lineare inhomogene Differentialgleichung mit konstanten Koeffizienten hat die Form

$$\varphi(D)x = f(t), \tag{129}$$

wobei $f(t)$ eine vorgegebene Funktion ist. Das allgemeine Integral der entsprechenden homogenen Differentialgleichung können wir bereits aufstellen; es ist daher nur noch eine partikuläre Lösung der Differentialgleichung (129) zu ermitteln, die wir zu dem erwähnten allgemeinen Integral der homogenen Differentialgleichung hinzufügen müssen, um das allgemeine Integral der Differentialgleichung (129) zu erhalten [26]. Die erwähnte partikuläre Lösung läßt sich finden, indem man die Operatorenmethode anwendet. Dazu zerlegen wir den rationalen Bruch $\frac{1}{\varphi(D)}$ in Partialbrüche [I, 196]:

$$\frac{1}{\varphi(D)} = \sum_{s=1}^{m} \sum_{q=1}^{k_s} \frac{A_s^{(q)}}{(D-r_s)^q}.$$

Die durch die Formel

$$\xi(t) = \sum_{s=1}^{m} \sum_{q=1}^{k_s} \frac{A_s^{(q)}}{(D-r_s)^q} f(t) \tag{130}$$

eingeführte Funktion $\xi(t)$ besitzt einen wohlbestimmten Sinn, da entsprechend Formel (115) aus [38] jeder Summand auf der rechten Seite wohldefiniert ist; es gilt nämlich

$$\frac{A_s^{(q)}}{(D-r_s)^q} f(t) = A_s^{(q)} \frac{e^{r_s t}}{(q-1)!} \int_{t_0}^{t} (t-u)^{q-1} e^{-r_s u} f(u)\, du. \tag{131}$$

Es ist leicht zu sehen, daß die Formel (130) gerade eine Lösung der Differentialgleichung (129) liefert. Es ist nämlich

$$\varphi(D)\,\xi(t) = \sum_{s=1}^{m} \sum_{q=1}^{k_s} \varphi(D)\,\frac{A_s^{(q)}}{(D-r_s)^q}\,f(t).$$

Gemäß der Definition des Operators $(D-r_s)^{-q}$ ergibt sich aber nach Anwendung des Operators $(D-r_s)^q$ auf die linke Seite der Gleichung (131) der Ausdruck $A_s^{(q)} f(t)$. Das Polynom $\varphi(D)$ ist nun durch $(D-r_s)^q$ teilbar, d. h., es gilt $\varphi(D) = \varphi_{sq}(D)(D-r_s)^q$, wobei $\varphi_{sq}(D)$ wiederum ein Polynom darstellt, und folglich kann man die vorstehende Formel folgendermaßen schreiben:

$$\varphi(D)\,\xi(t) = \sum_{s=1}^{m} \sum_{q=1}^{k_s} A_s^{(q)} \varphi_{sq}(D)\,f(t).$$

Aus der Zerlegung von $\dfrac{1}{\varphi(D)}$ ergibt sich aber unmittelbar die Identität (in D)

$$\sum_{s=1}^{m} \sum_{q=1}^{k_s} A_s^{(q)} \varphi_{sq}(D) = 1$$

und folglich $\varphi(D)\,\xi(t) = f(t)$. Die Formel (130) liefert also tatsächlich eine Lösung der Differentialgleichung (129). Wir sehen somit, daß die Ermittlung einer Lösung der Differentialgleichung (129) bei beliebig vorgegebener Funktion $f(t)$ sich auf eine Partialbruchzerlegung und auf Quadraturen zurückführen läßt.

In einigen speziellen Fällen ist es einfacher, eine partikuläre Lösung der Differentialgleichung (129) nicht nach der allgemeinen Formel (130) zu bestimmen, sondern nach der in [**32**] angegebenen Methode des Koeffizientenvergleichs.

Wir bemerken noch, daß sich mittels der oben angegebenen Operatorenmethode leicht die Formeln (71) und (72) aus [**34**] gewinnen lassen.

41. Beispiel. Wir betrachten als Beispiel die Differentialgleichung

$$x^{(\mathrm{IV})} + 2x'' + x = t \cos t. \tag{132}$$

Die charakteristische Gleichung lautet hier

$$r^4 + 2r^2 + 1 = 0 \quad \text{oder} \quad (r^2+1)^2 = 0; \tag{133}$$

sie hat das Paar konjugiert komplexer Doppelwurzeln $r = \pm i$. Das allgemeine Integral der der Differentialgleichung (132) entsprechenden homogenen Differentialgleichung ist daher von der Form

$$(C_1 t + C_2) \cos t + (C_3 t + C_4) \sin t. \tag{134}$$

Ein Vergleich des freien Gliedes der Differentialgleichung mit der Formel (44) aus [**32**] zeigt, daß im vorliegenden Fall $k = 0$, $l = 1$ und $P(t) \equiv t$, $Q(x) \equiv 0$ ist. Die Werte $k \pm li = \pm i$ stimmen mit dem Paar der Doppelwurzeln überein, so daß man für die Lösung der Differentialgleichung (132) gemäß [**30**] einen Ausdruck der Gestalt

$$x = t^2[(at+b)\cos t + (ct+d)\sin t] \tag{135}$$

anzusetzen hat.

Die Berechnungen werden einfacher, wenn wir die rechte Seite der Differentialgleichung (132) in exponentieller Form schreiben. Wird dann die linke Seite in symbolischer Form geschrieben, so geht (132) in

$$(D^2 + 1)^2 x = \frac{t}{2} e^{it} + \frac{t}{2} e^{-it} \qquad (136)$$

über. Für die Lösung setzen wir

$$x = t^2(at + b)e^{it} + t^2(ct + d)e^{-it} \qquad (137)$$

an. Geht man mit diesem Ausdruck in die linke Seite der Differentialgleichung (132) ein, so ergibt sich

$$(D + i)^2(D - i)^2 t^2(at + b)e^{it} + (D + i)^2(D - i)^2 t^2(ct + d)e^{-it} = \frac{t}{2} e^{it} + \frac{t}{2} e^{-it}.$$

Wird e^{it} und e^{-it} gemäß der Regel (105) vor das symbolische Polynom gezogen, so entsteht

$$e^{it}(D + 2i)^2 D^2(at^3 + bt^2) + e^{-it}(D - 2i)^2 D^2(ct^3 + dt^2) = \frac{t}{2} e^{it} + \frac{t}{2} e^{-it}$$

oder, wenn D^2 durch die zweite Ableitung ersetzt wird,

$$e^{it}(D^2 + 4iD - 4)(6at + 2b) + e^{-it}(D^2 - 4iD - 4)(6c't + 2d) = \frac{t}{2} e^{it} + \frac{t}{2} e^{-it}.$$

Nach Ausführung der Differentiation ergibt sich

$$[-24at + (24ai - 8b)]e^{it} + [-24ct - (24ci + 8d)]e^{-it} = \frac{t}{2} e^{it} + \frac{t}{2} e^{-it}.$$

Die Methode des Koeffizientenvergleichs liefert dann

$$-24a = \frac{1}{2}, \quad 24ai - 8b = 0, \quad -24c = \frac{1}{2}, \quad 24ci + 8d = 0,$$

d. h.

$$a = -\frac{1}{48}, \quad b = -\frac{1}{16} i, \quad c = -\frac{1}{48}, \quad d = \frac{1}{16} i.$$

Durch Einsetzen in (137) erhalten wir nun die Lösung

$$x = -\frac{t^3}{24} \cos t + \frac{t^2}{8} \sin t, \qquad (138)$$

und das allgemeine Integral der Differentialgleichung (132) wird

$$x = (C_1 t + C_2) \cos t + (C_3 t + C_4) \sin t - \frac{t^3}{24} \cos t + \frac{t^2}{8} \sin t. \qquad (139)$$

42. Die Eulersche Differentialgleichung. Als Eulersche Differentialgleichung bezeichnet man eine Differentialgleichung der Form

$$t^n x^{(n)} + a_1 t^{n-1} x^{(n-1)} + \cdots + a_{n-1} t x' + a_n x = 0, \qquad (140)$$

wobei $a_1, a_2, \ldots, a_n$ Konstanten sind. Wir zeigen, daß sie sich auf eine Differentialgleichung mit konstanten Koeffizienten zurückführen läßt, wenn man anstelle von t durch die Beziehung

$$t = e^\tau \qquad (141)$$

die neue Veränderliche τ einführt.

Die Differentiation nach t werden wir so wie vorher durch den Operator D kennzeichnen, die Differentiation nach τ durch den Operator δ. Es gilt dann offenbar

$$\frac{dx}{d\tau} = \frac{dx}{dt}\frac{dt}{d\tau} = e^{\tau}\frac{dx}{dt}$$

oder in symbolischer Schreibweise

$$Dx = e^{-\tau}\delta x. \tag{142}$$

Wird auf die linke Seite der Operator D und auf die rechte Seite die ihm gleichwertige Operation $e^{-\tau}\delta$ angewendet, so ergibt sich

$$D^2 x = e^{-\tau}\delta(e^{-\tau}\delta)x.$$

Zieht man den Faktor $e^{-\tau}$ vor das Zeichen δ gemäß der durch (105) dargestellten Regel, so wird

$$D^2 x = e^{-2\tau}(\delta - 1)\delta x = e^{-2\tau}\delta(\delta - 1)x.$$

Hieraus und aus (142) läßt sich die allgemeine Formel

$$D^s x = e^{-s\tau}\delta(\delta - 1)\cdots(\delta - s + 1)x \tag{143}$$

herleiten.

Dazu wird folgendes gezeigt: Ist diese Formel bei s-maliger Anwendung der Operation gültig, so auch bei $(s+1)$-maliger Anwendung. Wenden wir auf die linke Seite der Formel (143), die wir als richtig ansehen, den Operator D an und auf die rechte Seite den ihm äquivalenten Operator $e^{-\tau}\delta$, so erhalten wir

$$D^{s+1}x = e^{-\tau}\delta[e^{-s\tau}\delta(\delta - 1)\cdots(\delta - s + 1)x];$$

wird hier $e^{-s\tau}$ vor das Zeichen δ gezogen, so folgt

$$\begin{aligned}D^{s+1}x &= e^{-\tau}e^{-s\tau}(\delta - s)\delta(\delta - 1)\cdots(\delta - s + 1)x \\ &= e^{-(s+1)\tau}\delta(\delta - 1)\cdots(\delta - s + 1)(\delta - s)x,\end{aligned}$$

was uns die Gültigkeit der Formel (143) für beliebiges s zeigt.

Ersetzen wir in dieser Formel e^{τ} durch t, so können wir sie in der Form

$$t^s D^s x = \delta(\delta - 1)\cdots(\delta - s + 1)x \tag{144}$$

schreiben.

Vermöge der Substitution (141) wird also jeder Summand $a_{n-s}t^s x^{(s)}$ auf der linken Seite der Differentialgleichung (140) durch den Summanden

$$a_{n-s}\delta(\delta - 1)\cdots(\delta - s + 1)x$$

ersetzt, der die unabhängige Veränderliche τ nicht enthält; hieraus ergibt sich die lineare Differentialgleichung mit konstanten Koeffizienten

$$[\delta(\delta - 1)\cdots(\delta - n + 1) + a_1\delta(\delta - 1)\cdots(\delta - n + 2) + \cdots \\ + a_{n-1}\delta + a_n]x = 0. \tag{145}$$

Die ihr entsprechende charakteristische Gleichung lautet

$$r(r-1) \cdots (r-n+1) + a_1 r(r-1) \cdots (r-n+2) + \cdots$$
$$+ a_{n-1} r + a_n = 0, \qquad (146)$$

und die allgemeine Lösung der Gleichung (145) wird

$$x = e^{r_1 \tau} P_{k_1-1}(\tau) + e^{r_2 \tau} P_{k_2-1}(\tau) + \cdots + e^{r_m \tau} P_{k_m-1}(\tau);$$

dabei sind r_s die Wurzeln der Gleichung (146), k_s die Vielfachheit dieser Wurzeln und $P_{k_s-1}(\tau)$ Polynome vom Grad $k_s - 1$ mit beliebigen konstanten Koeffizienten.

Benutzen wir die Beziehung (141) und kehren zur ursprünglichen Veränderlichen t zurück, so erhalten wir die Lösung der Differentialgleichung (140) in der Gestalt

$$x = t^{r_1} P_{k_1-1}(\log t) + t^{r_2} P_{k_2-1}(\log t) + \cdots + t^{r_m} P_{k_m-1}(\log t). \qquad (147)$$

Sind alle Wurzeln der Gleichung (146) einfach, so lautet die Lösung der Differentialgleichung (140)

$$x = C_1 t^{r_1} + C_2 t^{r_2} + \cdots + C_n t^{r_n}. \qquad (148)$$

Die Gleichung (146) ergibt sich, wie leicht zu erkennen ist, wenn man die Lösung der Differentialgleichung (140) in der Form $x = t^r$ ansetzt.

Liegt ferner eine inhomogene Differentialgleichung der Form

$$t^n x^{(n)} + a_1 t^{n-1} x^{(n-1)} + \cdots + a_{n-1} t x' + a_n x = t^a P(\log t) \qquad (149)$$

vor, wobei $P(\log t)$ ein Polynom p-ten Grades in $\log t$ ist, so läßt sich unter Benutzung der Substitution (141) leicht zeigen, daß die Lösung der Differentialgleichung (149) in der Form

$$x = (\log t)^s t^a Q(\log t) \qquad (150)$$

angesetzt werden kann, wobei $Q(\log t)$ ein Polynom p-ten Grades in $\log t$ und s die Anzahl der Wurzeln der Gleichung (146) ist, die gleich a sind.

Anstelle der Differentialgleichung (140) kann man auch die allgemeinere Differentialgleichung der Form

$$(ct+d)^n x^{(n)} + a_1 (ct+d)^{n-1} x^{(n-1)} + \cdots + a_{n-1} (ct+d) x' + a_n x = 0$$
$$\qquad (151)$$

betrachten.

In diesem Fall ist anstelle von (141) die folgende Formel für die Transformation der Veränderlichen zu benutzen:

$$ct + d = e^\tau;$$

anstelle von (144) gilt die Formel

$$(ct+d)^s D^s x = c^s \delta(\delta-1) \cdots (\delta-s+1) x,$$

mit deren Hilfe sich die Differentialgleichung (151) auf eine Differentialgleichung mit konstanten Koeffizienten zurückführen läßt.

43. Systeme linearer Differentialgleichungen mit konstanten Koeffizienten.

In vielen Fällen wird die Lage eines mechanischen Systems nicht durch eine, sondern durch mehrere unabhängige Größen $q_1, q_2, \ldots, q_k$ bestimmt, die Koordinatenparameter heißen. Ihre Anzahl k liefert die *Anzahl der Freiheitsgrade*. So haben wir z. B. bei der Drehung eines festen Körpers um eine unbewegliche Achse *einen* Freiheitsgrad — den Drehwinkel θ des Körpers um die Achse. Die Drehung eines Körpers um einen festen Punkt liefert jedoch drei Freiheitsgrade, und als Koordinatenparameter kann man z. B. die aus der Kinematik des festen Körpers bekannten Eulerschen Winkel φ, ψ und θ nehmen. Die Bewegung eines Punktes auf einer Ebene oder Kugel oder irgendeiner anderen Fläche stellt eine Bewegung mit zwei Freiheitsgraden dar. Im Fall der Ebene können als Parameter die gewöhnlichen rechtwinkligen Koordinaten x und y und auf der Kugel die Länge φ und die Breite ψ dienen.

Bei der Bewegung eines mechanischen Systems sind die Koordinatenparameter $q_1, q_2, \ldots, q_k$ Funktionen der Zeit t und bestimmen sich aus einem System von Differentialgleichungen und gewissen Anfangsbedingungen. Insbesondere behält man bei der Untersuchung kleiner Schwingungen des Systems um die Gleichgewichtslage, der die Parameterwerte

$$q_1 = q_2 = \cdots = q_k = 0$$

entsprechen mögen, in den Differentialgleichungen gewöhnlich nur die Glieder erster Ordnung in q_s und $\dfrac{dq_s}{dt}$ bei. Auf diese Weise erhält man ein System linearer Differentialgleichungen mit konstanten Koeffizienten. Jede der Differentialgleichungen wird im allgemeinen alle Funktionen q_s und deren Ableitungen erster und zweiter Ordnung nach der Zeit enthalten.

Im Fall zweier Freiheitsgrade hat das System die Gestalt

$$\begin{aligned} a_1 q_1'' + b_1 q_1' + c_1 q_1 + a_2 q_2'' + b_2 q_2' + c_2 q_2 &= 0, \\ d_1 q_1'' + e_1 q_1' + f_1 q_1 + d_2 q_2'' + e_2 q_2' + f_2 q_2 &= 0, \end{aligned} \quad (152)$$

wobei q_1', q_1'', q_2', q_2'' die Ableitungen von q_1 bzw. q_2 nach t sind.

Wir kennzeichnen die Differentiation nach t durch den symbolischen Operator D und können dann das System (152) folgendermaßen schreiben:

$$\begin{aligned} (a_1 D^2 + b_1 D + c_1) q_1 + (a_2 D^2 + b_2 D + c_2) q_2 &= 0, \\ (d_1 D^2 + e_1 D + f_1) q_1 + (d_2 D^2 + e_2 D + f_2) q_2 &= 0. \end{aligned} \quad (153)$$

Wirken auf das System äußere Kräfte, so stehen auf der rechten Seite der Gleichungen (153) bekannte Funktionen von t, die nicht beide identisch Null sind.

Die Anfangsbedingungen haben die Form

$$q_1|_{t=0} = q_{10}, \quad q_1'|_{t=0} = q_{10}', \quad q_2|_{t=0} = q_{20}, \quad q_2'|_{t=0} = q_{20}'$$

mit q_{10}, q_{10}', q_{20}, q_{20}' als vorgegebene Werte; das allgemeine Integral des Systems (153) enthält dann vier willkürliche Konstanten.

Im folgenden wird gezeigt, in welcher Weise sich die Integration des Systems (153) auf die Integration einer linearen Differentialgleichung vierter Ordnung mit einer unbekannten Funktion zurückführen läßt [21]. Hierzu führen wir mittels

$$q_1 = -(a_2 D^2 + b_2 D + c_2) V, \quad q_2 = (a_1 D^2 + b_1 D + c_1) V \tag{154}$$

die Hilfsfunktion $V(t)$ ein.

Werden diese Ausdrücke für q_1 und q_2 in die Gleichungen (153) eingesetzt, so wird offenbar die erste Gleichung bei beliebiger Wahl von V erfüllt; damit auch die zweite der Gleichungen (153) erfüllt wird, müssen wir die Funktion V noch passend wählen.

Durch Einsetzen der Ausdrücke (154) in diese zweite Gleichung ergibt sich für V eine Differentialgleichung vierter Ordnung[1]):

$$[(a_1 D^2 + b_1 D + c_1)(d_2 D^2 + e_2 D + f_2)$$
$$- (a_2 D^2 + b_2 D + c_2)(d_1 D^2 + e_1 D + f_1)] V = 0. \tag{155}$$

Ist V bestimmt, so erhalten wir q_1 und q_2 aus (154) durch einfache Differentiation.

Es seien r_1, r_2, r_3, r_4 die voneinander verschiedenen Wurzeln der charakteristischen Gleichung

$$(a_1 r^2 + b_1 r + c_1)(d_2 r^2 + e_2 r + f_2)$$
$$- (a_2 r^2 + b_2 r + c_2)(d_1 r^2 + e_1 r + f_1) = 0, \tag{156}$$

so daß

$$V = C_1 e^{r_1 t} + C_2 e^{r_2 t} + C_3 e^{r_3 t} + C_4 e^{r_4 t} \tag{157}$$

wird. Setzen wir diesen Ausdruck in die Formeln (154) ein und beachten, daß $D e^{rt} = r e^{rt}$ und $D^2 e^{rt} = r^2 e^{rt}$ ist, so erhalten wir den allgemeinen Ausdruck für q_1 und q_2. Er stellt ebenfalls eine Linearkombination der vier Lösungen dar, von denen jede einen willkürlichen konstanten Faktor enthält. So liefert z. B. die Lösung $V = C_1 e^{r_1 t}$

$$q_1 = -C_1(a_2 r_1^2 + b_2 r_1 + c_2) e^{r_1 t}, \quad q_2 = C_1(a_1 r_1^2 + b_1 r_1 + c_1) e^{r_1 t}. \tag{158}$$

Hat die Gleichung (156) komplexe Wurzeln, was gewöhnlich in den Anwendungen auftritt, so schreibt man die Lösung der Gleichung (155) zweckmäßig in trigonometrischer Form, so daß einem Paar konjugiert komplexer Wurzeln $r = a \pm bi$ die Lösungen

$$C_1 e^{at} \cos bt \quad \text{und} \quad C_2 e^{at} \sin bt$$

für V entsprechen. Besitzt die Gleichung (156) die Doppelwurzel $r_1 = r_2$, so ergeben sich in analoger Weise

$$C_1 e^{r_1 t} \quad \text{und} \quad C_2 t e^{r_1 t}$$

als Lösungen.

---

[1]) Dabei ist $a_1 d_2 - a_2 d_1 \neq 0$ vorausgesetzt, was gewöhnlich bei Aufgaben der Mechanik der Fall ist.

Wir behandeln jetzt noch den Fall, daß die vorstehenden Berechnungen für q_1 und q_2 nicht die allgemeine Lösung liefern, die ja vier willkürliche Konstanten enthält. Dazu nehmen wir an, daß für eine Wurzel r_1 der Gleichung (156)

$$a_1 r_1^2 + b_1 r_1 + c_1 = a_2 r_1^2 + b_2 r_1 + c_2 = 0 \tag{159}$$

wird.

Gemäß den Formeln (158) werden dann q_1 und q_2 identisch Null, und die allgemeine Lösung des Systems enthält nicht die willkürliche Konstante C_1. Wir können nun versuchen, diese verlorengegangene willkürliche Konstante wieder zurückzugewinnen, indem wir bei der Einführung der Hilfsfunktion V anstelle von (154) die Gleichungen

$$q_1 = (d_2 D^2 + e_2 D + f_2) V, \qquad q_2 = -(d_1 D^2 + e_1 D + f_1) V \tag{160}$$

benutzen.

Hierbei wird die zweite der Gleichungen (153) bei jeder Wahl von V erfüllt, und durch Einsetzen des Ausdrucks (160) in die erste der Gleichungen (153) erhalten wir für V dieselbe Differentialgleichung (155) wie vorher. Dabei liefert die Wurzel r_1 der charakteristischen Gleichung (156) für q_1 und q_2 anstelle von (158) die Ausdrücke

$$q_1 = C_1 (d_2 r_1^2 + e_2 r_1 + f_2) e^{r_1 t}, \qquad q_2 = -C_1 (d_1 r_1^2 + e_1 r_1 + f_1) e^{r_1 t}.$$

Wenn nur einer der Faktoren $d_1 r_1^2 + e_1 r_1 + f_1$ und $d_2 r_1^2 + e^2 r_1 + f_2$ von Null verschieden wird, gewinnen wir auf diese Weise eine Lösung, die der Wurzel $r = r_1$ der Gleichung (156) entspricht.

Es bleibt noch der Fall zu betrachten, daß außer (159) noch die Beziehungen

$$d_1 r_1^2 + e_1 r_1 + f_1 = d_2 r_1^2 + e_2 r_1 + f_2 = 0 \tag{161}$$

gelten. Jetzt gelingt es uns nicht, auf dem angegebenen Weg die Lösung aufzustellen, die der Wurzel $r = r_1$ der Gleichung (156) entspricht. Wenn aber die Beziehungen (159) und (161) erfüllt sind, dann hat jeder der auf der linken Seite der Gleichung (156) stehenden dreigliedrigen quadratischen Ausdrücke die Wurzel $r = r_1$, d. h., jeder dieser Ausdrücke enthält den Faktor $r - r_1$. Folglich muß bei der Erfüllung der Beziehungen (159) und (161) die Wurzel $r = r_1$ als mehrfache Wurzel der Gleichung (156) auftreten. Wir beschränken uns auf die Betrachtung des Falls, daß $r = r_1$ eine Doppelwurzel ist, und werden zwei Lösungen des Systems angeben, die dieser Doppelwurzel entsprechen. Diese beiden Lösungen lauten

$$q_1 = C_1 e^{r_1 t}, \qquad q_2 = 0; \tag{162}$$

$$q_1 = 0, \qquad q_2 = C_2 e^{r_1 t}. \tag{163}$$

Setzt man nämlich z. B. die Ausdrücke (162) in die linken Seiten der Gleichungen (153) ein, so ergeben sich auf Grund der Beziehungen (159) und (161) Identitäten.

Die beiden Lösungen (162) und (163) sind voneinander verschieden, da in der ersten q_2 identisch Null, dagegen in der zweiten q_2 von Null verschieden ist.

Ist im Fall einer mehrfachen Wurzel $r_1 = r_2$ z. B. eine der Beziehungen (159) nicht erfüllt, so erhalten wir durch Einsetzen von

$$V = C_1 e^{r_1 t} \quad \text{und} \quad V = C_2 t e^{r_1 t}$$

in die Formeln (154) die Lösung (158) und außerdem eine Lösung, die t als Faktor enthält, nämlich

$$q_1 = -C_2(a_2 r_1^2 + b_2 r_1 + c_2) t e^{r_1 t} + C_2 p_1 e^{r_1 t},$$
$$q_2 = C_2(a_1 r_1^2 + b_1 r_1 + c_1) t e^{r_1 t} + C_2 p_2 e^{r_1 t}.$$

Dabei sind p_1 und p_2 wohlbestimmte Konstanten.

Das allgemeine Integral des inhomogenen Systems

$$\begin{aligned}(a_1 D^2 + b_1 D + c_1) q_1 + (a_2 D^2 + b_2 D + c_2) q_2 &= f_1(t), \\ (d_1 D^2 + e_1 D + f_1) q_1 + (d_2 D^2 + e_2 D + f_2) q_2 &= f_2(t)\end{aligned} \tag{164}$$

ist so wie im Fall einer Differentialgleichung die Summe des allgemeinen Integrals des entsprechenden homogenen Systems (153) und einer beliebigen partikulären Lösung des inhomogenen Systems. Haben die freien Glieder $f_1(t)$ und $f_2(t)$ die Gestalt

$$A_0 e^{\alpha t} \cos \beta t + B_0 e^{\alpha t} \sin \beta t = D e^{\alpha t} \sin(\beta t + \varphi),$$

so kann man die partikulären Lösungen in der Form

$$q_1 = A_1 e^{\alpha t} \cos \beta t + B_1 e^{\alpha t} \sin \beta t, \qquad q_2 = A_2 e^{\alpha t} \cos \beta t + B_2 e^{\alpha t} \sin \beta t$$

ansetzen, sofern $\alpha \pm \beta i$ nicht Wurzeln der Gleichung (156) sind. Geht man mit diesen Ausdrücken in die linken Seiten der Gleichungen (164) ein und setzt die Koeffizienten bei $e^{\alpha t} \cos \beta t$ und $e^{\alpha t} \sin \beta t$ einander gleich, so ergibt sich ein Gleichungssystem zur Bestimmung von A_1, B_1, A_2 und B_2.

Partikuläre Lösungen des Systems (164) kann man bei beliebigem $f_1(t)$ und $f_2(t)$ auch nach der für eine einzige Differentialgleichung aufgestellten Methode gewinnen [40]. Durch Auflösung des Systems (164) nach q_1 und q_2 erhalten wir z. B. für q_1

$$q_1 = \frac{d_2 D^2 + e^2 D + f_2}{\Delta(D)} f_1(t) - \frac{a_2 D^2 + b_2 D + c_2}{\Delta(D)} f_2(t),$$

wobei mit $\Delta(D)$ zur Abkürzung das auf der linken Seite der Differentialgleichung (155) stehende symbolische Polynom bezeichnet ist. Zerlegen wir die rationalen Brüche und berücksichtigen die in [38] angegebene Bedeutung des Operators $(D - r)^{-k}$, so erhalten wir die gesuchte Lösung des Systems (164).

Es sei noch bemerkt, daß auch unter Benutzung der Überlegungen aus [21] die Integration eines Systems linearer Differentialgleichungen mit konstanten Koeffizienten leicht auf die Integration einer einzigen linearen Differentialgleichung mit konstanten Koeffizienten zurückgeführt werden kann. In Teil III$_1$ wird ein allgemeines Verfahren zur Integration von Differentialgleichungssystemen mit konstanten Koeffizienten dargestellt.

44. Beispiele.

1. Wir betrachten das System

$$\frac{d^2 y}{dx^2} = z + x, \qquad \frac{d^2 z}{dx^2} = y + 2x,$$

in dem y und z gesuchte Funktionen von x sind. Wir bestimmen z aus der ersten Differentialgleichung

$$z = \frac{d^2y}{dx^2} - x \tag{165}$$

und erhalten nach Einsetzen in die zweite Gleichung eine Differentialgleichung vierter Ordnung für y,

$$\frac{d^4y}{dx^4} - y = 2x,$$

deren allgemeines Integral sich nach den gewöhnlichen Regeln bestimmen läßt:

$$y = C_1 e^x + C_2 e^{-x} + C_3 \cos x + C_4 \sin x - 2x.$$

Nach Einsetzen dieses Ausdrucks in (165) ergibt sich für z

$$z = C_1 e^x + C_2 e^{-x} - C_3 \cos x - C_4 \sin x - x.$$

2. Es liege das System von drei Differentialgleichungen erster Ordnung

$$\frac{dx}{dt} = y + z, \quad \frac{dy}{dt} = z + x, \quad \frac{dz}{dt} = x + y \tag{166}$$

vor, worin x, y und z gesuchte Funktionen von t sind. Lösen wir die erste Differentialgleichung nach y auf,

$$y = \frac{dx}{dt} - z, \tag{167}$$

und setzen diesen Ausdruck in die restlichen zwei Differentialgleichungen ein, so erhalten wir

$$\frac{d^2x}{dt^2} - \frac{dz}{dt} = z + x, \quad \frac{dz}{dt} = x + \frac{dx}{dt} - z. \tag{168}$$

Durch Einsetzen des aus der zweiten Differentialgleichung erhaltenen Ausdrucks für $\frac{dz}{dt}$ in die erste Differentialgleichung ergibt sich dann eine Differentialgleichung zweiter Ordnung für x allein (Ausnahmefall) [**21**]:

$$\frac{d^2x}{dt^2} - \frac{dx}{dt} - 2x = 0;$$

ihr allgemeines Integral lautet

$$x = C_1 e^{2t} + C_2 e^{-t}. \tag{169_1}$$

Setzen wir dies in die zweite der Differentialgleichungen (168) ein, so erhalten wir eine Differentialgleichung erster Ordnung für z, nämlich

$$\frac{dz}{dt} + z = 3 C_1 e^{2t}$$

mit dem allgemeinen Integral

$$z = C_3 e^{-t} + C_1 e^{2t}. \tag{169_2}$$

Nach Einsetzen von (169_1) und (169_2) in die Formel (167) entsteht für y der Audruck

$$y = C_1 e^{2t} - (C_2 + C_3) e^{-t}. \tag{169_3}$$

Hier liegt der bereits in [**21**] erwähnte Ausnahmefall vor. Anstelle einer Differentialgleichung dritter Ordnung ergeben sich eine Differentialgleichung zweiter Ordnung und eine Differentialgleichung erster Ordnung.

3. Systeme linearer Differentialgleichungen mit konstanten Koeffizienten treten nicht nur — wie wir schon früher erwähnt hatten — bei der Untersuchung von kleinen Schwingungen mechanischer Systeme um die Gleichgewichtslage auf, sondern auch bei der Untersuchung elektrischer Schwingungen. Es seien zwei Leiter gegeben, die induktiv gekoppelt sind, d. h., der in einem Leiter fließende Strom erzeugt ein magnetisches Feld, das im anderen Leiter eine elektromotorische Kraft induziert. Sind i_1 und i_2 die Stromstärken in den Leitern, so wird die im ersten bzw. im zweiten Leiter induzierte elektromotorische Kraft $M \dfrac{di_2}{dt}$ bzw. $M \dfrac{di_1}{dt}$; dabei bedeutet M den konstanten Koeffizienten der gegenseitigen Induktion. Setzen wir voraus, daß in keinem Leiter eine Stromquelle vorhanden ist, so lauten die Differentialgleichungen für i_1 und i_2

$$L_1 \frac{d^2 i_1}{dt^2} + R_1 \frac{d i_1}{dt} + \frac{1}{C_1} i_1 + M \frac{d^2 i_2}{dt^2} = 0, \tag{170}$$

$$M \frac{d^2 i_1}{dt^2} + L_2 \frac{d^2 i_2}{dt^2} + R_2 \frac{d i_2}{dt} + \frac{1}{C_2} i_2 = 0, \tag{171}$$

wobei L_1, R_1, C_1 (bzw. L_2, R_2, C_2) Selbstinduktionskoeffizient, Widerstand und Kapazität des ersten (bzw. zweiten) Leiters sind.

Am Beispiel dieses Systems zeigen wir, wie man, ohne die Hilfsfunktion V einzuführen, eine der unbekannten Funktionen eliminieren und eine Differentialgleichung vierter Ordnung mit einer unbekannten Funktion aufstellen kann.

Dazu bestimmen wir aus der Differentialgleichung (171) $\dfrac{d^2 i_2}{dt^2}$, setzen den erhaltenen Ausdruck in die Differentialgleichung (170) ein, womit wir dann die Differentialgleichung

$$(L_1 L_2 - M^2) \frac{d^2 i_1}{dt^2} + L_2 R_1 \frac{d i_1}{dt} + \frac{L_2}{C_1} i_1 - R_2 M \frac{d i_2}{dt} - \frac{M}{C_2} i_2 = 0 \tag{172}$$

bekommen.

Differenziert man diese Differentialgleichung und ersetzt $M \dfrac{d^2 i_2}{dt^2}$ durch den Ausdruck

$$M \frac{d^2 i_2}{dt^2} = -L_1 \frac{d^2 i_1}{dt^2} - R_1 \frac{d i_1}{dt} - \frac{1}{C_1} i_1, \tag{173}$$

den man aus der Differentialgleichung (170) erhält, so ergibt sich

$$(L_1 L_2 - M^2) \frac{d^3 i_1}{dt^3} + (L_1 R_2 + L_2 R_1) \frac{d^2 i_1}{dt^2} + \left(\frac{L_2}{C_1} + R_1 R_2\right) \frac{d i_1}{dt}$$
$$+ \frac{R_2}{C_1} i_1 - \frac{M}{C_2} \frac{d i_2}{dt} = 0. \tag{174}$$

Wird diese Gleichung nochmals differenziert und der Ausdruck $M \dfrac{d^2 i_2}{dt^2}$ wieder durch (173) ersetzt, so gelangen wir schließlich zu folgender Differentialgleichung vierter Ordnung für i_1:

$$(L_1 L_2 - M^2) \frac{d^4 i_1}{dt^4} + (L_1 R_2 + L_2 R_1) \frac{d^3 i_1}{dt^3} + \left(\frac{L_1}{C_2} + \frac{L_2}{C_1} + R_1 R_2\right) \frac{d^2 i_1}{dt^2}$$
$$+ \left(\frac{R_1}{C_2} + \frac{R_2}{C_1}\right) \frac{d i_1}{dt} + \frac{1}{C_1 C_2} i_1 = 0. \tag{175}$$

Hätten wir damit begonnen, i_1 zu eliminieren, so wäre für i_2 genau dieselbe Differentialgleichung vierter Ordnung entstanden. Die ihr entsprechende charakteristische Gleichung lautet

$$(1-k^2)r^4 + 2(g_1+g_2)r^3 + (n_1^2+n_2^2+4g_1g_2)r^2 + 2(g_1n_2^2+g_2n_1^2)r \\ + n_1^2 n_2^2 = 0, \tag{176}$$

wobei zur Abkürzung

$$k = \frac{M}{\sqrt{L_1 L_2}}, \quad n_1 = \frac{1}{\sqrt{L_1 C_1}}, \quad n_2 = \frac{1}{\sqrt{L_2 C_2}}, \quad g_1 = \frac{R_1}{2L_1}, \quad g_2 = \frac{R_2}{2L_2}$$

gesetzt wurde.

Die Gleichung (176) kann man folgendermaßen umformen:

$$(r^2 + 2g_1 r + n_1^2)(r^2 + 2g_2 r + n_2^2) - k^2 r^4 = 0. \tag{177}$$

Wenn keine magnetische Kopplung zwischen den Leitern bestünde, so wäre in den Differentialgleichungen (170) und (171) $M = 0$ zu setzen; das System zerfällt damit in die beiden Differentialgleichungen

$$\frac{d^2 i_1}{dt^2} + 2g_1 \frac{di_1}{dt} + n_1^2 i_1 = 0 \quad \text{und} \quad \frac{d^2 i_2}{dt^2} + 2g_2 \frac{di_2}{dt} + n_2^2 i_2 = 0, \tag{178}$$

welche die Entladungsvorgänge in den Leitern bestimmen.

Gewöhnlich sind beides Schwingungskreise, d. h., die den Differentialgleichungen (178) entsprechenden charakteristischen Gleichungen

$$r^2 + 2g_1 r + n_1^2 = 0 \quad \text{und} \quad r^2 + 2g_2 r + n_2^2 = 0 \tag{179}$$

haben komplexe Wurzeln; es ist somit $g_1^2 - n_1^2 < 0$ und $g_2^2 - n_2^2 < 0$, also

$$\frac{R_1}{2L_1} < \frac{1}{\sqrt{L_1 C_1}} \quad \text{und} \quad \frac{R_2}{2L_2} < \frac{1}{\sqrt{L_2 C_2}}$$

oder

$$\frac{R_1}{2} < \sqrt{\frac{L_1}{C_1}} \quad \text{und} \quad \frac{R_2}{2} < \sqrt{\frac{L_2}{C_2}}.$$

Die Gleichung (177) liefert bei $k = 0$ zwei Paare konjugiert komplexer Wurzeln [Wurzeln der Gleichungen (179)], und bei kleinen Werten von M, wie sie auch gewöhnlich in der Praxis auftreten, besitzt die Gleichung (177) ebenfalls zwei Paare konjugiert komplexer Wurzeln $r_{1,2} = -a \pm bi$ und $r_{3,4} = -c \pm di$ mit negativen Realteilen; der allgemeine Ausdruck für i_1 lautet dann

$$i_1 = C_1 e^{-at} \cos bt + C_2 e^{-at} \sin bt + C_3 e^{-ct} \cos dt + C_4 e^{-ct} \sin dt.$$

Ist i_1 bekannt, so können wir i_2 ohne jegliche Quadratur erhalten. Bestimmen wir nämlich aus der Gleichung (174) $\dfrac{di_2}{dt}$ und setzen den gefundenen Ausdruck in (172) ein, so erhalten wir eine Gleichung ersten Grades in i_2. Der Ausdruck für i_2 enthält Glieder derselben Form wie i_1 mit Koeffizienten, die Linearkombinationen der Konstanten C_1, C_2, C_3 und C_4 sind.

Wenn man die Widerstände vernachlässigt, d. h. $g_1 = g_2 = 0$ annimmt, und außerdem voraussetzt, daß die Schwingungskreise auf ein und dieselbe Frequenz abgestimmt sind, d. h. $n_1 = n_2 = n$ ist, so geht (177) in

$$(1-k^2)r^4 + 2n^2 r^2 + n^4 = 0$$

über, woraus
$$r^2 = \frac{-n^2 \pm k n^2}{1-k^2} = -\frac{n^2}{1 \pm k}$$
und damit
$$r_{1,2} = \pm \frac{n}{\sqrt{1+k}} i, \quad r_{3,4} = \pm \frac{n}{\sqrt{1-k}} i \quad (i = \sqrt{-1})$$
folgt.

Diesen rein imaginären Wurzeln entspricht eine Lösung in der Form trigonometrischer Funktionen. Bei der magnetischen Kopplung von Kreisen, die auf die gleiche Frequenz abgestimmt sind, treten somit zwei Schwingungen auf, deren Frequenzen von der gemeinsamen Frequenz n der Kreise und einer die magnetische Kopplung charakterisierenden Konstanten k folgendermaßen abhängen:

$$n' = \frac{n}{\sqrt{1+k}}, \quad n'' = \frac{n}{\sqrt{1-k}}.$$

§ 4. Integration mittels Potenzreihen

45. Integration einer linearen Differentialgleichung mittels einer Potenzreihe. Die Lösungen einer linearen Differentialgleichung von höherer als erster Ordnung mit nichtkonstanten Koeffizienten lassen sich, wie bereits bemerkt, im allgemeinen nicht durch elementare Funktionen darstellen, und die Integration einer solchen Differentialgleichung kann gewöhnlich auch nicht auf Quadraturen zurückgeführt werden. Das am häufigsten verwendete Verfahren ist die Darstellung der gesuchten Lösung in Form einer Potenzreihe, das bereits in [15] behandelt wurde. Dieses Verfahren erweist sich gerade bei der Anwendung auf lineare Differentialgleichungen als besonders bequem. Wir beschränken uns auf die Betrachtung einer Differentialgleichung zweiter Ordnung,

$$y'' + p(x)y' + q(x)y = 0, \tag{1}$$

und nehmen an, daß die Koeffizienten $p(x)$ und $q(x)$ als Potenzreihen in x darstellbar sind, so daß die Differentialgleichung die Form

$$y'' + (a_0 + a_1 x + a_2 x^2 + \cdots)y' + (b_0 + b_1 x + b_2 x^2 + \cdots)y = 0 \tag{2}$$

hat. Man beachte, daß der Koeffizient bei y'' gleich 1 gewählt wurde.

Die Lösung der Differentialgleichung (2) suchen wir ebenfalls in der Form einer Potenzreihe zu gewinnen:

$$y = \sum_{s=0}^{\infty} \alpha_s x^s. \tag{3}$$

Setzt man diesen Ausdruck und seine Ableitungen in die Differentialgleichung (2) ein, so ergibt sich

$$\sum_{s=2}^{\infty} s(s-1)\alpha_s x^{s-2} + \sum_{s=0}^{\infty} a_s x^s \sum_{s=1}^{\infty} s\alpha_s x^{s-1} + \sum_{s=0}^{\infty} b_s x^s \sum_{s=0}^{\infty} \alpha_s x^s = 0.$$

Wir multiplizieren nun die Potenzreihen aus, fassen entsprechende Glieder zusammen und setzen die Koeffizienten der Potenzen von x auf der linken Seite der erhaltenen Identität gleich Null; dadurch entsteht das Gleichungssystem

$$\left.\begin{array}{l|l} x^0 & 2\cdot 1\alpha_2 + a_0\alpha_1 + b_0\alpha_0 = 0 \\ x^1 & 3\cdot 2\alpha_3 + 2a_0\alpha_2 + a_1\alpha_1 + b_0\alpha_1 + b_1\alpha_0 = 0 \\ x^2 & 4\cdot 3\alpha_4 + 3a_0\alpha_3 + 2a_1\alpha_2 + a_2\alpha_1 + b_0\alpha_2 + b_1\alpha_1 + b_2\alpha_0 = 0 \\ \cdots & \cdots\cdots\cdots\cdots\cdots\cdots\cdots\cdots\cdots\cdots\cdots\cdots\cdots \\ x^s & (s+2)(s+1)\alpha_{s+2} + Q_s(\alpha_0, \alpha_1, \alpha_2, \ldots, \alpha_{s+1}) = 0 \end{array}\right\} \quad (4)$$

Dabei stellt $Q_s(\alpha_0, \alpha_1, \alpha_2, \ldots, \alpha_{s+1})$ ein homogenes Polynom ersten Grades in den Argumenten $\alpha_0, \alpha_1, \alpha_2, \ldots, \alpha_{s+1}$ dar.

Jede dieser aufgeschriebenen Gleichungen enthält einen gesuchten Koeffizienten mehr als die vorangehende. Die Koeffizienten α_0 und α_1 bleiben unbestimmt und spielen die Rolle willkürlicher Konstanten. Die erste der Gleichungen (4) liefert α_2, darauf ergibt die zweite α_3, die dritte α_4 usw.; allgemein läßt sich aus der $(s+1)$-ten Gleichung α_{s+2} bestimmen, wenn die vorhergehenden $\alpha_0, \alpha_1, \alpha_2, \ldots, \alpha_{s+1}$ bekannt sind.

Zur Ermittlung der allgemeinen Lösung von (2) ist es zweckmäßig, in der folgenden Weise vorzugehen. Wir bestimmen nach der oben beschriebenen Methode zwei Lösungen y_1 und y_2, wobei wir für die erste Lösung $\alpha_0 = 1$, $\alpha_1 = 0$ und für die zweite $\alpha_0 = 0$, $\alpha_1 = 1$ wählen, was gleichbedeutend mit den Anfangsbedingungen

$$y_1|_{x=0} = 1, \quad y_1'|_{x=0} = 0,$$
$$y_2|_{x=0} = 0, \quad y_2'|_{x=0} = 1$$

ist. Jede Lösung der Differentialgleichung wird eine Linearkombination dieser Lösungen. Haben die Anfangsbedingungen die Form

$$y|_{x=0} = A, \quad y'|_{x=0} = B,$$

so gilt offenbar

$$y = Ay_1 + By_2.$$

Wir hatten schon vorher gezeigt, daß sich auf dem Wege einer formalen Berechnung schrittweise die Koeffizienten der Potenzreihe (3) bestimmen lassen. Es bleibt aber noch die Frage offen, ob die auf diese Weise konstruierte Potenzreihe konvergent ist und ob sie eine Lösung der Differentialgleichung liefert. In Teil III$_2$ werden wir einen Beweis des folgenden Satzes geben: *Konvergieren die Reihen*

$$p(x) = \sum_{s=0}^{\infty} a_s x^s, \quad q(x) = \sum_{s=0}^{\infty} b_s x^s$$

für $|x| < R$, so ist die für diese Werte von x in der oben angegebenen Weise gebildete Potenzreihe ebenfalls konvergent und stellt eine Lösung der Differentialgleichung (2) *dar. Sind insbesondere $p(x)$ und $q(x)$ Polynome von x, so konvergiert die gefundene Potenzreihe für jeden Wert von x.*

In vielen Fällen hat die lineare Differentialgleichung die Form

$$P_0(x)y'' + P_1(x)y' + P_2(x)y = 0, \tag{5}$$

wobei $P_0(x)$, $P_1(x)$, $P_2(x)$ Polynome in x sind. Um sie auf die Form (1) zu bringen, dividiert man beide Seiten der Differentialgleichung durch $P_0(x)$, so daß $p(x)$ und $q(x)$ in diesem Fall die Gestalt

$$p(x) = \frac{P_1(x)}{P_0(x)}, \quad q(x) = \frac{P_2(x)}{P_0(x)} \tag{6}$$

haben

Ist das von x freie Glied des Polynoms $P_0(x)$ von Null verschieden, gilt also $P_0(0) \neq 0$, so lassen sich $p(x)$ und $q(x)$ in Form von Potenzreihen darstellen, indem man die Division der nach wachsenden Potenzen von x geordneten Polynome ausführt. Man kann daher die Lösung der Differentialgleichung (5) ebenfalls als Potenzreihe ansetzen. Hierbei braucht die Differentialgleichung (5) durchaus nicht auf die Form (1) zurückgeführt zu werden; es ist vielmehr einfacher, unmittelbar den Ausdruck (3) für y in die linke Seite der Gleichung (5) einzusetzen und danach das Verfahren des Koeffizientenvergleichs anzuwenden.

Bisher haben wir nur nach ganzen positiven Potenzen von x entwickelte Potenzreihen betrachtet. Anstelle dessen könnte man auch Reihen benutzen, die nach Potenzen der Differenz $x - a$ entwickelt sind.

Alles oben Gesagte läßt sich offenbar auch auf lineare Differentialgleichungen von höherer als von zweiter Ordnung anwenden. Allerdings wird in diesem Fall beim Aufsuchen der Lösung in Form einer Potenzreihe die Anzahl der unbestimmt bleibenden Koeffizienten größer als 2, da deren Anzahl gleich der Ordnung der Differentialgleichung ist.

Liegt eine lineare inhomogene Differentialgleichung der Form

$$y'' + p(x)y' + q(x)y = f(x)$$

vor, bei der die Koeffizienten und auch das freie Glied Potenzreihen sind, so kann man eine partikuläre Lösung ebenfalls in Form einer Potenzreihe gewinnen.

Zu den Formeln (6) bemerken wir noch folgendes. Es seien $P(x)$ und $Q(x)$ zwei Polynome in x, wobei $P(0) \neq 0$ ist. Führen wir nach dem zuvor Gesagten die Division der Polynome aus, so können wir ihren Quotienten als Potenzreihe darstellen:

$$\frac{Q(x)}{P(x)} = c_0 + c_1 x + c_2 x^2 + \cdots. \tag{7}$$

Dabei ergeben sich aber folgende Fragen: Konvergiert die rechts stehende Reihe; wenn ja, in welchem Intervall, und wird ihre Summe gleich der linken Seite der Gleichung? Die Lösung dieser Probleme ergibt sich sehr einfach aus der Theorie der Funktionen einer komplexen Veränderlichen, die in Teil III$_2$ dargelegt wird. Wir führen hier nur das Endresultat an: *Die Potenzreihe in Formel* (7) *konvergiert für* $|x| < R$, *wobei* R *der Modul (Absolutbetrag) der dem Betrage nach kleinsten Wurzel der Gleichung* $P(x) = 0$ *ist; die Gleichung* (7) *gilt dann für alle angegebenen Werte von* x. Unter anderem folgt hieraus unmittelbar: *Wird die Differential-*

gleichung (5) *mittels einer Potenzreihe direkt integriert, so ist die sich ergebende Reihe sicher konvergent für* $|x| < R$; *dabei bedeutet R den Modul der dem Betrage nach kleinsten Wurzel der Gleichung* $P_0(x) = 0$.

Wie sich beim Nachweis der Konvergenz der Reihe (3) im Innern des Intervalls $(-R, +R)$ unmittelbar ergibt, liefert die Summe dieser Reihe eine Lösung der Differentialgleichung. Man kann nämlich zunächst y' und y'' durch einfache gliedweise Differentiation der Reihe (3) berechnen [**I, 150**]. Ferner können wir, indem wir die Ausdrücke für y, y' und y'' in die linke Seite der Differentialgleichung (2) einsetzen, die Reihen y' und y gliedweise mit den Reihen $p(x)$ und $q(x)$ multiplizieren, da die Potenzreihen absolut konvergieren [**I, 138, 148**]. Schließlich heben sich wegen der Wahl der Koeffizienten α_n auf Grund der Gleichungen (4) alle Glieder auf der linken Seite von (2) weg.

46. Beispiele.

1. Wir betrachten die Differentialgleichung

$$y'' - xy = 0.$$

Einsetzen der Reihe (3) liefert

$$(2 \cdot 1 \alpha_2 + 3 \cdot 2 \alpha_3 x + 4 \cdot 3 \alpha_4 x^2 + \cdots) - x(\alpha_0 + \alpha_1 x + \alpha_2 x^2 + \cdots) = 0,$$

woraus sich durch Koeffizientenvergleich

x^0	$2 \cdot 1 \alpha_2 = 0$
x^1	$3 \cdot 2 \alpha_3 - \alpha_0 = 0$
x^2	$4 \cdot 3 \alpha_4 - \alpha_1 = 0$
x^3	$5 \cdot 4 \alpha_5 - \alpha_2 = 0$
$\cdots$	$\cdots\cdots\cdots\cdots\cdots\cdots\cdots\cdots\cdots$
x^s	$(s+2)(s+1)\alpha_{s+2} - \alpha_{s-1} = 0$
$\cdots$	$\cdots\cdots\cdots\cdots\cdots\cdots\cdots\cdots\cdots$

ergibt. Wird $\alpha_0 = 1$ und $\alpha_1 = 0$ gewählt, so bekommen wir nacheinander die Werte der übrigen Koeffizienten:

$$\alpha_2 = 0, \quad \alpha_3 = \frac{1}{2 \cdot 3}, \quad \alpha_4 = \alpha_5 = 0, \quad \alpha_6 = \frac{1}{2 \cdot 3 \cdot 5 \cdot 6}, \quad \alpha_7 = \alpha_8 = 0,$$

$$\alpha_9 = \frac{1}{2 \cdot 3 \cdot 5 \cdot 6 \cdot 8 \cdot 9};$$

dabei sind nur die Koeffizienten α_s mit durch 3 teilbarem Index s von Null verschieden, und es gilt

$$\alpha_{3k+1} = \alpha_{3k+2} = 0 \quad \text{und} \quad \alpha_{3k} = \frac{1 \cdot 4 \cdot 7 \cdots (3k-2)}{(3k)!}.$$

Die zu $\alpha_0 = 1$ und $\alpha_1 = 0$ gehörige Lösung hat somit die Form

$$y_1 = 1 + \sum_{k=1}^{\infty} \frac{1 \cdot 4 \cdot 7 \cdots (3k-2)}{(3k)!} x^{3k}.$$

Zur Ermittlung einer weiteren Lösung wählen wir $\alpha_0 = 0$ und $\alpha_1 = 1$. Wie vorher ist leicht zu zeigen, daß hierzu die Lösung

$$y_2 = x + \sum_{k=1}^{\infty} \frac{2 \cdot 5 \cdot 8 \cdots (3k-1)}{(3k+1)!} x^{3k+1}$$

gehört.

Die angegebenen Potenzreihen konvergieren für alle Werte von x.

Wir prüfen dies für die Reihe y_1 mit Hilfe des Quotientenkriteriums von D'ALEMBERT nach [**I, 121**]. Der Quotient zweier aufeinanderfolgender Glieder wird

$$\frac{1 \cdot 4 \cdot 7 \cdots (3k+1)}{(3k+3)!} x^{3k+3} : \frac{1 \cdot 4 \cdot 7 \cdots (3k-2)}{(3k)!} x^{3k} = \frac{1}{(3k+2)(3k+3)} x^3;$$

für jeden Wert von x strebt bei unbegrenzt wachsendem k der Absolutbetrag dieses Quotienten gegen Null, woraus die absolute Konvergenz der Reihe folgt.

2. Wir betrachten nun die Differentialgleichung

$$(1-x^2)y'' - xy' + a^2 y = 0.$$

Nach Einsetzen der Reihe (3) liefert die Bedingung, daß der Koeffizient bei x^n gleich Null wird, die folgende Beziehung zwischen den Koeffizienten α_n:

$$(n+2)(n+1)\alpha_{n+2} - n(n-1)\alpha_n - n\alpha_n + a^2 \alpha_n = 0$$

bzw.

$$(n+2)(n+1)\alpha_{n+2} = (n^2 - a^2)\alpha_n.$$

Für $\alpha_0 = 1$ und $\alpha_1 = 0$ ergibt sich die Lösung

$$y_1 = 1 - \frac{a^2}{2!} x^2 + \frac{a^2(a^2-4)}{4!} x^4 - \frac{a^2(a^2-4)(a^2-16)}{6!} x^6 + \cdots$$

und entsprechend für $\alpha_0 = 0$ und $\alpha_1 = 1$

$$y_2 = x - \frac{a^2-1}{3!} x^3 + \frac{(a^2-1)(a^2-9)}{5!} x^5 - \frac{(a^2-1)(a^2-9)(a^2-25)}{7!} x^7 + \cdots$$

In der betrachteten Differentialgleichung hat der Koeffizient $P_0(x) = 1 - x^2$ von y'' die Wurzeln $x = \pm 1$, und der Absolutbetrag dieser beiden Wurzeln ist gleich 1. Hieraus folgt, daß die Reihen y_1 und y_2 für $-1 < x < +1$, d. h. für $|x| < 1$ konvergieren.

Dies läßt sich leicht mit dem Quotientenkriterium nachprüfen. Bilden wir z. B. für die Reihe y_1 den Quotienten zweier aufeinanderfolgender Glieder, so erhalten wir bis auf das Vorzeichen

$$\frac{a^2(a^2-4) \cdots [a^2-(2n)^2]}{(2n+2)!} x^{2n+2} : \frac{a^2(a^2-4) \cdots [a^2-(2n-2)^2]}{(2n)!} x^{2n}$$

$$= \frac{a^2-(2n)^2}{(2n+1)(2n+2)} x^2.$$

Dividieren wir Zähler und Nenner durch n^2, so läßt sich der Absolutbetrag dieses Quotienten in der Form

$$\left| \frac{4 - \dfrac{a^2}{n^2}}{4 + \dfrac{6}{n} + \dfrac{2}{n^2}} \right| |x|^2$$

schreiben. Bei unbegrenzt wachsendem n strebt dieser Quotient gegen $|x|^2$, und es ist offenbar $|x|^2 < 1$ für $|x| < 1$. Gemäß dem Quotientenkriterium konvergiert also die Reihe y_1 absolut für $|x| < 1$. Offenbar divergiert sie für $|x| > 1$, sofern a nicht gleich einer ganzen geraden Zahl ist. In diesem Fall bricht die Reihe y_1 ab und wird zu einem Polynom. Analoge Schlußfolgerungen ergeben sich auch für die Reihe y_2. Man kann bestätigen, daß sich die Lösungen y_1 und y_2 durch elementare Funktionen darstellen lassen, und zwar is:

$$y_1 = \cos(a \arccos x), \qquad y_2 = \frac{1}{a} \sin(a \arccos x).$$

47. Entwicklung der Lösung in eine verallgemeinerte Potenzreihe. Viele der in den Anwendungen auftretenden Differentialgleichungen haben die Form

$$x^2 y'' + p(x) x y' + q(x) y = 0,$$

wobei $p(x)$ und $q(x)$ wie in der Differentialgleichung (2) in Reihen nach ganzen positiven Potenzen von x entwickelt sind oder sich einfach auf Polynome reduzieren. Wegen des Faktors x^2 bei der zweiten Ableitung fällt die angegebene Gleichung nicht unter den Typ (2). Man sagt, daß die Gleichung im Punkt $x = 0$ eine *außerwesentliche Singularität* (oder *Stelle der Bestimmtheit*) besitzt. Wegen der vorausgesetzten Potenzreihenform der Funktionen $p(x)$ und $q(x)$ lautet die oben angegebene Gleichung ausführlich geschrieben:

$$x^2 y'' + (a_0 + a_1 x + a_2 x^2 + \cdots) x y' + (b_0 + b_1 x + b_2 x^2 + \cdots) y = 0. \tag{8}$$

Abweichend vom bisherigen Lösungsansatz in der Gestalt einer einfachen Potenzreihe (3) suchen wir jetzt die Lösung der Differentialgleichung in Form eines Produkts aus einer Potenz von x mit einer einfachen Potenzreihe zu gewinnen; wir setzen also

$$y = x^\varrho \sum_{s=0}^{\infty} \alpha_s x^s \tag{9}$$

an. Dabei können wir den ersten Koeffizienten α_0 selbstverständlich als von Null verschieden ansehen, da dies durch passende Wahl des Exponenten ϱ des vor dem Summenzeichen stehenden Faktors x^ϱ stets zu erreichen ist.

Setzt man die Ausdrücke

$$y = \sum_{s=0}^{\infty} \alpha_s x^{\varrho+s}, \quad y' = \sum_{s=0}^{\infty} (\varrho+s) \alpha_s x^{\varrho+s-1}, \quad y'' = \sum_{s=0}^{\infty} (\varrho+s)(\varrho+s-1) \alpha_s x^{\varrho+s-2}$$

in die Differentialgleichung (8) ein und faßt entsprechende Glieder zusammen, so ergeben sich durch Koeffizientenvergleich die Gleichungen

$$\left. \begin{array}{l|l} x^\varrho & [\varrho(\varrho-1) + a_0 \varrho + b_0] \alpha_0 = 0 \\ x^{\varrho+1} & [(\varrho+1)\varrho + a_0(\varrho+1) + b_0] \alpha_1 + a_1 \varrho \alpha_0 + b_1 \alpha_0 = 0 \\ x^{\varrho+2} & [(\varrho+2)(\varrho+1) + a_0(\varrho+2) + b_0] \alpha_2 + a_1(\varrho+1)\alpha_1 + a_2 \varrho \alpha_0 + b_1 \alpha_1 + b_2 \alpha_0 = 0 \\ \cdots & \\ x^{\varrho+s} & [(\varrho+s)(\varrho+s-1) + a_0(\varrho+s) + b_0] \alpha_s + Q_s(\alpha_0, \alpha_1, \alpha_2, \ldots, \alpha_{s-1}) = 0 \\ \cdots & \end{array} \right\} \tag{10}$$

Dabei bedeutet $Q_s(\alpha_0, \alpha_1, \alpha_2, \ldots, \alpha_{s-1})$ ein homogenes Polynom ersten Grades in den Argumenten $\alpha_0, \alpha_1, \ldots, \alpha_{s-1}$.

47. Entwicklung der Lösung in eine verallgemeinerte Potenzreihe

Da voraussetzungsgemäß $\alpha_0 \neq 0$ ist, liefert die erste der angegebenen Gleichungen eine quadratische Gleichung zur Bestimmung des Exponenten ϱ:

$$F(\varrho) = \varrho(\varrho - 1) + a_0 \varrho + b_0 = 0; \tag{11}$$

diese Gleichung wird als *Indexgleichung (charakteristische Gleichung)* bezeichnet.

Es seien ϱ_1 und ϱ_2 ihre Wurzeln. Setzen wir in den Gleichungen (10) $\varrho = \varrho_1$ oder $\varrho = \varrho_2$, so entsteht eine Folge von Gleichungen, von denen jede folgende einen Koeffizienten α_s mehr enthält als die vorangehende; wir können somit schrittweise $\alpha_1, \alpha_2, \ldots$ bestimmen. Der Koeffizient α_0 bleibt unbestimmt und spielt die Rolle eines willkürlichen Faktors. Man kann z. B. $\alpha_0 = 1$ setzen.

Nach Einsetzen von $\varrho = \varrho_1$ oder $\varrho = \varrho_2$ wird die erste der Gleichungen (10) eine Identität, die zweite liefert α_1, die dritte α_2 usw.; allgemein gewinnt man aus der $(s + 1)$-ten Gleichung α_s, wenn $\alpha_0, \alpha_1, \alpha_2, \ldots, \alpha_{s-1}$ bereits bekannt sind. Hierbei muß jedoch der Koeffizient von α_s in dieser Gleichung von Null verschieden sein. Es ist unmittelbar zu sehen, daß dieser Koeffizient aus der linken Seite der Gleichung (11) durch Vertauschen von ϱ mit $\varrho_1 + s$ oder $\varrho_2 + s$ erhalten werden kann, d. h., er ist gleich $F(\varrho_1 + s)$ oder $F(\varrho_2 + s)$.

Wir nehmen nun an, daß wir bei der Konstruktion der Lösung (9) von der Wurzel $\varrho = \varrho_2$ der Gleichung (11) ausgegangen sind. Ist $F(\varrho_2 + s) \neq 0$ für jedes positive ganzzahlige s, so läßt sich das oben angegebene Berechnungsverfahren für die Koeffizienten α_s durchführen und liefert bestimmte Werte für diese Koeffizienten.

Die Bedingung $F(\varrho_2 + s) \neq 0$ ist jedoch offenbar gleichwertig damit, daß die Wurzel ϱ_1 der Gleichung (11) nicht eine Zahl der Form $\varrho_2 + s$ mit ganzem positivem s, also die Differenz $\varrho_1 - \varrho_2$ der Wurzeln keine ganze positive Zahl ist.

Aus dem Gesagten sind leicht die folgenden Schlüsse zu ziehen:

1. Ist die Differenz der Wurzeln ϱ_1 und ϱ_2 von (11) nicht gleich einer ganzen Zahl oder Null, so kann man beide Wurzeln von (11) benutzen und nach dem oben angegebenen Verfahren zwei Lösungen der Form

$$y_1 = x^{\varrho_1} \sum_{s=0}^{\infty} \alpha_s x^s, \quad y_2 = x^{\varrho_2} \sum_{s=0}^{\infty} \beta_s x^s \quad (\alpha_0, \beta_0 \neq 0) \tag{12}$$

konstruieren.

2. Stellt die Differenz $\varrho_1 - \varrho_2$ eine ganze positive Zahl dar, so kann man nach dem oben angegebenen Verfahren im allgemeinen nur die eine Reihe

$$y_1 = x^{\varrho_1} \sum_{s=0}^{\infty} \alpha_s x^s \tag{13}$$

konstruieren.

3. Besitzt die Gleichung (11) die mehrfache Wurzel $\varrho_1 = \varrho_2$, so erhält man nach dem angegebenen Verfahren ebenfalls nur eine Lösung; diese hat wiederum die Form (13).

Bezüglich der Konvergenz der aufgestellten Reihen gilt analog dem von uns in [45] angegebenen Satz: *Konvergieren die Reihen*

$$\sum_{s=0}^{\infty} a_s x^s \quad \text{und} \quad \sum_{s=0}^{\infty} b_s x^s$$

für $|x| < R$, so sind die oben aufgestellten Reihen für diese Werte von x ebenfalls konvergent und liefern Lösungen der Differentialgleichung (8).

Auf die soeben untersuchte Differentialgleichung läßt sich die Differentialgleichung

$$x^2 P_0(x) y'' + x P_1(x) y' + P_2(x) y = 0 \tag{14}$$

zurückführen, in der $P_0(x)$, $P_1(x)$ und $P_2(x)$ Polynome oder nach ganzen positiven Potenzen von x entwickelte Reihen sind und $P_0(0) \neq 0$ gilt. Hier kann man so wie in [45] unmittelbar die Reihe (9) auf der linken Seite der Differentialgleichung (14) einsetzen, ohne die Division durch $P_0(x)$ auszuführen. Außerdem ist es — wie in [45] — möglich, Reihen zu betrachten, die nach ganzen positiven Potenzen der Differenz $x - a$ entwickelt sind.

Im ersten Fall sind die zwei aufgestellten Lösungen (12) linear unabhängig, d. h., ihr Quotient wird keine Konstante, was unmittelbar aus der Tatsache folgt, daß die Ausdrücke für y_1 und y_2 vor dem Summenzeichen die verschiedenen Potenzen x^{ϱ_1} bzw. x^{ϱ_2} enthalten. Im zweiten und dritten Fall ergab sich nach dem angegebenen Verfahren nur eine Lösung; diese hatte die Form (13). Die Formel (9) aus [25] ermöglicht es, die zweite Lösung mit Hilfe einer Quadratur zu finden.

Unter Benutzung von (9) läßt sich die Form der zweiten Lösung angeben. Ohne Beweis formulieren wir hier nur das Resultat: Ist die Differenz $\varrho_1 - \varrho_2$ eine ganze positive Zahl oder Null, so gibt es neben der Lösung (13) eine Lösung der Form

$$y_2 = \beta y_1 \log x + x^{\varrho_2} \sum_{s=0}^{\infty} \beta_s x^s \qquad (\beta_0 \neq 0). \tag{15}$$

In dem betrachteten Fall unterscheidet sich somit der Ausdruck für y_2 von dem gewöhnlichen Ausdruck (12) durch einen zusätzlichen Summanden der Form $\beta y_1 \log x$. Die Konstante β kann auch gleich Null sein, dann ergibt sich für y_2 ein Ausdruck der Form (12). Es sei $\varrho_1 - \varrho_2 = s$ eine ganze positive Zahl. Dann gilt $F(\varrho_2 + s) = F(\varrho_1) = 0$. Ist dabei das entsprechende Q_s in (10) von Null verschieden, so ist $\beta \neq 0$. Ist jedoch $Q_s = 0$, so ist auch $\beta = 0$, und die zweite Lösung enthält keinen Logarithmus. Alle eben ausgesprochenen Behauptungen werden in Teil III$_2$ bewiesen.

48. Die Besselsche Differentialgleichung.
Eine Differentialgleichung der Form

$$x^2 y'' + x y' + (x^2 - p^2) y = 0, \tag{16}$$

wobei p eine vorgegebene Konstante ist, heißt *Besselsche Differentialgleichung*. Sie tritt bei verschiedenen Problemen der Astronomie, Physik und Technik auf.

Vergleichen wir (16) mit (8), so sehen wir, daß $a_0 = 1$ und $b_0 = -p^2$ ist. Die Indexgleichung lautet in diesem Fall

$$\varrho(\varrho - 1) + \varrho - p^2 = 0 \quad \text{oder} \quad \varrho^2 - p^2 = 0;$$

ihre Wurzeln sind

$$\varrho_1 = p, \quad \varrho_2 = -p.$$

Wir setzen nun die Lösung in der Form

$$y = x^p (\alpha_0 + \alpha_1 x + \alpha_2 x^2 + \cdots)$$

an. Durch Einsetzen in die linke Seite der Differentialgleichung (16) und Koeffizientenvergleich ergibt sich

$$
\begin{array}{l|l}
x^{p+1} & [(p+1)^2 - p^2]\alpha_1 = 0 \\
x^{p+2} & [(p+2)^2 - p^2]\alpha_2 + \alpha_0 = 0 \\
\cdots & \cdots\cdots\cdots\cdots\cdots\cdots\cdots\cdots\cdots\cdots \\
x^{p+s} & [(p+s)^2 - p^2]\alpha_s + \alpha_{s-2} = 0
\end{array}
$$

Setzen wir $\alpha_0 = 1$ ein und berechnen nacheinander die Koeffizienten, so kommen wir zu der Lösung

$$y_1 = x^p \left[1 - \frac{x^2}{2(2p+2)} + \frac{x^4}{2 \cdot 4 \cdot (2p+2)(2p+4)} \right.$$
$$\left. - \frac{x^6}{2 \cdot 4 \cdot 6(2p+2)(2p+4)(2p+6)} + \cdots \right]. \tag{17}$$

Benutzt man nun die zweite Wurzel $\varrho_2 = -p$, so läßt sich eine weitere Lösung y_2 der Differentialgleichung (16) konstruieren. Sie kann offenbar aus der Lösung (17) einfach durch Ersetzen von p durch $-p$ erhalten werden, da die Differentialgleichung (16) nur p^2 enthält und sich daher nicht ändert, wenn man p durch $-p$ ersetzt. Für y_2 gilt also

$$y_2 = x^{-p} \left[1 - \frac{x^2}{2(-2p+2)} + \frac{x^4}{2 \cdot 4(-2p+2)(-2p+4)} \right.$$
$$\left. - \frac{x^6}{2 \cdot 4 \cdot 6(-2p+2)(-2p+4)(-2p+6)} + \cdots \right]. \tag{18}$$

Die Differenz der Wurzeln der Indexgleichung ist gleich $2p$, und folglich sind die beiden angegebenen Lösungen brauchbar, wenn p nicht gleich einer ganzen Zahl oder der Hälfte einer ganzen ungeraden Zahl ist. Die Lösung (17) liefert bis auf einen gewissen konstanten Faktor die *Besselsche Funktion p-ter Ordnung*, die man gewöhnlich mit $J_p(x)$ bezeichnet und auch *Zylinderfunktion erster Art* nennt. Wenn p keine ganze Zahl und auch nicht die Hälfte einer ungeraden Zahl ist, wird somit die allgemeine Lösung der Differentialgleichung (16) durch

$$y = C_1 J_p(x) + C_2 J_{-p}(x)$$

gegeben.

Die in der Lösung (17) auftretende Potenzreihe konvergiert für jeden Wert von x, wovon man sich leicht mittels des gewöhnlichen Quotientenkriteriums überzeugt.

Wir nehmen jetzt an, daß $p = n$ eine ganze positive Zahl ist. Die Lösung (17) bleibt bestehen; dagegen wird (18) sinnlos, da von einem gewissen Wert an einer der Faktoren im Nenner der Glieder der Entwicklung (18) gleich Null wird. Bei ganzzahligem positivem $p = n$ läßt sich die Besselsche Funktion $J_n(x)$ aus Formel (17) durch Multiplikation mit dem konstanten Faktor $\frac{1}{2^n n!}$ bestimmen:

$$J_n(x) = \frac{x^n}{2^n n!} \left[1 - \frac{x^2}{2(2n+2)} + \frac{x^4}{2 \cdot 4(2n+2)(2n+4)} \right.$$
$$\left. - \frac{x^6}{2 \cdot 4 \cdot 6(2n+2)(2n+4)(2n+6)} + \cdots \right]. \tag{19}$$

Das allgemeine Glied in dieser Entwicklung lautet

$$(-1)^s \frac{x^{n+2s}}{2^n \cdot n! \, 2 \cdot 4 \cdot 6 \cdots 2s(2n+2)(2n+4)(2n+6) \cdots (2n+2s)}.$$

Im Nenner enthält jeder der hinter $2^n n!$ stehenden $2s$ Faktoren den Faktor 2. Wird dieser mit dem Faktor 2^n zusammengezogen, so nimmt das allgemeine Glied die Form

$$(-1)^s \frac{x^{n+2s}}{2^{n+2s} n! \, 1 \cdot 2 \cdot 3 \cdots s(n+1)(n+2)(n+3) \cdots (n+s)}$$
$$= \frac{(-1)^s}{s! \, (n+s)!} \left(\frac{x}{2}\right)^{n+2s}$$

an. Die Formel (19) lautet dann

$$J_n(x) = \sum_{s=0}^{\infty} \frac{(-1)^s}{s!\,(n+s)!} \left(\frac{x}{2}\right)^{n+2s}. \tag{20}$$

Dabei wird, wie immer, $0! = 1$ gesetzt. Insbesondere erhalten wir für $n = 0$

$$J_0(x) = \sum_{s=0}^{\infty} \frac{(-1)^s}{(s!)^2} \left(\frac{x}{2}\right)^{2s} = 1 - \frac{1}{(1!)^2}\left(\frac{x}{2}\right)^2 + \frac{1}{(2!)^2}\left(\frac{x}{2}\right)^4 - \frac{1}{(3!)^2}\left(\frac{x}{2}\right)^6 + \cdots \tag{21}$$

Auf Grund des in [47] Gesagten hat die Differentialgleichung (16) bei ganzzahligem positivem $p = n$ neben der Lösung (20) eine weitere Lösung der Form

$$K_n(x) = \beta J_n(x) \log x + x^{-n} \sum_{s=0}^{\infty} \beta_s x^s \qquad (\beta_0 \neq 0 \text{ für } n > 0). \tag{22}$$

Diese Lösung wird offenbar unendlich bei $x = 0$.

Das allgemeine Integral der Gleichung (16) für $p = n$ lautet

$$y = C_1 J_n(x) + C_2 K_n(x). \tag{23}$$

Wollen wir eine Lösung erhalten, die im Punkt $x = 0$ endlich ist, so ist die Konstante C_2 gleich Null zu setzen, also allein die Lösung (20) zu nehmen.

Die Form der Lösung (22) für $p = 0$ soll nun genauer angegeben werden. In diesem Fall lautet die Differentialgleichung

$$y'' + \frac{1}{x} y' + y = 0, \tag{24}$$

und eine ihrer Lösungen wird durch (21) geliefert. Eine zweite Lösung kann man in der Form

$$\beta J_0(x) \log x + \beta_0 + \beta_1 x + \beta_2 x^2 + \cdots$$

ansetzen.

Bilden wir eine Linearkombination dieser Lösung mit der bereits gefundenen, so können wir das freie Glied β_0 zum Verschwinden bringen und uns auf die Bestimmung einer Lösung der Form

$$\beta J_0(x) \log x + \beta_1 x + \beta_2 x^2 + \cdots$$

beschränken.

Setzt man diesen Ausdruck in die linke Seite der Differentialgleichung (24) ein und wendet die Methode des Koeffizientenvergleichs an, so ergeben sich nacheinander die Koeffizienten β_n. Ohne alle Rechnungen ausführlich darzustellen, geben wir nur den endgültigen Ausdruck für die zweite Lösung an. Hierbei setzen wir den nicht verschwindenden Koeffizienten β gleich Eins:

$$K_0(x) = J_0(x) \log x + \frac{x^2}{2^2} - \frac{x^4}{2^2 \cdot 4^2}\left(1 + \frac{1}{2}\right) + \frac{x^6}{2^2 \cdot 4^2 \cdot 6^2}\left(1 + \frac{1}{2} + \frac{1}{3}\right) - \cdots \tag{25}$$

Diese Funktion heißt *Besselsche Funktion oder Zylinderfunktion nullter Ordnung (und) zweiter Art*.

Es sei schließlich $p = \frac{2n+1}{2}$ mit ganzzahligem n. Obgleich in diesem Fall die Differenz der Wurzeln der Indexgleichung auch gleich einer ganzen Zahl, nämlich gleich $2n+1$ ist, liefern (17) und (18) zwei Lösungen, die zudem voneinander linear unabhängig sind. Da nämlich bei der einen der Faktor $x^{\frac{2n+1}{2}}$ und bei der anderen der Faktor $x^{-\frac{2n+1}{2}}$ vor der Potenzreihe steht, ist der Quotient dieser beiden Lösungen nicht konstant.

Setzen wir z. B. in der Lösung (17) $p = \frac{1}{2}$, so entsteht die Reihe

$$x^{1/2} \left[1 - \frac{x^2}{2 \cdot 3} + \frac{x^4}{2 \cdot 4 \cdot 3 \cdot 5} - \frac{x^6}{2 \cdot 4 \cdot 6 \cdot 3 \cdot 5 \cdot 7} + \cdots \right]$$
$$= \frac{1}{\sqrt{x}} \left[x - \frac{x^3}{3!} + \frac{x^5}{5!} - \frac{x^7}{7!} + \cdots \right] = \frac{\sin x}{\sqrt{x}}.$$

Durch Multiplikation dieser Lösung mit dem konstanten Faktor $\sqrt{\frac{2}{\pi}}$ erhalten wir die Besselsche Funktion $J_{1/2}(x)$:

$$J_{1/2}(x) = \sqrt{\frac{2}{\pi x}} \sin x. \tag{26}$$

Die Formel (18) liefert entsprechend

$$J_{-1/2}(x) = \sqrt{\frac{2}{\pi x}} \cos x. \tag{27}$$

Das allgemeine Integral der Differentialgleichung (16) lautet für $p = \frac{1}{2}$ mithin

$$y = C_1 J_{1/2}(x) + C_2 J_{-1/2}(x).$$

Ohne Beweis erwähnen wir noch, daß allgemein jede Besselsche Funktion mit einem Index, der gleich der Hälfte einer ungeraden Zahl ist, durch elementare Funktionen dargestellt werden kann, und zwar in der Form

$$J_{\frac{2n+1}{2}}(x) = \sqrt{\frac{2}{\pi x}} \left[P_n \left(\frac{1}{x} \right) \sin x + Q_n \left(\frac{1}{x} \right) \cos x \right],$$

wobei $P_n \left(\frac{1}{x} \right)$ und $Q_n \left(\frac{1}{x} \right)$ Polynome in $\frac{1}{x}$ sind. Insbesondere wird

$$J_{3/2}(x) = \sqrt{\frac{2}{\pi x}} \left(\frac{\sin x}{x} - \cos x \right), \quad J_{5/2}(x) = \sqrt{\frac{2}{\pi x}} \left[\left(\frac{3}{x^2} - 1 \right) \sin x - \frac{3}{x} \cos x \right],$$

$$J_{-3/2}(x) = \sqrt{\frac{2}{\pi x}} \left(-\sin x - \frac{\cos x}{x} \right),$$

$$J_{-5/2}(x) = \sqrt{\frac{2}{\pi x}} \left[\frac{3}{x} \sin x + \left(\frac{3}{x^2} - 1 \right) \cos x \right].$$

Außerdem gilt für beliebiges ganzzahliges positives n die Formel

$$J_{\frac{2n+1}{2}}(x) = (-1)^n \sqrt{\frac{2x}{\pi}} (2x)^n \frac{d^n}{d(x^2)^n} \left(\frac{\sin x}{x} \right).$$

Hierin ist, wie angegeben, die gerade Funktion $\dfrac{\sin x}{x}$ n-mal nach x^2 zu differenzieren.

Eingehender werden die Besselschen Funktionen in Teil III$_2$ behandelt.

49. Differentialgleichungen, die sich auf die Besselsche Differentialgleichung zurückführen lassen. Im folgenden sollen einige Differentialgleichungen angegeben werden, die sich auf die Besselsche Differentialgleichung (16) durch eine Substitution der Veränderlichen zurückführen lassen. Wir betrachten zunächst die Differentialgleichung

$$x^2 y'' + x y' + (k^2 x^2 - p^2) y = 0, \tag{28}$$

in der k eine von Null verschiedene Konstante ist. Anstelle von x führen wir die neue unabhängige Veränderliche $\xi = kx$ ein. Ersetzt man gemäß

$$y' = \frac{dy}{dx} = \frac{dy}{d\xi} \frac{d\xi}{dx} = k \frac{dy}{d\xi} \quad \text{und} \quad y'' = \frac{d}{dx}\left(k \frac{dy}{d\xi}\right) = k^2 \frac{d^2 y}{d\xi^2}$$

in der Differentialgleichung (28) y' und y'' durch Ableitungen nach ξ, so geht (28) in

$$k^2 x^2 \frac{d^2 y}{d\xi^2} + kx \frac{dy}{d\xi} + (k^2 x^2 - p^2) y = 0$$

oder

$$\xi^2 \frac{d^2 y}{d\xi^2} + \xi \frac{dy}{d\xi} + (\xi^2 - p^2) y = 0$$

über; das ist gerade die Besselsche Differentialgleichung (16), und zwar mit ξ als unabhängige Veränderliche. Für das allgemeine Integral der Differentialgleichung (28) ergibt sich wegen $\xi = kx$ also

$$y = C_1 J_p(kx) + C_2 J_{-p}(kx) \tag{29}$$

oder, wenn $p = n$ eine ganze positive Zahl oder Null ist,

$$y = C_1 J_n(kx) + C_2 K_n(kx). \tag{29_1}$$

Wir geben noch eine umfangreiche Klasse von Differentialgleichungen an, die sich ebenfalls auf die Besselsche Differentialgleichung reduzieren lassen. Hierzu führen wir in der Differentialgleichung (16) eine neue unabhängige Veränderliche t und eine neue Funktion u durch die Beziehungen

$$y = t^\alpha u \quad \text{und} \quad x = \gamma t^\beta \tag{30}$$

ein; dabei bedeuten α, β und γ Konstanten, von denen β und γ als von Null verschieden vorausgesetzt seien. Durch Differentiation ergeben sich offenbar die Identitäten

$$\frac{dt}{dx} = \frac{1}{\beta \gamma} t^{1-\beta}, \quad \frac{dy}{dx} = \frac{1}{\beta \gamma} t^{1-\beta} \frac{dy}{dt},$$

$$\frac{d^2 y}{dx^2} = \frac{1}{\beta \gamma} t^{1-\beta} \left(\frac{1}{\beta \gamma} t^{1-\beta} \frac{d^2 y}{dt^2} + \frac{1-\beta}{\beta \gamma} t^{-\beta} \frac{dy}{dt} \right)$$

und außerdem

$$\frac{dy}{dt} = t^\alpha \frac{du}{dt} + \alpha t^{\alpha-1} u, \quad \frac{d^2 y}{dt^2} = t^\alpha \frac{d^2 u}{dt^2} + 2\alpha t^{\alpha-1} \frac{du}{dt} + \alpha(\alpha - 1) t^{\alpha-2} u.$$

49. Zurückführung auf die Besselsche Differentialgleichung

Setzen wir die Ausdrücke für y, $\dfrac{dy}{dx}$ und $\dfrac{d^2y}{dx^2}$ in die Differentialgleichung (16) ein und ersetzen weiter $\dfrac{dy}{dt}$ und $\dfrac{d^2y}{dt^2}$ durch die soeben angegebene Darstellung vermittels u, $\dfrac{du}{dt}$ und $\dfrac{d^2u}{dt^2}$, so erhalten wir nach elementaren Umformungen für u die Differentialgleichung

$$t^2 \frac{d^2u}{dt^2} + (2\alpha + 1)t \frac{du}{dt} + (\alpha^2 - \beta^2 p^2 + \beta^2 \gamma^2 t^{2\beta})u = 0. \tag{31}$$

Da die Differentialgleichung (16) das allgemeine Integral

$$y = C_1 J_p(x) + C_2 J_{-p}(x)$$

besitzt, hat die Differentialgleichung (31) auf Grund von (30) das allgemeine Integral

$$u = t^{-\alpha} y = C_1 t^{-\alpha} J_p(\gamma t^\beta) + C_2 t^{-\alpha} J_{-p}(\gamma t^\beta), \tag{32}$$

wobei man $J_{-p}(\gamma t^\beta)$ durch $K_n(\gamma t^\beta)$ zu ersetzen hat, wenn $p = n$ eine ganze positive Zahl oder Null ist.

Die Differentialgleichung (31) ist eine Gleichung der Form

$$t^2 \frac{d^2u}{dt^2} + at \frac{du}{dt} + (b + ct^m)u = 0, \tag{33}$$

wobei

$$2\alpha + 1 = a, \quad \alpha^2 - \beta^2 p^2 = b, \quad \beta^2 \gamma^2 = c, \quad 2\beta = m \tag{34}$$

gilt.

Man kann umgekehrt zu einer beliebig vorgegebenen Differentialgleichung der Form (33) unter der Voraussetzung, daß die Konstanten c und m von Null verschieden sind, gemäß (34) passende Konstanten α, β, γ und p finden, um das allgemeine Integral der Differentialgleichung (33) nach Formel (32) durch Besselsche Funktionen auszudrücken.

Ist c oder m gleich Null, so stellt die Gleichung (33) eine Eulersche Differentialgleichung dar [42] und läßt sich daher einfach auf eine Differentialgleichung mit konstanten Koeffizienten zurückführen.

Wir betrachten nun den folgenden Spezialfall der Differentialgleichung (33):

$$t \frac{d^2u}{dt^2} + a \frac{du}{dt} + tu = 0. \tag{35}$$

Wird diese Differentialgleichung mit t multipliziert, so ergibt sich, daß a beliebig, $b = 0$, $c = 1$ und $m = 2$ ist. Die Gleichungen (34) lauten hier

$$2\alpha + 1 = a, \quad \alpha^2 - \beta^2 p^2 = 0, \quad \beta^2 \gamma^2 = 1, \quad 2\beta = 2,$$

woraus man

$$\alpha = \frac{a-1}{2}, \quad \beta = 1, \quad \gamma = 1, \quad p = \frac{a-1}{2}$$

erhält. Nach (32) ergibt sich für das allgemeine Integral von (35)

$$u = C_1 t^{\frac{1-a}{2}} J_{\frac{a-1}{2}}(t) + C_2 t^{\frac{1-a}{2}} J_{\frac{1-a}{2}}(t);$$

erweist sich dabei etwa der Index $\dfrac{1-a}{2}$ als ganzzahlig negativ oder Null, so ist $J_{\frac{1-a}{2}}$ durch $K_{\frac{a-1}{2}}$ zu ersetzen. Für $a = 1$ stimmt die Differentialgleichung (35) mit der Differentialgleichung (24) überein.

Allgemein liefert die Gleichung (33) eine umfangreiche Klasse linearer Differentialgleichungen, die in den Anwendungen häufig auftreten und deren Integral sich, wie wir sehen, durch Besselsche Funktionen darstellen läßt.

§ 5. Ergänzende Ausführungen zur Theorie der Differentialgleichungen

50. Die Methode der sukzessiven Approximation für lineare Differentialgleichungen. Wir haben schon mehrmals vom Existenz- und Eindeutigkeitssatz für Differentialgleichungen gesprochen. Hier soll der Beweis dieses Satzes zunächst für lineare Differentialgleichungen geführt werden. Hierzu wenden wir die sogenannte Methode der sukzessiven Approximation an, die schon zur Berechnung des Näherungswertes der Wurzeln von Gleichungen benutzt wurde [**I, 193**].

Als konkreten Fall betrachten wir das folgende System zweier linearer homogener Differentialgleichungen

$$\frac{dy}{dx} = p_1(x)y + q_1(x)z, \quad \frac{dz}{dx} = p_2(x)y + q_2(x)z \tag{1}$$

mit den Anfangsbedingungen

$$y|_{x=x_0} = y_0, \quad z|_{x=x_0} = z_0. \tag{2}$$

Es sei vorausgesetzt, daß die Koeffizienten der Differentialgleichungen (1) stetige Funktionen von x in einem endlichen abgeschlossenen Intervall I ($a \leq x \leq b$) sind, das den Anfangswert x_0 enthält; für die weitere Darlegung beschränken wir den Variationsbereich der unabhängigen Veränderlichen auf dieses Intervall.

Die Lösungen y und z des Systems (1) müssen selbstverständlich stetige Funktionen sein, die eine Ableitung besitzen; aus den Differentialgleichungen selbst ist ersichtlich, daß auch die Ableitungen $\frac{dy}{dx}$ und $\frac{dz}{dx}$ stetig sind, da unter den getroffenen Voraussetzungen die rechten Seiten der Differentialgleichungen (1) stetige Funktionen sind. Integrieren wir die Gleichungen (1) gliedweise von x_0 bis x unter Beachtung von (2), so erhalten wir

$$y(x) = y_0 + \int_{x_0}^{x} [p_1(t)y(t) + q_1(t)z(t)]\, dt,$$

$$z(x) = z_0 + \int_{x_0}^{x} [p_2(t)y(t) + q_2(t)z(t)]\, dt. \tag{3}$$

Hier haben wir der Deutlichkeit halber die Argumente bei den Funktionen y und z angegeben und die Integrationsvariable mit t bezeichnet, um sie nicht mit der oberen Integrationsgrenze x zu verwechseln. Die Differentialgleichungen (1) mit den Anfangsbedingungen (2) führen uns also auf die Gleichungen (3).

Es gilt auch die Umkehrung, d. h.: Erfüllen die stetigen Funktionen $y(x)$ und $z(x)$ die Gleichungen (3), so genügen sie den Differentialgleichungen (1) und den Anfangsbedingungen (2). Setzen wir nämlich in den Gleichungen (3) $x = x_0$ und beachten, daß ein Integral mit gleichen Grenzen Null ist, so erhalten wir die Anfangsbedingungen (2); ferner ergeben sich durch Differentiation der Gleichungen (3) die Differentialgleichungen (1) [I, 96]. Aus dem Gesagten folgt, daß die Gleichungen (3) im angegebenen Sinn den Differentialgleichungen (1) mit den Anfangsbedingungen (2) äquivalent sind; wir werden daher im weiteren nur die Gleichungen (3) betrachten. Es sei noch darauf hingewiesen, daß in diesen Gleichungen die gesuchten Funktionen $y(x)$ und $z(x)$ sowohl auf der linken Seite als auch unter dem Integralzeichen auf der rechten Seite auftreten.

Wir erläutern den der Methode der sukzessiven Approximation zugrunde liegenden Gedanken. Die Anfangswerte y_0 und z_0 werden als erste Näherungen für die gesuchten Funktionen y und z angesehen; wir ersetzen dann in den rechten Seiten der Gleichungen (3) y und z durch y_0 bzw. z_0. Auf diese Weise erhalten wir zwei Funktionen $y_1(x)$ und $z_1(x)$:

$$
\begin{aligned}
y_1(x) &= y_0 + \int_{x_0}^{x} [p_1(t) y_0 + q_1(t) z_0]\, dt, \\
z_1(x) &= z_0 + \int_{x_0}^{x} [p_2(t) y_0 + q_2(t) z_0]\, dt,
\end{aligned}
\tag{4}
$$

die eine zweite Näherung für y und z darstellen. Diese Funktionen $y_1(x)$ und $z_1(x)$ sind offenbar stetig in dem oben angegebenen Intervall I [I, 96]. Ersetzen wir jetzt in den rechten Seiten der Gleichungen (3) y und z durch $y_1(x)$ bzw. $z_1(x)$, so erhalten wir eine dritte Näherung $y_2(x)$ und $z_2(x)$:

$$
\begin{aligned}
y_2(x) &= y_0 + \int_{x_0}^{x} [p_1(t) y_1(t) + q_1(t) z_1(t)]\, dt, \\
z_2(x) &= z_0 + \int_{x_0}^{x} [p_2(t) y_1(t) + q_2(t) z_1(t)]\, dt,
\end{aligned}
$$

wobei $y_2(x)$ und $z_2(x)$ wieder im Intervall I stetig sind usw. Die allgemeine Formel, welche die $(n+1)$-te Näherung liefert, lautet

$$
\begin{aligned}
y_n(x) &= y_0 + \int_{x_0}^{x} [p_1(t) y_{n-1}(t) + q_1(t) z_{n-1}(t)]\, dt, \\
z_n(x) &= z_0 + \int_{x_0}^{x} [p_2(t) y_{n-1}(t) + q_2(t) z_{n-1}(t)]\, dt.
\end{aligned}
\tag{5}
$$

Im Intervall I sind die Koeffizienten der Differentialgleichungen (1) voraussetzungsgemäß stetige Funktionen und daher in diesem Intervall dem Absolutbetrag nach nicht größer als eine bestimmte positive Zahl M [I, 35]:

$$
|p_1(x)| \leq M, \quad |q_1(x)| \leq M, \quad |p_2(x)| \leq M, \quad |q_2(x)| \leq M \quad (x \text{ aus } I).
\tag{6}
$$

Wir bezeichnen außerdem mit m den größeren der beiden positiven Werte $|y_0|$ und $|z_0|$, d. h.

$$
|y_0| \leq m, \quad |z_0| \leq m.
\tag{7}
$$

Im weiteren werden wir nur den Teil des Intervalls I betrachten, der rechts von x_0 liegt; wir setzen also $x - x_0 \geq 0$ voraus. Die Betrachtung des linken Teilintervalls läßt sich entsprechend durchführen.

Es werden nun die Differenzen zwischen zwei aufeinanderfolgenden Näherungen abgeschätzt. Die erste der Formeln (4) liefert

$$y_1(x) - y_0 = \int_{x_0}^{x} [p_1(t) y_0 + q_1(t) z_0] \, dt.$$

Ersetzt man unter dem Integral alle Größen durch die Absolutbeträge und diese weiter durch ihre Maxima, so ergibt sich nach (6) und (7) [**I, 95**]

$$|y_1(x) - y_0| \leq \int_{x_0}^{x} (Mm + Mm) \, dt,$$

d. h.

$$|y_1(x) - y_0| \leq m \cdot 2 M (x - x_0) \tag{8}$$

und entsprechend

$$|z_1(x) - z_0| \leq m \cdot 2 M (x - x_0). \tag{8_1}$$

Die erste der Gleichungen (5) lautet für $n = 2$

$$y_2(x) = y_0 + \int_{x_0}^{x} [p_1(t) y_1(t) + q_1(t) z_1(t)] \, dt.$$

Subtrahieren wir von ihr gliedweise die erste der Gleichungen (4), so erhalten wir

$$y_2(x) - y_1(x) = \int_{x_0}^{x} \{p_1(t)[y_1(t) - y_0] + q_1(t)[z_1(t) - z_0]\} \, dt.$$

Wir ersetzen nun wiederum alle Größen unter dem Integralzeichen durch ihre Absolutbeträge und benutzen (6), (8) und (8_1); dann ergibt sich

$$|y_2(x) - y_1(x)| \leq \int_{x_0}^{x} \{Mm \cdot 2 M(t - x_0) + Mm \cdot 2 M(t - x_0)\} \, dt$$

oder

$$|y_2(x) - y_1(x)| \leq 2^2 m M^2 \int_{x_0}^{x} (t - x_0) \, dt = m \cdot 2^2 M^2 \left[\frac{(t - x_0)^2}{2!} \right]_{t=x_0}^{t=x}$$

und daraus schließlich

$$|y_2(x) - y_1(x)| \leq m \frac{[2 M (x - x_0)]^2}{2!}. \tag{9}$$

Entsprechend erhält man

$$|z_2(x) - z_1(x)| \leq m \frac{[2 M (x - x_0)]^2}{2!}. \tag{9_1}$$

Wir betrachten weiterhin die erste der Gleichungen (5) für $n = 2$ und $n = 3$ und subtrahieren gliedweise die entstehenden Relationen:

$$y_3(x) - y_2(x) = \int_{x_0}^{x} \{p_1(t)[y_2(t) - y_1(t)] + q_1(t)[z_2(t) - z_1(t)]\}\, dt.$$

Unter Benutzung von (6), (9) und (9_1) ergibt sich so wie vorher

$$|y_3(x) - y_2(x)| \leqq m\, \frac{2^3 M^3}{2} \int_{x_0}^{x} (t - x_0)^2\, dt$$

und daraus

$$|y_3(x) - y_2(x)| \leqq m\, \frac{[2M(x - x_0)]^3}{3!}.$$

$$|z_3(x) - z_2(x)| \leqq m\, \frac{[2M(x - x_0)]^3}{3!}.$$

Indem wir so fortfahren, erhalten wir die folgenden allgemeinen Abschätzungen für die Differenz zweier aufeinanderfolgender Näherungen:

$$\begin{aligned}|y_n(x) - y_{n-1}(x)| &\leqq m\, \frac{[2M(x - x_0)]^n}{n!}, \\ |z_n(x) - z_{n-1}(x)| &\leqq m\, \frac{[2M(x - x_0)]^n}{n!}.\end{aligned} \qquad (10)$$

Unter Benutzung dieser Abschätzungen läßt sich leicht zeigen, daß die Funktionen $y_n(x)$ und $z_n(x)$ bei unbegrenzt wachsendem Index n[1]) gleichmäßig gegen gewisse Grenzfunktionen $y(x)$ bzw. $z(x)$ konvergieren. Wir werden dies für die Funktionenfolge $y_n(x)$ beweisen. Diese Folge können wir durch die unendliche Reihe

$$\begin{aligned}&y_0 + [y_1(x) - y_0] + [y_2(x) - y_1(x)] \\ &\quad + [y_3(x) - y_2(x)] + \cdots + [y_n(x) - y_{n-1}(x)] + \cdots\end{aligned} \qquad (11)$$

ersetzen, deren $(n + 1)$-te Teilsumme gleich $y_n(x)$ ist. Zu zeigen ist dann die gleichmäßige Konvergenz der Reihe (11) [**I, 144**]. Ist l die Länge des Intervalls I, das von x durchlaufen wird, so zeigt die erste der Formeln (10), daß die Glieder der Reihe (11) dem Absolutbetrag nach nicht die positiven Größen

$$m\, \frac{(2Ml)^n}{n!} \quad (n = 1, 2, \ldots)$$

überschreiten; die aus diesen Größen gebildete Reihe konvergiert aber nach dem Quotientenkriterium, da das Verhältnis eines Gliedes zum vorhergehenden Glied gleich $\dfrac{2Ml}{n}$ ist und bei unbegrenzt wachsendem n gegen Null strebt (das-

---

[1]) Für das Weitere ist es wichtig, sich die Paragraphen über Reihen mit veränderlichen Gliedern sowie gleichmäßige Konvergenz aus Teil I ins Gedächtnis zurückzurufen.

selbe folgt auch aus der Entwicklung von e^x [**I, 129**)]. Somit konvergiert also gemäß dem Weierstraßschen Kriterium [**I, 147**] die Reihe (11) gleichmäßig im Intervall I; mithin strebt $y_n(x)$ in diesem Intervall gleichmäßig gegen eine gewisse Funktion $y(x)$. Entsprechend läßt sich beweisen, daß auch die Folge $z_n(x)$ in I gleichmäßig gegen eine gewisse Grenzfunktion $z(x)$ konvergiert, d. h., in I gilt bezüglich x gleichmäßig

$$\lim_{n\to\infty} y_n(x) = y(x), \qquad \lim_{n\to\infty} z_n(x) = z(x). \tag{12}$$

Die Funktionen $y_n(x)$ und $z_n(x)$ sind stetig in I, und folglich kann man dasselbe auch von den Grenzfunktionen $y(x)$ und $z(x)$ sagen [**I, 145**].

Wir bemerken noch, daß wir für den links von x_0 liegenden Teil des Intervalls I, in dem also $x - x_0 \leq 0$ ist, auf den rechten Seiten der Ungleichungen (8) und (8_1) $x - x_0$ durch $x_0 - x$ ersetzen müssen. Bei den weiteren Abschätzungen ist demzufolge $t - x_0$ durch $x_0 - t$ zu ersetzen usw. Die Ungleichungen (10) bleiben für das ganze Intervall I gültig unter der Bedingung, daß $x - x_0$ durch den Absolutbetrag dieser Differenz ersetzt wird.

Wir beweisen nunmehr, daß die Grenzfunktionen den Gleichungen (3) genügen und damit also den Differentialgleichungen (1) und den Anfangsbedingungen (2). Dies folgt fast unmittelbar aus den Formeln (5) mittels eines Grenzübergangs. Gehen wir nämlich auf beiden Seiten dieser Gleichungen zum Grenzwert für unbegrenzt wachsendes n über, so streben $y_n(x)$ und $y_{n-1}(t)$ gegen $y(x)$ bzw. $y(t)$ und $z_n(x)$ und $z_{n-1}(t)$ gegen $z(x)$ bzw. $z(t)$; im Grenzfall erhalten wir für $y(x)$ und $z(x)$ die Gleichungen (3). Dieser Grenzübergang soll nun exakt durchgeführt werden. Nach (12) ergibt sich

$$\begin{aligned}\lim_{n\to\infty} [p_1(t)y_{n-1}(t) + q_1(t)z_{n-1}(t)] &= p_1(t)y(t) + q_1(t)z(t),\\ \lim_{n\to\infty} [p_2(t)y_{n-1}(t) + q_2(t)z_{n-1}(t)] &= p_2(t)y(t) + q_2(t)z(t);\end{aligned} \tag{12_1}$$

dabei erfolgen diese Grenzübergänge gleichmäßig bezüglich t im Intervall I, wie wir sogleich zeigen werden. Betrachten wir etwa die erste Formel. Es gilt dann die Abschätzung

$$\begin{aligned}&|[p_1(t)y(t) + q_1(t)z(t)] - [p_1(t)y_{n-1}(t) + q_1(t)z_{n-1}(t)]|\\ &\leq |p_1(t)|\,|y(t) - y_{n-1}(t)| + |q_1(t)|\,|z(t) - z_{n-1}(t)|.\end{aligned}$$

Wegen der gleichmäßigen Konvergenz von $y_{n-1}(t)$ und $z_{n-1}(t)$ gegen $y(t)$ bzw. $z(t)$ existiert zu einem beliebig vorgegebenen $\varepsilon > 0$ ein Wert N derart, daß für alle t aus I und $n > N$

$$|y(t) - y_{n-1}(t)| < \frac{\varepsilon}{2M}, \qquad |z(t) - z_{n-1}(t)| < \frac{\varepsilon}{2M}$$

gilt. Hieraus folgt auf Grund von (6) für beliebige t aus I und für $n > N$ die Ungleichung

$$|[p_1(t)y(t) + q_1(t)z(t)] - [p_1(t)y_{n-1}(t) + q_1(t)z_{n-1}(t)]| < \varepsilon,$$

womit die gleichmäßige Konvergenz gegen den Grenzwert in den Formeln (12$_1$) in dem ganzen Intervall I, und damit in einem beliebigen Teilintervall (x_0, x) von I, bewiesen ist. Wir kehren nun zu den Formeln (5) zurück und benutzen die Zulässigkeit des Grenzüberganges unter dem Integralzeichen bei gleichmäßig konvergenten Folgen [**I, 145**]. Gehen wir zur Grenze über, so erhalten wir aus diesen Formeln die Gleichungen (3) für $y(x)$ und für $z(x)$.

Zusammenfassend folgt also, daß uns die Methode der sukzessiven Approximation eine Lösung des Systems (1) für die Anfangsbedingungen (2) liefert. Somit ist die Existenz einer Lösung nachgewiesen. Wir zeigen jetzt, daß die Lösung eindeutig bestimmt ist. Die Gleichungen (3) mögen zwei Lösungssysteme $y(x)$, $z(x)$ und $Y(x)$, $Z(x)$ besitzen. Setzen wir in den Gleichungen (3) zuerst die eine und dann die andere Lösung ein und subtrahieren gliedweise, so entsteht

$$y(x) - Y(x) = \int_{x_0}^{x} \{p_1(t) [y(t) - Y(t)] + q_1(t) [z(t) - Z(t)]\} \, dt,$$
$$z(x) - Z(x) = \int_{x_0}^{x} \{p_2(t) [y(t) - Y(t)] + q_2(t) [z(t) - Z(t)]\} \, dt.$$
(13)

Wir wählen rechts von x_0 ein Intervall I_1 der Länge l_1, so daß das Produkt $2Ml_1 = \theta$ kleiner als Eins wird, und zeigen, daß in diesem Intervall die beiden angegebenen Lösungen übereinstimmen. Andernfalls müßten die Absolutbeträge der Differenzen

$$|y(x) - Y(x)|, \quad |z(x) - Z(x)|$$

in I_1 ein positives Maximum besitzen, dessen Wert mit δ bezeichnet sei. Das Maximum möge z. B. von der ersten Differenz im Punkt $x = \xi$ erreicht werden; es gilt dann

$$|y(\xi) - Y(\xi)| = \delta \tag{14}$$

und

$$|y(x) - Y(x)| \leq \delta \quad \text{sowie} \quad |z(x) - Z(x)| \leq \delta \quad (x \in I_1). \tag{14$_1$}$$

Wir betrachten die erste der Gleichungen (13) bei $x = \xi$. Eine Abschätzung des Integrals in der früheren Weise liefert wegen (14$_1$)

$$|y(\xi) - Y(\xi)| < 2M \cdot \delta (\xi - x_0),$$

woraus unter Benutzung von (14) und auf Grund dessen, daß ξ dem Intervall I_1 angehört,

$$\delta < 2Ml_1\delta, \quad \text{d. h.} \quad \delta < \theta \delta$$

folgt; die letzte Ungleichung ist aber widersinnig, da nach Voraussetzung $0 < \theta < 1$ ist.

Somit müssen die Lösungen y, z und Y, Z im Intervall $x_0 \leq x \leq x_0 + l_1$ (mit $2Ml_1 < 1$) zusammenfallen. Wir wählen dann die Werte von y und z an der Stelle $x = x_0 + l_1$ als Anfangsbedingungen und wiederholen den Eindeutigkeitsbeweis für das Intervall $x_0 + l_1 \leq x \leq x_0 + l_1 + l_2$ mit $2Ml_2 < 1$. Wenn wir auf diese Weise den Teil des Intervalls I, der rechts von x_0 liegt, mit gewissen Intervallen der Länge l_1 (die Länge des letzten kann natürlich kleiner sein) überdecken, so können wir das Übereinstimmen der Lösungen im gesamten Teil des Intervalls I, der rechts von x_0 liegt, nachweisen. Analog verfahren wir auch im Teilintervall links von x_0. Wir formulieren jetzt das Endresultat: *Das System* (1) *besitzt für die Anfangsbedingungen* (2) *im Intervall I, in dem die Koeffizienten des Systems* (1) *stetige Funktionen sind, genau eine Lösung; diese kann nach der Methode der sukzessiven Approximation erhalten werden.*

Wir bemerken noch folgendes: Bei der Berechnung der ersten Näherung $y_1(x)$ und $z_1(x)$ können wir in den Formeln (4) y_0 und z_0 unter dem Integralzeichen durch beliebige Funktionen $y_0(x)$ und $z_0(x)$ ersetzen, die im Intervall I stetig sind. Der vorstehende Beweis behält dabei seine Gültigkeit. Wir wollen jedoch nicht beim Beweis stehenbleiben, sondern noch zwei Abschätzungen für den absoluten Betrag der Differenzen $y(x) - y_n(x)$ und $z(x) - z_n(x)$ für $y_0(x) \equiv y_0$ und $z_0(x) \equiv z_0$ angeben:

$$|y(x) - y_n(x)| + |z(x) - z_n(x)|$$
$$\leq \left[e^{2M(x-x_0)} - \sum_{k=1}^{n} \frac{[2M(x-x_0)]^k}{k!} \right] (|y_0| + |z_0|),$$

$$|y(x) - y_n(x)| + |z(x) - z_n(x)|$$
$$\leq M \int_{x_0}^{x} e^{2M(x-u)} [|y_n(u) - y_{n-1}(u)| + |z_n(u) - z_{n-1}(u)|] \, du$$

$(x > x_0)$.

Bei Benutzung der zweiten Abschätzung muß man natürlich eine Abschätzung für den Ausdruck in den eckigen Klammern kennen.

Das obige Resultat, das sich auf die Existenz und Eindeutigkeit und sogar auf die Konvergenz der Methode der sukzessiven Approximation bezieht, bleibt auch dann erhalten, wenn I ein offenes Intervall $c < x < d$ ist. Somit ist also die Existenz und Eindeutigkeit der Lösung in jedem endlichen Intervall $a \leq x \leq b$ gesichert, das den Wert x_0 enthält und zu I gehört.

Wir könnten auch ein inhomogenes System betrachten, in dem zu den rechten Seiten der Differentialgleichungen (1) noch die im Intervall I stetigen Funktionen $f_1(x)$ und $f_2(x)$ hinzugefügt sind, oder auch das allgemeine lineare System von n Differentialgleichungen mit n gesuchten Funktionen:

$$\frac{dy_i}{dx} = \sum_{k=1}^{n} p_{ik}(x) y_k + f_1(x) \qquad (i = 1, 2, \ldots, n),$$

$$y_i|_{x=x_0} = y_i^{(0)}.$$

Der vorstehende Beweis bleibt dabei gültig.

Die lineare Differentialgleichung zweiter Ordnung

$$y'' + p(x) y' + q(x) y = 0 \qquad (15)$$

kann in Form eines Systems geschrieben werden, wenn man außer y als gesuchte Funktion noch $z = y'$ einführt:

$$\frac{dy}{dx} = z, \quad \frac{dz}{dx} = -p(x)z - q(x)y.$$

Somit ist das oben ausgesprochene Resultat auch für die Differentialgleichung (15) mit den Anfangsbedingungen

$$y|_{x=x_0} = y_0, \quad y'|_{x=x_0} = y_0' \tag{16}$$

in jedem Intervall I gültig, in dem die Koeffizienten $p(x)$ und $q(x)$ stetig sind.

Unter Benutzung der Bedingungen (16) läßt sich die Gleichung (15) in der Form

$$y = y_0 + y_0'(x - x_0) - \int\limits_{x_0}^{x} du \int\limits_{x_0}^{u} [p(t)y' + q(t)y]\, dt \tag{17}$$

schreiben, wobei das Doppelintegral durch ein einfaches gemäß Formel (22) aus [17] ersetzt werden kann. Die Gleichung ermöglicht es übrigens, die Methode der sukzessiven Approximation auf die Differentialgleichung (15) anzuwenden, ohne diese Gleichung in ein System umzuformen.

Beispiel. Wir wenden die Methode der sukzessiven Approximation auf das von uns in [46] betrachtete Beispiel an:

$$y'' - xy = 0.$$

Die Anfangsbedingungen seien $y|_{x=0} = 1$ und $y'|_{x=0} = 0$. Die Gleichung (17) lautet im vorliegenden Fall

$$y = 1 + \int\limits_{0}^{x} du \int\limits_{0}^{u} ty\, dt.$$

Setzen wir rechts $y = 1$, so ergibt sich als zweite Näherung

$$y_1(x) = 1 + \int\limits_{0}^{x} du \int\limits_{0}^{u} t\, dt = 1 + \frac{x^3}{2 \cdot 3}.$$

Die dritte Näherung wird

$$y_2(x) = 1 + \int\limits_{0}^{x} du \int\limits_{0}^{u} t\left(1 + \frac{t^3}{2 \cdot 3}\right) dt = 1 + \frac{x^3}{2 \cdot 3} + \frac{x^6}{2 \cdot 3 \cdot 5 \cdot 6}.$$

Durch Grenzübergang erhalten wir offenbar die Potenzreihe

$$y = 1 + \frac{1}{3!}\, x^3 + \frac{1 \cdot 4}{6!}\, x^6 + \frac{1 \cdot 4 \cdot 7}{9!}\, x^9 + \cdots,$$

die sich bereits in [46] ergeben hatte.

Der Koeffizient $-x$ in der Differentialgleichung ist eine stetige Funktion im endlichen Intervall $-\infty < x < \infty$. Die angegebene Reihe konvergiert in diesem Intervall, was man leicht nachweisen kann, indem man das d'Alembertsche Konvergenzkriterium anwendet [**I, 121**].

51. Nichtlineare Differentialgleichungen. Wir wenden nun die Methode der sukzessiven Approximation auch für den Beweis der Existenz und Eindeutigkeit der Lösung einer nichtlinearen Differentialgleichung an; doch ist hier das Endresultat etwas zu modifizieren. Der Einfachheit halber betrachten wir eine Differentialgleichung erster Ordnung

$$y' = f(x, y) \tag{18}$$

mit der Anfangsbedingung

$$y|_{x=x_0} = y_0. \tag{19}$$

Wir setzen voraus, daß die Funktion $f(x, y)$ in einem gewissen offenen Bereich B der x, y-Ebene (d. i. ein Bereich, dessen Berandung nicht zum Bereich gehört) eindeutig und stetig ist und dort eine stetige Ableitung nach y besitzt. Der Punkt (x_0, y_0) soll ebenfalls zu B gehören. Wenn wir im weiteren stetige Funktionen $y(x)$ betrachten, die auf einem gewissen Intervall I definiert sind, so wollen wir stets annehmen, daß die Punkte mit den Koordinaten $x, y(x)$, wobei x ein Wert aus I ist, zu B gehören; außerdem soll $y(x)$ differenzierbar sein. Handelt es sich bei $y = y(x)$ um eine Lösung der Differentialgleichung (18), so ist auch die Ableitung $y'(x)$ stetig in I.

Wenn I den Punkt x enthält und $y(x)$ eine Lösung des Problems (18), (19) darstellt, so ist $y(x)$ Lösung der Integralgleichung

$$y(x) = y_0 + \int_{x_0}^{x} f[t, y(t)]\, dt \qquad (x \in I). \tag{20}$$

Wenn $y(x)$ umgekehrt eine in I stetige Lösung dieser Integralgleichung ist, so ist $y(x)$ auch eine Lösung des Problems (18), (19) in I [**50**].

Wir wählen nun zwei positive Zahlen a und b, so daß durch die beiden Ungleichungen

$$x_0 - a \leqq x \leqq x_0 + a, \qquad y_0 - b \leqq y \leqq y_0 + b \tag{21}$$

ein Rechteck Q definiert wird, das in B liegt (Abb. 18). Da die Funktionen $f(x, y)$ und $\dfrac{\partial f(x, y)}{\partial y}$ nach Voraussetzung im abgeschlossenen Rechteck A stetig sind, sind sie dort auch betragsmäßig beschränkt, d. h., es existieren zwei positive Zahlen M und k mit

$$|f(x, y)| \leqq M, \tag{22}$$

$$\left|\frac{\partial f(x, y)}{\partial y}\right| \leqq k, \tag{23}$$

sobald (x, y) zu Q gehört.

Es sei noch folgendes bemerkt. Wenn die Enden (x_1, y_1) und (x_1, y_2) einer zur y-Achse parallelen Strecke in Q liegen, gehören alle Punkte der Strecke zu Q.

Durch Anwendung des Mittelwertsatzes der Integralrechnung und unter Berücksichtigung von (23) erhalten wir die Ungleichung

$$|f(x_1, y_2) - f(x_1, y_1)| \leqq k\, |y_2 - y_1|, \tag{24}$$

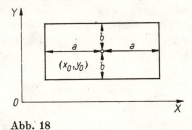

Abb. 18

wenn (x_1, y_1) und (x_1, y_2) zu Q gehören. Diese Ungleichung, gewöhnlich *Lipschitz-Bedingung* genannt, wird im weiteren verwendet werden. Die Berechnung der sukzessiven Approximationen werden wir nach den zu (4) und (5) analogen Formeln ausführen:

$$y_1(x) = y_0 + \int_{x_0}^{x} f(t, y_0)\, dt,$$
$$\dots\dots\dots\dots\dots\dots\dots\dots$$
$$y_n(x) = y_0 + \int_{x_0}^{x} f[t, y_{n-1}(t)]\, dt, \tag{25}$$
$$\dots\dots\dots\dots\dots\dots\dots\dots$$

Bei Ausführung der Berechnungen nach den Formeln (25) muß man vor allem dafür sorgen, daß die Punkte mit den Abszissen x und den Ordinaten $y_n(x)$ nicht aus dem durch die Bedingungen (21) definierten Rechteck Q herausfallen. Die erste dieser Bedingungen liefert für x die Ungleichung $|x - x_0| \leqq a$. Die zweite Bedingung reduziert sich auf

$$|y_n(x) - y_0| \leqq b. \tag{26}$$

Damit diese Ungleichung für jedes n erfüllt wird, ist x außer der bereits aufgestellten Bedingung $|x - x_0| \leqq a$ noch der Bedingung $|x - x_0| \leqq \dfrac{b}{M}$ zu unterwerfen, so daß wir schließlich für x die beiden Bedingungen

$$|x - x_0| \leqq a, \quad |x - x_0| \leqq \frac{b}{M} \tag{27}$$

erhalten.

Wir zeigen, daß hierbei alle Näherungen der Ungleichung (26) genügen. Die erste der Gleichungen (25) liefert

$$y_1(x) - y_0 = \int_{x_0}^{x} f(t, y_0)\, dt.$$

Bei der üblichen Abschätzung des Integrals ergibt sich auf Grund von (22)
$$|y_1(x) - y_0| \leq M |x - x_0|,$$
und wegen der zweiten der Bedingungen (27) erhält man daraus $|y_1(x) - y_0| \leq b$; die Ungleichung (26) ist also für $n = 1$ erfüllt. Außerdem erweist sich offenbar die erhaltene Funktion $y_1(x)$ in dem durch die Bedingungen (27) gekennzeichneten Intervall als stetig. Nachdem wir uns hiervon überzeugt haben, können wir $y_2(x)$ gemäß Formel (25) mit $n = 2$ berechnen,
$$y_2(x) - y_0 = \int_{x_0}^{x} f[t, y_1(t)] \, dt,$$
und daraus so wie vorher
$$|y_2(x) - y_0| \leq M |x - x_0| \leq M \frac{b}{M} = b;$$
die Ungleichung (26) ist also für auch $n = 2$ erfüllt. Darüber hinaus ist $y_2(x)$ offenbar eine stetige Funktion in dem durch die Bedingungen (27) gekennzeichneten Intervall, usw. Auf diese Weise erhalten wir im Intervall $x_0 - c \leq x \leq x_0 + c$ eine Folge von Näherungsfunktionen $y_n(x)$; dabei ist c gemäß (27) der kleinere der beiden Werte a und $\frac{b}{M}$. Wir bezeichnen dieses Intervall mit I. Alle $y_n(x)$ sind stetige Funktionen in I, und bei allen weiteren Überlegungen werde angenommen, daß x zu I gehört.

Wir führen jetzt eine Abschätzung der Differenzen $y_n(x) - y_{n-1}(x)$ durch, wobei wir der Einfachheit halber so wie früher $x - x_0 > 0$ annehmen. Die erste der Gleichungen (25) liefert wegen (22)
$$|y_1(x) - y_0| \leq M(x - x_0). \tag{28}$$

Wir betrachten die zweite der Gleichungen (25) für $n = 2$ und subtrahieren sie gliedweise von der ersten; es wird dann
$$y_2(x) - y_1(x) = \int_{x_0}^{x} \{f[t, y_1(t)] - f(t, y_0)\} \, dt,$$
woraus [**I, 95**]
$$|y_2(x) - y_1(x)| \leq \int_{x_0}^{x} |f[t, y_1(t)] - f(t, y_0)| \cdot dt$$
oder gemäß (24)
$$|y_2(x) - y_1(x)| \leq \int_{x_0}^{x} k |y_1(t) - y_0| \, dt$$
folgt.

Mit Hilfe der Ungleichung (28) erhalten wir ferner
$$|y_2(x) - y_1(x)| \leq kM \int_{x_0}^{x} (t - x_0) \, dt = kM \left[\frac{(t - x_0)^2}{2!} \right]_{t=x_0}^{t=x}$$

und schließlich
$$|y_2(x) - y_1(x)| \leqq kM \frac{(x - x_0)^2}{2!}. \tag{29}$$

Die aus der zweiten der Formeln (25) für $n = 2$ und $n = 3$ entstehenden Relationen liefern, gliedweise voneinander subtrahiert,
$$y_3(x) - y_2(x) = \int_{x_0}^{x} \{f[t, y_2(t)] - f[t, y_1(t)]\} dt.$$

Unter Benutzung der Ungleichungen (24) und (29) ergibt sich hieraus wie zuvor
$$|y_3(x) - y_2(x)| \leqq k^2 M \frac{(x - x_0)^3}{3!}.$$

Durch Fortsetzen dieses Verfahrens gelangen wir zu der allgemeinen Ungleichung
$$|y_n(x) - y_{n-1}(x)| \leqq \frac{M}{k} \frac{[k(x - x_0)]^n}{n!}. \tag{30}$$

Ersetzt man die Differenz $x - x_0$ durch ihren Absolutbetrag, so wird die Ungleichung für alle x aus I gültig. Für alle x aus I gilt jedoch $|x - x_0| \leqq a$, so daß für alle x aus I die Abschätzung
$$|y_n(x) - y_{n-1}(x)| \leqq \frac{M}{k} \frac{(ka)^n}{n!}$$

besteht. Daraus folgt, wie auch in [50], daß $y_n(x)$ für $n \to \infty$ gleichmäßig bezüglich x aus dem Intervall I gegen die Funktion $y(x)$ strebt. Diese Funktion ist stetig in I und genügt der Ungleichung $|y(x) - y_0| \leqq b$, die sich aus (26) ergibt. Hieraus folgt, daß die Punkte mit den Abszissen x und den Ordinaten $y(x)$ dem Rechteck Q angehören. Auf Grund der Stetigkeit der Funktion $f(x, y)$ wird
$$\lim_{n \to \infty} f[t, y_{n-1}(t)] = f[t, y(t)] \quad (t \in I).$$

Es ist leicht zu sehen, daß dieser Grenzübergang gleichmäßig bezüglich t im Intervall I erfolgt. Zu einem beliebig vorgegebenen positiven ε existiert nämlich wegen der gleichmäßigen Stetigkeit der Funktion $f(x, y)$ in Q ein δ derart, daß $|f(x'', y'') - f(x', y')| < \varepsilon$ ist, wenn (x', y') und (x'', y'') zwei beliebige Punkte aus Q sind, für die $|x'' - x'| < \delta$ und $|y'' - y'| < \delta$ ist. Ferner gibt es wegen der gleichmäßigen Konvergenz von $y_{n-1}(t)$ gegen $y(t)$ einen Wert N derart, daß $|y(t) - y_{n-1}(t)| < \delta$ für $n > N$ und alle t aus I ist. Hieraus folgt, daß für alle t aus I und für $n > N$
$$|f[t, y(t)] - f[t, y_{n-1}(t)]| < \varepsilon$$

gilt, womit die gleichmäßige Konvergenz gegen den Grenzwert bewiesen ist. Wir wenden uns jetzt der letzten der Formeln (25) zu und gehen auf beiden Seiten zum Grenzwert für unbegrenzt wachsendes n über. Auf Grund der gleichmäßigen Konvergenz von $f[t, y_{n-1}(t)]$ gegen $f[t, y(t)]$ können wir unter dem Integralzeichen zum Grenzwert übergehen und erhalten für die Grenzfunktion die Gleichung (20).

Wir kommen somit zu folgendem Ergebnis: *Die Aufgabe* (18), (19) *besitzt unter den bezüglich* $f(x, y)$ *gemachten Voraussetzungen eine Lösung im Intervall* $x_0 - c \leq x \leq x_0 + c$, *wobei c der kleinere der beiden Werte a und* $\dfrac{b}{M}$ *ist. Diese Lösung kann nach der Methode der sukzessiven Approximation erhalten werden.*

Wir gehen nun zum Beweis der Eindeutigkeit der Lösung der Aufgabe (18), (19) oder, was dasselbe ist, der Gleichung (20) über. Zunächst zeigen wir wie in [50] die Eindeutigkeit für ein gewisses Intervall hinreichend kleiner Länge. Wir nehmen an, daß in einem gewissen Intervall $(x_0 - l,\ x_0 + l)$ zwei Lösungen $y(x)$ und $Y(x)$ existieren. Dabei soll die positive Zahl l die Ungleichungen $l \leq c$ und $kl = \theta < 1$ erfüllen. Wenn wir diese Lösungen in (20) einsetzen, erhalten wir nach gliedweiser Subtraktion der resultierenden Gleichungen die Beziehung

$$y(x) - Y(x) = \int_{x_0}^{x} \{f[t, y(t)] - f[t, Y(t)]\}\, dt,$$

woraus

$$|y(x) - Y(x)| \leq \int_{x_0}^{x} |f[t, y(t)] - f[t, Y(t)]|\, dt \qquad (x > x_0)$$

oder nach (24)

$$|y(x) - Y(x)| \leq k \int_{x_0}^{x} |y(t) - Y(t)|\, dt \qquad (x > x_0) \tag{31}$$

folgt. Wenn wir annehmen, daß die Lösungen im Intervall $x_0 \leq x \leq x_0 + l$ verschieden sind, erreicht $|y(x) - Y(x)|$ in diesem Intervall sicher den größten positiven Wert δ in einem gewissen Punkt $x = \xi$. Setzt man in der Ungleichung (31) $x = \xi$, so gelangt man wie in [50] zur Ungleichung $\delta \leq kl\delta$ oder $1 \leq kl$. Nach Voraussetzung gilt aber $kl < 1$. Dieser Widerspruch beweist die Eindeutigkeit im Intervall $x_0 \leq x \leq x_0 + l$ und analog im Intervall $x_0 - l \leq x \leq x_0$. Für einen beliebigen Punkt (x_0, y_0) aus B haben wir damit bewiesen, daß die Lösung der Aufgabe (18), (19) in einem gewissen Intervall $x_0 - l \leq x \leq x_0 + l$ eindeutig ist; dies entspricht also der „Eindeutigkeit im Kleinen".

Nun nehmen wir an, daß die Aufgabe in einem gewissen Intervall I_1 die Lösung $y(x)$ und im Intervall I_2 die Lösung $Y(x)$ besitzt. Dabei soll sowohl I_1 als auch I_2 den Punkt $x = x_0$ enthalten. I sei das Intervall, welches aus allen Punkten besteht, die gleichzeitig zu I_1 und I_2 gehören. In I existieren beide Lösungen. Es soll gezeigt werden, daß in I beide Lösungen übereinstimmen. Wir führen den Beweis indirekt; dabei nehmen wir an, daß $y(x)$ und $Y(x)$ in I nicht übereinstimmen. Wie oben bewiesen wurde, müssen sie für alle $x > x_0$ übereinstimmen, die hinreichend nahe bei x_0 liegen. Es sei E die Menge aller Werte x, für die $y(x)$ und $Y(x)$ im Intervall $x_0 \leq x \leq x'$ übereinstimmen. Wenn ein gewisses x' zu E gehört, dann ist auch jedes x'' mit $x_0 < x'' < x'$ in E enthalten. Nach Voraussetzung existieren solche Werte x aus I, für die die erwähnten Lösungen nicht übereinstimmen; die Menge E muß somit eine obere Grenze besitzen, die zu I gehört. Wir bezeichnen sie mit x_1. In jedem Intervall $x_0 \leq x \leq x'$ mit $x_0 < x_i$

$< x_1$ stimmen die Lösungen überein; aus ihrer Stetigkeit folgt, daß dies auch im Intervall $x_0 \leq x \leq x_1$ der Fall ist. Nach der Definition von x_1 existieren solche $x > x_1$, die beliebig nahe an x_1 liegen und für die $y(x)$ und $Y(x)$ nicht übereinstimmen. Wählen wir andererseits x_1 und $y(x_1) = Y(x_1)$ als Anfangsbedingungen und benutzen wir die oben bewiesene „Eindeutigkeit im Kleinen", dann können wir zeigen, daß $Y(x)$ und $y(x)$ für alle $x > x_1$, die hinreichend nahe an x_1 liegen, übereinstimmen müssen. Dieser Widerspruch beweist, daß $y(x)$ und $Y(x)$ im gesamten Intervall I übereinstimmen.

Wir bemerken noch, daß im betrachteten Fall die Festlegung des Variabilitätsbereiches $(x_0, x_0 + C)$ von x schwieriger ist als im Fall eines Systems linearer Differentialgleichungen. Dort fiel er einfach mit dem Stetigkeitsbereich der Koeffizienten und der freien Glieder zusammen.

Beispiel. Wir betrachten das Problem

$$y' = x^2 + y^2, \qquad y|_{x=0} = 0. \tag{32}$$

Die Gleichung (20) lautet hier

$$y(x) = \int_0^x [t^2 + y^2(t)]\, dt.$$

Wir können die gesamte x, y-Ebene als Bereich B wählen. Es werden die $y_n(x)$ berechnet:

$$y_1(x) = \int_0^x t^2\, dt = \frac{x^3}{3}, \qquad y_2(x) = \int_0^x \left(t^2 + \frac{t^6}{9}\right) dt = \frac{x^3}{3} + \frac{x^7}{63}, \ldots$$

Die positiven Zahlen a und b, die das Rechteck Q definieren, kann man beliebig wählen. Dabei ist $M = a^2 + b^2$, und die Ungleichungen, die den gesuchten Variabilitätsbereich für x festlegen, lauten

$$|x| = a, \qquad |x| \leq \frac{b}{a^2 + b^2}.$$

Wenn man b entweder nahe an 0 oder hinreichend groß wählt, so liefert die zweite Ungleichung nur ein kleines Intervall für x. Ebenso ist es für große a. Für a nahe an 0 liefert die erste Ungleichung ein kleines Intervall. Somit kann dieses Intervall nicht beliebig groß gemacht werden. Der Bruch $\dfrac{b}{a^2+b^2}$ nimmt seinen größten Wert $\dfrac{1}{2a}$ für $b=a$ an. Hieraus folgen die Ungleichungen $|x| \leq a$ und $|x| \leq \dfrac{1}{2a}$, und die beste Abschätzung lautet $x \leq \dfrac{1}{\sqrt{2}}$.

Die Lösung ist also in das Äußere des Intervalls $-\dfrac{1}{\sqrt{2}} \leq x \leq \dfrac{1}{\sqrt{2}}$ sowohl nach links als auch nach rechts fortsetzbar.

Eine ausführlichere Behandlung dieses Beispiels führen wir weiter unten durch. Man sieht leicht, daß die Lösung der Aufgabe (32) eine zum Koordinatenursprung symmetrische Kurve ist. Man kann zeigen, daß sie gegen Unendlich geht und die Asymptoten $x = \pm h$ besitzt mit

$$2{,}002 < h < 2{,}005.$$

Wir bemerken noch, daß die Lösung der Aufgabe $y' = x^2 - y^2$, $y|_{x=0} = 0$ im unendlichen Intervall $-\infty < x < \infty$ existiert.

52. Ergänzungen zum Existenz- und Eindeutigkeitssatz. Wir führen jetzt einige ergänzende Ergebnisse an, die unmittelbar mit dem Inhalt des vorigen Abschnittes in Verbindung stehen. Darin wurde die Existenz der Lösung der Aufgabe (18), (19) im Intervall $x_0 - c \leq x \leq x_0 + c$ garantiert, wobei c der kleinere der Werte a und $\dfrac{b}{M}$ ist. Diese Lösung kann aber auch in einem breiteren Intervall existieren. Wir können die Werte $x = c$ und $y = y(c)$ als neue Anfangswerte ansehen und so die Lösung fortsetzen, wenn wir dabei im Bereich B verbleiben. Ebenso können wir bei $x = x_0 - c$ verfahren. Bei dieser Fortsetzung nähert sich die Integralkurve beliebig der Berandung von B. Wenn B ein unendlicher Bereich ist, entspricht dieser Begriff der Annäherung an die Berandung von B dem Entfernen der Punkte der Integralkurve ins Unendliche.

Wenn speziell B die ganze Ebene ist und die Lösung der Aufgabe (18), (19) nach rechts in das Intervall $x_0 \leq x < h$ (h eine endliche Zahl), jedoch nicht in ein größeres Intervall fortsetzbar ist, so kann man zeigen, daß die Lösung $y = y(x)$ über alle Grenzen wächst und die Asymptote $x = h$ besitzt. Alle diese Schlußfolgerungen leiten sich daraus ab, daß in jedem beschränkten abgeschlossenen Bereich, der zu B gehört, die Abschätzungen (22) und (23) gelten, wobei M und k gewisse positive Zahlen sind. Allgemein ergibt sich für die angegebene Fortsetzung der Lösung von (18), (19) ein maximales offenes (endliches oder unendliches) Existenzintervall $p < x < q$, so daß jede Lösung der Aufgabe (18), (19) im Intervall $p < x < q$ oder in einem Teilintervall davon gleich $y(x)$ ist. Letzteres entspricht dem Eindeutigkeitsbeweis für die Lösung der Aufgabe.

Wir wenden uns jetzt den Bedingungen zu, die wir $f(x, y)$ auferlegten. Vor allem bemerken wir, daß für den Beweis die Existenz und Stetigkeit der Ableitung $\dfrac{\partial f(x, y)}{\partial y}$ nicht notwendig war, sondern nur die Lipschitz-Bedingung (24) in jedem Rechteck Q aus B. Diese Ungleichung (24) kann man zusammen mit der Stetigkeit der Funktionen $f(x, y)$ auch als Bedingungen für $f(x, y)$ benutzen. Das Beispiel aus [2] zeigt, daß die Stetigkeit von $f(x, y)$ allein nicht hinreichend ist für die Eindeutigkeit der Lösung der Aufgabe (18), (19). Man kann zeigen (Satz von PEANO), daß wenigstens eine Lösung der Aufgabe (18), (19) existiert, falls $f(x, y)$ stetig in B und (x_0, y_0) ein Punkt aus B ist. Das oben erwähnte Beispiel aus [2] zeigt, daß im Intervall $x_0 - \delta \leq x \leq x_0 + \delta$ für jedes kleine $\delta > 0$ mehr als eine Lösung existieren kann.

Der Beweis aus [51] ist auch für Systeme von Differentialgleichungen

$$\frac{dy_i}{dx} = f_i(x, y_1, y_2, \ldots, y_n). \tag{33}$$
$$y_i|_{x=x_0} = y_i^{(0)} \quad (i = 1, 2, \ldots, n)$$

anwendbar. In diesem Fall ist der Bereich B der Variabilitätsbereich der Veränderlichen $(x, y_1, y_2, \ldots, y_n)$. Für $n = 2$ ergibt sich ein Bereich des dreidimensionalen Raumes (x, y_1, y_2), für $n > 2$ ist es ein Bereich des $(n + 1)$-dimensionalen Raumes. Ein Punkt eines solchen Bereiches ist eine Folge von $n + 1$ Zahlen $x, y_1, y_2, \ldots, y_n$ (Koordinaten des Punktes). Die Entfernung zwischen zwei Punkten $(a_0, a_1, a_2, \ldots, a_n)$ und $(b_0, b_1, b_2, \ldots, b_n)$ des $(n+1)$-dimensionalen Raumes ergibt sich aus der Formel

$$d = \sqrt{\sum_{k=0}^{n} (b_k - a_k)^2}.$$

Ein *offener Bereich B* ist eine Menge von Punkten mit den folgenden beiden Eigenschaften:

1. Ist P ein Punkt aus B, so existiert eine solche Zahl $\varepsilon > 0$, daß auch alle Punkte zu B gehören, deren Entfernung von P nicht größer als ε ist.

2. Es seien P und Q zwei beliebige Punkte aus B. Dann existieren stetige Funktionen $\varphi_k(t)$ ($k = 0, 1, 2, \ldots, n$), die in einem gewissen endlichen Intervall $\alpha \leq t \leq \beta$ definiert sind; dabei gehören alle Punkte mit den Koordinaten

$$x = \varphi_0(t), \quad y_i = \varphi_i(t) \qquad (i = 1, 2, \ldots, n)$$

zu B für $\alpha \leq t \leq \beta$, und die Werte $t = \alpha$ bzw. $t = \beta$ liefern die Koordinaten von P bzw. Q.

Geometrisch bedeutet dies, daß P und Q durch eine Linie verbunden werden können, deren Punkte sämtlich in B liegen.

Für das System (33) sind die Voraussetzungen bei Satz A [2] analog zu den Voraussetzungen aus [51]: Die Funktionen $f_i(x, y_1, y_2, \ldots, y_n)$ ($i = 1, 2, \ldots, n$) sollen eindeutig und stetig sein und außerdem stetige Ableitungen nach allen y_k ($k = 1, 2, \ldots, n$) in B besitzen, ferner soll der Punkt $(x_0, y_1^{(0)}, y_2^{(0)}, \ldots, y_n^{(0)})$ in B liegen.

Beim Beweis des Satzes A in [51] gingen wir von der Betrachtung des Rechtecks Q aus, in dessen Zentrum sich der Punkt (x_0, y_0) befand. Ebenso hätten wir ein Rechteck $x_0 \leq x \leq x_0 + a$, $y_0 - b \leq y \leq y_0 + b$ betrachten können. Dies hätte zur Konstruktion der Lösung im Intervall $x_0 \leq x \leq x_0 + c$ geführt, wobei sich die Zahlen a, b und c von denen in [51] unterscheiden würden. Wir wir schon oben erwähnten, sind die Bedingungen, die wir der Funktion $f(x, y)$ auferlegen, nur hinreichend für die Existenz und Eindeutigkeit der Lösung der Aufgabe (18), (19).

Wir werden andere, weniger einschränkende Bedingungen einführen, unter denen der Existenz- und Eindeutigkeitssatz gilt und die Methode der sukzessiven Approximation wie in [51] anwendbar ist. Wir werden den Satz für die Differentialgleichung (18) formulieren und voraussetzen, daß die nullte Näherung eine gewisse Funktion $y_0(x)$ ist und daß $x \geq x_0$ gilt. Ein analoger Satz gilt auch für Systeme von Differentialgleichungen.

Satz (S. M. LOSINSKI). *Es sei $f(x, y)$ stetig in einem (abgeschlossenen oder offenen) Bereich B. Weiterhin soll eine im endlichen Intervall $I(x_0 \leq x \leq x_1)$ (das zu B gehört) nichtnegative integrierbare (z. B. stetige) Funktion $M(x)$ existieren, so daß $|f(x, y)| \leq M(x)$ gilt, wenn x dem Intervall I und der Punkt (x, y) dem Bereich B angehört. Außerdem möge der durch die beiden Ungleichungen $x_0 \leq x \leq x_1$ und*

$$|y - y_0| \leq \int_{x_0}^{x} M(u) \, du \quad \textit{definierte endliche abgeschlossene Bereich Q in B enthalten}$$

sein. *Schließlich soll eine in I nichtnegative und integrierbare Funktion $k(x)$ existieren mit der Eigenschaft*

$$|f(x, y_2) - f(x, y_1)| \leq k(x)|y_2 - y_1|$$

für $x_0 \leq x \leq x_1$ und $(x, y_2), (x, y_1)$ aus Q.

Dann gilt:

1. *Wenn die Funktion $y_0(x)$ stetig ist in I und der Punkt $\bigl(x, y_0(x)\bigr)$ für $x_0 \leq x \leq x_1$ zu B gehört, definieren die Formeln*

$$y_n(x) = y_0 + \int_{x_0}^{x} f[t, y_{n-1}(t)]\, dt$$

eine Folge von Funktionen $y_n(x)$ $(n = 1, 2, \ldots)$, so daß die Punkte $\bigl(x, y_n(x)\bigr)$ für $x_0 \leq x \leq x_1$ zu Q gehören.

2. *Die Aufgabe* (18), (19) *hat im Intervall I eine eindeutige Lösung $y = y(x)$, die in Q liegt. Die Folge der Funktionen $y_n(x)$ konvergiert gleichmäßig in I gegen $y(x)$.*

3. *Es gelten die folgenden Abschätzungen:*

$$|y(x) - y_n(x)| \leq \frac{\int_{x_0}^{x} M(u)\, du + \max_{x_0 \leq u \leq x} |y_0(u) - y_0|}{n!} \left[\int_{x_0}^{x} k(u)\, du\right]^n;$$

$$|y(x) - y_n(x)| \leq \int_{x_0}^{x} e^{\int_{\xi}^{x} k(u)\, du}\, k(\xi)\, |y_n(\xi) - y_{n-1}(\xi)|\, d\xi.$$

Beispiel. Wir betrachten die Aufgabe

$$y' = x^2 + y^2, \quad y|_{x=0} = 0. \tag{34}$$

B sei der abgeschlossene Bereich, der durch die Ungleichungen

$$0 \leq x \leq x_1, \quad 0 \leq |y| \leq A x^3$$

definiert wird, wobei die positiven Zahlen x_1 und A einstweilen unbestimmt bleiben sollen. Dann ist

$$M(x) = x^2 + A^2 x^6 \quad \text{für } 0 \leq x \leq x_1.$$

Der Bereich Q wird durch die Ungleichungen

$$0 \leq x \leq x_1, \quad 0 \leq |y| \leq \frac{x^3}{3} + A^2 \frac{x^7}{7}$$

bestimmt. Die Ungleichung

$$\frac{1}{3} + A^2 \frac{x_1^4}{7} \leq A$$

ist äquivalent der Bedingung, daß Q in B liegt. Für die Existenz eines Wertes A, der dieser Ungleichung genügt, ist notwendig und hinreichend, daß die quadratische Gleichung

$$\frac{x_1^4}{7} x^2 - x + \frac{1}{3} = 0$$

reelle Wurzeln besitzt. Für x_1 erhalten wir die Abschätzung

$$x_1 \leqq \sqrt[4]{\frac{21}{4}} = 1{,}51\ldots,$$

d. h., im Intervall $0 \leqq x \leqq 1{,}51$ existiert eine Lösung der Aufgabe (34), und diese kann nach der Methode der sukzessiven Approximation erhalten werden.

Man kann zeigen, daß die Lösung die Asymptote $x = h$ mit $h < 2{,}005$ besitzt.

53. Die Konvergenz des Euler-Cauchyschen Verfahrens. Wir kehren zur Aufgabe (18), (19) mit den Bedingungen zurück, die in [51] der Funktion $f(x, y)$ auferlegt wurden. Dabei betrachten wir das Rechteck Q, wie es durch die Ungleichungen (21) definiert wurde. Durch das Zentrum dieses Rechtecks legen wir in Richtung wachsender x-Werte die Geraden AB und AC mit den Richtungskoeffizienten M bzw. $-M$ (Abb. 19). Die Länge der Höhe $\overline{AD}$

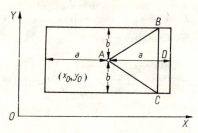

Abb. 19

des Dreiecks S mit den Eckpunkten A, B, C ist offenbar gleich $\frac{b}{M}$. Wir nehmen $\frac{b}{M} < a$ an, so daß im Intervall $x_0 \leqq x \leqq x_0 + \frac{b}{M}$ eine Lösung $y(x)$ der Aufgabe (18), (19) existiert. Auf dieses Intervall wenden wir das Euler-Cauchysche Verfahren aus [7] an. Gegeben sei ein $\varepsilon > 0$. Wegen der Stetigkeit von $f(x, y)$ existiert eine Zahl δ_ε, so daß in Q

$$|f(x', y') - f(x, y)| \leqq \varepsilon \quad \text{für} \quad |x' - x| \leqq \delta_\varepsilon \quad \text{und} \quad |y' - y| \leqq \delta_\varepsilon \tag{35}$$

gilt. Dabei gehören natürlich die Punkte (x, y) und (x', y') zu Q. Bei der Zerlegung des Intervalls $x_0 \leqq x \leqq x_0 + \frac{b}{M}$ in die Teilintervalle

$$x_0 < x_1 < x_2 < \cdots < x_{n-1} < x_n = x_0 + \frac{b}{M} \tag{36}$$

setzen wir voraus, daß

$$\max |x_k - x_{k-1}| \leqq \min \left(\delta_\varepsilon, \frac{\delta_\varepsilon}{M}\right) \tag{37}$$

ist.

Das Euler-Cauchysche Verfahren führt zu folgendem Schema für die Berechnung der Ordinaten des Polygonzugs l_ε, die den Abszissen x_k entsprechen [7]:

$$
\begin{aligned}
y_1 &= y_0 + f(x_0, y_0)(x_1 - x_0), \\
y_2 &= y_1 + f(x_1, y_1)(x_2 - x_1), \\
&\dots\dots\dots\dots\dots\dots\dots\dots\dots \\
y_k &= y_{k-1} + f(x_{k-1}, y_{k-1})(x_k - x_{k-1}), \\
&\dots\dots\dots\dots\dots\dots\dots\dots\dots \\
y_n &= y_{n-1} + f(x_{n-1}, y_{n-1})(x_n - x_{n-1}).
\end{aligned}
\tag{38}
$$

Die erste dieser Gleichungen liefert

$$|y_1 - y_0| \leqq |f(x_0, y_0)| (x_1 - x_0) \leqq M(x_1 - x_0).$$

Daraus folgt, daß der Punkt (x_1, y_1) dem Dreieck S angehört. Ihm gehört sogar der gesamte Abschnitt des Polygonzugs l_ε an, der die Punkte (x_0, y_0) und (x_1, y_1) miteinander verbindet.

Analog ergibt sich aus den ersten beiden Gleichungen (38)

$$y_2 - y_0 = f(x_0, y_0)(x_1 - x_0) + f(x_1, y_1)(x_2 - x_1)$$

und

$$|y_2 - y_0| \leqq M(x_1 - x_0) + M(x_2 - x_1) = M(x_2 - x_0).$$

Der Punkt (x_2, y_2) liegt also zusammen mit der Verbindungslinie von (x_1, y_1) und (x_2, y_2) in S. Indem wir so fortfahren, sehen wir, daß der gesamte Polygonzug, der auf Grund der Zerlegung (36) des Intervalls $\left(x_0, x_0 + \dfrac{b}{M}\right)$ unter Einhaltung der Bedingung (37) konstruiert wird, in S liegt.

Mit $y = y_\varepsilon(x)$ bezeichnen wir die Gleichung dieses Polygonzugs. Die Ableitung $y_\varepsilon'(x)$ dieser Funktion ist innerhalb eines jeden Teilintervalls $x_{k-1} < x < x_k$ konstant und besitzt in den Punkten $x = x_k$ Unstetigkeitsstellen erster Art. Gemäß (38) gilt

$$y_\varepsilon(x) = y_\varepsilon(x_{k-1}) + f[x_{k-1}, y_\varepsilon(x_{k-1})] (x - x_{k-1}) \qquad \text{für } x_{k-1} < x < x_k$$

und

$$y_\varepsilon'(x) = f(x_{k-1}, y_\varepsilon(x_{k-1})) \quad \text{für } x_{k-1} < x < x_k.$$

Aus der offensichtlich richtigen Formel

$$y_\varepsilon'(x) - f[x, y_\varepsilon(x)] = f[x_{k-1}, y_\varepsilon(x_{k-1})] - f(x, y_\varepsilon(x))$$

für $x_{k-1} < x < x_k$ erhalten wir mit (35) und (37)

$$|y_\varepsilon'(x) - f[x, y_\varepsilon(x)]| \leqq \varepsilon \quad \text{für } x_{k-1} < x < x_k$$

und $k = 1, 2, \ldots, n$. Die Differenz im Absolutbetrag integrieren wir von x_0 bis x, wobei $x_0 < x \leqq \dfrac{b}{M}$ gilt, und es ergibt sich

$$\left| y_\varepsilon(x) - y_0 - \int_{x_0}^{x} f[t, y_\varepsilon(t)]\, dt \right| \leqq \varepsilon(x - x_0).$$

Für die exakte Lösung der Aufgabe (18), (19) hatten wir die Formel (20) zur Verfügung. Ziehen wir aus dem Ausdruck im Absolutbetrag die Größe $y(x) - y_0 - \int\limits_{x_0}^{x} f[t, y(t)]\, dt = 0$ heraus, so erhalten wir

$$\left| y_\varepsilon(x) - y(x) + \int_{x_0}^{x} \{f[t, y(t)] - f[t, y_\varepsilon(t)]\}\, dt \right| \leqq \varepsilon(x - x_0)$$

für $x_0 \leq x \leq x_0 + \frac{b}{M}$. Mit $r_\varepsilon(x) = |y(x) - y_\varepsilon(x)|$ ergibt sich

$$r_\varepsilon(x) \leq \left| \int_{x_0}^{x} \{f[t, y(t)] - f[t, y_\varepsilon(t)]\} \, dt \right| + \varepsilon(x - x_0).$$

Die Punkte $(x, y_\varepsilon(x))$ und $(x, y(x))$ liegen für $x_0 \leq x \leq x_0 + \frac{b}{M}$ in Q, und die Lipschitz-Bedingung (24) ist anwendbar:

$$r_\varepsilon(x) \leq k \int_{x_0}^{x} r_\varepsilon(t) \, dt + \varepsilon(x - x_0). \tag{39}$$

Für

$$R(x) = \int_{x_0}^{x} r_\varepsilon(t) \, dt$$

hat die letzte Ungleichung die Form

$$R'(x) - kR(x) \leq \varepsilon(x - x_0).$$

Wir multiplizieren beide Seiten mit $e^{-k(x-x_0)}$, integrieren von x_0 bis x und erhalten die Abschätzung

$$R(x) \leq -\frac{\varepsilon}{k^2} [1 + k(x - x_0)] + \frac{\varepsilon}{k^2} e^{k(x-x_0)}.$$

Nach dem Einsetzen in (39) kommen wir zur endgültigen Ungleichung

$$r_\varepsilon(x) \leq \frac{\varepsilon}{k} [e^{k(x-x_0)} - 1],$$

d. h.

$$|y(x) - y_\varepsilon(x)| \leq \frac{\varepsilon}{k} [e^{k(x-x_0)} - 1] \quad \text{für } x_0 \leq x \leq x_0 + \frac{b}{M}. \tag{40}$$

Dies ist eine Abschätzung für die Abweichung der Näherungslösung nach dem Euler-Cauchyschen Verfahren von der exakten Lösung der Aufgabe (18), (19). Die Zahl $\varepsilon > 0$ kann willkürlich vorgegeben werden; bei Verkleinerung von ε kommt man zu einer feineren Unterteilung des Intervalls $x_0 \leq x \leq x_0 + \frac{b}{M}$. Die Abschätzung (40) ist offensichtlich auch für ein Intervall $x_0 - \frac{b}{M} \leq x \leq x_0$ richtig, wenn $x - x_0$ durch $|x - x_0|$ ersetzt wird.

Wir betrachteten den Fall $\frac{b}{M} \leq a$. Für $a \leq \frac{b}{M}$ sind es im wesentlichen die gleichen Überlegungen. Analoge Betrachtungen sind auch für Systeme von Differentialgleichungen möglich. Man kann zeigen, daß die oben gezeigte Konvergenz des Euler-Cauchyschen Verfahrens auch in jedem abgeschlossenen Intervall erhalten bleibt, welches im Existenzintervall dieser Lösung liegt.

54. Singuläre Punkte einer Differentialgleichung erster Ordnung.

Wenn die rechte Seite der Differentialgleichung

$$y' = f(x, y)$$

im Punkt (x_0, y_0) und dessen Umgebung eine stetige Funktion ist, die eine stetige Ableitung nach y besitzt, so verläuft nach Satz A [2] eine und nur eine Integralkurve durch diesen Punkt. Sind jedoch diese Bedingungen nicht erfüllt, so braucht eine solche Aussage nicht richtig zu sein. Wir schreiben die Differentialgleichung in einer die Differentiale enthaltenden Form

$$\frac{dx}{P(x,y)} = \frac{dy}{Q(x,y)} \tag{41}$$

und nehmen an, daß $P(x, y)$ und $Q(x, y)$ eindeutige stetige Funktionen sind, die stetige Ableitungen nach x und y in der ganzen x, y-Ebene besitzen. Für $P(x_0, y_0) \neq 0$ schreiben wir die Gleichung (41) in der Form

$$\frac{dy}{dx} = \frac{Q(x,y)}{P(x,y)}, \tag{42_1}$$

und bei Einhaltung der erwähnten Bedingungen wird sich der Punkt (x_0, y_0) in einem gewissen Bereich B des Satzes A für die Differentialgleichung (42_1) befinden.

Für $P(x_0, y_0) = 0$, aber $Q(x_0, y_0) \neq 0$, schreiben wir die Differentialgleichung (41) in der Form

$$\frac{dx}{dy} = \frac{P(x,y)}{Q(x,y)}; \tag{42_2}$$

bezüglich des Punktes (x_0, y_0) können wir die gleichen Aussagen machen wie oben bei Gleichung (42_1). Als *singuläre Punkte* der Differentialgleichung (41) bezeichnen wir solche Punkte, deren Koordinaten reelle Lösungen des Gleichungssystems

$$P(x, y) = 0, \quad Q(x, y) = 0 \tag{43}$$

sind. In diesen Punkten verliert die Differentialgleichung (41) ihren Sinn.

Wir deuten also die Differentialgleichung (41) entweder als Gleichung (42_1) oder als Gleichung (42_2); vgl. [2].

Im folgenden Paragraphen ersetzen wir (41) durch das System

$$\frac{dx}{dt} = P(x,y), \quad \frac{dy}{dt} = Q(x,y) \tag{44}$$

und untersuchen dieses System in großen Zügen. Wir werden dieses Verfahren, da es praktisch und bequem ist, jetzt an einem Beispiel demonstrieren.

Wir nehmen an, daß $P(x, y)$ und $Q(x, y)$ Polynome ersten Grades sind und daß sich der singuläre Punkt im Koordinatenursprung befindet. Die Gleichung (41) hat also die Form

$$\frac{dx}{a_{11}x + a_{12}y} = \frac{dy}{a_{21}x + a_{22}y} \tag{45}$$

mit

$$a_{11}a_{22} - a_{12}a_{21} \neq 0. \tag{46}$$

Dabei schneiden sich die Geraden $a_{11}x + a_{12}y = 0$ und $a_{21}x + a_{22}y = 0$ im Punkt $(0, 0)$. Außer $(0, 0)$ gehören alle Punkte zum Bereich des Existenz- und Eindeutigkeitssatzes für die Gleichungen (42_1) oder (42_2).

54. Singuläre Punkte einer Differentialgleichung erster Ordnung

Die Gleichung (45) ist offenbar eine homogene Differentialgleichung und kann nach der in [5] angegebenen Methode integriert werden. Wir wollen hier aber ein anderes Verfahren anwenden, und zwar bringen wir zunächst die Gleichung (45) durch Einführen neuer Veränderlicher ξ und η auf eine für die direkte Untersuchung bequemere Form. Zu diesem Zweck setzen wir

$$\xi = m_1 x + n_1 y, \qquad \eta = m_2 x + n_2 y, \tag{47}$$

womit

$$d\xi = m_1 \, dx + n_1 \, dy, \qquad d\eta = m_2 \, dx + n_2 \, dy$$

wird. Aus Gleichung (45) ergibt sich

$$\frac{d\xi}{m_1(a_{11}x + a_{12}y) + n_1(a_{21}x + a_{22}y)} = \frac{d\eta}{m_2(a_{11}x + a_{12}y) + n_2(a_{21}x + a_{22}y)}. \tag{48}$$

Wir bestimmen jetzt die Koeffizienten in den Formeln (47) so, daß die Nenner der angegebenen Brüche proportional ξ bzw. η werden. Für den ersten Nenner lautet die Bedingung

$$m_1(a_{11}x + a_{12}y) + n_1(a_{21}x + a_{22}y) = \varrho(m_1 x + n_1 y),$$

woraus durch Gleichsetzen der Koeffizienten bei x und y ein System homogener Gleichungen zur Bestimmung von m_1 und n_1 entsteht:

$$\begin{aligned}(a_{11} - \varrho)m_1 + a_{21}n_1 &= 0, \\ a_{12}m_1 + (a_{22} - \varrho)n_1 &= 0.\end{aligned} \tag{49$_1$}$$

Wird entsprechend der zweite Nenner gleich $\varrho\eta$ gesetzt, so ergibt sich zur Bestimmung von m_2 und n_2 das System

$$\begin{aligned}(a_{11} - \varrho)m_2 + a_{21}n_2 &= 0, \\ a_{12}m_2 + (a_{22} - \varrho)n_2 &= 0,\end{aligned} \tag{49$_2$}$$

wobei ϱ im allgemeinen einen anderen Wert hat.

Die Werte $m = n = 0$ sind für uns unbrauchbar, da hierbei die Transformationen (47) der Veränderlichen ihren Sinn verlieren. Für uns ist folglich notwendig, daß die Systeme (49$_1$) und (49$_2$) Lösungen besitzen, die von der trivialen Lösung $m = n = 0$ verschieden sind. Dafür ist notwendig und hinreichend, daß die Koeffizienten der erwähnten Systeme der Bedingung

$$(a_{11} - \varrho)(a_{22} - \varrho) - a_{12}a_{21} = 0$$

oder

$$\varrho^2 - (a_{11} + a_{22})\varrho + (a_{11}a_{22} - a_{12}a_{21}) = 0 \tag{50}$$

genügen. Bei Einhaltung dieser Bedingung führen beide Systeme (49$_1$) und (49$_2$) auf jeweils eine Gleichung; für die Unbekannten m_1, n_1 und m_2, n_2 kann man nichttriviale Lösungen bestimmen.

Wir bemerken noch, daß nach Voraussetzung (46) die Gleichung (50) keine Wurzel $\varrho = 0$ besitzt.

Zunächst betrachten wir den Fall, daß Gleichung (50) zwei reelle Wurzeln $\varrho = \varrho_1$ und $\varrho = \varrho_2$ besitzt. Setzen wir in (49_1) $\varrho = \varrho_1$ und in (49_2) $\varrho = \varrho_2$, so können wir nichttriviale Lösungen (m_1, k_1) und (m_2, k_2) dieser Systeme bestimmen. Wir zeigen, daß

$$m_1 n_2 - m_2 n_1 \neq 0 \tag{51}$$

ist, d. h., daß wir mit Hilfe von (47) x, y durch ξ, η ausdrücken können. Es sei etwa $a_{12} \neq 0$. Für feste Werte $n_1 \neq 0$ und $n_2 \neq 0$ erhalten wir

$$\frac{m_1}{n_1} = \frac{\varrho_1 - a_{22}}{a_{12}}, \quad \frac{m_2}{n_2} = \frac{\varrho_2 - a_{22}}{a_{12}}.$$

Daraus folgt $\frac{m_1}{n_1} \neq \frac{m_2}{n_2}$ und somit (51). Da n_1 und n_2 beliebig von Null verschieden gewählt werden können, kann man stets $m_1 n_1 - m_2 n_1 = 1$ erreichen. Aus (47) folgt dann

$$x = n_2 \xi - n_1 \eta, \quad y = -m_2 \xi + m_1 \eta. \tag{52}$$

In den Veränderlichen ξ, η hat die Differentialgleichung (45) die Form

$$\frac{d\xi}{\varrho_1 \xi} = \frac{d\eta}{\varrho_2 \eta}. \tag{53}$$

Diese Gleichung deuten wir wie auch die Gleichung (41) in Form von zwei Gleichungen

$$\frac{d\eta}{d\xi} = \frac{\varrho_2 \eta}{\varrho_1 \xi}, \tag{53_1}$$

$$\frac{d\xi}{d\eta} = \frac{\varrho_1 \xi}{\varrho_2 \eta}. \tag{53_2}$$

Bezeichnen wir mit dt die gemeinsame Größe der Verhältnisse in (53), so kommen wir zu den beiden Differentialgleichungen

$$\frac{d\xi}{dt} = \varrho_1 \xi, \tag{54_1}$$

$$\frac{d\eta}{dt} = \varrho_2 \eta. \tag{54_2}$$

Daraus ergibt sich

$$\xi = c_1 e^{\varrho_1 t}, \quad \eta = c_2 e^{\varrho_2 t} \tag{55}$$

mit den willkürlichen Konstanten c_1 und c_2. Eine überflüssige willkürliche Konstante ergab sich aus der Möglichkeit, t durch $t + C_0$ zu ersetzen, wobei C_0 eine willkürliche Konstante ist. Die Gleichung (53_2) hat offenbar die Lösung $\xi = 0$, die Gleichung (53_1) die Lösung $\eta = 0$. Die Integralkurven der Differentialgleichung (45) sind somit die Geraden

$$m_1 x + n_1 y = 0, \tag{56_1}$$

$$m_2 x + n_2 y = 0. \tag{56_2}$$

Eigentlich müßten wir von vier Halbgeraden sprechen, wobei der Ursprung ausgeschlossen wird, da dort die Gleichung (45) ihren Sinn verliert. Diese Halbgeraden streben gegen den Ursprung.

Wir betrachten jetzt einzeln die folgenden Fälle:

1. *Die Wurzeln ϱ_1 und ϱ_2 sind reell, voneinander verschieden und haben gleiches Vorzeichen.* Setzen wir in (52) für ξ und η die Ausdrücke (55) ein, so erhalten wir die Parameterdarstellung der Integralkurven:

$$x = n_2 c_1 e^{\varrho_1 t} - n_2 c_2 e^{\varrho_2 t}, \quad y = m_1 c_2 e^{\varrho_2 t} - m_2 c_1 e^{\varrho_1 t}, \tag{57_1}$$

$$\frac{dy}{dx} = \frac{m_1 c_2 \varrho_2 e^{(\varrho_2 - \varrho_1)t} - m_2 c_1 \varrho_1}{n_2 c_1 \varrho_1 - n_1 c_2 \varrho_2 e^{(\varrho_2 - \varrho_1)t}}. \tag{57_2}$$

Wenn die Geraden (56_1), (56_2) und die Werte $\xi = \eta = 0$, die $x = y = 0$ entsprechen, ausgeschlossen werden, ist $c_1 \neq 0$; die Veränderlichen ξ und η werden für keinen Wert t zu Null, und die Formeln (57_1) liefern niemals den Punkt $x = y = 0$. Sind ϱ_1 und ϱ_2 positiv, so wählen wir ohne Beschränkung der Allgemeinheit $\varrho_2 > \varrho_1$; sind ϱ_1 und ϱ_2 negativ, so werden wir $\varrho_2 < \varrho_1$ annehmen. Im ersten Fall folgt aus den Formeln (57_1) und (57_2), daß für $t \to -\infty$

$$x \to 0, \quad y \to 0, \quad \frac{dy}{dx} \to -\frac{m_2}{n_2}.$$

gilt. Für $\varrho_2 < \varrho_1 < 0$ ergibt sich das gleiche Resultat für $t \to \infty$. Alle Integralkurven (57_1) streben also gegen den Punkt $(0,0)$; wenn wir diesen Punkt den Integralkurven hinzufügen, so erhalten wir Kurven, die in diesem Punkt die gemeinsame Tangente (56_2) haben. Eine Ausnahme bildet dabei die Integralkurve (56_1). Einen singulären Punkt der beschriebenen Art nennt man *Knoten*. Später werden wir eine vollständige Definition eines Knotens angeben. Wir bemerken noch, daß aus (54_1) und (54_2)

$$\eta = C \, |m_1 x + n_1 y|^{\frac{\varrho_2}{\varrho_1}}$$

folgt. Damit hat die Gleichung (45) im betrachteten Fall das allgemeine Integral

$$m_2 x + n_2 y = C \, |m_1 x + n_1 y|^{\frac{\varrho_2}{\varrho_1}} \tag{58}$$

mit der willkürlichen Konstanten C.

Als Beispiel betrachten wir die Differentialgleichung

$$\frac{dx}{x} = \frac{dy}{2y},$$

die die Form (45) hat ($\varrho = 1$, $\varrho_2 = 2$). Ihre Integralkurven sind die Parabelschar $y = Cx^2$ ($y = 0$ für $C = 0$) und die Achse $x = 0$ (Abb. 20).

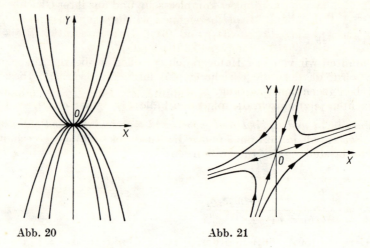

Abb. 20   Abb. 21

2. Die Wurzeln ϱ_1 und ϱ_2 sind reell, voneinander verschieden und haben verschiedene Vorzeichen. In diesem Fall liefert Formel (58)

$$|m_1 x + n_1 y|^\mu (m_2 x + n_2 y) = C \qquad \left(\mu = -\frac{\varrho_2}{\varrho_1} > 0\right). \tag{59}$$

Hieraus wird klar, daß außer den Geraden (56_1) und (56_2) keine andere Integralkurve ($C \neq 0$) dem Ursprung beliebig nahe kommt, d. h., es ist nicht möglich, daß längs der Integralkurven $x \to 0$ und $y \to 0$ gilt. Die erwähnten geradlinigen Integralkurven verlaufen durch den Ursprung ($C = 0$). Jede von ihnen wird durch den Ursprung (singulärer Punkt) in zwei Halbgeraden geteilt. Einen singulären Punkt dieser Art nennt man einen *Sattelpunkt*.

Wir betrachten die Formeln (57_1), die auch im vorliegenden Fall gelten. Es sei $\varrho_1 > 0$ und $\varrho_2 < 0$. Die erwähnten Geraden erhält man daraus für $c_1 = 0$ und $c_2 = 0$. Auf den Halbgeraden, die der ersten Geraden entsprechen, gilt $x \to 0$ und $y \to 0$ für $t \to \infty$ ($\varrho_2 < 0$); entsprechend auch für die andere Gerade für $t \to -\infty$ ($\varrho_1 > 0$). In Abb. 21 sind durch Pfeile die Richtungen angegeben, die wachsenden t-Werten entsprechen.

Wir bemerken noch, daß für $\mu = 1$ und $C \neq 0$ die Schar (59) eine Schar von zwei Hyperbeln ist, deren Asymptoten die Geraden (56_1) und (56_2) sind.

3. Die Wurzeln ϱ_1 und ϱ_2 sind konjugiert komplex: $\varrho_1 = \alpha + \beta i$ und $\varrho_2 = \alpha - \beta i$ (α und β von Null verschieden). Setzen wir in den Koeffizienten des Systems (49_1) $\varrho = \alpha + \beta i$, so erhalten wir für ($m_1, n_1$) eine nichttriviale Lösung, die aus komplexen Zahlen besteht. Durch Einsetzen von $\varrho = \alpha - \beta i$ in das System (49_2) kann man für reelle Koeffizienten a_{ik} zeigen, daß die nichttriviale Lösung dieses Systems gleich ($\overline{m}_1, \overline{n}_1$) wird, wobei $\overline{a}$ die zu a konjugiert komplexe Zahl ist.

Da x und y reell sind, sehen wir aus (47), daß die Größen ξ und η zueinander konjugiert komplex sind. Deshalb müssen die rechte und die linke Seite der Gleichung (53) zueinander konjugiert komplex sein, und aus ihrer Gleichheit folgt, daß beide Größen reell sind. Mit dt bezeichnen wir ihre gemeinsame Größe und kommen so zu den Gleichungen (54_1) und (54_2). Ihre Integration liefert unter Berücksichtigung, daß ξ und η komplexe Zahlen sind,

$$\xi = C e^{\alpha t}(\cos \beta t + i \sin \beta t), \qquad \eta = \overline{C} e^{\alpha t}(\cos \beta t - i \sin \beta t), \qquad (60)$$

wobei $C = c_1 + c_2 i$ eine komplexe Konstante ist. Für $C = 0$ erhalten wir $\xi = \eta = 0$, d. h. den singulären Punkt $x = y = 0$. Für $C \neq 0$ haben wir $|\xi| = |\eta| = |C| e^{\alpha t} \neq 0$; diese Größe strebt gegen 0 für $t \to -\infty$ im Fall $\alpha > 0$ und für $t \to \infty$ im Fall $\alpha < 0$. Berücksichtigen wir die lineare Abhängigkeit zwischen den Veränderlichen (ξ, η) und (x, y), so können wir zeigen, daß alle Integralkurven der Differentialgleichung (45) an ihrem einen Ende gegen den singulären Punkt $(0, 0)$ streben. Benutzt man die Formeln (60) und die erwähnte Abhängigkeit zwischen den Veränderlichen, so kann man leicht beweisen, daß sich alle Integralkurven bei Annäherung an den Punkt $(0, 0)$ spiralförmig um diesen Punkt in ein und derselben Richtung bewegen (Abb. 22). Ein solcher singulärer

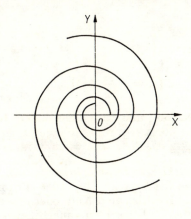

Abb. 22

Punkt heißt *Strudelpunkt*. Setzen wir $\xi = u + vi$ und $\eta = u - vi$, wobei u und v reelle Zahlen sind, so lassen sich diese Veränderlichen durch x und y durch die Formeln

$$u = p_1 x + q_1 y, \qquad v = p_2 x + q_2 y \qquad (61)$$

ausdrücken; dabei sind die p_k und q_k reell, und es gilt $p_1 q_2 - p_2 q_1 \neq 0$. Diese Formeln gestatten es, x und y durch u und v auszudrücken und auf der Grundlage von (60) das oben erwähnte Verhalten der Integralkurven in der x, y-Ebene in der Umgebung des Punktes $(0, 0)$ zu bestätigen.

Für die betrachteten drei Fälle ist folgende Tatsache charakteristisch: Bei beliebiger, aber hinreichend kleiner Veränderung der Koeffizienten a_{ik} verbleiben wir bei den vorigen Voraussetzungen über die Wurzeln ϱ_1, ϱ_2 und verändern somit auch nicht den Charakter des Verlaufs der Integralkurven in der Umgebung des singulären Punktes. Anders wird es im folgenden Fall.

4. Die Wurzeln ϱ_1 und ϱ_2 sind rein imaginär: $\varrho_1 = \beta i$, $\varrho_2 = -\beta i$ $(\beta \neq 0)$. Aus den Formeln (60) folgt für $\alpha = 0$

$$|\xi|^2 = |\eta|^2 = |C|^2, \quad \text{d. h.} \quad u^2 + v^2 = |C|^2.$$

Unter Berücksichtigung von (61) erhalten wir hieraus die Schar der Integralkurven der Differentialgleichung (45)

$$(p_1 x + q_1 y)^2 + (p_2 x + q_2 y)^2 = |C|^2. \tag{62}$$

Diese Integralkurven sind ähnliche Ellipsen oder Kreise. Keine Integralkurve verläuft durch den singulären Punkt; dieser ist von geschlossenen Integralkurven umgeben (Abb. 23). Ein solcher singulärer Punkt heißt *Wirbelpunkt*. In diesem Fall kann schon bei beliebig kleiner Veränderung der Koeffizienten a_{ik} in den Wurzeln $\beta_{12} = \pm \beta i$ ein Realteil auftreten, wodurch der Wirbelpunkt in einen Strudelpunkt übergeht.

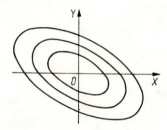

Abb. 23

5. Die Gleichung (50) hat die von Null verschiedene Doppelwurzel $\varrho_1 = \varrho_2$. Beim Einsetzen von $\varrho = \varrho_1$ in die Koeffizienten des Systems (49_1) oder (49_2) können zwei Fälle auftreten. Entweder werden alle Koeffizienten Null, oder unter ihnen ist mindestens einer von Null verschieden. Wir betrachten zunächst den ersten Fall

$$a_{12} = a_{21} = 0, \quad a_{11} = a_{22} = \varrho_1. \tag{63}$$

Das System (45) hat dann die Form

$$\frac{dx}{\varrho_1 x} = \frac{dy}{\varrho_1 y} \quad \text{oder} \quad \frac{dx}{x} = \frac{dy}{y},$$

und sein allgemeines Integral $y = Cx$ ist eine Schar von Geraden, die durch den Ursprung verlaufen. Der Koordinatenursprung ist also ein *Knotenpunkt*. Unter den Koeffizienten $a_{12}, a_{21}, a_{11} - \varrho_1, a_{22} - \varrho_1$ sei nun mindestens einer von Null verschieden. Es ist leicht einzusehen, daß dabei a_{12} und a_{21} nicht gleichzeitig Null sein können. Wäre nämlich $a_{12} = a_{21} = 0$, so würden wir unter Berücksichtigung der Doppelwurzel ϱ_1 der Gleichung (50) $a_{11} = a_{22} = \varrho_1$ erhalten: Unter den getroffenen Voraussetzungen geht (50) über in $\varrho^2 - (a_{11} + a_{22})\varrho + a_{11}a_{22} = 0$; da diese Gleichung eine Doppelwurzel hat, ergibt sich $a_{11} = a_{22} = \varrho_1$. Die Annahme $a_{12} = a_{21} = 0$ impliziert also die Gültigkeit von (63), was aber der von uns gemachten Voraussetzung widerspricht. Es muß also wenigstens einer der Koeffizienten a_{12} oder a_{21} von Null verschieden sein. Es sei etwa $a_{21} \neq 0$. Die Doppelwurzel der Gleichung (50) wird dann offenbar

$$\varrho_1 = \frac{a_{11} + a_{22}}{2},$$

und das System (49_1) muß sich beim Einsetzen von $\varrho = \varrho_1$, wie bereits erwähnt, auf die Gleichung

$$\frac{a_{11} - a_{22}}{2} m_1 + a_{21} n_1 = 0$$

reduzieren.

Wir wählen $m_1 = a_{21}$ und $n_1 = -\frac{a_{11} - a_{22}}{2}$, d. h.

$$\xi = a_{21} x - \frac{a_{11} - a_{22}}{2} y, \tag{64}$$

während wir y nicht transformieren. Die Differentialgleichung kann dann in der Form

$$\frac{d\xi}{\varrho_1 \xi} = \frac{dy}{a_{21} x + a_{22} y}$$

geschrieben werden oder, wenn x gemäß Formel (64) substituiert wird, in der Form

$$\frac{d\xi}{\varrho_1 \xi} = \frac{dy}{\xi + \varrho_1 y}, \tag{65}$$

d. h.

$$\frac{dy}{d\xi} - \frac{y}{\xi} - \frac{1}{\varrho_1} = 0.$$

Die Integration dieser linearen Differentialgleichung liefert

$$y = C\xi + \frac{\xi \log |\xi|}{\varrho_1}.$$

Für $\xi \to 0$ gilt offenbar $y \to 0$ und $\frac{dy}{d\xi} \to \infty$. Beseitigen wir in Gleichung (65) den Nenner, so sehen wir, daß $\xi = 0$ ebenfalls Lösung ist, d. h.

$$a_{21} x - \frac{a_{11} - a_{22}}{2} y = 0. \tag{66}$$

Alle Integralkurven streben an ihrem einen Ende gegen den Punkt (0, 0) und berühren in diesem Punkt die Gerade (66), d. h., wir haben einen Knoten, aber nur mit einer Tangente im singulären Punkt (Abb. 24). Der Fall der Doppelwurzel $\varrho = 0$, d. h. $a_{11}a_{22} - a_{12}a_{21} = 0$, ist nicht von Interesse. Wenn wir naturgemäß voraussetzen, daß keiner der Nenner in Gleichung (45) identisch verschwindet, so sehen wir, daß sich diese Nenner im betrachteten Fall nur um

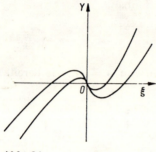

Abb. 24

einen konstanten, von Null verschiedenen Faktor unterscheiden. Die Differentialgleichung führt somit auf die Form $\dfrac{dy}{dx} = k$, wobei k eine gewisse von Null verschiedene Konstante ist. Die Schar der Integralkurven ist eine Schar paralleler Geraden.

Wenn wir in den Nennern von (45) x und y durch $x - x_0$ bzw. $y - y_0$ ersetzen, so erhalten wir offensichtlich wie oben die gleichen Bilder für das Verhalten der Integralkurven, nur ist jetzt nicht $(0, 0)$, sondern der Punkt (x_0, y_0) singulär.

Wir nehmen nun an, daß in Gleichung (41) $P(x, y)$ und $Q(x, y)$ Polynome sind, die im Punkt $(0, 0)$ Null werden. Wir trennen von ihnen die linearen Glieder ab:

$$P(x, y) = a_{11}x + a_{12}y + p(x, y),$$
$$Q(x, y) = a_{21}x + a_{22}y + q(x, y). \tag{67}$$

Dabei werden die Polynome $p(x, y)$ und $q(x, y)$ und ihre partiellen Ableitungen nach x und y im Punkt $(0, 0)$ Null. Es treten folgende Fälle auf:

In den Fällen 1, 2 und 3 hat die Darstellung der Integralkurven in der Umgebung des Punktes $(0, 0)$ den gleichen Charakter wie auch für die Gleichung (45), d. h., im Fall 1 ist der Punkt $(0, 0)$ ein Knotenpunkt, im Fall 2 ein Sattelpunkt und im Fall 3 ein Strudelpunkt.

Wir wollen dieses Ergebnis genauer formulieren:

Im Fall 1 streben alle Integralkurven, die hinreichend nahe am Punkt $(0, 0)$ beginnen, an ihrem einen Ende gegen diesen Punkt, und sie haben bei Hinzunahme dieses Punktes in ihm eine bestimmte Tangente, für die zwei Integralkurven im Punkt $(0, 0)$ übereinstimmen, d. h., bei Hinzunahme dieses Punktes entsteht eine Integralkurve mit stetig veränderlicher Tangente. Alle übrigen Integralkurven haben im Punkt $(0, 0)$ eine andere gemeinsame Tangente.

Im Fall 2 existieren in der Umgebung von (0, 0) zwei Paare von Integralkurven, die gegen diesen Punkt streben. Dabei bilden die Kurven jedes Paares zusammen mit dem Punkt (0, 0) eine Kurve mit stetig veränderlicher Tangente. Die übrigen Integralkurven streben in der Umgebung des Punktes (0, 0) nicht gegen diesen Punkt und sind beispielsweise so angeordnet wie für die Differentialgleichung (45).

Im Fall 3 nähern sich alle Integralkurven aus der Umgebung (0, 0), wie auch für die Gleichung (45), beliebig diesem Punkt, indem sie sich spiralförmig in ein und derselben Richtung um ihn winden.

Im Fall 4 kann der singuläre Punkt entweder ein Strudelpunkt oder ein Wirbelpunkt sein. Im letzten Fall sind alle Integralkurven, die hinreichend nahe am singulären Punkt beginnen, geschlossene Kurven, die den singulären Punkt umgeben.

Die oben angeführten Ergebnisse bleiben auch für den allgemeinen Fall richtig, wenn $p(x, y)$ und $q(x, y)$ nur in der Umgebung (0, 0) definiert sind und dort stetige partielle Ableitungen bis zur dritten Ordnung und eine partielle Ableitung erster Ordnung, die im Punkt (0, 0) verschwindet, besitzen.

55. Autonome Systeme. Wir kehren zur Gleichung (41) zurück und führen andere Bezeichnungen ein. Wir schreiben sie nämlich in der folgenden Form:

$$\frac{dx_1}{f_1(x_1, x_2)} = \frac{dx_2}{f_2(x_1, x_2)}. \tag{68}$$

Indem wir wie in [54] die Hilfsvariable dt einführen, erhalten wir ein System von zwei Differentialgleichungen erster Ordnung:

$$\frac{dx_1}{dt} = f_1(x_1, x_2), \quad \frac{dx_2}{dt} = f_2(x_1, x_2). \tag{69}$$

Es seien (x_1, x_2) Punktkoordinaten in der x_1, x_2-Ebene, und t sei die Zeit.

Wir werden annehmen, daß die $f_i(x_1, x_2)$ eindeutige stetige Funktionen sind und stetige partielle Ableitungen erster Ordnung in der ganzen Ebene besitzen. So bilden die ganze x_1, x_2-Ebene und das Intervall $-\infty < t < \infty$ den Bereich B des Existenz- und Eindeutigkeitssatzes A im Raum (x_1, x_2, t). Die Gleichungen (69) kann man als eine Aufgabe deuten, die einen Geschwindigkeitsvektor vorgibt, bzw. als Geschwindigkeitsvektor selbst; die Lösung dieser Aufgabe kann als Bewegung eines Punktes im Verlaufe der Zeit gedeutet werden:

$$x_i = \varphi_i(t) \qquad (i = 1, 2). \tag{70}$$

Die Lösungen der Gleichung (68) definieren Bahnen sich bewegender Punkte; die Formeln (69) liefern das Bewegungsgesetz dieser Punkte längs dieser Bahnen in Abhängigkeit von der Zeit.

Für das System (69) ist es charakteristisch, daß die rechten Seiten der Gleichungen die Variable t nicht enthalten. Solche Systeme nennt man gewöhnlich *autonome Systeme*.

Wir betrachten den Fall der Bewegung in der Ebene, d. h. den Fall zweier Funktionen $x_1(t)$ und $x_2(t)$. Wenn die rechten Seiten der Gleichungen für $x_1 = a_1$ und $x_2 = a_2$ Null werden: $f_1(a_1, a_2) = 0$, $f_2(a_1, a_2) = 0$, d. h., wenn der Punkt (a_1, a_2) ein singulärer Punkt von (68) ist, hat das System (69) offensichtlich die Lösung $x_1 \equiv a_1$ und $x_2 \equiv a_2$ für $-\infty < t < \infty$. Der Punkt (a_1, a_2) heißt dann naturgemäß *Ruhepunkt* des Systems. In [54] betrachteten wir die Form der Bahnen unter gewissen Voraussetzungen in der Nähe der Ruhepunkte. Wir nehmen an, daß jeder abgegrenzte Teil der Ebene endlich viele Ruhepunkte enthält. Schließen wir alle diese Punkte aus, so wird der verbleibende Teil der Ebene von diesen Bahnen überdeckt; jede dieser Bahnen besitzt ein maximales Existenzintervall $a < t < b$, und die Bahnen schneiden sich nicht.

Aus der Tatsache, daß t in den Gleichungen (69) nur im Differential vorkommt, folgt unmittelbar, daß neben der Lösung (70) auch die Lösung

$$x_i = \varphi_i(t + c) \qquad (i = 1, 2) \tag{70_1}$$

existiert, wobei c eine willkürliche Konstante ist. Wenn $a < t < b$ das maximale Existenzintervall für die Lösung (70) ist, dann wird dies für die Lösung (70_1) das Intervall $a - c < t < b - c$. Beiden Lösungen entspricht ein und dieselbe Bahn. Die Lösung (70_1) beschreibt diese Bahn, indem sie der Lösung (70) um die Größe c (für $c > 0$) nacheilt. Weiter oben erwähnten wir, daß verschiedene Bahnen keine gemeinsamen Punkte besitzen. Wir betrachten eine bestimmte Bahn l (aber keinen Ruhepunkt), für die bei verschiedenen Werten von t die Punkte zusammenfallen, d. h. $\varphi_i(t_1) = \varphi_i(t_2)$ $(i = 1, 2)$ für $t_1 \neq t_2$ ist. Unter Berücksichtigung des Existenz- und Eindeutigkeitssatzes sieht man leicht, daß dies eine geschlossene Bahn ist, die naturgemäß keine Ruhepunkte enthält (diese hatten wir ausgeschlossen). Man kann außerdem zeigen, daß die einer solchen Bahn entsprechenden Funktionen $\varphi_i(t)$ $(i = 1, 2)$ das Existenzintervall $-\infty < t < \infty$ besitzen und periodisch sind, d. h., es existiert eine solche Zahl ω, daß für alle t

$$\varphi_i(t + \omega) = \varphi_i(t) \qquad (i = 1, 2)$$

gilt. Von allen diesen Zahlen sei ω die kleinste; alle Zahlen der Form $k\omega$ ($k = \pm 1, \pm 2, \ldots$) sind ebenfalls Perioden. Der Punkt $x_i = \varphi_i(t)$ $(i = 1, 2)$ beschreibt im ganzen Intervall der Form $d \leq t < d + \omega$ die geschlossene Bahn ein einziges Mal.

So hat man also, außer den Ruhepunkten, zwei Arten von Bahnkurven:

1. Bahnkurven, die sich nicht selbst schneiden (die für verschiedene t keine gleichen Punkte liefern);
2. geschlossene Bahnkurven (auch *Zyklen* genannt).

Alle obigen Ausführungen gelten auch im Fall beliebig vieler Veränderlicher:

$$\frac{dx_i}{dt} = f_i(x_1, x_2, \ldots, x_n) \qquad (i = 1, 2, \ldots, n). \tag{71}$$

Wir kehren nun zum Fall der Ebene zurück. Eine Grundaufgabe der Theorie der Differentialgleichungen ist die Untersuchung des Verlaufs der Bahnkurven in der ganzen Ebene oder, wie man auch sagt, „im Großen". Eine wesentliche

Rolle spielen dabei die Ruhepunkte und die Zyklen. Mit anderen Worten ist dies die Bestimmung eines qualitativen Bildes der Integralkurven der Differentialgleichung (68) in der ganzen Ebene. Die Ruhepunkte ergeben sich als Lösungen des Gleichungssystems

$$f_1(x_1, x_2) = 0, \qquad f_2(x_1, x_2) = 0.$$

Sehr schwierig ist die Bestimmung der Zyklen. Wir führen einen neuen Begriff ein. Als *Grenzzyklus* bezeichnet man einen isolierten Zyklus, d. h. einen Zyklus l, der folgende Eigenschaft besitzt: Es existiert eine solche positive Zahl ε, daß eine Kurve, die durch einen beliebigen Punkt, dessen kürzeste Entfernung von l kleiner als ε ist, verläuft, keine geschlossene Kurve ist.

Eine Kurve, die durch einen Punkt im Innern des Zyklus l verläuft, liegt gemäß der Eindeutigkeit vollständig innerhalb von l. Eine analoge Eigenschaft besitzen auch die Kurven außerhalb von l.

Ohne Beweis wollen wir noch zwei Ergebnisse anführen. Im Innern eines jeden Zyklus l befindet sich mindestens ein Ruhepunkt. Es sei l ein Grenzzyklus. Alle Kurven, die sich entweder innerhalb oder außerhalb von l befinden und die durch Punkte verlaufen, die hinreichend nahe an l liegen, nähern sich spiralförmig dem Zyklus l für $t \to \infty$ oder $t \to -\infty$. Dabei sind folgende Fälle möglich:

1. Sowohl die inneren als auch die äußeren Kurven nähern sich l für $t \to \infty$.
2. Die Annäherung geschieht auf beiden Seiten für $t \to -\infty$.
3. Die eine Klasse der Bahnkurven nähert sich l für $t \to \infty$, die andere für $t \to -\infty$.

Die Grenzzyklen haben nicht nur eine theoretische Bedeutung, sondern sind in der Physik von großem praktischem Wert. Wir weisen nochmals darauf hin, daß man bei einer geschlossenen Bahnkurve ohne Ruhepunkte von einem Zyklus spricht.

Man kann außerdem folgende Tatsachen beweisen: Die Bahnkurven umwinden einen Ruhepunkt, falls er ein Strudelpunkt ist. Liegt ein Knoten vor, so streben sie für $t \to \infty$ oder $t \to -\infty$ gegen den Knotenpunkt. Ist der Ruhepunkt ein Sattelpunkt, so streben vier Bahnkurven gegen diesen Punkt, zwei für $t \to \infty$ und zwei für $t \to -\infty$; die ersten beiden und die letzten beiden Kurven bilden jeweils Linien, deren Tangenten sich stetig ändern.

Der Beweis der obigen Behauptungen und der allgemeine Aufbau der Theorie der autonomen Systeme ist im Buch von L. S. PONTRJAGIN, Gewöhnliche Differentialgleichungen, VEB Deutscher Verlag der Wissenschaften, Berlin 1965 (Übersetzung aus dem Russischen), zu finden.

56. Beispiele.

1. Wir betrachten das Beispiel aus [9] und ersetzen die Differentialgleichung durch das System

$$\frac{dx_1}{dt} = 2x_1 x_2, \qquad \frac{dx_2}{dt} = 1 - 3x_1^2 - x_2^2. \tag{72}$$

Die Gleichung für die Schar der Bahnkurven hat die Form

$$x_1(x_1^2 + x_2^2 - 1) = C. \tag{73}$$

Das System (72) besitzt vier Ruhepunkte:

$$M_1(0, 1), \quad M_2(0, -1), \quad M_3\left(\frac{\sqrt{3}}{3}, 0\right), \quad M_4\left(-\frac{\sqrt{3}}{3}, 0\right).$$

Benutzt man die Taylorsche Formel, so kann man die rechten Seiten der Gleichungen (72) nach Potenzen von $x_1 - \alpha$ und $x_2 - \beta$ entwickeln. Dabei sind α, β die Koordinaten der singulären Punkte. Außerdem stellen wir die quadratische Gleichung für ϱ auf. Für die Punkte M_1 und M_2 sind deren Wurzeln reell und von verschiedenem Vorzeichen; für die Punkte M_3 und M_4 sind die Wurzeln rein imaginär. Die singulären Punkte M_1 und M_2 sind also Sattelpunkte; M_3 und M_4 sind entweder Strudel- oder Wirbelpunkte. Für $C = 0$ ergeben sich die Gerade $x_1 = 0$ und der Kreis L: $x_1^2 + x_2^2 = 1$; ihre Schnittpunkte liefern M_1 und M_2. Durch diese Punkte können keine anderen Bahnkurven verlaufen. Man kann deshalb vier Typen von Bahnkurven angeben:

1. Kurven außerhalb von L und rechts von $x_1 = 0$;
2. die bezüglich $x_1 = 0$ dazu symmetrischen Kurven;
3. Kurven innerhalb von L und rechts von $x_1 = 0$;
4. die bezüglich $x_1 = 0$ dazu symmetrischen Kurven.

Die erwähnte Symmetrie folgt unmittelbar daraus, daß sich die linke Seite von (73) nicht ändert, wenn man x_2 durch $-x_2$ ersetzt. Gemäß (73) haben die Bahnkurven außerhalb von L die Achse $x_1 = 0$ zur Asymptote. Für die Untersuchung der Kurven innerhalb von L entwickeln wir die linke Seite von (73) nach Potenzen von $x_1 - \frac{\sqrt{3}}{3}$ und x_2:

$$\sqrt{3}\left(x_1 - \frac{\sqrt{3}}{3}\right)^2 + \frac{\sqrt{3}}{3} x_2^2 + \left(x_1 - \frac{\sqrt{3}}{3}\right)^3 + \left(x_1 - \frac{\sqrt{3}}{3}\right) x_2^2 = C.$$

Aus dieser Gleichung folgt, daß die Bahnkurven innerhalb von L mit Ausnahme des Achsenabschnittes von $x_1 = 0$ geschlossene Kurven bilden. In ihrem Innern befinden sich die Ruhepunkte M_3 und M_4, die in diesem Fall Wirbelpunkte sind. Man kann leicht zeigen, daß eine Schar algebraischer Kurven im allgemeinen keine Grenzzyklen besitzen kann. Der Verlauf der Kurven des Systems (72) ist in Abb. 25 dargestellt. Setzt man in der rechten Seite von Gleichung (72) $x_1 = 0$, so erhält man

$$\frac{dx_2}{dt} = 1 - x_2^2$$

und damit

$$\frac{dx_2}{dt} > 0 \text{ für } |x_2| < 1 \quad \text{und} \quad \frac{dx_2}{dt} < 0 \text{ für } |x_2| > 1.$$

Daraus ergibt sich die Bewegungsrichtung auf der Achse $x_1 = 0$ für wachsendes t. Diese Richtung erhält man ebenfalls leicht für die übrigen Bahnkurven (Abb. 25).

Wir führen nun mit $\varrho = \sqrt{x_1^2 + x_2^2}$ und dem Winkel φ Polarkoordinaten ein und bestimmen die Ableitung von ϱ^2 nach t längs der Bahnkurven. Indem man die Gleichungen (72) benutzt, ergibt sich

$$\frac{d\varrho^2}{dt} = 2\left(x_1 \frac{dx_1}{dt} + x_2 \frac{dx_2}{dt}\right) = 2x_2(1 - \varrho^2)$$

oder
$$\frac{d\varrho}{dt} = (1 - \varrho^2) \sin \varphi$$

und damit
$$\frac{d\varrho}{\varrho^2 - 1} = -\sin \varphi \, dt$$

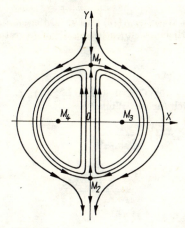

Abb. 25

und somit
$$\frac{\varrho - 1}{\varrho + 1} = C_1 e^{-2 \int_{t_0}^{t} \sin\varphi dt} \tag{74}$$

Aus dieser Formel ist ersichtlich, daß für Bahnkurven, die außerhalb von L liegen, das t-Intervall endlich ist. Bei unendlicher Entfernung längs dieser Kurven nach oben oder nach unten ($\varrho \to \infty$) strebt die linke Seite der Gleichung (74) gegen 1. Da außerdem $\sin \varphi \to \pm 1$ strebt, folgt hieraus, daß t gegen einen endlichen Grenzwert konvergiert.

2. Wir betrachten das System
$$\frac{dx_1}{dt} = x_1(x_1^2 + x_2^2 - 1) - x_2(x_1^2 + x_2^2 + 1),$$
$$\frac{dx_2}{dt} = x_2(x_1^2 + x_2^2 - 1) - x_1(x_1^2 + x_2^2 + 1). \tag{75}$$

Man kann leicht zeigen, daß dieses System einen einzigen Ruhepunkt, nämlich den Strudelpunkt (0, 0) besitzt. Aus den Gleichungen (75) ergibt sich
$$\frac{d\varrho^2}{dt} = 2\varrho^2(\varrho^2 - 1). \tag{76}$$

Damit ist der Kreis L:

$$x_1{}^2 + x_2{}^2 - 1 = 0 \tag{77}$$

eine geschlossene Bahnkurve, weil die Ableitung der linken Seite von (77) nach t gemäß (76) gleich Null wird [9]. Aus Gleichung (76) ergibt sich folgende Tatsache: Für wachsende t verkleinert sich ϱ auf einer beliebigen Kurve innerhalb von L; auf einer Kurve außerhalb von L vergrößert sich ϱ für wachsendes t. Außer L gibt es keine weiteren geschlossenen Kurven (L ist also Grenzzyklus). Die übrigen Bahnkurven winden sich für $t \to -\infty$ um L sowohl von innen als auch von außen. Die inneren Kurven umwinden für $t \to \infty$ den Strudelpunkt.

Wir drücken nun ϱ und φ explizit durch t aus. Gleichung (76) ist eine Differentialgleichung erster Ordnung für ϱ^2, in der sich die Veränderlichen trennen lassen. Die Integration liefert

$$\varrho^2 = \frac{1}{1 + Ce^{2t}}. \tag{78}$$

Für $C > 0$ ergeben sich innere Kurven ($\varrho < 1$), für $C < 0$ äußere ($\varrho > 1$); $C = 0$ liefert den Kreis (77). Längs einer Bahnkurve ergibt sich für den Winkel φ

$$\frac{d\varphi}{dt} = \frac{d}{dt}\left(\arctan \frac{x_2}{x_1}\right) = \left(x_1 \frac{dx_2}{dt} - x_2 \frac{dx_1}{dt}\right) \frac{4}{x_1{}^2 + x_2{}^2}$$

oder nach (75)

$$\frac{d\varphi}{dt} = \varrho^2 + 1. \tag{79}$$

Unter Benutzung von (78) folgt

$$\varphi = 2t - \frac{1}{2} \log(1 + Ce^{2t}) + C_1. \tag{80}$$

Aus den Formeln (78) und (79) ergeben sich unmittelbar die obigen Aussagen über die inneren Kurven. Das Existenzintervall für die äußeren Bahnkurven wird definiert durch die Ungleichung

$$-\infty < t < -\frac{1}{2} \log(-C) \quad (C < 0).$$

Für $t \to -\infty$ winden sich die Kurven um L, für $t \to -\frac{1}{2}\log(-C)$ entfernen sich die äußeren Kurven beliebig weit, wobei sie sich entgegengesetzt dem Uhrzeigersinn ($\varrho \to \infty$, $\varphi \to \infty$) winden. Für $C = 0$ gilt offenbar $\varrho = 1$ und $\frac{d\varphi}{dt} = 2$, d. h.

$$x_1 = \cos(2t + C_1), \quad x_2 = \sin(2t + C_1).$$

In Abb. 26 ist die Form des Kurvenverlaufs und die Bewegungsrichtung für wachsendes t dargestellt.

3. Wir betrachten nun ein im Charakter ähnliches, aber kompliziertes Beispiel:

$$\begin{aligned}\frac{dx_1}{dt} &= x_1(x_1{}^2 + x_2{}^2 - 1)(x_1{}^2 + x_2{}^2 - 9) - x_2(x_1{}^2 + x_2{}^2 - 2x_1 - 8), \\ \frac{dx_2}{dt} &= x_2(x_1{}^2 + x_2{}^2 - 1)(x_1{}^2 + x_2{}^2 - 9) + x_1(x_1{}^2 + x_2{}^2 - 2x_1 - 8).\end{aligned} \tag{81}$$

Setzen wir die rechten Seiten gleich Null, so erhalten wir drei Ruhepunkte

$$M_1(0,0), \quad M_2\left(\frac{1}{2}, -\frac{\sqrt{35}}{2}\right), \quad M_3\left(\frac{1}{2}, -\frac{\sqrt{35}}{2}\right).$$

Verfahren wir wie im Beispiel 1, so können wie sehen, daß M_1 ein Strudelpunkt, M_2 ein Knoten und M_3 ein Sattelpunkt ist. Anstelle von (76) gilt die Gleichung

$$\frac{d\varrho^2}{dt} = 2\varrho^2(\varrho^2-1)(\varrho^2-9), \tag{82}$$

aus der, wie in Beispiel 2, die beiden Lösungen des System

$$x_1{}^2 + x_2{}^2 - 1 = 0, \tag{83_1}$$

$$x_1{}^2 + x_2{}^2 - 9 = 0 \tag{83_2}$$

folgen. Die Lösung (83_2) wird durch die Ruhepunkte M_2 und M_3 in zwei Kurven geteilt.

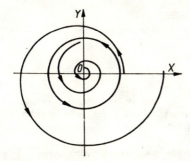

Abb. 26

Aus (82) ergibt sich folgende Aussgage: Im Innern des Kreises (83_1) wächst ϱ mit wachsendem t; das gleiche geschieht außerhalb von (83_2). Zwischen den beiden Kreisen nimmt ϱ mit wachsendem t ab. Mit Ausnahme des Kreises (83_1) existieren also für das System (81) keine weiteren geschlossenen Bahnkurven.

Die Kurven, die innerhalb des Kreises (83_1) liegen, winden sich für $t \to -\infty$ um den Strudelpunkt M_1; für $t \to \infty$ nähern sie sich spiralförmig dem Kreis (83_1) (Grenzzyklus). Außerhalb des Kreises (83_2) strebt eine Kurve für $t \to -\infty$ gegen den Sattelpunkt M_3; alle übrigen streben für $t \to -\infty$ gegen den Knoten M_2. Innerhalb des Kreisringes zwischen den Kreisen (83_1) und (83_2) gehen die Bahnkurven von den Punkten M_2 und M_3 (in M_3 beginnt nur eine solche Kurve) aus und winden sich für $t \to \infty$ um den Grenzzyklus (83_1).

Wie wir oben erwähnten, wird der Kreis (83_2) durch die Punkte M_2 und M_3 in zwei Kurven l_1 und l_2 geteilt. Die Tangente an den Kreis (83_2) im Punkt M_2 ist Tangente an l_1 und l_2; die übrigen Bahnkurven haben in diesem Punkt eine andere gemeinsame Tangente (vgl. [54]).

Analog gibt es im Sattelpunkt M_3 zwei Bahnkurven, die von l_1 und l_2 verschieden sind und deren gemeinsame Tangente in M_3 nicht mit der Kreistangente zusammenfällt.

Durch Integration von (82) erhält man

$$\frac{\varrho^{16}(\varrho^2-9)}{(\varrho^2-1)^9} = Ce^{144t}. \tag{84}$$

Für $\varrho > 3$, d. h. für Kurven außerhalb des Kreises (83_2), muß die Konstante positiv sein. Die linke Seite von (84) strebt für $\varrho \to \infty$ gegen 1. Für die erwähnten Kurven liegt t im Intervall $-\infty < t < -\dfrac{1}{144} \log C$. Wie im Beispiel 2 bestimmen wir die Ableitung des Winkels φ nach t:

$$\frac{d\varphi}{dt} = \varrho^2 - 2\varrho \cos \varphi - 8; \tag{85}$$

offenbar gilt $\dfrac{d\varphi}{dt} < 0$ für $\varrho < 2$ und $\dfrac{d\varphi}{dt} > 0$ für $\varrho > 4$. Im Intervall $2 < \varrho < 4$ ändert die Ableitung also ihr Vorzeichen. Wir untersuchen das Verhalten der Kurven bei Entfernung ins Unendliche. Aus (82) folgt, daß ϱ außerhalb des Kreises (83_2) längs jeder Kurve monoton wächst und unendlich groß wird.

In Gleichung (82) gehen wir zu einer neuen Veränderlichen $\sigma = \dfrac{1}{\varrho}$ über, die gegen Null strebt:

$$\frac{d\sigma}{dt} = \frac{(\sigma^2 - 1)(1 - 9\sigma^2)}{\sigma^3}. \tag{86}$$

Ersetzt man in der Gleichung (85) ϱ durch σ und dividiert die resultierende Gleichung seitenweise durch (86), so bekommt man

$$\frac{d\varphi}{d\sigma} = \frac{\sigma(1 - 2\sigma \cos \varphi - 8\sigma^2)}{(\sigma^2 - 1)(1 - 9\sigma^2)}.$$

Bei dieser Differentialgleichung gibt es für $\sigma = 0$ und für beliebiges φ keinen singulären Punkt. Nach dem Existenz- und Eindeutigkeitssatz strebt φ für jede Bahnkurve des Systems (81) bei Entfernung ins Unendliche gegen einen bestimmten Grenzwert. Diese Grenzwerte sind für verschiedene Kurven verschieden groß.

In Abb. 27 ist der Charakter des Kurvenverlaufs in der x_1, x_2-Ebene und die Bewegungsrichtung für wachsendes t dargestellt. Die Beispiele 2 und 3 sind der bekannten Arbeit von POINCARÉ „Über Kurven, die durch Differentialgleichungen definiert sind" entnommen.

4. Wir betrachten noch ein Beispiel allgemeinen Charakters:

$$\begin{aligned} \frac{dx_1}{dt} &= x_1 \omega(x_1^2 + x_2^2) - x_2, \\ \frac{dx_2}{dt} &= x_2 \omega(x_1^2 + x_2^2) + x_1. \end{aligned} \tag{87}$$

Dabei ist $\omega(\tau)$ eine im Intervall $0 \leq \tau < \infty$ stetige und stetig differenzierbare Funktion. Der Ursprung $(0, 0)$ ist ein Ruhepunkt des Systems (87). Weitere Ruhepunkte gibt es nicht. Dies ist wie im Beispiel 2 leicht zu zeigen. Der Übergang zu Polarkoordinaten liefert das Gleichungssystem

$$\frac{d\varrho}{dt} = \varrho \omega(\varrho^2), \quad \frac{d\varphi}{dt} = 1 \quad (\varrho > 0). \tag{88}$$

Hat $\omega(\tau)$ die Nullstelle $\tau = \tau_0$ $(\tau_0 > 0)$, so hat das System (88) offenbar die Lösung $\varrho = \sqrt{\tau_0}$ (d. i. ein Kreis mit dem Mittelpunkt im Ursprung). Ist dabei $\tau = \tau_0$ eine isolierte Nullstelle von $\omega(\tau)$, d. h. ist $\omega(\tau) \neq 0$ für alle τ aus einer hinreichend kleinen Umgebung von τ_0 mit $\tau \neq \tau_0$, so ist der Kreis $\varrho = \sqrt{\tau_0}$ ein Grenzzyklus. Für $\omega(\tau_1) = \omega(\tau_2) = 0$ und $\omega(\tau) \neq 0$ für $\tau_1 < \tau < \tau_2$ sind die Kreise $\varrho = \sqrt{\tau_1}$ und $\varrho = \sqrt{\tau_2}$ geschlossene Kurven des Systems.

Bahnkurven, die sich im Kreisring zwischen ihnen befinden, sind spiralförmige Kurven, die sich für $t \to -\infty$ und $t \to \infty$ um diese Kreise winden. Ist dabei $\omega(\tau) > 0$ für $\tau_1 < \tau < \tau_2$, so winden sich diese Kurven für $t \to -\infty$ umd den Kreis $\varrho = \sqrt{\tau_1}$; ist $\omega(\tau) < 0$, so winden sie sich für $t \to -\infty$ um den Kreis $\varrho = \sqrt{\tau_2}$. Ist $\omega(\tau) = 0$ für $\tau_1 \leq \tau \leq \tau_2$ und $\omega(\tau) \neq 0$ für $\tau < \tau_1$ in einer Umgebung von τ_1 und $\omega(\tau) \neq 0$ für $\tau > \tau_2$ in einer Umgebung von τ_2, so sind alle Kreise $\varrho = \sqrt{\tau}$ für $\tau_1 \leq \tau \leq \tau_2$ geschlossene Bahnkurven. Die anderen Kurven winden sich jeweils von einer Seite an die Kreise $\varrho = \sqrt{\tau_1}$ und $\varrho = \sqrt{\tau_2}$ heran.

Es sind natürlich auch schwierigere Fälle für die Verteilung der Nullstellen der Funktion $\omega(\tau)$ möglich.

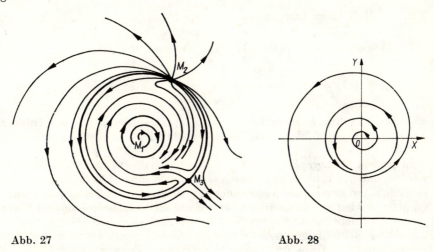

Abb. 27   Abb. 28

5. Wir betrachten das System

$$\frac{dx_1}{dt} = x_1(x_1^2 + x_2^2 - 1)^2 - x_2,$$
$$\frac{dx_2}{dt} = x_2(x_1^2 + x_2^2 - 1)^2 + x_1. \tag{89}$$

Es besitzt als einzigen Ruhepunkt den Strudelpunkt $(0, 0)$. In Polarkoordinaten hat das System die Form

$$\frac{d\varrho^2}{dt} = 2\varrho^2(\varrho^2 - 1)^2, \quad \frac{d\varphi}{dt} = 1.$$

Die einzige geschlossene Bahnkurve ist der Kreis (77), der ein Grenzzyklus ist. Die Größe ϱ wächst sowohl innerhalb als auch außerhalb dieses Kreises für wachsendes t. Folglich winden sich die Kurven von innen für $t \to \infty$ gegen diesen Kreis; außerhalb geschieht dies für $t \to -\infty$. Diese Tatsache resultiert daraus, daß die Gleichung (89) das Quadrat des Ausdrucks $x_1^2 + x_2^2 - 1$ enthält. Die inneren Kurven drehen sich für $t \to -\infty$ um den Strudelpunkt $(0, 0)$. Wie im Beispiel 3 kann man leicht zeigen, daß die äußeren Bahnkurven für $\varrho \to \infty$ Grenzwerte für φ besitzen, die für verschiedene Kurven unterschiedlich sind. Abb. 28 stellt ein Schema für die Lage der Bahnkurven mit eingezeichneter Richtung für wachsendes t dar.

III. MEHRFACHE INTEGRALE UND KURVENINTEGRALE. UNEIGENTLICHE INTEGRALE UND INTEGRALE, DIE VON EINEM PARAMETER ABHÄNGEN

§ 6. Mehrfache Integrale

57. Volumina. Bisher definierten wir das bestimmte Integral

$$\int_a^b f(x)\,dx$$

als Grenzwert einer Summe. Die Funktion $f(x)$ war hierbei auf dem Intervall (a, b) der x-Achse gegeben, d. h., der Integrationsbereich war stets ein geradliniger Abschnitt.

In diesem Paragraphen soll der Integralbegriff auf den Fall verallgemeinert werden, daß der Integrationsbereich ein Bereich in der Ebene oder im Raum oder schließlich ein Bereich auf irgendeiner Fläche ist. Bei den Darlegungen dieses Paragraphen werden wir die intuitive Vorstellung vom Flächeninhalt und Volumen benutzen und nicht auf die Begründung gewisser mit dem Grenzübergang zusammenhängender Schlußfolgerungen eingehen. Die Hauptpunkte einer exakten Darlegung kann der Leser im letzten Paragraphen dieses Kapitels finden. Wir beginnen mit dem Begriff des Doppelintegrals, das mit dem Problem der Volumenberechnung in analoger Weise verknüpft ist wie das anfangs zitierte Integral mit der Berechnung des Flächeninhaltes. Bevor wir den Begriff des Doppelintegrals einführen, befassen wir uns daher mit der Frage der Volumenberechnung.

Bekanntlich läßt sich der Inhalt der Fläche, die von der Kurve $y = f(x)$, der x-Achse und den zwei Ordinaten $x = a$, $x = b$ begrenzt wird, mit Hilfe des bestimmten Integrals berechnen, und zwar wird dieser Flächeninhalt durch das oben angegebene bestimmte Integral dargestellt [I, 87].

Wir beschäftigen uns nun mit der analogen Aufgabe, nämlich das *Volumen v* eines Körpers zu bestimmen, der begrenzt wird von einer gegebenen Fläche (S) mit der Gleichung

$$z = f(x, y) \tag{1}$$

sowie von der x, y-Ebene und von der Zylinderfläche (C), deren Erzeugende parallel zur z-Achse sind und (S) auf den Bereich (σ) der x, y-Ebene projizieren (Abb. 29).

In [I, 104] wurde die Berechnung eines Körpervolumens ebenfalls auf ein bestimmtes Integral zurückgeführt, wozu die parallelen Querschnitte des Körpers bekannt sein mußten; dieses Verfahren soll auch bei der vorliegenden Aufgabe angewendet werden.

Der Einfachheit halber sei angenommen, daß die Fläche (S) vollständig oberhalb der x, y-Ebene liegt und die Kontur (l), die (σ) begrenzt, nur in zwei Punkten von achsenparallelen Geraden geschnitten wird.

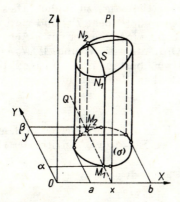

Abb. 29

Wir zerschneiden den betrachteten Körper mittels Ebenen, die parallel zur y, z-Ebene sind; ihre Spuren in der x, y-Ebene werden somit zur y-Achse parallele Geraden (Abb. 29 und 30). Die Abszissen der äußersten Schnitte bezeichnen wir mit a und b. Dies sind zugleich die Abszissen derjenigen Punkte auf der Kontur,

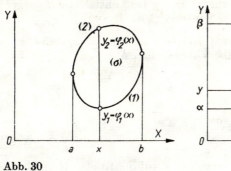 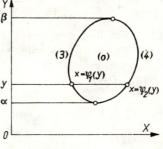

Abb. 30

die diese so in zwei Teile [(1) und (2)] zerlegen, daß die zur y-Achse parallelen Geraden auf dem einen Teil in den Bereich (σ) eintreten und auf dem anderen austreten (Abb. 30). Die Gleichungen dieser Teile seien

$$y_1 = \varphi_1(x), \quad y_2 = \varphi_2(x). \tag{2}$$

Der Inhalt des von der Ebene PQ im Abstand x von der y, z-Ebene erzeugten Querschnitts hängt von x ab; wir bezeichnen ihn mit $S(x)$. Dann wird [I, 104]

$$v = \int_a^b S(x)\, dx. \tag{3}$$

Es ist nun noch der Ausdruck für die Funktion $S(x)$ zu finden. Dies ist der Flächeninhalt der Figur $M_1 N_1 N_2 M_2$; sie liegt in der Ebene PQ und wird von der Schnittkurve $N_1 N_2$ der Ebene PQ mit der Fläche (S), von der zur y-Achse parallelen Geraden $M_1 M_2$ und von den beiden Ordinaten $M_1 N_1$ und $M_2 N_2$ begrenzt. Da für alle Punkte des betrachteten Schnitts x konstant ist, kann man die Ordinate der Kurve $N_1 N_2$ als Funktion von y ansehen, definiert durch

$$z = f(x, y)$$

für konstantes x; die unabhängige Veränderliche y variiert hierbei in dem Intervall (y_1, y_2), wobei y_1 und y_2 die Ordinaten des Ein- bzw. Austritts der Geraden $M_1 M_2$ in bezug auf den Bereich (σ) sind.

Auf Grund von [I, 87] können wir dann schreiben

$$S(x) = \int_{y_1}^{y_2} f(x, y)\, dy;$$

nach Einsetzen in (3) ergibt sich

$$v = \int_a^b dx \int_{y_1}^{y_2} f(x, y)\, dy. \tag{4}$$

Wir erhalten auf diese Weise eine Darstellung des Volumens als *iteriertes Integral*[1]), in dem die Integration zuerst über y bei konstantem x ausgeführt und danach das erhaltene Resultat über x integriert wird.

Zerschneiden wir den gegebenen Körper mittels zur x, z-Ebene paralleler Ebenen, so erhalten wir für dasselbe Volumen den Ausdruck

$$v = \int_\alpha^\beta dy \int_{x_1}^{x_2} f(x, y)\, dx. \tag{5}$$

Dabei sind x_1 und x_2 Funktionen von y:

$$x_1 = \psi_1(y), \quad x_2 = \psi_2(y); \tag{6}$$

α und β bezeichnen die Extremalwerte von y auf der Kontur (l) (Abb. 29 und 30).

Die Formeln (4) und (5) wurden unter zwei Voraussetzungen hergeleitet: 1. Die Fläche (S) liegt vollständig oberhalb der x, y-Ebene; 2. die Kontur (l), welche die Projektion (σ) der Fläche (S) auf die x, y-Ebene begrenzt, wird höchstens in zwei Punkten von jeder achsenparallelen Geraden geschnitten. Ist die Bedingung 1 nicht erfüllt, so liefern die rechten Seiten der Formeln (4) und (5) eine *Summe*

---

[1]) Wird mitunter auch als *Doppelintegral* bezeichnet. (D. Red.)

von Volumina, wobei die Volumina der Bereiche oberhalb der x, y-Ebene positiv und die der Bereiche unterhalb negativ gerechnet werden. Ist die Bedingung 2 nicht erfüllt, sind also z. B. (Abb. 31) mehrere Paare von Schnittpunkten der Kontur (l) mit einer Geraden $x = $ const vorhanden, so ist der Bereich (σ) derart in Teilbereiche zu zerlegen, daß jeder von ihnen die Bedingung 2 erfüllt. Dementsprechend werden auch die Fläche (S) und das Volumen v zerlegt, und für die Berechnung des Volumens jedes dieser Teile ist Formel (4) anwendbar.

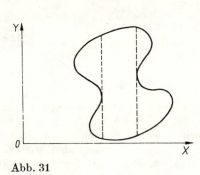
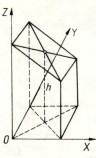

Abb. 31   Abb. 32

Beispiele.

1. Das Volumen eines abgeschnittenen rechteckigen Prismas (Abb. 32). Die Grundfläche werde von der x- und y-Achse sowie den Geraden $x = k$, $y = l$ begrenzt. Die Schnittebene hat die Gleichung

$$\frac{x}{\lambda} + \frac{y}{\mu} + \frac{z}{\nu} = 1.$$

Formel (4) liefert im vorliegenden Fall

$$v = \int_0^k dx \int_0^l z\, dy = \int_0^k dx \int_0^l \nu \left(1 - \frac{x}{\lambda} - \frac{y}{\mu}\right) dy$$

$$= \nu \int_0^k dx \left(y - \frac{xy}{\lambda} - \frac{y^2}{2\mu}\right) \Big|_{y=0}^{y=l} = \nu \int_0^k \left(l - \frac{xl}{\lambda} - \frac{l^2}{2\mu}\right) dx$$

$$= \nu \left(kl - \frac{k^2 l}{2\lambda} - \frac{k l^2}{2\mu}\right) = kl\nu \left(1 - \frac{k}{2\lambda} - \frac{l}{2\mu}\right) = \sigma h,$$

wobei σ der Inhalt der Grundfläche und h die Ordinate des Schnittpunktes der beiden Diagonalen der oberen Schnittfläche ist $\Big($die Projektion des Schnittpunktes in die x, y-Ebene hat dabei die Koordinaten $x = \dfrac{k}{2}$, $y = \dfrac{l}{2}\Big)$.

2. Das Volumen des Ellipsoids

$$\frac{x^2}{a^2} + \frac{y^2}{b^2} + \frac{z^2}{c^2} = 1.$$

Beim Schnitt des Ellipsoids mit Ebenen $z = \text{const}$ ergeben sich Ellipsen mit den Halbachsen

$$a\sqrt{1 - \frac{z^2}{c^2}}, \quad b\sqrt{1 - \frac{z^2}{c^2}}$$

und dem Inhalt

$$S(z) = \pi a b \left(1 - \frac{z^2}{c^2}\right);$$

daher wird das gesuchte Volumen

$$v = \int_{-c}^{c} \pi a b \left(1 - \frac{z^2}{c^2}\right) dz = \frac{4}{3} \pi a b c.$$

58. Das Doppelintegral. Zur Ableitung eines Näherungswertes für den Inhalt der unterhalb der Kurve $y = f(x)$ liegenden Fläche wurde diese in vertikale Streifen zerlegt [I, 87]; jeder dieser Streifen wurde ersetzt durch ein Rechteck mit derselben Basis und einer Höhe, die gleich einem passenden Mittelwert der Kurvenordinate für den gegebenen Streifen ist. Bei Vergrößerung der Streifenanzahl in der Weise, daß jede Streifenbreite gegen Null strebt, geht der Fehler gegen Null, und die Näherungsformel geht im Grenzfall in das bestimmte Integral über, das den exakten Ausdruck für den Flächeninhalt liefert.

Analog können wir auch bei der Volumenberechnung vorgehen. Wir zerlegen den Bereich (σ) (Abb. 33) in eine genügend große Anzahl kleiner Flächenelemente $\Delta \sigma$ von beliebiger Form, wobei wir mit $\Delta \sigma$ der Kürze halber sowohl diese kleinen Bereiche selbst als auch deren Flächeninhalte bezeichnen. Jedes dieser Elemente betrachten wir als Grundfläche eines Zylinders, der aus dem Bereich v einen Ele-

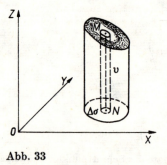

Abb. 33

mentarbereich herausschneidet. Offensichtlich kann für das Volumen dieses Bereiches näherungsweise das Volumen eines Zylinders genommen werden, dessen Basis ebenfalls $\Delta \sigma$ und dessen Höhe die Ordinate, d. h. der z-Wert eines beliebigen Punktes auf dem entsprechenden Flächenelement ist. Mit anderen Worten: Wählt man auf dem Element $\Delta \sigma$ einen beliebigen Punkt N und bezeichnet der Kürze halber mit $f(N)$ die Ordinate desjenigen auf der Fläche (S) liegenden Punktes M, der diesem Punkt N entspricht, oder, was dasselbe ist, den Wert der Funktion $f(x, y)$ in diesem Punkt, so ergibt sich für das Elementarvolumen der Wert $f(N)\,\Delta\sigma$, und es wird

$$v \approx \sum_{(\sigma)} f(N)\,\Delta\sigma.$$

Dabei wird die Summation über sämtliche Flächenelemente $\Delta\sigma$ erstreckt.

Je kleiner jedes Element $\Delta\sigma$ und je größer die Anzahl n dieser Elemente wird, um so genauer ist die erhaltene Näherungsformel, und im Grenzfall können wir

$$\lim \sum_{(\sigma)} f(N)\,\Delta\sigma = v$$

schreiben.

Indem wir von den geometrischen Vorstellungen abstrahieren, können wir den angegebenen Grenzwert der Summe auch unabhängig vom geometrischen Bild der Funktion $f(N)$ definieren; dieser Grenzwert heißt dann *Doppelintegral* oder *zweifaches Integral*[1]) der Funktion $f(N)$ auf dem Bereich (σ) und wird folgendermaßen dargestellt:

$$\iint\limits_{(\sigma)} f(N)\,d\sigma = \lim \sum_{(\sigma)} f(N)\,\Delta\sigma.$$

Die Existenz des angegebenen Grenzwertes ist plausibel, da dieser Grenzwert, wie wir erläutert haben, das von uns früher beschriebene Volumen v liefert. Eine solche Überlegung ist natürlich nicht exakt, doch läßt sich die Existenz des erwähnten Grenzwertes unter ziemlich allgemeinen Voraussetzungen bezüglich $f(N)$ streng beweisen.

Die beiden Integralzeichen weisen auf den zweidimensionalen Integrationsbereich hin (ebener Bereich). Der Ausdruck $f(N)\,d\sigma$ unter dem Integralzeichen ist leicht zu erklären. Er erinnert daran, daß der Wert des Integrals gleich dem Grenzwert der oben erwähnten Summe ist. Wir bemerken noch, daß wir dabei kein Koordinatensystem in der Ebene einführen, wie wir es im Fall der Formeln (5) und (6) taten. Das oben definierte Integral nennt man, wie auch im Fall einer Veränderlichen, *Riemannsches Integral*.

Wird $f(N) = 1$ gesetzt, so erhalten wir den Inhalt σ des Bereiches (σ) in Form eines Doppelintegrals

$$\sigma = \iint\limits_{(\sigma)} d\sigma.$$

Im folgenden soll eine vollständige Formulierung der Definition des Doppelintegrals gegeben werden. Es sei (σ) ein beschränkter ebener Bereich und $f(N)$ eine in diesem Bereich erklärte Funktion. $f(N)$ nimmt also in jedem Punkt N des Bereiches (σ) einen wohlbestimmten Wert an. Wir zerlegen den Bereich (σ) in n Teilbereiche, und es seien $\Delta\sigma_1, \Delta\sigma_2, \ldots, \Delta\sigma_n$ die Flächeninhalte dieser Teilbereiche

---

[1]) In der Terminologie von Fußnote auf S. 188 heißt dieses Integral auch *Flächenintegral*. (D. Red.)

und $N_1, N_2, \ldots, N_n$ irgendwelche Punkte, die in diesen Teilbereichen liegen. Dann bilden wir die Summe

$$\sum_{k=1}^{n} f(N_k) \, \Delta \sigma_k.$$

Der Grenzwert dieser Summe bei unbegrenzt wachsender Anzahl n und unbegrenzter Verkleinerung der Teilbereiche $\Delta \sigma_k$ heißt *Doppelintegral* der Funktion $f(N)$ auf dem Bereich (σ); man schreibt dann

$$\iint\limits_{(\sigma)} f(N) \, d\sigma = \lim \sum_{k=1}^{n} f(N_k) \, \Delta \sigma_k.$$

Bemerkung. Es sei d_k der maximale Abstand zwischen zwei Punkten des Teilbereiches $\Delta \sigma_k$ (Durchmesser dieses Bereiches) und d der größte der Werte $d_1, d_2, \ldots, d_n$. Die unbegrenzte Verkleinerung jedes Teilbereiches $\Delta \sigma_k$, von der in der Definition gesprochen wird, hat die Bedeutung, daß d gegen Null strebt. Wenn wir mit dem Buchstaben I die Größe des Integrals bezeichnen, dann ist die oben ausgesprochene Definition äquivalent der folgenden: Zu jedem vorgegebenen positiven Wert ε existiert ein positiver Wert η derart, daß (vgl. [I, 87])

$$\left| I - \sum_{k=1}^{n} f(N_k) \, \Delta \sigma_k \right| \leq \varepsilon$$

ist, sobald $d \leq \eta$ gilt. Am Schluß dieses Kapitels führen wir bei der Darlegung der vollständigen Theorie der mehrfachen Integrale eine exakte Definition des Flächeninhaltes ein und präzisieren den Begriff des Bereiches (σ), über dem man die Integration ausführen kann; wir werden dann erläutern, in welcher Weise man ihn in Teilbereiche zerlegen kann, und beweisen die Existenz des Grenzwertes der angegebenen Summen.

59. Die Berechnung des Doppelintegrals. Sieht man das Doppelintegral als Volumen an, so läßt sich ein Verfahren zur Rückführung eines Doppelintegrals auf ein iteriertes Integral angeben. Dazu beziehen wir den Bereich (σ) auf rechtwinklige Koordinaten und nehmen an, daß die Elemente $\Delta \sigma$ aus einer Zerlegung der Fläche in Rechtecke mit den Seiten $\Delta x, \Delta y$ vermittels achsenparalleler Geraden (Abb. 34) hervorgehen; die Koordinaten des Punktes N seien x und y. Dann können wir

$$f(N) = f(x, y), \quad \Delta \sigma = \Delta x \, \Delta y, \quad d\sigma = dx \, dy,$$

und

$$\iint\limits_{(\sigma)} f(N) \, d\sigma = \lim \sum_{(\sigma)} f(x, y) \, \Delta x \, \Delta y = \iint\limits_{(\sigma)} f(x, y) \, dx \, dy$$

schreiben.

Andererseits wird nach dem in [57] über die Darstellung eines Volumens durch ein iteriertes Integral Gesagten

$$\iint\limits_{(\sigma)} f(x, y) \, dx \, dy = \int_a^b dx \int_{y_1}^{y_2} f(x, y) \, dy = \int_\alpha^\beta dy \int_{x_1}^{x_2} f(x, y) \, dx. \tag{7}$$

Das ist die gewünschte Regel zur Berechnung eines Doppelintegrals, unabhängig von der geometrischen Bedeutung der Funktion $f(x, y)$.

Bei Ausführung der ersten Integration über y wird x als konstant angesehen, und die Grenzen y_1 und y_2 sind Funktionen von x, die durch die Formeln (2) definiert sind [57]. Entsprechendes gilt, wenn die erste Integration über x ausgeführt wird. Die Grenzen der ersten Integration in dem iterierten Integral sind nur dann von der Variablen der zweiten Integration unabhängige Konstanten, wenn der Integrationsbereich (σ) ein Rechteck mit achsenparallelen Seiten ist. Wird (σ) von den Geraden (Abb. 35)

$$x = a, \quad x = b, \quad y = \alpha, \quad y = \beta$$

begrenzt, so ergibt sich

$$\iint\limits_{(\sigma)} f(x, y) \, dx \, dy = \int\limits_a^b dx \int\limits_\alpha^\beta f(x, y) \, dy = \int\limits_\alpha^\beta dy \int\limits_a^b f(x, y) \, dx. \tag{8}$$

Der Ausdruck $d\sigma = dx \, dy$ heißt *Flächenelement in rechtwinkligen Koordinaten*. Wir bemerken noch, daß in Formel (7) die erste Integration über y bei konstantem x einer Summierung über die Rechtecke entspricht, die in einem zur y-Achse parallelen Streifen liegen, wobei alle diese Rechtecke ein und dieselbe Breite dx

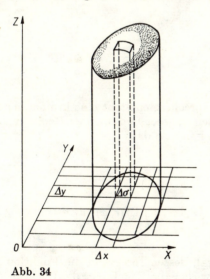

Abb. 34

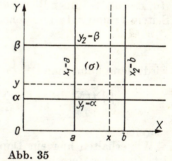

Abb. 35

haben, die vor das Zeichen der ersten Integration gezogen wird. Die zweite Integration über x entspricht der Addition aller Summen, die sich bei der Summierung über die zur y-Achse parallelen Streifen ergeben haben. Wenn achsenparallele Geraden den Rand des Bereiches (σ) in mehr als zwei Punkten schneiden, dann muß man wie in [57] angegeben verfahren. Im letzten Paragraphen dieses Kapitels geben wir eine exakte Begründung der Formeln (8) und (7).

Jetzt und im folgenden werden wir natürlich voraussetzen, daß die betrachteten Integrale existieren. Dafür ist es hinreichend, daß die zu integrierenden Funktionen im Bereich (σ) bis zu dessen Grenzen stetig sind; wir werden auch voraussetzen, daß der Bereich (σ) auch die Bedingung erfüllt, die bei der Begründung des Integralbegriffs erwähnt wird.

Wir beziehen jetzt den Integrationsbereich (σ) auf Polarkoordinaten r und φ. Die Gleichung der Fläche (S) hat dann die Form $z = f(r, \varphi)$.

Zur Gewinnung einer Zerlegung in Elementarbereiche betrachten wir die Kurvenscharen $r = \text{const}$ und $\varphi = \text{const}$; erstere ist die Schar konzentrischer Kreise um den Koordinatenursprung O, letztere stellt das Strahlenbüschel durch O dar (Abb. 36). Beim Schnitt zweier Kreise vom Radius r bzw. $r + \Delta r$ mit Strahlen,

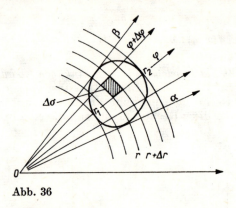

Abb. 36

die den Winkeln φ bzw. $\varphi + \Delta \varphi$ entsprechen, entsteht eine krummlinige Figur $\Delta \sigma$, die bis auf unendlich kleine Größen höherer Ordnung als Rechteck mit den Seiten Δr und $r \Delta \varphi$ angesehen werden kann, so daß

$$\Delta \sigma = r \, \Delta r \, \Delta \varphi$$

wird; dann kann man

$$\iint\limits_{(\sigma)} f(N) \, d\sigma = \lim \sum_{(\sigma)} f(r, \varphi) r \, \Delta r \, \Delta \varphi = \iint\limits_{(\sigma)} f(r, \varphi) r \, dr \, d\varphi$$

schreiben.

Wir erhalten hier ein Doppelintegral, dessen Integrand die Funktion $f(r, \varphi) r$ ist. Zu seiner Berechnung kann man wieder die Regel über die Rückführung auf ein iteriertes Integral anwenden, nur spielen hier r und φ die Rolle von x und y.

Die Integration über r bei konstantem φ entspricht einer Summierung über die Elemente $d\sigma$, die zwischen zwei Strahlen φ und $\varphi + d\varphi$ enthalten sind, wobei $d\varphi$ vor das erste Integralzeichen gezogen wird. Die nachfolgende Integration über φ entspricht der Addition aller bei der ersten Summierung erhaltenen Summen. Bei Anwendung der erwähnten Regel stellen wir zunächst die extremalen Werte α und β des Arguments φ (den extremalen Werten von x in [57] entsprechend) fest, danach bei festgehaltenem φ die Radien r_1 und r_2 des Ein- bzw. Austrittspunktes des Strahles $\varphi = \text{const}$ bezüglich (σ) (dies entspricht der Bestimmung von y_1 und y_2 in [57]). Nach der Bestimmung dieser Werte erhalten wir

$$\iint\limits_{(\sigma)} f(N)\, d\sigma = \iint\limits_{(\sigma)} f(r, \varphi) r\, dr\, d\varphi = \int\limits_\alpha^\beta d\varphi \int\limits_{r_1}^{r_2} f(r, \varphi) r\, dr, \qquad (9)$$

wobei r_1 und r_2 Funktionen von φ sind.

Abb. 36 entspricht dem Fall, daß der Koordinatenursprung außerhalb der Kontur (l) liegt. Befindet er sich jedoch innerhalb, so bedeutet dies, daß φ von 0 bis 2π und r bei vorgegebenem φ von 0 bis r_2 variiert, wobei sich für r_2 aus der Gleichung der Kurve (l) die Darstellung $r_2 = \psi(\varphi)$ ergibt. Wir erhalten dann (Abb. 37)

$$\iint\limits_{(\sigma)} f(N)\, d\sigma = \int\limits_0^{2\pi} d\varphi \int\limits_0^{r_2} f(r, \varphi) r\, dr.$$

Der Ausdruck

$$r\, dr\, d\varphi \qquad (10)$$

heißt *Flächenelement in Polarkoordinaten*.

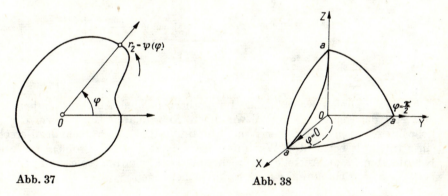

Abb. 37 Abb. 38

Ist insbesondere $f(N) = 1$, so ergibt sich der bereits in [**I, 102**] hergeleitete Ausdruck für den Flächeninhalt in Polarkoordinaten, also

$$\int\limits_\alpha^\beta d\varphi \int\limits_{r_1}^{r_2} r\, dr = \frac{1}{2} \int\limits_\alpha^\beta (r_2^2 - r_1^2)\, d\varphi.$$

(Die Formel aus [**I, 102**] entspricht dem Fall $r_2 = r$ und $r_1 = 0$.)

Beispiel. Wir berechnen das Volumen desjenigen Körpers, der durch einen geraden Kreiszylinder vom Radius $\frac{a}{2}$ aus einer Kugel vom Radius a ausgebohrt wird; dabei gehe die Mantelfläche des Zylinders durch den Mittelpunkt der Kugel (Abb. 38).

Als Koordinatenursprung wählen wir den Kugelmittelpunkt; die x, y-Ebene sei senkrecht zur Zylinderachse. Schließlich werde die x-Achse durch Kugelmittelpunkt und Schnittpunkt der Zylinderachse mit der x, y-Ebene gelegt. Aus Symmetriegründen ist das gesuchte Volumen gleich dem vierfachen Volumen eines von der x, z- und x, y-Ebene sowie der oberen Halbkugel begrenzten Teilbereiches des Zylinders.

Als Integrationsbereich ergibt sich die Hälfte der Zylindergrundfläche, deren Kontur aus dem Halbkreis

$$r = a \cos \varphi$$

und einem Abschnitt der x-Achse besteht; dabei variiert der Winkel φ von Null bis $\dfrac{\pi}{2}$ und der entsprechende Strahl von der x-Achse bis zur y-Achse.

Die Gleichung der Kugelfläche

$$x^2 + y^2 + z^2 = a^2$$

schreibt sich in unserem Fall in der Form

$$z^2 = a^2 - (x^2 + y^2), \quad z = \sqrt{a^2 - r^2}.$$

Das gesuchte Volumen wird daher

$$v = 4 \int_0^{\pi/2} d\varphi \int_0^{a \cos \varphi} \sqrt{a^2 - r^2}\, r\, dr = 4 \int_0^{\pi/2} \left[-\frac{1}{3}(a^2 - r^2)^{3/2} \right]_{r=0}^{r=a\cos\varphi} d\varphi$$

$$= \frac{4}{3} \int_0^{\pi/2} (a^3 - a^3 \sin^3 \varphi)\, d\varphi = \frac{4}{3} a^3 \left[\varphi + \cos \varphi - \frac{\cos^3 \varphi}{3} \right]_{\varphi=0}^{\varphi=\pi/2}$$

$$= \frac{4}{3} a^3 \left(\frac{\pi}{2} - \frac{2}{3} \right).$$

60. Krummlinige Koordinaten. Im vorhergehenden Abschnitt haben wir für den Fall der geradlinigen rechtwinkligen Koordinaten (x, y) sowie der Polarkoordinaten (r, φ) das Flächenelement bestimmt und das Problem der Berechnung eines Integrals betrachtet. Wir untersuchen jetzt dasselbe Problem für beliebige Koordinaten (u, v). Anstelle der rechtwinkligen Koordinaten x und y seien nun neue Veränderliche u und v mittels der Beziehungen

$$\varphi(x, y) = u, \quad \psi(x, y) = v \tag{11}$$

eingeführt.

Wenn wir den Wert u festhalten und v als Veränderliche ansehen, erhalten wir eine Kurvenschar. Analog ergibt sich eine andere Kurvenschar, wenn wir v festhalten und u variieren lassen. Diese beiden Kurvenscharen bestehen im allgemeinen aus krummen Linien, können aber auch Geraden enthalten (Abb. 39). Die Lage eines Punktes M in der Ebene wird durch ein Wertepaar (x, y) oder auf Grund von (11) durch ein Wertepaar (u, v) bestimmt. Die Werte u, v heißen *krummlinige Koordinaten des Punktes M*. Die Auflösung der Gleichungen (11) nach x und y liefert die Darstellung der rechtwinkligen Koordinaten (x, y) durch die krummlinigen (u, v) in der Form

$$x = \varphi_1(u, v), \quad y = \psi_1(u, v). \tag{12}$$

Im Fall von Polarkoordinaten ist u gleich r und v gleich φ. Die bereits erwähnten Linien $u = $ const und $v = $ const heißen *Koordinatenlinien* der krummlinigen Koordinaten (u, v). Sie bilden zwei Scharen von Kurven (Kreise und Strahlen im Fall von Polarkoordinaten).

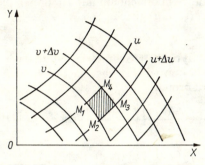

Abb. 39

Wir bestimmen jetzt das Flächenelement $d\sigma$ in den krummlinigen Koordinaten (u, v).

Hierzu betrachten wir das Flächenelement $M_1 M_2 M_3 M_4$ (Abb. 39), das von den beiden Paaren infinitesimal benachbarter Koordinatenlinien

$$\varphi(x, y) = u, \quad \varphi(x, y) = u + du,$$
$$\psi(x, y) = v, \quad \psi(x, y) = v + dv$$

gebildet wird.

Die Koordinaten der Eckpunkte des Vierecks $M_1 M_2 M_3 M_4$ werden bis auf unendlich kleine Größen höherer Ordnung [I, 68] durch

(M_1) $\quad x_1 = \varphi_1(u, v), \quad y_1 = \psi_1(u, v),$

(M_2) $\quad x_2 = \varphi_1(u + du, v) = \varphi_1(u, v) + \dfrac{\partial \varphi_1(u, v)}{\partial u} du,$

$\quad\quad\quad y_2 = \psi_1(u + du, v) = \psi_1(u, v) + \dfrac{\partial \psi_1(u, v)}{\partial u} du,$

(M_3) $\quad x_3 = \varphi_1(u + du, v + dv) = \varphi_1(u, v) + \dfrac{\partial \varphi_1(u, v)}{\partial u} du + \dfrac{\partial \varphi_1(u, v)}{\partial v} dv,$

$\quad\quad\quad y_3 = \psi_1(u + du, v + dv) = \psi_1(u, v) + \dfrac{\partial \psi_1(u, v)}{\partial u} du + \dfrac{\partial \psi_1(u, v)}{\partial v} dv,$

(M_4) $\quad x_4 = \varphi_1(u, v + dv) = \varphi_1(u, v) + \dfrac{\partial \varphi_1(u, v)}{\partial v} dv,$

$\quad\quad\quad y_4 = \psi_1(u, v + dv) = \psi_1(u, v) + \dfrac{\partial \psi_1(u, v)}{\partial v} dv$

gegeben. Aus diesen Formeln erhält man unmittelbar $x_2 - x_1 = x_3 - x_4$ und $y_2 - y_1 = y_3 - y_4$. Hieraus folgt wiederum, daß die Abschnitte $\overline{M_1 M_2}$ und $\overline{M_4 M_3}$ der Größe und Richtung nach gleich sind. Dasselbe kann man auch von den Abschnitten $\overline{M_1 M_4}$ und $\overline{M_2 M_3}$ sagen; bis auf kleine Größen höherer Ordnung ist also $M_1 M_2 M_3 M_4$ ein Parallelogramm. Sein Flächeninhalt ist daher gleich dem doppelten Inhalt des Dreiecks $M_1 M_2 M_3$, d. h. gleich

$$d\sigma = |x_1(y_2 - y_3) - y_1(x_2 - x_3) + (x_2 y_3 - x_3 y_2)|$$

nach einer bekannten Formel der analytischen Geometrie. Setzen wir die Ausdrücke für die Koordinaten ein, so erhalten wir für das Flächenelement in beliebigen krummlinigen Koordinaten die Formel

$$d\sigma = \left| \frac{\partial \varphi_1(u,v)}{\partial u} \frac{\partial \psi_1(u,v)}{\partial v} - \frac{\partial \varphi_1(u,v)}{\partial v} \frac{\partial \psi_1(u,v)}{\partial u} \right| du\, dv = |D|\, du\, dv,$$

wobei

$$D = \frac{\partial \varphi_1(u,v)}{\partial u} \frac{\partial \psi_1(u,v)}{\partial v} - \frac{\partial \varphi_1(u,v)}{\partial v} \frac{\partial \psi_1(u,v)}{\partial u}$$

als *Funktionaldeterminante der Funktionen* $\varphi_1(u,v)$ *und* $\psi_1(u,v)$ in bezug auf die Veränderlichen u und v bezeichnet wird.

Die Formel für die Substitution der Veränderlichen in einem Doppelintegral lautet schließlich

$$\iint\limits_{(\sigma)} f(x,y)\, d\sigma = \iint\limits_{(\sigma)} F(u,v)\, |D|\, du\, dv. \tag{13}$$

Dabei sei mit $F(u,v)$ diejenige Funktion von u und v bezeichnet, in die $f(x,y)$ infolge der Transformation (12) übergeht. Die Integrationsgrenzen in u und v bestimmen sich aus der Form des Bereiches (σ) in analoger Weise, wie dies in [59] für den Fall von Polarkoordinaten angegeben wurde.

In den Transformationsformeln (11) sehen wir u und v als neue krummlinige Punktkoordinaten an, wobei die Ebene selbst als unverändert betrachtet wird. Andererseits kann man u und v als rechtwinklige Koordinaten eines Punktes der Ebene ansehen; dann liefern die Formeln (11) eine Transformation der Ebene. Dabei geht dann ein Punkt mit den rechtwinkligen Koordinaten (x, y) in einen Punkt mit den rechtwinkligen Koordinaten (u, v) über. Eine solche Transformation führt also den Bereich (σ) in einen neuen Bereich (Σ) über. Unter diesem Gesichtspunkt schreibt sich Formel (13) in der Gestalt

$$\iint\limits_{(\sigma)} f(x,y)\, d\sigma = \iint\limits_{(\Sigma)} F(u,v)\, |D|\, du\, dv,$$

wobei hier u und v die rechtwinkligen Koordinaten der Punkte des Bereiches (Σ) sind und sich die Integrationsgrenzen in dem Integral über (Σ) so bestimmen, wie dies in [59] angegeben wurde. Wenn wir $f(x,y) = F(u,v) = 1$ setzen, erhalten wir eine Darstellung des Flächeninhaltes σ des Bereiches (σ) in Form eines Integrals über (Σ):

$$\sigma = \iint\limits_{(\Sigma)} |D|\, du\, dv.$$

Hieraus ist übrigens ersichtlich, daß von unserem neuen Standpunkt aus der Wert $|D|$ in einem Punkt N aus (Σ) den Koeffizienten der Flächenverzerrung in diesem Punkt bei der Transformation von (Σ) in (σ) darstellt; er ist also der Grenzwert des Verhältnisses des Flächeninhaltes eines in (σ) liegenden Bereiches zum Flächeninhalt des entsprechenden Bereiches in (Σ), wenn letzterer sich auf den Punkt N zusammenzieht. Eingehender betrachten wir von diesem Standpunkt aus die Substitution der Veränderlichen im Doppelintegral in [80].

Beispiele.

1. Wir betrachten in der x, y-Ebene die Kreisfläche $x^2 + y^2 \leq 1$ mit dem Mittelpunkt im Koordinatenursprung und dem Radius 1. Gemäß den Formeln für den Übergang zu Polarkoordinaten $x = r \cos \varphi$, $y = r \sin \varphi$ führen wir neue Veränderliche r und φ ein, werden diese aber nicht als Polarkoordinaten, sondern als rechtwinklige Koordinaten deuten; es wird also ein Punkt mit den rechtwinkligen Koordinaten (x, y) in einen Punkt mit den ebenfalls rechtwinkligen Koordinaten (r, φ) transformiert. Hierbei geht offensichtlich die erwähnte Kreisfläche in das Rechteck über, das von der Geraden $x = 0, x = 1, y = 0, y = 2\pi$ (oder $r = 0, r = 1, \varphi = 0, \varphi = 2\pi$) begrenzt wird, wobei der Koordinatenursprung $x = y = 0$ der ganzen Seite $r = 0$ dieses Rechtecks entspricht und die gegenüberliegenden Seiten $\varphi = 0$ und $\varphi = 2\pi$ des Rechtecks ein und demselben Radius der Kreisfläche zugeordnet sind. Wenden wir auf das Rechteck die durch Formel (8) dargestellte Regel zur Rückführung eines Doppelintegrals auf zwei iterierte an, so sehen wir unmittelbar, daß bei der Integration in Koordinaten r und φ die Werte $r = 0$ und $r = 1$ bzw. $\varphi = 0$ und $\varphi = 2\pi$ als Integrationsgrenzen auftreten. Analog kann man auch die in [59] angegebenen Regeln zur Bestimmung der Grenzen bei der Integration in Polarkoordinaten deuten.

Im vorliegenden Fall ist

$$D = \frac{\partial (r \cos \varphi)}{\partial r} \frac{\partial (r \sin \varphi)}{\partial \varphi} - \frac{\partial (r \cos \varphi)}{\partial \varphi} \frac{\partial (r \sin \varphi)}{\partial r} = r$$

und, wie wir bereits gefunden hatten, $d\sigma = r \, dr \, d\varphi$.

2. Als weiteres Beispiel für die zweite Auffassung betrachten wir das rechtwinklige Dreieck (σ), das von den Koordinatenachsen und der Geraden $x + y = a$ begrenzt wird. Die im Innern von (σ) liegenden Punkte werden durch die folgenden Ungleichungen, denen ihre Koordinaten genügen müssen, definiert:

$$x > 0, \quad y > 0, \quad x + y < a. \tag{14}$$

Mittels
$$x + y = u, \quad ay = uv$$

führen wir neue Veränderliche (u, v) ein. Es wird dann

$$u = x + y, \quad v = \frac{ay}{x + y}$$

oder

$$x = \frac{u(a - v)}{a}, \quad y = \frac{uv}{a}.$$

Die Variablen (u, v) werden ebenfalls als geradlinige rechtwinklige Koordinaten angesehen. Aus den letzten Formeln folgt, daß die Ungleichungen (14) in den neuen Veränderlichen gleichbedeutend mit den Ungleichungen $0 < u < a, 0 < v < a$ sind; diese definieren ein Quadrat (Σ), dessen eine Spitze im Koordinatenursprung liegt und dessen Seiten parallel zu den Achsen sind. Jedem Punkt (x, y) aus (σ) entspricht ein bestimmter Punkt (u, v) aus (Σ) und umgekehrt. Für D erhalten wir den Ausdruck

$$D = \frac{a-v}{a}\frac{u}{a} + \frac{u}{a}\frac{v}{a} = \frac{u}{a},$$

und (13) nimmt die Form

$$\iint\limits_{(\sigma)} f(x, y)\, dx\, dy = \iint\limits_{(\Sigma)} F(u, v)\, \frac{u}{a}\, du\, dv$$

an. Führt man gemäß (7) und (8) die Integrationsgrenzen ein, so ergibt sich schließlich

$$\int\limits_0^a dx \int\limits_0^{a-x} f(x, y)\, dy = \frac{1}{a}\int\limits_0^a u\, du \int\limits_0^a F(u, v)\, dv.$$

61. Das dreifache Integral. Das in [58] behandelte Doppelintegral kann statt als Volumen eines Körpers auch als Masse gedeutet werden, die auf dem ebenen Bereich (σ) verteilt ist. Wir denken uns also auf (σ) Masse verteilt. Es sei Δm die auf ein Element $\Delta\sigma$ entfallende Masse; ferner sei N ein im Innern von $\Delta\sigma$ gelegener Punkt. Strebt bei unbegrenztem Zusammenschrumpfen von $\Delta\sigma$ auf den Punkt N das Verhältnis $\dfrac{\Delta m}{\Delta\sigma}$ ($\Delta\sigma$ ist der Inhalt des erwähnten Elementes) gegen einen bestimmten Grenzwert $f(N)$, so definiert dieser Grenzwert die Dichte der flächenhaften Massenverteilung im Punkt N:

$$\lim \frac{\Delta m}{\Delta\sigma} = f(N).$$

Wird (σ) in kleine Elemente $\Delta\sigma$ zerlegt, so ist die Masse eines einzelnen Elementes ungefähr gleich dem Produkt $f(N)\,\Delta\sigma$, und für die Gesamtmasse m auf (σ) ergibt sich näherungsweise

$$m \approx \sum_{(\sigma)} f(N)\,\Delta\sigma,$$

wobei sich die Summierung über alle Elemente $\Delta\sigma$ von (σ) erstreckt. Die erhaltene Näherung wird um so genauer, je kleiner wir jedes Element $\Delta\sigma$ wählen. Bei unbegrenztem Zusammenschrumpfen jedes der Elemente $\Delta\sigma$ in allen Richtungen, wobei die Anzahl dieser Elemente unbegrenzt zunimmt, erhalten wir im Grenzfall

$$m = \lim \sum_{(\sigma)} f(N)\,\Delta\sigma = \iint\limits_{(\sigma)} f(N)\, d\sigma.$$

Ganz analog führt uns die Betrachtung der Masse einer räumlichen Massenverteilung zum Begriff des dreifachen Integrals. Es sei (v) ein räumlicher Bereich, der von einer geschlossenen Fläche (S) begrenzt wird. In diesem Bereich sei Materie verteilt, deren Gesamtmasse m ist. Wir zerlegen den Gesamtbereich (v)

in eine genügend große Anzahl n kleiner Teilbereiche vom Volumen Δv[1]) und bezeichnen die Masse eines jeden entsprechend mit Δm. Das Verhältnis

$$\frac{\Delta m}{\Delta v}$$

besitze bei Zusammenschrumpfen des Elementes Δv auf den im Innern dieses Elementes liegenden Punkt M einen Grenzwert; dieser Grenzwert definiert die (*räumliche*) *Dichte der Verteilung im Punkt* M. Wir bezeichnen diesen Grenzwert mit $f(M)$:

$$\lim \frac{\Delta m}{\Delta v} = f(M).$$

So wie früher ergibt sich für die Gesamtmasse m näherungsweise

$$m \approx \sum_{(v)} f(M)\, \Delta v,$$

wobei die Summierung über alle zu (v) gehörenden Elemente Δv erstreckt wird.

Bei unbegrenztem Zusammenschrumpfen jedes der Elemente Δv in allen Richtungen erhalten wir

$$m = \lim \sum_{(v)} f(M)\, \Delta v.$$

Dieses physikalische Beispiel führt uns auf eine der Definition des Doppelintegrals entsprechende allgemeine Definition des dreifachen Integrals. Es sei (v) ein beschränkter Bereich des dreidimensionalen Raumes und $f(M)$ eine in diesem Bereich definierte Ortsfunktion, d. h. eine Funktion, die in jedem Punkt M des Bereiches (v) einen wohlbestimmten Wert annimmt. Es sei (v) in n Teile zerlegt, ferner seien $\Delta v_1, \Delta v_2, \ldots, \Delta v_n$ die Volumina der Teilbereiche und $M_1, M_2, \ldots, M_n$ irgendwelche Punkte, die in diesen Teilbereichen liegen.

Wir bilden nun die Summe

$$\sum_{k=1}^{n} f(M_k)\, \Delta v_k. \tag{15}$$

Der Grenzwert dieser Summe bei unbegrenzt wachsender Anzahl n und unbegrenzter Verkleinerung der Teilbereiche heißt *dreifaches Integral*[2]) der Funktion $f(M)$ über den Bereich (v):

$$\iiint\limits_{(v)} f(M)\, dv = \lim \sum_{k=1}^{n} f(M_k)\, \Delta v_k.$$

Bemerkung (vgl. [58]). Es sei d_k der Maximalabstand zweier Punkte des Teilbereiches Δv_k (Durchmesser dieses Bereiches) und d der größte der Werte $d_1, d_2, \ldots, d_n$; unbegrenzte Verkleinerung der Teilbereiche bedeutet dann, daß d gegen Null geht. Bezeichnet man mit dem Buchstaben I den Wert des Integrals,

---
[1]) Analog dem ebenen Fall werde die Bezeichnung Δv sowohl für einen Teilbereich als auch für dessen Volumen benutzt. (D. Red.)
[2]) Wird mitunter auch als *Raumintegral* bezeichnet. (D. Red.)

so wird die ausgesprochene Definition äquivalent der folgenden: Zu einem beliebig vorgegebenen positiven Wert ε existiert ein Wert η derart, daß

$$\left| I - \sum_{k=1}^{n} f(M_k)\, \Delta v_k \right| \leq \varepsilon$$

wird, sobald $d \leq \eta$ ist.

Ein strenger Aufbau der Theorie der dreifachen Integrale wie auch der zweifachen wird am Schluß dieses Kapitels gebracht.

Ist $f(M) = 1$ im ganzen Bereich (v), so erhalten wir das Volumen v dieses Bereiches durch

$$v = \iiint\limits_{(v)} dv.$$

Die effektive Berechnung eines dreifachen Integrals erfordert im allgemeinen dessen Rückführung auf einfache Integrale oder Doppelintegrale, für deren Berechnung bereits Verfahren angegeben worden sind.

Im folgenden beziehen wir den Raum auf rechtwinklige Koordinaten. Es werde der Einfachheit halber angenommen, daß die den Bereich (v) begrenzende Fläche (S) von jeder achsenparallelen Geraden in nicht mehr als zwei Punkten geschnitten wird. Wir konstruieren einen Zylinder, der diese Fläche (S) auf die x, y-Ebene in Form eines Bereiches (σ_{xy}) (Abb. 40) projiziert.

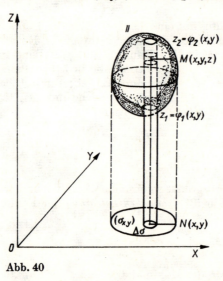

Abb. 40

Die Berührungslinie der Fläche (S) mit dem Zylinder zerlegt diese in zwei Teile, die durch die Gleichungen

$$z_1 = \varphi_1(x, y), \tag{I}$$
$$z_2 = \varphi_2(x, y) \tag{II}$$

gegeben seien.

Eine durch einen beliebigen Punkt des Bereiches (σ_{xy}) verlaufende, zur z-Achse parallele Gerade tritt durch die Teilfläche (I) in den Bereich (v) ein und verläßt ihn durch die Teilfläche (II); die Ordinaten z_1 bzw. z_2 des Ein- und Austrittspunktes sind dann Funktionen von (x, y).

Wir vereinbaren jetzt, den Bereich (v) folgendermaßen in Elemente Δv zu zerlegen: Der Grundbereich (σ_{xy}) sei in eine genügend große Anzahl von Elementen $\Delta \sigma$ unterteilt; über jedem von diesen errichten wir einen Zylinder, der aus (v) eine Säule herausschneidet; diese wiederum zerlegen wir in Elementarzylinder der Höhe Δz, und zwar durch Schnitte, die parallel zur x, y-Ebene und im Abstand Δz voneinander geführt werden. Die Volumina Δv der auf diese Weise erhaltenen Elemente werden durch die Formel

$$\Delta v = \Delta \sigma \, \Delta z$$

dargestellt.

Es sei nun eines der Elemente $\Delta \sigma$ und in seinem Innern ein beliebiger Punkt $N(x, y)$ gewählt. Wir legen durch N die zur z-Achse parallele Gerade; diese schneidet (S) in Punkten mit den Ordinaten z_1 und z_2. Auf jedem ihrer im Innern der Elemente Δv erhaltenen Abschnitte wählen wir einen Punkt $M(x, y, z)$.

Die in Formel (15) auftretende Summe kann dann folgendermaßen geschrieben werden:

$$\sum_{(v)} f(x, y, z) \, \Delta v = \sum_{(\sigma)} \Delta \sigma \sum_{(z)} f(x, y, z) \, \Delta z.$$

Wir halten zunächst $\Delta \sigma$ fest und verkleinern Δz. Aus der Definition des bestimmten Integrals folgt

$$\lim \sum_{(z)} f(x, y, z) \, \Delta z = \int_{z_1}^{z_2} f(x, y, z) \, dz,$$

wobei die Größen x, y als konstante Parameter anzusehen sind. Daher gilt näherungsweise

$$\sum_{(z)} f(x, y, z) \, \Delta z \approx \int_{z_1}^{z_2} f(x, y, z) \, dz = \Phi(x, y).$$

Aber dann ergibt sich offensichtlich auf Grund der Definition des Doppelintegrals

$$\sum_{(v)} f(x, y, z) \, \Delta v \approx \sum_{(\sigma_{xy})} \Delta \sigma \, \Phi(x, y) \to \iint_{(\sigma_{xy})} \Phi(x, y) \, d\sigma,$$

d. h.

$$\iiint_{(v)} f(x, y, z) \, dv = \iint_{(\sigma_{xy})} d\sigma \int_{z_1}^{z_2} f(x, y, z) \, dz. \tag{16}$$

Die vorstehenden Überlegungen führen uns, wenn wir von der geometrischen Deutung abstrahieren, zu der folgenden Regel für die Berechnung von dreifachen Integralen:

Zur Rückführung des dreifachen Integrals

$$\iiint_{(v)} f(x, y, z) \, dv$$

auf ein einfaches und zweifaches projizieren wir 1. *die Fläche* (S), *die den Bereich* (v) *begrenzt, auf die* x, y-*Ebene in Form des Bereiches* (σ_{xy}), *bestimmen* 2. *die Ordinaten* z_1 *und* z_2 *des Ein- bzw. Austrittspunktes der Geraden, die parallel zur* z-*Achse durch den Punkt* (x, y) *des Bereiches* (σ_{xy}) *verläuft, und berechnen* 3., *indem* (x, y) *als konstant angesehen wird, das Integral*

$$\int_{z_1}^{z_2} f(x, y, z)\, dz$$

und darauf das Doppelintegral

$$\iint\limits_{(\sigma_{xy})} d\sigma \int_{z_1}^{z_2} f(x, y, z)\, dz.$$

Das Doppelintegral läßt sich seinerseits unter Benutzung der rechtwinkligen Koordinaten (x, y) auf ein iteriertes zurückführen; wir erhalten schließlich

$$\iiint\limits_{(v)} f(x, y, z)\, dv = \int_a^b dx \int_{y_1}^{y_2} dy \int_{z_1}^{z_2} f(x, y, z)\, dz, \tag{17}$$

wobei sich die Grenzen (y_1, y_2) und (a, b) wie in [57] bestimmen.

Es sei dem Leser überlassen, durch Projektion der Fläche (S) auf die y, z-Ebene in der Form (σ_{yz}) oder auf die x, z-Ebene in der Form (σ_{xz}) die anderen Reihenfolgen bei der Rückführung des dreifachen Integrals auf ein iteriertes zu untersuchen.

Die Beziehung (17) kann man auch in der Form

$$\iiint\limits_{(v)} f(x, y, z)\, dx\, dy\, dz = \int_a^b dx \int_{y_1}^{y_2} dy \int_{z_1}^{z_2} f(x, y, z)\, dz$$

schreiben.

Der Faktor $dx\, dy\, dz$ heißt *Volumenelement in rechtwinkligen Koordinaten*; er ergibt sich durch Zerlegung des Bereiches (v) in „unendlich kleine" rechtwinklige Parallelepipede mittels Ebenen, die parallel zu den Koordinatenebenen sind.

Eine strenge Begründung der Formel (17) wird am Ende dieses Kapitels gegeben.

Wenn achsenparallele Geraden die Fläche (S) in mehr als zwei Punkten schneiden, dann muß man (v) so aufteilen, daß in jedem dieser Teilbereiche höchstens zwei Schnittpunkte vorkommen können. Wenn wir die Integrale über jeden der erhaltenen Teilbereiche nach dem oben angegebenen Verfahren bilden und addieren, erhalten wir das Integral über den gesamten Bereich (v).

Ist (v) ein rechtwinkliges Parallelepiped, das von den zu den Koordinatenebenen parallelen Ebenen

$$x = a, \quad x = b, \quad y = a_1, \quad y = b_1, \quad z = a_2, \quad z = b_2$$

begrenzt wird, so werden auch die Grenzen bei den ersten Integrationen Konstanten, und man erhält

$$\iiint\limits_{(v)} f(x, y, z)\, dx\, dy\, dz = \int_a^b dx \int_{a_1}^{b_1} dy \int_{a_2}^{b_2} f(x, y, z)\, dz. \tag{18}$$

62. Zylinderkoordinaten und Kugelkoordinaten.

Häufig ist es zweckmäßig, den Raum nicht auf geradlinige rechtwinklige Koordinaten zu beziehen, sondern auf ein anderes Koordinatensystem. Am gebräuchlichsten sind *Zylinderkoordinaten* und *sphärische (Kugel-)Koordinaten*. Im geradlinigen rechtwinkligen System wird die Lage eines Punktes durch die drei Koordinaten (a, b, c) bestimmt, und dieser Punkt liegt im Schnitt der drei zu den Koordinatenebenen parallelen Ebenen $x = a$, $y = b$ und $z = c$. In diesem Fall ist somit der Raum gleichsam ausgefüllt mit drei Scharen zueinander senkrechter Ebenen; diese werden gegeben durch

$$x = C_1, \quad y = C_2, \quad z = C_3,$$

wobei C_1, C_2, C_3 Konstanten sind. Jeder Punkt des Raumes erweist sich dabei als Schnittpunkt von drei Ebenen dieser verschiedenen Scharen. Wir behalten nun die Koordinate z bei und führen anstelle von x und y die neuen Koordinaten r und φ mittels

$$x = r \cos \varphi, \quad y = r \sin \varphi$$

ein. Die Koordinate r ist der Abstand des Punktes M von der z-Achse, und φ ist der Winkel, den die durch die z-Achse und den Punkt M verlaufende Ebene mit der x, z-Ebene bildet (Abb. 41). Hierbei variiert φ zwischen 0 und 2π und r zwischen 0 und ∞. Die Koordinaten r, φ, z heißen *Zylinderkoordinaten* des Punktes M. Den Punkten der z-Achse entspricht $r = 0$, die Koordinate φ bleibt dabei unbestimmt.

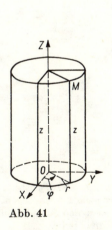

Abb. 41

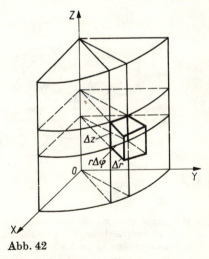

Abb. 42

Wir haben in diesem Fall folgende drei Scharen von Koordinatenflächen:

$$r = C_1, \quad \varphi = C_2, \quad z = C_3.$$

Dabei ergibt $r = C_1$ die Schar der Kreiszylinder, deren Achse die z-Achse ist; $\varphi = C_2$ stellt die Schar der durch die z-Achse verlaufenden Halbebenen und $z = C_3$ die Schar der zur x, y-Ebene parallelen Ebenen dar.

Fügen wir zu den Veränderlichen r, φ und z die Inkremente Δr, $\Delta \varphi$ bzw. Δz hinzu und zeichnen die den gewählten Werten der Veränderlichen entsprechenden Flächen jeder Schar, so erhalten wir einen Elementarbereich in Zylinderkoordinaten. Bis auf infinitesimal kleine Größen höherer Ordnung kann man diesen (Abb. 42) als rechtwinkliges Parallelepiped mit den Kanten

$$\Delta r, \quad r \Delta \varphi, \quad \Delta z$$

auffassen. Damit erscheint plausibel, daß sich für das *Volumenelement in Zylinderkoordinaten* der Ausdruck

$$dv = r\, dr\, d\varphi\, dz$$

ergibt. Das dreifache Integral nimmt dann in Zylinderkoordinaten die Form

$$\iiint\limits_{(v)} f(M)\, dv = \iiint\limits_{(v)} f(r, \varphi, z)\, r\, dr\, d\varphi\, dz \tag{19}$$

an, wobei sich die Integrationsgrenzen nach denselben Prinzipien bestimmen lassen wie im Fall der rechtwinkligen Koordinaten.

Beispiel. Es ist die Masse eines Kugelsegments zu ermitteln, das von einer inhomogenen Materie erfüllt ist, deren Dichte sich proportional dem Abstand von der Basis des Segments ändert (Abb. 43).

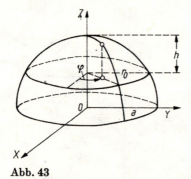

Abb. 43

Wir legen den Koordinatenursprung in den Kugelmittelpunkt, als x, y-Ebene nehmen wir die Diametralebene, die parallel zur Basis des Segments ist; die z-Achse legen wir vom Koordinatenursprung in Richtung zum Segment und bezeichnen den Kugelradius mit a, die Höhe des Segments mit h und den Grundkreisradius des Segments mit r_0.

Die Gleichung der Kugel lautet in Zylinderkoordinaten

$$r^2 + z^2 = a^2 \quad \text{oder} \quad z^2 = a^2 - r^2.$$

Die Dichte $f(r, \varphi, z)$ wird gegeben durch

$$f(r, \varphi, z) = b + ez,$$

wobei b und c gewisse Konstanten sind. Die Anwendung der Formel (19) liefert

$$m = \iiint\limits_{(v)} (b + cz)\, r\, dr\, d\varphi\, dz = \int\limits_0^{2\pi} d\varphi \int\limits_0^{r_0} r\, dr \int\limits_{a-h}^{\sqrt{a^2-r^2}} (b + cz)\, dz$$

$$= 2\pi \int\limits_0^{r_0} \left[bz + \frac{c}{2} z^2 \right]_{z=a-h}^{z=\sqrt{a^2-r^2}} r\, dr.$$

Setzt man die Werte von z ein und führt die Integration aus, so ergibt sich

$$m = bv + c\pi \frac{r_0^4}{4},$$

wobei v das Volumen des Segments bedeutet.

Wir betrachten noch die *sphärischen (Kugel-)Koordinaten* oder, wie man auch sagt, die *räumlichen Polarkoordinaten*. Es sei M ein nicht auf der z-Achse gelegener Punkt im Raum und $\overline{OM}$ die vom Koordinatenursprung O zum Punkt M gezogene Strecke. Die Lage des Punktes M kann man durch folgende drei Größen bestimmen: durch die Länge ϱ der Strecke $\overline{OM}$, den Winkel φ, den die durch die z-Achse und den Punkt M gehende Halbebene mit der x, z-Ebene bildet, und den Winkel θ, den die Strecke $\overline{OM}$ mit der positiven Richtung der z-Achse bildet (Abb. 44). Hierbei kann ϱ von 0 bis ∞ variieren; der Winkel φ wird entgegen-

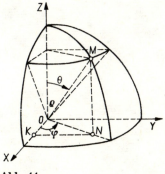

Abb. 44

gesetzt dem Uhrzeigersinn von der x-Achse an gerechnet und läuft von 0 bis 2π; der Winkel θ schließlich rechnet von der positiven Richtung der z-Achse aus und variiert von 0 bis π. Jedem Punkt M entsprechen wohlbestimmte Koordinaten ϱ, φ und θ. Wir fällen vom Punkt M das Lot $\overline{MN}$ auf die x, y-Ebene und vom Fußpunkt N dieses Lotes das Lot $\overline{NK}$ auf die x-Achse. Die Abschnitte $\overline{OK}$, $\overline{KN}$, $\overline{NM}$ liefern offenbar die rechtwinkligen Koordinaten x, y, z des Punktes M. Aus dem rechtwinkligen Dreieck ONM ergibt sich

$$|ON| = \varrho \sin \theta.$$

Benutzen wir noch das rechtwinklige Dreieck ONK, so erhalten wir schließlich die *Formeln für den Übergang von den rechtwinkligen zu den sphärischen Koordinaten*:

$$x = \varrho \sin \theta \cos \varphi, \quad y = \varrho \sin \theta \sin \varphi, \quad z = \varrho \cos \theta.$$

Wir betrachten die Scharen der Koordinatenflächen

$$\varrho = c_1, \quad \varphi = c_2, \quad \theta = c_3.$$

Durch $\varrho = c_1$ wird offensichtlich eine Schar von Kugeln mit dem Mittelpunkt im Koordinatenursprung geliefert; $\varphi = c_2$ stellt die Schar der durch die z-Achse gehenden Halbebenen dar; schließlich gibt $\theta = c_3$ die Schar der Kreiskegel mit der z-Achse als Rotationsachse an. Wir bemerken noch, daß dem Koordinatenursprung O der Wert $\varrho = 0$ entspricht, wogegen die Werte der beiden anderen Koordinaten φ und θ unbestimmt bleiben. Für alle auf der z-Achse liegenden Punkte wird die Koordinate φ unbestimmt und $\theta = 0$ oder π.

Fügt man zu den Veränderlichen ϱ, θ und φ jeweils die Inkremente $\Delta \varrho$, $\Delta \theta$ und $\Delta \varphi$ hinzu, so hat der durch die entsprechenden Koordinatenflächen abgegrenzte Elementarbereich bis auf kleine Größen höherer Ordnung die Form eines rechtwinkligen Parallelepipeds (Abb. 45). Da dessen Kantenlängen durch

$$d\varrho, \quad \varrho \, d\theta, \quad \varrho \sin \theta \, d\varphi$$

gegeben werden, lautet der Ausdruck für das Volumen dv des Elementarbereiches in sphärischen Koordinaten

$$dv = \varrho^2 \sin \theta \, d\varrho \, d\theta \, d\varphi.$$

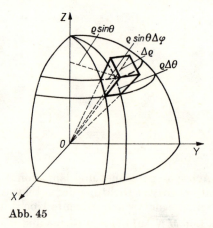

Abb. 45

Hieraus erhalten wir die nachfolgende Darstellung des dreifachen Integrals in sphärischen Koordinaten:

$$\iiint\limits_{(v)} f(M) \, dv = \iiint\limits_{(v)} f(\varrho, \theta, \varphi) \varrho^2 \sin \theta \, d\varrho \, d\theta \, d\varphi. \tag{20}$$

Die Rückführung eines dreifachen Integrals auf ein iteriertes kann man hier etwa in folgender Weise durchführen: Wir ermitteln die Zentralprojektion des Volumens (v) vom Koordinatenursprung aus auf die Einheitskugel (Abb. 46);

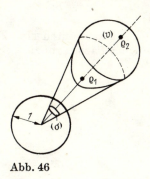

Abb. 46

es sei dies der Bereich (σ) [wenn der Koordinatenursprung im Innern von (v) liegt, fällt (σ) mit der ganzen Kugeloberfläche zusammen]. Wir ziehen Strahlen durch alle Punkte von (σ); im einfachsten Fall hat jeder solche Strahl einen Ein- und Austrittspunkt in bezug auf (v); die Radiusvektoren dieser Punkte bezeichnen wir mit ϱ_1 und ϱ_2 [für den Fall, daß der Koordinatenursprung im Innern von (v) liegt, setzen wir $\varrho_1 = 0$]. Es ergibt sich dann

$$\iiint\limits_{(v)} f(\varrho, \theta, \varphi) \varrho^2 \sin\theta \, d\varrho \, d\theta \, d\varphi = \iint\limits_{(\sigma)} \sin\theta \, d\theta \, d\varphi \int\limits_{\varrho_1}^{\varrho_2} f(\varrho, \theta, \varphi) \varrho^2 \, d\varrho,$$

wobei ϱ_1 und ϱ_2 gewisse Funktionen von θ und φ sind. Die Integrationsgrenzen in θ und φ bestimmen sich aus der Gestalt des Bereiches (σ).

Beispiel. Es ist die Masse einer Kugel zu bestimmen, die aus konzentrischen Schichten verschiedener Dichte besteht. Gemäß der Voraussetzung können wir hier also annehmen, daß die Dichte nur von ϱ abhängt und daher durch eine Funktion $f(\varrho)$ dargestellt wird, was

$$m = \iiint\limits_{(v)} f(\varrho) \varrho^2 \sin\theta \, d\varrho \, d\theta \, d\varphi = \int\limits_0^{2\pi} d\varphi \int\limits_0^{\pi} \sin\theta \, d\theta \int\limits_0^a f(\varrho) \varrho^2 \, d\varrho = 4\pi \int\limits_0^a f(\varrho) \varrho^2 \, d\varrho$$

liefert. Ist die Dichte konstant und insbesondere gleich 1, so erhalten wir

$$v = 4\pi \int\limits_0^a \varrho^2 \, d\varrho = \frac{4\pi a^3}{3},$$

also den Ausdruck für das Kugelvolumen

Bemerkung. Der Faktor $\sin\theta \, d\theta \, d\varphi$ hat eine sehr wichtige geometrische Bedeutung. Er stellt das *Flächenelement einer Kugelfläche vom Radius* 1 dar, die durch Längen- und Breitenkreise zerlegt wird (Abb. 47). Teilt man die Kugelfläche vom Radius 1 in Elemente von beliebiger Form $d\sigma$ ein (mit $d\sigma$ bezeichnen wir sowohl das Element selbst als auch seinen Flächeninhalt), so ergibt sich

$$\iiint\limits_{(v)} f(M)\,dv = \iint\limits_{(\sigma)} d\sigma \int\limits_{\varrho_1}^{\varrho_2} f(M)\varrho^2\,d\varrho,$$

wobei (σ) der Bereich ist, in den das betrachtete Volumen durch eine Zentralprojektion vom Koordinatenursprung aus auf die Kugelfläche projiziert wird.

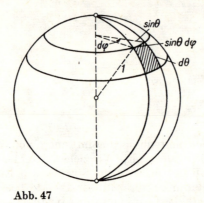

Abb. 47

Wir konstruieren nun den Elementarkegel, dessen Spitze im Kugelmittelpunkt liegt und dessen Leitlinie die Kontur des Elements $d\sigma$ ist. Die Öffnung dieses Kegels, die durch die Fläche $d\sigma$ gemessen wird, heißt der *räumliche Winkel*, unter dem das Element $d\sigma$ einer beliebigen Fläche (S), das durch den Elementarkegel herausgeschnitten wird, vom Zentrum aus zu sehen ist.

63. Krummlinige Koordinaten im Raum. Im allgemeinen Fall krummliniger Koordinaten im Raum wird die Lage eines Punktes durch drei Werte q_1, q_2, q_3 bestimmt, die mit den rechtwinkligen Koordinaten x, y, z durch die Formeln

$$\varphi(x,y,z) = q_1, \quad \psi(x,y,z) = q_2, \quad \omega(x,y,z) = q_3 \tag{21}$$

verknüpft sind.

Durchlaufen q_1, q_2 und q_3 verschiedene konstante Werte, so erhalten wir drei Scharen von Koordinatenflächen. Der Elementarbereich dv wird von drei Paaren „infinitesimal benachbarter" Koordinatenflächen gebildet. Ohne auf den Beweis einzugehen, geben wir hier nur das Resultat an, das im übrigen analog dem Resultat in [60] für zwei Dimensionen ist. Den erwähnten Elementarbereich dv kann man bis auf „unendlich kleine" Größen höherer Ordnung als Parallelepiped ansehen; wird (21) nach x, y und z aufgelöst, so entsteht

$$x = \varphi_1(q_1, q_2, q_3), \quad y = \psi_1(q_1, q_2, q_3), \quad z = \omega_1(q_1, q_2, q_3). \tag{21_1}$$

Der Ausdruck für dv wird dann

$$dv = |D|\,dq_1\,dq_2\,dq_3,$$

und die *Formel für die Substitution der Veränderlichen in einem dreifachen Integral* lautet

$$\iiint\limits_{(v)} f(x, y, z)\, dx\, dy\, dz = \iiint\limits_{(v)} F(q_1, q_2, q_3)\, |D|\, dq_1\, dq_2\, dq_3.$$

Dabei ergibt sich $F(q_1, q_2, q_3)$ aus $f(x, y, z)$ als Resultat der Transformation (21_1), und es ist

$$D = \frac{\partial \varphi_1}{\partial q_1}\left(\frac{\partial \psi_1}{\partial q_2}\frac{\partial \omega_1}{\partial q_3} - \frac{\partial \psi_1}{\partial q_3}\frac{\partial \omega_1}{\partial q_2}\right) + \frac{\partial \varphi_1}{\partial q_2}\left(\frac{\partial \psi_1}{\partial q_1}\frac{\partial \omega_1}{\partial q_3} - \frac{\partial \psi_1}{\partial q_1}\frac{\partial \omega_1}{\partial q_3}\right)$$
$$+ \frac{\partial \varphi_1}{\partial q_3}\left(\frac{\partial \psi_1}{\partial q_1}\frac{\partial \omega_1}{\partial q_2} - \frac{\partial \psi_1}{\partial q_2}\frac{\partial \omega_1}{\partial q_1}\right).$$

(Die Größe D heißt *Funktionaldeterminante* der Funktionen x, y und z in bezug auf die Variablen q_1, q_2 und q_3.)

Ebenso wie in [60] kann man die Beziehungen (21) auch als Deformation des Raumes auffassen, bei der ein Punkt mit den rechtwinkligen Koordinaten x, y, z in einen Punkt mit den rechtwinkligen Koordinaten q_1, q_2, q_3 übergeht. Bei einer solchen Deutung liefert $|D|$ den Koeffizienten der Volumenverzerrung an der gegebenen Stelle beim Übergang von (q_1, q_2, q_3) zu (x, y, z).

Die Zurückführung des dreifachen Integrals in den Koordinaten q_1, q_2, q_3 auf drei Quadraturen und die Bestimmung der Grenzen in diesen Quadraturen wird wie beim zweifachen Integral [60] vorgenommen.

Für den Leser, der mit dem Determinantenbegriff vertraut ist, bemerken wir, daß der Ausdruck D als Determinante dritter Ordnung geschrieben werden kann:

$$D = \begin{vmatrix} \dfrac{\partial \varphi_1}{\partial q_1} & \dfrac{\partial \psi_1}{\partial q_1} & \dfrac{\partial \omega_1}{\partial q_1} \\ \dfrac{\partial \varphi_1}{\partial q_2} & \dfrac{\partial \psi_1}{\partial q_2} & \dfrac{\partial \omega_1}{\partial q_2} \\ \dfrac{\partial \varphi_1}{\partial q_3} & \dfrac{\partial \psi_1}{\partial q_3} & \dfrac{\partial \omega_1}{\partial q_3} \end{vmatrix}$$

In Teil III_1 werden wir uns eingehend mit solchen Determinanten befassen.

Beispiel. Es sei das Tetraeder (v) gegeben, das von den Koordinatenebenen und der Ebene $x + y + z = a$ begrenzt wird und durch die Ungleichungen

$$x > 0, \quad y > 0, \quad z > 0, \quad x + y + z < a$$

definiert ist. Mittels

$$x + y + z = q_1, \quad a(y + z) = q_1 q_2, \quad a^2 z = q_1 q_2 q_3$$

führen wir die neuen Veränderlichen q_1, q_2, q_3 ein und deuten diese als geradlinige rechtwinklige Koordinaten. Aus den angegebenen Formeln folgt

$$q_1 = x + y + z, \quad q_2 = \frac{a(y + z)}{x + y + z}, \quad q_3 = \frac{az}{y + z}$$

oder

$$x = \frac{q_1(a - q_2)}{a}, \quad y = \frac{q_1 q_2(a - q_3)}{a^2}, \quad z = \frac{q_1 q_2 q_3}{a^2}.$$

Genauso wie in [60] ist leicht zu sehen, daß das Tetraeder (v) in den durch die Ungleichungen $0 < q_1 < a$, $0 < q_2 < a$, $0 < q_3 < a$ definierten Würfel (v_1) übergeht. Die Determinante D wird offenbar durch $D = \dfrac{1}{a^3} q_1^2 q_2$ gegeben, so daß die Transformationsformel

$$\iiint\limits_{(v)} f(x, y, z)\, dx\, dy\, dz = \iiint\limits_{(v_1)} F(q_1, q_2, q_3) \frac{1}{a^3} q_1^2 q_2\, dq_1\, dq_2\, dq_3$$

lautet. Bestimmen wir noch die Integrationsgrenzen, so erhalten wir schließlich

$$\int\limits_0^a dx \int\limits_0^{a-x} dy \int\limits_0^{a-x-y} f(x, y, z)\, dz = \frac{1}{a^3} \int\limits_0^a q_1^2\, dq_1 \int\limits_0^a q_2\, dq_2 \int\limits_0^a F(q_1, q_2, q_3)\, dq_3.$$

64. Fundamentaleigenschaften mehrfacher Integrale. Wir haben früher die Fundamentalsätze über bestimmte Integrale bewiesen, indem wir unmittelbar deren Definition als Grenzwert einer Summe benutzten [I, 94]. Entsprechend kann man auch die Fundamentalsätze über mehrfache Integrale beweisen. In Zukunft setzen wir voraus, daß die betrachteten Integrale existieren [I, 95]. Dazu ist hinreichend, daß alle Funktionen im Gebiet (σ) einschließlich seines Randes stetig sind, was wir fortan voraussetzen werden, und daß das Gebiet (σ) der Bedingung genügt, die in [I, 94] bei der Begründung des Integralbegriffs erwähnt wurde.

I. Einen konstanten Faktor kann man vor das Integralzeichen ziehen, und das Integral über eine algebraische Summe endlich vieler Funktionen ist gleich der Summe der Integrale über die einzelnen Summanden:

$$\iint\limits_{(\sigma)} \sum_{k=1}^m c_k f_k(N)\, d\sigma = \sum_{k=1}^m c_k \iint\limits_{(\sigma)} f_k(N)\, d\sigma.$$

II. Wird der Bereich (σ) in endlich viele Teilbereiche zerlegt, z. B. in zwei Teilbereiche (σ_1) und (σ_2), so ist das Integral über den ganzen Bereich gleich der Summe der Integrale über die Teilbereiche:

$$\iint\limits_{(\sigma)} f(N)\, d\sigma = \iint\limits_{(\sigma_1)} f(N)\, d\sigma + \iint\limits_{(\sigma_2)} f(N)\, d\sigma.$$

III. Gilt in dem Bereich (σ) die Ungleichung $f(N) \leq \varphi(N)$, so wird

$$\iint\limits_{(\sigma)} f(N)\, d\sigma \leq \iint\limits_{(\sigma)} \varphi(N)\, d\sigma.$$

Speziell ist [I, 94]

$$\left| \iint\limits_{(\sigma)} f(N)\, d\sigma \right| \leq \iint\limits_{(\sigma)} |f(N)|\, d\sigma.$$

IV. Behält $\varphi(N)$ im Bereich (σ) das Vorzeichen bei, so gilt der *Mittelwertsatz*, der durch die Formel

$$\iint\limits_{(\sigma)} f(N)\varphi(N)\, d\sigma = f(N_0) \iint\limits_{(\sigma)} \varphi(N)\, d\sigma$$

ausgedrückt wird; dabei ist N_0 ein gewisser im Innern des Bereichs (σ) liegender Punkt. Insbesondere erhalten wir für $\varphi(N) = 1$

$$\iint\limits_{(\sigma)} f(N)\, d\sigma = f(N_0)\, \sigma,$$

wobei σ den Inhalt des Bereichs (σ) bezeichnet.

Analoge Eigenschaften gelten auch für das dreifache Integral.

Wir bemerken noch, daß bei der strengen Definition des zweifachen und des dreifachen Integrals als Grenzwerte einer Summe immer angenommen wird, daß der Integrationsbereich endlich und der Integrand $f(N)$ auf jeden Fall im Integrationsbereich beschränkt ist, d. h., daß ein Wert A existiert, für den in allen Punkten N des Integrationsbereiches die Bedingung $|f(N)| < A$ erfüllt ist. Gilt dies nicht, so kann das Integral als uneigentliches Integral in analoger Weise existieren, wie dies bei dem einfachen bestimmten Integral der Fall ist [I, 97, 98]. Wir werden uns mit den uneigentlichen mehrfachen Integralen in § 8 beschäftigen.

65. Der Inhalt einer Fläche. Vorbereitend betrachten wir die Verzerrung der Fläche bei der Projektion eines ebenen Bereichs. Der Bereich S_1 (wir bezeichnen auch seinen Inhalt mit demselben Buchstaben) liege in der Ebene P; S_2 sei seine Projektion in die Ebene Q, die mit P den spitzen Schnittwinkel φ bildet. Wir überdecken P mit einem rechtwinkligen Netz, dessen Linien parallel bzw. senkrecht zur Schnittlinie l der beiden Ebenen P und Q verlaufen. Bei der Projektion dieses Netzes in die Ebene Q bleiben die Längen der zu l parallelen Linien erhalten; die Längen der zu l senkrechten Linien werden mit dem Faktor $\cos \varphi$ multipliziert. Bei entsprechender Auswahl der Koordinatenachsen erhalten wir

$$S_2 = \iint\limits_{(S_1)} \cos \varphi \, dx\, dy = \cos \varphi \iint\limits_{(S_1)} dx\, dy = S_1 \cos \varphi.$$

Bei dieser Projektion werden also die Flächen ebener Figuren mit $\cos \varphi$ multipliziert.

Es sei eine Fläche (S) durch eine Gleichung der Form

$$z = f(x, y) \tag{22}$$

gegeben. Wir nehmen an, daß ein Zylinder (C) die Fläche (S) auf den Bereich (σ) der x, y-Ebene projiziert (Abb. 48). Die Funktion $f(x, y)$ sei auf (σ) definiert und dort stetig. Wir wollen auch annehmen, daß sie partielle Ableitungen erster Ordnung besitzt, die im Bereich (σ) bis zu dessen Berandung stetig sind. Es sei

$$\frac{\partial f(x,y)}{\partial x} = p, \qquad \frac{\partial f(x,y)}{\partial y} = q. \tag{23}$$

Die Betrachtungen in [I, 160] ergaben, daß die Richtungskosinus der Normalen (n) zur Fläche (S) im Punkt (x, y, z) proportional p, q und -1 sind. Sie lassen sich also, wie aus der analytischen Geometrie bekannt ist, durch die Formeln

$$\cos(n, x) = \frac{p}{\pm \sqrt{1 + p^2 + q^2}},$$
$$\cos(n, y) = \frac{q}{\pm \sqrt{1 + p^2 + q^2}}, \qquad (24)$$
$$\cos(n, z) = \frac{-1}{\pm \sqrt{1 + p^2 + q^2}}$$

darstellen.

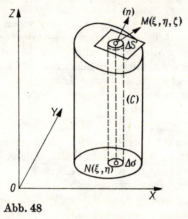

Abb. 48

Wir wollen nun den Inhalt eines Teilbereiches der Fläche (S) bestimmen. Dazu projizieren wir ihn mittels des durch seine Berandung gelegten Zylinders (C) auf die x, y-Ebene; die Projektion sei der Bereich (σ) (Abb. 48). Dieser werde in kleine Elemente $\varDelta\sigma$ zerlegt; die über ihnen errichteten Zylinder unterteilen die Fläche (S) in die Elemente $\varDelta S$.

Wir wählen in jedem der Elemente $\varDelta\sigma$ einen Punkt $N(\xi, \eta)$, dem auf der Fläche (S) der Punkt $M(\xi, \eta, \zeta)$ entspricht; dabei ist $\zeta = f(\xi, \eta)$. Durch den Punkt M legen wir die Tangentialebene an die Fläche und ziehen die Flächennormale (n), wobei $\varDelta S'$ das ebene Flächenstück (auch seinen Flächeninhalt) bezeichnet, das aus dieser Tangentialebene von dem oben erwähnten Zylinder mit der Basis $\varDelta\sigma$ herausgeschnitten wird.

Der Inhalt des oben angegebenen Teiles der Fläche (S) wird nun als *Grenzwert der Summe der Flächeninhalte der ebenen Flächenstücke* $\varDelta S'$ erklärt, wenn die Anzahl der Elemente $\varDelta\sigma$ unbegrenzt wächst und jedes von ihnen in allen Richtungen unbegrenzt klein wird. Wir werden zeigen, daß dieser Grenzwert durch ein Doppelintegral über den Bereich (σ) dargestellt werden kann. Das Element $\varDelta\sigma$ ist die Projektion des ebenen Elementes $\varDelta S'$ auf die x, y-Ebene, wobei die Normalen dieser beiden Elemente den Winkel (n, z) bilden, dessen Kosinus durch die dritte der Formeln (24) ausgedrückt wird. Wegen

$$\varDelta\sigma = \varDelta S' \frac{1}{\sqrt{1 + p^2 + q^2}} \quad \text{oder} \quad \varDelta S' = \sqrt{1 + p^2 + q^2}\, \varDelta\sigma$$

ergibt sich somit für den Flächeninhalt S der erwähnten Fläche definitionsgemäß

$$S = \lim \sum \Delta S' = \lim \sum_{(\sigma)} \sqrt{1 + p^2 + q^2}\, \Delta \sigma.$$

Der auf der rechten Seite der Gleichung stehende Grenzwert stellt das Doppelintegral über den Bereich (σ) dar, und wir erhalten

$$S = \iint\limits_{(\sigma)} \sqrt{1 + p^2 + q^2}\, d\sigma = \iint\limits_{(\sigma)} \sqrt{1 + p^2 + q^2}\, dx\, dy \qquad (25)$$

als gesuchte Formel für den Inhalt desjenigen Teiles der gekrümmten Fläche, der von dem über (σ) errichteten Zylinder (C) herausgeschnitten wird.

Der unter dem Integralzeichen stehende Ausdruck stellt das *Flächenelement* dS der Fläche dar. Unter Benutzung des Ausdrucks für $\cos(n, z)$ können wir dann auch

$$dS = \sqrt{1 + p^2 + q^2}\, d\sigma_{xy} = \frac{d\sigma_{xy}}{|\cos(n, z)|} \quad \text{oder} \quad d\sigma_{xy} = |\cos(n, z)|\, dS \qquad (26)$$

schreiben. Hier ist $d\sigma_{xy}$ die Projektion von dS auf die x, y-Ebene. Es ist der Absolutbetrag von $\cos(n, z)$ zu nehmen, da die Flächenelemente $d\sigma_{xy}$ und dS als positiv angesehen werden.

Wir setzen voraus, daß p und q, die durch die Formeln (23) definiert werden, stetige Funktionen von (x, y) sind. Auf Grund der vorangegangenen Überlegungen wird der Grenzwert der Summe der Flächen $\Delta S'$ in der Form (25), also als Integral über eine stetige Funktion ausgedrückt und damit zugleich gezeigt, daß dieser Grenzwert existiert. Die eben gegebene Definition des Inhalts einer Fläche weist die Unzulänglichkeit auf, daß in der Definition selbst die Operation des Projizierens auf eine spezielle Ebene auftritt. Man kann zeigen, daß die Größe des Flächeninhalts nicht von der Wahl der x, y-Ebene abhängt. Treffen die zur z-Achse parallelen Geraden die Fläche (S) in mehreren Punkten, so muß für die Berechnung des Flächeninhalts nach Formel (25) offenbar die Fläche zerlegt und der Flächeninhalt für jeden Teil einzeln berechnet werden.

Man kann auch eine Definition des Flächeninhalts geben, die nicht von der Wahl der Achsen abhängt. Es sei (S) ein Stück einer glatten Fläche, das von einer stückweise glatten Kurve begrenzt wird. Wir zerlegen (S) in $(S_1), (S_2), \ldots, (S_n)$ und wählen in jedem Teil einen beliebigen Punkt M_k. Den Teil (S_k) projizieren wir in die Tangentialebene an (S) im Punkt M_k. Es sei p_k der Flächeninhalt dieser Projektion. Unter bestimmten Bedingungen bezüglich (S) und der Begrenzung kann man zeigen, daß die Summe $p_1 + p_2 + \cdots + p_n$ gegen einen bestimmten Grenzwert strebt, wenn der größte der Durchmesser δ aller Teilflächen gegen Null geht (vgl. [I, 58]). Diese Definition des Flächeninhalts führt im Fall einer expliziten Flächengleichung (22) und bei Existenz stetiger Ableitungen (23) auf die Formel (25) für die Fläche S [vgl. G. M. FICHTENHOLZ, Differential- und Integralrechnung, Teil III, 5. Aufl., VEB Deutscher Verlag der Wissenschaften, Berlin 1972 (Übersetzung aus dem Russischen)].

Beispiele.

1. Man berechne den Flächeninhalt des im Beispiel [59] betrachteten Teiles einer Kugelfläche. Wir erhalten

$$z = \sqrt{a^2 - x^2 - y^2}, \quad p = \frac{-x}{\sqrt{a^2 - x^2 - y^2}} = -\frac{x}{z},$$

$$q = \frac{-y}{\sqrt{a^2 - x^2 - y^2}} = -\frac{y}{z},$$

$$\sqrt{1 + p^2 + q^2} = \sqrt{1 + \frac{x^2}{z^2} + \frac{y^2}{z^2}} = \frac{\sqrt{x^2 + y^2 + z^2}}{z} = \frac{a}{z} \ (z > 0),$$

$$S = \iint_{(\sigma)} \frac{a}{z} r \, dr \, d\varphi = 2a \int_0^{\pi/2} d\varphi \int_0^{a\cos\varphi} \frac{r \, dr}{\sqrt{a^2 - r^2}}$$

$$= 2a \int_0^{\pi/2} \left(-\sqrt{a^2 - r^2}\right)\Big|_{r=0}^{r=a\cos\varphi} d\varphi = 2a^2 \int_0^{\pi/2} (1 - \sin\varphi) \, d\varphi = 2a^2 \left(\frac{\pi}{2} - 1\right).$$

2. Es ist der Flächeninhalt desjenigen auf dem Zylinder

$$x^2 + y^2 = a^2 \tag{27}$$

liegenden Bereiches zu ermitteln, der aus diesem von dem Zylinder

$$y^2 + z^2 = a^2 \tag{28}$$

herausgeschnitten wird (Abb. 49).

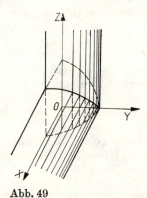

Abb. 49

In dieser Aufgabe ist es bequemer, y und z als unabhängige Veränderliche anzusehen und x als deren Funktion, definiert durch die Gleichung (27). Der Integrationsbereich ist in der y, z-Ebene eine Kreisfläche, deren Umfang sich aus der Gleichung (28) bestimmt. Die in Abb. 49 gekennzeichnete Fläche ist offenbar gleich $\frac{1}{8}$ der ganzen betrachteten Fläche, und es gilt daher

$$S = 8 \iint_{(\sigma)} \sqrt{1 + p^2 + q^2} \, dy \, dz,$$

wobei

$$p = \frac{dx}{dy} = -\frac{y}{x}, \quad q = \frac{dx}{dz} = 0$$

und

$$\sqrt{1 + p^2 + q^2} = \frac{\sqrt{x^2 + y^2}}{x} = \frac{a}{x} = \frac{a}{\sqrt{a^2 - y^2}}$$

ist, also

$$S = 8a \int_0^a dz \int_0^{\sqrt{a^2-z^2}} \frac{dy}{\sqrt{a^2 - y^2}} = 8a \int_0^a \arcsin \frac{\sqrt{a^2 - z^2}}{a} \, dz$$

$$= 8a \left[z \arcsin \frac{\sqrt{a^2 - z^2}}{a} \bigg|_{z=0}^{z=a} + \int_0^a \frac{z}{\sqrt{a^2 - z^2}} \, dr \right]$$

$$= -8a \sqrt{a^2 - z^2} \bigg|_{z=0}^{z=a} = 8a^2.$$

66. Flächenintegrale und die Gauß-Ostrogradskische Formel. Der Begriff des Doppelintegrals über einen ebenen Bereich läßt sich ohne Schwierigkeit auf den Fall der Integration über eine beliebige Fläche verallgemeinern. Es sei (S) eine (geschlossene oder nicht geschlossene) Fläche und $F(M)$ eine in den Punkten M dieser Fläche definierte stetige Funktion. Wir zerlegen (S) in n Teilbereiche mit den Inhalten $\Delta S_1, \Delta S_2, \ldots, \Delta S_n$, und $M_1, M_2, \ldots, M_n$ seien beliebige Punkte in den entsprechenden Teilbereichen. Wir bilden die Summe

$$\sum_{k=1}^n F(M_k) \Delta S_k.$$

Der Grenzwert dieser Summe bei unbegrenzt wachsender Anzahl sowie unbegrenzter Verkleinerung der Teilbereiche ΔS_k,

$$\iint\limits_{(S)} F(M) \, dS = \lim_{n \to \infty} \sum_{k=1}^n F(M_k) \Delta S_k,$$

heißt *Integral der Funktion $F(M)$ über die Fläche (S)*.[1]

Wir nehmen an, daß die zur z-Achse parallelen Geraden die Fläche höchstens in einem Punkt schneiden (Abb. 48); ferner sei (σ) die Projektion von (S) auf die x, y-Ebene. Mit Hilfe der Formel (26), die den Zusammenhang zwischen einem Flächenelement der Fläche (S) und dem entsprechenden Flächenelement der Projektion (σ_{xy}) ausdrückt, können wir das Integral über die Fläche (S) auf ein Integral über den ebenen Bereich (σ_{xy}) zurückführen:

$$\iint\limits_{(S)} F(M) \, dS = \iint\limits_{(\sigma)} \frac{F(N)}{|\cos(n, z)|} \, d\sigma_{xy}. \tag{29}$$

---

[1] Dieses Integral wird mitunter auch als *Oberflächenintegral* bezeichnet. (D. Red.)

Dabei wird angenommen, daß $\cos(n, z)$ von Null verschieden und eine stetige Funktion auf der Fläche (S) ist; der Wert der Funktion $F(N)$ im Punkt N des Bereiches (σ) stimmt mit dem Wert der auf der Fläche vorgegebenen Funktion $F(M)$ im Punkt M überein, dessen Projektion der Punkt N ist. Wenn die Gleichung der Fläche (S) in der expliziten Form (22) vorliegt und $F(M)$ als Funktion $F(x, y, z)$ der Koordinaten ausgedrückt ist, braucht man bei der Integration über (σ_{xy}) nur $z = f(x, y)$ in den Ausdruck $F(x, y, z)$ einzusetzen, also $F(N) = F[x, y, f(x, y)]$. Der Nenner auf der rechten Seite von (29) bestimmt sich aus der dritten der Formeln (24).

Zu erwähnen ist noch, daß die Flächenintegrale offenbar alle in [64] angegebenen Eigenschaften der Doppelintegrale besitzen; insbesondere gilt für sie der Mittelwertsatz.

Im folgenden soll eine der Fundamentalformeln in der Theorie der mehrfachen Integrale bewiesen werden, und zwar die Gauß-Ostrogradskische Formel, die den Zusammenhang zwischen einem dreifachen Integral über einen räumlichen Bereich (v) und einem Integral über die Fläche (S) herstellt, die diesen Bereich begrenzt. Wir nehmen so wie in [61] an, daß die zur z-Achse parallelen Geraden die Fläche (S) in höchstens zwei Punkten schneiden. Es seien dieselben Bezeichnungen wie in Abb. 40 [61] beibehalten; wir führen noch die Richtung (n) der Normalen zu (S) in die Betrachtung ein, wobei wir annehmen, daß (n) ins Äußere des Bereiches (V) gerichtet ist (äußere Normale) (Abb. 50). Diese Richtung (n) bildet auf dem oberen Teil (II) der Fläche einen spitzen Winkel mit der z-Achse und auf dem unteren Teil (I) einen stumpfen Winkel. Daher wird $\cos(n, z)$ auf dem Teil (I) negativ, und in diesem Fall ist $|\cos(n, z)| = -\cos(n, z)$.

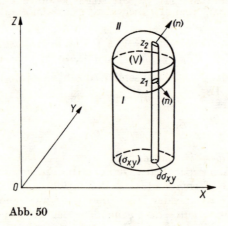

Abb. 50

Zu erwähnen ist noch, daß auf der Berührungslinie der Fläche (S) mit dem Projektionszylinder (Abb. 50) $\cos(n, z) = 0$ ist. Formel (26) liefert

$$d\sigma_{xy} = \cos(n, z)\, dS \quad \text{auf} \quad (II),$$
$$d\sigma_{xy} = -\cos(n, z)\, dS \quad \text{auf} \quad (I). \tag{30}$$

Wir betrachten das dreifache Integral der Funktion $\frac{\partial R(x, y, z)}{\partial z}$ über den Bereich (v). Wir nehmen an, daß $R(x, y, z)$ eine stetige Funktion im Bereich (v) bis an seine Oberfläche (S) ist und daß sie die stetige Ableitung $\frac{\partial R(x, y, z)}{\partial z}$ hat. Unter Benutzung der Formel (16) erhalten wir

$$\iiint\limits_{(v)} \frac{\partial R(x, y, z)}{\partial z} \, dv = \iint\limits_{(\sigma_{xy})} d\sigma_{xy} \int\limits_{z_1}^{z_2} \frac{\partial R(x, y, z)}{\partial z} \, dz.$$

Das Integral einer Ableitung ist aber gleich der Differenz der Werte der Stammfunktion an der oberen und unteren Grenze; es gilt also

$$\iiint\limits_{(v)} \frac{\partial R(x, y, z)}{\partial z} \, dv = \iint\limits_{(\sigma_{xy})} [R(x, y, z_2) - R(x, y, z_1)] \, d\sigma_{xy}$$

oder

$$\iiint\limits_{(v)} \frac{\partial R(x, y, z)}{\partial z} \, dv = \iint\limits_{(\sigma_{xy})} R(x, y, z_2) \, d\sigma_{xy} - \iint\limits_{(\sigma_{xy})} R(x, y, z_1) \, d\sigma_{xy}.$$

Ersetzt man $d\sigma_{xy}$ auf Grund der Formeln (30) durch dS, so wird die Integration über (σ_{xy}) auf eine Integration über (S) zurückgeführt. Dabei ist in dem ersten Integral, das die veränderliche Ordinate z_2 des Teiles (II) der Fläche (S) enthält, die erste der Formeln (30) zu benutzen. Es ergibt sich dann ein Integral über (II). In dem zweiten, z_1 enthaltenden Integral ist die zweite der Formeln (30) zu benutzen, und wir erhalten ein Integral über (I). Insgesamt gilt dann

$$\iiint\limits_{(v)} \frac{\partial R(x, y, z)}{\partial z} \, dv = \iint\limits_{(II)} R(x, y, z) \cos(n, z) \, dS + \iint\limits_{(I)} R(x, y, z) \cos(n, z) \, dS.$$

Die Indizes bei z können weggelassen werden, da jetzt angegeben ist, über welchen Teil der Fläche die Integration jeweils ausgeführt wird. Auf der rechten Seite steht die Summe der Integrale über die Teile (II) und (I), also das Integral über die ganze Fläche (S); somit wird

$$\iiint\limits_{(v)} \frac{\partial R(x, y, z)}{\partial z} \, dv = \iint\limits_{(S)} R(x, y, z) \cos(n, z) \, dS. \tag{31}$$

Sind $\varphi(x, y, z)$ und $\psi(x, y, z)$ Funktionen, die die Eigenschaften der Funktion R besitzen, so können wir unter Berücksichtigung von

$$\frac{\partial(\varphi\psi)}{\partial z} = \frac{\partial \varphi}{\partial z} \psi + \varphi \frac{\partial \psi}{\partial z}$$

die Formel für die partielle Integration bei Beachtung von (31) wie folgt schreiben:

$$\iiint\limits_{(v)} \varphi \frac{\partial \psi}{\partial z} \, dv = -\iiint\limits_{(v)} \frac{\partial \varphi}{\partial z} \psi \, dv + \iint\limits_{(S)} \varphi\psi \cos(n, z) \, dS. \tag{31$_1$}$$

Entsprechend erhält man bei der Betrachtung der partiellen Ableitungen nach x bzw. y zweier weiterer Funktionen $P(x, y, z)$ und $Q(x, y, z)$ und bei entsprechenden Voraussetzungen über (S)

$$\iiint\limits_{(v)} \frac{\partial P(x, y, z)}{\partial x} \, dv = \iint\limits_{(S)} P(x, y, z) \cos(n, x) \, dS,$$

$$\iiint\limits_{(v)} \frac{\partial Q(x, y, z)}{\partial y} \, dv = \iint\limits_{(S)} Q(x, y, z) \cos(n, y) \, dS.$$

Addieren wir die drei erhaltenen Formeln gliedweise, so erhalten wir die *Gauß-Ostrogradskische Formel*

$$\iiint\limits_{(v)} \left(\frac{\partial P}{\partial x} + \frac{\partial Q}{\partial y} + \frac{\partial R}{\partial z} \right) dv$$
$$= \iint\limits_{(S)} [P \cos(n, x) + Q \cos(n, y) + R \cos(n, z)] \, dS. \tag{32}$$

Analog zu (31_1) ergeben sich die Formeln der partiellen Integration für die Ableitungen nach x und y.

Wir schreiben hier der Kürze halber die Argumente x, y und z bei den Funktionen P, Q und R nicht hin, doch ist dabei zu beachten, daß es sich um Funktionen handelt, die im Bereich (v) definiert und dort samt ihren Ableitungen stetig sind. Die Größen $\cos(n, x)$, $\cos(n, y)$ und $\cos(n, z)$ sind auf der Oberfläche (S) definierte Funktionen. Wir setzen sie als stetig voraus. Man kann noch allgemeiner annehmen, daß sich (S) in endlich viele Stücke zerlegen läßt, wobei auf jedem dieser Stücke die angegebenen Funktionen stetig sind. Das ist beispielsweise der Fall, wenn (v) ein Polyeder ist.

Im folgenden Kapitel bringen wir eine große Anzahl Beispiele für die Anwendung der Gauß-Ostrogradskischen Formel.

Bei der Herleitung der Formel (31) hatten wir vorausgesetzt, daß die zur z-Achse parallelen Geraden die Fläche (S) des Bereiches (v) in nicht mehr als zwei Punkten schneiden. Diese Formel ist auch leicht auf Bereiche allgemeinerer Form zu erweitern. Wir bemerken zunächst folgendes: Hat die Fläche (S) außer dem oberen Teil (II) und dem unteren Teil (I) einen zylindrischen Teil mit zur z-Achse parallelen Erzeugenden, so ist auf diesem seitlichen Teil $\cos(n, z) = 0$. Das Hinzufügen dieses Teiles zur rechten Seite der Formel (31) beeinflußt den Wert des Flächenintegrals nicht, so daß der Beweis der Formel gültig bleibt. Bei einer allgemeineren Form des Bereiches braucht man nur mit Hilfe von Zylinderflächen, deren Erzeugende parallel zur z-Achse sind, (v) in endlich viele Teile zu zerlegen, die den zuvor angegebenen Bedingungen genügen, und auf jeden Teil die Formel (31) anzuwenden. Addieren wir die auf diese Weise erhaltenen Formeln, so erhalten wir auf der linken Seite das dreifache Integral über den gesamten Bereich (v). Auf der rechten Seite steht dann die Summe der Integrale über die Oberflächen aller Teilbereiche, in die wir (v) zerlegt hatten. Die Integrale über die erwähnten zylindrischen Hilfsflächen sind, wie vorher angegeben wurde, gleich

Null. Somit bekommen wir als Ergebnis der Addition auf der rechten Seite das Integral über die Fläche (S) des ursprünglichen Volumens (v). Formel (31) erweist sich also auch als richtig für Bereiche (v) von allgemeinerer Form.

Diese Überlegungen bleiben auch für den Fall gültig, daß (v) von mehreren Flächen begrenzt wird; etwa durch eine Fläche von außen und durch die übrigen von innen. In Abb. 51 ist der Fall dargestellt, daß (v) von zwei Flächen begrenzt

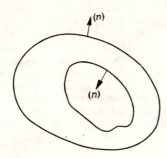

Abb. 51

wird. Hierbei muß man auf der rechten Seite von (31) über alle Flächen integrieren, die (v) begrenzen; dabei ist (n) auf den inneren Flächen nach innen gerichtet [also ins Äußere von (v)].

67. Integrale über eine bestimmte Seite der Fläche. Mitunter benutzt man eine andere Definition und Schreibweise des Flächenintegrals. Wir betrachten zunächst den Fall, daß die in Abb. 50 dargestellte Fläche (S) den am Anfang des vorigen Abschnittes angegebenen Bedingungen genügt. In jedem Punkt der Fläche kann man der Normalen zwei entgegengesetzte Richtungen zuordnen. Die eine von ihnen bildet einen spitzen, die andere einen stumpfen Winkel mit der Richtung der z-Achse. Dementsprechend kann man bei der Fläche *zwei Seiten — eine obere und eine untere —* unterscheiden. Es sei $R(x, y, z)$ so wie früher eine auf (S) vorgegebene Funktion. Wir betrachten das Integral

$$\iint\limits_{(S)} R \cos(n, z)\, dS \tag{33}$$

Der Wert dieses Integrals hängt von der Wahl der Normalenrichtung ab oder, was dasselbe ist, von der Angabe, auf welcher Seite der Fläche (S) die Integration ausgeführt werden soll. Bei der Integration über die obere Seite ist $\cos(n, z) > 0$ und $\cos(n, z)\, dS = d\sigma_{xy}$, bei der über die untere Seite ist $\cos(n, z) < 0$, d. h. $\cos(n, z)\, dS = -d\sigma_{xy}$; dabei bedeutet $d\sigma_{xy}$ die Projektion des Flächenelementes der Fläche (S) auf die x, y-Ebene, d. h. ein Flächenelement des Bereiches (σ) in Formel (29). In den Koordinaten (x, y) erhält man $d\sigma_{xy} = dx\, dy$, so daß sich das Integral (33) auf ein über den Bereich (σ) der x, y-Ebene erstrecktes Integral der Form

$$\iint\limits_{(\sigma)} R[x, y, f(x, y)]\, dx\, dy \quad \text{oder} \quad -\iint\limits_{(\sigma)} R[x, y, f(x, y)]\, dx\, dy \tag{34}$$

zurückführen läßt, je nachdem, über welche Seite der Fläche die Integration ausgeführt wird. Häufig schreibt man aber in beiden Fällen gleichermaßen

$$\iint\limits_{(S)} R\, dx\, dy \tag{35}$$

mit der Angabe, über welche Seite der Fläche die Integration auszuführen ist. Wird etwa über den unteren Teil der Fläche (S) integriert, so reduziert sich (35) auf das zweite der Integrale (34). Man kann das Integral (35) direkt definieren als Grenzwert der Summe $\sum R(M_k)\,\Delta\sigma_k$ der Produkte aus den Werten der Funktion $R(M)$ in den Flächenpunkten und den Projektionen $\Delta\sigma_k$ der Elemente ΔS_k, in welche die Fläche (S) zerlegt worden ist, auf die x, y-Ebene. Dabei wird $\Delta\sigma_k$ positiv genommen, wenn die Integration über die obere Seite der Fläche erfolgt, und negativ, wenn sie über die untere Seite der Fläche ausgeführt wird.

Wir betrachten nun den allgemeinen Fall einer Fläche (S). Es sei M_0 ein Punkt dieser Fläche. Wir legen eine bestimmte Richtung der Normalen (n) in diesem Punkt fest und verfolgen, vom Punkt M_0 ausgehend und stetig auf (S) fortschreitend, die stetige Änderung der Normalenrichtung (n). Führt uns dies bei einer beliebigen stetigen Bewegung in jedem Flächenpunkt zu einer wohlbestimmten Richtung der Normalen, so heißt die Fläche *zweiseitig*. Würden wir auf einer solchen Fläche die Richtung (n) im Ausgangspunkt M_0 anders festlegen, so bekämen wir bei einer stetigen Bewegung auch in allen übrigen Punkten die entgegengesetzte Richtung der Normalen. Das liefert uns die Möglichkeit, von den zwei Seiten der Fläche (S) zu sprechen, je nachdem, welche Normalenrichtung wir im Punkt M_0 und damit auch in allen übrigen Punkten festgelegt haben. Mit der Festlegung der Seite erhalten wir für das Integral (33) einen bestimmten Wert. Man schreibt dieses Integral dabei in der Form (35) mit der Angabe, über welche Seite der Fläche die Integration auszuführen ist.

In analoger Weise werden die Integrale

$$\iint\limits_{(S)} P\,dy\,dz \quad \text{und} \quad \iint\limits_{(S)} Q\,dx\,dz$$

definiert, wobei $P(x, y, z)$ und $Q(x, y, z)$ auf (S) vorgegebene Funktionen sind. Diese Integrale stimmen überein mit

$$\iint\limits_{(S)} P \cos(n, x)\,dS \quad \text{bzw.} \quad \iint\limits_{(S)} Q \cos(n, y)\,dS.$$

Mit dieser Definition der Integrale kann man die Formel (32) folgendermaßen schreiben:

$$\iiint\limits_{(v)} \left(\frac{\partial P}{\partial x} + \frac{\partial Q}{\partial y} + \frac{\partial R}{\partial z}\right) dv = \iint\limits_{(S)} (P\,dy\,dz + Q\,dx\,dz + R\,dx\,dy),$$

wobei die Integration auf der rechten Seite über den äußeren Teil der Fläche (S) auszuführen ist.

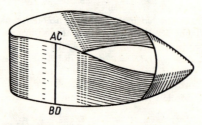

Abb. 52

Wir bemerken noch, daß auch *einseitige* Flächen existieren, auf denen die Normale bei stetiger Bewegung längs der Fläche und stetiger Richtungsänderung bei Rückkehr in den Ausgangspunkt in die entgegengesetzte Richtung übergehen kann. Das einfachste Beispiel hierfür ist das sogenannte *Möbiussche Band*. Dies läßt sich erzeugen, indem man ein rechteckiges Blatt Papier $ABCD$ einmal verdreht und die Seite AB mit der Seite CD so zusammenheftet, daß A mit C und B mit D zusammenfällt (Abb. 52). Der so erhaltene Ring läßt sich, von einer Stelle ausgehend, ohne Überschreiten des Randes vollständig färben.

68. Momente. Die mehrfachen Integrale sind in der Theorie der Momente von Massensystemen unentbehrlich. Es sei ein System

$$M_1, M_2, \ldots, M_n$$

von n Massenpunkten gegeben, deren Massen wir entsprechend mit $m_1, m_2, \ldots, m_n$ bezeichnen.

Als *Moment k-ter Ordnung* des gegebenen Systems *in bezug auf eine Ebene* $(\varDelta)$, *eine Gerade* (d) oder *einen Punkt* (D) bezeichnet man dann die Summe

$$\sum_{i=1}^{n} r_i^k m_i,$$

wobei das allgemeine Glied das Produkt aus der Masse eines Punktes des Systems und der k-ten Potenz seines Abstandes r_i von $(\varDelta)$, (d) bzw. (D) ist.

Unter diesem Gesichtspunkt ist das Moment nullter Ordnung einfach die Gesamtmasse des Systems:

$$m = \sum_{i=1}^{n} m_i.$$

Das Moment erster Ordnung in bezug auf eine gegebene Ebene $(\varDelta)$ heißt *statisches Moment des Systems in bezug auf diese Ebene*. Den statischen Momenten in bezug auf die Koordinatenebenen begegnen wir in den Ausdrücken

$$x_g = \frac{\sum_{i=1}^{n} m_i x_i}{m}, \qquad y_g = \frac{\sum_{i=1}^{n} m_i y_i}{m}, \qquad z_g = \frac{\sum_{i=1}^{n} m_i z_i}{m} \tag{36}$$

für die *Koordinaten des Schwerpunktes des Systems*.

Im vorliegenden Fall werden die Abstände x_i, y_i, z_i von den Koordinatenebenen ihrem Vorzeichen nach, d. h. sowohl positiv als auch negativ gerechnet.

Die Momente zweiter Ordnung heißen gewöhnlich *Trägheitsmomente des Systems*. So sind die Ausdrücke

$$\sum_{i=1}^{n} x_i^2 m_i, \qquad \sum_{i=1}^{n} y_i^2 m_i, \qquad \sum_{i=1}^{n} z_i^2 m_i$$

die *Trägheitsmomente des Systems in bezug auf die Koordinatenebenen*; weiter werden durch

$$\sum_{i=1}^{n} (y_i^2 + z_i^2) m_i, \qquad \sum_{i=1}^{n} (z_i^2 + x_i^2) m_i, \qquad \sum_{i=1}^{n} (x_i^2 + y_i^2) m_i$$

die *Trägheitsmomente in bezug auf die Koordinatenachsen* angegeben. Der Ausdruck

$$\sum_{i=1}^{n} (x_i^2 + y_i^2 + z_i^2) m_i$$

ist schließlich das *Trägheitsmoment in bezug auf den Punkt O*.

Daneben treten auch Ausdrücke der Form

$$\sum_{i=1}^{n} y_i z_i m_i, \qquad \sum_{i=1}^{n} z_i x_i m_i, \qquad \sum_{i=1}^{n} x_i y_i m_i$$

auf, die man als *Zentrifugalmomente des Systems in bezug auf die Koordinatenachsen* bezeichnet.

Haben wir es nicht mit Systemen von endlich vielen Punkten zu tun, sondern mit stetig verteilten Massen, so werden die vorstehenden Summen durch bestimmte Integrale ersetzt, und zwar durch einfache, zweifache oder dreifache, je nachdem, ob die Massen auf Geraden, Flächen oder im Raum verteilt sind; anstelle des Faktors m_i muß dann das Produkt aus der Dichte $f(M)$ und dem Linien-, Flächen- oder Raumelement eingeführt werden.

So wird z. B. das Trägheitsmoment des dreidimensionalen Bereiches (v) in bezug auf die x-Achse durch das dreifache Integral

$$\iiint\limits_{(v)} (y^2 + z^2) f(M)\, dv$$

dargestellt.

Wird die Dichte $f(M)$ als Konstante f_0 angenommen, so läßt sich dieser konstante Faktor vor das Integralzeichen ziehen, und in den Formeln (36) stehen dann im Zähler Integrale mit den Integranden x, y und z und im Nenner das Volumen oder der Flächeninhalt des ganzen Bereiches; dabei kürzt sich die Konstante f_0 weg.

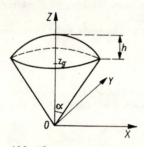

Abb. 53

Beispiele.

1. Der Schwerpunkt eines homogenen Kugelsektors (Abb. 53). Bei der in Abb. 53 angegebenen Wahl der Koordinaten braucht man nur die Ordinate

$$z_g = \frac{\iiint\limits_{(v)} z\, dv}{v}$$

zu ermitteln. Es wird also

$$v = \int_0^{2\pi} d\varphi \int_0^{\alpha} \sin\theta\, d\theta \int_0^a \varrho^2\, d\varrho = \frac{2}{3}\pi a^3 (1 - \cos\alpha) = \frac{2}{3}\pi a^2 h,$$

$$\iiint\limits_{(v)} z\, dv = \int_0^{2\pi} d\varphi \int_0^{\alpha} \sin\theta\, d\theta \int_0^a \varrho \cos\theta\, \varrho^2\, d\varrho = 2\pi \int_0^{\alpha} \sin\theta \cos\theta\, d\theta \int_0^a \varrho^3\, d\varrho$$

$$= \frac{\pi}{8} a^4 (1 - \cos 2\alpha),$$

$$z_g = \frac{3}{16} a \frac{1 - \cos 2\alpha}{1 - \cos\alpha} = \frac{3}{8} a (1 + \cos\alpha) = \frac{3}{8} (2a - h),$$

wobei a der Kugelradius ist.

2. Nimmt man an, daß die Masse nur auf der Kugelfläche (S) des Sektors verteilt ist, so wird die Ordinate des Schwerpunktes

$$z_g = \frac{\iint\limits_{(S)} z \, ds}{s}$$

mit s als Inhalt der Fläche (S). Im vorliegenden Fall lautet die Gleichung der Fläche

$$x^2 + y^2 + z^2 = a^2 \quad \text{oder} \quad z = \sqrt{a^2 - (x^2 + y^2)},$$

d. h., wie man leicht nachprüfen kann,

$$\cos(n, z) = \frac{1}{\sqrt{1 + p^2 + q^2}} = \frac{z}{a},$$

so daß

$$\iint\limits_{(S)} z \, ds = \iint\limits_{(\sigma_{xy})} z \frac{d\sigma_{xy}}{\cos(n, z)} = a \iint\limits_{(\sigma_{xy})} d\sigma_{xy} = \pi a^3 \sin^2 \alpha$$

wird, wobei (σ_{xy}) offenbar die Kreisfläche mit dem Mittelpunkt im Ursprung und dem Radius $a \sin \alpha$ darstellt. Der Flächeninhalt s wird

$$s = \iint\limits_{(\sigma_{xy})} \sqrt{1 + p^2 + q^2} \, d\sigma_{xy} = a \iint\limits_{(\sigma_{xy})} \frac{d\sigma_{xy}}{\sqrt{a^2 - (x^2 + y^2)}}$$

$$= a \int\limits_0^{2\pi} d\varphi \int\limits_0^{a \sin \alpha} \frac{r \, dr}{\sqrt{a^2 - r^2}} = 2\pi a^2 (1 - \cos \alpha)$$

und schließlich

$$z_g = \frac{\pi a^3 \sin^2 \alpha}{2\pi a^2 (1 - \cos \alpha)} = a \cos^2 \frac{\alpha}{2}.$$

Im vorhergehenden Beispiel hatten wir für z_g den kleineren Wert

$$\frac{3}{8} a (1 + \cos \alpha) = \frac{3}{4} a \cos^2 \frac{\alpha}{2}.$$

3. Fällt der Schwerpunkt mit dem Koordinatenursprung zusammen, so sind alle statischen Momente gleich Null, was unmittelbar aus den Beziehungen

$$\iiint\limits_{(v)} xf \, dv = mx_g, \quad \iiint\limits_{(v)} yf \, dv = my_g, \quad \iiint\limits_{(v)} zf \, dv = mz_g,$$

folgt.

4. Wir betrachten die Trägheitsmomente eines homogenen geraden Kreiszylinders (Abb. 54) in bezug auf die Zylinderachse und in bezug auf den Durchmesser seines mittleren Quer-

15 Smirnow II

schnittes. Nehmen wir die Dichte als konstant und gleich f_0 an, so wird

$$J_z = f_0 \iiint\limits_{(v)} r^2 \, r \, dr \, d\varphi \, dz = 2 f_0 \int\limits_0^{2\pi} d\varphi \int\limits_0^a r^3 \, dr \int\limits_0^h dz = \pi a^4 h f_0 = m \frac{a^2}{2},$$

$$J_x = f_0 \iiint\limits_{(v)} (z^2 + r^2 \sin^2 \varphi) r \, dr \, d\varphi \, dz = 2 f_0 \int\limits_0^{2\pi} d\varphi \int\limits_0^h dz \int\limits_0^a (z^2 + r^2 \sin^2 \varphi) r \, dr$$

$$= 2 f_0 \int\limits_0^{2\pi} d\varphi \int\limits_0^h z^2 \, dz \int\limits_0^a r \, dr + 2 f_0 \int\limits_0^{2\pi} \sin^2 \varphi \, d\varphi \int\limits_0^h dz \int\limits_0^a r^3 \, dr$$

$$= \frac{2}{3} \pi h^3 a^2 f_0 + \frac{\pi}{2} h a^4 f_0 = m \left(\frac{h^2}{3} + \frac{a^2}{4} \right),$$

wobei $2h$ die Höhe des Zylinders, a der Radius seiner Grundfläche und m seine Masse ist.

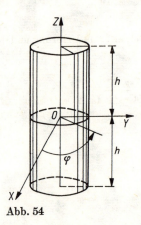

Abb. 54

5. Die Trägheitsmomente des homogenen Ellipsoids

$$\frac{x^2}{a^2} + \frac{y^2}{b^2} + \frac{z^2}{c^2} = 1.$$

Die Dichte sei f_0. Durch Zerlegung in Schichten, die parallel zur x, y-Ebene verlaufen, entsteht

$$J_{xy} = f_0 \iiint\limits_{(v)} z^2 \, dx \, dy \, dz = f_0 \int\limits_{-c}^c z^2 \pi a b \left(1 - \frac{z^2}{c^2} \right) dz$$

$$= 2 \pi a b f_0 \left(\frac{c^3}{3} - \frac{c^3}{5} \right) = m \frac{1}{5} c^2.$$

Mittels zyklischer Vertauschung finden wir ohne Schwierigkeit

$$J_{yz} = m\frac{1}{5}a^2, \quad J_{zx} = m\frac{1}{5}b^2,$$

$$J_x = J_{xy} + J_{xz} = m\frac{1}{5}(b^2 + c^2),$$

$$J_y = m\frac{1}{5}(c^2 + a^2), \quad J_z = m\frac{1}{5}(a^2 + b^2),$$

$$J_0 = J_{xy} + J_{yz} + J_{zx} = m\frac{1}{5}(a^2 + b^2 + c^2).$$

6. Die kinetische Energie bei der Drehung eines festen Körpers um eine Achse (δ).

Bekanntlich ist bei der Rotation eines Körpers um eine Achse (δ) mit der Winkelgeschwindigkeit ω die Geschwindigkeit V jedes Punktes des Körpers dem Betrag nach gleich dem Produkt aus Winkelgeschwindigkeit und Abstand des Punktes von der Rotationsachse. Zur Berechnung der kinetischen Energie des Körpers zerlegen wir ihn in die Massenelemente Δm und bezeichnen deren kinetische Energie jeweils mit ΔT. Dann gilt

$$T = \sum \Delta T.$$

Wegen der geringen Größe des Elementes Δm kann man sich seine ganze Masse in irgendeinem seiner Punkte M vereinigt denken; dann ergibt sich für die kinetische Energie ΔT des Elementes Δm

$$\Delta T = \frac{1}{2}V^2 \Delta m = \frac{1}{2}\omega^2 r_\delta^2 f(M) \Delta v,$$

wobei $f(M)$ die Dichte der Körpers im Punkt M und r_δ der Abstand des Punktes M von der Achse (δ) ist. Auf Grund der Definition des dreifachen Integrals erhalten wir hieraus

$$T = \iiint\limits_{(v)} \frac{1}{2}\omega^2 r_\delta^2 f(M)\, dv = \frac{1}{2}\omega^2 J_\delta,$$

wobei

$$J_\delta = \iiint\limits_{(v)} r_\delta^2 f(M)\, dv$$

das Trägheitsmoment des Körpers in bezug auf die Rotationsachse (δ) ist.

Bemerkung. Mitunter läßt sich die Berechnung des Volumens eines Körpers oder eines seiner Momente bereits mit Hilfe eines zweifachen oder sogar eines einfachen Integrals anstelle des dreifachen durchführen. Dies beruht darauf, daß es bei der Darstellung des dreifachen Integrals als zweifaches Integral über ein einfaches oder als einfaches über ein zweifaches mitunter gelingt, das innere Integral auf Grund irgendwelcher elementarer Überlegungen ohne Integration auszuwerten. Damit erscheint das dreifache Integral in Form eines zweifachen oder einfachen Integrals.

So kann man z. B. das in bezug auf die x, y-Ebene gebildete Trägheitsmoment J_{xy} eines Körpers (v), der von den Ebenen $z = 0, z = h$ sowie der durch Rotation der Kurve $x = f(z)$ um die z-Achse entstehenden Fläche begrenzt wird, durch ein einfaches Integral berechnen, wenn man sich den Körper aus kreisförmigen, zur x, y-Ebene parallelen Scheiben zusammengesetzt denkt. Das Volumen einer solchen Elementarscheibe ist gleich $\pi[f(z)]^2\, dz$, und daher wird

$$J_{xy} = \pi \int_0^h z^2 [f(z)]^2\, dz.$$

Dasselbe Trägheitsmoment wird durch das dreifache Integral

$$J_{xy} = \iiint\limits_{(v)} z^2 \, dx \, dy \, dz = \int\limits_0^h z^2 \, dz \iint\limits_{(\sigma_z)} dx \, dy$$

dargestellt, wobei (σ_z) der Schnitt von (v) mit derjenigen Ebene ist, die parallel zur x, y-Ebene im Abstand z verläuft. Das innere Doppelintegral liefert den Flächeninhalt von (σ_z), d. h., es ist gleich $\pi[f(z)]^2$.

§ 7. Kurvenintegrale

69. Definition des Kurvenintegrals. Im Raum sei eine Kurve (l) gegeben, die mit einer bestimmten Orientierung versehen ist (Abb. 55). Es sei A der Anfangspunkt und B der Endpunkt dieser Kurve. Die Bogenlänge auf der Kurve (l) werde vom Anfangspunkt A an gerechnet. Wir nehmen an, daß auf dieser Kurve

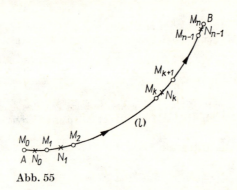

Abb. 55

eine stetige Funktion $f(M)$ definiert ist; $f(M)$ hat also in jedem Punkt M der Kurve (l) einen bestimmten Zahlenwert. Es werde nun (l) durch die Punkte $M_0, M_1, \ldots, M_{n-1}, M_n$ in n Teile zerlegt, wobei M_0 mit A und M_n mit B zusammenfällt. Auf jedem Teilstück $M_k M_{k+1}$ ($k = 0, 1, \ldots, n-1$) wählen wir irgendeinen Punkt N_k und bilden die Summe $\sum\limits_{k=0}^{n-1} f(N_k) \, \Delta s_k$. Hierbei stelle Δs_k die Länge des Bogens $M_k M_{k+1}$ der Kurve (l) dar. Der Grenzwert dieser Summe bei unbegrenzt wachsender Anzahl n der Teilpunkte und unbegrenzter Verkleinerung der Teilstücke $M_k M_{k+1}$ heißt *Kurvenintegral der Funktion* $f(M)$ *über* (l) und wird folgendermaßen bezeichnet:

$$\int\limits_{(l)} f(M) \, ds = \lim \sum_{k=0}^{n-1} f(N_k) \, \Delta s_k. \tag{1}$$

Die Lage des variablen Punktes M der Kurve (l) wird vollständig bestimmt durch die Bogenlänge $s = \widehat{AM}$, so daß man die Funktion $f(M)$ als Funktion der unabhängigen Veränderlichen s ansehen kann, d. h. $f(M) = f(s)$. Das Integral (1) stellt somit ein gewöhnliches bestimmtes Integral

$$\int\limits_{(l)} f(M)\,ds = \int\limits_0^l f(s)\,ds$$

dar, wobei l die Länge des Kurvenbogens (l) ist. Wir bemerken noch, daß die Kurve (l) auch geschlossen sein kann, also B mit A zusammenfallen darf.

Bisher haben wir nicht die Tatsache benutzt, daß die Kurve (l) eine Orientierung besitzt. Im weiteren jedoch wird dies für uns wichtig sein. Wir beziehen den Raum auf geradlinige rechtwinklige Koordinatenachsen. Die Lage des Punktes M wird dann durch die Koordinaten (x, y, z) bestimmt. Es sei $P(x, y, z)$ eine längs der Kurve (l) stetige Funktion. Wir bezeichnen die Koordinaten des Punktes N_k mit (ξ_k, η_k, ζ_k) und die Projektion der gerichteten Strecke $\overline{M_k M_{k+1}}$ auf die x-Achse mit Δx_k. Die Größe Δx_k kann natürlich entweder positiv oder negativ und sogar gleich Null sein. Wir bilden jetzt die Summe der Produkte aus $P(N_k) = P(\xi_k, \eta_k, \zeta_k)$ und Δx_k anstelle von Δs_k, d. h.

$$\sum_{k=0}^{n-1} P(\xi_k, \eta_k, \zeta_k)\,\Delta x_k.$$

Der Grenzwert dieser Summe ist das Kurvenintegral von $P(x, y, z)$ über (l) und wird wie oben mit

$$\int\limits_{(l)} P(x, y, z)\,dx = \lim \sum_{k=0}^{n-1} P(\xi_k, \eta_k, \zeta_k)\,\Delta x_k$$

bezeichnet. Entsprechend werden die Integrale

$$\int\limits_{(l)} Q(x, y, z)\,dy \quad \text{und} \quad \int\limits_{(l)} R(x, y, z)\,dz$$

definiert, wobei $Q(x, y, z)$ und $R(x, y, z)$ stetige Funktionen auf (l) sind. Fassen wir diese drei Integrale zusammen, so erhalten wir das Kurvenintegral allgemeiner Form, das mit

$$\int\limits_{(l)} [P(x, y, z)\,dx + Q(x, y, z)\,dy + R(x, y, z)\,dz] \tag{2}$$

bezeichnet wird.

Definitionsgemäß ist das Integral (2) der Grenzwert einer Summe der Form

$$\sum_{k=0}^{n-1} [P(\xi_k, \eta_k, \zeta_k)\,\Delta x_k + Q(\xi_k, \eta_k, \zeta_k)\,\Delta y_k + R(\xi_k, \eta_k, \zeta_k)\,\Delta z_k], \tag{3}$$

wobei Δy_k und Δz_k die Projektionen der Strecke $\overline{M_k M_{k+1}}$ auf die y- bzw. z-Achse sind. Der Zusammenhang zwischen dem Integral der Form (2) und dem der Form (1) ist leicht herzustellen. Die Koordinaten (x, y, z) des Punktes M der Kurve (l) kann man als Funktionen der Bogenlänge $s = \stackrel{\frown}{AM}$ ansehen. Die Ableitungen dieser Funktionen liefern bekanntlich [**I, 160**] die Richtungskosinus der Tangente an die Kurve (l), d. h.

$$\frac{dx}{ds} = \cos(t, x), \qquad \frac{dy}{ds} = \cos(t, y), \qquad \frac{dz}{ds} = \cos(t, z),$$

wenn t die Richtung der Tangente an (l) im Punkt M ist. Mit dem Symbol (α, β) bezeichnen wir wie immer den Winkel, der von den Richtungen α und β gebildet wird. Dabei hängt der Kosinus dieses Winkels nicht von dessen Richtungssinn ab, den wir im vorliegenden Fall auch nicht festlegen. Bis auf Größen höherer Ordnung können wir

$$\Delta x_k = \cos(t_k, x)\,\Delta s_k, \qquad \Delta y_k = \cos(t_k, y)\,\Delta s_k, \qquad \Delta z_k = \cos(t_k, z)\,\Delta s_k$$

setzen, wobei t_k die Richtung der Tangente im Punkt N_k ist. Das Integral (2) als Grenzwert der Summe (3) reduziert sich dann auf die Form (1):

$$\int\limits_{(l)} (P\,dx + Q\,dy + R\,dz) = \int\limits_{(l)} [P\cos(t,x) + Q\cos(t,y) + R\cos(t,z)]\,ds. \qquad (4)$$

Hierbei kann man P, Q, R, $\cos(t, x)$, $\cos(t, y)$ und $\cos(t, z)$ längs (l) als Funktionen von s ansehen.

Es möge die Gleichung der Kurve (l) in der Parameterform

$$x = \varphi(\tau), \qquad y = \psi(\tau), \qquad z = \omega(\tau) \qquad (5)$$

gegeben sein, so daß bei einer Änderung des Parameters τ von a bis b der Punkt (x, y, z) die Kurve (l) von A bis B durchläuft. Wir setzen voraus, daß die Funktionen (5) stetig sind und stetige Ableitungen erster Ordnung in dem abgeschlossenen Intervall (a, b) besitzen. Dabei sei der Einfachheit halber $a < b$ angenommen.

Den Punkten M_k mögen die Parameterwerte $\tau = \tau_k$ entsprechen. Wir betrachten die erste der Summen in (3). Es sei $\tau = \tau_k'$ der Parameterwert, der dem Punkt (ξ_k, η_k, ζ_k) der Kurve entspricht. Auf Grund des Mittelwertsatzes der Differentialrechnung [**I, 63**] können wir

$$\Delta x_k = \varphi(\tau_{k+1}) - \varphi(\tau_k) = \varphi'(\tau_k'')(\tau_{k+1} - \tau_k)$$

setzen. Dabei ist τ_k'' ein gewisser Wert τ aus dem Innern des Intervalls (τ_k, τ_{k+1}). Die erwähnte Summe läßt sich somit in

$$\sum_{k=0}^{n-1} P(\xi_k, \eta_k, \zeta_k)\,\Delta x_k = \sum_{k=0}^{n-1} P[\varphi(\tau_k'), \psi(\tau_k'), \omega(\tau_k')]\varphi'(\tau_k'')(\tau_{k+1} - \tau_k) \qquad (6)$$

umformen.

Ihr Aufbau ähnelt dem der Summe

$$\sigma = \sum_{k=0}^{n-1} P[\varphi(\tau_k''), \psi(\tau_k''), \omega(\tau_k'')]\varphi'(\tau_k'')(\tau_{k+1} - \tau_k),$$

die bei unbegrenzter Verkleinerung der größten der Differenzen $\tau_{k+1} - \tau_k$ gegen das bestimmte Integral

$$\int\limits_a^b P[\varphi(\tau), \psi(\tau), \omega(\tau)]\varphi'(\tau)\,d\tau \qquad (7)$$

strebt.

69. Definition des Kurvenintegrals

Wir beweisen jetzt, daß die Differenz zwischen der Summe (6) und σ gegen Null geht für $\max(\tau_{k+1}-\tau_k) \to 0$. Hieraus folgt dann unmittelbar, daß die Summe (6) einen Grenzwert besitzt, der gleich dem Integral (7) ist. Die erwähnte Differenz hat die Form

$$\eta = \sum_{k=0}^{n-1} \{P[\varphi(\tau_k'), \psi(\tau_k'), \omega(\tau_k')] - P[\varphi(\tau_k''), \psi(\tau_k''), \omega(\tau_k'')]\} \varphi'(\tau_k'')(\tau_{k+1}-\tau_k).$$

Die Werte τ_k' und τ_k'' gehören dem Intervall (τ_k, τ_{k+1}) an, und auf Grund der gleichmäßigen Stetigkeit der stetigen Funktion $P[\varphi(\tau), \psi(\tau), \omega(\tau)]$ existiert zu jedem positiven ε ein positives δ derart, daß [**I, 35**]

$$|P[\varphi(\tau_k'), \psi(\tau_k'), \omega(\tau_k')] - P[\varphi(\tau_k''), \psi(\tau_k''), \omega(\tau_k'')]| < \varepsilon$$

wird, sobald $(\tau_{k+1}-\tau_k) < \delta$ ist. Somit gilt für den Absolutwert von η die Abschätzung

$$|\eta| < \varepsilon \sum_{k=0}^{n-1} |\varphi'(\tau_k'')| (\tau_{k+1}-\tau_k).$$

Die im Intervall (a, b) stetige Funktion $\varphi'(\tau)$ ist dort aber auch beschränkt, d. h., es ist $|\varphi'(\tau)| < K$, wobei K ein bestimmter Wert ist [**I, 35**]. Hiermit erhalten wir

$$|\eta| < \varepsilon K \sum_{k=0}^{n-1} (\tau_{k+1}-\tau_k) = \varepsilon K(b-a).$$

Da ε beliebig klein wählbar ist, wenn $\max(\tau_{k+1}-\tau_k) \to 0$, folgt hieraus, daß η tatsächlich gegen Null strebt und die Summe (6) den Grenzwert (7) hat. Behandelt man die übrigen Summen in (3) in analoger Weise, so zeigt sich, daß unter unseren Voraussetzungen das Integral (2) in Form eines gewöhnlichen bestimmten Integrals dargestellt werden kann, und zwar gilt:

$$\int_{(l)} (P\,dx + Q\,dy + R\,dz) = \int_a^b [P\varphi'(\tau) + Q\psi'(\tau) + R\omega'(\tau)]\,d\tau, \tag{8}$$

wobei P, Q und R gemäß den Formeln (5) als Funktion von τ anzusehen sind.

Einige der in [**I, 94**] angegebenen Eigenschaften des einfachen Integrals lassen sich unmittelbar auf den Fall eines Kurvenintegrals verallgemeinern, so z. B.:

I. Besteht die Kurve (l) aus einzelnen Teilen $(l_1), (l_2), \ldots, (l_m)$, so wird

$$\int_{(l)} (P\,dx + Q\,dy + R\,dz) = \int_{(l_1)} (P\,dx + Q\,dy + R\,dz)$$
$$+ \int_{(l_2)} (P\,dx + Q\,dy + R\,dz) + \cdots$$
$$+ \int_{(l_m)} (P\,dx + Q\,dy + R\,dz).$$

II. Der Wert des Kurvenintegrals wird nicht nur bestimmt durch den Integranden und die Integrationskurve, sondern auch durch die Orientierung der Kurve (l), und zwar *ändert das Integral bei Umkehrung der Kurvenorientierung nur sein Vorzeichen*.

Wenn die Kurve (l) nicht im ganzen den oben angegebenen Bedingungen genügt, aber in endlich viele Teile zerlegt werden kann, von denen jeder die Parameterdarstellung (5) besitzt und die obigen Bedingungen erfüllt, so ist die Formel (7) auf jedes Teilstück anwendbar. Man kann dann das Integral über die ganze Kurve als Summe der Integrale über die einzelnen Teilstücke darstellen. Es ist leicht zu zeigen, daß diese dem Grenzwert der Summe (3) für die ganze Kurve gleichwertig ist. Im weiteren werden wir nur solche Kurven (l) betrachten, welche die soeben angegebene Bedingung erfüllen. Wir bemerken schließlich noch, daß (8) in (4) übergeht, wenn τ die Bogenlänge $s = \widehat{AM}$ darstellt.

Liegt die Kurve (l) ganz in der x, y-Ebene, so hat das Integral (2) die Form

$$\int\limits_{(l)} (P\,dx + Q\,dy),$$

wobei P und Q auf (l) definierte Funktionen von (x, y) sind.

70. Die Arbeit in einem Kraftfeld. Beispiele. Die Berechnung der Arbeit führt naturgemäß zum Begriff des Kurvenintegrals (2). Der Punkt M durchlaufe die Bahnkurve (l) unter der Einwirkung einer Kraft $\mathfrak{F}$, die längs (l) eine Funktion des Ortes ist. Zur Berechnung der Arbeit zerlegen wir (l) in kleine Kurvenstücke und betrachten das Stück $M_k M_{k+1}$. Auf diesem kann der Kraftvektor $\mathfrak{F}$ näherungsweise als konstant angesehen werden, etwa gleich seinem Wert im Punkt M_k. Ferner können wir den Bogen $\widehat{M_k M_{k+1}}$ durch die Sehne $\overline{M_k M_{k+1}}$ ersetzen. Damit wird auf dem kleinen Kurvenstück die Arbeit näherungsweise durch das Produkt

$$\Delta E_k \approx |\mathfrak{F}_k| \cdot |\overline{M_k M_{k+1}}| \cos\left(\mathfrak{F}_k, \overline{M_k M_{k+1}}\right)$$

dargestellt, wobei mit $|\mathfrak{F}_k|$ die Länge des Vektors $\mathfrak{F}$ im Punkt M_k, mit $|\overline{M_k M_{k+1}}|$ die Länge der Strecke $\overline{M_k M_{k+1}}$ und mit ΔE_k die Arbeit auf dem Kurvenstück $\widehat{M_k M_{k+1}}$ bezeichnet ist. Unter Benutzung einer aus der analytischen Geometrie bekannten Formel für den Winkel zwischen zwei Richtungen können wir schreiben

$$\Delta E_k \approx |\mathfrak{F}_k| \cdot |\overline{M_k M_{k+1}}| \left[\cos(\mathfrak{F}_k, x) \cos\left(\overline{M_k M_{k+1}}, x\right) \right.$$
$$\left. + \cos(\mathfrak{F}_k, y) \cos\left(\overline{M_k M_{k+1}}, y\right) + \cos(\mathfrak{F}_k, z) \cos\left(\overline{M_k M_{k+1}}, z\right)\right]$$

oder, wenn wir die Klammern auflösen und die Projektionen des Vektors $\mathfrak{F}$ auf die Koordinatenachsen mit P, Q und R bezeichnen,

$$\Delta E_k \approx P_k \Delta x_k + Q_k \Delta y_k + R_k \Delta z_k.$$

Der Index bei P, Q und R gibt an, daß die Werte dieser Funktionen im Punkt M_k zu nehmen sind. Die Summation über alle Teilstücke mit anschließendem Grenzübergang liefert für die Gesamtarbeit den exakten Ausdruck

$$E = \int\limits_{(l)} (P\,dx + Q\,dy + R\,dz).$$

Beispiele

1. Die Arbeit, die von der konstanten Schwerkraft bei Verschiebung eines Punktes M der Masse m von $M_1(a_1, b_1, c_1)$ nach $M_2(a_2, b_2, c_2)$ auf einer beliebigen Kurve (l) geleistet wird, läßt sich durch das Integral

$$\int\limits_{(l)} (P\,dx + Q\,dy + R\,dz) = \int\limits_{c_1}^{c_2} mg\,dz = mg(c_2 - c_1)$$

darstellen (die z-Achse wird als senkrecht nach unten gerichtet angenommen), woraus ersichtlich ist, daß diese Arbeit nur von der Anfangs- und der Endlage des Punktes abhängt, aber nicht von dem Weg, auf dem sich der Punkt bewegt hat. Wir haben hier das Beispiel eines Kurvenintegrals, dessen Wert nur von dem Anfangs- und Endpunkt des Integrationsweges, aber nicht vom Weg selbst abhängt.

2. Die Arbeit der von einem festen Zentrum mit der Masse m aus wirkenden Newtonschen Anziehungskräfte bei Verschiebung eines Punktes der Masse 1 aus der Lage M_1 in die Lage M_2. Legen wir das Anziehungszentrum in den Koordinatenursprung und bezeichnen mit r die Länge des Radiusvektors $\overrightarrow{OM}$, so ist offenbar die Kraft $\mathfrak{F}$ entgegengesetzt zu $\overrightarrow{OM}$ gerichtet und dem Betrag nach gleich $\dfrac{fm}{r^2}$, wobei f die Gravitationskonstante ist. Somit gilt

$$P = -\frac{fm}{r^2}\frac{x}{r}, \qquad Q = -\frac{fm}{r^2}\frac{y}{r}, \qquad R = -\frac{fm}{r^2}\frac{z}{r},$$

$$E = -fm \int\limits_{(l)} \frac{x\,dx + y\,dy + z\,dz}{r^3} = -fm \int\limits_{(l)} \frac{r\,dr}{r^3} = fm \int\limits_{(l)} d\left(\frac{1}{r}\right).$$

Bezeichnet man mit r_1 und r_2 die Abstände der Punkte M_1 und M_2 vom Gravitationszentrum, so ergibt sich mit

$$E = fm\left(\frac{1}{r_2} - \frac{1}{r_1}\right)$$

die Arbeit, d. h., das entsprechende Kurvenintegral hängt nur von dem Anfangs- und Endpunkt, nicht aber vom Weg ab.

Führen wir das Potential

$$U = \frac{fm}{r}$$

einer Punktmasse m ein, für das also

$$P = \frac{\partial U}{\partial x}, \qquad Q = \frac{\partial U}{\partial y}, \qquad R = \frac{\partial U}{\partial z}$$

gilt, so wird die Arbeit E durch die Differenz der Werte des Potentials U in den Punkten M_2 und M_1 dargestellt; es gilt also

$$E = U(M_2) - U(M_1).$$

In den folgenden Beispielen werden Kurvenintegrale längs ebener Kurven behandelt.

3. Wir betrachten die ebene stationäre Bewegung einer inkompressiblen Flüssigkeit von konstanter Dichte, die wir gleich Eins wählen. Bei einer solchen Bewegung hängt die Geschwindigkeit $\mathfrak{v}$ eines im Punkt $M(x, y)$ befindlichen Flüssigkeitsteilchens nur von (x, y) ab. Es soll

nun die in der Zeiteinheit durch eine gegebene Kontur (l) hindurchfließende Flüssigkeitsmenge q berechnet werden (Abb. 56). Dazu bezeichnen wir mit u und v die Komponenten der Geschwindigkeit $\mathfrak{v}$ in Richtung der Koordinatenachsen. Wir greifen das Element $\widehat{MM'} = ds$ der Kontur (l) heraus. Sehen wir die Geschwindigkeiten aller Teilchen dieses Elementes näherungsweise als gleich an, so verschieben sich offenbar im Verlauf der Zeit dt alle Teilchen dieses

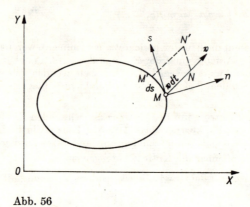

Abb. 56

Elementes um die Strecke $|\mathfrak{v}|\, dt$ in Richtung des Vektors $\mathfrak{v}$ und nehmen die Lage NN' an. Der Inhalt des Parallelogramms $MNN'M'$ kann durch das Produkt aus der Basis ds und der Länge der Projektion des Vektors $\mathfrak{v}\, dt$ auf die Richtung der äußeren Normalen (n) zur Kurve (l) dargestellt werden; es gilt also die Beziehung

$$\text{Flächeninhalt } MNN'M' = |\mathfrak{v}| \cos(\mathfrak{v}, n)\, dt\, ds,$$

wobei $|\mathfrak{v}|$ die Länge des Vektors $\mathfrak{v}$ ist. Bezeichnen wir mit (s) die Richtung der Tangente an die Kontur (l) bei einem Umlauf entgegen dem Uhrzeigersinn, so ist

$$(n, x) = (s, y), \quad (n, y) = (s, x) - \pi; \tag{9}$$

mit dem Symbol (α, β) wird dabei ein Winkel bezeichnet, der von der Richtung α bis zur Richtung β entgegen dem Uhrzeigersinn gerechnet wird. Es gilt also

$$\cos(n, x) = \cos(s, y) \quad \text{und} \quad \cos(n, y) = -\cos(s, x).$$

Bekanntlich läßt sich aber der Winkel zwischen zwei Richtungen durch die Formel

$$\cos(\mathfrak{v}, n) = \cos(\mathfrak{v}, x) \cos(n, x) + \cos(\mathfrak{v}, y) \cos(n, y)$$

ausdrücken, d. h. gemäß (9) durch

$$\cos(\mathfrak{v}, n) = \cos(\mathfrak{v}, x) \cos(s, y) - \cos(\mathfrak{v}, y) \cos(s, x).$$

Nach Einsetzen in den Ausdruck für den Flächeninhalt erhalten wir unter Beachtung von

$$|\mathfrak{v}| \cos(\mathfrak{v}, x) = u, \quad |\mathfrak{v}| \cos(\mathfrak{v}, y) = v,$$
$$ds \cos(s, x) = \Delta x, \quad ds \cos(s, y) = \Delta y$$

schließlich

$$\text{Flächeninhalt } MNN'M' = (-v\, \Delta x + u\, \Delta y)\, dt.$$

Ist der Winkel $(\mathfrak{v}, n)$ stumpf, so wird $\cos(\mathfrak{v}, n)$ und damit auch der Flächeninhalt negativ, was dem Fall entspricht, daß die Flüssigkeit in den von der Kurve (l) begrenzten Bereich *hineinströmt*.

Die gesamte Flüssigkeitsmenge, die während der Zeit dt durch die Kontur (l) hindurchströmt, wird

$$dt \sum (-v \, \Delta x + u \, dy) \to dt \int_{(l)} (-v \, dx + u \, dy).$$

Während der Zeiteinheit strömt dann die Flüssigkeitsmenge

$$q = \int_{(l)} (-v \, dx + u \, dy) \tag{10}$$

heraus, wobei die Kurve (l) entgegen dem Uhrzeigersinn zu durchlaufen ist. Ist nun (l) eine geschlossene Kurve, so gibt die Größe q die Differenz zwischen der in das durch (l) begrenzte Gebiet einfließenden und der ausfließenden Flüssigkeit. Subtrahend oder Minuend können auch fehlen. Wir bemerken noch, daß die Kontur (l) nicht geschlossen zu sein braucht. Die Flüssigkeitsmenge q berechnet sich nach Formel (10) und ist positiv zu nehmen, wenn die Flüssigkeit nach der Seite fließt, wohin die Normale (n) zeigt; ihre Richtung haben wir weiter oben definiert. Sie hängt mit der Integrationsrichtung längs (l) und der Orientierung der x- und y-Achse zusammen. Dieser Zusammenhang ist durch die Formeln (9) gegeben.

Wenn innerhalb von (l) weder Quellen, aus denen Flüssigkeit herausströmt (*positive Quellen*), noch Senken, in die sie hineinströmt (*negative Quellen*), vorhanden sind, muß $q = 0$ sein, da sich andernfalls die innerhalb von (l) befindliche Flüssigkeitsmenge vergrößern oder verkleinern würde, was der Eigenschaft der Inkompressibilität und dem Nichtvorhandensein von Quellen widerspricht.

Somit wird die stationäre ebene Strömung einer inkompressiblen Flüssigkeit durch die Gleichung

$$\int_{(l)} (-v \, dx + u \, dy) = 0 \tag{11}$$

charakterisiert, die für jede geschlossene Kontur (l), die im Innern keine Quellen besitzt, erfüllt sein muß.

4. In der Thermodynamik wird der Zustand eines jeden Körpers durch drei physikalische Größen, nämlich den Druck p, das Volumen v und die (absolute) Temperatur T bestimmt. Diese Größen sind durch eine Beziehung der Form

$$f(v, p, T) = 0$$

verknüpft, z. B. im Fall des idealen Gases durch die Boyle-Mariotte-Gay-Lussacsche Formel[1])

$$pv - RT = 0.$$

Der Zustand des Körpers wird somit durch zwei der drei Größen bestimmt, z. B. durch p und v, d. h. durch den Punkt $M(p, v)$ in der p, v-Ebene.

Ändert sich der Zustand, so beschreibt der ihn definierende Punkt M in der p, v-Ebene eine Kurve, die man als Diagramm des betrachteten Prozesses bezeichnet. Kehrt der Körper in den Ausgangszustand zurück, so spricht man von einem Kreisprozeß oder Zyklus, und das Diagramm wird eine geschlossene Kurve (l).

Zur Bestimmung der Wärmemenge Q, die von dem Körper während des Prozesses aufgenommen wird, zerlegen wir den Prozeß in infinitesimale Elementarprozesse, welche kleinen Änderungen der Größen p, v, T um $\Delta p, \Delta v$ bzw. ΔT entsprechen. Würde sich nur eine dieser

---

[1]) Im Original als Clapeyronsche Formel bezeichnet. (D. Red.)

Größen ändern, so wäre die aufgenommene Wärmemenge näherungsweise proportional dem Zuwachs der entsprechenden Veränderlichen. Ändern sich jedoch gleichzeitig alle drei Veränderlichen, so wird nach dem Prinzip der Superposition kleiner Wirkungen [**I, 68**] die Gesamtänderung ΔQ gleich der Summe der einzelnen Änderungen. Es besteht also eine Näherungsgleichung der Form

$$\Delta Q \approx A\,\Delta p + B\,\Delta v + C\,\Delta T,$$

und damit wird

$$Q = \sum \Delta Q = \int (A\,dp + B\,dv + C\,dT). \tag{12}$$

Drücken wir auf Grund der Zustandsgleichung T durch v und p aus, so erhalten wir

$$T = \varphi(v, p), \qquad dT = \frac{\partial \varphi}{\partial p}\,dp + \frac{\partial \varphi}{\partial v}\,dv.$$

Nach Einsetzen dieser Ausdrücke anstelle von T und dT auf der rechten Seite von (12) ergibt sich schließlich

$$Q = \int\limits_{(l)} (P\,dp + V\,dv),$$

dabei sind P und V Funktionen von p und v.

5. Es handele sich bei dem untersuchten Prozeß um die Expansion bzw. Kompression eines Gases oder Dampfes in dem Arbeitszylinder eines Motors oder einer Dampfmaschine. Die Volumenänderung Δv wird dann proportional der Verschiebung des Kolbens im Zylinder unter der Einwirkung des Drucks p, und daher wird die Arbeit ΔE, die durch den Druck p bei dieser Volumenänderung erzeugt wird, bei passender Wahl der Einheiten durch das Produkt $p\,\Delta v$ dargestellt. Die Gesamtarbeit, die im Verlauf des ganzen Kreisprozesses erzeugt wird, ist dann

$$E = \int\limits_{(l)} p\,dv.$$

71. Flächeninhalt und Kurvenintegral. Wir berechnen den Flächeninhalt σ eines Bereiches (σ), der in der x, y-Ebene liegt und von der geschlossenen Kurve (l) begrenzt wird. Der Einfachheit halber nehmen wir an (Abb. 57), daß die zur y-Achse parallelen Geraden die Kurve (l) in höchstens zwei Punkten schneiden. Wir bezeichnen mit y_1 und y_2 die Ordinaten der Punkte, in denen die zur y-Achse parallelen Geraden in den Bereich (σ) ein- bzw. aus diesem heraustreten, sowie mit a und b die Abszissen der extremalen Punkte der Kurve (l); dann gilt [**I, 101**]

$$\sigma = \int\limits_a^b (y_2 - y_1)\,dx.$$

Es seien (1) und (2) die Kurvenstücke, die den Eintritts- bzw. Austrittspunkten entsprechen. Das Integral

$$\int\limits_a^b y_2\,dx$$

ist nichts anderes als das mit entgegengesetztem Vorzeichen genommene Kurvenintegral $\int_{(2)} y\,dx$ in der Richtung vom Punkt $x = b$ nach $x = a$. Entsprechend stimmt das Integral

$$\int_a^b y_1\,dx$$

mit dem von $x = a$ bis $x = b$ genommenen Kurvenintegral $\int_{(1)} y\,dx$ überein. Es gilt also

$$\sigma = \int_a^b y_2\,dx - \int_a^b y_1\,dx = -\left[\int_{(1)a}^b y\,dx + \int_{(2)b}^b y\,dx\right] = -\int_{(l)} y\,dx, \qquad (13)$$

wobei die Kurve (l) entgegen dem Uhrzeigersinn durchlaufen wird.

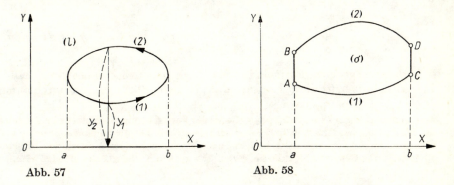

Abb. 57   Abb. 58

Auf genau dieselbe Weise finden wir bei Vertauschung der Voraussetzungen

$$\sigma = \int_{(l)} x\,dy. \qquad (14)$$

Addiert man und dividiert durch 2, so ergibt sich noch

$$\sigma = \frac{1}{2}\int_{(l)} (x\,dy - y\,dx). \qquad (15)$$

Wir haben Formel (13) unter der Voraussetzung erhalten, daß zur y-Achse parallele Geraden die Kurve (l) in höchstens zwei Punkten schneiden. Man erkennt leicht, daß die Formel auch für allgemeinere Konturen gültig ist. Wir betrachten zunächst den Fall, daß der Bereich (σ) von den Kurven (1) und (2) und zwei Geradenabschnitten parallel zur y-Achse begrenzt wird (Abb. 58). Wiederholen wir die früheren Überlegungen, so erhalten wir

$$\sigma = -\left[\int_{(1)} y\,dx + \int_{(2)} y\,dx\right].$$

Auf $\overline{CD}$ und $\overline{BA}$ ist x konstant und $dx = 0$, so daß $\int y \, dx$ auf diesen Strecken gleich Null wird. Fügen wir diese Integrale mit negativem Vorzeichen zur rechten Seite hinzu, so erhalten wir auch für diesen Fall die Formel (13). Für Bereiche (σ) mit einer Kontur (l) von allgemeinerer Form (vgl. Abb. 59) gehen wir in der folgenden Weise vor. Wir zeichnen zur y-Achse parallele Geradenabschnitte und zerlegen (σ) in endlich viele Teilbereiche, auf welche die Formel (13) anwendbar ist. Durch Zusammenfassung dieser Formeln erhalten wir links den Flächeninhalt σ des ganzen Bereiches und rechts das Integral über die Kontur (l), da die Integrale über die eingeführten Hilfskonturen so wie früher gleich Null sind. Formel (13) ist also auch für diesen Bereich gültig. Entsprechend gelten die Formeln (14) und (15) auch für Bereiche von allgemeinerer Form.

Im Fall der Ellipse

$$x = a \cos t, \quad y = b \sin t \qquad (0 \leqq t \leqq 2\pi)$$

liefert Formel (15)

$$\sigma = \frac{1}{2} \int_0^{2\pi} (a \cos t \cdot b \cos t + b \sin t \cdot a \sin t) \, dt = \frac{1}{2} ab \int_0^{2\pi} dt = \pi a b.$$

In den angegebenen Formeln für den Flächeninhalt ist zu beachten, daß bei der Integration über (l) diese Kontur entgegen dem Uhrzeigersinn durchlaufen wird

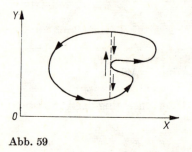

Abb. 59

oder, besser gesagt, in der Richtung, in der man die x-Achse um den Winkel $\dfrac{\pi}{2}$ drehen muß, damit sie (der Richtung nach) mit der y-Achse zusammenfällt. Hätten wir die y-Achse nicht nach oben, sondern nach unten gerichtet, so würden zwar die Formeln für den Flächeninhalt richtig bleiben, aber es müßte über (l) im Uhrzeigersinn integriert werden. Im weiteren werden wir immer an der oben angegebenen Vereinbarung über die Orientierung der geschlossenen Kontur in der Ebene festhalten.

72. Die Greensche Formel. Wir werden jetzt eine Fundamentalformel aufstellen, die den Zusammenhang zwischen einem Integral über eine Fläche und einem Kurvenintegral über den Rand dieser Fläche herstellt. Wir beginnen mit dem Fall, daß die Fläche ein ebener Bereich ist. Dann wird die abzuleitende Formel gewöhnlich als *Greensche Formel* bezeichnet.

Wir setzen voraus, daß $P(x, y)$ im Gebiet (σ) einschließlich des Randes (l) stetig ist und die stetige Ableitung $\dfrac{\partial P(x, y)}{\partial y}$ besitzt, und wenden die Formel (7) [59] auf die Berechnung des Doppelintegrals

$$\iint\limits_{(\sigma)} \frac{\partial P(x, y)}{\partial y} \, d\sigma$$

an. Nach Ausführung der Integration über y ergibt sich unter der Annahme, daß die Kontur (l) des Bereiches (σ) höchstens in zwei Punkten von zur y-Achse parallelen Geraden geschnitten wird (Abb. 57),

$$\iint\limits_{(\sigma)} \frac{\partial P}{\partial y} \, d\sigma = \iint\limits_{(\sigma)} \frac{\partial P}{\partial y} \, dx \, dy = \int\limits_a^b dx \int\limits_{y_1}^{y_2} \frac{\partial P}{\partial y} \, dy = \int\limits_a^b [P(x, y_2) - P(x, y_1)] \, dx.$$

Andererseits stellen die Integrale

$$\int\limits_a^b P(x, y_1) \, dx, \quad \int\limits_a^b P(x, y_2) \, dx$$

nichts anderes als die Kurvenintegrale

$$\int P(x, y) \, dx$$

dar, die über die Teilstücke (1) bzw. (2) der Kontur (l) vom Punkt $x = a$ aus bis zum Punkt $x = b$ erstreckt sind.

Ändern wir in dem zweiten die Integrationsrichtung, so entsteht

$$\int\limits_a^b P(x, y_2) \, dx = -\int\limits_b^a P(x, y_2) \, dx = -\int\limits_{(2)b}^a P(x, y) \, dx,$$

womit

$$\iint\limits_{(\sigma)} \frac{\partial P}{\partial y} \, d\sigma = -\int\limits_{(2)b}^a P(x, y) \, dx - \int\limits_{(1)a}^b P(x, y) \, dx$$

wird oder

$$\iint\limits_{(\sigma)} \frac{\partial P}{\partial y} \, d\sigma = -\int\limits_{(l)} P \, dx, \tag{16}$$

wobei die Kurve (l) entgegen dem Uhrzeigersinn zu durchlaufen ist (Abb. 57).

Aus dieser Formel folgt unmittelbar, wie auch in [66], die Formel für die partielle Integration: Für die Funktionen $\varphi(x, y)$ und $\psi(x, y)$, die dieselben Eigenschaften wie $P(x, y)$ besitzen, gilt

$$\iint\limits_{(\sigma)} \varphi \frac{\partial \psi}{\partial x} \, d\sigma = -\iint\limits_{(\sigma)} \frac{\partial \varphi}{\partial x} \psi \, d\sigma - \int\limits_{(l)} \varphi \psi \, dx. \tag{16_1}$$

Auf dieselbe Weise berechnen wir auch das Integral

$$\iint\limits_{(\sigma)} \frac{\partial Q(x, y)}{\partial x}\, d\sigma,$$

worin Q eine weitere Funktion von (x, y) bedeutet. Setzen wir der Einfachheit halber voraus, daß die zur x-Achse parallelen Geraden die Kontur (l) höchstens in zwei Punkten schneiden, so erhalten wir

$$\iint\limits_{(\sigma)} \frac{\partial Q}{\partial x}\, d\sigma = \iint\limits_{(\sigma)} \frac{\partial Q}{\partial x}\, dx\, dy = \int\limits_{\alpha}^{\beta} dy \int\limits_{x_1}^{x_2} \frac{\partial Q}{\partial x}\, dx = \int\limits_{\alpha}^{\beta} [Q(x_2, y) - Q(x_1, y)]\, dy.$$

Dabei läßt sich dieser Ausdruck auch auf ein Kurvenintegral über die geschlossene Kontur zurückführen; es wird dann

$$\iint\limits_{(\sigma)} \frac{\partial Q}{\partial x}\, d\sigma = \int\limits_{(l)} Q\, dy. \tag{17}$$

Durch Subtraktion der Gleichung (16) von (17) entsteht die *Greensche Formel*

$$\iint\limits_{(\sigma)} \left(\frac{\partial Q}{\partial x} - \frac{\partial P}{\partial y}\right) d\sigma = \int\limits_{(l)} (P\, dx + Q\, dy). \tag{18}$$

Die Formel (18) wurde unter der Voraussetzung hergeleitet, daß die Funktionen P und Q zusammen mit den erwähnten partiellen Ableitungen in (σ) bis zu der Kontur (l) stetig sind und daß achsenparallele Geraden die Kontur (l) in höchstens zwei Punkten schneiden. Für Bereiche allgemeinerer Art sind die Überlegungen aus [71] anwendbar.

Diese Überlegungen sind auch auf den Fall anwendbar, daß der Bereich (σ) von mehreren Kurven begrenzt wird (Abb. 60). Hierbei muß auf der rechten Seite

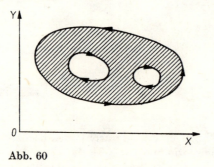

Abb. 60

von (18) über alle Kurven integriert werden, die den Bereich begrenzen; bei den angenommenen Achsenrichtungen ist auf der äußeren Kontur entgegen dem Uhrzeigersinn und auf den inneren Konturen im Uhrzeigersinn zu integrieren, also so, daß der Bereich (σ) stets zur Linken liegt.

Die Greensche Formel (18) kann übrigens auch noch in anderer Form geschrieben werden. Es sei t die Tangente der Kurve (l) mit der gleichen Orientierung wie (l) und n die Normale zu (l), die ins Äußere von (σ) weist. Die Richtung von t ergibt sich aus der Richtung von n durch eine Drehung um einen rechten Winkel entgegen dem Uhrzeigersinn. Folglich gilt für die Winkel, die von t und n mit den Koordinatenachsen gebildet werden $(t, x) = \pi + (n, y)$ und $(t, y) = (n, x)$. Ist ds ein Bogenelement der Kurve, so wird $dx = ds \cos (t, x)$ und $dy = ds \cos (t, y)$, d. h. $dx = -ds \cos (n, y)$ und $dy = ds \cos (n, x)$. Setzen wir dies in die Formel (18) ein und ersetzen in dieser Formel P durch $-Q$ bzw. Q durch P, so erhalten wir

$$\iint\limits_{(\sigma)} \left(\frac{\partial P}{\partial x} + \frac{\partial Q}{\partial y} \right) d\sigma = \int\limits_{(l)} [P \cos (n, x) + Q \cos (n, y)] \, ds. \tag{18_1}$$

In dieser Form stellt die Greensche Formel die Gauß-Ostrogradskische Formel für die Ebene dar.

73. Die Stokessche Formel. Wir betrachten nun eine beliebige nicht geschlossene Fläche (S) mit der Kontur (l) (Abb. 61). Es werde vorausgesetzt, daß die zur z-Achse parallelen Geraden die Fläche (S) höchstens in einem Punkt schneiden; im übrigen werden alle Bezeichnungen aus [65] beibehalten. Die Projektion von (l) auf die x, y-Ebene liefert die Kontur (λ) des Bereiches (σ_{xy}). Als positiven Umlauf

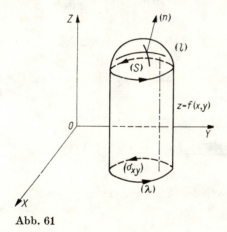

Abb. 61

der Kontur (λ) sehen wir den Umlauf entgegen dem Uhrzeigersinn an, und entsprechend rechnen wir den positiven Umlauf längs (l). Die Richtung der Normalen n zu (S) wählen wir so, daß sie einen spitzen Winkel mit der z-Achse bildet, also $\cos (n, z) > 0$ ist. Hierbei muß in den Formeln (24) von [65] das untere Vorzeichen der Wurzel genommen werden, d. h., es wird

$$p \cos (n, z) = -\cos (n, x), \qquad q \cos (n, z) = -\cos (n, y); \tag{19}$$

außerdem läßt sich Formel (26) aus [65] folgendermaßen schreiben:

$$d\sigma_{xy} = \cos(n, z)\, dS. \tag{20}$$

Es sei $P(x, y, z)$ irgendeine Funktion, die in der Umgebung der Fläche (S) vorgegeben und nebst ihren Ableitungen erster Ordnung dort stetig ist. Wir betrachten das Integral

$$\int\limits_{(l)} P(x, y, z)\, dx.$$

Da die Kurve (l) auf (S) liegt, können wir mit Rücksicht auf die Gleichung dieser Fläche, $z = f(x, y)$, unter dem Integralzeichen z durch $f(x, y)$ ersetzen. Dann enthält der Integrand $P[x, y, f(x, y)]$ nur noch die Variablen x und y. Die Koordinaten (x, y) eines Punktes auf (λ) sind dieselben wie die des entsprechenden Punktes auf (l), und daher kann die Integration über (l) durch eine solche über (λ) ersetzt werden. Damit entsteht

$$\int\limits_{(l)} P(x, y, z)\, dx = \int\limits_{(\lambda)} P[x, y, f(x, y)]\, dx.$$

Wir wenden auf das rechts stehende Integral die Greensche Formel (18) an, wobei im vorliegenden Fall $P = P[x, y, f(x, y)]$ und $Q = 0$ ist und die Integration über (λ) erstreckt wird. Bei der Berechnung von $\dfrac{\partial P}{\partial y}$ ist P sowohl direkt nach y zu differenzieren als auch mittelbar über das dritte Argument z, für das $f(x, y)$ eingesetzt ist:

$$\frac{\partial P}{\partial y} = \frac{\partial P(x, y, z)}{\partial y} + \frac{\partial P(x, y, z)}{\partial z}\frac{\partial f(x, y)}{\partial y};$$

in dem Ausdruck P ist dabei unter z sinngemäß $f(x, y)$ zu verstehen. Die Formel (18) liefert

$$\int\limits_{(l)} P(x, y, z)\, dx = \int\limits_{(\lambda)} P[x, y, f(x, y)]\, dx$$

$$= -\iint\limits_{(\sigma_{xy})} \left[\frac{\partial P(x, y, z)}{\partial y} + \frac{\partial P(x, y, z)}{\partial z}\frac{\partial f(x, y)}{\partial y}\right] d\sigma_{xy}.$$

Drücken wir $d\sigma_{xy}$ gemäß (20) durch das Flächenelement dS von (S) aus, so können wir das Doppelintegral auf ein Integral über die Fläche (S) zurückführen [66] und erhalten

$$\int\limits_{(l)} P(x, y, z)\, dx = -\iint\limits_{(S)} \left[\frac{\partial P(x, y, z)}{\partial y} + \frac{\partial P(x, y, z)}{\partial z}\frac{\partial f(x, y)}{\partial y}\right] \cos(n, z)\, dS.$$

Schließlich ergibt sich auf Grund der zweiten der Formeln (19)

$$\int\limits_{(l)} P\, dx = \iint\limits_{(S)} \left[\frac{\partial P}{\partial z}\cos(n, y) - \frac{\partial P}{\partial y}(\cos n, z)\right] dS. \tag{21}$$

73. Die Stokessche Formel

Wenn $Q(x, y, z)$ und $R(x, y, z)$ zwei weitere in der Umgebung von (S) vorgegebene Funktionen sind, erhalten wir durch zyklische Vertauschung der Koordinaten x, y und z die zwei analogen Beziehungen

$$\int\limits_{(l)} Q\, dy = \iint\limits_{(S)} \left[\frac{\partial Q}{\partial x} \cos(n, z) - \frac{\partial Q}{\partial z} \cos(n, x) \right] dS,$$

$$\int\limits_{(l)} R\, dz = \iint\limits_{(S)} \left[\frac{\partial R}{\partial y} \cos(n, x) - \frac{\partial R}{\partial x} \cos(n, y) \right] dS.$$

Durch Addition der drei erhaltenen Beziehungen ergibt sich die *Stokessche Formel*

$$\int\limits_{(l)} (P\, dx + Q\, dy + R\, dz) = \iint\limits_{(S)} \left[\left(\frac{\partial R}{\partial y} - \frac{\partial Q}{\partial z} \right) \cos(n, x) \right.$$
$$+ \left(\frac{\partial P}{\partial z} - \frac{\partial R}{\partial x} \right) \cos(n, y)$$
$$\left. + \left(\frac{\partial Q}{\partial x} - \frac{\partial P}{\partial y} \right) \cos(n, z) \right] dS. \qquad (22)$$

Diese Formel verknüpft ein Kurvenintegral über die Kontur einer Fläche mit einem Integral über die Fläche selbst; sie entspricht in dieser Hinsicht ganz der Gauß-Ostrogradskischen Formel [66], die ein Integral über die Oberfläche eines dreidimensionalen Bereiches mit einem Integral über den Bereich selbst verknüpft. Die Greensche Formel ergibt sich als Spezialfall der Stokesschen Formel, wenn (S) ein Bereich in der x, y-Ebene ist. Dabei ist (l) eine geschlossene Kurve in der x, y-Ebene, d. h. $dz = 0$, und die Richtung von (n) fällt mit der z-Achse zusammen, so daß $\cos(n, x) = \cos(n, y) = 0$ und $\cos(n, z) = 1$ wird. Setzen wir dies alles in (22) ein, so erhalten wir die Formel (18). Bezüglich der in die Formel (22) eingehenden Kosinus werden einige Annahmen wie bei der Gauß-Ostrogradskischen Formel gemacht.

Formel (21) wurde unter der Voraussetzung hergeleitet, daß die zur z-Achse parallelen Geraden die Fläche (S) höchstens in einem Punkt schneiden. Andernfalls muß (S) durch Hilfslinien derart in Teilbereiche zerlegt werden, daß jeder Teilbereich die eben angegebene Bedingung erfüllt und damit auf jeden die Formel (21) anwendbar wird. Addieren wir die auf diese Weise für alle Teilbereiche erhaltenen Beziehungen, so erhalten wir links das Integral über die Kontur (l), da die Integrale über die Hilfskonturen zweimal in entgegengesetzten Richtungen genommen werden und sich aufheben. Rechts ergibt sich das Doppelintegral über die ganze Fläche (S), womit sich die Formel (21) auch im allgemeinen Fall als richtig erweist. Dieselbe Bemerkung gilt ebenfalls für die allgemeine Formel (22). Hierbei ist nur die folgende Bedingung für den Durchlaufsinn von (l) und die Richtung der Normalen (n) zu beachten: *Beim Durchlaufen von (l) muß einem Beobachter, dessen Körperachse mit der Normalen (n) gleichgerichtet ist, die Fläche (S) zur Linken liegen*. Diese Regel hängt mit der in Abb. 61 getroffenen Wahl des Koordinatensystems zusammen. In diesem System sieht ein Beobachter, dessen Körperachse mit der z-Achse gleichgerichtet ist, die x-Achse bei einer Drehung um den Winkel $\frac{\pi}{2}$ entgegen dem Uhrzeigersinn in die y-Achse übergehen[1]). Würde diese Drehung im Uhrzeigersinn erfolgen, so wäre in der vorstehenden Regel das Wort „zur Linken" durch das Wort „zur Rechten" zu ersetzen.

Benutzt man die in [67] angegebene Schreibweise eines Flächenintegrals, so läßt sich die Formel (22) auch folgendermaßen schreiben:

$$\int\limits_{(l)} (P\,dx + Q\,dy + R\,dz) = \iint\limits_{(S)} \left(\frac{\partial R}{\partial y} - \frac{\partial Q}{\partial z}\right) dy\,dz$$
$$+ \left(\frac{\partial P}{\partial z} - \frac{\partial R}{\partial x}\right) dz\,dx + \left(\frac{\partial Q}{\partial x} - \frac{\partial P}{\partial y}\right) dx\,dy. \tag{23}$$

Die Orientierung der Fläche (S) und der Normalen (n) erfolgt nach der oben formulierten Regel.

74. Die Unabhängigkeit eines ebenen Kurvenintegrals vom Weg. Die in [67] untersuchten Beispiele von Kurvenintegralen haben gezeigt, daß in gewissen Fällen der Wert des Kurvenintegrals nicht vom Integrationsweg abhängt, sondern nur vom Anfangs- und Endpunkt der Integration, daß dagegen in anderen Fällen die Gestalt des Integrationsweges selbst einen Einfluß auf den Wert des Integrals besitzt. Unter Benutzung der Formeln von GREEN und STOKES sollen jetzt die Bedingungen erläutert werden, unter denen der Wert des Integrals nicht vom Integrationsweg abhängt. Wir beginnen mit dem Fall einer ebenen Kurve und stellen Bedingungen für die Unabhängigkeit des Kurvenintegrals

$$\int\limits_A^B (P\,dx + Q\,dy)$$

vom Weg auf. Alle weiteren Überlegungen werden sich auf den inneren Teil eines gewissen endlichen Bereiches (D) beziehen, der von einer Kontur begrenzt wird. Die Funktionen P und Q sowie die weiter unten angeführten partiellen Ableitungen werden als stetig in (D) vorausgesetzt. Werden die Punkte A und B durch die Kurven (1) und (2) verbunden (Abb. 62), so muß

$$^{(1)}\!\!\int\limits_A^B (P\,dx + Q\,dy) = {}^{(2)}\!\!\int\limits_A^B (P\,dx + Q\,dy) \tag{24}$$

sein bzw. auf Grund der Eigenschaft II aus [69]

$$^{(1)}\!\!\int\limits_A^B (P\,dx + Q\,dy) - {}^{(2)}\!\!\int\limits_A^B (P\,dx + Q\,dy) = 0,$$
$$^{(1)}\!\!\int\limits_A^B (P\,dx + Q\,dy) + {}^{(2)}\!\!\int\limits_B^A (P\,dx + Q\,dy) = \int\limits_{(l)} (P\,dx + Q\,dy) = 0; \tag{25}$$

---

[1]) Sogenanntes „Rechtssystem". (D. Red.)

dabei ist *(l)* die geschlossene Kontur, die sich aus der Kurve *(1)* mit der Richtung von *A* nach *B* und der Kurve *(2)* mit der Richtung von *B* nach *A* zusammensetzt. Da die Punkte *A* und *B* beliebig gewählt werden können, muß das Integral über jede geschlossene Kontur *(l)* gleich Null sein. Ist umgekehrt das Integral über die

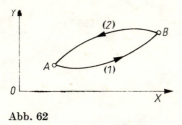

Abb. 62

geschlossene Kontur *(l)* gleich Null, so wird das Integral über *(1)* gleich dem Integral über *(2)*, da aus der Gleichung (25) umgekehrt die Gleichung (24) folgt. Schneiden sich die Kurven *(1)* und *(2)*, so verbinden wir *A* mit *B* durch eine Kurve *(3)*, die weder *(1)* noch *(2)* schneidet. Dann folgt aus den Gleichungen

$$^{(1)}\int_A^B (P\,dx + Q\,dy) = {}^{(3)}\!\int_A^B (P\,dx + Q\,dy),$$

$$^{(2)}\int_A^B (P\,dx + Q\,dy) = {}^{(3)}\!\int_A^B (P\,dx + Q\,dy)$$

die Gleichung

$$^{(1)}\int_A^B (P\,dx + Q\,dy) = {}^{(2)}\!\int_A^B (P\,dx + Q\,dy).$$

Die Bedingung für die Unabhängigkeit des Integrals vom Weg stimmt also mit der Bedingung überein, daß das Integral über jede geschlossene Kontur (l) gleich Null ist.

Ist die letzte Bedingung erfüllt, so erhalten wir aus (18)

$$\iint_{(\sigma)} \left(\frac{\partial Q}{\partial x} - \frac{\partial P}{\partial y} \right) d\sigma = 0, \tag{26}$$

wobei der Integrationsbereich (σ) *ganz beliebig* gewählt werden kann.

Hieraus folgt, daß die Relation

$$\frac{\partial Q}{\partial x} - \frac{\partial P}{\partial y} = 0 \tag{27}$$

identisch, d. h. für alle Werte von x und y aus (D) erfüllt ist.

Wäre nämlich entgegen der Behauptung in einem Punkt $C(a, b)$ die Differenz

$$\frac{\partial Q}{\partial x} - \frac{\partial P}{\partial y} = f(x, y)$$

von Null verschieden, z. B. positiv, so müßte auf Grund der Stetigkeit von $\frac{\partial P}{\partial y}$ und $\frac{\partial Q}{\partial x}$, die wir voraussetzen wollen, die Funktion $f(x, y)$ auch noch auf einer genügend kleinen Kreisfläche (σ_0) mit C als Mittelpunkt positiv sein. Wendet man nun auf das Integral

$$\iint\limits_{(\sigma_0)} f(x, y)\, d\sigma = \iint\limits_{(\sigma_0)} \left(\frac{\partial Q}{\partial x} - \frac{\partial P}{\partial y}\right) d\sigma$$

den Mittelwertsatz [64] an, so wird

$$\iint\limits_{(\sigma_0)} \left(\frac{\partial Q}{\partial x} - \frac{\partial P}{\partial y}\right) d\sigma = f(\xi, \eta)\sigma,$$

wobei (ξ, η) ein gewisser Punkt aus (σ_0) ist und daher $f(\xi, \eta) > 0$ gilt. Daraus folgt

$$\iint\limits_{(\sigma_0)} \left(\frac{\partial Q}{\partial x} - \frac{\partial P}{\partial y}\right) d\sigma > 0$$

im Widerspruch dazu, daß das Integral (26) für jede Wahl des Bereiches (σ) verschwindet. Also ist die Bedingung (27) notwendig für die Unabhängigkeit des Integrals vom Weg. Es ist leicht einzusehen, daß sie auch hinreichend ist, weil aus ihr auf Grund von (18) folgt, daß das Integral $\int\limits_{(l)} (P\, dx + Q\, dy)$ über eine beliebige geschlossene Kontur gleich Null wird, was gleichbedeutend mit der Unabhängigkeit des Integrals vom Weg ist.

Die Bedingung (27) *ist somit notwendig und hinreichend dafür, daß das Integral*

$$\int\limits_A^B (P\, dx + Q\, dy) \tag{28}$$

nicht vom Integrationsweg abhängt und folglich nur eine Funktion der Koordinaten der Punkte A und B ist.

Ist diese Bedingung erfüllt und betrachten wir den Punkt $A(x_0, y_0)$ als fest, den Punkt $B(x, y)$ aber als veränderlich, so wird das Integral (28) eine Funktion von (x, y) oder, wie man sagt, eine Funktion des Punktes B:

$$\int\limits_{(x_0, y_0)}^{(x, y)} (P\, dx + Q\, dy) = U(x, y). \tag{29}$$

Wir wollen nun die Eigenschaften dieser Funktion untersuchen. Zunächst lassen wir y unverändert und fügen nur zu der Veränderlichen x das Inkrement Δx hinzu; dann wird

$$U(x + \Delta x, y) - U(x, y) = \int\limits_{(x_0, y_0)}^{(x + \Delta x, y)} (P\, dx + Q\, dy) - \int\limits_{(x_0, y_0)}^{(x, y)} (P\, dx + Q\, dy).$$

Wegen der Unabhängigkeit des Integrals vom Weg können wir annehmen, daß der Integrationsweg im ersten Integral aus derselben, A mit B verbindenden

Kurve AB (Abb. 63) wie im zweiten Integral und außerdem aus dem Geradenabschnitt BB' besteht. Das Integral über AB hebt sich dann weg, und es bleibt

$$U(x + \Delta x, y) - U(x, y) = \int_{(x,y)}^{(x+\Delta x, y)} (P\,dx + Q\,dy) = \int_{x}^{x+\Delta x} P(x,y)\,dx,$$

da sich y auf der Geraden BB' nicht ändert und $dy = 0$ ist. Wenden wir den Mittelwertsatz [I, 95] an, so ergibt sich

$$U(x + \Delta x, y) - U(x, y) = \Delta x P(x + \theta \Delta x, y) \qquad (0 < \theta < 1).$$

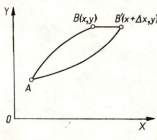

Abb. 63

Dividiert man nun noch durch Δx und läßt Δx gegen Null gehen, so erhält man

$$\frac{\partial U}{\partial x} = \lim_{\Delta x \to 0} P(x + \theta \Delta x, y) = P(x, y). \tag{30}$$

Entsprechend finden wir

$$\frac{\partial U}{\partial y} = Q(x, y). \tag{31}$$

Die Beziehungen (30) und (31) liefern uns [I, 68]

$$dU = \frac{\partial U}{\partial x} dx + \frac{\partial U}{\partial y} dy = P\,dx + Q\,dy.$$

Ist also die Bedingung (27) erfüllt, so stellt der Integrand

$$P\,dx + Q\,dy \tag{32}$$

das vollständige Differential der durch (29) definierten Funktion $U(x, y)$ dar. Man erkennt leicht, daß der allgemeinste Ausdruck für eine Funktion $U_1(x, y)$, deren vollständiges Differential gleich (32) ist, durch die Beziehung

$$U_1(x, y) = U(x, y) + C \tag{33}$$

angegeben wird; dabei ist C eine willkürliche Konstante. Es muß nämlich

$$dU = P\,dx + Q\,dy, \quad dU_1 = P\,dx + Q\,dy$$

gelten, d. h.

$$d(U_1 - U) = 0.$$

Wenn aber das Differential einer Funktion identisch verschwindet, sind die partiellen Ableitungen dieser Funktion nach allen unabhängigen Veränderlichen gleich Null, und folglich ist die Funktion selbst eine Konstante; d. h., es gilt

$$U_1 - U = C,$$

was zu beweisen war.

Offenbar gilt, wenn die Bedingung (27) erfüllt ist, die Identität

$$\int_A^B (P\,dx + Q\,dy) = \int_A^B dU_1 = U_1(B) - U_1(A). \tag{34}$$

Umgekehrt möge eine solche Funktion U_1 existieren, daß

$$dU_1 = P\,dx + Q\,dy \tag{35}$$

wird. Wir zeigen, daß dann

$$\frac{\partial Q}{\partial x} - \frac{\partial P}{\partial y} = 0$$

sein muß und die Funktion U_1 durch die Beziehung

$$U_1(x, y) = \int_{(x_0, y_0)}^{(x, y)} (P\,dx + Q\,dy) + C$$

gegeben ist. Die Beziehung (35) läßt sich nämlich auf die Form

$$P\,dx + Q\,dy = \frac{\partial U_1}{\partial x}\,dx + \frac{\partial U_1}{\partial y}\,dy$$

bringen; da nun die Größen dx und dy als Differentiale von unabhängigen Veränderlichen willkürlich sind [**I, 68**], kann diese Gleichung nur unter der Bedingung gelten, daß die Koeffizienten bei dx und dy auf beiden Seiten der Gleichung übereinstimmen, d. h.

$$P = \frac{\partial U_1}{\partial x}, \quad Q = \frac{\partial U_1}{\partial y},$$

woraus hervorgeht, daß

$$\frac{\partial P}{\partial y} \equiv \frac{\partial^2 U_1}{\partial x\,dy} \equiv \frac{\partial^2 U_1}{\partial y\,\partial x} \equiv \frac{\partial Q}{\partial x}$$

gilt. Die Bedingung (27) ist somit erfüllt. Auf Grund der vorangegangenen Überlegung hängt dann das Integral

$$U(x, y) = \int_{(x_0, y_0)}^{(x, y)} (P\,dx + Q\,dy)$$

nur von x und y ab und besitzt die Eigenschaft

$$dU = P\,dx + Q\,dy = dU_1,$$

woraus

$$U_1 = U + C$$

folgt, was zu beweisen war. *Der Ausdruck $P\,dx + Q\,dy$ ist also dann und nur dann das vollständige Differential einer gewissen Funktion U_1, wenn die Identität*

$$\frac{\partial P}{\partial y} = \frac{\partial Q}{\partial x}$$

besteht, bei deren Erfülltsein sich die Funktion U_1 gemäß der Formel

$$U_1(x, y) = \int\limits_{(x_0, y_0)}^{(x, y)} (P\,dx + Q\,dy) + C \tag{36}$$

ermitteln läßt.

75. Der Fall eines mehrfach zusammenhängenden Bereiches. Der Beweis dafür, daß die Bedingung (27) notwendig und hinreichend ist für die Unabhängigkeit des Kurvenintegrals

$$\int\limits_A^B (P\,dx + Q\,dy)$$

vom Weg, basierte im wesentlichen auf dem Folgenden:

1. Die Funktionen P und Q sowie ihre partiellen Ableitungen erster Ordnung sind in dem betrachteten Variabilitätsbereich von (x, y) stetig.

2. Wenn in dem gegebenen Bereich irgendeine geschlossene Kontur (l) gezeichnet wird, gehört der ganze Teilbereich der Ebene, der im Innern von (l) liegt, zu dem Bereich, in dem die Stetigkeitsbedingungen und die Bedingung (27) erfüllt sind.

Die erste Bedingung ist wesentlich, da die in ihr erwähnten Funktionen beim Beweis unter dem Integralzeichen auftreten. Die zweite ist wesentlich für die Anwendung der Greenschen Formel, d. h. für die Umformung des Kurvenintegrals in ein zweifaches Integral. Sie ist damit gleichwertig, daß jede in dem Bereich liegende geschlossene Kontur durch stetiges Zusammenziehen auf einen Punkt reduziert werden kann, ohne aus dem Bereich herauszutreten oder, einfacher ausgedrückt: Diese Bedingung ist gleichbedeutend damit, daß der Bereich keine Löcher hat.

Wir nehmen jetzt an, daß die Funktionen P und Q nebst ihren Ableitungen stetig sind und die Bedingung (27) in einem gewissen Bereich (σ), der zwei Löcher besitzt, erfüllt ist (Abb. 64). Wenn in einem solchen Bereich eine geschlossene Kontur (l_0) gewählt wird, in deren Innerem keine Löcher sind, so ist auf eine solche Kontur und den von ihr begrenzten Bereich die Greensche Formel (18) anwendbar, und auf Grund der Bedingung (27) verschwindet das Integral über eine solche geschlossene Kontur (l_0). Wir nehmen jetzt die geschlossene Kontur (l_1), die das Loch (I) umgibt. Hier ist Formel (18) nicht anwendbar, und das Integral (28) über (l_1) wird im allgemeinen von Null verschieden sein. Wir zeigen nun, daß der Wert dieses Integrals nicht von der Form der Kontur (l_1) abhängt. Es ist vielmehr allein wesentlich, daß diese Kontur nur das eine Loch (I) umschließt. Wir wählen dazu zwei Konturen (l_1) und (l_2), die um (I) herumlaufen, und müssen zeigen, daß

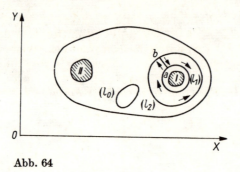

Abb. 64

die Werte des Integrals (28) über (l_1) bzw. (l_2) gleich sind. Zunächst wird noch die Hilfskontur (ab) eingeführt, die (l_1) mit (l_2) verbindet. Die Kurven (l_1), (l_2) und die beiden Ufer von (ab) stellen zusammen die Kontur eines Bereiches dar, der keine Löcher mehr besitzt, wobei diese Kontur in der durch den Pfeil angegebenen Richtung durchlaufen werden muß. Auf diese Kontur ist folglich Formel (18) anwendbar, und auf Grund von (27) wird das Integral längs dieser Kontur Null; es gilt also

$$\oint_{(l_1)} + \int_{(ba)} + \oint_{(l_2)} + \int_{(ab)} = 0.$$

Hierbei heben sich die längs (ba) und (ab) in entgegengesetzten Richtungen genommenen Integrale weg, und die Integration wird über (l_1) im Uhrzeigersinn und über (l_2) entgegen dem Uhrzeigersinn erstreckt. Indem wir die Integrationsrichtung auf (l_1) und das Vorzeichen beim Integral umkehren, wodurch sich das Resultat nicht ändert, erhalten wir

$$\oint_{(l_2)} - \oint_{(l_1)} = 0$$

oder schließlich

$$\oint_{(l_1)} (P\,dx + Q\,dy) = \oint_{(l_2)} (P\,dx + Q\,dy);$$

d. h., die Integrale über (l_1) und (l_2), beide wie immer entgegen dem Uhrzeigersinn genommen, sind tatsächlich dem Wert nach gleich. *Somit entspricht dem Loch* (I) *eine wohlbestimmte Konstante* ω_1, *die gleich dem Wert des über eine beliebige geschlossene, um* (I) *herumlaufende Kontur erstreckten Integrals* (28) *ist. Genauso entspricht dem Loch* (II) *eine weitere Konstante* ω_2.

Legen wir in dem Bereich (D) zwei Schnitte (ab) und (cd) von den Löchern aus zu der äußeren Kontur hin (Abb. 65), so ergibt sich ein neuer Bereich, der nun im Innern keine Löcher mehr besitzt. Man kann dann auf Grund von (27) in diesem Bereich die eindeutige Funktion

$$U(x, y) = \int_{(x_0, y_0)}^{(x, y)} (P\, dx + Q\, dy)$$

aufstellen. Jedoch unterscheiden sich auf Grund des Vorhergehenden die Werte dieser Funktion auf gegenüberliegenden Rändern des Schnittes (ab) durch die Konstante ω_1 und entsprechend auf (cd) durch die Konstante ω_2. Wenn man die Schnitte aufhebt und zum Ausgangsbereich (D) zurückkehrt, wird in ihm die Funktion $U(x, y)$ *mehrdeutig*. Durch das Umlaufen der Löcher kommen zu dieser Funktion die Summanden ω_1 und ω_2 hinzu, d. h., *die Funktion $U(x, y)$ enthält einen*

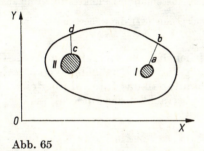

Abb. 65

unbestimmten Summanden der Form $m_1\omega_1 + m_2\omega_2$, wobei m_1 und m_2 *beliebige ganze Zahlen* bedeuten. Unsere Überlegungen sind offenbar sämtlich anwendbar für eine beliebige Anzahl von Löchern in diesem Bereich. Dabei können diese Löcher auch punktförmig sein, d. h. aus einem Punkt allein bestehen. Ist n die Anzahl der Löcher, so heißt $n + 1$ gewöhnlich der *Grad des Zusammenhanges des Bereiches* (D), und der Bereich mit den Löchern selbst wird als *mehrfach zusammenhängend* bezeichnet. Die Werte ω_1 und ω_2 werden die *Zirkulationen des Ausdrucks* $P\, dx + Q\, dy$ oder die *zyklischen Konstanten der Funktion $U(x, y)$* genannt.

Beispiel. Wir betrachten die Funktion

$$\varphi = \arctan \frac{y}{x}$$

in einem Bereich (D), der von zwei konzentrischen Kreisen um den Koordinatenursprung begrenzt wird, und definieren P und Q durch die Formeln

$$P = \frac{\partial \varphi}{\partial x} = -\frac{y}{x^2 + y^2}, \quad Q = \frac{\partial \varphi}{\partial y} = \frac{x}{x^2 + y^2}. \tag{37}$$

Diese Funktionen sind nebst ihren Ableitungen in (D) stetig und genügen, wie leicht nachzuprüfen ist, der Bedingung (27). Wir betrachten das Kurvenintegral

$$\int_{(l)} (P\, dx + Q\, dy) = \int_{(l)} \frac{-y\, dx + x\, dy}{x^2 + y^2}$$

und nehmen dieses über den Kreis (l_1) mit dem Radius a um den Koordinatenursprung. Mit $x = a \cos \varphi$, $y = a \sin \varphi$ wird

$$\int\limits_{(l_1)} \frac{-y\,dx + x\,dy}{x^2 + y^2} = \int\limits_0^{2\pi} d\varphi = 2\pi.$$

Im vorliegenden Fall besitzt der Bereich (D) ein Loch, und die zyklische Konstante ω_1 ist gleich 2π. Die Funktion $U_1(x, y)$ stellt wegen

$$U_1(x, y) = \int (P\,dx + Q\,dy) = \int \left(\frac{\partial \varphi}{\partial x} dx + \frac{\partial \varphi}{\partial y} dy \right) = \varphi$$

den Umlaufwinkel φ dar und wird bei einmaligem Umlaufen des Loches um 2π vergrößert. Wir bemerken noch, daß man den Radius des inneren Kreises Null setzen kann; das Loch wird also dann punktförmig, was hier auf den Ausschluß des Punktes $(0, 0)$ hinausläuft. In diesem Punkt nehmen die Funktionen P und Q aus (37) die unbestimmte Form $\frac{0}{0}$ an.

76. Die Unabhängigkeit eines räumlichen Kurvenintegrals vom Weg. Genauso wie in der Ebene stimmt die Bedingung für die Unabhängigkeit des Kurvenintegrals vom Weg im Raum überein damit, daß das Integral über eine beliebige geschlossene Kontur gleich Null ist. Wir betrachten das Integral

$$\int\limits_{(l)} (P\,dx + Q\,dy + R\,dz). \tag{38}$$

Mit Hilfe der Stokesschen Formel (22) kann man wie im Vorhergehenden beweisen, daß *eine notwendige und hinreichende Bedingung für die Unabhängigkeit des Integrals* (38) *vom Weg durch die drei Identitäten*

$$\frac{\partial R}{\partial y} - \frac{\partial Q}{\partial z} \equiv 0, \qquad \frac{\partial P}{\partial z} - \frac{\partial R}{\partial x} \equiv 0, \qquad \frac{\partial Q}{\partial x} - \frac{\partial P}{\partial y} \equiv 0 \tag{39}$$

gegeben wird.

Sind diese Bedingungen erfüllt, so kann man die Ortsfunktion $U(x, y, z)$ gemäß

$$U(x, y, z) = \int\limits_{(x_0, y_0, z_0)}^{(x, y, z)} (P\,dx + Q\,dy + R\,dz) \tag{40}$$

bilden, wobei sich so wie früher zeigen läßt, daß

$$\frac{\partial U}{\partial x} = P, \qquad \frac{\partial U}{\partial y} = Q, \qquad \frac{\partial U}{\partial z} = R, \tag{41}$$

$$P\,dx + Q\,dy + R\,dz = dU \tag{42}$$

und

$$\int\limits_A^B (P\,dx + Q\,dy + R\,dz) = U(B) - U(A) \tag{43}$$

ist. Außerdem erweisen sich die Bedingungen (39) als notwendig und hinreichend dafür, daß der Ausdruck $P\,dx + Q\,dy + R\,dz$ das vollständige Differential einer gewissen Funktion U_1 ist. Sind diese Bedingungen erfüllt, so läßt sich U_1 durch die Formel

$$U_1 = \int\limits_{(x_0, y_0, z_0)}^{(x, y, z)} (P\, dx + Q\, dy + R\, dz) + C$$

mit der willkürlichen Konstanten C darstellen.

Der Begriff des mehrfach zusammenhängenden Bereiches im Raum bietet einige Besonderheiten. Als Beispiel betrachten wir einen Bereich (D), der von dem Inneren einer Kugel gebildet wird, aus dem zwei Röhren (I) und (II) herausgeschnitten sind, die mit ihren Enden an die Kugelflächen stoßen, so wie dies in Abb. 66 angegeben ist. Wählen wir eine geschlossene Kurve (l_1), die um die Röhre (I) herumläuft, so kann man über sie keine Fläche spannen, die ganz im Bereich (D) enthalten wäre, und folglich kann man, selbst wenn im Bereich (D) die Bedingungen (39) erfüllt sind, trotzdem nicht auf (l_1) die Stokessche Formel

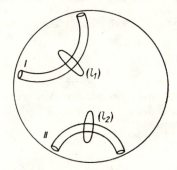

Abb. 66

anwenden, und der Wert des Integrals (38) über (l_1) ist im allgemeinen von Null verschieden, hängt aber nicht von der Form von (l_1) ab. Wichtig ist nur, daß (l_1) eine geschlossene Kontur in (D) ist, die einmal um die eine Röhre (I) herumläuft. Somit ergibt sich eine zyklische Konstante ω_1 für die Röhre (I). Entsprechend erhalten wir eine zweite zyklische Konstante ω_2 für die Röhre (II). Die durch (40) definierte Funktion $U(x, y, z)$ ist in diesem Fall eine mehrdeutige Funktion und enthält den unbestimmten Summanden $m_1 \omega_1 + m_2 \omega_2$, wobei m_1 und m_2 beliebige ganze Zahlen sind.

Wenn der Bereich (D) ein Teil des Raumes zwischen zwei konzentrischen Kugeln ist und in ihm die Bedingungen (39) erfüllt sind, treten keine zyklischen Konstanten auf, und die Funktion (40) wird eindeutig. Es ist nämlich geometrisch einleuchtend, daß man über jede in (D) liegende geschlossene Kontur im vorliegenden Fall eine Fläche spannen kann, die ebenfalls ganz in (D) liegt; daher ist auf jede geschlossene Kontur in (D) die Stokessche Formel (22) anwendbar, und aus den Bedingungen (39) folgt das Verschwinden des Integrals über eine solche Kontur.

Beispiel. Wir betrachten den bei Zylinder- und Kugelkoordinaten auftretenden Winkel φ, der durch

$$\varphi = \arctan \frac{y}{x}$$

gegeben ist, und definieren P und Q durch die Formeln (37). Diese Ausdrücke nehmen die unbestimmte Form $\frac{0}{0}$ auf der ganzen z-Achse an. Bei der Betrachtung des über die Raumkurve (l) erstreckten Integrals

$$\int\limits_{(l)} (P\,dx + Q\,dy) = \int\limits_{(l)} \frac{-y\,dx + x\,dy}{x^2 + y^2}$$

muß man eine längs der z-Achse verlaufende Röhre ausschließen, und der Wert des angegebenen Integrals über eine beliebige geschlossene Kontur um eine solche Röhre ist die zyklische Konstante 2π.

77. Die stationäre Strömung einer Flüssigkeit. Es sei $\mathfrak{v}(x, y)$ der Geschwindigkeitsvektor der ebenen stationären Strömung einer inkompressiblen Flüssigkeit, und es seien $u(x, y)$ bzw. $v(x, y)$ seine Komponenten. In Beispiel 3 aus [70] ergab sich als Bedingung für das Nichtvorhandensein von Quellen, daß das Integral

$$\int\limits_{(l)} (-v\,dx + u\,dy) \tag{44}$$

über eine beliebige geschlossene Kontur Null ist oder, was dasselbe ist, nicht vom Weg abhängt. Auf Grund von (27) erweist sich hierfür

$$\frac{\partial(-v)}{\partial y} = \frac{\partial u}{\partial x} \quad \text{oder} \quad \frac{\partial u}{\partial x} + \frac{\partial v}{\partial y} = 0 \tag{45}$$

als notwendig und hinreichend, was für eine inkompressible Flüssigkeit charakteristisch ist. Ist die Bedingung (45) erfüllt, so wird der Ausdruck

$$-v\,dx + u\,dy$$

das vollständige Differential einer gewissen Funktion $\psi(M)$, die durch die Beziehung

$$\psi(B) - \psi(A) = \int\limits_A^B (-v\,dx + u\,dy) \tag{46}$$

definiert wird. Die Funktion $\psi(M)$ heißt *Stromfunktion* und hat eine einfache physikalische Bedeutung: *Die Differenz $\psi(B) - \psi(A)$ gibt die Flüssigkeitsmenge an, die in einer Zeiteinheit durch eine beliebige Kontur hindurchströmt, deren Anfang im Punkt A und deren Ende im Punkt B liegt.* Dies folgt unmittelbar aus Formel (10) [70] für die Menge der hindurchströmenden Flüssigkeit.

Befinden sich in einzelnen Punkten des Bereiches Quellen, so erhalten wir durch Ausschließen dieser Punkte einen Bereich mit Löchern, in dem die Bedingung (45) erfüllt ist. Die zyklische Konstante für ein Loch, die gleich dem Integral (44) über eine dieses Loch umschließende Kontur ist, ergibt offenbar die Flüssigkeitsmenge q, die von der entsprechenden Quelle in einer Zeiteinheit geliefert wird. Die Funktion $\psi(M)$ wird dabei mehrdeutig. Ist $q < 0$, erhält man eine negative Quelle (Senke) [70].

Außer dem Integral (44) betrachten wir noch das Integral

$$\int_{(l)} (u\,dx + v\,dy), \tag{47}$$

dessen Wert gewöhnlich als Zirkulation der Strömung längs der Kontur (l) bezeichnet wird. Wir setzen voraus, daß die Zirkulation über eine beliebige geschlossene Kontur gleich Null ist, daß also das Integral (47) nicht vom Weg abhängt. Man sagt dann auch, daß die Strömung *wirbelfrei* sei. Diese Voraussetzung ist gleichbedeutend mit der Existenz der Funktion

$$\varphi = \int_{(x_0, y_0)}^{(x, y)} (u\,dx + v\,dy). \tag{48}$$

Die partiellen Ableitungen dieser Funktionen sind dann die Komponenten u und v des Geschwindigkeitsvektors $\mathfrak{v}$; also gilt

$$u = \frac{\partial \varphi}{\partial x}, \quad v = \frac{\partial \varphi}{\partial y}. \tag{49}$$

Die Funktion φ heißt Geschwindigkeitspotential. Ist der Bereich mehrfach zusammenhängend (Bereich mit Löchern), so wird das Geschwindigkeitspotential φ im allgemeinen eine mehrdeutige Funktion, und die zyklische Konstante des Integrals (48) in bezug auf irgendein Loch liefert die Stärke des Wirbels, der diesem Loch entspricht.

Aus Gleichung (46) folgt [74]

$$-v = \frac{\partial \psi}{\partial x}, \quad u = \frac{\partial \psi}{\partial y}.$$

Durch Vergleich dieser Beziehungen mit (49) erhalten wir zwei Gleichungen, die das Geschwindigkeitspotential φ und die Stromfunktion ψ miteinander verknüpfen:

$$\frac{\partial \varphi}{\partial x} = \frac{\partial \psi}{\partial y}, \quad \frac{\partial \varphi}{\partial y} = -\frac{\partial \psi}{\partial x}. \tag{50}$$

Diese beiden Gleichungen werden gewöhnlich als *Cauchy-Riemannsche Differentialgleichungen* bezeichnet; sie haben eine fundamentale Bedeutung in der Theorie der Funktionen einer komplexen Veränderlichen, und ihre zuvor festgestellte hydrodynamische Bedeutung dient als Grundlage für die zahlreichen Anwendungen, welche die Funktionentheorie bei den ebenen Problemen der Hydrodynamik findet.

Im Fall der stationären Strömung im Raum hat der Geschwindigkeitsvektor $\mathfrak{v}(x, y, z)$ die drei Komponenten $u(x, y, z)$, $v(x, y, z)$, $w(x, y, z)$, und statt des Integrals (48) ist das Integral

$$\int_{(l)} (u\,dx + v\,dy + w\,dz)$$

zu betrachten. Wenn die Bedingungen

$$\frac{\partial w}{\partial y} - \frac{\partial v}{\partial z} = 0, \quad \frac{\partial u}{\partial z} - \frac{\partial w}{\partial x} = 0, \quad \frac{\partial v}{\partial x} - \frac{\partial u}{\partial y} = 0$$

für dessen Unabhängigkeit vom Weg erfüllt sind, so existiert ein Geschwindigkeitspotential

$$\varphi = \int_{(x_0, y_0, z_0)}^{(x, y, z)} (u\,dx + v\,dy + w\,dz),$$

und es gilt
$$u = \frac{\partial \varphi}{\partial x}, \quad v = \frac{\partial \varphi}{\partial y}, \quad w = \frac{\partial \varphi}{\partial z}.$$

Die Verallgemeinerung der Bedingung (45) für die Inkompressibilität auf den Fall des Raumes werden wir im folgenden Kapitel bringen.

78. Der integrierende Faktor. Stellt der Ausdruck

$$P\,dx + Q\,dy \tag{51}$$

kein vollständiges Differential dar, d. h., ist

$$\frac{\partial P}{\partial y} - \frac{\partial Q}{\partial x} \not\equiv 0,$$

so existiert, wie wir zeigen werden, stets eine Funktion μ derart, daß nach Multiplikation mit μ der Ausdruck (51) zu einem vollständigen Differential wird, also

$$\mu(P\,dx + Q\,dy) = dU \tag{52}$$

gilt. Jede solche Funktion heißt *integrierender Faktor des Ausdruckes* (51).

Damit die Funktion μ ein integrierender Faktor des Ausdruckes (51) wird, ist auf Grund von (27) notwendig und hinreichend, daß die Identität

$$\frac{\partial(\mu P)}{\partial y} - \frac{\partial(\mu Q)}{\partial x} = 0 \tag{53}$$

erfüllt ist, die man, wenn man sie in der Form

$$P\frac{\partial \mu}{\partial y} - Q\frac{\partial \mu}{\partial x} + \mu\left(\frac{\partial P}{\partial y} - \frac{\partial Q}{\partial x}\right) = 0 \tag{54}$$

schreibt, als Differentialgleichung zur Bestimmung des Faktors μ ansehen kann. Praktisch ist es jedoch im allgemeinen schwierig, diese Gleichung zu benutzen, da sie eine partielle Differentialgleichung darstellt, deren Integration noch komplizierter ist als die Integration einer gewöhnlichen Differentialgleichung.

Stellt der Ausdruck (51) ein vollständiges Differential dar, so wird

$$P\,dx + Q\,dy = 0 \tag{55}$$

als *vollständige Differentialgleichung* bezeichnet. Sie läßt sich unmittelbar integrieren. Ist nämlich U eine Funktion, für die

$$dU = P\,dx + Q\,dy$$

gilt, so kann eine solche Funktion unter der getroffenen Voraussetzung, die der Bedingung (27) äquivalent ist, immer gemäß Formel (29) gefunden werden. Die Gleichung (55) ist äquivalent der Gleichung $dU = 0$, d. h.

$$U = C. \tag{56}$$

Diese liefert zugleich das allgemeine Integral der gegebenen Differentialgleichung (55).

Es sei jetzt der Ausdruck (51) kein vollständiges Differential. Die Differentialgleichung (55) hat auf Grund des Existenzsatzes unter gewissen Voraussetzungen immer ein allgemeines Integral, in dem der Anfangswert y_0 die Rolle der beliebigen Konstanten übernimmt. Man kann zeigen, daß man dieses allgemeine Integral unter gewissen Voraussetzungen für $P(x, y)$ und $Q(x, y)$ in der Form

$$F(x, y) = C$$

schreiben kann, wobei die Funktion $F(x, y)$ stetige partielle Ableitungen hat. Die Funktion $F(x, y)$ muß der Beziehung

$$\frac{\partial F(x, y)}{\partial x} + \frac{\partial F(x, y)}{\partial y} \frac{dy}{dx} = 0$$

genügen, in der $\frac{dy}{dx}$ auf Grund von (55) durch $-\frac{P}{Q}$ zu ersetzen ist; d. h., es muß die Identität

$$\frac{\frac{\partial F}{\partial x}}{P} = \frac{\frac{\partial F}{\partial y}}{Q}$$

gelten. Bezeichnen wir mit μ den gemeinsamen Wert dieser beiden Quotienten, so erhalten wir

$$\frac{\partial F}{\partial x} = \mu P, \quad \frac{\partial F}{\partial y} = \mu Q,$$

d. h., μ ist ein integrierender Faktor des Ausdruckes (51).

Diese Überlegung beweist, daß *jeder Ausdruck $P\,dx + Q\,dy$ einen integrierenden Faktor besitzt*.

Ist der integrierende Faktor des Ausdruckes (51) und damit die Funktion F bekannt, so können wir sofort das allgemeine Integral der Differentialgleichung (55) hinschreiben:

$$F = C.$$

Beispiele.

1. Die Stromlinien einer stationären ebenen Flüssigkeitsströmung genügen der Differentialgleichung

$$\frac{dx}{u} = \frac{dy}{v} \quad \text{oder} \quad -v\,dx + u\,dy = 0, \tag{57}$$

wobei u und v die Komponenten des Geschwindigkeitsvektors $\mathfrak{v}$ in bezug auf die Koordinatenachsen sind. Handelt es sich um eine inkompressible Flüssigkeit, so ist die Bedingung

$$\frac{\partial u}{\partial x} + \frac{\partial v}{\partial y} = 0$$

erfüllt; das bedeutet, der Ausdruck

$$-v\,dx + u\,dy \tag{58}$$

ist ein vollständiges Differential. Gemäß [77] gilt nämlich

$$-v\,dx + u\,dy = d\psi,$$

wobei ψ die Stromfunktion darstellt. Die Gleichung der Stromlinien lautet dann

$$\psi = C,$$

womit auch das allgemeine Integral der Gleichung

$$-v\,dx + u\,dy = 0$$

gegeben ist.

2. Im Beispiel 4 [70] hatten wir einen elementaren Wärmeprozeß behandelt und den Ausdruck für die infinitesimal kleine Wärmemenge angegeben, die sich bei einem solchen Prozeß in Abhängigkeit von infinitesimal kleinen Änderungen des Druckes p, des Volumens v und der Temperatur T ergibt.

Je nachdem, ob p, v oder T als unabhängige Veränderliche angesehen werden, erhalten wir

$$dQ = \begin{cases} c_v\,dT + c_1\,dv & (T,\,v \text{ unabhängige Veränderliche}), \\ c_p\,dT + c_2\,dp & (T,\,p \text{ unabhängige Veränderliche}), \\ P\,dp + V\,dv & (p,\,v \text{ unabhängige Veränderliche}). \end{cases} \qquad (59)$$

Die Größen c_v und c_p sind besonders wichtig und heißen spezifische Wärme des Stoffes bei konstantem Volumen bzw. spezifische Wärme des Stoffes bei konstantem Druck.

Drückt man nun in (59) die einen unabhängigen Veränderlichen jeweils durch die anderen aus, so ergibt sich eine Reihe von Beziehungen zwischen den Koeffizienten.

So wollen wir in der Gleichung

$$c_p\,dT + c_2\,dp = c_v\,dT + c_1\,dv \qquad (60)$$

etwa T und v als unabhängige Veränderliche ansehen. Wir bilden

$$dp = \frac{\partial p}{\partial T}dT + \frac{\partial p}{\partial v}dv.$$

Wird dieser Ausdruck für dp in (60) eingesetzt, so liefert ein Vergleich der Koeffizienten bei dT und dv

$$c_v = c_p + c_2\frac{\partial p}{\partial T}, \qquad (61)$$

$$c_1 = c_2\frac{\partial p}{\partial v}. \qquad (62)$$

Aus der Gleichung

$$c_v\,dT + c_1\,dv = P\,dp + V\,dv$$

ergibt sich analog

$$c_v = P\frac{\partial p}{\partial T}, \qquad (63)$$

$$c_1 = V + P\frac{\partial p}{\partial v}. \qquad (64)$$

Für ein ideales Gas gilt die Zustandsgleichung

$$pv = RT,$$

aus der

$$\frac{\partial p}{\partial T} = \frac{R}{v}, \qquad \frac{\partial p}{\partial v} = -\frac{p}{v}, \qquad \frac{\partial v}{\partial T} = \frac{R}{p}, \qquad \frac{\partial v}{\partial p} = -\frac{v}{p},$$

$$\frac{\partial T}{\partial p} = \frac{v}{R}, \qquad \frac{\partial T}{\partial v} = \frac{p}{R}$$

folgt. Die Beziehungen (61) bis (64) liefern dann

$$c_v = c_p + c_2 \frac{R}{v}, \qquad c_1 = -c_2 \frac{p}{v}, \qquad c_v = P \frac{R}{v}, \qquad c_1 = -P \frac{p}{v} + V. \tag{65}$$

Diese Gleichungen ermöglichen es, die Größen c_1, c_2, P und V durch die Fundamentalgrößen c_v und c_p auszudrücken:

$$c_1 = (c_p - c_v) \frac{p}{R}, \qquad c_2 = -(c_p - c_v) \frac{v}{R}, \qquad P = c_v \frac{v}{R}, \qquad V = c_p \frac{p}{R}. \tag{66}$$

Der Ausdruck dQ ist im allgemeinen kein vollständiges Differential. Aber auf Grund des ersten und zweiten Hauptsatzes der Thermodynamik kann ausgesagt werden:

I. Die Differenz zwischen dQ und der Arbeit des Druckes $p\,dv$ ist ein vollständiges Differential; d. h., es gilt

$$dQ - p\,dv = dU,$$

wobei die Funktion U die *innere Energie* genannt wird.

II. Der Quotient aus dQ und der absoluten Temperatur P ist ein vollständiges Differential, oder, mit anderen Worten, $\frac{1}{T}$ ist ein integrierender Faktor des Ausdruckes dQ; also

$$\frac{dQ}{T} = dS,$$

wobei die Funktion S als *Entropie* bezeichnet wird.

Der I. Hauptsatz ergibt auf Grund der ersten Formel aus (59)

$$dU = dQ - p\,dv = c_v\,dT + (c_1 - p)\,dv,$$

woraus

$$\left.\frac{\partial c_v}{\partial v}\right|_T = \left.\frac{\partial (c_1 - p)}{\partial T}\right|_v \tag{67}$$

folgt. Die Indizes T und v bezeichnen die Veränderlichen, die bei den angegebenen Differentiationen als Konstanten anzusehen sind.

Entsprechend liefert der II. Hauptsatz

$$dS = \frac{dQ}{T} = \frac{c_v}{T}\,dT + \frac{c_1}{T}\,dv,$$

woraus

$$\frac{1}{T}\left.\frac{\partial c_v}{\partial v}\right|_T = \left.\frac{\partial}{\partial T}\left(\frac{c_1}{T}\right)\right|_v = \frac{1}{T}\left.\frac{\partial c_1}{\partial T}\right|_v - \frac{c_1}{T^2}$$

oder

$$\frac{\partial c_v}{\partial v}\bigg|_T = \frac{\partial c_1}{\partial T}\bigg|_v - \frac{c_1}{T} \tag{68}$$

folgt. Aus der Gegenüberstellung der Gleichungen (67) und (68) erhält man

$$\frac{\partial p}{\partial T} = \frac{c_1}{T}. \tag{69}$$

Wieder zum Fall des idealen Gases übergehend, schließen wir hieraus

$$\frac{\partial p}{\partial T} = \frac{R}{v} = \frac{c_1}{T}, \qquad c_1 = \frac{RT}{v} = p. \tag{70}$$

Die Gleichung (66) ergibt andererseits

$$c_1 = p = (c_p - c_v)\frac{p}{R}, \qquad \text{d. h.} \quad c_p - c_v = R. \tag{71}$$

Auf Grund experimenteller Daten setzt man an:

III. Die Größe c_p (die spezifische Wärme eines idealen Gases bei konstantem Druck) ist konstant; daher ist auch $c_v = c_p - R$ konstant.

Aus (71) folgt $c_p > c_v$. Setzen wir zur Abkürzung

$$\frac{c_p}{c_v} = k$$

mit $k > 1$, so finden wir schließlich ohne Schwierigkeit auf Grund der Formeln (66) und (71)

$$c_1 = p, \qquad c_2 = -v, \qquad P = \frac{v}{k-1}, \qquad V = p\frac{k}{k-1},$$

womit (59) die folgenden Ausdrücke für dQ, dU und dS liefert:

$$dQ = \begin{cases} c_v\,dT + p\,dv, \\ c_p\,dT - v\,dp, \\ \dfrac{v\,dp + kp\,dv}{k-1}, \end{cases} \tag{72}$$

$$dU = c_v\,dT, \tag{73}$$

$$dS = c_v\frac{dT}{T} + \frac{p}{T}\,dv = c_v\frac{dT}{T} + R\frac{dv}{v}. \tag{74}$$

Bei einem isothermen Prozeß bleibt die Temperatur konstant, d. h., es ist $dT = 0$ und

$$dQ = p\,dv.$$

Die gesamte aufgenommene Wärme stammt also von der Druckarbeit, und die Gesamtänderung der aufgenommenen Wärmemenge beim Übergang vom Volumen v_1 zum Volumen v_2 wird

$$\int_{v_1}^{v_2} p\,dv.$$

Das Diagramm des Prozesses bei konstanter Temperatus heißt *Isotherme*.

Ein Prozeß heißt *adiabatisch*, wenn er ohne Zustrom oder Verlust von Wärme vor sich geht. Er wird durch die Bedingung

$$dQ = 0 \quad \text{oder} \quad dS = 0, \quad S = \text{const}$$

charakterisiert, also dadurch, daß die Entropie konstant ist. Diese bestimmt sich nun aus Formel (74) zu

$$S = c_v \log T + R \log v + C,$$

so daß der adiabatische Prozeß durch die Bedingung

$$c_v \log T + R \log v = \text{const}$$

gekennzeichnet wird. Geht man vom Logarithmus zur Basis über, so wird

$$T^{c_v} v^R = T^{c_v} v^{c_p - c_v} = \text{const}$$

und, indem man noch beiderseits mit dem Exponenten $\dfrac{1}{c_v}$ potenziert,

$$T v^{k-1} = \text{const}.$$

Wegen $T = \dfrac{pv}{R}$ ergibt sich schließlich

$$p v^k = \text{const}. \tag{75}$$

Bei konstantem Volumen endlich gilt $dv = 0$ und

$$dQ = c_v dT, \quad dQ = c_v(T_2 - T_1), \tag{76}$$

wenn die Temperatur des Gases von T_1 auf T_2 übergeht.

79. Die vollständige Differentialgleichung im Fall dreier Veränderlicher.

Verallgemeinern wir die Gleichung (55) auf drei Veränderliche, so erhalten wir

$$P\,dx + Q\,dy + R\,dz = 0, \tag{77}$$

wobei P, Q und R vorgegebene Funktionen von (x, y, z) sind. Sind die Bedingungen (39) erfüllt, so ist die linke Seite der Gleichung (77) das vollständige Differential einer gewissen Funktion $U(x, y, z)$, und das allgemeine Integral der Gleichung (77) wird

$$U(x, y, z) = C \tag{78}$$

mit der willkürlichen Konstanten C. Geometrisch liefert die Gleichung (78) eine Schar von Flächen im Raum. Stellt die linke Seite von (77) kein vollständiges Differential dar, so suchen wir einen integrierenden Faktor, d. h. eine solche Funktion $\mu(x, y, z)$, daß die linke Seite der Gleichung

$$\mu(P\,dx + Q\,dy + R\,dz) = 0 \tag{79}$$

ein vollständiges Differential wird. Die Bedingungen (39) liefern hierbei

$$\frac{\partial(\mu R)}{\partial y} - \frac{\partial(\mu Q)}{\partial z} = 0, \quad \frac{\partial(\mu P)}{\partial z} - \frac{\partial(\mu R)}{\partial x} = 0, \quad \frac{\partial(\mu Q)}{\partial x} - \frac{\partial(\mu P)}{\partial y} = 0,$$

die man auch auf die Form

$$\left.\begin{aligned}\mu\left(\frac{\partial R}{\partial y}-\frac{\partial Q}{\partial z}\right)&=Q\frac{\partial\mu}{\partial z}-R\frac{\partial\mu}{\partial y}\\ \mu\left(\frac{\partial P}{\partial z}-\frac{\partial R}{\partial x}\right)&=R\frac{\partial\mu}{\partial x}-P\frac{\partial\mu}{\partial z}\\ \mu\left(\frac{\partial Q}{\partial x}-\frac{\partial P}{\partial y}\right)&=P\frac{\partial\mu}{\partial y}-Q\frac{\partial\mu}{\partial x}\end{aligned}\right\} \tag{80}$$

bringen kann.

Wir multiplizieren nun diese Gleichungen gliedweise mit P, Q bzw. R und addieren sie dann. Dividiert man in der entstandenen Gleichung beiderseits durch μ, so ergibt sich zwischen P, Q und R die Beziehung

$$P\left(\frac{\partial R}{\partial y}-\frac{\partial Q}{\partial z}\right)+Q\left(\frac{\partial P}{\partial z}-\frac{\partial R}{\partial x}\right)+R\left(\frac{\partial Q}{\partial x}-\frac{\partial P}{\partial y}\right)=0. \tag{81}$$

Die Existenz eines integrierenden Faktors μ voraussetzend, sind wir somit zu der notwendigen Bedingung (81) gekommen, der die Koeffizienten P, Q und R genügen müssen. Man kann zeigen (worauf wir aber nicht eingehen), daß diese Bedingung auch hinreichend ist. *Die Gleichung* (77) *besitzt also nicht immer einen integrierenden Faktor, vielmehr liefert die Gleichung* (81) *eine notwendige und hinreichende Bedingung für die Existenz eines solchen Faktors*. Wenn μ existiert, so ist die linke Seite der Gleichung (79) das vollständige Differential einer gewissen Funktion U, und die Gleichung (78) stellt das allgemeine Integral der Gleichungen (79) und (77) dar. Ist jedoch die Bedingung (81) nicht erfüllt, so hat die Gleichung (77) kein allgemeines Integral der Form (78). Die Bedingung (81) nennt man mitunter Bedingung der vollständigen Integrierbarkeit der Gleichung (77).

Wir erläutern die geometrische Bedeutung der Gleichung (77) und ihres allgemeinen Integrals (78), falls dieses existiert. Die Funktionen

$$P(x, y, z), \quad Q(x, y, z), \quad R(x, y, z)$$

definieren in jedem Punkt einen Vektor $\mathfrak{v}(x, y, z)$, dessen Komponenten sie darstellen. Das System der Differentialgleichungen

$$\frac{dx}{P}=\frac{dy}{Q}=\frac{dz}{R}$$

definiert eine Schar von Kurven (L) im Raum, deren Tangente in jedem Punkt genau die Richtung des Vektors $\mathfrak{v}$ hat. Die Gleichung (77) ist gleichbedeutend mit der Bedingung, daß die infinitesimal kleine Verschiebung mit den Komponenten dx, dy, dz zu dem Vektor $\mathfrak{v}$ senkrecht ist; d. h., die Gleichung (77) definiert in jedem Punkt ein zu $\mathfrak{v}$ senkrechtes Ebenenelement oder — was dasselbe ist — ein Element, das in der Normalebene der durch den betrachteten Punkt verlaufenden Kurve (L) liegt. Das allgemeine Integral (78) liefert nun die Schar derjenigen Flächen, deren Tangentialebenen in jedem Punkt dieser Bedingung genügen, d. h. senkrecht zu $\mathfrak{v}$ sind. Anders ausgedrückt: Die Flächen (78) sind orthogonal zu den Kurven (L). Wenn eine den Raum ausfüllende Schar von Kurven (L) gegeben ist, kann man in jedem Punkt einen sie berührenden Vektor $\mathfrak{v}$ mit den Komponenten P, Q, R bestimmen, indem man seine Länge etwa gleich Eins wählt und dann die Gleichung (77) aufstellt. Gleichung (81) liefert dabei die Bedingung dafür, daß die vorgegebene Kurvenschar (L) orthogonal zu einer gewissen Flächenschar ist.

80. Substitution der Veränderlichen in einem Doppelintegral. Zum Abschluß dieses Paragraphen leiten wir die von uns in [60] angegebene Formel für die Substitution der Veränderlichen in einem Doppelintegral her. Es sei die Transformation der Veränderlichen

$$x = \varphi(u, v), \quad y = \psi(u, v) \tag{82}$$

gegeben, wobei wir (x, y) und (u, v) als geradlinige rechtwinklige Punktkoordinaten in der Ebene ansehen. Die Formeln (82) liefern eine Transformation der Ebene, bei welcher der Punkt (u, v) in den Punkt (x, y) übergeht. In der Ebene seien der Bereich (σ_1) mit der Kontur (l_1) und der Bereich (σ) mit der Kontur (l) gegeben. Wir setzen nun voraus: 1. Die Funktionen (82) sind nebst ihren ersten Ableitungen im Bereich (σ_1) stetig; 2. die Formeln (82) liefern eine umkehrbar eindeutige Zuordnung zwischen dem Bereich (σ_1) mit der Kontur (l_1) und dem Bereich (σ) mit der Kontur (l); d. h., jedem Punkt (u, v) aus (σ_1) entspricht ein wohlbestimmter Punkt (x, y) aus (σ) und umgekehrt, und den Punkten von (l_1) entsprechen genau die Punkte von (l); 3. die Funktionaldeterminante der Funktionen (82) in den Veränderlichen (u, v),

$$\frac{D(\varphi, \psi)}{D(u, v)} = \frac{\partial \varphi(u, v)}{\partial u} \frac{\partial \psi(u, v)}{\partial v} - \frac{\partial \varphi(u, v)}{\partial v} \frac{\partial \psi(u, v)}{\partial u}, \tag{83}$$

hat im Bereich (σ_1) ein bestimmtes Vorzeichen. Wir nehmen an, daß die Funktionen $\varphi(u, v)$ und $\psi(u, v)$ im Bereich (σ_1) einschließlich (l_1) stetig sind und dort stetige Ableitungen besitzen.

Die Zuordnung zwischen (σ) und (σ_1) heißt *gleichsinnig*, wenn bei einem Umlauf auf (l_1) entgegen dem Uhrzeigersinn auch der entsprechende Punkt (x, y) auf (l) entgegen dem Uhrzeigersinn umläuft. Anderenfalls, wenn also einem Umlauf auf (l_1) ein Umlauf in entgegengesetzter Richtung auf (l) entspricht, nennen wir die Zuordnung *gegenläufig*. Der Inhalt σ des Bereiches (σ) wird durch das Integral [71]

$$\sigma = \int_{(l)} x\,dy$$

dargestellt, wobei die Integration entgegen dem Uhrzeigersinn auszuführen ist.

Führen wir die neuen Veränderlichen gemäß den Formeln (82) ein, so erhalten wir

$$\sigma = \pm \int_{(l_1)} \varphi(u, v)\,d\psi(u, v) = \pm \int_{(l_1)} \varphi\left(\frac{\partial \psi}{\partial u}\,du + \frac{\partial \psi}{\partial v}\,dv\right). \tag{84}$$

Wir vereinbaren, über (l_1) entgegen dem Uhrzeigersinn zu integrieren. Wenn die Zuordnung gleichsinnig ist, ergibt sich auf Grund der Transformation auch gerade dieser Richtungssinn bei (l_1), und daher ist in Formel (84) das Pluszeichen zu nehmen. Ist jedoch die Zuordnung gegenläufig, so ergibt sich auf (l) auf Grund der Transformation eine entgegengesetzte Richtung, doch können wir nach Hinzufügen eines Minuszeichens wiederum entgegen dem Uhrzeigersinn integrieren.

Wir wenden auf das Integral (84) die Greensche Formel (18) an, indem wir $x = u$, $y = v$, $P = \varphi \dfrac{\partial \psi}{\partial u}$, $Q = \varphi \dfrac{\partial \psi}{\partial v}$ setzen. Hiermit ergibt sich

$$\frac{\partial Q}{\partial u} - \frac{\partial P}{\partial v} = \frac{D(\varphi, \psi)}{D(u, v)} \tag{85}$$

und folglich

$$\sigma = \pm \iint\limits_{(\sigma_1)} \frac{D(\varphi, \psi)}{D(u, v)} \, du \, dv.$$

Die Anwendung des Mittelwertsatzes [64] auf das Doppelintegral liefert

$$\sigma = \pm \sigma_1 \left[\frac{D(\varphi, \psi)}{D(u, v)} \right]_{(u_0, v_0)}, \tag{86}$$

wobei der Wert der Funktionaldeterminante (83) in einem gewissen zu (σ_1) gehörenden Punkt (u_0, v_0) zu nehmen ist. Da σ und σ_1 positiv sind, folgt übrigens aus der letzten Formel, daß die Determinante (83) positives Vorzeichen hat, wenn die Zuordnung gleichsinnig ist, und negatives Vorzeichen bei gegenläufiger Zuordnung.

Wir leiten nunmehr die Formel für die Substitution der Veränderlichen her. Es sei $f(x, y)$ eine im Bereich (σ_1) und damit auch im Bereich (σ) stetige Funktion. Wir zerlegen (σ_1) in Teilbereiche $\tau_1', \tau_2', \ldots, \tau_n'$. Diesen Teilbereichen entspricht auf Grund von (82) eine Zerlegung von (σ) in gewisse Teilbereiche $\tau_1, \tau_2, \ldots, \tau_n$. Wir werden mit denselben Buchstaben τ_k' und τ_k auch die Flächeninhalte dieser Teilbereiche bezeichnen. Nach Formel (86) gilt

$$\tau_k = \tau_k' \left| \frac{D(\varphi, \psi)}{D(u, v)} \right|_{(u_k, v_k)},$$

wobei (u_k, v_k) ein gewisser Punkt von τ_k' ist. Ihm entspricht ein gewisser Punkt $x_k = \varphi(u_k, v_k)$, $y_k = \psi(u_k, v_k)$, so daß wir

$$\sum_{k=1}^{n} f(x_k, y_k) \tau_k = \sum_{k=1}^{n} f[\varphi(u_k, v_k), \psi(u_k, v_k)] \left| \frac{D(\varphi, \psi)}{D(u, v)} \right|_{(u_k, v_k)} \cdot \tau_k'$$

schreiben können.

Der Grenzübergang liefert die Formel für die Substitution der Veränderlichen in einem Doppelintegral,

$$\iint\limits_{(\sigma)} f(x, y) \, dx \, dy = \iint\limits_{(\sigma_1)} f[\varphi(u, v), \psi(u, v)] \left| \frac{D(\varphi, \psi)}{D(u, v)} \right| du \, dv, \tag{87}$$

die mit der Formel (13) aus [60] übereinstimmt.

Wir erwähnen noch eine Folgerung aus der Formel (86). Der Bereich (σ_1) möge sich unbegrenzt auf den Punkt (u, v) zusammenziehen. Hierbei zieht sich (σ) unbegrenzt auf den entsprechenden Punkt (x, y) zusammen, und der zu (σ_1) gehörende Punkt (u_0, v_0) strebt dann gegen (u, v). Im Grenzfall folgt aus (86)

$$\left| \frac{D(\varphi, \psi)}{D(u, v)} \right| = \lim \frac{\sigma}{\sigma_1},$$

d. h., das Verhältnis der Flächeninhalte hat als Grenzwert den Absolutbetrag der Funktionaldeterminante in dem entsprechenden Punkt, wie bereits in [60] festgestellt wurde. Entsprechendes gilt, wenn die Funktion einer Veränderlichen $x = f(u)$ als Punktabbildung auf der Geraden aufgefaßt wird, bei der ein Punkt mit der Abszisse u in den Punkt mit der Abszisse x übergeht. Hier liefert der Absolutbetrag der Ableitung $|f'(u)|$ den Grenzwert des Verhältnisses entsprechender Längen auf der erwähnten Geraden; mit anderen Worten, er gibt den Koeffizienten der linearen Verzerrung in dem gegebenen Punkt mit der Abszisse u bei der besagten Punktabbildung an.

Zu beachten ist, daß bei der Herleitung der Formel (85) die zweite Ableitung $\frac{\partial^2 \varphi}{\partial u \, \partial v}$ und deren Unabhängigkeit von der Reihenfolge der Differentiationen benutzt wurde. Wir müssen somit, streng genommen, zu den am Anfang dieses Abschnittes getroffenen Voraussetzungen noch die Existenz und Stetigkeit von $\frac{\partial^2 \varphi}{\partial u \, \partial v}$ hinzufügen, woraus bekanntlich [I, 155] gerade die Unabhängigkeit von der Reihenfolge der Differentiationen folgt.

Ist (v) ein durch die Fläche (S) begrenzter räumlicher Bereich, so läßt sich mittels der Gauß-Ostrogradskischen Formel [66], in der $P = Q = 0$ und $R = z$ gesetzt wird, das Volumen v dieses Bereiches in der Form eines Flächenintegrals darstellen, und zwar wird

$$v = \iint\limits_{(S)} z \cos(n, z) \, dS.$$

Ausgehend von dieser Darstellung des Volumens verläuft der Beweis der Formel für die Substitution der Veränderlichen in einem dreifachen Integral [63] fast ebenso wie im Fall des Doppelintegrals.

§ 8. Uneigentliche Integrale und Integrale, die von einem Parameter abhängen

81. Integration unter dem Integralzeichen. Bei der Berechnung von mehrfachen Integralen waren wir auf bestimmte Integrale gestoßen, bei denen der Integrand und die Integrationsgrenzen selbst von einem veränderlichen Parameter abhängen. Wir werden uns jetzt etwas genauer mit solchen Integralen befassen.

Es soll das Integral

$$I(y) = \int\limits_{x_1}^{x_2} f(x, y) \, dx$$

untersucht werden, in dem die Integrationsvariable mit x bezeichnet ist, der Integrand jedoch nicht nur von x, sondern auch von dem Parameter y abhängt, von dem zugleich auch die Integrationsgrenzen x_1 und x_2 abhängig sein sollen. In diesem Fall wird offenbar auch das Ergebnis der Integration $I(y)$ im allgemeinen eine Funktion von y sein. Die Formel (7) aus [59]

$$\int_\alpha^\beta I(y)\,dy = \int_\alpha^\beta dy \int_{x_1}^{x_2} f(x,y)\,dx = \int_a^b dx \int_{y_1}^{y_2} f(x,y)\,dy \tag{1}$$

heißt *Formel für die Integration eines bestimmten Integrals über einen Parameter unter dem Integralzeichen*. Sie erhält eine besonders einfache Form, wenn die Grenzen x_1 und x_2 nicht von y abhängen und sich auf die konstanten Werte a, b [59] reduzieren. Es wird dann

$$\int_\alpha^\beta I(y)\,dy = \int_\alpha^\beta dy \int_a^b f(x,y)\,dx = \int_a^b dx \int_\alpha^\beta f(x,y)\,dy. \tag{2}$$

In allen diesen Formeln wird der Integrand $f(x,y)$ als stetige Funktion von zwei Veränderlichen in dem Integrationsbereich angesehen und als beschränkt vorausgesetzt. Anderenfalls handelt es sich um ein uneigentliches mehrfaches Integral. Solche Integrale werden wir später betrachten.

Beispiel. Das oben angegebene Verfahren wird mitunter zur Berechnung bestimmter Integrale von Funktionen angewendet, deren unbestimmtes Integral unbekannt ist. Wir berechnen hiernach das Integral

$$I = \int_0^\infty e^{-x^2}\,dx. \tag{3}$$

Es sei (D') die im ersten Quadranten liegende Viertelkreisfläche mit dem Mittelpunkt im Koordinatenursprung und dem Radius r; (D'') sei das von den Geraden $x=0$, $x=r$,

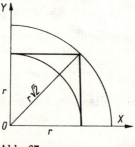

Abb. 67

$y=0$ und $y=r$ begrenzte Quadrat, und schließlich sei (D''') die Viertelkreisfläche mit dem Mittelpunkt im Ursprung und dem Radius $r\sqrt{2}$ (Abb. 67). Offenbar ist (D') ein Teil von (D'') und (D'') ein Teil von (D'''). Wir bilden das Doppelintegral der positiven Funktion $e^{-x^2-y^2}$ über diese Bereiche. Dabei bestehen offensichtlich die Ungleichungen

$$\iint_{(D')} e^{-x^2-y^2}\,dx\,dy < \iint_{(D'')} e^{-x^2-y^2}\,dx\,dy < \iint_{(D''')} e^{-x^2-y^2}\,dx\,dy.$$

Führt man mittels $x = \varrho \cos \varphi$, $y = \varrho \sin \varphi$ Polarkoordinaten ein, so wird nach [59]

$$\iint\limits_{(D')} e^{-x^2-y^2}\,dx\,dy = \int\limits_0^{\pi/2} d\varphi \int\limits_0^r e^{-\varrho^2}\varrho\,d\varrho = \frac{\pi}{2}\left[-\frac{1}{2}e^{-\varrho^2}\right]_0^r = \frac{\pi}{4}(1-e^{-r^2}).$$

Ersetzen wir r durch $r\sqrt{2}$, so ergibt sich

$$\iint\limits_{(D'')} e^{-x^2-y^2}\,dx\,dy = \frac{\pi}{4}(1-e^{-2r^2}).$$

Die Integration über das Quadrat (D'') liefert

$$\iint\limits_{(D'')} e^{-x^2-y^2}\,dx\,dy = \int\limits_0^r e^{-x^2}\,dx \int\limits_0^r e^{-y^2}\,dy = \left(\int\limits_0^r e^{-x^2}\,dx\right)^2,$$

und die oben angegebene Ungleichung nimmt die Form

$$\frac{\pi}{4}(1-e^{-r^2}) < \left(\int\limits_0^r e^{-x^2}\,dx\right) < \frac{\pi}{4}(1-e^{-2r^2}).$$

an. Strebt r gegen Unendlich, so streben die äußeren Glieder der Ungleichung gegen $\frac{\pi}{4}$, und folglich muß auch das mittlere Glied gegen denselben Grenzwert streben, woraus sich der folgende Wert für das Integral (3) ergibt:

$$\int\limits_0^\infty e^{-x^2}\,dx = \frac{\sqrt{\pi}}{2}. \tag{4}$$

Es ist leicht zu sehen, daß [I, 96]

$$\int\limits_{-\infty}^\infty e^{-x^2}\,dx = 2\int\limits_0^\infty e^{-x^2}\,dx = \sqrt{\pi} \tag{5}$$

wird.

Benutzen wir zur Berechnung von (3) das uneigentliche Integral über den ganzen ersten Quadranten, den wir mit (P) bezeichnen, so ergibt sich das Resultat unmittelbar. Es ist nämlich

$$\iint\limits_{(P)} e^{-x^2-y^2}\,dx\,dy = \int\limits_0^\infty e^{-x^2}\,dx \int\limits_0^\infty e^{-y^2}\,dy = I^2$$

und nach Einführung von Polarkoordinaten

$$I^2 = \iint\limits_{(P)} e^{-\varrho^2} \varrho\,d\varrho\,d\varphi = \int\limits_0^{\pi/2} d\varphi \int\limits_0^\infty e^{-\varrho^2} \varrho\,d\varrho = \frac{\pi}{2}\left[-\frac{1}{2}e^{-\varrho^2}\right]_0^\infty = \frac{\pi}{4},$$

woraus $I = \frac{\sqrt{\pi}}{2}$ folgt, was mit dem früher erhaltenen Resultat übereinstimmt.

82. Die Dirichletsche Formel.

Geben wir in Formel (1) die Integrationsgrenzen x_1 und x_2 als Funktionen von y sowie den Variabilitätsbereich (α, β) von y vor, so legen wir damit einen gewissen Bereich (σ) in der x, y-Ebene fest. In den Anwendungen tritt häufig der Fall auf, daß dieser Bereich ein gleichschenkliges Dreieck ist, das von den drei Geraden

$$y = x, \quad x = a, \quad y = b$$

gebildet wird (Abb. 68).

Wird das Doppelintegral über die Fläche dieses Dreiecks auf ein iteriertes zurückgeführt und in dem einen Fall zuerst über x und dann über y und im anderen Fall zuerst über y und dann über x integriert, so ergibt sich die Formel

$$\int_a^b dy \int_a^y f(x,y)\,dx = \int_a^b dx \int_x^b f(x,y)\,dy, \tag{6}$$

die als *Dirichletsche Formel* bezeichnet wird.

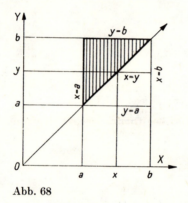
Abb. 68

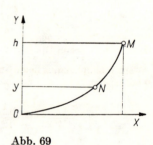
Abb. 69

Beispiel. Das Abelsche Problem. *Man bestimme die in einer Vertikalebene liegende Kurve, welche die Eigenschaft besitzt, daß ein entlang dieser Kurve fallender schwerer Massenpunkt, der ohne Anfangsgeschwindigkeit aus einem beliebigen Kurvenpunkt M in der Höhe h (Abb. 69) über dem tiefsten Kurvenpunkt O losgelassen wird, im Punkt O nach der Zeit T ankommt, die eine vorgegebene Funktion*

$$T = \varphi(h)$$

der Höhe h ist.

Wir legen die y-Achse senkrecht nach oben, die x-Achse horizontal und den Koordinatenursprung in den tiefsten Punkt der gesuchten Kurve, deren Gleichung wir in der Form

$$x = f(y)$$

ansetzen.

Nun ist

$$ds = dy\sqrt{1 + [f'(y)]^2} = u(y)\,dy, \qquad u(y) = \sqrt{1 + [f'(y)]^2}. \tag{7}$$

Nach dem Energiesatz ist der Zuwachs der kinetischen Energie bei der Bewegung des Punktes von der Anfangslage M nach N (Abb. 69) gleich der Arbeit der Schwerkraft, da die

Zwangskraft der Kurvenführung senkrecht zur Bewegung des Punktes wirkt und daher keine Arbeit leistet, d. h.

$$\frac{1}{2} m v^2 = m g (h - y), \quad v = \frac{ds}{dt}$$

oder

$$\frac{1}{2} \left(\frac{ds}{dt}\right)^2 = g(h - y),$$

$$dt = \frac{-ds}{\sqrt{2g(h-y)}} = \frac{1}{\sqrt{2g}} \frac{-u(y)}{\sqrt{h-y}} dy,$$

wobei wir das negative Vorzeichen nehmen, da bei Zunahme von t die Höhe y des Punktes abnimmt.

Die Fallzeit vom Punkt M bis O entspricht einer Änderung der Höhe y von h bis 0, und es ist daher

$$\varphi(h) = T = \frac{1}{\sqrt{2g}} \int_0^h \frac{u(y)\,dy}{\sqrt{h-y}}. \tag{8}$$

Wir stehen somit vor der Aufgabe, die unbekannte Funktion $u(y)$ aus der Gleichung (8) zu bestimmen, die als *Integralgleichung* bezeichnet wird, da die unbekannte Funktion $u(y)$ unter dem Integralzeichen auftritt.

Wir multiplizieren beide Seiten der Gleichung (8) mit $\dfrac{1}{\sqrt{z-h}}$ und integrieren über h von 0 bis z:

$$\int_0^z \frac{\varphi(h)}{\sqrt{z-h}} dh = \frac{1}{\sqrt{2g}} \int_0^z \frac{dh}{\sqrt{z-h}} \int_0^h \frac{u(y)\,dy}{\sqrt{h-y}}.$$

Das auf der rechten Seite stehende iterierte Integral können wir nach der Dirichletschen Formel folgendermaßen umformen:

$$\int_0^z \frac{dh}{\sqrt{z-h}} \int_0^h \frac{u(y)\,dy}{\sqrt{h-y}} = \int_0^z dy \int_y^z \frac{u(y)}{\sqrt{(z-h)(h-y)}} dh$$

$$= \int_0^z u(y)\,dy \int_y^z \frac{dh}{\sqrt{(z-h)(h-y)}}. \tag{9}$$

Das innere Integral läßt sich ohne Schwierigkeit berechnen, wenn man eine neue Veränderliche t mittels

$$h = y + t(z - y)$$

einführt. Wenn h von y bis z variiert, nimmt die Variable t von 0 bis 1 zu, und wir erhalten

$$z - h = (z - y)(1 - t), \quad h - y = (z - y)t, \quad dh = (z - y)\,dt,$$

womit

$$\int_y^z \frac{dh}{\sqrt{(z-h)(h-y)}} = \int_0^1 \frac{dt}{\sqrt{t(1-t)}} = \int_0^1 \frac{dt}{\sqrt{\frac{1}{4} - \left(t - \frac{1}{2}\right)^2}}$$

$$= \arcsin(2t-1)\big|_0^1 = \arcsin 1 - \arcsin(-1)$$

$$= \frac{\pi}{2} - \left(-\frac{\pi}{2}\right) = \pi$$

wird. Schließlich ergibt sich

$$\frac{\pi}{\sqrt{2g}} \int_0^z u(y)\,dy = \int_0^z \frac{\varphi(h)\,dh}{\sqrt{z-h}}$$

oder

$$\int_0^z u(y)\,dy = F(z), \tag{10}$$

wobei $F(z)$ eine Funktion von z ist, die durch die Formel

$$F(z) = \frac{\sqrt{2g}}{\pi} \int_0^z \frac{\varphi(h)\,dh}{\sqrt{z-h}}$$

definiert wird. Differenziert man die Beziehung (10) nach z, so ergibt sich

$$u(z) = \frac{dF(z)}{dz} = \frac{\sqrt{2g}}{\pi} \frac{d}{dz} \int_0^z \frac{\varphi(h)\,dh}{\sqrt{z-h}}, \tag{11}$$

womit die Lösung des Problems gegeben ist, da wir bei Kenntnis der Funktion $u(y)$ ohne Schwierigkeit auch $x = f(y)$ auf Grund der Formel (7) finden können.

Wir führen dies bis zum Schluß durch für den Spezialfall der *Tautochrone*, bei der die Fallzeit bis zum tiefsten Punkt überhaupt nicht von der Höhe h abhängt, d. h.

$$\varphi(h) = \text{const} = c$$

ist. Es wird dann

$$F(z) = \frac{\sqrt{2g}}{\pi} \int_0^z \frac{c\,dh}{\sqrt{z-h}} = \frac{c\sqrt{2g}}{\pi} 2\sqrt{z},$$

$$u(z) = \frac{c\sqrt{2g}}{\pi\sqrt{z}}.$$

Zur Bestimmung von $x = f(y)$ steht uns jetzt auf Grund von (7)

$$(dx)^2 + (dy)^2 = \frac{2gc^2}{\pi^2} \frac{(dy)^2}{y} = \frac{A}{y}(dy)^2 \quad \left(A = \frac{2gc^2}{\pi^2}\right)$$

zur Verfügung. Mit der Substitution

$$y = a(1 + \cos t), \quad dy = -a \sin t \, dt, \quad A = 2a$$

ergibt sich dann

$$dx = dy \sqrt{\frac{2a}{y} - 1} = \sqrt{\frac{1 - \cos t}{1 + \cos t}} \, (-a \sin t) \, dt = -2a \sin^2 \frac{t}{2} \, dt,$$

$$x = x_0 - a(t - \sin t),$$

wobei x_0 eine Integrationskonstante ist. Der Leser zeigt leicht, daß die erhaltene Kurve eine Zykloide darstellt, die sich von der Zykloide in [**I, 79**] nur durch die Lage unterscheidet.

Wir werden später zeigen, wie die Differentiation nach z in der allgemeinen Formel (11) auszuführen ist.

Abschließend machen wir noch einige Bemerkungen zu der erhaltenen Lösung.

Offenbar wurde der Ausdruck (11) unter der Voraussetzung hergeleitet, daß die Integralgleichung (8) eine Lösung besitzt. Die Lösung (11) muß also noch verifiziert werden, d. h., der Ausdruck (11) muß für $u(z)$ in die Gleichung (8) eingesetzt werden, und nachher ist die Übereinstimmung der linken und der rechten Seite zu zeigen.

Außerdem ist das Doppelintegral (9) uneigentlich, da der Integrand für $h = y$ und $h = z$ unendlich wird. Aus dem Folgenden werden wir entnehmen, daß das Integral existiert, und es ist leicht zu zeigen, daß die Formel (1), durch die es auf iterierte Integrale zurückgeführt wird, im vorliegenden Fall anwendbar ist.

83. Differentiation unter dem Integralzeichen.

Wir betrachten das von dem Parameter y abhängige Integral

$$I(y) = \int_a^b f(x, y) \, dx. \tag{12}$$

Die Grenzen a und b sollen dabei einstweilen als von y unabhängig angesehen werden. Außerdem sei vorausgesetzt, daß $f(x, y)$ in dem Rechteck $a \leq x \leq b$, $\alpha \leq y \leq \beta$ stetig ist und dort die stetige partielle Ableitung $\dfrac{\partial f(x, y)}{\partial y}$ besitzt. Wir werden zeigen, daß unter diesen Voraussetzungen die Ableitung $\dfrac{dI(y)}{dy}$ existiert, und zwar erhält man diese, indem man *unter dem Integralzeichen nach y differenziert*:

$$\frac{d}{dy} \int_a^b f(x, y) \, dx = \int_a^b \frac{\partial f(x, y)}{\partial y} \, dx. \tag{13}$$

Das Inkrement $\Delta I(y)$ der Funktion $I(y)$ bestimmt sich aus der Formel

$$\Delta I(y) = I(y + \Delta y) - I(y) = \int_a^b [f(x, y + \Delta y) - f(x, y)] \, dx. \tag{14}$$

Aus dem Mittelwertsatz folgt

$$f(x, y + \Delta y) - f(x, y) = \Delta y \, \frac{\partial f(x, y + \theta \Delta y)}{\partial y} \quad (0 < \theta < 1). \tag{15}$$

Wegen der gleichmäßigen Stetigkeit der Funktion $\dfrac{\partial f(x, y)}{\partial y}$ in dem oben angegebenen Rechteck können wir

$$\frac{\partial f(x, y + \theta \Delta y)}{\partial y} = \frac{\partial f(x, y)}{\partial y} + \eta(x, y, \Delta y) \tag{16}$$

setzen. Dabei strebt dann $\eta(x, y, \Delta y)$ für $\Delta y \to 0$ gleichmäßig in bezug auf x und y gegen Null; d. h., zu jedem positiven ε existiert ein δ derart, daß $|\eta(x, y, \Delta y)| < \varepsilon$ wird, sobald $|\Delta y| < \delta$ ist. Hieraus folgt unter anderem

$$\left| \int_a^b \eta(x, y, \Delta y) \, dx \right| \leq \int_a^b \varepsilon \, dx = \varepsilon (b - a) \qquad (|\Delta y| < \delta);$$

da ε beliebig wählbar war, gilt somit

$$\int_a^b \eta(x, y, \Delta y) \, dx \to 0 \quad \text{für} \quad \Delta y \to 0. \tag{17}$$

Wir wenden uns nun wieder der Formel (14) zu. Benutzt man (15) und (16) und beachtet, daß Δy nicht von x abhängt, so wird

$$\Delta I(y) = \Delta y \int_a^b \frac{\partial f(x, y)}{\partial y} \, dx + \Delta y \int_a^b \eta(x, y, \Delta y) \, dx.$$

Nach Division durch Δy liefert der Grenzübergang wegen (17)

$$\lim_{\Delta y \to 0} \frac{\Delta I(y)}{\Delta y} = \int_a^b \frac{\partial f(x, y)}{\partial y} \, dx.$$

Die Formel (13) ist damit bewiesen. Wenn wir nur die Stetigkeit der Funktion $f(x, y)$ selbst voraussetzen, so folgt aus der Formel (14) und daraus, daß die Differenz $[f(x, y + \Delta y) - f(x, y)]$ für $\Delta y \to 0$ gleichmäßig in bezug auf x und y gegen Null strebt, die Stetigkeit von $I(y)$ bezüglich y.

Wir betrachten jetzt unter den gleichen Voraussetzungen bezüglich $f(x, y)$ das Integral

$$I_1(y) = \int_{x_1}^{x_2} f(x, y) \, dx, \tag{18}$$

in dem auch die dem Intervall (a, b) angehörenden Integrationsgrenzen x_1 und x_2 von y abhängen, wobei wir voraussetzen, daß diese Funktionen eine Ableitung nach y besitzen und damit auch stetig sind.

Es seien Δx_1 und Δx_2 diejenigen Inkremente zu den Stellen x_1 bzw. x_2, die sich ergeben, wenn zu y das Inkrement Δy hinzugefügt wird. Dann gilt

$$\Delta I_1(y) = I_1(y + \Delta y) - I_1(y)$$
$$= \int_{x_1 + \Delta x_1}^{x_2 + \Delta x_2} f(x, y + \Delta y) \, dx - \int_{x_1}^{x_2} f(x, y) \, dx. \tag{19}$$

Da
$$\int\limits_{x_1+\Delta x_1}^{x_2+\Delta x_2} = \int\limits_{x_1}^{x_2} + \int\limits_{x_2}^{x_2+\Delta x_2} - \int\limits_{x_1}^{x_1+\Delta x_1}$$

ist [I, 94], läßt sich die Gleichung (19) folgendermaßen umformen:

$$\Delta I_1(y) = \int\limits_{x_1}^{x_2} [f(x, y + \Delta y) - f(x, y)]\, dx$$
$$+ \int\limits_{x_2}^{x_2+\Delta x_2} f(x, y + \Delta y)\, dx - \int\limits_{x_1}^{x_1+\Delta x_1} f(x, y + \Delta y)\, dx. \qquad (20)$$

Hierbei wird natürlich vorausgesetzt, daß die Funktion die oben genannten Bedingungen für $\alpha \leq y \leq \beta$ und für alle Werte x erfüllt, die den Integrationsintervallen der angegebenen Integrale angehören. Nach dem Mittelwertsatz [I, 95] können wir

$$\int\limits_{x_1}^{x_1+\Delta x_1} f(x, y + \Delta y)\, dx = \Delta x_1 f(x_1 + \theta_1 \Delta x_1, y + \Delta y) = \Delta x_1 [f(x_1, y) + \eta_1]$$

$$\int\limits_{x_2}^{x_2+\Delta x_2} f(x, y + \Delta y)\, dx = \Delta x_2 f(x_2 + \theta_2 \Delta x_2, y + \Delta y) = \Delta x_2 [f(x_2, y) + \eta_2]$$

$$(0 < \theta_1 < 1 \quad \text{und} \quad 0 < \theta_2 < 1)$$

setzen. Für $\Delta y \to 0$ gilt auch $\Delta x_1 \to 0$ und $\Delta x_2 \to 0$, und auf Grund der Stetigkeit von $f(x, y)$ muß dann auch $\eta_1 \to 0$ und $\eta_2 \to 0$ gelten.

Setzen wir diese Ausdrücke in (20) ein und benutzen (15) und (16), so erhalten wir nach Division durch Δy

$$\frac{\Delta I_1(y)}{\Delta y} = \int\limits_{x_1}^{x_2} \frac{\partial f(x, y)}{\partial y}\, dx + [f(x_2, y) + \eta_2] \frac{\Delta x_2}{\Delta y}$$
$$- [f(x_1, y) + \eta_1] \frac{\Delta x_1}{\Delta y} + \int\limits_{x_1}^{x_2} \eta(x, y, \Delta y)\, dx.$$

Auf Grund von (17) liefert der Grenzübergang die folgende Formel für die Differentiation des Integrals (18):

$$\frac{d}{dy} \int\limits_{x_1}^{x_2} f(x, y)\, dx = \int\limits_{x_1}^{x_2} \frac{\partial f(x, y)}{\partial y}\, dx + f(x_2, y) \frac{dx_2}{dy} - f(x_1, y) \frac{dx_1}{dy}. \qquad (21)$$

Wenn x_1 und x_2 nicht von y abhängen, ergibt sich wieder die Formel (13). Diese ist auch gültig bei der Differentiation eines mehrfachen Integrals nach einem Parameter, wenn der Integrationsbereich (B) nicht von dem Parameter abhängt.

Hängt z. B. in einem Doppelintegral über den Bereich (B) der Integrand $f(M, t)$ nicht nur vom Punkt M, sondern auch vom Parameter t ab, so gilt

$$\frac{d}{dt} \iint\limits_{(B)} f(M, t)\, d\sigma = \iint\limits_{(B)} \frac{\partial f(M, t)}{\partial t}\, d\sigma. \tag{22}$$

Hierbei wird vorausgesetzt, daß $f(M, t)$ und $\dfrac{\partial f(M, t)}{\partial t}$ stetige Funktionen von M im Bereich (B) mit Einschluß des Randes sowie von t in einem gewissen Intervall sind.

Wir bemerken noch, daß beim Beweis der Formeln (13) und (22) die Endlichkeit des Integrationsbereiches wesentlich benutzt wird. In den Beispielen werden wir die Formel (13) auch für einen unendlichen Bereich anwenden und später die Bedingungen angeben, unter denen dies erlaubt ist.

Aus den vorstehenden Formeln folgt auch, daß das Integral (18) eine stetige Funktion von y ist, wenn $f(x, y)$, $x_2(y)$ und $x_1(y)$ stetige Funktionen sind.

84. Beispiele.

1. In [29] wurde die spezielle Lösung der Gleichung

$$\frac{d^2 y}{dt^2} + k^2 y = f(t)$$

ermittelt, die den Bedingungen

$$y\bigg|_{t=0} = \frac{dy}{dt}\bigg|_{t=0} = 0 \tag{23}$$

genügt. Sie lautet

$$y = \frac{1}{k} \int_0^t f(u) \sin k(t - u)\, du.$$

Dies ist durch direkte Differentiation gemäß Regel (21) leicht nachzuprüfen. Es gilt nämlich

$$\frac{dy}{dt} = \int_0^t f(u) \cos k(t - u)\, du + \frac{1}{k} f(u) \sin k(t - u)\bigg|_{u=t} = \int_0^t f(u) \cos k(t - u)\, du,$$

$$\frac{d^2 y}{dt^2} = -k \int_0^t f(u) \sin k(t - u)\, du + f(u) \cos k(t - u)\bigg|_{u=t} = -k^2 y + f(t),$$

d. h.

$$\frac{d^2 y}{dt^2} + k^2 y = f(t).$$

Die Gleichungen (23) aber ergeben sich unmittelbar aus den vorstehenden Formeln, wenn darin $t = 0$ gesetzt wird.

2. Es soll das Integral [**I, 110**]

$$I_1 = \int_0^1 \frac{\log(1+x)}{1+x^2}\, dx$$

berechnet werden.

Wir führen den Parameter α ein und betrachten

$$I(\alpha) = \int_0^\alpha \frac{\log(1+\alpha x)}{1+x^2}\, dx.$$

Es ist unmittelbar einleuchtend, daß

$$I(0) = 0 \quad \text{und} \quad I(1) = I_1$$

wird. Die Formel (21) liefert, auf den Parameter α angewendet,

$$\frac{dI(\alpha)}{d\alpha} = \int_0^\alpha \frac{x}{(1+\alpha x)(1+x^2)}\, dx + \frac{\log(1+\alpha^2)}{1+\alpha^2}.$$

Mittels Partialbruchzerlegung erhalten wir

$$\frac{x}{(1+\alpha x)(1+x^2)} = \frac{1}{1+\alpha^2}\left[-\frac{\alpha}{1+\alpha x} + \frac{x}{1+x^2} + \frac{\alpha}{1+x^2}\right]$$

und, indem wir über x integrieren,

$$\int_0^\alpha \frac{x}{(1+\alpha x)(1+x^2)}\, dx = -\frac{\log(1+\alpha^2)}{2(1+\alpha^2)} + \frac{\alpha \arctan \alpha}{1+\alpha^2}.$$

Schließlich wird

$$\frac{dI(\alpha)}{d\alpha} = -\frac{\log(1+\alpha^2)}{2(1+\alpha^2)} + \frac{\alpha \arctan \alpha}{1+\alpha^2} + \frac{\log(1+\alpha^2)}{1+\alpha^2} = \frac{\log(1+\alpha^2)}{2(1+\alpha^2)} + \frac{\alpha \arctan \alpha}{1+\alpha^2},$$

$$I(\alpha) = \frac{1}{2}\int_0^\alpha \frac{\log(1+\beta^2)}{1+\beta^2}\, d\beta + \int_0^\alpha \frac{\beta \arctan \beta}{1+\beta^2}\, d\beta, \tag{24}$$

wobei die additive Konstante fortfällt, da $I(0) = 0$ ist. Den zweiten Summanden integrieren wir partiell:

$$\int_0^\alpha \frac{\beta \arctan \beta}{1+\beta^2}\, d\beta = \frac{1}{2}\int_0^\alpha \arctan \beta\, d\log(1+\beta^2)$$

$$= \frac{1}{2}\arctan \beta \log(1+\beta^2)\Big|_{\beta=0}^{\beta=\alpha} - \frac{1}{2}\int_0^\alpha \frac{\log(1+\beta^2)}{1+\beta^2}\, d\beta.$$

Somit wird auf Grund von (24)

$$I(\alpha) = \frac{1}{2}\arctan \alpha \log(1+\alpha^2),$$

woraus für $\alpha = 1$

$$I_1 = \int_0^1 \frac{\log(1+x)}{1+x^2}\,dx = \frac{\pi}{8}\log 2$$

folgt.

3. Es soll nun das Integral

$$\int_0^\infty \frac{\sin\beta x}{x}\,dx$$

ausgewertet werden.

Anstelle dieses Integrals betrachten wir das der äußeren Form nach komplizietere Integral

$$I(\alpha, \beta) = \int_0^\infty e^{-\alpha x}\frac{\sin\beta x}{x}\,dx \quad (\alpha > 0). \tag{25}$$

Wir differenzieren nach β und erhalten

$$\frac{\partial I(\alpha, \beta)}{\partial \beta} = \int_0^\infty \frac{\partial}{\partial \beta}\left(e^{-\alpha x}\frac{\sin\beta x}{x}\right)dx = \int_0^\infty e^{-\alpha x}\cos\beta x\,dx.$$

Das letzte Integral läßt sich ohne Schwierigkeit berechnen [**I, 201**]; es ergibt sich

$$\frac{\partial I(\alpha, \beta)}{\partial \beta} = \int_0^\infty e^{-\alpha x}\cos\beta x\,dx = e^{-\alpha x}\frac{-\alpha\cos\beta x + \beta\sin\beta x}{\alpha^2 + \beta^2}\bigg|_{x=0}^{x=\infty} = \frac{\alpha}{\alpha^2 + \beta^2},$$

womit

$$I(\alpha, \beta) = \int \frac{\alpha\,d\beta}{\alpha^2 + \beta^2} + C = \arctan\frac{\beta}{\alpha} + C \tag{26}$$

wird.

Es bleibt noch die nicht von β abhängige Integrationskonstante C zu bestimmen. Hierzu lassen wir in den Gleichungen (25) und (26) β gegen 0 gehen und erhalten

$$\lim_{\beta \to 0} I(\alpha, \beta) = I(\alpha, 0) = 0, \quad I(\alpha, 0) = \arctan 0 + C = 0,$$

woraus $C = 0$ folgt. Es ist also

$$I(\alpha, \beta) = \arctan\frac{\beta}{\alpha}.$$

Unser Integral ergibt sich aus $I(\alpha, \beta)$ für $\alpha = 0$, wobei α von positiven Werten her gegen Null gehen muß, d. h. $\alpha \to +0$. Wenn wir in der vorstehenden Gleichung α gegen 0 gehen lassen, erhalten wir verschiedene Grenzwerte, je nachdem, ob $\beta > 0$ oder $\beta < 0$ ist; und zwar gilt

$$\lim_{\alpha \to +0}\arctan\frac{\beta}{\alpha} = \begin{cases} \dfrac{\pi}{2} & \text{für} \quad \beta > 0, \\ -\dfrac{\pi}{2} & \text{für} \quad \beta < 0, \\ 0 & \text{für} \quad \beta = 0, \end{cases}$$

und daher wird schließlich[1])

$$I(\beta) = \int\limits_0^\infty \frac{\sin \beta x}{x}\, dx = \begin{cases} \dfrac{\pi}{2} & \text{für} \quad \beta > 0, \\ -\dfrac{\pi}{2} & \text{für} \quad \beta < 0, \\ 0 & \text{für} \quad \beta = 0. \end{cases}$$

Das links stehende Integral liefert also die unstetige Funktion $I(\beta)$. Die Bildkurve dieser unstetigen Funktion, bestehend aus zwei Halbgeraden und einem Punkt, ist in Abb. 70 dargestellt.

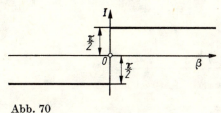

Abb. 70

4. Wird die offenbar gültige Identität

$$\int\limits_0^\infty e^{-\alpha x}\, dx = \frac{1}{\alpha} \qquad (\alpha > 0)$$

k-mal nach α differenziert, so entsteht

$$\int\limits_0^\infty e^{-\alpha x}\, x^k\, dx = \frac{k!}{\alpha^{k+1}}.$$

Wir betrachten jetzt das Integral

$$I_n = \int\limits_0^\infty e^{-\alpha x^2}\, x^n\, dx \qquad (\alpha > 0).$$

Ist n eine ungerade Zahl, also $n = 2k + 1$, so ergibt sich für I_n nach Einführung der Substitution $x^2 = t$

$$I_{2k+1} = \int\limits_0^\infty e^{-\alpha x^2}\, x^{2k}\, x\, dx = \frac{1}{2} \int\limits_0^\infty e^{-\alpha t}\, t^k\, dt = \frac{1}{2}\, \frac{k!}{\alpha^{k+1}}.$$

---

[1]) Die vorstehenden Überlegungen sind nicht exakt, da sie die Gleichungen $\lim\limits_{\beta \to 0} I(\alpha, \beta) = I(\alpha, 0)$, $\lim\limits_{\alpha \to +0} I(\alpha, \beta) = I(0, \beta)$ voraussetzen, die offenbar gültig sind, wenn bekannt ist, daß $I(\alpha, \beta)$ eine stetige Funktion sowohl von β als auch von α ist. Außerdem weisen wir noch auf folgende Tatsache hin: Wäre unter dem Integralzeichen nicht der Faktor $e^{-\alpha x}$ eingeführt worden, so hätten wir nach der Differentiation nach β das Integral $\int\limits_0^\infty \cos \beta x\, dx$ erhalten, das keinen Sinn hat. Der strenge Beweis für die Stetigkeit von $I(\alpha, \beta)$ wird in [88] gegeben.

Im Fall $n = 2k$ führen wir in Formel (4) die neue Integrationsvariable $x = t\sqrt{\alpha}$ ein. Wird in dem erhaltenen Resultat t wieder durch x ersetzt, so entsteht

$$I_0 = \int_0^\infty e^{-\alpha x^2}\, dx = \frac{1}{2}\sqrt{\frac{\pi}{\alpha}},$$

und differenzieren wir k-mal nach α, so erhalten wir

$$\frac{d^k I_0}{d\alpha^k} = (-1)^k \int_0^\infty e^{-\alpha x^2}\, x^{2k}\, dx$$

und daraus

$$I_{2k} = (-1)^k \frac{d^k}{d\alpha^k}\left(\frac{1}{2}\sqrt{\frac{\pi}{\alpha}}\right) = \frac{\sqrt{\pi}}{2}\frac{1\cdot 3 \cdots (2k-1)}{2^k \alpha^{k+1/2}}.$$

5. In dem Integral

$$I(\beta) = \int_0^\infty e^{-\alpha x^2} \cos \beta x\, dx \qquad (\alpha > 0),$$

das von den beiden Parametern α und β abhängt, werde α als konstant angesehen. Differentiation nach β ergibt

$$\frac{dI(\beta)}{d\beta} = -\int_0^\infty e^{-\alpha x^2} \sin \beta x \cdot x\, dx = \frac{1}{2\alpha}\int_0^\infty \sin \beta x\, d e^{-\alpha x^2}.$$

Partielle Integration liefert

$$\frac{dI(\beta)}{d\beta} = \frac{1}{2\alpha} e^{-\alpha x^2} \sin \beta x \Big|_{x=0}^{x=\infty} - \frac{\beta}{2\alpha}\int_0^\infty e^{-\alpha x^2} \cos \beta x\, dx = -\frac{\beta}{2\alpha}\int_0^\infty e^{-\alpha x^2} \cos \beta x\, dx,$$

d. h.

$$\frac{dI(\beta)}{d\beta} = -\frac{\beta}{2\alpha} I(\beta).$$

Durch Separation der Veränderlichen in dieser Differentialgleichung ergibt sich

$$\frac{dI(\beta)}{I(\beta)} = -\frac{\beta}{2\alpha}\, d\beta,$$

woraus wir durch Integration

$$I(\beta) = C e^{-\beta^2/4\alpha} \tag{27}$$

erhalten. C ist hierbei eine von β unabhängige Konstante. Für $\beta = 0$ ergibt sich

$$I(0) = \int_0^\infty e^{-\alpha x^2}\, dx = \frac{1}{2}\sqrt{\frac{\pi}{\alpha}}.$$

Andererseits gilt wegen (27), Stetigkeit von $I(\beta)$ vorausgesetzt,

$$I(0) = C,$$

somit $C = \frac{1}{2}\sqrt{\frac{\pi}{\alpha}}$ und schließlich nach Einsetzen dieses Ausdruckes für C in (27)

$$\int_0^\infty e^{-\alpha x^2} \cos \beta x \, dx = \frac{1}{2}\sqrt{\frac{\pi}{\alpha}}\, e^{-\beta^2/4\alpha}.$$

Ersetzen wir α durch α^2, so erhalten wir das Resultat

$$\int_0^\infty e^{-\alpha^2 x^2} \cos \beta x \, dx = \frac{\sqrt{\pi}}{2\alpha}\, e^{-\beta^2/4\alpha^2},$$

das wir später bei der Untersuchung der Wärmeleitungsgleichung benutzen werden.

85. Uneigentliche Integrale. Wir sind wiederholt auf Integrale gestoßen, bei denen entweder der Integrand unbeschränkt ist oder die Integrationsgrenzen unendlich werden. In [**I, 97, 98**] hatten wir vereinbart, solchen Integralen einen bestimmten Sinn zuzuschreiben, wenn gewisse Bedingungen erfüllt sind. Wir werden uns jetzt eingehender mit diesen Integralen befassen.

1. **Der Integrand wird unendlich.** Es seien a und b endlich und $a > b$. Im Integral

$$\int_a^b f(x)\, dx$$

möge die Funktion $f(x)$ für $a \leq x < b$ stetig sein, jedoch bei $x = b$ unendlich werden, oder, genauer gesagt, $f(x)$ möge dem Betrag nach über alle Grenzen wachsen, wenn x von links her gegen b strebt. Wir setzen dann definitionsgemäß [**I, 97**]

$$\int_a^b f(x)\, dx = \lim_{\varepsilon \to +0} \int_a^{b-\varepsilon} f(x)\, dx,$$

sofern der auf der rechten Seite der Gleichung stehende Grenzwert existiert. Es sollen nun die Bedingungen für seine Existenz untersucht werden. Gemäß dem Cauchyschen Konvergenzkriterium [**I, 31**] besteht eine notwendige und hinreichende Bedingung für die Existenz des Grenzwerts einer Veränderlichen darin, daß die Differenz zweier beliebiger Werte dieser Veränderlichen von einer gewissen Stelle ihres Werteverlaufs an dem Absolutbetrag nach kleiner als ein beliebig vorgegebener positiver Wert ist. Im vorliegenden Fall lautet die Differenz

$$\int_a^{b-\varepsilon''} f(x)\, dx - \int_a^{b-\varepsilon'} f(x)\, dx = \int_{b-\varepsilon'}^{b-\varepsilon''} f(x)\, dx \qquad (\varepsilon'' < \varepsilon'),$$

und wir erhalten somit folgende allgemeine Bedingung: *Für die Existenz (Konvergenz) des uneigentlichen Integrals*

$$\int_a^b f(x)\,dx,$$

in dem der Integrand $f(x)$ bei $x = b - 0$ unbeschränkt wird, ist notwendig und hinreichend, daß zu jedem vorgegebenen genügend kleinen positiven Wert δ ein positiver Wert η existiert derart, daß

$$\left| \int_{b-\varepsilon'}^{b-\varepsilon''} f(x)\,dx \right| < \delta \quad \text{für} \quad 0 < \varepsilon' < \eta \quad \text{und} \quad 0 < \varepsilon'' < \eta.$$

Aus der bekannten Ungleichung [**I, 95**]

$$\left| \int_{b-\varepsilon'}^{b-\varepsilon''} f(x)\,dx \right| \leq \int_{b-\varepsilon'}^{b-\varepsilon''} |f(x)|\,dx$$

ergibt sich unmittelbar, daß aus der Konvergenz des Integrals

$$\int_a^b |f(x)|\,dx \tag{28}$$

die Konvergenz des Integrals

$$\int_a^b f(x)\,dx \tag{29}$$

folgt.

Die umgekehrte Schlußfolgerung ist falsch; d. h., aus der Konvergenz des Integrals (29) folgt im allgemeinen nicht die Konvergenz des Integrals (28). Wenn (28) konvergiert, heißt das Integral (29) *absolut konvergent*; vgl. [**I, 124**].

Aus dem allgemeinen Kriterium folgt das für die Anwendung äußerst wichtige Cauchysche Kriterium. *Ist der Integrand $f(x)$ für alle $a \leq x < b$ stetig und ist für die x-Werte in der Umgebung von b die Bedingung*

$$|f(x)| < \frac{A}{(b-x)^p} \tag{30}$$

erfüllt, in der A und p positive Konstanten sind und $p < 1$ ist, so konvergiert das uneigentliche Integral (29) absolut. Ist jedoch

$$|f(x)| > \frac{A}{(b-x)^p} \quad \text{mit} \quad p \geq 1, \tag{31}$$

so existiert das Integral (29) nicht.

Im Fall (30) gilt nämlich

$$\left| \int_{b-\varepsilon'}^{b-\varepsilon''} f(x)\,dx \right| \leq \int_{b-\varepsilon'}^{b-\varepsilon''} |f(x)|\,dx < A \int_{b-\varepsilon'}^{b-\varepsilon''} \frac{dx}{(b-x)^p} = A\,\frac{\varepsilon'^{1-p} - \varepsilon''^{1-p}}{1-p}.$$

Dabei wird die rechte Seite bei hinreichend kleinen ε' und ε'' beliebig klein, da der Exponent $1-p$ positiv ist ($p<1$).

Im Fall (31) jedoch können wir uns zunächst davon überzeugen, daß die stetige Funktion $f(x)$ in der Nachbarschaft des Punktes $x=b$ ein und dasselbe Vorzeichen hat, da auf Grund von (31) der Absolutbetrag von $f(x)$ größer als eine positive Zahl bleibt, also $f(x)$ nicht Null wird und daher auch nicht das Vorzeichen wechseln kann. Beschränken wir uns auf den Fall einer positiven Funktion $f(x)$, so wird

$$\int_{b-\varepsilon'}^{b-\varepsilon''} f(x)\,dx > A\int_{b-\varepsilon'}^{b-\varepsilon''} \frac{dx}{(b-x)^p} = \begin{cases} A\log\dfrac{\varepsilon'}{\varepsilon''} & \text{für}\quad p=1, \\ A\dfrac{\varepsilon'^{1-p}-\varepsilon''^{1-p}}{1-p} & \text{für}\quad p>1. \end{cases}$$

Hier kann die rechte Seite für beliebig kleine ε' und ε'' beliebig groß gemacht werden, da nach Voraussetzung $1-p<0$ ist.

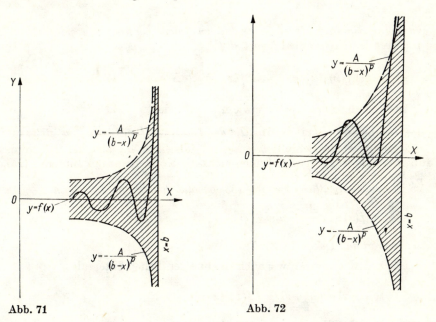

Abb. 71   Abb. 72

Geometrisch ist das Cauchysche Kriterium sofort einleuchtend, da im Fall (30) die Kurve $y=f(x)$ in der Nähe von b ganz im Innern des Bereiches verläuft, der zwischen den zwei symmetrischen Kurven

$$y = \pm \frac{A}{(b-x)^p} \tag{32}$$

(Abb. 71) liegt, die für $p<1$ eine endliche Fläche begrenzen, was dann auch für $f(x)$ gilt. Im Fall (31) geht die Kurve $y=f(x)$ in der Nachbarschaft des Punktes

$x = b$ aus dem erwähnten Bereich heraus, und da die Kurven (32) für $p \geq 1$ keine endliche Fläche begrenzen, gilt dies auch für die Kurve $y = f(x)$ (Abb. 72).

Ganz analog kann man auch die Fälle untersuchen, in denen $f(x)$ an der unteren Grenze $x = a$ oder in einem inneren Punkt $x = c$ des Integrationsintervalls unendlich wird [**I, 97**].

2. **Unendliche Integrationsgrenzen.** Wir betrachten jetzt den Fall, daß $b = \infty$ wird, d. h., das uneigentliche Integral

$$\int_a^\infty f(x)\,dx = \lim_{b \to \infty} \int_a^b f(x)\,dx$$

unter der Voraussetzung, daß $f(x)$ stetig ist für $x \geq a$. Wenden wir das Cauchysche Kriterium so wie im vorigen Fall an, so erhalten wir: *Für die Existenz (Konvergenz) des uneigentlichen Integrals*

$$\int_a^\infty f(x)\,dx \tag{33}$$

ist notwendig und hinreichend, daß zu jedem vorgegebenen positiven Wert δ ein positiver Wert N existiert derart, daß

$$\left| \int_{b'}^{b''} f(x)\,dx \right| < \delta \quad \text{ist für} \quad b' > N \quad \text{und} \quad b'' > N.$$

Insbesondere beweisen wir wie im Fall 1 das

Cauchysche Kriterium. *Ist der Integrand $f(x)$ für $x \geq a$ stetig und gilt*

$$|f(x)| < \frac{A}{x^p} \quad \text{mit} \quad p > 1, \tag{34}$$

so ist das uneigentliche Integral (33) *absolut konvergent. Ist jedoch*

$$|f(x)| > \frac{A}{x^p} \quad \text{und} \quad p \leq 1, \tag{35}$$

so existiert das Integral (33) *nicht.*

Ganz analog können wir auch die uneigentlichen Integrale

$$\int_{-\infty}^b f(x)\,dx \quad \text{und} \quad \int_{-\infty}^\infty f(x)\,dx$$

behandeln [**I, 98**].

Es soll hier ein praktisch bequemes Verfahren zur Anwendung des Cauchyschen Kriteriums angegeben werden. Wir untersuchen zuerst ein Integral der Form (33). Die Bedingung (34) für seine Konvergenz läuft dann auf die Existenz einer Zahl $p > 1$ hinaus, für die das Produkt $f(x)x^p$ bei $x \to \infty$ beschränkt bleibt. Diese Bedingung ist sicher erfüllt, wenn ein endlicher Grenzwert

$$\lim_{x \to \infty} f(x)x^p$$

existiert.

Entsprechend gilt die Bedingung (35) für die Divergenz, wenn der Grenzwert

$$\lim_{x \to \infty} f(x) x^p \qquad (p \leqq 1)$$

existiert und von Null verschieden ist (endlich oder unendlich). So wird z. B. das Integral aus Beispiel 5 [**84**] absolut konvergent, da das Produkt $e^{-\alpha x^2} \cos \beta x \cdot x^p$ bei beliebigem positivem p für $x \to \infty$ gegen Null strebt. Der Faktor $\cos \beta x$ wird nämlich dem Absolutbetrag nach nicht größer als 1, und das Produkt $e^{-\alpha x^2} \cdot x^p$ strebt gegen 0, wovon man sich leicht auf Grund der de l'Hospitalschen Regel überzeugt. Es genügt hierbei, etwa den Fall $p = 2$ zu betrachten [**I, 65**].

Das Integral

$$\int_0^\infty \frac{5x^2 + 1}{x^3 + 4} \, dx$$

divergiert wegen

$$\lim_{x \to \infty} \frac{5x^2 + 1}{x^3 + 4} x = 5 \qquad (p = 1).$$

Allgemein konvergiert das Integral über eine gebrochene rationale Funktion mit einer oder zwei unendlichen Grenzen nur dann, wenn der Grad des Nenners mindestens um 2 größer ist als der Grad des Zählers. Außerdem ist für die Konvergenz eines solchen Integrals notwendig, daß nach möglichem Kürzen des Bruches der Nenner in dem Integrationsintervall nicht Null wird. Stellt $(-\infty, \infty)$ dieses Intervall dar, so darf der Nenner keine reellen Nullstellen haben.

Ganz analog lassen sich die Bedingungen (30) und (31) für die Konvergenz bzw. Divergenz eines Integrals in dem Fall anwenden, daß der Integrand unendlich wird. So konvergiert z. B. das Integral

$$\int_0^1 \frac{\sin x}{x^m} \, dx$$

für $m < 2$, da das Produkt $\dfrac{\sin x}{x^m} x^{m-1} = \dfrac{\sin x}{x}$ für $x \to +0$ gegen 1 strebt und $p = m - 1 < 1$ ist; umgekehrt divergiert das vorstehende Integral für $m \geqq 2$.

86. Nicht absolut konvergente Integrale. Das Cauchysche Kriterium liefert nur die hinreichende Bedingung (30) mit $p < 1$ bzw. (34) für die Konvergenz eines uneigentlichen Integrals. Es ist z. B. nicht anwendbar für nicht absolut konvergente Integrale; d. h. für solche, für die

$$\int_a^b f(x) \, dx \quad \text{bzw.} \quad \int_a^\infty f(x) \, dx$$

konvergiert, jedoch das Integral

$$\int_a^b |f(x)| \, dx \quad \text{bzw.} \quad \int_a^\infty |f(x)| \, dx$$

nicht konvergiert. Wir bringen ein Konvergenzkriterium, das auch auf nicht absolut konvergente Integrale anwendbar ist: Die Funktion $f(x)$ sei stetig für $x \geqq a > 0$. Bleibt das Integral

$$F(x) = \int_a^x f(t)\, dt \quad . \quad (a > 0)$$

für unbegrenzt wachsendes x beschränkt, so ist das Integral

$$\int_a^\infty \frac{f(x)}{x^p}\, dx$$

für jedes $p > 0$ konvergent. Integrieren wir nämlich partiell, so erhalten wir

$$\int_a^N \frac{f(x)}{x^p}\, dx = \int_a^N \frac{1}{x^p}\, dF(x) = \frac{F(x)}{x^p}\bigg|_a^N + p \int_a^N \frac{F(x)}{x^{1+p}}\, dx$$

oder, wenn wir beachten, daß $F(a) = 0$ ist,

$$\int_a^N \frac{f(x)}{x^p}\, dx = \frac{F(N)}{N^p} + p \int_a^N \frac{F(x)}{x^{1+p}}\, dx.$$

Bei unbegrenzt wachsendem N strebt der erste Summand auf der rechten Seite gegen Null, da $F(N)$ voraussetzungsgemäß beschränkt bleibt und $p > 0$ ist. Der zweite Summand stellt ein Integral dar, das nach dem Cauchyschen Kriterium konvergent ist, da unter dem Integral der Zähler $F(x)$ nach Voraussetzung für $x \to \infty$ beschränkt bleibt und im Nenner der Exponent von x größer als Eins ist. Somit existiert der Grenzwert

$$\int_a^\infty \frac{f(x)}{x^p}\, dx = \lim_{N \to \infty} \int_a^N \frac{f(x)}{x^p}\, dx = p \int_a^\infty \frac{F(x)}{x^{1+p}}\, dx.$$

Beispiele.

1. Wir betrachten noch einmal das von uns in Beispiel 3 [84] behandelte Integral

$$\int_0^\infty \frac{\sin \beta x}{x}\, dx. \tag{36}$$

Offenbar ist der Integrand für $x \geqq 0$ eine stetige Funktion, die bei $x = 0$ gleich β ist [**I, 34**], so daß dieses Integral nur durch die unendliche Grenze zu einem uneigentlichen wird. Ferner ist

$$\int_a^N \sin \beta x\, dx = \left[-\frac{1}{\beta} \cos \beta x \right]_{x=a}^{x=N},$$

woraus
$$\left|\int_a^N \sin\beta x\, dx\right| \leq \frac{2}{\beta} \qquad (\beta > 0)$$

folgt, d. h., das Integral $\int_0^N \sin\beta x\, dx$ bleibt für jedes a und jedes N beschränkt. Folglich ist auf das Integral (36) der bewiesene Satz anwendbar, der die Konvergenz sichert.

2. Wir betrachten noch das Integral

$$\int_0^\infty \sin(x^2)\, dx. \tag{37}$$

Mittels der Substitution $x = \sqrt{t}$ bringen wir es auf die Form

$$\frac{1}{2}\int_0^\infty \frac{\sin t}{\sqrt{t}}\, dt$$

und beweisen genauso wie im Beispiel 1, daß es konvergiert. Wir erläutern etwas eingehender die Gründe, welche die Konvergenz des Integrals (37) bedingen. Der Integrand $f(x) = \sin(x^2)$,

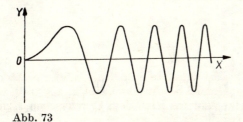

Abb. 73

dessen Bildkurve in Abb. 73 dargestellt ist, strebt sogar für $x \to \infty$ nicht gegen Null, und das Cauchysche Kriterium ist offenbar nicht anwendbar. Wir zerlegen das Intervall $(0, \infty)$ in die Teilintervalle

$$(0, \sqrt{\pi}), \quad (\sqrt{\pi}, \sqrt{2\pi}), \quad (\sqrt{2\pi}, \sqrt{3\pi}), \ldots, \quad (\sqrt{n\pi}, \sqrt{(n+1)\pi}), \ldots,$$

in denen jeweils die Funktion $y = \sin(x^2)$ ein bestimmtes Vorzeichen beibehält; im ersten ist sie positiv, im zweiten negativ, im dritten wieder positiv usw. Wir setzen

$$u_n = (-1)^n \int_{\sqrt{n\pi}}^{\sqrt{(n+1)\pi}} \sin(x^2)\, dx.$$

Wird anstelle von x die neue Veränderliche t durch

$$x = \sqrt{t + n\pi}$$

eingeführt, so entsteht

$$u_n = \frac{(-1)^n}{2} \int_0^\pi \frac{\sin(t + n\pi)}{\sqrt{t + n\pi}}\, dt = \frac{1}{2}\int_0^\pi \frac{\sin t}{\sqrt{t + n\pi}}\, dt;$$

hieraus geht hervor, daß die Werte u_n positiv sind und für wachsende ganzzahlige positive n monoton abnehmen. Außerdem folgt aus der Ungleichung

$$u_n < \frac{1}{2} \int_0^\pi \frac{dt}{\sqrt{n\pi}} = \frac{1}{2} \sqrt{\frac{\pi}{n}}$$

$u_n \to 0$ für $n \to \infty$. Aus diesen Tatsachen ergibt sich, daß die alternierende Reihe

$$u_0 - u_1 + u_2 - u_3 + \cdots + (-1)^n u_n + \cdots \tag{38}$$

konvergiert [**I, 123**].

Wir nehmen jetzt an, daß

$$\sqrt{m\pi} \leqq b < \sqrt{(m+1)\pi} \tag{39}$$

ist, und betrachten das Integral

$$\int_0^b \sin(x^2)\,dx = \int_0^{\sqrt{\pi}} \sin(x^2)\,dx + \int_{\sqrt{\pi}}^{\sqrt{2\pi}} \sin(x^2)\,dx + \cdots$$

$$+ \int_{\sqrt{(m-1)\pi}}^{\sqrt{m\pi}} \sin(x^2)\,dx + \int_{\sqrt{m\pi}}^b \sin(x^2)\,dx$$

$$= u_0 - u_1 + \cdots + (-1)^{m-1} u_{m-1} + \theta(-1)^m u_m, \tag{40}$$

wobei $0 \leqq \theta < 1$ ist, da das letzte Intervall $\left(\sqrt{m\pi}, b\right)$ nur einen Teil des Intervalls $\left(\sqrt{m\pi}, \sqrt{(m+1)\pi}\right)$ darstellt bzw. im Fall $b = \sqrt{m\pi}$ ganz fehlt. Für $b \to \infty$ strebt auch die durch Ungleichung (39) definierte ganze Zahl m gegen ∞, und aus der Konvergenz der Reihe (38) sowie der Gleichung (40) folgt die Existenz des uneigentlichen Integrals

$$\int_0^\infty \sin(x^2)\,dx = \lim_{b \to \infty} \int_0^b \sin(x^2)\,dx = u_0 - u_1 + u_2 - u_3 + \cdots.$$

Im vorliegenden Fall wird die Existenz des uneigentlichen Integrals durch den Vorzeichenwechsel des Integranden bedingt sowie dadurch, daß die aufeinanderfolgenden Flächen, die oberhalb bzw. unterhalb der x-Achse liegen, mit der Entfernung vom Ursprung dem Betrag nach abnehmen und gegen Null streben; und zwar beruht letzteres nicht darauf, daß die Höhen gegen Null streben, sondern darauf, daß die Flächen unbegrenzt schmaler werden.

Entsprechend kann man auch das Integral (36) behandeln.

In Teil III$_2$ werden wir den folgenden Wert für das Integral (37) erhalten:

$$\int_0^\infty \sin(x^2)\,dx = \int_0^\infty \cos(x^2)\,dx = \frac{1}{2}\sqrt{\frac{\pi}{2}}.$$

Die angegebenen Integrale heißen *Fresnelsche Integrale* oder *Diffraktionsintegrale*. Die letzte Bezeichnung hängt mit der Rolle zusammen, die diese Integrale in der Optik spielen.

87. Gleichmäßig konvergente Integrale.[1]

Hängt der Integrand eines uneigentlichen Integrals von einem Parameter y ab, so gilt dies im allgemeinen auch für die Werte η und N, die in den allgemeinen Kriterien 1 und 2 aus [85] auftreten. Läßt sich nun in der Bedingung

$$\left| \int_{b-\varepsilon'}^{b-\varepsilon''} f(x, y)\, dx \right| < \delta \quad \text{für} \quad 0 < \varepsilon' \quad \text{und} \quad \varepsilon'' < \eta \tag{41}$$

bzw.

$$\left| \int_{b'}^{b''} f(x, y)\, dx \right| < \delta \quad \text{für} \quad b' > N \quad \text{und} \quad b'' > N \tag{42}$$

der Wert η bzw. N unabhängig von den y-Werten des Intervalls $\alpha \leqq y \leqq \beta$ wählen, so heißt das uneigentliche Integral

$$\int_a^b f(x, y)\, dx \quad \text{bzw.} \quad \int_a^\infty f(x, y)\, dx \tag{43}$$

gleichmäßig konvergent bezüglich y.

Speziell sind die Integrale, die bei der Anwendung der Cauchyschen Kriterien auftreten, gleichmäßig konvergent, wenn die Konstanten A und p nicht von y abhängen.

Jedes konvergente uneigentliche Integral können wir in Form einer konvergenten Reihe darstellen, bei der dann jedes Glied ein gewöhnliches Integral ist. Dieses Verfahren hatten wir bereits benutzt. Wir wenden uns jetzt dem ersten der Integrale (43) zu. Es sei

$$\varepsilon_1, \varepsilon_2, \varepsilon_3, \ldots, \varepsilon_n, \ldots \tag{44}$$

eine Folge positiver und monoton gegen Null strebender Werte. Es gilt dann

$$\int_a^b f(x,y)\,dx = \int_a^{b-\varepsilon_1} f(x,y)\,dx + \int_{b-\varepsilon_1}^{b-\varepsilon_2} + \int_{b-\varepsilon_2}^{b-\varepsilon_3} + \cdots + \int_{b-\varepsilon_n}^{b-\varepsilon_{n+1}} + \cdots$$
$$= u_0(y) + u_1(y) + u_2(y) + \cdots + u_n(y) + \cdots, \tag{45}$$

wobei

$$u_n(y) = \int_{b-\varepsilon_n}^{b-\varepsilon_{n+1}} f(x,y)\, dx \tag{46}$$

ist.

Im Fall des zweiten der Integrale (43) geben wir die Folge unbegrenzt (monoton) wachsender Werte

$$b_1, b_2, b_3, \ldots, b_n, \ldots \tag{47}$$

vor und erhalten dann

$$\int_a^\infty f(x,y)\,dx = \int_a^{b_1} f(x,y)\,dx + \int_{b_1}^{b_2} + \int_{b_2}^{b_3} + \cdots + \int_{b_n}^{b_{n+1}} + \cdots$$
$$= u_0(y) + u_1(y) + u_2(y) + \cdots + u_n(y) + \cdots. \tag{48}$$

---

[1] Vor dem Studium dieses Abschnitts ist es zweckmäßig, sich die Theorie der gleichmäßig konvergenten Reihen aus Teil I ins Gedächtnis zurückzurufen.

Aus der Definition der gleichmäßigen Konvergenz eines Integrals und einer Reihe [**I, 143**] folgt unmittelbar, daß im Fall der gleichmäßigen Konvergenz des uneigentlichen Integrals auch die ihm entsprechende Reihe bei beliebiger Wahl der Werte (44) bzw. (47) gleichmäßig in bezug auf y konvergiert. Betrachten wir z. B. die Reihe (45). Die Summe ihrer Glieder $u_{n+1}(y) + u_{n+2}(y) + \cdots + u_{n+m}(y)$ ist bei großen n gleich dem Integral über ein Intervall in der Umgebung von b, für das die Ungleichung (41) gewährleistet ist.

Die Eigenschaften der gleichmäßig konvergenten Integrale entsprechen denen der gleichmäßig konvergenten Reihen [**I, 146**]. Der Einfachheit halber formulieren wir sie für das zweite der Integrale (43), doch ist das Gesagte auch auf das erste anwendbar.

1. *Ist die Funktion $f(x, y)$ für $x \geqq a$ und $\alpha \leqq y \leqq \beta$ stetig und konvergiert das Integral*

$$\int_a^\infty f(x, y)\, dx \tag{49}$$

gleichmäßig in bezug auf y, so stellt es eine stetige Funktion von y für $\alpha \leqq y \leqq \beta$ dar.

2. *Unter denselben Bedingungen gilt auch die Formel für die Integration unter dem Integralzeichen:*

$$\int_\alpha^\beta dy \int_a^\infty f(x, y)\, dx = \int_a^\infty dx \int_\alpha^\beta f(x, y)\, dy. \tag{50}$$

3. *Wenn für stetige $f(x, y)$ und $\dfrac{\partial f(x, y)}{\partial y}$ das Integral (49) konvergiert und das Integral*

$$\int_a^\infty \frac{\partial f(x, y)}{\partial y}\, dx \tag{51}$$

gleichmäßig konvergiert, so gilt die Formel für die Differentiation unter dem Integralzeichen:

$$\frac{d}{dy} \int_a^\infty f(x, y)\, dx = \int_a^\infty \frac{\partial f(x, y)}{\partial y}\, dx. \tag{52}$$

Wir beweisen als Beispiel die Eigenschaften 1 und 3. Die Glieder der Reihe (48),

$$u_n(y) = \int_{b_n}^{b_{n+1}} f(x, y)\, dx, \tag{53}$$

sind nach dem in [83] Bewiesenen stetige Funktionen, und auf Grund der gleichmäßigen Konvergenz des Integrals konvergiert diese Reihe gleichmäßig; folglich ist auch die Summe der Reihe, d. h. das Integral (49), eine stetige Funktion [**I, 146**].

Zum Beweis von Eigenschaft 3 bemerken wir, daß aus [83] die Differenzierbarkeit der Integrale (53) unter dem Integralzeichen folgt, d. h.

$$u_n{'}(y) = \int\limits_{b_n}^{b_{n+1}} \frac{\partial f(x,y)}{\partial y}\, dx.$$

Andererseits ist wegen der gleichmäßigen Konvergenz des Integrals (51) die Reihe

$$\int\limits_a^\infty \frac{\partial f(x,y)}{\partial y}\, dx = \sum_{n=0}^\infty \int\limits_{b_n}^{b_{n+1}} \frac{\partial f(x,y)}{\partial y}\, dx = \sum_{n=0}^\infty u_n{'}(y) \qquad (54)$$

gleichmäßig konvergent. Die Reihe (48) konvergiert also, und die Reihe aus den Ableitungen konvergiert gleichmäßig. Hieraus folgt [**I, 146**], daß die Summe der Reihe (54) die Ableitung der Summe der Reihe (48) ist, was zu der Formel (52) führt.

Wir bringen ein einfaches Kriterium für die absolute und gleichmäßige Konvergenz eines uneigentlichen Integrals, das dem Kriterium für die absolute und gleichmäßige Konvergenz einer Reihe entspricht [**I, 147**]. Hierzu wählen wir das zweite der Integrale (43); ein analoges Kriterium gilt auch für das erste Integral.

Es sei wie immer $f(x,y)$ für $x \geq a$ und $\alpha \leq y \leq \beta$ stetig. *Existiert eine für $x \geq a$ stetige und positive Funktion $\varphi(x)$ derart, daß $|f(x,y)| \leq \varphi(x)$ für $x \geq a$ und $\alpha \leq y \leq \beta$ ist, und konvergiert das Integral*

$$\int\limits_a^\infty \varphi(x)\, dx, \qquad (55)$$

so konvergiert das Integral (49) *absolut und gleichmäßig (bezüglich y).*

Auf Grund der Konvergenz von (55) existiert nämlich zu jedem vorgegebenen $\delta > 0$ ein positives N derart, daß

$$\int\limits_{b'}^{b''} \varphi(x)\, dx < \delta \quad \text{für} \quad b' > N \quad \text{und} \quad b'' > N$$

ist. Dabei hängt dieses N nicht von y ab, denn $\varphi(x)$ enthält y nicht. Aus $|f(x,y)| \leq \varphi(x)$ folgt aber

$$\left| \int\limits_{b'}^{b''} f(x,y)\, dx \right| \leq \int\limits_{b'}^{b''} |f(x,y)|\, dx \leq \int\limits_{b'}^{b''} \varphi(x)\, dx < \delta$$

für
$$b' > N \quad \text{und} \quad b'' > N;$$

d. h., dasselbe nicht von y abhängige N ist auch für das Integral (49) brauchbar und sogar für das Integral

$$\int\limits_a^\infty |f(x,y)|\, dx,$$

womit unsere Behauptung bewiesen ist.

88. Beispiele.

1. Wir betrachten eingehender das Beispiel 3 aus [84]:

$$I(\alpha, \beta) = \int_0^\infty e^{-\alpha x} \frac{\sin \beta x}{x} dx. \tag{56}$$

Zunächst nehmen wir an, daß α eine feste positive Zahl ist, und fassen (56) als Integral auf, das von dem Parameter β abhängt. Wie wir in [86] schon erwähnten, bleibt der Quotient $\frac{\sin \beta x}{x}$ auch bei $x = 0$ stetig und wird dort gleich β. Das Integral (56) erweist sich also nur auf Grund des unendlichen Integrationsintervalls als uneigentlich. Für $x > 1$ gilt $\left|\frac{\sin \beta x}{x}\right| < 1$ und folglich $\left|e^{-\alpha x} \frac{\sin \beta x}{x}\right| < e^{-\alpha x}$; das Integral

$$\int_1^\infty e^{-\alpha x} dx = \left[-\frac{1}{\alpha} e^{-\alpha x}\right]_{x=1}^{x=\infty} = \frac{1}{\alpha} e^{-\alpha}$$

konvergiert aber. Daher konvergiert nach dem bewiesenen Kriterium das Integral (56) gleichmäßig bezüglich β. Differenzieren wir unter dem Integralzeichen nach β, so erhalten wir das Integral

$$\int_0^\infty e^{-\alpha x} \cos \beta x \, dx,$$

das wegen $|e^{-\alpha x} \cos \beta x| < e^{-\alpha x}$ ebenfalls gleichmäßig konvergiert. Hieraus folgt, daß das Integral (56) eine stetige Funktion von β mit stetiger Ableitung ist und daß man unter dem Integralzeichen differenzieren kann. Zur Rechtfertigung aller Rechenoperationen in dem erwähnten Beispiel ist noch der Beweis für $\lim\limits_{\alpha \to +0} I(\alpha, \beta) = I(0, \beta)$ zu liefern. Wir zeigen, daß das Integral (56) bei festem β eine stetige Funktion von α für $\alpha \geq 0$ ist. Früher war schon die Konvergenz von (56) für $\alpha = 0$ gezeigt worden.

Ohne Beschränkung der Allgemeinheit können wir $\beta > 0$ annehmen, da sich der Fall $\beta < 0$ auf den Fall $\beta > 0$ durch eine einfache Vorzeichenänderung vor dem Integral zurückführen läßt und im Fall $\beta = 0$ die Behauptung offensichtlich ist.

Wir gehen analog wie bei dem Fresnelschen Integral in [86] vor. Dazu zerlegen wir das ganze Intervall $(0, \infty)$ in die Teilintervalle:

$$\left(0, \frac{\pi}{\beta}\right), \left(\frac{\pi}{\beta}, \frac{2\pi}{\beta}\right), \ldots, \left(\frac{n\pi}{\beta}, \frac{(n+1)\pi}{\beta}\right), \ldots,$$

so daß der Integrand

$$f(x) = e^{-\alpha x} \frac{\sin \beta x}{x} \qquad (\alpha \geq 0 \quad \text{und} \quad \beta > 0)$$

im ersten Teilintervall positiv, im zweiten negativ ist, usw. Wir setzen

$$u_n(\alpha) = (-1)^n \int_{\frac{n\pi}{\beta}}^{\frac{(n+1)\pi}{\beta}} e^{-\alpha x} \frac{\sin \beta x}{x} dx.$$

Führen wir anstelle von x die neue Veränderliche $t = x - \dfrac{n\pi}{\beta}$ ein, so erhalten wir

$$u_n(\alpha) = \int_0^{\frac{\pi}{\beta}} e^{-\alpha t - \frac{n\alpha\pi}{\beta}} \frac{\sin \beta t}{t + \dfrac{n\pi}{\beta}} dt,$$

woraus ersichtlich ist, daß die $u_n(\alpha)$ positiv sind und mit wachsendem n monoton abnehmen. Aus der Ungleichung

$$|u_n(\alpha)| < \int_0^{\frac{\pi}{\beta}} \frac{1}{\dfrac{n\pi}{\beta}} dt = \frac{1}{n} \tag{57}$$

folgt außerdem $u_n(\alpha) \to 0$ für $n \to \infty$.

Wir können also für $\alpha \geq 0$ unser Integral als Summe einer alternierenden Reihe darstellen:

$$\int_0^\infty e^{-\alpha x} \frac{\sin \beta x}{x} dx = u_0(\alpha) - u_1(\alpha) + u_2(\alpha) - \cdots + (-1)^n u_n(\alpha) + \cdots. \tag{58}$$

Für das Restglied dieser Reihe gilt auf Grund von (57) und des Satzes in [**I, 123**] die Abschätzung

$$|r_n(\alpha)| < |u_{n+1}(\alpha)| < \frac{1}{n+1}$$

unabhängig von α. Da $\dfrac{1}{n+1}$ für $n \to \infty$ gegen Null geht, folgt hieraus die gleichmäßige Konvergenz der Reihe für $\alpha \geq 0$ und damit [**I, 146**] die Stetigkeit ihrer Summe; denn die Reihenglieder $u_n(\alpha)$ sind nach [**83**] stetige Funktionen.

Ohne zusätzliche Überlegungen folgt aus der gleichmäßigen Konvergenz der Reihe (58) für $\alpha \geq 0$ allein noch nicht die gleichmäßige Konvergenz des Integrals in bezug auf α. Im vorliegenden Fall kann man beweisen, daß auch das Integral für $\alpha \geq 0$ gleichmäßig konvergiert.

Das Integral

$$\int_0^\infty \frac{\sin \beta x}{x} dx,$$

das gleich $\dfrac{\pi}{2}$ für $\beta > 0$, gleich $-\dfrac{\pi}{2}$ für $\dot\beta < 0$ und gleich 0 für $\beta = 0$ ist, stellt offenbar eine Funktion von β dar, die bei $\beta = 0$ unstetig ist. Hieraus folgt, daß das angegebene Integral in einem $\beta = 0$ enthaltenden Intervall nicht gleichmäßig bezüglich β konvergieren kann. Wählen wir ein Intervall rechts von Null, so wird die Ableitung des Integrals nach β gleich Null; unter dem Integralzeichen kann man aber nicht nach β differenzieren, da sich nach einer solchen Differentiation das Integral von $\cos \beta x$ über das Intervall $(0, \infty)$ ergibt, das keinen Sinn hat.

2. Im Beispiel 4 aus [84] hatten wir das Integral

$$\int_0^\infty e^{-\alpha x}\,dx = \frac{1}{\alpha} \qquad (\alpha > 0)$$

k-mal nach α unter dem Integralzeichen differenziert. Zum Beweis der Zulässigkeit dieser Operation genügt es zu zeigen, daß für ganzzahliges positives k die Integrale

$$\int_0^\infty e^{-\alpha x}\,x^k\,dx$$

in jedem Intervall $c \leq \alpha \leq d$ mit $c > 0$ gleichmäßig konvergieren. Da im Integrationsintervall $x \geq 0$ ist, gilt offenbar $e^{-\alpha x} \leq e^{-cx}$ und $e^{-\alpha x} x^k \leq e^{-cx} x^k$, und auf Grund des in [87] bewiesenen Kriteriums für die gleichmäßige Konvergenz brauchen wir nur die Konvergenz des Integrals

$$\int_0^\infty e^{-cx}\,x^k\,dx$$

zu beweisen. Führt man aber die Funktion $f(x) = e^{-cx} x^k$ ein, so kann man sich mit Hilfe der de l'Hospitalschen Regel [I, 65] davon überzeugen, daß $f(x)x^2 = e^{-cx} x^{k+2}$ für $x \to \infty$ gegen Null strebt. Aus dem in [85] angegebenen Kriterium folgt dann, daß das vorliegende Integral tatsächlich konvergiert.

3. In [82] ergab sich die Lösung des Abelschen Problems in der Form

$$u(z) = \frac{\sqrt{2g}}{\pi} \frac{d}{dz} \int_0^z \frac{\varphi(h)\,dh}{\sqrt{z-h}}.$$

Wir zeigen, daß man die Ableitung auf der rechten Seite dieser Gleichung berechnen kann. Es sei

$$I(z) = \int_0^z \frac{\varphi(h)\,dh}{\sqrt{z-h}}.$$

Bei einer Differentiation nach z unter dem Integralzeichen tritt dort $(z-h)^{-3/2}$ auf, womit ein divergentes Integral entsteht [85]; wir müssen hier also anders vorgehen. Setzt man die Existenz der in der Umgebung von $h = 0$ stetigen und beschränkten Ableitung $\varphi'(h)$ für $h > 0$ voraus, so liefert die Umformung des Integrals $I(z)$ durch partielle Integration

$$\int_0^z \frac{\varphi(h)\,dh}{\sqrt{z-h}} = -2\int_0^z \varphi(h)\,d\sqrt{z-h} = -2\varphi(h)\sqrt{z-h}\Big|_{h=+0}^{h=z} + 2\int_0^z \varphi'(h)\sqrt{z-h}\,dh$$

$$= 2\varphi(+0)\sqrt{z} + 2\int_0^z \varphi'(h)\sqrt{z-h}\,dh.$$

Wir erinnern daran, daß $\varphi(+0) = \lim \varphi(h)$ ist und eine im allgemeinen von Null verschiedene Konstante darstellt, während gemäß der Definition selbst $\varphi(0) = 0$ ist. Durch Differentiation der zuvor angegebenen Formel ergibt sich nach (21) aus [83]

$$\frac{d}{dz}\int_0^z \frac{\varphi(h)\,dh}{\sqrt{z-h}} = \frac{\varphi(+0)}{\sqrt{z}} + \int_0^z \frac{\varphi'(h)}{\sqrt{z-h}}\,dh. \tag{59}$$

Wenn $\varphi(h)$ konstant ist, wird $\varphi'(h) = 0$, und es entsteht die bereits früher erhaltene Formel. Ist $\varphi(+0) = 0$, so ergibt sich

$$\frac{d}{dz}\int_0^z \frac{\varphi(h)\,dh}{\sqrt{z-h}} = \int_0^z \frac{\varphi'(h)\,dh}{\sqrt{z-h}}. \tag{59_1}$$

Wir haben hier nicht den Beweis dafür erbracht, daß die Formel (21) aus [**83**] auf das uneigentliche Integral $I(z)$ anwendbar ist. Wenn wir anstelle von h die neue Integrationsvariable u durch die Formel $h = zu$ einführen, erhalten wir für $I(z)$ ein Integral mit konstanten Grenzen:

$$I(z) = \sqrt{z}\int_0^1 \frac{\varphi(zu)\,du}{\sqrt{1-u}}.$$

Setzen wir so wie vorher die Existenz der stetigen und beschränkten Ableitung $\varphi'(h)$ für $h > 0$ voraus, so können wir, wie leicht nachzuprüfen ist, unter dem Integralzeichen differenzieren. Es gilt also

$$\frac{dI(z)}{dz} = \frac{1}{2\sqrt{z}}\int_0^1 \frac{\varphi(zu)\,du}{\sqrt{1-u}} + \sqrt{z}\int_0^1 \frac{\varphi'(zu)u\,du}{\sqrt{1-u}}.$$

Integriert man nun das erste Integral partiell und kehrt zu der ursprünglichen Veränderlichen h zurück, so entsteht wieder die Formel (59).

89. Uneigentliche mehrfache Integrale. Wir gehen jetzt zur Betrachtung der uneigentlichen mehrfachen Integrale über und beginnen mit den Doppelintegralen. So wie früher können die uneigentlichen Integrale von zweierlei Typus sein: Entweder ist der Integrand oder der Integrationsbereich unbeschränkt. Wir behandeln zunächst den ersten Fall. Es sei $f(M)$ in dem endlichen Bereich (σ) mit Ausschluß des Punktes C, in dessen Umgebung $f(M)$ unbeschränkt sei, eine stetige Funktion. Wir schließen den Punkt C durch einen kleinen Bereich (Δ) aus. In dem übrigen Bereich $(\sigma - \Delta)$ ist die Funktion $f(M)$ ausnahmslos stetig, und das Integral

$$\iint_{(\sigma-\Delta)} f(M)\,d\sigma$$

hat einen Sinn.

Strebt dieses Integral, wenn Δ unbegrenzt auf den Punkt C zusammenschrumpft, gegen einen bestimmten Grenzwert, unabhängig davon, auf welche Weise sich Δ auf C zusammenzieht, so nennt man diesen Grenzwert *uneigentliches Integral* der Funktion $f(M)$ über den Bereich (σ). Es wird dann also per definitionem

$$\iint_{(\sigma)} f(M)\,d\sigma = \lim \iint_{(\sigma-\Delta)} f(M)\,d\sigma. \tag{60}$$

Weiterhin werden wir annehmen (dies ist aber nicht wesentlich), daß Δ eine durchnumerierte Folge (Δ_n) $(n = 1, 2, \ldots)$ durchläuft, die sich auf C zusammenzieht. C liegt also im Innern aller (Δ_n), wobei (Δ_{n+1}) sich in (Δ_n) für beliebiges n befindet und (Δ_n) einer kreisförmigen Umgebung des Punktes C mit dem Radius ε_n angehört. Dabei gilt $\varepsilon_n \to 0$ für $n \to \infty$.

Wir nehmen zunächst an, daß $f(M) \geq 0$ ist. Dabei nimmt die Folge der Zahlen

$$x_n = \iint\limits_{(\sigma - \Delta_n)} f(M)\, d\sigma \qquad (n = 1, 2, \ldots)$$

mit wachsendem n nicht ab. Sie besitzt folglich einen gewissen endlichen Grenzwert I, oder sie strebt gegen ∞. Wir nehmen an, daß dies auch für jede andere Folge (δ_n) von Bereichen gilt, die sich auf den Punkt P zusammenziehen:

$$y_n = \iint\limits_{(\sigma - \delta_n)} f(M)\, d\sigma.$$

Wenn also $x_n \to I$ gilt, so strebt auch $y_n \to I$; wenn $x_n \to \infty$, so auch $y_n \to \infty$.

Es gelte $x_n \to I$. Dabei ist $x_n \leq I$, und zu einem beliebig vorgegebenen $\varepsilon > 0$ existiert eine solche ganze positive Zahl N, daß $x_n \geq I - \varepsilon$ ist für $n \geq N$. Wir wählen ein gewisses (δ_n). Offensichtlich existiert eine Zahl n', so daß $(\Delta_{n'})$ zu (δ_n) gehört. Dann ergibt sich $y_n \leq x_{n'} \leq I$ oder $y_n \leq I$ für alle n. Weiterhin läßt sich eine solche Zahl N' finden, daß (δ_m) zu (Δ_N) gehört für $m \geq N'$. Damit gilt also $y_m \geq x_N \geq I - \varepsilon$ für $m \geq N'$ und somit $y_n \to I$ für $n \to \infty$.

Ganz analog kann man beweisen, daß y_n für alle übrigen Folgen (Δ_n) gegen ∞ strebt, sobald x_n nur für eine Folge (Δ_n) gegen ∞ geht. Im ersten Fall, wenn also für eine gewisse Folge $x_n \to I$ gilt, konvergiert das Integral über (σ) gegen den Wert I; im zweiten Fall divergiert es.

Ist $f(M) \leq 0$ in der Umgebung von C, so ist die Rückführung auf den vorhergehenden Fall möglich, indem das Minuszeichen vor das Integral gezogen wird. Wir nehmen jetzt an, daß $f(M)$ in einer beliebig kleinen Umgebung von C verschiedene Vorzeichen hat. In diesem Fall nehmen wir an, daß das Integral

$$\iint\limits_{(\sigma)} |f(M)|\, d\sigma \tag{61}$$

einen Sinn hat. Weiterhin werden wir zeigen, daß dabei auch das Integral (60) konvergiert. Man nennt es *absolut konvergentes Integral*. In dem Integral (61) ist nun der Integrand nichtnegativ, und es sind die vorstehenden Bemerkungen darauf anwendbar. Insbesondere folgt aus diesen Bemerkungen: Sind $f_1(M)$ und $f_2(M)$ zwei nichtnegative Funktionen, für die $f_1(M) \leq f_2(M)$ gilt, und konvergiert das Integral von $f_2(M)$, so konvergiert das Integral von $f_1(M)$ erst recht. Die Funktion $f(M)$ kann man als Differenz zweier nichtnegativer Funktionen darstellen, nämlich $f(M) = |f(M)| - [|f(M)| - f(M)]$. Das Integral (61) konvergiert voraussetzungsgemäß, also auch das Integral der Funktion $2|f(M)|$. Die Funktion $[|f(M)| - f(M)]$ ist gleich $2|f(M)|$ in den Punkten, in denen $f(M) \leq 0$, und gleich Null dort, wo $f(M) > 0$ ist; also ist die nichtnegative Funktion $[|f(M)| - f(M)]$ höchstens gleich $2|f(M)|$; folglich existiert auch das mit ihr gebildete Integral. Dann konvergiert aber auch das Integral über die Differenz $|f(M)| - [|f(M)| - f(M)]$, d. h. das Integral über $f(M)$. *Konvergiert also das Integral* (61), *so konvergiert auch das Integral* (60).

Wir geben eine hinreichende Bedingung für die Konvergenz des Integrals (61) an: *Ist r der Abstand der Punkte C und M und gibt es zwei Konstanten A und p*

(*mit* $p < 2$) *derart, daß die Funktion* $f(M)$ *in der Umgebung des Punktes* C *der Bedingung* $|f(M)| \leq \dfrac{A}{r^p}$ *.genügt, so konvergiert das Integral* (61).

Der Beweis dieser Bedingung entspricht dem durchgeführten Beweis der analogen Bedingung für den Fall des unbegrenzten Integrationsbereiches.

Ganz analog wird das uneigentliche dreifache Integral über einen endlichen Bereich (v) definiert, wenn $f(M)$ in der Umgebung eines Punktes C unbeschränkt ist; alle vorstehenden Überlegungen sind dann auch auf ein solches Integral anwendbar. Nur die zuvor ausgesprochene hinreichende Bedingung für die absolute Konvergenz des Integrals lautet im vorliegenden Fall folgendermaßen: *Ist* r *der Abstand der Punkte* C *und* M *und gibt es zwei Konstanten* A *und* p (*mit* $p < 3$) *derart, daß die Funktion* $f(M)$ *in der Umgebung des Punktes* C *der Bedingung* $|f(M)| \leq \dfrac{A}{r^p}$ *genügt, so konvergiert das Integral*

$$\iiint\limits_{(v)} f(M)\, dv \tag{62}$$

absolut. In diesem Fall wird die Bedingung $p < 2$ durch die Bedingung $p < 3$ ersetzt, da in räumlichen Polarkoordinaten das Volumenelement die Form $dv = r^2 \sin \vartheta \, dr \, d\vartheta \, d\varphi$ hat (r^2 anstelle von r in $d\sigma = r\, dr\, d\varphi$).

Wir betrachten jetzt den Fall, daß sich der Integrationsbereich (σ) in allen Richtungen bis ins Unendliche erstreckt oder, kurz gesagt, unbeschränkt ist. Es sei (σ_1) ein in (σ) enthaltener endlicher Bereich, der sich in der Weise unbegrenzt ausdehnt, daß jeder Punkt M des Bereiches (σ) von einem gewissen Stadium der Ausdehnung an in (σ_1) fällt. Sehen wir $f(M)$ als stetig in (σ) an, so können wir das Integral

$$\iint\limits_{(\sigma_1)} f(M)\, d\sigma \tag{63}$$

bilden. Wenn bei unbegrenzter Ausdehnung von (σ_1) dieses Integral gegen einen endlichen Grenzwert strebt, der nicht davon abhängt, in welcher Weise sich (σ_1) ausdehnt, so nennt man diesen Grenzwert auch Integral von $f(M)$ über den unendlichen Bereich (σ). Es wird dann per definitionem

$$\iint\limits_{(\sigma)} f(M)\, d\sigma = \lim \iint\limits_{(\sigma_1)} f(M)\, d\sigma. \tag{64}$$

Ist $f(M) \geq 0$ für alle hinreichend entfernten Punkte M, so hat das Integral (63) bei der Ausdehnung von (σ_1) entweder einen endlichen Grenzwert, oder es nimmt unbegrenzt zu. Für den ersten Fall ist charakteristisch, daß das Integral über jeden beschränkten Bereich oder auch über endlich viele solcher Bereiche, die zu (σ) gehören und außerhalb eines Kreises um den Ursprung mit einem gewissen Radius r_0 liegen, beschränkt bleibt. Den soeben beschriebenen Integrationsbereich bezeichnen wir mit (σ'). Gemäß der Definition des uneigentlichen Integrals folgt übrigens aus der Konvergenz des Integrals

$$\iint\limits_{(\sigma)} |f(M)|\, d\sigma \tag{65}$$

auch die Konvergenz des Integrals (64); in diesem Fall heißt das Integral (64) absolut konvergent. Wir betrachten hier nur solche Integrale. Man beweist leicht die folgende hinreichende Bedingung für die Konvergenz: *Ist r der Abstand des Punktes M von einem beliebigen, aber im folgenden festgehaltenen Punkt O und gibt es zwei Konstanten A und p (mit $p > 2$) derart, daß die Funktion $f(M)$ für alle Punkte M außerhalb eines hinreichend großen Kreises um O der Bedingung $|f(M)| \leq \dfrac{A}{r^p}$ genügt, so konvergiert das Integral* (64). Unter Benutzung der angegebenen Ungleichung ergibt sich bei Einführung von Polarkoordinaten

$$\iint\limits_{(\sigma')} |f(M)|\, d\sigma \leq A \iint\limits_{(\sigma')} \frac{1}{r^{p-1}}\, dr\, d\varphi.$$

Jeder Bereich (σ') ist sicher in einem Kreisring enthalten, der von den Kreisen $r = r_0$ und $r = R$ begrenzt wird, sofern R hinreichend groß gewählt ist. Integration über den ganzen Kreisring liefert

$$\iint\limits_{(\sigma')} |f(M)|\, d\sigma \leq A \int\limits_0^{2\pi} d\varphi \int\limits_{r_0}^{R} \frac{1}{r^{p-1}}\, dr = \frac{2\pi A}{p-2}\left(\frac{1}{r_0^{p-2}} - \frac{1}{R^{p-2}}\right).$$

Im Hinblick auf $p - 2 > 0$ ergibt sich somit als gesuchte Abschätzung des Integrals über (σ')

$$\iint\limits_{(\sigma')} |f(M)|\, d\sigma \leq \frac{2\pi A}{p-2}\, \frac{1}{r_0^{p-2}},$$

womit die oben ausgesprochene Behauptung bewiesen ist. Bei hinreichend großem r_0 wird das Integral über (σ') beliebig klein.

Analog wird das uneigentliche dreifache Integral über einen unendlichen Bereich definiert. In dem letzten Satz muß man in diesem Fall die Bedingung $p > 2$ durch die Bedingung $p > 3$ ersetzen. Die Aussagen bezüglich der uneigentlichen Doppelintegrale gelten übrigens auch bezüglich uneigentlicher Integrale, die über Flächen erstreckt sind. Diese Integrale lassen sich auf über ebene Bereiche erstreckte Integrale reduzieren [66].

Wir haben bisher nur absolut konvergente uneigentliche Integrale betrachtet. Es gilt aber der folgende wichtige Satz: *Wenn ein uneigentliches Integral konvergiert, so konvergiert es auch absolut.*[1]) Dieser Satz bezieht sich auf alle oben angeführten uneigentlichen Integrale. Im Fall des Doppelintegrals folgt aus der Konvergenz des Integrals (60) die des Integrals (61), aus der Konvergenz des Integrals (64) folgt die Konvergenz von (65).

Für die uneigentlichen konvergenten Integrale ist es unwichtig, wie sich (Δ) auf den Punkt C zusammenzieht oder wie sich (σ_1) ausdehnt. Man kann z. B.

---

[1]) Vgl. G. M. Fichtenholz, Differential- und Integralrechnung III, 5. Aufl., VEB Deutscher Verlag der Wissenschaften, Berlin 1972, S. 210 (Übersetzung aus dem Russischen).

annehmen, daß die (Δ_n) Kreise oder Kugeln mit dem Mittelpunkt C sind, deren Radius η gegen Null strebt, und (σ_1) kann der Teil von (σ) sein, der in einem Kreis mit festem Mittelpunkt liegt und dessen Radius unbeschränkt wächst.

Wir weisen noch darauf hin, daß man sich dabei vorbereitend überzeugen muß, ob das uneigentliche Integral konvergiert; man darf die Konvergenz nicht für eine spezielle Auswahl des Bereiches (Δ) nachweisen.

Mit Hilfe dieser Bemerkung ist der Begriff der gleichmäßigen Konvergenz eines von einem Parameter abhängigen uneigentlichen mehrfachen Integrals leicht zu definieren. Hängt z. B. im Integral (60) der Integrand von einem Parameter α ab, so heißt das Integral *gleichmäßig konvergent bezüglich* α, wenn zu jedem positiven δ ein nicht von α abhängendes η existiert derart, daß

$$\left| \iint\limits_{(\sigma')} f(M)\, d\sigma \right| < \delta$$

gilt, sobald (σ') ein in der Kreisfläche (Δ_η) enthaltener beliebiger Teilbereich von (σ) ist. Analog wird auch die gleichmäßige Konvergenz für die anderen uneigentlichen Integrale definiert. Insbesondere folgt aus der Abschätzung (62) die absolute und gleichmäßige Konvergenz des Integrals, wenn die Werte A und p nicht von α abhängen.

Für die gleichmäßig konvergenten mehrfachen Integrale gelten auch die in [87] angegebenen Eigenschaften sowie das Kriterium der absoluten und gleichmäßigen Konvergenz.

Komplizierter sind die uneigentlichen mehrfachen Integrale zu behandeln, in denen der Integrand nicht in einzelnen Punkten unendlich wird, sondern etwa auf einer gewissen Kurve (l). In diesem Fall muß man die Kurve durch einen gewissen Bereich (Δ) ausschließen und dann (Δ) beliebig auf (l) zusammenschrumpfen lassen.

Wird $f(M)$ in der Umgebung von (l) als positiv vorausgesetzt, so muß dabei das Integral über den übrigen Bereich entweder gegen einen endlichen Grenzwert oder gegen Unendlich streben; und zwar unabhängig davon, in welcher Weise sich (Δ) auf (l) zusammenzieht. Analog dem Vorhergehenden werden auch die absolut konvergenten Integrale definiert.

90. Beispiele.

1. Wir betrachten das Integral

$$\iint\limits_{(\sigma)} \frac{dx\, dy}{(1 + x^2 + y^2)^\alpha} \qquad (\alpha \neq 1),$$

wobei (σ) die ganze Ebene bedeutet. Nach Einführung von Polarkoordinaten liefert die Integration über die Kreisfläche (K_R) mit dem Mittelpunkt im Ursprung und dem Radius R

$$\iint\limits_{(K_R)} \frac{r\, dr\, d\varphi}{(1 + r^2)^\alpha} = \frac{\pi}{1 - \alpha} \left[\frac{1}{(1 + R^2)^{\alpha - 1}} - 1 \right].$$

Ist $\alpha < 1$, so nimmt die rechte Seite für $R \to \infty$ unbegrenzt zu, und das Integral divergiert. Ist $\alpha > 1$, so hat die rechte Seite den endlichen Grenzwert $\dfrac{\pi}{\alpha - 1}$; das Integral konvergiert also und ist gleich $\dfrac{\pi}{\alpha - 1}$. Im letzten Fall läßt sich die Konvergenz auf Grund der im vorigen Abschnitt angegebenen hinreichenden Bedingung beweisen.

2. Es ist das Integral
$$\iint\limits_{(\sigma)} \frac{y\,dx\,dy}{\sqrt{x}}$$

zu untersuchen, wobei (σ) das Quadrat bedeutet, das von den Geraden $x = 0$, $x = 1$, $y = 0$ und $y = 1$ begrenzt wird. Auf der Seite $x = 0$ wird der Integrand unendlich. Wir schließen diese Seite durch einen schmalen vertikalen Streifen aus, integrieren also über das Rechteck (σ_ε), das von den Geraden $x = \varepsilon$, $x = 1$, $y = 0$ und $y = 1$ ($\varepsilon > 0$) begrenzt wird. Es wird dann

$$\iint\limits_{(\sigma\varepsilon)} \frac{y\,dx\,dy}{\sqrt{x}} = \int_0^1 y\,dy \int_\varepsilon^1 \frac{dx}{\sqrt{x}} = 1 - \sqrt{\varepsilon},$$

für $\varepsilon \to 0$ ergibt sich der Grenzwert 1; somit konvergiert unser Integral unabhängig von der Wahl des $(\varDelta)$ und der Art des Zusammenschrumpfens und ist gleich 1.

3. *Die Anziehungskraft, die von einer Masse auf einen außerhalb oder innerhalb von ihr liegenden Massenpunkt ausgeübt wird* (Abb. 74). Der Massenpunkt $C(x, y, z)$ habe die Masse Eins. Wir zerlegen den anziehenden Körper (v) in die Massenelemente $\varDelta m$ und wählen in jedem von diesen einen Punkt $M(\xi, \eta, \zeta)$. Bedeutet r den Abstand $\overline{CM}$, so gilt für die Größe der Anziehung des Massenpunktes C durch ein Element $\varDelta m$ der angenäherte Wert (indem die ganze Masse $\varDelta m$ im Punkt M vereinigt gedacht wird)

$$\frac{\varDelta m}{r^2}.$$

Dabei wird die Gravitationskonstante gleich Eins angenommen. Da die Anziehungskraft mit der Strecke $\overline{CM}$ gleichgerichtet ist, werden die Komponenten dieser Anziehungskraft eines Massenelementes in Richtung der Koordinatenachsen gleich

$$\frac{\varDelta m}{r^2}\frac{\xi - x}{r}, \qquad \frac{\varDelta m}{r^2}\frac{\eta - y}{r}, \qquad \frac{\varDelta m}{r^2}\frac{\zeta - z}{r}.$$

Für die Komponenten der gesamten Anziehungskraft ergeben sich damit die Näherungsausdrücke

$$X \approx \sum \frac{\xi - x}{r^3} \varDelta m, \quad Y \approx \sum \frac{\eta - y}{r^3} \varDelta m, \quad Z \approx \sum \frac{\zeta - z}{r^3} \varDelta m.$$

Wird nun mit $\mu(\xi, \eta, \zeta)$ die Massendichte im Punkt M bezeichnet, so gilt näherungsweise

$$\varDelta m \approx \mu \varDelta v.$$

Bei unbegrenzter Vergrößerung der Anzahl und gleichzeitiger unbegrenzter Verkleinerung der Elemente ergibt sich schließlich

$$X = \iiint\limits_{(v)} \mu \frac{\xi - x}{r^3}\,dv, \quad Y = \iiint\limits_{(v)} \mu \frac{\eta - y}{r^3}\,dv, \quad Z = \iiint\limits_{(v)} \mu \frac{\zeta - z}{r^3}\,dv. \quad (66)$$

90. Beispiele

Wir weisen darauf hin, daß in den angegebenen Integralen die Integrationsvariablen die Koordinaten (ξ, η, ζ) des Punktes M des Bereiches (v) sind und die Dichte $\mu(\xi, \eta, \zeta)$ eine Funktion dieser Veränderlichen ist. Die Koordinaten (x, y, z) des Punktes C treten unter dem Integralzeichen sowohl direkt im Zähler als auch mittelbar in

$$r = \sqrt{(\xi - x)^2 + (\eta - y)^2 + (\zeta - z)^2}$$

auf und stellen Parameter dar, so daß die Größen X, Y und Z Funktionen von x, y und z sind.

Liegt der Punkt C außerhalb der anziehenden Masse, dann wird die Größe r niemals Null, und es handelt sich um gewöhnliche Integrale. Fällt jedoch der Punkt C ins Innere der Masse,

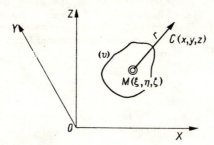

Abb. 74

so werden bei Zusammenfallen des Integrationspunktes M mit C die Integranden in den Ausdrücken (66) unendlich, und es liegen uneigentliche Integrale vor. Sie haben jedoch sicher einen Sinn, wenn μ eine stetige Funktion ist; bezeichnen wir nämlich mit μ_0 die obere Grenze der Werte der Funktion $|\mu|$, so wird

$$\left| \mu \frac{\xi - x}{r^3} \right| = \left| \mu \frac{1}{r^2} \frac{\xi - x}{r} \right| < \frac{\mu_0}{r^2},$$

$$\left| \mu \frac{\eta - y}{r^3} \right| < \frac{\mu_0}{r^2}, \qquad \left| \mu \frac{\zeta - z}{r^3} \right| < \frac{\mu_0}{r^2}; \qquad (67)$$

der Wert p in der früher angegebenen Regel ist im vorliegenden Fall gleich 2 und A gleich μ_0.

Erst recht konvergiert das Integral

$$U = \iiint\limits_{(v)} \frac{\mu \, dv}{r}, \qquad (68)$$

welches das *Potential* der betrachteten Masse im Punkt C darstellt. (Mit diesem Begriff werden wir uns später eingehender vertraut machen.)

4. Es gelten offenbar die Formeln

$$\frac{\xi - x}{r} = -\frac{\partial r}{\partial x}, \qquad \frac{\eta - y}{r} = -\frac{\partial r}{\partial y}, \qquad \frac{\zeta - z}{r} = -\frac{\partial r}{\partial z},$$

$$\frac{\xi - x}{r^3} = \left(-\frac{1}{r^2}\right)\left(-\frac{\xi - x}{r}\right) = \frac{\partial}{\partial x}\left(\frac{1}{r}\right),$$

$$\frac{\eta - y}{r^3} = \frac{\partial}{\partial y}\left(\frac{1}{r}\right), \qquad \frac{\zeta - z}{r^3} = \frac{\partial}{\partial z}\left(\frac{1}{r}\right).$$

Daher lassen sich die Integrale (66) in der Form

$$X = \iiint\limits_{(v)} \mu \frac{\partial}{\partial x}\left(\frac{1}{r}\right) dv, \quad Y = \iiint\limits_{(v)} \mu \frac{\partial}{\partial y}\left(\frac{1}{r}\right) dv, \quad Z = \iiint\limits_{(v)} \mu \frac{\partial}{\partial z}\left(\frac{1}{r}\right) dv$$

schreiben; d. h., diese Integrale ergeben sich durch Differentiation des Integrals (68) nach x, y bzw. z unter dem Integralzeichen. Die Differentiation wird nach den Koordinaten des Punktes (x, y, z) ausgeführt. In diesem Punkt ist der Integrand unstetig; daher sind auf diesen Fall nicht die früher [87] abgeleiteten Sätze bezüglich der Stetigkeit und der Möglichkeit der Differentiation unter dem Integralzeichen anwendbar. Wir werden später sehen, daß unter der Voraussetzung der Stetigkeit von $\mu(\xi, \eta, \zeta)$ die Integrale X, Y, Z im ganzen Raum stetige Funktionen von (x, y, z) sind. Ferner wird sich U als eine stetige Funktion mit stetigen partiellen Ableitungen erster Ordnung erweisen; diese Ableitungen ergeben sich durch Differentiation des Integrals (68) unter dem Integralzeichen; d. h., es gilt

$$X = \frac{\partial U}{\partial x}, \quad Y = \frac{\partial U}{\partial y}, \quad Z = \frac{\partial U}{\partial z}.$$

Differenzieren wir das Potential U zweimal nach x, y bzw. z unter dem Integralzeichen und beachten dabei, daß $\mu(\xi, \eta, \zeta)$ nicht von (x, y, z) abhängt, so erhalten wir

$$\frac{\partial^2 U}{\partial x^2} = \iiint\limits_{(v)} \mu \frac{\partial^2}{\partial x^2}\left(\frac{1}{r}\right) dv, \quad \frac{\partial^2 U}{\partial y^2} = \iiint\limits_{(v)} \mu \frac{\partial^2}{\partial y^2}\left(\frac{1}{r}\right) dv,$$

$$\frac{\partial^2 U}{\partial z^2} = \iiint\limits_{(v)} \mu \frac{\partial^2}{\partial z^2}\left(\frac{1}{r}\right) dv. \tag{69}$$

Diese Formeln sind nur dann gültig, wenn der Punkt $C(x, y, z)$ außerhalb der anziehenden Masse liegt, d. h. außerhalb von (v). Alle Integrale, die hierbei auftreten, sind eigentliche Integrale. Nun liefert die zweifache Differentiation von $\frac{1}{r}$, wie leicht direkt nachzuprüfen ist,

$$\frac{\partial^2}{\partial x^2}\left(\frac{1}{r}\right) = \frac{3(\xi - x)^2}{r^5} - \frac{1}{r^3}, \quad \frac{\partial^2}{\partial y^2}\left(\frac{1}{r}\right) = \frac{3(\eta - y)^2}{r^5} - \frac{1}{r^3},$$

$$\frac{\partial^2}{\partial z^2}\left(\frac{1}{r}\right) = \frac{3(\zeta - z)^2}{r^5} - \frac{1}{r^3}. \tag{70}$$

Für den Fall, daß C dem Integrationsbereich angehört, ist dann aber auf die Integrale (69) nicht mehr das Konvergenzkriterium aus [89] anwendbar, und es lassen sich die zweiten Ableitungen des Potentials U nicht durch zweimalige Differentiation unter dem Integralzeichen gewinnen.

Die Addition der Gleichungen (70) liefert

$$\frac{\partial^2}{\partial x^2}\left(\frac{1}{r}\right) + \frac{\partial^2}{\partial y^2}\left(\frac{1}{r}\right) + \frac{\partial^2}{\partial z^2}\left(\frac{1}{r}\right) = \frac{3[(\xi - x)^2 + (\eta - y)^2 + (\zeta - z)^2]}{r^5} - \frac{3}{r^3} = 0.$$

Folglich entsteht durch Addition der außerhalb (v) gültigen Gleichungen (69) die Differentialgleichung

$$\frac{\partial^2 U}{\partial x^2} + \frac{\partial^2 U}{\partial y^2} + \frac{\partial^2 U}{\partial z^2} = 0. \tag{71}$$

Das Potential $U(x, y, z)$ der räumlichen Massen genügt also in den Punkten $C(x, y, z)$, die außerhalb dieser Massen liegen, der Differentialgleichung (71). Wir werden später untersuchen, welche Form diese Gleichung für einen Punkt C innerhalb der Massen annimmt.

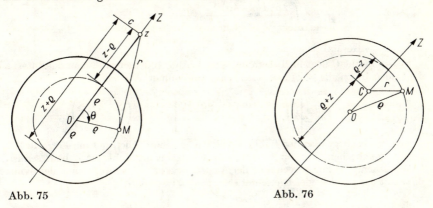

Abb. 75   Abb. 76

5. Wir betrachten nun den Fall einer homogenen Kugel vom Radius a (μ ist konstant). Die z-Achse legen wir in die Gerade OC, wobei O der Kugelmittelpunkt ist (Abb. 75), und führen die Kugelkoordinaten (ϱ, θ, φ) ein. Man erhält dann

$$U = \iiint\limits_{(v)} \mu \frac{dv}{r} = \mu \int_0^{2\pi}\!\!\int_0^{\pi}\!\!\int_0^{a} \frac{\varrho^2 \sin\theta}{r} \, d\varphi \, d\theta \, d\varrho. \tag{72}$$

Offenbar gilt

$$r^2 = \varrho^2 + z^2 - 2\varrho z \cos\theta. \tag{73}$$

Wir integrieren zuerst über θ:

$$\int_0^{\pi} \frac{\sin\theta \, d\theta}{r}.$$

Anstelle von θ führen wir nun die Variable r ein, wobei ϱ und φ als konstant angesehen werden. Hierbei sind zwei Fälle zu unterscheiden: Ist $z > \varrho$, so entspricht bei konstantem ϱ und φ dem im wachsenden Sinn durchlaufenen Intervall $0 \leq \theta \leq \pi$ das in demselben Sinn durchlaufene Intervall $z - \varrho \leq r \leq z + \varrho$; wenn jedoch $z < \varrho$ ist, variiert r von $\varrho - z$ bis $\varrho + z$ (Abb. 76). Außerdem gilt auf Grund von (73) bei konstantem ϱ und z

$$r \, dr = \varrho z \sin\theta \, d\theta, \qquad \frac{\sin\theta \, d\theta}{r} = \frac{dr}{\varrho z}.$$

Also ergibt sich

$$\int_0^{\pi} \frac{\sin\theta \, d\theta}{r} = \begin{cases} \displaystyle\int_{z-\varrho}^{z+\varrho} \frac{dr}{\varrho z} = \frac{2}{z} & \text{für} \quad z > \varrho, \\ \displaystyle\int_{\varrho-z}^{\varrho+z} \frac{dr}{\varrho z} = \frac{2}{\varrho} & \text{für} \quad z < \varrho. \end{cases}$$

Setzen wir dies in (72) ein, so müssen wir zwei Fälle unterscheiden:

a) Der Punkt C liegt außerhalb der Kugel oder auf ihrer Oberfläche. Dann ist $a \leq z$, und alle Werte von ϱ im Intervall $(0, a)$ werden kleiner oder gleich z. In diesem Fall erhält man

$$U = \mu \int_0^{2\pi} d\varphi \int_0^a \frac{2\varrho^2\, d\varrho}{z} = \frac{4\pi a^3 \mu}{3z} = \frac{m}{z}, \tag{74}$$

wobei m die Gesamtmasse der Kugel ist.

b) Der Punkt C liegt im Innern der Kugel (Abb. 76); hier muß man das Intervall $(0, a)$ in die beiden Intervalle $(0, z)$ und (z, a) zerlegen. Dann ergibt sich

$$U = \mu \int_0^{2\pi} d\varphi \left[\int_0^z \frac{2\varrho^2\, d\varrho}{z} + \int_z^a \frac{2\varrho^2\, d\varrho}{\varrho} \right] = 2\pi\mu \left(a^2 - \frac{1}{3} z^2 \right). \tag{75}$$

Für $z = a$ liegt also der Punkt auf der Kugeloberfläche, und die Formeln (74) und (75) liefern den gleichen Wert für U, womit die Stetigkeit der Funktion U bewiesen ist.

Wir gehen jetzt zur Berechnung der Anziehungskraft über. Auf Grund der Symmetrie muß diese mit der z-Achse gleichgerichtet sein, so daß es genügt,

$$Z = \frac{\partial U}{\partial z}$$

zu berechnen.

Wenn der Punkt C außerhalb der Kugel liegt, benutzen wir (74) und erhalten

$$Z = -\frac{m}{z^2}. \tag{76}$$

Liegt jedoch der Punkt C innerhalb der Kugel, so wenden wir (75) an, und es ergibt sich

$$Z = -\frac{4}{3} \pi \mu z. \tag{77}$$

Für $z = a$ liefern die beiden Formeln (76) und (77) den gleichen Wert, womit die Stetigkeit der Anziehungskraft Z bewiesen ist.[1]

Aus den Formeln (74), (76) und (77) geht hervor, daß *man das Potential und die Anziehungskraft einer homogenen Kugel für einen Massenpunkt außerhalb der Kugel erhält, indem man sich die ganze Masse der Kugel in ihrem Mittelpunkt vereinigt denkt. Die Anziehungskraft auf einen Massenpunkt innerhalb der Kugel ist proportional dem Abstand des Punktes vom Kugelmittelpunkt.*

Zur Vereinfachung der Berechnungen hatten wir die Koordinatenachsen in spezieller Weise gewählt, und zwar war die z-Achse nach dem Punkt C gerichtet worden, so daß in den vorstehenden Formeln z den Abstand des Punktes C vom Kugelmittelpunkt bedeutet. Bei einer beliebigen Lage der Koordinatenachsen mit dem Ursprung im Kugelmittelpunkt ist z durch $\sqrt{x^2 + y^2 + z^2}$ zu ersetzen, wobei (x, y, z) wieder die Koordinaten von C sind. Die Formeln (74) und (75) liefern dann

$$U = \frac{m}{\sqrt{x^2 + y^2 + z^2}} \qquad (C \text{ außerhalb der Kugel}),$$

$$U = 2\pi\mu \left[a^2 - \frac{1}{3} (x^2 + y^2 + z^2) \right] \qquad (C \text{ innerhalb der Kugel}).$$

---

[1]) Es ist nämlich $m = \frac{4}{3} \pi a^3 \mu$. (D. Bearb.)

Der erste der Ausdrücke für U genügt offenbar der Differentialgleichung (71). Differenzieren wir den zweiten Ausdruck zweimal nach x, y und z, so ergibt sich

$$\frac{\partial^2 U}{\partial x^2} + \frac{\partial^2 U}{\partial y^2} + \frac{\partial^2 U}{\partial z^2} = -4\pi\mu \qquad (C \text{ innerhalb der Kugel}). \tag{78}$$

Wie wir später sehen werden, erweist sich diese Gleichung auch als richtig für jeden Bereich (v) mit veränderlicher Dichte.

6. Die anziehenden Massen seien jetzt auf einer Fläche (S) mit der Flächendichte $\mu(M)$ verteilt, die eine Funktion des Punktes M der Fläche (S) ist. Bezeichnen wir so wie früher den Massenpunkt der Masse Eins mit $C(x, y, z)$ und den Abstand $\overline{CM}$ mit r, so erhalten wir für das Potential U den Ausdruck

$$U = \iint\limits_{(S)} \frac{\mu(M)}{r} dS \tag{79}$$

und für die Komponenten der Anziehungskraft

$$X = \frac{\partial U}{\partial x} = \iint\limits_{(S)} \mu(M)\frac{\partial}{\partial x}\left(\frac{1}{r}\right)dS, \qquad Y = \frac{\partial U}{\partial y} = \iint\limits_{(S)} \mu(M)\frac{\partial}{\partial y}\left(\frac{1}{r}\right)dS,$$

$$Z = \frac{\partial U}{\partial z} = \iint\limits_{(S)} \mu(M)\frac{\partial}{\partial z}\left(\frac{1}{r}\right)dS.$$

Das Potential (79) heißt *Potential einer einfachen Belegung*. Im vorliegenden Beispiel betrachten wir nur den Fall, daß C außerhalb der Fläche (S) liegt, so daß alle Integrale eigentlich sind. Hierbei genügt das Potential (79) so wie in Beispiel 4 der Differentialgleichung (71).

§ 9. Maß und Integrationstheorie

91. Grundbegriffe. Bei der Behandlung der Theorie der ein- und mehrfachen Integrale waren wir von einer anschaulichen Vorstellung des Flächeninhalts und des Volumens ausgegangen. In diesem Paragraphen werden wir eine Begründung dieser Begriffe und einen exakten Aufbau der Theorie der mehrfachen Integrale bringen. Hieraus folgt natürlich auch die Theorie des einfachen Integrals. Die Theorie für die Messung von Längen, Flächen und Volumina faßt man gewöhnlich unter dem allgemeinen Ausdruck *Maßtheorie* zusammen. Zunächst behandeln wir die mehr elementare Maßtheorie, das sogenannte *Jordansche Maß* (M. E. C. Jordan, französischer Mathematiker, 1838—1922). Dieses ist verknüpft mit dem Begriff des *Riemannschen Integrals*, das wir bisher benutzten. Das Jordansche Maß spielt gegenwärtig in der Analysis keine große Rolle mehr. Wir führen es nur für eine abgeschlossene theoretische Behandlung des Riemannschen Integrals ein. Später gehen wir zur Lebesgueschen Maßtheorie über (H. L. Lebesgue, französischer Mathematiker, 1875—1941). Diese ist verknüpft mit einem neuen Integralbegriff, dem *Lebesgueschen Integral*.

Dieser und der folgende Abschnitt enthalten einige Tatsachen über Punktmengen, die sowohl für die Jordansche als auch für die Lebesguesche Theorie notwendig sind. Wir werden ebene Mengen betrachten; die Ausführungen lassen sich aber leicht auch auf den Fall einer Geraden oder des dreidimensionalen Raumes übertragen.

Dabei werden wir die geometrische Terminologie benutzen (Punkt, Linie, Gebiet usw.). Die Grundlage bildet jedoch die „arithmetisierte" Ebene, d. h., jeder Punkt wird durch ein Zahlenpaar, die Koordinaten (x, y), bestimmt.

Als *ε-Umgebung* des Punktes $M(a, b)$ bezeichnen wir die Kreisfläche mit dem Mittelpunkt M und dem Radius ε, d. h. die Menge aller Punkte (x, y), deren Koordinaten der Ungleichung

$$(x-a)^2 + (y-b)^2 < \varepsilon^2$$

genügen. Wir werden ebene Punktmengen betrachten, die eine endliche oder unendliche Anzahl von Punkten enthalten. Im ersten Fall heißt die Menge *endlich*, im zweiten *unendlich*. Es sei E eine unendliche Menge. Wir führen nun einige wichtige Begriffe ein. Der Punkt M heißt *Häufungspunkt* der Menge E, wenn in einer beliebigen ε-Umgebung von M noch eine unendliche Anzahl von Punkten der Menge E liegt. Der Punkt M selbst kann zu E gehören oder nicht. Eine endliche Menge besitzt offensichtlich keinen Häufungspunkt. Die Menge E heißt *beschränkt*, falls alle ihre Punkte in einem gewissen Quadrat mit achsenparallelen Seiten liegen:

$$a \leq x \leq b, \quad c \leq y \leq d \quad (b-a = d-c).$$

Im folgenden Abschnitt werden wir zeigen, daß jede unendliche beschränkte Menge mindestens einen Häufungspunkt hat. Eine Menge E, die alle ihre Häufungspunkte enthält, heißt *abgeschlossene Menge*. Besitzt die Menge E keine Häufungspunkte, so nennt man sie natürlich ebenfalls abgeschlossen. Ein zu E gehörender Punkt M heißt *innerer Punkt* von E, wenn alle Punkte einer gewissen ε-Umgebung des Punktes M ebenfalls dieser Menge angehören.

Als *offene Menge* bezeichnet man eine Menge E, deren Punkte alle innere Punkte sind. Ein *Gebiet (offener Bereich)* ist eine offene Menge E, in der zwei beliebige Punkte von E durch einen Polygonzug (aus endlich vielen Geradenabschnitten) verbunden werden können, wobei alle Punkte des Polygonzuges zu E gehören.

Die inneren Punkte des Quadrates $0 < x < 1$, $0 < y < 1$ bilden ein Gebiet; die inneren Punkte zweier Quadrate, die keine gemeinsamen Punkte besitzen, bilden eine offene Menge, jedoch kein Gebiet. Die gesamte Ebene E_2 ist gleichzeitig sowohl eine abgeschlossene als auch eine offene Menge. Als *Rand* einer offenen Menge bezeichnet man die Menge l aller Punkte M', die der folgenden Bedingung genügen: Der Punkt M' gehört selbst nicht zu E, ist aber ein Häufungspunkt dieser Menge.

Es ist noch zu erwähnen, daß jeder Punkt M einer offenen Menge E auch ein Häufungspunkt für E ist, weil alle Punkte einer gewissen ε-Umgebung von M zu E gehören.

Wir wollen zeigen, daß l eine abgeschlossene Menge ist. Es sei N ein Häufungspunkt von l. Es ist zu beweisen, daß N zu l gehört. Nach der Definition des Häufungspunktes befinden sich in einer beliebigen ε-Umgebung des Punktes N Punkte von l und auch Punkte von E, weil l der Rand von E ist. Der Punkt N

gehört jedoch nicht zu E, da E nur innere Punkte besitzt. Damit ist also N Häufungspunkt von E, der nicht zu E gehört. Somit ist N ein Punkt des Randes l, was zu zeigen war.

Fügen wir zur offenen Menge E ihren Rand l hinzu, so erhalten wir offenbar eine abgeschlossene Menge $\bar{E}$. Der Übergang von E zu $\bar{E}$ heißt gewöhnlich *Abschließung* von E. Die Abschließung des offenen Quadrates $0 < x < 1$, $0 < y < 1$ führt zum abgeschlossenen Quadrat $0 \leqq x \leqq 1$, $0 \leqq y \leqq 1$. Wir bemerken, daß alle Punkte von l oder einige von ihnen zu inneren Punkten von $\bar{E}$ werden können. Dies ist z. B. der Fall, wenn E die Menge aller Punkte der Ebene ist mit Ausnahme der Punkte des Kreises $x^2 + y^2 = 1$. Dann ist $\bar{E}$ nämlich die gesamte Ebene. Ist E die Menge aller Punkte mit $x^2 + y^2 < 1$, von denen der Radius vom Punkt $(0,0)$ zum Punkt $(1,0)$ ausgeschlossen wurde, d. h., mit Ausnahme der Punkte $(x, 0)$ mit $0 \leqq x < 1$, so ist $\bar{E}$ der gesamte abgeschlossene Kreis $x^2 + y^2 \leqq 1$.

Die Punkte auf dem ausgeschlossenen Radius werden zu inneren Punkten von $\bar{E}$. Ist E ein Gebiet, so nennen wir $\bar{E}$ einen *Bereich*.

Wir führen jetzt einige Begriffe ein, die sich auf beliebige ebene Punktmengen beziehen. Als *Ableitung* E' der Menge E bezeichnen wir die Gesamtheit aller Häufungspunkte von E.

So wie wir die Abgeschlossenheit von l bewiesen haben, können wir auch zeigen, daß die Ableitung E' jeder Menge abgeschlossen ist. Es sei E_1 die Menge aller Punkte der Ebene, die nicht zu E gehören. Diese Menge nennt man das *Komplement* von E. Als *Rand* l einer beliebigen Menge E bezeichnet man die Menge der Punkte, die zu einer der Mengen E oder E_1 gehören und zur Ableitung der anderen, d. h., entweder zu E und E_1' oder zu E_1 und E'. Für offene Mengen ist diese Definition äquivalent der obigen.

Wir werden noch eine andere Definition des Randes geben, die der eben angeführten Definition äquivalent ist. Ein Punkt M aus E heißt *isolierter Punkt* dieser Menge, wenn es eine ε-Umgebung des Punktes M gibt, die außer M keine weiteren Punkte von E enthält. Als *Rand* l einer Menge E bezeichnet man die Menge der isolierten Punkte von E und derjenigen Häufungspunkte von E, die keine inneren Punkte dieser Menge sind. Man kann so wie vorher zeigen, daß l eine abgeschlossene Menge ist. Die Punkte von l können zu E gehören oder auch nicht. Fügen wir l der Menge E hinzu, so erhalten wir eine abgeschlossene Menge $\bar{E}$. Der Beweis verläuft wie oben für offene Mengen.

92. Grundlegende Sätze. Wir werden zwei Sätze beweisen, die mit den eingeführten Begriffen zusammenhängen.

Satz 1. *Jede beschränkte unendliche Menge hat mindestens einen Häufungspunkt.*

Wegen der Beschränktheit der Menge E gehören alle ihre Punkte einem gewissen Quadrat

$$a \leqq x \leqq b, \quad c \leqq y \leqq d$$

an, das wir mit $[a, b; c, d]$ bezeichnen. Dieses Quadrat unterteilen wir in vier gleiche Quadrate. Mindestens eines von ihnen, etwa $[a_1, b_1; c_1, d_1]$, enthält eine unendliche Menge von Punkten aus E. Das Quadrat $[a_1, b_1; c_1, d_1]$ unterteilen wir wieder in vier gleiche Quadrate. Mindestens eines dieser Quadrate enthält eine unendliche Menge von Punkten aus E, usw. Auf diese Weise erhalten wir zwei unendliche Folgen abgeschlossener Intervalle

$$[a, b], [a_1, b_1], [a_2, b_2], \ldots, [a_n, b_n], \ldots,$$
$$[c, d], [c_1, d_1], [c_2, d_2], \ldots, [c_n, d_n], \ldots;$$

jedes folgende Intervall besteht aus einer Hälfte des vorhergehenden. Die Folge der a_n ist eine nichtfallende, die der b_n eine nichtwachsende Folge; beide Folgen sind beschränkt. Sie besitzen also Grenzwerte für $n \to \infty$. Die Differenz $b_n - a_n = \dfrac{b-a}{2^n}$ strebt jedoch für $n \to \infty$ gegen Null, und folglich haben a_n und b_n denselben Grenzwert: $a_n \to p$, $b_n \to p$ für $n \to \infty$. Ganz analog ergibt sich $c_n \to q$, $d_n \to q$ für $n \to \infty$. Wie man leicht sieht, ist der Punkt M mit den Koordinaten (p, q) Häufungspunkt der Menge E.

Da sich in einer beliebigen ε-Umgebung eines Häufungspunktes M eine unendliche Zahl von Punkten der Menge E befindet, können wir eine unendliche Folge verschiedener Punkte $M_n(p_n, q_n)$ in E auswählen, so daß $M_n \to M$, d. h., daß $p_n \to p$ und $q_n \to q$ gilt. *Wenn also E einen Häufungspunkt M hat, existiert eine unendliche Folge verschiedener Punkte M_n aus E, die gegen M konvergiert.* Die unendliche Menge, die aus den Punkten M_n mit den Koordinaten $x_n = n$, $y_n = n$ ($n = 1, 2, \ldots$) besteht, hat keinen Häufungspunkt (diese Menge ist nicht beschränkt).

Es seien E und E_1 beliebige Punktmengen. Wir betrachten alle möglichen Entfernungen $\overline{MN}$ eines beliebigen Punktes M aus E und eines beliebigen Punktes N aus E_1. Es ergibt sich eine Menge nichtnegativer Zahlen $\overline{MN}$, die eine gewisse untere Grenze $\delta \geqq 0$ besitzt [I, 42]. Diese Zahl δ heißt der *Abstand* der Mengen E und E_1. Haben diese Mengen einen gemeinsamen Punkt, so ist offensichtlich $\delta = 0$. Diese Gleichung kann jedoch auch für Mengen ohne gemeinsame Punkte gelten.

Satz 2. *Sind E und E_1 abgeschlossene beschränkte Mengen ohne gemeinsame Punkte, so ist ihr Abstand δ positiv.*

Der Beweis wird indirekt geführt. Es sei $\delta = 0$. Nach der Definition der unteren Grenze muß dann eine solche Folge von Punkten M_n aus E und N_n aus E_1 existieren, daß der Abstand $\overline{M_n N_n}$ für $n \to \infty$ gegen Null strebt. Unter den Punkten M_n bzw. unter den N_n können auch Punkte vorkommen, die einander gleich sind. Zwei Fälle sind möglich: Entweder gibt es unter den Punkten M_n eine unendliche Menge verschiedener Punkte, oder es gibt nur endlich viele verschiedene Punkte. Das gleiche gilt für die Punkte N_n. Für M_n und N_n möge der erste Fall eintreten.

Wegen der Beschränktheit von E und aus Satz 1 folgt, daß die Menge M_n mindestens einen Häufungspunkt besitzt. Wir betrachten dann nur die Geradenabschnitte $\overline{M_n N_n}$, in denen die Folge der M_n für $n \to \infty$ gegen einen gewissen

Häufungspunkt M konvergiert. Aus dieser Teilfolge wählen wir eine neue Teilfolge so aus, daß auch die Folge der N_n gegen einen gewissen Häufungspunkt N konvergiert. Die daraus resultierende unendliche Folge numerieren wir wieder durch.

Wir können dann annehmen, daß in der Folge $\overline{M_n N_n}$ für $n \to \infty$ M_n und N_n gegen die Häufungspunkte M und N konvergieren. Wegen der Abgeschlossenheit von E und E_1 können wir folgern, daß M zu E und N zu E_1 gehört. Andererseits folgt aus $\overline{M_n N_n} \to 0$, daß M und N zusammenfallen. Dies widerspricht der Voraussetzung, daß E und E_1 keine gemeinsamen Punkte besitzen.

Wir gehen zum zweiten Fall über. Er möge für M_n gelten. Es existiert also eine unendliche Menge zusammenfallender Punkte M_n. Wenn wir die gleichen Paare M_n und N_n und die gleiche Numerierung beibehalten, so ergibt sich, da die M_n mit einem gewissen Punkt M zusammenfallen, eine Folge von Abschnitten $\overline{M N_n}$, wobei M zu E und N_n zu E_1 gehört. Unter den Punkten N_n kann es keine unendliche Menge zusammenfallender Punkte geben, weil $M N_n \to 0$ gilt; aber die Mengen E und E_1 haben nach Voraussetzung keine gemeinsamen Punkte. Wendet man die gleiche obige Überlegung an, so ergibt sich, daß N_n gegen einen gewissen Punkt N aus E_1 konvergiert. Aus $\overline{M N_n} \to 0$ folgt, daß die Punkte M und N zusammenfallen müssen, was zum Widerspruch führt. Der Satz 2 ist damit bewiesen.

Folgerung. *Gehört der Punkt M nicht zu einer abgeschlossenen (beschränkten oder unbeschränkten) Menge E, so ist der Abstand von M und E positiv.*

Man kann auch leicht folgende Behauptung beweisen: *Sind E und E_1 beschränkte abgeschlossene Mengen, so existiert mindestens ein Paar von Punkten M aus E und N aus E_1, für das $\overline{MN} = \delta$ ist.* Wir bemerken, daß der Abstand zwischen zwei unbeschränkten abgeschlossenen Mengen, die keine gemeinsamen Punkte besitzen, Null werden kann, so daß sich diese Mengen im Unendlichen annähern können. Dies ist nicht möglich, wenn eine Menge von ihnen beschränkt ist.

Wir werden noch einen Begriff einführen. Dazu betrachten wir alle möglichen Abstände $\overline{M' M''}$, wobei M' und M'' zu einer gewissen Menge E gehören. Die Menge der nichtnegativen Zahlen $\overline{M' M''}$ [I, 42] besitzt eine obere Grenze d, die auch ∞ sein kann. Die Zahl d nennt man den *Durchmesser* der Menge E. Für beschränkte Mengen gilt $d < \infty$, für unbeschränkte Mengen $d = \infty$.

Alles oben Gesagte gilt auch für die Gerade und für den dreidimensionalen Raum. Die Punkte der Geraden werden durch eine reelle Zahl x bestimmt; eine ε-Umgebung des Punktes c wird durch die Ungleichung $c - \varepsilon < x < c + \varepsilon$ definiert. Ein beschränktes Gebiet entspricht einem gewissen offenen Intervall $a < x < b$, und der Rand besteht aus den Punkten $x = a$ und $x = b$. Man kann leicht zeigen, daß eine offene Menge E eine Menge von Punkten aus endlich oder unendlich vielen offenen Intervallen darstellt, die keine gemeinsamen Punkte besitzen. Im zweiten Fall kann man diese Intervalle durchnumerieren:

$$a_n < x < b_n \quad (n = 1, 2, \ldots).$$

Im dreidimensionalen Fall wird ein Punkt durch ein Zahlentripel (x, y, z) definiert. Die ε-Umgebung des Punktes (a, b, c) wird durch die Ungleichung

$$(x - a)^2 + (y - b)^2 + (z - c)^2 < \varepsilon^2$$

bestimmt und das Innere eines Würfels durch die Ungleichungen

$$a < x < b, \quad c < y < d, \quad e < z < f \quad (b - a = d - c = f - e)$$

festgelegt.

93. Abzählbare Mengen. Operationen mit Punktmengen. Wir führen einen neuen Begriff ein. Gegeben sei eine gewisse Menge, die unendlich viele Elemente enthält. Wir nennen sie eine abzählbare Menge, wenn alle ihre Elemente mit ganzen positiven Zahlen durchnumeriert werden können. In diesem Fall werden wir auch oft sagen, daß diese Menge *abzählbar viele Elemente* enthält. Gegeben sei nun nicht nur eine abzählbare Menge, sondern abzählbar viele abzählbare Mengen. Ihre Elemente bezeichnen wir mit einem Buchstaben und zwei Indizes: a_{pq} ($p, q = 1, 2, \ldots$); der erste Index bezeichnet die Nummer der Menge, der zweite die Nummer des Elementes in dieser Menge. Alle diese Elemente kann man wiederum nach wachsender Summe der Indizes und nach dem ersten Index bei gleicher Summe durchnumerieren:

$$a_{11}, a_{12}, a_{21}, a_{13}, a_{22}, a_{31}, \ldots,$$

Die Vereinigung einer abzählbaren Anzahl abzählbarer Mengen ist also ebenfalls eine abzählbare Menge.

Dasselbe gilt auch für die Vereinigung endlich vieler abzählbarer Mengen und ebenfalls dann, wenn unter den zu vereinigenden Mengen auch endliche Mengen sind. Wir betrachten noch die Menge der rationalen Zahlen im Intervall $0 \leq x \leq 1$. Man kann sie nach wachsender Summe von Zähler und Nenner und nach dem Zähler durchnumerieren, falls diese Summen gleich sind. Dabei nehmen wir die Brüche in gekürzter Form:

$$\frac{0}{1}, \frac{1}{1}, \frac{1}{2}, \frac{1}{3}, \frac{1}{4}, \frac{2}{3}, \frac{1}{5}, \frac{1}{6}, \frac{2}{5}, \frac{3}{4}, \ldots$$

Wir können sogar alle Brüche aus einem beliebigen Intervall oder aus der gesamten Zahlengeraden durchnumerieren.

Wir führen noch Bezeichnungen ein, die wir im weiteren verwenden werden. Gehört der Punkt M der Menge E an, so schreiben wir $M \subset E$; gehört M nicht zu E, so wird $M \notin E$ geschrieben.

Gehören alle Punkte einer Menge E auch zu einer Menge $\widetilde{E}$, dann schreiben wir $E \subset \widetilde{E}$.

Es sollen nun Operationen für Punktmengen erklärt werden. Als *Summe* endlich oder abzählbar vieler Mengen,

$$S = \sum_k E_k, \tag{1}$$

bezeichnet man eine Menge, die aus allen Punkten besteht, welche zu mindestens einer Menge E_k gehören. Die *Differenz* der Mengen E_1 und E_2 sei die Menge

$$R = E_1 - E_2, \tag{2}$$

die aus allen Punkten von E_1 besteht, welche nicht zu E_2 gehören. Das *Produkt* endlich oder abzählbar vieler Mengen,

$$T = \prod_k E_k, \tag{3}$$

ist die Menge der Punkte, die zu allen E_k gehören. Im Fall $E_2 \subset E_1$ folgt aus (2)

$$E_1 = E_2 + R.$$

Ist $E_1 \subset E_2$, so enthält die durch (2) definierte Menge R keine Punkte. Eine solche Menge heißt *leere Menge*. Die durch (3) definierte Menge T ist leer, wenn es keine Punkte gibt, die zu allen E_k gehören.

Die oben gegebenen Definitionen haben offensichtlich auch für Mengen beliebiger Elemente einen Sinn. Das obige Resultat (die Vereinigung abzählbar vieler abzählbarer Mengen ist ebenfalls eine abzählbare Menge) ist nun folgendermaßen zu formulieren: Die Summe abzählbar vieler abzählbarer Mengen ist eine abzählbare Menge.

Es sei noch an einen Begriff erinnert [91]. Wir betrachten im Grunde Punktmengen in einer gewissen Ebene. Ganz analog kann man auch Punkte auf der Geraden oder im dreidimensionalen Raum betrachten. Als *Komplement* einer beliebigen Menge E in der Ebene bezeichnet man die Menge aller Punkte dieser Ebene, die nicht zu E gehören (analog auch für die Gerade oder den dreidimensionalen Raum). Für diese Menge wird das Symbol $\mathsf{C}E$ geschrieben. Offenbar ist $\mathsf{C}(\mathsf{C}E) = E$. Sind E und $\tilde{E}$ zwei Mengen mit $E \subset \tilde{E}$, so gilt $\mathsf{C}\tilde{E} \subset \mathsf{C}E$.

Zwei Mengen A und B heißen *gleich* ($A = B$), wenn sie aus denselben Elementen bestehen: Aus $M \in A$ folgt $M \in B$ und, umgekehrt, aus $M \in B$ folgt $M \in A$.

Für Komplementärmengen gelten folgende Formeln:

$$\mathsf{C}E_1 - \mathsf{C}E_2 = E_2 - E_1, \tag{4}$$

$$\mathsf{C}\prod_k E_k = \sum_k \mathsf{C}E_k, \tag{5}$$

$$\mathsf{C}\sum_k E_k = \prod_k \mathsf{C}E_k, \tag{6}$$

$$\mathsf{C}\sum_k \mathsf{C}E_k = \prod_k E_k. \tag{7}$$

Wir beweisen beispielsweise die erste dieser Formeln. M gehöre zu der Menge, die auf der linken Seite von (4) steht; d. h., es sei $M \in \mathsf{C}E_1$ und $M \notin \mathsf{C}E_2$. Zunächst zeigen wir, daß M dann auch zu der Menge gehört, die auf der rechten Seite von (4) steht. Aus $M \in \mathsf{C}E_1$ folgt $M \notin E_1$, und aus $M \notin \mathsf{C}E_2$ ergibt sich $M \in E_2$. Wenn aber $M \in E_2$ und $M \notin E_1$ gilt, gehört M der Menge auf der rechten Seite von (4) an. Ganz analog wird auch die Umkehrung bewiesen: Wenn der Punkt M zur rechten Seite von (4) gehört, so ist er auch in der linken Seite enthalten.

Formel (7) folgt unmittelbar aus (5), und die Formel (6) ergibt sich aus (7).

Im weiteren werden die offenen und die abgeschlossenen Mengen eine grundlegende Rolle spielen. Für diese Mengen formulieren wir hier eine Reihe von Sätzen.

Satz 1. *Ist E eine offene Menge, so ist CE eine abgeschlossene Menge. Wenn die Menge E abgeschlossen ist, so stellt CE eine offene Menge dar.*

Satz 2. *Die Summe endlich oder abzählbar vieler offener Mengen ergibt eine offene Menge. Das Produkt endlich vieler offener Mengen ist ebenfalls eine offene Menge.*

Satz 3. *Das Produkt endlich oder abzählbar vieler abgeschlossener Mengen liefert eine abgeschlossene Menge. Die Summe endlich vieler abgeschlossener Mengen ist eine abgeschlossene Menge.*

Satz 4. *Ist E_1 eine offene und E_2 eine abgeschlossene Menge, so stellt $R = E_1 - E_2$ eine offene Menge dar. Ist E_1 eine abgeschlossene und E_2 eine offene Menge, so liefert R eine abgeschlossene Menge.*

Die leere Menge zählen wir sowohl zu den abgeschlossenen als auch zu den offenen Mengen. Der Beweis aller dieser Sätze ist sehr einfach. Als Beispiel beweisen wir den Satz 2. Die E_k seien offene Mengen. Weiterhin sei $M \in S = \sum_k E_k$.
Dann liegt M in einem beliebigen Summanden E_k, in dem auch, da er eine offene Menge ist, eine gewisse ε-Umgebung von M liegt. Dann gehört aber diese Umgebung auch zu S, d. h., mit $M \in S$ liegt auch eine gewisse ε-Umgebung von M in S. Damit ist S eine offene Menge. Nun betrachten wir ein endliches Produkt (3) von offenen Mengen E_k ($k = 1, 2, \ldots, m$). Mit $M \in T$ gehört M auch zu allen E_k, und damit liegen auch gewisse ε_k-Umgebungen in den Mengen E_k. Es sei $\varepsilon' > 0$ die kleinste der positiven Zahlen ε_k ($k = 1, 2, \ldots, m$). Damit liegt die ε'-Umgebung von M in allen E_k und folglich auch in T. Das Produkt T ist also eine offene Menge.

Satz 3 folgt aus den Sätzen 1 und 2 durch Übergang zu den Komplementärmengen unter Benutzung der Beziehungen (5) und (6).

94. Das Jordansche Maß. Wir setzen hier voraus, daß alle betrachteten Mengen beschränkt sind, ohne dies jeweils besonders zu erwähnen. Dem Maß- oder Inhaltsbegriff legen wir zugrunde, daß der Inhalt (Flächeninhalt) eines Quadrates mit achsenparallelen Seiten, d. h. eines Quadrates $a \leq x \leq b$, $c \leq y \leq d$ mit $b - a = d - c$, gleich $(b-a)^2$ ist. Durch die Geraden

$$x = p + kr, \qquad y = q + lr \qquad (k, l = 0, \pm 1, \pm 2, \ldots)$$

mit $r > 0$ überdecken wir die Ebene mit einem Netz von Quadraten mit achsenparallelen Seiten und der Seitenlänge r. Als *Menge vom Typ* (α) bezeichnen wir eine Menge, die aus endlich vielen abgeschlossenen Quadraten dieses Netzes besteht. Den *Inhalt* einer solchen Menge definieren wir als Summe der Inhalte der Quadrate, aus denen sich diese Menge zusammensetzt. Diese Definition bedarf einer Rechtfertigung. Indem man achsenparallele Geraden einführt, kann man jede Menge vom Typ (α) in Quadrate unterteilen. Man kann leicht zeigen, daß dabei die Summe der Inhalte dieser Quadrate invariant ist und somit jeder Menge vom Typ (α) ein bestimmter Inhalt zukommt. Jede Menge vom Typ (α) bezeichnen wir mit einem großen Buchstaben in Klammern, ihren Inhalt mit demselben Buchstaben ohne Klammern. Wenn sich eine Menge (U) vom Typ (α) streng innerhalb einer Menge (V) vom Typ (α) befindet, so gilt $U < V$.

Es sei E eine beliebige beschränkte Punktmenge. Wir überdecken die Ebene mit einem Netz gleicher Quadrate. Es sei (S) die Vereinigung aller derjenigen Quadrate, deren Punkte (einschließlich der Randpunkte) sämtlich innere Punkte von E sind. Mit (S') bezeichnen wir die Vereinigung aller Quadrate, die mit dem Rand l von E gemeinsame Punkte haben. Die Quadrate aus (S') sind nicht in (S) enthalten. Falls (S) kein einziges Quadrat enthält (leere Punktmenge), ist $S = 0$ zu setzen (Abb. 77).

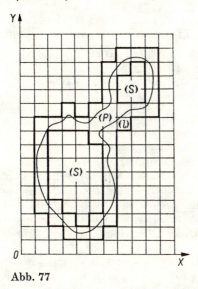

Abb. 77

Betrachten wir alle möglichen Netze gleicher Quadrate, so erhalten wir eine unendliche Menge nichtnegativer Zahlen S. Alle diese Zahlen sind nicht größer als der Inhalt des Quadrates, in dem die beschränkte Menge E liegt. Die obere Grenze der Menge dieser Zahlen S heißt *innerer Inhalt* der Menge E; wir bezeichnen ihn mit a. Die untere Grenze der Menge der positiven Zahlen $S + S'$ heißt *äußerer Inhalt* der Menge E; er sei mit A bezeichnet. Ferner sei r die Seitenlänge der Quadrate unseres Netzes.

Satz. *Für* $r \to 0$ *ist* $S \to a$ *und* $S + S' \to A$, *d. h., bei unbegrenzter Verfeinerung des Netzes strebt* S *gegen den inneren und* $S + S'$ *gegen den äußeren Inhalt von* E.

Gemäß der Definition der unteren Grenze ist für ein beliebiges Quadratnetz $S + S' \geq A$. Es ist zu beweisen, daß zu jedem beliebig vorgegebenen $\varepsilon > 0$ eine solche Zahl $\eta > 0$ existiert, daß $S + S' < A + \varepsilon$ für $r < \eta$. Auf Grund der Definition der unteren Grenze gibt es ein solches Netz, daß die entsprechende Summe $S + S'$, die mit $S_0 + S_0'$ bezeichnet sei, die Ungleichung $S_0 + S_0' < A + \varepsilon$ erfüllt. Es sei r_0 die Seitenlänge der Quadrate dieses Netzes. Die Menge $(S_0 + S_0')$ können wir mit Quadraten der Seitenlänge $\dfrac{r_0}{n}$ umgeben, wobei n eine solche ganze positive Zahl ist, daß die aus den Quadraten mit der Seitenlänge $\dfrac{r_0}{n}$ gebildete Menge (S_1) vom Typ (α) die Menge $(S_0 + S_0')$ echt enthält. Wählen wir n hinreichend groß, so wird sich S_1 nur wenig von $S_0 + S_0'$ unterscheiden, und wir können $S_1 < A + \varepsilon$ annehmen. Es sei λ_1 der Rand von (S_1). Die abgeschlossenen Mengen λ_1 und l haben keine gemeinsamen Punkte. Mit $\delta > 0$ bezeichnen wir den Abstand zwischen ihnen. Wählen wir $r < \dfrac{\delta}{\sqrt{2}}$, so liegen alle Quadrate des Netzes, die gemeinsame Punkte mit E oder l haben, in der Menge (S_1). Folglich gilt $S + S' < S_1 < A + \varepsilon$ für $r < \dfrac{\delta}{\sqrt{2}}$. Wir können also $\eta = \dfrac{\delta}{\sqrt{2}}$ setzen. Damit ist bewiesen, daß $S + S'$ für $r \to 0$ gegen A strebt.

Besitzt E keine inneren Punkte, so ist $S = 0$ für jedes Netz. Sind jedoch innere Punkte vorhanden, dann ist $S > 0$ für hinreichend kleines r. Analog ist zu zeigen, daß S für $r \to 0$ gegen a strebt.

Folgerung 1. Bei der Bestimmung von a und A können wir von einem beliebig festgelegten Quadratnetz ausgehen und dieses Netz so verfeinern, daß jedes Quadrat in vier gleiche Quadrate geteilt wird. Dabei erhalten wir eine nichtfallende Folge S_n und eine nichtwachsende Folge $S_n + S_n'$ ($n = 1, 2, \ldots$). Es gilt $S_n \to a$ und $S_n + S_n' \to A$ für $n \to \infty$; n ist die Nummer des Netzes nach dem n-ten Verfeinerungsschritt. Diese Überlegung läßt sich gut benutzen zum Beweis weiterer Behauptungen.

Folgerung 2. Aus $S < S + S'$ folgt für $r \to 0$, daß $a \leqq A$ gilt, d. h., daß der innere Inhalt nicht größer als der äußere ist.

Mit $A = 0$ ist auch $a = 0$, und folglich besitzt E keine inneren Punkte. Man kann zeigen, daß geschlossene Kurven existieren, die doppelpunktfrei sind und die Parameterdarstellung $x = \varphi(t)$ und $y = \psi(t)$ mit stetigen Funktionen $\varphi(t)$ und $\psi(t)$ besitzen und für die der äußere Inhalt positiv ist. Wie man zeigen kann, sind solche Kurven Berandungen eines Gebietes, und für dieses Gebiet gilt $a < A$.

95. Meßbare Mengen. Eine Menge E heißt *meßbar*, wenn $a = A$ gilt, d. h., wenn ihr innerer und äußerer Inhalt zusammenfallen. Diese gemeinsame Größe heißt dann das *Maß* der Menge E und wird mit $m(E)$ bezeichnet. Wenn wir vom Maß einer gewissen Menge sprechen, setzen wir dabei gleichzeitig voraus, daß diese Menge meßbar ist. Aus $A = 0$ ergibt sich die Meßbarkeit von E mit $m(E) = 0$. Umgekehrt folgt aus $m(E) = 0$ auch $A = 0$. Solche Mengen vom Maß Null werden im weiteren eine große Rolle spielen.

Eine notwendige und hinreichende Bedingung für die Meßbarkeit besteht offensichtlich darin, daß S und $S + S'$ einen gemeinsamen Grenzwert für $r \to 0$ besitzen, d. h., daß $S' \to 0$ für $r \to 0$ gilt. Es sei l der Rand einer gewissen beschränkten Menge E. Die Punktmenge l besitzt keine inneren Punkte; für sie ist (S) die leere Menge für jedes Quadratnetz, und es gilt $a = 0$. Die Menge (S') besteht aus denjenigen Quadraten des Netzes, die mit l gemeinsame Punkte besitzen. Die notwendige und hinreichende Bedingung für die Meßbarkeit ($S' \to 0$ für $r \to 0$) besteht darin, daß $A = 0$ für l ist, d. h., daß $m(l) = 0$ gilt.

Satz. *Eine notwendige und hinreichende Bedingung für die Meßbarkeit von E ist die Beziehung $m(l) = 0$.*

Man kann leicht zeigen, daß jede Menge vom Typ (α) meßbar ist und daß ihr Maß gleich dem Flächeninhalt ist, d. h. gleich der Summe der Flächeninhalte der Quadrate, aus denen sie zusammengesetzt ist. Die Menge E_1 sei vom Maß Null, und die Zahl $\varepsilon > 0$ sei vorgegeben. Wählen wir r hinreichend klein, so können wir für die E_1 zugeordnete Größe S' die Ungleichung $S' < \dfrac{\varepsilon}{9}$ erreichen. Jedes Quadrat aus (S') umranden wir mit den acht angrenzenden Quadraten des Netzes und fügen diese der Menge (S') hinzu, falls sie nicht schon vorher zu (S') gehörten. So kommen wir zu folgendem Resultat: *Für ein beliebig vorgegebenes $\varepsilon > 0$ ist eine Menge vom Maß Null echt in einer Menge vom Typ (α) enthalten, deren Inhalt kleiner als ε ist.*

Die Ergebnisse der letzten beiden Abschnitte führen leicht zu folgenden Behauptungen:

1. *Jede Teilmenge einer Menge vom Maß Null ist ebenfalls eine Menge vom Maß Null. Die Summe endlich vieler Mengen vom Maß Null liefert eine Menge vom Maß Null.*

2. *Sind die Mengen E_1 und E_2 meßbar und ist $E_1 \subset E_2$, so gilt $m(E_1) \leqq m(E_2)$.*

3. *Sind E_1 und E_2 meßbare Mengen, die keine gemeinsamen inneren Punkte besitzen, so ist ihre Summe $E = E_1 + E_2$ meßbar, und es ist $m(E) = m(E_1) + m(E_2)$.*

Wir wollen die letzte Behauptung beweisen. Es seien (S_k) und $(S_k + S_k')$ ($k = 1, 2$) die Mengen vom Typ (α) für E_k und (S) bzw. $(S + S')$ die entsprechenden Mengen für E. Nach Voraussetzung besitzen die Mengen (S_1) und (S_2) keine gemeinsamen Punkte. Bei der Vereinigung von E_1 und E_2 können sich in E neue Quadrate ergeben, so daß $S_1 + S_2 \leqq S$ gilt. Andererseits umschließt die Summe der Mengen $(S_1 + S_1')$ und $(S_2 + S_2')$, die jeweils die Mengen E_1 und E_2 und deren Ränder enthalten, auch die Menge E und deren Rand, weil jeder Punkt des Randes von E zum Rand mindestens einer der Mengen E_k gehört. Hieraus folgt

$$S + S' \leqq \{S_1 + S_1'\} + \{S_2 + S_2'\}.$$

Natürlich können dabei gewisse Quadrate aus (S_1') und (S_2') zusammenfallen. Somit ergibt sich die Ungleichung

$$S_1 + S_2 \leqq S \leqq S + S' \leqq \{S_1 + S_1'\} + \{S_2 + S_2'\}.$$

Bei unbegrenzter Verfeinerung des Netzes gilt $S_k' \to 0$, $S_1 \to m(E_1)$, $S_2 \to m(E_2)$ und damit auch $S' \to 0$ und $S \to m(E_1) + m(E_2)$. Also ist auch E meßbar mit
$$m(E) = m(E_1) + m(E_2).$$

Die bewiesene Aussage gilt auch für endlich viele Summanden E_k, die paarweise keine gemeinsamen inneren Punkte besitzen (*Additivität des Maßes*).

Im weiteren werden wir es oft mit offenen Mengen und Gebieten zu tun haben. Es sei E eine offene meßbare Menge und l ihr Rand (vom Maß Null). Wir zerlegen E mit Hilfe endlich vieler Linien l_s ($s = 1, 2, \ldots, m$), von denen jede eine abgeschlossene Menge vom Maß Null ist. Die Summe der Mengen l_s und der Menge l ist eine abgeschlossene Menge vom Maß Null. Sie sei mit F bezeichnet. Entfernen wir aus E die Summe der l_s, so entsteht eine offene meßbare Menge E_1. Alle Punkte ihres Randes gehören zu F.

Die Zerlegung von E möge nun durch achsenparallele Geraden geschehen. Wir betrachten solche Teilrechtecke (oder -quadrate), die Punkte von E_1 enthalten. Die Anzahl solcher Rechtecke ist endlich. Die Menge der Punkte aus E_1 in jedem solchen Rechteck ist eine gewisse offene meßbare Menge, deren Randpunkte entweder zu F gehören oder auf der Berandung des entsprechenden Rechtecks liegen. Auf diese Weise erhalten wir endlich viele meßbare offene Mengen H_k ($k = 1, 2, \ldots, m$). Die Summe ihrer Maße ist gleich dem Maß von E. Der Durchmesser der Menge H_k ist nicht größer als die Diagonale des entsprechenden Rechtecks. Im weiteren wird bei einer Zerlegung einer meßbaren offenen Menge (oder eines Gebietes) immer angenommen, daß diese Zerlegung durch Kurven vom Maß Null erfolgt.

Ist E ein Gebiet, so ergibt sich unter gewissen Voraussetzungen an l in jedem Teilrechteck ebenfalls ein Gebiet.

Wir bringen jetzt ein einfaches Beispiel für eine Kurve (λ) vom Maß Null. Die Kurve (λ) möge die explizite Darstellung $y = \varphi(x)$ besitzen, wobei x in dem endlichen Intervall $a \leq x \leq b$ variiert und $\varphi(x)$ eine stetige Funktion in diesem Intervall ist. Wegen der gleichmäßigen Stetigkeit existiert zu einem vorgegebenen positiven ε ein δ derart, daß $|\varphi(x'') - \varphi(x')| < \dfrac{\varepsilon}{3(b-a)}$ gilt für beliebiges x' und x'' aus $a \leq x \leq b$ mit $|x'' - x'| < \delta$ [**I, 43**]. Wir wählen den Wert r so, daß er kleiner als δ und kleiner als $\dfrac{\varepsilon}{3(b-a)}$ ist. Bei der Konstruktion des Quadratnetzes wird das Intervall (a, b) durch die Punkte $a = x_0 < x_1 < x_2 < \cdots < x_{n-1} < x_n = b$ so in Teilintervalle zerlegt, daß die Länge $x_k - x_{k-1}$ der inneren Teilintervalle gleich r und die Längen $x_1 - a$ und $b - x_{n-1}$ höchstens gleich r werden (Abb. 78). Wir betrachten jetzt die Netzquadrate, die in dem Streifen zwischen $x = x_{k-1}$ und $x = x_k$ liegen. Wegen $x_k - x_{k-1} < \delta$ muß die Differenz ω_k zwischen dem größten und dem kleinsten Wert von $\varphi(x)$ in dem Intervall (x_{k-1}, x_k) [d. h. die Schwankung von $\varphi(x)$ in diesem Intervall] kleiner als $\dfrac{\varepsilon}{3(b-a)}$ sein. Das Quadrat, das den tiefsten Punkt der Kurve $y = \varphi(x)$ enthält, kann sich höchstens noch um r (die Länge der Quadratseite) nach unten erstrecken, und das Quadrat, das den höchsten Punkt der Kurve enthält, kann sich höchstens noch um r nach oben erstrecken. Somit wird die Summe der Höhen derjenigen Netzquadrate, die gemeinsame Punkte mit (λ) haben und in dem Streifen $x = x_{k-1}, x = x_k$ liegen, kleiner als $\dfrac{\varepsilon}{3(b-a)} + 2r$. Wegen $r < \dfrac{\varepsilon}{3(b-a)}$ ist also die Summe der Höhen kleiner als $\dfrac{\varepsilon}{b-a}$ und somit die Summe der Inhalte dieser Quadrate kleiner als $\dfrac{\varepsilon}{a-b}(x_k - x_{k-1})$. Summieren wir über k von 1 bis n, so wird offenbar der Gesamtinhalt der Quadrate, die gemeinsame Punkte mit (λ)

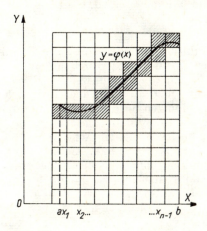

Abb. 78

haben, kleiner als ε. Da ε beliebig gewählt war, folgt hieraus, daß der Inhalt der Kurve (λ) gleich Null ist. Entsprechend kann man zeigen, daß die Kurve, welche die explizite Darstellung $x = \psi(y)$ hat, wobei $\psi(y)$ eine stetige Funktion ist, ebenfalls den Inhalt Null besitzt. Als *einfache Kurve* bezeichnen wir jede Kurve, die so in endlich viele Teile zerlegt werden kann, daß für jeden Teil die Gleichung $y = \varphi(x)$ oder $x = \psi(y)$ gilt, wobei $\varphi(x)$ oder $\psi(y)$ stetige Funktionen in dem entsprechenden endlichen Variabilitätsbereich der unabhängigen Veränderlichen sind. Aus dem Vorstehenden folgt, daß *der Inhalt einer einfachen Kurve gleich Null ist*. Eine solche Kurve kann eine geschlossene doppelpunktfreie Kurve sein. Sie ist dabei Berandung eines meßbaren Bereiches.

Man kann auch folgende Aussage beweisen: Eine Kurve l habe die Parameterdarstellung $x = \varphi(t), y = \psi(t)$; dabei seien $\varphi(t)$ und $\psi(t)$ sowie ihre Ableitungen in einem gewissen endlichen Intervall $t_0 \leq t \leq t_1$ stetige Funktionen. Die Kurve sei ferner doppelpunktfrei, und die Ableitungen $\varphi'(t)$ und $\psi'(t)$ sollen nicht gleichzeitig verschwinden, wenn t zum erwähnten Intervall gehört. Unter diesen Voraussetzungen ist $m(l) = 0$. Ist die Kurve für $t_0 < t < t_1$ doppelpunktfrei und gilt $\varphi(t_1) = \varphi(t_0)$ und $\psi(t_1) = \psi(t_0)$, so ist die Kurve l eine geschlossene doppelpunktfreie Kurve, und ihr Maß ist unter den angegebenen Bedingungen gleich Null.

Das Integral $\int_a^b \varphi(x)\,dx$ liefert, wie man leicht zeigt, im oben angegebenen Sinn den Inhalt des Bereiches, der von der Kurve $y = \varphi(x)$, der Achse $y = 0$ und den Geraden $x = a$ und $x = b$ begrenzt wird. Dabei setzen wir $\varphi(x)$ für $a \leqq x \leqq b$ als stetig und positiv voraus.

Es soll noch folgender Hinweis gegeben werden: Bei der Definition des inneren und äußeren Inhalts und der Meßbarkeit hätten wir statt des Netzes gleicher Quadrate auch ein Netz von Rechtecken mit achsenparallelen Seiten benutzen können. Dabei wären wir davon ausgegangen, daß der Flächeninhalt des Rechtecks $a \leqq x \leqq b$, $c \leqq y \leqq d$ gleich $(b-a)(d-c)$, d. h. gleich dem Produkt seiner Seitenlängen ist.

96. Die Unabhängigkeit von der Wahl des Bezugssystems. Die Definition des inneren und äußeren Inhalts und auch der Begriff der Meßbarkeit ist zunächst eng verknüpft mit der Auswahl der Koordinatenachsen, weil wir das Ausmessen von Flächen mit Hilfe eines Netzes von Quadraten mit achsenparallelen Seiten durchführen. Gut bekannt sind die Beziehungen für die neuen Punktkoordinaten bei Parallelverschiebung und Drehung der Koordinatenachsen.

Bei der Parallelverschiebung bleibt die Richtung der Achsen erhalten, und es ändert sich nichts an der Definition des Flächeninhalts. Anders ist es aber bei einer Drehung der Achsen. Die Berandung eines beliebigen Quadrats ist eine einfache Kurve. Folglich ist jedes Quadrat meßbar. Eine endliche Summe von Quadraten eines beliebigen Netzes ist ebenfalls meßbar [95]. Bei Parallelverschiebung ändert sich der Inhalt eines Quadrats offensichtlich nicht. Wir werden zeigen, daß der Inhalt eines beliebigen Quadrats gleich dem Quadrat der Seitenlänge ist. Offensichtlich genügt es, den folgenden Satz zu beweisen:

Satz 1. *Wird ein Quadrat mit achsenparallelen Seiten um den Ursprung gedreht, so bleibt sein Inhalt unverändert.*

Es sei (q) das ursprüngliche Quadrat mit der Seitenlänge r und (q_1) das Quadrat, das sich nach der Drehung ergibt. Mit denselben Buchstaben bezeichnen wir auch ihre Inhalte und setzen $\dfrac{q_1}{q} = s$. Mittels einer Parallelverschiebung, die den Inhalt nicht ändert, können wir (q) mit jedem parallelen Quadrat der Seitenlänge r zur Deckung bringen, und folglich ist für alle Quadrate mit der Seite r das Verhältnis $\dfrac{q_1}{q}$ bei der gegebenen Drehung der Ebene ein und dasselbe. Wir führen jetzt in der Ebene eine Ähnlichkeitstransformation mit dem Koordinatenursprung als Zentrum durch, bei der die Längen aller vom Ursprung ausgehenden Radiusvektoren mit dem positiven Wert k multipliziert werden. Eine solche Transformation läuft auf die Verschiebung des Punktes (x, y) nach dem Punkt mit den Koordinaten (kx, ky) hinaus. Bei dieser Transformation werden alle linearen Ausmaße mit k multipliziert. Jedes Quadrat geht in ein Quadrat mit parallelen Seiten über, jedoch multiplizieren sich die Längen seiner Seiten mit k. Die (inneren und äußeren) Inhalte werden also mit k^2 multipliziert. Wir bezeichnen mit (q') bzw. (q_1') die Quadrate, die sich aus (q) bzw. (q_1) mit Hilfe der angegebenen Ähnlichkeitstransformation ergeben. Offenbar entsteht (q_1') aus (q') durch dieselbe Drehung, mit deren Hilfe sich (q_1) aus (q) ergibt. Es ist aber leicht zu sehen, daß $q_1' = k^2 q_1$ und $q' = k^2 q$ und folglich $\dfrac{q_1'}{q'} = s$ ist. Indem wir den Wert k passend wählen, können wir aber das Quadrat q in ein Quadrat mit beliebiger Seitenlänge überführen. Das Verhältnis $\dfrac{q_1}{q} = s$ hat also bei der vorgegebenen Drehung der Ebene ein und denselben Wert für alle Ausgangsquadrate q. Wir zeigen jetzt, daß $s = 1$ ist. Dazu betrachten wir die Kreisfläche $x^2 + y^2 < 1$ mit dem Mittelpunkt im Ursprung und dem Radius Eins, die mit einem Netz von Quadraten mit achsenparallelen Seiten überdeckt werde. Bei der Drehung um den Ursprung erhält der Inhalt eines Quadrats den Faktor s, und auf Grund der Definition des Inhalts sowie eines schon bewiesenen Satzes muß sich der Inhalt der Kreisfläche ebenfalls mit s multiplizieren. Bei der erwähnten Drehung geht aber die Kreisfläche in sich über, und ihr Inhalt bleibt unverändert; d. h., es ist $s = 1$, was zu beweisen war.

Wir nehmen an, wir hätten zwei der Richtung nach verschiedene Netze von Quadraten. Im ersten Netz gibt es Mengen vom Typ (α); die entsprechenden Mengen im zweiten Netz nennen wir *Mengen vom Typ* (β). Solche Bereiche sind meßbar bei beliebiger Wahl des quadratischen Netzes; ihr Maß ergibt sich als Summe der Inhalte der Quadrate, aus denen sie bestehen (der Inhalt eines Quadrats ist gleich dem Quadrat der Seitenlänge).

Wir werden zeigen, daß die Eigenschaft der Meßbarkeit nicht verlorengeht und daß sich das Maß einer meßbaren Menge nicht ändert, wenn man von einem Netz zum anderen übergeht. Es sei E eine beschränkte Punktmenge in der Ebene, die im ersten Netz meßbar ist. Hieraus folgt, daß man für ein vorgegebenes $\varepsilon > 0$ die Berandung l von E echt in eine gewisse Menge (L) vom Typ (α) einschließen kann, deren Maß kleiner als ε ist [95]. Der Abstand von l und dem Rand von (L) ist positiv. Bei hinreichender Verfeinerung des zweiten Netzes kann man l echt in eine Menge (L_1) vom Typ (β) einschließen, wobei (L_1) in (L) enthalten ist. Weil $L_1 < L < \varepsilon$ gilt und $\varepsilon > 0$ beliebig ist, kann man folgern, daß l auch bei Benutzung des zweiten Netzes vom Maß Null ist. E ist also auch im zweiten Netz meßbar. Analog beweist man, daß aus der Meßbarkeit von E im zweiten Netz auch die Meßbarkeit im ersten Netz folgt. Für den Beweis, daß die Maße von E in beiden Netzen gleich sind, genügt es, das Zusammenfallen der inneren Inhalte zu zeigen. Mit a bzw. a_1 seien die inneren Inhalte von E im ersten bzw. zweiten Netz bezeichnet. Für ein beliebig vorgegebenes $\varepsilon > 0$ existiert im ersten Netz eine Menge (S) vom Typ (α), die aus inneren Punkten von E besteht und für die $S > a - \varepsilon$ ist. Der Abstand von (S) und l ist positiv. Bei hinreichender Verfeinerung des zweiten Netzes existiert eine Menge $(\tilde{S})$ vom Typ (β), die aus inneren Punkten von E besteht und die (S) enthält. Dann gilt auch $\tilde{S} > a - \varepsilon$. Da $\varepsilon > 0$ frei wählbar ist, folgt daraus $a_1 \geqq a$. Analog kann bewiesen werden, daß auch $a \geqq a_1$ gilt, d. h., daß $a = a_1$ ist. Besitzt E keine inneren Punkte, so ist $a_1 = a = 0$. Wir haben damit folgenden Satz bewiesen:

Satz 2. *Bei Verwendung verschieden gerichteter Netze aus gleichen Quadraten bleiben die Eigenschaft der Meßbarkeit und die Größe des Maßes unverändert.*

97. Der Fall beliebig vieler Dimensionen. Die gesamte Theorie des Inhalts läßt sich auch auf den dreidimensionalen Raum übertragen; wir erhalten auf diese Weise die Begriffe des inneren und äußeren Inhalts für den gewöhnlichen Raum und den Begriff der meßbaren dreidimensionalen Menge. Die Rolle der Quadrate spielen dann die Würfel.

Man kann ganz analog die Theorie für die Messung von „Inhalten" oder die Maßtheorie für einen beliebigen n-dimensionalen Raum aufbauen. Als Punkt eines solchen Raumes bezeichnen wir die n reellen Zahlen $(x_1, x_2, \ldots, x_n)$, die in einer wohlbestimmten Reihenfolge angeordnet sind. Der Abstand zwischen den Punkten $(x_1, x_2, \ldots, x_n)$ und $(y_1, y_2, \ldots, y_n)$ wird durch

$$r = \sqrt{\sum_{s=1}^{n} (y_s - x_s)^2}$$

definiert. Die Menge der Punkte $(x_1, x_2, \ldots, x_n)$, deren Koordinaten der Ungleichung

$$\sum_{s=1}^{n} (x_s - a_s)^2 \leq \varrho^2$$

genügen, bezeichnen wir als Kugel mit dem Mittelpunkt $(a_1, a_2, \ldots, a_n)$ und dem Radius ϱ. Als Würfel mit der Kante r sehen wir schließlich die Menge derjenigen Punkte an, deren Koordinaten den Ungleichungen $a_s \leq x_s \leq b_s$ $(s = 1, 2, \ldots, n)$ genügen, wobei $b_s - a_s = r$ ist. Das Maß des Würfels sei der Wert r^n. Alle diese Definitionen ermöglichen es, die gesamte vorstehende Theorie auf den n-dimensionalen Raum zu übertragen und die Begriffe des inneren und äußeren Inhalts eines Bereiches, oder allgemeiner einer Menge, einzuführen. Bei der Übereinstimmung des inneren und des äußeren Inhalts eines Bereiches sagt man, daß der Bereich (oder die Menge) meßbar sei (in der Ebene quadrierbar). Die bewiesenen Sätze sind auch für den n-dimensionalen Raum gültig. Die Parallelverschiebung im n-dimensionalen Raum wird durch die Transformationsformeln $x_s' = x_s + a_s$ $(s = 1, 2, \ldots, n)$ ausgedrückt, und die Drehung um den Ursprung wird durch eine gewisse lineare Transformation dargestellt, bei welcher der Abstand eines Punktes vom Ursprung ungeändert bleibt. Eingehender werden wir diese Transformationen in Teil III$_1$ behandeln.

Bei der Definition eines Gebietes hatten wir den Begriff des Polygonzuges benutzt, d. h. einer Linie, die aus endlich vielen Geradenabschnitten besteht. Als Gerade im n-dimensionalen Raum bezeichnen wir eine Kurve (d. h. eine Punktmenge), welche die Parameterdarstellung $x_s = \varphi_s(t)$ hat, wobei die $\varphi_s(t)$ Polynome ersten Grades sind. Beispiele von Bereichen (Gebieten) im n-dimensionalen Raum sind die Mengen der inneren Punkte einer Kugel oder eines Würfels. Gewöhnlich wird ein Bereich im n-dimensionalen Raum durch gewisse Ungleichungen definiert, welche die Koordinaten der Punkte dieses Bereiches erfüllen müssen. Für $n = 1$, d. h. auf der Geraden, kann ein Gebiet nur aus den inneren Punkten eines gewissen Intervalls bestehen. Was wir über die einfachen Kurven gesagt haben, läßt sich auf den n-dimensionalen Raum verallgemeinern. Ist insbesondere im dreidimensionalen Raum eine Fläche durch die explizite Darstellung $z = \varphi(x, y)$ gegeben, in der $\varphi(x, y)$ eine in einem gewissen beschränkten abgeschlossenen Bereich der x, y-Ebene stetige Funktion ist, so wird der Inhalt dieser Fläche gleich Null. Ferner kann man so wie in [**95**] leicht den Begriff der einfachen Fläche aufstellen, und jeder von einer einfachen Fläche begrenzte Bereich wird meßbar.

98. Integrierbare Funktionen. Es sei (σ) ein beschränktes meßbares Gebiet oder eine offene Menge, $f(N)$ sei eine auf (σ) und auf der Berandung von (σ) definierte beschränkte Funktion. Wir teilen (σ) in eine endliche Anzahl meßbarer Gebiete (oder offener Mengen) (σ_k) $(k = 1, 2, \ldots, m)$, wie dies in [**95**] gezeigt ist. Es sei (δ) eine solche Zerlegung von (σ). Das Maß der Menge (σ_k) sei wiederum gleich σ_k $(k = 1, 2, \ldots, m)$, so daß $\sigma = \sigma_1 + \sigma_2 + \cdots + \sigma_m$ gilt. Mit N_k soll ein beliebiger Punkt aus (σ_k) oder dessen Berandung und mit d_k der Durchmesser von (σ_k) $(k = 1, 2, \ldots, m)$ bezeichnet werden. Ferner sei $\mu(\delta)$ die größte der Zahlen d_k. Die Funktion $f(N)$ heißt *integrierbar* über (σ), falls die Summen

$$\sigma(\delta) = \sum_{k=1}^{m} f(N_k) \sigma_k$$

für $\mu(\delta) \to 0$ gegen einen bestimmten Grenzwert streben; vgl. [**I,** 116]. Dieser Grenzwert heißt *Integral* der Funktion $f(N)$ über (σ):

$$\iint\limits_{(\sigma)} f(N) \, d\sigma = \lim \sum_{k=1}^{m} f(N_k) \sigma_k.$$

Mit m_k und M_k bezeichnen wir die untere bzw. die obere Grenze der Werte $f(N)$ auf (σ_k) (einschließlich der Berandung).

Wir bilden die Summen

$$s(\delta) = \sum_{k=1}^{m} m_k \sigma_k, \quad S(\delta) = \sum_{k=1}^{m} M_k \sigma_k,$$

die nur von der Zerlegung δ abhängen. Offensichtlich gilt

$$s(\delta) \leq \sigma(\delta) \leq S(\delta).$$

Es sei i die obere Grenze der Werte $s(\delta)$ und I die untere Grenze der Werte $S(\delta)$ für alle möglichen Zerlegungen δ. Damit besteht die Ungleichung [**I,** 115]

$$s(\delta) \leq i \leq I \leq S(\delta).$$

So wie in [**I,** 116] kann man zeigen, daß *eine notwendige und hinreichende Bedingung für die Integrierbarkeit einer beschränkten Funktion $f(N)$ darin besteht, daß die Differenz*

$$S(\delta) - s(\delta) = \sum_{k=1}^{m} (M_k - m_k) \sigma_k$$

für $\mu(\delta) \to 0$ gegen Null strebt.

Ist diese Bedingung erfüllt, so gilt $i = I$, und der Wert des Integrals ist gleich i.

Man kann beweisen, daß für $\mu(\delta) \to 0$ $s(\delta)$ gegen i und $S(\delta)$ gegen I strebt für eine beliebige beschränkte Funktion $f(N)$. Folglich ist $i = I$ nicht nur eine notwendige, sondern auch eine hinreichende Bedingung für die Existenz des Integrals von $f(N)$.

Für $f(N) \equiv 1$ liefert die Summe $\sigma(\delta)$ den Inhalt (das Maß) von (σ):

$$\iint\limits_{(\sigma)} d\sigma = m(\sigma).$$

Unter Benutzung der oben angeführten Integrierbarkeitsbedingung kann man einige Klassen integrierbarer Funktionen angeben:

1. *Ist eine Funktion $f(N)$ auf der Abschließung $(\bar\sigma)$ einer beschränkten offenen Menge (σ) stetig, so ist sie integrierbar.*

Dies wird wie in [**I, 116**] bewiesen.

2. *Ist die Menge (R) der Unstetigkeitsstellen einer beschränkten Funktion $f(N)$ vom Maß Null, dann ist $f(N)$ integrierbar.*

Zur Vereinfachung nehmen wir an, daß (R) echt in (σ) enthalten ist. Eine Zahl $\varepsilon > 0$ sei vorgegeben. Aus $m(R) = 0$ folgt, daß man (R) echt in eine Menge (T) vom Typ (α) einschließen kann, die in (σ) liegt und deren Maß kleiner als ε ist. Es sei l die Berandung von (T). Das Maß von l ist offensichtlich gleich Null. Somit können wir l durch eine Menge (T_1) vom Typ (α) umgeben, deren Inhalt wiederum kleiner als ε ist und die in (σ) liegt. Es sei d_1 der Abstand von l und der Berandung von (T_1). Ist (σ) in Teile zerlegt worden, deren Durchmesser alle kleiner als d_1 sind, so ist die Summe der Inhalte derjenigen Teile, die mit l gemeinsame Punkte besitzen, kleiner als ε. Entfernen wir aus (σ) den inneren Teil von (T), so ist die Funktion $f(N)$ auf der verbleibenden abgeschlossenen Menge (σ_1) gleichmäßig stetig. Folglich existiert eine solche Zahl $d_2 > 0$, daß in jeder zu (σ_1) gehörenden Menge, deren Durchmesser kleiner als d_2 ist, die Schwankung von $f(N)$ kleiner als ε wird.

Wie in [**I, 116**] kann gezeigt werden, daß die Ungleichung

$$\sum_{k=1}^n (M_k - m)\sigma_k \leqq [\sigma + (M - m)]\varepsilon$$

gilt, sobald $\mu(\delta)$ kleiner als d_1 und d_2 ist. Dabei ist σ das Maß von (σ); m und M sind die untere bzw. die obere Grenze der Werte $f(N)$ in $(\bar\sigma)$. Da $\varepsilon > 0$ beliebig ist, folgt hieraus die Integrierbarkeit von $f(N)$ über (σ).

Wie auch in [**I, 117**] ergeben sich folgende grundlegende Eigenschaften integrierbarer Funktionen:

1. *Es sei $f(N)$ über (σ) integrierbar. Werden die Werte von $f(N)$ in einer Menge (R) vom Maß Null unter Wahrung der Beschränktheit der Funktion abgeändert, so ist die neue Funktion ebenfalls integrierbar. Der Wert des Integrals bleibt dabei unverändert.*

2. *Die Funktion $f(N)$ sei auf (σ) integrierbar, und (σ) sei in endlich viele meßbare Gebiete oder offene Mengen (σ_k) $(k = 1, 2, \ldots, m)$ zerlegt. Dann ist $f(N)$ über jedem (σ_k) integrierbar, und das Integral über (σ) ist gleich der Summe der Integrale über (σ_k).*

Aus der Integrierbarkeit über alle (σ_k) folgt auch die Integrierbarkeit über (σ). Es bleiben auch die übrigen in [**I, 117**] angegebenen Eigenschaften integrierbarer Funktionen erhalten: das Herausziehen eines konstanten Faktors vor das Integralzeichen, die Integrierbarkeit der Summe, des Produktes und des Quotienten integrierbarer Funktionen, die Integrierbarkeit des Absolutbetrages einer integrierbaren Funktion und der Mittelwertsatz.

Es sei noch bemerkt, daß die Werte der beschränkten Funktion $f(N)$ auf l die Größe des Integrals nicht beeinflussen, wenn der Rand l ein meßbares Gebiet oder eine offene Menge vom Maß Null ist.

99. Die Berechnung des Doppelintegrals. Im folgenden soll eine Formel aufgestellt werden, welche die Berechnung eines Doppelintegrals auf zwei Quadraturen zurückführt. Wir betrachten zuerst den Fall eines Rechtecks (R) mit den achsenparallelen Seiten

$$x = a, \quad x = b, \quad y = c, \quad y = d. \tag{8}$$

Wir setzen voraus, daß $f(N) = f(x, y)$ in (R) integrierbar ist; es existiert also das Integral

$$\iint\limits_{(R)} f(N)\, d\sigma = \iint\limits_{(R)} f(x, y)\, dx\, dy. \tag{9}$$

Außerdem soll für jedes x aus dem Intervall (a, b) das Integral

$$F(x) = \int_c^d f(x, y)\, dy \qquad (a \leqq x \leqq b) \tag{10}$$

sowie das iterierte Integral

$$\int_a^b F(x)\, dx = \int_a^b \left[\int_c^d f(x, y)\, dy \right] dx \tag{11}$$

existieren. Wir zerlegen (R) mit Hilfe der Zwischenpunkte

$$a = x_0 < x_1 < x_2 < \cdots < x_{n-1} < x_n = b,$$
$$c = y_0 < y_1 < y_2 < \cdots < y_{m-1} < y_m = d$$

in Teilbereiche; dabei sei (R_{ik}) dasjenige Teilrechteck, das von den Geraden $x = x_i$, $x = x_{i+1}$, $y = y_k$ und $y = y_{k+1}$ begrenzt wird. Ferner seien m_{ik} und M_{ik} die untere bzw. die obere Grenze der Werte von $f(x, y)$ in dem abgeschlossenen Rechteck (R_{ik}). Außerdem setzen wir $\Delta x_i = x_{i+1} - x_i$ und $\Delta y_k = y_{k+1} - y_k$. Indem wir die Ungleichung

$$m_{ik} \leqq f(x, y) \leqq M_{ik}, \qquad (x, y) \text{ aus } (R_{ik}),$$

über das Intervall $y_k \leqq y \leqq y_{k+1}$ integrieren, erhalten wir

$$m_{ik} \Delta y_k \leqq \int_{y_k}^{y_{k+1}} f(x, y)\, dy \leqq M_{ik} \Delta y_k \qquad (x_i \leqq x \leqq x_{i+1}).$$

Dabei ist (y_k, y_{k+1}) ein Teilintervall von (c, d), und das hingeschriebene Integral existiert auf Grund der Existenz des Integrals (10) [**I, 117**]. Durch Addition dieser Ungleichungen entsteht

$$\sum_{k=0}^{m-1} m_{ik} \Delta y_k = \int_c^d f(x, y) \, dy \leqq \sum_{k=0}^{m-1} M_{ik} \Delta y_k.$$

Wir integrieren jetzt über das Intervall (x_i, x_{i+1}) und erhalten

$$\sum_{k=0}^{m-1} m_{ik} \Delta y_k \Delta x_i \leqq \int_{x_i}^{x_{i+1}} \left[\int_c^d f(x, y) \, dy \right] dx \leqq \sum_{k=0}^{m-1} M_{ik} \Delta y_k \Delta x_i;$$

das hingeschriebene Integral existiert auf Grund der Existenz des Integrals (11). Die Summation der letzten Ungleichungen über i liefert

$$\sum_{i=0}^{n-1} \sum_{k=0}^{m-1} m_{ik} \Delta y_k \Delta x_i \leqq \int_a^b \left[\int_c^d f(x, y) \, dy \right] dx \leqq \sum_{i=0}^{n-1} \sum_{k=0}^{m-1} M_{ik} \Delta y_k \Delta x_i.$$

Das Produkt $\Delta y_k \Delta x_i$ stellt den Flächeninhalt von (R_{ik}) dar; bei unbegrenzter Verkleinerung der Rechtecke werden also die äußeren Glieder der Ungleichung gegen das Integral (9) streben, was uns zu der gewünschten Formel

$$\iint_{(R)} f(x, y) \, dx \, dy = \int_a^b \left[\int_c^d f(x, y) \, dy \right] dx \tag{12}$$

führt. *Wenn also das Doppelintegral* (9) *und das iterierte Integral* (11) *existieren, gilt die Formel* (12), *d. h., diese Integrale sind einander gleich.*

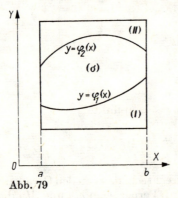

Abb. 79

Die Existenz des Integrals (11) setzt die Existenz des Integrals (10) voraus. Ist $f(N)$ in dem abgeschlossenen Rechteck (R) eine stetige Funktion, so existieren offensichtlich die Integrale (9) und (10). Hierbei liefert die Formel (10), wie wir gesehen hatten [**83**], eine stetige Funktion von x, und folglich existiert auch das Integral (11). Wie betrachten jetzt einen Bereich (σ), der von den beiden Kurven $y = \varphi_2(x)$ und $y = \varphi_1(x)$ sowie von den Geraden $x = a$ und $x = b$ begrenzt wird (Abb. 79), und setzen die Existenz des Doppelintegrals

$$\iint_{(\sigma)} f(N) \, d\sigma = \iint_{(\sigma)} f(x, y) \, dx \, dy, \tag{13}$$

der einfachen Integrale

$$F(x) = \int_{\varphi_1(x)}^{\varphi_2(x)} f(x, y)\, dy \tag{14}$$

und des iterierten Integrals

$$\int_a^b F(x)\, dx = \int_a^b \left[\int_{\varphi_1(x)}^{\varphi_2(x)} f(x, y)\, dy \right] dx \tag{15}$$

voraus. Es sei (R) das von den Geraden (8) gebildete Rechteck, wobei wir c und d so wählen, daß $c < \varphi_1(x)$ und $d > \varphi_2(x)$ für alle x aus $[a, b]$ gilt; (σ) bildet dann einen Teilbereich von (R). Wir definieren in (R) eine Funktion $f_1(N) = f_1(x, y)$, die gleich $f(N)$ in den Punkten des Bereiches (σ) und gleich Null in den Punkten von (R) ist, die nicht zu (σ) gehören. Die Kurven $y = \varphi_1(x)$ und $y = \varphi_2(x)$ zerlegen (R) in drei Teilbereiche, nämlich (σ) sowie die Bereiche (I) und (II), die unterhalb bzw. oberhalb von (σ) liegen (Abb. 79). Die Funktion $f_1(N)$ ist über den Bereich (σ) integrierbar, da sie dort mit $f(N)$ übereinstimmt, aber auch über die Bereiche (I) und (II), da sie in den inneren Punkten dieser Bereiche gleich Null ist.

Folglich ist $f_1(N)$ über (R) integrierbar [98], und es gilt

$$\iint_{(R)} f_1(N)\, d\sigma = \iint_{(\sigma)} f(N)\, d\sigma. \tag{16}$$

Ebenso erhält man für jedes x aus dem Intervall (a, b) das Integral

$$F(x) = \int_c^d f_1(x, y)\, dy = \int_{\varphi_1(x)}^{\varphi_2(x)} f(x, y)\, dy \tag{17}$$

und schließlich auch das Integral (15). Folglich ist (12) auf die Funktion $f_1(N)$ anwendbar, und wegen (16) und (17) ergibt sich damit die Formel

$$\iint_{(\sigma)} f(x, y)\, dx\, dy = \int_a^b \left[\int_{\varphi_1(x)}^{\varphi_2(x)} f(x, y)\, dy \right] dx, \tag{18}$$

die das Doppelintegral über (σ) auf ein iteriertes Integral zurückführt. Bei dieser Ableitung wurde die *Existenz der Integrale* (13), (14) und (15) vorausgesetzt. Ist $f(x, y)$ in dem abgeschlossenen Bereich (σ) stetig, so existieren entsprechend dem Vorhergehenden die Integrale (13) und (14). Außerdem wird auf Grund von [83] durch (14) eine stetige Funktion von x definiert, und folglich existiert auch das Integral (15). Ganz analog läßt sich die Formel zur Rückführung eines dreifachen Integrals auf ein iteriertes Integral, das drei Quadraturen enthält, beweisen [61].

100. Die n-fachen Integrale. Alles in [96] und [97] Gesagte läßt sich unmittelbar auf den Fall des n-dimensionalen Raumes übertragen und führt zum Begriff des Integrals einer beschränkten Funktion über einen beschränkten meßbaren n-dimensionalen Bereich sowie zu der früher angegebenen Integrierbarkeitsbedingung und zu den üblichen Eigenschaften der Integrale. Analog zu [99] gilt die Formel zur Rückführung eines n-fachen Integrals auf ein iteriertes, das n Quadraturen enthält. Diese Formel läßt sich mittels Induktionsschluß von n auf $n+1$ beweisen. Die Grenzen in dem mehrfachen Integral berechnen sich aus den Ungleichungen, durch die der Integrationsbereich definiert wird. Es sei $f(N) = f(x_1, x_2, \ldots, x_n)$ eine stetige Funktion in einem abgeschlossenen meßbaren Bereich (P_n) des n-dimensionalen Raumes, dessen innere Punkte durch die folgenden Bedingungen definiert werden: Die Punkte $(x_1, x_2, \ldots, x_{n-1})$ sind innere Punkte eines gewissen meßbaren Bereiches (Q_{n-1}) des $(n-1)$-dimensionalen Raumes, und x_n genügt den Ungleichungen

$$\varphi_1(x_1, x_2, \ldots, x_{n-1}) < x_n < \varphi_2(x_1, x_2, \ldots, x_{n-1}),$$

wobei $\varphi_1(x_1, x_2, \ldots, x_{n-1})$ und $\varphi_2(x_1, x_2, \ldots, x_{n-1})$ stetige Funktionen in dem abgeschlossenen Bereich (Q_{n-1}) sind. Dann läßt sich das n-fache Integral wie folgt durch eine Quadratur über x_n und ein $(n-1)$-faches Integral über (Q_{n-1}) ausdrücken:

$$\iint \cdots \int_{(P_n)} f(x_1, x_2, \ldots, x_n)\, dx_1 \cdots dx_n$$
$$= \iint \cdots \int_{(Q_{n-1})} \left[\int_{\varphi_1(x_1,\ldots,x_{n-1})}^{\varphi_2(x_1,\ldots,x_{n-1})} f(x_1, \ldots, x_n)\, dx_n \right] dx_1 \cdots dx_{n-1}. \tag{19}$$

Als Verallgemeinerung des ebenen Rechtecks mit achsenparallelen Seiten erweist sich ein Quader (R_n) des n-dimensionalen Raumes, der durch die Ungleichungen

$$a_1 \leq x_1 \leq b_1, \quad a_2 \leq x_2 \leq b_2, \ldots, \quad a_n \leq x_n \leq b_n \tag{20}$$

definiert wird. Die Integration über diesen Quader läßt sich auf ein iteriertes Integral, dessen Grenzen sämtlich konstant sind, zurückführen; man erhält

$$\iint \cdots \int_{(R_n)} f(x_1, \ldots, x_n)\, dx_1 \cdots dx_n = \int_{a_1}^{b_1} dx_1 \cdots \int_{a_{n-1}}^{b_{n-1}} dx_{n-1} \int_{a_n}^{b_n} f(x_1, \ldots, x_n)\, dx_n.$$

Die Reihenfolge der Integration kann beliebig geändert werden, wenn man dabei in jeder Veränderlichen die ursprünglichen Grenzen beibehält.

Für den mit dem Begriff der Determinante vertrauten Leser geben wir auch die Formel für die *Substitution der Veränderlichen in einem n-fachen Integral* an. Es mögen anstelle der Veränderlichen $(x_1, x_2, \ldots, x_n)$ die neuen Veränderlichen $(x_1', x_2', \ldots, x_n')$ eingeführt werden, und es seien

$$x_i = \varphi_i(x_1', x_2', \ldots, x_n') \qquad (i = 1, 2, \ldots, n) \tag{21}$$

die Formeln, welche die alten Veränderlichen durch die neuen ausdrücken.

Wir führen in die Betrachtung die sogenannte *Funktionaldeterminante* des Funktionensystems (21),

$$D = \begin{vmatrix} \dfrac{\partial \varphi_1}{\partial x_1'} & \dfrac{\partial \varphi_1}{\partial x_2'} & \cdots & \dfrac{\partial \varphi_1}{\partial x_n'} \\ \dfrac{\partial \varphi_2}{\partial x_1'} & \dfrac{\partial \varphi_2}{\partial x_2'} & \cdots & \dfrac{\partial \varphi_2}{\partial x_n'} \\ \cdots & \cdots & \cdots & \cdots \\ \dfrac{\partial \varphi_n}{\partial x_1'} & \dfrac{\partial \varphi_n}{\partial x_2'} & \cdots & \dfrac{\partial \varphi_n}{\partial x_n'} \end{vmatrix}, \tag{22}$$

ein. Die Formel für die Substitution der Veränderlichen lautet dann

$$\iint_{(P_n)} \cdots \int f \, dx_1 \cdots dx_n = \iint_{(P_n')} \cdots \int f |D| \, dx_1' \cdots dx_n', \tag{23}$$

wobei sich die Ungleichungen, die den neuen Integrationsbereich (P_n') definieren, aus den (P_n) definierenden Ungleichungen ergeben, wenn man dort x_i durch die Ausdrücke (21) ersetzt. Die Bedingungen für die Anwendbarkeit der Formel (23) sind dieselben wie für das Doppelintegral in [80]. Die uneigentlichen n-fachen Integrale werden ebenso definiert wie die uneigentlichen zweifachen und dreifachen Integrale [89]. Wir gehen jetzt zu Beispielen über.

101. Beispiele.

1. Das Tetraeder des n-dimensionalen Raumes, das von den Hyperflächen

$$x_1 = 0, \quad x_2 = 0, \quad \ldots, \quad x_n = 0, \quad x_1 + x_2 + \cdots + x_n = a \qquad (a > 0)$$

begrenzt ist, wird durch die Ungleichungen

$$x_1 > 0, \quad x_2 > 0, \quad \ldots, \quad x_n > 0, \quad x_1 + x_2 + \cdots + x_n < a \tag{24}$$

definiert. Für $n = 3$ ergibt sich das gewöhnliche Tetraeder, das von den Koordinatenebenen und der Ebene $x + y + z = a$ begrenzt wird. Wir führen neue Veränderliche ein, indem wir

$$x_1' = x_1 + x_2 + \cdots + x_n, \qquad x_2' = \frac{a(x_2 + \cdots + x_n)}{x_1 + x_2 + \cdots + x_n},$$

$$x_3' = \frac{a(x_3 + \cdots + x_n)}{x_2 + \cdots + x_n}, \quad \ldots, \quad x_n' = \frac{a x_n}{x_{n-1} + x_n}$$

setzen, woraus

$$x_1 + \cdots + x_n = x_1', \qquad a(x_2 + \cdots + x_n) = x_1' x_2',$$

$$a^2(x_3 + \cdots + x_n) = x_1' x_2' x_3', \quad \ldots, \quad a^{n-1} x_n = x_1' x_2' \cdots x_n'$$

folgt. Umgekehrt werden die alten Veränderlichen durch die neuen mit Hilfe der Formeln

$$x_1 = \frac{x_1'(a - x_2')}{a}, \qquad x_2 = \frac{x_1' x_2' (a - x_3')}{a^2}, \ldots,$$

$$x_{n-1} = \frac{x_1' x_2' \cdots x_{n-1}' (a - x_n')}{a^{n-1}}, \qquad x_n = \frac{x_1' x_2' \cdots x_n'}{a^{n-1}}$$

ausgedrückt. Aus diesen folgt unmittelbar, daß man das Tetraeder (24) durch den n-dimensionalen Würfel

$$0 < x_1' < a, \quad 0 < x_2' < a, \quad \ldots, \quad 0 < x_n' < a \tag{25}$$

ersetzen kann.

2. Wir bestimmen den Inhalt (das Volumen) der n-dimensionalen Kugel mit dem Mittelpunkt im Ursprung und dem Radius r; sie wird durch die Ungleichung

$$x_1^2 + x_2^2 + \cdots + x_n^2 \leqq r^2 \tag{26}$$

definiert. Führt man eine Ähnlichkeitstransformation mit dem Ähnlichkeitskoeffizienten k aus, so multipliziert sich das Volumen jedes Würfels mit k^n, und der Radius r multipliziert sich mit k. Hieraus folgt unmittelbar, daß das gesuchte Volumen v_n, das eine Funktion von r allein ist, durch einen Ausdruck der Form

$$v_n = C_n r^n \tag{27}$$

gegeben wird; dabei stellt C_n einen nur von n abhängigen Wert dar. Wird die Kugel (26) mit einer Ebene $x_1 = \text{const}$ geschnitten, so ergibt sich, wie aus Formel (26) zu ersehen ist, eine $(n-1)$-dimensionale Kugel, für die das Quadrat des Radius gleich $r^2 - x_1^2$ ist. Auf Grund von (27) wird das Volumen dieser Kugel gleich $C_{n-1}(r^2 - x_1^2)^{\frac{n-1}{2}}$, und der Teil der n-dimensionalen Kugel, der zwischen den Ebenen x_1 und $x_1 + dx_1$ liegt, hat dann das Volumen $C_{n-1}(r^2 - x_1^2)^{\frac{n-1}{2}} dx_1$, woraus sich für v_n der Ausdruck

$$v_n = C_n r^n = C_{n-1} \int_{-r}^{r} (r^2 - x_1^2)^{\frac{n-1}{2}} dx_1$$

ergibt. Mit der Substitution $x_1 = r \cos \varphi$ erhalten wir den Zusammenhang zwischen C_n und C_{n-1} durch

$$C_n = C_{n-1} \int_0^{\pi} \sin^n \varphi \, d\varphi = 2 C_{n-1} \int_0^{\pi/2} \sin^n \varphi \, d\varphi, \tag{28}$$

wobei bekanntlich [**I, 100**]

$$\int_0^{\pi/2} \sin^n \varphi \, d\varphi = \frac{(n-1)(n-3) \cdots 1}{n(n-2) \cdots 2} \frac{\pi}{2} \quad \text{für gerades } n,$$

$$\int_0^{\pi/2} \sin^n \varphi \, d\varphi = \frac{(n-1)(n-3) \cdots 2}{n(n-2) \cdots 3} \quad \text{für ungerades } n$$

ist. Wird in (28) n durch $n-1$ ersetzt, so ergibt sich

$$C_{n-1} = 2 C_{n-2} \int_0^{\pi/2} \sin^{n-1} \varphi \, d\varphi.$$

Aus den angegebenen Gleichungen folgt für jedes ganzzahlige n

$$C_n = C_{n-2} \frac{2\pi}{n}. \tag{29}$$

Bekanntlich ist aber $C_2 = \pi$ und $C_3 = \frac{4}{3}\pi$. Durch Formel (29) erhalten wir hieraus

$$C_n = \frac{(2\pi)^{\frac{n}{2}}}{n(n-2)\cdots 2} \quad \text{für gerades } n$$

und

$$C_n = \frac{2^{\frac{n+1}{2}} \pi^{\frac{n-1}{2}}}{n(n-2)\cdots 1} \quad \text{für ungerades } n.$$

102. Das äußere Lebesguesche Maß. Wir gehen nun zur Theorie des Lebesgueschen Maßes und des Lebesgueschen Integrals über. Einige Ergebnisse dieser Theorie werden wir ohne Beweis anführen. An den entsprechenden Stellen sei auf Teil V verwiesen, der die erwähnten Beweise enthält.

Im weiteren werden wir es oft mit Summen einer endlichen oder abzählbaren Anzahl nichtnegativer Summanden zu tun haben. Dabei ist es zugelassen, daß einzelne Summanden oder Summen gleich ∞ werden. Wird ein gewisser Summand gleich ∞, so ist die Summe natürlich auch gleich ∞. Aber eine Summe aus abzählbar vielen Summanden (der Grenzwert der Summen aus den ersten n Summanden für $n \to \infty$) kann auch dann gleich ∞ werden, wenn keiner der Summanden gleich ∞ ist. Wir bemerken noch, daß eine Summe aus nichtnegativen Summanden nicht von deren Reihenfolge abhängt.

In der Lebesgueschen Maßtheorie werden sowohl beschränkte als auch unbeschränkte Mengen betrachtet. Wir wollen mit der Definition des äußeren Maßes beginnen. Ein wesentlicher Unterschied zum Jordanschen Maß besteht darin, daß bei der Bestimmung des äußeren Maßes eine Überdeckung der Menge nicht nur durch eine endliche, sondern auch durch eine abzählbare Anzahl von Quadraten Δ_n ($n = 1, 2, \ldots$) mit achsenparallelen Seiten zugelassen ist. Diese Quadrate können verschiedenen quadratischen Netzen angehören und sich auch überdecken. Die Δ_n werden wir als offene Quadrate ansehen. Diese Voraussetzung ist nicht wesentlich; sie ist aber günstig, weil offene Mengen in der weiteren Behandlung eine wichtige Rolle spielen werden.

Definition. Als *äußeres Maß* einer beliebigen Punktmenge E bezeichnet man die untere Grenze der Summen

$$\sum_n \text{Fläche von } \Delta_n \tag{30}$$

der Flächen der Quadrate Δ_n für alle möglichen Überdeckungen von E mit Hilfe dieser Quadrate.

Wird bei einer beliebigen Überdeckung die Summe (30) gleich ∞, so sehen wir ∞ als äußeres Maß von E an. Ist E eine beschränkte Menge, so kann sie mit einem Quadrat Δ_1 bedeckt werden. Ihr äußeres Maß ist folglich endlich.

Das äußere Maß kann aber auch für unbeschränkte Mengen endlich sein. Für die leere Menge ist das äußere Maß natürlich gleich Null. Das äußere Maß einer Menge E bezeichnen wir mit $|E|$.

Im weiteren werden wir die Summe (30) für eine beliebige Überdeckung A einer gewissen Menge E mit $\sigma(A)$ bezeichnen.

Es sollen nun einige grundlegende Eigenschaften des äußeren Maßes aufgezeigt werden.

Satz 1. *Aus $E_2 \subset E_1$ folgt $|E_2| \leq |E_1|$.*

Dies ergibt sich unmittelbar daraus, daß jede Überdeckung von E_1 auch Überdeckung von E_2 ist.

Satz 2. *Für eine endliche oder abzählbare Anzahl von Summanden ist das äußere Maß der Summe nicht größer als die Summe der äußeren Maße der Faktoren:*

$$\left|\sum_k E_k\right| \leq \sum_k |E_k|. \tag{31}$$

Es sei eine Zahl $\varepsilon > 0$ vorgegeben. Gemäß der Definition der unteren Grenze existiert für jede Menge E_k eine solche Überdeckung A_k, daß

$$\sigma(A_k) \leq |E_k| + \frac{\varepsilon}{2^k}$$

ist. Wir wählen die Quadrate aus, die jeweils zu einem A_k gehören (dies sind endlich oder abzählbar viele [93]). Sie bilden eine gewisse Überdeckung A der Summe der E_k. Somit erhalten wir

$$\sigma(A) = \sum_k \sigma(A_k) \leq \sum_k |E_k| + \varepsilon \sum_k \frac{1}{2^k} \leq \sum_k |E_k| + \varepsilon$$

und hieraus

$$\left|\sum_k E_k\right| \leq \sum_k |E_k| + \varepsilon.$$

Da $\varepsilon > 0$ beliebig wählbar ist, ergibt sich somit (31).

In der Beziehung (31) kann das Zeichen $<$ sogar dann gelten, wenn die E_k paarweise keine gemeinsamen Punkte besitzen. Für das äußere Maß gilt also die Additivitätseigenschaft nicht. Im weiteren werden wir eine offene Menge oft mit dem Buchstaben O und eine abgeschlossene Menge mit dem Buchstaben F bezeichnen, entsprechend den französischen Wörtern ouvert (offen) und fermé (abgeschlossen).

Satz 3. *In jeder Menge E existiert bei beliebig vorgegebenem $\varepsilon > 0$ eine solche offene Menge O, die E überdeckt, so daß*

$$|O| \leq |E| + \varepsilon \tag{32}$$

gilt.

Im Fall $|E| = \infty$ ist diese Beziehung offenbar für jede Menge O richtig, die E überdeckt. Es sei also $|E|$ endlich. Für ein beliebig vorgegebenes $\varepsilon > 0$ wählen wir eine Überdeckung A der Menge E mit

$$\sigma(A) \leq |E| + \varepsilon. \tag{33}$$

Die Summe der zu A gehörenden offenen Quadrate ist eine offene Menge O. Sie wird von den Δ_n überdeckt und überdeckt selbst die Menge E. Nach der Definition des äußeren Maßes gilt

$$|O| \leqq \sigma(A),$$

und damit folgt die Behauptung (32) aus (33).

103. Meßbare Mengen. Wir werden hier nicht den Begriff des inneren Maßes einführen, wie es in der Theorie des Jordanschen Maßes der Fall war. Mit Hilfe der offenen Mengen kommen wir direkt zum Begriff der meßbaren Menge. Die durch Satz 3 ausgedrückte Eigenschaft besitzt jede Menge E. Aber nicht für jede Menge E kann das äußere Maß der Differenz $O - E$ bei entsprechender Wahl von O kleiner als ε gemacht werden (dabei ist $\varepsilon > 0$ vorgegeben). Besitzt E jedoch diese Eigenschaft, so nennen wir diese Menge meßbar.

Definition. Die Menge E heißt *meßbar*, wenn zu jedem vorgegebenen $\varepsilon > 0$ eine solche offene Menge O existiert, daß

$$E \subset O \quad \text{und} \quad |O - E| \leqq \varepsilon$$

gilt.

Das äußere Maß einer meßbaren Menge E nennen wir einfach *Maß* von E und bezeichnen es mit $m(E)$. Wir wollen die Eigenschaften meßbarer Mengen untersuchen. Die leere Menge sehen wir als meßbare Menge vom Maß Null an. Vor allem entsteht folgende Frage: Ist jedes Quadrat oder Rechteck (offen oder abgeschlossen) mit achsenparallelen Seiten eine meßbare Menge und, wenn ja, welchen Wert hat das entsprechende Maß?

Ohne auf den Beweis einzugehen, geben wir das Ergebnis an.

Satz 4. *Die Menge der Punkte eines offenen oder abgeschlossenen Rechtecks mit achsenparallelen Seiten ist eine meßbare Menge, und ihr Maß ist gleich dem Produkt der Längen der Rechteckseiten.*

Satz 5. *Eine offene Menge ist stets meßbar.*

Ist E eine offene Menge, so reicht es für den Nachweis ihrer Meßbarkeit aus, O so zu wählen, daß O mit E übereinstimmt. Dann gilt $|O - E| = 0$.

Satz 6. *Ist $|E| = 0$, dann ist E eine meßbare Menge mit $m(E) = 0$. Für eine meßbare Menge E mit $m(E) = 0$ folgt $|E| = 0$.*

Ist $|E| = 0$, so existiert nach Satz 3 zu einem beliebig vorgegebenen $\varepsilon > 0$ eine Menge O mit $E \subset O$ und $|O| \leqq \varepsilon$. Gemäß Satz 1 gilt dann auch $|O - E| \leqq \varepsilon$, d. h., E ist meßbar. Außerdem ist dann $m(E) = 0$, da $m(E)$ nach Definition mit dem äußeren Maß übereinstimmt. Wenn E meßbar ist mit $m(E) = 0$, ergibt sich auch $|E| = 0$. Der Satz ist damit bewiesen.

Eine meßbare Menge vom Maß Null oder, wie man gewöhnlich sagt, eine *Menge vom Maß Null* ist also durch folgende Eigenschaft gekennzeichnet: Für ein beliebig vorgegebenes $\varepsilon > 0$ kann man diese Menge mit endlich oder abzählbar vielen Quadraten bedecken, wobei die Summen ihrer Flächen nicht größer als ε werden.

Satz 7. *Die Summe aus endlich oder abzählbar vielen meßbaren Mengen ist eine meßbare Menge.*

Es seien die E_n ($n = 1, 2, \ldots$) meßbare Mengen, E sei ihre Summe und $\varepsilon > 0$ eine vorgegebene Zahl. Entsprechend der Definition einer meßbaren Menge existieren offene Mengen O_n mit

$$E_n \subset O_n \quad \text{und} \quad |O_n - E_n| \leq \frac{\varepsilon}{2^n}.$$

Die Summe der O_n liefert eine gewisse offene Menge O mit $E \subset O$. Für beliebige Mengen P_n und Q_n gilt die Beziehung

$$\sum_n P_n - \sum_n Q_n \subset \sum_n (P_n - Q_n),$$

die für die Mengen O_n und E_n

$$O - E \subset \sum_n (O_n - E_n)$$

liefert. Unter Anwendung der Sätze 1 und 2 erhalten wir

$$|O - E| \leq \left| \sum_n (O_n - E_n) \right| \leq \sum_n |O_n - E_n|.$$

Wegen $|O_n - E_n| \leq \dfrac{\varepsilon}{2^n}$ ergibt sich

$$|O - E| \leq \varepsilon,$$

was die Meßbarkeit von E beweist.

Satz 8. *Abgeschlossene Mengen sind meßbar.*

Der Beweis dieses Satzes beruht auf folgendem Lemma [V, 35].

Lemma. *Ist der Abstand zweier Mengen E_1 und E_2 positiv, so gilt $|E_1 + E_2| = |E_1| + |E_2|$.*

Satz 9. *Ist die Menge E meßbar, so stellt auch ihr Komplement $\complement E$ eine meßbare Menge dar.*

Wegen der Meßbarkeit von E existieren offene Mengen O_n mit $E \subset O_n$ und $|O_n - E| \leq \dfrac{1}{n}$ ($n = 1, 2, \ldots$). Wir führen die abgeschlossenen Mengen $F_n = \complement O_n$ ein. Aus $E \subset O_n$ folgt $F_n \subset \complement E$. Gemäß der Beziehung (4) aus [93] haben wir $\complement E - F_n = O_n - E$. Ersetzen wir F_n auf der linken Seite durch $\sum_n F_n$, so gilt

$$\complement E - \sum_{n=1}^{\infty} F_n \subset O_n - E$$

und damit

$$\left| \complement E - \sum_{n=1}^{\infty} F_n \right| \leq \frac{1}{n}.$$

Die linke Seite hängt nicht von n ab, während die rechte Seite für $n \to \infty$ gegen Null strebt. Es ergibt sich folglich

$$\left| \complement E - \sum_{n=1}^{\infty} F_n \right| = 0.$$

Die Differenz auf der linken Seite ist also eine Menge E_0 vom Maß Null. Wegen $F_n \subset \complement E$ haben wir

$$\complement E = E_0 + \sum_{n=1}^{\infty} F.$$

Aus Satz 7 und 8 folgt damit die Meßbarkeit von $\complement E$.

Folgerung. *Aus der Meßbarkeit von $\complement E$ folgt auch die Meßbarkeit der Menge $E = \complement(\complement E)$.*

Der folgende Satz liefert ein Kriterium für die Meßbarkeit einer Menge E nicht mit Hilfe offener Mengen, die E überdecken (wie bei der Definition meßbarer Mengen), sondern mit Hilfe in E enthaltener abgeschlossener Mengen.

Satz 10. *Für die Meßbarkeit einer Menge E ist folgende Bedingung notwendig und hinreichend: Zu einem beliebig vorgegebenen $\varepsilon > 0$ existiert eine abgeschlossene Menge F mit $F \subset E$ und $|E - F| \leq \varepsilon$.*

Die Meßbarkeit von E ist gleichbedeutend der Meßbarkeit von $\complement E$. Dafür wiederum ist es notwendig und hinreichend, daß für ein beliebiges $\varepsilon > 0$ eine offene Menge O existiert, für die $\complement E \subset O$ und $|O - \complement E| \leq \varepsilon$ ist. Setzen wir $F = \complement O$ und berücksichtigen, daß wegen (4) aus [93] $O - \complement E = E - \complement O = E - F$ gilt, so kann man für $|O - \complement E| \leq \varepsilon$ auch $|E - F| \leq \varepsilon$ schreiben mit $F \subset E$, denn es ist $\complement E \subset O$ [93]. Der Satz ist damit bewiesen.

Satz 11. *Das Produkt einer endlichen oder abzählbaren Anzahl meßbarer Mengen ist eine meßbare Menge. Die Differenz meßbarer Mengen stellt ebenfalls eine meßbare Menge dar.*

Sind E_n meßbare Mengen, so folgt die Meßbarkeit ihres Produkts aus der Formel

$$\prod_n E_n = \complement \sum_n \complement E_n$$

[93] und den Sätzen 9 und 7. Die Meßbarkeit der Differenz folgt aus der Beziehung $A - B = A \cdot \complement B$ und der Meßbarkeit des Produkts.

Satz 12. *Das Maß der Summe aus endlich oder abzählbar vielen meßbaren Mengen, die paarweise punktfremd sind, ist gleich der Summe der Maße der einzelnen Mengen.*

Mit E_n seien paarweise punktfremde meßbare Mengen bezeichnet. Die Meßbarkeit ihrer Summe folgt aus Satz 7. Wir führen den Beweis unter der Voraussetzung, daß alle E_n beschränkt sind, ihre Anzahl jedoch unendlich ist. Nach Satz 10 existieren für ein beliebig vorgegebenes $\varepsilon > 0$ solche abgeschlossenen

Mengen F_n, daß $F_n \subset E_n$ und $|E_n - F_n| \leq \dfrac{\varepsilon}{2^n}$ gilt. Die Mengen F_n sind offensichtlich beschränkt und paarweise punktfremd. Aus der Beziehung

$$E_n = F_n + (E_n - F_n)$$

folgt unmittelbar

$$|E_n| \leq |F_n| + \frac{\varepsilon}{2^n}. \tag{34}$$

Für eine endliche Summe der F_n gilt nach Satz 1

$$\left|\sum_{n=1}^{m} F_n\right| \leq \left|\sum_{n=1}^{m} E_n\right| \quad \text{und damit} \quad \left|\sum_{n=1}^{m} F_n\right| \leq \left|\sum_{n=1}^{\infty} E_n\right|.$$

Wenden wir das Lemma auf die Summe der F_n an und benutzen wir (34), so ergibt sich

$$\left|\sum_{n=1}^{\infty} E_n\right| \geq \sum_{n=1}^{m} |F_n| \geq \sum_{n=1}^{m} |E_n| - \sum_{n=1}^{\infty} \frac{\varepsilon}{2^n} = \sum_{n=1}^{m} |E_n| - \varepsilon.$$

Für $m \to \infty$ erhalten wir

$$\left|\sum_{n=1}^{\infty} E_n\right| \geq \sum_{n=1}^{\infty} |E_n| - \varepsilon$$

oder

$$\left|\sum_{n=1}^{\infty} E_n\right| \geq \sum_{n=1}^{\infty} |E_n|,$$

da ε frei wählbar ist. Durch Vergleich mit (31) folgt

$$\left|\sum_{n=1}^{\infty} E_n\right| = \sum_{n=1}^{\infty} |E_n|$$

und wegen der Meßbarkeit der Summanden und der Summe die Beziehung

$$m\left(\sum_{n=1}^{\infty} E_n\right) = \sum_{n=1}^{\infty} m(E_n).$$

Die durch Satz 12 ausgedrückte Eigenschaft nennt man gewöhnlich *vollständige Additivität* (oder *Volladditivität*) *des Lebesgueschen Maßes*. Der Zusatz „vollständig" drückt aus, daß die Additivität nicht nur für eine endliche, sondern auch für eine abzählbare Anzahl paarweise punktfremder Mengen gilt. Eine solche Eigenschaft besitzt das Jordansche Maß nicht.

Bemerkung. Aus den Sätzen 2 und 6 folgt, daß die Summe endlich oder abzählbar vieler Mengen vom Maß Null eine Menge vom Maß Null ist. Dabei wird nicht vorausgesetzt, daß die Summanden paarweise punktfremde Mengen sind.

Satz 13. *A und B seien zwei meßbare Mengen mit $B \subset A$. Ist das Maß von B endlich, so gilt* $m(A - B) = m(A) - m(B)$.

Die Differenz $D = A - B$ ist nach Satz 11 meßbar. Wegen $B \subset A$ haben wir $A = B + D$, wobei B und D keine gemeinsamen Punkte besitzen. Folglich gilt
$$m(A) = m(B) + m(D).$$
Subtrahieren wir auf beiden Seiten $m(B) < \infty,^1$ so ergibt sich $m(A - B) = m(A) - m(B)$.

Wir führen noch zwei Ergebnisse an, die die Frage des Grenzübergangs für Mengen berühren. Es sei P_n eine nichtwachsende Folge meßbarer Mengen $P_1 \supset P_2 \supset P_3 \supset \cdots$. Als Grenzelement der Folge P_n für $n \to \infty$ bezeichnen wir das Produkt aller P_n:
$$P = \lim_{n \to \infty} P_n = \prod_{n=1}^{\infty} P_n \qquad (P_1 \supset P_2 \supset \cdots). \tag{35}$$

Die Menge P kann auch leer sein. Die Menge P_1 besteht offensichtlich aus den Elementen (Punkten) von P und aus solchen Elementen, die zu einer beliebigen Menge P_k und folglich auch zu allen P_l für $l < k$ gehören, aber nicht in P_{k+1} liegen. P_1 können wir somit als folgende Summe paarweise punktfremder Mengen darstellen:
$$P_1 = P + \sum_{k=1}^{\infty} (P_k - P_{k+1}).$$
Hieraus ergibt sich
$$m(P_1) = m(P) + \sum_{k=1}^{\infty} m(P_k) - m(P_{k+1})$$
$$= m(P) + \lim_{n \to \infty} \sum_{k=1}^{n-1} [m(P_k) - m(P_{k+1})]$$
oder
$$m(P) = \lim_{n \to \infty} m(P_n). \tag{36}$$

Wir betrachten noch eine Folgerung aus der gewonnenen Beziehung. Es sei E eine unendliche Summe meßbarer Mengen: $E = E_1 + E_2 + \cdots$. Wir setzen $R_n = E - (E_1 + E_2 + \cdots + E_n)$. Die R_n bilden eine nichtwachsende Mengenfolge, und ihre Grenzmenge R ist leer. Liegt nämlich ein Punkt M in R, d. h., in allen R_n, so ist M auch ein Punkt aus E, gehört aber keiner der Mengen E_k ($k = 1, 2, \ldots$) an. Dies widerspricht der Voraussetzung, daß E die Summe der E_k ist. Somit strebt also $m(R_n)$ für $n \to \infty$ gegen Null.

Bilden die Mengen S_n eine nichtfallende Folge meßbarer Mengen, $S_1 \subset S_2 \subset S_3 \subset \cdots$, so nennt man die Summe aller S_n die *Grenzmenge* S. Man kann leicht die Beziehung
$$m(S) = \lim_{n \to \infty} m(S_n) \tag{37}$$
beweisen.

Alle Darlegungen aus der obigen Maßtheorie kann man leicht auf den Fall der Geraden oder des n-dimensionalen Raumes übertragen [97]. Im Fall der

Geraden ist jede offene Menge eine Summe endlich oder abzählbar vieler offener Intervalle. Man kann wie für das Jordansche Maß zeigen, daß das Lebesguesche Maß nicht von der Wahl der Koordinatenachsen abhängt.

Wir machen noch einige Bemerkungen, die mit der Maßtheorie zusammenhängen. Dazu führen wir halboffene Quadrate ein, die durch die Ungleichungen $a < x \leq b$, $c < y \leq d$ $(b-a = d-c)$ definiert sind. In der Ebene betrachten wir ein Netz aus solchen Quadraten. Diese Quadrate sind paarweise punktfremd. Es sei nun O eine gewisse beschränkte offene Menge. Wir kennzeichnen diejenigen Quadrate, die in O liegen (ihre Anzahl ist endlich). Alle verbleibenden Quadrate teilen wir in vier gleiche Teile und kennzeichnen wieder diejenigen der resultierenden Quadrate, die in O liegen, usw. Da der Abstand jedes Punktes der Menge O von deren Rand positiv ist, fällt jeder Punkt von O in eines der gekennzeichneten Quadrate. Daher ist O die Summe abzählbar vieler halboffener Quadrate, und das Maß von O ist gleich der Summe der Flächeninhalte dieser Quadrate. Hieraus wird ersichtlich, daß das Lebesguesche Maß der Menge O mit dem inneren Jordanschen Maß übereinstimmt. Fügen wir zur Menge O die Berandung l von O hinzu, so ergibt sich eine abgeschlossene Menge. Diese abgeschlossene Menge ist Lebesgue-meßbar, ihr Maß kann jedoch größer sein als das Maß von O.

Ist F eine beschränkte abgeschlossene Menge, so können wir diese Menge mit einem offenen Quadrat O überdecken. Die Differenz $O_1 = O - F$ ist eine offene Menge. Es gilt $F = O - O_1$ und $m(F) = m(O) - m(O_1)$. Somit wird das Maß von F durch das Maß offener Mengen bestimmt.

104. Meßbare Funktionen. Wir gehen nun zur Betrachtung einer in der Lebesgueschen Theorie grundlegenden Klasse von Funktionen über. Es werden Funktionen $f(x)$ behandelt, die auf meßbaren Mengen definiert sind und reelle Werte annehmen. Mit dem Buchstaben x wird ein Punkt einer meßbaren Menge auf der Geraden, in der Ebene oder allgemein im n-dimensionalen Raum bezeichnet. Für $f(x)$ seien auch die Werte $\pm \infty$ zulässig. Nimmt $f(x)$ diese Werte nicht an, so sagen wir, daß diese Funktion nur endliche Werte annimmt. Eine Funktion heißt *beschränkt*, falls der Absolutbetrag aller ihrer Werte eine gewisse (endliche) Zahl nicht überschreitet.

Wir führen einige neue Bezeichnungen ein. Es sei eine Funktion $f(x)$ auf der Menge E vorgegeben. Mit dem Symbol $E[f(x) > a]$ oder $E[f > a]$ bezeichnen wir die Menge aller Punkte x aus E, in denen $f(x) > a$ ist. Ein analoges Symbol wird auch für die übrigen Typen von Ungleichungen oder für Gleichungen benutzt.

Es seien $f(x)$ und $g(x)$ zwei auf E definierte Funktionen. Das Symbol $E[f > g]$ bezeichnet die Menge aller Punkte x aus E, in denen $f(x) > g(x)$ gilt. Eine analoge Bedeutung besitzt auch das Symbol $E[f = g]$ usw.

Es soll noch ein neuer Ausdruck eingeführt werden: Ist eine gewisse Eigenschaft in allen Punkten einer gewissen meßbaren Menge E mit Ausnahme der Punkte einer Menge vom Maß Null erfüllt, so sagen wir, daß diese Eigenschaft *fast überall* auf E besteht.

Wir definieren jetzt eine Klasse von Funktionen, die der Lebesgueschen Theorie zugrunde liegt.

Definition. Eine auf einer meßbaren Menge E definierte Funktion $f(x)$ heißt *meßbar* (oder *meßbar auf E*), wenn für jede reelle Zahl a, die endlich oder auch unendlich ($\pm \infty$) sein kann, die Mengen

$$E[f \geq a], \quad E[f < a], \quad E[f > a], \quad E[f \leq a], \quad E[f = a] \tag{38}$$

meßbar sind.

Im weiteren werden wir uns mit meßbaren Mengen und meßbaren Funktionen beschäftigen, die wiederum auf meßbaren Mengen definiert sind. Es soll nun noch ein in der Lebesgueschen Theorie wichtiger Begriff definiert werden.

Definition. Die beiden auf E definierten Funktionen $f(x)$ und $g(x)$ heißen *äquivalent auf E*, wenn sie fast überall auf E gleich sind, d. h., wenn das Maß der Menge $E[f \neq g]$ gleich Null ist.

Ist das Maß der Menge E gleich Null, so ist jede Funktion auf E meßbar, und je zwei beliebige Funktionen sind äquivalent. Dies folgt unmittelbar daraus, daß auch jede Teilmenge von E das Maß Null hat.

Man kann leicht folgende Aussage beweisen: Ist f_1 äquivalent g_1 und f_2 äquivalent g_2, so ist auch $f_1 + f_2$ äquivalent $g_1 + g_2$, $f_1 f_2$ äquivalent $g_1 g_2$ und $\dfrac{f_1}{f_2}$ äquivalent $\dfrac{g_1}{g_2}$, falls diese Operationen einen Sinn haben. Verändert man die Werte von $f(x)$ auf einer Menge vom Maß Null, so ergibt sich eine zu $f(x)$ äquivalente Funktion. Es sei noch erwähnt, daß eine auf E konstante Funktion offensichtlich meßbar ist.

Wir führen nun Sätze an, die sich auf meßbare und äquivalente Funktionen beziehen.

Satz 1. *Für die Meßbarkeit der Mengen (38) für ein beliebiges a ist es hinreichend, daß eine der ersten vier Mengen meßbar ist für ein beliebiges a.*

Die Mengen $E[f \geq a]$ und $E[f < a]$ sind zueinander komplementär. Die Meßbarkeit einer dieser Mengen für beliebiges a ist äquivalent der Meßbarkeit der anderen. Entsprechendes gilt für die dritte und die vierte Menge in (38). Die fünfte Menge ist die Differenzmenge aus der ersten und der dritten Menge. Wir wollen als Beispiel beweisen, daß aus der Meßbarkeit der dritten Menge für beliebiges a die Meßbarkeit der übrigen Mengen folgt. Aus der Meßbarkeit der dritten Menge ergibt sich nämlich sofort die Meßbarkeit der vierten Menge; auf Grund von

$$E[f \geq a] = \prod_{n=1}^{\infty} E\left[f > a - \frac{1}{n}\right]$$

ist auch die erste und damit ebenfalls die zweite Menge meßbar. Die Mengen $E[f = \infty]$ und $E[f = -\infty]$ können in der folgenden Form dargestellt werden:

$$E[f = \infty] = \prod_{n=1}^{\infty} E[f > n],$$

$$E[f = -\infty] = \prod_{n=1}^{\infty} E[f < -n].$$

Satz 2. *Ist eine Funktion $f(x)$ auf E meßbar, so ist sie auch auf einer beliebigen meßbaren Teilmenge $E' \subset E$ meßbar. Wenn $f(x)$ auf endlich oder abzählbar vielen Mengen E_n meßbar ist, dann ist $f(x)$ auch auf deren Summe meßbar.*

Die Behauptung des Satzes folgt aus den Beziehungen

$$E'[f > a] = E[f > a]E',$$
$$E[f > a] = \sum_n E_n[f > a].$$

Satz 3. *Sind die Funktionen $f(x)$ und $g(x)$ auf E äquivalent und ist eine von ihnen meßbar, so ist auch die andere meßbar.*

Nach Voraussetzung hat die Menge $A = E[f \neq g]$ das Maß Null. Auf der meßbaren Menge $E' = E - A$ gilt $f(x) = g(x)$. Es sei $f(x)$ auf E und somit auch auf E' meßbar. Daraus ergibt sich die Meßbarkeit von $g(x)$ auf E'. Die Funktion $g(x)$ ist auch auf der Menge A vom Maß Null meßbar, und damit liegt die Meßbarkeit auch auf $E = E' + A$ vor.

Satz 4. *Ist $f(x)$ eine meßbare Funktion, so ist auch $|f(x)|$ meßbar.*

Diese Behauptung ergibt sich unmittelbar aus der Beziehung

$$E[|f| > a] = E[f > a] + E[f < -a] \qquad (a \geqq 0).$$

Satz 5. *Wenn $f(x)$ eine meßbare Funktion ist, dann sind auch die Funktionen $f(x) + c$ und $cf(x)$ meßbar, wobei c eine reelle Zahl ist.*

Für $c = 0$ ist der Satz klar. Es sei $c \neq 0$. Die erste Behauptung ergibt sich aus

$$E[f + c > a] = E[f > a - c],$$

die zweite folgt aus

$$E[cf > a] = E\left[f > \frac{a}{c}\right] \quad \text{für} \ c > 0,$$
$$E[cf > a] = E\left[f < \frac{a}{c}\right] \quad \text{für} \ c < 0.$$

Satz 6. *Sind $f(x)$ und $g(x)$ meßbare Funktionen, so ist die Menge $E[f > g]$ meßbar.*

Wir numerieren alle rationalen Zahlen [93]: $r_1, r_2, \ldots$ Die Behauptung des Satzes läßt sich aus der Formel

$$E[f > g] = \sum_{n=1}^{\infty} E[f > r_n]E[g < r_n]$$

ableiten.

Satz 7. *Sind $f(x)$ und $g(x)$ zwei meßbare Funktionen, die nur endliche Werte annehmen, so sind auch die Funktionen $f - g$, $f + g$, fg und $\dfrac{f}{g}$ (für $g \neq 0$) meßbar.*

Die Meßbarkeit von $f - g$ folgt aus der Beziehung

$$E[f - g > a] = E[f > g + a]$$

und aus den Sätzen 5 und 6. Die Summe ist meßbar wegen $f + g = f - (-g)$ und wegen Satz 5 mit $c = -1$. Aus der Formel

$$E[f^2 > a] = E[f > \sqrt{a}] + E[f < -\sqrt{a}] \qquad (a \geqq 0)$$

ergibt sich die Meßbarkeit von f^2. Wegen der Beziehung

$$fg = \frac{1}{4} [(f + g)^2 + (f - g)^2]$$

ist auch fg meßbar. Die Meßbarkeit der Funktion $\dfrac{1}{g}$ (für $g \neq 0$) folgt aus den Formeln

$$E\left[\frac{1}{g} > a\right] = E[g > 0] E\left[g < \frac{1}{a}\right] \qquad \text{für } a > 0,$$

$$E\left[\frac{1}{g} > a\right] = E[g > 0] + E\left[g < \frac{1}{a}\right] \qquad \text{für } a < 0,$$

$$E\left[\frac{1}{g} > a\right] = E[g > 0] \qquad \text{für } a = 0.$$

Die Benutzung der Formel $\dfrac{f}{g} = f \cdot \dfrac{1}{g}$ liefert schließlich die Meßbarkeit des Quotienten.

Die Beschränkung auf endliche Werte ist notwendig, da sonst die genannten Operationen ihren Sinn verlieren können. Gilt z. B. in einem gewissen Punkt $f = \infty$ und $g = -\infty$, so verliert die Summe $f + g$ dort ihren Sinn. Sind jedoch für die meßbaren Funktionen f und g endliche Werte und der Wert ∞ zugelassen, so hat die Summe $f + g$ immer einen Sinn, und die Eigenschaft, meßbar zu sein, bleibt erhalten.

Große prinzipielle Bedeutung hat der folgende Satz, den wir ohne Beweis anführen [V, 44]:

Satz 8. *Bilden die auf E meßbaren Funktionen $f_n(x)$ ($n = 1, 2, \ldots$) eine unendliche Folge, die überall oder fast überall auf E konvergiert, so ist auch die Grenzfunktion $f(x)$ auf E meßbar.*

Dieser Satz sagt aus, daß der Grenzübergang in einer Klasse meßbarer Funktionen nicht aus dieser Klasse herausführt. Ein völlig anderes Bild hatten wir für die Klasse der stetigen Funktionen erhalten. Der Grenzübergang bei einer Folge stetiger Funktionen kann zu einer unstetigen Funktion führen, obgleich der Grenzübergang dabei überall erfolgt [I, 144]. Konvergiert $f_n(x)$ fast überall auf E gegen $f(x)$, so kann die Funktion $f(x)$ auf einer Menge vom Maß Null, auf der keine Konvergenz vorliegt, in beliebiger Weise definiert sein (z. B. gleich Null). Man erhält somit zueinander äquivalente Funktionen.

Wir führen noch ein Ergebnis an, das sich auf den Grenzübergang bezieht und im weiteren benötigt wird.

Satz 9. *Gegeben sei eine meßbare Menge E von endlichem Maß, und $f_n(x)$ sei eine Folge auf E meßbarer Funktionen, die fast überall auf E endliche Werte annehmen. Diese Folge möge fast überall auf E gegen eine Funktion $f(x)$ konvergieren, die ebenfalls fast überall auf E endliche Werte annehmen soll. Für ein beliebig gegebenes $\varepsilon > 0$ strebt dann das Maß der Menge aller Punkte x, in denen die Ungleichung $|f(x) - f_n(x)| > \varepsilon$ erfüllt ist, für $n \to \infty$ gegen Null.*

105. Ergänzende Ausführungen. Bevor wir zum Begriff des Lebesgueschen Integrals übergehen, führen wir einige Beispiele und ergänzende Sätze an.

Es seien $f(x)$ und $g(x)$ zwei äquivalente Funktionen, die in einem gewissen abgeschlossenen Quadrat oder Rechteck Δ stetig sind. Wir wollen zeigen, daß ihre Werte in allen Punkten von Δ übereinstimmen. Ist nämlich in einem gewissen Punkt x_0

$$f(x_0) - g(x_0) > 0,$$

so gilt diese Ungleichung auf Grund der Stetigkeit der Funktionen auch in einer ε-Umgebung von x_0.

Das Maß dieser Umgebung ist größer als Null. Das widerspricht der Voraussetzung, daß beide Funktionen äquivalent sind. Somit hat der Begriff der Äquivalenz von Funktionen für die Klasse der auf Δ stetigen Funktionen keinen Sinn.

Jede auf Δ stetige Funktion ist also echt individuell. Unterscheiden sich zwei stetige Funktionen in einem Punkt x_0, so sind sie auch auf einer Menge von positivem Maß aus Δ verschieden.

Völlig anders ist es in der Klasse der meßbaren Funktionen $f(x)$. Durch willkürliche Veränderung der Werte $f(x)$ auf einer Menge vom Maß Null erhält man zu $f(x)$ äquivalente Funktionen.

Folgende Eigenschaften sind leicht einzusehen. Ist $f(x)$ äquivalent $g(x)$ und $g(x)$ äquivalent $h(x)$, so ist auch $f(x)$ äquivalent $h(x)$. In der Klasse der auf einer gewissen Menge E meßbaren Funktionen können die Funktionen in Gruppen zueinander äquivalenter Funktionen eingeteilt werden. Dabei enthält jede solche Gruppe eine unendliche Mannigfaltigkeit derjenigen Funktionen, die sich paarweise in ihren Werten nur auf einer Punktmenge aus E vom Maß Null unterscheiden. In vielen Fragen der Lebesgueschen Theorie ist es zweckmäßig, alle Funktionen einer Gruppe als gleich anzusehen.

Es soll noch auf eine Tatsache hingewiesen werden. Eine Funktion $f(x)$ sei stetig auf einer gewissen abgeschlossenen Menge E, die isolierte Punkte enthält [91]. Verändert man den Wert von $f(x)$ in einem isolierten Punkt, so ergibt sich ohne Verletzung der Stetigkeit eine zu $f(x)$ äquivalente Funktion.

Wir wollen nun Beispiele meßbarer Funktionen bringen. Es sei $f(x)$ eine auf Δ stetige Funktion. Man kann leicht zeigen, daß die Menge $\Delta[f \geq a]$ für beliebiges a abgeschlossen ist; hieraus folgt die Meßbarkeit von $f(x)$. Außerdem kann folgendes Ergebnis bewiesen werden: Nimmt $f(x)$ auf Δ nur endliche Werte an und hat die Menge ihrer Unstetigkeitsstellen das Maß Null, so ist $f(x)$ auf Δ meßbar. Diese Bedingung für die Meßbarkeit ist nur hinreichend.

Wir führen ein Beispiel für eine Funktion einer Veränderlichen $f(x)$ an, die auf dem Intervall $\Delta\,(0 \leq x \leq 1)$ definiert und meßbar ist, für die aber jeder Punkt x aus Δ eine Unstetigkeitsstelle ist. Die Funktion $f(x)$ sei folgendermaßen auf Δ definiert:

$f(x) = 0$ für jede rationale Zahl x,

$f(x) = 1$ für jede irrationale Zahl x.

Die abzählbare Menge der rationalen Punkte hat das Maß Null [93]. Entsprechend hat die Menge der irrationalen Punkte aus Δ das Maß Eins. Damit ist $f(x)$ eine meßbare Funktion. Sie ist äquivalent einer Funktion, die identisch gleich Eins ist. Jeder Punkt x_0 aus Δ ist jedoch eine Unstetigkeitsstelle. Für ein beliebiges $\varepsilon > 0$ befinden sich nämlich in der ε-Umgebung des Punktes $x = x_0$ sowohl rationale als auch irrationale Werte x, d. h., in jeder ε-Umgebung nimmt die Funktion $f(x)$ sowohl den Wert Null als auch den Wert Eins an. Damit ist jeder Punkt x_0 aus Δ eine Unstetigkeitsstelle.

Es soll nun ein Satz von N. N. LUSIN (1913) angegeben werden, der die Verbindung zwischen den meßbaren und den stetigen Funktionen aufzeigt.

Satz. *Die Funktion $f(x)$ sei auf der meßbaren Menge E von endlichem Maß definiert. Sie möge fast überall auf E endliche Werte annehmen. Für die Meßbarkeit von $f(x)$ gibt es folgende notwendige und hinreichende Bedingung: Zu einem beliebig vorgegebenen $\varepsilon > 0$ existiert eine solche Menge F mit $F \subset E$, daß $m(E - F) < \varepsilon$ und $f(x)$ stetig auf F ist. Dabei ist*

$$m(E - F) = m(E) - m(F)$$

wegen $F \subset E$.

Wir wollen noch ein Ergebnis von D. F. EGOROW (1911) formulieren, das den Zusammenhang zwischen der Konvergenz meßbarer Funktionen und ihrer gleichmäßigen Konvergenz darstellt.

Satz. *Es sei $f_n(x)$ eine Folge von Funktionen, die auf der meßbaren Menge E von endlichem Maß fast überall endliche Werte annehmen. Diese Folge möge fast überall endliche Werte annehmen und fast überall auf E gegen die Funktion $f(x)$ konvergieren, die ebenfalls auf E fast überall endliche Werte annimmt. Zu einem beliebig vorgegebenen $\varepsilon > 0$ existiert dann eine abgeschlossene Menge F mit $F \subset E$, für die $m(E - F) < \varepsilon$ und die Konvergenz $f_n(x) \to f(x)$ auf F gleichmäßig ist.*

106. Das Lebesguesche Integral. Wir kommen nun zur Definition des Lebesgueschen Integrals. Auf einer meßbaren Menge E mit endlichem Maß sei eine beschränkte meßbare Funktion gegeben. Aus der Beschränktheit von $f(x)$ folgt die Existenz einer Zahl $L > 0$, für die $|f(x)| \leq L$ mit $x \in E$ gilt. Wir zerlegen E in eine endliche Anzahl paarweise punktfremder, meßbarer Untermengen:

$$E = \sum_{k=1}^{n} E_k. \tag{39}$$

Mit m_k bzw. M_k bezeichnen wir die untere bzw. die obere Grenze der Funktionswerte auf E_k. Wir bilden folgende Summen (vgl. [**98**]):

$$s(\delta) = \sum_{k=1}^{n} m_k m(E_k), \quad S(\delta) = \sum_{k=1}^{n} M_k m(E_k). \tag{40}$$

Dabei beschreibt δ die Zerlegung (39). Diese Summen sind offensichtlich für beliebige Zerlegungen beschränkt: $|s(\delta)| \leq L m(E)$, $|S(\delta)| \leq L m(E)$.

Es sei i die obere Grenze von $s(\delta)$ und I die untere Grenze von $S(\delta)$ für alle möglichen Zerlegungen δ.

Definition. Gilt $i = I$, so sagt man, die Funktion $f(x)$ sei auf E *integrierbar*. Der Wert des Integrals ist gleich dem gemeinsamen Wert von i und I:

$$\int_E f(x)\, dx = i = I. \tag{41}$$

Das so definierte Integral heißt *Lebesguesches Integral*. Wir weisen darauf hin, daß der Ausdruck unter dem Integralzeichen die Form $f(x)\, dx$ hat und daß wir in allen Fällen (für die Gerade, die Ebene und für den n-dimensionalen Raum) nur ein Integralzeichen schreiben. Im weiteren wollen wir diese Bezeichnung beibehalten. Lediglich in [**110**] wird von dieser Festlegung abgewichen, wenn die Frage nach der Zurückführung eines mehrfachen Integrals auf iterierte Quadraturen behandelt wird. Dort werden wir den Integranden ausführlicher darstellen und das Integralzeichen für die mehrfache Integration entsprechend oft schreiben. So kann das Integral auf der Ebene in der Form

$$\iint_E f(x_1, x_2)\, dx_1\, dx_2 \quad \text{oder} \quad \iint_E f(x, y)\, dx\, dy$$

geschrieben werden.

Wir führen nun den Begriff des Produkts von Zerlegungen ein (vgl. [**I, 115 bis 117**]). Neben der Zerlegung (39) sei noch eine andere Zerlegung δ' vorgegeben:

$$E = \sum_{l=1}^{n'} E_l'. \tag{42}$$

Als *Produkt der Zerlegungen* (39) *und* (42) bezeichnet man die Zerlegung $\delta\delta'$, die aus allen möglichen Teilmengen $E_k E_l'$ gebildet wird. Diese Teilmengen sind paarweise punktfremd; sie können aber auch leere Mengen sein. Die Zerlegung

$$E = \sum_{l=1}^{m} E_l''$$

heißt *Fortsetzung der Zerlegung* (39), wenn jede Teilmenge E_l'' nur in jeweils einer der Mengen E_k liegt. Beim Übergang von einer gewissen Zerlegung δ zu ihrer Fortsetzung wird die Summe $s(\delta)$ nicht kleiner und die Summe $S(\delta)$ nicht größer. Sind δ_1 und δ_2 zwei beliebige Zerlegungen, so gilt die Ungleichung $s(\delta_1) \leq S(\delta_2)$ und damit $s(\delta_1) \leq i \leq I \leq S(\delta_2)$. Insbesondere ergibt sich (vgl. ([**I, 115**])

$$s(\delta) \leq i \leq I \leq S(\delta). \tag{43}$$

Neben den Summen (40) berechnen wir noch

$$\sigma(\delta) = \sum_{k=1}^{n} f(x_k) m(E_k)$$

mit $x_k \in E_k$. Offensichtlich gilt

$$s(\delta) \leq \sigma(\delta) \leq S(\delta). \tag{44}$$

Satz. *Für die Gleichheit $i = I$ ist die Existenz einer Folge von Zerlegungen δ_n mit $S(\delta_n) - s(\delta_n) \to 0$ eine notwendige und hinreichende Bedingung.*

Beweis der Hinlänglichkeit: Aus $S(\delta_n) - s(\delta_n) \to 0$ folgt mit Formel (43) $i = I$.

Beweis der Notwendigkeit: Es sei $i = I$. Gemäß der Definition von i und I existieren solche Folgen von Zerlegungen δ_n' und δ_n'', für die $s(\delta_n') = i$ ($s(\delta_n') \leq i$) und $S(\delta_n'') \to I$ ($S(\delta_n'') \geq I$) gilt. Für die Folge der Zerlegungen $\delta_n = \delta_n' \delta_n''$ ergibt sich dann erst recht $s(\delta_n) \to i$ und $S(\delta_n) \to I$. Da aber $i = I$ ist, folgt $S(\delta_n) - s(\delta_n) \to 0$.

Der bewiesene Satz liefert eine notwendige und hinreichende Bedingung für die Integrierbarkeit einer Funktion $f(x)$. Bei den Zerlegungen δ_n brauchen sich die Teilmengen nicht unbedingt zu verkleinern, d. h., der größte Durchmesser braucht nicht notwendig gegen Null zu streben.

Existiert eine Folge von Zerlegungen δ_n, für die $S(\delta_n) - s(\delta_n) \to 0$ gilt, so strebt $s(\delta_n)$ und $S(\delta_n)$ gegen i ($i = I$). Aus (44) folgt, daß dann auch $\sigma(\delta_n)$ für jede Wahl der Punkte x_k aus E_k gegen i strebt.

Ist $\bar{\delta}_n$ eine Fortsetzung von δ_n, so gelten die obigen Resultate auch für $\bar{\delta}_n$.

Es sei $f(x)$ eine beliebige beschränkte meßbare Funktion, die auf einer Menge E von endlichem Maß definiert ist. Wir werden nun eine solche Folge von Zerlegungen δ_n konstruieren, für die $S(\delta_n) - s(\delta_n)$ gegen Null strebt, woraus die Integrierbarkeit von $f(x)$ folgt. Mit m bzw. M bezeichnen wir die untere bzw. die obere Grenze der Werte $f(x)$ auf E. Das Intervall $[m, M]$ zerlegen wir folgendermaßen in Teilintervalle:

$$m = y_0 < y_1 < y_2 < \cdots < y_{n-1} < y_n = M. \tag{45}$$

Nun definieren wir die Zerlegung δ der Menge E in Teilmengen:

$$E_1 = E[y_0 \leq f(x) \leq y_1], \qquad E_k = E[y_{k-1} < f(x) \leq y_k] \tag{46}$$

$(k = 2, 3, \ldots, n)$.

Dabei gilt stets $y_{k-1} \leq m_k$ und $y_k \geq M_k$. Somit ergibt sich

$$\sum_{k=1}^{n} y_{k-1} m(E_k) \leq s(\delta) \leq S(\delta) \leq \sum_{k=1}^{n} y_k m(E_k) \tag{47}$$

und erst recht

$$\sum_{k=1}^{n} y_{k-1} m(E_k) \leq i \leq I \leq \sum_{k=1}^{n} y_k m(E_k). \tag{48}$$

Wir betrachten die Differenz der beiden äußeren Glieder der Ungleichung:

$$\sum_{k=1}^{n} y_k m(E_k) - \sum_{k=1}^{n} y_{k-1} m(E_k) = \sum_{k=1}^{n} (y_k - y_{k-1}) m(E_k).$$

Mit $\mu(\delta)$ bezeichnen wir die größte der Differenzen $y_k - y_{k-1}$ $(k = 1, 2, \ldots, n)$. Da die Summe über alle $m(E_k)$ gleich $m(E)$ ist, ergibt sich

$$0 \leq \sum_{k=1}^{n} y_k m(E_k) - \sum_{k=1}^{n} y_{k-1} m(E_k) \leq \mu(\delta) m(E).$$

Wählen wir eine solche Folge von Zerlegungen δ_n, für die die entsprechende Größe $\mu(\delta_n)$ für $n \to \infty$ gegen Null strebt, so strebt auch die Differenz der äußeren Glieder in der Ungleichung (48) gegen Null, und damit gilt $i = I$, d. h., $f(x)$ ist integrierbar. Die Bedingung $\mu(\delta_n) \to 0$ für $n \to 0$ bedeutet eine unendliche Verfeinerung der Zerlegung des Intervalls $[m, M]$, in dem die Werte der Funktion $f(x)$ variieren. Die Zerlegung (46) der Menge E heißt gewöhnlich *Lebesguesche Zerlegung*. Die in (47) eingehenden beiden Summen nennt man *Lebesguesche Summen*. Somit ergibt sich der folgende

Fundamentalsatz. *Jede beschränkte Funktion $f(x)$, die auf einer meßbaren Menge E von endlichem Maß meßbar ist, ist über E integrierbar. Der Wert des Integrals ist gleich dem Grenzwert der Lebesgueschen Summen oder der Summe $\sigma(\delta_n)$ bei beliebiger Auswahl der x_k für die Lebesguesche Zerlegung bei unendlicher Verfeinerung der Zerlegung des Intervalls $[m, M]$, in dem die Funktionswerte variieren.*

Die Summen $\sigma(\delta_n)$ haben, wie schon oben erwähnt, auch für beliebige Fortsetzungen δ_n' der Zerlegungen δ_n, von denen im Satz gesprochen wird, den gleichen Grenzwert.

Eine beschränkte Funktion $f(x)$ sei z. B. auf dem endlichen abgeschlossenen Intervall $\Delta (a \leq x \leq b; c \leq y \leq d)$ definiert. LEBESGUE erhielt folgendes Resultat: Für die Existenz des Riemannschen Integrals von $f(x)$ über Δ ist notwendig und hinreichend, daß das Lebesguesche Maß der Menge aller Unstetigkeitspunkte von $f(x)$ gleich Null ist. Man sieht leicht, daß hierbei $f(x)$ meßbar ist und das Lebesguesche Integral mit dem Riemannschen Integral über Δ übereinstimmt.

107. Eigenschaften des Lebesgueschen Integrals. Da das Lebesguesche Integral als Grenzwert der Summen $\sigma(\delta_n)$ für die Lebesgueschen Zerlegungen mit $\mu(\delta_n) \to 0$ oder für deren Fortsetzungen $\bar{\delta}_n$ definiert wurde, besitzt es analoge Eigenschaften wie das Riemannsche Integral. Wir werden auch noch gewisse wichtige zusätzliche Eigenschaften kennenlernen, die auf das Riemannsche Integral nicht zutreffen. In diesem Abschnitt sehen wir $f(x)$ und $f_k(x)$ stets als meßbare beschränkte Funktionen und E als Menge von endlichem Maß an.

1. *Ist C eine Konstante, so gilt*

$$\int_E C\, dx = C m(E). \tag{49}$$

Für beliebige Zerlegungen δ haben die Summen $s(\delta)$ und $S(\delta)$ den Wert $Cm(E)$, woraus (49) folgt.

2. *Es gilt*
$$\int_E [f_1(x) + f_2(x)]\, dx = \int_E f_1(x)\, dx + \int_E f_2(x)\, dx. \tag{50}$$

Es seien δ_n und δ_n' zwei Folgen von Zerlegungen, für die die Grenzwerte der Summen $\sigma(\delta_n)$ für $f_1(x)$ und $\sigma(\delta_n')$ für $f_2(x)$ die entsprechenden Integrale liefern. Für $\delta_n'' = \delta_n \delta_n'$ haben die Summen $\sigma(\delta_n'')$ sowohl für $f_1(x)$ als auch für $f_2(x)$ die entsprechenden Integrale als Grenzwerte. Aus dem Satz über den Grenzwert einer Summe ergibt sich dann (50).

3. *Es gilt*
$$\int_E \sum_{k=1}^m C_k f_k(x)\, dx = \sum_{k=1}^m C_k \int_E f_k(x)\, dx. \tag{51}$$

Zum Beweis wenden wir Formel (50) mehrmals an. Das Vorziehen des konstanten Faktors vor das Integralzeichen ist dadurch gerechtfertigt, daß man ihn auch vor das Summenzeichen im Ausdruck für $\sigma(\delta_n)$ ziehen kann.

4. *Ist $f(x) \geqq 0$ auf E, so gilt*
$$\int_E f(x)\, dx \geqq 0. \tag{52}$$

Alle Summen $\sigma(\delta_n)$ sind nichtnegativ.

5. *Gilt $f_1(x) \geqq f_2(x)$ auf E, so ist*
$$\int_E f_1(x)\, dx \geqq \int_E f_2(x)\, dx. \tag{53}$$

Wir wenden Formel (52) auf die Differenz $f_1(x) - f_2(x)$ an und benutzen dann die Beziehung (51).

6. *Es gilt*
$$\left| \int_E f(x)\, dx \right| \leqq \int_E |f(x)|\, dx. \tag{54}$$

Für den Beweis genügt es, das Produkt der Zerlegungen für $f(x)$ und $|f(x)|$ zu betrachten und die analoge Ungleichung für die Summen $\sigma(\delta)$ aufzuschreiben.

7. *Ist $a \leqq f(x) \leqq b$, so gilt*
$$a m(E) \leqq \int_E f(x)\, dx \leqq b m(E). \tag{55}$$

Dies folgt unmittelbar aus den Eigenschaften 5 und 1.

8. *Aus $|f(x)| \leqq L$ folgt*
$$\left| \int_E f(x)\, dx \right| \leqq L m(E). \tag{56}$$

Die Ungleichung $|f(x)| \leqq L$ ist gleichbedeutend mit $-L \leqq f(x) \leqq L$. Damit ergibt sich (56) als Folgerung aus (55).

9. *Es sei $E = E' + E''$, wobei E' und E'' punktfremde meßbare Mengen sind. Dann gilt*

$$\int_E f(x)\,dx = \int_{E'} f(x)\,dx + \int_{E''} f(x)\,dx. \tag{57}$$

Man braucht hierzu nur die Folgen der Zerlegungen für E' und E'' zu nehmen, für sie die Summen $\sigma(\delta_n)$ zu bilden, die Summen zu addieren und den Grenzübergang durchzuführen.

10. *Es sei $f(x)$ eine beschränkte Funktion, die auf einer Menge E von endlichem Maß definiert ist. Zu einem beliebig vorgegebenen $\varepsilon > 0$ existiert dann eine Zahl $\eta > 0$, daß*

$$\left| \int_e f(x)\,dx \right| \leq \varepsilon$$

gilt, sobald $e \subset E$ und $m(e) \leq \eta$ ist.

Diese Eigenschaft folgt aus der Ungleichung

$$\left| \int_e f(x)\,dx \right| \leq L\,m(e).$$

Sie wird als *absolute Stetigkeit* des Integrals bezeichnet.

11. *Die Menge E sei in eine endliche oder abzählbare Anzahl paarweise punktfremder meßbarer Mengen E_k zerlegt. Dann besteht die Beziehung*

$$\int_E f(x)\,dx = \sum_k \int_{E_k} f(x)\,dx. \tag{58}$$

Für endlich viele Summanden folgt (58) aus (57). Im Fall unendlich vieler E_k ergibt sich $E = E_1 + E_2 + \cdots + E_n + R_n$ mit $m(R_n) \to 0$ für $n \to \infty$. Somit gilt

$$\int_E f(x)\,dx = \sum_{k=1}^n \int_{E_k} f(x)\,dx + \int_{R_n} f(x)\,dx.$$

Der letzte Summand ist nicht größer als $L\,m(R_n)$ und strebt für $n \to \infty$ gegen Null. Hieraus folgt dann auch

$$\int_E f(x)\,dx = \sum_{k=1}^\infty \int_{E_k} f(x)\,dx. \tag{59}$$

Diese Eigenschaft nennt man *vollständige Additivität* (oder *Volladditivität*) des Integrals.

12. *Ist E eine Menge vom Maß Null, d. h., ist $m(E) = 0$, so gilt für jede auf E beschränkte Funktion $f(x)$*

$$\int_E f(x)\,dx = 0.$$

Die Funktion $f(x)$ ist auf E meßbar, und für jede Zerlegung sind die Summen $s(\delta)$ und $S(\delta)$ gleich Null.

13. *Für zwei auf E äquivalente Funktionen $f_1(x)$ und $f_2(x)$ ergibt sich*

$$\int_E f_1(x)\,dx = \int_E f_2(x)\,dx. \tag{60}$$

Wir setzen $E' = E[f_1 \ne f_2]$. Nach Voraussetzung ist $m(E') = 0$, und die Funktionen $f_1(x)$ und $f_2(x)$ stimmen auf der Menge $E'' = E - E'$ überein. Es gelten somit die Gleichungen

$$\int_{E'} f_1(x)\,dx = \int_{E'} f_2(x)\,dx = 0$$

und

$$\int_{E''} f_1(x)\,dx = \int_{E''} f_2(x)\,dx.$$

Ihre Addition ergibt die Beziehung (60).

14. *Ist $f(x) \geqq 0$ auf E und gilt*

$$\int_E f(x)\,dx = 0, \tag{61}$$

so ist $f(x)$ äquivalent Null.

Es ist zu zeigen, daß die Menge $E[f > 0]$ das Maß Null hat. Diese Menge kann in der Form

$$E[f > 0] = \sum_{n=1}^{\infty} E\left[f \geqq \frac{1}{n}\right]$$

dargestellt werden. Wäre ihr Maß positiv, so müßte auch das Maß mindestens eines Summanden der rechten Seite positiv sein. Dies sei z. B. für die Menge $E' = E\left[f \geqq \dfrac{1}{n_0}\right]$ der Fall. Bezeichnet man mit E'' die Differenzmenge $E - E'$, so erhält man

$$\int_E f(x)\,dx = \int_{E'} f(x)\,dx + \int_{E''} f(x)\,dx.$$

Der erste Summand der rechten Seite ist nicht kleiner als $\dfrac{1}{n_0} m(E') > 0$; der zweite ist wegen $f(x) \geqq 0$ nichtnegativ. Hieraus folgt, daß die linke Seite positiv ist, was aber (61) widerspricht.

15. *Gegeben sei eine unendliche Folge von Funktionen $f_n(x)$ $(n = 1, 2, \ldots)$, die auf E definiert sind. Diese Funktionen seien bezüglich des Index n gleichmäßig beschränkt, d. h., es gelte $|f_n(x)| \leqq L$, wobei L eine positive Zahl ist, die nicht von n abhängt. Weiterhin möge die Folge $f_n(x)$ fast überall auf E gegen eine Funktion $f(x)$ konvergieren. Dann gilt*

$$\lim_{n \to \infty} \int_E f_n(x)\,dx = \int_E f(x)\,dx. \tag{62}$$

Die Grenzfunktion $f(x)$ erfüllt fast überall auf E die Ungleichung $|f(x)| \leqq L$. Indem wir zu einer äquivalenten Funktion übergehen, können wir erreichen, daß diese Beziehung überall auf E erfüllt ist. Es ist zu zeigen, daß

$$\lim_{n \to \infty} \int_E [f(x) - f_n(x)] \, dx = 0 \tag{63}$$

ist. Gemäß Eigenschaft 6 erhalten wir

$$\left| \int_E [f(x) - f_n(x)] \, dx \right| \leq \int_E |f(x) - f_n(x)| \, dx. \tag{64}$$

Es sei ein $\varepsilon > 0$ vorgegeben. Wir setzen

$$E_n = E[|f - f_n| \geq \varepsilon].$$

Wegen Satz 9 aus [104] gilt $m(E_n) \to 0$ für $n \to 0$. In den Punkten der Menge $E - E_n$ ist die Ungleichung $|f - f_n| < \varepsilon$ erfüllt. Außerdem besteht in jedem Punkt von E die Beziehung

$$|f(x) - f_n(x)| \leq |f(x)| + |f_n(x)| \leq 2L. \tag{65}$$

Aus der Formel

$$\int_E |f(x) - f_n(x)| \, dx = \int_{E_n} |f(x) - f_n(x)| \, dx + \int_{E - E_n} |f(x) - f_n(x)| \, dx$$

folgt

$$\int_E |f(x) - f_n(x)| \, dx \leq 2L m(E_n) + \varepsilon m(E - E_n)$$

und damit

$$\int_E |f(x) - f_n(x)| \, dx \leq 2L m(E_n) + \varepsilon m(E).$$

Wegen $m(E_n) \to 0$ für $n \to 0$ existiert eine Zahl $N > 0$, so daß $m(E_n) \leq \varepsilon$ ist, sobald $n \geq N$ gewählt wird. Somit ist

$$\int_E |f(x) - f_n(x)| \, dx \leq [2L + m(E)]\varepsilon \quad \text{für} \quad n \geq N.$$

Da $\varepsilon > 0$ beliebig wählbar war und (64) gilt, folgt hiermit die Beziehung (63). Die bewiesene Eigenschaft gestattet den Grenzübergang unter dem Integralzeichen unter der einzigen Voraussetzung, daß die Funktionen $f_n(x)$ in ihrem Absolutbetrag unabhängig vom Index beschränkt sind. Es genügt auch nur die Voraussetzung, daß die Ungleichung $|f_n(x)| \leq L$ fast überall auf E erfüllt ist.

108. Integrale unbeschränkter Funktionen. Bisher haben wir das Integral beschränkter Funktionen über einer Menge E von endlichem Maß bestimmt. Wir nehmen nun an, daß $f(x)$ eine unbeschränkte nichtnegative meßbare Funktion auf einer Menge E von endlichem Maß ist. Wir definieren die „abgeschnittene Funktion"

$$[f(x)]_m = \begin{cases} f(x) & \text{für } f(x) \leq m, \\ m & \text{für } f(x) > m. \end{cases} \tag{66}$$

Dabei sei $m > 0$. Die Werte von $f(x)$, die nicht größer als m sind, bleiben also erhalten, während die Werte, die größer als m sind, durch m ersetzt werden. Die

Funktion $[f(x)]_m$ ist beschränkt und meßbar (was leicht zu beweisen ist). Folglich existiert das Integral

$$\int_E [f(x)]_m \, dx. \tag{67}$$

Dieses Integral wird mit wachsendem m nicht kleiner. *Besitzt es für* $m \to \infty$ *einen endlichen Grenzwert, so nimmt man die Größe dieses Grenzwertes als Wert des Integrals von $f(x)$ über E an:*

$$\int_E f(x) \, dx = \lim_{m \to \infty} \int_E [f(x)]_m \, dx \tag{68}$$

Man sagt dann, $f(x)$ sei auf E *summierbar*.

Ein Gesetz für das unbegrenzte Wachsen von m existiert dabei nicht. Ist $f(x)$ eine beschränkte Funktion, so stimmt diese Integraldefinition mit der vorigen überein, weil dann $[f(x)]_m = f(x)$ für alle hinreichend großen Werte von m ist.

Wachsen die Integrale (67) für $m \to \infty$ über alle Grenzen, so sagt man, das Integral von $f(x)$ über E sei gleich ∞. Ist $f(x)$ *auf E summierbar, so ist das Maß der Menge*

$$E_0 = E[f(x) = \infty]$$

gleich Null, d. h., $f(x)$ nimmt auf E fast überall endliche Werte an. Für ein beliebiges $m > 0$ ist offensichtlich $[f]_m = m$ auf E_0, und für eine nichtnegative beschränkte Funktion $f(x)$ gilt

$$\int_E [f(x)]_m \, dx \geqq \int_{E_0} [f(x)]_m \, dx = m \cdot m(E_0).$$

Für $m(E_0) > 0$ strebt die rechte Seite und damit erst recht das Integral auf der linken Seite mit m gegen ∞. Dann ist also $f(x)$ auf E nicht summierbar.

Wir nehmen jetzt an, daß $f(x)$ eine beschränkte Funktion ist, die Werte von verschiedenem Vorzeichen annehmen kann. Wir definieren dann einen *positiven* und einen *negativen Teil* von $f(x)$:

$$f^+(x) = \begin{cases} f(x) & \text{für } f(x) \geqq 0, \\ 0 & \text{für } f(x) < 0; \end{cases} \quad f^-(x) = \begin{cases} 0 & \text{für } f(x) > 0, \\ -f(x) & \text{für } f(x) \leqq 0. \end{cases}$$

Beide Funktionen sind nichtnegativ und meßbar auf E:

$$f(x) = f^+(x) - f^-(x), \tag{69}$$

$$|f(x)| = f^+(x) + f^-(x). \tag{70}$$

Sind die Funktionen $f^+(x)$ und $f^-(x)$ auf E summierbar, so sagt man, die Funktion $f(x)$ sei *summierbar* auf E. Der Wert des Integrals von $f(x)$ über E ergibt sich aus der Beziehung

$$\int_E f(x) \, dx = \int_E f^+(x) \, dx - \int_E f^-(x) \, dx. \tag{71}$$

Ist der Minuend auf der rechten Seite gleich ∞, der Subtrahent jedoch endlich, d. h., ist $f^-(x)$ summierbar auf E, so sagt man, das Integral von $f(x)$ über E sei gleich ∞. Entsprechend wird das Integral von $f(x)$ über E gleich $-\infty$ gesetzt, wenn $f^+(x)$ summierbar auf E, der Subtrahend jedoch gleich ∞ ist.

Gemäß der Definition der nichtnegativen Funktionen $f^+(x)$ und $f^-(x)$ gilt:
Aus $f^+(x_0) > 0$ folgt $f^-(x_0) = 0$,
aus $f^-(x_0) > 0$ ergibt sich $f^+(x_0) = 0$.
Unter Benutzung von (69) und (70) bekommen wir

$$[|f(x)|]_m = [f^+(x)]_m + [f^-(x)]_m,$$

$$[f^+(x)]_m \leq [|f(x)|]_m, \qquad [f^-(x)]_m \leq [|f(x)|]_m$$

für $m > 0$. Hieraus folgt, daß die Summierbarkeit von $f(x)$ gleichbedeutend ist mit der Summierbarkeit von $|f(x)|$, d. h., die Summierbarkeit ist absolute Summierbarkeit (vgl. [89]). Es sei noch erwähnt, daß eine auf E summierbare Funktion fast überall auf E endliche Werte annimmt. Dies folgt unmittelbar daraus, daß für nichtnegative summierbare Funktionen das Maß der Menge $E_0 = E[|f| = \infty]$ gleich Null ist.

Wir leiten jetzt aus der Summierbarkeit einer Funktion auf einer Menge von endlichem Maß weitere Eigenschaften des Integrals ab. Dabei soll angenommen werden, daß $f(x) \geq 0$ ist. Für Funktionen, die ihr Vorzeichen wechseln, beziehen sich alle Aussagen auf $f^+(x)$ und $f^-(x)$ gemäß (71). Die Eigenschaften 4, 9, 12, 13 und 14 bleiben unverändert erhalten, wobei in der Eigenschaft 12 die Bedingung der Beschränktheit von $f(x)$ wegfällt.

Die Eigenschaft 3 kann folgendermaßen formuliert werden:

1. *Sind die Funktionen* $f_k(x) \geq 0$ $(k = 1, 2, \ldots, p)$ *auf E summierbar, so ist auch jede Linearkombination mit konstanten positiven Koeffizienten eine summierbare Funktion, und es gilt die Formel* (51).

Es besteht außerdem die folgende, leicht zu bestätigende Eigenschaft:

2. *Ist $f(x)$ auf E summierbar, so ist sie auch auf jeder meßbaren Teilmenge $E' \subset E$ summierbar, und es besteht die Ungleichung*

$$\int_{E'} f(x)\,dx \leq \int_E f(x)\,dx. \tag{72}$$

Wir werden nun die absolute Stetigkeit des Integrals beweisen.

3. *Ist $f(x)$ auf E summierbar, so existiert zu einem beliebig vorgegebenen $\varepsilon > 0$ eine Zahl $\eta > 0$, daß*

$$\int_e f(x)\,dx \leq \varepsilon \tag{73}$$

ist, sobald $e \subset E$ *und* $m(e) \leq \eta$ *gilt*.

Es existiert eine Zahl $m > 0$ mit

$$\int_E \{f(x) - [f(x)]_m\}\,dx \leq \frac{\varepsilon}{2}$$

Gemäß (72) gilt dann für jede Teilmenge $e \subset E$

$$\int_e \{f(x) - [f(x)]_m\}\, dx \leq \frac{\varepsilon}{2},$$

d. h.,

$$\int_e f(x)\, dx \leq \int_e [f(x)]_m\, dx + \frac{\varepsilon}{2}.$$

Für $m(e) \leq \dfrac{\varepsilon}{2m}$ erhalten wir hieraus die Behauptung (73).

4. *Es sei $f(x)$ auf E summierbar. Wird die Menge E in endlich oder abzählbar viele paarweise punktfremde Mengen E_k zerlegt, so gilt die Formel (58).*

Wir betrachten den Fall unendlich vieler Mengen E_k. Für die beschränkten Funktionen $[f(x)]_m$ bekommen wir

$$\int_E [f(x)]_m\, dx = \sum_{k=1}^{\infty} \int_{E_k} [f(x)]_m\, dx$$

oder

$$\int_E [f(x)]_m\, dx \leq \sum_{k=1}^{\infty} \int_{E_k} f(x)\, dx.$$

Für $m \to \infty$ ergibt sich also

$$\int_E f(x)\, dx \leq \sum_{k=1}^{\infty} \int_{E_k} f(x)\, dx. \tag{74}$$

Wir beweisen nun die entgegengesetzte Ungleichung. Aus $f(x) \geq 0$ folgt für jedes $m > 0$ und jedes endliche p

$$\int_E [f(x)]_m\, dx \geq \sum_{k=1}^{p} \int_{E_k} [f(x)]_m\, dx.$$

Beim Grenzübergang $m \to \infty$ erhalten wir hieraus

$$\int_E f(x)\, dx \geq \sum_{k=1}^{p} \int_{E_k} f(x)\, dx.$$

Für $p \to \infty$ folgt die zu (74) entgegengesetzte Ungleichung. Es gilt damit

$$\int_E f(x)\, dx = \sum_{k=1}^{\infty} \int_{E_k} f(x)\, dx. \tag{74_1}$$

Die folgenden beiden Eigenschaften sind ebenfalls leicht zu beweisen:

5. *Die Menge E sei in abzählbar viele meßbare Mengen E_k zerlegt. Die Funktion $f(x)$ sei auf jeder Menge E_k summierbar. Konvergiert die Reihe der nichtnegativen Summanden*

$$\sum_{k=1}^{\infty} \int_{E_k} f(x)\, dx, \tag{75}$$

so ist $f(x)$ auf E summierbar, und es gilt die Formel (74_1).

6. *Es sei $f_1(x)$ summierbar auf E. Ist $f_1(x) \geqq f_2(x) \geqq 0$ auf E, so ist auch $f_2(x)$ summierbar, und es besteht die Beziehung*

$$\int_E f_1(x)\,dx \geqq \int_E f_2(x)\,dx. \tag{76}$$

Ist $f(x)$ eine unbeschränkte Funktion, die ihr Vorzeichen wechselt, dann machen sich bei der Formulierung der Eigenschaften folgende Veränderungen erforderlich: In der Eigenschaft 1 können die Konstanten beliebiges Vorzeichen haben. Die Eigenschaft 2 bleibt erhalten mit Ausnahme der Ungleichung (72). Die Eigenschaft 5 verändert sich dahingehend, daß in der Summe (75) $f(x)$ durch $|f(x)|$ zu ersetzen ist. Die Eigenschaft 6 verändert sich folgendermaßen:

7. *Es sei $f_2(x)$ eine auf E meßbare Funktion. Die Funktion $f_1(x)$ sei auf E meßbar, nichtnegativ und summierbar. Ist $|f_2(x)| \leqq f_1(x)$, so ist auch $f_2(x)$ auf E summierbar, und man erhält*

$$\left| \int_E f_2(x)\,dx \right| \leqq \int_E f_1(x)\,dx. \tag{77}$$

Auch für Funktionen $f(x)$, die komplexe Werte annehmen, kann man den Begriff der summierbaren Funktion einführen und das Integral definieren. Bei einer solchen Funktion trennen wir Real- und Imaginärteil:

$$f(x) = f_1(x) + i f_2(x). \tag{78}$$

Die Funktion $f(x)$ heißt *summierbar* auf E, falls die Funktionen $f_1(x)$ und $f_2(x)$ summierbar sind. Das Integral wird durch die Beziehung

$$\int_E f(x)\,dx = \int_E f_1(x)\,dx + i \int_E f_2(x)\,dx \tag{79}$$

definiert. Hier besteht folgende Beziehung: *Notwendig und hinreichend für die Summierbarkeit von $f(x)$ ist die Summierbarkeit des Betrages $|f| = \sqrt{f_1^2 + f_2^2}$.* Dies folgt unmittelbar aus den Ungleichungen

$$|f_1| \leqq \sqrt{f_1^2 + f_2^2}, \quad |f_2| \leqq \sqrt{f_1^2 + f_2^2}, \quad \sqrt{f_1^2 + f_2^2} \leqq |f_1| + |f_2|.$$

109. Der Grenzübergang unter dem Integralzeichen. Wir werden einige Sätze über den Grenzübergang unter den Integralzeichen angeben.

Satz 1. *Es sei $f_n(x)$ ($n = 1, 2, \ldots$) eine unendliche Folge von Funktionen, die auf E summierbar sind. Für jedes n möge fast überall auf E die Abschätzung*

$$|f_n(x)| \leqq F(x) \quad \text{auf } E \tag{80}$$

gelten. Dabei sei $F(x)$ auf E summierbar. Die Folge $f_n(x)$ soll außerdem fast überall auf E gegen $f(x)$ konvergieren. Unter diesen Voraussetzungen ist $f(x)$ auf E summierbar, und es gilt

$$\lim_{n \to \infty} \int_E f_n(x)\,dx = \int_E f(x)\,dx. \tag{81}$$

Der Beweis dieses Satzes verläuft analog zum Beweis der Eigenschaft 15 in [**107**]. Die Summierbarkeit von $f(x)$ ergibt sich daraus, daß $|f(x)| \leq F(x)$ fast überall auf E gilt. Wie auch in [**107**] führen wir die Mengen E_n mit $m(E_n) \to 0$ für $n \to \infty$ ein. An die Stelle von (65) tritt $|f(x) - f_n(x)| \leq 2F(x)$ und

$$\int_E |f(x) - f_n(x)|\, dx \leq 2 \int_{E_n} F(x)\, dx + \int_{E-E_n} |f(x) - f_n(x)|\, dx.$$

Wegen der absoluten Stetigkeit des Integrals von $F(x)$ existiert eine Zahl N, so daß

$$\int_{E_n} F(x)\, dx \leq \varepsilon \quad \text{für} \quad n \geq N$$

gilt. Somit ist

$$\int_E |f(x) - f_n(x)|\, dx \leq [2 + m(E)]\varepsilon \quad \text{für} \quad n \geq N.$$

Da ε frei wählbar ist, folgt hieraus (81).

Satz 2. *Die Funktionen $f_n(x)$ ($n = 1, 2, \ldots$) seien nichtnegativ und summierbar auf E. Fast überall auf E soll $f_n(x)$ gegen $f(x)$ konvergieren, und für eine gewisse nicht von n abhängige Zahl A sei*

$$\int_E f_n(x)\, dx \leq A. \tag{82}$$

Unter diesen Voraussetzungen ist $f(x)$ summierbar, und es besteht die Beziehung

$$\int_E f(x)\, dx \leq A. \tag{83}$$

Wenn in einem gewissen Punkt $f_n(x_0) \to f(x_0)$ gilt, strebt auch $[f_n(x_0)]_m$ gegen $[f(x_0)]_m$. Hiervon überzeugt man sich leicht, indem man die Fälle $f(x_0) \leq m$ und $f(x_0) > m$ getrennt betrachtet. Für jedes m gilt somit fast überall auf E $[f_n(x)]_m \to [f(x)_m]$. Die Ungleichung $[f_n(x)]_m \leq f_n(x)$ und (82) liefern

$$\int_E [f_n(x)]_m\, dx \leq A. \tag{84}$$

Auf Grund der Eigenschaft 15 aus [**107**] (jetzt spielt m die Rolle von L) bekommen wir

$$\lim_{n \to \infty} \int_E [f_n(x)]_m\, dx = \int_E [f(x)]_m\, dx.$$

Durch den Grenzübergang $n \to \infty$ in (84) erhält man

$$\int_E [f(x)]_m\, dx \leq A.$$

Hieraus folgt die Summierbarkeit von $f(x)$ auf E und für m die Ungleichung (83).

Satz 3. *Es sei $f_n(x)$ ($n = 1, 2, \ldots$) eine nichtfallende Folge auf E summierbarer Funktionen. Dann ist das Integral der Grenzfunktion $f(x)$ über E gleich einem endlichen Wert oder gleich ∞, und es besteht die Beziehung* (81).

Die summierbaren Funktionen $f_n(x)$ sind fast überall auf E endlich; die nichtfallende Folge besitzt in jedem Punkt einen Grenzwert, der auch unendlich groß sein kann. Zur Vereinfachung wollen wir annehmen, daß alle Werte sämtlicher $f_n(x)$ endlich sind. Die Werte von $f(x)$ können aber trotzdem gleich ∞ sein. Wir betrachten die nichtfallende Folge nichtnegativer Funktionen $0 \leq f_n(x) - f_1(x)$. Es gilt
$$0 \leq f_n(x) - f_1(x) \leq f(x) - f_1(x).$$

Ist $f(x) - f_1(x)$ auf E summierbar, so ist auch $f(x)$ summierbar. Die Differenz $f(x) - f_1(x)$ kann die Rolle von $F(x)$ aus Satz 1 übernehmen. Unter Anwendung dieses Satzes ergibt sich
$$\lim_{n\to\infty} \int_E [f_n(x) - f_1(x)]\, dx = \int_E [f(x) - f_1(x)]\, dx.$$

Hieraus folgt (81).

Wir nehmen nun an, daß das Integral von $f(x) - f_1(x)$ gleich ∞ ist. Da $f_1(x)$ summierbar ist, ergibt sich damit, daß $f^-(x)$ summierbar und das Integral von $f^+(x)$ gleich ∞ ist. Also ist auch das Integral von $f(x)$ gleich ∞. Auf Grund der Eigenschaft 15 aus [**107**] bekommen wir
$$\lim_{n\to\infty} \int_E [f_n(x) - f_1(x)]_m\, dx = \int_E [f(x) - f_1(x)]_m\, dx. \tag{85}$$

Es sei K eine beliebige vorgegebene positive Zahl. Da das Integral von $[f(x) - f_1(x)]$ gleich ∞ ist, existiert ein festes m, für das die rechte Seite von (85) größer als K ist. Gemäß (85) gilt dann für alle hinreichend großen n
$$\int_E [f_n(x) - f_1(x)]_m\, dx > K$$

und damit erst recht
$$\int_E [f_n(x) - f_1(x)]\, dx \geq K.$$

Da K willkürlich wählbar ist, folgt daraus
$$\lim_{n\to\infty} \left[\int_E f_n(x)\, dx - \int_E f_1(x)\, dx \right] = \infty,$$
d. h.
$$\lim_{n\to\infty} \int_E f_n(x)\, dx = \infty.$$

Somit ist die Formel (81) auch in dem Fall bewiesen, daß das Integral von $f(x)$ gleich ∞ ist.

Bemerkung. Ein analoges Ergebnis bekommt man auch für nichtwachsende Folgen summierbarer Funktionen $f_n(x)$, wobei das Integral der Grenzfunktion auch gleich $-\infty$ sein kann. Es folgt unmittelbar aus dem bewiesenen Satz, wenn man $f_n(x)$ durch $-f_n(x)$ ersetzt.

Es soll noch eine wichtige Folgerung aus dem bewiesenen Satz angeführt werden.

Satz 4. *Die Funktionen $u_k(x)$ $(k = 1, 2, \ldots)$ seien nichtnegativ und summierbar auf E. Wenn die Reihe mit nichtnegativen Gliedern*

$$\sum_{k=1}^{\infty} \int_E u_k(x)\, dx \tag{86}$$

konvergiert, so konvergiert auch die Reihe

$$\sum_{k=1}^{\infty} u_k(x) \tag{87}$$

fast überall auf E, und es gilt $u_k(x) \to 0$ für $k \to \infty$ fast überall auf E.

Wir betrachten die nichtfallende Folge der nichtnegativen auf E summierbaren Funktionen

$$f_n(x) = \sum_{k=1}^{n} u_k(x)$$

und wenden Satz 3 an. Wegen der Konvergenz der Reihe (86) hat das Integral von $f_n(x)$ für $n \to \infty$ einen endlichen Grenzwert. Folglich ist die Grenzfunktion im gegebenen Fall durch die Reihe (87) ausdrückbar:

$$f(x) = \sum_{k=1}^{\infty} u_k(x).$$

Diese ist auf E summierbar und nimmt deshalb auf E fast überall endliche Werte an. Die Reihe (87) konvergiert also fast überall auf E, woraus unmittelbar $u_k(x) \to 0$ für $k \to \infty$ fast überall auf E folgt.

110. Der Satz von Fubini. Für die mehrfachen Lebesgueschen Integrale nehmen die Sätze über die Rückführung eines solchen Integrals auf einfache Integrale eine sehr einfache und allgemeine Gestalt an. Wir wollen nur die Ergebnisse anführen [V, 68]. Zunächst soll ein Satz über ein Doppelintegral für einen Rechteckbereich formuliert werden.

Satz 1. *Die Funktion $f(x, y)$ sei auf dem Rechteck Δ ($a \leq x \leq b$, $c \leq y \leq d$) summierbar. Dann ist $f(x, y)$ meßbar und summierbar bezüglich y im Intervall $c \leq y \leq d$ für alle oder für fast alle Werte x aus dem Intervall $a \leq x \leq b$. Außerdem ist die Funktion*

$$u(x) = \int_c^d f(x, y)\, dy \tag{88}$$

summierbar im Intervall $a \leq x \leq b$, und es gilt die Gleichung

$$\iint_\Delta f(x, y)\, dx\, dy = \int_a^b \left[\int_c^d f(x, y)\, dy \right] dx. \tag{89}$$

Eine völlig analoge Beziehung gilt auch für die umgekehrte Integrationsreihenfolge:

$$\iint\limits_{\Delta} f(x,y)\,dx\,dy = \int\limits_{c}^{d}\left[\int\limits_{a}^{b} f(x,y)\,dx\right]dy. \tag{90}$$

Wir machen noch folgende Bemerkung: Ist die Funktion $u(x)$ nur fast überall definiert, so kann man ihr auf einer Menge vom Maß Null noch Werte zuweisen, indem man sie z. B. auf dieser Menge gleich Null setzt. Ebenso ist es bei der Funktion

$$l(y) = \int\limits_{a}^{b} f(x,y)\,dx, \tag{91}$$

die überall oder fast überall im Intervall $c \leq y \leq d$ definiert ist. Der obige Satz wurde von dem italienischen Mathematiker FUBINI aufgestellt. Aus den Beziehungen (89) und (90) ergibt sich

$$\int\limits_{a}^{b}\left[\int\limits_{c}^{d} f(x,y)\,dy\right]dx = \int\limits_{c}^{d}\left[\int\limits_{a}^{b} f(x,y)\,dx\right]dy, \tag{92}$$

d. h. die Möglichkeit, für auf Δ summierbare Funktionen die Integrationsreihenfolge zu verändern.

Unter der Voraussetzung der Summierbarkeit von $f(x)$ auf Δ erhielten wir die Formeln (89) und (90). Die umgekehrte Folgerung ist nicht richtig: Aus der Existenz der iterierten Integrale, die auf den rechten Seiten der Formeln (89) und (90) stehen, folgt noch nicht die Existenz des Doppelintegrals über Δ. Ist jedoch die Funktion $f(x, y)$ auf Δ nichtnegativ, so gilt der folgende

Satz 2. *Die Funktion $f(x, y)$ sei meßbar und nichtnegativ auf Δ. Existiert das iterierte Integral auf der rechten Seite der Formel* (89) *oder der Formel* (90), *dann ist $f(x, y)$ auf Δ summierbar.*

Aus der Summierbarkeit von $f(x, y)$ auf Δ folgen wiederum die Formeln (89), (90) und (92).

Bemerkung. Ändert die Funktion $f(x, y)$ ihr Vorzeichen und existiert für $|f(x, y)|$ das iterierte Integral auf der rechten Seite von (89) oder (90), so ist $|f(x, y)|$ gemäß Satz 2 auf E summierbar, und damit ist auch $f(x, y)$ summierbar. *Folglich gelten die Formeln* (89), (90) *und* (92) *auch dann, wenn eines der iterierten Integrale für $|f(x, y)|$ existiert.*

Ist die Funktion $f(x, y)$ auf einer beschränkten meßbaren Menge E summierbar, so besteht folgende Beziehung:

$$\begin{aligned}\iint\limits_{E} f(x,y)\,dx\,dy &= \int\limits_{E_x'}\left[\int\limits_{E_x} f(x,y)\,dy\right]dx \\ &= \int\limits_{E_y'}\left[\int\limits_{E_y} f(x,y)\,dx\right]dy.\end{aligned} \tag{93}$$

Dabei werden mit E_x bzw. E_y die Mengen aller Punkte aus E bezeichnet, die die vorgegebene Abszisse x bzw. Ordinate y haben. E_x' und E_y' sind die Projektionen von E auf die x- bzw. y-Achse.

Die Integrale über E_x und E_y brauchen für solche Werte x und y keinen Sinn zu haben, die auf den Koordinatenachsen Mengen vom Maß Null bilden (E_x und E_y brauchen auf diesen Mengen nicht meßbar zu sein). Für den Beweis der Formel (93) genügt es, E mit einem Intervall Δ zu überdecken und die Formeln (89) und (90) auf die Funktion $f_0(x, y)$ anzuwenden, die folgendermaßen definiert ist:

$$f_0(x, y) = f(x, y) \quad \text{auf } E,$$
$$f_0(x, y) = 0 \quad \text{auf der Menge } \Delta - E.$$

Die Beziehung (93) gilt auch für Funktionen, die auf einer unbeschränkten Menge von endlichem Maß summierbar sind.

Alle bisherigen Ausführungen über meßbare Mengen, meßbare Funktionen und über das Lebesguesche Integral bleiben auch im linearen Fall und für den n-dimensionalen Raum richtig (vgl. [**100**]). Im linearen Fall ist der Satz von FUBINI natürlich überflüssig. Diesen Satz wollen wir nun für den mehrdimensionalen Fall formulieren.

Satz 3. *Es sei Δ_{m+n} ein Intervall im $(m+n)$-dimensionalen Raum R_{m+n}:*

$$\Delta_{m+n}: \quad a_1 \leqq x_1 \leqq b_1, \; a_2 \leqq x_2 \leqq b_2, \; \ldots, \; a_{m+n} \leqq x_{m+n} \leqq b_{m+n}.$$

Mit Δ_m und Δ_n bezeichnen wir folgende Intervalle in den Räumen R_m bzw. R_n:

$$\Delta_m: \quad a_1 \leqq x_1 \leqq b_1, \; a_2 \leqq x_2 \leqq b_2, \; \ldots, \; a_m \leqq x_m \leqq b_m,$$
$$\Delta_n: \quad a_{m+1} \leqq x_{m+1} \leqq b_{m+1}, \; a_{m+2} \leqq x_{m+2} \leqq b_{m+2}, \; \ldots, \; a_{m+n} \leqq x_{m+n} \leqq b_{m+n}.$$

Weiterhin sei $f(x_1, x_2, \ldots, x_{m+n})$ eine auf Δ_{m+n} summierbare Funktion. Wenn wir einen gewissen Punkt N aus Δ_m festhalten, ist $f(x_1, x_2, \ldots, x_{m+1})$ auf Δ_n meßbar und summierbar. Dies gilt bis auf eine Punktmenge vom Maß Null aus Δ_m für beliebige Wahl von N. Das Integral dieser Funktion über Δ_n,

$$h(x_1, x_2, \ldots, x_m) = \int_{\Delta_n} f(x_1, x_2, \ldots, x_{m+n}) \, dx_{m+1} \cdots dx_{m+n},$$

liefert eine auf Δ_m summierbare Funktion, und es besteht die Beziehung

$$\int_{\Delta_{m+n}} f(x_1, x_2, \ldots, x_{m+n}) \, dx_1 \, dx_2 \cdots dx_{m+n}$$
$$= \int_{\Delta_m} \left[\int_{\Delta_n} f(x_1, x_2, \ldots, x_{m+n}) \, dx_{m+1} \cdots dx_{m+n} \right] dx_1 \cdots dx_m. \tag{94}$$

Es sollen noch zwei Ergebnisse angeführt werden, die unmittelbar mit dem Satz von FUBINI verknüpft sind. Wir formulieren sie für den Fall einer Funktion von zwei unabhängigen Veränderlichen $f(x, y)$, die auf dem endlichen Intervall $\Delta[a \leqq x \leqq b; c \leqq y \leqq d]$ definiert ist.

1. *Ist die Funktion $f(x; y)$ auf Δ meßbar, so ist sie auch bezüglich y im Intervall $c \leqq y \leqq d$ für fast alle x aus $a \leqq x \leqq b$ meßbar.*

Dabei können x und y bei der Formulierung vertauscht werden.

2. *Ist $f(x, y)$ auf Δ meßbar und existiert für fast alle x aus $a \leq x \leq b$ das Integral*

$$\varphi(x) = \int_c^d f(x, y) \, dy,$$

dann ist $\varphi(x)$ auf dem Intervall $a \leq x \leq b$ meßbar.

111. Integrale über Mengen mit unendlichem Maß. Bisher haben wir nur Integrale auf meßbaren Mengen mit endlichem Maß betrachtet. Die Erweiterung des Integralbegriffs auf den Fall von Mengen mit unendlichem Maß erfolgt im wesentlichen genauso wie beim Riemannschen Integral [89]. Auf einer meßbaren Menge E von unendlichem Maß sei eine meßbare nichtnegative Funktion $f(x)$ vorgegeben. Wir betrachten eine beliebige wachsende Folge von Mengen mit endlichem Maß

$$E_1 \subset E_2 \subset E_3 \subset \cdots, \tag{95}$$

für die E die Grenzmenge ist [103]. Man kann z. B. annehmen, daß E_n gleich dem Produkt von E und dem Intervall $\Delta_n(-n \leq x_1 \leq n; -n \leq x \leq n)$ ist.

Für die beschränkten Mengen E_n existieren die Integrale

$$\int_{E_n} f(x) \, dx, \tag{96}$$

die mit wachsendem n eine nichtfallende Folge bilden, da $f(x)$ nichtnegativ ist.

Der Grenzwert der Folge (96) heißt *Integral von $f(x)$ über E*,

$$\int_E f(x) \, dx = \lim_{n \to \infty} \int_{E_n} f(x) \, dx. \tag{97}$$

Die Funktion $f(x)$ nennt man *summierbar* auf E, wenn dieser Grenzwert endlich ist. Man kann leicht zeigen, daß dieser Grenzwert nicht von der Auswahl der wachsenden Folge E_n abhängt, deren Grenzmenge E ist (vgl. [89]). Die Integrale (96) können auch gleich ∞ sein. In diesem Fall ist das Integral von $f(x)$ über E ebenfalls gleich ∞. Es kann aber auch vorkommen, daß alle Integrale (96) endlich sind und der Grenzwert dieser Folge gleich ∞ ist.

Eine meßbare Funktion $f(x)$, die die Bedingung $f(x) \geq 0$ nicht erfüllt, heißt *summierbar* auf E, wenn die nichtnegativen Funktionen $f^+(x)$ und $f^-(x)$ summierbar sind. Der Wert des Integrals von $f(x)$ über E bestimmt sich dann nach der Formel

$$\int_E f(x) \, dx = \int_E f^+(x) \, dx - \int_E f^-(x) \, dx. \tag{98}$$

Ist nur eine der Funktionen $f^+(x)$ oder $f^-(x)$ summierbar, so hat das Integral von $f(x)$ über E wie in [108] einen Sinn, und der Wert des Integrals ist gleich $-\infty$ oder ∞.

Für das Integral über einer meßbaren Menge von unendlichem Maß gelten alle Aussagen in [108], ebenfalls die Sätze aus [109] und der Satz von FUBINI. Die Beweise werden prinzipiell in folgender Weise geführt: Zunächst benutzt man die entsprechenden Eigenschaften der Integrale auf den Mengen E_n oder auf dem Produkt einer gewissen Menge mit der Menge E_n. Anschließend wird der Grenzübergang für $n \to \infty$ durchgeführt.

111. Integrale über Mengen mit unendlichem Maß

Bei der Behandlung der uneigentlichen mehrfachen Riemannschen Integrale hatten wir festgestellt, daß diese Integrale absolut konvergieren [89]. Dies bezieht sich auch auf Integrale über unendliche Bereiche, z. B. auf ein Integral über die gesamte Ebene. Das uneigentliche einfache Integral ergab sich mit Hilfe des Grenzübergangs [85]

$$\int\limits_a^\infty f(x)\,dx = \lim_{b\to\infty} \int\limits_a^b f(x)\,dx, \tag{99}$$

wenn dieser Grenzwert existiert (konvergentes Integral). Daher folgt aus der Konvergenz des Integrals nicht dessen absolute Konvergenz.

Nach der oben angegebenen Definition des Integrals auf einer Menge E von unendlichem Maß folgt aus der Summierbarkeit der Funktionen $f(x)$ auf E auch ihre absolute Summierbarkeit, d. h. die Summierbarkeit von

$$|f(x)| = f^+(x) + f^-(x).$$

Die Funktion $f(x)$ sei nun für jedes $b > a$ im Intervall $a \leq x \leq b$ summierbar. Bestimmen wir das Integral für das Intervall $a \leq x < \infty$ nach Formel (99), wenn der in dieser Formel angegebene endliche Grenzwert existiert, so ist diese Definition von der weiter oben angeführten verschieden. Es kann sich erweisen, daß der in (99) eingehende Grenzwert für $|f(x)|$ gleich ∞ ist.

IV. VEKTORANALYSIS UND FELDTHEORIE

§ 10. Grundzüge der Vektoralgebra

112. Addition und Subtraktion von Vektoren. Dieses Kapitel ist in erster Linie der Vektoranalysis gewidmet. Es gibt heutzutage eine große Anzahl spezieller Lehrbücher der Vektoranalysis, und wir werden daher, ohne ins einzelne zu gehen, nur diejenigen Grundbegriffe und Tatsachen behandeln, die unmittelbar mit dem früher dargestellten Stoff zusammenhängen und bei der Behandlung der Grundlagen der mathematischen Physik unentbehrlich sind. Wir beginnen mit einer kurzen Darstellung der Vektoralgebra.

Bei der Untersuchung physikalischer Vorgänge treten Größen von zweierlei Art auf, nämlich skalare und vektorielle Größen.

Eine Größe, die bei bestimmter Wahl einer Maßeinheit vollständig durch eine sie messende Zahl charakterisiert wird, heißt *skalare Größe* oder einfach *Skalar*.

Liegt z. B. ein erwärmter Körper vor, so wird die Temperatur in jedem Punkt dieses Körpers durch eine bestimmte Zahl charakterisiert, und wir können daher sagen, daß die Temperatur eine skalare Größe ist. Die Dichte, die Energie, das Potential stellen ebenfalls skalare Größen dar.

Als Beispiel einer vektoriellen Größe betrachten wir die Geschwindigkeit. Um eine Geschwindigkeit vollständig zu charakterisieren, genügt es nicht, die Zahl zu kennen, welche die Größe der Geschwindigkeit mißt, sondern es muß auch deren Richtung angegeben werden. Wir können die Geschwindigkeit durch einen *Vektor* charakterisieren; dieser wird dargestellt durch eine Strecke, deren Länge in dem gegebenen Maßstab gleich der Größe der Geschwindigkeit ist und deren Richtung mit der Richtung der Geschwindigkeit übereinstimmt. *Somit ist ein Vektor völlig durch seine Länge und Richtung bestimmt.* Kraft, Beschleunigung und Impuls stellen ebenfalls vektorielle Größen dar.

Wir kehren jetzt zum Beispiel des erwärmten Körpers zurück. Die Temperatur u in jedem Punkt dieses Körpers wird durch eine bestimmte Zahl charakterisiert oder ist, wie man sagt, eine Ortsfunktion in dem vom Körper eingenommenen räumlichen Bereich. Beziehen wir den Raum auf ein System rechtwinkliger Koordinaten x, y, z, so stellt der Skalar u eine Funktion der unabhängigen Veränderlichen (x, y, z) dar, die in dem Bereich des Raumes definiert ist, der von dem erwärmten Körper eingenommen wird. Wir haben hier ein Beispiel für das sogenannte *Feld einer skalaren Größe* oder kurz für ein *skalares Feld*.

Wenn in jedem Punkt eines gewissen Bereiches ein Vektor definiert ist, liegt ein *Vektorfeld* vor. Ein Beispiel hierfür ist das elektromagnetische Feld, in dessen Punkten eine bestimmte elektrische und magnetische Feldstärke definiert ist.

In manchen Fällen ist derjenige Punkt wesentlich, von dem aus der Vektor abgetragen wird, d. h. der Anfangspunkt des Vektors. Hierbei handelt es sich um sogenannte *gebundene Vektoren*. Im folgenden werden wir es jedoch vorzugsweise mit *freien Vektoren* zu tun haben, also mit solchen, deren Anfangspunkt beliebig liegen kann. Wir werden daher zwei Vektoren als gleich ansehen, wenn sie der Größe (Länge) nach gleich sind und dieselbe Richtung haben.

Vektoren werden wir im folgenden mit deutschen Buchstaben $\mathfrak{a}, \mathfrak{b}, \ldots$ bezeichnen und ihre Größe (Länge) entsprechend mit den Symbolen $|\mathfrak{a}|, |\mathfrak{b}|, \ldots$ Für Skalare jedoch benutzen wir gewöhnliche lateinische Buchstaben.

Es seien die Vektoren $\mathfrak{a}, \mathfrak{b}$ und $\mathfrak{c}$ gegeben. Von einem Punkt O aus ziehen wir den Vektor $\mathfrak{a}$, von seinem Endpunkt aus den Vektor $\mathfrak{b}$ und schließlich vom Endpunkt dieses Vektors aus den Vektor $\mathfrak{c}$. Der Vektor $\mathfrak{z}$, der seinen Ursprung im Anfangspunkt des ersten Vektors und seinen Endpunkt im Endpunkt des letzten Vektors hat, heißt *Summe* der gegebenen Vektoren, und man schreibt

$$\mathfrak{z} = \mathfrak{a} + \mathfrak{b} + \mathfrak{c}.$$

Die Vektorsumme besitzt die Fundamentaleigenschaften einer gewöhnlichen Summe; sie ist nämlich kommutativ und assoziativ, was durch die Formeln

$$\mathfrak{a} + \mathfrak{b} = \mathfrak{b} + \mathfrak{a}, \quad \mathfrak{a} + (\mathfrak{b} + \mathfrak{c}) = (\mathfrak{a} + \mathfrak{b}) + \mathfrak{c}$$

ausgedrückt wird (Abb. 80).

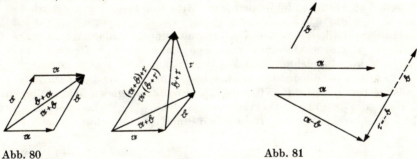

Abb. 80   Abb. 81

Ziehen wir vom Endpunkt des Vektors $\mathfrak{a}$ aus den Vektor $\mathfrak{c}$, welcher der Größe nach gleich dem Vektor $\mathfrak{b}$ ist, aber die entgegengesetzte Richtung hat, so heißt der Vektor $\mathfrak{m}$, der seinen Ursprung im Ursprung des Vektors $\mathfrak{a}$ und seinen Endpunkt im Endpunkt des Vektors $\mathfrak{c}$ hat, *Differenz* der Vektoren $\mathfrak{a}$ und $\mathfrak{b}$ (Abb. 81). Man schreibt dann

$$\mathfrak{m} = \mathfrak{a} - \mathfrak{b}.$$

Es ist leicht zu sehen, daß dieser Vektor eindeutig durch die Beziehung

$$\mathfrak{b} + \mathfrak{m} = \mathfrak{a}$$

bestimmt ist.

Wir bezeichnen allgemein mit $-\mathfrak{n}$ einen Vektor, welcher der Größe nach gleich dem Vektor $\mathfrak{n}$ ist, aber entgegengesetzte Richtung hat. Dann kann man die Differenz der Vektoren $\mathfrak{a}$ und $\mathfrak{b}$ als Summe von $\mathfrak{a}$ und $-\mathfrak{b}$ definieren, also

$$\mathfrak{a} + (-\mathfrak{b}) = \mathfrak{a} - \mathfrak{b}.$$

Es ist leicht zu zeigen, daß die auf diese Weise definierten Begriffe der Vektorsumme und der Vektordifferenz denselben Regeln unterliegen wie die gewöhnliche Summe und Differenz, worauf hier nicht weiter eingegangen werden soll.

Die Regel der Vektoraddition findet viele Anwendungen in der Physik und speziell in der Mechanik. Nimmt z. B. ein Punkt an mehreren Bewegungen teil, so ergibt sich seine resultierende Geschwindigkeit auf Grund der Additionsregel aus den Geschwindigkeiten, die er in den einzelnen Bewegungen besitzt. Nach derselben Regel ergibt sich auch die Resultierende mehrerer Kräfte, die auf ein und denselben Punkt wirken.

Wir bemerken dazu noch folgendes: Fällt bei der Addition der Endpunkt des letzten Vektorsummanden mit dem Anfangspunkt des ersten zusammen — ist also der nach der oben angegebenen Regel konstruierte Polygonzug geschlossen —, so sagt man, daß die Summe der betrachteten Vektoren gleich Null ist, und schreibt

$$\mathfrak{a} + \mathfrak{b} + \mathfrak{c} = 0.$$

Insbesondere gilt offenbar

$$\mathfrak{a} + (-\mathfrak{a}) = 0.$$

Allgemein heißt ein Vektor *Nullvektor*, wenn sein Betrag gleich Null ist. In diesem Fall braucht nichts über seine Richtung ausgesagt zu werden.

113. Multiplikation eines Vektors mit einem Skalar. Komplanare Vektoren. Sind ein Vektor $\mathfrak{a}$ und eine Zahl a gegeben, so wird als *Produkt* $a\mathfrak{a}$ oder $\mathfrak{a}a$ derjenige Vektor bezeichnet, dessen Länge gleich $|a| \cdot |\mathfrak{a}|$ ist und dessen Richtung im Fall $a > 0$ mit der von $\mathfrak{a}$ übereinstimmt bzw. zu dieser im Fall $a < 0$ entgegengesetzt ist. Für $a = 0$ wird das Produkt $a\mathfrak{a}$ gleich dem Nullvektor.

Sind also $\mathfrak{a}$ und $\mathfrak{b}$ zwei Vektoren, welche die gleiche oder entgegengesetzte Richtung haben, so existiert zwischen ihnen eine Beziehung

$$\mathfrak{b} = n\mathfrak{a},$$

die sich in der Form

$$a\mathfrak{a} + b\mathfrak{b} = 0$$

schreiben läßt, indem man $n = -\dfrac{a}{b}$ setzt.

Umgekehrt bedeutet die Existenz der angegebenen Beziehung, daß die Vektoren $\mathfrak{a}$ und $\mathfrak{b}$ gleiche oder entgegengesetzte Richtung haben.

Es seien jetzt zwei beliebige Vektoren $\mathfrak{a}$ und $\mathfrak{b}$ gegeben, deren Richtungen nicht übereinstimmen und die auch nicht entgegengesetzt gerichtet sind. Durch den beliebigen Punkt O (Abb. 82) legen wir die zu den gegebenen Vektoren parallelen Geraden. Sie bestimmen eine Ebene, in der neben den Vektoren $\mathfrak{a}$ und $\mathfrak{b}$ auch alle Vektoren $m\mathfrak{a}$ und $n\mathfrak{b}$ mit beliebigen m und n liegen. Auf Grund der Additionsregel liegt auch die Summe

$$\mathfrak{c} = m\mathfrak{a} + n\mathfrak{b}$$

in dieser Ebene.

Umgekehrt läßt sich jeder Vektor $\mathfrak{c}$, der in der konstruierten Ebene liegt, in der Form $m\mathfrak{a} + n\mathfrak{b}$ darstellen. Um sich hiervon zu überzeugen, braucht man diesen Vektor nur vom Punkt O aus abzutragen und ihn als Diagonale eines Parallelogramms darzustellen, dessen Seiten parallel zu $\mathfrak{a}$ und $\mathfrak{b}$ sind. Die oben angegebene Beziehung kann man in der Form

$$a\mathfrak{a} + b\mathfrak{b} + c\mathfrak{c} = 0$$

schreiben; sie bringt die Bedingung dafür zum Ausdruck, daß drei Vektoren *komplanar* sind, d. h. für die Tatsache, daß diese drei Vektoren in ein und der-

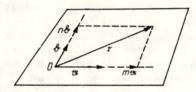

Abb. 82

selben Ebene liegen. Haben $\mathfrak{a}$ und $\mathfrak{b}$ gleiche oder entgegengesetzte Richtung, so sind die Vektoren $\mathfrak{a}$ und $\mathfrak{b}$ komplanar zu jedem Vektor $\mathfrak{c}$, und die vorstehende Beziehung wird mit $c = 0$ befriedigt.

114. Die Zerlegung eines Vektors in drei nichtkomplanare Vektoren. Wir setzen jetzt voraus, daß drei nichtkomplanare Vektoren $\mathfrak{a}$, $\mathfrak{b}$ und $\mathfrak{c}$ gegeben sind. Jeder Vektor läßt sich dann als Diagonale eines Parallelepipeds auffassen, dessen drei Kanten parallel zu den Vektoren $\mathfrak{a}$, $\mathfrak{b}$ bzw. $\mathfrak{c}$ sind. Somit kann jeder Vektor durch drei nichtkomplanare Vektoren in der Form

$$\mathfrak{d} = m\mathfrak{a} + n\mathfrak{b} + p\mathfrak{c}$$

dargestellt werden (Abb. 83).

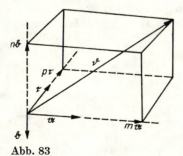

Abb. 83

Hieraus folgt, daß zwischen je vier Vektoren eine Beziehung der Form

$$a\mathfrak{a} + b\mathfrak{b} + c\mathfrak{c} + d\mathfrak{d} = 0$$

besteht.

Sind die ersten drei Vektoren komplanar, so ist $d = 0$ zu wählen.

Einen besonders wichtigen Spezialfall der vorstehenden Regel für die Zerlegung eines Vektors in drei nichtkomplanare Vektoren haben wir dann, wenn der Raum auf ein rechtwinkliges x, y, z-Koordinatensystem bezogen ist und $\mathfrak{a}$, $\mathfrak{b}$ und $\mathfrak{c}$ Vektoren der Länge Eins (solche Vektoren werden allgemein als *Einheitsvektoren* bezeichnet) in Richtung der x-, y- bzw. z-Achse sind. In diesem Fall heißen sie *Grundvektoren* oder *Koordinateneinheitsvektoren* und werden mit den Buchstaben $\mathfrak{i}, \mathfrak{j}, \mathfrak{k}$ bezeichnet.

Jeder Vektor $\mathfrak{a}$ läßt sich in der Form

$$\mathfrak{a} = m\mathfrak{i} + n\mathfrak{j} + p\mathfrak{k} \tag{1}$$

darstellen. Trägt man den Vektor $\mathfrak{a}$ vom Koordinatenursprung aus ab, so liefern die Zahlen m, n und p die Koordinaten seines Endpunktes und stellen die Projektionen des Vektors $\mathfrak{a}$ auf die Koordinatenachsen dar. Diese Projektionen werden wir im folgenden mit a_x, a_y und a_z bezeichnen und (skalare) *Komponenten des Vektors* $\mathfrak{a}$ in bezug auf die Koordinatenachsen nennen. Die vorstehende Beziehung kann dann auch folgendermaßen geschrieben werden:

$$\mathfrak{a} = a_x\mathfrak{i} + a_y\mathfrak{j} + a_z\mathfrak{k}. \tag{2}$$

Ist n eine beliebige Richtung im Raum, so wird die Projektion des Vektors $\mathfrak{a}$ auf diese Richtung gleich

$$a_n = |\mathfrak{a}| \cos(n, \mathfrak{a}),$$

oder unter Berücksichtigung des aus der analytischen Geometrie bekannten Ausdrucks für den Kosinus des Winkels zwischen zwei Richtungen ergibt sich

$$a_n = |\mathfrak{a}| [\cos(n, x) \cos(\mathfrak{a}, x) + \cos(n, y) \cos(\mathfrak{a}, y) + \cos(n, z) \cos(\mathfrak{a}, z)]$$
$$= a_x \cos(n, x) + a_y \cos(n, y) + a_z \cos(n, z).$$

Bei der Addition von Vektoren addieren sich offenbar ihre entsprechenden Komponenten (die Projektion der Vektorsumme ist gleich der Summe der Projektionen der Summanden).

115. Das skalare Produkt. Es seien zwei Vektoren $\mathfrak{a}$ und $\mathfrak{b}$ gegeben. Der Skalar, dessen Größe gleich dem Produkt aus den Beträgen dieser Vektoren und dem Kosinus des eingeschlossenen Winkels ist, heißt *skalares Produkt* der beiden Vektoren $\mathfrak{a}$ und $\mathfrak{b}$.

Das skalare Produkt bezeichnet man mit dem Symbol $\mathfrak{a} \cdot \mathfrak{b}$, so daß

$$\mathfrak{a} \cdot \mathfrak{b} = |\mathfrak{a}| \cdot |\mathfrak{b}| \cos(\mathfrak{a}, \mathfrak{b}) \tag{3}$$

wird.

Aus dieser Definition folgt unmittelbar

$$\mathfrak{a} \cdot \mathfrak{b} = \mathfrak{b} \cdot \mathfrak{a},$$

d. h., für das skalare Produkt gilt das *kommutative Gesetz*.

Bilden die Vektoren $\mathfrak{a}$ und $\mathfrak{b}$ einen rechten Winkel, so ist offenbar
$$\mathfrak{a} \cdot \mathfrak{b} = 0.$$
Insbesondere gilt für die Grundvektoren
$$\mathfrak{i} \cdot \mathfrak{j} = \mathfrak{j} \cdot \mathfrak{k} = \mathfrak{k} \cdot \mathfrak{i} = 0.$$
Haben die Vektoren $\mathfrak{a}$ und $\mathfrak{b}$ dieselbe Richtung, so wird
$$\mathfrak{a} \cdot \mathfrak{b} = |\mathfrak{a}| \cdot |\mathfrak{b}|;$$
sind ihre Richtungen entgegengesetzt, so gilt
$$\mathfrak{a} \cdot \mathfrak{b} = -|\mathfrak{a}| \cdot |\mathfrak{b}|.$$
Insbesondere ist
$$\mathfrak{a} \cdot \mathfrak{a} = |\mathfrak{a}|^2 = a_x^2 + a_y^2 + a_z^2 \tag{4}$$
und
$$\mathfrak{i} \cdot \mathfrak{i} = \mathfrak{j} \cdot \mathfrak{j} = \mathfrak{k} \cdot \mathfrak{k} = 1. \tag{5}$$
Das skalare Produkt läßt sich durch die Komponenten der Vektoren folgendermaßen ausdrücken:
$$\begin{aligned}\mathfrak{a} \cdot \mathfrak{b} &= |\mathfrak{a}| \cdot |\mathfrak{b}| \cos(\mathfrak{a}, \mathfrak{b}) \\ &= |\mathfrak{a}| \cdot |\mathfrak{b}| [\cos(\mathfrak{a}, x) \cos(\mathfrak{b}, x) + \cos(\mathfrak{a}, y) \cos(\mathfrak{b}, y) \\ &\quad + \cos(\mathfrak{a}, z) \cos(\mathfrak{b}, z)] \\ &= |\mathfrak{a}| \cos(\mathfrak{a}, x) |\mathfrak{b}| \cos(\mathfrak{b}, x) + |\mathfrak{a}| \cos(\mathfrak{a}, y) |\mathfrak{b}| \cos(\mathfrak{b}, y) \\ &\quad + |\mathfrak{a}| \cos(\mathfrak{a}, z) |\mathfrak{b}| \cos(\mathfrak{b}, z) \\ &= a_x b_x + a_y b_y + a_z b_z; \end{aligned} \tag{6}$$

das skalare Produkt zweier Vektoren ist also gleich der Summe der Produkte entsprechender Komponenten dieser Vektoren.

Die linke Seite der angegebenen Gleichung hängt nicht von der Wahl der Koordinatenachsen ab; daher gilt dies auch für die rechte Seite, was aus deren Gestalt nicht unmittelbar ersichtlich ist.

Bei der Herleitung der Formel (6) haben wir die aus der analytischen Geometrie bekannte Formel für den Winkel zwischen zwei Richtungen benutzt [**114**].

Es ist leicht zu zeigen, daß für das skalare Produkt auch das distributive Gesetz, d. h. die Beziehung
$$(\mathfrak{a} + \mathfrak{b}) \cdot \mathfrak{c} = \mathfrak{a} \cdot \mathfrak{c} + \mathfrak{b} \cdot \mathfrak{c} \tag{7}$$
gilt.

Unter Benutzung der soeben hergeleiteten Darstellung des skalaren Produkts ergibt sich nämlich
$$\begin{aligned}(\mathfrak{a} + \mathfrak{b}) \cdot \mathfrak{c} &= (a_x + b_x)c_x + (a_y + b_y)c_y + (a_z + b_z)c_z \\ &= (a_x c_x + a_y c_y + a_z c_z) + (b_x c_x + b_y c_y + b_z c_z) \\ &= \mathfrak{a} \cdot \mathfrak{c} + \mathfrak{b} \cdot \mathfrak{c}.\end{aligned}$$

Auf diese Weise erhält man auch unmittelbar die allgemeinere Formel
$$(\mathfrak{a}_1 + \mathfrak{b}_1) \cdot (\mathfrak{a}_2 + \mathfrak{b}_2) = \mathfrak{a}_1 \cdot \mathfrak{a}_2 + \mathfrak{a}_1 \cdot \mathfrak{b}_2 + \mathfrak{b}_1 \cdot \mathfrak{a}_2 + \mathfrak{b}_1 \cdot \mathfrak{b}_2, \tag{8}$$
welche die gewöhnliche Regel für die Auflösung von Klammern bei der Multiplikation von mehrgliedrigen Ausdrücken darstellt.

116. Das Vektorprodukt. Von einem Punkt O des Raumes aus tragen wir die Vektoren $\mathfrak{a}$ und $\mathfrak{b}$ ab und ergänzen sie zu einem Parallelogramm. Der Senkrechten im Punkt O zur Ebene des konstruierten Parallelogramms können zwei entgegengesetzte Richtungen zugeordnet werden. Eine dieser beiden Richtungen hat die folgende Eigenschaft: Einem in dieser Richtung aufrechtstehenden Beobachter erscheint die Drehung der Richtung des Vektors $\mathfrak{a}$ in die Richtung des Vektors $\mathfrak{b}$ um den Winkel, der kleiner als π ist, gerade in demselben Sinn, wie die Drehung der positiven x-Achse in die positive y-Achse um den Winkel $\frac{\pi}{2}$ einem in Richtung der positiven z-Achse aufrechtstehenden Beobachter erscheint. In Abb. 84 ist diese Richtung der Senkrechten für ein rechts- und ein linksdrehendes Koordinatensystem dargestellt.

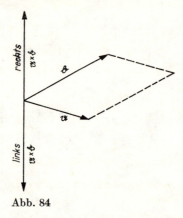

Abb. 84

Der Vektor, der dem Betrage nach gleich dem Flächeninhalt des von diesen beiden Vektoren aufgespannten Parallelogramms ist und welcher der Richtung nach mit der zuvor beschriebenen Richtung der Senkrechten zur Ebene dieses Parallelogramms übereinstimmt, heißt *Vektorprodukt* oder *äußeres Produkt* der beiden gegebenen Vektoren $\mathfrak{a}$ und $\mathfrak{b}$.

Das Vektorprodukt der beiden Vektoren $\mathfrak{a}$ und $\mathfrak{b}$ bezeichnet man gewöhnlich mit dem Symbol $\mathfrak{a} \times \mathfrak{b}$.[1]) Sein Betrag ist gemäß der vorstehenden Definition gleich

$$|\mathfrak{a}| \cdot |\mathfrak{b}| \sin (\mathfrak{a}, \mathfrak{b}). \tag{9}$$

Seine Richtung hängt von der Orientierung des Koordinatensystems ab und geht bei einer Änderung der Orientierung in die entgegengesetzte Richtung über (solche Vektoren nennt man gewöhnlich *Pseudovektoren*).

Haben die Vektoren $\mathfrak{a}$ und $\mathfrak{b}$ gleiche oder entgegengesetzte Richtung, so ist das Vektorprodukt gleich Null. Insbesondere gilt offenbar

$$\mathfrak{a} \times \mathfrak{a} = 0.$$

---

[1]) Gebräuchlich ist auch die Bezeichnung $[\mathfrak{a}, \mathfrak{b}]$. (D. Red.)

Wir betrachten jetzt dasjenige Vektorprodukt, in dem die beiden Faktoren vertauscht sind. Sein Betrag wird offenbar derselbe wie für das ursprüngliche Vektorprodukt; die Richtung jedoch kehrt sich um, da beim Vertauschen der Vektoren $\mathfrak{a}$ und $\mathfrak{b}$ miteinander nicht der Vektor $\mathfrak{a}$, sondern der Vektor $\mathfrak{b}$ zu drehen ist, und zwar im entgegengesetzten Sinn. Somit wird

$$\mathfrak{b} \times \mathfrak{a} = -(\mathfrak{a} \times \mathfrak{b}), \tag{10}$$

woraus hervorgeht, daß das kommutative Gesetz für das Vektorprodukt nicht gilt; *das Vektorprodukt ändert also bei Vertauschung der Faktoren das Vorzeichen.*

Für die Grundvektoren gelten offenbar die Beziehungen

$$\mathfrak{i} \times \mathfrak{i} = \mathfrak{j} \times \mathfrak{j} = \mathfrak{k} \times \mathfrak{k} = 0, \quad \mathfrak{j} \times \mathfrak{k} = \mathfrak{i}, \quad \mathfrak{k} \times \mathfrak{i} = \mathfrak{j}, \quad \mathfrak{i} \times \mathfrak{j} = \mathfrak{k}. \tag{11}$$

Es soll jetzt die Darstellung der Komponenten des Vektorprodukts $\mathfrak{p} = \mathfrak{a} \times \mathfrak{b}$ durch die Komponenten der Vektoren $\mathfrak{a}$ und $\mathfrak{b}$ ermittelt werden. Da der Vektor $\mathfrak{a} \times \mathfrak{b}$ auf den Vektoren $\mathfrak{a}$ und $\mathfrak{b}$ senkrecht steht, gilt

$$p_x a_x + p_y a_y + p_z a_z = 0 \quad \text{und} \quad p_x b_x + p_y b_y + p_z b_z = 0.$$

Wir benutzen nun den folgenden elementaren Satz aus der Algebra:

Hilfssatz. *Die Lösung zweier homogener Gleichungen mit drei Unbekannten*

$$ax + by + cz = 0, \quad a_1 x + b_1 y + c_1 z = 0$$

hat die Form

$$x = \lambda(bc_1 - cb_1), \quad y = \lambda(ca_1 - ac_1), \quad z = \lambda(ab_1 - ba_1),$$

wobei λ ein willkürlicher Faktor ist. Hierbei wird angenommen, daß wenigstens eine der angegebenen Differenzen von Null verschieden ist.

Den Beweis dieses einfachen Satzes überlassen wir dem Leser. Seine Anwendung ergibt[1])

$$p_x = \lambda(a_y b_z - a_z b_y), \quad p_y = \lambda(a_z b_x - a_x b_z), \quad p_z = \lambda(a_x b_y - a_y b_x),$$

worin λ ein noch zu bestimmender Proportionalitätsfaktor ist.

Wir benutzen hierzu eine wichtige Hilfsgleichung, die gewöhnlich *Lagrangesche Identität* genannt wird:

$$\begin{aligned}(a^2 + b^2 + c^2)(a_1^2 + b_1^2 + c_1^2) - (aa_1 + bb_1 + cc_1)^2 \\ = (bc_1 - cb_1)^2 + (ca_1 - ac_1)^2 + (ab_1 - ba_1)^2;\end{aligned} \tag{12}$$

ihre Richtigkeit ist leicht nachzuprüfen, indem man die Klammern auf beiden Seiten auflöst. Offenbar ist $p_x^2 + p_y^2 + p_z^2$ das Quadrat der Länge des Vektors $\mathfrak{p}$, mithin gilt

$$\begin{aligned}\lambda^2 [(a_y b_z - a_z b_y)^2 + (a_z b_x - a_x b_z)^2 + (a_x b_y - a_y b_x)^2] \\ = |\mathfrak{a}|^2 |\mathfrak{b}|^2 \sin^2(\mathfrak{a}, \mathfrak{b}).\end{aligned}$$

---

[1]) Sind die angegebenen Differenzen alle drei gleich Null, so bilden die Vektoren $\mathfrak{a}$ und $\mathfrak{b}$ den Winkel 0 oder π, und es wird $\mathfrak{a} \times \mathfrak{b} = 0$, d. h. $p_x = p_y = p_z = 0$.

Bei Anwendung der Langrangeschen Identität auf die linke Seite läßt sich diese Gleichung folgendermaßen schreiben:

$$\lambda^2[(a_x^2 + a_y^2 + a_z^2)(b_x^2 + b_y^2 + b_z^2) - (a_x b_x + a_y b_y + a_z b_z)^2]$$
$$= |\mathfrak{a}|^2 |\mathfrak{b}|^2 \sin^2(\mathfrak{a}, \mathfrak{b}).$$

Unter Berücksichtigung von (4) und (6) ergibt sich

$$\lambda^2[|\mathfrak{a}|^2 |\mathfrak{b}|^2 - |\mathfrak{a}|^2 |\mathfrak{b}|^2 \cos^2(\mathfrak{a}, \mathfrak{b})] = |\mathfrak{a}|^2 |\mathfrak{b}|^2 \sin^2(\mathfrak{a}, \mathfrak{b}),$$

woraus unmittelbar $\lambda = \pm 1$ folgt.

Wir beweisen schließlich, daß $\lambda = 1$ sein muß. Dazu unterwerfen wir die Vektoren $\mathfrak{a}$ und $\mathfrak{b}$ einer stetigen Deformation, die den Vektor $\mathfrak{a}$ mit dem Einheitsvektor $\mathfrak{i}$ sowie den Vektor $\mathfrak{b}$ mit dem Einheitsvektor $\mathfrak{j}$ zur Deckung bringen möge. Diese Deformation läßt sich so ausführen, daß die Vektoren $\mathfrak{a}$ und $\mathfrak{b}$ nicht Null und auch nicht zueinander parallel werden. Dann ändert sich das Vektorprodukt $\mathfrak{a} \times \mathfrak{b}$ stetig, ohne gleich dem Nullvektor zu werden, und geht im Resultat über in

$$\mathfrak{i} \times \mathfrak{j} = \mathfrak{k},$$

da $\mathfrak{a}$ mit $\mathfrak{i}$ und $\mathfrak{b}$ mit $\mathfrak{j}$ zusammenfällt.

Beachten wir die Stetigkeit der Änderung und außerdem den Umstand, daß λ nur die beiden Werte ± 1 haben kann, so ergibt sich die Unveränderlichkeit von λ bei der angegebenen Deformation; der Wert von λ ist folglich nach der Deformation derselbe wie vorher. Nach der Deformation gilt aber

$$a_x = 1, \quad a_y = a_z = 0, \quad b_y = 1, \quad b_x = b_z = 0, \quad p_z = 1, \quad p_x = p_y = 0,$$

und aus der Beziehung

$$p_z = \lambda(a_x b_y - a_y b_x)$$

folgt, daß $\lambda = 1$ ist.

Wir erhalten somit folgende Darstellung der Komponenten des Vektorprodukts $\mathfrak{a} \times \mathfrak{b}$:

$$a_y b_z - a_z b_y, \quad a_z b_x - a_x b_z, \quad a_x b_y - a_y b_x. \tag{13}$$

Mit Hilfe dieser Ausdrücke bestätigt der Leser ohne Schwierigkeit die Gültigkeit des distributiven Gesetzes für das Vektorprodukt, d. h. die Beziehung

$$(\mathfrak{a} + \mathfrak{b}) \times \mathfrak{c} = \mathfrak{a} \times \mathfrak{c} + \mathfrak{b} \times \mathfrak{c}. \tag{14}$$

Unter Benutzung von (10) erhalten wir hieraus leicht

$$\mathfrak{c} \times (\mathfrak{a} + \mathfrak{b}) = \mathfrak{c} \times \mathfrak{a} + \mathfrak{c} \times \mathfrak{b}$$

und damit die noch allgemeinere Beziehung

$$(\mathfrak{a}_1 + \mathfrak{a}_2) \times (\mathfrak{b}_1 + \mathfrak{b}_2) = \mathfrak{a}_1 \times \mathfrak{b}_1 + \mathfrak{a}_1 \times \mathfrak{b}_2 + \mathfrak{a}_2 \times \mathfrak{b}_1 + \mathfrak{a}_2 \times \mathfrak{b}_2, \tag{15}$$

die der Formel (8) für das skalare Produkt entspricht.

117. Beziehungen zwischen skalaren Produkten und Vektorprodukten.

Wir bilden das skalare Produkt

$$\mathfrak{a} \cdot (\mathfrak{b} \times \mathfrak{c}).$$

Der Betrag des Vektorprodukts $\mathfrak{b} \times \mathfrak{c} = \mathfrak{n}$ ist gleich dem Flächeninhalt des von den Vektoren $\mathfrak{b}$ und $\mathfrak{c}$ aufgespannten Parallelogramms. Nun gilt aber

$$\mathfrak{a} \cdot (\mathfrak{b} \times \mathfrak{c}) = \mathfrak{a} \cdot \mathfrak{n} = |\mathfrak{a}| \cdot |\mathfrak{n}| \cos(\mathfrak{a}, \mathfrak{n});$$

folglich kann man dieses Produkt als Produkt aus dem Flächeninhalt $|\mathfrak{n}|$ des erwähnten Parallelogramms und der Projektion des Vektors $\mathfrak{a}$ auf die zu dieser Fläche senkrechte Richtung $\mathfrak{n}$ ansehen; d. h., *das skalare Produkt $\mathfrak{a} \cdot (\mathfrak{b} \times \mathfrak{c})$ stellt das Volumen eines von den Vektoren $\mathfrak{a}$, $\mathfrak{b}$ und $\mathfrak{c}$ aufgespannten Parallelepipeds dar.* Sein Vorzeichen hängt von der Orientierung der Koordinatenachsen ab. Wenn das System der Vektoren $\mathfrak{b}$, $\mathfrak{c}$ und $\mathfrak{a}$ oder, was dasselbe ist, das System $\mathfrak{a}$, $\mathfrak{b}$ und $\mathfrak{c}$ dieselbe Orientierung wie das Achsensystem hat, ist leicht einzusehen, daß sich das positive Vorzeichen ergibt. Hiervon kann man sich auf Grund der bereits zuvor angewendeten Methode der stetigen Deformation überzeugen.[1]

Bei der Berechnung des Volumens des Parallelepipeds hatten wir als dessen Grundfläche das von den Vektoren $\mathfrak{b}$ und $\mathfrak{c}$ aufgespannte Parallelogramm gewählt. Genauso könnte aber auch das von den Vektoren $\mathfrak{c}$ und $\mathfrak{a}$ oder $\mathfrak{a}$ und $\mathfrak{b}$ aufgespannte Parallelogramm als Basis dienen. Wir erhalten somit die Beziehungen

$$\mathfrak{a} \cdot (\mathfrak{b} \times \mathfrak{c}) = \mathfrak{b} \cdot (\mathfrak{c} \times \mathfrak{a}) = \mathfrak{c} \cdot (\mathfrak{a} \times \mathfrak{b}). \tag{16}$$

Die Vorzeichen dieser drei Skalarprodukte werden gleich, da die Systeme der Vektoren $(\mathfrak{a}, \mathfrak{b}, \mathfrak{c})$, $(\mathfrak{b}, \mathfrak{c}, \mathfrak{a})$ und $(\mathfrak{c}, \mathfrak{a}, \mathfrak{b})$ die gleiche Orientierung haben. Die letzten beiden Systeme ergeben sich aus dem ersten durch *zyklische Vertauschung*. Bei anderer Reihenfolge der Vektoren wird das Vorzeichen entgegengesetzt; d. h., es gilt z. B.

$$\mathfrak{a} \cdot (\mathfrak{b} \times \mathfrak{c}) = -\mathfrak{b} \cdot (\mathfrak{a} \times \mathfrak{c}). \tag{17}$$

Sind die drei Vektoren $\mathfrak{a}, \mathfrak{b}, \mathfrak{c}$ komplanar, so wird das Volumen des Parallelepipeds gleich Null; in diesem Fall wird also

$$\mathfrak{a} \cdot (\mathfrak{b} \times \mathfrak{c}) = 0. \tag{18}$$

Diese Gleichung ist eine notwendige und hinreichende Bedingung dafür, daß die drei Vektoren $\mathfrak{a}$, $\mathfrak{b}$ und $\mathfrak{c}$ komplanar sind.

Wir betrachten jetzt das Vektorprodukt

$$\mathfrak{d} = \mathfrak{a} \times (\mathfrak{b} \times \mathfrak{c}).$$

---

[1] Die Abhängigkeit des Vorzeichens des Produkts $\mathfrak{a} \cdot (\mathfrak{b} \times \mathfrak{c})$ von der Orientierung der Koordinatenachsen liegt daran, daß der Faktor $\mathfrak{b} \times \mathfrak{c}$ von der Orientierung der Achsen abhängt. Somit ist die betrachtete Größe $\mathfrak{a} \cdot (\mathfrak{b} \times \mathfrak{c})$ nicht ein gewöhnlicher Skalar; denn die Größe eines Skalars hängt nicht von der Wahl des Achsensystems ab. Allgemein werden Größen, deren Abhängigkeit von den Koordinatenachsen nur in einer Änderung des Vorzeichens bei einem Wechsel der Orientierung der Achsen besteht, als *pseudoskalar* (analog dem Begriff des Pseudovektors [116]) bezeichnet.

Da der Vektor $\mathfrak{d}$ senkrecht auf dem Vektor $\mathfrak{b} \times \mathfrak{c}$ steht, ist er komplanar mit $\mathfrak{b}$ und $\mathfrak{c}$, und nach [113] gilt daher

$$\mathfrak{d} = m\mathfrak{b} + n\mathfrak{c}; \tag{19}$$

nun ist $\mathfrak{d}$ aber senkrecht zu $\mathfrak{a}$, und daher wird [115]

$$\mathfrak{a} \cdot \mathfrak{d} = m \mathfrak{a} \cdot \mathfrak{b} + n \mathfrak{a} \cdot \mathfrak{c} = 0,$$

woraus

$$m = \mu \mathfrak{a} \cdot \mathfrak{c}, \quad n = -\mu \mathfrak{a} \cdot \mathfrak{b}$$

folgt, so daß sich

$$\mathfrak{a} \times (\mathfrak{b} \times \mathfrak{c}) = \mathfrak{d} = \mu\{(\mathfrak{a} \cdot \mathfrak{c})\mathfrak{b} - (\mathfrak{a} \cdot \mathfrak{b})\mathfrak{c}\}$$

ergibt und nur noch der Proportionalitätsfaktor μ zu bestimmen ist. Hierzu braucht man nur die Komponenten der Vektoren auf der linken und rechten Seite der vorstehenden Formel bezüglich irgendeiner der Koordinatenachsen zu vergleichen. Wir legen die x-Achse parallel zu $\mathfrak{a}$ und berechnen die Komponenten bezüglich der z-Achse. Da bei der getroffenen Wahl der Achsen offenbar

$$a_x = |\mathfrak{a}| = a \quad \text{und} \quad a_y = a_z = 0$$

ist, ergibt sich nach [116] für die linke Seite

$$d_z = a_x (\mathfrak{b} \times \mathfrak{c})_y = a(b_z c_x - b_x c_z),$$

und nach [115] für die rechte Seite

$$\mu(a c_x b_z - a b_x c_z),$$

woraus durch Vergleich $\mu = 1$ folgt.

Dies führt uns zu der Formel

$$\mathfrak{a} \times (\mathfrak{b} \times \mathfrak{c}) = (\mathfrak{c} \cdot \mathfrak{a})\mathfrak{b} - (\mathfrak{a} \cdot \mathfrak{b})\mathfrak{c}. \tag{20}$$

Mit Hilfe dieser Beziehung läßt sich der Vektor $\mathfrak{b}$ so in zwei Komponenten zerlegen, daß die eine parallel und die andere senkrecht zu dem gegebenen Vektor $\mathfrak{a}$ ist. Durch Einsetzen von $\mathfrak{c} = \mathfrak{a}$ in die Formel (20) geht diese nämlich in

$$(\mathfrak{a} \cdot \mathfrak{a})\mathfrak{b} = (\mathfrak{a} \cdot \mathfrak{b})\mathfrak{a} - \mathfrak{a} \times (\mathfrak{a} \times \mathfrak{b})$$

über. Es ist also

$$\mathfrak{b} = \mathfrak{b}' + \mathfrak{b}'' \tag{21}$$

mit

$$\mathfrak{b}' = \frac{\mathfrak{a} \cdot \mathfrak{b}}{\mathfrak{a} \cdot \mathfrak{a}} \mathfrak{a}, \quad \mathfrak{b}'' = -\frac{\mathfrak{a} \times (\mathfrak{a} \times \mathfrak{b})}{\mathfrak{a} \cdot \mathfrak{a}},$$

wodurch die gesuchte Zerlegung geliefert wird, da offenbar der Vektor $\mathfrak{b}'$ parallel und der Vektor $\mathfrak{b}''$ senkrecht zum Vektor $\mathfrak{a}$ ist.

118. Die Geschwindigkeitsverteilung bei der Drehung eines starren Körpers. Das Moment eines Vektors. Der Begriff des Vektorprodukts findet wichtige Anwendungen in der Mechanik, vor allem bei der Untersuchung der Bewegung eines starren Körpers.[1]

Wir betrachten zunächst einen starren Körper, der sich um eine unbewegliche Achse (L) dreht. Bei dieser Drehung hat jeder Punkt M des Körpers eine Geschwindigkeit $\mathfrak{v}$, deren Betrag gleich dem Produkt aus dem Abstand $|PM|$ des Punktes M von der Rotationsachse (Abb. 85) und der Winkelgeschwindigkeit ω der Drehung ist und deren Richtung senkrecht zu der durch die Drehachse und den Punkt M hindurchgehenden Ebene verläuft. Diese Ge-

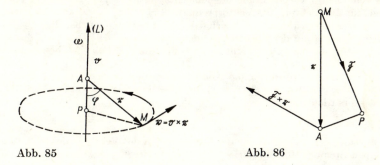

Abb. 85　　　　　　　　　Abb. 86

schwindigkeit $\mathfrak{v}$ läßt sich folgendermaßen darstellen: Wir wählen auf der Achse (L) diejenige Richtung als positiv, von der aus gesehen die Drehung entgegen dem Uhrzeigersinn erfolgt. Tragen wir von einem beliebigen Punkt A der Achse in der angegebenen Richtung eine Strecke der Länge ω ab, so erhalten wir einen Vektor $\mathfrak{v}$, der als Vektor der Winkelgeschwindigkeit bezeichnet wird. Ferner stelle $\mathfrak{r}$ denjenigen Vektor dar, der durch die Strecke $\overline{AM}$ definiert wird. Auf Grund der Definition des Vektorproduktes erhalten wir leicht den folgenden Ausdruck für die Geschwindigkeit $\mathfrak{v}$:

$$\mathfrak{v} = \mathfrak{v} \times \mathfrak{r},$$

da der Betrag des Vektorprodukts $\mathfrak{v} \times \mathfrak{r}$ gleich

$$|\mathfrak{r}| \cdot |\mathfrak{v}| \sin(\mathfrak{r}, \mathfrak{v}) = \omega \cdot |MA| \cdot \sin\varphi = \omega \cdot |MP| = |\mathfrak{v}|$$

ist und dessen Richtung mit der von $\mathfrak{v}$ übereinstimmt.

Wie aus der Kinematik bekannt ist, sind bei der beliebigen Bewegung eines starren Körpers um einen festen Punkt O die Geschwindigkeiten der Punkte des Körpers in jedem Zeitpunkt so, als ob sich der Körper um eine durch den Punkt O gehende Achse (momentane Drehachse) mit einer gewissen Winkelgeschwindigkeit ω (momentane Winkelgeschwindigkeit) dreht; die Lage der Drehachse und die Größe von ω ändern sich im allgemeinen mit der Zeit. Gemäß dem zuvor Gesagten *ist in jedem Zeitpunkt die Geschwindigkeit eines Punktes des starren Körpers durch das Vektorprodukt aus dem Vektor der momentanen Winkelgeschwindigkeit und dem Vektor $\overrightarrow{OM}$ gegeben.*

Wir betrachten jetzt ein anderes Beispiel. Im Punkt M greife die durch den Vektor $\mathfrak{F}$ dargestellte Kraft an, und es sei A ein Punkt des Raumes (Abb. 86).

Als *Moment der Kraft* $\mathfrak{F}$ in bezug auf den Punkt A wird das Vektorprodukt $\mathfrak{F} \times \mathfrak{r}$ bezeichnet, wobei $\mathfrak{r}$ der Vektor mit dem Anfangspunkt M und dem Endpunkt A ist.

---

[1] Im folgenden wird ein rechtsdrehendes Achsensystem zugrunde gelegt.

Wir fällen vom Punkt A das Lot AP auf die Wirkungslinie der Kraft $\mathfrak{F}$. Aus dem rechtwinkligen Dreieck MAP ergibt sich

$$|\overrightarrow{AP}| = |\mathfrak{r}| \cdot |\sin(\mathfrak{r}, \mathfrak{F})|;$$

folglich wird der *Betrag des Moments der Kraft* $\mathfrak{F}$ in bezug auf den Punkt A gleich

$$|\mathfrak{r}| \cdot |\mathfrak{F}| \cdot |\sin(\mathfrak{r}, \mathfrak{F})| = |\mathfrak{F}| \cdot |\overrightarrow{AP}|,$$

d. h. gleich dem Produkt aus dem Betrag der Kraft und dem Abstand des Punktes A von der Wirkungslinie der Kraft. Die Richtung des Moments bestimmt sich gemäß der oben angegebenen Regel für die Richtung des Vektorprodukts.

Aus dem Gesagten folgt übrigens, daß sich das Moment einer Kraft bei einer Verschiebung ihres Angriffspunktes M auf der Wirkungsgeraden nicht ändert. Die Definition des Moments einer Kraft in bezug auf einen Punkt läßt sich offenbar auf den Fall eines beliebigen Vektors verallgemeinern.

Wir leiten nun die Ausdrücke für die Komponenten des Moments ab. Es seien (a, b, c) die Koordinaten des Punktes A und (x, y, z) die Koordinaten des Punktes M. Die Komponenten des Vektors $\mathfrak{r}$ lauten dann

$$a-x,\quad b-y,\quad c-z.$$

Unter Benutzung der Ausdrücke für die Komponenten des Vektorprodukts [**116**] ergeben sich die Komponenten des Moments zu

$$(y-b)F_z - (z-c)F_y,\quad (z-c)F_x - (x-a)F_z,\quad (x-a)F_y - (y-b)F_x.$$

Kehren wir zu dem Beispiel der Drehung eines festen Körpers um eine Achse zurück, so sehen wir, daß die Geschwindigkeit eines Punktes M des starren Körpers gleich dem Moment des Vektors der Winkelgeschwindigkeit in bezug auf den Punkt M ist. Werden mit (x, y, z) die Koordinaten dieses Punktes, mit (x_0, y_0, z_0) die Koordinaten des Anfangspunktes des Vektors der Winkelgeschwindigkeit und mit O_x, O_y, O_z die Komponenten dieses Vektors bezeichnet, so erhalten wir für die Komponenten der Geschwindigkeit des Punktes M

$$(z-r_0)O_y - (y-y_0)O_z,\quad (x-x_0)O_z - (z-z_0)O_x,\quad (y-y_0)O_x - (x-x_0)O_y.$$

Es soll jetzt das Moment eines Vektors in bezug auf eine Achse bestimmt werden. Dazu denken wir uns im Raum eine Gerade Δ gegeben, die mit einer bestimmten Orientierung versehen ist (Achse).

Als *Moment eines Vektors* $\mathfrak{F}$ in bezug auf die Achse Δ wird der Betrag der Projektion des Moments des Vektors $\mathfrak{F}$ bezüglich irgendeines Punktes A der Achse Δ auf diese Achse bezeichnet.[1]

Um die Zulässigkeit dieser Definition nachzuweisen, zeigen wir, daß die in der Definition erwähnte Projektion von der Lage des Punktes A auf der Achse Δ unabhängig ist. Dazu wählen wir die Achse Δ als z-Achse, und es seien $(0, 0, c)$ die Koordinaten des Punktes A sowie (x, y, z) die Koordinaten des Anfangspunktes M des Vektors $\mathfrak{F}$. Bei dieser Wahl der Koordinatenachsen stimmt die Projektion des Moments des Vektors $\mathfrak{F}$ bezüglich des Punktes A auf die Achse Δ mit seiner Komponente in Richtung der z-Achse überein und wird auf Grund der vorstehenden Formeln gleich

$$xF_y - yF_x,$$

da $a = b = 0$ ist. Diese Differenz hängt nicht von c ab, d. h., sie ist unabhängig von der Lage des Punktes A auf der Achse Δ, was zu beweisen war.

---

[1] Somit stellt nur das Moment eines Vektors bezüglich eines Punktes einen Vektor dar, jedoch nicht das Moment bezüglich einer Achse.

§ 11. Feldtheorie

119. Differentiation eines Vektors. Wir verallgemeinern jetzt den Begriff der Differentiation auf den Fall eines Vektors $\mathfrak{a}(\tau)$, der von einem gewissen Parameter τ abhängt. Der Vektor wird von einem festen Punkt, z. B. vom Koordinatenursprung O aus abgetragen (Abb. 87). Bei fortlaufender Änderung des Wertes

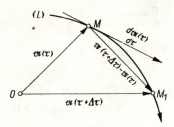

Abb. 87

von τ beschreibt der Endpunkt des veränderlichen Vektors $\mathfrak{a}(\tau)$ eine Kurve (L). Es seien $\overrightarrow{OM_1}$ und $\overrightarrow{OM}$ die Lagen des Vektors für die Parameterwerte $\tau + \Delta\tau$ bzw. τ. Dem Vektor $\overrightarrow{MM_1}$ entspricht die Differenz $\mathfrak{a}(\tau + \Delta\tau) - \mathfrak{a}(\tau)$, und der Quotient

$$\frac{\mathfrak{a}(\tau + \Delta\tau) - \mathfrak{a}(\tau)}{\Delta\tau}$$

liefert einen Vektor, der parallel zu $\overrightarrow{MM_1}$ ist. Die Grenzlage dieses Vektors für $\Delta\tau \to 0$ stellt — falls sie existiert — per definitionem die Ableitung dar:

$$\frac{d\mathfrak{a}(\tau)}{d\tau} = \lim_{\Delta\tau \to 0} \frac{\mathfrak{a}(\tau + \Delta\tau) - \mathfrak{a}(\tau)}{\Delta\tau}. \tag{22}$$

Diese Ableitung ist offenbar ein Vektor in Richtung der Tangente an die Kurve (L) im Punkt M. Er hängt ebenfalls von τ ab. Seine Ableitung nach τ liefert die zweite Ableitung $\dfrac{d^2\mathfrak{a}(\tau)}{d\tau^2}$ usw.

Wir zerlegen den Vektor $\mathfrak{a}(\tau)$ nach den drei Grundvektoren $\mathfrak{i}, \mathfrak{j}, \mathfrak{k}$:

$$\mathfrak{a}(\tau) = a_x(\tau)\mathfrak{i} + a_y(\tau)\mathfrak{j} + a_z(\tau)\mathfrak{k}.$$

Die Definition (22) liefert dann

$$\frac{d\mathfrak{a}(\tau)}{d\tau} = \frac{da_x(\tau)}{d\tau}\mathfrak{i} + \frac{da_y(\tau)}{d\tau}\mathfrak{j} + \frac{da_z(\tau)}{d\tau}\mathfrak{k} \tag{23}$$

und allgemein

$$\frac{d^m \mathfrak{a}(\tau)}{d\tau^m} = \frac{d^m a_x(\tau)}{d\tau^m}\mathfrak{i} + \frac{d^m a_y(\tau)}{d\tau^m}\mathfrak{j} + \frac{d^m a_z(\tau)}{d\tau^m}\mathfrak{k}; \tag{23_1}$$

die Differentiation eines Vektors läuft also auf die Differentiation der Komponenten dieses Vektors hinaus.

IV. Vektoranalysis und Feldtheorie

Die bekannte Regel für die Differentiation eines Produkts läßt sich auf das Produkt eines Skalars mit einem Vektor sowie auf den Fall des skalaren und vektoriellen Produkts verallgemeinern, so daß die folgenden Formeln gelten:

$$\frac{d}{d\tau}\{f(\tau)\,\mathfrak{a}(\tau)\} = \frac{df(\tau)}{d\tau}\,\mathfrak{a}(\tau) + f(\tau)\,\frac{d\mathfrak{a}(\tau)}{d\tau}, \tag{24}$$

$$\frac{d}{d\tau}\{\mathfrak{a}(\tau) \cdot \mathfrak{b}(\tau)\} = \frac{d\mathfrak{a}(\tau)}{d\tau} \cdot \mathfrak{b}(\tau) + \mathfrak{a}(\tau) \cdot \frac{d\mathfrak{b}(\tau)}{d\tau}, \tag{24_1}$$

$$\frac{d}{d\tau}\{\mathfrak{a}(\tau) \times \mathfrak{b}(\tau)\} = \frac{d\mathfrak{a}(\tau)}{d\tau} \times \mathfrak{b}(\tau) + \mathfrak{a}(\tau) \times \frac{d\mathfrak{b}(\tau)}{d\tau}. \tag{24_2}$$

Hierin ist $f(\tau)$ ein Skalar; $\mathfrak{a}(\tau)$ und $\mathfrak{b}(\tau)$ bedeuten Vektoren, die von τ abhängen. Wir prüfen z. B. die Formel (24$_1$) nach. Ihre linke Seite läßt sich in der Gestalt

$$\frac{d}{d\tau}\{a_x(\tau)b_x(\tau) + a_y(\tau)b_y(\tau) + a_z(\tau)b_z(\tau)\}$$

$$= \frac{da_x(\tau)}{d\tau}b_x(\tau) + \frac{da_y(\tau)}{d\tau}b_y(\tau) + \frac{da_z(\tau)}{d\tau}b_z(\tau)$$

$$+ a_x(\tau)\frac{db_x(\tau)}{d\tau} + a_y(\tau)\frac{db_y(\tau)}{d\tau} + a_z(\tau)\frac{db_z(\tau)}{d\tau}$$

darstellen. Dasselbe Resultat erhalten wir — wie leicht zu sehen ist — auch für die rechte Seite. Dabei wird natürlich angenommen, daß die zur Diskussion stehenden Ableitungen existieren. In den Formeln (24), (24$_1$), (24$_2$) folgt aus der Existenz der Ableitungen der Faktoren auch die Existenz der Ableitungen der Produkte (vgl. [I, 47]). Die gewöhnliche Regel für die Differentiation einer Summe von Vektoren läßt sich ganz elementar beweisen. Wenn sich ein Punkt M längs einer Kurve (L) bewegt, ist der Radiusvektor $\mathfrak{r}$ dieses Punktes eine Funktion der Zeit t. Wird der Radiusvektor nach t differenziert, so erhalten wir den Geschwindigkeitsvektor $\mathfrak{v}$ des Punktes:

$$\mathfrak{v} = \frac{d\mathfrak{r}}{dt} = \frac{ds}{dt}\frac{d\mathfrak{r}}{ds}. \tag{25}$$

Die Länge dieses Vektors wird gleich der Ableitung des Weges s nach der Zeit t, und die Richtung verläuft tangential zur Kurve (L). Der sich ergebende Geschwindigkeitsvektor hängt ebenfalls von der Zeit ab; seine Ableitung liefert den Beschleunigungsvektor $\mathfrak{w} = \dfrac{d\mathfrak{v}}{dt}$.

Wird als unabhängige Veränderliche die Bogenlänge s gewählt, *so stellt die Ableitung von $\mathfrak{r}$ nach s den Tangenteneinheitsvektor* $\mathfrak{t} = \dfrac{d\mathfrak{r}}{ds}$ *dar*, d. h. einen Vektor der Länge Eins in Richtung der Tangente. In [I, 70] fanden wir nämlich $\dfrac{\sqrt{\Delta x^2 + \Delta y^2}}{\Delta s} \to 1$; das Verhältnis der Länge der Sehne zur Länge des entsprechenden Bogens strebt also gegen Eins. Dasselbe gilt offenbar auch für Raumkurven [I, 160]. Aus dieser Tatsache und der Definition (22) für $\tau = s$ folgt unmittelbar, daß die Länge des erwähnten Tangentenvektors tatsächlich gleich Eins ist.

120. Das skalare Feld und sein Gradient. Hat irgendeine physikalische Größe in jedem Punkt des Raumes oder eines Teilbereiches des Raumes einen wohldefinierten Wert, so wird damit ein Feld dieser Größe erklärt. Ist die gegebene Größe ein Skalar (Temperatur, Druck, elektrostatisches Potential), so wird auch das Feld als *skalares Feld* bezeichnet. Wenn die vorgegebene Größe jedoch ein Vektor (Geschwindigkeit, Kraft) ist, spricht man von einem *Vektorfeld* [112].

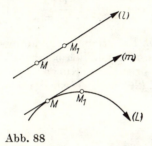

Abb. 88

Wir beginnen mit der Untersuchung des skalaren Feldes. Zur Vorgabe eines solchen Feldes genügt es, die Ortsfunktion $U(M) = U(x, y, z)$ zu definieren.

So liefert z. B. ein erwärmter Körper ein skalares Temperaturfeld. In jedem Punkt M des Körpers hat die Temperatur $U(M)$ einen wohldefinierten Wert, der sich von Punkt zu Punkt ändern kann.

Wir wählen einen Punkt M, legen durch ihn eine orientierte Gerade (l) hindurch (Abb. 88) und betrachten den Wert der Funktion $U(M)$ im Punkt M und in dem Nachbarpunkt M_1 auf der gewählten Geraden (l). Mit $|MM_1|$ bezeichnen wir die Länge der Strecke $\overline{MM_1}$ mit dem der Richtung (l) entsprechenden Vorzeichen. Der Grenzwert des Ausdrucks

$$\frac{U(M_1) - U(M)}{|MM_1|}$$

für $|MM_1| \to 0$ heißt, falls er existiert, *Ableitung der Funktion $U(M)$ in der Richtung (l)* und wird folgendermaßen bezeichnet:

$$\frac{\partial U(M)}{\partial l} = \lim_{M_1 \to M} \frac{U(M_1) - U(M)}{|MM_1|}. \tag{26}$$

Diese Ableitung charakterisiert die Geschwindigkeit, mit der sich die Funktion $U(M)$ im Punkt M in der Richtung (l) ändert. Die Zahl $|MM_1|$ kann sowohl positiv als auch negativ sein. Wenn die Richtung von M nach M_1 der Richtung von (l) entspricht, so ist diese Zahl positiv. Bei der Umkehr der Richtung (l) in (l') ändert die Zahl $|MM_1|$ ihr Vorzeichen, und die Ableitung in der Richtung (l')

unterscheidet sich nur im Vorzeichen durch die entsprechende Ableitung in der Richtung (l). Wir werden annehmen, daß die Funktion in jedem Punkt M eines gewissen Bereichs ω eine Ableitung in einer beliebigen Richtung besitzt und daß die Ableitung in einer beliebigen festen Richtung (l) eine stetige Funktion des Punktes M in ω ist. Die weiteren Überlegungen beziehen sich auf den erwähnten Bereich.

Somit hat die Funktion in jedem Punkt eine unendliche Mannigfaltigkeit von Ableitungen; man kann jedoch leicht zeigen, daß sich die Ableitung in einer beliebigen Richtung durch die Ableitungen in den drei zueinander senkrechten Richtungen (X, Y, Z) mit Hilfe der Formel

$$\frac{\partial U(M)}{\partial l} = \frac{\partial U(M)}{\partial x} \cos(l, x) + \frac{\partial U(M)}{\partial y} \cos(l, y) + \frac{\partial U(M)}{\partial z} \cos(l, z) \quad (27)$$

ausdrücken läßt. Dabei nehmen wir an, daß die Funktion $U(M)$ stetige partielle Ableitungen erster Ordnung hat. Zunächst kann man nämlich bei der Bildung der Ableitung (26) statt der Geraden irgendeine orientierte Kurve (L) durch den Punkt M legen (Abb. 88). Anstelle der Formel (26) müßten wir dann den Grenzwert

$$\lim_{M_1 \to M} \frac{U(M_1) - U(M)}{|MM_1|}$$

betrachten. Dieser Grenzwert ist offensichtlich nichts anderes als die Ableitung der Funktion $U(M)$ nach der Bogenlänge s der gewählten Kurve (L); unter Benutzung der Kettenregel können wir

$$\lim_{M_1 \to M} \frac{U(M_1) - U(M)}{|MM_1|} = \frac{\partial U(M)}{\partial x}\frac{dx}{ds} + \frac{\partial U(M)}{\partial y}\frac{dy}{ds} + \frac{\partial U(M)}{\partial z}\frac{dz}{ds} \quad (28)$$

schreiben.

Bekanntlich [I, 160] sind $\frac{dx}{ds}, \frac{dy}{ds}, \frac{dz}{ds}$ die Richtungskosinus der Tangente an die Kurve (L) im Punkt M. Für den Fall, daß (L) eine Gerade ist, erhalten wir sofort die Formel (27). Außerdem zeigt (28), daß die Ableitung längs einer Kurve mit der Ableitung in der Richtung (m) der Tangente an die Kurve im Punkt M übereinstimmt.

Wir führen jetzt die Niveauflächen eines skalaren Feldes in die Betrachtung ein. Diese Flächen sind durch die Bedingung charakterisiert, daß in allen Punkten einer solchen Fläche die Funktion $U(M)$ ein und denselben konstanten Wert C hat. Geben wir der Konstanten C verschiedene Werte, so erhalten wir eine Schar von Niveauflächen $U(M) = C$, wobei im allgemeinen durch jeden Punkt des Bereichs ω eine wohldefinierte Niveaufläche verläuft. Im Fall des erwärmten Körpers sind die Flächen gleicher Temperatur Niveauflächen. Es sei (S) die Niveaufläche, die durch den Punkt M verläuft (Abb. 89). Wir führen in diesem Punkt drei zueinander senkrechte Richtungen ein; nämlich die Flächennormale (n) und die zwei Richtungen (t_1) und (t_2) in der Tangentialebene. Die Richtungen (t_1) und (t_2) stellen Tangenten an gewisse in der Niveaufläche liegende Kurven $(L_1$

bzw. (L_2) dar. Längs dieser Kurven hat die Funktion $U(M)$ einen konstanten Wert; daher gilt

$$\frac{\partial U(M)}{\partial t_1} = \frac{\partial U(M)}{\partial t_2} = 0. \tag{29}$$

Es sei jetzt (l) eine beliebige Richtung. Wird die Formel (27) auf die drei zueinander senkrechten Richtungen (n), (t_1) und (t_2) angewendet, so ergibt sich unter Beachtung von (29) die Beziehung

$$\frac{\partial U(M)}{\partial l} = \frac{\partial U(M)}{\partial n} \cos(l, n). \tag{30}$$

Tragen wir in der Richtung (n) denjenigen Vektor ab, der dem Betrag nach gleich $\frac{\partial U(M)}{\partial n}$ ist, so liefert gemäß (30) die Projektion dieses Vektors auf die beliebige Richtung (l) die Ableitung $\frac{\partial U(M)}{\partial l}$.

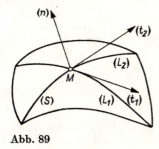

Abb. 89

Der nach der soeben beschriebenen Regel konstruierte Vektor heißt *Gradient der Funktion* $U(M)$. Als *Gradient eines skalaren Feldes* wird also das nach der folgenden Regel konstruierte Vektorfeld bezeichnet: *In jedem Punkt hat der Vektor die Richtung der Normalen zu der entsprechenden Niveaufläche und ist dem Betrage nach gleich der Ableitung der Funktion* $U(M)$ *in Richtung der erwähnten Normalen.* Der Gradient eines skalaren Feldes $U(M)$ wird mit dem Symbol grad $U(M)$ bezeichnet, und (30) kann in der Form

$$\frac{\partial U(M)}{\partial l} = \text{grad}_l U(M) \tag{31}$$

geschrieben werden, wobei $\text{grad}_l U(M)$ die Projektion des Vektors grad $U(M)$ auf die Richtung (l) bedeutet.

Wie leicht einzusehen ist, hat die Wahl der Richtung der Normalen (n) zur Niveaufläche (S) keinen Einfluß auf die Richtung von grad $U(M)$. Dieser Vektor ist stets nach derjenigen Seite der Normalen zu (S) gerichtet, nach der die Funktion $U(M)$ zunimmt.

Wir beziehen den Raum auf ein kartesisches x, y, z-Koordinatensystem. Für $U(M)$ können wir $U(x, y, z)$ schreiben, und die Werte der Projektionen des

Vektors grad $U(x, y, z)$ auf die erwähnten Achsen sind die partiellen Ableitungen der Funktion $U(x, y, z)$ nach x, y, z.

Die oben gegebene Definition des Gradienten mit Hilfe der Niveauflächen erweist sich als nicht anwendbar z. B. in solchen Punkten, in denen die Niveaufläche in einen Punkt oder in eine Linie entartet, oder wenn diese Fläche keine Tangentialebene besitzt.

Wir betrachten die drei Funktionen

$$U_1 = x^2 + y^2 + z^2, \quad U_2 = x^2 + y^2, \quad U_3 = x^2 + y^2 - 4xy.$$

Im Punkt $(0, 0, 0)$ entartet die Niveaufläche U_1 in einen Punkt, U_2 entartet in eine Linie (die z-Achse). Die Gleichung $x^2 + y^2 - 4xy = 0$ liefert die Gesamtheit zweier Ebenen, die durch die z-Achse verlaufen; diese Niveaufläche besitzt in den Punkten der z-Achse keine Tangentialebene. Für alle drei Funktionen sind die partiellen Ableitungen erster Ordnung gleich Null im Punkt $(0, 0, 0)$, und in solchen Punkten ist der Gradient der gegebenen Funktion gleich Null (gleich dem Nullvektor) zu setzen.

Beispiele.

1. Das Gravitationsfeld, das wir in [90] betrachtet hatten, führt auf das skalare Feld des Gravitationspotentials

$$U(M) = \iiint\limits_{(v)} \frac{\mu(M_1)\, dv}{r};$$

hierin bedeutet $\mu(M_1)$ die Dichte der Masse, die den räumlichen Bereich (v) einnimmt, und r den Abstand des Punktes M von dem variablen Integrationspunkt M_1. Wir hatten die folgenden Ausdrücke für die Komponenten F_x, F_y, F_z der Gravitationskraft $\mathfrak{F}$ gefunden:

$$F_x = \frac{\partial U(M)}{\partial x}, \quad F_y = \frac{\partial U(M)}{\partial y}, \quad F_z = \frac{\partial U(M)}{\partial z}.$$

Hieraus folgt unmittelbar, daß allgemein $F_l = \dfrac{\partial U(M)}{\partial l}$ ist, d. h., das Vektorfeld der Gravitationskraft ist der Gradient des Potentials $U(M)$. Die Arbeit der Gravitationskraft läßt sich in der Form

$$\int\limits_A^B (F_x\,dx + F_y\,dy + F_z\,dz) = \int\limits_A^B dU(M) = U(B) - U(A)$$

darstellen, also durch die Differenz der Potentiale in den Punkten A und B.

Die letzte Eigenschaft besitzt offenbar jedes konservative Kraftfeld, d. h. ein solches Feld, für das $\mathfrak{F} = \operatorname{grad} U(M)$ ist. Häufig bezeichnet man nicht die Funktion $U(M)$ als Potential, sondern die Funktion $-U(M)$.

2. Besitzen die Punkte eines Körpers verschiedene Temperaturen $U(M)$, so tritt in dem Feld ein Wärmefluß von den mehr erwärmten Teilen zu den weniger erwärmten auf. Wir wählen eine beliebige Fläche und auf dieser ein Element dS um den Punkt M herum. In der Theorie der Wärmeleitung wird angenommen, daß die Wärmemenge ΔQ, die durch das

Element dS während der Zeit dt hindurchtritt, proportional $dt\, dS$ sowie der Ableitung $\dfrac{\partial U(M)}{\partial n}$ der Temperatur nach der Normalenrichtung ist, d. h.

$$\varDelta Q = k\, dt\, dS \left| \frac{\partial U(M)}{\partial n} \right|. \tag{32}$$

Dabei ist k ein Proportionalitätsfaktor, welcher *Wärmeleitzahl* genannt wird, und (n) ist die Richtung der Normalen zu dS.

Wir konstruieren nun den Vektor $-k\operatorname{grad} U(M)$, der als *Vektor des Wärmeflusses* bezeichnet wird; das Minuszeichen setzen wir deshalb, weil die Wärme von höheren Temperaturen zu niedrigeren fließt, der Vektor $\operatorname{grad} U(M)$ jedoch nach der Seite wachsender Funktionswerte $U(M)$ weist. Nach Formel (32) wird dann offenbar die Wärmemenge $\varDelta Q$, die während der Zeit dt durch das Element dS hindurchströmt, durch

$$\varDelta Q = k\, dt\, dS\, |\operatorname{grad}_n U(M)| \tag{33}$$

gegeben.

Es sei noch erwähnt, daß wir einen isotropen Körper betrachten. Wenn er homogen ist, so ist k eine Konstante. Für einen inhomogenen Körper ist k eine Ortsfunktion.

121. Das Vektorfeld. Rotation und Divergenz. Wir wenden uns jetzt der Betrachtung eines Vektorfeldes $\mathfrak{a}(M)$ zu. In jedem Punkt des Raumes, in dem das Feld vorgegeben ist, hat der Vektor $\mathfrak{a}(M)$ eine wohldefinierte Größe und Richtung. Bei einer Flüssigkeitsströmung liegt z. B. in jedem Zeitpunkt das Geschwindigkeitsfeld $\mathfrak{v}$ vor.

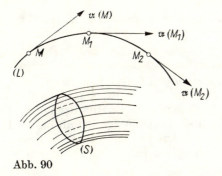

Abb. 90

Als *Feldlinie* bezeichnet man nun eine solche Kurve (L), deren Tangente in jedem Punkt die Richtung des Vektors $\mathfrak{a}(M)$ hat (Abb. 90). So wie in [23] ist leicht zu sehen, daß man die Differentialgleichungen der Feldlinien in der Form

$$\frac{dx}{a_x} = \frac{dy}{a_y} = \frac{dz}{a_z} \tag{34}$$

schreiben kann, wobei die Komponenten a_x, a_y und a_z bestimmte Funktionen von x, y und z sind. Nach dem Existenz- und Eindeutigkeitssatz verläuft, sofern seine Voraussetzungen erfüllt sind, durch jeden Punkt M genau eine Feldlinie. Alle Feldlinien, die durch die Punkte eines gewissen Teiles einer Fläche (S) verlaufen, liefern eine Vektorröhre (Abb. 90).

Wir greifen aus dem Vektorfeld einen gewissen Bereich (v) heraus; es sei (S) die Fläche, die diesen Bereich begrenzt, und n die Richtung der äußeren [in bezug auf den Bereich (v)] Normalen zu (S). Durch Anwendung der Gauß-Ostrogradskischen Formel [66] auf die Funktionen a_x, a_y und a_z erhält man

$$\iiint\limits_{(v)} \left(\frac{\partial a_x}{\partial x} + \frac{\partial a_y}{\partial y} + \frac{\partial a_z}{\partial z} \right) dv$$

$$= \iint\limits_{(S)} [a_x \cos(n, x) + a_y \cos(n, y) + a_z \cos(n, z)] \, dS$$

oder [114]

$$\iiint\limits_{(v)} \left(\frac{\partial a_x}{\partial x} + \frac{\partial a_y}{\partial y} + \frac{\partial a_z}{\partial z} \right) dv = \iint\limits_{(S)} a_n \, dS. \tag{35}$$

Das rechts stehende Flächenintegral wird gewöhnlich als *Vektorfluß durch die Fläche* bezeichnet. Seine physikalische Bedeutung wird später erläutert. Der Integrand in dem Volumenintegral heißt *Divergenz des Vektorfeldes* und wird mit dem Symbol

$$\operatorname{div} \mathfrak{a} = \frac{\partial a_x}{\partial x} + \frac{\partial a_y}{\partial y} + \frac{\partial a_z}{\partial z} \tag{36}$$

bezeichnet.

Die Gauß-Ostrogradskische Formel kann man somit folgendermaßen schreiben:

$$\iiint\limits_{(v)} \operatorname{div} \mathfrak{a} \, dv = \iint\limits_{(S)} a_n \, dS; \tag{37}$$

d. h., *das Volumenintegral der Divergenz ist gleich dem Vektorfluß durch die Oberfläche des Bereichs.* Die Definition (36) der Divergenz hängt von der Wahl der Koordinatenachsen X, Y und Z ab, doch läßt sich mit Hilfe der Formel (37) leicht eine von der Wahl der Koordinatenachsen unabhängige Definition der Divergenz angeben. Wir umgeben den Punkt M mit dem kleinen Bereich (v_1); es sei (S_1) die Oberfläche dieses Bereichs. Die Formel (37) liefert unter Benutzung des Mittelwertsatzes [64]

$$\operatorname{div} \mathfrak{a} \bigg|_{M_1} \cdot v_1 = \iint\limits_{(S_1)} a_n \, dS; \quad \text{d. h.} \quad \operatorname{div} \mathfrak{a} \bigg|_{M_1} = \frac{\iint\limits_{(S_1)} a_n \, dS}{v_1},$$

wobei der Wert von $\operatorname{div} \mathfrak{a}$ in einem gewissen Punkt M_1 des Bereichs (v_1) genommen wird und v_1 das Volumen dieses Bereichs ist. Bei unbegrenztem Zusammenziehen des Bereichs auf den Punkt M strebt der Punkt M_1 gegen den Punkt M, und aus der vorstehenden Formel ergibt sich der Wert der Divergenz im Punkt M zu

$$\operatorname{div} \mathfrak{a} = \lim_{(v_1) \to M} \frac{\iint\limits_{(S_1)} a_n \, dS}{v_1}. \tag{38}$$

Die Divergenz des Feldes im Punkt M ist also der Grenzwert des Quotienten aus dem Vektorfluß durch eine kleine geschlossene, den Punkt M umgebende Fläche und dem Volumen des durch diese Fläche begrenzten Bereichs.

Die vorstehenden Überlegungen zeigen, daß jedes Feld eines Vektors $\mathfrak{a}$ ein gewisses skalares Feld div $\mathfrak{a}$ liefert, nämlich das Feld einer Divergenz. Wir werden gleich zeigen, daß sich unter Benutzung der Stokesschen Formel außerdem auch ein gewisses Vektorfeld gewinnen läßt, das durch das ursprüngliche Feld $\mathfrak{a}$ erzeugt wird. Setzen wir

$$P = a_x, \quad Q = a_y, \quad R = a_z,$$

so liefert die Stokessche Formel [73]

$$\int_{(l)} (a_x\,dx + a_y\,dy + a_z\,dz)$$
$$= \iint_{(S)} \left[\left(\frac{\partial a_z}{\partial y} - \frac{\partial a_y}{\partial z}\right) \cos(n,x) + \left(\frac{\partial a_x}{\partial z} - \frac{\partial a_z}{\partial x}\right) \cos(n,y) \right.$$
$$\left. + \left(\frac{\partial a_y}{\partial x} - \frac{\partial a_x}{\partial y}\right) \cos(n,z) \right] dS. \tag{39}$$

Dabei nehmen wir an, daß die Funktionen a_x, a_y, a_z stetig sind und stetige partielle Ableitungen erster Ordnung in einem gewissen Bereich besitzen, in dessen Innerem sich die Fläche (S) befindet.

Es sei $d\mathfrak{s}$ ein orientiertes Bogenelement der Kurve (l), d. h. ein als infinitesimaler Vektor aufgefaßtes Bogenelement dieser Kurve. Seine Komponenten in Richtung der Achsen sind dx, dy, dz, und der unter dem Kurvenintegral stehende Ausdruck stellt das skalare Produkt $\mathfrak{a} \cdot d\mathfrak{s}$ dar, ist also gleich $a_s\,ds$, wenn a_s die Projektion von $\mathfrak{a}$ auf die Tangente an (l) und ds die Länge von $d\mathfrak{s}$ bedeutet. Der Zusammenhang zwischen den Richtungen $d\mathfrak{s}$ und der Normalen (n) zu (S) ist in [73] angegeben.

Wir führen in die Betrachtung außerdem den Vektor ein, dessen Komponenten gleich den in dem Doppelintegral stehenden Differenzen sind. Dieser Vektor, der ein neues Vektorfeld bildet, heißt *Rotation des Feldes* $\mathfrak{a}$ und wird mit dem Symbol rot $\mathfrak{a}$ oder curl $\mathfrak{a}$ bezeichnet, so daß

$$\mathrm{rot}_x\,\mathfrak{a} = \frac{\partial a_z}{\partial y} - \frac{\partial a_y}{\partial z}, \quad \mathrm{rot}_y\,\mathfrak{a} = \frac{\partial a_x}{\partial z} - \frac{\partial a_z}{\partial x}, \quad \mathrm{rot}_z\,\mathfrak{a} = \frac{\partial a_y}{\partial x} - \frac{\partial a_x}{\partial y} \tag{40}$$

gilt. Die Formel (39) läßt sich damit umschreiben in

$$\int_{(l)} a_s\,ds = \iint_{(S)} [\mathrm{rot}_x\,\mathfrak{a}\cos(n,x) + \mathrm{rot}_y\,\mathfrak{a}\cos(n,y) + \mathrm{rot}_z\,\mathfrak{a}\cos(n,z)]\,dS$$

oder

$$\int_{(l)} a_s\,ds = \iint_{(S)} \mathrm{rot}_n\,\mathfrak{a}\,dS, \tag{41}$$

wobei $\mathrm{rot}_n\,\mathfrak{a}$ die Komponente von $\mathfrak{a}$ in Richtung der Normalen (n) zur Fläche (S) ist. Das links stehende Kurvenintegral wird gewöhnlich als *Zirkulation des Vektorfeldes* $\mathfrak{a}$ *längs der Kontur* (l) bezeichnet; damit läßt sich die Stokessche Formel folgendermaßen formulieren: *Die Zirkulation des Feldes längs der Kontur einer Fläche ist gleich dem Integral der Normalkomponente der Rotation über die Fläche selbst, d. h. gleich dem Wirbelfluß durch die Fläche.* Die Formel (41) ermöglicht eine Definition der Wirbelstärke, die nicht von der Wahl der Koordinatenachse abhängt. Es sei (m) eine in dem Punkt M gegebene Richtung und (σ) ein kleines ebenes Flächenstück, das durch diesen Punkt normal zu (m) verläuft. Wir wenden auf dieses Flächenstück die Formel (41) an und benutzen den Mittelwertsatz; es ergibt sich dann

$$\int_{(\lambda)} a_s\, ds = \operatorname{rot}_m \mathfrak{a} \Big|_{M_1} \cdot \sigma, \quad \text{d. h.} \quad \operatorname{rot}_m \mathfrak{a} \Big|_{M_1} = \frac{\int_{(\lambda)} a_s\, ds}{\sigma};$$

dabei ist (λ) der Rand von (σ) und M_1 ein passender Punkt dieses Flächenstückes. Analog zum Fall der Divergenz ziehen wir (σ) unbegrenzt auf den Punkt (M) zusammen; dann stellt der Grenzwert die Wirbelkomponente in der beliebig vorgegebenen Richtung (m) im Punkt M dar:

$$\operatorname{rot}_m \mathfrak{a} = \lim_{(\sigma) \to M} \frac{\int_{(\lambda)} a_s\, ds}{\sigma}. \tag{42}$$

Im folgenden werden wir zahlreiche Beispiele für die Anwendung des Rotations- und Divergenzbegriffes behandeln und deren physikalische Bedeutung erläutern.

122. Potential- und Solenoidalfeld.
In [120] wurde das Vektorfeld grad $U(M)$ behandelt, das den Gradienten einer gewissen skalaren Funktion $U(M)$ darstellt. Ein solches Vektorfeld heißt *Potentialfeld*. Natürlich ist nicht jedes Vektorfeld ein Potentialfeld; wir werden sogleich Bedingungen angeben, die notwendig und hinreichend dafür sind, daß ein gegebenes Vektorfeld ein Potentialfeld darstellt. Die Beziehung $\mathfrak{a} = \operatorname{grad} U(M)$ ist gleichbedeutend mit [120]

$$a_x = \frac{\partial U}{\partial x}, \quad a_y = \frac{\partial U}{\partial y}, \quad a_z = \frac{\partial U}{\partial z},$$

also damit, daß der Ausdruck

$$a_x\, dx + a_y\, dy + a_z\, dz \tag{43}$$

das vollständige Differential einer gewissen Funktion ist. Nach [76] ist hierzu notwendig und hinreichend, daß die drei Bedingungen

$$\frac{\partial a_z}{\partial y} - \frac{\partial a_y}{\partial z} = 0, \quad \frac{\partial a_x}{\partial z} - \frac{\partial a_z}{\partial x} = 0, \quad \frac{\partial a_y}{\partial x} - \frac{\partial a_x}{\partial y} = 0$$

erfüllt sind; diese drei Bedingungen sind aber ihrerseits gleichbedeutend mit dem Verschwinden der Rotation des Feldes: rot $\mathfrak{a} = 0$. *Damit ein Vektorfeld ein Potentialfeld darstellt, ist also notwendig und hinreichend, daß die Rotation dieses Feldes gleich Null wird.* Ist diese Bedingung erfüllt, so läßt sich gemäß [76] das Potential des Feldes durch das Kurvenintegral

$$U(M) = \int_{M_0}^{M} (a_x\, dx + a_y\, dy + a_z\, dz) = \int_{M_0}^{M} a_s\, ds \tag{44}$$

gewinnen. Hierbei ist $\mathfrak{a} = \operatorname{grad} U(M)$ und [76]

$$\int_A^B a_s\, ds = \int_A^B \operatorname{grad}_s U(M)\, ds = U(B) - U(A).$$

Ist der Ausdruck (43) selbst kein vollständiges Differential, läßt er aber einen integrierenden Faktor zu, so existiert eine Ortsfunktion $\mu(M)$ derart, daß der Ausdruck

$$\mu(a_x\, dx + a_y\, dy + a_z\, dz) = dU \tag{45}$$

ein vollständiges Differential wird. Wir bezeichnen ein solches Feld als *Quasipotentialfeld*. In [79] ergab sich als charakteristische Besonderheit eines solchen Feldes die Existenz einer Schar von Flächen $U(M) = C$, die orthogonal zu den Feldlinien ist. Aus (45) folgt dann $\mu\mathfrak{a} = \operatorname{grad} U$ oder

$$\mathfrak{a} = \frac{1}{\mu} \operatorname{grad} U.$$

Das Feld $\mathfrak{a}$ unterscheidet sich in diesem Fall von einem Potentialfeld durch den Zahlenfaktor $\frac{1}{\mu}$, der vom Ort abhängig ist.

Eine notwendige und hinreichende Bedingung für die Existenz eines Quasipotentialfeldes wird nach [79] durch die Beziehung

$$a_x\left(\frac{\partial a_z}{\partial y} - \frac{\partial a_y}{\partial z}\right) + a_y\left(\frac{\partial a_x}{\partial z} - \frac{\partial a_z}{\partial x}\right) + a_z\left(\frac{\partial a_y}{\partial x} - \frac{\partial a_x}{\partial y}\right) = 0$$

dargestellt, die sich auch folgendermaßen schreiben läßt:

$$\mathfrak{a} \cdot \operatorname{rot} \mathfrak{a} = 0. \tag{46}$$

Die Bedingung (46), d. h. die Orthogonalität der Vektoren $\mathfrak{a}$ und $\operatorname{rot} \mathfrak{a}$ ist also notwendig und hinreichend für die Existenz einer Schar von Flächen, die orthogonal zu den Feldlinien sind. Speziell genügt das Verschwinden von $\operatorname{rot} \mathfrak{a}$.

Ist der von dem Feld erfüllte Raum mehrfach zusammenhängend, so kann das durch (44) definierte Potential des Feldes durchaus eine mehrdeutige Funktion sein.

Wir hatten oben ein Vektorfeld untersucht, bei dem die Rotation verschwindet, und festgestellt, daß ein solches Feld ein Potentialfeld ist. Das Vektorfeld $\mathfrak{a}$, bei dem die Divergenz gleich Null ist, d. h., bei dem die Bedingung $\operatorname{div} \mathfrak{a} = 0$ identisch erfüllt ist, heißt *solenoidal*. Auf Grund der Formel (37) gilt für ein solches Feld

$$\iint\limits_{(S)} a_n\, dS = 0, \tag{47}$$

wobei (S) eine beliebige geschlossene Fläche ist, innerhalb der unser Feld überall existiert.

Wir wählen als Fläche (S) die Oberfläche desjenigen Teiles einer Vektorröhre, der durch zwei Querschnitte (S_1) und (S_2) herausgeschnitten wird (Abb. 91). Auf den Seitenflächen der Röhre ist $a_n = 0$, da $\mathfrak{a}$ jeweils in der Tangentialebene zu dieser Seitenfläche liegt. Wenn wir für die Querschnitte (S_1) und (S_2) die Richtung der Normalen (n) nach derselben Seite in bezug auf eine Bewegung längs der Röhre

Abb. 91

wählen, so wird diese auf dem Querschnitt (S_1) eine innere und auf (S_2) eine äußere Normale in bezug auf den herausgeschnittenen Teil der Vektorröhre. Die Formel (47), auf diesen Bereich angewendet, liefert

$$\iint\limits_{(S_2)} a_n \, dS - \iint\limits_{(S_1)} a_n \, dS = 0,$$

wobei das negative Vorzeichen im Integral über (S_1) davon stammt, daß (n) auf (S_1) entgegengesetzt zur äußeren Normalen gerichtet ist. Wie die vorstehende Gleichung zeigt, hat das Integral

$$\iint\limits_{(S)} a_n \, dS \tag{48}$$

im Fall eines solenoidalen Feldes ein und denselben Wert für alle Querschnitte (S) einer Vektorröhre. Es liefert den Fluß des Vektorfeldes durch den Querschnitt (S). *Somit hat für ein solenoidales Feld der Fluß in allen Querschnitten einer Vektorröhre ein und denselben Wert.* Wenn sich längs der Vektorröhre der Flächeninhalt des Querschnitts vergrößert, d. h. die Vektorröhre sich erweitert, verringert sich die Intensität a_n des Flusses im allgemeinen so, daß der Wert des Integrals (48) konstant bleibt.

123. Das orientierte Flächenelement. In Analogie zum orientierten Kurvenelement [121] kann man ein orientiertes Flächenelement $d\mathfrak{S}$ einführen. Es sei eine Fläche mit zwei wohl unterschiedenen Seiten gegeben, so daß in jedem Flächenpunkt zwei einander entgegengesetzte Normalenrichtungen existieren, die der einen bzw. anderen Flächenseite zugeordnet sind. Die dort definierten Normalenrichtungen ändern sich bei einer stetigen Bewegung auf der Fläche stetig [67]. Bei einer geschlossenen Fläche existieren eine innere und eine äußere Normale in bezug auf den durch die Fläche begrenzten Bereich. Als *orientiertes Element* $d\mathfrak{S}$ der Fläche bezeichnen wir denjenigen Vektor, dessen Länge gleich dem Flächeninhalt dS des Elements ist und dessen Richtung mit einer der Richtungen der Normalen (n) dieses Elements übereinstimmt. Bei geschlossener Fläche vereinbaren wir, die Richtung der äußeren Normalen zu nehmen; für die innere Normale schreiben wir dann (n_1) anstelle von (n).

123. Das orientierte Flächenelement

Die Komponenten des Vektors $d\mathfrak{S}$ bezüglich der Koordinatenachsen liefern dann die Projektionen des Flächenelements auf die entsprechenden Koordinatenebenen mit positivem oder negativem Vorzeichen, je nachdem, ob die Winkel, die (n) mit den Koordinatenachsen bildet, spitz oder stumpf sind.

Es sei $f(M)$ eine skalare Funktion und $\mathfrak{a}(M)$ ein auf der Fläche (S) definierter Vektor. Wir bilden die Ausdrücke

$$\iint\limits_{(S)} f(M)\, d\mathfrak{S}, \tag{49}$$

$$\iint\limits_{(S)} \mathfrak{a}(M) \cdot d\mathfrak{S} \tag{49_1}$$

und

$$\iint\limits_{(S)} \mathfrak{a}(M) \times d\mathfrak{S}. \tag{49_2}$$

Der erste stellt einen Vektor mit den Komponenten

$$\iint\limits_{(S)} f(M) \cos(n, x)\, dS, \quad \iint\limits_{(S)} f(M) \cos(n, y)\, dS,$$

$$\iint\limits_{(S)} f(M) \cos(n, z)\, dS$$

dar. Der Ausdruck (49_1) ist ein Skalar

$$\iint\limits_{(S)} \mathfrak{a}\, d\mathfrak{S} = \iint\limits_{(S)} a_n\, dS;$$

der Ausdruck (49_2) schließlich ist ein Vektor mit den Komponenten

$$\iint\limits_{(S)} [a_y \cos(n, z) - a_z \cos(n, y)]\, dS,$$

$$\iint\limits_{(S)} [a_z \cos(n, x) - a_x \cos(n, z)]\, dS$$

und

$$\iint\limits_{(S)} [a_x \cos(n, y) - a_y \cos(n, x)]\, dS.$$

Es sei (S) eine geschlossene Fläche und (v) der von ihr begrenzte Bereich, wobei $f(M)$ und $\mathfrak{a}(M)$ in dem ganzen Bereich definiert sind. Mit Hilfe der Gauß-Ostrogradskischen Formel bestätigt man leicht die drei Gleichungen

$$\iint\limits_{(S)} f\, d\mathfrak{S} = \iiint\limits_{(v)} \operatorname{grad} f\, dv, \tag{50}$$

$$\iint\limits_{(S)} \mathfrak{a} \cdot d\mathfrak{S} = \iiint\limits_{(v)} \operatorname{div} \mathfrak{a}\, dv \tag{50_1}$$

und

$$\iint\limits_{(S)} a \times d\mathfrak{S} = -\iiint\limits_{(v)} \operatorname{rot} \mathfrak{a}\, dv. \tag{50_2}$$

Die Gleichung (50_1) stimmt mit (37) überein. Wir prüfen noch die Gültigkeit von (50_2). Die Komponenten in x-Richtung auf der linken und rechten Seite werden durch die Integrale

$$\iint\limits_{(S)} [a_y \cos(n, z) - a_z \cos(n, y)]\, dS, \quad -\iiint\limits_{(v)} \left(\frac{\partial a_z}{\partial y} - \frac{\partial a_y}{\partial z}\right) dv$$

dargestellt, deren Werte übereinstimmen, wovon man sich durch Umformung des dreifachen Integrals mittels der Gauß-Ostrogradskischen Formel leicht überzeugt [66].

Analog ergeben sich unter Benutzung der Stokesschen Formel und des orientierten Flächenelements die Beziehungen

$$\int\limits_{(l)} f \, d\mathfrak{s} = - \iint\limits_{(S)} \operatorname{grad} f \times d\mathfrak{S}, \tag{51}$$

$$\int\limits_{(l)} \mathfrak{a} \, d\mathfrak{s} = \iint\limits_{(S)} \operatorname{rot} \mathfrak{a} \, d\mathfrak{S}. \tag{51$_1$}$$

Hier ist (S) eine Fläche und (l) ihre Berandung. Die zweite dieser Formeln stimmt mit (41) überein, da auf Grund der Definition des skalaren Produkts

$$\operatorname{rot} \mathfrak{a} \cdot d\mathfrak{S} = \operatorname{rot}_n \mathfrak{a} \, dS$$

ist. In (51) lauten die Komponenten der linken und rechten Seite in x-Richtung

$$\int\limits_{(l)} f \, dx, \quad - \iint\limits_{(S)} \left[\frac{\partial f}{\partial y} \cos(n, z) - \frac{\partial f}{\partial z} \cos(n, y) \right] dS.$$

Nach Formel (22) aus [73] sind diese Ausdrücke einander gleich.

124. Einige Formeln der Vektoranalysis. Im Zusammenhang mit den von uns eingeführten Vektoroperationen sollen nun einige Beziehungen abgeleitet werden. In [122] hatten wir gefunden, daß die Rotation eines Potentialfeldes gleich Null ist:

$$\operatorname{rot} \operatorname{grad} U = 0. \tag{52}$$

Man bestätigt leicht, daß die Divergenz der Rotation verschwindet; d. h.

$$\operatorname{div} \operatorname{rot} \mathfrak{a} = 0. \tag{53}$$

Es gilt nämlich

$$\operatorname{div} \operatorname{rot} \mathfrak{a} = \frac{\partial}{\partial x}\left(\frac{\partial a_z}{\partial y} - \frac{\partial a_y}{\partial z}\right) + \frac{\partial}{\partial y}\left(\frac{\partial a_x}{\partial z} - \frac{\partial a_z}{\partial x}\right) + \frac{\partial}{\partial z}\left(\frac{\partial a_y}{\partial x} - \frac{\partial a_x}{\partial y}\right)$$

$$= 0.$$

Wir führen noch die Divergenz eines Potentialfeldes ein:

$$\operatorname{div} \operatorname{grad} U = \frac{\partial}{\partial x} \operatorname{grad}_x U + \frac{\partial}{\partial y} \operatorname{grad}_y U + \frac{\partial}{\partial z} \operatorname{grad}_z U,$$

d. h.

$$\operatorname{div} \operatorname{grad} U = \frac{\partial^2 U}{\partial x^2} + \frac{\partial^2 U}{\partial y^2} + \frac{\partial^2 U}{\partial z^2}. \tag{54}$$

Der Differentialoperator

$$\Delta U = \frac{\partial^2 U}{\partial x^2} + \frac{\partial^2 U}{\partial y^2} + \frac{\partial^2 U}{\partial z^2} \tag{55}$$

wird *Laplacescher Operator* genannt. Aus der linken Seite von (54) geht hervor, daß dieser nicht von der Wahl der Koordinatenachsen abhängt. Die Anwendung der Formel (38) auf den Vektor grad U liefert für ΔU im Punkt M den Ausdruck

$$\Delta U = \lim_{(v_1) \to M} \frac{\iint\limits_{(S_1)} \frac{\partial U}{\partial n} dS}{v_1}. \tag{56}$$

Wir hatten ΔU für den Fall definiert, daß U ein Skalar ist. Stellt $\mathfrak{a}$ ein Vektorfeld dar, so bezeichnet $\Delta \mathfrak{a}$ einen Vektor, dessen Komponenten Δa_x, Δa_y und Δa_z sind. Wir führen noch die folgenden Formeln an:

$$\operatorname{rot} \operatorname{rot} \mathfrak{a} = \operatorname{grad} \operatorname{div} \mathfrak{a} - \Delta \mathfrak{a}, \tag{57}$$

$$\operatorname{div}(f\mathfrak{a}) = f \operatorname{div} \mathfrak{a} + \operatorname{grad} f \cdot \mathfrak{a}, \tag{57_1}$$

$$\operatorname{div} \mathfrak{a} \times \mathfrak{b} = \mathfrak{b} \cdot \operatorname{rot} \mathfrak{a} - \mathfrak{a} \cdot \operatorname{rot} \mathfrak{b}, \tag{57_2}$$

$$\operatorname{rot} f\mathfrak{a} = \operatorname{grad} f \times \mathfrak{a} + f \operatorname{rot} \mathfrak{a}, \tag{57_3}$$

$$\Delta(\varphi\psi) = \psi \Delta\varphi + \varphi \Delta\psi + 2 \operatorname{grad} \varphi \cdot \operatorname{grad} \psi. \tag{57_4}$$

Es werde hier nur die erste dieser Formeln nachgeprüft; die Bestätigung der übrigen bleibe dem Leser überlassen. Wir zeigen, daß die x-Komponenten der in (57) auf der linken und rechten Seite stehenden Vektoren übereinstimmen. Es gilt

$$\operatorname{rot}_x \operatorname{rot} \mathfrak{a} = \frac{\partial}{\partial y} \operatorname{rot}_z \mathfrak{a} - \frac{\partial}{\partial z} \operatorname{rot}_y \mathfrak{a}$$

$$= \frac{\partial}{\partial y}\left(\frac{\partial a_y}{\partial x} - \frac{\partial a_x}{\partial y}\right) - \frac{\partial}{\partial z}\left(\frac{\partial a_x}{\partial z} - \frac{\partial a_z}{\partial x}\right);$$

durch Auflösen der Klammern sowie Addition und Subtraktion von $\frac{\partial^2 a_x}{\partial x^2}$ ergibt sich daraus

$$\operatorname{rot}_x \operatorname{rot} \mathfrak{a} = \frac{\partial}{\partial x}\left(\frac{\partial a_x}{\partial x} + \frac{\partial a_y}{\partial y} + \frac{\partial a_z}{\partial z}\right) - \left(\frac{\partial^2 a_x}{\partial x^2} + \frac{\partial^2 a_x}{\partial y^2} + \frac{\partial^2 a_x}{\partial z^2}\right)$$

$$= \frac{\partial}{\partial x} \operatorname{div} \mathfrak{a} - \Delta a_x,$$

was zu beweisen war. Aus (57) folgt noch die Unabhängigkeit des Ausdrucks $\Delta \mathfrak{a}$ von der Wahl der Achsen, denn es ist

$$\Delta \mathfrak{a} = \operatorname{grad} \operatorname{div} \mathfrak{a} - \operatorname{rot} \operatorname{rot} \mathfrak{a}.$$

125. Die Bewegung eines starren Körpers. Kleine Deformationen. In [118] hatten wir gesehen, daß bei der Drehung eines starren Körpers um einen Punkt O die Geschwindigkeit eines beliebigen Punktes dieses Körpers durch die Formel

$$\mathfrak{v} = \mathfrak{o} \times \mathfrak{r}$$

ausgedrückt wird. Hierbei bedeutet $\mathfrak{o}$ den Vektor der momentanen Winkelgeschwindigkeit und $\mathfrak{r}$ den Radiusvektor $\overrightarrow{OM}$.

Die allgemeinste Bewegung eines starren Körpers ergibt sich, wenn zur Drehung noch eine Translationsbewegung mit der Geschwindigkeit $\mathfrak{v}_0$ hinzukommt. Die Gesamtgeschwindigkeit wird dann durch die Formel

$$\mathfrak{v} = \mathfrak{v}_0 + \mathfrak{o} \times \mathfrak{r} \tag{58}$$

ausgedrückt.

Wir bestimmen jetzt umgekehrt den Vektor der Winkelgeschwindigkeit auf Grund eines vorgegebenen Geschwindigkeitsfeldes $\mathfrak{v}$. Offenbar ist $\mathfrak{v}_0$ zu einem gegebenen Zeitpunkt für alle Punkte des Körpers gleich und hängt somit nicht von (x, y, z) ab. Nach der Formel (40) gilt dann rot $\mathfrak{v}_0 = 0$.

Es seien p, q und r die Komponenten von $\mathfrak{o}$ in bezug auf ein Achsensystem mit dem Ursprung O. Die Komponenten des Vektorprodukts $\mathfrak{o} \times \mathfrak{r}$ lauten dann [116] $qz - ry, rx - pz$, $py - qx$, so daß sich für die Komponenten von rot $(\mathfrak{o} \times \mathfrak{r})$ gemäß (40) $2p, 2q$ und $2r$ ergibt. Daher läßt sich der Vektor der Winkelgeschwindigkeit durch $\mathfrak{v}$ in der Form

$$\mathfrak{o} = \frac{1}{2} \text{ rot } \mathfrak{v} \tag{59}$$

ausdrücken.

Hierauf beruht auch die Bezeichnung des Vektors rot $\mathfrak{v}$, nämlich „Drehung" des Geschwindigkeitsvektors.

Wird der Geschwindigkeitsvektor $\mathfrak{v}$ mit dem Betrag dt eines infinitesimalen Zeitintervalls multipliziert, so ergibt sich der Vektor $\mathfrak{v}\,dt$, der näherungsweise die Verschiebung des Punktes während des Zeitintervalls dt liefert. Wir erhalten somit als Vektorfeld der kleinen Verschiebungen der Punkte eines starren Körpers

$$\mathfrak{a} = \mathfrak{v}\,dt.$$

Kehren wir nun zu Formel (58) zurück und nehmen wir an, daß keine Translationsbewegung vorhanden ist, also der Punkt O festgehalten wird, dann lautet die Formel für den Verschiebungsvektor

$$\mathfrak{a} = \mathfrak{v}_1 \times \mathfrak{r}; \tag{60}$$

hierin stellt $\mathfrak{v}_1 = \mathfrak{o}\,dt$ einen infinitesimalen Vektor in Richtung der Rotationsachse dar, dessen Betrag gleich dem infinitesimalen Drehwinkel während des Zeitintervalls dt ist. Es mögen p_1, q_1 und r_1 die Komponenten dieses Vektors und (x, y, z) die Koordinaten eines variablen Punktes des starren Körpers sein. Die Komponenten des Vektors $\mathfrak{a}$ lauten

$$a_x = q_1 z - r_1 y, \quad a_y = r_1 x - p_1 z, \quad a_z = p_1 y - q_1 x.$$

Hiermit kann man so wie zuvor den infinitesimalen Drehvektor leicht durch den Verschiebungsvektor ausdrücken, nämlich

$$\mathfrak{v}_1 = \frac{1}{2} \text{ rot } \mathfrak{a}. \tag{61}$$

Außerdem zeigen die letzten Formeln, daß die Komponenten des Vektors $\mathfrak{a}$ lineare homogene Funktionen der Koordinaten (x, y, z) sind.

125. Die Bewegung eines starren Körpers. Kleine Deformationen

Wir betrachten jetzt den allgemeinen Fall einer linearen homogenen Deformation, bei der die Komponenten des Verschiebungsvektors lineare homogene Funktionen der Koordinaten sind:

$$a_x = a_1 x + b_1 y + c_1 z,$$
$$a_y = a_2 x + b_2 y + c_2 z, \qquad (62)$$
$$a_z = a_3 x + b_3 y + c_3 z.$$

Die Koeffizienten a, b und c setzen wir als klein voraus und beschränken uns auf die Betrachtung eines kleinen Bereiches (v) in der Umgebung des Koordinatenursprungs. Ein Punkt dieses Bereiches verschiebt sich um den Vektor $\mathfrak{a}$, und seine neuen Koordinaten lauten nach der Transformation

d. h.
$$\xi = x + a_x, \quad \eta = y + a_y, \quad \zeta = z + a_z;$$

$$\xi = (1 + a_1)x + b_1 y + c_1 z,$$
$$\eta = a_2 x + (1 + b_2)y + c_2 z, \qquad (63)$$
$$\zeta = a_3 x + b_3 y + (1 + c_3)z.$$

Eine solche Transformation reduziert sich nur in speziellen Fällen auf eine Drehung des Bereiches (v) um O als starres Ganzes. Im allgemeinen ist sie verbunden mit einer Deformation dieses Bereiches, d. h. mit einer Änderung der Abstände zwischen seinen Punkten. Dieser Umstand soll jetzt genauer untersucht werden.

Die Komponenten der Rotation des Verschiebungsvektors $\mathfrak{a}$ lauten gemäß (62) $b_3 - c_2$, $c_1 - a_3$, $a_2 - b_1$. Würde sich die Transformation auf eine Drehung des Elementarbereiches als Ganzes reduzieren, so ergäbe sich der Verschiebungsvektor $\mathfrak{a}^{(1)}$ mit den Komponenten

$$a_x^{(1)} = \frac{1}{2}(c_1 - a_3)z - \frac{1}{2}(a_2 - b_1)y, \quad a_y^{(1)} = \frac{1}{2}(a_2 - b_1)x - \frac{1}{2}(b_3 - c_2)z,$$
$$a_z^{(1)} = \frac{1}{2}(b_3 - c_2)y - \frac{1}{2}(c_1 - a_3)x.$$

Wird dieser Vektor von $\mathfrak{a}$ abgespalten, so läßt sich $\mathfrak{a}$ in der Form

$$\mathfrak{a} = \mathfrak{a}^{(1)} + \mathfrak{a}^{(2)} \qquad (64)$$

darstellen, wobei der Vektor $\mathfrak{a}^{(2)}$ der reinen Deformation die Komponenten

$$a_x^{(2)} = a_1 x + \frac{1}{2}(b_1 + a_2)y + \frac{1}{2}(c_1 + a_3)z,$$
$$a_y^{(2)} = \frac{1}{2}(b_1 + a_2)x + b_2 y + \frac{1}{2}(c_2 + b_3)z, \qquad (65)$$
$$a_z^{(2)} = \frac{1}{2}(c_1 + a_3)x + \frac{1}{2}(c_2 + b_3)y + c_3 z$$

hat. Wie leicht zu sehen ist, stellt $\mathfrak{a}$ einen Potentialvektor dar. Es gilt nämlich

$$\mathfrak{a}^{(2)} = \frac{1}{2}\operatorname{grad}[a_1 x^2 + b_2 y^2 + c_3 z^2 + (b_1 + a_2)xy + (c_1 + a_3)xz + (c_2 + b_3)yz];$$

dabei wird die Rotation dieses Vektors offenbar Null.

Wir bestimmen jetzt die Änderung des Elementarvolumens auf Grund der Deformation. Nach der Deformation wird das Volumen durch das Integral

$$v_1 = \iiint\limits_{(v_1)} d\xi\, d\eta\, d\zeta$$

dargestellt, wobei (v_1) das Gebiet ist, das man infolge der Deformation eines gewissen Gebietes (v) erhielt. Bei der Substitution der Veränderlichen nach der Formel aus [63] wird

$$d\xi\, d\eta\, d\zeta = \{(1 + a_1)\,[(1 + b_2)\,(1 + c_3) - c_2 b_3] + b_1[c_2 a_3 - a_2(1 + c_3)]$$
$$+ c_1[a_2 b_3 - (1 + b_2)a_3]\}\, dx\, dy\, dz.$$

Werden nur das freie Glied sowie die ersten Potenzen der kleinen Koeffizienten a, b und c beibehalten, so ergibt sich nach Auflösen der Klammern

$$d\xi\, d\eta\, d\zeta = [1 + (a_1 + b_2 + c_3)]\, dx\, dy\, dz,$$

und die obige Formel liefert

$$v_1 = \iiint\limits_{(v)} [1 + (a_1 + b_2 + c_3)]\, dx\, dy\, dz = v + (a_1 + b_2 + c_3)\,v,$$

wobei v die Größe des Volumens vor der Deformation ist. Als Koeffizienten der kubischen Deformation erhält man

$$\frac{v_1 - v}{v} = a_1 + b_2 + c_3;$$

nun ist aber leicht auf Grund von (62) zu sehen, daß die rechts stehende Summe den Ausdruck div $\mathfrak{a}$ darstellt. *Die Divergenz des Verschiebungsfeldes liefert also den Koeffizienten der kubischen Dilatation.*

126. Die Kontinuitätsgleichung. Es bedeute $\mathfrak{v}$ die Geschwindigkeit in einer Flüssigkeitsströmung. Wir berechnen nun die Flüssigkeitsmenge, die durch eine gegebene Fläche (S) hindurchströmt (Abb. 92). Es sei dS das Flächenelement von (S). Die Teilchen, die sich zum

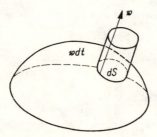

Abb. 92

Zeitpunkt t auf dS befinden, verschieben sich während des Zeitintervalls dt um die Strecke $\mathfrak{v}\, dt$, und somit strömt während des Zeitintervalls durch dS die Flüssigkeitsmenge dQ, die einen Zylinder mit der Basis dS und der Erzeugenden $\mathfrak{v}\, dt$ ausfüllt. Die Höhe dieses Zylinders ist offenbar gleich $v_n\, dt$, wobei v_n die Projektion von $\mathfrak{v}$ auf die Normale (n) der Fläche ist. Es wird daher

$$dQ = \varrho v_n\, dt\, dS,$$

156. Die Kontinuitätsgleichung

wobei ϱ die Dichte der Flüssigkeit bedeutet. Ist der Winkel $(n, \mathfrak{v})$ stumpf, so wird dQ negativ. Bei einer geschlossenen Fläche stimmt die Richtung von (n) mit der Richtung der äußeren Normalen der Fläche überein, und daher wird dQ negativ, wenn die Flüssigkeit durch das Flächenelement dS in den von dieser Fläche begrenzten Bereich hineinströmt. Für die gesamte in der Zeiteinheit durch die Fläche ausströmende Flüssigkeitsmenge erhält man

$$Q = \iint\limits_{(S)} \varrho v_n \, dS; \tag{66}$$

die einströmende Flüssigkeit wird dabei in dieser Formel mit negativem Vorzeichen gerechnet.

Die Flüssigkeitsmenge, die den durch (S) begrenzten Bereich (v) erfüllt, wird durch das Integral

$$\iiint\limits_{(v)} \varrho \, dv$$

dargestellt; während der Zeit dt ändert sich diese Menge um

$$dt \iiint\limits_{(v)} \frac{\partial \varrho}{\partial t} \, dv.$$

Daher wird die auf die Zeiteinheit bezogene Zunahme der Flüssigkeitsmenge

$$\iiint\limits_{(v)} \frac{\partial \varrho}{\partial t} \, dv.$$

Dieses Integral, mit negativem Vorzeichen genommen, muß nun gleich der ausströmenden Flüssigkeitsmenge Q sein, d. h., es gilt

$$Q = \iint\limits_{(S)} \varrho v_n \, dS = - \iiint\limits_{(v)} \frac{\partial \varrho}{\partial t} \, dv$$

oder gemäß Formel (37)

$$Q = \iiint\limits_{(v)} \operatorname{div} (\varrho \mathfrak{v}) \, dv = - \iiint\limits_{(v)} \frac{\partial \varrho}{\partial t} \, dv.$$

Die Dichte ϱ tritt hier ebenfalls unter dem Divergenzzeichen auf, da sie veränderlich sein kann, d. h. möglicherweise von der Lage des Punktes abhängig ist. Die letzte Formel liefert uns die für einen beliebigen Flüssigkeitsbereich gültige Beziehung

$$\iiint\limits_{(v)} \left[\frac{\partial \varrho}{\partial t} + \operatorname{div} (\varrho \mathfrak{v}) \right] dv = 0.$$

Hieraus folgt, daß der Integrand *identisch* gleich Null sein muß;[1] d. h., es gilt

$$\frac{\partial \varrho}{\partial t} + \operatorname{div} (\varrho \mathfrak{v}) = 0. \tag{67}$$

---

[1] Wenn ein Doppelintegral über einen beliebigen Bereich bei stetigem Integranden gleich Null ist, muß — wie wir in [74] gezeigt hatten — der Integrand identisch verschwinden. Für ein dreifaches Integral läßt sich der Beweis ganz analog führen.

Diese sehr wichtige Beziehung, welche die Dichte und die Geschwindigkeit in der Strömung irgendeiner kompressiblen oder inkompressiblen Flüssigkeit miteinander verknüpft, heißt *Kontinuitätsgleichung*. Die Beziehung (67) läßt sich auch noch in anderer Form schreiben, indem die Änderung der Dichte eines Flüssigkeitsteilchens berechnet wird, das sich zum Zeitpunkt t an der Stelle (x, y, z) befand.

Die Dichte der Flüssigkeit im Punkt (x, y, z) wird zum Zeitpunkt t von $\varrho(t, x, y, z)$ dargestellt. Wir bestimmen die Änderung der Dichte eines Flüssigkeitsteilchens. Die Dichte dieses Teilchens hängt von t sowohl direkt als auch vermittels (x, y, z) ab, da sich das Teilchen bewegt und sich seine Koordinaten ändern. Die vollständige Ableitung von ϱ nach t lautet

$$\frac{d\varrho}{dt} = \frac{\partial \varrho}{\partial t} + \frac{\partial \varrho}{\partial x}\frac{dx}{dt} + \frac{\partial \varrho}{\partial y}\frac{dy}{dt} + \frac{\partial \varrho}{\partial z}\frac{dz}{dt}.$$

Sie läßt sich auch folgendermaßen schreiben:

$$\frac{d\varrho}{dt} = \frac{\partial \varrho}{\partial t} + \frac{\partial \varrho}{\partial x} v_x + \frac{\partial \varrho}{\partial y} v_y + \frac{\partial \varrho}{\partial z} v_z$$

oder

$$\frac{d\varrho}{dt} = \frac{\partial \varrho}{\partial t} + \operatorname{grad} \varrho \cdot \mathfrak{v}. \tag{68}$$

Wir können die Gleichung (67) unter Benutzung von (57$_1$) noch auf die Form

$$\frac{\partial \varrho}{\partial t} + \operatorname{grad} \varrho \cdot \mathfrak{v} + \varrho \operatorname{div} \mathfrak{v} = 0$$

bringen. Daher gilt wegen (68)

$$\frac{d\varrho}{dt} + \varrho \operatorname{div} \mathfrak{v} = 0 \tag{69}$$

oder

$$\operatorname{div} \mathfrak{v} = -\frac{1}{\varrho}\frac{d\varrho}{dt}.$$

Somit liefert die Divergenz des Geschwindigkeitsfeldes $\mathfrak{v}$ die auf die Zeiteinheit bezogene relative Änderung der Dichte eines Flüssigkeitsteilchens an einer gegebenen Stelle zu einem gewissen Zeitpunkt.

Ist die Flüssigkeit inkompressibel, so muß diese Änderung gleich Null werden; aus (69) folgt damit als Bedingung für die Inkompressibilität

$$\operatorname{div} \mathfrak{v} = 0. \tag{70}$$

Wir hatten die Kontinuitätsgleichung abgeleitet mittels einer auf zweierlei Weise durchgeführten Berechnung derjenigen Flüssigkeitsmenge, die aus einem räumlichen Bereich ausströmt. Hierbei wurde natürlich vorausgesetzt, daß in dem Bereich keine Flüssigkeitsquellen — weder positive noch negative (Senken) — vorhanden sind.

Ist die Flüssigkeitsströmung wirbelfrei oder — wie man sagt — eine Potentialströmung, also $\mathfrak{v}$ ein Potentialvektor,

$$\mathfrak{v} = \operatorname{grad} \varphi,$$

so heißt φ das *Geschwindigkeitspotential*. Durch Einsetzen in die Gleichung (70) erhalten wir

$$\operatorname{div}\operatorname{grad}\varphi = 0, \quad \text{d. h.} \quad \frac{\partial^2 \varphi}{\partial x^2} + \frac{\partial^2 \varphi}{\partial y^2} + \frac{\partial^2 \varphi}{\partial z^2} = 0. \tag{71}$$

Das Geschwindigkeitspotential muß also im Fall einer inkompressiblen Flüssigkeit der Laplaceschen Differentialgleichung (71) *genügen.*

127. Die hydrodynamischen Gleichungen einer idealen Flüssigkeit. Unter einer idealen Flüssigkeit werden wir ein solches deformierbares kontinuierliches Medium verstehen, in dem sich die inneren Kräfte — gleichviel ob es sich im Zustand des Gleichgewichts oder der Bewegung befindet — auf einen Normaldruck reduzieren. Das heißt: Wird aus diesem Medium ein beliebiger, von einer Fläche (S) begrenzter Bereich (v) herausgegriffen, so reduziert sich die Wirkung des restlichen Teiles des Mediums auf eine Kraft, die in jedem Punkt von (S) nach der inneren Normalen gerichtet ist. Wir bezeichnen die Größe dieser Kraft pro Flächeneinheit mit dem Buchstaben p (Druck). In jedem Zeitpunkt liefert der Druck $p(M)$ ein skalares Feld. Für die Resultierende der auf die Oberfläche des Bereiches (v) wirkenden Druckkräfte gilt gemäß (50)

$$-\iint\limits_{(S)} p\, d\mathfrak{S} = -\iiint\limits_{(v)} \operatorname{grad} p\, dv.$$

Das negative Vorzeichen tritt auf, weil ein positiver Druck in Richtung der inneren Normalen wirkt, der Vektor $d\mathfrak{S}$ aber voraussetzungsgemäß in Richtung der äußeren Normalen weist.

Nach dem d'Alembertschen Prinzip befinden sich die Druckkräfte im Gleichgewicht mit den äußeren Kräften und den Trägheitskräften. Die äußeren Kräfte, die wir auf die Masseneinheit beziehen und mit $\mathfrak{F}$ bezeichnen, ergeben für den Bereich (v) die Resultierende

$$-\iiint\limits_{(v)} \varrho\, \mathfrak{F}\, dv.$$

Wird schließlich mit $\mathfrak{w}$ der Beschleunigungsvektor des Flüssigkeitsteilchens bezeichnet, so erhalten wir für die beim Massenelement auftretende Trägheitskraft $-\varrho\, dv\, \mathfrak{w}$. Auf den Bereich (v) wirkt somit die Gesamtträgheitskraft

$$\iiint\limits_{(v)} \varrho\, \mathfrak{w}\, dv.$$

Gemäß dem d'Alembertschen Prinzip muß also

$$\iiint\limits_{(v)} [\varrho\, \mathfrak{F} - \operatorname{grad} p - \varrho\, \mathfrak{w}]\, dv = 0$$

sein, woraus wir auf Grund des beliebig wählbaren (v) so wie früher schließen können, daß der Integrand gleich Null ist; wir erhalten dann

$$\varrho\, \mathfrak{w} = \varrho\, \mathfrak{F} - \operatorname{grad} p. \tag{72}$$

In dieser Formel sind drei Gleichungen enthalten, welche die Fundamentalgleichungen der Hydrodynamik einer idealen Flüssigkeit darstellen.

Es seien u, v und w die Komponenten des Geschwindigkeitsvektors, dargestellt als Funktionen der Punktkoordinaten (x, y, z) und der Zeit t. Die x-Komponente des Beschleunigungsvektors $\mathfrak{w}$ ist gleich dem vollständigen Differentialquotienten der Komponente $u(t, x, y, z)$ des Geschwindigkeitsvektors nach der Zeit, so daß wir

$$w_x = \frac{\partial u}{\partial t} + \frac{\partial u}{\partial x}\frac{dx}{dt} + \frac{\partial u}{\partial y}\frac{dy}{dt} + \frac{\partial u}{\partial z}\frac{dz}{dt}$$

schreiben können oder

$$w_x = \frac{\partial u}{\partial t} + \frac{\partial u}{\partial x} u + \frac{\partial u}{\partial y} v + \frac{\partial u}{\partial z} w.$$

Analog ergeben sich

$$w_y = \frac{\partial v}{\partial t} + \frac{\partial v}{\partial x} u + \frac{\partial v}{\partial y} v + \frac{\partial v}{\partial z} w,$$

$$w_z = \frac{\partial w}{\partial t} + \frac{\partial w}{\partial x} u + \frac{\partial w}{\partial y} v + \frac{\partial w}{\partial z} w.$$

Somit führt die Vektorgleichung (72) auf die drei Gleichungen

$$\frac{\partial u}{\partial t} + \frac{\partial u}{\partial x} u + \frac{\partial u}{\partial y} v + \frac{\partial u}{\partial z} w = F_x - \frac{1}{\varrho} \frac{\partial p}{\partial x},$$

$$\frac{\partial v}{\partial t} + \frac{\partial v}{\partial x} u + \frac{\partial v}{\partial y} v + \frac{\partial v}{\partial z} w = F_y - \frac{1}{\varrho} \frac{\partial p}{\partial y}, \qquad (73)$$

$$\frac{\partial w}{\partial t} + \frac{\partial w}{\partial x} u + \frac{\partial w}{\partial y} v + \frac{\partial w}{\partial z} w = F_z - \frac{1}{\varrho} \frac{\partial p}{\partial z}.$$

Diese stellen die sogenannten *Differentialgleichungen der Hydrodynamik in der Eulerschen Form* dar. Zu diesen Gleichungen ist noch die Kontinuitätsgleichung hinzuzufügen, die wir im vorigen Abschnitt hergeleitet hatten. Bei Benutzung der vorliegenden Bezeichnungen läßt sich die Gleichung (69) in der Form

$$\frac{\partial \varrho}{\partial t} + \frac{\partial \varrho}{\partial x} u + \frac{\partial \varrho}{\partial y} v + \frac{\partial \varrho}{\partial z} w + \varrho \left(\frac{\partial u}{\partial x} + \frac{\partial v}{\partial y} + \frac{\partial w}{\partial z} \right) = 0 \qquad (74)$$

schreiben.

Charakteristisch für diese Gleichungen ist, daß zur Beschreibung der Bewegung als unabhängige Veränderliche die Raumkoordinaten x, y und z und die Zeit t dienen. Mitunter werden anstelle der Raumkoordinaten als unabhängige Veränderliche die Koordinaten der Lage des Flüssigkeitsteilchens zum Anfangszeitpunkt gewählt. Bei einer solchen Wahl der unabhängigen Veränderlichen sehen die hydrodynamischen Gleichungen natürlich anders aus. Die Gleichungen (73) und (74) liefern vier Beziehungen zwischen fünf unbekannten Funktionen (u, v, w, ϱ, p). Zu diesem System muß man noch eine Gleichung hinzufügen. Man kann z. B. annehmen, daß die Dichte konstant ist oder daß eine gewisse Abhängigkeit $p = f(\varrho)$ (Zustandsgleichung) zwischen Dichte und Druck besteht.

128. Die Gleichungen der Schallausbreitung. Die Gleichungen (72) oder (73) gelten nicht nur für Flüssigkeiten im engeren Sinne des Wortes, sondern auch für Gase. Wesentlich ist lediglich die Hypothese, daß sich die inneren Kräfte auf einen Druck allein reduzieren lassen. Wir setzen die Bewegungen der Teilchen als so klein voraus, daß wir auf den linken Seiten der Gleichungen (73) die Glieder vernachlässigen können, welche die Produkte aus den Geschwindigkeitskomponenten und deren Ableitungen nach den Koordinaten enthalten. Damit reduzieren sich die Gleichungen (73) auf

$$\frac{\partial u}{\partial t} = F_x - \frac{1}{\varrho} \frac{\partial p}{\partial x}, \quad \frac{\partial v}{\partial t} = F_y - \frac{1}{\varrho} \frac{\partial p}{\partial y}, \quad \frac{\partial w}{\partial t} = F_z - \frac{1}{\varrho} \frac{\partial p}{\partial z} \qquad (75)$$

oder in vektorieller Form

$$\frac{\partial \mathfrak{v}}{\partial t} = \mathfrak{F} - \frac{1}{\varrho} \operatorname{grad} p. \qquad (76)$$

Diese Gleichung nennt man gewöhnlich *Wellengleichung*. Da die Größe s die Zusammenziehung bzw. Ausdehnung charakterisiert, beschreibt diese Gleichung in unserem Fall offenbar den Vorgang der Schallausbreitung. In den Punkten, in denen div $\mathfrak{F}$ von Null verschieden ist, befinden sich Schallquellen.

129. Die Differentialgleichung der Wärmeleitung. Nach [120] wird die Wärmemenge, die während der Zeit dt durch das Flächenelement dS hindurchtritt, durch

$$dQ = k\,dt\,dS\left|\frac{\partial U}{\partial n}\right| = k\,dt\,dS\,|\mathrm{grad}_n\,U(M)|$$

gegeben, wobei k der Koeffizient der inneren Wärmeleitung, U die Temperatur und (n) die Richtung der Normalen zu dS ist. Wir betrachten die geschlossene Fläche (S), die den Bereich (v) begrenzt, und berechnen die gesamte Wärmemenge, die durch (S) hindurchtritt. Es ergibt sich hierfür in einfacher Weise

$$Q = -dt \iint\limits_{(S)} k\,\mathrm{grad}_n\,U\,dS. \tag{81}$$

Wenn dabei die Temperatur in Richtung der äußeren Normalen (n) abnimmt, ist $\dfrac{\partial U}{\partial n} < 0$, und das entsprechende Element des Integrals wird negativ; bei zunehmender Temperatur ist es dagegen umgekehrt. Beachten wir, daß die Wärme in Richtung abnehmender Temperatur fließt und auf der rechten Seite von (81) das negative Vorzeichen steht, so stellt Q offenbar die Wärmemenge dar, die von dem Bereich (v) während des Zeitintervalls dt abgegeben wird. Die in (v) einströmende Wärmemenge wird gemäß Formel (81) mit negativem Vorzeichen gerechnet.

Dieselbe abgegebene Wärmemenge kann man auch in der Weise berechnen, daß man die Temperaturänderung innerhalb des Bereichs verfolgt. Wir betrachten ein Raumelement dv. Für eine Erhöhung der Temperatur dieses Elements um dU während des Zeitintervalls dt muß eine Wärmemenge aufgewendet werden, die proportional der Temperaturerhöhung und der Masse des Elements ist, d. h. die Wärmemenge

$$\gamma\,dU\,\varrho\,dv = \gamma\varrho\,\frac{\partial U}{\partial t}\,dt\,dv.$$

Hierbei bedeutet ϱ die Dichte des Stoffes und γ einen Proportionalitätsfaktor, der als spezifische Wärme des Stoffes bezeichnet wird. Somit läßt sich die von dem ganzen Bereich abgegebene Wärmemenge durch die Formel

$$Q = -dt \iiint\limits_{(v)} \gamma\varrho\,\frac{\partial U}{\partial t}\,dv$$

darstellen, wobei wieder das negative Vorzeichen auftritt, weil die abgegebene und nicht die aufgenommene Wärmemenge berechnet wird.

Setzen wir die beiden für Q erhaltenen Ausdrücke gleich und wenden Formel (37) aus [121] an, so entsteht

$$\iiint\limits_{(v)} \gamma\varrho\,\frac{\partial U}{\partial t}\,dv = \iiint\limits_{(v)} \mathrm{div}\,(k\,\mathrm{grad}\,U)\,dv; \tag{82}$$

für einen beliebigen Bereich muß also die Beziehung

$$\iiint\limits_{(v)} \left[\gamma\varrho\,\frac{\partial U}{\partial t} - \mathrm{div}\,(k\,\mathrm{grad}\,U)\right] dv = 0$$

gelten, woraus wir die Differentialgleichung der Wärmeleitung erhalten, nämlich

$$\gamma \varrho \frac{\partial U}{\partial t} = \operatorname{div}(k \operatorname{grad} U) \tag{83}$$

oder

$$\gamma \varrho \frac{\partial U}{\partial t} = \frac{\partial}{\partial x}\left(k \frac{\partial U}{\partial x}\right) + \frac{\partial}{\partial y}\left(k \frac{\partial U}{\partial y}\right) + \frac{\partial}{\partial z}\left(k \frac{\partial U}{\partial z}\right). \tag{83_1}$$

Diese Gleichung muß in allen Punkten innerhalb des betrachteten Körpers erfüllt sein. Die Temperatur U hängt von den Ortskoordinaten und der Zeit ab.

Ist der Körper homogen, so sind γ, ϱ und k Konstanten, und die Gleichung (83) kann dann in der Form

$$\frac{\partial U}{\partial t} = a^2 \Delta U \quad \left(a = \sqrt{\frac{k}{\gamma \varrho}}\right) \tag{84}$$

oder

$$\frac{\partial U}{\partial t} = a^2 \left(\frac{\partial^2 U}{\partial x^2} + \frac{\partial^2 U}{\partial y^2} + \frac{\partial^2 U}{\partial z^2}\right) \tag{84_1}$$

geschrieben werden.

Hängt die Temperatur nicht von der Zeit, sondern nur von den Koordinaten x, y und z ab, ist also der Wärmevorgang stationär, so reduziert sich die Gleichung (84) auf

$$\Delta U = 0, \quad \text{d. h.} \quad \frac{\partial^2 U}{\partial x^2} + \frac{\partial^2 U}{\partial y^2} + \frac{\partial^2 U}{\partial z^2} = 0. \tag{85}$$

Wir erhalten somit für die Temperatur in einem stationären Wärmeprozeß die *Laplacesche Differentialgleichung*, auf die wir bereits früher gestoßen waren.

Bei der Herleitung der Wärmeleitungsgleichung (83) wurde vorausgesetzt, daß in dem betrachteten Körper keine Wärmequellen vorhanden sind. Anderenfalls ergäbe sich anstelle von (82) die Gleichung

$$\iiint\limits_{(v)} \gamma \varrho \frac{\partial U}{\partial t} dv = \iiint\limits_{(v)} \operatorname{div}(k \operatorname{grad} U) dv + \iiint\limits_{(v)} e \, dv,$$

in der das letzte Glied auf der rechten Seite die Wärmemenge darstellt, die in dem Bereich (v) in der Zeiteinheit erzeugt wird.

Der Integrand $e(t, M)$ liefert die Intensität der in dem Bereich (v) stetig verteilten Wärmequellen; diese hängt im allgemeinen sowohl von der Zeit als auch von der Lage des Punktes M ab. Anstelle der Wärmeleitungsgleichung (83) würden wir eine Gleichung der Form

$$\gamma \varrho \frac{\partial U}{\partial t} = \operatorname{div}(k \operatorname{grad} U) + e \tag{86}$$

erhalten und bei einem homogenen Körper statt (84) die Gleichung

$$\frac{\partial U}{\partial t} = a^2 \Delta U + \frac{1}{\gamma \varrho} e. \tag{87}$$

Die Gleichungen (87) und (84) ähneln den Gleichungen (79) und (80) aus [116]. Dem Vorhandensein von Wärmequellen entspricht hierbei das Vorhandensein von äußeren Kräften oder — genauer gesagt — von Schallquellen (nämlich div $\mathfrak{F}$). In beiden Fällen wird die Differentialgleichung inhomogen, d. h., die Gleichungen (79) und (87) enthalten außer den Gliedern mit den gesuchten Funktionen s bzw. U auch noch die „freien Glieder" div $\mathfrak{F}$ bzw. e, die als vorgegebene Funktionen anzusehen sind. Wir weisen noch auf einen wesentlichen Unterschied zwischen den Gleichungen (80) und (84) hin. Die eine enthält die zweite Ableitung der gesuchten Funktion nach der Zeit, während in der anderen die erste Ableitung der gesuchten Funktion nach der Zeit auftritt. Dieser Unterschied wird sich bei der Integration dieser Gleichungen als sehr wesentlich erweisen.

130. Die Maxwellschen Gleichungen. Bei der Betrachtung eines elektromagnetischen Feldes werden die folgenden Vektoren eingeführt: $\mathfrak{E}$ und $\mathfrak{H}$ — die Vektoren der elektrischen bzw. magnetischen Feldstärke; $\mathfrak{r}$ — der Vektor des Gesamtstromes; $\mathfrak{D}$ — der Vektor der dielektrischen Verschiebung; $\mathfrak{B}$ — der Vektor der magnetischen Induktion. Die beiden Grundgesetze der Elektrodynamik, die eine Verallgemeinerung der Gesetze von BIOT-SAVART und FARADAY darstellen, können in der Form

$$\int\limits_{(l)} H_s \, ds = \frac{1}{c} \iint\limits_{(S)} r_n \, dS, \tag{88}$$

$$\int\limits_{(l)} E_s \, ds = -\frac{1}{c} \frac{d}{dt} \iint\limits_{(S)} B_n \, dS \tag{89}$$

geschrieben werden, wobei c die Lichtgeschwindigkeit im Vakuum bedeutet. E_s, H_s, B_n und r_n sind die entsprechenden Komponenten der Vektoren $\mathfrak{E}$, $\mathfrak{H}$, $\mathfrak{B}$ und $\mathfrak{r}$.

Die erste der Gleichungen verknüpft die Zirkulation des Vektors der magnetischen Feldstärke längs der Berandung einer Fläche mit dem Vektorfluß des Gesamtstromes durch diese Fläche; die zweite Gleichung stellt die Beziehung zwischen der Zirkulation des Vektors der elektrischen Feldstärke und der zeitlichen Ableitung des magnetischen Induktionsflusses durch die Fläche dar. In den angegebenen Gleichungen ist (l) eine beliebige geschlossene Kurve und (S) eine von ihr begrenzte Fläche. Außerdem sind in einem in Ruhe befindlichen homogenen Medium die Vektoren $\mathfrak{D}$ und $\mathfrak{B}$ mit den Vektoren $\mathfrak{E}$ und $\mathfrak{H}$ durch

$$\mathfrak{D} = \varepsilon \mathfrak{E}, \quad \mathfrak{B} = \mu \mathfrak{H}$$

verknüpft, wobei die Konstanten ε und μ die Dielektrizitätskonstante bzw. die magnetische Permeabilität des Stoffes darstellen. Der Vektor des Gesamtstromes besteht aus zwei Anteilen, dem Leitungsstrom und dem Verschiebungsstrom:

$$\mathfrak{r} = \lambda \mathfrak{E} + \varepsilon \frac{\partial \mathfrak{E}}{\partial t};$$

dabei ist λ der Koeffizient der Leitfähigkeit des Stoffes. Somit nehmen die Gleichungen (88) und (89) die Form

$$\int\limits_{(l)} H_s \, ds = \frac{1}{c} \iint\limits_{(S)} \left(\lambda E_n + \varepsilon \frac{\partial E_n}{\partial t} \right) dS, \tag{90_1}$$

$$\int\limits_{(l)} E_s \, ds = -\frac{1}{c} \frac{d}{dt} \iint\limits_{(S)} \mu H_n \, dS \tag{90_2}$$

an. Die auf den linken Seiten stehenden Integrale können nach der Stokesschen Formel in die folgenden Flächenintegrale umgeformt werden:

$$\iint\limits_{(S)} \mathrm{rot}_n \mathfrak{H} \, dS \quad \text{und} \quad \iint\limits_{(S)} \mathrm{rot}_n \mathfrak{E} \, dS,$$

so daß sich die Gleichungen in der Form

$$\iint\limits_{(S)} \left[c \, \text{rot}_n \, \mathfrak{H} - \left(\lambda E_n + \varepsilon \frac{\partial E_n}{\partial t} \right) \right] dS = 0$$

und

$$\iint\limits_{(S)} \left[c \, \text{rot}_n \, \mathfrak{E} + \mu \frac{\partial H_n}{\partial t} \right] dS = 0$$

schreiben lassen. Da (S) und folglich auch die Richtung der Normalen (n) beliebig wählbar sind, folgt hieraus

$$c \, \text{rot} \, \mathfrak{H} = \lambda \mathfrak{E} + \varepsilon \frac{\partial \mathfrak{E}}{\partial t} \tag{91_1}$$

und

$$c \, \text{rot} \, \mathfrak{E} = -\mu \frac{\partial \mathfrak{H}}{\partial t}. \tag{91_2}$$

Dies sind nun die *Maxwellschen Gleichungen* in Differentialform. Wir haben hier sechs Differentialgleichungen für die sechs Komponenten

$$E_x, E_y, E_z, H_x, H_y, H_z.$$

Eine unmittelbare Folgerung der Gleichungen (91_1) und (91_2) ist in dem vorliegenden Fall die solenoidale Eigenschaft der Vektoren

$$\lambda \mathfrak{E} + \varepsilon \frac{\partial \mathfrak{E}}{\partial t} \quad \text{und} \quad -\mu \frac{\partial \mathfrak{H}}{\partial t},$$

da ihre Divergenz wegen (91_1) und (91_2) gleich

$$c \, \text{div rot} \, \mathfrak{H} \quad \text{und} \quad c \, \text{div rot} \, \mathfrak{E}$$

ist und folglich Null wird [**124**].

Es läßt sich aber auch noch zeigen, daß die Vektoren $\mathfrak{E}$ und $\mathfrak{H}$ selbst solenoidal in einem gewissen Bereich des Raumes sind, sofern sie es dort zu irgendeinem Anfangszeitpunkt waren.

Bevor wir zum Beweis dieser Behauptung übergehen, führen wir die beiden Größen

$$\text{div} \, \varepsilon \mathfrak{E} = \varrho_e = \varrho, \quad \text{div} \, \mu \mathfrak{H} = \varrho_m \tag{92}$$

ein, die als Dichten der elektrischen bzw. magnetischen Ladung bezeichnet werden. Aus der Gleichung

$$\text{div} \left(\lambda \mathfrak{E} + \varepsilon \frac{\partial \mathfrak{E}}{\partial t} \right) = \frac{\lambda}{\varepsilon} \, \text{div} \, \varepsilon \mathfrak{E} + \frac{\partial}{\partial t} \, \text{div} \, \varepsilon \mathfrak{E} = 0$$

folgt

$$\frac{\lambda}{\varepsilon} \varrho + \frac{\partial \varrho}{\partial t} = 0.$$

Wird diese lineare Differentialgleichung erster Ordnung integriert, so ergibt sich [**6**]

$$\varrho = \varrho_0 e^{-\frac{\lambda}{\varepsilon} t},$$

wobei ϱ_0 der Wert von ϱ für $t = 0$ ist. Ist im Anfangszeitpunkt $\varrho_0 = 0$, d. h.

$$\text{div} \, \mathfrak{E}_0 = 0,$$

so gilt auch $\varrho = 0$ für jedes t, d. h.

$$\operatorname{div} \mathfrak{E} = 0.$$

Entsprechend folgt aus der Gleichung (91_2)

$$\operatorname{div} \frac{\partial \mathfrak{H}}{\partial t} = \frac{\partial}{\partial t} \operatorname{div} \mathfrak{H} = 0.$$

und wenn $\operatorname{div} \mathfrak{H}_0 = 0$ ist, gilt $\operatorname{div} \mathfrak{H} = 0$ für jedes t.

Die letzte Gleichung ist gleichbedeutend mit der Bedingung für das Verschwinden der magnetischen Ladung, was auch gewöhnlich vorausgesetzt wird.

Aus den Maxwellschen Gleichungen lassen sich weitere Gleichungen herleiten, in denen jeder der Vektoren $\mathfrak{E}$ und $\mathfrak{H}$ allein auftritt. Wenden wir den Operator rot auf beide Seiten der Gleichung (91_2) an, so erhalten wir

$$-c \operatorname{rot} \operatorname{rot} \mathfrak{E} = \mu \frac{\partial \operatorname{rot} \mathfrak{H}}{\partial t}$$

oder, auf Grund der Beziehung (57_1) und der Gleichung (91_1),

$$c(\Delta \mathfrak{E} - \operatorname{grad} \operatorname{div} \mathfrak{E}) = \frac{\mu}{c} \frac{\partial}{\partial t} \left(\varepsilon \frac{\partial \mathfrak{E}}{\partial t} + \lambda \mathfrak{E} \right).$$

Hieraus folgt schließlich

$$\frac{\partial^2 \mathfrak{E}}{\partial t^2} + \frac{\lambda}{\varepsilon} \frac{\partial \mathfrak{E}}{\partial t} = \frac{c^2}{\varepsilon \mu} (\Delta \mathfrak{E} - \operatorname{grad} \operatorname{div} \mathfrak{E}). \tag{93}$$

Eine entsprechende Gleichung ergibt sich auch für den Vektor $\mathfrak{H}$.

Sind keine elektrischen Ladungen vorhanden, d. h. ist $\operatorname{div} \mathfrak{E} = 0$, so reduziert sich die Gleichung (93) auf

$$\frac{\partial^2 \mathfrak{E}}{\partial t^2} + \frac{\lambda}{\varepsilon} \frac{\partial \mathfrak{E}}{\partial t} = \frac{c^2}{\varepsilon \mu} \Delta \mathfrak{E}. \tag{94}$$

Diese Gleichung heißt gewöhnlich *Telegraphengleichung*, da sie zuerst bei der Untersuchung der Ausbreitung eines Stromes in einem Kabel erhalten wurde. Liegt schließlich ein vollkommenes Dielektrikum vor, d. h. ein nichtleitender Stoff, so ist $\lambda = 0$, und die Gleichung (94) lautet

$$\frac{\partial^2 \mathfrak{E}}{\partial t^2} = a^2 \Delta \mathfrak{E} \quad \left(a = \frac{c}{\sqrt{\varepsilon \mu}} \right). \tag{95}$$

Auf eine Gleichung von dieser Form waren wir bereits in [**128**] gestoßen.

Ist der Prozeß stationär, hängen also die Vektoren $\mathfrak{E}$ und $\mathfrak{H}$ nicht von t ab, so liefert Gleichung (91_2) $\operatorname{rot} \mathfrak{E} = 0$, d. h., $\mathfrak{E}$ ist ein Potentialvektor: $\mathfrak{E} = \operatorname{grad} \varphi$. Die erste der Gleichungen (92) ergibt dann

$$\operatorname{div} \operatorname{grad} \varphi = \frac{\varrho}{\varepsilon} \quad \text{oder} \quad \Delta \varphi = \frac{\varrho}{\varepsilon}. \tag{96}$$

An den Stellen, an denen $\varrho = 0$ ist, d. h. keine elektrischen Ladungen auftreten, erhalten wir für das Potential φ die Laplacesche Differentialgleichung $\Delta \varphi = 0$.

131. Die Darstellung des Laplaceschen Operators in orthogonalen Koordinaten.

In [63] wurden beliebige krummlinige Koordinaten im Raum eingeführt. Es soll jetzt der Spezialfall behandelt werden, daß der den Koordinaten entsprechende Elementarbereich, der ein Parallelepiped darstellt (vgl. [63]), ein rechtwinkliges Parallelepiped ist. Der Fall orthogonaler krummliniger Koordinaten erweist sich als besonders wichtig und tritt in den Anwendungen am häufigsten auf.

Es mögen im Raum anstelle der kartesischen Koordinaten x, y und z die drei neuen Veränderlichen q_1, q_2 und q_3 mittels der Gleichungen

$$\varphi(x, y, z) = q_1, \qquad \psi(x, y, z) = q_2, \qquad \omega(x, y, z) = q_3 \tag{97}$$

eingeführt werden. Durch Auflösung dieser Gleichung nach x, y und z erhält man

$$x = \varphi_1(q_1, q_2, q_3), \qquad y = \psi_1(q_1, q_2, q_3), \qquad z = \omega_1(q_1, q_2, q_3). \tag{98}$$

Wir werden voraussetzen, daß die angegebenen Funktionen stetig sind und stetige partielle Ableitungen erster Ordnung besitzen.

Erteilt man den neuen Veränderlichen q_1, q_2 und q_3 jeweils konstante Parameterwerte A, B und C, so erhalten wir drei Scharen von Koordinatenflächen. Die Gleichungen dieser neuen Koordinatenflächen lauten in den Koordinaten x, y und z

$$\varphi(x, y, z) = A \text{ (I)}, \qquad \psi(x, y, z) = B \text{ (II)}, \qquad \omega(x, y, z) = C \text{ (III)}. \tag{99}$$

Es werden nun zwei beliebige Koordinatenflächen aus verschiedenen Scharen, z. B. aus den Scharen (II) und (III), betrachtet. Sie schneiden sich längs einer Kurve, deren Gleichung durch

$$\psi(x, y, z) = B_0, \qquad \omega(x, y, z) = C_0$$

gegeben wird, wobei B_0 und C_0 bestimmte Konstanten sind. Längs dieser Kurve ist nur q_1 variabel. Man kann daher diese Linie als *Koordinatenlinie* q_1 bezeichnen. Analog gewinnt man die Koordinatenlinien q_2 und q_3.

Für das Quadrat des Längenelements in den neuen Koordinaten ergibt sich

$$\begin{aligned}
ds^2 &= dx^2 + dy^2 + dz^2 \\
&= \left(\frac{\partial \varphi_1}{\partial q_1} dq_1 + \frac{\partial \varphi_1}{\partial q_2} dq_2 + \frac{\partial \varphi_1}{\partial q_3} dq_3\right)^2 \\
&\quad + \left(\frac{\partial \psi_1}{\partial q_1} dq_1 + \frac{\partial \psi_1}{\partial q_2} dq_2 + \frac{\partial \psi_1}{\partial q_3} dq_3\right)^2 \\
&\quad + \left(\frac{\partial \omega_1}{\partial q_1} dq_1 + \frac{\partial \omega_1}{\partial q_2} dq_2 + \frac{\partial \omega_1}{\partial q_3} dq_3\right)^2.
\end{aligned} \tag{100}$$

Nach Auflösen der Klammern entsteht ein homogenes Polynom zweiten Grades in dq_1, dq_2, dq_3. Wir untersuchen die Bedingungen, unter denen dieses Polynom keine Glieder mit Produkten verschiedener Differentiale dq enthält.

Dazu betrachten wir etwa in dem Ausdruck (100) das Glied, welches das Produkt $dq_1 \, dq_2$ enthält. Der Koeffizient dieses Produkts lautet

$$2\left(\frac{\partial \varphi_1}{\partial q_1} \frac{\partial \varphi_1}{\partial q_2} + \frac{\partial \psi_1}{\partial q_1} \frac{\partial \psi_1}{\partial q_2} + \frac{\partial \omega_1}{\partial q_1} \frac{\partial \omega_1}{\partial q_2}\right). \tag{101}$$

Der zu den neuen Koordinaten gehörige Elementarbereich (Abb. 93) wird durch drei Paare von Koordinatenflächen begrenzt. Von seiner Ursprungsecke A, der die Werte q_1, q_2 und q_3 der neuen Koordinaten entsprechen, gehen die drei Kanten AB, AC und AD aus. Längs der Kante AB ändert sich nur q_1, längs AC nur q_2 und

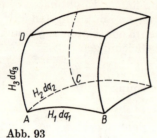

Abb. 93

längs AD nur q_3. Wir betrachten die erste und die zweite Kante. Auf der ersten Kante sind die Funktionen (98) Funktionen von q_1 allein, und die Richtungskosinus der Tangente an diese Kante sind proportional [I, 160]

$$\frac{\partial \varphi_1}{\partial q_1}, \quad \frac{\partial \psi_1}{\partial q_1}, \quad \frac{\partial \omega_1}{\partial q_1}.$$

Entsprechend werden die Richtungskosinus der Tangente an die zweite Kante proportional

$$\frac{\partial \varphi_1}{\partial q_2}, \quad \frac{\partial \psi_1}{\partial q_2}, \quad \frac{\partial \omega_1}{\partial q_2}.$$

Das Verschwinden des Ausdrucks (101) ist somit gleichbedeutend damit, daß diese beiden Kanten senkrecht aufeinanderstehen. Sollen in dem Ausdruck (100) auch die Koeffizienten bei $dq_1 dq_3$ und $dq_2 dq_3$ verschwinden, so ist dies gleichbedeutend mit der Forderung, daß alle drei Kanten des Elementarbereichs in den neuen Koordinaten paarweise zueinander senkrecht sind. *Somit erweist sich als notwendig und hinreichend für die Orthogonalität eines Systems krummliniger Koordinaten, daß der Ausdruck ds^2 nur Glieder mit Quadraten der Differentiale enthält, d. h. Glieder mit dq_1^2, dq_2^2 und dq_3^2.*

Im folgenden werde vorausgesetzt, daß die krummlinigen Koordinaten orthogonal sind.

Für ds^2 ergibt sich dann ein Ausdruck der Form

$$ds^2 = H_1^2 dq_1^2 + H_2^2 dq_2^2 + H_3^2 dq_3^2 \tag{102}$$

mit

$$\left. \begin{array}{l} H_1^2 = \left(\dfrac{\partial \varphi_1}{\partial q_1}\right)^2 + \left(\dfrac{\partial \psi_1}{\partial q_1}\right)^2 + \left(\dfrac{\partial \omega_1}{\partial q_1}\right)^2, \\[6pt] H_2^2 = \left(\dfrac{\partial \varphi_1}{\partial q_2}\right)^2 + \left(\dfrac{\partial \psi_1}{\partial q_2}\right)^2 + \left(\dfrac{\partial \omega_1}{\partial q_2}\right)^2, \\[6pt] H_3^2 = \left(\dfrac{\partial \varphi_1}{\partial q_3}\right)^2 + \left(\dfrac{\partial \psi_1}{\partial q_3}\right)^2 + \left(\dfrac{\partial \omega_1}{\partial q_3}\right)^2. \end{array} \right\} \tag{103}$$

Da sich längs jeder Kante des Elementarbereichs nur eine der Variablen ändert, liefert Formel (102) für die Längen dieser Kanten

$$ds_1 = H_1 \, dq_1, \quad ds_2 = H_2 \, dq_2, \quad ds_3 = H_3 \, dq_3, \tag{104}$$

und das Volumenelement in den neuen Koordinaten wird durch

$$dv = ds_1 \, ds_2 \, ds_3 = H_1 H_2 H_3 \, dq_1 \, dq_2 \, dq_3 \tag{105}$$

dargestellt.

Es sei nun im Raum ein Vektorfeld $\mathfrak{a}$ gegeben. Die Divergenz dieses Feldes in einem Punkt M wird bekanntlich [121] durch die Beziehung

$$\operatorname{div} \mathfrak{a} = \lim_{(v_1) \to M} \frac{\iint\limits_{(S_1)} a_n \, ds}{v_1}$$

definiert. Hierbei ist (v_1) ein beliebiger, den Punkt M enthaltender Bereich, v_1 dessen Volumen und (S_1) die ihn begrenzende Fläche; a_n ist die Projektion des Vektors $\mathfrak{a}$ auf die Normale zu S_1, die in bezug auf den Bereich (v_1) nach außen gerichtet ist. Der Bereich (v_1) ziehe sich dabei unbegrenzt auf M zusammen. Wir wenden die vorstehende Formel auf einen Elementarbereich in den krummlinigen Koordinaten q_1, q_2 und q_3 an und bestimmen den Vektorfluß durch dessen Oberfläche. Es soll zunächst der Fluß durch die rechte und die linke Begrenzungsfläche bestimmt werden. In der Ursprungsecke A haben die krummlinigen Koordinaten die Werte q_1, q_2 und q_3, und auf der rechten Begrenzungsfläche ist q_1 durch $q_1 + dq_1$ zu ersetzen. Außerdem stimmt auf der rechten Begrenzungsfläche die Richtung der äußeren Normalen mit der Richtung der Koordinatenlinie q_1 überein, auf der linken sind diese Richtungen entgegengesetzt. Die Komponente a_n in Richtung der äußeren Normalen (n) wird somit auf der rechten Begrenzungsfläche a_{q_1} und auf der linken Begrenzungsfläche $-a_{q_1}$, wobei a_{q_1} die Projektion des Vektors $\mathfrak{a}$ auf die Tangente an die Koordinatenlinie q_1 oder, wie man gewöhnlich sagt, auf die Koordinatenlinie q_1 ist. Wegen der Kleinheit der Begrenzungsflächen ersetzen wir das zugehörige Flächenintegral $\iint a_n \, dS$ jeweils einfach durch das Produkt aus dem Integranden und dem Inhalt der entsprechenden Begrenzungsfläche; damit ergeben sich für den Fluß durch die rechte bzw. die linke Begrenzungsfläche die Ausdrücke

$$a_{q_1} \, ds_2 \, ds_3 \big|_{q_1 + dq_1} \quad \text{und} \quad -a_{q_1} \, ds_2 \, ds_3 \big|_{q_1};$$

der Fluß durch beide Begrenzungsflächen wird somit

$$a_{q_1} \, ds_2 \, ds_3 \big|_{q_1 + dq_1} - a_{q_1} \, ds_2 \, ds_3 \big|_{q_1}$$

oder gemäß Formel (104)

$$a_{q_1} H_2 H_3 \, dq_2 \, dq_3 \big|_{q_1 + dq_1} - a_{q_1} H_2 H_3 \, dq_2 \, dq_3 \big|_{q_1}$$
$$= \left[H_2 H_3 a_{q_1} \big|_{q_1 + dq_1} - H_2 H_3 a_{q_1} \big|_{q_1} \right] dq_2 \, dq_3.$$

Wird der Zuwachs der Funktion durch ihr Differential ersetzt, so ergibt sich schließlich als Fluß durch die rechte und die linke Begrenzungsfläche

$$\frac{\partial (H_2 H_3 a_{q_1})}{\partial q_1} dq_1 dq_2 dq_3.$$

Entsprechend wird der Fluß durch die hintere und die vordere Begrenzungsfläche gleich

$$\frac{\partial (H_3 H_1 a_{q_2})}{\partial q_2} dq_1 dq_2 dq_3$$

und der Fluß durch die obere und die untere Begrenzungsfläche gleich

$$\frac{\partial (H_1 H_2 a_{q_3})}{\partial q_3} dq_1 s q_2 dq_3.$$

Wird die Summe der drei erhaltenen Ausdrücke durch das durch Formel (105) gegebene Volumen des Elementarbereiches dividiert, so entsteht für die Divergenz des Feldes in orthogonalen krummlinigen Koordinaten der Ausdruck

$$\operatorname{div} \mathfrak{a} = \frac{1}{H_1 H_2 H_3} \left[\frac{\partial (H_2 H_3 a_{q_1})}{\partial q_1} + \frac{\partial (H_3 H_1 a_{q_2})}{\partial q_2} + \frac{\partial (H_1 H_2 a_{q_3})}{\partial q_3} \right]. \quad (106)$$

Es werde nun angenommen, daß das Feld $\mathfrak{a}$ ein Potentialfeld, also $\mathfrak{a}$ der Gradient einer gewissen Funktion $U(M)$ ist: $\mathfrak{a} = \operatorname{grad} U$.

In diesem Fall ist die Komponente a_{q_1} die Ableitung der Funktion U in Richtung q_1

$$a_{q_1} = \lim_{\Delta s_1 \to 0} \frac{\Delta U}{\Delta s_1} = \frac{1}{H_1} \frac{\partial U}{\partial q_1};$$

ganz analog ist

$$a_{q_2} = \frac{1}{H_2} \frac{\partial U}{\partial q_2}, \quad a_{q_3} = \frac{1}{H_3} \frac{\partial U}{\partial q_3}.$$

Setzen wir die Ausdrücke in die Formel (106) ein, so ergibt sich als Darstellung des Laplaceschen Operators in krummlinigen orthogonalen Koordinaten

$$\Delta U = \operatorname{div} \operatorname{grad} U$$

$$= \frac{1}{H_1 H_2 H_3} \left[\frac{\partial}{\partial q_1} \left(\frac{H_2 H_3}{H_1} \frac{\partial U}{\partial q_1} \right) + \frac{\partial}{\partial q_2} \left(\frac{H_3 H_1}{H_2} \frac{\partial U}{\partial q_2} \right) \right.$$

$$\left. + \frac{\partial}{\partial q_3} \left(\frac{H_1 H_2}{H_3} \frac{\partial U}{\partial q_3} \right) \right]. \quad (107)$$

In den Koordinaten q_1, q_2 und q_3 lautet dann die Laplacesche Differentialgleichung

$$\frac{\partial}{\partial q_1} \left(\frac{H_2 H_3}{H_1} \frac{\partial U}{\partial q_1} \right) + \frac{\partial}{\partial q_2} \left(\frac{H_3 H_1}{H_2} \frac{\partial U}{\partial q_2} \right) + \frac{\partial}{\partial q_3} \left(\frac{H_1 H_2}{H_3} \frac{\partial U}{\partial q_3} \right) = 0. \quad (108)$$

1. Kugelkoordinaten. Im Fall von Kugelkoordinaten haben die Beziehungen (98) nach [62] die Form

$$x = r \sin \theta \cos \varphi,$$
$$y = r \sin \theta \sin \varphi,$$
$$z = r \cos \theta;$$

es ist hier also $q_1 = r$, $q_2 = \theta$ und $q_3 = \varphi$. Für ds^2 ergibt sich

$$ds^2 = (\sin \theta \cos \varphi \, dr + r \cos \theta \cos \varphi \, d\theta - r \sin \theta \sin \varphi \, d\varphi)^2$$
$$+ (\sin \theta \sin \varphi \, dr + r \cos \theta \sin \varphi \, d\theta + r \sin \theta \cos \varphi \, d\varphi)^2$$
$$+ (\cos \theta \, dr - r \sin \theta \, d\theta)^2$$

oder nach Auflösen der Klammern

$$ds^2 = dr^2 + r^2 \, d\theta^2 + r^2 \sin^2 \theta \, d\varphi^2, \tag{109}$$

d. h. $H_1 = 1$, $H_2 = r$ und $H_3 = r \sin \theta$; hierbei ist $0 \leqq \theta \leqq \pi$, so daß $H_3 \geqq 0$ wird. Durch Einsetzen von H_1, H_2 und H_3 in (108) erhalten wir die Laplacesche Differentialgleichung in sphärischen Koordinaten, nämlich

$$\frac{\partial}{\partial r}\left(r^2 \sin \theta \frac{\partial U}{\partial r}\right) + \frac{\partial}{\partial \theta}\left(\sin \theta \frac{\partial U}{\partial \theta}\right) + \frac{\partial}{\partial \varphi}\left(\frac{1}{\sin \theta}\frac{\partial U}{\partial \varphi}\right) = 0$$

oder auch

$$\frac{\partial}{\partial r}\left(r^2 \frac{\partial U}{\partial r}\right) + \frac{1}{\sin \theta} \frac{\partial}{\partial \theta}\left(\sin \theta \frac{\partial U}{\partial \theta}\right) + \frac{1}{\sin^2 \theta} \frac{\partial^2 U}{\partial \varphi^2} = 0. \tag{110}$$

Wir ermitteln nun die Lösungen dieser Gleichung, die nur vom Radiusvektor abhängen. Hierbei ist $\dfrac{\partial U}{\partial \theta} = \dfrac{\partial U}{\partial \varphi} = 0$ zu setzen; dann wird

$$\frac{\partial}{\partial r}\left(r^2 \frac{\partial U}{\partial r}\right) = 0,$$

woraus

$$r^2 \frac{\partial U}{\partial r} = -C_1 \quad \text{oder} \quad \frac{\partial U}{\partial r} = -\frac{C_1}{r^2}$$

folgt; Integration liefert

$$U = \frac{C_1}{r} + C_2 \tag{111}$$

mit C_1 und C_2 als willkürlichen Konstanten. Dabei bedeutet r den Abstand des variablen Punktes M von einem beliebigen festen Punkt M_0, den wir als Koordinatenursprung wählen können. Insbesondere ergibt sich für $C_1 = 1$ und $C_2 = 0$ die bereits in [90] behandelte Lösung $\dfrac{1}{r}$.

2. Zylinderkoordinaten. In diesem Fall ist

$$x = \varrho \cos \varphi, \quad y = \varrho \sin \varphi, \quad z = z,$$

so daß $q_1 = \varrho$, $q_2 = \varphi$, $q_3 = z$ wird. Für ds^2 erhalten wir

$$ds^2 = d\varrho^2 + \varrho^2 d\varphi^2 + dz^2,$$

woraus $H_1 = 1$, $H_2 = \varrho$ und $H_3 = 1$ folgt. Die Laplacesche Differentialgleichung lautet dann gemäß (108) in Zylinderkoordinaten

$$\frac{\partial}{\partial \varrho}\left(\varrho \frac{\partial U}{\partial \varrho}\right) + \frac{\partial}{\partial \varphi}\left(\frac{1}{\varrho} \frac{\partial U}{\partial \varphi}\right) + \frac{\partial}{\partial z}\left(\varrho \frac{\partial U}{\partial z}\right) = 0$$

oder auch

$$\frac{\partial}{\partial \varrho}\left(\varrho \frac{\partial U}{\partial \varrho}\right) + \frac{1}{\varrho} \frac{\partial^2 U}{\partial \varphi^2} + \varrho \frac{\partial^2 U}{\partial z^2} = 0. \tag{112}$$

So wie vorher zeigt man leicht, daß jede nur von dem Abstand ϱ eines Punktes von der z-Achse abhängige Lösung dieser Gleichung die Form

$$U = C_1 \log \varrho + C_2 \tag{113}$$

hat.

Schließlich nehmen wir an, daß die Werte U nicht von z abhängen, d. h., U habe die gleichen Werte in den entsprechenden Punkten aller Ebenen, die parallel zur x, y-Ebene sind. Hierbei genügt es, die Werte von U in der x, y-Ebene allein zu betrachten (ebener Fall). In geradlinigen rechtwinkligen Koordinaten lautet die Laplacesche Differentialgleichung in diesem Fall

$$\frac{\partial^2 U}{\partial x^2} + \frac{\partial^2 U}{\partial y^2} = 0.$$

Wird die Ebene auf Polarkoordinaten (ϱ, φ) bezogen, so erhalten wir auf Grund von (112) die Gleichung

$$\frac{\partial}{\partial \varrho}\left(\varrho \frac{\partial U}{\partial \varrho}\right) + \frac{1}{\varrho} \frac{\partial^2 U}{\partial \varphi^2} = 0.$$

Aus dem Ausdruck (113) ist ersichtlich, daß im ebenen Fall $\log \varrho$ eine Lösung der Laplaceschen Differentialgleichung liefert, wobei ϱ der Abstand von irgendeinem festen Punkt der Ebene ist. Anstelle von $\log \varrho$ kann man natürlich auch die Lösung $\log \frac{1}{\varrho} = -\log \varrho$ nehmen. Als Fundamentallösung der Laplaceschen Differentialgleichung erweist sich also im Raum der reziproke Abstand von einem festen Punkt und in der Ebene der Logarithmus des reziproken Abstandes oder des Abstandes selbst.

132. Differentiation im Fall eines veränderlichen Feldes. Im Raum sei ein Skalarfeld $U(t, M)$ bzw. ein Vektorfeld $\mathfrak{a}(t, M)$ gegeben, wobei sich in beiden Fällen das Feld im Verlauf der Zeit ändern möge; in jedem Punkt ist also der Skalar bzw. der Vektor eine Funktion der

Zeit t. Wir nehmen außerdem an, daß alle Punkte des Raumes eine Bewegung ausführen, die durch das Feld des Geschwindigkeitsvektors $\mathfrak{v}$ charakterisiert wird. Diesen Vektor sehen wir ebenfalls als zeitabhängig an.

Wir verfolgen die Änderung der Größe U im Verlauf der Zeit. Hierbei bestehen zwei Möglichkeiten:

1. Wir behalten einen festen Punkt des Raumes im Auge und bestimmen die Änderungsgeschwindigkeit der Größe U in diesem Raumpunkt. Wir gelangen damit zu der partiellen Ableitung $\dfrac{\partial U}{\partial t}$, die wir den *lokalen Differentialquotient* nennen können, da wir eine bestimmte Stelle des Raumes in Betracht ziehen.

2. Andererseits können wir die Änderungsgeschwindigkeit der Größe U bestimmen, indem wir unser Augenmerk auf ein bestimmtes Teilchen des sich bewegenden Mediums (Substanz) richten. In diesem Fall muß bei der Differentiation nach der Zeit auch die Bewegung der Punkte des Mediums selbst beachtet werden. Die Größe U ist also nicht nur direkt nach t zu differenzieren, sondern auch mittelbar durch die Koordinaten x, y und z des Punktes M. Wir kommen in diesem Fall zu der vollständigen Ableitung oder — wie man auch sagt — zu dem *substantiellen Differentialquotienten*

$$\frac{dU}{dt} = \frac{\partial U}{\partial t} + \frac{\partial U}{\partial x}\frac{dx}{dt} + \frac{\partial U}{\partial y}\frac{dy}{dt} + \frac{\partial U}{\partial z}\frac{dz}{dt} = \frac{\partial U}{\partial t} + \frac{\partial U}{\partial x}v_x + \frac{\partial U}{\partial y}v_y + \frac{\partial U}{\partial z}v_z,$$

den wir auch in der folgenden Form schreiben können:

$$\frac{dU}{dt} = \frac{\partial U}{\partial t} + \mathfrak{v} \cdot \operatorname{grad} U. \tag{114}$$

In [126] lag bereits ein Beispiel für den substantiellen Differentialquotienten vor; betrachtet wurde dort die vollständige Ableitung der Dichte eines Teilchens des sich bewegenden kontinuierlichen Mediums nach der Zeit.

Entsprechend gilt für den veränderlichen Vektor $\mathfrak{a}(t, M)$ in einem sich bewegenden Medium die Formel

$$\frac{d\mathfrak{a}}{dt} = \frac{\partial \mathfrak{a}}{\partial t} + \frac{\partial \mathfrak{a}}{\partial x}v_x + \frac{\partial \mathfrak{a}}{\partial y}v_y + \frac{\partial \mathfrak{a}}{\partial z}v_z$$

oder auch

$$\frac{d\mathfrak{a}}{dt} = \frac{\partial \mathfrak{a}}{\partial t} + (\mathfrak{v}\operatorname{grad})\mathfrak{a}, \tag{115}$$

wobei das Symbol $(\mathfrak{v}\operatorname{grad})$ die folgende Bedeutung hat:

$$(\mathfrak{v}\operatorname{grad}) = v_x \frac{\partial}{\partial x} + v_y \frac{\partial}{\partial y} + v_z \frac{\partial}{\partial z}.$$

In den Formeln (114) und (115) charakterisiert das erste Glied, nämlich die partielle Ableitung nach der Zeit, die Änderung der Größe an einem gegebenen Ort; das zweite Glied ist durch die Bewegung des Mediums selbst bedingt.

Wir stellen jetzt einige Formeln auch für die Differentiation von Integralen über Bereiche, die mit einem in Bewegung befindlichen Medium verknüpft sind. In diesem Fall ergibt sich eine Abhängigkeit des Integrals von der Zeit, da einmal der Integrand von t abhängt und zum anderen sich der Integrationsbereich im Verlauf der Zeit ändert. Wir können hier bei der Berechnung der Ableitung nach der Zeit diese zweifache Abhängigkeit von t als eine Abhängigkeit von zwei Veränderlichen ansehen und die Regel für die Differentiation mittelbarer Funktionen anwenden [**I, 69**]. Das Ganze läuft im wesentlichen auf das Prinzip der Superposition unendlich kleiner Wirkungen hinaus. Die Ableitung des Integrals nach der Zeit besteht aus zwei Anteilen: Der erste berechnet sich unter der Voraussetzung, daß der Integrationsbereich konstant ist, durch einfache Differentiation nach t unter dem Integralzeichen [**83**], der zweite Anteil berücksichtigt nur den Einfluß der Änderung des Integrationsbereiches selbst; bei seiner Berechnung wird der Integrand als zeitlich konstant angesehen.

Wir gehen nun zur Untersuchung einiger konkreter Fälle über.

1. Es sei (v) ein veränderlicher Bereich und $U(t, M)$ eine skalare Funktion. Wir wollen jetzt die Ableitung

$$\frac{d}{dt} \iiint\limits_{(v)} U \, dv$$

bestimmen.

Jedes Element dS der Fläche (S), die den Bereich (v) begrenzt, überstreicht während des Zeitintervalls dt einen Bereich vom Volumen $dt \, v_n \, dS$, wobei (n) die Richtung der äußeren Normalen zur Fläche (S) ist [**126**].

Multipliziert man dieses Volumen mit dem entsprechenden Wert des Integranden und summiert dann über die ganze Fläche (S), so ergibt sich die von der Änderung des Bereichs (v) herrührende Änderung des Integrals:

$$dt \iint\limits_{(S)} U v_n \, dS.$$

Nach Division durch dt und Hinzufügen des von der Änderung des Integranden herrührenden Anteils erhalten wir für die Ableitung des Integrals den Ausdruck

$$\frac{d}{dt} \iiint\limits_{(v)} U \, dv = \iiint\limits_{(v)} \frac{\partial U}{\partial t} \, dv + \iint\limits_{(S)} U v_n \, dS,$$

woraus bei Anwendung der Gauß-Ostrogradskischen Formel

$$\frac{d}{dt} \iiint\limits_{(v)} U \, dv = \iiint\limits_{(v)} \left[\frac{\partial U}{\partial t} + \operatorname{div}(U\mathfrak{v}) \right] dv \qquad (116)$$

folgt.

Wird $\dfrac{\partial U}{\partial t}$ durch $\dfrac{dU}{dt}$ gemäß Formel (114) ersetzt und die Formel (57_1) aus [**124**]

$$\operatorname{div}(U\mathfrak{v}) = U \operatorname{div} \mathfrak{v} + \mathfrak{v} \cdot \operatorname{grad} U$$

benutzt, so läßt sich (116) auch in der Form

$$\frac{d}{dt} \iiint\limits_{(v)} U \, dv = \iiint\limits_{(v)} \left[\frac{dU}{dt} + U \operatorname{div} \mathfrak{v} \right] dv \qquad (117)$$

schreiben.

2. Wir betrachten jetzt die Ableitung des Flusses eines veränderlichen Vektorfeldes $\mathfrak{a}(t, M)$ durch eine sich bewegende Fläche (S):

$$\frac{d}{dt} \iint\limits_{(S)} a_n \, dS.$$

132. Differentiation im Fall eines veränderlichen Feldes

Hier bedeutet (S) eine Fläche, die mit einem in Bewegung befindlichen Medium verknüpft ist, und (n) die Richtung der Normalen zu (S). Der eine Anteil in dem gesuchten Ausdruck für die Ableitung lautet

$$\iint\limits_{(S)} \frac{\partial a_n}{\partial t}\, dS. \tag{118}$$

Wir bestimmen jetzt den anderen von der Bewegung der Fläche (S) herrührenden Anteil. Es sei (l) die Berandung dieser Fläche und $d\mathfrak{s}$ ein orientiertes Element dieser Berandung, wobei im folgenden die Orientierung der Randkurve (l) festgelegt werden soll (Abb. 94). Im

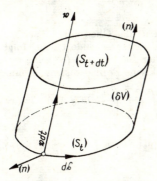

Abb. 94

Zeitintervall dt überstreicht die Fläche (S) den Bereich (δV), der von drei Flächen begrenzt wird: der Fläche (S_t) [Lage der Fläche (S) im Zeitpunkt t], der Fläche (S_{t+dt}) [Lage der Fläche (S) im Zeitpunkt $t+dt$] und der Fläche (S'), die von der Kontur (l) während des Zeitintervalls dt beschrieben wird. Das Flächenelement von (S') wird

$$dS' = |d\mathfrak{s} \times \mathfrak{v}|\, dt.$$

Es sei (n) die Richtung der Normalen auf (S_t) und (S_{t+dt}), die nach ein und derselben Seite genommen wird; und zwar nehmen wir an, daß sie auf (S_{t+dt}) ins Äußere des Bereichs (δV) gerichtet ist. Wir bezeichnen ebenfalls die Richtung der ins Äußere von (δV) weisenden Normalen zu (S') mit (n) und geben (l) einen solchen Durchlaufungssinn, daß $d\mathfrak{s}$, $\mathfrak{v}$ und (n) in jedem Punkt von (S') dieselbe Orientierung haben wie die Koordinatenachsen. Hierbei gilt offenbar

$$a_n\, dS' = \mathfrak{a} \cdot (d\mathfrak{s} \times \mathfrak{v})\, dt,$$

so daß die Gauß-Ostrogradskische Formel die Beziehung

$$\iint\limits_{(S_{t+dt})} a_n\, dS - \iint\limits_{(S_t)} a_n\, dS + dt \int\limits_{(l)} \mathfrak{a} \cdot (d\mathfrak{s} \times \mathfrak{v}) = \iiint\limits_{(\delta V)} \operatorname{div} \mathfrak{a}\, dv \tag{119}$$

liefert. Das negative Vorzeichen vor dem Integral über (S_t) steht deshalb, weil auf (S_t) die Normale (n) ins Innere von (δV) gerichtet ist. Bekanntlich [**117**] gilt aber

$$\mathfrak{a} \cdot (d\mathfrak{s} \times \mathfrak{v}) = d\mathfrak{s} \cdot (\mathfrak{v} \times \mathfrak{a}) = (\mathfrak{v} \times \mathfrak{a})_s\, ds,$$

wobei $(\mathfrak{v} \times \mathfrak{a})_s$ die Komponente von $\mathfrak{v} \times \mathfrak{a}$ in Richtung von $d\mathfrak{s}$ darstellt. Aus der Stokesschen Formel folgt dann

$$\int\limits_{(l)} \mathfrak{a} \cdot (d\mathfrak{s} \times \mathfrak{v}) = \int\limits_{(l)} (\mathfrak{v} \times \mathfrak{a})_s\, ds = \iint\limits_{(S_t)} \operatorname{rot}_n (\mathfrak{v} \times \mathfrak{a})\, dS.$$

Wird der Bereich (δV) in Elementarbereiche mit dem Volumen $dv = v_n\,dS\,dt$ zerlegt, wobei dS das Flächenelement der Fläche (S_t) bedeutet, so geht (119) über in

$$\iint\limits_{(S_{t+dt})} a_n\,dS - \iint\limits_{(S_t)} a_n\,dS = dt \iint\limits_{(S_t)} [v_n \operatorname{div} \mathfrak{a} - \operatorname{rot}_n(\mathfrak{v} \times \mathfrak{a})]\,dS.$$

Wir dividieren nun beide Seiten durch dt und gehen zum Grenzwert über; es ergibt sich dann der von der Bewegung der Fläche (S) stammende Anteil in dem Ausdruck für die Ableitung. Nach Addition des Anteils (118) entsteht schließlich

$$\frac{d}{dt} \iint\limits_{(S)} a_n\,dS = \iint\limits_{(S)} \left[\frac{\partial a_n}{\partial t} + v_n \operatorname{div} \mathfrak{a} + \operatorname{rot}_n (\mathfrak{a} \times \mathfrak{v})\right] dS. \tag{120}$$

Ist insbesondere (S) eine geschlossene Fläche, so tritt das Glied mit $\operatorname{rot}_n(\mathfrak{a} \times \mathfrak{v})$ nicht in dem Ausdruck für die Ableitung auf; die diesem Fall entsprechende Formel folgt dann unmittelbar aus (116). Ist nämlich (v) ein veränderlicher Bereich und (S) seine (geschlossene) Begrenzungsfläche, dann liefert die Gauß-Ostrogradskische Formel zusammen mit (116)

$$\frac{d}{dt} \iint\limits_{(S)} a_n\,dS = \frac{d}{dt} \iiint\limits_{(v)} \operatorname{div} \mathfrak{a}\,dv = \iiint\limits_{(v)} \left[\frac{\partial}{\partial t} \operatorname{div} \mathfrak{a} + \operatorname{div}(\mathfrak{v} \operatorname{div} \mathfrak{a})\right] dv$$

$$= \iiint\limits_{(v)} \operatorname{div} \left[\frac{\partial \mathfrak{a}}{\partial t} + \mathfrak{v} \operatorname{div} \mathfrak{a}\right] dv = \iint\limits_{(S)} \left(\frac{\partial a_n}{\partial t} + v_n \operatorname{div} \mathfrak{a}\right) dS.$$

3. Es soll jetzt die Ableitung der Zirkulation eines veränderlichen Vektors längs einer sich bewegenden Kurve bestimmt werden:

$$\frac{d}{dt} \int\limits_{(l)} a_s\,ds.$$

Einer der Anteile in dem gesuchten Ausdruck wird wie gewöhnlich

$$\int\limits_{(l)} \frac{\partial a_s}{\partial t}\,ds. \tag{121}$$

Wir berechnen jetzt den zusätzlichen Anteil, der von der Bewegung der Kurve selbst stammt. Während des Zeitintervalls dt überstreicht die Kurve (l) die Fläche (δS), die durch die folgenden vier Kurven begrenzt wird (Abb. 95): durch die Kurve $A_1 A_2$, welche die Lage (l_t) der Kurve (l) im Zeitpunkt t darstellt; durch die Kurve $B_1 B_2$, welche die Lage (l_{t+dt}) der Kurve im Zeitpunkt $t + dt$ liefert; und schließlich durch die Kurven $A_1 B_1$ und $A_2 B_2$, welche die Endpunkte A_1 bzw. A_2 der Kurve (l) während des Zeitintervalls dt beschreiben. Die Stokessche Formel liefert

$$\int\limits_{(l_t)} a_s\,ds + \int\limits_{(A_2 B_2)} a_s\,ds - \int\limits_{(l_{t+dt})} a_s\,ds + \int\limits_{(B_1 A_1)} a_s\,ds = \iint\limits_{(\delta S)} \operatorname{rot}_n \mathfrak{a}\,dS, \tag{122}$$

wobei die Integration über (l_t) und (l_{t+dt}) in der Richtung von A_1 nach A_2 bzw. B_1 nach B_2 erstreckt wird und die Richtung (n) der Normalen zu (δS) so gewählt ist, daß auf (l_t) die Vektoren $d\mathfrak{s}$, $\mathfrak{v}$ und (n) dieselbe Orientierung wie die Achsen haben. Die Integrale über die kleinen Kurven $(A_2 B_2)$ und $(B_1 A_1)$ können einfach ersetzt werden durch die Produkte aus dem Wert des Integranden und der Länge des Integrationsweges. Wir erhalten dann die skalaren Produkte des Vektors $\mathfrak{a}$ mit den kleinen Verschiebungen $\mathfrak{v}\,dt$, also

$$\mathfrak{a}^{(2)} \cdot \mathfrak{v}^{(2)}\,dt \quad \text{und} \quad -\mathfrak{a}^{(1)} \cdot \mathfrak{v}^{(1)}\,dt,$$

wobei das Minuszeichen mit Rücksicht darauf gesetzt ist, daß auf der Kurve $B_1 A_1$ die Integration von B_1 nach A_1 vollzogen wird, d. h. entgegengesetzt zu $\mathfrak{v}$; die oberen Indizes weisen darauf hin, daß der Wert der entsprechenden Größen in den Punkten A_1 und A_2 zu nehmen ist.

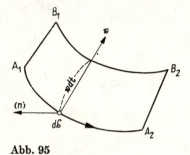

Abb. 95

Das Flächenelement dS wird

$$dS = |d\mathfrak{s} \times \mathfrak{v}| \, dt,$$

und die Normale (n) zu der Fläche hat die Richtung des Vektors $d\mathfrak{s} \times \mathfrak{v}$; offenbar gilt also

$$\operatorname{rot}_n \mathfrak{a} \, dS = (d\mathfrak{s} \times \mathfrak{v}) \cdot \operatorname{rot} \mathfrak{a} \, dt = (\mathfrak{v} \times \operatorname{rot} \mathfrak{a}) \cdot d\mathfrak{s} \, dt;$$

Formel (122) liefert somit

$$\int_{(l_{t+dt})} a_s \, ds - \int_{(l_t)} a_s \, ds = \mathfrak{a}^{(2)} \cdot \mathfrak{v}^{(2)} \, dt - \mathfrak{a}^{(1)} \cdot \mathfrak{v}^{(1)} \, dt + dt \int_{(l_t)} (\operatorname{rot} \mathfrak{a} \times \mathfrak{v})_s \, ds.$$

Dividiert man beide Seiten durch dt, geht zum Grenzwert über und fügt den Anteil (121) hinzu, so ergibt sich der gesuchte Ausdruck für die Ableitung, wobei jetzt anstelle von (l_t) einfach (l) geschrieben wird:

$$\frac{d}{dt} \int_{(l)} a_s \, ds = \mathfrak{a}^2 \cdot \mathfrak{v}^2 - \mathfrak{a}^1 \cdot \mathfrak{v}^1 + \int_{(l)} \left[\frac{\partial a_s}{\partial t} + (\operatorname{rot} \mathfrak{a} \times \mathfrak{v})_s \right] ds. \tag{123}$$

Ist die Kurve (l) geschlossen, so heben sich die integralfreien Glieder weg, und es wird

$$\frac{d}{dt} \int_{(l)} a_s \, ds = \int_{(l)} \left[\frac{\partial a_s}{\partial t} + (\operatorname{rot} \mathfrak{a} \times \mathfrak{v})_s \right] ds. \tag{124}$$

Diese Beziehung läßt sich auch einfach ableiten, indem man das Kurvenintegral nach der Stokesschen Formel umformt und dann (120) anwendet

Wir betrachten noch die Zirkulation der Geschwindigkeit längs einer sich bewegenden Kurve (l). Gemäß Formel (123) ist

$$\begin{aligned}\frac{d}{dt} \int_{(l)} v_s \, ds &= \mathfrak{v}^{(2)} \cdot \mathfrak{v}^{(2)} - \mathfrak{v}^{(1)} \cdot \mathfrak{v}^{(1)} + \int_{(l)} \left[\frac{\partial v_s}{\partial t} + (\operatorname{rot} \mathfrak{v} \times \mathfrak{v})_s \right] ds \\ &= |\mathfrak{v}^{(2)}|^2 - |\mathfrak{v}^{(1)}|^2 + \int_{(l)} \left[\frac{\partial v_s}{\partial t} + (\operatorname{rot} \mathfrak{v} \times \mathfrak{v})_s \right] ds.\end{aligned} \tag{125}$$

Die x-Komponente des Vektors $\operatorname{rot} \mathfrak{v} \times \mathfrak{v}$ lautet

$$(\operatorname{rot} \mathfrak{v} \times \mathfrak{v})_x = \left(\frac{\partial v_x}{\partial z} - \frac{\partial v_z}{\partial x}\right) v_z - \left(\frac{\partial v_y}{\partial x} - \frac{\partial v_x}{\partial y}\right) v_y.$$

Nach Auflösen der Klammern sowie Addition und Subtraktion von $\dfrac{\partial v_x}{\partial x} v_x$ können wir

$$(\operatorname{rot} \mathfrak{v} \times \mathfrak{v})_x = \frac{\partial v_x}{\partial x} v_x + \frac{\partial v_x}{\partial y} v_y + \frac{\partial v_x}{\partial z} v_z - \left(\frac{\partial v_x}{\partial x} v_x + \frac{\partial v_y}{\partial x} v_y + \frac{\partial v_z}{\partial x} v_z\right)$$

schreiben und erhalten hieraus unter Benutzung von (115) leicht

$$\operatorname{rot} \mathfrak{v} \times \mathfrak{v} = \frac{d\mathfrak{v}}{dt} - \frac{\partial \mathfrak{v}}{\partial t} - \frac{1}{2} \operatorname{grad} |\mathfrak{v}|^2 = \mathfrak{w} - \frac{\partial \mathfrak{v}}{\partial t} - \frac{1}{2} \operatorname{grad} |\mathfrak{v}|^2.$$

Dabei stellt $\mathfrak{w}$ den Vektor der Beschleunigung dar. Nach Einsetzen in (125) ergibt sich

$$\begin{aligned}\frac{d}{dt} \int\limits_{(l)} v_s \, ds &= |\mathfrak{v}^{(2)}|^2 - |\mathfrak{v}^{(1)}|^2 + \int\limits_{(l)} \left(w_s - \frac{1}{2} \operatorname{grad}_s |\mathfrak{v}|^2\right) ds \\ &= \frac{1}{2} [|\mathfrak{v}^{(2)}|^2 - |\mathfrak{v}^{(1)}|^2] + \int\limits_{(l)} w_s \, ds,\end{aligned} \qquad (126)$$

denn es ist offenbar

$$\int\limits_{(l)} \operatorname{grad}_s |\mathfrak{v}|^2 \, ds = |\mathfrak{v}^{(2)}|^2 - |\mathfrak{v}^{(1)}|^2.$$

V. ANFANGSGRÜNDE DER DIFFERENTIALGEOMETRIE

§ 12. Kurven in der Ebene und im Raum

133. Die ebene Kurve, ihre Krümmung und Evolute. In diesem Kapitel werden die Grundlagen der Theorie der Kurven und Flächen behandelt. Wir beginnen mit der Untersuchung der ebenen Kurven und gehen dann zu den Raumkurven und Flächen über. Bei der Darstellung wird die Vektorschreibweise benutzt, so daß sich der Leser unbedingt den Inhalt des vorigen Kapitels bis zu dem Abschnitt über die Differentiation eines Vektors fest einprägen muß. Zunächst werde ein Hilfssatz bewiesen.

Lemma. *Ist $\mathfrak{a}$ ein Vektor der Länge Eins (Einheitsvektor), der von einem skalaren Parameter t abhängt, so ist $\frac{d\mathfrak{a}}{dt} \cdot \mathfrak{a}$ gleich Null, d. h. $\frac{d\mathfrak{a}}{dt} \perp \mathfrak{a}$.*

Gemäß der Voraussetzung des Lemmas ist nämlich $\mathfrak{a} \cdot \mathfrak{a} = 1$. Die Differentiation dieser Gleichung nach t liefert

$$\frac{d\mathfrak{a}}{dt} \cdot \mathfrak{a} + \mathfrak{a} \cdot \frac{d\mathfrak{a}}{dt} = 0,$$

also wegen der Unabhängigkeit des skalaren Produktes von der Reihenfolge der Faktoren

$$\frac{d\mathfrak{a}}{dt} \cdot \mathfrak{a} = 0, \quad \text{d. h.} \quad \frac{d\mathfrak{a}}{dt} \perp \mathfrak{a}.$$

Offenbar hat dabei die Bedingung $\frac{d\mathfrak{a}}{dt} \perp \mathfrak{a}$ nur dann einen Sinn, wenn der Vektor $\frac{d\mathfrak{a}}{dt}$ vom Nullvektor verschieden ist. Hier und im folgenden setzen wir immer die Existenz und Stetigkeit der im Text vorkommenden Ableitungen voraus.

Es sei in der Ebene eine Kurve (L) gegeben; der skalare Parameter t beschreibe die Lage eines auf dieser Kurve variierenden Punktes M. Wir können dann unsere Kurve mittels des Radiusvektors $\mathfrak{r}(t)$ darstellen, der von einem festen Punkt O aus nach dem variablen Punkt M der Kurve weist (Abb. 96). Wie wir gesehen hatten [**119**], liefert die Ableitung $\frac{d\mathfrak{r}}{dt}$ einen Vektor in Richtung der Tangente an die Kurve. Dient als Parameter die von einem festen Kurvenpunkt aus in bestimmter Richtung gerechnete Bogenlänge s der Kurve, so ergibt die Ableitung $\dfrac{d\mathfrak{r}}{ds}$ den *Tangenteneinheitsvektor* $\mathfrak{t}$ in Richtung des zunehmenden Bogenlängenparameters s; es gilt also

$$\frac{d\mathfrak{r}}{ds} = \mathfrak{t}. \tag{1}$$

Die Ableitung

$$\mathfrak{R} = \frac{d\mathfrak{t}}{ds} \tag{2}$$

des Tangenteneinheitsvektors $\mathfrak{t}$ nach s heißt *Krümmungsvektor*.

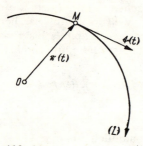

Abb. 96

Die Länge dieses Vektors charakterisiert die Geschwindigkeit der Richtungsänderung des Vektors $\mathfrak{t}$ und heißt *Krümmung der Kurve*.

Nach dem zuvor bewiesenen Hilfssatz steht der Krümmungsvektor senkrecht auf der Tangente, hat also die Richtung der Normalen.

Außerdem folgt aus seiner Definition unmittelbar, daß er nach der konkaven Seite der Kurve gerichtet ist, da für $\Delta s > 0$ die Differenz $\mathfrak{t}(s + \Delta s) - \mathfrak{t}(s)$ nach dieser Seite weist (Abb. 97).

Die Länge des Vektors $\mathfrak{R}$ heißt — wie bereits erwähnt — Krümmung der Kurve; die durch die Gleichung

$$|\mathfrak{R}| = \frac{1}{\varrho} \tag{3}$$

definierte Größe ϱ, die zur Krümmung reziprok ist, heißt *Krümmungsradius*. Außerdem führen wir den Einheitsvektor $\mathfrak{N}$ der Krümmung ein, der die Länge Eins hat und der Richtung nach mit $\mathfrak{R}$ übereinstimmt.

Ist $|\mathfrak{R}| = 0$, so muß man $\varrho = \infty$ setzen. Der Vektor $\mathfrak{N}$ ist dabei unbestimmt. Ist beispielsweise (L) eine Gerade, so ist in allen ihren Punkten $|\mathfrak{R}| = 0$, und wir können eine beliebige der beiden Richtungen wählen, welche die Normale zur Geraden in der Ebene haben kann, in der wir die Gerade betrachten. Im weiteren nehmen wir $|\mathfrak{R}| \neq 0$ an.

Auf Grund von (3) gilt

$$\mathfrak{R} = \frac{1}{\varrho}\,\mathfrak{n}. \tag{4}$$

In Richtung von $\mathfrak{n}$, d. h. in Richtung der Kurvennormalen nach der konkaven Seite, tragen wir nun die Strecke $\overline{MC}$ ab, die gleich dem Krümmungsradius ϱ im Punkt M ist (Abb. 98). Ihr Endpunkt C heißt *Krümmungsmittelpunkt der Kurve im Punkt M*. Bewegt sich nun M längs der Kurve (L), so beschreibt C im allgemeinen eine gewisse Kurve (L_1), die als *Evolute der Kurve (L)* bezeichnet wird. *Die Evolute einer Kurve ist also der geometrische Ort der Krümmungsmittelpunkte dieser Kurve.*

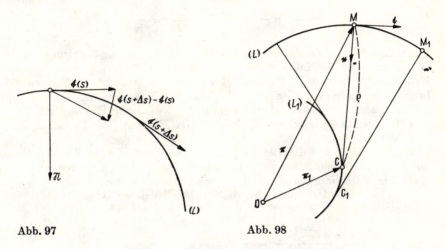

Abb. 97   Abb. 98

Für das Folgende wird die Ableitung $\dfrac{d\mathfrak{n}}{ds}$ benötigt. Der Vektor $\mathfrak{n}$ ist ein Einheitsvektor, und folglich gilt $\dfrac{d\mathfrak{n}}{ds} \perp \mathfrak{n}$; d. h., $\dfrac{d\mathfrak{n}}{ds}$ ist parallel zur Tangente. Differenzieren wir die offenbar gültige Beziehung $\mathfrak{t} \cdot \mathfrak{n} = 0$ nach s, so ergibt sich

$$\mathfrak{R} \cdot \mathfrak{n} + \mathfrak{t} \cdot \frac{d\mathfrak{n}}{ds} = 0.$$

Die Vektoren $\mathfrak{R}$ und $\mathfrak{n}$ stimmen aber in der Richtung überein, und nach (4) ist $\mathfrak{R} \cdot \mathfrak{n} = \dfrac{1}{\varrho}$, so daß aus der letzten Gleichung $\mathfrak{t} \cdot \dfrac{d\mathfrak{n}}{ds} = -\dfrac{1}{\varrho}$ folgt. Aus der Parallelität der Vektoren $\mathfrak{t}$ und $\dfrac{d\mathfrak{n}}{ds}$ folgern wir schließlich, daß $\dfrac{d\mathfrak{n}}{ds}$ der Richtung nach entgegengesetzt zu $\mathfrak{t}$ ist und die Länge $\dfrac{1}{\varrho}$ hat; es gilt also

$$\frac{d\mathfrak{n}}{ds} = -\frac{1}{\varrho}\,\mathfrak{t}. \tag{5}$$

Es seien so wie vorher $\mathfrak{r}$ der Radiusvektor und s die Bogenlänge für die Kurve (L) und $\mathfrak{r}_1$ und s_1 die entsprechenden Größen für die Evolute (L_1). Durch Differentiation der Gleichung (Abb. 98)

$$\mathfrak{r}_1 = \mathfrak{r} + \varrho\,\mathfrak{n}$$

erhalten wir

$$\frac{d\mathfrak{r}_1}{ds} = \mathfrak{t} + \frac{d\varrho}{ds}\,\mathfrak{n} + \varrho\,\frac{d\mathfrak{n}}{ds},$$

also wegen (5)

$$\frac{d\mathfrak{r}_1}{ds} = \mathfrak{t} + \frac{d\varrho}{ds}\,\mathfrak{n} - \mathfrak{t}, \quad \text{d. h.} \quad \frac{d\mathfrak{r}_1}{ds} = \frac{d\varrho}{ds}\,\mathfrak{n}. \tag{6}$$

Die rechte Seite dieser Gleichung stellt einen Vektor in Richtung der Normalen zu (L) dar und die linke Seite einen Vektor in Richtung der Tangente an die Evolute. Folglich ist die Normale der Kurve (L) parallel zur Tangente der Evolute. Diese beiden Geraden verlaufen aber durch ein und denselben Punkt C und müssen daher zusammenfallen. Hieraus folgt die erste Eigenschaft der Evolute: *Die Normale zu einer Kurve in einem Punkt M berührt die Evolute in dem M entsprechenden Punkt.*

Mit Rücksicht auf die Definition der Einhüllenden einer Kurvenschar können wir auch die folgende zweite Eigenschaft der Evolute aussprechen: *Die Evolute einer Kurve ist die Einhüllende der Normalenschar dieser Kurve.*

Der natürliche Parameter für die Evolute ist deren Bogenlänge s_1; gemäß der Kettenregel gilt

$$\frac{d\mathfrak{r}_1}{ds} = \frac{d\mathfrak{r}_1}{ds_1} \cdot \frac{ds_1}{ds} = \frac{ds_1}{ds}\,\mathfrak{t}_1,$$

wobei $\mathfrak{t}_1$ der Tangenteneinheitsvektor der Evolute ist. Durch Einsetzen in (6) erhalten wir

$$\frac{ds_1}{ds}\,\mathfrak{t}_1 = \frac{d\varrho}{ds}\,\mathfrak{n}.$$

Werden die Längen der auf beiden Seiten dieser Gleichung stehenden Vektoren einander gleichgesetzt, so folgt

$$\left|\frac{ds_1}{ds}\right| = \left|\frac{d\varrho}{ds}\right|, \quad \text{d. h.} \quad |ds_1| = |d\varrho|.$$

Nehmen wir der Einfachheit halber an, daß auf den betrachteten Stücken der Kurve und der Evolute die Größen s_1 bzw. ϱ zunehmen, so gilt $ds_1 = d\varrho$. Wird diese Beziehung über das betrachtete Teilstück integriert, so folgt, daß die Zunahme der Bogenlänge der Evolute mit der Zunahme des Krümmungsradius der ursprünglichen Kurve übereinstimmt. Wir erhalten somit die dritte Eigenschaft der Evolute: *Auf einem Kurvenstück ist bei monotoner Änderung des Krümmungsradius dessen Zuwachs gleich der Zunahme der Bogenlänge der Evolute zwischen den entsprechenden Punkten.* Im Fall der Abb. 98 wird diese Eigenschaft durch die Gleichung $|M_1C_1| - |MC| = \widehat{CC_1}$ ausgedrückt.

Wir wählen in der Ebene die festen Koordinatenachsen x, y; es sei ferner φ der Winkel, den die Richtung der Tangente $\mathfrak{t}$ mit der x-Achse bildet. Die Darstellung des Einheitsvektors durch seine Komponenten lautet dann

$$\mathfrak{t} = \cos\varphi \, \mathfrak{i} + \sin\varphi \, \mathfrak{j},$$

wobei $\mathfrak{i}$ und $\mathfrak{j}$ die Einheitsvektoren in Richtung der x- bzw. y-Achse sind. Durch Differentiation der vorstehenden Gleichung nach s folgt

$$\mathfrak{R} = -\sin\varphi \, \frac{d\varphi}{ds} \, \mathfrak{i} + \cos\varphi \, \frac{d\varphi}{ds} \, \mathfrak{j},$$

woraus sich das Quadrat der Länge des Krümmungsvektors zu

$$\frac{1}{\varrho^2} = \left(-\sin\varphi \, \frac{d\varphi}{ds}\right)^2 + \left(\cos\varphi \, \frac{d\varphi}{ds}\right)^2 \quad \text{oder} \quad \frac{1}{\varrho} = \left|\frac{d\varphi}{ds}\right|$$

bestimmt. Wir erhalten auf diese Weise den bereits in [I, 71] angegebenen Ausdruck für die Krümmung.

Es sei jetzt die Gleichung der Kurve (L) in der expliziten Form

$$y = f(x) \tag{7}$$

gegeben. Die Normalenschar dieser Kurve hat dann die Gleichung

$$Y - y = -\frac{1}{y'}(X - x) \quad \text{oder} \quad (X - x) + y'(Y - y) = 0. \tag{8}$$

Hierin sind (X, Y) die laufenden Koordinaten auf der Normalen und (x, y) die Koordinaten des Punktes M der Kurve (L), wobei y durch (7) als Funktion von x gegeben ist. In der Gleichung (8) der Normalenschar spielt somit die Abszisse x des veränderlichen Kurvenpunktes die Rolle des Parameters. Wird auf die Schar (8) die übliche Regel zur Ermittlung der Einhüllenden [13] angewendet, so entstehen zwei Gleichungen; nämlich die Gleichung (8) und eine weitere Gleichung, die sich aus letzterer durch Differentiation nach dem Parameter x ergibt; man erhält

$$\begin{aligned}(X - x) + y'(Y - y) &= 0, \\ -1 + y''(Y - y) - y'^2 &= 0.\end{aligned} \tag{9}$$

Durch Elimination des Parameters x aus diesen Gleichungen erhalten wir eine Beziehung zwischen X und Y. Diese stellt dann gerade die Gleichung der Einhüllenden der Normalenschar, d. h. die Evolute dar. Man kann auch anders vorgehen, indem man nämlich durch Auflösen des Systems (9) die Koordinaten X und Y durch den Parameter x ausdrückt, d. h. die folgende Parameterdarstellung der Evolute ermittelt:

$$X = x - \frac{y'(1 + y'^2)}{y''}, \quad Y = y + \frac{1 + y'^2}{y''}. \tag{10}$$

Ist die Gleichung der Kurve (L) selbst in Parameterform gegeben, so muß man in den Formeln (10) die Ableitungen von y nach x durch die Differentiale der Veränderlichen ausdrücken; nach [I, 74] ergibt sich

$$y' = \frac{dy}{dx}, \quad y'' = \frac{d\left(\dfrac{dy}{dx}\right)}{dx} = \frac{d^2y\,dx - d^2x\,dy}{dx^3}.$$

Durch Einsetzen dieser Ausdrücke in (10) erhält man die Parameterdarstellung der Evolute für diesen Fall in der Form

$$X = x - \frac{dy(dx^2 + dy^2)}{d^2y\,dx - d^2x\,dy}, \quad Y = y + \frac{dx(dx^2 + dy^2)}{d^2y\,dx - d^2x\,dy}. \tag{11}$$

Beispiele.

1. Wir ermitteln die Evolute der Ellipse

$$\frac{x^2}{a^2} + \frac{y^2}{b^2} = 1 \qquad (a > b).$$

Dazu schreiben wir die Ellipsengleichung in der Parameterform

$$x = a \cos t, \quad y = b \sin t.$$

Durch Einsetzen dieser Ausdrücke in die Gleichung (11) erhält man nach einfacher Rechnung

$$X = \frac{a^2 - b^2}{a} \cos^3 t, \quad Y = -\frac{a^2 - b^2}{b} \sin^3 t.$$

Der Parameter t ist nun aus diesen beiden Gleichungen zu eliminieren. Indem wir die erste der Gleichungen mit a und die zweite mit b multiplizieren, beide in die Potenz $\dfrac{2}{3}$ erheben und die erhaltenen Gleichungen addieren, ergibt sich die Gleichung der Evolute der Ellipse in der impliziten Form

$$a^{2/3} X^{2/3} + b^{2/3} Y^{2/3} = (a^2 - b^2)^{2/3}.$$

Unter Benutzung dieser Gleichungen ist die Evolute der Ellipse leicht zu konstruieren. Man sieht, daß der Krümmungsradius in den Scheiteln der Ellipse den größten bzw. kleinsten Wert annimmt; in den entsprechenden Punkten besitzt die Evolute singuläre Punkte, und zwar Rückkehrpunkte (Abb. 99).

2. Es soll die Evolute der Parabel $y = ax^2$ ermittelt werden. Mit Hilfe der Gleichungen (10) erhalten wir leicht

$$X = -4a^2 x^3, \quad Y = \frac{1}{2a} + 3ax^2.$$

Wird hieraus der Parameter x eliminiert, so ergibt sich die Gleichung der Evolute der Parabel in der expliziten Form (Abb. 100)

$$Y = \frac{1}{2a} + \frac{3}{2\sqrt[3]{2a}} X^{2/3}.$$

3. Die Evolute der Zykloide

$$x = a(t - \sin t), \quad y = a(1 - \cos t).$$

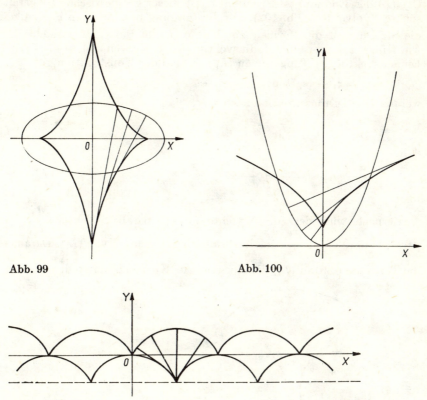

Abb. 99

Abb. 100

Abb. 101

Mit Hilfe der Formeln (11) erhält man für die Evolute die Parameterdarstellung

$$X = a(t + \sin t), \quad Y = -a(1 - \cos t).$$

Es ist leicht zu zeigen, daß diese Kurve wieder die vorgegebene Zykloide darstellt, allerdings in anderer Lage bezüglich der Achsen (Abb. 101). Setzt man nämlich $t = \tau - \pi$, so lauten die obigen Formeln

$$X + a\pi = a(\tau - \sin \tau), \quad Y + 2a = a(1 - \cos \tau),$$

woraus unsere Behauptung unmittelbar folgt.

134. Die Evolvente. Die Kurve (L) selbst bezeichnet man in bezug auf ihre Evolute (L_1) als *Evolvente*. Aus den Eigenschaften der Evolute folgt leicht eine Regel für die Konstruktion der Evolvente aus der vorgegebenen Evolute. Es sei C ein variabler Punkt auf (L_1) und s_1 die Bogenlänge dieser Kurve; ferner sei a eine

Konstante. Tragen wir nun auf der Tangente an (L_1) in C in negativer Richtung die Strecke der Länge $|CM| = s_1 + a$ ab, so erhalten wir den geometrischen Ort (L) der Endpunkte M. Offenbar ist dieser geometrische Ort gerade die gesuchte Evolvente (Abb. 102). Zur Bestätigung braucht man nur zu zeigen, daß die Strecke $\overline{CM}$ die Normale zur Kurve (L) im Punkt M darstellt. Es seien so wie früher $\mathfrak{r}$ und $\mathfrak{r}_1$ die Radiusvektoren der Kurven (L) bzw. (L_1) und $\mathfrak{t}_1$ der Einheitsvektor der Tangente an (L_1). Gemäß der Konstruktion gilt

$$\mathfrak{r} = \mathfrak{r}_1 - (s_1 + a)\mathfrak{t}_1,$$

woraus durch Differentiation nach s_1

$$\frac{d\mathfrak{r}}{ds_1} = \mathfrak{t}_1 - \mathfrak{t}_1 - (s_1 + a)\frac{d\mathfrak{t}_1}{ds_1},$$

d. h.

$$\frac{d\mathfrak{r}}{ds_1} = -(s_1 + a)\frac{d\mathfrak{t}_1}{ds_1}$$

folgt.

Hiernach wird der zur Tangente an (L) parallele Vektor $\dfrac{d\mathfrak{r}}{ds_1}$ gleichzeitig parallel zum Vektor $\dfrac{d\mathfrak{t}_1}{ds_1}$, d. h. parallel zur Normalen von (L_1). Daraus folgt, daß die Tangente $\overline{CM}$ an (L_1) die Normale zur Kurve (L) darstellt.

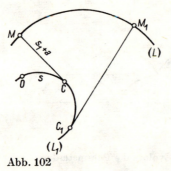

Abb. 102

Da die Konstante a in der Formel $|CM| = s_1 + a$ einen beliebigen Wert annehmen kann, erhalten wir unendlich viele Evolventen zu einer vorgegebenen Evolute. Aus der Konstruktion folgt unmittelbar, daß zwei beliebige Evolventen gemeinsame Normalen besitzen; der Normalenabschnitt zwischen diesen beiden Evolventen hat dann eine konstante Länge, die gleich der Differenz der Werte der Konstanten a ist, welche den gewählten Evolventen entsprechen. Zwei solche Kurven heißen *parallele Kurven*.

135. Die natürliche Gleichung einer Kurve. Längs jeder Kurve ist die Krümmung eine Funktion der Bogenlänge, d. h., es gilt

$$\frac{1}{\varrho} = f(s). \tag{12}$$

Wir zeigen, daß umgekehrt jeder Gleichung der Form (12) eine bestimmte Kurve entspricht. Dazu wählen wir irgendeine Richtung als Richtung der x-Achse; ferner sei φ derjenige Winkel, der von der Kurventangente mit der positiven Richtung der x-Achse gebildet wird. Da bekanntlich $\dfrac{1}{\varrho} = \pm \dfrac{d\varphi}{ds}$ gilt, liefert Gleichung (12)

$$\frac{d\varphi}{ds} = \pm f(s),$$

woraus

$$\varphi = \pm \int_0^s f(u)\,du + C$$

folgt.

Als Richtung der x-Achse kann die Richtung der Tangente für $s = 0$ genommen werden; dann ist in der letzten Formel $C = 0$ zu setzen. Für den Winkel φ ergibt sich somit der Ausdruck

$$\varphi = \pm F(s),$$

wobei

$$F(s) = \int_0^s f(u)\,du$$

ist. Wir wissen ferner, daß [I, 70]

$$\frac{dx}{ds} = \cos\varphi, \quad \frac{dy}{ds} = \sin\varphi$$

gilt, woraus sich auf Grund der vorhergehenden Gleichung

$$x = \int_0^s \cos[F(u)]\,du + C_1,$$

$$y = \pm \int_0^s \sin[F(u)]\,du + C_2$$

ergibt.

Wird der Koordinatenursprung in denjenigen Kurvenpunkt gelegt, für den $s = 0$ ist, so müssen wir $C_1 = C_2 = 0$ setzen und erhalten dann eine wohlbestimmte Kurve, nämlich

$$x = \int_0^s \cos[F(u)]\,du, \quad y = \pm \int_0^s \sin[F(u)]\,du. \tag{12_1}$$

Dem doppelten Vorzeichen entsprechen zwei bezüglich der x-Achse symmetrisch gelegene Kurven.

Wir haben also gezeigt, daß der Gleichung (12) eine in dem oben angegebenen Sinn wohlbestimmte Kurve entspricht und daß bei dem gewählten Koordinatensystem die Gleichungen (12_1) die Parameterdarstellung dieser Kurve liefern. Man bestätigt nun leicht, daß die Krümmung der durch die Gleichungen (12₁) definierten Kurve auch wirklich den durch Formel (12) gegebenen Wert hat.

Die Gleichung (12) wird als *natürliche Gleichung der Kurve* bezeichnet in dem Sinn, daß diese Gleichung nicht von der zufälligen Wahl der Koordinatenachsen abhängt und daß ihr, abgesehen von der zuvor erwähnten Symmetrie, eine ganz bestimmte Kurve entspricht.

Beispiele.

1. Hat die Gleichung (12) die Form $\frac{1}{\varrho} = C$, ist also der Krümmungsradius ϱ konstant, so genügt dieser Gleichung — wie wir wissen — der Kreis [**I, 71**]. Aus dem Vorhergehenden folgt, daß *der Kreis die einzige Kurve mit konstantem Krümmungsradius ist.*

2. Wir nehmen an, daß die Krümmung $\frac{1}{\varrho}$ proportional der Bogenlänge ist, also

$$\frac{1}{\varrho} = 2as$$

gilt. Dabei ist $2a$ ein positiver Proportionalitätsfaktor. Die Formeln (12₁) liefern für diesen Fall

$$x = \int_0^s \cos(au^2)\, du,$$

$$y = \int_0^s \sin(au^2)\, du. \tag{13}$$

Auf Grund der Konvergenz der Integrale [**86**]

$$\int_0^\infty \cos(as^2)\, ds, \quad \int_0^\infty \sin(as^2)\, ds$$

strebt die Kurve bei unbegrenzt wachsendem s gegen einen Punkt der Ebene, dessen Koordinaten gleich den Werten der oben angegebenen Integrale sind. Dabei windet sich die Kurve

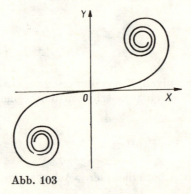

Abb. 103

spiralförmig um diesen Punkt herum (Abb. 103). Werden in den Formeln (13) für s auch negative Werte zugelassen, so ergibt sich der im dritten Quadranten liegende Teil der Kurve. Die erhaltene Kurve wird *Cornusche Spirale* genannt und spielt in der Optik eine Rolle.

136. Die Fundamentalgrößen einer Raumkurve. Eine Raumkurve (L) kann durch Vorgabe des variablen Radiusvektors $\mathfrak{r}(t)$, der vom Ursprung zu dem variablen Kurvenpunkt M hinführt, definiert werden (Abb. 104). Nehmen wir als Parameter t die Bogenlänge s der Kurve und differenzieren wir $\mathfrak{r}$ nach s, so erhalten wir den *Tangenteneinheitsvektor* der Kurve [119]

$$\frac{d\mathfrak{r}}{ds} = \mathfrak{t}. \qquad (14)$$

Die Ableitung von $\mathfrak{t}$ nach s,

$$\frac{d\mathfrak{t}}{ds} = \mathfrak{N}, \qquad (15)$$

heißt *Krümmungsvektor*, und die Länge dieses Krümmungsvektors liefert die *Krümmung* $\frac{1}{\varrho}$ *der Kurve*; der reziproke Wert ϱ wird als *Krümmungsradius* bezeichnet. So wie im Fall der ebenen Kurve steht der Vektor $\mathfrak{N}$ senkrecht auf $\mathfrak{t}$; die Richtung des Vektors $\mathfrak{N}$ heißt *Richtung der Hauptnormalen der Kurve*. Führen wir nun den Hauptnormaleneinheitsvektor $\mathfrak{n}$ ein, so können wir

$$\mathfrak{N} = \frac{1}{\varrho}\mathfrak{n} \qquad (16)$$

schreiben.
Mittels

$$\mathfrak{b} = \mathfrak{t} \times \mathfrak{n} \qquad (17)$$

führen wir schließlich noch einen Einheitsvektor ein, der senkrecht auf $\mathfrak{t}$ und $\mathfrak{n}$ steht. Dieser Vektor wird *Binormaleneinheitsvektor* genannt. Ist $|\mathfrak{N}| = 0$, so folgt $\varrho = \infty$, und die Vektoren $\mathfrak{N}$ und $\mathfrak{b}$ sind unbestimmt.

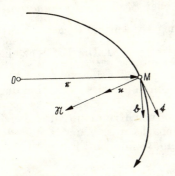

Abb. 104

Die drei Einheitsvektoren $\mathfrak{t}$, $\mathfrak{n}$ und $\mathfrak{b}$, die dieselbe Orientierung wie die Koordinatenachsen haben, bilden — wie man sagt — das *begleitende Dreibein der Kurve* (L). Handelt es sich um eine ebene Kurve, so liegen die Vektoren $\mathfrak{t}$ und $\mathfrak{n}$ in der

Kurvenebene; dann ist der Einheitsvektor $\mathfrak{b}$ der Binormalen ein konstanter, zur Kurvenebene senkrechter Vektor der Länge Eins. Für eine nichtebene Kurve charakterisiert die Ableitung $\frac{d\mathfrak{b}}{ds}$ die Abweichung der Kurve von der ebenen Form; $\frac{d\mathfrak{b}}{ds}$ wird als *Torsionsvektor* bezeichnet. Wir wollen jetzt nachweisen, daß *der Torsionsvektor parallel zur Hauptnormalen ist*. Gemäß Formel (17) gilt

$$\frac{d\mathfrak{b}}{ds} = \mathfrak{N} \times \mathfrak{n} + \mathfrak{t} \times \frac{d\mathfrak{n}}{ds}.$$

Die Vektoren $\mathfrak{N}$ und $\mathfrak{n}$ stimmen aber der Richtung nach überein, und folglich ist ihr vektorielles Produkt gleich Null, d. h., es folgt

$$\frac{d\mathfrak{b}}{ds} = \mathfrak{t} \times \frac{d\mathfrak{n}}{ds}. \tag{18}$$

Die Vektoren $\frac{d\mathfrak{b}}{ds}$ und $\mathfrak{t}$ stehen somit senkrecht aufeinander. Andererseits ist die Ableitung $\frac{d\mathfrak{b}}{ds}$ eines Einheitsvektors stets senkrecht zum Vektor $\mathfrak{b}$ selbst. Der Vektor $\frac{d\mathfrak{b}}{ds}$, der senkrecht auf den Vektoren $\mathfrak{t}$ und $\mathfrak{b}$ steht, ist also tatsächlich parallel zum Vektor $\mathfrak{n}$, und wir können

$$\frac{d\mathfrak{b}}{ds} = \frac{1}{\tau} \mathfrak{n} \tag{19}$$

setzen; der Zahlenfaktor $\frac{1}{\tau}$ wird hierbei als *Torsion der Kurve* bezeichnet, und der reziproke Wert τ heißt *Torsionsradius* oder *zweiter Krümmungsradius*. Der Wert von $\frac{1}{\tau}$ kann entweder positiv oder negativ sein im Gegensatz zur Krümmung $\frac{1}{\varrho}$, die stets als nichtnegativ vorausgesetzt wird. Die Existenz eines Tangentenvektors, eines Krümmungsvektors und eines Torsionsvektors ist natürlich abhängig von der Existenz der Ableitungen, durch die diese Vektoren dargestellt werden.

Es sollen jetzt Formeln für die Berechnung von Krümmung und Torsion hergeleitet werden. Führen wir die Koordinatenachsen x, y und z und die ihnen entsprechenden Einheitsvektoren $\mathfrak{i}$, $\mathfrak{j}$ und $\mathfrak{k}$ ein, so können wir

$$\mathfrak{r} = x\mathfrak{i} + y\mathfrak{j} + z\mathfrak{k}, \quad \mathfrak{t} = \frac{dx}{ds}\mathfrak{i} + \frac{dy}{ds}\mathfrak{j} + \frac{dz}{ds}\mathfrak{k},$$

$$\mathfrak{N} = \frac{d^2x}{ds^2}\mathfrak{i} + \frac{d^2y}{ds^2}\mathfrak{j} + \frac{d^2z}{ds^2}\mathfrak{k}$$

schreiben, woraus wir für die Länge des Vektors $\mathfrak{R}$

$$\frac{1}{\varrho^2} = \left(\frac{d^2x}{ds^2}\right)^2 + \left(\frac{d^2y}{ds^2}\right)^2 + \left(\frac{d^2z}{ds^2}\right)^2 \tag{20}$$

erhalten.

Aus der Formel (19) folgt, daß man die Torsion $\frac{1}{\tau}$ als skalares Produkt darstellen kann, nämlich

$$\frac{1}{\tau} = \frac{d\mathfrak{b}}{ds} \cdot \mathfrak{n}$$

bzw. auf Grund von (18)

$$\frac{1}{\tau} = \left(\mathfrak{t} \times \frac{d\mathfrak{n}}{ds}\right) \cdot \mathfrak{n}.$$

Ersetzt man $\mathfrak{n}$ gemäß Formel (16) durch den Ausdruck $\mathfrak{n} = \varrho \mathfrak{R}$, so ergibt sich

$$\frac{1}{\tau} = \left(\mathfrak{t} \times \frac{d(\varrho \mathfrak{R})}{ds}\right) \cdot \varrho \mathfrak{R} = \left[\mathfrak{t} \times \left(\frac{d\varrho}{ds} \mathfrak{R} + \varrho \frac{d\mathfrak{R}}{ds}\right)\right] \cdot \varrho \mathfrak{R}$$

$$= \varrho \frac{d\varrho}{ds} (\mathfrak{t} \times \mathfrak{R}) \cdot \mathfrak{R} + \varrho^2 \cdot \left(\mathfrak{t} \times \frac{d\mathfrak{R}}{ds}\right) \cdot \mathfrak{R}.$$

Das Vektorprodukt $\mathfrak{t} \times \mathfrak{R}$ steht aber senkrecht auf dem Vektor $\mathfrak{R}$; daher ist das erste Glied in dem letzten Ausdruck gleich Null, und wir finden

$$\frac{1}{\tau} = \varrho^2 \left(\mathfrak{t} \times \frac{d\mathfrak{R}}{ds}\right) \cdot \mathfrak{R}$$

oder durch Vertauschen der Faktoren in dem Vektorprodukt

$$\frac{1}{\tau} = -\varrho^2 \left(\frac{d\mathfrak{R}}{ds} \times \mathfrak{t}\right) \cdot \mathfrak{R}.$$

Nach zyklischer Vertauschung der Vektoren erhalten wir unter Benutzung der Formeln (14) und (15) schließlich

$$\frac{1}{\tau} = -\varrho^2 \left(\frac{d\mathfrak{r}}{ds} \times \frac{d^2\mathfrak{r}}{ds^2}\right) \cdot \frac{d^3\mathfrak{r}}{ds^3}. \tag{21}$$

Der Koeffizient bei $-\varrho^2$ ist offenbar gleich dem Volumen des von den Vektoren $\frac{d\mathfrak{r}}{ds}$, $\frac{d^2\mathfrak{r}}{ds^2}$ und $\frac{d^3\mathfrak{r}}{ds^3}$ aufgespannten Parallelepipeds [117].

Nun kehren wir zur Formel (20) für die Krümmung zurück. Für diese Formel wird vorausgesetzt, daß die Koordinaten x, y und z als Funktionen der Bogenlänge dargestellt sind. Die Formel (20) soll jetzt in eine andere, für eine beliebige Parameterdarstellung der Kurve geeignete Form gebracht werden. Hierzu müssen die Ableitungen der Koordinaten nach der Bogenlänge durch die Differentiale der Koordinaten ausgedrückt werden. Durch Differentiation der Formel

$$ds^2 = dx^2 + dy^2 + dz^2 \tag{22}$$

ergibt sich

$$ds\, d^2s = dx\, d^2x + dy\, d^2y + dz\, d^2z. \tag{23}$$

Außerdem wird nach [I, 74]

$$\frac{d^2x}{ds^2} = \frac{d^2x\, ds - d^2s\, dx}{ds^3}, \quad \frac{d^2y}{ds^2} = \frac{d^2y\, ds - d^2s\, dy}{ds^3},$$
$$\frac{d^2z}{ds^2} = \frac{d^2z\, ds - d^2s\, dz}{d^3s}. \tag{24}$$

Durch Einsetzen in Formel (20) entsteht

$$\frac{1}{\varrho^2} = \frac{ds^2[(d^2x)^2 + (d^2y)^2 + (d^2z)^2] - 2ds\, d^2s(dx\, d^2x + dy\, d^2y + dz\, d^2z)}{ds^6}$$
$$+ \frac{(d^2s)^2(dx^2 + dy^2 + dz^2)}{ds^6},$$

und auf Grund von (22) und (23) erhalten wir

$$\frac{1}{\varrho^2} = \frac{(dx^2 + dy^2 + dz^2)[(d^2x)^2 + (d^2y)^2 + (d^2z)^2] - (dx\, d^2x + dy\, d^2y + dz\, d^2z)^2}{ds^6}, \tag{25}$$

Wenden wir die elementare algebraische Identität

$$(a^2 + b^2 + c^2)(a_1^2 + b_1^2 + c_1^2) - (aa_1 + bb_1 + cc_1)^2$$
$$= (bc_1 - cb_1)^2 + (ca_1 - ac_1)^2 + (ab_1 - ba_1)^2 \tag{26}$$

auf den Zähler im Ausdruck (25) an, so ergibt sich für das Quadrat der **Krümmung** die endgültige Formel

$$\frac{1}{\varrho^2} = \frac{A^2 + B^2 + C^2}{(dx^2 + dy^2 + dz^2)^3} \tag{27}$$

mit

$$A = dy\, d^2z - dz\, d^2y, \quad B = dz\, d^2x - dx\, d^2z, \quad C = dx\, d^2y - dy\, d^2x.$$

Wenn (L) die Bahnkurve eines sich bewegenden Punktes ist, bestimmt sich der Geschwindigkeitsvektor aus der Formel

$$\mathfrak{v} = \frac{d\mathfrak{r}}{dt} = \frac{ds}{dt}\,\mathfrak{t}.$$

Differenzieren wir nochmals nach der Zeit, so erhalten wir den Beschleunigungsvektor

$$\mathfrak{w} = \frac{d\mathfrak{v}}{dt} = \frac{d^2s}{dt^2}\,\mathfrak{t} + \frac{ds}{dt}\cdot\frac{d\mathfrak{t}}{dt}.$$

Auf Grund von (15) und (16) ergibt sich schließlich

$$\mathfrak{w} = \frac{d^2s}{dt^2} \mathfrak{t} + \frac{ds}{dt} \cdot \frac{ds}{dt} \frac{dt}{ds} = \frac{d^2s}{dt^2} \mathfrak{t} + \frac{v^2}{\varrho} \mathfrak{n} \quad \left(v = \frac{ds}{dt}\right).$$

Hieraus geht hervor, daß der Beschleunigungsvektor sowohl eine Komponente in Tangentenrichtung, nämlich $\frac{d^2s}{dt^2}$, als auch eine Komponente in Richtung der Hauptnormalen, nämlich $\frac{v^2}{\varrho}$, besitzt; die Komponente in Richtung der Binormalen ist gleich Null.

137. Die Frenetschen Formeln. Wir führen die in der folgenden Tabelle angegebenen Bezeichnungen für die Richtungskosinus der Achsen des begleitenden Dreibeins in bezug auf feste Koordinatenachsen ein:

	X	Y	Z
$\mathfrak{t}$	α	β	γ
$\mathfrak{n}$	α_1	β_1	γ_1
$\mathfrak{b}$	α_2	β_2	γ_2

Die Frenetschen Formeln liefern die Ausdrücke für die Ableitungen der erwähnten neun Richtungskosinus nach s.

Die Komponenten des Einheitsvektors $\mathfrak{t}$ sind α, β und γ; die Formel

$$\frac{d\mathfrak{t}}{ds} = \mathfrak{R} = \frac{1}{\varrho} \mathfrak{n}$$

liefert dann die ersten drei Frenetschen Formeln

$$\frac{d\alpha}{ds} = \frac{\alpha_1}{\varrho}, \quad \frac{d\beta}{ds} = \frac{\beta_1}{\varrho}, \quad \frac{d\gamma}{ds} = \frac{\gamma_1}{\varrho}. \tag{28}$$

Genauso führt die Formel (19) zu den drei Frenetschen Formeln

$$\frac{d\alpha_2}{ds} = \frac{\alpha_1}{\tau}, \quad \frac{d\beta_2}{ds} = \frac{\beta_1}{\tau}, \quad \frac{d\gamma_2}{ds} = \frac{\gamma_1}{\tau}. \tag{28$_1$}$$

Aus der Definition des begleitenden Dreibeins folgt unmittelbar $\mathfrak{n} = -\mathfrak{t} \times \mathfrak{b}$; mittels Differentiation nach s erhalten wir hieraus

$$\frac{d\mathfrak{n}}{ds} = -\frac{1}{\varrho} \mathfrak{n} \times \mathfrak{b} - \frac{1}{\tau} \mathfrak{t} \times \mathfrak{n} = -\frac{1}{\varrho} \mathfrak{t} - \frac{1}{\tau} \mathfrak{b}.$$

Dies liefert die letzten drei Frenetschen Formeln

$$\frac{d\alpha_1}{ds} = -\frac{\alpha}{\varrho} - \frac{\alpha_2}{\tau}, \quad \frac{d\beta_1}{ds} = -\frac{\beta}{\varrho} - \frac{\beta_2}{\tau}, \quad \frac{d\gamma_1}{ds} = -\frac{\gamma}{\varrho} - \frac{\gamma_2}{\tau}. \tag{28$_2$}$$

Ist längs (L) die Krümmung $\dfrac{1}{\varrho}$ *gleich Null, so ist (L) eine Gerade*, wie mit Hilfe der Formel (28) leicht zu zeigen ist. Die Identität $\dfrac{1}{\varrho} = 0$ liefert nämlich

$$\frac{d\alpha}{ds} = \frac{d\beta}{ds} = \frac{d\gamma}{ds} = 0,$$

woraus hervorgeht, daß α, β und γ konstant sind. Bekanntlich [**I, 160**] sind aber die Richtungskosinus α, β und γ der Tangente gleich $\dfrac{dx}{ds}$, $\dfrac{dy}{ds}$ bzw. $\dfrac{dz}{ds}$. Wenn nun diese Ableitungen konstant sind, werden die Koordinaten x, y und z selbst Polynome ersten Grades von s, d. h., die Kurve ist tatsächlich eine Gerade.

Entsprechend ist leicht zu zeigen, daß *es sich um eine ebene Kurve handelt, wenn längs der Kurve die Torsion gleich Null ist.*

138. Die Schmiegebene. Die durch die Vektoren $\mathfrak{t}$ und $\mathfrak{n}$ definierte Ebene heißt *Schmiegebene der Kurve*; als Normale zu dieser Ebene kann der Vektor $\mathfrak{b}$ angesehen werden. Wir ermitteln nun die Ausdrücke für die Richtungskosinus dieses Vektors.

Da es sich um einen Einheitsvektor handelt, stimmen die Richtungskosinus mit seinen Komponenten b_x, b_y und b_z überein. Aus Formel (17) folgt

$$\left.\begin{aligned} \alpha_2 &= b_x = t_y n_z - t_z n_y, \\ \beta_2 &= b_y = t_z n_x - t_x n_z, \\ \gamma_2 &= b_z = t_x n_y - t_y n_x, \end{aligned}\right\} \tag{29}$$

wobei $t_x, \ldots, n_x, \ldots$ die Komponenten der Vektoren $\mathfrak{t}$ bzw. $\mathfrak{n}$ darstellen. Wie wir früher gesehen hatten, sind aber t_x, t_y und t_z proportional dx, dy bzw. dz und n_x, n_y und n_z proportional den Komponenten $\dfrac{d^2x}{ds^2}$, $\dfrac{d^2y}{ds^2}$ bzw. $\dfrac{d^2z}{ds^2}$ des Vektors $\mathfrak{N}$: diese letzten sind ihrerseits nach (24) den Differenzen

$$d^2x\, ds - d^2s\, dx, \quad d^2y\, ds - d^2s\, dy, \quad d^2z\, ds - d^2s\, dz \tag{30}$$

proportional. Werden in den Formeln (29) t_x, t_y und t_z durch dx, dy bzw. dz sowie n_x, n_y und n_z durch die Differenzen (30) ersetzt und gemeinsame Faktoren weggelassen, so zeigt sich, daß die Richtungskosinus der Binormalen proportional den in [**136**] eingeführten Ausdrücken

$$\begin{aligned} A &= dy\, d^2z - dz\, d^2y, \quad B = dz\, d^2x - dx\, d^2z, \\ C &= dx\, d^2y - dy\, d^2x, \end{aligned} \tag{31}$$

sind. Bezeichnen wir mit (x, y, z) die Koordinaten des variablen Punktes M der Kurve (L), so können wir die Gleichung der Schmiegebene in der Form

$$A(X - x) + B(Y - y) + C(Z - z) = 0$$

schreiben.

In den Punkten, in denen $|\mathfrak{R}| = 0$ ($\varrho = \infty$) ist, verschwinden alle Größen (31), wie aus (27) folgt, und die Schmiegebene ist unbestimmt. Unbestimmt ist auch die Richtung der Hauptnormalen und der Binormalen.

139. Die Schraubenlinie. Es sei ein Zylinder gegeben, dessen Erzeugende parallel zur z-Achse sind, und es sei (l) seine in der x, y-Ebene liegende Leitkurve (Abb. 105). Die Bogenlänge σ der Kurve (l) werde in einer bestimmten Richtung vom Schnittpunkt A dieser Kurve mit der positiven x-Achse aus gerechnet; schließlich laute die Gleichung der Leitkurve

$$x = \varphi(\sigma), \quad d = \psi(\sigma). \tag{32}$$

Auf (l) tragen wir den Bogen $\widehat{AN}$ ab und konstruieren die Strecke $\overline{NM}$ mit $|NM| = k\sigma$ parallel zur z-Achse; dabei bedeutet k einen bestimmten Zahlenfaktor (Anstieg der Schrauben-

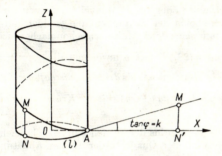

Abb. 105

linie). Der geometrische Ort der Punkte M liefert eine auf unserem Zylinder liegende Schraubenlinie (L). Die Parameterdarstellung dieser Kurve wird offenbar

$$x = \varphi(\sigma), \quad y = \psi(\sigma), \quad z = k\sigma. \tag{33}$$

Es sei s die vom Punkt A aus gerechnete Bogenlänge der Kurve (L); dann gilt

$$ds^2 = dx^2 + dy^2 + dz^2 = [\varphi'^2(\sigma) + \psi'^2(\sigma) + k^2] d\sigma^2.$$

Nun sind aber $\varphi'(\sigma)$ und $\psi'(\sigma)$ gleich dem Kosinus bzw. Sinus des Winkels, der von der Tangente an die Kurve (l) mit der x-Achse gebildet wird [**I, 70**], und daher gilt $\varphi'^2(\sigma) + \psi'^2(\sigma) = 1$; die vorhergehende Formel läßt sich also in der Gestalt

$$ds = \sqrt{1 + k^2}\, d\sigma$$

schreiben, woraus

$$s = \sqrt{1 + k^2}\, \sigma$$

folgt.

Wir bestimmen jetzt den Kosinus des Winkels, den die Tangente an (L) mit der z-Achse bildet:

$$\gamma = \frac{dz}{ds} = \frac{dz}{d\sigma} \cdot \frac{d\sigma}{ds} = \frac{k}{\sqrt{1 + k^2}};$$

dies liefert die *erste Eigenschaft der Schraubenlinie: Die Tangenten an eine Schraubenlinie bilden einen konstanten Winkel mit einer gewissen festen Richtung.*

Wir wenden uns jetzt der dritten der Formeln (28) zu. Im vorliegenden Fall liefert sie

$$0 = \frac{\gamma_1}{\varrho}, \quad \text{d. h. } \gamma_1 = 0;$$

folglich ist die Hauptnormale der Schraubenlinie senkrecht zur z-Achse, mithin zu den Erzeugenden des Zylinders. Andererseits steht sie aber senkrecht auf der Tangente an die Schraubenlinie. Die durch den Punkt M der Schraubenlinie gehende Erzeugende des Zylinders und die Tangente an die Schraubenlinie im Punkt M bestimmen — wie leicht einzusehen ist — die Tangentialebene an den Zylinder in diesem Punkt. Aus dem Vorhergehenden folgt nun, daß die Hauptnormale der Schraubenlinie senkrecht zu dieser Tangentialebene ist. Wir erhalten somit die *zweite Eigenschaft der Schraubenlinie*: *Die Hauptnormale einer Schraubenlinie fällt in allen Punkten mit der Normalen des Zylinders zusammen, auf dem diese Schraubenlinie konstruiert ist.*

Wir wenden uns jetzt dem Kosinus γ, γ_1 und γ_2 derjenigen Winkel zu, die von der z-Achse und den Richtungen des begleitenden Dreibeins der Schraubenlinie gebildet werden. Da $\gamma^2 + \gamma_1^2 + \gamma_2^2 = 1$ ist, muß auch γ_2 konstant sein; denn wir hatten schon nachgewiesen, daß γ und γ_1 konstant sind. Die dritte der Formeln (28_2) liefert in unserem Fall $-\frac{\gamma}{\varrho} - \frac{\gamma_2}{\tau} = 0$. Hieraus geht hervor, daß das Verhältnis $\frac{\varrho}{\tau}$ konstant ist; als *dritte Eigenschaft der Schraubenlinie* ergibt sich also: *Längs einer Schraubenlinie ist das Verhältnis des Krümmungsradius zum Torsionsradius konstant.*

Es sei mit dem Buchstaben r der Krümmungsradius der ebenen Kurve (l) bezeichnet. Da das Quadrat der Krümmung gleich der Summe der Quadrate der zweiten Ableitungen der Koordinaten nach der Bogenlänge ist, können wir

$$\frac{1}{r^2} = \varphi''^2(\sigma) + \psi''^2(\sigma)$$

und

$$\frac{1}{\varrho^2} = \left(\frac{d^2x}{ds^2}\right)^2 + \left(\frac{d^2y}{ds^2}\right)^2 + \left(\frac{d^2z}{ds^2}\right)^2 = \left[\left(\frac{d^2x}{d\sigma^2}\right)^2 + \left(\frac{d^2y}{d\sigma^2}\right)^2 + \left(\frac{d^2z}{d\sigma^2}\right)^2\right]\frac{1}{(1+k^2)^2}$$

schreiben, woraus

$$\frac{1}{\varrho^2} = \frac{\varphi''^2(\sigma)}{(1+k^2)^2} + \frac{\psi''^2(\sigma)}{(1+k^2)^2} = \frac{1}{(1+k^2)^2 r^2},$$

d. h. $\varrho = (1+k^2)r$ folgt. Der Krümmungsradius der Schraubenlinie im Punkt M unterscheidet sich somit vom Krümmungsradius der Leitkurve in dem entsprechenden Punkt nur durch einen konstanten Faktor. Ist der Zylinder ein Kreiszylinder, die Leitkurve (l) also ein Kreis, so wird r konstant und folglich auch ϱ. Gemäß der dritten Eigenschaft ist dann auch τ konstant; d. h., *die Schraubenlinie auf einem Kreiszylinder besitzt konstante Krümmung und konstante Torsion.*

Zum Abschluß leiten wir noch eine wichtige Eigenschaft der Schraubenlinien ab. Sie besteht darin, daß der kürzeste Abstand zwischen zwei Punkten auf dem Zylinder durch eine Schraubenlinie gegeben wird, die durch diese beiden Punkte geht. In dieser Beziehung entsprechen die Schraubenlinien auf einem Zylinder völlig den Geraden in der Ebene. Die erwähnte Eigenschaft formuliert man gewöhnlich folgendermaßen: *Die Schraubenlinien stellen die geodätischen Linien des Zylinders dar.* Allgemein bezeichnet man als *geodätische Linien* auf einer gegebenen Fläche diejenigen Linien, die den kürzesten Abstand zwischen zwei Punkten der Fläche liefern.

Wickeln wir die Zylinderfläche auf die x, z-Ebene ab, indem wir sie um die durch den Punkt A gehende Erzeugende herumbiegen, so wird die Schraubenlinie in der Ebene eine Gerade, da das Verhältnis des Bogens $\widehat{AN}$ zu dem Abschnitt $\overline{NM}$ stets den konstanten Wert $\frac{1}{k}$ hat. Bei der Abwicklung des Zylinders auf die Ebene bleiben die Längen erhalten, und die vorher erwähnte Eigenschaft der Schraubenlinien — die kürzeste Entfernung auf dem Zylinder zu liefern — ist hier unmittelbar einleuchtend. Diese Eigenschaft steht in direktem Zusammenhang mit der zweiten Eigenschaft der Schraubenlinien, d. h. damit, daß die Hauptnormalen der Schraubenlinien mit den Normalen des Zylinders übereinstimmen. In der Geometrie wird der allgemeine Beweis dafür erbracht, daß *die Hauptnormalen der geodätischen Linien auf einer beliebigen Fläche mit den Normalen dieser Fläche zusammenfallen*.

140. Das Feld der Einheitsvektoren. Es sei t ein Feld von Einheitsvektoren; in jedem Punkt des Raumes sei also ein Einheitsvektor t vorgegeben. Wir leiten eine einfache und wichtige Formel für den Krümmungsvektor $\mathfrak{N}$ der zugehörigen Feldlinien ab. Führen wir die Koordinaten (x, y, z) und die Bogenlänge s der Feldlinien ein, so können wir

$$\frac{dx}{ds} = t_x, \quad \frac{dy}{ds} = t_y, \quad \frac{dz}{ds} = t_z$$

schreiben. Die Komponente N_x des Krümmungsvektors bestimmt sich zu

$$N_x = \frac{dt_x}{ds} = \frac{\partial t_x}{\partial x} \cdot \frac{dx}{ds} + \frac{\partial t_x}{\partial y} \cdot \frac{dy}{ds} + \frac{\partial t_x}{\partial z} \cdot \frac{dz}{ds}$$

oder

$$N_x = \frac{\partial t_x}{\partial x} t_x + \frac{\partial t_x}{\partial y} t_y + \frac{\partial t_x}{\partial z} t_z.$$

Durch Differentiation der Identität

$$t_x^2 + t_y^2 + t_z^2 = 1$$

nach x entsteht

$$t_x \frac{\partial t_x}{\partial x} + t_y \frac{\partial t_y}{\partial x} + t_z \frac{\partial t_z}{\partial x} = 0.$$

Ziehen wir diese Summe von dem zuvor erhaltenen Ausdruck für N_x ab, so nimmt dieser die Form

$$N_x = \left(\frac{\partial t_x}{\partial z} - \frac{\partial t_z}{\partial x}\right) t_z - \left(\frac{\partial t_y}{\partial x} - \frac{\partial t_x}{\partial y}\right) t_y$$

an, d. h. $N_x = (\text{rot } \mathfrak{t} \times \mathfrak{t})_x$. Analoge Beziehungen ergeben sich offenbar auch für die beiden anderen Komponenten; somit lautet die gesuchte Formel für den Krümmungsvektor der Feldlinien:

$$\mathfrak{N} = \text{rot } \mathfrak{t} \times \mathfrak{t}. \tag{34}$$

Damit die Feldlinien Geraden werden, ist notwendig und hinreichend, daß der Betrag von $\mathfrak{N}$, d. h. die Krümmung $\frac{1}{\varrho}$ gleich Null wird [**137**]. *Die Bedingung*

$$\text{rot } \mathfrak{t} \times \mathfrak{t} = 0 \tag{35}$$

ist daher notwendig und hinreichend dafür, daß die Feldlinien des Einheitsvektorfeldes t *Geraden sind.*

Außerdem hatten wir schon als notwendig und hinreichend für die Existenz einer zu den Feldlinien orthogonalen Flächenschar die Bedingung

$$\operatorname{rot} \mathbf{t} \cdot \mathbf{t} = 0 \tag{36}$$

erkannt [122].

Nur im Fall rot $\mathbf{t} = 0$ können die Bedingungen (35) und (36) gleichzeitig erfüllt sein; wäre nämlich der Vektor rot $\mathbf{t}$ von Null verschieden, so würde aus der Bedingung (35) die Parallelität und aus Bedingung (36) zugleich die Orthogonalität der Vektoren rot $\mathbf{t}$ und $\mathbf{t}$ folgen. *Demnach sind die Feldlinien eines Feldes von Einheitsvektoren* $\mathbf{t}$ *dann und nur dann die Normalen einer Flächenschar, wenn* rot $\mathbf{t} = 0$ *ist*. Dieser Satz spielt eine wichtige Rolle für die Grundlagen der geometrischen Optik.

§ 13. Elemente der Flächentheorie

141. Die Parameterdarstellung einer Fläche. Bisher hatten wir die Darstellung einer Fläche in dem auf die Koordinatenachsen x, y und z bezogenen Raum in der expliziten Form $z = f(x, y)$ oder in der impliziten Form

$$F(x, y, z) = 0 \tag{37}$$

betrachtet.

Nun läßt sich eine Fläche auch in Parameterform darstellen, indem man die Koordinaten ihrer Punkte durch Funktionen zweier unabhängiger veränderlicher Parameter u und v ausdrückt:

$$x = \varphi(u, v), \quad y = \psi(u, v), \quad z = \omega(u, v). \tag{38}$$

Wir nehmen an, daß diese Funktionen eindeutig und stetig in einem gewissen Variabilitätsbereich der Parameter (u, v) sind und dort stetige erste und zweite Ableitungen haben.

Werden diese Darstellungen der Koordinaten durch u und v in die linke Seite der Gleichung (37) eingesetzt, so muß sich eine Identität in u und v ergeben. Durch Differentiation dieser Identität nach den unabhängigen Veränderlichen u und v unter der Annahme, daß $F(x, y, z)$ in den entsprechenden Werten x, y, z stetige Ableitungen hat, erhalten wir

$$\frac{\partial F}{\partial x} \cdot \frac{\partial \varphi}{\partial u} + \frac{\partial F}{\partial y} \cdot \frac{\partial \psi}{\partial u} + \frac{\partial F}{\partial z} \cdot \frac{\partial \omega}{\partial u} = 0,$$

$$\frac{\partial F}{\partial x} \cdot \frac{\partial \varphi}{\partial v} + \frac{\partial F}{\partial y} \cdot \frac{\partial \psi}{\partial v} + \frac{\partial F}{\partial z} \cdot \frac{\partial \omega}{\partial v} = 0.$$

Werden diese Beziehungen als zwei homogene Gleichungen für $\dfrac{\partial F}{\partial x}$, $\dfrac{\partial F}{\partial y}$ und $\dfrac{\partial F}{\partial z}$ aufgefaßt, so liefert der in [116] angegebene algebraische Hilfssatz

$$\frac{\partial F}{\partial x} = k \left(\frac{\partial \psi}{\partial u} \cdot \frac{\partial \omega}{\partial v} - \frac{\partial \omega}{\partial u} \cdot \frac{\partial \psi}{\partial v} \right), \quad \frac{\partial F}{\partial y} = k \left(\frac{\partial \omega}{\partial u} \cdot \frac{\partial \varphi}{\partial v} - \frac{\partial \varphi}{\partial u} \cdot \frac{\partial \omega}{\partial v} \right),$$

$$\frac{\partial F}{\partial z} = k \left(\frac{\partial \varphi}{\partial u} \cdot \frac{\partial \psi}{\partial v} - \frac{\partial \psi}{\partial u} \cdot \frac{\partial \varphi}{\partial v} \right).$$

wobei k ein Proportionalitätsfaktor ist. Wir nehmen an, daß dieser Faktor und wenigstens eine der Differenzen, die auf den rechten Seiten der letzten Formeln stehen, von Null verschieden sind. Für die drei erwähnten Differenzen seien folgende Abkürzungen eingeführt:

$$\frac{\partial \psi}{\partial u} \cdot \frac{\partial \omega}{\partial v} - \frac{\partial \omega}{\partial u} \cdot \frac{\partial \psi}{\partial v} = \frac{\partial(y, z)}{\partial(u, v)}, \quad \frac{\partial \omega}{\partial u} \cdot \frac{\partial \varphi}{\partial v} - \frac{\partial \varphi}{\partial u} \cdot \frac{\partial \omega}{\partial v} = \frac{\partial(z, x)}{\partial(u, v)},$$

$$\frac{\partial \varphi}{\partial u} \cdot \frac{\partial \psi}{\partial v} - \frac{\partial \psi}{\partial u} \cdot \frac{\partial \varphi}{\partial v} = \frac{\partial(x, y)}{\partial(u, v)}.$$

Bekanntlich läßt sich die Gleichung der Tangentialebene an die Fläche in einem beliebigen Punkt (x, y, z) in der Form [I, 160]

$$\frac{\partial F}{\partial x}(X - x) + \frac{\partial F}{\partial y}(Y - y) + \frac{\partial F}{\partial z}(Z - z) = 0$$

schreiben. Ersetzt man $\frac{\partial F}{\partial x}$, $\frac{\partial F}{\partial y}$ und $\frac{\partial F}{\partial z}$ durch die im gleichen Verhältnis stehenden Differenzen, so geht die Gleichung der Tangentialebene in

$$\frac{\partial(y, z)}{\partial(u, v)}(X - x) + \frac{\partial(z, x)}{\partial(u, v)}(Y - y) + \frac{\partial(x, y)}{\partial(u, v)}(Z - z) = 0 \qquad (39)$$

über.

Die Koeffizienten in dieser Gleichung sind bekanntlich proportional den Richtungskosinus der Flächennormalen.

Die Lage des variablen Punktes M auf der Fläche wird durch die Werte der Parameter u und v charakterisiert; diese werden gewöhnlich Koordinaten der Flächenpunkte genannt.

Für konstante Werte des Parameters u bzw. v erhalten wir zwei Scharen von Kurven auf der Fläche, die wir als Koordinatenlinien der Fläche bezeichnen: die Koordinatenlinien $u = C_1$, längs deren sich nur v ändert, und die Koordinatenlinien $v = C_2$, längs deren sich nur u ändert. Diese beiden Scharen von Koordinatenlinien liefern ein Koordinatennetz auf der Fläche.

Als Beispiel betrachten wir die Kugelfläche mit dem Mittelpunkt im Koordinatenursprung und dem Radius R. In Parameterform kann diese Fläche folgendermaßen dargestellt werden:

$$x = R \sin u \cos v, \quad y = R \sin u \sin v, \quad z = R \cos u.$$

Die Koordinatenlinien $u = C_1$ und $v = C_2$ werden im vorliegenden Fall offenbar von den Parallelkreisen bzw. Meridianen der Kugelfläche dargestellt.

Ohne Bezug auf Koordinatenachsen können wir die Fläche durch einen veränderlichen Radiusvektor $\mathbf{r}(u, v)$ charakterisieren, der von einem festen Punkt O aus zu dem variablen Punkt M unserer Fläche hinführt. Die partiellen Ableitungen $\mathbf{r}_u$ und $\mathbf{r}_v$ dieses Radiusvektors nach den Parametern liefern offenbar Vektoren in

Richtung der Tangenten an die Koordinatenlinien. Die Komponenten dieser Vektoren in der x-, y- und z-Richtung werden gemäß (38) φ_u, ψ_u, ω_u bzw. φ_v, ψ_v, ω_v. Hieraus ist ersichtlich, daß die Koeffizienten in der Gleichung (39) der Tangentialebene die Komponenten des Vektorprodukts $\mathfrak{r}_u \times \mathfrak{r}_v$ sind. Dieses Produkt stellt einen zu den Tangentialvektoren $\mathfrak{r}_u$ und $\mathfrak{r}_v$ senkrechten Vektor, d. h. einen Vektor in Richtung der Flächennormalen dar. Das Quadrat der Länge dieses Vektors ist offenbar gegeben durch das skalare Produkt des Vektors $\mathfrak{r}_u \times \mathfrak{r}_v$ mit sich selbst, oder einfacher ausgedrückt, durch das Quadrat dieses Vektors.[1]) Eine wichtige Rolle wird im folgenden der Einheitsvektor der Flächennormalen spielen, der sich offenbar in der Form

$$\mathfrak{m} = \frac{\mathfrak{r}_u \times \mathfrak{r}_v}{\sqrt{(\mathfrak{r}_u \times \mathfrak{r}_v)^2}} \qquad (40)$$

schreiben läßt.

Wird die Reihenfolge der Faktoren in dem angegebenen Vektorprodukt geändert, so ergibt sich für den Vektor (40) die entgegengesetzte Richtung. Wir werden im folgenden die Reihenfolge der Faktoren, also die Richtung der Flächennormale, in bestimmter Weise festlegen.

Wir wählen auf der Fläche einen Punkt M und ziehen durch diesen Punkt eine auf der Fläche liegende Kurve (L). Diese Kurve ist im allgemeinen keine Koordinatenlinie, so daß sich längs dieser sowohl u als auch v ändert. Die Richtung der Tangente an diese Kurve wird durch den Vektor $\mathfrak{r}_u + \mathfrak{r}_v \dfrac{dv}{du}$ bestimmt unter der Voraussetzung, daß v längs (L) in der Umgebung des Punktes M eine Funktion von u ist, die eine Ableitung besitzt. Hieraus geht hervor, daß *die Richtung der Tangente an eine auf der Fläche liegende Kurve in einem beliebigen Punkt M dieser Kurve vollständig durch die Größe* $\dfrac{dv}{du}$ *in diesem Punkt charakterisiert ist.* Für die Bestimmung der Tangentialebene und die Herleitung ihrer Gleichung (39) setzten wir voraus, daß die Funktionen (38) im betrachteten Punkt und dessen Umgebung stetige partielle Ableitungen besitzen und daß mindestens einer der Koeffizienten der Gleichung (39) im betrachteten Punkt von Null verschieden ist. Wenn $\dfrac{\partial(x, y)}{\partial(u, v)} \neq 0$ für $u = u_0$ und $v = v_0$ ist, so ist dies auch in einer gewissen Umgebung dieser Werte der Fall. Auf Grund der ersten beiden Gleichungen von (38) geht diese Umgebung in eine Umgebung der Werte $x_0 = \varphi(u_0, v_0)$, $y_0 = \psi(u_0, v_0)$ über, und für Werte (x, y), die hinreichend nahe an (x_0, y_0) liegen, lassen sich die ersten beiden Gleichungen (38) nach u und v auflösen [**I, 157**]; u und v können also durch x und y ausgedrückt werden. Das Einsetzen dieser Ausdrücke in die dritte der Gleichungen (38) liefert in der Umgebung des betrachteten Punktes die Gleichung der Fläche in der expliziten Form $z = f(x, y)$.

---

[1]) Wir werden allgemein mit $\mathfrak{a}^2$ das Quadrat der Länge des Vektors $\mathfrak{a}$ bezeichnen, d. h. das skalare Produkt $\mathfrak{a} \cdot \mathfrak{a}$.

142. Die erste Gaußsche Fundamentalform. Wir betrachten jetzt das Quadrat des Bogendifferentials einer Kurve auf der von uns betrachteten Fläche:

$$ds^2 = dx^2 + dy^2 + dz^2$$
$$= \left(\frac{\partial x}{\partial u} du + \frac{\partial x}{\partial v} dv\right)^2 + \left(\frac{\partial y}{\partial u} du + \frac{\partial y}{\partial v} dv\right)^2 + \left(\frac{\partial z}{\partial u} du + \frac{\partial z}{\partial v} dv\right)^2.$$

Durch Auflösen der Klammern erhalten wir die sogenannte *erste Gaußsche Fundamentalform*

$$ds^2 = E(u, v) du^2 + 2 F(u, v) du\, dv + G(u, v) dv^2 \tag{41}$$

mit

$$\left.\begin{array}{l} E(u, v) = \left(\dfrac{\partial x}{\partial u}\right)^2 + \left(\dfrac{\partial y}{\partial u}\right)^2 + \left(\dfrac{\partial z}{\partial u}\right)^2, \\[4pt] F(u, v) = \dfrac{\partial x}{\partial u} \cdot \dfrac{\partial x}{\partial v} + \dfrac{\partial y}{\partial u} \cdot \dfrac{\partial y}{\partial v} + \dfrac{\partial z}{\partial u} \cdot \dfrac{\partial z}{\partial v}, \\[4pt] G(u, v) = \left(\dfrac{\partial x}{\partial v}\right)^2 + \left(\dfrac{\partial y}{\partial v}\right)^2 + \left(\dfrac{\partial z}{\partial v}\right)^2 \end{array}\right\} \tag{42}$$

oder

$$E = \mathfrak{r}_u{}^2, \quad F = \mathfrak{r}_u \cdot \mathfrak{r}_v, \quad G = \mathfrak{r}_v{}^2. \tag{42_1}$$

Genauso wie in [131] läßt sich zeigen, daß das Verschwinden des Koeffizienten F eine notwendige und hinreichende Bedingung für die Orthogonalität der Koordinatenlinien $u = C_1$ und $v = C_2$ ist. In diesem Spezialfall heißen die krummlinigen Koordinaten u, v *orthogonale Koordinaten*.

Es soll jetzt eine Darstellung des Flächenelements durch die Koeffizienten der Ausdrücke (41) abgeleitet werden. Hierzu betrachten wir auf der Fläche ein Flächenelement, das von zwei Paaren benachbarter Koordinatenlinien begrenzt wird (Abb. 106). Es seien (u, v) die Koordinaten der Ausgangsecke A. Die Seiten AD und AB werden dann $\mathfrak{r}_u du$ bzw. $\mathfrak{r}_v dv$. Fassen wir das betrachtete Flächenelement als Parallelogramm auf [60], so können wir den Inhalt durch den Betrag des Vektorprodukts aus den angegebenen Vektoren ausdrücken:

$$dS = |\mathfrak{r}_u du \times \mathfrak{r}_v dv| = |\mathfrak{r}_u \times \mathfrak{r}_v| du\, dv.$$

Für das Quadrat der Länge des Vektorprodukts gilt nun

$$(\mathfrak{r}_u \times \mathfrak{r}_v)^2 = \left(\frac{\partial y}{\partial u} \cdot \frac{\partial z}{\partial v} - \frac{\partial z}{\partial u} \cdot \frac{\partial y}{\partial v}\right)^2 + \left(\frac{\partial z}{\partial u} \cdot \frac{\partial x}{\partial v} - \frac{\partial x}{\partial u} \cdot \frac{\partial z}{\partial v}\right)^2$$
$$+ \left(\frac{\partial x}{\partial u} \cdot \frac{\partial y}{\partial v} - \frac{\partial y}{\partial u} \cdot \frac{\partial x}{\partial v}\right)^2,$$

woraus auf Grund der Identität (26) aus [136]

$$(\mathfrak{r}_u \times \mathfrak{r}_v)^2 = EG - F^2 \tag{43}$$

folgt; für das Flächenelement ergibt sich somit schließlich

$$dS = \sqrt{EG - F^2}\, du\, dv. \tag{44}$$

Entsprechend läßt sich nach Einsetzen von (43) in die Formel (40) der Einheitsvektor der Flächennormalen in der Form

$$\mathfrak{m} = \frac{\mathfrak{r}_u \times \mathfrak{r}_v}{\sqrt{EG - F^2}} \qquad (45)$$

schreiben.

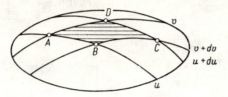

Abb. 106

Zu erwähnen ist noch, daß auf Grund von (43) die Differenz $EG - F^2$ positiv ist.

143. Die zweite Gaußsche Fundamentalform. Wir betrachten eine Kurve (L) auf der Fläche, und es sei $\mathfrak{t}$ ihr Tangenteneinheitsvektor. Er steht offenbar senkrecht auf dem Einheitsvektor der Flächennormalen, d. h., es gilt $\mathfrak{t} \cdot \mathfrak{m} = 0$. Differenzieren wir diese Beziehung nach der Bogenlänge s der Kurve (L), so ergibt sich

$$\frac{d\mathfrak{t}}{ds} \cdot \mathfrak{m} + \mathfrak{t} \cdot \frac{d\mathfrak{m}}{ds} = 0 \quad \text{oder} \quad \frac{1}{\varrho}(\mathfrak{n} \cdot \mathfrak{m}) + \mathfrak{t} \cdot \frac{d\mathfrak{m}}{ds} = 0,$$

wobei ϱ der Krümmungsradius und $\mathfrak{n}$ der Einheitsvektor in Richtung der Hauptnormalen der Kurve (L) ist. Die vorstehende Gleichung läßt sich umformen in

$$\frac{\mathfrak{n} \cdot \mathfrak{m}}{\varrho} = -\frac{d\mathfrak{r}}{ds} \cdot \frac{d\mathfrak{m}}{ds} \quad \text{oder} \quad \frac{\cos \varphi}{\varrho} = -\frac{d\mathfrak{r} \cdot d\mathfrak{m}}{ds^2};$$

hierbei ist φ der Winkel zwischen der Flächennormalen und der Hauptnormalen der Kurve (L). Drücken wir die Differentiale $d\mathfrak{r}$ und $d\mathfrak{m}$ durch die Parameter u und v aus, so ergibt sich

$$\frac{\cos \varphi}{\varrho} = \frac{-(\mathfrak{r}_u \, du + \mathfrak{r}_v \, dv)(\mathfrak{m}_u \, du + \mathfrak{m}_v \, dv)}{ds^2}. \qquad (46)$$

Ausmultiplizieren der Klammern im Zähler liefert die *zweite Gaußsche Fundamentalform*

$$-(\mathfrak{r}_u \, du + \mathfrak{r}_v \, dv)(\mathfrak{m}_u \, du + \mathfrak{m}_v \, dv)$$
$$= L(u,v) \, du^2 + 2M(u,v) \, du \, dv + N(u,v) \, dv^2$$

mit

$$L = -\mathfrak{r}_u \cdot \mathfrak{m}_u, \quad M = \frac{1}{2}(\mathfrak{r}_u \cdot \mathfrak{m}_v) - \frac{1}{2}(\mathfrak{r}_v \cdot \mathfrak{m}_u), \quad N = -\mathfrak{r}_v \cdot \mathfrak{m}_v, \quad (47)$$

so daß (46) schließlich die Form

$$\frac{\cos \varphi}{\varrho} = \frac{L\,du^2 + 2M\,du\,dv + N\,dv^2}{E\,du^2 + 2F\,du\,dv + G\,dv^2} \tag{48}$$

annimmt.

Wir wollen jetzt noch weitere Darstellungen der Koeffizienten L, M und N angeben. Werden die evidenten Beziehungen

$$\mathfrak{r}_u \cdot \mathfrak{m} = 0, \quad \mathfrak{r}_v \cdot \mathfrak{m} = 0$$

nach den unabhängigen Veränderlichen u und v differenziert, so entstehen die vier Beziehungen

$$\mathfrak{r}_{uu} \cdot \mathfrak{m} + \mathfrak{r}_u \cdot \mathfrak{m}_u = 0, \quad \mathfrak{r}_{uv} \cdot \mathfrak{m} + \mathfrak{r}_u \cdot \mathfrak{m}_v = 0,$$
$$\mathfrak{r}_{vu} \cdot \mathfrak{m} + \mathfrak{r}_v \cdot \mathfrak{m}_u = 0, \quad \mathfrak{r}_{vv} \cdot \mathfrak{m} + \mathfrak{r}_v \cdot \mathfrak{m}_v = 0.$$

Hiernach können die Formeln (47) durch die folgenden Ausdrücke für die Koeffizienten der zweiten Gaußschen Fundamentalform ersetzt werden:

$$L = \mathfrak{r}_{uu} \cdot \mathfrak{m}, \quad N = \mathfrak{r}_{vv} \cdot \mathfrak{m}, \quad M = \mathfrak{r}_{uv} \cdot \mathfrak{m} = -\mathfrak{r}_u \cdot \mathfrak{m}_v = -\mathfrak{r}_v \cdot \mathfrak{m}_u. \tag{49}$$

Unter Berücksichtigung der Darstellung (45) für den Vektor $\mathfrak{m}$ gehen die Gleichungen (49) über in

$$L = \frac{\mathfrak{r}_{uu} \cdot (\mathfrak{r}_u \times \mathfrak{r}_v)}{\sqrt{EG - F^2}}, \quad M = \frac{\mathfrak{r}_{uv} \cdot (\mathfrak{r}_u \times \mathfrak{r}_v)}{\sqrt{EG - F^2}}, \quad N = \frac{\mathfrak{r}_{vv} \cdot (\mathfrak{r}_u \times \mathfrak{r}_v)}{\sqrt{EG - F^2}}. \tag{50}$$

Wir behandeln jetzt den Fall, daß die Gleichung der Fläche in der expliziten Form

$$z = f(x, y) \tag{51}$$

gegeben ist.

Hier spielen x und y die Rolle der Parameter u und v; es ergeben sich dann die folgenden Ausdrücke für die Komponenten des Radiusvektors und seiner Ableitungen nach den Parametern:

$$\mathfrak{r}(x, y, z), \quad \mathfrak{r}_x(1, 0, p), \quad \mathfrak{r}_y(0, 1, q), \quad \mathfrak{r}_{xx}(0, 0, r), \quad \mathfrak{r}_{xy}(0, 0, s), \quad \mathfrak{r}_{yy}(0, 0, t)$$

mit

$$p = \frac{\partial f}{\partial x}, \quad q = \frac{\partial f}{\partial y}, \quad r = \frac{\partial^2 f}{\partial x^2}, \quad s = \frac{\partial^2 f}{\partial x\,\partial y}, \quad t = \frac{\partial^2 f}{\partial y^2}. \tag{52}$$

Unter Benutzung der Formeln (42_1) und (50) erhalten wir für die Koeffizienten in den beiden Gaußschen Fundamentalformen die Ausdrücke

$$E = 1 + p^2, \quad F = pq, \quad G = 1 + q^2,$$
$$L = \frac{r}{\sqrt{1 + p^2 + q^2}}, \quad M = \frac{s}{\sqrt{1 + p^2 + q^2}}, \quad N = \frac{t}{\sqrt{1 + p^2 + q^2}}. \tag{53}$$

Wir wählen jetzt die Koordinatenachsen in bestimmter Weise, und zwar legen wir den Koordinatenursprung in einen Punkt M_0 der Fläche, die x- und y-Achse wählen wir in der Tangentialebene an die Fläche im Punkt M_0 und die z-Achse in Richtung der Flächennormalen. Mit dem Index Null werden die Werte der entsprechenden Größen im Punkt M_0 gekennzeichnet. Bei der getroffenen Wahl der Koordinatenachsen werden die Kosinus der Winkel, die von der Flächennormalen mit der x- bzw. y-Achse gebildet werden, im Punkt M_0 gleich Null. Wir erhalten also [65] $p_0 = q_0 = 0$; im Punkt M_0 liefern die Formeln (53) also

$$L_0 = r_0, \qquad M_0 = s_0, \qquad N_0 = t_0. \tag{54}$$

144. Die Krümmung der Flächenkurven.

Wir wenden uns wieder der Betrachtung der Formel (48) zu. Ihre rechte Seite hängt von den Koeffizienten der beiden Gaußschen Fundamentalformen und dem Verhältnis $\dfrac{dv}{du}$ ab. Der letzte Umstand wird unmittelbar einleuchtend, wenn man Zähler und Nenner durch du^2 dividiert. Die erwähnten Koeffizienten sind Funktionen der Parameter (u, v) und haben in einem gegebenen Flächenpunkt bestimmte Werte. Was das Verhältnis $\dfrac{dv}{du}$ anbelangt, so charakterisiert es, wie wir gesehen hatten [141], die Richtung der Tangente an die Kurve. Wir können daher sagen, daß beide Seiten der Formel (48) einen wohlbestimmten Wert haben, sobald ein bestimmter Punkt auf der Fläche und die Richtung der Tangente an die betrachtete Flächenkurve in diesem Punkt festgelegt wird. Wenn wir nun in einem festen Punkt auf der Fläche zwei Kurven wählen, die dort nicht nur die gleiche Tangentenrichtung, sondern auch die gleiche Richtung der Hauptnormalen haben, so wird für solche Kurven in dem betrachteten Punkt auch der Winkel φ der gleiche; nach der genannten Formel ergibt sich dabei auch für ϱ ein und derselbe Wert. Es gilt also der folgende Satz:

Satz 1. *Zwei Flächenkurven mit gleicher Tangente und gleicher Hauptnormale in einem Punkt haben in diesem Punkt auch den gleichen Krümmungsradius.*

Es sei nun auf einer Fläche irgendeine Kurve (L) und auf dieser ein Punkt M gegeben. Legen wir eine Ebene durch die Tangente und die Hauptnormale dieser Kurve im Punkt M, so liefert der Schnitt dieser Ebene mit der Fläche eine ebene Kurve (L_0), die dieselbe Tangente und Hauptnormale wie die vorgegebene Kurve und daher auch denselben Krümmungsradius besitzt. Somit ermöglicht der bewiesene Satz, die Untersuchung der Krümmung einer beliebigen Flächenkurve auf die Untersuchung der Krümmung von Schnittkurven zurückzuführen, die durch ebene Schnitte der Fläche erzeugt werden.

Als *Normalschnitt* der Fläche in einem vorgegebenen Punkt M bezeichnen wir diejenige Schnittkurve, die sich beim Schnitt der Fläche mit irgendeiner Ebene, die durch die Flächennormale in diesem Punkt verläuft, ergibt. Es gibt offenbar unendlich viele Normalschnitte, von denen wir einen bestimmten auszeichnen können, indem wir die Richtung der Tangente in der Tangentialebene der Fläche vorgeben, d. h. den Wert des Quotienten $\dfrac{dv}{du}$ festlegen. Die Hauptnormale stimmt bei einem Normalschnitt entweder mit dem Vektor $\mathfrak{m}$ überein oder ist entgegengesetzt gerichtet, so daß der Winkel φ gleich 0 oder π und folglich $\cos \varphi = \pm 1$ wird.

Es sei eine Flächenkurve (L) und auf dieser ein bestimmter Punkt M vorgegeben. Als Normalschnitt, welcher der Kurve (L) im Punkt M entspricht, bezeichnen wir denjenigen Normalschnitt im Punkt M, der in M mit der Kurve (L) die Tangente gemeinsam hat. Es sei ϱ der Krümmungsradius der Kurve (L) und R der Krümmungsradius des entsprechenden Normalschnitts. Da beide Kurven ein und dieselbe Tangente haben, stimmen für sie die rechten Seiten in der Formel (48) überein, und es gilt daher

$$\frac{\cos \varphi}{\varrho} = \frac{\pm 1}{R}, \quad \text{d. h.} \quad \varrho = \pm R \cdot \cos \varphi, \tag{55}$$

wobei φ der Winkel zwischen der Hauptnormalen der Kurve und der Flächennormalen ist. In Worten besagt die letzte Formel:

Satz 2 (Satz von MEUSNIER). *Der Krümmungsradius einer beliebigen Flächenkurve in einem vorgegebenen Punkt ist gleich dem Produkt aus dem Krümmungsradius des entsprechenden Normalschnitts in diesem Punkt und dem Kosinus des Winkels zwischen der Flächennormalen und der Hauptnormalen der Kurve.*

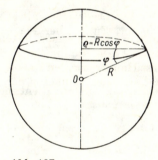

Abb. 107

Man kann diesen Satz auch so aussprechen: Der Krümmungsradius einer Flächenkurve ist gleich der Projektion des auf der Flächennormalen abgetragenen Krümmungsradius des entsprechenden Normalschnitts auf die Hauptnormale dieser Kurve. In (55) seien ϱ und R nicht negativ, und das Vorzeichen ist so zu wählen, daß $\pm \cos \varphi$ eine nichtnegative Größe ist.

Für eine Kugelfläche ist der Normalschnitt ein Großkreis. Wählen wir nun als Kurve (L) irgendeinen auf der Kugel konstruierten Kreis, so führt die Formel (55) auf eine evidente Beziehung zwischen den Radien der beiden angegebenen Kreise (Abb. 107).

Gemäß dem zweiten Satz läßt sich die Untersuchung der Krümmung der Flächenkurven auf die Untersuchung der Krümmung der Normalschnitte in dem gegebenen Flächenpunkt zurückführen. Wie wir gesehen hatten, ist für einen Normalschnitt in der Formel (48) $\cos \varphi = \pm 1$ (und $\varrho = R$) zu setzen. Falls das

Minuszeichen auftritt, vereinbaren wir, dieses der Größe R zuzuschreiben. Wir rechnen also den Krümmungsradius R des Normalschnitts negativ, wenn die Hauptnormale des Normalschnitts und der Vektor $\mathfrak{m}$, d. h. die Flächennormale, entgegengesetzt gerichtet sind. Mit dieser Vereinbarung ergibt sich für die Normalschnitte die Formel

$$\frac{1}{R} = \frac{L\,du^2 + 2M\,du\,dv + N\,dv^2}{E\,du^2 + 2F\,du\,dv + G\,dv^2}. \tag{56}$$

Wir erinnern nochmals daran, daß die Koeffizienten der Fundamentalformen auf der rechten Seite dieser Formel wohlbestimmte Werte haben, da ein bestimmter Punkt auf der Fläche betrachtet wird. Die Größe $\frac{1}{R}$ hängt nur von dem Verhältnis $\frac{dv}{du}$ ab, d. h. von der Wahl der Tangentenrichtung. Der Nenner auf der rechten Seite der Formel (56) hat immer positive Werte, da er die Größe ds^2 darstellt; daher wird das Vorzeichen der Krümmung $\frac{1}{R}$ des Normalschnitts durch das Vorzeichen des Zählers bestimmt, wobei die folgenden drei Fälle auftreten können:

1. Ist in dem gewählten Punkt $M^2 - LN < 0$, so hat $\frac{1}{R}$ für alle Normalschnitte ein und dasselbe Vorzeichen, d. h., die Hauptnormalen aller Normalschnitte sind nach ein und derselben Seite gerichtet. Ein solcher Flächenpunkt heißt *elliptisch*.

2. Für $M^2 - LN > 0$ wechselt $\frac{1}{R}$ das Vorzeichen, d. h., in dem gewählten Flächenpunkt gibt es Normalschnitte mit entgegengesetzten Richtungen der Hauptnormale. Ein solcher Flächenpunkt heißt *hyperbolisch*.

3. Ist $M^2 - LN = 0$, so stellt der Zähler auf der rechten Seite der Formel (56) ein vollständiges Quadrat dar; hier wechselt $\frac{1}{R}$ nicht das Vorzeichen, wird aber bei einer bestimmten Lage des Normalschnitts gleich Null. Ein solcher Flächenpunkt heißt *parabolisch*.

Im hyperbolischen Fall wird der auf der rechten Seite der Formel (56) im Zähler stehende dreigliedrige Ausdruck beim Wechsel des Vorzeichens Null; es existieren dann zwei Normalschnitte mit verschwindender Krümmung. Im elliptischen Fall gibt es dagegen keine solche Schnitte.

Wir führen so wie in [142] ein spezielles Koordinatensystem ein, indem wir den betrachteten Flächenpunkt als Ursprung wählen und die x- und y-Achse in die Tangentialebene legen.

Auf Grund von (54) nimmt die Gleichung (56) die Form

$$\frac{1}{R} = \frac{r_0\,dx^2 + 2s_0\,dx\,dy + t_0\,dy^2}{ds^2}$$

an.

Die Tangente an den Normalschnitt liegt in der x, y-Ebene, und die Differentialquotienten $\dfrac{dx}{ds}$ und $\dfrac{dy}{ds}$ sind gleich $\cos \theta$ bzw. $\sin \theta$, wenn mit θ der Winkel zwischen Tangente und x-Achse bezeichnet wird. Die vorstehende Formel geht damit über in

$$\frac{1}{R} = r_0 \cos^2 \theta + 2 s_0 \cos \theta \sin \theta + t_0 \sin^2 \theta. \tag{57}$$

Diese Formel drückt in expliziter Form die Abhängigkeit der Krümmung $\dfrac{1}{R}$ von der durch den Winkel θ charakterisierten Richtung der Tangente aus. Hierbei ist der Punkt für $s_0^2 - r_0 t_0 < 0$ elliptisch, für $s_0^2 - r_0 t_0 > 0$ hyperbolisch und für $s_0^2 - r_0 t_0 = 0$ parabolisch.

Im Fall $s_0^2 - r_0 t_0 < 0$ hat die Funktion $z = f(x, y)$ in dem betrachteten Punkt ein Maximum oder Minimum [**I, 163**], und zwar ist dieses gleich Null, d. h., die Fläche liegt in der Nachbarschaft dieses Punktes auf einer Seite der Tangentialebene. Für $s_0^2 - r_0 t_0 > 0$ gibt es weder Maximum noch Minimum, d. h., in jeder Umgebung des betrachteten Punktes erstreckt sich die Fläche sowohl auf der einen als auch auf der anderen Seite der Tangentialebene. In einem parabolischen Punkt schließlich, in dem $s_0^2 - r_0 t_0 = 0$ ist, läßt sich nichts Bestimmtes über die Lage der Fläche in bezug auf die Tangentialebene aussagen.

Aus den Formeln (53) folgt unmittelbar, daß das Vorzeichen von $M^2 - LN$ bei beliebiger Wahl der Achsen x, y und z mit dem Vorzeichen von $s^2 - rt$ übereinstimmt; folglich wird für $s^2 - rt < 0$ der Punkt elliptisch, für $s^2 - rt > 0$ hyperbolisch und für $s^2 - rt = 0$ parabolisch.

Auf ein und derselben Fläche kann es Punkte verschiedener Art geben. Bei einem Torus, der durch die Rotation eines Kreises um eine in der Kreisebene, jedoch außerhalb des Kreises liegende Achse entsteht [**I, 107**], sind die Punkte, die auf der äußeren Seite liegen, elliptisch und die auf der inneren Seite hyperbolisch. Diese beiden Bereiche werden voneinander getrennt durch den höchsten und den tiefsten Breitenkreis des Torus. Die Punkte dieser Breitenkreise sind sämtlich parabolisch.

145. Die Dupinsche Indikatrix und die Eulersche Formel. Wir legen die Koordinatenachsen so wie im vorigen Abschnitt fest und konstruieren in der Tangentialebene, d. h. in der x, y-Ebene, wie folgt eine Hilfskurve: Auf jedem Radiusvektor vom Ursprung O aus tragen wir die Strecke $\overline{ON}$ der Länge $\sqrt{\pm R}$ ab, wobei R der Krümmungsradius desjenigen Normalschnitts ist, für den der gewählte Radiusvektor gerade die Tangente darstellt. Das Vorzeichen wählen wir so, daß unter dem Wurzelzeichen eine nichtnegative Größe auftritt. Der geometrische Ort der Endpunkte N der konstruierten Strecke stellt eine Kurve dar, die als *Dupinsche Indikatrix* bezeichnet wird. Diese Kurve hat auf Grund der Konstruktion die folgende Eigenschaft: Das Quadrat eines beliebigen ihrer Radiusvektoren liefert den Absolutbetrag des Krümmungsradius desjenigen Normalschnitts, für den der gewählte Radiusvektor die Tangente darstellt (Abb. 108).

Wir wollen nun die Gleichung der Dupinschen Indikatrix aufstellen. Es seien (ξ, η) die Koordinaten eines Punktes N auf der Indikatrix. Gemäß der Konstruktion gilt

d. h.
$$\xi = \sqrt{\pm R} \cos \theta, \quad \eta = \sqrt{\pm R} \sin \theta,$$
$$\xi^2 = \pm R \cos^2 \theta, \quad \eta^2 = \pm R \sin^2 \theta,$$

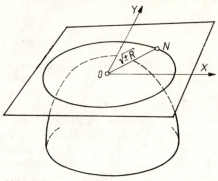

Abb. 108

wobei für positives R das obere Vorzeichen und für negatives R das untere Vorzeichen zu nehmen ist. Multiplizieren wir beide Seiten der Gleichung (57) mit $\pm R$, so erhalten wir offensichtlich

$$r_0 \xi^2 + 2 s_0 \xi \eta + t_0 \eta^2 = \pm 1. \tag{58}$$

Dies ist die gewünschte Gleichung der Dupinschen Indikatrix. Diese Kurve liefert eine Vorstellung von der Änderung des Krümmungsradius bei einer Drehung des Normalschnitts um die Flächennormale. Im elliptischen Fall stellt die Kurve (58) eine Ellipse dar; auf der rechten Seite ist dabei das Vorzeichen passend zu wählen. Im hyperbolischen Fall entsprechen der Gleichung (58) zwei konjugierte Hyperbeln. Im parabolischen Fall ist die linke Seite der Gleichung (58) ein vollständiges Quadrat und läßt sich umformen in

$$k(a\xi + b\eta)^2 = \pm 1, \quad \text{d. h.} \quad (a\xi + b\eta)^2 = \pm \frac{1}{k} = l^2$$

oder

$$a\xi + b\eta = \pm l.$$

Hier liegt ein Paar paralleler Geraden vor. In allen drei Fällen ist der Punkt O das Kurvenzentrum, und die Kurve hat zwei Symmetrieachsen. Wir können diese Symmetrieachsen als x- und y-Achse wählen; hierbei entfällt bekanntlich auf der linken Seite der Gleichung (58) das Glied mit dem Produkt $\xi\eta$, d. h., bei der erwähnten Achsenwahl muß $s_0 = 0$ sein. Die Formel (57) liefert bei dieser Wahl der x- und y-Achse

$$\frac{1}{R} = r_0 \cos^2 \theta + t_0 \sin^2 \theta. \tag{59}$$

Wir wollen noch näher auf die geometrische Bedeutung der Koeffizienten r_0 und t_0 eingehen. Setzen wir in der Formel (59) $\theta = 0$, so erhalten wir die Krümmung $\frac{1}{R_1}$ desjenigen Normalschnitts, der die x-Achse berührt; folglich ist $r_0 = \frac{1}{R_1}$. Für $\theta = \frac{\pi}{2}$ erhalten wir entsprechend $t_0 = \frac{1}{R_2}$, wobei $\frac{1}{R_2}$ die Krümmung desjenigen Normalschnitts ist, der die y-Achse berührt. Werden die für r_0 und t_0 gefundenen Werte in die Formel (59) eingesetzt, so ergibt sich die *Eulersche Formel*

$$\frac{1}{R} = \frac{\cos^2 \theta}{R_1} + \frac{\sin^2 \theta}{R_2}. \tag{60}$$

Wir erwähnen, daß die Richtungen der x-Achse und der y-Achse mit den Richtungen der Symmetrieachsen der Kurve (58) übereinstimmen. Wir setzen $\frac{1}{R_1} \neq \frac{1}{R_2}$, etwa $\frac{1}{R_1} > \frac{1}{R_2}$, voraus. Aus (60) folgt unmittelbar, daß $\frac{1}{R}$ bei $\theta = 0$ und $\theta = \pi$ seinen größten und bei $\theta = \frac{\pi}{2}$ und $\theta = \frac{3\pi}{2}$ seinen kleinsten Wert erreicht. Das erhaltene Resultat formulieren wir in dem folgenden Satz:

Satz 3. *In jedem Flächenpunkt existieren zwei zueinander senkrechte Richtungen in der Tangentialebene, für die die Krümmung $\frac{1}{R}$ ein Maximum bzw. ein Minimum erreicht; sind $\frac{1}{R_1}$ und $\frac{1}{R_2}$ die diesen Richtungen entsprechenden Werte der Krümmung, so wird die Krümmung eines beliebigen Normalschnitts durch die Formel (60) dargestellt, wobei θ derjenige Winkel ist, der von der Tangente an den betrachteten Normalschnitt und der Richtung gebildet wird, welche die Krümmung $\frac{1}{R_1}$ liefert.*

Die Krümmungsradien R_1 und R_2 heißen *Hauptkrümmungsradien der Normalschnitte* in dem betrachteten Punkt. Die entsprechenden beiden Richtungen in der Tangentialebene heißen *Hauptkrümmungsrichtungen*. Außerdem ist es im hyperbolischen Fall zweckmäßig, noch zwei Richtungen in der Tangentialebene auszuzeichnen, und zwar die Richtungen der Asymptoten der Dupinschen Indikatrix. Für diese *asymptotischen Richtungen* wird der Radiusvektor der Indikatrix unendlich, und die Krümmung des entsprechenden Normalschnitts ist in dem betrachteten Punkt gleich Null. Wir weisen darauf hin, daß den Werten $\theta = 0$ und $\theta = \pi$ und den Werten $\theta = \frac{\pi}{2}$ und $\theta = \frac{3\pi}{2}$ die Symmetrieachsen der Dupinschen Indikatrix entsprechen.

Im elliptischen Fall haben R_1 und R_2 gleiches, im hyperbolischen Fall verschiedenes Vorzeichen. Im parabolischen Fall ist die Krümmung eines der Hauptnormalschnitte gleich Null; gilt etwa $\frac{1}{R_2} = 0$, so ergibt sich die Formel

$$\frac{1}{R} = \frac{\cos^2 \theta}{R_1}.$$

Zu erwähnen ist noch ein Spezialfall der Flächenpunkte elliptischen Typs, nämlich der Fall, daß die Größen R_1 und R_2 gleich sind: $R_1 = R_2$. Die Formel (60) liefert hierbei $\frac{1}{R} = \frac{1}{R_1}$, d. h., alle Normalschnitte haben dann in dem betrachteten Punkt die gleiche Krümmung. Ein solcher Flächenpunkt heißt *Kreispunkt* oder *Nabelpunkt*. In der Umgebung eines solchen Punktes ist die Fläche stets einer Kugelfläche ähnlich. Es läßt sich beweisen, daß die Sphäre die einzige Fläche ist, deren Punkte sämtlich Nabelpunkte sind.

146. Bestimmung der Hauptkrümmungsradien und der Hauptkrümmungsrichtungen. Wir formen nun die Fundamentalformel (56) für die Krümmung des Normalschnitts folgendermaßen um:

$$(L - El)\,du^2 + 2(M - Fl)\,du\,dv + (N - Gl)\,dv^2 = 0, \tag{61}$$

wobei $l = \frac{1}{R}$ ist. Nach Division durch dv^2 und Einführung der Hilfsgröße $t = \frac{du}{dv}$, welche die Richtung der Tangente des Normalschnitts charakterisiert, entsteht die Gleichung

$$\varphi(l, t) = (L - El)t^2 + 2(M - Fl)t + (N - Gl) = 0,$$

aus der sich die Krümmung l des Normalschnitts in Abhängigkeit von t bestimmen läßt. Für die Hauptkrümmungsrichtungen muß die Größe l ein Maximum oder Minimum erreichen und daher die Ableitung von l nach t Null werden. Diese Ableitung ist aber offenbar durch die Formel [I, 69]

$$\frac{dl}{dt} = -\frac{\frac{\partial \varphi}{\partial t}}{\frac{\partial \varphi}{\partial l}}$$

gegeben; folglich muß für die Hauptkrümmungsrichtungen die Ableitung $\frac{\partial \varphi}{\partial t}$ verschwinden, also

$$\frac{1}{2}\frac{\partial \varphi}{\partial t} = (L - El)t + (M - Fl) = 0$$

sein. Setzen wir $t = \frac{du}{dv}$ ein und multiplizieren wir mit dv, so erhalten wir

$$(L - El)\,du + (M - Fl)\,dv = 0. \tag{62}$$

Hätten wir die Gleichung (61) durch du^2 dividiert und als Veränderliche die ebenfalls die Richtung der Tangente charakterisierende Größe $t_1 = \frac{dv}{du}$ gewählt, so hätten wir für die Hauptkrümmungsrichtung in derselben Weise die Gleichung

$$(M - Fl)\,du + (N - Gl)\,dv = 0 \tag{63}$$

erhalten.

146. Hauptkrümmungsradien und Hauptkrümmungsrichtungen

Bringen wir in den Gleichungen (62) und (63) die Glieder mit dv nach rechts und dividieren wir die eine Gleichung durch die andere, so ergibt sich

$$\frac{L - El}{M - Fl} = \frac{M - Fl}{N - Gl}$$

oder

$$(EG - F^2)\frac{1}{R^2} + (2FM - EN - GL)\frac{1}{R} + (LN - M^2) = 0. \quad (64)$$

Das ist eine quadratische Gleichung zur Bestimmung der Krümmungen $\frac{1}{R_1}$ und $\frac{1}{R_2}$ der Hauptnormalschnitte.

Der Ausdruck

$$K = \frac{1}{R_1 R_2} \quad (65)$$

heißt *Gaußsche Krümmung der Fläche* in dem betreffenden Punkt, während der Ausdruck

$$H = \frac{1}{2}\left(\frac{1}{R_1} + \frac{1}{R_2}\right) \quad (66)$$

mittlere Krümmung genannt wird. Aus der quadratischen Gleichung (64) erhalten wir unmittelbar die Darstellung der Gaußschen und der mittleren Krümmung durch die Koeffizienten der ersten und zweiten Gaußschen Fundamentalform, nämlich

$$K = \frac{LN - M^2}{EG - F^2}, \quad H = \frac{EN - 2FM + GL}{2(EG - F^2)}. \quad (67)$$

Die Gleichungen (62) und (63) können nun in der Form

$$L\,du + M\,dv = (E\,du + F\,dv)l, \quad M\,du + N\,dv = (F\,du + G\,dv)l$$

geschrieben werden.

Hieraus eliminieren wir R, indem wir die eine Gleichung durch die andere dividieren, so daß nach elementaren Umformungen die Gleichung

$$(EM - FL)\,du^2 + (EN - GL)\,du\,dv + (FN - GM)\,dv^2 = 0 \quad (68)$$

entsteht. Nach Division durch du^2 ergibt sich eine quadratische Gleichung für $\frac{dv}{du}$. Ihre beiden Wurzeln liefern uns die Werte, welche die Hauptkrümmungsrichtungen in jedem Flächenpunkt charakterisieren, in der Form

$$\frac{dv}{du} = \varphi_1(u, v), \quad \frac{dv}{du} = \varphi_2(u, v). \quad (69)$$

147. Krümmungslinien. Eine Flächenkurve, die in jedem ihrer Punkte eine der Hauptkrümmungsrichtungen berührt, heißt *Krümmungslinie der Fläche*. Da es in jedem Flächenpunkt zwei Hauptkrümmungsrichtungen gibt, erhalten wir zwei Scharen von Krümmungslinien auf der Fläche, und diese Scharen sind zueinander orthogonal. Die Gesamtheit aller Krümmungslinien liefert uns ein orthogonales Netz auf der Fläche. Die Gleichung (68) oder die ihr äquivalenten Gleichungen (69) stellen die Differentialgleichungen der Krümmungslinien dar. Ihre Integration liefert v als Funktion von u. Werden die Lösungen in die Parameterdarstellung (38) der Fläche eingesetzt, so ergeben sich die Krümmungslinien.

Es sei nun ein Koordinatennetz auf der Fläche gegeben. Wir wollen die Bedingungen feststellen, unter denen dieses ein Netz von Krümmungslinien darstellt. Vor allem muß es ein orthogonales Netz sein, d. h., es muß $F = 0$ gelten. Sollen die Koordinatenlinien $u = C_1$ und $v = C_2$ Krümmungslinien sein, so muß außerdem die Gleichung (68) erfüllt sein, wenn für u bzw. v Konstanten eingesetzt werden. Unter Beachtung des bereits erhaltenen Resultats $F = 0$ ergibt sich damit $GM = 0$ und $EM = 0$. Wir hatten aber gesehen, daß die Differenz $EG - F^2$ positiv ist; folglich können die Größen E und G nicht verschwinden. Aus den beiden vorhergehenden Formeln folgt somit $M = 0$. Als notwendig dafür, daß das Koordinatennetz ein Netz von Krümmungslinien ist, erweist sich also die Bedingung $F = M = 0$. Ist umgekehrt diese Bedingung erfüllt, so hat die Differentialgleichung (68) der Krümmungslinien die Lösung $u = C_1$ und $v = C_2$, d. h., die Koordinatenlinien sind Krümmungslinien. Es gilt also folgender Satz: *Eine notwendige und hinreichende Bedingung dafür, daß das Koordinatennetz ein Netz von Krümmungslinien ist, besteht in dem Verschwinden der mittleren Koeffizienten in den zwei Gaußschen Fundamentalformen auf der ganzen Fläche*, d. h., es muß $F = M = 0$ gelten.

Die Krümmungslinien lassen sich auch noch in anderer als in der am Anfang dieses Paragraphen beschriebenen Weise bestimmen. Wir betrachten dazu auf der Fläche eine Kurve (L). Die Flächennormalen längs dieser Kurve bilden eine Geradenschar mit einem Parameter, der die Lage des Punktes auf (L) bestimmt. Diese Schar wird im allgemeinen keine Einhüllende besitzen. Wählt man jedoch die Kurve (L) in bestimmter Weise, so existiert eine Einhüllende.[1] Wir werden die Bedingungen untersuchen, unter denen dies zutrifft.

Die Kurve (L) sei auf der Fläche so gewählt, daß die Einhüllende (L_1) der Flächennormalen längs der Kurve (L) existiert (Abb. 109). Wir bezeichnen den Radiusvektor, der von O zu den Punkten der Kurve (L) führt, mit $\mathfrak{r}$, den entsprechenden Radiusvektor nach (L_1) mit $\mathfrak{r}_1$ und den Betrag des Abschnitts der Flächennormalen zwischen (L) und (L_1) mit a. Dann können wir offenbar

$$\mathfrak{r}_1 = \mathfrak{r} + a\mathfrak{m} \tag{70}$$

schreiben, wobei wie üblich $\mathfrak{m}$ der Einheitsvektor der Flächennormalen ist. Soll die Kurve (L_1) Einhüllende der Normalen sein, so muß der Vektor $d\mathfrak{r}_1$ in Richtung ihrer Tangente parallel zum Vektor $\mathfrak{m}$ sein. Deshalb können wir $d\mathfrak{r}_1 = b\mathfrak{m}$

---

[1] Allgemein hat eine einparametrige Geradenschar im Raum keine Einhüllende, d. h., diese Geraden stellen nicht die Tangenten an irgendeine Kurve dar. Dies gilt nur in Ausnahmefällen.

setzen mit einem gewissen Zahlenfaktor b. Wird die Formel (70) differenziert, so entsteht

$$b\mathfrak{m} = d\mathfrak{r} + a d\mathfrak{m} + da \cdot \mathfrak{m}, \quad \text{d. h.} \quad d\mathfrak{r} + a d\mathfrak{m} = c\mathfrak{m}, \tag{71}$$

wobei c ein Zahlenfaktor ist. Wir zeigen nun, daß $c = 0$ ist. Hierzu multiplizieren wir beide Seiten von (71) skalar mit $\mathfrak{m}$; es wird dann

$$d\mathfrak{r} \cdot \mathfrak{m} + a d\mathfrak{m} \cdot \mathfrak{m} = c.$$

Der Vektor $d\mathfrak{r}$ hat die Richtung der Tangente an (L), d. h., er ist senkrecht zu $\mathfrak{m}$; folglich gilt $d\mathfrak{r} \cdot \mathfrak{m} = 0$. Außerdem folgt aus der Gleichung $\mathfrak{m} \cdot \mathfrak{m} = 1$ bekannt-

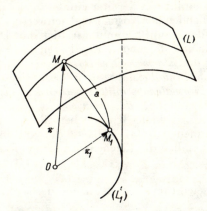

Abb. 109

lich $d\mathfrak{m} \cdot \mathfrak{m} = 0$. Die vorstehende Gleichung liefert also tatsächlich $c = 0$ und kann in der Form

$$d\mathfrak{r} + a d\mathfrak{m} = 0 \tag{72}$$

geschrieben werden.

Diese Beziehung wird gewöhnlich nach OLINDE RODRIGUES die *Rodriguessche Formel* genannt. Bei der Herleitung dieser Formel wurde die Existenz der Einhüllenden für die Flächennormalen längs (L) vorausgesetzt. Wir nehmen jetzt umgekehrt an, daß längs einer gewissen Flächenkurve (L) die Relation (72) gilt. Die Formel (70) definiert nun eine gewisse Kurve (L_1). Wird hierin beiderseits differenziert, so ergibt sich unter Berücksichtigung von (72) $d\mathfrak{r}_1 = da\mathfrak{m}$, d. h., die Richtungen des Vektors $\mathfrak{m}$ und der Tangente an (L_1) sind parallel. Mit anderen Worten, die Flächennormale längs (L) berührt (L_1). Die Formel (72) liefert also eine notwendige und hinreichende Bedingung für die Existenz der Einhüllenden der Flächennormalen längs (L). Wir bemerken dazu noch, daß die Einhüllende in einen Punkt ausarten kann; dann bilden die Normalen eine Zylinder- oder eine Kegelfläche, wobei — wie man zeigen kann — die Bedingung (72) ebenfalls erfüllt sein muß.

Wir schreiben (72) ausführlich in der Form

$$\mathfrak{r}_u\,du + \mathfrak{r}_v\,dv + a(\mathfrak{m}_u\,du + \mathfrak{m}_v\,dv) = 0$$

und multiplizieren skalar mit $\mathfrak{r}_u$. Auf Grund der Formeln (42_1), (47) und (49) ergibt sich

$$E\,du + F\,dv + a(-L\,du - M\,dv) = 0,$$

und dies ist gerade die Gleichung (62) im Fall $a = R$. Genauso erhalten wir die Gleichung (63), indem wir skalar mit $\mathfrak{r}_v$ multiplizieren. Es ist auch umgekehrt leicht zu zeigen, daß sich aus den Gleichungen (62) und (63), welche die Hauptkrümmungsradien und die Hauptkrümmungsrichtungen bestimmen, die Formel (72) im Fall $a = R$ ergibt. Wir gehen darauf nicht weiter ein. Somit ist die Bedingung (72) für die Existenz der Einhüllenden der Normalen gleichwertig mit (62) und (63); dabei stellt a den Wert einer der Hauptkrümmungsradien dar. Die vorstehenden Überlegungen führen uns zu den folgenden Resultaten: *Die Krümmungslinien einer Fläche werden durch die Eigenschaft charakterisiert, daß längs dieser Linien die Flächennormalen eine Einhüllende besitzen* (oder einen Kegel bzw. Zylinder bilden), *wobei der Betrag des Normalenabschnitts zwischen der Fläche und der Einhüllenden gleich einem der Hauptkrümmungsradien ist.*

Rotiert eine ebene Kurve um eine Achse, die in der Kurvenebene liegt, so stellen Meridiane und Breitenkreise der entstandenen Rotationsfläche die Krümmungslinien dar. Längs der Meridiane bilden nämlich die Flächennormalen eine Ebene, längs der Breitenkreise einen Kegel.

148. Der Dupinsche Satz. Im Raum seien drei Scharen zueinander senkrechter Flächen gegeben:

$$\varphi(x, y, z) = q_1, \quad \psi(x, y, z) = q_2, \quad \omega(x, y, z) = q_3.$$

Sie erzeugen ein Netz von orthogonalen krummlinigen Koordinaten im Raum [131]. Der Radiusvektor $\mathfrak{r}$ vom Ursprung nach einem veränderlichen Raumpunkt M wird durch die krummlinigen Koordinaten q_1, q_2 und q_3 dieses Punktes charakterisiert. Die partiellen Ableitungen r_{q_1}, r_{q_2} und r_{q_3} liefern Vektoren in Richtung der Tangenten an die Koordinatenlinien, und die Bedingung für die Orthogonalität der Koordinatenlinien läßt sich in vektorieller Form folgendermaßen schreiben:

$$\mathfrak{r}_{q_2} \cdot \mathfrak{r}_{q_3} = 0, \quad \mathfrak{r}_{q_3} \cdot \mathfrak{r}_{q_1} = 0, \quad \mathfrak{r}_{q_1} \cdot \mathfrak{r}_{q_2} = 0. \tag{73}$$

Wird die erste dieser Gleichungen nach q_1, die zweite nach q_2 und die dritte nach q_3 differenziert, so ergibt sich

$$\mathfrak{r}_{q_1 q_2} \cdot \mathfrak{r}_{q_3} + \mathfrak{r}_{q_2} \cdot \mathfrak{r}_{q_1 q_3} = 0,$$
$$\mathfrak{r}_{q_2 q_3} \cdot \mathfrak{r}_{q_1} + \mathfrak{r}_{q_3} \cdot \mathfrak{r}_{q_1 q_2} = 0,$$
$$\mathfrak{r}_{q_1 q_3} \cdot \mathfrak{r}_{q_2} + \mathfrak{r}_{q_1} \cdot \mathfrak{r}_{q_2 q_3} = 0.$$

Hieraus erhalten wir unmittelbar

$$\mathfrak{r}_{q_1 q_2} \cdot \mathfrak{r}_{q_3} = \mathfrak{r}_{q_2 q_3} \cdot \mathfrak{r}_{q_1} = \mathfrak{r}_{q_3 q_1} \cdot \mathfrak{r}_{q_2} = 0.$$

Aus den drei Gleichungen

$$\mathfrak{r}_{q_1} \cdot \mathfrak{r}_{q_3} = \mathfrak{r}_{q_2} \cdot \mathfrak{r}_{q_3} = \mathfrak{r}_{q_1 q_2} \cdot \mathfrak{r}_{q_3} = 0$$

folgt, daß die Vektoren $\mathfrak{r}_{q_1}$, $\mathfrak{r}_{q_2}$ und $\mathfrak{r}_{q_1 q_2}$ zu ein und demselben Vektor $\mathfrak{r}_{q_3}$ senkrecht und folglich komplanar sind, d. h., es gilt [117]

$$\mathfrak{r}_{q_1 q_2} \cdot (\mathfrak{r}_{q_1} \times \mathfrak{r}_{q_2}) = 0. \tag{74}$$

Nun betrachten wir die Koordinatenfläche $q_3 = $ const. Auf ihr stellen die Parameter q_1 und q_2 die Koordinaten dar, und die Koordinatenlinien $q_1 = $ const und $q_2 = $ const sind die Schnittkurven der gewählten Fläche mit zwei anderen Koordinatenflächen unserer räumlichen orthogonalen Koordinaten. In [142, 143] hatten wir die folgenden Beziehungen hergeleitet:

$$F = \mathfrak{r}_{q_1} \cdot \mathfrak{r}_{q_2}, \quad M = \frac{\mathfrak{r}_{q_1 q_2} \cdot (\mathfrak{r}_{q_1} \times \mathfrak{r}_{q_2})}{\sqrt{EG - F^2}}.$$

Die Gleichungen (73) und (74) zeigen nun, daß im vorliegenden Fall $F = M = 0$ ist, d. h., die Koordinatenlinien q_1 und q_2 sind Krümmungslinien auf der Fläche $q_3 = $ const. Dies führt uns zu dem folgenden Satz von DUPIN: *Sind im Raum drei Scharen zueinander orthogonaler Flächen gegeben, so schneiden sich zwei beliebige Flächen aus verschiedenen Scharen längs einer Kurve, die eine Krümmungslinie jeder dieser beiden Flächen darstellt.*

149. Beispiele.

1. Die Gleichung eines abgeplatteten Rotationsellipsoids

$$\frac{x^2}{a^2} + \frac{y^2}{a^2} + \frac{z^2}{c^2} = 1 \qquad (a^2 > c^2)$$

kann folgendermaßen in Parameterform geschrieben werden:

$$x = a \cos u \sin v, \quad y = a \sin u \sin v, \quad z = c \cos v.$$

Die Koordinatenlinien $u = c_1$ sind offenbar die Schnittkurven des Ellipsoids mit den Ebenen $y = x \tan c_1$ durch die Rotationsachse, d. h., sie stellen Meridiane dar. Die Koordinatenlinien $v = c_2$ sind Breitenkreise, die sich beim Schnitt des Ellipsoids mit der zur Rotationsachse senkrechten Ebene $z = c \cos c_2$ ergeben. Wenden wir die Formeln (42) und (50) aus [142, 143] an und beachten wir, daß x, y und z die Komponenten des Vektors $\mathfrak{r}$ sind, so erhalten wir

$$E = a^2 \sin^2 v, \quad F = 0, \quad G = a^2 \cos^2 v + c^2 \sin^2 v,$$

$$L = \frac{ac \sin^2 v}{\sqrt{a^2 \cos^2 v + c^2 \sin^2 v}}, \quad M = 0, \quad N = \frac{ac}{\sqrt{a^2 \cos^2 v + c^2 \sin^2 v}}.$$

Die Beziehungen $F = M = 0$ waren vorauszusehen, da die Meridiane und Breitenkreise Krümmungslinien des Rotationsellipsoids sind. Die übrigen Koeffizienten hängen nur von dem Parameter v ab, der die Lage eines Punktes auf einem Meridian charakterisiert. Die Hauptkrümmungsrichtungen stimmen offenbar mit den Tangenten an den Meridian und den Breitenkreis überein. Der Ausdruck $LN - M^2$ ist im vorliegenden Fall auf der ganzen Fläche positiv; d. h., alle Flächenpunkte sind elliptisch. Wir wollen hier die Hauptkrümmungsradien nicht im einzelnen berechnen, sondern nur den Ausdruck für die Gaußsche Krümmung angeben:

$$K = \frac{1}{R_1 R_2} = \frac{LN - M^2}{EG - F^2} = \frac{c^2}{(a^2 \cos^2 v + c^2 \sin^2 v)^2}.$$

2. Die Gleichung eines Kegels zweiter Ordnung

$$\frac{x^2}{a^2} + \frac{y^2}{b^2} - \frac{z^2}{c^2} = 0$$

schreiben wir in der expliziten Form

$$z = c \sqrt{\frac{x^2}{a^2} + \frac{y^2}{b^2}}.$$

Durch Differentiation erhält man leicht

$$p = \frac{c^2 x}{a^2 z}, \quad q = \frac{c^2 y}{b^2 z}, \quad r = \frac{c^4 y^2}{a^2 b^2 z^3}, \quad s = -\frac{c^4 xy}{a^2 b^2 z^3}, \quad t = \frac{c^4 x^2}{a^2 b^2 z^3}.$$

Mit Hilfe der Formeln (53) lassen sich alle Koeffizienten der Gaußschen Fundamentalformen bestimmen. Wir bemerken nur, daß im vorliegenden Fall $rt - s^2 = 0$ ist, d. h., alle Flächenpunkte sind parabolische Punkte, und einer der Hauptkrümmungsradien ist unendlich. Die entsprechende Hauptkrümmungsrichtung stimmt offenbar mit einer geradlinigen Erzeugenden des Kegels überein.

3. Wir betrachten das hyperbolische Paraboloid

$$z = \frac{x^2}{2a^2} - \frac{y^2}{2b^2}.$$

Hier ist $r = \frac{1}{a^2}$, $s = 0$ und $t = -\frac{1}{b^2}$, so daß $rt - s^2 < 0$ wird und folglich jeder Flächenpunkt einen hyperbolischen Punkt darstellt. Zwei geradlinige Erzeugende der Fläche liefern im vorliegenden Fall die Asymptotenrichtungen der Dupinschen Indikatrix, die aus zwei konjugierten Hyperbeln besteht. Analoge Verhältnisse liegen beim einschaligen Hyperboloid vor.

4. Die gewöhnlichen geradlinigen Koordinaten, die Kugelkoordinaten sowie die Zylinderkoordinaten sind einfachste Beispiele für orthogonale Koordinaten im Raum. Es sei noch ein weiteres Beispiel solcher Koordinaten angegeben. Wir betrachten die den Parameter ϱ enthaltende Gleichung einer Fläche zweiter Ordnung

$$\frac{x^2}{a^2 + \varrho} + \frac{y^2}{b^2 + \varrho} + \frac{z^2}{c^2 + \varrho} - 1 = 0 \tag{75}$$

mit $a^2 > b^2 > c^2$. Halten wir den Punkt $M(x, y, z)$ fest und beseitigen den Nenner, so bekommen wir eine Gleichung dritten Grades in ϱ. Es ist leicht zu zeigen, daß diese Gleichung drei reelle Wurzeln u, v und w in den Intervallen

$$\infty > u > -c^2, \quad -c^2 > v > -b^2, \quad -b^2 > w > -a^2 \tag{76}$$

besitzt. Für große positive Werte von ϱ ist nämlich die linke Seite der Gleichung (75) angenähert -1 und hat somit negatives Vorzeichen. Für ϱ-Werte, die etwas größer als $-c^2$ sind, hat das Glied $\dfrac{z^2}{c^2+\varrho^2}$ einen großen positiven Wert; die linke Seite der Gleichung (75) ist dabei positiv. Somit muß im Innern des Intervalls $(-c^2, \infty)$ ein Wert ϱ existieren, für den die linke Seite der Gleichung (75) Null wird. In analoger Weise kann man sich von der Existenz der Wurzeln in den Intervallen $(-b^2, -c^2)$ und $(-a^2, -b^2)$ überzeugen. Die drei Werte (u, v, w) heißen *elliptische Koordinaten* des betreffenden Punktes $M(x, y, z)$. Für unsere Überlegung wurde vorausgesetzt, daß alle drei Koordinaten des Punktes (x, y, z) von Null verschieden sind. Anderenfalls ergibt sich für ϱ eine Gleichung von niedrigerem als drittem Grad. Ist z. B. $z = 0$ und sind x und y von Null verschieden, so liefert die Gleichung (75) die beiden elliptischen Koordinaten u und v; die dritte Koordinate w ist dabei gleich $-c^2$ zu setzen.

Wir untersuchen jetzt die Koordinatenflächen in einem elliptischen Koordinatensystem. Wird in der Gleichung (75) $\varrho = u$ gesetzt, wobei u ein Wert aus dem Intervall $(-c^2, \infty)$ ist, so entsteht die Fläche

$$\frac{x^2}{a^2+u} + \frac{y^2}{b^2+u} + \frac{z^2}{c^2+u} = 1, \tag{77}$$

die offenbar ein *Ellipsoid* darstellt, da auf Grund der ersten der Ungleichungen (76) alle drei Nenner in der Gleichung (77) positiv sind. Setzen wir $\varrho = v$ mit v aus dem Intervall $(-b^2, -c^2)$, so erhalten wir das *einschalige Hyperboloid*

$$\frac{x^2}{a^2+v} + \frac{y^2}{b^2+v} + \frac{z^2}{c^2+v} = 1, \tag{78}$$

da im vorliegenden Fall $a^2 + v > b^2 + v > 0$ und $c^2 + v < 0$ ist. Für $\varrho = w$ mit w aus dem Intervall $(-a^2, -b^2)$ entsteht schließlich das *zweischalige Hyperboloid*

$$\frac{x^2}{a^2+w} + \frac{y^2}{b^2+w} + \frac{z^2}{c^2+w} = 1. \tag{79}$$

Wir zeigen nun, daß die drei erhaltenen Koordinatenflächen zueinander orthogonal sind. Subtrahieren wir die Gleichungen (77) und (78) gliedweise voneinander, so ergibt sich

$$\frac{x^2}{(a^2+u)(a^2+v)} + \frac{y^2}{(b^2+u)(b^2+v)} + \frac{z^2}{(c^2+u)(c^2+v)} = 0. \tag{80}$$

Die Richtungskosinus der Normalen zu den Flächen (77) und (78) sind proportional [I, 160] zu

$$\frac{x}{a^2+u}, \quad \frac{y}{b^2+u}, \quad \frac{z}{c^2+u} \quad \text{bzw.} \quad \frac{x}{a^2+v}, \quad \frac{y}{b^2+v}, \quad \frac{z}{c^2+v}.$$

Die Gleichung (80) stellt nun gerade die Bedingungen für die Orthogonalität dieser Normalen dar, womit der Beweis für die Orthogonalität der Flächen (77) und (78) erbracht ist. Analog läßt sich auch die gegenseitige Orthogonalität der anderen Koordinatenflächen beweisen. Aus dem Dupinschen Satz folgt, daß *sich die beiden Scharen von Krümmungslinien auf dem Ellipsoid* (77) *bei festgehaltenem u als Schnitt dieses Ellipsoids mit allen Hyperboloiden der Scharen* (78) *und* (79) *ergeben.*

150. Die Gaußsche Krümmung. Im folgenden soll die geometrische Bedeutung der Gaußschen Krümmung näher erläutert werden. Wir wählen als Koordinatenlinien auf der betrachteten Fläche die Krümmungslinien dieser Fläche. Längs jeder dieser Linien ist die Beziehung (72) erfüllt, wobei der Koeffizient a — wie wir gesehen hatten — einer der Hauptkrümmungsradien ist. Dies liefert uns die Beziehung

$$\mathfrak{r}_u + R_1 \mathfrak{m}_u = 0, \qquad \mathfrak{r}_v + R_2 \mathfrak{m}_v = 0. \tag{81}$$

Es werde nur jedem Flächenpunkt M derjenige Punkt M_0 der Einheitskugel zugeordnet, der mit dem Endpunkt des vom Kugelmittelpunkt aus abgetragenen Vektors $\mathfrak{m}$ übereinstimmt; dabei ist $\mathfrak{m}$ der Einheitsvektor der Flächennormalen im Punkt M. Eine solche Zuordnung zwischen den Punkten der Fläche und den Punkten der Kugel wird *sphärische Abbildung der Fläche* genannt. Die Lage des Punktes M_0 charakterisieren wir durch dieselben Parameter u und v, durch die die Lage von M gegeben ist. Da die Koordinatenlinien Krümmungslinien sind, gilt

$$E = \mathfrak{r}_u{}^2, \qquad F = 0, \qquad G = \mathfrak{r}_v{}^2. \tag{82}$$

Der Radiusvektor der sphärischen Abbildung M_0 ist definitionsgemäß $\mathfrak{m}$: die Koeffizienten der ersten Gaußschen Fundamentalform für die sphärische Abbildung werden nach (81) und (82)

$$E_0 = \mathfrak{m}_u{}^2 = \frac{1}{R_1{}^2} E, \qquad F_0 = \mathfrak{m}_u \cdot \mathfrak{m}_v = 0, \qquad G_0 = \mathfrak{m}_v{}^2 = \frac{1}{R_2{}^2} G. \tag{83}$$

Wir gehen nur auf den Beweis der mittleren Gleichung ein, da die anderen beiden Gleichungen unmittelbar aus (81) und (82) folgen. Die Formeln (49) liefern $M = -\mathfrak{r}_u \cdot \mathfrak{m}_v = -\mathfrak{r}_v \cdot \mathfrak{m}_u$. Da wir als Koordinatenlinien gerade die Krümmungslinien gewählt hatten, ist $M = 0$, d. h. $\mathfrak{r}_u \cdot \mathfrak{m}_v = \mathfrak{r}_v \cdot \mathfrak{m}_u = 0$. Indem wir die erste der Gleichungen (81) mit $\mathfrak{m}_v$ oder die zweite mit $\mathfrak{m}_u$ multiplizieren, erhalten wir $\mathfrak{m}_u \cdot \mathfrak{m}_v = 0$.

Das Flächenelement der Fläche selbst und das entsprechende Element der sphärischen Abbildung werden

$$dS = \sqrt{EG}\, du\, dv, \qquad dS_0 = \sqrt{E_0 G_0}\, du\, dv;$$

wegen (83) gilt also

$$dS_0 = \frac{1}{|R_1 R_2|}\, dS.$$

Die Gaußsche Krümmung im Punkt M stellt somit offensichtlich dem Absolutbetrag nach den Grenzwert desjenigen Verhältnisses dar, das aus dem Flächeninhalt des Elements der sphärischen Abbildung und dem Inhalt des entsprechenden Elements der Fläche selbst gebildet wird, wenn letzteres unbegrenzt auf den Punkt M zusammengezogen wird. Die erwähnte Beziehung charakterisiert den Grad des Auseinanderstrebens des Bündels von Flächennormalen in den Punkten des Flächenelements.

In [146] hatten wir eine Darstellung der Gaußschen Krümmung durch die Koeffizienten der beiden Gaußschen Fundamentalformen abgeleitet. Gauss selbst hat eine Darstellung von K durch die Koeffizienten E, F und G und ihre Ableitungen nach u und v allein angegeben. Aus dieser Tatsache ergibt sich eine wichtige Folgerung, auf die wir näher eingehen wollen. Es sei zwischen den Punkten zweier Flächen (S) und (S_1) eine eineindeutige Zuordnung hergestellt, wobei entsprechende Punkte durch die gleichen Parameterwerte u und v charakterisiert seien. Zu jeder Fläche gehört eine erste Gaußsche Fundamentalform, die das Quadrat des Längenelements darstellt. Die Identität dieser beiden Fundamentalformen ist damit gleichbedeutend, daß bei der erwähnten Zuordnung die Längen erhalten bleiben oder — anders ausgedrückt — *daß die Flächen aufeinander abwickelbar sind.* Hierbei werden die Koeffizienten E, F und G und deren Ableitungen nach u und v für beide Flächen dieselben, und daher hat auch die Krümmung K in entsprechenden Punkten der beiden Flächen ein und denselben Wert, d. h., *bei einer isometrischen Abbildung der beiden Flächen aufeinander stimmt die Gaußsche Krümmung in entsprechenden Punkten der beiden Flächen überein.*

Insbesondere ist auf einer Ebene die Gaußsche Krümmung gleich Null. Für die Flächen, die ohne Längenverzerrung auf eine Ebene abgewickelt werden können, muß also wegen (67) $LN - M^2 = 0$ gelten, d. h., alle Punkte müssen parabolische Punkte sein. Wir haben bereits Beispiele für solche Flächen kennengelernt, nämlich den Kegel und den Zylinder.

151. Variation des Flächenelements und mittlere Krümmung. Es sei (S) eine Fläche, (u, v) deren Parameter und $\mathfrak{r}(u, v)$ ihr Radiusvektor. Tragen wir in jedem Flächenpunkt $M(u, v)$ auf der Normalen $\mathfrak{m}$ die Strecke $\overline{MM_1}$ vom Betrag $n(u, v)$ ab, wobei $n(u, v)$ eine Funktion von u und v ist, so erhalten wir eine neue Fläche (S_1), die von den Punkten M_1 gebildet wird. Die Punkte M_1 seien durch dieselben Parameter (u, v) charakterisiert wie die Punkte M. Wir sagen dann, daß zwischen den Punkten von (S) und (S_1) eine Zuordnung in Richtung der Normalen zu (S) hergestellt sei. Der Radiusvektor $\mathfrak{r}^{(1)}(u, v)$ der Fläche (S_1) wird definitionsgemäß $\mathfrak{r}^{(1)}(u, v) = \mathfrak{r}(u, v) + n(u, v)\,\mathfrak{m}(u, v)$. Durch Differentiation nach u und v ergibt sich

$$\mathfrak{r}_u^{(1)} = \mathfrak{r}_u + n_u \mathfrak{m} + n \mathfrak{m}_u, \quad \mathfrak{r}_v^{(1)} = \mathfrak{r}_v + n_v \mathfrak{m} + n \mathfrak{m}_v.$$

Es sollen nun die Koeffizienten E_1, F_1 und G_1 der ersten Gaußschen Fundamentalform für die Fläche (S_1) berechnet werden. Sieht man die Länge n und ihre Ableitungen nach u und v als klein an, so ergibt sich bei Vernachlässigung der Glieder zweiter Ordnung in diesen Größen

$$E_1 = (\mathfrak{r}_u^{(1)})^2 = (\mathfrak{r}_u + n_u \mathfrak{m} + n \mathfrak{m}_u)(\mathfrak{r}_u + n_u \mathfrak{m} + n \mathfrak{m}_u)$$
$$= r_u^2 + 2 n_u (\mathfrak{r}_u \cdot \mathfrak{m}) + 2 n (\mathfrak{r}_u \cdot \mathfrak{m}_u).$$

Die Vektoren $\mathfrak{r}_u$ und $\mathfrak{m}$ sind zueinander senkrecht, d. h. $\mathfrak{r}_u \cdot \mathfrak{m} = 0$; die Formel (47) liefert also $E_1 = E - 2nL$. Entsprechend erhält man leicht $F_1 = F - 2nM$ und $G_1 = G - 2nN$. Hiermit wird

$$E_1 G_1 - F_1^2 = EG - F^2 - 2n(EN - 2FM + GL)$$

oder auf Grund von (67)

$$E_1 G_1 - F_1^2 = (EG - F^2)(1 - 4nH).$$

Ziehen wir hieraus die Wurzel, entwickeln $(1 - 4nH)^{1/2}$ nach dem binomischen Lehrsatz und streichen die Glieder mit einer höheren als der ersten Potenz von n, so wird

$$\sqrt{E_1 G_1 - F_1^2} = \sqrt{EG - F^2}\,(1 - 2nH). \tag{84}$$

Nach Multiplikation mit $du\,dv$ und Integration ergibt sich bis auf Größen zweiter Ordnung ein Ausdruck für die Differenz δS der Inhalte der benachbarten Flächen (S) und (S_1), nämlich

$$\iint\limits_{(S_1)} \sqrt{E_1 G_1 - F_1^2}\,du\,dv - \iint\limits_{(S)} \sqrt{EG - F^2}\,du\,dv$$
$$= -\iint\limits_{(S)} 2nH\,\sqrt{EG - F^2}\,du\,dv \tag{85}$$

oder

$$\delta S = -\iint\limits_{(S)} 2nH\,dS.$$

In unmittelbarem Zusammenhang mit dieser Formel steht das bekannte *Plateausche Problem der Bestimmung einer Fläche mit kleinstem Inhalt, die über einer gegebenen Kontur (L) aufzuspannen ist*. Man sieht leicht ein, daß *auf einer solchen Fläche die mittlere Krümmung H gleich Null sein muß*. Wäre nämlich H auf einem gewissen Teilbereich σ einer solchen Fläche z. B. positiv, so könnten wir die Größe n ebenfalls positiv auf σ und gleich Null auf dem übrigen Teil der Fläche und insbesondere auf (L) wählen; dann würde sich auf Grund von (85) für δS der negative Wert

$$\delta S = -\iint\limits_{(S)} 2nH\,dS$$

ergeben, und die durch (L) gehende Fläche (S_1) hätte einen kleineren Flächeninhalt als (S), was der Voraussetzung widerspricht. In Anbetracht dieser Tatsache werden die Flächen, deren mittlere Krümmung gleich Null ist, als *Minimalflächen* bezeichnet.

Aus (84) folgt auch die Formel für die Differentiation eines Integrals über eine veränderliche geschlossene Fläche nach dem Parameter. Wir nehmen an, daß die Lage einer veränderlichen geschlossenen Fläche durch den Parameterwert λ bestimmt wird. Für $\lambda = \lambda_0$ soll die Fläche die Lage (S) haben, und für λ-Werte dicht bei λ_0 soll sie die zu (S) benachbarte Lage (S_1) einnehmen. Wir stellen zwischen den Punkten M der Fläche (S) und den Punkten M_1 der Fläche (S_1) in der zuvor beschriebenen Weise eine Zuordnung längs der Normalen her. Hierbei wird n eine Funktion von u, v und λ, die für $\lambda = \lambda_0$ in u und v identisch Null wird, d. h, es gilt

$$n(u, v, \lambda_0) \equiv 0. \tag{86}$$

Es sei ferner $f(N)$ eine Ortsfunktion, die nicht von dem Parameter λ abhängt. Der Wert des Integrals

$$I(\lambda) = \iint\limits_{(S_1)} f(M_1)\,dS_1 \tag{87}$$

hängt nun von λ ab, da dieser Parameter die Gestalt der Fläche beeinflußt. Gesucht ist der Ausdruck für die Ableitung $I'(\lambda_0)$. Multiplizieren wir beide Seiten von (84) mit $du\,dv$, so haben wir $dS_1 = (1 - 2nH)\,dS$, und der Ausdruck (87) läßt sich in der Form

$$I(\lambda) = \iint\limits_{(S)} f(M_1)\,dS - \iint\limits_{(S)} f(M_1)\,2nH\,dS$$

schreiben.

Hierbei hängt nun der Integrationsbereich — die Ausgangsfläche (S) — nicht mehr von λ ab, und wir können die gewöhnliche Regel für die Differentiation unter dem Integralzeichen anwenden [83]. Es sei M_1 ein Punkt auf der Fläche (S_1) und M der ihm entsprechende Punkt auf der Fläche (S), so daß der Abschnitt $\overline{MM_1}$ der Länge $|MM_1| = n(u,v)$ normal zu (S) ist, d. h. die Richtung von $\mathfrak{m}$ hat. Der Faktor $f(M_1)$ liefert bei der Differentiation nach λ für $\lambda = \lambda_0$

$$\lim_{\lambda \to \lambda_0} \frac{f(M_1) - f(M)}{\lambda - \lambda_0} = \lim_{\lambda \to \lambda_0} \frac{f(M_1) - f(M)}{|MM_1|} \cdot \frac{|MM_1|}{\lambda - \lambda_0} = \frac{\partial f(M)}{\partial m} \cdot \frac{\partial n}{\partial \lambda}\bigg|_{\lambda = \lambda_0},$$

wobei m die Richtung der Normalen $\mathfrak{m}$ ist. Beachten wir, daß der Faktor n für $\lambda = \lambda_0$ verschwindet, und bezeichnen wir mit $\dfrac{\partial n}{\partial \lambda_0}$ den Wert der Ableitung für $\lambda = \lambda_0$, so wird

$$I'(\lambda_0) = \iint\limits_{(S)} \frac{\partial f(M)}{\partial \lambda_0} \cdot \frac{\partial n}{\partial \lambda_0}\,dS - \iint\limits_{(S)} f(M)\,2H\,\frac{\partial n}{\partial \lambda_0}\,dS. \tag{88}$$

Die veränderliche Fläche (S_1) sei jetzt in der impliziten Form

$$\varphi(M_1, \lambda) = 0 \quad \text{oder} \quad \varphi(x, y, z, \lambda) = 0 \tag{89}$$

gegeben. Wir differenzieren diese Gleichung nach λ sowohl direkt als auch über M_1, wie wir es eben bei $f(M_1)$ taten. Für $\lambda = \lambda_0$ erhalten wir dann

$$\frac{\partial \varphi(M_1, \lambda_0)}{\partial \lambda_0} + \frac{\partial \varphi(M_1, \lambda_0)}{\partial m} \cdot \frac{\partial n}{\partial \lambda_0} = 0.$$

Wird hieraus $\dfrac{\partial n}{\partial \lambda_0}$ bestimmt und in die Formel (88) eingesetzt, so ergibt sich der folgende Ausdruck für die Ableitung:

$$I'(\lambda_0) = -\iint\limits_{(S)} \frac{\partial f}{\partial m}\,\frac{\frac{\partial \varphi}{\partial \lambda_0}}{\frac{\partial \varphi}{\partial m}}\,dS + 2\iint\limits_{(S)} fH\,\frac{\frac{\partial \varphi}{\partial \lambda_0}}{\frac{\partial \varphi}{\partial m}}\,dS. \tag{90}$$

Wenn in dem Integral (87) auch der Integrand f den Parameter λ enthält, muß man — so wie in [132] — zur rechten Seite von (90) noch ein Glied der Form

$$\iint\limits_{(S)} \frac{\partial f}{\partial \lambda_0} \, dS$$

hinzufügen.

152. Die Einhüllende einer Flächenschar und die Einhüllende einer Kurvenschar.

In [13] hatten wir bei der Untersuchung der singulären Lösungen einer gewöhnlichen Differentialgleichung erster Ordnung den Begriff der Einhüllenden einer Schar ebener Kurven eingeführt. Genauso führt die Untersuchung der Lösungen von partiellen Differentialgleichungen auf den Begriff der *Einhüllenden* einer Flächenschar. Dieser Begriff werde hier kurz erläutert.

Es sei eine einparametrige Flächenschar gegeben:

$$F(x, y, z, a) = 0. \tag{91}$$

Für einen festen Zahlenwert a ergibt sich eine bestimmte Fläche der Schar. Wir betrachten ferner neben der Schar (91) diejenige Fläche (S), deren Gleichung man erhält, wenn der aus

$$\frac{\partial F(x, y, z, a)}{\partial a} = 0 \tag{92}$$

gewonnene Wert $a = a(x, y, z)$ in (91) eingesetzt wird.

Die Gleichung von (S) ergibt sich also durch Elimination von a aus den Gleichungen (91) und (92). Wird der Wert $a = a_0$ festgehalten, so entsteht einerseits eine bestimmte Fläche (S_0) aus der Schar (91); andererseits ergibt sich durch Einsetzen von $a = a_0$ in die Gleichungen (91) und (92) im allgemeinen eine Kurve (l_0) auf der Fläche (S), so daß die Kurve (l_0) den Flächen (S) und (S_0) gemeinsam ist. Wir zeigen, daß sie in den Punkten von (l_0) gemeinsame Tangentialebenen besitzen.

Für die Fläche (91) müssen die Projektionen dx, dy und dz einer infinitesimal kleinen Verschiebung auf der Fläche der Beziehung

$$\frac{\partial F}{\partial x} dx + \frac{\partial F}{\partial y} dy + \frac{\partial F}{\partial z} dz = 0$$

genügen, da a konstant ist. Auf der Fläche (S) ist a veränderlich; daher gilt

$$\frac{\partial F}{\partial x} dx + \frac{\partial F}{\partial y} dy + \frac{\partial F}{\partial z} dz + \frac{\partial F}{\partial a} da = 0.$$

Wegen (92) stimmt aber diese Beziehung mit der vorhergehenden überein, d. h., auf (S_0) und (S) ist in gemeinsamen Punkten eine infinitesimal kleine Verschiebung senkrecht zu ein und derselben Richtung, deren Kosinus proportional

$$\frac{\partial F}{\partial x}, \ \frac{\partial F}{\partial y}, \ \frac{\partial F}{\partial z}$$

sind. Hieraus folgt nun, daß sich (S_0) und (S) längs (l_0) berühren. *Durch Elimination von a aus den Gleichungen* (91) *und* (92) *erhalten wir somit die Gleichung der einhüllenden Fläche der Schar* (91); *die Berührung findet dabei längs einer gewissen Kurve statt.*

Beispiel. Es sei eine Schar von Kugeln mit dem Mittelpunkt auf der z-Achse und dem Radius r gegeben:

$$x^2 + y^2 + (z-a)^2 = r^2.$$

Wir differenzieren nach a und erhalten

$$-2(z-a) = 0.$$

Elimination von a liefert die Gleichung des Kreiszylinders

$$x^2 + y^2 = r^2,$$

der jede der oben angegebenen Kugeln längs eines Kreises berührt.

Wir betrachten jetzt eine Flächenschar, die zwei Parameter enthält:

$$F(x, y, z, a, b) = 0. \tag{93}$$

Eliminieren wir a und b aus der angegebenen Gleichung sowie aus den Gleichungen

$$\frac{\partial F(x, y, z, a, b)}{\partial a} = 0, \quad \frac{\partial F(x, y, z, a, b)}{\partial b} = 0, \tag{94}$$

so erhalten wir, wie leicht zu zeigen ist, eine Fläche (S), welche die Flächen der Schar (93) berührt. Jedoch findet im vorliegenden Fall die Berührung nicht längs einer Kurve, sondern nur in einem gewissen Punkt statt. Für feste Werte $a = a_0$ und $b = b_0$ erhalten wir nämlich einerseits eine bestimmte Fläche (S_0) aus der Schar (93), und andererseits ergibt sich durch Einsetzen von $a = a_0$ und $b = b_0$ in die drei Gleichungen (93) und (94) im allgemeinen ein Punkt M_0 auf der Fläche (S). Dieser Punkt M_0 wird dann der gemeinsame Punkt von (S) und (S_0).

Beispiel. Es sei eine Schar von Kugeln mit dem Mittelpunkt in der x, y-Ebene und dem festen Radius r gegeben:

$$(x-a)^2 + (y-b^2) + z^2 = r^2.$$

Wir differenzieren nach a und b und erhalten

$$-2(x-a) = 0, \quad -2(y-b) = 0.$$

Durch Elimination von a und b ergibt sich die Gleichung $z^2 = r^2$. Die Einhüllende besteht also aus den beiden parallelen Ebenen $z = \pm r$, die jede der oben angegebenen Kugeln in einem Punkt berühren.

In bezug auf die Ermittlung der Einhüllenden einer Flächenschar gilt dieselbe Bemerkung wie auch bei der Ermittlung der Einhüllenden einer Kurvenschar [13]; und zwar braucht z. B. die Elimination von a aus den Gleichungen (91) und (92) nicht nur zu der Einhüllenden der Flächen zu führen, sondern kann auch den geometrischen Ort der singulären Punkte der Flächen der Schar (91) liefern, d. h. den geometrischen Ort solcher Punkte, in denen die Fläche keine Tangentialebene besitzt. Stellt die linke Seite der Gleichung (91) eine stetige Funktion mit stetigen Ableitungen erster Ordnung dar, so kann jede Fläche, die in allen ihren Punkten verschiedene Flächen der Schar (91) berührt, nach dem zuvor angegebenen Verfahren der Elimination von a aus den Gleichungen (91) und (92) erhalten werden. Im allgemeinen werden wir in diesem und dem folgenden Abschnitt keine Beweise bringen und auch die Voraussetzungen nicht weiter präzisieren, sondern uns in großen Zügen auf die Angabe der Haupttatsachen beschränken.

Wir betrachten jetzt eine einparametrige Kurvenschar im Raum, die durch die Gleichungen

$$F_1(x, y, z, a) = 0, \quad F_2(x, y, z, a) = 0 \tag{95}$$

gegeben sei. Es soll nun die Einhüllende dieser Schar ermittelt werden, d. h., es ist eine solche Kurve Γ gesucht, die in allen ihren Punkten die verschiedenen Kurven der Schar (95) berührt. Wir können annehmen, daß Γ ebenfalls durch die Gleichungen (95) bestimmt wird [13], wobei a allerdings nicht konstant, sondern veränderlich ist. Die Projektionen dx, dy und dz einer infinitesimal kleinen Verschiebung längs der Kurven (95) müssen den Gleichungen

$$\frac{\partial F_1}{\partial x} dx + \frac{\partial F_1}{\partial y} dy + \frac{\partial F_1}{\partial z} dz = 0,$$

$$\frac{\partial F_2}{\partial x} dx + \frac{\partial F_2}{\partial y} dy + \frac{\partial F_2}{\partial z} dz = 0$$

genügen. Entsprechend genügen die Projektionen δx, δy und δz einer infinitesimal kleinen Verschiebung längs Γ den Gleichungen

$$\frac{\partial F_1}{\partial x} \delta x + \frac{\partial F_1}{\partial y} \delta y + \frac{\partial F_1}{\partial z} \delta z + \frac{\partial F_1}{\partial a} \delta a = 0,$$

$$\frac{\partial F_2}{\partial x} \delta x + \frac{\partial F_2}{\partial y} \delta y + \frac{\partial F_2}{\partial z} \delta z + \frac{\partial F_2}{\partial a} \delta a = 0.$$

Die Bedingung des Berührens läuft auf eine Proportionalität dieser Projektionen hinaus, d. h.

$$\frac{\delta x}{dx} = \frac{\delta y}{dy} = \frac{\delta z}{dz}.$$

Diese Bedingungen sind auf Grund der vorhergehenden Beziehungen den beiden Gleichungen $\frac{\partial F_1}{\partial a} \delta a = 0$ und $\frac{\partial F_2}{\partial a} \delta a = 0$ äquivalent. Wird $\delta a \neq 0$, d. h. a als nicht konstant angenommen, so ergeben sich die beiden Bedingungen

$$\frac{\partial F_1(x, y, z, a)}{\partial a} = 0, \quad \frac{\partial F_2(x, y, z, a)}{\partial a} = 0. \tag{96}$$

Die vier Gleichungen (95) und (96) definieren im allgemeinen keine Kurve; *eine Kurvenschar im Raum besitzt also im allgemeinen keine Einhüllende*. Wenn sich aber diese vier Gleichungen auf drei reduzieren lassen, d. h. eine von ihnen aus den übrigen folgt, so kann man aus diesen drei Gleichungen die Koordinaten (x, y, z) als Funktionen des Parameters a bestimmen. Wir erhalten dann eine Raumkurve, welche die Einhüllende [oder den geometrischen Ort der singulären Punkte der Kurven (95)] darstellt. Im folgenden Abschnitt werden wir das Beispiel einer Geradenschar im Raum behandeln, bei der eine Einhüllende existiert.

153. Abwickelbare Flächen. Als spezielles Beispiel betrachten wir eine Ebenenschar mit dem Parameter a:

$$A(a)x + B(a)y + C(a)z + D(a) = 0. \tag{97}$$

Die einhüllende Fläche (S) ergibt sich durch Elimination von a aus den beiden Gleichungen

$$\begin{aligned} A(a)x + B(a)y + C(a)z + D(a) &= 0, \\ A'(a)x + B'(a)y + C'(a)z + D'(a) &= 0. \end{aligned} \tag{98}$$

Bei festgehaltenem a liefern diese Gleichungen eine gewisse Gerade (l_a). Die Fläche (S) ist der geometrische Ort dieser Geraden; sie stellt also sicher eine sogenannte *Regelfläche* dar. Wir werden noch sehen, daß sich nicht jede Regelfläche in der oben beschriebenen Weise ergibt. Längs der Geraden (l_a) berührt die Fläche (S) die Ebene (97), d. h., *längs der geradlinigen Erzeugenden (l_a) hat die Fläche (S) ein und dieselbe Tangentialebene*.[1]) Auf (S) hängt somit die Schar der Tangentialebenen nur von dem Parameter a ab, der die Erzeugende (l_a) charakterisiert. Im allgemeinen Fall ist die Schar der Tangentialebenen an eine Fläche von zwei Parametern abhängig, die die Lage eines Punktes auf der Fläche bestimmen. Die Fläche (S) sei jetzt in der expliziten Form $z = f(x, y)$ gegeben. Die partiellen Ableitungen der Funktion $f(x, y)$ bezeichnen wir in derselben Weise wie in [65]. Die ersten beiden Richtungskosinus der Normalen werden Funktionen des Parameters a, nämlich

$$\frac{p}{\sqrt{1 + p^2 + q^2}} = W_1(a), \quad \frac{q}{\sqrt{1 + p^2 + q^2}} = W_2(a).$$

Durch Elimination von a aus diesen Gleichungen ergibt sich eine Beziehung zwischen p und q, die wir in der Form

$$q = \varphi(p)$$

schreiben können. Diese Beziehung muß auf der ganzen Fläche (S) erfüllt sein. Differenzieren wir sie nach den unabhängigen Veränderlichen x und y, so entsteht

$$s = \varphi'(p) r, \quad t = \varphi'(p) s,$$

woraus

$$rt - s^2 = 0 \tag{99}$$

---

[1]) Solche Flächen heißen *Torsen*. (D. Red.)

folgt, d. h, *die Punkte einer Fläche, die eine einparametrige Ebenenschar einhüllt, müssen parabolisch sein.*

Die Fläche (S) wird von der Geradenschar (98) gebildet. Es ist leicht zu sehen, daß diese Geradenschar eine Einhüllende besitzt. Wenn wir nämlich die Gleichungen (98) nach a differenzieren, erhalten wir die beiden Gleichungen

$$A'(a)x + B'(a)y + C'(a)z + D'(a) = 0,$$
$$A''(a)x + B''(a)y + C''(a)z + D''(a) = 0; \qquad (100)$$

die vier Beziehungen (98) und (100) reduzieren sich also auf drei. Wir können somit sagen, daß die Fläche (S) von den Tangenten an eine gewisse Raumkurve Γ gebildet wird. Artet diese Kurve Γ in einen Punkt aus, so wird (S) eine Kegelfläche, und wenn dieser Punkt speziell ins Unendliche fällt, ist (S) eine Zylinderfläche. Ist im Raum die Kurve Γ

$$x = \varphi(t), \quad y = \psi(t), \quad z = \omega(t) \qquad (101)$$

gegeben, so läßt sich umgekehrt auch zeigen, daß *die Fläche* (S), *die von den Tangenten an die Kurve Γ gebildet wird, eine einparametrige Ebenenschar einhüllt, und zwar die Schar der Schmiegebenen der Kurve Γ.* Diese Schar hat nämlich die Gleichung

$$A(X - x) + B(Y - y) + C(Z - z) = 0, \qquad (102)$$

wobei (x, y, z) durch die Formeln (101) und A, B und C durch die Formeln (31) aus **[138]** bestimmt werden. Differenzieren wir (102) nach dem Parameter t und beachten, daß nach (31)

$$A\,dx + B\,dy + C\,dz = 0 \qquad (103)$$

gilt, so erhalten wir

$$dA(X - x) + dB(Y - y) + dC(Z - z) = 0, \qquad (104)$$

wobei anstelle der Ableitungen nach t die Differentiale geschrieben sind. Die einhüllende Fläche der Schar (102) besteht aus Geraden, die durch die Gleichungen (102) und (104) definiert werden. Uns bleibt noch zu zeigen, daß diese beiden Gleichungen die Tangente an Γ im Punkt (x, y, z) definieren. Wird diese Beziehung (103) differenziert, so ergibt sich

$$dA\,dx + dB\,dy + dC\,dz = 0, \qquad (105)$$

denn nach (31) ist

$$A\,d^2x + B\,d^2y + C\,d^2z = 0.$$

Die Beziehungen (103) und (105) zeigen, daß die Normalen zu den durch den Punkt (x, y, z) gehenden Ebenen (102) und (104) senkrecht zur Tangente an die Kurve Γ sind, d. h., die Ebenen (102) und (104) gehen beide durch diese Tangente, was zu beweisen war.

Wir hatten zuvor die Bedingung (99) als notwendig dafür erkannt, daß (S) die Einhüllende einer einparametrigen Ebenenschar ist. Man kann zeigen, daß die

Bedingung auch hinreichend ist. Wie früher bereits festgestellt wurde [150], ist die Bedingung (99) (oder die ihr äquivalente Bedingung $LN - M^2 = 0$) notwendig dafür, daß (S) auf eine Ebene ohne Längenverzerrung abgebildet werden kann. Ist umgekehrt diese Bedingung erfüllt, so läßt sich zeigen, daß ein hinreichend kleines Flächenstück in der oben angegebenen Weise auf eine Ebene abbildbar ist. Daher wird die Einhüllende einer einparametrigen Ebenenschar als *abwickelbare Fläche* bezeichnet.

Nicht jede Regelfläche ist eine abwickelbare Fläche. Nehmen wir z. B. ein hyperbolisches Paraboloid oder ein einschaliges Hyperboloid, so ist für diese die Beziehung (99) nicht erfüllt [149], obgleich sie auch Regelflächen darstellen. Bewegt sich nämlich ein Punkt längs einer geradlinigen Erzeugenden einer solchen Fläche, so dreht sich die diesem Punkt entsprechende Tangentialebene um diese Erzeugende.

Der französische Mathematiker H. LEBESGUE hat eingehend das Problem der auf eine Ebene abwickelbaren Flächen bei sehr geringen Voraussetzungen bezüglich der Funktionen, die in die Gleichungen solcher Flächen eingehen, betrachtet. (Wir setzten, wie üblich, die Existenz stetiger erster und zweiter Ableitungen voraus.) LEBESGUE gab unter anderem ein Beispiel einer auf eine Ebene abwickelbaren Rotationsfläche, die keine Regelfläche ist

VI. FOURIER-REIHEN

§ 14. Die harmonische Analyse

154. Die Orthogonalität der trigonometrischen Funktionen. Die harmonische Schwingung

$$y = A \sin(\omega t + \varphi)$$

stellt das einfachste Beispiel für eine periodische Funktion mit der Periode $T = \dfrac{2\pi}{\omega}$ dar. Wir beschränken uns zunächst auf die Untersuchung periodischer Funktionen mit der Periode 2π und bezeichnen die unabhängige Veränderliche mit x, so daß die Funktion y übergeht in

$$y = A \sin(x + \varphi).$$

Von komplizierterer Form, doch von gleicher Periode sind die Funktionen

$$A_k \sin(kx + \varphi_k) \qquad (k = 0, 1, 2, \ldots)$$

sowie die Summe aus beliebig vielen dieser Funktionen:

$$\sum_{k=0}^{n} A_k \sin(kx + \varphi_k).$$

Letztere wird als *trigonometrisches Polynom n-ter Ordnung* bezeichnet. Im Zusammenhang hiermit entsteht die Frage nach der *näherungsweisen Darstellung einer beliebigen periodischen Funktion $f(x)$ mit der Periode 2π durch ein trigonometrisches Polynom n-ter Ordnung* und darüber hinaus auch die Frage, *ob eine Funktion $f(x)$ in eine trigonometrische Reihe, also in eine Reihe der Form*

$$f(x) = \sum_{k=0}^{\infty} A_k \sin(kx + \varphi_k)$$

entwickelbar ist.

Es besteht hier eine Analogie zu den entsprechenden Problemen der näherungsweisen Darstellung einer Funktion durch ein Polynom n-ten Grades bzw. der Entwicklung einer Funktion in eine Potenzreihe. Das allgemeine Glied der obigen Reihe,

$$A_k \sin(kx + \varphi_k),$$

heißt *k-te harmonische Funktion der Funktion* $f(x)$; es läßt sich in der Form

$$A_k \sin(kx + \varphi_k) = a_k \cos kx + b_k \sin kx$$

schreiben, wobei

$$a_k = A_k \sin \varphi_k, \quad b_k = A_k \cos \varphi_k \quad (k = 0, 1, 2, \ldots)$$

ist. Die harmonische Funktion nullter Ordnung $A_0 \sin \varphi_0$ ist einfach eine Konstante, die wir zur Vereinfachung der späteren Formeln mit $\dfrac{a_0}{2}$ bezeichnen. Unsere Aufgabe besteht also darin, *die unbekannten Konstanten*

$$a_0, a_1, b_1, a_2, b_2, \ldots, a_n, b_n, \ldots,$$

falls möglich, so zu wählen, daß die Reihe

$$\frac{a_0}{2} + \sum_{k=1}^{\infty} (a_k \cos kx + b_k \sin kx) \tag{1}$$

konvergiert und ihre Summe gleich der vorgegebenen periodischen Funktion $f(x)$ *mit der Periode* 2π *wird.*

Zur Lösung dieses Problems leiten wir eine einfache Eigenschaft der trigonometrischen Funktionen der ganzzahligen Vielfachen des Arguments ab. Es sei c eine beliebige reelle Zahl und $[c, c + 2\pi]$ ein beliebiges abgeschlossenes Intervall der Länge 2π. Wie leicht zu zeigen ist, gilt

$$\int_c^{c+2\pi} \cos kx \, dx = 0, \quad \int_c^{c+2\pi} \sin kx \, dx = 0 \quad (k = 1, 2, 3, \ldots). \tag{2}$$

Wir betrachten z. B. das erste Integral. Eine Stammfunktion von $\cos kx$ ist $\dfrac{\sin kx}{k}$; auf Grund der Periodizität nimmt diese bei $x = c$ und $x = c + 2\pi$ gleiche Werte an, so daß die Differenz dieser Werte verschwindet. Es gilt also tatsächlich

$$\int_c^{c+2\pi} \cos kx \, dx = \frac{\sin kx}{k}\bigg|_{x=c}^{x=c+2\pi} = 0.$$

Analog läßt sich mit Hilfe der bekannten trigonometrischen Formeln

$$\sin kx \cos lx = \frac{\sin(k+l)x + \sin(k-l)x}{2},$$

$$\sin kx \sin lx = \frac{\cos(k-l)x - \cos(k+l)x}{2},$$

$$\cos kx \cos lx = \frac{\cos(k+l)x + \cos(k-l)x}{2}$$

beweisen, daß

$$\int_c^{c+2\pi} \cos kx \sin lx \, dx = 0,$$

$$\int_c^{c+2\pi} \cos kx \cos lx \, dx = 0, \quad \int_c^{c+2\pi} \sin kx \sin lx \, dx = 0 \tag{3}$$

($k \neq l$) ist. Wir betrachten das Funktionensystem

$$1, \cos x, \sin x, \cos 2x, \sin 2x, \ldots, \cos nx, \sin nx, \ldots, \tag{4}$$

dessen erste Funktion die Konstante Eins ist. Die Formeln (2) und (3) drücken den folgenden Sachverhalt aus: *Das Integral des Produkts aus je zwei beliebigen verschiedenen Funktionen des Systems* (4) *über ein beliebiges Intervall der Länge* 2π *ist gleich Null.* Diese Eigenschaft wird gewöhnlich als *Orthogonalitität des Systems* (4) *in dem angegebenen Intervall* bezeichnet. Wir berechnen jetzt das Integral über das Quadrat jeder der Funktionen (4). Für die erste der Funktionen wird dieses Integral offenbar gleich 2π; auf Grund der Formeln

$$\cos^2 kx = \frac{1 + \cos 2kx}{2}, \quad \sin^2 kx = \frac{1 - \cos 2kx}{2}$$

ergibt sich für die übrigen

$$\int_c^{c+2\pi} \cos^2 kx \, dx = \pi, \quad \int_c^{c+2\pi} \sin^2 kx \, dx = \pi \quad (k = 1, 2, \ldots). \tag{5}$$

Im folgenden wählen wir als konkreten Wert $c = -\pi$, so daß sich das Intervall $[c, c+2\pi]$ in unserem Fall auf $[-\pi, \pi]$ spezialisiert.

Wir kehren jetzt zu dem anfangs gestellten Problem zurück. Die Funktion $f(x)$ sei in dem Intervall $[-\pi, \pi]$ definiert, und für die übrigen x-Werte außerhalb dieses Intervalls möge sie durch periodische Fortsetzung mit der Periode 2π gegeben sein. Wir nehmen an, daß diese Funktion durch die Reihe (1) dargestellt wird:

$$f(x) = \frac{a_0}{2} + \sum_{k=1}^{\infty} (a_k \cos kx + b_k \sin kx). \tag{6}$$

Integrieren wir beide Seiten dieser Gleichung über das Intervall $[-\pi, \pi]$ und ersetzen das Integral über die unendliche Summe durch die Summe der Integrale über die einzelnen Glieder, so entsteht

$$\int_{-\pi}^{\pi} f(x) \, dx = \int_{-\pi}^{\pi} \frac{a_0}{2} \, dx + \sum_{k=1}^{\infty} \left(a_k \int_{-\pi}^{\pi} \cos kx \, dx + b_k \int_{-\pi}^{\pi} \sin kx \, dx \right).$$

Auf Grund von (2) reduziert sich diese Beziehung auf die Gleichung

$$\int_{-\pi}^{\pi} f(x) \, dx = \frac{a_0}{2} \cdot 2\pi = a_0 \pi,$$

aus der sich die Konstante a_0 bestimmen läßt; man erhält

$$a_0 = \frac{1}{\pi} \int_{-\pi}^{\pi} f(x)\, dx. \tag{7}$$

Wir gehen jetzt zur Bestimmung der übrigen Konstanten über. Es sei n eine ganze positive Zahl. Wir multiplizieren beide Seiten von (6) mit $\cos nx$ und integrieren so wie vorher; es ergibt sich

$$\int_{-\pi}^{\pi} f(x) \cos nx\, dx = \frac{a_0}{2} \int_{-\pi}^{\pi} \cos nx\, dx$$

$$+ \sum_{k=1}^{\infty} \left(a_k \int_{-\pi}^{\pi} \cos kx \cos nx\, dx + b_k \int_{-\pi}^{\pi} \sin kx \cos nx\, dx \right). \tag{8}$$

Gemäß (2) und (3) werden alle Integrale auf der rechten Seite gleich Null mit Ausnahme des Integrals

$$\int_{-\pi}^{\pi} \cos kx \cos nx\, dx \quad \text{für} \quad k = n,$$

das nach (5) gleich π wird.

Die Beziehung (8) reduziert sich somit auf

$$\int_{-\pi}^{\pi} f(x) \cos nx\, dx = a_n \pi,$$

woraus

$$a_n = \frac{1}{\pi} \int_{-\pi}^{\pi} f(x) \cos nx\, dx \quad (n = 1, 2, \ldots) \tag{7_1}$$

folgt. Entsprechend lassen sich die Formeln

$$b_n = \frac{1}{\pi} \int_{-\pi}^{\pi} f(x) \sin nx\, dx \quad (n = 1, 2, \ldots) \tag{7_2}$$

ableiten. Die Formel (7_1) stimmt für $n = 0$ mit (7) überein; wir können somit

$$a_k = \frac{1}{\pi} \int_{-\pi}^{\pi} f(x) \cos kx\, dx \quad (k = 0, 1, 2, \ldots),$$

$$b_k = \frac{1}{\pi} \int_{-\pi}^{\pi} f(x) \sin kx\, dx \quad (k = 1, 2, \ldots) \tag{9}$$

schreiben.

Die hier durchgeführten Überlegungen sind nicht als streng anzusehen, sondern haben lediglich richtungsweisende Bedeutung. Wir haben nämlich mehrere nicht begründete Annahmen gemacht: Erstens wurde vorausgesetzt, daß sich die vorgegebene Funktion in die Reihe (6) entwickeln läßt, und zweitens wurde das Integral über eine unendliche Summe durch die Summe der Integrale über die einzelnen Summanden ersetzt, oder — wie man sagt — es wurde gliedweise integriert, was nicht immer zulässig ist [I, 146].

Die exakte Problemstellung besteht in folgendem: Im Intervall $[-\pi, \pi]$ sei die integrable Funktion $f(x)$ gegeben. Mit Hilfe der Formeln (9) berechnen wir die Konstanten a_k und b_k und setzen die Werte dieser Konstanten in die Reihe (1) ein. Es ergibt sich dann die Frage, ob die so erhaltene Reihe in dem Intervall $[-\pi, \pi]$ konvergiert und, falls dies zutrifft, ob ihre Summe gleich $f(x)$ ist.

Die nach den Formeln (9) berechneten Koeffizienten a_k und b_k heißen *Fourier-Koeffizienten der Funktion* $f(x)$, und die Reihe, die sich aus der Reihe (1) ergibt, wenn anstelle von a_k und b_k die nach (9) berechneten Werte eingesetzt werden, heißt *Fourier-Reihe der Funktion* $f(x)$. Die Entwicklung einer gegebenen Funktion $f(x)$ in eine Fourier-Reihe heißt *harmonische Analyse*.

Im folgenden Abschnitt beantworten wir die zuvor gestellte Frage nach der Konvergenz der Fourier-Reihe einer vorgegebenen Funktion.

Bemerkung. Die oben angegebenen Formeln (3) und (5) gelten bei der Integration über ein beliebiges Intervall der Länge 2π. Besitzt allgemein eine für alle reellen Werte von x definierte Funktion $f(x)$ die Periode a, gilt also $f(x + a) = f(x)$ für jedes x, so hat das Integral von $f(x)$ über ein beliebiges Intervall der Länge a einen bestimmten, nicht vom Anfangspunkt dieses Intervalls abhängenden Wert; das Integral

$$\int_c^{c+a} f(x)\, dx$$

ist somit unabhängig von c. Wir können nämlich den Wert c in der Form $c = ma + h$ darstellen, wobei m ganzzahlig ist und h dem Intervall $[0, a]$ angehört; dann gilt

$$\int_c^{c+a} f(x)\, dx = \int_{ma+h}^{(m+1)a+h} f(x)\, dx = \int_{ma+h}^{(m+1)a} f(x)\, dx + \int_{(m+1)a}^{(m+1)a+h} f(x)\, dx.$$

In dem ersten Integral führen wir die neue Integrationsvariable $t_1 = x - ma$ und in dem zweiten $t_2 = x - (m + 1)a$ ein und erhalten

$$\int_c^{c+a} f(x)\, dx = \int_h^a f(t_1 + ma)\, dt_1 + \int_0^h f(t_2 + (m+1)a)\, dt_2.$$

Werden die Integrationsvariablen wiederum mit x bezeichnet, so ergibt sich unter Berücksichtigung der Periodizität von $f(x)$

$$\int_c^{c+a} f(x)\, dx = \int_h^a f(x)\, dx + \int_0^h f(x)\, dx = \int_0^a f(x)\, dx,$$

woraus die Unabhängigkeit des Integrals von c folgt. Besitzt $f(x)$ die Periode 2π, so lassen sich die Fourier-Koeffizienten a_k und b_k nach den Formeln (9) berechnen, indem über ein beliebiges Intervall der Länge 2π integriert wird.

155. Der Dirichletsche Satz.

155. Der Dirichletsche Satz. Die Fourier-Reihe der Funktion $f(x)$ konvergiert, und ihre Summe wird gleich $f(x)$, sobald gewisse einschränkende Voraussetzungen bezüglich der Funktion $f(x)$ erfüllt sind. Wir setzen erstens voraus, daß die in dem Intervall $[-\pi, \pi]$ vorgegebene Funktion $f(x)$ entweder stetig ist oder im Innern dieses Intervalls nur eine endliche Anzahl von Unstetigkeitsstellen besitzt. Ferner setzen wir voraus, daß alle diese Unstetigkeitsstellen die folgende Eigenschaft besitzen: Ist $x = c$ eine Unstetigkeitsstelle von $f(x)$, so existieren endliche Grenzwerte von $f(x)$, wenn x von rechts (von größeren Werten her) sowie von links (von kleineren Werten her) gegen c strebt. Diese Grenzwerte werden gewöhnlich mit $f(c + 0)$ und $f(c - 0)$ [**I, 32**] bezeichnet, und die Stelle $x = c$ selbst heißt *Unstetigkeitsstelle erster Art*. Wir setzen schließlich noch voraus, daß das ganze Intervall $[-\pi, \pi]$ sich derart in endlich viele Teilintervalle zerlegen lassen soll, daß in jedem Teilintervall $f(x)$ monoton ist. Die zuvor aufgezählten Bedingungen heißen gewöhnlich *Dirichletsche Bedingungen*. Im Endpunkt $x = -\pi$ ist nur derjenige Grenzwert von Bedeutung, gegen den $f(x)$ bei Annäherung von x an $-\pi$ von rechts her strebt. Für $f(-\pi)$ schreiben wir daher $f(-\pi + 0)$ und entsprechend $f(\pi - 0)$ anstelle von $f(\pi)$. Diese Grenzwerte können verschieden sein; dagegen ist natürlich der Wert der Reihe (1) auf Grund der Periodizität der Funktion (4) für $x = -\pi$ und $x = \pi$ der gleiche.

Einer der Fundamentalsätze in der Theorie der Fourier-Reihen lautet nun wie folgt:

Satz von Dirichlet. *Genügt die in dem Intervall $[-\pi, \pi]$ vorgegebene Funktion $f(x)$ in diesem Intervall den Dirichletschen Bedingungen, so konvergiert die Fourier-Reihe dieser Funktion im ganzen Intervall $[-\pi, \pi]$, und der Wert der Reihe wird*

1. *gleich $f(x)$ in allen Stetigkeitsstellen von $f(x)$, die im Innern des Intervalls liegen;*

2. *gleich*

$$\frac{f(x + 0) + f(x - 0)}{2}$$

in allen Unstetigkeitsstellen;

3. *gleich*

$$\frac{f(-\pi + 0) + f(\pi - 0)}{2}$$

in den Endpunkten des Intervalls, d. h. für $x = -\pi$ und $x = \pi$.

Der Beweis dieses Satzes wird am Schluß dieses Kapitels gebracht.

Wir machen noch einige Bemerkungen im Anschluß an diesen Satz. Die Glieder der Reihe (1) sind periodische Funktionen mit der Periode 2π. Konvergiert die Reihe in dem Intervall $[-\pi, \pi]$, so konvergiert sie auch für alle reellen Werte von x, und die Summe der Reihe durchläuft in periodischer Wiederholung (mit der Periode 2π) diejenigen Werte, welche die Summe der Reihe in dem Intervall $[-\pi, \pi]$ annimmt. Wird die Fourier-Reihe außerhalb des Intervalls $[-\pi, \pi]$ angesetzt, so hat man sich die Funktion $f(x)$ ins Äußere dieses Intervalls mit der Periode 2π fortgesetzt zu denken. Unter diesem Gesichtspunkt erscheinen die Endpunkte des Intervalls $x = \pm \pi$ für die in dieser Weise fortgesetzte Funktion als Unstetigkeitspunkte, falls $f(-\pi + 0) \neq f(\pi - 0)$ ist.

In Abb. 110 ist eine im Intervall $[-\pi, \pi]$ stetige Funktion dargestellt, die bei periodischer Fortsetzung Unstetigkeitsstellen liefert, da die Werte von $f(x)$ in den Endpunkten des Intervalls nicht übereinstimmen.

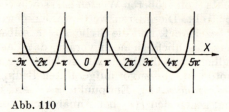

Abb. 110

Bei der Berechnung der Fourier-Koeffizienten ist es oft zweckmäßig, den folgenden Hilfssatz zu benutzen:

Hilfssatz. *Ist $f(x)$ eine gerade Funktion in dem Intervall $[-a, a]$, d. h. $f(-x) = f(x)$, so wird*

$$\int_{-a}^{a} f(x)\, dx = 2 \int_{0}^{a} f(x)\, dx;$$

ist $f(x)$ eine ungerade Funktion, d. h. $f(-x) = -f(x)$, so ergibt sich

$$\int_{-a}^{a} f(x)\, dx = 0.$$

Der Beweis dieses Hilfssatzes wurde bereits früher erbracht [I, 99].

156. Beispiele.

1. Wir entwickeln die Funktion $f(x) = x$ in dem Intervall $[-\pi, \pi]$ in eine Fourier-Reihe. Die Produkte $x \cos kx$ stellen ungerade Funktionen von x dar; daher sind auf Grund der Formeln (9) alle Koeffizienten a_k gleich Null. Andererseits sind die Produkte $x \sin kx$ gerade Funktionen, und die Koeffizienten b_k lassen sich aus der Formel

$$b_k = \frac{2}{\pi} \int_0^\pi x \sin kx\, dx = \frac{2}{\pi} \left\{ -\frac{x \cos kx}{k} \bigg|_{x=0}^{x=\pi} + \frac{1}{k} \int_0^\pi \cos kx\, dx \right\} = \frac{2(-1)^{k-1}}{k}$$

berechnen.

In Abb. 111 ist die Bildkurve der Fourier-Reihe durch die ausgezogene Linie dargestellt; aus ihr geht hervor, daß in den Punkten $x = \pm \pi$ Unstetigkeiten auftreten, wobei das arithmetische Mittel des linksseitigen und rechtsseitigen Grenzwertes offenbar gleich Null ist. Im vorliegenden Fall liefert somit der Dirichletsche Satz:

$$2 \left(\frac{\sin x}{1} - \frac{\sin 2x}{2} + \cdots + \frac{(-1)^{k-1} \sin kx}{k} + \cdots \right) = \begin{cases} x \text{ für } -\pi < x < \pi, \\ 0 \text{ für } x = \pm \pi. \end{cases} \quad (10)$$

2. Die Funktion $f(x) = x^2$ soll in dem Intervall $[-\pi, \pi]$ in eine Fourier-Reihe entwickelt werden. Hier sind die Produkte $x^2 \sin kx$ ungerade Funktionen, und alle Koeffizienten b_k werden gleich Null. Für a_k ergibt die Berechnung:

$$a_0 = \frac{2}{\pi} \int_0^\pi x^2 \, dx = \frac{2}{\pi} \frac{x^3}{3} \Big|_{x=0}^{x=\pi} = \frac{2\pi^2}{3},$$

$$a_k = \frac{2}{\pi} \int_0^\pi x^2 \cos kx \, dx = \frac{2}{\pi} \left\{ \frac{x^2 \sin kx}{k} \Big|_{x=0}^{x=\pi} - \frac{2}{k} \int_0^\pi x \sin kx \, dx \right\}$$

$$= \frac{4}{\pi k} \left\{ \frac{x \cos kx}{k} \Big|_{x=0}^{x=\pi} - \frac{1}{k} \int_0^\pi \cos kx \, dx \right\} = (-1)^k \frac{4}{k^2}.$$

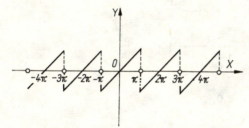

Abb. 111

Aus Abb. 112 ist ersichtlich, daß im vorliegenden Fall die Bildkurve der Fourier-Reihe nirgends Unstetigkeitsstellen besitzt. Die Summe der Reihe ist in dem ganzen Intervall $[-\pi, \pi]$ gleich x^2:

$$x^2 = \frac{\pi^2}{3} + 4 \sum_{k=1}^\infty (-1)^k \frac{\cos kx}{k^2} \quad (-\pi \leq x \leq \pi). \tag{11}$$

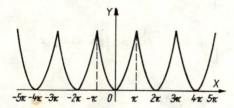

Abb. 112

Für $x = 0$ ergibt sich

$$1 - \frac{1}{4} + \frac{1}{9} - \frac{1}{16} + \cdots + (-1)^{k-1} \frac{1}{k^2} + \cdots = \frac{\pi^2}{12}. \tag{12}$$

Setzen wir
$$1 + \frac{1}{4} + \frac{1}{9} + \frac{1}{16} + \cdots = \sigma,$$
$$1 + \frac{1}{9} + \frac{1}{25} + \frac{1}{49} + \cdots = \sigma_1, \tag{13}$$

so wird offenbar
$$\sigma = \sigma_1 + \frac{1}{4} + \frac{1}{16} + \frac{1}{36} + \cdots = \sigma_1 + \frac{1}{4}\sigma, \quad \sigma_1 = \frac{3}{4}\sigma,$$

und Gleichung (12) liefert
$$1 - \frac{1}{4} + \frac{1}{9} - \frac{1}{16} + \cdots = \sigma_1 - \frac{1}{4}\sigma = \frac{1}{2}\sigma = \frac{\pi^2}{12},$$

also
$$\sigma = 1 + \frac{1}{4} + \frac{1}{9} + \cdots + \frac{1}{n^2} + \cdots = \frac{\pi^2}{6},$$
$$\sigma_1 = 1 + \frac{1}{9} + \frac{1}{25} + \cdots + \frac{1}{(2n+1)^2} + \cdots = \frac{\pi^2}{8}. \tag{14}$$

3. Die Funktion
$$f(x) = \begin{cases} c_1 & \text{für} \quad -\pi < x < 0, \\ c_2 & \text{für} \quad 0 < x < \pi \end{cases}$$

ist in eine Fourier-Reihe zu entwickeln.

Hier gilt
$$a_0 = \frac{1}{\pi} \int_{-\pi}^{\pi} f(x)\,dx = \frac{1}{\pi}\left[\int_{-\pi}^{0} c_1\,dx + \int_{0}^{\pi} c_2\,dx\right] = c_1 + c_2,$$

$$a_k = \frac{1}{\pi} \int_{-\pi}^{\pi} f(x)\cos kx\,dx = \frac{1}{\pi}\left[\int_{-\pi}^{0} c_1 \cos kx\,dx + \int_{0}^{\pi} c_2 \cos kx\,dx\right] = 0,$$

$$b_k = \frac{1}{\pi} \int_{-\pi}^{\pi} f(x)\sin kx\,dx = \frac{1}{\pi}\left[\int_{-\pi}^{0} c_1 \sin kx\,dx + \int_{0}^{\pi} c_2 \sin kx\,dx\right]$$
$$= (c_1 - c_2)\frac{(-1)^k - 1}{\pi k},$$

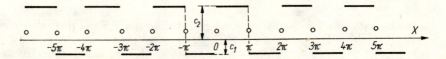

Abb. 113

d. h. $b_k = 0$ für gerades k und $b_k = -\dfrac{2(c_1 - c_2)}{\pi k}$ für ungerades k. Nach dem Dirichletschen Satz wird daher (Abb. 113)

$$\frac{c_1 + c_2}{2} - \frac{2(c_1 - c_2)}{\pi}\left[\frac{\sin x}{1} + \frac{\sin 3x}{3} + \cdots\right] = \begin{cases} c_1 & \text{für} \quad -\pi < x < 0, \\ c_2 & \text{für} \quad 0 < x < \pi, \\ \dfrac{c_1 + c_2}{2} & \text{für} \quad x = 0 \text{ und } \pm\pi. \end{cases} \qquad (15)$$

157. Die Entwicklung im Intervall $[0, \pi]$. In den ersten beiden der vorstehenden Beispiele hatten wir die Berechnung der Fourier-Koeffizienten vereinfacht, indem wir die zu entwickelnde Funktion $f(x)$ als gerade bzw. ungerade voraussetzten.

Allgemein erhalten wir bei Anwendung des Hilfssatzes aus [155] auf die Integrale (9), welche die Fourier-Koeffizienten bestimmen,

$$a_k = \frac{2}{\pi}\int_0^\pi f(x)\cos kx\, dx, \qquad b_k = 0, \qquad (16)$$

wenn $f(x)$ eine gerade Funktion ist, und

$$a_k = 0, \qquad b_k = \frac{2}{\pi}\int_0^\pi f(x)\sin kx\, dx, \qquad (17)$$

wenn $f(x)$ ungerade ist. Die Entwicklung der Funktion selbst lautet dann für gerades $f(x)$

$$\frac{a_0}{2} + \sum_{k=1}^\infty a_k\cos kx \qquad (18)$$

und für ungerades $f(x)$

$$\sum_{k=1}^\infty b_k\sin kx. \qquad (19)$$

Es möge jetzt eine beliebige, in dem Intervall $[0, \pi]$ definierte Funktion $f(x)$ gegeben sein. Diese Funktion läßt sich in dem Intervall $[0, \pi]$ sowohl in eine Reihe der Form (18), die nur Kosinusglieder enthält, als auch in eine Reihe der Form (19), die nur Sinusglieder enthält, entwickeln. Hierbei berechnen sich im ersten Fall die Koeffizienten gemäß (16) und im zweiten gemäß (17). Diese beiden Reihen liefern im Innern des Intervalls $[0, \pi]$ die Funktion $f(x)$ bzw. das arithmetische Mittel an den Unstetigkeitsstellen. Außerhalb des Intervalls $[0, \pi]$ stellen sie jedoch ganz verschiedene Funktionen dar. Die nach Kosinusgliedern entwickelte Reihe liefert eine Funktion, die sich aus $f(x)$ durch eine gerade Fortsetzung in das Nachbarintervall $[-\pi, 0]$ und darüber hinaus durch periodische Fortsetzung mit der Periode 2π außerhalb des Intervalls $[-\pi, \pi]$ ergibt. Die nach Sinusgliedern entwickelte Reihe liefert eine Funktion, die sich durch eine ungerade Fortsetzung der Funktion $f(x)$ in das Nachbarintervall $[-\pi, 0]$ sowie weiterhin durch periodische Fortsetzung mit der Periode 2π außerhalb des Intervalls $[-\pi, \pi]$ ergibt.

Bei der Entwicklung nach Kosinusgliedern gilt also

$$f(-0) = f(+0),$$

$$f(-\pi + 0) = f(\pi - 0)$$

und bei der Entwicklung nach Sinusgliedern

$$f(-0) = -f(+0),$$

$$f(-\pi + 0) = -f(\pi - 0).$$

x	cos-Entwicklung	sin-Entwicklung
0	$f(+0)$	0
π	$f(\pi - 0)$	0

Wir erhalten dementsprechend in den Endpunkten der Intervalle die in der Tabelle angegebenen Werte der Reihe (18) bzw. (19).

Die Abb. 114 und 115 zeigen die Bildkurven derjenigen Funktionen, welche durch die für ein und dieselbe Funktion $f(x)$ im Intervall $[0, \pi]$ gebildeten Reihen (18) und (19) dargestellt werden.

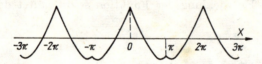

Abb. 114

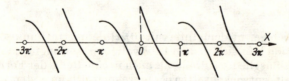

Abb. 115

Beispiele.

1. In den Beispielen 1 und 2 aus [156] hatten wir für die Funktion $f(x) = x$ eine sin-Entwicklung und für die Funktion $f(x) = x^2$ eine cos-Entwicklung in dem Intervall $[0, \pi]$ erhalten. Wird die Funktion $f(x) = x$ in dem Intervall $[0, \pi]$ nach Kosinusgliedern entwickelt, so ergibt sich die Darstellung

$$x = \frac{a_0}{2} + \sum_{k=1}^{\infty} a_k \cos kx$$

mit

$$a_0 = \frac{2}{\pi} \int_0^\pi x \, dx = \pi,$$

$$a_k = \frac{2}{\pi} \int_0^\pi x \cos kx \, dx = \frac{2}{\pi k^2} [(-1)^k - 1] = \begin{cases} 0 \text{ für gerades } k, \\ -\frac{4}{\pi k^2} \text{ für ungerades } k. \end{cases}$$

Hieraus folgt

$$x = \frac{\pi}{2} - \frac{4}{\pi} \left(\frac{\cos x}{1^2} + \frac{\cos 3x}{3^2} + \cdots + \frac{\cos(2k+1)x}{(2k+1)^2} + \cdots \right) \quad (0 < x < \pi). \tag{20}$$

Im Intervall $[-\pi, 0]$ stimmt der Wert der auf der rechten Seite stehenden Reihe mit $-x$ also in dem ganzen Intervall $[-\pi, \pi]$ mit dem Absolutbetrag $|x|$ überein; es gilt daher

$$|x| = \frac{\pi}{2} - \frac{4}{\pi} \left(\frac{\cos x}{1^2} + \frac{\cos 3x}{3^2} + \frac{\cos 5x}{5^2} + \cdots \right) \quad (-\pi \leq x \leq \pi), \tag{21}$$

außerhalb des Intervalls $[-\pi, \pi]$ liefert die Summe der Reihe eine Funktion, die sich durch periodische Fortsetzung von $|x|$ aus dem Intervall $[-\pi, \pi]$ heraus ergibt (Abb. 116). Ent-

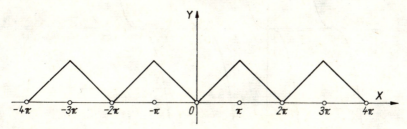

Abb. 116

wickeln wir die Funktion $f(x) = x^2$ in dem Intervall $[0, \pi]$ nach Sinusgliedern, so erhalten wir

$$b_k = \frac{2}{\pi} \int_0^\pi x^2 \sin kx \, dx = \frac{2(-1)^{k-1}\pi}{k} + \frac{4[(-1)^k - 1]}{\pi k^3}$$

und

$$x^2 = 2\pi \left[\frac{\sin x}{1} - \frac{\sin 2x}{2} + \frac{\sin 3x}{3} - \cdots \right] - \frac{8}{\pi} \left[\frac{\sin x}{1^3} + \frac{\sin 3x}{3^3} + \frac{\sin 5x}{5^3} + \cdots \right]$$

in dem Intervall $0 \leq x < \pi$ (Abb. 117). Wegen $|\sin(2k+1)x| \leq 1$ konvergiert die zweite Reihe auf der rechten Seite und folglich auch die erste. Dieser Umstand erlaubt uns, die Fourier-Reihe für x^2 in zwei Teile zu zerlegen.

2. Die Funktion $\cos zx$ stellt eine gerade Funktion von x dar und kann daher in dem Intervall $[-\pi, \pi]$ nach Kosinusgliedern entwickelt werden:

$$\cos zx = \frac{a_0}{2} + \sum_{k=1}^\infty a_k \cos kx, \quad a_k = \frac{2}{\pi} \int_0^\pi \cos zx \cos kx \, dx.$$

Dabei ist

$$a_0 = \frac{2}{\pi} \int_0^\pi \cos zx \, dx = \frac{2}{\pi} \frac{\sin zx}{z}\bigg|_{x=0}^{x=\pi} = \frac{2 \sin \pi z}{\pi z},$$

$$a_k = \frac{2}{\pi} \int_0^\pi \cos zx \cos kx \, dx = \frac{1}{\pi} \int_0^\pi [\cos(z+k)x + \cos(z-k)x] \, dx$$

$$= \frac{1}{\pi} \left[\frac{\sin(z+k)x}{z} + \frac{\sin(z-k)x}{z-k}\right]_{x=0}^{x=\pi} = \frac{1}{\pi} \left[\frac{\sin(\pi z + k\pi)}{z+k} + \frac{\sin(\pi z - k\pi)}{z-k}\right]$$

$$= (-1)^k \frac{2z \sin \pi z}{\pi(z^2 - k^2)}.$$

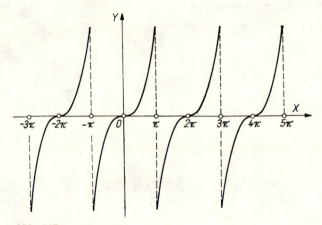

Abb. 117

Folglich gilt in dem Intervall $-\pi \leq x \leq \pi$

$$\cos zx = \frac{2z \sin \pi z}{\pi} \left[\frac{1}{2z^2} + \frac{\cos x}{1^2 - z^2} - \frac{\cos 2x}{2^2 - z^2} + \frac{\cos 3x}{3^2 - z^2} - \cdots\right].$$

Setzen wir hierin $x = 0$ und $x = \pi$, so finden wir die beiden Formeln

$$\frac{1}{\sin \pi z} = \frac{2z}{\pi} \left[\frac{1}{2z^2} + \sum_{k=1}^\infty \frac{1}{k^2 - z^2}\right], \tag{22}$$

$$\cot \pi z = \frac{1}{\pi} \left[\frac{1}{z} - \sum_{k=1}^\infty \frac{2z}{k^2 - z^2}\right]. \tag{22$_1$}$$

Diese Formeln liefern die sogenannte *Partialbruchzerlegung der Funktion* $\frac{1}{\sin \pi z}$ bzw. $\cot \pi z$. Durch Differentiation von (22$_1$) nach z und nachfolgende Division durch π und Vertauschen des Vorzeichens entsteht hieraus die *Partialbruchzerlegung der Funktion* $\frac{1}{\sin^2 \pi z}$:

$$\frac{1}{\sin^2 \pi z} = \frac{1}{\pi^2} \left[\frac{1}{z^2} + 2 \sum_{k=1}^\infty \frac{k^2 + z^2}{(k^2 - z^2)^2}\right].$$

Unter Berücksichtigung von

$$2 \frac{k^2 + z^2}{(k^2 - z^2)^2} = \frac{1}{(z+k)^2} + \frac{1}{(z-k)^2}$$

läßt sich die vorstehende Formel auf die noch einfachere Form

$$\frac{1}{\sin^2 \pi z} = \frac{1}{\pi^2} \sum_{k=-\infty}^{\infty} \frac{1}{(z-k)^2} \tag{23}$$

bringen.

Die Formel (22_1) führt uns zu einer bemerkenswerten *Entwicklung der Funktion* $\cot z$ *in eine Potenzreihe*. Multiplizieren wir beide Seiten mit πz und ersetzen dann πz durch z, d. h. z durch $\frac{z}{\pi}$, so entsteht

$$z \cot z = 1 - \sum_{k=1}^{\infty} \frac{2z^2}{k^2 \pi^2 - z^2}.$$

Nun gilt aber

$$\frac{2z^2}{k^2 \pi^2 - z^2} = \frac{2z^2}{k^2 \pi^2 \left(1 - \frac{z^2}{k^2 \pi^2}\right)}$$

$$= 2 \frac{z^2}{k^2 \pi^2} \left(1 + \frac{z^2}{k^2 \pi^2} + \frac{z^4}{k^4 \pi^4} + \cdots + \frac{z^{2n}}{k^{2n} \pi^{2n}} + \cdots\right) \quad (|z| < \pi).$$

Setzen wir dies in die vorhergehende Formel ein und ordnen nach Potenzen von z^2, was erlaubt ist, so wird

$$z \cot z = 1 - 2 \frac{z^2}{\pi^2} \sum_{k=1}^{\infty} \frac{1}{k^2} - 2 \frac{z^4}{\pi^4} \sum_{k=1}^{\infty} \frac{1}{k^4} - \cdots - \frac{z^{2n}}{\pi^{2n}} \sum_{k=1}^{\infty} \frac{1}{k^{2n}} - \cdots \quad (|z| < \pi).$$

Wenn z noch durch $\frac{z}{2}$ ersetzt wird, ergibt sich

$$\frac{z}{2} \cot \frac{z}{2} = 1 - \sum_{n=1}^{\infty} \left[\frac{2}{(2\pi)^{2n}} \sum_{k=1}^{\infty} \frac{1}{k^{2n}} \right] z^{2n} \quad (|z| < 2\pi).$$

Den Koeffizienten bei z^{2n} bezeichnen wir mit $\frac{B_n}{(2n)!}$; dann erhalten wir

$$\frac{z}{2} \cot \frac{z}{2} = 1 - \frac{B_1}{2!} z^2 - \frac{B_2}{4!} z^4 - \cdots - \frac{B_n}{(2n)!} z^{2n} - \cdots, \tag{24}$$

$$B_n = \frac{2 \cdot (2n)!}{(2\pi)^{2n}} \sum_{k=1}^{\infty} \frac{1}{k^{2n}}.$$

Die ersten Werte von B_n lassen sich einfach bestimmen, indem $\frac{z}{2} \cot \frac{z}{2}$, aufgefaßt als Quotient der Reihe für $\cos \frac{z}{2}$ und der Reihe für $\frac{\sin \frac{z}{2}}{\frac{z}{2}}$ [**I, 130**], in eine Reihe entwickelt wird; man erhält

$$B_1 = \frac{1}{6}, \quad B_2 = \frac{1}{30}, \quad B_3 = \frac{1}{42}, \quad B_4 = \frac{1}{30}, \quad B_5 = \frac{5}{66},$$

und es läßt sich leicht zeigen, daß die Werte B_n rational sind. Sie werden *Bernoullische*[1]) *Zahlen* genannt. Sind ihre Werte bekannt, so lassen sich andererseits die Werte der Reihen

$$\sum_{k=1}^{\infty} \frac{1}{k^{2n}} = \frac{(2\pi)^{2n} B_n}{2 \cdot (2n)!} \qquad (n = 1, 2, \ldots)$$

bestimmen.

Anstelle der Bernoullischen Zahlen werden bisweilen auch die *Eulerschen*[1]) *Zahlen* eingeführt, die durch die Beziehungen

$$A_0 = 1, \quad A_1 = -\frac{1}{2}, \quad A_{2k} = \frac{(-1)^{k-1} B_k}{(2k)!}, \quad A_{2k+1} = 0 \qquad (k = 1, 2, 3, \ldots) \tag{25}$$

definiert sind.

Ersetzen wir in der Gleichung (24) z durch $\dfrac{t}{i}$, so ergibt sich wegen

$$\frac{t}{2i} \cot \frac{t}{2i} = \frac{t}{2i} \cdot \frac{\cos\dfrac{t}{2i}}{\sin\dfrac{t}{2i}} = \frac{t}{2} \cdot \frac{e^{\frac{t}{2}} + e^{-\frac{t}{2}}}{e^{\frac{t}{2}} - e^{-\frac{t}{2}}} = \frac{t}{e^t - 1} + \frac{t}{2}$$

die Beziehung

$$\frac{t}{e^t - 1} = 1 - \frac{t}{2} + \frac{B_1 t^2}{2!} - \frac{B_2 t^4}{4!} + \cdots + (-1)^{n-1} \frac{B_n t^{2n}}{(2n)!} + \cdots$$

$$= A_0 + A_1 t + A_2 t^2 + A_3 t^3 + \cdots \qquad (|t| < 2\pi).$$

Die Bernoullischen und die Eulerschen Zahlen treten in den verschiedensten Zweigen der Analysis auf.

158. Periodische Funktionen der Periode $2l$. Häufig ist nicht eine in dem Intervall $(-\pi, \pi)$, sondern eine in $(-l, l)$ definierte Funktion in eine trigonometrische Reihe mit Kosinus- und Sinusgliedern zu entwickeln. Oft wird auch eine Entwicklung nach Kosinus- bzw. Sinusgliedern für eine in dem Intervall $(0, l)$ definierte Funktion benötigt.

Diese Aufgabe läßt sich mit Hilfe einer Maßstabsänderung auf die frühere zurückführen. Anstelle von x wird nämlich die Hilfsveränderliche ξ vermöge

$$x = \frac{l \xi}{\pi}, \qquad \xi = \frac{\pi x}{l} \tag{26}$$

eingeführt.

Wir setzen

$$f(x) = f\left(\frac{l \xi}{\pi}\right) = \varphi(\xi).$$

War die Funktion $f(x)$ in dem Intervall $(-l, l)$ definiert, so ist jetzt $\varphi(\xi)$ eine Funktion von ξ in dem Intervall $(-\pi, \pi)$. Die Entwicklung der Funktion $\varphi(\xi)$ in

---

[1]) Die Bezeichnung in der Literatur ist nicht einheitlich. (D. Red.)

eine Fourier-Reihe liefert

$$\frac{a_0}{2} + \sum_{k=1}^{\infty} (a_k \cos k\xi + b_k \sin k\xi),$$

wobei auf Grund von (26)

$$\left.\begin{aligned} a_k &= \frac{1}{\pi} \int_{-\pi}^{\pi} \varphi(\xi) \cos k\xi \, d\xi = \frac{1}{\pi} \int_{-\pi}^{\pi} f\left(\frac{l\xi}{\pi}\right) \cos k\xi \, d\xi \\ &= \frac{1}{l} \int_{-l}^{l} f(x) \cos \frac{k\pi x}{l} \, dx. \\ b_k &= \frac{1}{l} \int_{-l}^{l} f(x) \sin \frac{k\pi x}{l} \, dx \end{aligned}\right\} \qquad (27)$$

ist.

Der Satz von Dirichlet bleibt somit auch für das Intervall $(-l, l)$ gültig, wobei jedoch die Entwicklung (6) *durch*

$$\frac{a_0}{2} + \sum_{k=1}^{\infty} \left(a_k \cos \frac{k\pi x}{l} + b_k \sin \frac{k\pi x}{l}\right) \qquad (28)$$

zu ersetzen ist. Die Koeffizienten a_k und b_k sind dabei gemäß (27) *zu bestimmen.*

Dasselbe betrifft auch die Entwicklung einer in dem Intervall $(0, l)$ definierten Funktion $f(x)$ nach Kosinus- oder Sinusgliedern allein; für die Funktion $f(x)$ ergeben sich die Reihen

$$\frac{a_0}{2} + \sum_{k=1}^{\infty} a_k \cos \frac{k\pi x}{l}, \qquad a_k = \frac{2}{l} \int_0^l f(x) \cos \frac{k\pi x}{l} \, dx \qquad (29)$$

bzw.

$$\sum_{k=1}^{\infty} b_k \sin \frac{k\pi x}{l}, \qquad b_k = \frac{2}{l} \int_0^l f(x) \sin \frac{k\pi x}{l} \, dx. \qquad (30)$$

Beispiel. Es ist die Funktion $f(x)$, die durch

$$f(x) = \begin{cases} \sin \dfrac{\pi x}{l} & \text{für } 0 < x < \dfrac{l}{2}, \\ 0 & \text{für } \dfrac{l}{2} < x < l \end{cases}$$

definiert ist, in eine Reihe mit Sinusgliedern zu entwickeln.

Im vorliegenden Fall gilt

$$b_k = \frac{2}{l} \int_0^l f(x) \sin \frac{k\pi x}{l}\, dx = \frac{2}{l} \int_0^{l/2} \sin \frac{\pi x}{l} \sin \frac{k\pi x}{l}\, dx,$$

da in dem Intervall $\left(\frac{l}{2}, l\right)$ der Integrand verschwindet. Die einfache Durchrechnung, die wir dem Leser überlassen, liefert

$$b_k = \begin{cases} 0 & \text{für ungerades } k > 1, \\ -\dfrac{(-1)^{\frac{k}{2}} 2k}{\pi(k^2-1)} & \text{für gerades } k, \end{cases}$$

$$b_1 = \frac{1}{2},$$

so daß also

$$\frac{1}{2} \sin \frac{\pi x}{l} - \frac{4}{\pi} \sum_{n=1}^\infty \frac{(-1)^n n}{4n^2-1} \sin \frac{2n\pi x}{l} = \begin{cases} \sin \dfrac{\pi x}{l} & \text{für } 0 < x < \dfrac{l}{2}, \\ 0 & \text{für } \dfrac{l}{2} < x < l, \\ \dfrac{1}{2} & \text{für } x = \dfrac{l}{2}, \\ 0 & \text{für } x = 0,\, x = l \end{cases} \quad (31)$$

wird.

Wie wir bereits im Zusammenhang mit einem Intervall der Länge 2π bemerkt hatten, kann auch hier das Intervall $(-l, l)$ durch das beliebige Intervall $(c, c + 2l)$ der Länge $2l$ ersetzt werden. Die Reihe (28) liefert dann $f(x)$ in dem Intervall $(c, c + 2l)$, und bei der Berechnung der Koeffizienten auf Grund der Formel (27) ist das Integrationsintervall $(-l, l)$ durch das Intervall $(c, c + 2l)$ zu ersetzen.

159. Der mittlere quadratische Fehler. Wir zeigen jetzt einen anderen Zugang zur Theorie der Fourier-Reihen. Es sei so wie früher $f(x)$ eine im Intervall $(-\pi, \pi)$ vorgegebene Funktion. Wir bilden dann eine Linearkombination der ersten $2n + 1$ Funktionen des Systems (4):

$$\frac{\alpha_0}{2} + \sum_{k=1}^n (\alpha_k \cos kx + \beta_k \sin kx), \quad (32)$$

in der $\alpha_0, \alpha_1, \beta_1, \ldots, \alpha_n, \beta_n$ gewisse Zahlenfaktoren bedeuten. Der Ausdruck (32) stellt bekanntlich ein *trigonometrisches Polynom n-ter Ordnung* dar. Untersucht wird jetzt der Fehler, der sich ergibt, wenn man $f(x)$ durch die Summe (32) ersetzt, d. h., es wird die Differenz

$$\Delta_n(x) = f(x) - \left\{ \frac{\alpha_0}{2} + \sum_{k=1}^n (\alpha_k \cos kx + \beta_k \sin kx) \right\}$$

betrachtet.

Als *größte Abweichung* Δ_n der Summe (32) von der Funktion $f(x)$ in dem Intervall $(-\pi, \pi)$ bezeichnen wir den größten Wert von $|\Delta_n(x)|$ in diesem Intervall; je kleiner Δ_n wird, um so genauer stellt das trigonometrische Polynom n-ter Ordnung (32) die Funktion $f(x)$ dar. Es ist jedoch unzweckmäßig, die Größe Δ_n als Maß für die Annäherung zu nehmen, und zwar nicht nur, weil die Untersuchung dieser Größe umständlich ist, sondern auch, weil es bei dem Problem der näherungsweisen Darstellung einer Funktion häufig wichtiger ist, eine Verringerung des Fehlers im „Mittel" oder des „wahrscheinlichen" Fehlers zu erreichen, als eine Verringerung der „größten Abweichung". In Abb. 118 sind verschiedene Nähe-

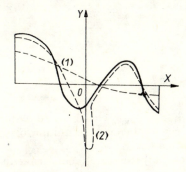

Abb. 118

rungskurven (gestrichelt) für eine gegebene Funktion $f(x)$ (ausgezogen) dargestellt. Die größte Abweichung der Kurve (*1*) ist kleiner als die der Kurve (*2*), aber im ganzen unterscheidet sich die Kurve (*1*) wesentlich mehr von der wahren Kurve als die Kurve (*2*); größere Abweichungen der letzteren treten in dem Intervall $(-\pi, \pi)$ in einem viel kleineren Abschnitt auf als die Abweichungen der Kurve (*1*).

Bei der Anwendung der Methode der kleinsten Quadrate in der Ausgleichsrechnung wird als Maß für die Beobachtungsgenauigkeit der „mittlere quadratische Fehler" genommen, der folgendermaßen definiert wird: Bei einer Messung der Größe z mögen sich die Werte

$$z_1, z_2, \ldots, z_N$$

ergeben haben. Der Fehler jeder Messung beträgt

$$z - z_k \qquad (k = 1, 2, \ldots, N);$$

der mittlere quadratische Fehler δ_n bestimmt sich nun aus der Formel

$$\delta_n{}^2 = \frac{1}{N} \sum_{k=1}^{N} (z - z_k)^2,$$

d. h., δ_n *ist die Quadratwurzel aus dem arithmetischen Mittel der Fehlerquadrate.*

Diesen mittleren quadratischen Fehler werden auch wir als Maß für den Grad der Annäherung der Summe (32) an die Funktion $f(x)$ nehmen. Dabei ist nur zu beachten, daß es sich hier nicht um eine endliche Anzahl von Werten handelt, sondern um unendlich viele, die über das ganze Intervall $(-\pi, \pi)$ verteilt sind. Somit wird jeder einzelne Fehler gerade durch $\varDelta_n(x)$ gegeben, und das arithmetische Mittel der Quadrate dieser Fehler wird

$$\frac{1}{2\pi} \int_{-\pi}^{\pi} \varDelta_n^2(x)\, dx;$$

der mittlere quadratische Fehler δ_n des Ausdruckes (32) bestimmt sich dann aus der Formel

$$\delta_n^2 = \frac{1}{2\pi} \int_{-\pi}^{\pi} \varDelta_n^2(x)\, dx$$

$$= \frac{1}{2\pi} \int_{-\pi}^{\pi} \left\{ f(x) - \frac{\alpha_0}{2} - \sum_{k=1}^{n} (\alpha_k \cos kx + \beta_k \sin kx) \right\}^2 dx. \tag{33}$$

Wir wollen jetzt die Konstanten $\alpha_0, \alpha_1, \beta_1, \ldots, \alpha_n, \beta_n$ so wählen, daß der Betrag von δ_n^2 ein Minimum wird. Es ist also ein gewöhnliches Minimumproblem für die Funktion δ_n^2 von $2n+1$ Veränderlichen zu lösen.

Zunächst vereinfachen wir den Ausdruck (33) für δ_n^2. Nach Ausrechnung des Quadrats ergibt sich

$$\left\{ f(x) - \frac{\alpha_0}{2} - \sum_{k=1}^{n} (\alpha_k \cos kx + \beta_k \sin kx) \right\}^2$$

$$= [f(x)]^2 - \alpha_0 f(x) - 2 \sum_{k=1}^{n} (\alpha_k \cos kx + \beta_k \sin kx) f(x) + \frac{\alpha_0^2}{4}$$

$$+ \sum_{k=1}^{n} (\alpha_k^2 \cos^2 kx + \beta_k^2 \sin^2 kx) + \sigma_n, \tag{34}$$

wobei σ_n eine Linearkombination von Ausdrücken der Form

$$\cos lx \cos mx, \quad \sin lx \sin mx \quad (l \neq m), \quad \cos lx \sin mx,$$

bedeutet. Auf Grund der Orthogonalität der trigonometrischen Funktionen [154] wird das Integral aller dieser Ausdrücke über das Intervall $(-\pi, \pi)$ gleich Null, und folglich verschwindet auch das Integral von σ_n über dieses Intervall. Die Integrale von $\cos^2 kx$ und $\sin^2 kx$ sind bekanntlich gleich π. Setzen wir nun den Ausdruck (34) in (33) ein, so wird

$$\delta_n^2 = \frac{1}{2\pi} \int_{-\pi}^{\pi} [f(x)]^2\, dx - \frac{\alpha_0}{2\pi} \int_{-\pi}^{\pi} f(x)\, dx$$

$$- \frac{1}{\pi} \sum_{k=1}^{n} \left[\alpha_k \int_{-\pi}^{\pi} f(x) \cos kx\, dx + \beta_k \int_{-\pi}^{+\pi} f(x) \sin kx\, dx \right]$$

$$+ \frac{\alpha_0^2}{4} + \frac{1}{2} \sum_{k=1}^{n} (\alpha_k^2 + \beta_k^2).$$

Mit Rücksicht auf die Ausdrücke (9) für die Fourier-Koeffizienten von $f(x)$ läßt sich der Ausdruck für δ_n^2 folgendermaßen umformen:

$$\delta_n^2 = \frac{1}{2\pi} \int_{-\pi}^{\pi} [f(x)]^2 \, dx - \frac{\alpha_0 a_0}{2} - \sum_{k=1}^{n} (\alpha_k a_k + \beta_k b_k) + \frac{\alpha_0^2}{4} + \frac{1}{2} \sum_{k=1}^{n} (\alpha_k^2 + \beta_k^2).$$

Wenn wir noch die Summe

$$\frac{a_0^2}{4} + \frac{1}{2} \sum_{k=1}^{n} (a_k^2 + b_k^2)$$

subtrahieren und addieren, können wir schließlich

$$\delta_n^2 = \frac{1}{2\pi} \int_{-\pi}^{\pi} [f(x)]^2 \, dx - \frac{a_0^2}{4} - \frac{1}{2} \sum_{k=1}^{n} (a_k^2 + b_k^2)$$
$$+ \frac{1}{4} (\alpha_0 - a_0)^2 + \frac{1}{2} \sum_{k=1}^{n} [(\alpha_k - a_k)^2 + (\beta_k - b_k)^2] \qquad (35)$$

schreiben.

Der kleinste Wert von δ_n^2 liegt offenbar dann vor, wenn $(\alpha_0 - a_0)^2$ und die letzten beiden nichtnegativen Summanden auf der rechten Seite Null werden. Dies tritt genau dann ein, wenn man $\alpha_0 = a_0$ und allgemein $\alpha_k = a_k$ und $\beta_k = b_k$ $(k = 1, 2, \ldots)$ setzt. *Der mittlere quadratische Fehler einer angenäherten Darstellung der Funktion $f(x)$ mittels eines trigonometrischen Polynoms n-ter Ordnung wird also am kleinsten, wenn die Koeffizienten des Polynoms die Fourier-Koeffizienten der Funktion $f(x)$ sind.*

Wir erwähnen hierbei noch einen wichtigen Umstand. Aus dem erhaltenen Resultat folgt nämlich, daß die Werte α_k und β_k, die δ_n^2 zum Minimum machen, nicht vom Index n abhängen. Wird n vergrößert, so sind neue Koeffizienten α_k und β_k hinzuzufügen, die bereits berechneten Koeffizienten ändern sich aber nicht.

Den Betrag ε_n des kleinsten Fehlers erhalten wir nach Formel (35), wenn wir dort α_k und β_k durch a_k bzw. b_k ersetzen, womit

$$\varepsilon_n^2 = \frac{1}{2\pi} \int_{-\pi}^{\pi} [f(x)]^2 \, dx - \frac{a_0^2}{4} - \frac{1}{2} \sum_{k=1}^{n} (a_k^2 + b_k^2) \qquad (36)$$

oder

$$2\varepsilon_n^2 = \frac{1}{\pi} \int_{-\pi}^{\pi} [f(x)]^2 \, dx - \frac{a_0^2}{2} - \sum_{k=1}^{n} (a_k^2 + b_k^2) \qquad (37)$$

wird. Mit zunehmender Ordnung n des trigonometrischen Polynoms kommen auf der rechten Seite von (37) weitere nichtpositive Glieder $-a_{n+1}^2, -b_{n+1}^2, \ldots$ hinzu; *der Fehler ε_n kann daher mit zunehmendem n nicht wachsen, d. h., die Genauigkeit der Näherung vergrößert sich mit wachsendem n.*

Die Größe von ε_n^2 wird durch die Formel (33) gegeben, wenn in ihr α_k, β_k durch a_k, b_k ersetzt werden, d. h., ε_n^2 wird durch das Integral über das Quadrat einer gewissen Funktion dargestellt und ist daher sicher nicht negativ. Mit Rücksicht hierauf erhalten wir auf Grund von (37)

$$\frac{a_0^2}{2} + \sum_{k=1}^{n} (a_k^2 + b_k^2) \leq \frac{1}{\pi} \int_{-\pi}^{\pi} [f(x)]^2 \, dx. \tag{38}$$

Bisher haben wir keinerlei Voraussetzungen bezüglich der Eigenschaften von $f(x)$ ausgesprochen. Für die vorangegangenen Überlegungen ist notwendig, daß alle auftretenden Integrale existieren, sich also die Fourier-Koeffizienten gemäß den Formeln (9) berechnen lassen und das Integral über das Quadrat der Funktion existiert. Es genügt beispielsweise die Voraussetzung, daß die Funktion $f(x)$ beschränkt und integrierbar ist [I, 117]. Der Einfachheit halber nehmen wir an, daß die Funktion $f(x)$ stetig ist oder nur endlich viele Unstetigkeitsstellen erster Art besitzt. Dann haben alle angegebenen Integrale sicher einen Sinn [I, 116]. Die Voraussetzungen bezüglich $f(x)$ lassen sich wesentlich allgemeiner fassen. Jedenfalls spielt in allen vorausgegangenen und folgenden Überlegungen die früher in den Dirichletschen Bedingungen auftretende Voraussetzung über die Zerlegbarkeit des ganzen Intervalls $(-\pi, \pi)$ in endlich viele Teilintervalle derart, daß in jedem Teilintervall $f(x)$ monoton ist, keine Rolle.

Wir wenden uns jetzt wieder der Ungleichung (38) zu. Bei Vergrößerung von n wird die auf der linken Seite stehende Summe von nichtnegativen Gliedern nicht kleiner, doch bleibt sie höchstens gleich dem auf der rechten Seite der Ungleichung stehenden festen nichtnegativen Wert. Hieraus folgt unmittelbar, daß die unendliche Reihe

$$\sum_{k=1}^{\infty} (a_k^2 + b_k^2)$$

konvergiert [I, 120]. Lassen wir n gegen Unendlich gehen, so erhalten wir nach dem Grenzübergang in der Ungleichung (38) die Ungleichung

$$\frac{a_0^2}{2} + \sum_{k=1}^{\infty} (a_k^2 + b_k^2) \leq \frac{1}{\pi} \int_{-\pi}^{\pi} [f(x)]^2 \, dx. \tag{39}$$

Da das allgemeine Glied einer konvergenten Reihe mit unbegrenzt wachsendem Index gegen Null streben muß, gilt also der folgende

Satz. *Unter den angegebenen Voraussetzungen für die Funktion $f(x)$ streben deren Fourier-Koeffizienten a_k und b_k für $k \to \infty$ gegen Null.*

Von fundamentaler Bedeutung erweist sich unter diesem neuen Gesichtspunkt die Frage, *ob der Fehler ε_n bei unbegrenzt zunehmendem n gegen Null strebt*. Wenn wir auf der rechten Seite der Formel (37) für unbegrenzt wachsendes n zum Grenzwert übergehen, erhalten wir anstelle der endlichen Summe $\sum\limits_{k=1}^{n}$ die unendliche Reihe $\sum\limits_{k=1}^{\infty}$:

$$\lim_{n\to\infty} 2\varepsilon_n{}^2 = \frac{1}{\pi} \int\limits_{-\pi}^{\pi} [f(x)]^2\, dx - \frac{a_0{}^2}{2} - \sum_{k=1}^{\infty} (a_k{}^2 + b_k{}^2).$$

Das Verschwinden des Grenzwertes von ε_n ist also damit gleichbedeutend, daß in (39) das Gleichheitszeichen gilt, d. h.

$$\frac{1}{\pi} \int\limits_{-\pi}^{\pi} [f(x)]^2\, dx = \frac{a_0{}^2}{2} + \sum_{k=1}^{\infty} (a_k{}^2 + b_k{}^2). \tag{40}$$

Diese Gleichung wird gewöhnlich als *Vollständigkeitsrelation* bezeichnet. Im folgenden Paragraphen dieses Kapitels werden wir beweisen, daß ε_n gegen Null geht, d. h., daß die Gleichung (40) tatsächlich für alle Funktionen $f(x)$ mit der früher angegebenen Eigenschaft (endlich viele Unstetigkeitsstellen erster Art) gilt.

160. Allgemeine orthogonale Funktionensysteme. Die meisten in diesem Kapitel durchgeführten Überlegungen beruhten nicht auf den speziellen Eigenschaften der trigonometrischen Funktionen, sondern nur auf der Orthogonalität des Funktionensystems (4). Daher sind diese Überlegungen auf jedes System orthogonaler Funktionen übertragbar. Wie wir sehen werden, treten solche Systeme häufig bei Problemen der mathematischen Physik auf. Es sei ein System reeller Funktionen in dem Intervall $a \leq x \leq b$ gegeben, die wir der Einfachheit halber als stetig annehmen:

$$\varphi_1(x), \varphi_2(x), \ldots, \varphi_n(x), \ldots \tag{41}$$

Wir setzen voraus, daß keine dieser Funktionen identisch Null ist.

Die Funktionen des Systems (41) heißen in dem Intervall $a \leq x \leq b$ *orthogonal*, falls

$$\int\limits_a^b \varphi_m(x)\varphi_n(x)\, dx = 0 \quad \text{für} \quad m \neq n \tag{42}$$

gilt. Das Integral über das Quadrat jeder Funktion des Systems (41) wird gleich einer gewissen positiven Konstanten. Für diese führen wir die folgende Bezeichnung ein:

$$k_n = \int\limits_a^b [\varphi_n(x)]^2\, dx. \tag{43}$$

Multiplizieren wir die Funktionen des Systems (41) jeweils mit $\frac{1}{\sqrt{k_n}}$, so genügen die neuen Funktionen

$$\psi_1(x) = \frac{1}{\sqrt{k_1}} \varphi_1(x), \quad \psi_2(x) = \frac{1}{\sqrt{k_2}} \varphi_2(x), \ldots, \psi_n(x) = \frac{1}{\sqrt{k_n}} \varphi_n(x), \ldots$$

auf Grund von (42) und (43) nicht nur der Orthogonalitätsbedingung, sondern das Integral über das Quadrat jeder Funktion wird darüber hinaus gleich Eins; es gilt also

$$\int_a^b \psi_m(x)\psi_n(x)dx = \begin{cases} 0 & \text{für} \quad m \neq n, \\ 1 & \text{für} \quad m = n. \end{cases} \tag{44}$$

Ein Funktionensystem

$$\psi_1(x), \psi_2(x), \ldots, \psi_n(x), \ldots \tag{45}$$

heißt *orthonormal*, wenn die Bedingungen (44) erfüllt sind.

Es sei $f(x)$ eine in einem Intervall $a \leqq x \leqq b$ stetige Funktion oder besitze dort höchstens endlich viele Unstetigkeitsstellen erster Art. Die Größe

$$c_k = \int_a^b f(x)\psi(x)\,dx \tag{46}$$

nennt man *verallgemeinerte Fourier-Koeffizienten* oder einfach *Fourier-Koeffizienten* der Funktion $f(x)$ in bezug auf das orthonormale Funktionensystem (45). Die Reihe

$$\sum_{k=1}^{\infty} c_k \psi_k(x) \tag{46_1}$$

heißt *verallgemeinerte Fourier-Reihe* der Funktion $f(x)$. Ohne zusätzliche Voraussetzungen in bezug auf $f(x)$ und die Funktionen (45) kann man nichts über die Konvergenz dieser Reihe oder ihren Wert, falls sie konvergiert, aussagen.

Wir betrachten den Ausdruck für den mittleren quadratischen Fehler bei der Darstellung der vorgegebenen Funktion $f(x)$ durch eine endliche Summe der Form

$$\sum_{k=1}^{n} \gamma_k \psi_k(x).$$

Das Quadrat dieses Fehlers ergibt sich aus der Formel

$$\delta_n^2 = \int_a^b [f(x) - \sum_{k=1}^{n} \gamma_k \psi_k(x)]^2\,dx.$$

Dabei schreiben wir den Faktor $(b-a)^{-1}$ vor dem Integralzeichen nicht. Unter Beachtung von (44) und (45) erhalten wir wie in [159]

$$\delta_n^2 = \int_a^b [f(x)]^2\,dx - \sum_{k=1}^{n} c_k^2 + \sum_{k=1}^{n} (\gamma_k - c_k)^2.$$

Hieraus folgt unmittelbar, daß $\delta_n{}^2$ den kleinsten Wert $\varepsilon_n{}^2$ für $\gamma_k = c_k$ annimmt:

$$\varepsilon_n{}^2 = \int_a^b \left[f(x) - \sum_{k=1}^n c_k \psi_k(x) \right]^2 dx$$

$$= \int_a^b [f(x)]^2 dx - \sum_{k=1}^n c_k{}^2. \tag{47}$$

Hieraus ergibt sich wie früher die Ungleichung

$$\sum_{k=1}^\infty c_k{}^2 \leqq \int_a^b [f(x)]^2 dx, \tag{48}$$

die gewöhnlich als *Besselsche Ungleichung* bezeichnet wird. Als grundlegend erweist sich auch hier die Frage, ob ε_n bei unbegrenzt wachsendem n gegen Null strebt; dabei bedeutet das Verschwinden des Grenzwerts, daß in (48) das Gleichheitszeichen gilt, also

$$\int_a^b [f(x)]^2 dx = \sum_{k=1}^\infty c_k{}^2 \tag{49}$$

ist.

Die vorstehende Gleichung heißt *Vollständigkeitsrelation*[1]) *für $f(x)$ in bezug auf das Funktionensystem* (45). Dieses System selbst heißt *vollständig*, wenn die Gleichung (49) für jede Funktion mit den im vorigen Abschnitt angegebenen Eigenschaften (endlich viele Unstetigkeitsstellen erster Art usw.) gültig ist. Es läßt sich übrigens zeigen, daß in diesem Fall die Gleichung (49) auch für eine bedeutend umfassendere Klasse von Funktionen als die im vorigen Abschnitt angegebene Gültigkeit hat.

Der Beweis der Vollständigkeitsrelation für verschiedene Systeme orthogonaler Funktionen wurde u. a. in den Arbeiten von W. A. STEKLOW erbracht. Dort wird auch die wesentliche Bedeutung der Vollständigkeitsrelation in der Theorie der Orthogonalsysteme hervorgehoben. Den Beweis der Vollständigkeitsrelation für die trigonometrischen Reihen im Falle beschränkter und integrierbarer Funktionen führte als erster A. M. LJAPUNOW.

Wir kehren jetzt zu dem Funktionensystem

$$1, \quad \cos x, \quad \sin x, \quad \cos 2x, \quad \sin 2x, \quad \ldots, \quad \cos nx, \sin nx, \ldots$$

zurück.

Diese Funktionen bilden ein Orthogonalsystem auf dem Intervall $(-\pi, \pi)$, sie sind aber nicht normiert, d. h., die Integrale über ihre Quadrate sind nicht gleich Eins. Aus den früheren Berechnungen [154] folgt, daß im vorliegenden Fall das

---

[1]) Auch *Parsevalsche Gleichung* genannt. (D. Red.)

Funktionensystem

$$\frac{1}{\sqrt{2\pi}}, \quad \frac{1}{\sqrt{\pi}}\cos x, \quad \frac{1}{\sqrt{\pi}}\sin x, \ldots, \frac{1}{\sqrt{\pi}}\cos nx, \quad \frac{1}{\sqrt{\pi}}\sin nx, \ldots$$

orthogonal und normiert, d. h. orthonormal ist.

Das orthonormale System (45) sei vollständig. Wir werden zeigen, daß dann keine nicht identisch verschwindende stetige Funktion existiert, die zu allen Funktionen des Systems (45) orthogonal ist. Es sei $f(x)$ eine solche Funktion:

$$\int_a^b f(x)\psi_k(x)\,dx = 0 \qquad (k = 1, 2, \ldots).$$

Dann sind alle Fourier-Koeffizienten c_k der Funktion $f(x)$ gleich Null. Aus der Vollständigkeitsrelation (49) folgt dabei

$$\int_a^b [f(x)]^2\,dx = 0.$$

Sobald $f(x)$ als stetig vorausgesetzt wird, ergibt sich aus dieser Gleichung, daß $f(x) \equiv 0$ ist.

Die Umkehrung gilt nicht, d. h., existiert keine stetige Funktion (außer der identisch verschwindenden), die zu allen Funktionen des Systems (45) orthogonal ist, so folgt daraus nicht, daß das System vollständig ist. Wir betrachten diese Frage noch im folgenden Paragraphen, wenn wir die Theorie der orthonormalen Systeme für meßbare Funktionen unter Benutzung des Lebesgueschen Integrals aufbauen.

Wir wenden uns nochmals dem vollständigen orthonormalen System (45) zu. Es seien $f(x)$ und $g(x)$ stetige Funktionen, oder sie dürfen höchstens endlich viele Unstetigkeitsstellen erster Art in $[a, b]$ besitzen. Die Fourier-Koeffizienten dieser Funktionen bezeichnen wir mit c_k und d_k. Für ihre Summe ergeben sich die Fourier-Koeffizienten $c_k + d_k$:

$$\int_a^b [f(x) + g(x)]\psi_k(x)\,dx = \int_a^b f(x)\psi_k(x)\,dx + \int_a^b g(x)\psi_k(x)\,dx$$
$$= c_k + d_k.$$

Wir können drei Vollständigkeitsrelationen aufschreiben:

$$\int_a^b [f(x)]^2\,dx = \sum_{k=1}^\infty c_k^2, \qquad \int_a^b [g(x)]^2\,dx = \sum_{k=1}^\infty d_k^2,$$
$$\int_a^b [f(x) + g(x)]^2\,dx = \sum_{k=1}^\infty (c_k + d_k)^2.$$

Löst man in der letzten Formel die Klammern auf, so erhält man unter Berücksichtigung der ersten beiden Formeln

$$\int_a^b f(x)g(x)\,dx = \sum_{k=1}^\infty c_k d_k. \tag{50}$$

Aus der Ungleichung

$$|c_k d_k| \leq \frac{1}{2}(c_k{}^2 + d_k{}^2)$$

folgt unmittelbar die absolute Konvergenz der Reihe, die in (50) auftritt. Die Formel (50) heißt *verallgemeinerte Vollständigkeitsrelation*.

Für $f(x) \equiv g(x)$ gilt auch $c_k = d_k$ $(k = 1, 2, \ldots)$; die Formel (50) geht dann in (49) über. Es ergibt sich noch eine interessante Folgerung aus Formel (50). Es sei $[\alpha, \beta]$ ein beliebiges Teilintervall von $[a, b]$ (oder das gesamte Intervall $[a, b]$). Wir definieren dann die Funktion $g(x)$ durch $g(x) = 1$ für $\alpha \leq x \leq \beta$ und $g(x) = 0$ in allen übrigen Punkten des Intervalls $[a, b]$. Dabei gilt

$$d_k = \int_a^b g(x)\psi_k(x)\,dx = \int_\alpha^\beta \psi_k(x)\,dx,$$

und Formel (50) liefert

$$\int_\alpha^\beta f(x)\,dx = \sum_{k=1}^\infty c_k \int_\alpha^\beta \psi_k(x)\,dx. \tag{51}$$

Wie wir schon erwähnt hatten, ist es ohne ergänzende Angaben über das Funktionensystem (45) und die Funktion $f(x)$ nicht möglich, Aussagen über die Konvergenz der Fourier-Reihe (46_1) der Funktion $f(x)$ und über ihre Summe, falls diese Reihe konvergiert, zu machen. Die vorstehenden Überlegungen führen zu dem folgenden Satz:

Satz 1. *Das orthonormale System* (45) *sei vollständig, und es sei* $f(x)$ *eine stetige Funktion oder eine Funktion mit endlich vielen Unstetigkeitsstellen erster Art im Intervall* $[a, b]$. *Ferner sei* $[\alpha, \beta]$ *ein beliebiges Teilintervall von* $[a, b]$. *Wird die Fourier-Reihe von* $f(x)$ *gliedweise über* $[\alpha, \beta]$ *integriert, so konvergiert die resultierende Reihe, und ihre Summe ist gleich dem Integral von* $f(x)$ *über* $[\alpha, \beta]$.

Wir werden noch den folgenden Satz beweisen:

Satz 2. *Ist das orthonormale System* (45) *vollständig und konvergiert die Fourier-Reihe einer im Intervall* $a \leq x \leq b$ *stetigen Funktion in diesem Intervall gleichmäßig, so ist ihre Summe gleich* $f(x)$.

Es seien c_k die Fourier-Koeffizienten von $f(x)$. Nach Voraussetzung konvergiert die Reihe (46_1) gleichmäßig für $a \leq x \leq b$. Diese Summe $\omega(x)$ ist dann selbst eine stetige Funktion in diesem Intervall:

$$\omega(x) = \sum_{k=1}^\infty c_k \psi_k(x).$$

Es ist zu zeigen, daß $f(x) - \omega(x) \equiv 0$ ist. Wir multiplizieren beide Seiten der letzten Gleichung mit $\psi_n(x)$ und integrieren sie im Intervall $[a, b]$. Auf Grund der gleichmäßigen Konvergenz können wir die Reihe gliedweise integrieren:

$$\int_a^b \omega(x)\psi_n(x)\,dx = \sum_{k=1}^\infty c_k \int_a^b \psi_k(x)\psi_n(x)\,dx.$$

Aus (44) folgt dann

$$\int_a^b \omega(x)\psi_n(x)\,dx = c_n,$$

d. h., die Zahlen c_n sind die Fourier-Koeffizienten sowohl von $f(x)$ als auch von $\omega(x)$. Dann sind alle Fourier-Koeffizienten der stetigen Funktion $f(x) - \omega(x)$ gleich Null, und aus der Vollständigkeit des Systems folgt, wie wir schon früher gezeigt hatten, daß $f(x) - \omega(x) \equiv 0$ ist.

Die dargelegte Theorie läßt sich ohne Änderung auch auf den Fall eines Funktionensystems von mehreren Veränderlichen ausdehnen, das in einem gewissen endlichen Bereich der Ebene, des dreidimensionalen oder allgemein des n-dimensionalen Raumes orthogonal ist. Die obigen Bemerkungen lassen sich auch leicht auf den Fall komplexer Funktionen $\omega_1(x) + i\omega_2(x)$ erweitern, wobei $\omega_1(x)$ und $\omega_2(x)$ reelle Funktionen sind. Im weiteren werden wir mit $\bar{\alpha}$ die zu α konjugiert komplexe Größe bezeichnen.

Das System der komplexen Funktionen

$$\psi_1(x), \psi_2(x), \ldots, \psi_n(x), \ldots \tag{52}$$

heißt *orthonormal*, falls

$$\int_a^b \psi_k(x)\overline{\psi_l(x)}\,dx = \begin{cases} 0 & \text{für} \quad k \neq l, \\ 1 & \text{für} \quad k = l \end{cases} \tag{53}$$

ist. Die *Fourier-Koeffizienten* der Funktion $f(x)$ bestimmen sich aus der Formel

$$c_k = \int_a^b f(x)\overline{\psi_k(x)}\,dx. \tag{54}$$

Die Formel (47), die *Besselsche Ungleichung* (48), die *Vollständigkeitsrelation* (49) und die *verallgemeinerte Vollständigkeitsrelation* haben jetzt die Form

$$\int_a^b \left| f(x) - \sum_{k=1}^n c_k\psi_k(x) \right|^2 dx = \int_a^b |f(x)|^2\,dx - \sum_{k=1}^n |c_k|^2, \tag{55}$$

$$\sum_{k=1}^\infty |c_k|^2 \leqq \int_a^b |f(x)|^2\,dx, \tag{56}$$

$$\int_a^b |f(x)|^2\,dx = \sum_{k=1}^\infty c_k^2, \tag{57}$$

$$\int_a^b f(x)\overline{g(x)}\,dx = \sum_{k=1}^\infty c_k d_k. \tag{58}$$

161. Die Klasse L_2. Dieser und der folgende Abschnitt schaffen die Voraussetzungen für [163]; dort werden wir die Theorie der orthonormalen Systeme meßbarer Funktionen darlegen. Die Ergebnisse sind auch von großer eigenständiger Bedeutung in der Lebesgueschen Theorie.

161. Die Klasse L_2

Es sei E eine gewisse meßbare Menge auf einer Geraden oder allgemein im n-dimensionalen Raum. Mit $L_2(E)$ bezeichnen wir die Klasse der auf E meßbaren reellen Funktionen $f(x)$ derart, daß die Funktion $[f(x)]^2$ auf E summierbar ist:

$$\int_E [f(x)]^2 \, dx < \infty. \tag{59}$$

Hieraus folgt, daß $f(x)$ fast überall auf E endliche Werte annimmt. Im weiteren werden wir für $L_2(E)$ nur L_2 schreiben und auch in den Funktionen das Argument x weglassen. Wir beweisen nun einige Sätze über die Klasse L_2.

Satz 1. *Sind f und g zwei Funktionen aus L_2, so ist das Produkt fg summierbar auf E.*

Die Behauptung folgt offensichtlich aus der Ungleichung

$$|fg| \leq \frac{1}{2}(f^2 + g^2).$$

Bemerkung. Wenn E eine Menge von endlichem Maß ist und $f \in L_2$, so ist f auf E summierbar. Dies folgt aus der obigen Ungleichung für $g \equiv 1$.

Satz 2. *Sind f und g zwei Funktionen aus L_2, so gehören auch die Funktionen cf und $g + f$ zu L_2 (c ist dabei eine Konstante).*

Die Behauptung bezüglich cf gilt offenbar. Für $(f + g)$ folgt sie aus $(f + g)^2 = f^2 + 2fg + g^2$, dem Satz 1 und [108], [111].

Satz 3. *Sind f und g zwei Funktionen aus L_2, so gilt die Ungleichung* (BUNJAKOWSKI-SCHWARZ)

$$\left(\int_E fg \, dx\right)^2 \leq \int_E f^2 \, dx \int_E g^2 \, dx. \tag{60}$$

Ist eine der Funktionen f oder g äquivalent Null, so sind die linke und die rechte Seite von (60) gleich Null. Wir werden f und g als nicht äquivalent Null voraussetzen. Wir erwähnen zunächst folgende Tatsache: Sind die Koeffizienten des quadratischen Ausdrucks $at^2 + 2bt + c$ reell und ist $a > 0$, so folgt aus der Formel

$$at^2 + 2bt + c = \frac{1}{a}[(at + b)^2 + (ac - b^2)],$$

daß $b^2 \leq ac$ gilt unter der Voraussetzung, daß der quadratische Ausdruck nur nichtnegative Werte annehmen kann. Wir betrachten die offenbar gültige Beziehung

$$\int_E (ft + g)^2 \, dx = t^2 \int_E f^2 \, dx + 2t \int_E fg \, dx + \int_E g^2 \, dx.$$

Da beide Seiten dieser Gleichung für alle t nur nichtnegative Werte annehmen, folgt sofort die Gültigkeit von (60). Der Koeffizient von t^2 ist dabei positiv, da nach Voraussetzung $f(x)$ nicht äquivalent Null ist. Die Ungleichung (60) ist offenbar auch für Riemannsche Integrale gültig.

Satz 4. *Sind f und g zwei Funktionen aus L_2, so gilt die Ungleichung*

$$\sqrt{\int_E (f+g)^2\, dx} \leq \sqrt{\int_E f^2\, dx} + \sqrt{\int_E g^2\, dx}. \tag{61}$$

Aus (60) folgt

$$\int_E fg\, dx \leq \sqrt{\int_E f^2\, dx} \cdot \sqrt{\int_E g^2\, dx}.$$

Wir multiplizieren beide Seiten mit 2 und fügen dann auf beiden Seiten die Integrale von f^2 und g^2 hinzu. Dies führt zur Ungleichung

$$\int_E (f+g)^2\, dx \leq \left[\sqrt{\int_E f^2\, dx} + \sqrt{\int_E g^2\, dx}\right]^2;$$

hieraus ergibt sich unmittelbar (61).

162. Konvergenz im Mittel. In der Klasse L_2 führen wir die Konvergenz im Mittel ein.

Definition. *Eine Folge von Funktionen $f_n(x)$ ($n = 1, 2, \ldots$) aus L_2 konvergiert im Mittel gegen $f(x)$ aus L_2*, oder einfach, *sie konvergiert in L_2 gegen die Funktion $f(x)$, wenn*

$$\lim_{n\to\infty} \int_E (f - f_n)\, dx = 0. \tag{62}$$

Dafür werden wir die Abkürzung

$$f_n \Rightarrow f$$

verwenden. Ersetzen wir die Funktion $f(x)$ unter dem Integralzeichen durch eine ihr äquivalente Funktion, so ändert sich das Integral nicht.

Die Folge $f_n(x)$, die in L_2 gegen $f(x)$ konvergiert, strebt also gegen alle Funktionen, die zu $f(x)$ äquivalent sind. Im weiteren werden wir zueinander äquivalente Funktionen nicht unterscheiden, d. h., jede Klasse von äquivalenten Funktionen aus L_2 sehen wir als eine Funktion an. Unter diesem Gesichtspunkt beweisen wir die Eindeutigkeit des Grenzübergangs in L_2.

Satz 5. *Wenn $f_n \Rightarrow f$ und $f_n \Rightarrow g$ gilt, dann sind f und g äquivalent.*

Auf die rechte Seite der Gleichung

$$f - g = (f - f_n) + (f_n - g)$$

wenden wir Formel (61) an:

$$\sqrt{\int_E (f-g)^2\, dx} \leq \sqrt{\int_E (f_n - g)^2\, dx} + \sqrt{\int_E (f - f_n)^2\, dx}.$$

Für $n \to \infty$ strebt die rechte Seite gegen Null, und folglich gilt für die linke Seite, die nicht von n abhängt,

$$\int_E (f-g)^2\, dx = 0;$$

hieraus folgt, daß die Funktion $f - g$ äquivalent Null ist, d. h., f und g sind äquivalent.

Wir werden noch eine notwendige und hinreichende Bedingung dafür angeben, daß eine Folge aus L_2 ein Grenzelement in L_2 besitzt. Diese Bedingung ist der Cauchyschen Bedingung für die Existenz eines Grenzwertes für eine Zahlenfolge analog. Zunächst geben wir folgende Definition.

Definition. *Eine Folge von Funktionen $f_n(x)$ aus L_2 heißt Cauchy-Folge[1]), wenn zu jedem beliebig vorgegebenen $\varepsilon > 0$ ein N existiert, so daß für alle $m \geq N$ und $n \geq N$*

$$\int_E (f_n - f_m)^2 \, dx \leq \varepsilon^2 \tag{63}$$

gilt.

Satz 6. *Für die Konvergenz einer Folge $f_n(x)$ in L_2 gegen eine gewisse Funktion $f(x)$ aus L_2 ist notwendig, daß die Folge $f_n(x)$ eine Cauchy-Folge ist.*

Wir nehmen an, daß die Folge f_n in L_2 gegen eine gewisse Funktion f konvergiert. Wenden wir auf

$$f_n - f_m = (f_n - f) + (f - f_m)$$

die Ungleichung (61) an, so erhalten wir

$$\sqrt{\int_E (f_n - f_m)^2 \, dx} \leq \sqrt{\int_E (f_n - f)^2 \, dx} + \sqrt{\int_E (f - f_m)^2 \, dx}. \tag{64}$$

Für ein vorgegebenes $\varepsilon > 0$ existiert wegen der Konvergenz der Folge f_n ein solches N, daß für jedes $n \geq N$ und $m \geq N$ die Integrale unter den Wurzelzeichen auf der rechten Seite der Ungleichung kleiner oder gleich $\dfrac{\varepsilon^2}{4}$ werden. Damit ergibt sich aus (64) unmittelbar die Ungleichung (63).

Von großer prinzipieller Bedeutung ist die Umkehrung dieses Satzes, die wir nur für den Fall beweisen werden, daß das Maß von E endlich ist. Sie kann jedoch auf den Fall ausgedehnt werden, daß die Menge E ein unendliches Maß besitzt.

Satz 7. *Die Bedingung, daß die Folge f_n aus L_2 eine Cauchy-Folge ist, erweist sich als hinreichend dafür, daß die Folge f_n aus L_2 auf einer Menge von endlichem Maß gegen eine gewisse Funktion f aus L_2 konvergiert.*

Es sei f_n eine Cauchy-Folge. Dann existiert eine unbeschränkt wachsende Folge von natürlichen Zahlen $n_1 < n_2 < n_3 < \cdots$, so daß

$$\int_E (f_{n_{k+1}} - f_{n_k})^2 \, dx \leq \frac{1}{2^{2k}} \qquad (k = 1, 2, \ldots). \tag{65}$$

---

[1]) Es sind hierfür auch die Bezeichnungen *in sich konvergente Folge* und *Fundamentalfolge* gebräuchlich.

Die Ungleichung (60) wenden wir auf $|f_{n_{k+1}} - f_k| = f$ und $g \equiv 1$ an und erhalten

$$\int_E |f_{n_{k+1}} - f_{n_k}|\, dx \leq \sqrt{\int_E [f_{n_{k+1}} - f_{n_k}]^2\, dx} \cdot \sqrt{\int_E dx}$$

oder nach (65)

$$\int_E |f_{n_{k+1}} - f_{n_k}|\, dx \leq \frac{1}{2^k} \sqrt{m(E)}.$$

Hieraus ergibt sich die Konvergenz der Reihe

$$\sum_{k=1}^{\infty} \int_E |f_{n_{k+1}} - f_{n_k}|\, dx,$$

und nach einem Satz aus [109] konvergiert die Reihe

$$\sum_{k=1}^{\infty} |f_{n_{k+1}} - f_{n_k}|$$

fast überall auf E. Dann konvergiert ebenfalls die Reihe

$$f_{n_1} + \sum_{k=1}^{\infty} (f_{n_{k+1}} - f_{n_k})$$

fast überall; die Summe ihrer ersten p Glieder ist gleich $f_{n_p}(x)$. Die Folge der Funktionen

$$f_{n_1}, f_{n_2}, f_{n_3}, \ldots$$

strebt also fast überall gegen eine gewisse Grenzfunktion $f(x)$, die fast überall auf E endliche Werte besitzt. Wir beweisen noch, daß $f \in L_2$ und $f_n \Rightarrow f$ ist. Da die Folge f_n eine Cauchy-Folge ist, existiert für ein beliebig vorgegebenes $\varepsilon > 0$ eine Zahl N, so daß

$$\int_E (f_{n_k} - f_n)^2\, dx \leq \varepsilon^2 \quad \text{für} \quad n_k \geq N \quad \text{und} \quad n \geq N$$

ist. Für $k \to \infty$ erhält man [109]

$$\int_E |f - f_n|^2\, dx \leq \varepsilon^2 \quad \text{für} \quad n \geq N. \tag{66}$$

Dann gilt $f - f_n \in L_2$. Da aber auch $f_n \in L_2$ ist, folgt aus einem Satz aus [161] $f \in L_2$. Die Ungleichung (66) zeigt schließlich, daß $f_n \Rightarrow f$ ist.

Die Bedingung, daß eine Folge eine Cauchy-Folge in L_2 bildet, ist also notwendig und hinreichend für die Konvergenz dieser Folge in L_2 gegen eine gewisse Funktion.

Satz 8. *Wenn $f_n \in L_2$, $g_n \in L_2$ und $f_n \Rightarrow f$, $g_n \Rightarrow g$ gilt, ist*

$$\lim_{n \to \infty} \int_E f_n g_n\, dx = \int_E f g\, dx. \tag{67}$$

Wir führen für zwei beliebige Funktionen φ und ψ aus L_2 die Bezeichnung

$$(\varphi, \psi) = \int_E \varphi \psi \, dx$$

ein. Dann können wir die Ungleichung (60) in der Form

$$(\varphi, \psi)^2 \leq (\varphi, \varphi)(\psi, \psi) \tag{68}$$

schreiben. Wir setzen

$$\varphi_n = f_n - f \quad \text{und} \quad \psi_n = g_n - g.$$

Nach Voraussetzung gilt dann für $n \to \infty$

$$(\varphi_n, \varphi_n) \to 0, \qquad (\psi_n, \psi_n) \to 0.$$

Wir bilden die Differenz

$$(f, g) - (f_n, g_n) = (f, g) - (f + \varphi_n, g + \psi_n)$$
$$= -(f, \psi_n) - (\varphi_n, g) - (\varphi_n, \psi_n),$$

und nach Anwendung von (68) ergibt sich

$$|(f, g) - (f_n, g_n)| \leq |(f, \psi_n)| + |(\varphi_n, g)| + |(\varphi_n, \psi_n)|$$
$$\leq \sqrt{(f, f)} \sqrt{(\psi_n, \psi_n)} + \sqrt{(\varphi_n, \varphi_n)} \sqrt{(g, g)} + \sqrt{(\varphi_n, \varphi_n)} \sqrt{(\psi_n, \psi_n)}.$$

Für $n \to \infty$ strebt die rechte Seite gegen Null.

Damit gilt $|(f, g) - (f_n, g_n)| \to 0$, d. h. $(f_n, g_n) \to (f, g)$. Somit ist (67) bewiesen.

163. Orthonormale Systeme in L_2. Die Theorie der orthonormalen Systeme in L_2 wird nun eine abgerundete Form erhalten. Die Grundbegriffe und Formeln sind dieselben wie in [160]. Alle Funktionen seien reell. Gegeben sei ein orthonormales System von Funktionen aus L_2:

$$\psi_1(x), \psi_2(x), \ldots, \psi_n(x), \ldots \tag{69}$$

mit

$$\int_E \psi_k \psi_l \, dx = \begin{cases} 0 & \text{für } k \neq l, \\ 1 & \text{für } k = l. \end{cases} \tag{70}$$

Zu einer beliebigen Funktion $f \in L_2$ kann man ihre *Fourier-Koeffizienten* bezüglich des Systems (69) bilden:

$$c_k = \int_E f \psi_k \, dx. \tag{71}$$

Über die Konvergenz der *Fourier-Reihe*

$$\sum_{k=1}^{\infty} c_k \psi_k(x) \tag{72}$$

können wir noch nichts aussagen.

Es gilt

$$\int_E \left(f - \sum_{k=1}^n a_k \psi_k\right)^2 dx = \left[\int_E f^2\, dx - \sum_{k=1}^n c_k^2\right] + \sum_{k=1}^n (a_k - c_k)^2. \tag{73}$$

Dieser Ausdruck nimmt seinen kleinsten Wert für $a_k = c_k$ an:

$$\int_E \left(f - \sum_{k=1}^n c_k \psi_k\right)^2 dx = \int_E f^2\, dx - \sum_{k=1}^n c_k^2. \tag{73$_1$}$$

Hieraus folgt die *Besselsche Ungleichung*

$$\sum_{k=1}^\infty c_k^2 \leqq \int_E f^2\, dx. \tag{74}$$

Gilt das Gleichheitszeichen, so nennt man die entsprechende Formel

$$\int_E f^2\, dx = \sum c_k^2 \tag{75}$$

Vollständigkeitsrelation für die Funktion f bezüglich des orthonormalen Systems. Diese Gleichung ist äquivalent damit, daß die Partialsumme

$$\sum_{k=1}^n c_k \psi_k(x)$$

der Fourier-Reihe für $n \to \infty$ in L_2 gegen die Funktion f strebt.

Wir beweisen jetzt einen grundlegenden Satz der Theorie der orthonormalen Systeme.

Satz 9 (RIESZ-FISCHER). *Gegeben sei eine Folge von reellen Zahlen a_k, deren Quadrate eine konvergente Reihe bilden:*

$$\sum_{k=1}^\infty a_k^2 < \infty. \tag{76}$$

Dann existiert eine eindeutige Funktion in L_2, für die die Zahlen a_k die Fourier-Koeffizienten bezüglich des Systems (69) sind und für die die Vollständigkeitsrelation gilt.

Wir bilden die Funktionen

$$S_n(x) = \sum_{k=1}^n a_k \psi_k(x) \tag{77}$$

in L_2. Da das System (69) orthonormal ist, gilt

$$\int_E (S_q - S_p)^2\, dx = a_{p+1}^2 + a_{p+2}^2 + \cdots + a_q^2 \qquad (q > p).$$

Aus der Konvergenz der Reihe (76) folgt, daß für $p \to \infty$ die rechte Seite der letzten Gleichung gegen Null strebt, d. h., die Folge (77) ist in L_2 eine Cauchy-

Folge. Nach Satz 7 konvergiert diese Folge in L_2 gegen eine gewisse Funktion $f(x)$:
$$\lim_{n\to\infty} \int_E (f - S_n)^2 \, dx = 0, \tag{78}$$
d. h.
$$\lim_{n\to\infty} \int_E \left(f - \sum_{k=1}^n a_k \psi_k\right)^2 dx = 0.$$

Es seien c_k die Fourier-Koeffizienten von $f(x)$. Wir wenden uns der Formel (73) zu. Die linke Seite strebt gegen Null für $n \to \infty$. Die Differenz in eckigen Klammern auf der rechten Seite ist auf Grund der Besselschen Ungleichung nicht negativ. Hieraus folgt $c_k = a_k$ ($k = 1, 2, \ldots$), d. h., die a_k sind die Fourier-Koeffizienten der Funktion $f(x)$. Aus (78) ergibt sich, daß für diese Funktion die Vollständigkeitsrelation gilt. Es bleibt noch zu zeigen, daß die Funktion $f(x)$ mit den erwähnten Eigenschaften eindeutig bestimmt ist. Es möge außer $f(x)$ noch eine Funktion $g(x)$ mit den gleichen Eigenschaften existieren. Dabei sind die Partialsummen (77) der Fourier-Reihen für $f(x)$ und $g(x)$ gleich, und die Folge $S_n(x)$ konvergiert in L_2 sowohl gegen $f(x)$ als auch gegen $g(x)$. Somit sind die Funktionen nach Satz 5 äquivalent, und der Satz ist vollständig bewiesen.

Definition. Ein orthonormales System (69) heißt *vollständig*, falls für jede Funktion $f(x)$ aus L_2 die Vollständigkeitsrelation gilt.

Beim Beweis des Satzes 9 haben wir die Vollständigkeit des Systems nicht vorausgesetzt. Ist das System jedoch vollständig, so braucht man im Satz nicht mehr von der Vollständigkeitsrelation für $f(x)$ zu sprechen. Es gilt dann der

Satz 9'. *Wenn das System* (69) *vollständig ist und für eine beliebig vorgegebene Folge von reellen Zahlen a_k die Reihe* (76) *konvergiert, so existiert eine eindeutig bestimmte Funktion aus L_2, für die die Zahlen a_k ihre Fourier-Koeffizienten sind.*

Wir wissen, daß umgekehrt für eine beliebige Funktion aus L_2 ihre Fourier-Koeffizienten eine Zahlenfolge a_k bilden, für welche die Reihe (76) konvergiert. Ist also das System (69) vollständig, so existiert eine eineindeutige Zuordnung zwischen den Funktionen $f(x)$ aus L_2 und den Zahlenfolgen a_k, für welche die Reihe (76) konvergiert. Dabei sind die a_k die Fourier-Koeffizienten von $f(x)$ bezüglich des Systems (69).

Wir führen noch folgende Definition ein.

Definition. Ein System (69) heißt *abgeschlossen*, wenn es in L_2 keine von Null verschiedene Funktion (d. h. keine Funktion, die nicht äquivalent Null ist) gibt, die orthogonal zu allen Funktionen des Systems (69) ist.

Wir zeigen, daß *die Begriffe der Vollständigkeit und Abgeschlossenheit äquivalent sind*, d. h., daß aus der Vollständigkeit die Abgeschlossenheit folgt und umgekehrt.

Wir nehmen an, daß das System vollständig ist. Es sei $\omega(x)$ eine Funktion aus L_2, die zu allen Funktionen des Systems (69) orthogonal ist:
$$\int_E \omega \psi_k \, dx = 0. \tag{79}$$

Also sind alle Fourier-Koeffizienten von $\omega(x)$ gleich Null. Aus der Vollständigkeitsrelation (75) erhalten wir

$$\int_E \omega^2 \, dx = 0.$$

Damit ist $\omega(x)$ eine zu Null äquivalente Funktion, d. h., das System ist abgeschlossen.

Jetzt nehmen wir an, daß das System abgeschlossen ist, und zeigen die Vollständigkeit. Es sei $g(x)$ eine solche Funktion aus L_2, deren Fourier-Koeffizienten die a_k sind und für die die Vollständigkeitsrelation nicht gilt, d. h.

$$\int_E g^2 \, dx > \sum_{k=1}^{\infty} a_k^2.$$

Andererseits existiert nach Satz 9 eine Funktion $f(x) \in L_2$ mit denselben Fourier-Koeffizienten, für die die Vollständigkeitsrelation gilt:

$$\int_E f^2 \, dx = \sum_{k=1}^{\infty} a_k^2.$$

Dann gilt also

$$\int_E g^2 \, dx > \int_E f^2 \, dx.$$

Die Fourier-Koeffizienten der Differenz $f(x) - g(x)$ sind sämtlich gleich Null, d. h., diese Differenz ist zu allen $\psi_k(x)$ orthogonal. Aus der Abgeschlossenheit folgt aber, daß diese Differenz $f(x) - g(x)$ dann äquivalent Null ist, d. h., $f(x)$ ist äquivalent $g(x)$. Außerdem ist dann $f^2(x)$ äquivalent $g^2(x)$, d. h., die Integrale in (80) sind gleich. Dieser Widerspruch beweist die Vollständigkeit des Systems (69).

§ 15. Ergänzende Ausführungen zur Theorie der Fourier-Reihen

164. Die Entwicklung in eine Fourier-Reihe. In diesem Paragraphen geben wir eine tiefergehende und strengere Darstellung der Theorie der Fourier-Reihen und beginnen mit dem Beweis eines Satzes über die Entwicklung einer vorgegebenen Funktion $f(x)$ in eine Fourier-Reihe. Wir werden dabei der Funktion $f(x)$ statt der Dirichletschen Bedingungen [155] andere auferlegen, was zu einer Vereinfachung des Beweises führt. Später wird dann auch ein Beweis des Dirichletschen Satzes gebracht.

Wir wenden uns der Fourier-Reihe der Funktion $f(x)$ zu:

$$\frac{a_0}{2} + \sum_{k=1}^{\infty} (a_k \cos kx + b_k \sin kx) \tag{1}$$

mit

$$a_k = \frac{1}{\pi} \int_{-\pi}^{\pi} f(t) \cos kt \, dt, \quad b_k = \frac{1}{\pi} \int_{-\pi}^{\pi} f(t) \sin kt \, dt.$$

Die Integrationsvariable werde mit dem Buchstaben t bezeichnet, um bei den weiteren Rechnungen eine Verwechslung mit der Veränderlichen x in Formel (1) zu vermeiden. Nach Einsetzen der Ausdrücke für a_k und b_k in (1) bestimmen wir die Summe der ersten $2n + 1$ Glieder der Fourier-Reihe für die Funktion $f(x)$, die wir mit $S_n(f)$ bezeichnen:

$$S_n(f) = \frac{a_0}{2} + \sum_{k=1}^{n} (a_k \cos kx + b_k \sin kx)$$

$$= \frac{1}{\pi} \int_{-\pi}^{\pi} f(t) \left[\frac{1}{2} + \sum_{k=1}^{n} (\cos kt \cos kx + \sin kt \sin kx)\right] dt$$

$$= \frac{1}{\pi} \int_{-\pi}^{\pi} f(t) \left[\frac{1}{2} + \sum_{k=1}^{n} \cos k(t - x)\right] dt.$$

Nun besteht aber die Beziehung [I, 174]

$$1 + \cos \varphi + \cos 2\varphi + \cdots + \cos (n - 1)\varphi = \frac{\sin \left(n - \frac{1}{2}\right) \varphi + \sin \frac{\varphi}{2}}{2 \sin \frac{\varphi}{2}}.$$

Ersetzen wir in dieser Formel n durch $n + 1$ und ziehen von beiden Seiten $\frac{1}{2}$ ab, so erhalten wir

$$\frac{1}{2} + \cos \varphi + \cos 2\varphi + \cdots + \cos n\varphi = \frac{\sin \frac{(2n + 1) \varphi}{2}}{2 \sin \frac{\varphi}{2}},$$

womit

$$\frac{1}{2} + \sum_{k=1}^{n} \cos k(t - x) = \frac{\sin \frac{(2n + 1)(t - x)}{2}}{2 \sin \frac{t - x}{2}} \tag{2}$$

wird; der obige Ausdruck für $S_n(f)$ nimmt dann die Form

$$S_n(f) = \frac{1}{\pi} \int_{-\pi}^{\pi} f(t) \frac{\sin \frac{(2n + 1)(t - x)}{2}}{2 \sin \frac{t - x}{2}} dt$$

an. Die im Intervall $(-\pi, \pi)$ vorgegebene Funktion $f(x)$ setzen wir periodisch mit der Periode 2π fort, so daß wir $f(x)$ als eine für alle reellen x definierte Funktion mit der Periode 2π ansehen können. Der unter dem Integralzeichen stehende

Quotient hat auf Grund von (2) auch bezüglich t die Periode 2π. Unter Berücksichtigung der Bemerkung in [154] können wir in dem vorstehenden Integral das Integrationsintervall $(-\pi, \pi)$ durch ein beliebiges Intervall der Länge 2π ersetzen. Wir wählen einen Wert x der unabhängigen Veränderlichen und nehmen als Integrationsintervall $(x - \pi,\ x + \pi)$; es ergibt sich

$$S_n(f) = \frac{1}{\pi} \int_{x-\pi}^{x+\pi} f(t) \frac{\sin \frac{(2n+1)(t-x)}{2}}{2 \sin \frac{t-x}{2}} dt.$$

Es sei nochmals bemerkt, daß im folgenden unter $f(x)$ stets eine Funktion zu verstehen ist, die in der zuvor angegebenen Weise von dem Intervall $(-\pi, \pi)$ aus auf alle reellen Werte von x fortgesetzt wurde.

Das Gesamtintegral wird nun in die beiden Integrale $\int_{x-\pi}^{x}$ und $\int_{x}^{x+\pi}$ zerlegt. Anstelle von t führen wir eine neue Integrationsvariable z ein, und zwar setzen wir im ersten Integral $t = x - 2z$ und im zweiten $t = x + 2z$. Nach Ausführung der Substitution und Berechnung der neuen Integrationsgrenzen ergibt sich

$$S_n(f) = \frac{1}{\pi} \int_0^{\pi/2} f(x-2z) \frac{\sin(2n+1)z}{\sin z} dz$$
$$+ \frac{1}{\pi} \int_0^{\pi/2} f(x+2z) \frac{\sin(2n+1)z}{\sin z} dz. \qquad (3)$$

Nehmen wir an, daß $f(x)$ in dem ganzen Intervall $(-\pi, \pi)$ gleich Eins, ist, so wird offenbar das konstante Glied $\frac{a_0}{2}$ der Fourier-Reihe gleich Eins und die übrigen Glieder verschwinden, d. h., $S_n(f)$ ist für jedes n gleich Eins. Es gilt somit die Identität

$$1 = \frac{2}{\pi} \int_0^{\pi/2} \frac{\sin(2n+1)z}{\sin z} dz \qquad (n = 1, 2, 3, \ldots). \qquad (4)$$

Bevor wir zum Beweis des Fundamentalsatzes übergehen, beweisen wir noch den folgenden

Hilfssatz. *Wird mit (a, b) das Intervall $(-\pi, \pi)$ oder ein Teil dieses Intervalls bezeichnet und ist $\psi(z)$ eine Funktion, die in (a, b) stetig ist oder in diesem Intervall endlich viele Unstetigkeitsstellen erster Art besitzt, so streben die Integrale*

$$\frac{1}{\pi} \int_a^b \psi(z) \cos nz\, dz \quad und \quad \frac{1}{\pi} \int_a^b \psi(z) \sin nz\, dz$$

bei unbegrenzt wachsendem ganzzahligem n gegen Null.

Stellt (a, b) das Intervall $(-\pi, \pi)$ dar, so stimmt dieser Hilfssatz wortwörtlich mit dem Satz aus [159] überein. Wir nehmen jetzt an, daß (a, b) echt in $(-\pi, \pi)$ enthalten ist. Die Funktion $\psi(z)$ wird dann über (a, b) hinaus in das ganze Intervall $(-\pi, \pi)$ fortgesetzt, indem wir $\psi(z)$ in den Teilen des Intervalls $(-\pi, \pi)$, die außerhalb von (a, b) liegen, gleich Null setzen. Dazu definieren wir eine neue Funktion $\psi_1(z)$ in der Weise, daß $\psi_1(z) = \psi(z)$ für $a \leq z \leq b$ gilt und $\psi_1(z) = 0$ ist, wenn z zum Intervall $(-\pi, \pi)$ gehört, aber außerhalb von (a, b) liegt; es wird dann

$$\frac{1}{\pi} \int_a^b \psi(z) \cos nz \, dz = \frac{1}{\pi} \int_{-\pi}^{\pi} \psi_1(z) \cos nz \, dz,$$

und dieses Integral strebt auf Grund des oben erwähnten Satzes aus [159] gegen Null. Offenbar ist $\psi_1(z)$ in dem Intervall $(-\pi, \pi)$ ebenfalls stetig oder besitzt endlich viele Unstetigkeitsstellen erster Art. Man zeigt leicht, daß der Hilfssatz auch gültig bleibt, wenn (a, b) ein beliebiges endliches Intervall ist.

Wir wenden uns jetzt dem Beweis des Fundamentalsatzes über die Fourier-Entwicklung von $f(x)$ zu. Dazu multiplizieren wir beide Seiten der Gleichung (4) mit $f(x)$, ziehen diesen Faktor unter das Integralzeichen und subtrahieren die erhaltene Gleichung von (3); dann ergibt sich

$$S_n(f) - f(x) = \frac{1}{\pi} \int_0^{\pi/2} [f(x - 2z) - f(x)] \frac{\sin (2n + 1)z}{\sin z} dz$$
$$+ \frac{1}{\pi} \int_0^{\pi/2} [f(x + 2z) - f(x)] \frac{\sin (2n + 1)z}{\sin z} dz,$$

was sich auch in der Form

$$S_n(f) - f(x) = \frac{1}{\pi} \int_0^{\pi/2} \frac{f(x - 2z) - f(x)}{-2z} \cdot \frac{-2z}{\sin z} \sin (2n + 1)z \, dz$$
$$+ \frac{1}{\pi} \int_0^{\pi/2} \frac{f(x + 2z) - f(x)}{2z} \cdot \frac{2z}{\sin z} \sin (2n + 1)z \, dz \qquad (5)$$

schreiben läßt.

Will man beweisen, daß die Fourier-Reihe (1) der Funktion $f(x)$ konvergiert und den Grenzwert $f(x)$ besitzt, so muß gezeigt werden, daß die Differenz $S_n(f) - f(x)$ für unbegrenzt wachsendes n gegen Null strebt.

Wir betrachten die Funktion

$$\psi(z) = \frac{f(x - 2z) - f(x)}{-2z} \cdot \frac{-2z}{\sin z}$$

in dem Intervall $\left(0, \dfrac{\pi}{2}\right)$. Diese Funktion kann Unstetigkeitsstellen erster Art besitzen, die von den Unstetigkeiten der Funktion $f(x - 2z)$ stammen; außerdem ist sie noch für $z = 0$ besonders zu untersuchen. Wir nehmen an, daß die Funktion $f(z)$ in dem gewählten Punkt x nicht nur stetig ist, sondern auch eine Ableitung besitzt. Aus der Definition der Ableitung und der evidenten Beziehung

$$\lim_{z \to 0} \frac{-2z}{\sin z} = -2$$

ergibt sich, daß $\psi(z)$ für $z \to 0$ gegen den endlichen Grenzwert $-2f'(x)$ strebt. Hieraus folgt, daß der vorher angegebene Hilfssatz auf die Funktion $\psi(z)$ anwendbar ist. Somit strebt das erste Glied auf der rechten Seite der Formel (5) für unbegrenzt wachsendes n gegen Null. Analog läßt sich nachweisen, daß dies auch für das zweite Glied zutrifft; also strebt die Differenz $S_n(f) - f(x)$ in dem gewählten Punkt x ebenfalls gegen Null. Wir erhalten daher den folgenden

Satz. *Ist die Funktion $f(x)$ in dem Intervall $(-\pi, \pi)$ stetig oder besitzt sie dort endlich viele Unstetigkeitsstellen erster Art, so konvergiert ihre Fourier-Reihe gegen den Wert $f(x)$ in jedem Punkt x, in dem $f(x)$ eine Ableitung besitzt.*

Es lassen sich auch leicht allgemeinere Aussagen erhalten. Wir nehmen an, daß die Funktion $f(x)$ im Punkt x stetig ist oder eine Unstetigkeit erster Art besitzt; ferner mögen die endlichen Grenzwerte

$$\lim_{h \to +0} \frac{f(x - h) - f(x - 0)}{-h} \quad \text{und} \quad \lim_{h \to +0} \frac{f(x + h) - f(x + 0)}{h} \tag{6}$$

existieren. Geometrisch ist die Existenz dieser Grenzwerte, d. h. die Existenz der linksseitigen und rechtsseitigen Ableitung, gleichbedeutend mit der Existenz einer bestimmten linksseitigen bzw. rechtsseitigen Halbtangente. In diesem Fall gilt die folgende Ergänzung zu dem bewiesenen Satz: *Existieren im Punkt x die endlichen Grenzwerte (6), so konvergiert in diesem Punkt die Fourier-Reihe der Funktion $f(x)$, und ihre Summe ist gleich* $\dfrac{f(x - 0) + f(x + 0)}{2}$ *(was gleich $f(x)$ ist, wenn $f(x)$ stetig ist).*

Wird (4) mit $\dfrac{f(x - 0) + f(x + 0)}{2}$ multipliziert und dann von (3) subtrahiert, so ergibt sich

$$S_n(f) - \frac{f(x - 0) + f(x + 0)}{2}$$
$$= \frac{1}{\pi} \int_0^{\pi/2} \frac{f(x - 2z) - f(x - 0)}{-2z} \frac{-2z}{\sin z} \sin(2n + 1)z \, dz$$
$$+ \frac{1}{\pi} \int_0^{\pi/2} \frac{f(x + 2z) - f(x + 0)}{2z} \cdot \frac{2z}{\sin z} \sin(2n + 1)z \, dz. \tag{7}$$

Es ist zu beweisen, daß die rechte Seite für unbegrenzt wachsendes n gegen Null strebt.

Auf Grund der Existenz der Grenzwerte (6) besitzen die beiden Quotienten

$$\frac{f(x-2z)-f(x-0)}{-2z} \quad \text{und} \quad \frac{f(x+2z)\,f(x+0)}{2z}$$

für $z \to 0$ endliche Grenzwerte. Durch die gleichen Schlußfolgerungen wie vorher überzeugen wir uns, daß die beiden auf der rechten Seite von (7) stehenden Integrale für unbegrenzt wachsendes n gegen Null gehen. Damit ist die vorher angegebene Ergänzung zu dem obigen Satz bewiesen.

Für die Werte $x = \pi$ und $x = -\pi$ ergeben die Grenzwerte (6) wegen der periodischen Fortsetzung von $f(x)$ die Grenzwerte

$$\lim_{h \to -0} \frac{f(-\pi+h)-f(-\pi+0)}{h} \quad \text{und} \quad \lim_{h \to -0} \frac{f(\pi-h)-f(\pi-0)}{-h},$$

die Summe der Reihe wird hier

$$\frac{f(-\pi+0)+f(\pi-0)}{2}.$$

Wir bemerken noch, daß in sämtlichen Beispielen des vorhergehenden Paragraphen die Funktion $f(x)$ in allen Punkten den Voraussetzungen des bewiesenen Satzes bzw. seiner Ergänzung genügt.

165. Der zweite Mittelwertsatz der Integralrechnung. Zum Beweis des Dirichletschen Satzes und zu einem eingehenderen Studium der Fourier-Reihen brauchen wir einen Satz der Integralrechnung, der eine gewisse Analogie zu dem in Teil I [I, 95] dargelegten Mittelwertsatz besitzt und der gewöhnlich *zweiter Mittelwertsatz der Integralrechnung* genannt wird. Dieser Satz läßt sich folgendermaßen formulieren: *Ist $\varphi(x)$ in dem endlichen Intervall $a \leq x \leq b$ eine monotone beschränkte Funktion mit endlich vielen Unstetigkeitsstellen und ist $f(x)$ dort eine stetige Funktion, so existiert in dem Intervall (a, b) mindestens ein Wert ξ, für den*

$$\int_a^b \varphi(x)f(x)\,dx = \varphi(a+0)\int_a^\xi f(x)\,dx + \varphi(b-0)\int_\xi^b f(x)\,dx \tag{8}$$

gilt. Hierbei ist mit dem Symbol $\varphi(a+0)$ derjenige Grenzwert von $\varphi(x)$ bezeichnet, der sich ergibt, wenn x vom Innern des Intervalls (a, b) her gegen a strebt. Eine entsprechende Bedeutung hat das Symbol $\varphi(b-0)$.

Offenbar genügt es, die Formel (8) für eine monoton wachsende (genauer: für eine nicht abnehmende) Funktion $\varphi(x)$ zu beweisen. Ist nämlich $\varphi(x)$ monoton fallend, so ergibt $-\varphi(x)$ eine monoton wachsende Funktion; wird nun die Formel (8) auf $-\varphi(x)$ angewendet und auf beiden Seiten das Vorzeichen umgekehrt, so entsteht die Gleichung (8) für $\varphi(x)$ selbst. Wir zeigen noch, daß man die Formel (8) nur für $\varphi(a+0) = 0$ zu beweisen braucht. Es sei die Gültigkeit der Formel (8) für diesen Fall bereits gezeigt; ferner sei $\varphi(x)$ eine beliebige monotone Funktion. Wir führen dann die ebenfalls monotone Funktion $\psi(x) = \varphi(x) - \varphi(a+0)$ ein. Sie besitzt in den Randpunkten die Grenzwerte $\psi(a+0) = 0$ und $\psi(b-0) = \varphi(b-0) - \varphi(a+0)$. Voraussetzungsgemäß ist die Formel (8) auf die Funktion $\psi(x)$ anwendbar und liefert wegen $\psi(a+0) = 0$ die Beziehung

$$\int_a^b \psi(x)f(x)\,dx = \psi(b-0)\int_\xi^b f(x)\,dx$$

oder
$$\int_a^b [\varphi(x) - \varphi(a+0)] f(x)\, dx = [\varphi(b-0) - \varphi(a+0)] \int_\xi^b f(x)\, dx,$$
also
$$\int_a^b \varphi(x) f(x)\, dx = \varphi(a+0) \left[\int_a^b f(x)\, dx - \int_\xi^b f(x)\, dx \right] + \varphi(b-0) \int_\xi^b f(x)\, dx.$$

Aus dieser Gleichung folgt unmittelbar die Gültigkeit der Formel (8) für $\varphi(x)$. Es genügt also, die Formel (8) für eine monoton wachsende Funktion $\varphi(x)$ zu beweisen, für die $\varphi(a+0) = 0$ ist. Die Werte einer solchen Funktion sind im Intervall (a, b) offenbar nicht negativ.

Zum Beweis zerlegen wir das Intervall (a, b) durch die Punkte

$$x_0 = a,\ x_1,\ x_2,\ \ldots,\ x_{i-1},\ x_i,\ \ldots,\ x_{n-1},\ x_n = b$$

in kleine Teilintervalle. Bekanntlich [**I, 95**] gilt

$$\int_{x_{i-1}}^{x_i} f(x)\, dx = f(\xi_i)(x_i - x_{i-1})$$

mit passendem ξ_i aus dem Innern des Intervalls (x_{i-1}, x_i). Wir bilden die Summe

$$\sum_{i=1}^n \varphi(\xi_i) f(\xi_i)(x_i - x_{i-1}) = \sum_{i=1}^n \varphi(\xi_i) \int_{x_{i-1}}^{x_i} f(x)\, dx.$$

Bei unbegrenzt wachsendem n und unbegrenzter Verkleinerung der maximalen Intervallänge strebt diese Summe gegen das bestimmte Integral [**I, 116**], d. h., es gilt

$$\int_a^b \varphi(x) f(x)\, dx = \lim \sum_{i=1}^n \varphi(\xi_i) \int_{x_{i-1}}^{x_i} f(x)\, dx. \tag{*}$$

Wir befassen uns nun mit der Untersuchung der Summe

$$\sum_{i=1}^n \varphi(\xi_i) \int_{x_{i-1}}^{x_i} f(x)\, dx = \sum_{i=1}^n \varphi(\xi_i) \left[\int_{x_{i-1}}^b f(x)\, dx - \int_{x_i}^b f(x)\, dx \right]$$
$$= \varphi(\xi_1) \int_a^b f(x)\, dx + \sum_{i=2}^n [\varphi(\xi_i) - \varphi(\xi_{i-1})] \int_{x_{i-1}}^b f(x)\, dx. \tag{9}$$

Die Integrale

$$\int_a^b f(x)\, dx,\ \int_{x_1}^b f(x)\, dx,\ \int_{x_2}^b f(x)\, dx,\ \ldots,\ \int_{x_{i-1}}^b f(x)\, dx,\ \ldots,\ \int_{x_{n-1}}^b f(x)\, dx \tag{10}$$

stellen spezielle Werte der Funktion

$$\int_x^b f(x)\, dx = - \int_b^x f(x)\, dx \tag{11}$$

dar, die stetig von der Integrationsgrenze x abhängt [**I, 96**]; daher liegen alle Werte (10) zwischen dem (absoluten) Minimum m und dem (absoluten) Maximum M der Funktion (11). In dem Ausdruck (9) sind alle Faktoren

$$\varphi(\xi_1) \quad \text{und} \quad \varphi(\xi_i) - \varphi(\xi_{i-1})$$

nichtnegativ; werden nun in (9) die Werte (10) zuerst durch m und dann durch M ersetzt, so folgt offenbar

$$\sum_{i=1}^{n} \varphi(\xi_i) \int_{x_{i-1}}^{x_i} f(x)\, dx \geqq \left\{\varphi(\xi_1) + \sum_{i=2}^{n} [\varphi(\xi_i) - \varphi(\xi_{i-1})]\right\} m = \varphi(\xi_n)\, m,$$

$$\sum_{i=1}^{n} \varphi(\xi_i) \int_{x_{i-1}}^{x_i} f(x)\, dx \leqq \left\{\varphi(\xi_1) + \sum_{i=2}^{n} [\varphi(\xi_i) - \varphi(\xi_{i-1})]\right\} M = \varphi(\xi_n)\, M,$$

d. h.,

$$\varphi(\xi_n)\, m \leqq \sum_{i=1}^{n} \varphi(\xi_i) \int_{x_{i-1}}^{x_i} f(x)\, dx \leqq \varphi(\xi_n)\, M.$$

Bei unbegrenzt wachsendem n und unbegrenzter Verkleinerung der maximalen Intervallänge gilt

$$\xi_n \to b - 0 \quad \text{und} \quad \varphi(\xi_n) \to \varphi(b - 0),$$

und die Ungleichung geht wegen (*) in

$$\varphi(b-0)\, m \leqq \int_a^b \varphi(x)\, f(x)\, dx \leqq \varphi(b-0)\, M$$

über. Für passendes P im Intervall (m, M) wird somit

$$\int_a^b \varphi(x)\, f(x)\, dx = \varphi(b-0)\, P.$$

Nun nimmt aber die im Intervall (a, b) stetige Funktion (11) alle zwischen m und M liegenden Werte an [**I, 43**], also auch den Wert P; daher gibt es im Intervall (a, b) sicher einen solchen Wert ξ, für den

$$\int_\xi^b f(x)\, dx = P$$

ist. Folglich gilt

$$\int_a^b \varphi(x)\, f(x)\, dx = \varphi(b-0) \int_\xi^b f(x)\, dx,$$

was mit Formel (8) auf Grund der Bedingung $\varphi(a+0) = 0$ übereinstimmt. Die Formel (8) läßt sich übrigens auch beweisen, ohne die Stetigkeit von $f(x)$ und die Endlichkeit der Anzahl der Sprungstellen von $\varphi(x)$ vorauszusetzen, worauf hier jedoch nicht näher eingegangen werden soll. Zu erwähnen ist schließlich noch, daß sich anstelle von (8) die allgemeinere Formel

$$\int_a^b \varphi(x)\, f(x)\, dx = A \int_a^\xi f(x)\, dx + B \int_\xi^b f(x)\, dx$$

beweisen läßt, wobei A ein beliebiger fester Wert kleiner oder gleich $\varphi(a+0)$ und B größer oder gleich $\varphi(b-0)$ ist.

Folgerung. In [**159**] hatten wir gesehen, daß die Fourier-Koeffizienten a_n und b_n der Funktion $f(x)$ unter gewissen Bedingungen für $n \to \infty$ gegen Null streben. Wenn $f(x)$ die Dirichletschen Bedingungen erfüllt, läßt sich eine präzisere Aussage beweisen: Die Koeffizienten a_n und b_n werden unendlich klein von nicht niedrigerer Ordnung als $\frac{1}{n}$, d. h., es gilt eine Abschätzung der Form

$$|a_n| < \frac{M}{n}, \quad |b_n| < \frac{M}{n},$$

wobei M ein fester positiver Wert ist. Voraussetzungsgemäß läßt sich das Intervall $(-\pi, \pi)$ in endlich viele Teilintervalle zerlegen, in denen $f(x)$ jeweils monoton und beschränkt ist. Es sei (α, β) eines dieser Teilintervalle. Der Koeffizient a_n erscheint als die Summe endlich vieler Glieder der Form

$$\frac{1}{\pi} \int_\alpha^\beta f(x) \cos n x \, dx,$$

die sich mit Hilfe des zweiten Mittelwertsatzes folgendermaßen schreiben lassen:

$$\frac{1}{\pi} \int_\alpha^\beta f(x) \cos n x \, dx = \frac{1}{\pi} f(\alpha + 0) \int_\alpha^\xi \cos n x \, dx + \frac{1}{\pi} f(\beta - 0) \int_\xi^\beta \cos n x \, dx$$

$$= \frac{f(\alpha + 0)(\sin n \xi - \sin n \alpha) + f(\beta - 0)(\sin n \beta - \sin n \xi)}{\pi n}.$$

Für einen einzelnen Summanden in dem Ausdruck für a_n ergibt sich somit eine Abschätzung der Form $\frac{M}{n}$ mit $M = \frac{2}{\pi} |f(\alpha + 0)| + \frac{2}{\pi} |f(\beta - 0)|$. Eine Abschätzung dieser Art besteht offenbar auch für die Summe aus endlich vielen solcher Glieder, d. h. für a_n. Analoge Überlegungen gelten auch für b_n.

Ist $f(x)$ stetig sowie $f(-\pi) = f(\pi)$ und existiert eine den Dirichletschen Bedingungen genügende Ableitung $f'(x)$, so erhalten wir durch partielle Integration

$$n b_n = \frac{n}{\pi} \int_{-\pi}^\pi f(x) \sin n x \, dx = -\frac{1}{\pi} \int_{-\pi}^\pi f(x) \, d \cos n x = \frac{1}{\pi} \int_{-\pi}^\pi f'(x) \cos n x \, dx,$$

da wegen $f(-\pi) = f(\pi)$ das integralfreie Glied verschwindet.

Für das letzte Integral, das als Fourier-Koeffizient der den Dirichletschen Bedingungen genügenden Funktion $f'(x)$ aufgefaßt werden kann, gilt aber die zuvor angegebene Abschätzung, so daß sich für b_n unter den angenommenen Voraussetzungen die Abschätzung

$$|b_n| \leq \frac{M}{n^2}$$

ergibt. Eine analoge Abschätzung gilt auch für a_n. Eine genauere Betrachtung der Abschätzungen für die Fourier-Koeffizienten in Abhängigkeit von den Eigenschaften der Funktion $f(x)$ werden wir später durchführen.

166. Das Dirichletsche Integral. Aus der Formel (3) geht hervor, daß die Konvergenz der Fourier-Reihe, d. h. die Existenz des Grenzwertes der Partialsummen $S_n(f)$, mit den Eigenschaften von Integralen der Form

$$\int_a^b \varphi(z) \frac{\sin m z}{\sin z} \, dz$$

zusammenhängt. Hier soll ein etwas einfacheres Integral betrachtet werden, und zwar

$$\frac{1}{\pi} \int_a^b \varphi(z) \frac{\sin mz}{z} dz, \qquad (12)$$

das als *Dirichletsches Integral* bezeichnet wird. Bezüglich dieses Integrals beweisen wir den folgenden

Hilfssatz. *Genügt $\varphi(z)$ den Dirichletschen Bedingungen im Intervall (a, b), so gilt:*

1. *Für $a = 0$ und $b > 0$ hat das Integral bei unbegrenzt wachsendem m den Grenzwert $\frac{1}{2} \varphi(+0)$.*

2. *Für $a = 0$ und $b < 0$ ist dieser Grenzwert gleich $\frac{1}{2} \varphi(-0)$.*

3. *Für $a < 0$ und $b > 0$ ergibt sich dieser Grenzwert zu $\frac{\varphi(-0) + \varphi(+0)}{2}$.*

4. *Für $a > 0$ und $b > 0$ oder $a < 0$ und $b < 0$ wird der erwähnte Grenzwert gleich Null.*

Es genügt, die erste Behauptung zu beweisen. Wird diese nämlich als bewiesen angenommen, so lassen sich aus ihr leicht die übrigen folgern. Wir beweisen z. B. die Behauptungen 3 und 4 unter der Annahme, daß die erste bewiesen ist:

$$\frac{1}{\pi} \int_a^b \varphi(z) \frac{\sin mz}{z} dz = \frac{1}{\pi} \int_0^b \varphi(z) \frac{\sin mz}{z} dz - \frac{1}{\pi} \int_0^a \varphi(z) \frac{\sin mz}{z} dz.$$

Sind a und b größer als 0, so haben auf Grund der Behauptung 1 der Minuend und Subtrahend auf der rechten Seite jeweils den Grenzwert $\frac{1}{2} \varphi(+0)$; folglich strebt die Differenz gegen Null, womit die Behauptung 4 bewiesen ist. Ist jedoch $a < 0$ und $b > 0$, so erhalten wir nach Ersetzen der Integrationsvariablen z durch $-z$ in dem Subtrahenden

$$\frac{1}{\pi} \int_a^b \varphi(z) \frac{\sin mz}{z} dz = \frac{1}{\pi} \int_0^b \varphi(z) \frac{\sin mz}{z} dz + \frac{1}{\pi} \int_0^{-a} \varphi(-z) \frac{\sin mz}{z} dz.$$

Da b und $-a$ größer als 0 sind, trifft für die beiden Integrale die Behauptung 1 zu, d. h.

$$\frac{1}{\pi} \int_a^b \varphi(z) \frac{\sin mz}{z} dz \to \frac{1}{2} \varphi(+0) + \frac{1}{2} \varphi(-0) = \frac{\varphi(-0) + \varphi(+0)}{2}.$$

Wir beweisen nun die Behauptung 1. Es ist zu zeigen, daß für $b > 0$ und $m \to \infty$

$$\frac{1}{\pi} \int_0^b \varphi(z) \frac{\sin mz}{z} dz \to \frac{1}{2} \varphi(+0) \qquad (13)$$

gilt. Beim Beweis werden wir zunächst voraussetzen, daß $\varphi(z)$ nicht nur den Dirichletschen Bedingungen genügt, sondern darüber hinaus auch im Intervall $(0, b)$ monoton ist.

Bereits früher hatte sich die folgende Beziehung ergeben:

$$\int_0^\infty \frac{\sin x}{x} \, dx = \frac{\pi}{2}. \tag{14}$$

Wir untersuchen jetzt das Integral

$$\int_0^c \frac{\sin x}{x} \, dx,$$

das eine stetige Funktion von c ist, die für $c = 0$ verschwindet und für $c \to \infty$ gegen $\frac{\pi}{2}$ strebt. Hieraus kann gefolgert werden, daß das betrachtete Integral für alle positiven c dem Absolutbetrag nach kleiner als ein fester positiver Wert M bleibt. Wir betrachten nun das Integral

$$\int_a^b \frac{\sin x}{x} \, dx, \tag{15}$$

dessen beide Grenzen positiv sind. Es gilt offenbar

$$\int_a^b \frac{\sin x}{x} \, dx = \int_0^b \frac{\sin x}{x} \, dx - \int_0^a \frac{\sin x}{x} \, dx$$

und

$$\left| \int_a^b \frac{\sin x}{x} \, dx \right| \leq \left| \int_0^b \frac{\sin x}{x} \, dx \right| + \left| \int_0^a \frac{\sin x}{x} \, dx \right| < M + M = 2M,$$

das Integral (15) bleibt somit für beliebige positive a und b dem Absolutbetrag nach kleiner als der feste positive Wert $2M$.

Bevor wir zum Beweis von (13) übergehen, betrachten wir das einfachere Integral

$$\frac{1}{\pi} \int_0^b \frac{\sin mx}{x} \, dx.$$

Mit der Substitution $t = mx$ ergibt sich für unbegrenzt wachsendes m auf Grund von (14)

$$\frac{1}{\pi} \int_0^b \frac{\sin mx}{x} \, dx = \frac{1}{\pi} \int_0^{mb} \frac{\sin t}{t} \, dt \to \frac{1}{\pi} \cdot \frac{\pi}{2} = \frac{1}{2}$$

und folglich

$$\frac{1}{\pi} \int_0^b \varphi(+0) \frac{\sin mx}{x} \, dx \to \frac{1}{2} \varphi(+0).$$

Zum Beweis von (13) braucht somit nur gezeigt zu werden, daß

$$\frac{1}{\pi} \int_0^b [\varphi(x) - \varphi(+0)] \frac{\sin mx}{x} \, dx \to 0$$

gilt, d. h., für hinreichend großes m muß die linke Seite der angegebenen Beziehung dem Absolutbetrag nach kleiner als ein beliebiger positiver Wert ε werden. Dazu unterteilen wir das Integrationsintervall $(0, b)$ in $(0, \delta)$ und (δ, b), wobei δ ein kleiner positiver Wert ist, über den im folgenden noch verfügt wird. Wir zeigen, daß jedes der beiden Integrale

$$\frac{1}{\pi} \int_0^\delta [\varphi(x) - \varphi(+0)] \frac{\sin mx}{x} \, dx \quad \text{und} \quad \frac{1}{\pi} \int_\delta^b [\varphi(x) - \varphi(+0)] \frac{\sin mx}{x} \, dx \qquad (16)$$

für hinreichend großes m dem Absolutbetrag nach kleiner als $\frac{\varepsilon}{2}$ wird. Da die Funktion $\varphi(x)$ nur endlich viele Unstetigkeiten aufweist, kann δ so klein gewählt werden, daß $\varphi(x)$ im Intervall $(0, \delta)$ keine Unstetigkeiten mehr aufweist, also $\varphi(x \pm 0) = \varphi(x)$ wird. Da voraussetzungsgemäß $\varphi(x)$ monoton ist, ergibt sich bei Anwendung des zweiten Mittelwertsatzes auf das erste der Integrale (16)

$$\frac{1}{\pi} \int_0^\delta [\varphi(x) - \varphi(+0)] \frac{\sin mx}{x} \, dx = \frac{1}{\pi} [\varphi(\delta) - \varphi(+0)] \int_\xi^\delta \frac{\sin mx}{x} \, dx$$

und folglich[1]

$$\left| \frac{1}{\pi} \int_0^\delta [\varphi(x) - \varphi(+0)] \frac{\sin mx}{x} \, dx \right| < \frac{1}{\pi} |\varphi(\delta) - \varphi(+0)| \cdot 2M.$$

Gemäß der Definition des Symbols $\varphi(+0)$ strebt die Differenz $[\varphi(\delta) - \varphi(+0)]$ gegen Null für $\delta \to 0$; bei passender Wahl von δ wird daher die rechte Seite der letzten Ungleichung kleiner als $\frac{\varepsilon}{2}$, womit auch das erste der Integrale (16) für jedes m dem Absolutbetrag nach kleiner als $\frac{\varepsilon}{2}$ wird. Nachdem der positive Wert δ in dieser Weise festgelegt ist, wenden wir uns dem zweiten der Integrale (16) zu. Mit Hilfe des zweiten Mittelwertsatzes können wir dafür

$$\frac{1}{\pi} [\varphi(\delta) - \varphi(+0)] \int_\delta^{\xi'} \frac{\sin mx}{x} \, dx + \frac{1}{\pi} [\varphi(b - 0) - \varphi(+0)] \int_\xi^b \frac{\sin mx}{x} \, dx \qquad (17)$$

schreiben.

---

[1]) Es ist nämlich $\left| \int_\xi^\delta \frac{\sin mx}{x} \, dx \right| = \left| \int_{x=\xi}^{x=\delta} \frac{\sin mx}{mx} \, d(mx) \right| = \left| \int_{m\xi}^{m\delta} \frac{\sin t}{t} \, dt \right| < 2M$ auf Grund der Abschätzung für das Integral (15). (D. Red.)

Die vor den Integralen stehenden Faktoren sind Konstanten; es bleibt also nur zu beweisen, daß die beiden Integrale mit zunehmendem m gegen Null streben. Wir betrachten z. B. das erste der Integrale und führen darin die Substitution $t = mx$ aus. Es ergibt sich dann das Integral

$$\int_{m\delta}^{m\xi} \frac{\sin t}{t} \, dt. \tag{18}$$

Für unbegrenzt wachsendes m nehmen die Grenzen $m\delta$ und $m\xi$ gleichfalls unbegrenzt zu, da δ ein fester positiver Wert ist und ξ nicht kleiner als δ sein kann. Da aber

$$\int_0^\infty \frac{\sin t}{t} \, dt$$

ein konvergentes Integral ist, muß das Integral (18) bei unbeschränktem Anwachsen beider Grenzen gegen Null streben [85]. Analog läßt sich auch das zweite der Integrale in dem Ausdruck (17) behandeln; daher strebt dieser ganze Ausdruck gegen 0. Das zweite der Integrale (16) geht also gegen Null und wird demnach für hinreichend großes m dem Absolutbetrag nach kleiner als $\frac{\varepsilon}{2}$.

Die Beziehung (13) sowie alle Behauptungen des Hilfssatzes wurden unter der Voraussetzung bewiesen, daß $\varphi(z)$ nicht nur den Dirichletschen Bedingungen genügt, sondern auch monoton ist. Es bleibt noch zu zeigen, daß (13) auch dann gilt, wenn $\varphi(z)$ nur die Dirichletschen Bedingungen erfüllt. Auf Grund dieser Bedingungen läßt sich das Intervall $(0, b)$ in endlich viele Teilintervalle zerlegen, in denen $\varphi(z)$ jeweils monton ist. Es möge sich $(0, b)$ z. B. in die drei Teilintervalle $(0, b_1)$, (b_1, b_2) und (b_2, b) zerlegen lassen, in denen $\varphi(z)$ jeweils monoton ist. Für das Integral (13) gilt dann entsprechend

$$\int_0^b \varphi(z) \frac{\sin mz}{z} \, dz = \int_0^{b_1} \varphi(z) \frac{\sin mz}{z} \, dz + \int_{b_1}^{b_2} \varphi(z) \frac{\sin mz}{z} \, dz + \int_{b_2}^b \varphi(z) \frac{\sin mz}{z} \, dz. \tag{19}$$

Auf jedes Glied der rechten Seite ist der Hilfssatz anwendbar, da die Funktion $\varphi(z)$ in den Intervallen $(0, b_1)$, (b_1, b_2) und (b_2, b) monoton ist. Folglich strebt das erste Glied gegen $\frac{1}{2} \varphi(+0)$, und die übrigen beiden gehen gegen Null; das Integral (19) strebt somit gegen $\frac{1}{2} \varphi(+0)$, was zu beweisen war.

Der Wert m in dem Dirichletschen Integral (12) kann in beliebiger Weise unbegrenzt wachsen; m muß dabei nicht unbedingt nur ganzzahlige Werte annehmen. Das erhaltene Resultat beruht auf der Tatsache, daß die Funktion $\frac{\sin mz}{z}$ für große Werte von m sehr oft das Vorzeichen wechselt und außerdem nur in der Umgebung von $z = 0$ große Werte annimmt.

167. Der Dirichletsche Satz.
Unter Anwendung des Hilfssatzes aus dem vorhergehenden Abschnitt beweisen wir nun ohne Schwierigkeiten den Dirichletschen Satz [**155**]. Gemäß (3) ist zu zeigen, daß der Ausdruck

$$\frac{1}{\pi} \int_0^{\pi/2} f(x - 2z) \frac{\sin(2n+1)z}{\sin z} dz + \frac{1}{\pi} \int_0^{\pi/2} f(x + 2z) \frac{\sin(2n+1)z}{\sin z} dz \qquad (20)$$

für unbegrenzt wachsendes n gegen $\dfrac{f(x-0) + f(x+0)}{2}$ strebt. Wir betrachten statt (20) den Ausdruck

$$\frac{1}{\pi} \int_0^{\pi/2} f(x - 2z) \frac{\sin(2n+1)z}{z} dz + \frac{1}{\pi} \int_0^{\pi/2} f(x + 2z) \frac{\sin(2n+1)z}{z} dz. \qquad (21)$$

Die oberen Grenzen sind in beiden Integralen positiv, und die Funktionen $f(x-2z)$ und $f(x+2z)$ genügen in dem Integrationsintervall den Dirichletschen Bedingungen. Außerdem gilt $m = 2n + 1 \to \infty$; nach dem im vorigen Abschnitt bewiesenen Hilfssatz strebt also der Ausdruck (21) gegen den Grenzwert $\dfrac{f(x-0) + f(x+0)}{2}$. Es bleibt noch zu beweisen, daß die Differenz der Ausdrücke (20) und (21) gegen Null strebt. Hierzu braucht man nur zu zeigen, daß die Integrale

$$\frac{1}{\pi} \int_0^{\pi/2} f(x - 2z) \left(\frac{1}{\sin z} - \frac{1}{z} \right) \sin(2n+1)z \, dz,$$

$$\frac{1}{\pi} \int_0^{\pi/2} f(x + 2z) \left(\frac{1}{\sin z} - \frac{1}{z} \right) \sin(2n+1)z \, dz$$

gegen Null gehen. Wir beweisen dies für das erste Integral

$$\frac{1}{\pi} \int_0^{\pi/2} f(x - 2z) \left(\frac{1}{\sin z} - \frac{1}{z} \right) \sin(2n+1)z \, dz = \frac{1}{\pi} \int_0^{\pi/2} \psi(z) \sin(2n+1)z \, dz \qquad (22)$$

mit

$$\psi(z) = f(x - 2z) \left(\frac{1}{\sin z} - \frac{1}{z} \right).$$

Der erste Faktor $f(x - 2z)$ hat in dem Integrationsintervall höchstens endlich viele Unstetigkeiten erster Art. Der zweite,

$$\frac{1}{\sin z} - \frac{1}{z} = \frac{z - \sin z}{z \sin z} = \frac{z - \left(\dfrac{z}{1!} - \dfrac{z^3}{3!} + \dfrac{z^5}{5!} - \cdots \right)}{z \left(\dfrac{z}{1!} - \dfrac{z^3}{3!} + \dfrac{z^5}{5!} - \cdots \right)},$$

strebt gegen Null für $z \to 0$ und besitzt in dem Intervall $\left(0, \dfrac{\pi}{2}\right)$ keinerlei Unstetigkeiten. Folglich ist auf das Integral (22) der Hilfssatz aus [**164**] anwendbar, d. h., dieses Integral strebt gegen Null. Somit ist die Behauptung des Dirichletschen Satzes bewiesen.

Wir ergänzen den bewiesenen Satz noch durch zwei Aussagen, die wir ohne Beweis anführen. Der von uns bewiesene Satz besagt nur, daß in jedem Punkt x des Intervalls die Fourier-Reihe $S[f(x)]$ konvergiert und $\dfrac{f(x-0)+f(x+0)}{2}$ zur Summe hat, aber in diesem Satz wird nichts über den Charakter der Konvergenz im Intervall $(-\pi, \pi)$ ausgesagt. Die Sätze, die wir sogleich formulieren, schließen diese Lücke.

1. *In jedem Intervall, in dem die Funktion $f(x)$ die Dirichletschen Bedingungen erfüllt und außerdem stetig ist, konvergiert die Reihe $S[f(x)]$ gleichmäßig.*

2. *Wenn $f(x)$ die Dirichletschen Bedingungen erfüllt sowie im ganzen Intervall $(-\pi, \pi)$ stetig ist und darüber hinaus*

$$f(-\pi + 0) = f(\pi - 0)$$

gilt, so konvergiert die Reihe $S[f(x)]$ für alle Werte von x gleichmäßig.

Der Dirichletsche Satz legt der zu entwickelnden Funktion $f(x)$ verhältnismäßig wenig Beschränkung auf. Trotzdem läßt sich nicht jede Funktion $f(x)$ in eine Fourier-Reihe entwickeln; es gibt sogar stetige Funktionen, die nicht in eine Fourier-Reihe entwickelt werden können.

Wie der Leser ohne Schwierigkeit zeigt, gelten auch in dem Fall, daß die Funktion im Intervall $(0, \pi)$ definiert ist, die früheren Sätze für die Entwicklung nach Kosinus- bzw. Sinusgliedern, allein mit folgenden Abänderungen:

Unter den Bedingungen des Dirichletschen Satzes für das Intervall $(0, \pi)$ ist die Summe der Reihe

$$\frac{a_0}{2} + \sum_{k=1}^{\infty} a_k \cos kx, \quad a_k = \frac{2}{\pi} \int_0^\pi f(t) \cos kt \, dt, \tag{23}$$

gleich

$$\frac{f(x+0)+f(x-0)}{2} \quad \text{für } 0 < x < \pi \tag{24}$$

und gleich

$$f(+0) \quad \text{für} \quad x = 0, \qquad f(\pi - 0) \quad \text{für} \quad x = \pi;$$

dagegen wird die Summe der Reihe

$$\sum_{k=1}^{\infty} b_k \sin kx, \quad b_k = \frac{2}{\pi} \int_0^\pi f(t) \sin kt \, dt, \tag{25}$$

gleich (24) für $0 < x < \pi$ und gleich Null für $x = 0$ sowie $x = \pi$.

Diese Resultate ergeben sich alle sehr einfach, wenn man so wie in [157] die Funktion $f(x)$ in das Nachbarintervall $(-\pi, 0)$ im Fall der Reihe (23) gerade und im Fall der Reihe (25) ungerade fortsetzt.

168. Approximation einer stetigen Funktion durch Polynome. Unsere nächste Aufgabe ist der Beweis der Vollständigkeitsrelation (40) aus [159]. Dieser Beweis stützt sich auf gewisse Resultate aus der Theorie der Approximation von Funktionen durch Polynome. Zur Darlegung dieser Resultate, die auch für sich allein von Bedeutung sind, gehen wir sogleich über. Die Grundlage stellt der folgende Satz dar.

168. Approximation einer stetigen Funktion durch Polynome

Satz I (WEIERSTRASS)[1]. *Ist $f(x)$ eine beliebige, in dem endlichen abgeschlossenen Intervall $a \leq x \leq b$ stetige Funktion, so läßt sich eine Folge von Polynomen $P_1(x), P_2(x), \ldots$ konstruieren, die in dem ganzen abgeschlossenen Intervall $[a, b]$ gleichmäßig* [I, 144] *gegen $f(x)$ konvergiert.*

Zunächst stellen wir fest, daß das Intervall $[a, b]$ mit Hilfe der Transformation $x' = \dfrac{x - a}{b - a}$ auf das Intervall $[0, 1]$ zurückgeführt werden kann. Die Polynome in x werden dann Polynome in x' und umgekehrt; es kann daher $[0, 1]$ als Intervall $[a, b]$ angesehen werden. Wir beweisen zunächst zwei elementare algebraische Identitäten. Ausgangspunkt ist der binomische Satz

$$\sum_{m=0}^{n} \binom{n}{m} u^m v^{n-m} = (u + v)^n \qquad (n > 0, \text{ ganz}). \tag{26}$$

Wird diese Identität nach u differenziert, dann mit u multipliziert und darauf dasselbe mit der erhaltenen Identität durchgeführt, so entstehen zwei neue Identitäten:

$$\sum_{m=0}^{n} m \binom{n}{m} u^m v^{n-m} = nu(u + v)^{n-1},$$

$$\sum_{m=0}^{n} m^2 \binom{n}{m} u^m v^{n-m} = nu(nu + v)(u + v)^{n-2}. \tag{27}$$

Wird in (26) $u = x$ und $v = 1 - x$ gesetzt, so ergibt sich

$$1 = \sum_{m=0}^{n} \binom{n}{m} x^m (1 - x)^{n-m}. \tag{28}$$

Multiplizieren wir nun (26) mit $n^2 x^2$, die erste der Gleichungen (27) mit $-2nx$, die zweite mit 1 und addieren sie dann, so erhalten wir für $u = x$ und $v = 1 - x$:

$$\sum_{m=0}^{n} (m - nx)^2 \binom{n}{m} x^m (1 - x)^{n-m} = nx(1 - x).$$

Man weist leicht nach [I, 60], daß die im Intervall $[0, 1]$ nichtnegative rechte Seite dieser Gleichung ihren größten Wert bei $x = \dfrac{1}{2}$ annimmt, woraus

$$\sum_{m=0}^{n} (m - nx)^2 \binom{n}{m} x^m (1 - x)^{n-m} \leq \frac{1}{4} n \tag{29}$$

folgt.

Wir zeigen jetzt, daß die Polynome

$$P_n(x) = \sum_{m=0}^{n} f\left(\frac{m}{n}\right) \binom{n}{m} x^m (1 - x)^{n-m} \tag{30}$$

---

[1] Weierstraßscher Approximationssatz. (D. Red.)

im Intervall [0, 1] gleichmäßig gegen $f(x)$ streben. Multiplizieren wir beide Seiten von (28) mit $f(x)$ und subtrahieren von der erhaltenen Gleichung die Beziehung (30), so ergibt sich

$$f(x) - P_n(x) = \sum_{m=0}^{n} \left[f(x) - f\left(\frac{m}{n}\right) \right] \binom{n}{m} x^m (1-x)^{n-m}.$$

Wir müssen beweisen, daß zu jedem vorgegebenen positiven ε ein von x unabhängiges N existiert, für das

$$\left| \sum_{m=0}^{n} \left[f(x) - f\left(\frac{m}{n}\right) \right] \binom{n}{m} x^m (1-x)^{n-m} \right| < \varepsilon \quad \text{für} \quad n > N$$

gilt. Da für $0 \leq x \leq 1$ das Produkt $\binom{n}{m} x^m (1-x)^{n-m}$ nicht negativ ist, wird

$$\left| \sum_{m=0}^{n} \left[f(x) - f\left(\frac{m}{n}\right) \right] \binom{n}{m} x^m (1-x)^{n-m} \right| \leq \sum_{m=0}^{n} \left| f(x) - f\left(\frac{m}{n}\right) \right| \binom{n}{m} x^m (1-x)^{n-m},$$

und es genügt, die Ungleichung

$$\sum_{m=0}^{n} \left| f(x) - f\left(\frac{m}{n}\right) \right| \binom{n}{m} x^m (1-x)^{n-m} < \varepsilon \quad \text{für} \quad n > N \tag{31}$$

zu beweisen.

Die Funktion $f(x)$ ist im Intervall $0 \leq x \leq 1$ gleichmäßig stetig [I, 35], d. h., es existiert ein δ derart, daß $|f(x_1) - f(x_2)| < \dfrac{\varepsilon}{2}$ ist für $|x_1 - x_2| < \delta$. Es sei nun x ein fester Wert aus dem Intervall [0, 1]. Wir zerlegen dann die Summe (31) in zwei Teilsummen S_1 und S_2. Zur ersten Summe rechnen wir alle Summanden, für die m der Bedingung $\left| x - \dfrac{m}{n} \right| < \delta$ genügt. Auf Grund der Wahl von δ gilt dann für die aus positiven Gliedern bestehende erste Summe die Abschätzung

$$S_1 < \sum_{(I)} \frac{\varepsilon}{2} \binom{n}{m} x^m (1-x)^{n-m},$$

wobei (I) angibt, daß sich die Summe über die Werte m erstreckt, die der Ungleichung $\left| x - \dfrac{m}{n} \right| < \delta$ genügen. Summieren wir über alle Werte m von 0 bis n, so kann die Summe höchstens größer werden; also gilt

$$S_1 < \sum_{m=0}^{n} \frac{\varepsilon}{2} \binom{n}{m} x^m (1-x)^{n-m} = \frac{\varepsilon}{2} \sum_{m=0}^{n} \binom{n}{m} x^m (1-x)^{n-m}.$$

Wegen (28) wird daher $S_1 < \dfrac{\varepsilon}{2}$ für beliebiges n. Wir gehen nun zu der zweiten Summe

$$S_2 = \sum_{(II)} \left| f(x) - f\left(\frac{m}{n}\right) \right| \binom{n}{m} x^m (1-x)^{n-m}$$

über, in der über diejenigen Werte m summiert wird, die der Ungleichung $\left|x - \dfrac{m}{n}\right| \geqq \delta$ oder $|nx - m| \geqq n\delta$ genügen, und schätzen diese Summe ab. Die in dem abgeschlossenen Intervall $[0, 1]$ stetige Funktion genügt dort einer Ungleichung der Form $|f(x)| \leqq M$, wobei M ein fester positiver Wert ist [I, 35]; folglich gilt $\left|f(x) - f\left(\dfrac{m}{n}\right)\right| \leqq |f(x)| + \left|f\left(\dfrac{m}{n}\right)\right| \leqq 2M$. Außerdem multiplizieren wir die Glieder der Summe S_2 mit den Faktoren $\dfrac{(nx-m)^2}{n^2\delta^2}$, die nicht kleiner als Eins sind. Ziehen wir die nicht von dem Summationsindex m abhängenden Größen $2M$ und $\dfrac{1}{n^2\delta^2}$ vor das Summenzeichen, so ergibt sich

$$S_2 \leqq \frac{2M}{n^2\delta^2} \sum_{(II)} (m - nx)^2 \binom{n}{m} x^m (1-x)^{n-m}.$$

Alle Glieder sind positiv, und wenn über alle Werte m von $m = 0$ bis $m = n$ summiert wird, kann sich daher der Wert der Summe höchstens vergrößern. Unter Berücksichtigung von (29) erhalten wir

$$S_2 \leqq \frac{2M}{n^2\delta^2} \sum_{m=0}^{n} (m - nx)^2 \binom{n}{m} x^m (1-x)^{n-m} \leqq \frac{M}{2n\delta^2}.$$

Nun sind M und δ feste positive Werte; damit S_2 der Ungleichung $S_2 < \dfrac{\varepsilon}{2}$ genügt, braucht somit nur $\dfrac{M}{2n\delta^2} < \dfrac{\varepsilon}{2}$, also $n > \dfrac{M}{\varepsilon\delta^2}$ gewählt zu werden. Wir erhalten auf diese Weise den gesuchten Wert N; nämlich $N = \dfrac{M}{\varepsilon\delta^2}$. Für $n > N$ sind tatsächlich beide Summen S_1 und S_2 jeweils kleiner als $\dfrac{\varepsilon}{2}$, und die Ungleichung (31) ist erfüllt; der Weierstraßsche Satz ist damit bewiesen.

Er läßt sich offenbar auch folgendermaßen formulieren: *Ist $f(x)$ eine im abgeschlossenen Intervall $[a, b]$ stetige Funktion und ε ein beliebig vorgegebener positiver Wert, so existiert ein Polynom $P(x)$ derart, daß in dem ganzen Intervall (a, b) die Ungleichung*

$$|f(x) - P(x)| < \varepsilon \tag{32}$$

erfüllt ist.

Auf der Grundlage des Weierstraßschen Satzes beweisen wir einen analogen Satz für periodische Funktionen.

Satz II. *Ist $f(x)$ eine stetige periodische Funktion der Periode 2π und ε ein beliebig vorgegebener positiver Wert, so läßt sich ein trigonometrisches Polynom*

$$T(x) = c_0 + \sum_{k=1}^{m} (c_k \cos kx + d_k \sin kx) \tag{33}$$

finden derart, daß für jedes x

$$|f(x) - T(x)| < \varepsilon \tag{34}$$

gilt.

Auf Grund der Periodizität genügt es offenbar, die Gültigkeit der Ungleichung (34) für das Grundintervall $-\pi \leq x \leq \pi$ nachzuweisen. Wir nehmen zuerst an, daß $f(x)$ eine gerade Funktion ist, und führen anstelle von x die neue Veränderliche $t = \cos x$ ein. Unter $x = \arccos t$ verstehen wir den Hauptwert dieser Funktion; nimmt t von 1 bis -1 ab, so ändert sich die Funktion $x = \arccos t$ stetig von 0 bis π. Die Funktion $f(x) = f(\arccos t)$ ist eine stetige Funktion von t im Intervall $-1 \leq x \leq 1$. Daher existiert nach dem Weierstraßschen Satz ein Polynom $P(t)$ derart, daß

$$|f(\arccos t) - P(t)| < \varepsilon \qquad (-1 \leq t \leq 1)$$

ist; nach Rückkehr zu der ursprünglichen Veränderlichen erhalten wir dann

$$|f(x) - P(\cos x)| < \varepsilon \qquad (0 \leq x \leq \pi).$$

Da die Funktion $f(x)$ nach Voraussetzung gerade ist, ändern sich die Werte von $f(x)$ nicht bei Vertauschen von x mit $-x$; die Werte von $P(\cos x)$ bleiben bei Vertauschen von x mit $-x$ ebenfalls ungeändert, da auch die Funktion $\cos x$ gerade ist. Die vorstehende Ungleichung ist also auch für $-\pi \leq x \leq 0$ gültig, d. h. für das ganze Grundintervall. Bekanntlich [I, 176] lassen sich aber die ganzen positiven Potenzen von $\sin x$ und $\cos x$ durch die Sinus- und Kosinuswerte der Vielfachen des Bogens ausdrücken, so daß man ein Polynom in $\cos x$, d. h. $P(\cos x)$, in der Form (33) darstellen kann, wobei alle $d_k = 0$ sind. Damit ist der Satz bewiesen.

Wir betrachten jetzt eine beliebige stetige periodische Funktion $f(x)$. Setzen wir

$$\varphi(x) = \frac{1}{2}[f(x) + f(-x)], \quad \psi(x) = \frac{1}{2}[f(x) - f(-x)], \tag{35}$$

so wird $f(x)$ gleich der Summe von $\varphi(x)$ und $\psi(x)$, wobei $\varphi(x)$ eine gerade und $\psi(x)$ eine ungerade Funktion ist und beide periodisch sind. Zu jedem vorgegebenen ε existiert nach dem Bewiesenen ein Polynom $P(t)$ derart, daß $|\varphi(x) - P(\cos x)| < \dfrac{\varepsilon}{2}$ ist. Wenn wir noch die Existenz eines Polynoms $Q(t)$ nachweisen können, so daß

$$|\psi(x) - \sin x \cdot Q(\cos x)| < \frac{\varepsilon}{2} \qquad (-\pi \leq x \leq \pi) \tag{36}$$

ist, erfüllt das trigonometrische Polynom

$$T(x) = P(\cos x) + \sin x \cdot Q(\cos x)$$

die Bedingung (34). Wir führen hierzu wieder die Veränderliche $t = \cos x$ ein und betrachten die Funktion $\psi(x) = \psi(\arccos t)$ in dem Intervall $-1 \leq t \leq 1$. Die Funktion $\psi(x)$ wird wie jede stetige ungerade und periodische Funktion Null für

$x = 0$ und $x = \pi$; folglich verschwindet $\psi(\arccos t)$ in den Endpunkten des Intervalls, d. h. für $t = \pm 1$. Wird $f(x)$ Null in den Endpunkten des Intervalls [0, 1], d. h. $f(0) = f(1) = 0$, so folgt aus der Formel (30), daß dann auch das Polynom $P_n(x)$ dieselbe Eigenschaft besitzt. Durch die Transformation $t = 2x - 1$ können wir das Intervall [0, 1] in das Intervall [−1, 1] überführen. Daher läßt sich ein für $t = \pm 1$ verschwindendes Polynom $R(t)$ von der Art finden, daß

$$|\psi(\arccos t) - R(t)| < \frac{\varepsilon}{4} \quad \text{für} \quad -1 \leqq t \leqq 1$$

ist. Nun kann $R(t) = (1 - t^2) R_1(t)$ gesetzt werden, wobei $R_1(t)$ ebenfalls ein Polynom in t ist. Die vorstehende Ungleichung läßt sich dann in der Form

$$|\psi(x) - \sin^2 x \cdot R_1(\cos x)| < \frac{\varepsilon}{4} \quad \text{für} \quad 0 \leqq x \leqq \pi \tag{37}$$

schreiben. Für die in [−1, 1] stetige Funktion $\sin x \cdot R_1(\cos x) = \sqrt{1 - t^2}\, R_1(t)$ kann man ein Polynom $Q(t)$ konstruieren derart, daß

$$\left|\sqrt{1 - t^2}\, R_1(t) - Q(t)\right| < \frac{\varepsilon}{4} \quad \text{für} \quad -1 \leqq t \leqq 1$$

ist, d. h.

$$|\sin x \cdot R_1(\cos x) - Q(\cos x)| < \frac{\varepsilon}{4} \quad \text{für} \quad 0 \leqq x \leqq \pi.$$

Wegen $|\sin x| \leqq 1$ gilt somit erst recht

$$|\sin^2 x \cdot R_1(x) - \sin x \cdot Q(x)| < \frac{\varepsilon}{4}. \tag{37_1}$$

Aus (37) und (37_1) folgt nun

$$|\psi(x) - \sin x \cdot Q(\cos x)| \leqq |\psi(x) - \sin^2 x \cdot R_1(\cos x)|$$
$$+ |\sin^2 x \cdot R_1(\cos x) - \sin x \cdot Q(\cos x)|$$
$$\leqq \frac{\varepsilon}{4} + \frac{\varepsilon}{4} = \frac{\varepsilon}{2},$$

so daß die Ungleichung (36) für das Intervall $0 \leqq x \leqq \pi$ bewiesen ist. Da aber die Funktionen $\psi(x)$ und $\sin x \cdot Q(\cos x)$ ungerade sind, gilt die Ungleichung auch im ganzen Intervall $-\pi \leqq x \leqq \pi$.

Die vorstehend angeführten Beweise der Sätze I und II stammen von S. N. Bernstein.

169. Die Vollständigkeitsrelation. Aus dem soeben bewiesenen Satz folgt nun leicht die Gültigkeit der Vollständigkeitsrelation für das System der trigonometrischen Funktionen [159]. Zunächst werde die in dem Intervall $-\pi \leqq x \leqq \pi$ vorgegebene Funktion $f(x)$ als stetig angenommen, und es gelte $f(-\pi) = f(\pi)$.

Setzen wir $f(x)$ in das Äußere dieses Intervalls periodisch fort, so entsteht eine stetige periodische Funktion; zu jedem vorgegebenen ε existiert daher ein trigonometrisches Polynom $T(x)$, das der Ungleichung (34) genügt.

Aus dieser Ungleichung folgt

$$\frac{1}{2\pi}\int_{-\pi}^{\pi}[f(x)-T(x)]^2\,dx<\varepsilon^2. \tag{38}$$

Es sei n die Ordnung des trigonometrischen Polynoms, also der Wert von m in der Formel (33). Setzen wir in (38) für $T(x)$ beliebige trigonometrische Polynome von nicht höherer Ordnung als n ein, so wird das Integral (38) zum Minimum ε_n^2, wenn als trigonometrisches Polynom die Summe der ersten $2n+1$ Glieder der Fourier-Reihe der Funktion $f(x)$ gewählt wird. Hieraus folgt $\varepsilon_n \leqq \varepsilon$. Da das positive ε beliebig klein gewählt werden kann, ergibt sich, daß ε_n, das mit wachsendem n nicht größer werden kann, für $n \to \infty$ gegen Null streben muß; dies ist aber bekanntlich [159] der Vollständigkeitsrelation äquivalent.

Wir betrachten jetzt den allgemeineren Fall, daß $f(x)$ in dem Intervall $-\pi \leqq x \leqq \pi$ stetig ist, jedoch die Werte $f(-\pi)$ und $f(\pi)$ nicht übereinstimmen. Bekanntlich existiert dann ein positiver Wert M derart, daß $|f(x)| \leqq M$ für $-\pi \leqq x \leqq \pi$ ist. Es sei η ein beliebig vorgegebener positiver Wert und δ ein positiver Wert, der den Ungleichungen

$$\delta < \frac{\pi\eta}{8M^2}, \quad \delta < \pi \tag{39}$$

genügt. Wir konstruieren eine neue Funktion $f_1(x)$ nach der folgenden Regel: Im Intervall $(-\pi, \pi-\delta)$ stimmt $f_1(x)$ mit $f(x)$ überein. Im Intervall $(\pi-\delta, \pi)$ ist die Bildkurve von $f_1(x)$ ein Geradenstück, das den Punkt $x=\pi-\delta, y=f(\pi-\delta)$

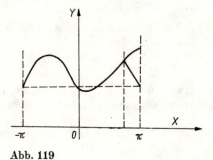

Abb. 119

mit dem Punkt $x=\pi$, $y=f(-\pi)$ verbindet (Abb. 119). Die Funktion $f_1(x)$ ist in dem Intervall $-\pi \leqq x \leqq \pi$ eine stetige Funktion, die für $x=\pm\pi$ den gleichen Wert $f(-\pi)$ annimmt; offenbar gilt auch $|f_1(x)| \leqq M$.

169. Die Vollständigkeitsrelation

Auf Grund des zuvor Bewiesenen läßt sich zu jedem vorgegebenen positiven η ein trigonometrisches Polynom finden derart, daß

$$\frac{1}{2\pi} \int_{-\pi}^{\pi} [f_1(x) - T(x)]^2 \, dx < \frac{\eta}{4} \tag{40}$$

wird. Da die Funktion $f(x)$ im Intervall $(-\pi, \pi - \delta)$ gleich $f_1(x)$ ist, gilt offenbar

$$\frac{1}{2\pi} \int_{-\pi}^{\pi} [f(x) - f_1(x)]^2 \, dx = \frac{1}{2\pi} \int_{\pi-\delta}^{\pi} [f(x) - f_1(x)]^2 \, dx.$$

Hiernach können wir unter Beachtung von $|f(x) - f_1(x)| \leq |f(x)| + |f_1(x)| \leq 2M$

$$\frac{1}{2\pi} \int_{-\pi}^{\pi} [f(x) - f_1(x)]^2 \, dx \leq \frac{2M^2}{\pi} \int_{\pi-\delta}^{\pi} dx = \frac{2M^2 \delta}{\pi}$$

schreiben, wegen (39) also

$$\frac{1}{2\pi} \int_{-\pi}^{\pi} [f(x) - f_1(x)]^2 \, dx < \frac{\eta}{4}. \tag{41}$$

Nun bilden wir das Integral

$$\frac{1}{2\pi} \int_{-\pi}^{\pi} [f(x) - T(x)]^2 \, dx = \frac{1}{2\pi} \int_{-\pi}^{\pi} \{[f(x) - f_1(x)] + [f_1(x) - T(x)]\}^2 \, dx.$$

Unter Berücksichtigung der offensichtlich geltenden Ungleichung

$$(a + b)^2 \leq 2(a^2 + b^2)$$

wird

$$\frac{1}{2\pi} \int_{-\pi}^{\pi} [f(x) - T(x)]^2 \, dx \leq \frac{1}{\pi} \int_{-\pi}^{\pi} [f(x) - f_1(x)]^2 \, dx + \frac{1}{\pi} \int_{-\pi}^{\pi} [f_1(x) - T(x)]^2 \, dx;$$

hieraus folgt auf Grund von (40) und (41)

$$\frac{1}{2\pi} \int_{-\pi}^{\pi} [f(x) - T(x)]^2 \, dx < \eta.$$

Hieraus finden wir durch analoge Schlußfolgerungen wie früher $\varepsilon_n^2 \leq \eta$, und da η beliebig klein gewählt werden kann, gilt somit $\varepsilon_n \to 0$ für $n \to \infty$; die Vollständigkeitsrelation gilt also auch, wenn die Funktion $f(x)$ die zuvor angegebenen Eigenschaften besitzt. Analog läßt sich beweisen, daß die Vollständigkeitsrelation auch dann gilt, wenn $f(x)$ im Intervall $-\pi \leq x \leq \pi$ beschränkt ist und dort endlich viele Unstetigkeitsstellen besitzt. Handelt es sich durchweg um Unstetigkeiten erster Art, so braucht die Beschränktheit der Funktion nicht besonders gefordert zu werden. Zum Beweis genügt es, die Unstetigkeitsstellen durch hinreichend schmale Intervalle auszusondern und eine neue, im Intervall $-\pi \leq x \leq \pi$ stetige Funktion $f_1(x)$ zu konstruieren, die außerhalb der erwähnten Intervalle mit $f(x)$ übereinstimmt und im Innern dieser Intervalle linear ist. Für $f_1(x)$ kann man nach dem Vorstehenden ein trigonometrisches Polynom $T(x)$ aufstellen, für das die Ungleichung (40) gilt, und die erwähnten Intervalle kann man so schmal wählen, daß die Ungleichung (41) erfüllt ist. Im übrigen verläuft der Beweis so wie vorher. Die Vollständigkeitsrelation ist damit in bezug auf alle Funktionen bewiesen, die endlich viele Unstetigkeiten erster Art besitzen (oder stetig sind). Wir bemerken noch, daß sie auch in bezug auf eine wesentlich größere Klasse von Funktionen gilt.

170. Der Konvergenzcharakter der Fourier-Reihen. Die in [**156**] erhaltenen Reihen sind insofern unzulänglich, als sie schlecht konvergieren. Einige von ihnen sind nicht absolut und auch nicht gleichmäßig konvergent; die Reihe (10) aus [**156**] geht z. B. für $x = \dfrac{\pi}{2}$ in die Reihe

$$2\left(\frac{1}{1} - \frac{1}{3} + \frac{1}{5} - \cdots\right)$$

über, die nicht absolut konvergiert; die Reihe (10) kann auch nicht gleichmäßig konvergent sein, da sie eine unstetige Funktion darstellt [**I, 146**]. Das gleiche gilt auch für die Reihe einer unstetigen Funktion mit den Werten c_1 und c_2. Zwischen dem Stetigkeitsverhalten der zu entwickelnden Funktion und ihren Ableitungen sowie der Größenordnung der Koeffizienten a_n und b_n ihrer Fourier-Reihe bei großen n besteht ein Zusammenhang, der hier eingehender untersucht werden soll. Bezüglich der Funktion $f(x)$ setzen wir ein für allemal voraus, daß sie selbst und ihre Ableitungen, die hierbei eine Rolle spielen, Funktionen sind, die den Dirichletschen Bedingungen genügen und die periodisch in das Äußere des Intervalls $(-\pi, \pi)$ fortgesetzt sind. Wir bezeichnen die Unstetigkeitsstellen der Funktion $f(x)$ im Innern von $(-\pi, \pi)$ mit

$$x_1^{(0)}, x_2^{(0)}, \ldots, x_{\tau_0-1}^{(0)},$$

die Unstetigkeitsstellen ihrer Ableitung $f'(x)$ im Innern von $(-\pi, \pi)$ mit

$$x_1', x_2', \ldots, x'_{\tau_1-1}$$

und allgemein die Unstetigkeitsstellen der Ableitung $f^{(k)}(x)$ mit

$$x_1^{(k)}, x_2^{(k)}, \ldots, x_{\tau_k-1}^{(k)}.$$

Zu den Unstetigkeitsstellen sind auch die Endpunkte des Intervalls $(-\pi, \pi)$ hinzuzurechnen, wenn die Grenzwerte

$$f(\mp\pi \pm 0), \ f'(\mp\pi \pm 0), \ \ldots, \ f^{(k)}(\mp\pi \pm 0)$$

nicht übereinstimmen.

Wir setzen aus Symmetriegründen $x_0^{(0)} = -\pi$ und $x_{\tau_0}^{(0)} = \pi$; Entsprechendes vereinbaren wir für die Ableitungen. Die obige Voraussetzung bezüglich der Ableitungen läuft darauf hinaus, daß im Innern jedes Intervalls $(x_s^{(k)}, x_{s+1}^{(k)})$ $(s = 0, 1, \ldots, \tau_{k-1})$ eine stetige Ableitung $f^{(k)}(x)$ existiert. Auf Grund der Dirichletschen Bedingungen besitzt diese Ableitung dann endliche Grenzwerte in den Endpunkten des Intervalls.

170. Der Konvergenzcharakter der Fourier-Reihen

Wir formen jetzt die Ausdrücke für die Fourier-Koeffizienten der Funktion $f(x)$ um und beginnen mit dem Koeffizienten

$$a_n = \frac{1}{\pi} \int_{-\pi}^{\pi} f(x) \cos nx \, dx.$$

Das Integrationsintervall $(-\pi, \pi)$ wird in die Teilintervalle

$$(-\pi, x_1^{(0)}),\ (x_1^{(0)}, x_2^{(0)}),\ \ldots,\ (x_{\tau_0-1}^{(0)}, \pi)$$

zerlegt, in denen jeweils die Funktion $f(x)$ stetig ist. Durch partielle Integration ergibt sich

$$\int f(x) \cos nx \, dx = \frac{\sin nx}{n} f(x) - \frac{1}{n} \int f'(x) \sin nx \, dx.$$

Da andererseits

$$\int_{x_{i-1}^{(0)}}^{x_i^{(0)}} f(x) \cos nx \, dx = \lim_{\varepsilon', \varepsilon'' \to 0} \int_{x_{i-1}^{(0)}+\varepsilon'}^{x_i^{(0)}-\varepsilon''} f(x) \cos nx \, dx$$

$$= \lim_{\varepsilon', \varepsilon'' \to 0} \frac{\sin nx}{n} f(x) \Big|_{x=x_{i-1}^{(0)}+\varepsilon'}^{x=x_i^{(0)}-\varepsilon''} - \frac{1}{n} \int_{x_{i-1}^{(0)}}^{x_i^{(0)}} f'(x) \sin nx \, dx$$

ist, erhalten wir unter Beachtung der Stetigkeit der Funktion $\sin nx$

$$\int_{x_{i-1}^{(0)}}^{x_i^{(0)}} f(x) \cos nx \, dx = \frac{\sin nx_i^{(0)}}{n} f(x_i^{(0)} - 0) - \frac{\sin nx_{i-1}^{(0)}}{n} f(x_{i-1}^{(0)} + 0)$$

$$- \frac{1}{n} \int_{x_{i-1}^{(0)}}^{x_i^{(0)}} f'(x) \sin nx \, dx.$$

Summation über i von 1 bis τ_0 liefert schließlich

$$a_n = -\frac{1}{\pi n} \{\sin n x_1^{(0)} [f(x_1^{(0)} + 0) - f(x_1^{(0)} - 0)] + \cdots$$

$$+ \sin n x_{\tau_0}^{(0)} [f(x_{\tau_0}^{(0)} + 0) - f(x_{\tau_0}^{(0)} - 0)]\} - \frac{1}{n\pi} \int_{-\pi}^{\pi} f'(x) \sin nx \, dx,$$

wobei $x_0^{(0)} = -\pi$, $x_{\tau_0}^{(0)} = \pi$ ist, und auf Grund der Periodizität von $f(x)$ gilt die Gleichung $f(x_{\tau_0}^{(0)} + 0) = f(x_0^{(0)} + 0)$. Im vorliegenden Fall ist zwar $\sin nx_{\tau_0}^{(0)} = 0$, doch behalten wir das entsprechende Glied im Hinblick auf den gleichartigen Aufbau der späteren Formeln bei.

Zur Abkürzung seien die Sprünge von $f(x)$ in den Unstetigkeitsstellen $x_1^{(0)}, x_2^{(0)}, \ldots, x_{\tau_0}^{(0)}$ mit

$$\delta_1^{(0)} = f(x_1^{(0)} + 0) - f(x_1^{(0)} - 0),\ \ldots,\ \delta_{\tau_0}^{(0)} = f(x_{\tau_0}^{(0)} + 0) - f(x_{\tau_0}^{(0)} - 0)$$

bezeichnet. Außerdem seien a_n' und b_n' die Fourier-Koeffizienten der Ableitung $f'(x)$.

Die vorhergehende Formel läßt sich dann in der Form

$$a_n = -\frac{1}{n\pi} \sum_{i=1}^{\tau_0} \delta_i^{(0)} \sin nx_i^{(0)} - \frac{b_n'}{n} \qquad (42)$$

schreiben.

Von der Beziehung

$$\int f(x) \sin nx \, dx = -\frac{\cos nx}{n} f(x) + \int f'(x) \cos nx \, dx$$

ausgehend, erhalten wir entsprechend

$$b_n = \frac{1}{\pi n} \sum_{i=1}^{\tau_0} \delta_i^{(0)} \cos nx_i^{(0)} + \frac{a_n'}{n}. \qquad (43)$$

Die Formeln (42) und (43) sind an sich bereits sehr wichtig. Sie zeigen nämlich, daß *im Fall einer periodischen Funktion $f(x)$ mit Sprungstellen die Fourier-Koeffizienten für $n \to \infty$ von der Ordnung $\frac{1}{n}$ klein werden; die Hauptbestandteile der Koeffizienten a_n und b_n sind dabei jeweils gleich*

$$-\frac{1}{\pi n} \sum_{i=1}^{\tau_0} \delta_i^{(0)} \sin nx_i^{(0)}, \quad \frac{1}{\pi n} \sum_{i=1}^{\tau_0} \delta_i^{(0)} \cos nx_i^{(0)},$$

während das Restglied von höherer Ordnung als $\frac{1}{n}$ ist.

Das Restglied hat nämlich die Form

$$-\frac{b_n'}{n}, \quad \frac{a_n'}{n};$$

die Werte a_n' und b_n' streben aber als Fourier-Koeffizienten der Funktion $f'(x)$ für $n \to \infty$ gegen 0, d. h., sie werden unendlich klein für $n \to \infty$. Die Formeln (42) und (43) sind ferner auch deshalb wichtig, weil sich *mit ihrer Hilfe die Fourier-Koeffizienten a_n und b_n nach ihren Anteilen von verschiedener Ordnung in $\frac{1}{n}$ analysieren lassen.*

Zu diesem Zweck bezeichnen wir die Fourier-Koeffizienten der k-ten Ableitung $f^{(k)}(x)$ mit $a_n^{(k)}$ und $b_n^{(k)}$ und die Sprünge von $f^{(k)}(x)$ in den Punkten $x_1^{(k)}, x_2^{(k)}, \ldots, x_{\tau_k}^{(k)} = \pi$ mit

$$\delta_1^{(k)} = f^{(k)}(x_1^{(k)} + 0) - f^{(k)}(x_1^{(k)} - 0), \ldots, \delta_{\tau_k}^{(k)} = f^{(k)}(\pi + 0) - f^{(k)}(\pi - 0).$$

Bei Anwendung der Formeln (42) und (43) auf die Fourier-Koeffizienten a_n' und b_n', wozu nur jeweils $f(x)$ durch $f'(x)$, $\delta_i^{(0)}$ durch $\delta_i^{(1)}$, $x_i^{(0)}$ durch $x_i^{(1)}$ und τ_0 durch τ_1 zu ersetzen ist, ergibt sich

$$a_n' = -\frac{1}{\pi n} \sum_{i=1}^{\tau_1} \delta_i^{(1)} \sin nx_i^{(1)} - \frac{b_n''}{n},$$

$$b_n' = \frac{1}{\pi n} \sum_{i=1}^{\tau_1} \delta_i^{(1)} \cos nx_i^{(1)} + \frac{a_n''}{n},$$

dabei sind vereinbarungsgemäß a_n'' und b_n'' die Fourier-Koeffizienten von $f''(x)$.

Entsprechend erhalten wir

$$a_n'' = -\frac{1}{\pi n} \sum_{i=1}^{r_2} \delta_i^{(2)} \sin n x_i^{(2)} - \frac{b_n'''}{n},$$

$$b_n'' = \frac{1}{\pi n} \sum_{i=1}^{r_2} \delta_i^{(2)} \cos n x_i^{(2)} + \frac{a_n'''}{n},$$

. . . .

Mit den Abkürzungen

$$A_k = \frac{1}{\pi} \sum_{i=1}^{r_k} \delta_i^{(k)} \sin n x_i^{(k)}, \quad B_k = \frac{1}{\pi} \sum_{i=1}^{r_k} \delta_i^{(k)} \cos n x_i^{(k)} \quad (k = 0, 1, 2, \ldots)$$

folgt aus den vorhergehenden Formeln

$$a_n = -\frac{A_0}{n} - \frac{B_1}{n^2} + \frac{A_2}{n^3} + \frac{B_3}{n^4} - \cdots + \frac{\varrho_k'}{n^k}, \tag{44}$$

$$b_n = \frac{B_0}{n} - \frac{A_1}{n^2} - \frac{B_2}{n^3} + \frac{A_3}{n^4} + \cdots + \frac{\varrho_k''}{n^k};$$

dabei ergeben sich für ϱ_k' und ϱ_k'' in Abhängigkeit von k die in der folgenden Tabelle zusammengestellten Darstellungen:

k	$4m$	$4m+1$	$4m+2$	$4m+3$
ϱ_k'	$a_n^{(k)}$	$-b_n^{(k)}$	$-a_n^{(k)}$	$b_n^{(k)}$
ϱ_k''	$b_n^{(k)}$	$a_n^{(k)}$	$-b_n^{(k)}$	$-a_n^{(k)}$

Aus den Ausdrücken für A_k und B_k geht hervor, daß diese Größen von n abhängen, doch tritt n nur im Argument der trigonometrischen Funktion auf; daher bleiben die Größen A_s und B_s bei unbegrenzt zunehmendem n für festes s beschränkt. In den Ausdrücken für A_s und B_s stehen als Koeffizienten bei den trigonometrischen Funktionen die Sprünge der Ableitung $f^{(s)}(x)$. Treten solche Sprungstellen nicht auf, so wird $A_s = B_s = 0$. Ist die Ableitung $f^{(k)}(x)$ eine den Dirichletschen Bedingungen genügende Funktion, so sind die Faktoren ϱ_k' und ϱ_k'', die bis auf das Vorzeichen mit einem der Fourier-Koeffizienten der Funktion $f^{(k)}(x)$ übereinstimmen, für große n von nicht niedrigerer als erster Ordnung in $\frac{1}{n}$. In [165] hatten wir nämlich gesehen, daß dies für die Fourier-Koeffizienten einer Funktion gilt, welche die Dirichletschen Bedingungen erfüllt. Wir erhalten somit den folgenden Satz:

Besitzt die periodische stetige Funktion $f(x)$ stetige Ableitungen bis zur $(k-1)$-ten Ordnung einschließlich und ist die Ableitung k-ter Ordnung eine den Dirichletschen Bedingungen genügende Funktion, so wird in $\frac{1}{n}$ die Ordnung der Fourier-Koeffizienten a_n und b_n der Funktion $f(x)$ für $n \to \infty$ nicht niedriger als die Ordnung von $\frac{1}{n^{k+1}}$, d. h., es gelten die Abschätzungen

$$|a_n| \leq \frac{M}{n^{k+1}}, \quad |b_n| \leq \frac{M}{n^{k+1}},$$

wobei M ein fester positiver Wert ist.

Es ist nun leicht einzusehen, daß für $k \geq 1$ die Fourier-Reihe der Funktion $f(x)$ gleichmäßig konvergiert. Aus dem zuvor bewiesenen Satz folgt nämlich, daß dann die Koeffizienten a_n und b_n die Ungleichungen

$$|a_n| < \frac{M}{n^2}, \quad |b_n| < \frac{M}{n^2}$$

erfüllen, und für das allgemeine Glied der Reihe gilt somit die Abschätzung

$$|a_n \cos nx + b_n \sin nx| < \frac{2M}{n^2},$$

aus der die absolute und gleichmäßige Konvergenz der Reihe folgt, da die Reihe $\sum\limits_{n=1}^{\infty} \frac{1}{n^2}$ konvergiert [**I, 122**].

Die Formeln (44) bleiben auch gültig bei Fourier-Reihen für das Intervall $(-l, l)$. Man muß dann nur

$$A_k = \left(\frac{l}{\pi}\right)^k \frac{1}{\pi} \sum_{i=1}^{\tau_k} \delta_i^{(k)} \sin \frac{n\pi x_i^{(l)}}{l},$$
$$B_k = \left(\frac{l}{\pi}\right)^k \frac{1}{\pi} \sum_{i=1}^{\tau_k} \delta_i^{(l)} \cos \frac{n\pi x_i^{(k)}}{l} \qquad (k = 0, 1, 2, \ldots)$$

setzen und die in der Tabelle angegebenen Ausdrücke für ϱ_k' und ϱ_k'' mit $\left(\frac{l}{\pi}\right)^k$ multiplizieren, wobei hier

$$\delta_{\tau_k}^{(k)} = f^{(k)}(l+0) - f^{(k)}(l-0) = f^{(k)}(-l+0) - f^{(k)}(-l-0)$$

ist.

171. Verbesserung der Konvergenz von Fourier-Reihen. Wie wir im vorhergehenden Abschnitt gesehen hatten, sind die für die schlechte Konvergenz der Fourier-Reihe verantwortlichen Glieder erster Ordnung in $\frac{1}{n}$ in den Ausdrücken für die Fourier-Koeffizienten a_n und b_n einer Funktion $f(x)$ durch das Auftreten von Sprungstellen bei der Funktion $f(x)$ bedingt. Mag auch eine Funktion beliebig viele Ableitungen im Intervall $(-\pi, \pi)$ besitzen, so genügt trotzdem z. B. ein Sprung im Endpunkt des Intervalls, also letzten Endes das Nichtübereinstimmen der Grenzwerte $f(\pm \pi \pm 0)$, um die Fourier-Reihe dieser Funktion für eine praktische Berechnung ungeeignet zu machen. Ferner ist in den Anwendungen häufig nicht die Untersuchung der in eine Fourier-Reihe entwickelten Funktion $f(x)$ selbst von Bedeutung, sondern die ihrer Ableitungen erster, zweiter oder sogar dritter Ordnung. Haben die Fourier-Koeffizienten der Funktion $f(x)$ selbst die Ordnung von $\frac{1}{n^{k+1}}$, so bekommen die bei Differentiation der Reihe entstehenden Koeffizienten die Ordnung von $\frac{1}{n^k}$, wie aus den Gleichungen

$$f(x) = \frac{a_0}{2} + \sum_{n=1}^{\infty} (a_n \cos nx + b_n \sin nx),$$

$$f'(x) = \sum_{n=1}^{\infty} n(b_n \cos nx - a_n \sin nx),$$

$$f''(x) = \sum_{n=1}^{\infty} n^2(-a_n \cos nx - b_n \sin nx)$$

hervorgeht.

Umgekehrt erhöht sich bei jeder Integration die Ordnung der Koeffizienten um Eins, da

$$\int \sum_{n=1}^{\infty}(a_n\cos nx + b_n\sin nx)\,dx = C + \sum_{n=1}^{\infty}\frac{-b_n\cos nx + a_n\sin nx}{n}$$

ist, wobei C eine beliebige Konstante darstellt.

Bei einer Differentiation verschlechtert sich somit die Konvergenz der Fourier-Reihe. Nehmen die Fourier-Koeffizienten der Funktion $f(x)$ z. B. wie $\frac{1}{n^2}$ ab, was dann zutrifft, wenn diese Funktion stetig und periodisch ist und $f'(x)$ Unstetigkeitspunkte besitzt, so hat die Reihe für $f'(x)$, die sich durch gliedweise Differentiation ergibt, Koeffizienten erster Ordnung in $\frac{1}{n}$; die Reihe für $f''(x)$ verliert ganz ihren Sinn, da deren Koeffizienten überhaupt nicht gegen Null streben. Es ist also möglich, daß die Fourier-Reihe einer Funktion $f(x)$ an keiner Stelle x für die Bestimmung der Ableitungen der Funktion $f(x)$ brauchbar ist; das ist bereits der Fall bei einer Funktion, die nur *in einem Punkt* des Intervalls keine Ableitung besitzt und sonst überall beliebig oft differenzierbar ist.

Es tritt daher die Frage nach der *Verbesserung der Konvergenz einer Fourier-Reihe* auf; darunter ist eine Umformung in eine Reihe zu verstehen, deren Koeffizienten von so hoher Ordnung klein werden, daß die Verschlechterung der Konvergenz bei der Differentiation die Berechnung der Ableitungen nicht unmöglich macht. Wollen wir z. B. ohne Einschränkung durch gliedweise Differentiation die Ableitungen bis zur dritten Ordnung einschließlich berechnen, so müssen die Koeffizienten der Reihe mindestens wie $\frac{1}{n^5}$ gegen Null gehen, weil sich nur dann für die dritte Ableitung eine Reihe ergibt, deren Koeffizienten wie $\frac{1}{n^2}$ verschwinden.

Die Konvergenz der Fourier-Reihe einer Funktion $f(x)$ kann nun in der folgenden Weise verbessert werden. In den Formeln (44) mögen Glieder erster Ordnung in $\frac{1}{n}$ auftreten, d. h., die Funktion $f(x)$ habe Sprünge $\delta_i^{(0)}$.

Es ist stets möglich, eine einfache Hilfsfunktion $\varphi_0(x)$ zu konstruieren, die dieselben Sprünge besitzt wie $f(x)$. Dann hat die Differenz

$$f_1(x) = f(x) - \varphi_0(x)$$

keine Sprungstellen mehr, und die Koeffizienten der Fourier-Reihe $S(f_1)$ für die Funktion $f_1(x)$ gehen dann mindestens wie $\frac{1}{n^2}$ gegen Null. Für $\varphi_0(x)$ nimmt man am einfachsten eine Funktion, deren Bildkurve „treppenartig" ist, die also aus zur x-Achse parallelen Abschnitten oder allgemein aus parallelen Geradenabschnitten besteht. Im ersten Fall wird dann

$$\varphi_0'(x) = 0, \quad \text{d. h.} \quad f_1'(x) = f'(x);$$

im zweiten Fall gilt, wenn z. B. die Richtungskoeffizienten sämtlicher Abschnitte gleich m_0 gewählt werden,

$$f_1'(x) - f'(x) = -m_0.$$

Die Funktion $f_1'(x)$ hat somit dieselben Sprünge wie $f'(x)$.

Nachdem in der einen oder anderen Weise die Funktion $\varphi_0(x)$ bestimmt worden ist, ergibt sich

$$f(x) = \varphi_0(x) + f_1(x),$$

wobei $\varphi_0(x)$ eine einfache Funktion ist, die aus parallelen Geradenabschnitten besteht. Dann besitzt $f_1(x)$ eine Fourier-Reihe, deren Koeffizienten mindestens wie $\frac{1}{n^2}$ gegen Null gehen. Wir formen jetzt die Funktion $f_1(x)$ um. Es gilt

$$f'(x) = f_1'(x) + m_0.$$

In Analogie zu dem Vorgehen bei $f(x)$ können wir

$$f_1'(x) = f_2(x) + \varphi_1(x)$$

setzen. Dabei ist $\varphi_1(x)$ eine Funktion, die aus parallelen Geradenabschnitten besteht, und $f_2(x)$ läßt sich in eine Fourier-Reihe entwickeln, deren Koeffizienten mindestens die Ordnung von $\frac{1}{n^2}$ haben. Durch Integration der letzten Gleichung entsteht für $f_1(x)$ und damit auch für $f(x)$ ein Ausdruck, der sich aus einer Fourier-Reihe mit Koeffizienten von mindestens dritter Ordnung in $\frac{1}{n}$ sowie Parabelbögen zweiten Grades zusammensetzt. Wird jetzt eine analoge Umformung von $f''(x)$ vorgenommen, so ergibt sich für $f(x)$ ein Ausdruck, der sich aus einer Fourier-Reihe mit Koeffizienten von mindestens vierter Ordnung in $\frac{1}{n}$ und Parabelbögen dritten Grades zusammensetzt usw.

Das beschriebene Verfahren wird hauptsächlich dann angewendet, wenn die Funktion selbst unbekannt ist und nur ihre Fourier-Reihe mit Koeffizienten der Form (44) vorliegt. Hierbei sind auf Grund der Koeffizienten die Unstetigkeitsstellen und Sprünge der Funktion $f(x)$ und ihrer Ableitungen zu bestimmen; danach ist das zuvor angegebene Verfahren zur Verbesserung der Konvergenz anzuwenden.

Man kann jedoch auch anders vorgehen: Man summiert nämlich diejenigen Anteile der Fourier-Reihe, die sich aus den ersten Gliedern der Ausdrücke (44) für die Koeffizienten a_n und b_n zusammensetzen. Gerade diese Glieder verursachen die schlechte Konvergenz der Fourier-Reihe. Die nach der Summierung verbleibende Fourier-Reihe konvergiert dann besser als die ursprüngliche.

Bei der erwähnten Summierung sind die folgenden Formeln zu benutzen:

$$\sum_{n=1}^{\infty} \frac{\sin nx}{n} = \begin{cases} \dfrac{-\pi - x}{2} & (-2\pi < x < 0), \\ \dfrac{\pi - x}{2} & (0 < x < 2\pi), \\ 0 & (x = 0 \text{ und } x = \pm 2\pi); \end{cases} \qquad (45)$$

$$\sum_{n=1}^{\infty} \frac{\cos nx}{n^2} = \begin{cases} \dfrac{2\pi^2 + 6\pi x + 3x^2}{12} & (-2\pi \leq x \leq 0), \\ \dfrac{2\pi^2 - 6\pi x + 3x^2}{12} & (0 \leq x \leq 2\pi); \end{cases} \qquad (46)$$

$$\sum_{n=1}^{\infty} \frac{\sin nx}{n^3} = \begin{cases} \dfrac{2\pi^2 x + 3\pi x^2 + x^3}{12} & (-2\pi \leq x \leq 0), \\ \dfrac{2\pi^2 x - 3\pi x^2 + x^3}{12} & (0 \leq x \leq 2\pi). \end{cases} \qquad (47)$$

Die erste der Formeln ergibt sich unmittelbar, wenn die Funktion $\frac{\pi - x}{2}$ im Intervall $(0, \pi)$ in eine Sinusreihe entwickelt wird. Die zweite folgt aus der ersten mittels Integration über x von 0 bis x, wobei noch folgende Formel [156] benutzt werden muß:

$$\sum_{n=1}^{\infty} \frac{1}{n^2} = \frac{\pi^2}{6}.$$

Entsprechend findet man auch die dritte Formel aus der zweiten mittels Integration. Weitere Integrationen würden uns ähnliche Formeln liefern.

Das hier beschriebene Verfahren zur Verbesserung der Konvergenz von Fourier-Reihen durch systematische Umformung der Funktion $f(x)$ und ihrer Ableitungen stammt ebenso wie das nachstehend angegebene Beispiel von A. N. KRYLOW[1]).

172. Beispiel. Wir betrachten die Fourier-Reihe

$$f(x) = -\frac{2}{\pi} \sum_{n=2}^{\infty} \frac{n \cos \frac{n\pi}{2}}{n^2 - 1} \sin nx \quad (0 \leq x \leq \pi).^2) \tag{48}$$

Hier ist

$$b_n = -\frac{2n \cos \frac{n\pi}{2}}{\pi(n^2 - 1)}.$$

Mit dem Ziel, b_n in der Form (43) darzustellen, entwickeln wir den Bruch $\frac{n}{n^2-1}$ nach Potenzen von $\frac{1}{n}$, und zwar bis zu dem Glied $\frac{1}{n^4}$:

$$\frac{n}{n^2 - 1} = \frac{1}{n} + \frac{1}{n^3} + \frac{1}{n^5} \cdot \frac{1}{1 - \frac{1}{n^2}},$$

d. h.

$$b_n = -\frac{2 \cos \frac{n\pi}{2}}{\pi n} - \frac{2 \cos \frac{n\pi}{2}}{\pi n^3} - \frac{2 \cos \frac{n\pi}{2}}{\pi n^3 (n^2 - 1)}. \tag{49}$$

Es sind somit die beiden Reihen

$$-\frac{2}{\pi} \sum_{n=1}^{\infty} \frac{\cos \frac{n\pi}{2} \sin nx}{n} \quad \text{und} \quad -\frac{2}{\pi} \sum_{n=1}^{\infty} \frac{\cos \frac{n\pi}{2} \sin nx}{n^3} \tag{50}$$

zu summieren.

Wir bezeichnen die erste dieser Reihen von $S_1(x)$ und schreiben sie in der Form

$$S_1(x) = -\frac{1}{\pi} \sum_{n=1}^{\infty} \frac{\sin n\left(x + \frac{\pi}{2}\right)}{n} - \frac{1}{\pi} \sum_{n=1}^{\infty} \frac{\sin n\left(x - \frac{\pi}{2}\right)}{n}.$$

---

[1]) А. Н. Крылов, О некоторых дифференциальных уравнениях математической физики (Über einige Differentialgleichungen der mathematischen Physik). Siehe auch G. P. TOLSTOW, Fourierreihen, Berlin 1955. (D. Red.)

[2]) Die in den Formeln (48) und (55) des Originals stehenden Summen $\sum_{n=1}^{\infty}$ wurden in der angegebenen Weise abgeändert, da für $n = 1$ unbestimmte Ausdrücke der Form $\frac{0}{0}$ auftreten. Die Umformung der Reihe wird davon nicht berührt, da die hierbei in (50) auftretenden Reihenglieder für $n = 1$ verschwinden. (D. Red.)

Auf jeden der beiden hierin auftretenden Ausdrücke läßt sich die Formel (45) anwenden. Wir betrachten zunächst den ersten. Nimmt x von 0 bis π zu, so ändert sich das Argument $x + \frac{\pi}{2}$ von $\frac{\pi}{2}$ bis $\frac{3\pi}{2}$, und die Formel (45) liefert

$$-\frac{1}{\pi} \sum_{n=1}^{\infty} \frac{\sin n \left(x + \frac{\pi}{2}\right)}{n} = -\frac{1}{\pi} \cdot \frac{\pi - \left(x + \frac{\pi}{2}\right)}{2} = \frac{2x - \pi}{4\pi} \quad (0 \leq x \leq \pi).$$

Gehen wir zur Berechnung des zweiten Ausdrucks über, so ergibt sich folgendes: Für x-Werte von 0 bis $\frac{\pi}{2}$ variiert das Argument $x - \frac{\pi}{2}$ von $-\frac{\pi}{2}$ bis 0, während es sich für x-Werte von $\frac{\pi}{2}$ bis π von 0 bis $\frac{\pi}{2}$ ändert. Die Formel (45) liefert hier

$$-\frac{1}{\pi} \sum_{n=1}^{\infty} \frac{\sin n \left(x - \frac{\pi}{2}\right)}{n} = \begin{cases} \dfrac{2x + \pi}{4\pi} & \left(0 \leq x < \dfrac{\pi}{2}\right), \\ \dfrac{2x - 3\pi}{4\pi} & \left(\dfrac{\pi}{2} < x \leq \pi\right), \\ 0 & \left(x = \dfrac{\pi}{2}\right). \end{cases}$$

Zusammenfassend erhalten wir für $S_1(x)$ den Ausdruck

$$S_1(x) = -\frac{2}{\pi} \sum_{n=1}^{\infty} \frac{\cos \frac{n\pi}{2} \sin nx}{n} = \begin{cases} \dfrac{x}{\pi} & \left(0 \leq x < \dfrac{\pi}{2}\right), \\ \dfrac{x - \pi}{\pi} & \left(\dfrac{\pi}{2} < x \leq \pi\right), \\ 0 & \left(x = \dfrac{\pi}{2}\right). \end{cases} \tag{51}$$

Die zweite der Reihen in (50), die mit $S_2(x)$ bezeichnet sei, ließe sich mit Hilfe der Formel (47) berechnen; man kann aber auch noch einen anderen Weg einschlagen. Es ist nämlich leicht einzusehen, daß zweimalige Integration von $S_1(x)$ bezüglich x bis auf ein Polynom ersten Grades $-S_2(x)$ ergibt. Bei der entsprechenden Integration des Ausdrucks (51) entsteht

$$\frac{x^3}{6\pi} \left(0 \leq x < \frac{\pi}{2}\right), \quad \frac{(x - \pi)^3}{6\pi} \left(\frac{\pi}{2} < x \leq \pi\right),$$

also

$$S_2(x) = \begin{cases} -\dfrac{x^3}{6\pi} + C_1' x + C_2' & \left(0 \leq x < \dfrac{\pi}{2}\right), \\ -\dfrac{(x - \pi)^3}{6\pi} + C_1'' x + C_2'' & \left(\dfrac{\pi}{2} < x \leq \pi\right). \end{cases} \tag{52}$$

Wir bestimmen nun die hierin auftretenden Konstanten. Die Fourier-Reihe für $S_2(x)$ besitzt Koeffizienten dritter Ordnung in $\frac{1}{n}$, und die Reihe für $S_2'(x)$ hat solche zweiter Ordnung in $\frac{1}{n}$; daher konvergieren beide Reihen gleichmäßig und liefern eine bei $x = \frac{\pi}{2}$ stetige Funktion. Hieraus folgt, daß die beiden Ausdrücke (52) und ihre Ableitungen bei $x = \frac{\pi}{2}$

übereinstimmen müssen, also

$$-\frac{\pi^3}{48\pi} - C_1' \cdot \frac{\pi}{2} + C_2' = \frac{\pi^3}{48\pi} + C_1'' \cdot \frac{\pi}{2} + C_2'',$$
$$-\frac{\pi^2}{8\pi} + C_1' = -\frac{\pi^2}{8\pi} + C_1''.$$
(53)

Aus der Form der zweiten Reihe in (50) folgt außerdem $S_2(0) = S_2(\pi) = 0$, was auf Grund von (52)

$$C_2' = 0, \quad C_1''\pi + C_2'' = 0 \tag{54}$$

liefert.

Aus den Gleichungen (53) und (54) lassen sich jetzt alle vier Konstanten bestimmen:

$$C_1' = C_1'' = \frac{\pi}{24}, \quad C_2' = 0, \quad C_2'' = -\frac{\pi^2}{24}.$$

Nach Einsetzen in (52) ergibt sich für $S_2(x)$ die Darstellung

$$S_2(x) = \begin{cases} -\dfrac{x^3}{6\pi} + \dfrac{\pi}{24} x & \left(0 \leq x \leq \dfrac{\pi}{2}\right), \\ -\dfrac{(x-\pi)^3}{6\pi} + \dfrac{\pi}{24}(x-\pi) & \left(\dfrac{\pi}{2} \leq x \leq \pi\right). \end{cases}$$

Für die Reihe (48) erhalten wir schließlich den Ausdruck

$$f(x) = S_1(x) + S_2(x) - \frac{2}{\pi} \sum_{n=2}^{\infty} \frac{\cos\dfrac{n\pi}{2}}{n^3(n^2-1)} \sin nx,\;{}^1) \tag{55}$$

womit unsere Aufgabe gelöst ist. Die Funktion $f(x)$ wird dargestellt durch die bekannten Funktionen $S_1(x)$ und $S_2(x)$, die aus Geraden- und Parabelstücken bestehen, sowie durch eine Fourier-Reihe mit Koeffizienten gleicher Ordnung wie

$$\frac{1}{n^3(n^2-1)}, \quad \text{d. h.} \quad \frac{1}{n^5}.$$

§ 16. Fourier-Integral und mehrfache Fourier-Reihen

173. Die Fouriersche Formel. Die Darstellung der Theorie der Fourier-Reihen werden wir mit einer Untersuchung des Grenzfalles abschließen, daß das Intervall $(-l, l)$, in dem die Fourier-Reihe untersucht wird, gegen $(-\infty, \infty)$, d. h. $l \to \infty$, strebt.

Die Funktion $f(x)$ möge stetig sein und den Dirichletschen Bedingungen in jedem endlichen Intervall genügen und darüber hinaus über das Intervall

---

[1]) Vgl. Fußnote 2, S. 523.

$(-\infty, \infty)$ absolut integrierbar sein; es existiere also das Integral

$$\int_{-\infty}^{\infty} |f(x)|\, dx = Q.$$

Gemäß dem Dirichletschen Satz gilt in $(-l, l)$

$$f(x) = \frac{a_0}{2} + \sum_{n=1}^{\infty} \left(a_n \cos \frac{n\pi x}{l} + b_n \sin \frac{n\pi x}{l} \right).$$

Mit Rücksicht auf

$$a_n = \frac{1}{l} \int_{-l}^{l} f(t) \cos \frac{n\pi t}{l}\, dt, \quad b_n = \frac{1}{l} \int_{-l}^{l} f(t) \sin \frac{n\pi t}{l}\, dt$$

folgt hieraus

$$f(x) = \frac{1}{2l} \int_{-l}^{l} f(t)\, dt + \frac{1}{l} \sum_{n=1}^{\infty} \int_{-l}^{l} f(t) \cos \frac{n\pi(t-x)}{l}\, dt.$$

Was wird nun aus dieser Formel für $l \to \infty$? Das erste Glied strebt offenbar wegen

$$\left| \frac{1}{2l} \int_{-l}^{l} f(t)\, dt \right| \leq \frac{1}{2l} \int_{-l}^{l} |f(t)|\, dt \leq \frac{1}{2l} \int_{-\infty}^{\infty} |f(t)|\, dt \leq \frac{Q}{2l}$$

gegen Null. Führen wir die neue Veränderliche α ein, die im Intervall $(0, \infty)$ die äquidistanten Werte

$$\alpha_1 = \frac{\pi}{l}, \quad \alpha_2 = \frac{2\pi}{l}, \ldots, \alpha_n = \frac{n\pi}{l}, \ldots$$

annimmt, so daß sich jeweils der Zuwachs $\Delta\alpha = \dfrac{\pi}{l}$ ergibt, dann läßt sich die restliche Summe in der Form

$$\frac{1}{\pi} \sum_{(\alpha)} \Delta\alpha \int_{-l}^{l} f(t) \cos \alpha(t-x)\, dt$$

schreiben.

Für große l unterscheidet sich das unter dem Summenzeichen stehende Integral wenig von

$$\int_{-\infty}^{\infty} f(t) \cos \alpha(t-x)\, dt;$$

man kann daher erwarten, daß die Summe für $l \to \infty$ gegen den Grenzwert

$$\frac{1}{\pi} \int_{0}^{\infty} d\alpha \int_{-\infty}^{\infty} f(t) \cos \alpha(t-x)\, dt$$

strebt und somit

$$f(x) = \frac{1}{\pi} \int_0^\infty d\alpha \int_{-\infty}^\infty f(t) \cos \alpha (t - x) \, dt \qquad (1)$$

wird.

An den eventuell vorhandenen Unstetigkeitsstellen ist lediglich $f(x)$ durch

$$\frac{f(x + 0) + f(x - 0)}{2}$$

zu ersetzen.

Die Beziehung (1), die sich formal aus der Fourier-Reihe für $l \to \infty$ ergibt, heißt *Fouriersche Formel*. Sie besagt: *Genügt die Funktion $f(x)$ in jedem endlichen Intervall den Dirichletschen Bedingungen und ist sie über das Intervall $(-\infty, \infty)$ absolut integrierbar, so gilt für alle x die Gleichung*

$$\frac{1}{\pi} \int_0^\infty d\alpha \int_{-\infty}^\infty f(t) \cos \alpha (t - x) \, dt = \frac{f(x + 0) + f(x - 0)}{2}. \qquad (2)$$

Dies ist der *Fouriersche Satz*; der auf der linken Seite der Formel stehende Ausdruck heißt *Fouriersches Integral der Funktion $f(x)$*. Die vorangegangenen Betrachtungen stellen keine exakte Herleitung dar, doch läßt sich diese Methode mit Hilfe einiger ergänzender Überlegungen streng durchführen. Wir wollen hierauf nicht eingehen, sondern einen anderen Beweis der Fourierschen Formel an Hand der Ergebnisse von [166] bringen.

Die Formel (2) ist dann bewiesen, wenn wir gezeigt haben, daß

$$\lim_{\lambda \to \infty} \frac{1}{\pi} \int_0^\lambda d\alpha \int_{-\infty}^\infty f(t) \cos \alpha (t - x) \, dt = \frac{f(x + 0) + f(x - 0)}{2}$$

ist. Wird das auf der linken Seite stehende Integral mit $J(\lambda, x)$ bezeichnet, so gilt

$$J(\lambda, x) = \frac{1}{\pi} \int_{-\infty}^\infty f(t) \, dt \int_0^\lambda \cos \alpha (t - x) \, d\alpha, \qquad (3)$$

d. h., die Integrationen bezüglich t und λ sind miteinander vertauschbar. Dies folgt aus der Tatsache, daß das Integral

$$\int_{-\infty}^\infty f(t) \cos \alpha (t - x) \, dt \qquad (4)$$

wegen der absoluten Integrierbarkeit der Funktion $f(x)$ *gleichmäßig* für alle Werte α konvergiert. Die Integrale

$$\int_N^{N'} f(t) \cos \alpha (t - x) \, dt, \quad \int_{-N'}^{-N} f(t) \cos \alpha (t - x) \, dt \qquad (N < N') \qquad (5)$$

sind nämlich dem Absolutbetrag nach nicht größer als

$$\int\limits_{N}^{N'} |f(t)|\, dt. \tag{6}$$

Somit läßt sich zu jedem vorgegebenen ε ein von α unabhängiges N_0 finden derart, daß für alle $N > N_0$ und $N' > N_0$ die Integrale (5) dem Absolutbetrag nach kleiner als ε werden, da dies für das Integral (6) auf Grund der absoluten Integrierbarkeit von $f(t)$ möglich ist. Dann kann aber das Integral (4) bezüglich des Parameters α unter dem Integralzeichen integriert werden [87], was

$$J(\lambda, x) = \frac{1}{\pi} \int\limits_{0}^{\lambda} d\alpha \int\limits_{-\infty}^{\infty} f(t) \cos\alpha(t-x)\, dt = \frac{1}{\pi} \int\limits_{-\infty}^{\infty} f(t)\, dt \int\limits_{0}^{\lambda} \cos\alpha(t-x)\, d\alpha$$

liefert. Das innere Integral über α auf der rechten Seite der Formel (3) läßt sich unmittelbar berechnen; es ergibt sich daher

$$J(\lambda, x) = \frac{1}{\pi} \int\limits_{-\infty}^{\infty} f(t) \frac{\sin\lambda(t-x)}{t-x}\, dt, \tag{7}$$

so daß nur noch

$$\lim_{\lambda\to\infty} \frac{1}{\pi} \int\limits_{-\infty}^{\infty} f(t) \frac{\sin\lambda(t-x)}{t-x}\, dt$$

zu ermitteln bleibt.

Zerlegen wir das Integrationsintervall $(-\infty, \infty)$ in die beiden Teilintervalle $(-\infty, x)$ und (x, ∞) und führen wir anstelle von $t-x$ im ersten Intervall die Veränderliche $-z$ und im zweiten Intervall z ein, so können wir (7) in der Form

$$J(\lambda, x) = \frac{1}{\pi} \int\limits_{0}^{\infty} f(x-z) \frac{\sin\lambda z}{z}\, dz + \frac{1}{\pi} \int\limits_{0}^{\infty} f(x+z) \frac{\sin\lambda z}{z}\, dz$$

schreiben.

Diese Integrale haben beide die Form von Dirichletschen Integralen, allerdings mit unendlichen Grenzen. Trotzdem ist leicht zu zeigen, daß sie die Eigenschaften der gewöhnlichen Dirichletschen Integrale besitzen, daß sich also für $\lambda \to \infty$ die Beziehungen

$$\frac{1}{\pi} \int\limits_{0}^{\infty} f(x-z) \frac{\sin\lambda z}{z}\, dz \to \frac{1}{2} f(x-0),$$

$$\frac{1}{\pi} \int\limits_{0}^{\infty} f(x+z) \frac{\sin\lambda z}{z}\, dz \to \frac{1}{2} f(x+0) \tag{8}$$

ergeben, womit dann tatsächlich

$$J(\lambda, x) \to \frac{f(x+0) + f(x-0)}{2}$$

gilt und der Fouriersche Satz bewiesen ist.

173. Die Fouriersche Formel

Es bleiben noch die Formeln (8) zu beweisen. Wir beschränken uns auf den Beweis der ersten. Es sei ε ein beliebig vorgegebener positiver Wert. Ist $z > 1$, so ist der Faktor $\dfrac{\sin \lambda z}{z}$ für beliebiges reelles λ dem Absolutbetrag nach kleiner als 1. Die Funktion $f(x-z)$ ist voraussetzungsgemäß über das Intervall $(0, \infty)$ absolut integrierbar; es läßt sich daher ein Wert $N > 1$ angegeben derart, daß für jedes λ

$$\left| \frac{1}{\pi} \int_N^\infty f(x-z) \frac{\sin \lambda z}{z} dz \right| \leq \frac{1}{\pi} \int_N^\infty |f(x-z)| dz < \frac{\varepsilon}{2}$$

wird. Was das Dirichletsche Integral über das endliche Intervall

$$\frac{1}{\pi} \int_0^N f(x-z) \frac{\sin \lambda z}{z} dz$$

anbelangt, so strebt dieses offenbar für $\lambda \to \infty$ gegen $\dfrac{1}{2} f(x-0)$. Für alle hinreichend großen λ gilt also

$$\left| \frac{1}{\pi} \int_0^N f(x-z) \frac{\sin \lambda z}{z} dz - \frac{1}{2} f(x-0) \right| < \frac{\varepsilon}{2}.$$

Aus der Identität

$$\frac{1}{\pi} \int_0^\infty f(x-z) \frac{\sin \lambda z}{z} dz - \frac{1}{2} f(x-0)$$

$$= \left[\frac{1}{\pi} \int_0^N f(x-z) \frac{\sin \lambda z}{z} dz - \frac{1}{2} f(x-0) \right] + \frac{1}{\pi} \int_N^\infty f(x-z) \frac{\sin \lambda z}{z} dz$$

folgt auf Grund der letzten Ungleichungen für hinreichend große λ die Abschätzung

$$\left| \frac{1}{\pi} \int_0^\infty f(x-z) \frac{\sin \lambda z}{z} dz - \frac{1}{2} f(x-0) \right| < \frac{\varepsilon}{2} + \frac{\varepsilon}{2} = \varepsilon.$$

Da ε beliebig klein gewählt werden kann, liefert dies die erste der Formeln (8). Die zweite läßt sich entsprechend beweisen.

Formel (2) kann umgeformt werden, wenn die Funktion $f(x)$ gerade oder ungerade ist. Durch Auflösen von $\cos \alpha (t-x)$ entsteht nämlich

$$\frac{f(x+0) + f(x-0)}{2} = \frac{1}{\pi} \int_0^\infty d\alpha \int_{-\infty}^\infty f(t) \cos \alpha t \cos \alpha x \, dt$$

$$+ \frac{1}{\pi} \int_0^\infty d\alpha \int_{-\infty}^\infty f(t) \sin \alpha t \sin \alpha x \, dt, \qquad (9)$$

wobei beide Integrale über t wegen der absoluten Integrierbarkeit von $f(t)$ über das Intervall $(-\infty, \infty)$ einen Sinn haben.

Ist die Funktion $f(t)$ gerade, so ist $f(t) \cos \alpha t$ gerade und $f(t) \sin \alpha t$ ungerade; hieraus folgt

$$\int_{-\infty}^{\infty} f(t) \cos \alpha t \, dt = 2 \int_{0}^{\infty} f(t) \cos \alpha t \, dt,$$

$$\int_{-\infty}^{\infty} f(t) \sin \alpha t \, dt = 0,$$

so daß

$$\frac{f(x+0) + f(x-0)}{2} = \frac{2}{\pi} \int_{0}^{\infty} \cos \alpha x \, d\alpha \int_{0}^{\infty} f(t) \cos \alpha t \, dt$$

wird.

Ist die Funktion $f(t)$ jedoch ungerade, so erhalten wir entsprechend

$$\frac{f(x+0) + f(x-0)}{2} = \frac{2}{\pi} \int_{0}^{\infty} \sin \alpha x \, d\alpha \int_{0}^{\infty} f(t) \sin \alpha t \, dt.$$

Falls die Funktion $f(x)$ nur in dem Intervall $(0, \infty)$ definiert ist, kann man sie gerade oder ungerade in das Nachbarintervall $(-\infty, 0)$ fortsetzen und erhält dann für ein und dieselbe Funktion $f(x)$ — ihre Stetigkeit wird der Einfachheit halber vorausgesetzt — die beiden Formeln

$$f(x) = \frac{2}{\pi} \int_{0}^{\infty} \cos \alpha x \, d\alpha \int_{0}^{\infty} f(t) \cos \alpha t \, dt \quad (x > 0), \tag{10}$$

$$f(x) = \frac{2}{\pi} \int_{0}^{\infty} \sin \alpha x \, d\alpha \int_{0}^{\infty} f(t) \sin \alpha t \, dt \quad (x > 0). \tag{11}$$

In der ersten Formel liefert die gerade fortgesetzte Funktion $f(x)$ eine stetige Funktion von x, so daß die erste Formel auch für $x = 0$ richtig ist. In der zweiten Formel jedoch erhalten wir, falls $f(0) \neq 0$ ist, eine Unstetigkeit; die rechte Seite liefert dann für $x = 0$ nicht $f(0)$, sondern Null.

In Formel (9) wird zuerst über t integriert. Führen wir nun die beiden Funktionen

$$A(\alpha) = \frac{1}{\pi} \int_{-\infty}^{\infty} f(t) \cos \alpha t \, dt, \quad B(\alpha) = \frac{1}{\pi} \int_{-\infty}^{\infty} f(t) \sin \alpha t \, dt$$

ein, so läßt sich (9) folgendermaßen schreiben:

$$f(x) = \int_{0}^{\infty} [A(\alpha) \cos \alpha x + B(\alpha) \sin \alpha x] \, d\alpha;$$

dabei werde wieder der Einfachheit halber $f(x)$ als stetig angesehen. Diese Formel liefert eine Zerlegung der Funktion $f(x)$ in dem unendlichen Intervall $(-\infty, \infty)$ nach harmonischen Schwingungen. Die Frequenzen α dieser Schwingungen ändern sich stetig von 0 bis ∞, und die Funktionen $A^0(\alpha)$ und $B(\alpha)$ stellen die Verteilungsgesetze der Amplituden und Anfangsphasen in Abhängigkeit von der Frequenz α dar. Für das endliche Intervall $(-l, l)$ hatten wir die Frequenzen $\alpha_n = \dfrac{n\pi}{l}$ ($n = 0, 1, \ldots$), die eine arithmetische Progression bilden.

Wird in der Formel (10)

$$f_1(\alpha) = \sqrt{\frac{2}{\pi}} \int_0^\infty f(t) \cos \alpha t \, dt \tag{12_1}$$

gesetzt, so läßt sie sich umformen in

$$f(x) = \sqrt{\frac{2}{\pi}} \int_0^\infty f_1(\alpha) \cos \alpha x \, d\alpha. \tag{12_2}$$

Durch diese beiden Formeln werden $f(x)$ und $f_1(\alpha)$ in völlig gleicher Weise miteinander in Beziehung gesetzt. Sieht man in der Formel (12_2) die Funktion $f(x)$ als vorgegeben und $f_1(\alpha)$ als gesucht an, so stellt die Formel (12_2) eine sogenannte *Integralgleichung* für $f_1(\alpha)$ dar, da diese Funktion unter dem Integralzeichen auftritt (*Fouriersche Integralgleichung*). Formel (12_1) liefert die Lösung dieser Integralgleichung. Entsprechend können wir die Formel (11') mit

$$f_1(\alpha) = \sqrt{\frac{2}{\pi}} \int_0^\infty f(t) \sin \alpha t \, dt \tag{13_1}$$

folgendermaßen schreiben:

$$f(x) = \sqrt{\frac{2}{\pi}} \int_0^\infty f_1(\alpha) \sin \alpha x \, d\alpha. \tag{13_2}$$

Beispiele.

1. In Formel (10) setzen wir

$$f(x) = \begin{cases} 1 & \text{für } 0 \leq x < 1, \\ 0 & \text{für } x > 1. \end{cases}$$

Wir erhalten dann für das auf der rechten Seite der Gleichung stehende Integral

$$\int_0^\infty \cos \alpha x \, d\alpha \int_0^\infty f(t) \cos \alpha t \, dt = \int_0^\infty \cos \alpha x \, d\alpha \int_0^1 \cos \alpha t \, dt = \int_0^\infty \frac{\cos \alpha x \sin \alpha}{\alpha} \, d\alpha,$$

und folglich wird

$$\frac{2}{\pi} \int_0^\infty \frac{\cos \alpha x \sin \alpha}{\alpha} \, d\alpha = \begin{cases} 1 & \text{für } 0 \leqq x < 1, \\ \frac{1}{2} & \text{für } x = 1, \\ 0 & \text{für } x > 1. \end{cases}$$

2. Setzen wir in Formel (11)

$$f(x) = e^{-\beta x} \qquad (\beta > 0),$$

so entsteht auf der rechten Seite das Integral

$$\frac{2}{\pi} \int_0^\infty \sin \alpha x \, d\alpha \int_0^\infty e^{-\beta t} \sin \alpha t \, dt = \frac{2}{\pi} \int_0^\infty \frac{\alpha \sin \alpha x}{\alpha^2 + \beta^2} \, d\alpha,$$

und wir erhalten

$$\int_0^\infty \frac{\alpha \sin \alpha x}{\alpha^2 + \beta^2} \, d\alpha = \begin{cases} \frac{\pi}{2} e^{-\beta x} & \text{für } x > 0, \\ 0 & \text{für } x = 0. \end{cases}$$

3. Wird in Formel (10)

$$f(x) = e^{-\beta x} \qquad (\beta > 0)$$

gesetzt, so ergibt sich analog

$$\int_0^\infty \frac{\cos \alpha x}{\alpha^2 + \beta^2} \, d\alpha = \frac{\pi}{2\beta} e^{-\beta x}.$$

Häufig schreibt man die Fouriersche Formel in der komplexen Form

$$\frac{f(x+0) + f(x-0)}{2} = \frac{1}{2\pi} \int_{-\infty}^\infty d\alpha \int_{-\infty}^\infty f(t) e^{\alpha(t-x)i} \, dt. \tag{14}$$

Diese Beziehung kann leicht aus (2) abgeleitet werden. Setzen wir unter dem Integral

$$e^{\alpha(t-x)i} = \cos \alpha (t-x) + i \sin \alpha (t-x),$$

so ergeben sich die beiden Integrale

$$\frac{1}{2\pi} \int_{-\infty}^\infty d\alpha \int_{-\infty}^\infty f(t) \cos \alpha (t-x) \, dt \quad \text{und} \quad \frac{1}{2\pi} \int_{-\infty}^\infty d\alpha \int_{-\infty}^\infty f(t) \sin \alpha (t-x) \, dt.$$

Im zweiten tritt die Veränderliche α im Argument des Sinus auf, so daß der Integrand eine ungerade Funktion von α wird und daher das Integral bezüglich α über das Intervall $(-\infty, \infty)$ verschwindet. Im ersten Integral steht dagegen eine gerade Funktion von α; die Integration in bezug auf α über das Intervall

$(-\infty, \infty)$ kann durch eine Integration über das Intervall $(0, \infty)$ ersetzt werden, wenn man vor das Integral den Faktor 2 schreibt. Hieraus geht hervor, daß die Formel (14) mit der Formel (2) gleichwertig ist.

Wir sehen $f(x)$ als stetig an und schreiben (14) in der Form

$$f(x) = \frac{1}{2\pi} \int_{-\infty}^{\infty} e^{-\alpha x i} \, d\alpha \int_{-\infty}^{\infty} f(t) e^{\alpha t i} \, dt.$$

Offenbar läßt sich diese Beziehung in Analogie zu (10) und (11) durch die folgenden beiden Formeln ersetzen:

$$f_1(\alpha) = \frac{1}{\sqrt{2\pi}} \int_{-\infty}^{\infty} f(t) e^{\alpha t i} \, dt, \tag{15_1}$$

$$f(x) = \frac{1}{\sqrt{2\pi}} \int_{-\infty}^{\infty} f_1(\alpha) e^{-\alpha x i} \, d\alpha. \tag{15_2}$$

Zu dem Fourier-Integral in der komplexen Form sei noch eine Bemerkung angefügt. Wir können nicht behaupten, daß

$$\frac{1}{2\pi} \int_{-\infty}^{\infty} d\alpha \int_{-\infty}^{\infty} f(t) \sin \alpha (t - x) \, dt$$

einfach als uneigentliches Integral in bezug auf die Veränderliche α aufgefaßt werden kann [85]. Es läßt sich lediglich behaupten, daß für jeden endlichen positiven Wert M

$$\frac{1}{2\pi} \int_{-M}^{M} d\alpha \int_{-\infty}^{\infty} f(t) \sin \alpha (t - x) \, dt = 0$$

gilt. Genau genommen ist also die Fouriersche Formel in der komplexen Form folgendermaßen zu schreiben:

$$f(x) = \frac{1}{2\pi} \lim_{M \to \infty} \int_{-M}^{M} e^{-\alpha x i} \, d\alpha \int_{-\infty}^{\infty} f(t) e^{\alpha t i} \, dt.$$

In diesem Fall strebt die untere Grenze gegen $-\infty$ und die obere gegen ∞, wobei aber beide stets den gleichen Absolutbetrag haben. Für die Existenz des uneigentlichen Integrals im gewöhnlichen Sinn ist dagegen notwendig, daß der Grenzwert existiert, ganz gleich, in welcher Weise die untere Grenze gegen $-\infty$ und die obere gegen ∞ strebt.

174. Die Fourier-Reihen in der komplexen Form.
Entsprechend wie in den Betrachtungen zur Fourierschen Integralformel kann gezeigt werden, daß sich auch eine Fourier-Reihe in komplexer Form darstellen läßt.

Dazu erinnern wir uns der Formeln aus [158]:

$$f(x) = \frac{a_0}{2} + \sum_{k=1}^{\infty} \left(a_k \cos \frac{k\pi x}{l} + b_k \sin \frac{k\pi x}{l} \right), \tag{16}$$

$$a_k = \frac{1}{l} \int_{-l}^{l} f(\xi) \cos \frac{k\pi \xi}{l} d\xi, \qquad b_k = \frac{1}{l} \int_{-l}^{l} f(\xi) \sin \frac{k\pi \xi}{l} d\xi,$$

und zeigen, daß diese den folgenden Beziehungen äquivalent sind:

$$f(x) = \sum_{n=-\infty}^{\infty} c_n e^{i\frac{n\pi x}{l}}, \qquad c_n = \frac{1}{2l} \int_{-l}^{l} f(\xi) e^{-i\frac{n\pi \xi}{l}} d\xi. \tag{17}$$

Hier nimmt der Index n nicht nur positive, sondern auch negative ganzzahlige Werte an. Wir bestimmen im einzelnen c_0, c_k und c_{-k}, wobei k eine ganze positive Zahl ist. Gemäß (17) und (16) gilt

$$c_0 = \frac{1}{2l} \int_{-l}^{l} f(\xi) d\xi = \frac{a_0}{2},$$

$$c_k = \frac{1}{2l} \int_{-l}^{l} f(\xi) \left(\cos \frac{k\pi \xi}{l} - i \sin \frac{k\pi \xi}{l} \right) d\xi = \frac{a_k - ib_k}{2},$$

$$c_{-k} = \frac{1}{2l} \int_{-l}^{l} f(\xi) \left(\cos \frac{k\pi \xi}{l} + i \sin \frac{k\pi \xi}{l} \right) d\xi = \frac{a_k + ib_k}{2}.$$

Summieren wir nach Einsetzen in die Reihe (17) einzeln über die positiven und die negativen Indizes, so wird

$$f(x) = \frac{a_0}{2} + \sum_{k=1}^{\infty} \frac{a_k - ib_k}{2} e^{i\frac{k\pi x}{l}} + \sum_{k=1}^{\infty} \frac{a_k + ib_k}{2} e^{-i\frac{k\pi x}{l}}$$

Die zu gleichem k gehörenden Glieder der beiden Summen sind konjugiert komplex. Fassen wir diese zu einem Glied zusammen, so ergibt sich der reelle Wert

$$\frac{a_k - ib_k}{2} e^{i\frac{k\pi x}{l}} + \frac{a_k + ib_k}{2} e^{-i\frac{k\pi x}{l}} = a_k \cos \frac{k\pi x}{l} + b_k \sin \frac{k\pi x}{l},$$

und der vorhergehende Ausdruck für $f(x)$ stimmt mit der Fourier-Reihe (16) überein, woraus die Äquivalenz von (16) und (17) folgt.

175. Mehrfache Fourier-Reihen. Die Fourier-Reihen und Fourier-Integrale können auch zur Darstellung der Funktionen von zwei oder mehr unabhängigen Veränderlichen dienen. Wir betrachten z. B. die periodische Funktion $f(x, y)$ mit der Periode $2l$ bezüglich x und der Periode $2m$ bezüglich y. Wird $f(x, y)$ als Funktion von x angesehen, so gilt

$$f(x, y) = \sum_{\sigma=-\infty}^{\infty} c_\sigma(y) e^{i\frac{\sigma\pi x}{l}} \tag{18}$$

mit

$$c_\sigma(y) = \frac{1}{2l} \int_{-l}^{l} f(\xi, y) e^{-i\frac{\sigma\pi\xi}{l}} d\xi.$$

Die Funktion $c_\sigma(y)$ kann ihrerseits in eine Reihe der Form

$$c_\sigma(y) = \sum_{\tau=-\infty}^{\infty} c_{\sigma\tau} e^{i\frac{\tau\pi y}{m}}$$

entwickelt werden mit

$$c_{\sigma\tau} = \frac{1}{2m} \int_{-m}^{m} c_\sigma(\eta) e^{-i\frac{\tau\pi\eta}{m}} d\eta = \frac{1}{4lm} \int_{-l}^{l} \int_{-m}^{m} f(\xi, \eta) e^{-i\pi\left(\frac{\sigma\xi}{l} + \frac{\tau\eta}{m}\right)} d\xi\, d\eta. \tag{19}$$

Setzt man den erhaltenen Ausdruck für $c_\sigma(y)$ in die Formel (18) ein, so entsteht

$$f(x, y) = \sum_{\sigma=-\infty}^{\infty} \left(\sum_{\tau=-\infty}^{\infty} c_{\sigma\tau} e^{i\frac{\tau\pi y}{m}} \right) e^{i\frac{\sigma\pi x}{l}},$$

woraus nach Auflösen der Klammern die Formel

$$f(x, y) = \sum_{\sigma,\tau=-\infty}^{\infty} c_{\sigma\tau} e^{i\pi\left(\frac{\sigma x}{l} + \frac{\tau y}{m}\right)} \tag{20}$$

folgt, die eine Verallgemeinerung der Fourier-Reihe auf den Fall von zwei Veränderlichen darstellt.

In derselben Weise gilt für eine periodische Funktion $f(x_1, x_2, x_3)$ von drei unabhängigen Veränderlichen mit der Periode $2\omega_1$ bezüglich x_1, der Periode $2\omega_2$ bezüglich x_2 und der Periode $2\omega_3$ bezüglich x_3 die Darstellung

$$f(x_1, x_2, x_3) = \sum_{\sigma_1,\sigma_2,\sigma_3=-\infty}^{\infty} c_{\sigma_1\sigma_2\sigma_3} e^{i\pi\left(\frac{\sigma_1 x_1}{\omega_1} + \frac{\sigma_2 x_2}{\omega_2} + \frac{\sigma_3 x_3}{\omega_3}\right)} \tag{21}$$

mit

$$c_{\sigma_1\sigma_2\sigma_3} = \frac{1}{8\omega_1\omega_2\omega_3} \int_{-\omega_1}^{\omega_1} \int_{-\omega_2}^{\omega_2} \int_{-\omega_3}^{\omega_3} f(\xi_1, \xi_2, \xi_3) e^{-i\pi\left(\frac{\sigma_1\xi_1}{\omega_1} + \frac{\sigma_2\xi_2}{\omega_2} + \frac{\sigma_3\xi_3}{\omega_3}\right)} d\xi_1\, d\xi_2\, d\xi_3.$$

(22)

Durch Abspaltung des Realteils in den Formeln (20) bzw. (21) entsteht die Fourier-Entwicklung in der reellen Form. Die Reihe (20) hat für $l = m = \pi$ die Form

$$f(x, y) = \sum_{\sigma,\tau=0}^{\infty} (a_{\sigma,\tau}^{(1)} \cos \sigma x \cos \tau y + a_{\sigma,\tau}^{(2)} \cos \sigma x \sin \tau y$$
$$+ a_{\sigma,\tau}^{(3)} \sin \sigma x \cos \tau y + a_{\sigma,\tau}^{(4)} \sin \sigma x \sin \tau y). \tag{23}$$

Die Ausdrücke für die Koeffizienten schreiben wir nicht aus; wir untersuchen auch nicht die Bedingungen für die Entwickelbarkeit von $f(x, y)$ in eine Fourier-Reihe. Wir wollen eine hinreichende Bedingung angeben: Hat die Funktion $f(x, y)$ die Periode 2π in x und y, ist sie stetig und besitzt sie stetige partielle Ableitungen für alle x und y, so läßt sie sich für alle x und y in eine Fourier-Reihe entwickeln. Wir bemerken noch, daß in Formel (23) σ und τ unabhängig voneinander gegen ∞ streben können:

$$\sum_{\sigma,\tau=0}^{\infty} = \lim_{\substack{m\to\infty \\ n\to\infty}} \sum_{\sigma=0}^{m} \sum_{\tau=0}^{n}.$$

Die Fouriersche Formel für Funktionen von zwei Veränderlichen hat die Gestalt

$$f(x,y) = \frac{1}{(2\pi)^2} \int_{-\infty}^{\infty} d\alpha_1 \int_{-\infty}^{\infty} d\xi \int_{-\infty}^{\infty} d\alpha_2 \int_{-\infty}^{\infty} f(\xi,\eta) e^{i[\alpha_1(\xi-x)+\alpha_2(\eta-y)]} \, d\eta. \qquad (24)$$

Bei der Integration nach α_1 und α_2 muß man so verfahren, wie es am Ende von [173] aufgezeigt wurde. In reeller Form ergibt sich

$$f(x,y) = \frac{1}{\pi^2} \int_0^{\infty} d\alpha_1 \int_{-\infty}^{\infty} d\xi \int_0^{\infty} d\alpha_2 \int_{-\infty}^{\infty} f(\xi,\eta) \cos\alpha_1(\xi-x) \cos\alpha_2(\eta-y) \, d\eta. \qquad (25)$$

Diese Beziehung gilt, wenn $f(x, y)$ auf der gesamten Ebene definiert und stetig ist und partielle Ableitungen erster Ordnung besitzt. Außerdem muß $f(x, y)$ für beliebiges festes y absolut integrierbar nach x im Intervall $-\infty < x < \infty$ und für beliebiges festes x absolut integrierbar nach y im Intervall $-\infty < y < \infty$ sein.

Wenn die Funktion $f(x, y)$ zum Beispiel eine gerade Funktion von x und y ist, so kann man für Formel (25)

$$f(x,y) = \frac{4}{\pi^2} \int_0^{\infty} \cos\alpha_1 x \, d\alpha_1 \int_0^{\infty} \cos\alpha_1 \xi \, d\xi \int_0^{\infty} \cos\alpha_2 y \, d\alpha_2 \int_0^{\infty} f(\xi,\eta) \cos\alpha_2\eta \, d\eta \qquad (26)$$

schreiben. In analoger Weise kann man die Fouriersche Formel auch für eine Funktion von beliebig vielen unabhängigen Veränderlichen $f(x_1, x_2, \ldots, x_n)$ angeben.

VII. PARTIELLE DIFFERENTIALGLEICHUNGEN DER MATHEMATISCHEN PHYSIK

§ 17. Die Wellengleichung

176. Die Differentialgleichung der schwingenden Saite. Die Integration partieller Differentialgleichungen gehört zu den schwierigsten und reichhaltigsten Gebieten der Analysis. Wir beschränken uns hier auf die Betrachtung der Hauptprobleme aus dem genannten Gebiet, und zwar soll dieser Paragraph denjenigen Fragen gewidmet sein, die mit der sogenannten *Wellengleichung* zusammenhängen. Diese lautet

$$\frac{\partial^2 u}{\partial t^2} = a^2 \left(\frac{\partial^2 u}{\partial x^2} + \frac{\partial^2 u}{\partial y^2} + \frac{\partial^2 u}{\partial z^2} \right)$$

oder

$$\frac{\partial^2 u}{\partial t^2} = a^2 \, \Delta u,$$

wobei

$$\Delta u = \frac{\partial^2 u}{\partial x^2} + \frac{\partial^2 u}{\partial y^2} + \frac{\partial^2 u}{\partial z^2} = \text{div grad } u$$

ist. Diese Differentialgleichung trat bereits bei der Untersuchung der akustischen und elektromagnetischen Schwingungen auf. Wir nehmen nun an, daß u nicht von y und z abhängt, d. h., u soll in jeder zur x-Achse senkrechten Ebene überall denselben Wert haben. Die Wellengleichung lautet in diesem Fall

$$\frac{\partial^2 u}{\partial t^2} = a^2 \frac{\partial^2 u}{\partial x^2};$$

man spricht dann gewöhnlich von einer *ebenen Welle*. Wir werden sogleich zeigen, daß sich dieselbe Gleichung auch bei der Untersuchung kleiner Transversalschwingungen einer gespannten homogenen Saite ergibt.

Unter einer *Saite* verstehen wir einen dünnen Faden, der sich frei verbiegen kann. Eine solche Saite befinde sich unter der Einwirkung einer starken Spannung T_0 und falle im Gleichgewichtszustand bei Fehlen äußerer Kräfte mit der x-Achse zusammen (Abb. 120). Zerrt man die Saite aus der Gleichgewichtslage und überläßt sie dann sich selbst, so beginnt sie zu schwingen. Ein Punkt der Saite, der im Gleichgewichtszustand die Lage N mit der Abszisse x hatte, nehme dabei zum Zeitpunkt t die Lage M ein. Wir beschränken uns auf die Betrachtung von *Transversalschwingungen* und setzen dabei voraus, daß die ganze Bewegung in einer Ebene vor sich geht und daß sich ferner die Punkte der Saite senkrecht zur x-Achse bewegen. Die Auslenkung $\overline{NM}$ eines Punktes der Saite bezeichnen wir mit u. Diese Auslenkung stellt gerade die gesuchte Funktion der zwei unabhängigen Veränderlichen x und t dar.

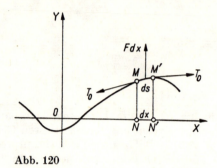

Abb. 120

Wir greifen ein Element MM' der Saite heraus, das im Gleichgewichtszustand die Lage $\overline{NN'}$ ($|NN'| = dx$) hatte. Setzt man kleine Deformationen voraus, so kann das Quadrat der Ableitung $\dfrac{\partial u}{\partial x}$ gegenüber Eins vernachlässigt werden. Es sei α der spitze Winkel, den die Tangente an die Saite mit der x-Achse bildet. Dann gilt

$$\tan \alpha = \frac{\partial u}{\partial x}$$

und

$$\sin \alpha = \frac{\tan \alpha}{\sqrt{1 + \tan^2 \alpha}} = \frac{\dfrac{\partial u}{\partial x}}{\sqrt{1 + \left(\dfrac{\partial u}{\partial x}\right)^2}} \approx \frac{\partial u}{\partial x}.$$

Wir bezeichnen mit F die senkrecht zur x-Achse auf die Saite wirkende Kraft pro Längeneinheit. Auf das erwähnte Element MM' wirken dann die folgenden Kräfte: im Punkt M' die Spannung in Richtung der Tangente im Punkt M' (wobei die Spannung einen spitzen Winkel mit der x-Achse bildet), die Spannung im Punkt M in Richtung der Tangente im Punkt M, die einen stumpfen Winkel mit der x-Achse bildet, und schließlich die Kraft $F\,dx$ in Richtung der u-Achse. Im Hinblick auf die als klein angenommenen Deformationen rechnen wir die beiden zuvor erwähnten Spannungen dem Betrag nach gleich der Spannung T_0. Zunächst möge der Gleichgewichtszustand der Saite unter der Einwirkung der erwähnten Kraft F vorliegen. Mittels Projektion auf die u-Achse bekommen wir die Gleichgewichtsbedingung

$$T_0 \sin \alpha' - T_0 \sin \alpha + F\,dx = 0, \tag{1}$$

wobei α' der Wert des Winkels α im Punkt M' ist, d. h.

$$\sin \alpha' = \left(\frac{\partial u}{\partial x}\right)_{M'}, \quad \sin \alpha = \left(\frac{\partial u}{\partial x}\right)_M;$$

folglich wird

$$T_0 \left[\left(\frac{\partial u}{\partial x}\right)_{M'} - \left(\frac{\partial u}{\partial x}\right)_M\right] + F\,dx = 0. \tag{2}$$

Die in eckigen Klammern stehende Differenz stellt den zu der Änderung dx gehörigen Zuwachs der Funktion $\frac{\partial u}{\partial x}$ dar. Wird dieser Zuwachs durch das Differential ersetzt, so ergibt sich [I, 50]

$$\left(\frac{\partial u}{\partial x}\right)_{M'} - \left(\frac{\partial u}{\partial x}\right)_M = \frac{\partial^2 u}{\partial x^2}\,dx.$$

Nach Einsetzen in (2) und Kürzen durch dx entsteht die *Gleichgewichtsbedingung der Saite*:

$$T_0 \frac{\partial^2 u}{\partial x^2} + F = 0. \tag{3}$$

Um die *Bewegungsgleichung* zu erhalten, brauchen wir nur gemäß dem d'Alembertschen Prinzip zu der äußeren Kraft noch die *Trägheitskraft* hinzuzufügen, die sich folgendermaßen ergibt: Die Geschwindigkeit des Punktes M ist offenbar $\frac{\partial u}{\partial t}$ und seine Beschleunigung $\frac{\partial^2 u}{\partial t^2}$; damit wird die Trägheitskraft des Elements MM', die bekanntlich gleich dem mit entgegengesetztem Vorzeichen genommenen Produkt aus Beschleunigung und Masse ist,

$$-\frac{\partial^2 u}{\partial t^2}\,\varrho\,dx.$$

Hierin bedeutet die Konstante ϱ die lineare Dichte der Saite, d. h. die Masse pro Längeneinheit; die auf die Längeneinheit bezogene Trägheitskraft wird demnach

$$-\varrho \frac{\partial^2 u}{\partial t^2}.$$

Die Bewegungsgleichung ergibt sich somit, wenn in der Gleichung (3) F durch $F - \varrho \frac{\partial^2 u}{\partial t^2}$ ersetzt wird, was

$$\varrho \frac{\partial^2 u}{\partial t^2} = T_0 \frac{\partial^2 u}{\partial x^2} + F$$

liefert. Nach Division durch ϱ erhalten wir mit den Bezeichnungen

$$\frac{T_0}{\varrho} = a^2, \quad \frac{F}{\varrho} = f \tag{4}$$

die *Differentialgleichung der erzwungenen Transversalschwingungen einer Saite*:

$$\frac{\partial^2 u}{\partial t^2} = a^2 \frac{\partial^2 u}{\partial x^2} + f. \tag{5}$$

Ist keine äußere Kraft vorhanden, so ist $f = 0$ zu setzen; damit entsteht die *Differentialgleichung der freien Schwingungen einer Saite*:

$$\frac{\partial^2 u}{\partial t^2} = a^2 \frac{\partial^2 u}{\partial x^2}. \tag{6}$$

In Teil IV geben wir eine ausführliche Herleitung der Gleichung (5) auf Grund des Hamiltonschen Prinzips.

Bisher wurde angenommen, die äußere Kraft sei stetig über die ganze Saite verteilt; mitunter handelt es sich aber auch um eine in einem Punkt C angreifende Einzelkraft P. Dieser Fall kann einmal als Grenzfall des vorhergehenden angesehen werden; man stellt sich dann vor, daß die Kraft auf ein infinitesimal kleines Element der Länge ε um den Punkt C herum in der Weise wirkt, daß das Produkt aus dem Betrag der Kraft und ε für $\varepsilon \to 0$ gegen einen endlichen, von Null verschiedenen Grenzwert strebt. Man kann aber auch direkt vorgehen, indem man die Gleichung (2) auf das Element MM' anwendet und dort $F\,dx$ durch P ersetzt. Dabei ist zu beachten, daß dann zu $F\,dx$ nicht die Trägheitskraft $-\frac{\partial^2 u}{\partial t^2} \varrho\,dx$ hinzukommt, da diese offenbar für $dx \to 0$ gegen Null strebt.

Lassen wir nun die Endpunkte des Elementes gegen den Punkt C gehen und bezeichnen die Grenzwerte, gegen welche $\frac{\partial u}{\partial x}$ bei Annäherung an den Punkt C von rechts bzw. links strebt, mit

$$\left(\frac{\partial u}{\partial x}\right)_+ \quad \text{bzw.} \quad \left(\frac{\partial u}{\partial x}\right)_-,$$

so erhalten wir aus (2) im Grenzfall

$$T_0 \left[\left(\frac{\partial u}{\partial x}\right)_+ - \left(\frac{\partial u}{\partial x}\right)_-\right] = -P. \tag{7}$$

Somit hat die Saite im Angriffspunkt C einer Einzelkraft offenbar eine Ecke, d. h. einen Punkt, in welchem die linksseitige und die rechtsseitige Tangente verschiedene Richtungen haben.

Wie allgemein in der Dynamik reicht die Bewegungsgleichung (5) allein zur vollständigen Bestimmung der Bewegung der Saite nicht aus; es muß noch der Zustand im Zeitpunkt $t = 0$, d. h. die Lage u ihrer Punkte sowie deren Geschwindigkeit $\frac{\partial u}{\partial t}$ zu Beginn der Bewegung als Funktion von x vorgegeben werden:

$$u\bigg|_{t=0} = \varphi(x), \quad \frac{\partial u}{\partial t}\bigg|_{t=0} = \varphi_1(x). \tag{8}$$

Diese Bedingungen, denen die gesuchte Funktion u für $t = 0$ genügen muß, heißen *Anfangsbedingungen*.

Theoretisch kann auch eine unendlich lange Saite betrachtet werden; hierbei reichen die Gleichung (5) und die Bedingungen (8) zur Bestimmung der Lösung aus; $\varphi(x)$ und $\varphi_1(x)$ müssen dann in dem ganzen unendlichen Intervall $(-\infty, \infty)$ vorgegeben sein. Dieser Fall entspricht der Untersuchung ebener Wellen im unbegrenzten Raum. Wie wir im folgenden sehen werden, liefern uns die für die unendliche Saite erhaltenen Resultate auch ein Bild von der Ausbreitung der Erregungen in einer begrenzten Saite bis zu dem Zeitpunkt, in dem die von den Enden der Saite reflektierten Erregungen zum Beobachtungspunkt zurückkehren.

Ist aber die Saite *einseitig* oder *beidseitig begrenzt*, etwa in den Punkten $x = 0$ und $x = l$, so müssen Angaben über die Verhältnisse in den Endpunkten gemacht werden. Es sei z. B. der Endpunkt $x = 0$ der Saite festgehalten. Dann muß

$$u|_{x=0} = 0 \tag{9}$$

sein. Ist auch der Endpunkt $x = l$ fest, so erhalten wir noch

$$u|_{x=l} = 0; \tag{9_1}$$

diese Bedingungen müssen für jedes t erfüllt sein.

Die Endpunkte der Saite brauchen aber nicht fest eingespannt zu sein, sie können sich auch in vorgeschriebener Weise bewegen. Dann sind die Ordinaten dieser Punkte der Saite als vorgegebene Funktionen der Zeit anzusehen, d. h., es ist

$$u|_{x=0} = \chi_1(t), \quad u|_{x=l} = \chi_2(t) \tag{10}$$

zu setzen.

Ganz gleich, ob die Saite auf einer oder auf beiden Seiten begrenzt ist, es muß jeweils in den Endpunkten eine Bedingung vorgegeben sein, welche als *Randbedingung* bezeichnet wird.

Wir sehen also, daß *für die Lösung eines konkreten physikalischen Problems die zusätzlichen Anfangs- und Randbedingungen keine geringere Bedeutung haben als die Bewegungsgleichung selbst*; es interessiert uns dabei nicht so sehr die Ermittlung irgendwelcher Lösungen oder sogar der allgemeinen Lösung der Bewegungsgleichung, sondern vielmehr die Ermittlung gerade derjenigen Lösungen, die den gestellten Anfangs- und Randbedingungen genügen.

177. Die d'Alembertsche Lösung. Im Fall freier Schwingungen einer unendlichen Saite muß die gesuchte Funktion $u(x, t)$ der Gleichung (6)

$$\frac{\partial^2 u}{\partial t^2} = a^2 \frac{\partial^2 u}{\partial x^2}$$

unter den Anfangsbedingungen (8)

$$u\bigg|_{t=0} = \varphi(x), \quad \frac{\partial u}{\partial t}\bigg|_{t=0} = \varphi_1(x)$$

genügen, wobei die Funktionen $\varphi(x)$ und $\varphi_1(x)$ in dem Intervall $-\infty < x < \infty$ vorgegeben sind, da die Saite unbegrenzt ist.

Die allgemeinste Lösung der Gleichung (6) läßt sich nun in einer Form angeben, in der auch die Anfangsbedingungen (8) leicht zu erfüllen sind.

Hierzu transformieren wir die Gleichung (6) auf die neuen unabhängigen Veränderlichen

$$\xi = x - at, \quad \eta = x + at,$$

d. h.

$$x = \frac{1}{2}(\eta + \xi), \quad t = \frac{1}{2a}(\eta - \xi).$$

Wir sehen u als eine Funktion an, die über ξ und η von x und t abhängt, und drücken mit Hilfe der Differentiationsregel für mittelbare Funktionen die Ableitungen nach den alten Veränderlichen durch die Ableitungen nach den neuen Veränderlichen aus:

$$\frac{\partial u}{\partial x} = \frac{\partial u}{\partial \xi} + \frac{\partial u}{\partial \eta}, \quad \frac{\partial u}{\partial t} = a\left(\frac{\partial u}{\partial \eta} - \frac{\partial u}{\partial \xi}\right).$$

Durch nochmalige Anwendung dieser Formeln ergibt sich

$$\frac{\partial^2 u}{\partial x^2} = \frac{\partial}{\partial \xi}\left(\frac{\partial u}{\partial \xi} + \frac{\partial u}{\partial \eta}\right) + \frac{\partial}{\partial \eta}\left(\frac{\partial u}{\partial \xi} + \frac{\partial u}{\partial \eta}\right)$$

$$= \frac{\partial^2 u}{\partial \xi^2} + 2\frac{\partial^2 u}{\partial \xi \partial \eta} + \frac{\partial^2 u}{\partial \eta^2},$$

$$\frac{\partial^2 u}{\partial t^2} = a^2 \frac{\partial}{\partial \eta}\left(\frac{\partial u}{\partial \eta} - \frac{\partial u}{\partial \xi}\right) - a^2 \frac{\partial}{\partial \xi}\left(\frac{\partial u}{\partial \eta} - \frac{\partial u}{\partial \xi}\right)$$

$$= a^2\left(\frac{\partial^2 u}{\partial \xi^2} - 2\frac{\partial^2 u}{\partial \xi \partial \eta} + \frac{\partial^2 u}{\partial \eta^2}\right),$$

woraus

$$\frac{\partial^2 u}{\partial t^2} - a^2 \frac{\partial^2 u}{\partial x^2} = -4a^2 \frac{\partial^2 u}{\partial \xi \partial \eta}$$

folgt. Gleichung (6) wird somit gleichbedeutend mit

$$\frac{\partial^2 u}{\partial \xi \partial \eta} = 0. \tag{11}$$

Schreibt man (11) in der Form

$$\frac{\partial}{\partial \eta}\left(\frac{\partial u}{\partial \xi}\right) = 0,$$

so folgt, daß $\frac{\partial u}{\partial \xi}$ nicht von η abhängt, d. h. eine Funktion von ξ allein ist. Wird

$$\frac{\partial u}{\partial \xi} = \theta(\xi)$$

gesetzt, so ergibt sich durch Integration

$$u = \int \theta(\xi) \, d\xi + \theta_2(\eta),$$

wobei $\theta_2(\eta)$ eine willkürliche Funktion von η ist (bei einer Integration über ξ kann die „Konstante" von η abhängen!). Das erste Glied kann hierbei als willkürliche Funktion von ξ angesehen werden, da $\theta(\xi)$ eine willkürliche Funktion von ξ ist. Bezeichnen wir diese mit $\theta_1(\xi)$, so wird

$$u = \theta_1(\xi) + \theta_2(\eta)$$

oder nach Rückkehr zu den ursprünglichen Veränderlichen x, t

$$u(x, t) = \theta_1(x - at) + \theta_2(x + at), \tag{12}$$

wobei θ_1 und θ_2 willkürliche Funktionen ihrer Argumente darstellen. Diese allgemeinste Lösung der Gleichung (6) wird *d'Alembertsche Lösung* genannt; sie enthält die beiden willkürlichen Funktionen θ_1 und θ_2. Zur ihrer Bestimmung benutzen wir die Anfangsbedingungen (8). Auf Grund der Gleichung

$$\frac{\partial u}{\partial t} = a[-\theta_1'(x - at) + \theta_2'(x + at)]$$

und der Gleichung (12) liefern diese

$$\theta_1(x) + \theta_2(x) = \varphi(x), \quad -\theta_1'(x) + \theta_2'(x) = \frac{\varphi_1(x)}{a}. \tag{13}$$

Durch Integration der letzten erhält man nach Umkehrung des Vorzeichens

$$\theta_1(x) - \theta_2(x) = -\frac{1}{a} \int_0^x \varphi_1(z) \, dz + C.$$

Die willkürliche Konstante C läßt sich bestimmen, indem man $x = 0$ setzt:

$$C = \theta_1(0) - \theta_2(0).$$

Ohne Beschränkung der Allgemeinheit kann $C = 0$ gesetzt werden, d. h.

$$\theta_1(0) - \theta_2(0) = 0. \tag{14}$$

Wäre nämlich $C \neq 0$, so könnte durch Einführen der Funktionen

$$\theta_1(x) - \frac{C}{2}, \quad \theta_2(x) + \frac{C}{2}$$

anstelle von $\theta_1(x)$ und $\theta_2(x)$ ohne Änderung der Gleichungen (13) ebenfalls die Beziehung (14) erfüllt werden. Somit wird

$$\theta_1(x) + \theta_2(x) = \varphi(x), \quad \theta_1(x) - \theta_2(x) = -\frac{1}{a} \int_0^x \varphi_1(z) \, dz. \tag{15}$$

Hieraus lassen sich ohne Schwierigkeit die Funktionen $\theta_1(x)$ und $\theta_2(x)$ bestimmen:

$$\theta_1(x) = \frac{1}{2}\varphi(x) - \frac{1}{2a}\int_0^x \varphi_1(z)\,dz, \quad \theta_2(x) = \frac{1}{2}\varphi(x) + \frac{1}{2a}\int_0^x \varphi_1(z)\,dz. \tag{16}$$

Nach Einsetzen der so erhaltenen Ausdrücke in die Formel (12) finden wir

$$u(x,t) = \frac{1}{2}\varphi(x-at) - \frac{1}{2a}\int_0^{x-at}\varphi_1(z)\,dz + \frac{1}{2}\varphi(x+at) + \frac{1}{2a}\int_0^{x+at}\varphi_1(z)\,dz$$

oder schließlich

$$u(x,t) = \frac{\varphi(x-at)+\varphi(x+at)}{2} + \frac{1}{2a}\int_{x-at}^{x+at}\varphi_1(z)\,dz. \tag{17}$$

Die Formel (17) liefert eine zweimal stetig differenzierbare Lösung (die sog. klassische Lösung) in dem Fall, daß $\varphi(x)$ eine stetige Ableitung zweiter Ordnung und $\varphi_1(x)$ eine stetige Ableitung erster Ordnung besitzt. Oft begegnet man jedoch solchen Problemen, in denen die Anfangserregung durch eine Funktion gegeben ist, die diesen Bedingungen nicht genügt. Wenn beispielsweise eine Saite im Anfangsmoment die Form eines Polygonzuges hat, besitzt $\varphi(x)$ keine bestimmte Ableitung in den Eckpunkten. Es ist natürlich anzunehmen, daß die Formel (17) die Lösung des Problems angibt, obwohl die Funktion $u(x,t)$ nicht überall stetige zweite Ableitungen hat. In diesem Fall spricht man von einer *verallgemeinerten Lösung* des Problems. Eingehender betrachten wir die Theorie solcher Lösungen in Teil IV.

178. Spezialfälle. Die Formel (17) liefert eine vollständige Lösung des gestellten Problems. Zum besseren Verständnis der erhaltenen Lösung sollen nun verschiedene Spezialfälle behandelt werden.

1. *Der Anfangsimpuls ist gleich Null*, d. h., die Anfangsgeschwindigkeit der Punkte der Saite ist gleich Null. Unter dieser Bedingung gilt $\varphi_1(x) = 0$, und die Formel (17) liefert

$$u(x,t) = \frac{\varphi(x-at)+\varphi(x+at)}{2}, \tag{18}$$

während zu Beginn der Bewegung ($t = 0$)

$$u|_{t=0} = u(x,0) = \varphi(x)$$

ist.

Welche physikalische Bedeutung hat nun die Lösung (18)? Der Zähler des Ausdrucks (18) besteht aus zwei Summanden; wir wollen uns mit dem ersten beschäftigen.

Ein Beobachter gehe zum Anfangszeitpunkt $t = 0$ vom Punkt $x = c$ der Saite aus und bewege sich in Richtung der positiven x-Achse mit der Geschwindigkeit a, d. h., die ihm entsprechende Abszisse ändere sich gemäß der Formel $x = c + at$ bzw. $x - at = c$. Für diesen Beobachter bleibt dann die durch die Formel $u = \varphi(x - at)$ definierte Auslenkung der Saite ständig konstant, und zwar gleich $\varphi(c)$. Der durch die Funktion $u = \varphi(x - at)$ definierte Vorgang selbst heißt *Ausbreitung einer fortschreitenden Welle*. Zur d'Alembertschen Formel (12) zurückkehrend, können wir nun sagen, daß das Glied $\theta_1(x - at)$ eine fortschreitende Welle liefert, die sich in der positiven Richtung der x-Achse mit der Geschwindigkeit a ausbreitet. Entsprechend definiert das zweite Glied $\theta_2(x + at)$ eine solche Saitenschwingung, bei der sich die Erregung mit der Geschwindigkeit a in der negativen Richtung der x-Achse ausbreitet in dem Sinn, daß zum Zeitpunkt t der Punkt mit der Abszisse $c - at$ dieselbe Auslenkung u hat wie der Punkt $x = c$ für $t = 0$. Den entsprechenden Vorgang bezeichnen wir mit *Ausbreitung der rücklaufenden Welle*.

Die Größe a ist die *Ausbreitungsgeschwindigkeit* von Erregungen oder (Transversal-)Schwingungen. Aus Formel (4) folgt

$$a = \sqrt{\frac{T_0}{\varrho}}; \tag{19}$$

die Ausbreitungsgeschwindigkeit von Transversalschwingungen ist also umgekehrt proportional der Quadratwurzel aus der Dichte der Saite und direkt proportional der Quadratwurzel aus der Spannung.

Die oben angegebene Lösung (18), die das arithmetische Mittel aus einer fortschreitenden Welle $\varphi(x - at)$ und einer ebensolchen rücklaufenden Welle $\varphi(x + at)$ darstellt, kann folgendermaßen erhalten werden: Wir konstruieren

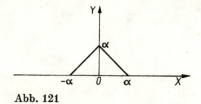

Abb. 121

zwei gleiche Exemplare der Bildkurve $u = \varphi(x)$ der Saite für $t = 0$ und stellen uns vor, daß sie anfangs aufeinanderliegen und sich dann nach beiden Seiten hin mit der Geschwindigkeit a voneinander wegbewegen. Die Bildkurve der Saite zum Zeitpunkt t ergibt sich als arithmetisches Mittel der in dieser Weise verschobenen Bildkurven, mit anderen Worten, die Bildkurve der Saite im Zeitpunkt t halbiert die Ordinatenabschnitte zwischen den auseinandergeschobenen Bildkurven.

Im Anfangszeitpunkt möge z. B. die Saite die in Abb. 121 dargestellte Form haben:

$$\varphi(x) = \begin{cases} 0 & \text{außerhalb des Intervalls } (-\alpha, \alpha), \\ x + \alpha & \text{für } -\alpha \leq x \leq 0, \\ -x + \alpha & \text{für } 0 \leq x \leq \alpha. \end{cases}$$

Die Abb. 122 zeigt die Bildkurven der Saite für die Zeitpunkte

$$t = \frac{\alpha}{4a}, \frac{2\alpha}{4a}, \frac{3\alpha}{4a}, \frac{\alpha}{a}, \frac{5\alpha}{4a}, \frac{2\alpha}{a}.$$

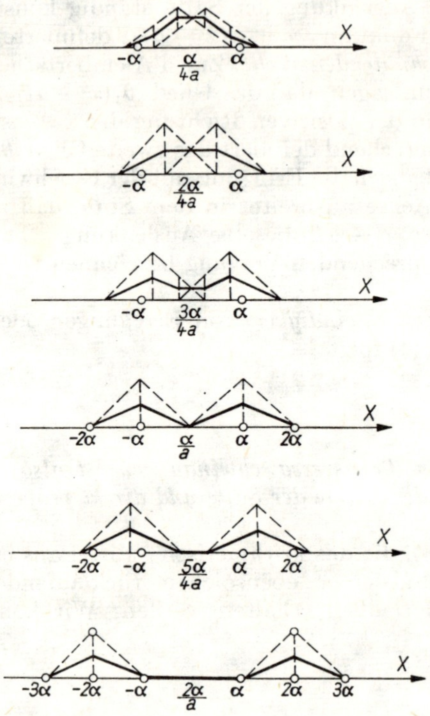

Abb. 122

Wir wählen in der Ebene zwei zueinander senkrechte Achsen; die eine für die Veränderliche x und die andere für t. In Abb. 123 ist nur die x-Achse angegeben. Jeder Punkt unserer Ebene wird festgelegt durch die Koordinaten x und t; jeder Punkt charakterisiert also einen bestimmten Punkt x der Saite zu einem bestimmten Zeitpunkt t. Hierbei sind leicht diejenigen Punkte der Saite graphisch zu bestimmen, deren Anfangsstörungen im Zeitpunkt t_0 bis zum Punkt x_0 gelangt sind. Dies sind, in Übereinstimmung mit dem Vorhergehenden, die Punkte mit den Abszissen $x_0 \pm at_0$, da a die Ausbreitungsgeschwindigkeit der Schwingungen ist. Zu ihrer Ermittlung auf der x-Achse braucht man nur durch den Punkt (x_0, t_0) die beiden Geraden

$$\begin{aligned} x - at &= x_0 - at_0, \\ x + at &= x_0 + at_0 \end{aligned} \qquad (20)$$

zu legen; ihre Schnittpunkte mit der x-Achse sind die gesuchten Punkte. Die Geraden (20) heißen *Charakteristiken des Punktes* (x_0, t_0). Längs der ersten dieser

Geraden hat $\varphi(x-at)$ einen konstanten Wert, d. h., diese Gerade liefert die Wertepaare (x, t), für welche die fortschreitende Welle dieselbe Auslenkung besitzt wie für das Wertepaar (x_0, t_0). Die zweite der Geraden (20) spielt dieselbe Rolle für die rücklaufende Welle. Man kann dies kurz so ausdrücken: *Die Störungen breiten sich längs der Charakteristiken aus.*

Auf Grund der angegebenen Konstruktion können wir die folgenden Tatsachen feststellen.

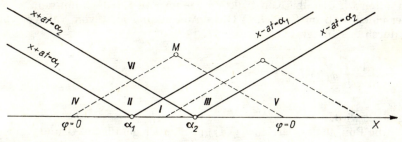

Abb. 123

Eine Anfangsstörung möge nur in dem Abschnitt (α_1, α_2) der Saite vorliegen (Abb. 123); es sei also $\varphi(x) = 0$ außerhalb dieses Intervalls. Wir beschränken uns auf die obere Halbebene (x, t), d. h. auf die physikalisch allein sinnvollen Werte $t > 0$, und zeichnen die durch ausgezogene Linien dargestellten Charakteristiken der Punkte α_1 und α_2 auf der x-Achse. Diese Charakteristiken zerlegen die Halbebene in *sechs* Bereiche. Der Bereich (I) entspricht solchen Punkten, bis zu denen im gegebenen Zeitpunkt sowohl die hinlaufende als auch die rücklaufende Welle gelangt ist. Der Bereich (II) entspricht den Punkten, bis zu denen im gegebenen Zeitpunkt nur die rücklaufende Welle gekommen ist; in den Bereich (III) dagegen gelangt nur die hinlaufende Welle. Die Punkte der Bereiche (IV) und (V) sind von der Störung im gegebenen Zeitpunkt noch nicht erreicht. Die Punkte des Bereiches (VI) sind von der Störung bereits erreicht und passiert; im gegebenen Zeitpunkt herrscht dort Ruhe. Dies geht daraus hervor, daß die durch irgendeinen der Punkte M dieses Bereiches gelegten Charakteristiken die x-Achse in einem Punkt $x = c$ außerhalb des Abschnitts der Anfangsstörung schneiden und folglich die Werte $\varphi(x \pm at) = \varphi(c)$ gleich Null werden. Legt man außerdem durch M eine zur x-Achse senkrechte Gerade, so schneidet der untere Teil dieser Geraden, welchem frühere Zeitpunkte bei demselben x entsprechen, mindestens einen der Bereiche (I), (II), (III), und der späteren Zeitpunkten entsprechende obere Teil dieser Geraden liegt ganz im Bereich (VI). Diese bemerkenswerte Eigenschaft — nach dem Durchlaufen der Wellen wieder in den Ausgangszustand zurückzukehren — besitzt die Saite nicht für jede Anfangsstörung, wie sich später zeigen wird.

2. *Die Anfangsauslenkung ist gleich Null*, gegeben ist nur ein Anfangsimpuls. Wir erhalten dann die Lösung

$$u(x, t) = \frac{1}{2a} \int_{x-at}^{x+at} \varphi_1(z)\, dz. \qquad (21)$$

Bezeichnen wir irgendein unbestimmtes Integral der Funktion $\frac{1}{2a}\varphi_1(x)$ mit $\Phi_1(x)$, so wird

$$u(x, t) = \Phi_1(x + at) - \Phi_1(x - at); \tag{22}$$

es handelt sich also auch hier um die Ausbreitung einer hinlaufenden und einer rücklaufenden Welle. Ist die Anfangsstörung auf das Intervall (α_1, α_2) beschränkt, so erhalten wir dieselbe Konstruktion wie im Fall 1, jedoch mit dem wesentlichen Unterschied, daß im Bereich (VI) die Auslenkung jetzt von Null verschieden ist und durch das Integral

$$\frac{1}{2a}\int_{\alpha_1}^{\alpha_2} \varphi_1(z)\, dz \tag{23}$$

dargestellt wird.

Für die Punkte des Bereiches (VI) gilt nämlich gerade auf Grund der Konstruktion dieses Bereiches $x + at > \alpha_2$ und $x - at < \alpha_1$, d. h., in der Formel (21) ist die Integration über ein Intervall zu erstrecken, welches (α_1, α_2) in seinem Innern enthält. Nach Voraussetzung ist aber außerhalb (α_1, α_2) die Funktion $\varphi_1(z)$ gleich Null, so daß nur das Integral über (α_1, α_2) bleibt, und wir erhalten für $u(x, t)$ den Ausdruck (23), der somit eine Konstante darstellt.

Die Wirkung eines Anfangsimpulses läuft also darauf hinaus, daß sich nach und nach die Punkte der Saite um eine Strecke verschieben, deren Länge durch das Integral (23) dargestellt wird, und die Punkte weiterhin in dieser neuen Lage verbleiben.

Die Formel (21) läßt sich noch folgendermaßen deuten. Der Punkt x möge rechts von dem Intervall (α_1, α_2) liegen, d. h., es sei $x > \alpha_2$. Für $t = 0$ artet das Integrationsintervall $(x - at, x + at)$ in den Punkt x aus; es dehnt sich darauf mit wachsendem t nach beiden Seiten mit der Geschwindigkeit a aus. Für $t < \frac{x - \alpha_2}{a}$ hat es keine Punkte mit (α_1, α_2) gemeinsam, die Funktion $\varphi_1(z)$ wird in ihm gleich Null, und die Formel (21) liefert $u(x, t) = 0$, also Ruhe im Punkt x. Von dem Zeitpunkt $t = \frac{x - \alpha_2}{a}$ an überschneiden sich die beiden Intervalle $(x - at, x + at)$ und (α_1, α_2) ($\varphi_1(z)$ ist im letzteren von Null verschieden), und der Punkt x fängt an zu schwingen (Zeitpunkt des Durchganges der vorderen Wellenfront durch den Punkt x). Für $t > \frac{x - \alpha_1}{a}$ schließlich enthält das Intervall $(x - at, x + at)$ das Intervall (α_1, α_2) gänzlich, und die Integration über das Intervall $(x - at, x + at)$ läuft auf eine Integration über (α_1, α_2) hinaus, da außerhalb dieses letzten Intervalls $\varphi_1(z)$ voraussetzungsgemäß Null wird. Für $t > \frac{x - \alpha_1}{a}$ haben wir also den konstanten, durch den Ausdruck (23) gegebenen Wert $u(x, t)$. Der Wert $t = \frac{x - \alpha_1}{a}$ liefert den Zeitpunkt des Durchgangs der hinteren Wellenfront durch den Punkt x.

Allgemein ist noch folgendes zu bemerken. Es kann der Fall eintreten, daß die hinlaufende oder die rücklaufende Welle gänzlich fehlt. Nehmen wir nämlich an, daß die in den Anfangsbedingungen auftretenden Funktionen $\varphi(x)$ und $\varphi_1(x)$ der Beziehung

$$\frac{1}{2}\varphi(x) + \frac{1}{2a}\int_0^x \varphi_1(z)\,dz = 0 \tag{24}$$

genügen, so wird nach der zweiten der Formeln (16) die Funktion $\theta_2(x)$ identisch Null, und in der allgemeinen Lösung (12) fehlt dann die rücklaufende Welle. Steht auf der rechten Seite von (24) anstelle von Null eine Konstante, so wird $\theta_2(x)$ konstant, und man kann in der Formel (12) dieses konstante Glied zu $\theta_1(x - at)$ hinzurechnen, d. h., eine rücklaufende Welle tritt dann ebenfalls nicht auf. Wir kehren jetzt zu unserem in Fall 1 betrachteten Beispiel zurück. Die Abb. 121 stellt die Anfangsauslenkung dar (die Anfangsgeschwindigkeit ist überall gleich Null). Die letzte der Abbildungen 122 zeigt die aus zwei einzelnen Teilen bestehende Bildkurve der Saite im Zeitpunkt $t = t_0$. Der rechte, dem Intervall $(\alpha, 3\alpha)$ entsprechende Teil bewegt sich nach rechts, der linke Teil nach links mit der Geschwindigkeit a. Wir können jedoch die weiteren Vorgänge für $t > t_0$ auch wie folgt beschreiben. Wir wählen $t = t_0$ als Anfangszeitpunkt, berechnen hierfür die Auslenkungen u sowie die Geschwindigkeiten $\dfrac{\partial u}{\partial t}$ und wenden dann die allgemeine Formel (17) an, wobei auf der rechten Seite t durch $t - t_0$ zu ersetzen ist, da jetzt t_0 den Anfangszeitpunkt darstellt. Hier werden die Anfangswerte nur in den Intervallen $(-3\alpha, -\alpha)$ und $(\alpha, 3\alpha)$ von Null verschieden. Im allgemeinen würden die Störungen auf jedem dieser Intervalle sowohl eine hinlaufende als auch eine rücklaufende Welle liefern. Im vorliegenden Fall jedoch ergeben die Störungen z. B. im Intervall $(\alpha, 3\alpha)$, wie wir vorher gesehen hatten, nur eine hinlaufende Welle. Auf diesem Intervall treten nämlich außer den in der letzten der Abbildungen 122 dargestellten Anfangsauslenkungen infolge der Schwingungen gerade solche Geschwindigkeiten für $t = t_0$ auf, daß die rücklaufende Welle wegfällt. Genauso liefert die Störung auf dem Teil $(-3\alpha, -\alpha)$ keine hinlaufende Welle. Diese Erscheinung entspricht einer der Formulierungen des Huygensschen Prinzips.

179. Die begrenzte Saite. Es sei eine endliche Saite gegeben, die an den Endpunkten fest eingespannt ist; die Abszissen der Endpunkte der Saite seien $x = 0$ und $x = l$.

Außer den Anfangsbedingungen (8)

$$u\bigg|_{t=0} = \varphi(x), \qquad \frac{\partial u}{\partial t}\bigg|_{t=0} = \varphi_1(x),$$

wobei $\varphi(x)$ und $\varphi_1(x)$ für $0 \leq x \leq l$ vorgegeben und $\varphi(0) = \varphi(l) = \varphi_1(0) = \varphi_1(l)$ sind, müssen noch die Randbedingungen

$$u|_{x=0} = 0, \quad u|_{x=l} = 0 \tag{25}$$

erfüllt sein.

Die d'Alembertsche Lösung

$$u(x, t) = \theta_1(x - at) + \theta_2(x + at) \tag{12}$$

ist natürlich auch in diesem Fall brauchbar. Bei der Bestimmung der Funktionen θ_1 und θ_2 nach den Formeln (16),

$$\begin{aligned}\theta_1(x) &= \frac{1}{2}\varphi(x) - \frac{1}{2a}\int_0^x \varphi_1(z)\,dz,\\ \theta_2(x) &= \frac{1}{2}\varphi(x) + \frac{1}{2a}\int_0^x \varphi_1(z)\,dz,\end{aligned} \tag{26}$$

tritt hier aber die Schwierigkeit auf, daß die Funktionen $\varphi(x)$ und $\varphi_1(x)$ und demzufolge auch $\theta_1(x)$ und $\theta_2(x)$ entsprechend dem physikalischen Sinn des Problems nur in dem Intervall $(0, l)$ definiert sind, die Argumente $x \pm at$ in Formel (12) jedoch auch außerhalb dieses Intervalls liegen können.

Um die Anwendung des Charakteristikverfahrens zu ermöglichen, müssen folglich die Funktionen $\theta_1(x)$, $\theta_2(x)$ oder, was damit gleichbedeutend ist, die Funktionen $\varphi(x)$, $\varphi_1(x)$ ins Äußere des Intervalls $(0, l)$ fortgesetzt werden. Physikalisch gesehen läuft diese Fortsetzung auf die Bestimmung einer Anfangsstörung der *unendlichen* Saite hinaus, die so beschaffen ist, daß die Bewegung des Teilstückes $(0, l)$ dieselbe wird wie in dem Fall, daß die Endpunkte fest und die übrigen Teile der Saite nicht vorhanden wären.

Nach Substitution von $x = 0$ und $x = l$ auf der rechten Seite von (12) setzen wir den erhaltenen Wert gleich Null; dann lauten die Randbedingungen

$$\begin{aligned}\theta_1(-at) + \theta_2(at) &= 0,\\ \theta_1(l - at) + \theta_2(l + at) &= 0\end{aligned} \tag{27}$$

oder, wenn für das veränderliche Argument at einfach x geschrieben wird,

$$\begin{aligned}\theta_1(-x) &= -\theta_2(x),\\ \theta_2(l + x) &= -\theta_1(l - x).\end{aligned} \tag{28}$$

Für x-Werte aus dem Intervall $(0, l)$ gehört auch das Argument $l - x$ zu demselben Intervall, und die rechten Seiten der Gleichungen (28) sind bekannt. Die Argumente $-x$ und $l + x$ variieren dabei aber in den Intervallen $(-l, 0)$ bzw. $(l, 2l)$; die zweite der Gleichungen (28) liefert uns somit die Werte von $\theta_2(x)$ im Intervall $(l, 2l)$, und die erste liefert $\theta_1(x)$ im Intervall $(-l, 0)$.. Für x-Werte aus dem Intervall $(l, 2l)$ variiert ferner das Argument $l - x$ im Intervall $(-l, 0)$, und die rechten Seiten der Gleichungen (28) sind auf Grund der vorhergehenden Berechnungen bekannt. Hierbei variieren die Argumente $-x$ und $l + x$ in den Intervallen $(-2l, -l)$ bzw. $(2l, 3l)$, so daß durch die Formeln (28) die Funktion $\theta_2(x)$ für das Intervall $(2l, 3l)$ und $\theta_1(x)$ für das Intervall $(-2l, -l)$ definiert ist. In der Weise fortfahrend, überzeugen wir uns davon, daß die Formeln (28) diejenigen Werte $\theta_1(x)$ für $x \leq 0$ und $\theta_2(x)$ für $x \geq l$ liefern, die wir bei der Anwendung der Formel (12) für $t > 0$ brauchen. Entsprechend sind für x-Werte aus dem Intervall $(-l, 0)$ die linken Seiten der Formeln (28) bekannt, und wir erhalten $\theta_2(x)$ im Intervall $(-l, 0)$ sowie $\theta_1(x)$ im Intervall $(l, 2l)$. Wird dann x im Intervall $(-2l, -l)$ gewählt, so ergibt sich $\theta_2(x)$ für das Intervall $(-2l, -l)$ sowie $\theta_1(x)$ für das Intervall $(2l, 3l)$ usw. Die Formeln (28) definieren somit $\theta_1(x)$ und $\theta_2(x)$ für alle reellen x.

Ersetzen wir in der zweiten Gleichung (28) die Variable x durch $l + x$ und benutzen die erste Gleichung, so erhalten wir

$$\theta_2(x + 2l) = -\theta_1(-x) = \theta_2(x);$$

es zeigt sich also, daß die Funktion $\theta_2(x)$ die Periode $2l$ besitzt. Aus der ersten Gleichung (28) geht dann hervor, daß auch die Funktion $\theta_1(x)$ die Periode $2l$ hat. Folglich braucht zur Bestimmung von $\theta_1(x)$ und $\theta_2(x)$ für alle reellen x praktisch nur der erste Schritt des zuvor beschriebenen Fortsetzungsverfahrens durchgeführt zu werden, d. h., es genügt, x im Intervall $(0, l)$ zu variieren. Die Formeln (28) liefern $\theta_1(x)$ im Intervall $(-l, 0)$ und $\theta_2(x)$ im Intervall $(l, 2l)$; somit ist $\theta_1(x)$ im Intervall $(-l, l)$ und $\theta_2(x)$ im Intervall $(0, 2l)$ bekannt. Die weiteren Werte dieser Funktionen ergeben sich aus ihrer Periodizität.

Nachdem auf diese Weise die Funktionen $\theta_1(x)$ und $\theta_2(x)$ bestimmt sind, lassen sich auch die Funktionen $\varphi(x)$, $\varphi_1(x)$ leicht fortsetzen, da auf Grund der Gleichungen (26)

$$\varphi(x) = \theta_1(x) + \theta_2(x), \quad \frac{1}{a}\int_0^x \varphi_1(z)\, dz = \theta_2(x) - \theta_1(x)$$

gilt, also

$$\varphi_1(x) = a[\theta_2'(x) - \theta_1'(x)].$$

Ersetzen wir in der ersten der Gleichungen (28) die Variable x durch $-x$ und differenzieren ebenfalls, so ergibt sich

$$\theta_1(x) = -\theta_2(-x), \quad \theta_1'(-x) = \theta_2'(x), \quad \theta_1'(x) = \theta_2'(-x).$$

Unter Benutzung dieser Beziehungen sowie der ersten der Gleichungen (28) können wir

$$\varphi(-x) = \theta_1(-x) + \theta_2(-x) = -\theta_2(x) - \theta_1(x) = -\varphi(x),$$
$$\varphi_1(-x) = a[\theta_2'(-x) - \theta_1'(-x)] = a[\theta_1'(x) - \theta_2'(x)] = -\varphi_1(x)$$

schreiben. Wir erhalten auf diese Weise für $\varphi(x)$ und $\varphi_1(x)$ eine überaus einfache Fortsetzungsvorschrift: Vom Intervall $(0, l)$ aus werden diese Funktionen in das Intervall $(-l, 0)$ ungerade und darüber hinaus mit der Periode $2l$ fortgesetzt. Wenn dabei auf der ganzen x-Achse die Funktionen $\varphi(x)$ und $\varphi_1(x)$ die Eigenschaften bekommen, daß $\varphi(x)$ eine stetige Ableitung zweiter Ordnung und $\varphi_1(x)$ eine stetige Ableitung erster Ordnung hat, dann erhalten wir entsprechend Formel (17) eine zweimal stetig differenzierbare Lösung unseres Problems.

Wir wenden uns wieder der x, t-Ebene zu. In Anbetracht der endlichen Länge der Saite haben wir nur den zwischen den Geraden $x = 0$ und $x = l$ liegenden

Streifen der oberen Halbebene $t > 0$ zu untersuchen (Abb. 124). Es werde jetzt die physikalische Bedeutung der Lösung (12) erläutert, bei der die Funktionen $\theta_1(x)$ und $\theta_2(x)$ in der zuvor angegebenen Weise für alle Werte x definiert sind. Nachdem wir durch die Punkte O und L die Charakteristiken bis zu ihrem Schnitt mit den gegenüberliegenden Rändern des Streifens gezogen haben, ziehen wir durch die erhaltenen Schnittpunkte wiederum Charakteristiken bis zum Schnitt mit den gegenüberliegenden Rändern des Streifens usw.

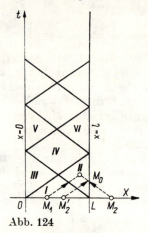

Abb. 124

Auf diese Weise wird der Streifen in die Bereiche (I), (II), (III), ... zerlegt. Die Punkte des Bereiches (I) entsprechen den Stellen der Saite, bis zu denen nur von innen her Störungen gelangt sind, und hier beeinflussen daher die fiktiv hinzugefügten unendlichen Teile der Saite die Bewegung nicht. In den Punkten außerhalb des Bereiches (I) haben wir bereits eine Störung, die von dem fiktiven Teil der Saite herkommt; wir wählen z. B. den Punkt $M_0(x_0, t_0)$ im Bereich (II). Da

$$u(x_0, t_0) = \theta_1(x_0 - at_0) + \theta_2(x_0 + at_0)$$

ist, treten in diesem Punkt zwei Wellen auf: eine hinlaufende, die von dem anfangs gestörten Punkt M_1 auf der Saite mit der Abszisse $x = x_0 - at_0$ stammt, sowie eine rücklaufende Welle vom Punkt M_2 her, dessen Abszisse $x = x_0 + at_0$ ist; dabei stellt M_1 einen realen Punkt aus dem Intervall $(0, l)$ und M_2 einen fiktiven dar. Letzterer ist leicht durch einen realen Punkt zu ersetzen, wenn man beachtet, daß wegen (28)

$$\theta_2(x_0 + at_0) = \theta_2(l + x_0 + at_0 - l) = -\theta_1(2l - x_0 - at_0)$$

gilt. Die rücklaufende Welle $\theta_2(x_0 + at_0)$ stellt somit nichts anderes dar als die hinlaufende Welle $-\theta_1(2l - x_0 - at_0)$ von dem anfangs gestörten Punkt $M_2'(2l - x_0 - at_0)$, der symmetrisch zu M_2 in bezug auf den Punkt L liegt; diese war im Zeitpunkt

$$t = \frac{l - (2l - x_0 - at_0)}{a} = \frac{x_0 + at_0 - l}{a}$$

bis zum Endpunkt L der Saite gelangt, hatte dort Richtung und Vorzeichen gewechselt und erreichte zum Zeitpunkt t_0 in dieser Form den Punkt M_0. Mit anderen Worten, *die Wirkung des festgehaltenen Endpunktes $x = l$ läuft auf eine Spiegelung der Störungswelle hinaus, mit der eine Änderung des Vorzeichens der Störung unter Beibehaltung ihres absoluten Betrages verbunden ist.*

Dieselbe Erscheinung stellen wir auch bei den Wellen fest, die bis zum Randpunkt $x = 0$ gelangt sind; in den Punkten des Bereiches (III) haben wir zwei Wellen: eine rücklaufende und eine vom Endpunkt $x = 0$ her gespiegelte hinlaufende. In den Punkten der Bereiche (IV), (V), (VI), ... erhalten wir Wellen, die mehrere solcher Spiegelungen an beiden Enden der Saite erfahren haben.

Wäre anstelle der Randbedingung (25) z. B. im Endpunkt $x = l$ die Bedingung

$$\left.\frac{\partial u}{\partial x}\right|_{x=l} = 0^{1)}$$

gewählt worden, so hätten wir anstelle der zweiten der Gleichungen (27)

$$\theta_1'(l - at) = \theta_2'(l + at) = 0$$

erhalten bzw., wenn wieder at durch x ersetzt wird,

$$\theta_2'(l + x) = -\theta_1'(l - x).$$

Durch Integration dieser Beziehung entsteht offenbar

$$\theta_2(l + x) = \theta_1(l - x) + C$$

mit der Konstanten C, die ohne Beschränkung der Allgemeinheit gleich Null gesetzt werden kann, wovon sich der Leser selbst überzeugen möge. Es gilt somit

$$\theta_2(l + x) = \theta_1(l - x). \tag{29}$$

Die physikalische Bedeutung dieser Bedingung läuft ebenfalls *auf eine Spiegelung am Endpunkt $x = l$ hinaus, aber unter Beibehaltung sowohl des Vorzeichens als auch des Betrages der Störung.*

Ein besonders einfaches Beispiel für die Anwendung der hier dargestellten Charakteristiken- und Spiegelungsmethode liefert die „gezupfte Saite", die zum Anfangszeitpunkt an einer Stelle ohne Anfangsgeschwindigkeit angezogen wird. Der Leser kann das nachfolgende elegante Verfahren, nach dem sich die Saitenform in einem beliebigen Zeitpunkt aus der vorgegebenen Anfangsform bestimmen läßt, mühelos nachprüfen.

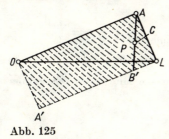

Abb. 125

---

[1]) Diese tritt in der Theorie der *Längsschwingungen von Stäben* auf, die derselben Differentialgleichung (5) oder (6) genügen, allerdings mit anderer physikalischer Bedeutung der Konstanten a. Die angegebene Randbedingung bedeutet, daß das Stabende *frei* ist.

In Abb. 125 ist durch die Linie OAL die Anfangsform der Saite dargestellt und durch die gestrichelte Linie die in bezug auf die Saitenmitte $x = \dfrac{l}{2}$ symmetrische Form. Wir fällen auf OL das Lot AP bis zu seinem Schnitt mit der Geraden $A'L$ im Punkt B', bestimmen den Mittelpunkt C der Strecke AB' und legen auf diese Weise die Richtung LC fest. Die Form der Saite zu einem beliebigen Zeitpunkt ergibt sich, wenn wir die zur Richtung LC parallele

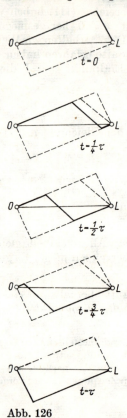

Abb. 126

Sekante mit der Geschwindigkeit a vom Punkt A zum Punkt A' verschieben; im Zeitpunkt $\tau = \dfrac{1}{a}$ nimmt die Saite speziell die Lage des gestrichelten Linienzuges $OA'L$ an. In Abb. 126 sind die aufeinanderfolgenden Formen dargestellt, die die Saite in den Zeitpunkten

$$0,\ \frac{1}{4}\tau,\ \frac{2}{4}\tau,\ \frac{3}{4}\tau,\ \tau$$

annimmt.

180. Die Fouriersche Methode.
Die Transversalschwingungen einer an den Enden fest eingespannten Saite können auch mit Hilfe von Fourier-Reihen behandelt werden. Wenngleich dieses Verfahren im vorliegenden Fall nicht so einfach

ist wie das vorhergehende, so bringen wir es trotzdem, da es bei vielen anderen Problemen angewendet wird, bei denen das Charakteristikenverfahren versagt. Wir schreiben nochmals die Gleichungen unseres Problems in anderer Reihenfolge auf:

$$\frac{\partial^2 u}{\partial t^2} = a^2 \frac{\partial^2 u}{\partial x^2}, \tag{30}$$

$$u|_{x=0} = 0, \qquad u|_{x=l} = 0, \tag{31}$$

$$u\Big|_{t=0} = \varphi(x), \qquad \frac{\partial u}{\partial t}\Big|_{t=0} = \varphi_1(x). \tag{32}$$

Statt der allgemeinen Lösung der Gleichung (30) *suchen wir eine spezielle Lösung in der Form eines Produktes zweier Funktionen, von denen die eine nur von t und die andere nur von x abhängt*:

$$u = T(t) X(x). \tag{33}$$

Setzen wir dies in (30) ein, so entsteht

$$X(x) T''(t) = a^2 T(t) X''(x)$$

oder

$$\frac{T''(t)}{a^2 T(t)} = \frac{X''(x)}{X(x)}.$$

Auf der linken Seite dieser Gleichung steht eine Funktion, die nur von t, auf der rechten Seite jedoch eine, die nur von x abhängt. Die Gleichung ist somit nur in dem Fall möglich, daß sowohl die linke als auch die rechte Seite weder von t noch von x abhängt, d. h. beide Seiten dieselbe Konstante darstellen.

Wir bezeichnen diese Konstante mit $-k^2$:

$$\frac{T''(t)}{a^2 T(t)} = \frac{X''(x)}{X(x)} = -k^2, \tag{34}$$

hieraus ergeben sich die zwei Gleichungen

$$X''(x) + k^2 X(x) = 0, \qquad T''(t) + a^2 k^2 T(t) = 0. \tag{35}$$

Die allgemeinen Integrale dieser Gleichungen lauten [28]

$$X(x) = C \cos kx + D \sin kx, \qquad T(t) = A \cos akt + B \sin akt$$

mit den willkürlichen Konstanten A, B, C, D.

Für u erhalten wir gemäß (33)

$$u = (A \cos akt + B \sin akt)(C \cos kx + D \sin kx). \tag{36}$$

Die Konstanten wählen wir jetzt so, daß die Randbedingungen (31) erfüllt werden, d. h., daß im Ausdruck (36) der von x abhängige Faktor für $x = 0$ und $x = l$ verschwindet. Das liefert

$$C \cdot 1 + D \cdot 0 = 0, \qquad C \cos kl + D \sin kl = 0.$$

Aus der ersten Gleichung folgt $C = 0$, aus der zweiten $D \sin kl = 0$. Nimmt man $D = 0$ an, so wird wegen $C = D = 0$ die Lösung (36) identisch Null. Eine solche Lösung ist für uns ohne Interesse. Daher müssen wir $D \neq 0$, dafür aber $\sin kl = 0$ annehmen.

Damit erhalten wir eine Gleichung zur Bestimmung des Parameters λ, der bisher vollkommen willkürlich geblieben war:[1]

also ist
$$\sin kl = 0,$$

$$k = 0, \quad \pm \frac{\pi}{l}, \quad \pm \frac{2\pi}{l}, \quad \ldots, \quad \pm \frac{n\pi}{l}, \quad \ldots \tag{37}$$

Wird in (36) $C = 0$ und $k = 0$ eingesetzt, so ergibt sich identisch Null, und folglich ist der Wert $k = 0$ für uns uninteressant. Wenn wir außerdem in (36) $k = \dfrac{n\pi}{l}$ oder $k = -\dfrac{n\pi}{l}$ setzen, besteht der Unterschied bei den Sinusgliedern nur im Vorzeichen; wegen des Auftretens willkürlicher konstanter Faktoren sind diese beiden Lösungen im wesentlichen gleich. Man braucht somit von den Werten (37) für k nur die positiven zu nehmen. Setzen wir in der Formel (36) $C = 0$ und bezeichnen die willkürlichen Konstanten AD und BD mit A bzw. B, so erhalten wir
$$u = (A \cos akt + B \sin akt) \sin kx.$$

Für k muß noch einer der Werte (37) außer $k = 0$ eingesetzt werden. Für die einzelnen Werte von k können auch die Konstanten A und B als verschieden angesehen werden. Wir erhalten somit unendlich viele Lösungen der Form

$$u_n = \left(A_n \cos \frac{n\pi a t}{l} + B_n \sin \frac{n\pi a t}{l}\right) \sin \frac{n\pi x}{l}. \tag{38}$$

Diese Lösungen genügen sowohl der Gleichung (30) als auch den Randbedingungen (31). Ferner ist festzustellen, daß wegen der Linearität und Homogenität der Gleichungen (30) und (31) die Summe der Lösungen $u_1, u_2, \ldots$ ebenfalls diesen Gleichungen genügt (wie im analogen Fall der gewöhnlichen linearen homogenen Differentialgleichungen). Wir haben somit die folgende Lösung der Gleichungen (30) und (31):

$$u = \sum_{n=1}^{\infty} \left(A_n \cos \frac{n\pi a t}{l} + B_n \sin \frac{n\pi a t}{l}\right) \sin \frac{n\pi x}{l}. \tag{39}$$

Es bleiben nur noch die Konstanten A_n und B_n so zu wählen, daß auch die Anfangsbedingungen (32) erfüllt werden. Dazu differenzieren wir zunächst die Lösung (39) nach t:

$$\frac{\partial u}{\partial t} = \sum_{n=1}^{\infty} \left(-\frac{n\pi a}{l} A_n \sin \frac{n\pi a t}{l} + \frac{n\pi a}{l} B_n \cos \frac{n\pi a t}{l}\right) \sin \frac{n\pi x}{l}. \tag{40}$$

---

[1] Hätten wir in der Gleichung (34) die Konstante mit k^2 statt $-k^2$ bezeichnet, so hätte sich $X(x) = Ce^{kx} + De^{-kx}$ ergeben, und die Randbedingungen (31) wären überhaupt nicht zu erfüllen gewesen. Analoges gilt auch für die späteren Probleme, bei denen wir das Fouriersche Verfahren anwenden werden.

Wird jetzt in (39) und (40) $t = 0$ gesetzt, so ergibt sich wegen (32)

$$\varphi(x) = \sum_{n=1}^{\infty} A_n \sin \frac{n\pi x}{l}, \qquad \varphi_1(x) = \sum_{n=1}^{\infty} \frac{n\pi a}{l} B_n \sin \frac{n\pi x}{l}. \tag{41}$$

Die vorstehenden Reihen stellen eine Sinusentwicklung der vorgegebenen Funktionen $\varphi(x)$ und $\varphi_1(x)$ im Intervall $(0, l)$ dar. Die Koeffizienten solcher Entwicklungen lassen sich nach den uns bekannten Formeln [158] bestimmen, die die folgenden Werte für A_n und B_n liefern:

$$A_n = \frac{2}{l} \int_0^l \varphi(z) \sin \frac{n\pi z}{l} \, dz, \qquad B_n = \frac{2}{n\pi a} \int_0^l \varphi_1(z) \sin \frac{n\pi z}{l} \, dz. \tag{42}$$

Nach Einsetzen dieser Werte in (39) erhalten wir eine Lösung der Gleichung (30), die sowohl den Randbedingungen (31) als auch den Anfangsbedingungen (32) genügt. Die Konvergenz der betrachteten Reihen ist nachträglich zu untersuchen.

181. Die Harmonischen. Stehende Wellen. Wir führen die Amplitude N_n und die Anfangsphase φ_n der harmonischen Schwingung mittels

$$A_n \cos \frac{n\pi a t}{l} + B_n \sin \frac{n\pi a t}{l} = N_n \sin\left(\frac{n\pi a t}{l} + \varphi_n\right)$$

ein. Jedes Glied

$$\left(A_n \cos \frac{n\pi a t}{l} + B_n \sin \frac{n\pi a t}{l}\right) \sin \frac{n\pi x}{l} = N_n \sin\left(\frac{n\pi a t}{l} + \varphi_n\right) \sin \frac{n\pi x}{l} \tag{43}$$

der das Problem lösenden Reihe (39) stellt eine sogenannte *stehende Welle* dar, bei der die Punkte der Saite eine harmonische Schwingung mit gleicher Phase und der von der Lage des Punktes abhängenden Amplitude

$$N_n \sin \frac{n\pi x}{l}$$

ausführen. Bei einer solchen Schwingung liefert die Saite einen Ton, dessen *Höhe* von der *Schwingungsfrequenz*

$$\omega_n = \frac{n\pi a}{l} \tag{44}$$

und dessen Stärke von der Maximalamplitude N_n der Schwingungen abhängt. Durchläuft n die Werte $1, 2, 3, \ldots$, so erhalten wir den *Grundton der Saite und die aufeinanderfolgenden Obertöne*, deren Frequenzen oder Schwingungszahlen pro Sekunde proportional den natürlichen Zahlen $1, 2, 3, \ldots$ sind. Bei einigen Werten x kann die Amplitude $N_n \sin \frac{n\pi x}{l}$ auch negativ werden. Man kann dann ihren Absolutbetrag nehmen und die Phase um π vermehren.

Die Lösung (39), mit anderen Worten, der von der Saite gelieferte Ton, setzt sich aus diesen Einzeltönen oder *Harmonischen* zusammen; ihre Amplituden und daher auch ihr Einfluß auf den von der Saite erzeugten Ton nehmen gewöhnlich mit zunehmender Ordnung der Harmonischen schnell ab. Ihre Gesamtwirkung läuft auf die Schaffung der *Klangfarbe* hinaus, die für die einzelnen Musikinstrumente charakteristisch ist und sich gerade durch das Vorhandensein dieser Obertöne erklären läßt.

In den Punkten

$$x = 0, \quad \frac{l}{n}, \quad \frac{2l}{n}, \quad \ldots, \quad \frac{(n-1)l}{n}, \quad l \tag{45}$$

wird die Schwingungsamplitude der n-ten Harmonischen Null, weil in diesen Punkten $\sin \frac{n\pi x}{l} = 0$ ist. Die Punkte (45) stellen die sogenannten *Knoten* der n-ten Harmonischen dar. In den Punkten

$$x = \frac{l}{2n}, \quad \frac{3l}{2n}, \quad \ldots, \quad \frac{(2n-1)l}{2n} \tag{45$_1$}$$

erreicht dagegen die Schwingungsamplitude der n-ten Harmonischen ihren größten Wert, da die Funktion $\sin \frac{n\pi x}{l}$ in diesen Punkten ihren maximalen Absolutbetrag annimmt; die Punkte (45$_1$) liefern die sogenannten *Bäuche* bei der n-ten Harmonischen. Die Saite schwingt hierbei so, als ob sie aus n einzelnen nicht miteinander zusammenhängenden Stücken bestünde, die in den begrenzenden Knoten eingespannt sind. Wenn wir unsere Saite gerade in der Mitte andrücken, wo sich der Bauch des Grundtones befindet, so werden nicht nur die Amplituden dieses Tons Null, sondern auch die aller weiteren Töne, die an dieser Stelle Bäuche haben, d. h. die 3te, 5te, ... Harmonische. Auf die geraden Harmonischen, die an der angedrückten Stelle einen Knoten aufweisen, hat dies dagegen keinen Einfluß. Die Saite liefert somit nicht ihren Grundton, sondern dessen Oktave, d. h. einen Ton mit einer doppelt so großen Schwingungszahl in der Sekunde.

Das beschriebene Verfahren kann man zum Unterschied von der Charakteristikenmethode als *Verfahren der stehenden Wellen* bezeichnen; gewöhnlich wird es jedoch *Fouriersche Methode* genannt.

Die völlige Identität der durch die Reihe (39) dargestellten Lösung mit der zuvor in [**179**] gefundenen ist leicht aufzuzeigen. Wir bemerken nämlich zunächst, daß es — wie in [**179**] gezeigt war — bei der Anwendung der d'Alembertschen Formel (17) auf die begrenzte Saite erforderlich ist, die im Intervall $(0, l)$ vorgegebenen Funktionen $\varphi(x)$ und $\varphi_1(x)$ ungerade in das Intervall $(-l, 0)$ und darüber hinaus mit der Periode $2l$ fortzusetzen. Diese Fortsetzungsvorschrift ist aber völlig gleichwertig mit der Entwicklung dieser Funktionen in eine Fourier-Reihe nach Sinusgliedern [**157**], entspricht also völlig den Formeln (41) für beliebiges x. Setzen wir diese Ausdrücke für $\varphi(x)$ und $\varphi_1(x)$ in die d'Alembertsche Formel (17) ein, so kommen wir — wie leicht zu sehen ist — zu der

Lösung (39):

$$u = \frac{1}{2}\sum_{n=1}^{\infty} A_n \left[\sin\frac{n\pi(x-at)}{l} + \sin\frac{n\pi(x+at)}{l}\right]$$

$$+ \frac{1}{2a}\int_{x-at}^{x+at}\sum_{n=1}^{\infty}\frac{n\pi a}{l}B_n \sin\frac{n\pi z}{l}\,dz,$$

also

$$u = \frac{1}{2}\sum_{n=1}^{\infty} A_n \left[\sin\frac{n\pi(x-at)}{l} + \sin\frac{n\pi(x+at)}{l}\right]$$

$$+ \frac{1}{2}\sum_{n=1}^{\infty} B_n \left[\cos\frac{n\pi(x-at)}{l} - \cos\frac{n\pi(x+at)}{l}\right],$$

woraus unmittelbar (39) folgt.

Die Fouriersche Methode hat im vorliegenden Fall einige Nachteile im Vergleich zu der Charakteristikenmethode; die Reihe (39) konvergiert nämlich häufig sehr langsam und ist nicht nur für die Berechnung unbrauchbar, sondern auch für einen strengen Beweis der Tatsache, daß diese Reihe wirklich eine Lösung ist. Die Abhängigkeit der gesuchten Funktion von den Ausgangswerten $\varphi(x)$ und $\varphi_1(x)$, die durch die Reihe (39) ausgedrückt wird, ist der äußeren Form nach bedeutend komplizierter als die auf Grund der Charakteristikenmethode gewonnene Abhängigkeit. Dafür läßt die Fouriersche Methode etwas sehr Wichtiges erkennen, nämlich die Existenz unendlich vieler verschiedener harmonischer Eigenschwingungen der Saite, aus denen sich die allgemeinste Schwingung zusammensetzt.

Wenn man das in [179] Gesagte berücksichtigt, so kann man behaupten, daß die Summe der Reihe die Lösungen unserer Aufgabe mit stetigen Ableitungen bis zur zweiten Ordnung gibt, wenn die Funktionen $\varphi(x)$ und $\varphi_1(x)$ die in diesem Paragraphen angegebenen Eigenschaften besitzen.

Wenn die Funktion $\varphi(x)$ stetige Ableitungen bis zur dritten Ordnung besitzt und den Bedingungen $\varphi(0) = \varphi''(0) = \varphi(l) = \varphi''(l) = 0$ genügt und wenn weiter $\varphi_1(x)$ stetige Ableitungen bis zur zweiten Ordnung hat und den Bedingungen $\varphi_1(0) = \varphi_1(l) = 0$ genügt, so kann man die Reihe (39) gliedweise nach x und t zweimal differenzieren. Man kann die Lösung der Wellengleichung auch unter geringeren Voraussetzungen bezüglich der Anfangswerte untersuchen, was wir in Teil IV auch tun werden. Im folgenden werden wir bei der Anwendung der Fourierschen Methode die Bedingungen nicht besonders angeben, unter denen die erhaltenen Reihen tatsächlich eine Lösung des Problems liefern. Eine Behandlung der Fourierschen Methode unter allgemeinen Gesichtspunkten wird in Teil IV gebracht. Das Ziel dieser Darlegung bestand darin, eine Lösungsmethode und den sich dabei ergebenden Formelapparat anzugeben. Wir erwähnen noch folgendes: Aus den in [177] durchgeführten Überlegungen und aus der Charakteristikenmethode [179] ergibt sich unmittelbar, daß die Lösung des oben gestellten Problems sowohl für die unendliche als auch für die endliche Saite eindeutig ist. Mit der Frage nach der Eindeutigkeit der Lösung für die allgemeine Wellengleichung befassen wir uns später.

182. Erzwungene Schwingungen. Die unter der Wirkung der auf die Längeneinheit bezogenen Kraft $F(x,t)$ entstehenden erzwungenen Schwingungen einer Saite genügen nach [176] der partiellen Differentialgleichung

$$\frac{\partial^2 u}{\partial t^2} = a^2 \frac{\partial^2 u}{\partial x^2} + f(x,t), \quad f(x,t) = \frac{1}{\varrho} F(x,t). \tag{46}$$

Zu dieser Gleichung sind noch die Randbedingungen (im Fall der eingespannten Saite) und die Anfangsbedingungen hinzuzufügen:

$$u|_{x=0} = 0, \quad u|_{x=l} = 0, \tag{47}$$

$$u\Big|_{t=0} = \varphi(x), \quad \frac{\partial u}{\partial t}\Big|_{t=0} = \varphi_1(x). \tag{48}$$

Die allgemeinste erzwungene Schwingung kann man sich aus zwei Schwingungsbewegungen zusammengesetzt denken. Die eine ist eine reine erzwungene Schwingung, d. h. eine Schwingung, die unter Einwirkung der Kraft F vor sich geht, wobei die Saite im Anfangszeitpunkt nicht aus dem Ruhezustand herausgeführt ist; die andere stellt eine freie Schwingung dar, die die Saite ohne Einwirkung einer Kraft, nur infolge einer Anfangsstörung ausführt. Analytisch bedeutet dies die Einführung zweier neuer Funktionen v und w anstelle von u durch

$$u = v + w;$$

dabei genügt die Funktion v den Bedingungen

$$\frac{\partial^2 v}{\partial t^2} = a^2 \frac{\partial^2 v}{\partial x^2} + f(x,t), \tag{49}$$

$$v|_{x=0} = 0, \quad v|_{x=l} = 0, \tag{50}$$

$$v\Big|_{t=0} = 0, \quad \frac{\partial v}{\partial t}\Big|_{t=0} = 0 \tag{51}$$

und liefert die reine erzwungene Schwingung, während die Funktion w den Bedingungen

$$\frac{\partial^2 w}{\partial t^2} = a^2 \frac{\partial^2 w}{\partial x^2},$$

$$w|_{x=0} = 0, \quad w|_{x=l} = 0,$$

$$w\Big|_{t=0} = \varphi(x), \quad \frac{\partial w}{\partial t}\Big|_{t=0} = \varphi_1(x)$$

genügt und die freie Schwingung liefert. Wir überzeugen uns durch Bildung der Summe $u = v + w$ leicht davon, daß diese eine Lösung unseres Problems, d. h. eine Lösung der Gleichungen (46), (47) und (48) liefert.

Methoden zur Ermittlung der freien Schwingung w wurden in den vorhergehenden Abschnitten beschrieben, so daß wir hier nur auf die Ermittlung der Funktion v

einzugehen brauchen. Wie bei den freien Schwingungen machen wir für die Funktion v folgenden Reihenansatz:

$$v(x, t) = \sum_{n=1}^{\infty} T_n(t) \sin \frac{n\pi x}{l}, \tag{52}$$

so daß die Randbedingungen (50) von selbst erfüllt sind. Die Funktionen $T_n(t)$ unterscheiden sich natürlich von den in [**180**] behandelten, da die Gleichung (49) nicht homogen ist.

Durch Einsetzen der Reihe (52) in (49) erhalten wir

$$\sum_{n=1}^{\infty} T''(t) \sin \frac{n\pi x}{l} = -a^2 \sum_{n=1}^{\infty} T_n(t) \left(\frac{n\pi}{l}\right)^2 \sin \frac{n\pi x}{l} + f(x, t)$$

und daraus, wenn noch $\dfrac{a n \pi}{l}$ durch ω_n (vgl. (44) aus [**181**]) ersetzt wird,

$$f(x, t) = \sum_{n=1}^{\infty} [T_n''(t) + \omega_n^2 T_n(t)] \sin \frac{n\pi x}{l}. \tag{53}$$

Die Funktion $f(x, t)$ kann, als Funktion von x betrachtet, in eine Fourier-Reihe der Form

$$f(x, t) = \sum_{n=1}^{\infty} f_n(t) \sin \frac{n\pi x}{l} \tag{54}$$

entwickelt werden, deren Koeffizienten $f_n(t)$ von t allein abhängen und sich aus den Formeln

$$f_n(t) = \frac{2}{l} \int_0^l f(z, t) \sin \frac{n\pi z}{l} \, dz \tag{55}$$

bestimmen. Durch Gleichsetzen der beiden Entwicklungen (53) und (54) für die Funktion $f(x, t)$ erhalten wir das unendliche Differentialgleichungssystem

$$T_n''(t) + \omega_n^2 T_n(t) = f_n(t) \tag{56}$$

zur Bestimmung der Funktionen $T_1(t), T_2(t), \ldots$

Wenn die $T_n(t)$ auf diese Weise bestimmt sind, erfüllt die Funktion (52) die Differentialgleichung (49) und die Randbedingungen (50). Zur Erfüllung der noch verbleibenden Anfangsbedingungen (51) genügt es, die Funktionen $T_n(t)$ selbst diesen Bedingungen zu unterwerfen, d. h.

$$T_n(0) = 0, \quad T_n'(0) = 0 \tag{57}$$

zu setzen, denn dann wird offenbar

$$v\Big|_{t=0} = \sum_{n=1}^{\infty} T_n(0) \sin \frac{n\pi x}{l} = 0, \quad \frac{\partial v}{\partial t}\Big|_{t=0} = \sum_{n=1}^{\infty} T_n'(0) \sin \frac{n\pi x}{l} = 0.$$

Die Lösung der Gleichungen (56) und (57) wurden in [**29**] hergeleitet, woraus sich leicht

$$T_n(t) = \frac{1}{\omega_n} \int_0^t f_n(\tau) \sin \omega_n(t - \tau) \, d\tau$$

folgern läßt oder, wenn noch der Ausdruck (55) für $f_n(\tau)$ eingesetzt wird,

$$T_n(t) = \frac{2}{l\omega_n} \int_0^t d\tau \int_0^l f(z, \tau) \sin \omega_n(t - \tau) \sin \frac{n\pi z}{l} dz. \tag{58}$$

Gehen wir damit in (52) ein, so ergibt sich eine Darstellung von $v(x, t)$. Man kann leicht zeigen, daß dann, wenn $f(x, t)$ stetige Ableitungen $\dfrac{\partial f(x, t)}{\partial x}$, $\dfrac{\partial f(x, t)}{\partial t}$, $\dfrac{\partial^2 f(x, t)}{\partial x \partial t}$ für $0 \leq x \leq l, t \geq 0$ besitzt und $f(0, t) = f(l, t) = 0$ ist, die Summe der Reihe (52) die Lösung der Aufgabe (49) bis (51) ist.

Bisher hatten wir die Inhomogenität entweder in den Anfangsbedingungen (bei der Funktion w) oder in der Differentialgleichung (bei der Funktion v) angenommen. Selbstverständlich kann auch eine Inhomogenität in den Randbedingungen vorliegen. Nehmen wir die Differentialgleichung und die Anfangsbedingungen als homogen an und bezeichnen wir die gesuchte Funktion wieder mit dem Buchstaben u, so erhalten wir das folgende Problem:

$$\frac{\partial^2 u}{\partial t^2} = a^2 \frac{\partial^2 u}{\partial x^2}, \quad u\Big|_{x=0} = \omega(t), \quad u\Big|_{x=l} = \omega_1(t), \quad u\Big|_{t=0} = \frac{\partial u}{\partial t}\Big|_{t=0} = 0.$$

Dieser Fall der inhomogenen Randbedingungen wird in Teil IV behandelt.

183. Eine Einzelkraft. Wir untersuchen Formel (58) für eine im Punkt C ($x = c$) angreifende Einzelkraft. Den Betrag dieser Kraft bezeichnen wir nicht wie in [**176**] mit P, sondern mit ϱP. Wie in [**178**] gezeigt wurde, kann man sich diesen Fall in der Weise durch einen Grenzübergang entstanden denken, daß eine Kraft F nur auf einem kleinen Intervall $(c - \delta, c + \delta)$ wirkt, also außerhalb dieses Intervalls gleich Null ist, und dabei der Gesamtwert der Kraft

$$\int_{c-\delta}^{c+\delta} F(z, t) dz$$

für $\delta \to 0$ gegen $\varrho P(t)$ strebt.

Nach Formel (4) gilt

$$\int_{c-\delta}^{c+\delta} f(z, t) dz \to P(t) \quad \text{für} \quad \delta \to 0.$$

Da $f(z, t)$ außerhalb des Intervalls $c - \delta \leq z \leq c + \delta$ gleich Null ist, liefert der erste Mittelwertsatz [**I, 95**] unter der Voraussetzung, daß $f(z, t)$ im Intervall

$$c - \delta \leq z \leq c + \delta$$

konstantes Vorzeichen besitzt,

$$\int_0^l f(z, t) \sin \frac{n\pi z}{l} dz = \int_{c-\delta}^{c+\delta} f(z, t) \sin \frac{n\pi z}{l} dz = \sin \frac{n\pi \zeta}{l} \int_{c-\delta}^{c+\delta} f(z, t) dz;$$

dabei ist ζ ein gewisser Wert aus dem Intervall $(c - \delta, c + \delta)$.

Der Grenzübergang $\delta \to 0$ ergibt

$$\int_0^l f(z, t) \sin \frac{n\pi z}{l} dz \to P(t) \sin \frac{n\pi c}{l};$$

die Funktion $T_n(t)$, die als Grenzwert des Ausdrucks auf der rechten Seite von (58) für $\delta \to 0$ definiert ist, geht dann über in

$$T_n(t) = \frac{2}{l\omega_n} \sin \frac{n\pi c}{l} \int_0^t P(\tau) \sin \omega_n(t-\tau) d\tau,$$

und die erzwungene Schwingung wird gegeben durch

$$v(x, t) = \sum_{n=1}^{\infty} \frac{2}{l\omega_n} \sin \frac{n\pi c}{l} \int_0^t P(\tau) \sin \omega_n(t-\tau) d\tau \cdot \sin \frac{n\pi x}{l}. \tag{59}$$

Diese Beziehung zeigt, daß in den erzwungenen Schwingungen gewisse Obertöne fehlen können, nämlich diejenigen, für die

$$\sin \frac{n\pi c}{l} = 0$$

ist, die also einen Knoten im Angriffspunkt C der Kraft haben.

Wir behandeln nun den Fall einer harmonischen erzwingenden Kraft:

$$P(t) = P_0 \sin(\omega t + \varphi_0)$$

bzw., wenn der Einfachheit halber der Phasenwinkel $\varphi_0 = 0$ angenommen wird,

$$P(t) = P_0 \sin \omega t.$$

Die Formel für $T_n(t)$ liefert dann

$$T_n(t) = \frac{P_0}{l\omega_n} \sin \frac{n\pi c}{l} \int_0^t 2 \sin \omega \tau \sin \omega_n(t-\tau) d\tau$$

$$= -\frac{P_0}{l\omega_n} \sin \frac{n\pi c}{l} \int_0^t \{\cos[\omega_n t - (\omega_n - \omega)\tau] - \cos[\omega_n t - (\omega_n + \omega)\tau]\} d\tau$$

$$= \frac{-2\omega P_0}{l\omega_n(\omega_n^2 - \omega^2)} \sin \frac{n\pi c}{l} \sin \omega_n t + \frac{2P_0}{l(\omega_n^2 - \omega^2)} \sin \frac{n\pi c}{l} \sin \omega t.$$

Stimmt die Frequenz der erregenden Kraft mit keiner einzigen der Frequenzen ω_n der Eigenschwingungen überein, so sind alle Nenner $\omega_n^2 - \omega^2$ von Null verschieden; nähert sich aber ω einer der Frequenzen ω_n, so wird der entsprechende Nenner immer kleiner, und $T_n(t)$ wird sehr groß gegenüber den übrigen Gliedern, d. h., es tritt *Resonanz* ein. Wird schließlich $\omega = \omega_n$, so verliert der vorstehende Ausdruck für $T_n(t)$ seinen Sinn und muß durch einen anderen ersetzt werden.

Nach Einsetzen des erhaltenen Ausdrucks für $T_n(t)$ in die Formel (52) ergibt sich

$$v(x, t) = \frac{-2\omega P_0}{l} \sum_{n=1}^{\infty} \frac{l}{\omega_n} \frac{\sin \frac{n\pi c}{l}}{\omega_n^2 - \omega^2} \sin \omega_n t \sin \frac{n\pi x}{l}$$

$$+ \frac{2 P_0}{l} \sin \omega t \sum_{n=1}^{\infty} \frac{\sin \frac{n\pi c}{l}}{\omega_n^2 - \omega^2} \sin \frac{n\pi x}{l}.$$

Das erste Glied auf der rechten Seite hat die Form freier Schwingungen, das zweite dagegen hat dieselbe Frequenz wie die erregende Kraft. Das erste Glied rechnen wir nun zu den freien Schwingungen $w(x, t)$ hinzu und befassen uns nur mit dem zweiten Glied, das mit $V(x, t)$ bezeichnet werde:

$$V(x, t) = \frac{2 P_0}{l} \sin \omega t \sum_{n=1}^{\infty} \frac{\sin \frac{n\pi c}{l}}{\omega_n^2 - \omega^2} \sin \frac{n\pi x}{l}$$

bzw., wenn $\alpha^2 = \frac{\omega^2 l^2}{a^2 \pi^2}$ gesetzt wird,

$$V(x, t) = \frac{2 P_0 l}{a^2 \pi^2} \sin \omega t \sum_{n=1}^{\infty} \frac{\sin \frac{n\pi c}{l}}{n^2 - \alpha^2} \sin \frac{n\pi x}{l}. \tag{60}$$

Die Summe

$$\sum_{n=1}^{\infty} \frac{\sin \frac{n\pi c}{l}}{n^2 - \alpha^2} \sin \frac{n\pi x}{l}$$

kann analog zu der in [**172**] angegebenen Methode behandelt werden, worauf hier jedoch nicht eingegangen werden soll. Wir geben dafür eine andere Lösung des betrachteten Problems an, indem wir die Einzelkraft nicht als Grenzfall einer stetig verteilten Kraft, sondern direkt untersuchen.

Der Angriffspunkt C der Kraft zerlegt die Saite in die beiden Teile $(0, c)$ und (c, l). Wir behandeln diese beiden Teile gesondert und bezeichnen die Auslenkungen des ersten Teils mit $u_1(x, t)$ und die des zweiten mit $u_2(x, t)$. Für diese Funktionen u_1 und u_2 bestehen die folgenden Gleichungen:

$$\frac{\partial^2 u_1}{\partial t^2} = a^2 \frac{\partial^2 u_1}{\partial x^2} \quad \text{für} \quad 0 < x < c, \tag{61}$$

$$\frac{\partial^2 u_2}{\partial t^2} = a^2 \frac{\partial^2 u_2}{\partial x^2} \quad \text{für} \quad c < x < l. \tag{61$_1$}$$

da innerhalb der Intervalle $(0, c)$ und (c, l) keine äußeren Kräfte angreifen. Ferner haben wir die Einspannbedingungen an den Endpunkten:

$$u_1|_{x=0} = 0, \quad u_2|_{x=l} = 0, \tag{62}$$

die Stetigkeitsbedingung für die Saite im Punkt $x = c$:

$$u_1|_{x=c} = u_2|_{x=c} \tag{63}$$

und schließlich die Gleichgewichtsbedingung für die im Punkt $x = c$ wirkenden Kräfte [176]:

$$\frac{\partial u_2}{\partial x}\bigg|_{x=c} - \frac{\partial u_1}{\partial x}\bigg|_{x=c} = -\frac{\varrho}{T_0} P(t) = -\frac{1}{a^2} P(t).^1) \tag{64}$$

Wir beschränken uns auf den Fall der harmonischen Kraft

$$P(t) = P_0 \sin \omega t$$

und greifen aus den von ihr hervorgerufenen erzwungenen Schwingungen diejenige mit derselben Frequenz ω heraus. Diese setzen wir in der Form

$$u(x, t) = X(x) \sin \omega t$$

an; dabei werden sich jedoch für die Funktion $X(x)$ verschiedene Ausdrücke in den Intervallen $(0, c)$ und (c, l) ergeben müssen; daher ist

$$u_1 = X_1(x) \sin \omega t, \quad u_2 = X_2(x) \sin \omega t \tag{65}$$

zu setzen.

Dieser Ansatz, in die Gleichungen (61) und (61_1) eingeführt, liefert

$$-\omega^2 X_1(x) \sin \omega t = a^2 X_1''(x) \sin \omega t,$$

also

$$X_1''(x) + \frac{\omega^2}{a^2} X_1(x) = 0$$

und analog

$$X_2''(x) + \frac{\omega^2}{a^2} X_2(x) = 0.$$

Dies ergibt nach [28]

$$X_1(x) = C_1' \cos \frac{\omega}{a} x + C_2' \sin \frac{\omega}{a} x,$$

$$X_2(x) = C_1'' \cos \frac{\omega}{a} x + C_2'' \sin \frac{\omega}{a} x.$$

Aus den Bedingungen (62) folgt

$$C_1' = 0, \quad C_1'' \cos \frac{\omega l}{a} + C_2'' \sin \frac{\omega l}{a} = 0,$$

so daß

$$C_1'' = C_2 \sin \frac{\omega l}{a}, \quad C_2'' = -C_2 \cos \frac{\omega l}{a}$$

mit einer willkürlichen Konstanten C_2 gesetzt werden kann. Bezeichnen wir der Symmetrie halber die willkürliche Konstante C_2' mit C_1, so wird

$$X_1(x) = C_1 \sin \frac{\omega x}{a}, \quad X_2(x) = C_2 \sin \frac{\omega(l-x)}{a}.$$

---

[1]) In der Formel (7) [176] ist mit unseren jetzigen Bezeichnungen $\varrho P(t)$ anstelle von P sowie $\frac{\partial u_2}{\partial x}$, $\frac{\partial u_1}{\partial x}$ an Stelle von $\left(\frac{\partial u}{\partial x}\right)_+$, $\left(\frac{\partial u}{\partial x}\right)_-$ zu schreiben.

Die Stetigkeitsbedingung (63) liefert dann

$$C_1 \sin \frac{\omega c}{a} \sin \omega t = C_2 \sin \frac{\omega (l - c)}{a} \sin \omega t.$$

Es bleibt nur noch die letzte Bedingung (64) zu erfüllen, aus der sich

$$-\frac{\omega}{a} C_2 \cos \frac{\omega (l - c)}{a} \sin \omega t - \frac{\omega}{a} C_1 \cos \frac{\omega c}{a} \sin \omega t = -\frac{P_0}{a^2} \sin \omega t$$

ergibt.

Die Konstanten C_1 und C_2 sind also aus dem Gleichungssystem

$$C_1 \sin \frac{\omega c}{a} - C_2 \sin \frac{\omega (l - c)}{a} = 0,$$

$$C_1 \cos \frac{\omega c}{a} + C_2 \cos \frac{\omega (l - c)}{a} = \frac{P_0}{a\omega}$$

zu bestimmen, was nach einfachen Umformungen

$$C_1 = \frac{P_0}{a\omega} \frac{\sin \dfrac{\omega (l - c)}{a}}{\sin \dfrac{\omega l}{a}}, \quad C_2 = \frac{P_0}{a\omega} \frac{\sin \dfrac{\omega c}{a}}{\sin \dfrac{\omega l}{a}}$$

liefert; gemäß den Formeln (65) lautet dann die Lösung des Problems

$$u(x, t) = \begin{cases} \dfrac{P_0}{a\omega} \dfrac{\sin \dfrac{\omega (l - c)}{a}}{\sin \dfrac{\omega l}{a}} \sin \dfrac{\omega x}{a} \sin \omega t & \text{für} \quad 0 < x < c, \\[2em] \dfrac{P_0}{a\omega} \dfrac{\sin \dfrac{\omega c}{a}}{\sin \dfrac{\omega l}{a}} \sin \dfrac{\omega (l - x)}{a} \sin \omega t & \text{für} \quad c < x < l. \end{cases} \qquad (66)$$

Der Leser bestätigt leicht die Identität der Lösungen (66) und (60) für $V(x, t)$ durch Entwicklung von (66) in eine Fourier-Reihe mit Sinusgliedern.

184. Die Poissonsche Formel.
In Analogie zur unbegrenzten Saite beschäftigen wir uns jetzt mit der Lösung der allgemeinen Wellengleichung

$$\frac{\partial^2 u}{\partial t^2} = a^2 \left(\frac{\partial^2 u}{\partial x^2} + \frac{\partial^2 u}{\partial y^2} + \frac{\partial^2 u}{\partial z^2} \right) \qquad (67)$$

für den unbegrenzten Raum bei vorgegebenen Anfangsbedingungen. Zuvor werde ein Hilfssatz abgeleitet. Zur bequemeren Schreibweise der späteren Formeln bezeichnen wir die Koordinaten x, y, z mit x_1, x_2, x_3. Es sei $\omega(x_1, x_2, x_3)$ eine beliebige Funktion, die nebst ihren Ableitungen bis zur zweiten Ordnung in einem Bereich D oder im ganzen Raum stetig ist. Alle folgenden Überlegungen beziehen sich auf diesen Bereich. Wir betrachten die Werte der Funktion auf der Oberfläche $C_r(x_1, x_2, x_3)$ der Kugel mit dem Mittelpunkt (x_1, x_2, x_3) und dem Radius r. Die Koordinaten der Punkte dieser Kugelfläche können durch die Formeln

$$\xi_1 = x_1 + \alpha_1 r, \quad \xi_2 = x_2 + \alpha_2 r, \quad \xi_3 = x_3 + \alpha_3 r$$

dargestellt werden, wobei $\alpha_1, \alpha_2, \alpha_3$ die Richtungskosinus der Radien der betreffenden Kugel sind. Sie lassen sich in der Form

$$\alpha_1 = \sin\theta\cos\varphi, \quad \alpha_2 = \sin\theta\sin\varphi, \quad \alpha_3 = \cos\theta$$

schreiben, wobei der Winkel θ zwischen 0 und π und der Winkel φ zwischen 0 und 2π variiert. Es sei $d_1\sigma$ das Flächenelement der Einheitskugel und $d_r\sigma$ das Flächenelement der Kugel vom Radius r:

$$d_1\sigma = \sin\theta\, d\theta\, d\varphi, \quad d_r\sigma = r^2 d_1\sigma = r^2 \sin\theta\, d\theta\, d\varphi.$$

Nun betrachten wir das arithmetische Mittel der Funktionswerte ω auf der Sphäre $C_r(x_1, x_2, x_3)$, d. h. das Integral der Funktion $\omega(x_1, x_2, x_3)$ über die erwähnte Kugelfläche, dividiert durch den Inhalt dieser Fläche. Der Wert dieses Integrals hängt offenbar von der Wahl des Mittelpunktes (x_1, x_2, x_3) und dem Kugelradius r ab, d. h., das so gebildete arithmetische Mittel wird eine Funktion der vier Veränderlichen x_1, x_2, x_3, r. Dieses arithmetische Mittel läßt sich auf zweierlei Weise schreiben:

$$v(x_1, x_2, x_3, r) = \frac{1}{4\pi} \int_0^{2\pi}\!\!\int_0^{\pi} \omega(x_1 + \alpha_1 r;\; x_2 + \alpha_2 r;\; x_3 + \alpha_3 r)\, d_1\sigma \qquad (68)$$

oder

$$v(x_1, x_2, x_3, r) = \frac{1}{4\pi r^2} \int\!\!\int_{C_r} \omega(x_1 + \alpha_1 r;\; x_2 + \alpha_2 r;\; x_3 + \alpha_3 r)\, d_r\sigma.$$

Wir beweisen, daß die Funktion v bei beliebiger Wahl der Funktion ω stets der partiellen Differentialgleichung

$$\frac{\partial^2 v}{\partial r^2} - \Delta v + \frac{2}{r}\frac{\partial v}{\partial r} = 0 \qquad (69)$$

genügt, wobei, wie üblich,

$$\Delta v = \frac{\partial^2 v}{\partial x_1^2} + \frac{\partial^2 v}{\partial x_2^2} + \frac{\partial^2 v}{\partial x_3^2}$$

ist. In (68) wird die Integration über die Fläche der Einheitskugel ausgeführt, und wir können nach x_i unter dem Integralzeichen differenzieren. Es gilt somit

$$\Delta v = \frac{1}{4\pi} \int_0^{2\pi}\!\!\int_0^{\pi} \Delta\omega(x_i + \alpha_i r)\, d_1\sigma$$

und

$$\frac{\partial v}{\partial r} = \frac{1}{4\pi} \int_0^{2\pi}\!\!\int_0^{\pi} \sum_{k=1}^{3} \frac{\partial \omega}{\partial x_k}\, \alpha_k\, d_1\sigma.$$

Das letzte Integral läßt sich in ein Integral über die Kugelfläche $C_r(x_1, x_2, x_3)$ umformen:

$$\frac{\partial v}{\partial r} = \frac{1}{4\pi r^2} \iint_{C_r} \sum_{k=1}^{3} \frac{\partial \omega}{\partial x_k}\, \alpha_k\, d_r\sigma,$$

mit Hilfe der Gauß-Ostrogradskischen Formel ergibt sich hieraus

$$\frac{\partial v}{\partial r} = \frac{1}{4\pi r^2} \iiint_{D_r} \Delta\omega\, dv, \tag{70}$$

wobei D_r die Kugel mit dem Mittelpunkt (x_1, x_2, x_3) und dem Radius r bedeutet. Der letzte Ausdruck ist ein Produkt zweier Funktionen von r, nämlich des Bruches $\frac{1}{4\pi r^2}$ und des Integrals. Die Ableitung des dreifachen Integrals über die Kugel D_r nach r ist gleich dem Integral desselben Integranden über die Oberfläche C_r dieser Kugel. Um sich hiervon zu überzeugen, braucht man z. B. nur das Integral über D_r in Kugelkoordinaten darzustellen. Eine nochmalige Differentiation nach r liefert also

$$\frac{\partial^2 v}{\partial r^2} = -\frac{1}{2\pi r^3} \iiint_{D_r} \Delta\omega\, dv + \frac{1}{4\pi r^2} \iint_{C_r} \Delta\omega\, d_r\sigma.$$

Durch Einsetzen aller zuvor angegebenen Ausdrücke für die Ableitungen in die Gleichung (69) überzeugen wir uns unmittelbar davon, daß diese tatsächlich erfüllt ist. Für $r \to 0$ folgt aus (68) unmittelbar, daß $v(x_1, x_2, x_3)$ gegen $\omega(x_1, x_2, x_3)$ strebt; nach (70) geht dabei $\frac{\partial v}{\partial r}$ gegen Null, da das dreifache Integral in Formel (70) gemäß dem Mittelwertsatz von der Ordnung r^3 ist, während im Nenner r^2 steht. Es gilt also der folgende

Satz. *Bei jeder Wahl der Funktion ω mit stetigen Ableitungen bis zur zweiten Ordnung genügt die durch die Gleichung (68) definierte Funktion v der partiellen Differentialgleichung (69) und den Anfangsbedingungen*

$$v\bigg|_{r=0} = \omega(x_1, x_2, x_3), \quad \frac{\partial v}{\partial r}\bigg|_{r=0} = 0. \tag{71}$$

Wir zeigen mit Hilfe dieses Satzes, daß die Funktion

$$u(x_1, x_2, x_3, t) = t v(x_1, x_2, x_3, at) \tag{72}$$

die Wellengleichung
$$\frac{\partial^2 u}{\partial t^2} = a^2 \left(\frac{\partial^2 u}{\partial x_1{}^2} + \frac{\partial^2 u}{\partial x_2{}^2} + \frac{\partial^2 u}{\partial x_3{}^2} \right) \tag{73}$$
mit den Anfangsbedingungen
$$u \bigg|_{t=0} = 0, \quad \frac{\partial u}{\partial t} \bigg|_{t=0} = \omega(x_1, x_2, x_3) \tag{74}$$
erfüllt.

Es gilt nämlich
$$\frac{\partial u}{\partial t} = v(x_1, x_2, x_3, at) + at \frac{\partial v(x_1, x_2, x_3, at)}{\partial r},$$
$$\frac{\partial^2 u}{\partial t^2} = 2a \frac{\partial v(x_1, x_2, x_3, at)}{\partial r} + a^2 t \frac{\partial^2 v(x_1, x_2, x_3, at)}{\partial r^2},$$
$$\Delta u = t \, \Delta v(x_1, x_2, x_3, at),$$
wobei z. B. $\dfrac{\partial v(x_1, x_2, x_3, at)}{\partial r}$ der Wert der Ableitung $\dfrac{\partial v(x_1, x_2, x_3, r)}{\partial r}$ für $r = at$ ist. Setzen wir die vorstehenden Ausdrücke in (73) ein, so entsteht für v die Gleichung (69) mit $r = at$, die auf Grund des zuvor Bewiesenen tatsächlich gilt. Die Anfangsbedingungen (74) ergeben sich unmittelbar aus (71). Da (73) eine lineare homogene Differentialgleichung mit konstanten Koeffizienten ist, folgt, daß die Funktion $u_1 = \dfrac{\partial u}{\partial t}$ ebenfalls dieser Gleichung genügt. Wir bestimmen ihre Anfangswerte für $t = 0$. Mit Rücksicht auf die Anfangsbedingungen (74) ergibt sich für die Funktion $u_1 = \dfrac{\partial u}{\partial t}$ unmittelbar

$$u_1|_{t=0} = \omega(x_1, x_2, x_3).$$

Für die Ableitung $\dfrac{\partial u_1}{\partial t} = \dfrac{\partial^2 u}{\partial t^2}$ gilt wegen (73)

$$\frac{\partial u_1}{\partial t} \bigg|_{t=0} = a^2 \left(\frac{\partial^2 u}{\partial x_1{}^2} + \frac{\partial^2 u}{\partial x_2{}^2} + \frac{\partial^2 u}{\partial x_3{}^2} \right) \bigg|_{t=0}.$$

Differenzieren wir die erste der Anfangsbedingungen (74) nach den Koordinaten, so erhalten wir hieraus

$$\frac{\partial u_1}{\partial t} \bigg|_{t=0} = 0.$$

Somit stellt die Ableitung der zuvor gefundenen, den Anfangsbedingungen (74) genügenden Lösung der Wellengleichung (73) nach t selbst eine Lösung dieser Gleichung dar und erfüllt die Anfangsbedingungen

$$u_1 \bigg|_{t=0} = \omega(x_1, x_2, x_3), \quad \frac{\partial u_1}{\partial t} \bigg|_{t=0} = 0. \tag{74_1}$$

Wählen wir unter Benutzung der früheren Koordinatenbezeichnungen im Fall der Anfangsbedingungen (74) für $\omega(x, y, z)$ eine Funktion $\varphi_1(x, y, z)$ und im Fall der Anfangsbedingungen (74$_1$) für $\omega(x, y, z)$ irgendeine andere Funktion $\varphi(x, y, z)$ und addieren die so erhaltenen Lösungen, so ergibt sich damit eine Lösung der Gleichung (67), die den Anfangsbedingungen

$$u\bigg|_{t=0} = \varphi(x, y, z), \quad \frac{\partial u}{\partial t}\bigg|_{t=0} = \varphi_1(x, y, z) \tag{75}$$

genügt.

Wird nun das arithmetische Mittel der Funktion ω auf der Kugelfläche mit dem Mittelpunkt $M(x, y, z)$ und dem Radius r zur Abkürzung mit $T_r\{\omega(M)\}$ bezeichnet, so läßt sich gemäß dem zuvor Gesagten die genannte Lösung der Gleichung (67), welche die Anfangsbedingungen (75) erfüllt, in der Form

$$u(M, t) = t\, T_{at}\{\varphi_1(M)\} + \frac{\partial}{\partial t}[t\, T_{at}\{\varphi(M)\}] \tag{76}$$

schreiben.

Diese Beziehung wird gewöhnlich *Poissonsche Formel* genannt. Man kann ihr offenbar auch die Gestalt

$$u(x, y, z, t) = \frac{t}{4\pi}\int_0^{2\pi}\!\!\int_0^{\pi} \varphi_1(\alpha, \beta, \gamma)\, d_1\sigma + \frac{\partial}{\partial t}\left[\frac{t}{4\pi}\int_0^{2\pi}\!\!\int_0^{\pi}\varphi(\alpha, \beta, \gamma)\, d_1\sigma\right] \tag{76$_1$}$$

geben, wobei $d_1\sigma = \sin\theta\, d\theta\, d\varphi$ ist und α, β, γ die Koordinaten des variablen Punktes auf der zuvor erwähnten Kugelfläche bedeuten:

$$\alpha = x + at\sin\theta\cos\varphi, \quad \beta = y + at\sin\theta\sin\varphi, \quad \gamma = z + at\cos\theta. \tag{77}$$

Aus den vorstehenden Überlegungen geht hervor, daß die durch die Formel (76) definierte Funktion u tatsächlich der Gleichung (67) und den Bedingungen (75) genügt, wenn $\varphi_1(x, y, z)$ stetige Ableitungen bis zur zweiten Ordnung und $\varphi(x, y, z)$ solche bis zur dritten Ordnung besitzt.

Dieser Umstand hängt damit zusammen, daß die Formel (76) in dem zweiten Glied eine Differentiation nach t enthält. Wir werden später sehen, daß das vorliegende Problem nur eine einzige Lösung haben kann. Wenn jedoch die Funktionen φ und φ_1 nicht den angegebenen Stetigkeitsbedingungen genügen (wie das häufig bei Problemen mit konzentriertem Impuls oder konzentrierten Anfangserregungen der Fall ist), so ist dann natürlich anzunehmen, daß die Formeln (76$_1$) die Lösung des Cauchy-Problems liefern. Nur ist es in diesem Fall nicht die klassische, sondern die sogenannte verallgemeinerte Lösung (Teil IV).

Es sei jetzt die Anfangsstörung auf einen beschränkten Bereich (v) mit der Berandung (σ) konzentriert, d. h., $\varphi(N)$ und $\varphi_1(N)$ seien außerhalb von (v) gleich Null; ferner möge der Punkt M außerhalb von (v) liegen. Wird mit d der kürzeste Abstand zwischen M und (σ) bezeichnet, so befindet sich die Kugel (S_{at}) für $t < \dfrac{d}{a}$ außerhalb von (v). Dann sind die beiden zuvor erwähnten Funktionen auf (S_{at}) gleich Null, und die Formel (76) liefert $u(M, t) = 0$, d. h. Ruhe im Punkt M. Im Zeitpunkt $t = \dfrac{d}{a}$ wird (σ) von der Fläche (S_{at}) berührt, und die vorderste Wellenfront läuft durch M hindurch. Für $t > \dfrac{D}{a}$, wobei D der größte Abstand zwischen M und den Punkten der Fläche (σ) ist, befindet sich die Kugelfläche (S_{at}) wiederum außerhalb von (v) [der ganze Bereich (v) liegt nun innerhalb (S_{at})], und die Formel (76) liefert wiederum $u(M, t) = 0$. Der Zeitpunkt $t = \dfrac{D}{a}$ entspricht dem Durchlaufen der hinteren Wellenfront durch den Punkt M; danach wird in diesem Punkt $u(M, t)$ wieder Null im Gegensatz zum Fall der Saite (d. h. bei der ebenen Welle), wo sich eine im allgemeinen von Null verschiedene Konstante ergibt. Die vordere Wellenfront stellt zu einem gegebenen Zeitpunkt t diejenige Fläche dar, welche die noch in Ruhe befindlichen Punkte von den bereits schwingenden Punkten trennt. Aus dem Vorstehenden folgt, daß der kürzeste Abstand aller Punkte dieser Fläche von (σ) gleich at ist. Wie leicht zu zeigen ist, ist diese Fläche die Einhüllende der Schar von Kugelflächen mit dem Mittelpunkt auf der Fläche (σ) und dem Radius at. Die Konstante a ist, wie wir sehen, die *Ausbreitungsgeschwindigkeit der Wellenfront*.

185. Zylinderwellen. Wir beziehen den Raum auf ein rechtwinkliges Achsensystem und setzen voraus, daß die Funktionen $\varphi(x, y, z)$ und $\varphi_1(x, y, z)$ nur von x und y abhängen, d. h. auf jeder zur z-Achse parallelen Geraden einen konstanten Wert haben. Wird der Punkt $M(x, y, z)$ parallel zur z-Achse verschoben, so bleibt offensichtlich die rechte Seite von (76_1) unverändert, die Funktion $u(x, y, z, t)$ hängt somit ebenfalls nicht von z ab; die Formel (76_1) liefert uns also eine Lösung der Gleichung

$$\frac{\partial^2 u}{\partial t^2} = a^2 \left(\frac{\partial^2 u}{\partial x^2} + \frac{\partial^2 u}{\partial y^2} \right) \tag{78}$$

bei den Anfangsbedingungen

$$u \bigg|_{t=0} = \varphi(x, y), \quad \frac{\partial u}{\partial t} \bigg|_{t=0} = \varphi_1(x, y). \tag{79}$$

Es genügt, diese Lösung allein in der x, y-Ebene zu betrachten. Hierzu müssen wir die über Kugelflächen erstreckten Integrale der Formel (76_1) in Integrale über Kreisflächen in der x, y-Ebene umformen. Zu dem Zweck wählen wir einen Punkt $M(x, y)$ in der x, y-Ebene. Die Punkte mit den Koordinaten α, β, γ, die durch Formel (77) für $z = 0$ definiert werden, sind die variablen Punkte auf der Kugelfläche (S_{at}) mit dem Mittelpunkt $M(x, y, 0)$ und dem Radius at. Das Flächenelement dieser Kugelfläche wird $dS_{at} = a^2 t^2 \, d_1 \sigma$. Die oberhalb und unterhalb der x, y-Ebene liegenden Halbkugeln projizieren sich auf die x, y-Ebene als Kreisfläche (C_{at}) mit dem Mittelpunkt M und dem Radius at. Zwischen dem Flächenelement dC_{at} der Projektion und dem Flächenelement dS_{at} der Kugelfläche besteht die Beziehung [66]

$$dS_{at} = \frac{dC_{at}}{\cos(n, z)};$$

dabei ist n diejenige Richtung der Normalen zu (S_{at}), d. h. des Kugelradius, die einen spitzen Winkel mit der z-Achse bildet. Ist N ein variabler Punkt der Kugelfläche und N_1 seine Projektion auf die x, y-Ebene, so ergibt sich auf Grund elementarer geometrischer Überlegungen

$$\cos(n, z) = \frac{|NN_1|}{|MN|} = \frac{\sqrt{a^2 t^2 - (\alpha - x)^2 - (\beta - y)^2}}{at},$$

wobei α, β die Koordinaten des variablen Punktes der Kreisfläche (C_{at}) sind. Setzen wir dies in das erste Integral von (76₁) ein und beachten, daß die Kreisfläche (C_{at}) die Projektion sowohl der oberen als auch der unteren Hälfte der Kugelfläche (S_{at}) darstellt, so geht das erste Integral von (76₁) über in

$$\frac{t}{4\pi} \int_0^{2\pi} \int_0^\pi \varphi_1(\alpha, \beta, \gamma)\, d_1\sigma = \frac{1}{4\pi a^2 t} \iint_{(S_{at})} \varphi_1(\alpha, \beta)\, dS_{at}$$

$$= \frac{1}{2\pi a} \iint_{(C_{at})} \frac{\varphi_1(\alpha, \beta)}{\sqrt{a^2 t^2 - (\alpha - x)^2 - (\beta - y)^2}}\, dC_{at}.$$

Wird dieselbe Umformung auch auf das zweite Integral angewandt und zugleich das Flächenelement dC_{at} in der x, y-Ebene in der Form $d\alpha\, d\beta$ dargestellt, so ergibt sich für die gesuchte Funktion, die der Gleichung (78) und den Bedingungen (79) genügt, schließlich die Formel

$$u(x, y, t) = \frac{1}{2\pi a} \iint_{(C_{at})} \frac{\varphi_1(\alpha, \beta)\, d\alpha\, d\beta}{\sqrt{a^2 t^2 - (\alpha - x)^2 - (\beta - y)^2}}$$

$$+ \frac{\partial}{\partial t}\left[\frac{1}{2\pi a} \iint_{(C_{at})} \frac{\varphi(\alpha, \beta)\, d\alpha\, d\beta}{\sqrt{a^2 t^2 - (\alpha - x)^2 - (\beta - y)^2}} \right]. \tag{80}$$

Die Anfangsstörung beschränke sich auf einen endlichen Bereich (B) mit der Berandung (l) in der x, y-Ebene, d. h., $\varphi(x, y)$ und $\varphi_1(x, y)$ seien außerhalb von (B) gleich Null. Wir nehmen an, daß der Punkt M außerhalb von (B) liegt. Für die Zeitpunkte $t < \dfrac{d}{a}$, wobei d der kürzeste Abstand zwischen M und der Berandung (l) ist, hat die Kreisfläche (C_{at}) keine Punkte mit (B) gemeinsam; die Funktionen $\varphi(x, y)$ und $\varphi_1(x, y)$ sind somit auf der ganzen Kreisfläche (C_{at}) gleich Null, und die Formel (80) liefert $u(x, y, t) = 0$. Im Zeitpunkt $t = \dfrac{d}{a}$ gelangt die vordere Wellenfront in den Punkt M. Für die Werte $t > \dfrac{D}{a}$, wobei D der größte Abstand zwischen M und den Punkten von (l) bedeutet, enthält die Kreisfläche (C_{at}) den ganzen Bereich (B) im Innern. Die Integration in Formel (80) ist dann einfach über den Bereich (B) zu erstrecken, da $\varphi(x, y)$ und $\varphi_1(x, y)$ außerhalb von (B) Null werden; mithin gilt

$$u(x, y, t) = \frac{1}{2\pi a} \iint\limits_{(B)} \frac{\varphi_1(\alpha, \beta)\, d\alpha\, d\beta}{\sqrt{a^2 t^2 - (\alpha - x)^2 - (\beta - y)^2}}$$

$$+ \frac{\partial}{\partial t} \left[\frac{1}{2\pi a} \iint\limits_{(B)} \frac{\varphi(\alpha, \beta)\, d\alpha\, d\beta}{\sqrt{a^2 t^2 - (\alpha - x)^2 - (\beta - y)^2}} \right].$$

Hier wird die Funktion $u(x, y, t)$ nach dem Durchgang der hinteren Wellenfront im Zeitpunkt $t = \dfrac{D}{a}$ weder Null wie im dreidimensionalen Fall noch eine von Null verschiedene Konstante wie bei der Saite. Wegen des Auftretens von $a^2 t^2$ im Nenner kann jedoch sicher geschlossen werden, daß $u(x, y, t)$ bei unbegrenzt wachsendem t gegen Null strebt.

Man sagt, daß hier eine *Diffusion* der Wellen nach dem Durchgang der hinteren Front vor sich geht. Sämtliche Überlegungen waren hier nur für die x, y-Ebene durchgeführt worden. Im dreidimensionalen Raum entsprechen der Gleichung (78) sogenannte *Zylinderwellen*.

186. Der n-dimensionale Raum. Die in [184] erhaltenen Resultate lassen sich unmittelbar auf beliebig viele Dimensionen verallgemeinern. Gegeben sei ein n-dimensionaler Raum mit den Koordinaten $x_1, x_2, \ldots, x_n$. Das Volumen einer Kugel vom Radius r in einem solchen Raum ist durch folgende Formeln [97] gegeben:

$$v_n(r) = \frac{(2\pi)^{\frac{n}{2}}}{2 \cdot 4 \cdot 6 \cdots (n-2) \cdot n} r^n \quad \text{(für gerades } n\text{)},$$

$$v_n(r) = \frac{2^{\frac{n+1}{2}} \pi^{\frac{n-1}{2}}}{1 \cdot 3 \cdot 5 \cdots (n-2) \cdot n} r^n \quad \text{(für ungerades } n\text{)}.$$

Durch Differentiation dieser Ausdrücke nach r erhalten wir den Inhalt der Kugeloberfläche:

$$\sigma_n(r) = \frac{(2\pi)^{\frac{n}{2}}}{2 \cdot 4 \cdot 6 \cdots (n-2)} r^{n-1} \quad \text{(für gerades } n\text{)},$$

$$\sigma_n(r) = \frac{2^{\frac{n+1}{2}} \pi^{\frac{n-1}{2}}}{1 \cdot 3 \cdot 5 \cdots (n-2)} r^{n-1} \quad \text{(für ungerades } n\text{)}.$$

Die Richtungskosinus α_k der Kugelradien lassen sich durch $n-1$ Winkel folgendermaßen darstellen:

$$\alpha_1 = \cos\theta_1,$$
$$\alpha_2 = \sin\theta_1 \cos\theta_2,$$
$$\alpha_3 = \sin\theta_1 \sin\theta_2 \cos\theta_3,$$
$$\cdots\cdots\cdots\cdots\cdots\cdots\cdots\cdots\cdots$$
$$\alpha_{n-2} = \sin\theta_1 \sin\theta_2 \cdots \sin\theta_{n-3} \cos\theta_{n-2},$$
$$\alpha_{n-1} = \sin\theta_1 \sin\theta_2 \cdots \sin\theta_{n-2} \cos\varphi,$$
$$\alpha_n = \sin\theta_1 \sin\theta_2 \cdots \sin\theta_{n-2} \sin\varphi,$$

wobei
$$0 \leq \theta_k \leq \pi, \quad 0 \leq \varphi < 2\pi$$

gilt. Das Flächenelement der Einheitskugel wird

$$d_1\sigma = \sin^{n-2}\theta_1 \sin^{n-3}\theta_2 \cdots \sin\theta_{n-2}\, d\theta_1\, d\theta_2 \cdots d\theta_{n-2}\, d\varphi$$

bzw. bei einer Kugel vom Radius r

$$d_r\sigma = r^{n-1} d_1\sigma.$$

Im Raum R_n sei eine Funktion ω mit stetigen Ableitungen bis zur zweiten Ordnung gegeben. Ihr arithmetisches Mittel auf einer Kugelfläche mit dem Mittelpunkt $(x_1, \ldots, x_n)$ und dem Radius r ist durch

$$v(x_1, x_2, \ldots, x_n, r) = \frac{1}{\sigma_n(1)} \int \cdots \int_{(\sigma_1)} \omega(x_1 + \alpha_1 r, x_2 + \alpha_2 r, \ldots, x_n + \alpha_n r)\, d_1\sigma$$

bzw.

$$v(x_1, x_2, \ldots, x_n, r) = \frac{1}{\sigma_n(r)} \int \cdots \int_{(\sigma_r)} \omega(x_1 + \alpha_1 r, x_2 + \alpha_2 r, \ldots, x_n + \alpha_n r)\, d_r\sigma$$

gegeben. Genauso wie früher können wir zeigen, daß die Funktion v der Differentialgleichung

$$\frac{\partial^2 v}{\partial r^2} - \Delta v + \frac{n-1}{r}\frac{\partial v}{\partial r} = 0$$

und den Anfangsbedingungen

$$v\Big|_{r=0} = \omega(x_1, \ldots, x_n), \quad \frac{\partial v}{\partial r}\Big|_{r=0} = 0$$

genügt. Aus dem vorstehenden Resultat lassen sich die endgültigen Formeln für die Wellengleichung in beliebig vielen unabhängigen Veränderlichen ableiten. Wir geben für den allgemeinen Fall nur die Endresultate an. Die Lösung der Wellengleichung

$$\frac{\partial^2 u}{\partial t^2} = a^2 \left(\frac{\partial^2 u}{\partial x_1^2} + \frac{\partial^2 u}{\partial x_2^2} + \cdots + \frac{\partial^2 u}{\partial x_n^2} \right) \tag{81}$$

mit den Anfangsbedingungen

$$u\Big|_{t=0} = 0, \quad \frac{\partial u}{\partial t}\Big|_{t=0} = \omega(x_1, x_2, \ldots, x_n)$$

hat für ungerades n die Form

$$u(x_1, \ldots, x_n, t) = \frac{2^{\frac{n-3}{2}}}{1 \cdot 3 \cdots (n-2)} \cdot \frac{\partial^{\frac{n-3}{2}}}{\partial (t^2)^{\frac{n-3}{2}}} [t^{n-2} T_{at} \{\omega(x_i)\}] \qquad (82_1)$$

und für gerades n

$$u(x_1, \ldots, x_n, t) = \frac{2^{\frac{n-2}{2}}}{2 \cdot 4 \cdots (n-2)} \frac{1}{a} \int_0^{at} \frac{r}{\sqrt{a^2 t^2 - r^2}} \frac{\partial^{\frac{n-2}{2}}}{\partial (r^2)^{\frac{n-2}{2}}} [r^{n-2} T_r \{\omega(x_i)\}] \, dr, \qquad (82_2)$$

wobei $T_\varrho \{\omega(x_i)\}$ das arithmetische Mittel der Funktion $\omega(x_1, x_2, \ldots, x_n)$ über eine Kugelfläche mit dem Mittelpunkt $(x_1, x_2, \ldots, x_n)$ und dem Radius ϱ ist. Für die Gültigkeit der Formeln (82_1) und (82_2) braucht nur gefordert zu werden, daß die Funktion $\omega(x_1, x_2, \ldots, x_n)$ für ungerades n stetige Ableitungen bis zur Ordnung $\frac{n+1}{2}$ und für gerades n bis zur Ordnung $\frac{n+2}{2}$ besitzt.

187. Die inhomogene Wellengleichung. Gegeben sei die *inhomogene Wellengleichung*

$$\frac{\partial^2 u}{\partial t^2} = a^2 \left(\frac{\partial^2 u}{\partial x^2} + \frac{\partial^2 u}{\partial y^2} + \frac{\partial^2 u}{\partial z^2} \right) + f(x, y, z, t) \qquad (83)$$

im unbegrenzten Raum; wir suchen eine Lösung, die den homogenen Anfangsbedingungen

$$u \bigg|_{t=0} = 0, \quad \frac{\partial u}{\partial t} \bigg|_{t=0} = 0 \qquad (84)$$

genügt. Wird zu dieser Lösung die den Anfangsbedingungen (75) genügende Lösung der homogenen Gleichung hinzugefügt, so ergibt sich eine Lösung der Gleichung (83), die die Bedingungen (75) erfüllt.

Zur Lösung dieses Problems betrachten wir die Lösung der homogenen Differentialgleichung

$$\frac{\partial^2 w}{\partial t^2} = a^2 \left(\frac{\partial^2 w}{\partial x^2} + \frac{\partial^2 w}{\partial y^2} + \frac{\partial^2 w}{\partial z^2} \right), \qquad (85)$$

die den Anfangsbedingungen

$$w \bigg|_{t=\tau} = 0, \quad \frac{\partial w}{\partial t} \bigg|_{t=\tau} = f(x, y, z, \tau) \qquad (86)$$

genügt; als Anfangszeitpunkt ist hier nicht $t = 0$, sondern $t = \tau$ gewählt, wobei τ ein Parameter ist. Die Funktion w läßt sich durch die Poissonsche Formel darstellen, doch muß darin t durch $t - \tau$ ersetzt werden, da der Anfangszeitpunkt nicht $t = 0$, sondern $t = \tau$ ist. Dann wird

$$w(x, y, z, t; \tau) = \tag{87}$$
$$= \frac{t - \tau}{4\pi} \int_0^{2\pi} \int_0^{\pi} f[x + \alpha_1 a(t - \tau), y + \alpha_2 a(t - \tau), z + \alpha_3 a(t - \tau), \tau] d_1\sigma$$

mit

$$\alpha_1 = \sin\theta \cos\varphi, \quad \alpha_2 = \sin\theta \sin\varphi, \quad \alpha_3 = \cos\theta. \tag{88}$$

Dazu ist festzustellen, daß die Funktion w außer von den üblichen unabhängigen Veränderlichen x, y, z, t noch von dem Parameter τ abhängt. Wir machen jetzt für die Funktion $u(x, y, z, t)$ den Ansatz

$$u(x, y, z, t) = \int_0^t w(x, y, z, t; \tau) d\tau \tag{89}$$

und zeigen, daß dann u der inhomogenen Differentialgleichung (83) mit den homogenen Anfangsbedingungen (84) genügt. Es gilt

$$\frac{\partial u}{\partial t} = \int_0^t \frac{\partial w(x, y, z, t; \tau)}{\partial t} d\tau + w(x\ y, z, t; \tau)\Big|_{\tau = t}. \tag{90}$$

Das integralfreie Glied ist gleich Null wegen der ersten der Bedingungen (86). Durch nochmalige Differentiation nach t bekommen wir

$$\frac{\partial^2 u}{\partial t^2} = \int_0^t \frac{\partial^2 w(x, y, z, t; \tau)}{\partial t^2} d\tau + \frac{\partial w(x, y, z, t; \tau)}{\partial t}\Big|_{\tau = t}.$$

Da wegen der zweiten der Bedingungen (86) das hierin auftretende integralfreie Glied gleich $f(x, y, z, t)$ ist, wird

$$\frac{\partial^2 u}{\partial t^2} = \int_0^t \frac{\partial^2 w(x, y, z, t; \tau)}{\partial t^2} d\tau + f(x, y, z, t).$$

Bei der Differentiation des Ausdrucks (89) nach den Koordinaten braucht nur der Integrand differenziert zu werden; also gilt

$$\Delta u = \int_0^t \Delta w(x, y, z, t; \tau) d\tau.$$

Aus den letzten beiden Formeln zusammen mit der Gleichung (85) folgt unmittelbar, daß u die Gleichung (83) erfüllt. Die Anfangsbedingungen (84) folgen sofort aus (89) und (90), wenn man beachtet, daß in (90) das integralfreie Glied gleich Null ist, wie bereits bemerkt wurde. Somit liefert (89) eine Lösung der

Gleichung (83) mit den Anfangsbedingungen (84). Setzen wir in (89) für die Funktion $w(x, y, z, t; \tau)$ den Ausdruck (87) ein, so wird

$$u(x, y, z, t) = \frac{1}{4\pi} \int_0^t (t - \tau) \left\{ \int_0^{2\pi} \int_0^\pi f[x + \alpha_1 a(t-\tau), y + \alpha_2 a(t-\tau), z + \alpha_3 a(t-\tau), \tau] \, d_1\sigma \right\} d\tau.$$

Dieser Ausdruck für u soll jetzt noch in eine andere Form gebracht werden. Anstelle von τ führen wir mittels $r = a(t - \tau)$ eine neue Integrationsvariable ein. Mit dieser Substitution ergibt sich

$$u(x, y, z, t) = \frac{1}{4\pi a^2} \int_0^{at} \int_0^{2\pi} \int_0^\pi f\left(x + \alpha_1 r, y + \alpha_2 r, z + \alpha_3 r, t - \frac{r}{a}\right) \\ \times r \sin\theta \, dr \, d\theta \, d\varphi$$

bzw. nach Erweitern mit r

$$u(x, y, z, t) = \frac{1}{4\pi a^2} \int_0^{at} \int_0^{2\pi} \int_0^\pi \frac{f\left(x + \alpha_1 r, y + \alpha_2 r, z + \alpha_3 r, t - \frac{r}{a}\right)}{r} \\ \times r^2 \sin\theta \, dr \, d\theta \, d\varphi.$$

Berücksichtigen wir die Formeln (88) für α_k und rufen uns die Darstellung für das Volumenelement in Kugelkoordinaten ins Gedächtnis zurück, so erkennen wir, daß die in der letzten Formel auftretenden drei Integrationen äquivalent sind dem Volumenintegral über die Kugel D_{at} mit dem Mittelpunkt (x, y, z) und dem Radius at. Führen wir den variablen Punkt

$$\xi = x + \alpha_1 r, \quad \eta = y + \alpha_2 r, \quad \zeta = z + \alpha_3 r$$

ein, so gilt wegen $\alpha_1^2 + \alpha_2^2 + \alpha_3^2 = 1$

$$r = \sqrt{(\xi - x)^2 + (\eta - y)^2 + (\zeta - z)^2}.$$

Der Ausdruck für u läßt sich schließlich in der Form

$$u(x, y, z, t) = \frac{1}{4\pi a^2} \iiint_{r \leq at} \frac{f\left(\xi, \eta, \zeta, t - \frac{r}{a}\right)}{r} dv \tag{91}$$

schreiben, worin die Ungleichung $r \leq at$ die zuvor erwähnte Kugel D_{at} definiert. Charakteristisch für den Integranden des letzten Ausdrucks ist die Tatsache, daß die Funktion f zu einem Zeitpunkt $t - \dfrac{r}{a}$ genommen wird, der dem Zeitpunkt t, für den u berechnet wird, vorausgeht. Die Differenz $t - \dfrac{r}{a}$ der Zeitpunkte liefert die Dauer, die für das Fortschreiten vom Punkt (ξ, η, ζ) zum Punkt (x, y, z) mit der Geschwindigkeit a nötig ist. Den Ausdruck (91) nennt man gewöhnlich *retardiertes Potential*.

Es sei noch bemerkt, daß die wichtige Formel (89) eine einfache physikalische Bedeutung hat, und zwar zeigt sie, daß die Lösung der inhomogenen Differentialgleichung (83), die den Anfangsbedingungen (84) genügt, die Summe der Impulse $w(x, y, z, t; \tau)\, d\tau$ ist, die von dem Vorhandensein des freien Gliedes herrühren und durch die Gleichungen (85) und (86) zu bestimmen sind.

Wir betrachten jetzt die inhomogene Wellengleichung für Zylinderwellen

$$\frac{\partial^2 u}{\partial t^2} = a^2 \left(\frac{\partial^2 u}{\partial x^2} + \frac{\partial^2 u}{\partial y^2} \right) + f(x, y, t) \tag{92}$$

bei homogenen Anfangsbedingungen. Genau wie vorher läßt sich eine Lösung des Problems in der Form

$$u(x, y, t) = \int_0^t w(x, y, t; \tau)\, d\tau$$

angeben, wobei $w(x, y, t; \tau)$ die homogene Gleichung

$$\frac{\partial^2 w}{\partial t^2} = a^2 \left(\frac{\partial^2 w}{\partial x^2} + \frac{\partial^2 w}{\partial y^2} \right)$$

und die Anfangsbedingungen

$$w\bigg|_{t=\tau} = 0, \quad \frac{\partial w}{\partial t}\bigg|_{t=\tau} = f(x, y, \tau)$$

erfüllt.

Unter Berücksichtigung der Formel (80) erhalten wir schließlich

$$u(x, y, t) = \frac{1}{2\pi a} \int_0^t \left[\iint_{\varrho \leq a(t-\tau)} \frac{f(\xi, \eta, \tau)}{\sqrt{a^2(t-\tau)^2 - \varrho^2}}\, d\xi\, d\eta \right] d\tau \tag{93}$$

$(\varrho^2 = (\xi - x)^2 + (\eta - y)^2).$

Hervorzuheben ist dabei, daß in der letzten Formel im Gegensatz zu (91) eine Integration über die Zeit auftritt; in (91) sind nur der Radius der Kugel, über die die Integration zu erstrecken ist, und die Funktion $f(x, y, z, t)$ von der Zeit t abhängig. Im eindimensionalen Fall

$$\frac{\partial^2 u}{\partial t^2} = a^2 \frac{\partial^2 u}{\partial x^2} + f(x, t) \tag{94}$$

lautet die Lösung offenbar

$$u(x, t) = \frac{1}{2a} \int_0^t \left[\int_{x-a(t-\tau)}^{x+a(t-\tau)} f(\xi, \tau) \, d\xi \right] d\tau. \tag{95}$$

188. Die punktförmige Quelle. Das freie Glied in Gleichung (83) sei nur in einer kleinen Kugel um den Koordinatenursprung von Null verschieden. Lassen wir den Radius dieser Kugel gegen Null streben und gleichzeitig die Intensität der äußeren Kraft unbegrenzt zunehmen, so können wir auf diese Weise im Grenzfall eine sogenannte verallgemeinerte Lösung der Wellengleichung bei Vorhandensein einer punktförmigen Quelle erhalten, wobei diese vom Zeitpunkt $t = 0$ an wirkt und ihr Wirkungsgesetz in Abhängigkeit von der Zeit beliebig sein kann. Es gelte also

$$f(x, y, z, t) = 0 \quad \text{für} \quad \sqrt{x^2 + y^2 + z^2} > \varepsilon \tag{96}$$

und

$$\iiint_{C_\varepsilon} f(x, y, z, t) \, dx \, dy \, dz = 4\pi \omega(t), \tag{97}$$

wobei C_ε eine Kugel vom Radius ε mit dem Mittelpunkt im Koordinatenursprung ist. Wir ziehen nun Formel (91) heran und setzen voraus, daß $at > \sqrt{x^2 + y^2 + z^2}$ ist. Wegen (96) braucht die Integration nur über die Kugel C_ε erstreckt zu werden. Im Grenzfall $\varepsilon \to 0$ wird der Wert r gleich dem Abstand zwischen dem Punkt (x, y, z) und dem Koordinatenursprung, d. h. $r = \sqrt{x^2 + y^2 + z^2}$. Unter Beachtung von (97) ergibt sich dann

$$u(x, y, z, t) = \frac{1}{r} \omega\left(t - \frac{r}{a}\right) \tag{98}$$

$$(r = \sqrt{x^2 + y^2 + z^2}).$$

Für $r > at$ ist $u(x, y, z, t) = 0$ zu setzen, da dann der Integrationsbereich des Integrals (91) bei hinreichend kleinem ε die Kugel C_ε in seinem Innern nicht enthält. Zu beachten ist, daß die Funktion (98) bei beliebiger Wahl der Funktion $\omega(t)$ der homogenen Wellengleichung genügt und eine Singularität im Koordinatenursprung besitzt.

Ganz entsprechend setzen wir im zweidimensionalen Fall [Gleichung (92)] voraus, daß

$$f(x, y, t) = 0 \quad \text{für} \quad \sqrt{x^2 + y^2} > \varepsilon$$

und

$$\iint_{\gamma_\varepsilon} f(x, y, t) \, dx \, dy = 2\pi \omega(t)$$

gilt, wobei γ_ε eine Kreisfläche vom Radius ε mit dem Mittelpunkt im Koordinatenursprung ist. Ziehen wir nun Formel (93) heran und gehen zur Grenze über, so ergibt sich als Lösung für die punktförmige Quelle im Fall von Zylinderwellen:

$$u(x, y, t) = \frac{1}{a} \int_0^{t-\frac{a}{\varrho}} \frac{\omega(\tau)}{\sqrt{a^2(t-\tau)^2 - \varrho^2}} d\tau \quad (at > \varrho), \tag{99}$$

$$u(x, y, t) = 0 \quad \text{für} \quad at < \varrho$$

$$(\varrho = \sqrt{x^2 + y^2}).$$

Die Formeln (98) und (99) weisen denselben Unterschied auf, den wir bereits im vorigen Abschnitt festgestellt hatten. Die Wirkung einer punktförmigen Quelle im Punkt (x, y, z) zum Zeitpunkt t hängt nach Formel (98) nur von der Intensität der Quelle zum Zeitpunkt $t - \frac{r}{a}$ ab. Bei Formel (99) bestimmt sich dieser Einfluß aus der Wirkung der punktförmigen Quelle im Zeitintervall von $t = 0$ bis zum Zeitpunkt $t - \frac{\varrho}{a}$.

Setzen wir analog im eindimensionalen Fall (94)

$$\int_{-\varepsilon}^{\varepsilon} f(x, t) dx = \omega(t) \quad \text{und} \quad f(x, t) = 0 \quad \text{für} \quad |x| > \varepsilon,$$

so ergibt sich nach dem Grenzübergang in Formel (95)

$$u(x, t) = \int_0^{t-\frac{|x|}{a}} \omega(\tau) d\tau, \tag{100}$$

$$u(x, t) = 0 \quad \text{für} \quad |x| > at.$$

189. Querschwingungen einer Membran. Bisher war die Wellengleichung in der Ebene und im Raum nur bei Nichtvorhandensein von Begrenzungen behandelt worden, so daß außer der Differentialgleichung nur die Anfangsbedingungen zu erfüllen waren. Die Randwertprobleme für die Wellengleichung in der Ebene und im Raum erweisen sich als wesentlich schwieriger als im eindimensionalen Fall. Wir untersuchen die Randwertaufgabe in der Ebene für zwei spezielle Fälle, und zwar soll der Grundbereich, für den die Aufgabe zu lösen ist, ein Rechteck oder eine Kreisfläche sein. Dabei werden wir die Wellengleichung in der Ebene physikalisch deuten als Gleichung für die *Querschwingungen einer Membran*.

Unter einer *Membran* versteht man eine sehr dünne Scheibe, die ähnlich der Saite nur einer Dehnung, nicht aber einer Biegung entgegenwirkt. Die Membran befinde sich unter der Einwirkung einer gleichmäßigen Spannung T_0 und möge im Gleichgewichtszustand in der x, y-Ebene liegen. Beschränken wir uns auf den Fall, daß die Bewegung parallel zur z-Achse vor sich geht, so wird die Verschiebung u eines Membranpunktes (x, y) eine Funktion von x, y und t. Diese genügt einer Differentialgleichung, die der Differentialgleichung der schwingenden Saite analog ist, nämlich

$$\frac{\partial^2 u}{\partial t^2} = a^2 \left(\frac{\partial^2 u}{\partial x^2} + \frac{\partial^2 u}{\partial y^2} \right) + f(x, y, t) \tag{101}$$

mit
$$a = \sqrt{\frac{T_0}{\varrho}}.$$

Dabei ist ϱ die Flächendichte der Membran und ϱf die äußere Kraft oder Belastung. Auf die Herleitung der Gleichung (101) wollen wir hier nicht näher eingehen.

Außer der Differentialgleichung (101) ist noch die *Randbedingung* zu beachten, die die Funktion u auf der Berandung (C), dem Rand der Membran, erfüllen muß. Es soll hier nur der Fall behandelt werden, daß die Berandung (C) der Membran fest eingespannt, also

$$u = 0 \quad \text{auf} \quad (C) \tag{102}$$

ist.

Schließlich sind die *Anfangsbedingungen* vorzugeben, d. h. die Auslenkung und die Geschwindigkeit aller Membranpunkte im Anfangszeitpunkt:

$$u\Big|_{t=0} = \varphi_1(x, y), \quad \frac{\partial u}{\partial t}\Big|_{t=0} = \varphi_2(x, y). \tag{103}$$

190. Die rechteckige Membran. Wir betrachten die *freien Schwingungen einer rechteckigen Membran*, deren Berandung das Rechteck mit den Seiten

$$x = 0, \quad x = l, \quad y = 0, \quad y = m \tag{104}$$

in der x, y-Ebene ist. Eine äußere Kraft sei nicht vorhanden, also $f = 0$.

Es ist somit eine Lösung der Gleichung

$$\frac{\partial^2 u}{\partial t^2} = a^2 \left(\frac{\partial^2 u}{\partial x^2} + \frac{\partial^2 u}{\partial y^2} \right) \tag{105}$$

zu finden, die den Bedingungen (102) und (103) genügt.

Wir wenden hier wieder das (Fouriersche) Verfahren der stehenden Wellen an, d. h., wir setzen eine partikuläre Lösung der Gleichung (105) in der Form

$$(\alpha \cos \omega t + \beta \sin \omega t) U(x, y) \tag{106}$$

an, was

$$-\omega^2 (\alpha \cos \omega t + \beta \sin \omega t) U(x, y) = a^2 \left(\frac{\partial^2 U}{\partial x^2} + \frac{\partial^2 U}{\partial y^2} \right) (\alpha \cos \omega t + \beta \sin \omega t)$$

liefert. Hieraus entsteht mit der Abkürzung

$$\frac{\omega^2}{a^2} = k^2 \tag{107}$$

für U die Differentialgleichung

$$\frac{\partial^2 U}{\partial x^2} + \frac{\partial^2 U}{\partial y^2} + k^2 U = 0.$$

Für eine partikuläre Lösung dieser Gleichung machen wir wieder den Ansatz

$$U(x, y) = X(x) Y(y), \tag{108}$$

womit sich

$$X''(x) Y(y) + X(x) Y''(y) + k^2 X(x) Y(y) = 0,$$

also
$$\frac{X''(x)}{X(x)} = -\frac{Y''(y) + k^2 Y(y)}{Y(y)} = -\lambda^2$$

mit der zunächst unbestimmten Konstanten λ^2 ergibt.

Wir haben also die zwei Differentialgleichungen

$$X''(x) + \lambda^2 X(x) = 0, \qquad Y''(y) + \mu^2 Y(y) = 0 \tag{109}$$

mit
$$\mu^2 = k^2 - \lambda^2, \qquad \mu^2 + \lambda^2 = k^2.$$

Die Gleichungen (109) liefern die allgemeine Form der Funktionen $X(x)$ und $Y(y)$:

$$X(x) = C_1 \sin \lambda x + C_2 \cos \lambda x, \qquad Y(y) = C_3 \sin \mu y + C_4 \cos \mu y.$$

Aus der Bedingung
$$u = 0 \quad \text{auf} \quad (C)$$
folgt
$$U(x, y) = 0 \quad \text{auf} \quad (C).$$

Diese letzte Bedingung läßt sich ihrerseits in die folgenden Bedingungen zerlegen:

$$X(0) = 0, \quad X(l) = 0, \quad Y(0) = 0, \quad Y(m) = 0;$$

hieraus geht hervor, daß $C_2 = C_4 = 0$ wird. Lassen wir nun die von Null verschiedenen konstanten Faktoren C_1 und C_3 weg, so ergibt sich

$$X(x) = \sin \lambda x, \qquad Y(y) = \sin \mu y, \tag{110}$$

wobei jedoch
$$\sin \lambda l = 0, \quad \sin \mu m = 0 \tag{111}$$

sein muß.

Aus den Gleichungen (111) folgt, daß λ und μ die unendlich vielen Werte

$$\begin{aligned}
&\lambda = \lambda_1, \lambda_2, \ldots, \lambda_\sigma, \ldots, \\
&\mu = \mu_1, \mu_2, \ldots, \mu_\tau, \ldots, \\
&\lambda_\sigma = \frac{\sigma \pi}{l}, \quad \mu_\tau = \frac{\tau \pi}{m}
\end{aligned} \tag{112}$$

annehmen.

Nachdem je ein Wert λ und μ aus den Folgen (112) gewählt worden ist, ergibt sich der entsprechende Wert der Konstanten k^2 zu

$$k_{\sigma,\tau}^2 = \lambda_\sigma^2 + \mu_\tau^2 = \pi^2 \left(\frac{\sigma^2}{l^2} + \frac{\tau^2}{m^2} \right);$$

dieser Wert von k^2 liefert dann nach (107) auch den entsprechenden Wert der Frequenz ω:

$$\omega_{\sigma,\tau}^2 = a^2 k_{\sigma,\tau}^2 = a^2 \pi^2 \left(\frac{\sigma^2}{l^2} + \frac{\tau^2}{m^2} \right). \tag{113}$$

Setzen wir in (106) λ_σ für λ sowie μ_τ für μ ein und bezeichnen mit $\alpha_{\sigma,\tau}, \beta_{\sigma,\tau}$ die entsprechenden Werte von α und β, so ergeben sich unendlich viele der Randbedingung (102) genügende Lösungen der Gleichung (105) in der Form

$$(\alpha_{\sigma,\tau} \cos \omega_{\sigma,\tau} t + \beta_{\sigma,\tau} \sin \omega_{\sigma,\tau} t) \sin \frac{\sigma \pi x}{l} \sin \frac{\tau \pi y}{m},$$

also unendlich viele harmonische Eigenschwingungen (freie Schwingungen) der Membran, die ebensolchen Schwingungen der Saite entsprechen.

Die Konstanten α, β sind aus den Anfangsbedingungen zu bestimmen. Setzt man in den Formeln

$$u = \sum_{\sigma,\tau=1}^\infty (\alpha_{\sigma,\tau} \cos \omega_{\sigma,\tau} t + \beta_{\sigma,\tau} \sin \omega_{\sigma,\tau} t) \sin \frac{\sigma \pi x}{l} \sin \frac{\tau \pi y}{m},$$

$$\frac{\partial u}{\partial t} = \sum_{\sigma,\tau=1}^\infty \omega_{\sigma,\tau}(\beta_{\sigma,\tau} \cos \omega_{\sigma,\tau} t - \alpha_{\sigma,\tau} \sin \omega_{\sigma,\tau} t) \sin \frac{\sigma \pi x}{l} \sin \frac{\tau \pi y}{m}$$

$t = 0$, so wird wegen (103)

$$u|_{t=0} = \varphi_1(x, y) = \sum_{\sigma,\tau=1}^\infty \alpha_{\sigma,\tau} \sin \frac{\sigma \pi x}{l} \sin \frac{\tau \pi y}{m},$$

$$\frac{\partial u}{\partial t}\bigg|_{t=0} = \varphi_2(x, y) = \sum_{\sigma,\tau=1}^\infty \beta_{\sigma,\tau} \omega_{\sigma,\tau} \sin \frac{\sigma \pi x}{l} \sin \frac{\tau \pi y}{m}.$$

Diese Formeln stellen nichts anderes dar als die Entwicklungen der Funktionen φ_1 und φ_2 in Fouriersche Doppelreihen; die Koeffizienten α und β bestimmen sich dabei, wie leicht zu sehen ist, aus den Beziehungen

$$\alpha_{\sigma,\tau} = \frac{4}{lm} \int_0^l \int_0^m \varphi_1(\xi, \eta) \sin \frac{\sigma \pi \xi}{l} \sin \frac{\tau \pi \eta}{m} d\xi\, d\eta,$$

$$\omega_{\sigma,\tau} \beta_{\sigma,\tau} = \frac{4}{lm} \int_0^l \int_0^m \varphi_2(\xi, \eta) \sin \frac{\sigma \pi \xi}{l} \sin \frac{\tau \pi \eta}{m} d\xi\, d\eta, \tag{114}$$

womit die gestellte Aufgabe gelöst ist.

Der Fall der Membran unterscheidet sich von der Saite dadurch, daß bei letzterem jeder Frequenz der Eigenschwingungen eine bestimmte Form der Saite entspricht, die einfach durch die Knoten in mehrere gleiche Abschnitte unterteilt wird.

Bei der Membran können jedoch ein und derselben Frequenz mehrere Membranformen mit verschiedenen Lagen der *Knotenlinien* entsprechen, d. h. solcher Linien, auf denen die Schwingungsamplitude Null wird. Am einfachsten läßt sich dies am Beispiel der quadratischen Membran untersuchen, für die

$$l = m = r$$

gilt. Hier ist die Frequenz $\omega_{\sigma,\tau}$ aus der Beziehung

$$\omega_{\sigma,\tau} = \frac{a\pi}{r} \sqrt{\sigma^2 + \tau^2} = \alpha \sqrt{\sigma^2 + \tau^2} \tag{115}$$

zu bestimmen, wobei $\alpha = \dfrac{a\pi}{r}$ ein Faktor ist, der nicht von σ und τ abhängt.

Setzen wir $\sigma = \tau = 1$, so erhalten wir den Grundton u_{11} der Membran mit der Frequenz $\omega_{11} = \alpha \sqrt{2}$:

$$u_{11} = N_1 \sin(\omega_{11} t + \varphi_{11}) \sin \frac{\pi x}{r} \sin \frac{\pi y}{r}.$$

Hierbei treten im Innern der Membran überhaupt keine Knotenlinien auf.

Setzen wir nun

$$\sigma = 1, \quad \tau = 2 \quad \text{oder} \quad \sigma = 2, \quad \tau = 1,$$

so ergeben sich zwei neue Schwingungen mit gleicher Frequenz

$$\omega_{12} = \omega_{21} = \alpha \sqrt{5},$$

und zwar

$$u_{12} = N_{12} \sin(\omega_{12} t + \varphi_{12}) \sin \frac{\pi x}{r} \sin \frac{2\pi y}{r},$$

$$u_{21} = N_{21} \sin(\omega_{21} t + \varphi_{21}) \sin \frac{2\pi x}{r} \sin \frac{\pi y}{r}.$$

Die Knotenlinien dieser einfachsten Schwingungen sind

$$y = \frac{r}{2} \quad \text{bzw.} \quad x = \frac{r}{2}.$$

Außer den Schwingungen u_{12}, u_{21} existieren noch unendlich viele weitere Schwingungen derselben Frequenz ω_{12}, die sich durch Linearkombination von u_{12} und u_{21} ergeben. Wird der Einfachheit halber $\varphi_{12} = \varphi_{21} = 0$ gesetzt, so entsteht eine Schwingung der Form

$$\sin \omega t \left[N_1 \sin \frac{\pi x}{r} \sin \frac{2\pi y}{r} + N_2 \sin \frac{2\pi x}{r} \sin \frac{\pi y}{r} \right]$$

mit $\omega = \omega_{12} = \omega_{21}$, $N_1 = N_{12}$ und $N_2 = N_{21}$.

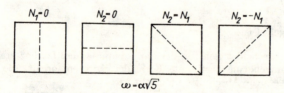

Abb. 127

Für $N_1 = N_2$ läßt sich die Knotenlinie aus der Gleichung

$$0 = \sin \frac{\pi x}{r} \sin \frac{2\pi y}{r} + \sin \frac{2\pi x}{r} \sin \frac{\pi y}{r} = 2 \sin \frac{\pi x}{r} \sin \frac{\pi y}{r} \left(\cos \frac{\pi x}{r} + \cos \frac{\pi y}{r} \right)$$

bestimmen, was

$$x + y = r$$

liefert.

Für $N_2 = -N_1$ finden wir in derselben Weise die Knotenlinie $x - y = 0$.

Diese einfachsten Fälle sind in Abb. 127 dargestellt. Kompliziertere Knotenlinien bei derselben Frequenz ergeben sich für $N_2 \neq \pm N_1$ mit $N_1 \neq 0$ und $N_2 \neq 0$.

Sie alle besitzen Gleichungen der Form

$$N_1 \cos \frac{\pi x}{r} + N_2 \cos \frac{\pi y}{r} = 0.$$

Wird jetzt

$$\sigma = 2, \quad \tau = 2$$

gesetzt, so ergibt sich eine einzige Schwingung mit der Frequenz

$$\omega_{22} = \alpha \sqrt{8},$$

deren zugehörige Knotenlinien

$$x = \frac{r}{2} \quad \text{und} \quad y = \frac{r}{2}$$

sind (Abb. 128).

Der nächste Fall,

$$\sigma = 1, \quad \tau = 3, \quad \sigma = 3, \quad \tau = 1,$$

führt wiederum zu unendlich vielen Schwingungen derselben Frequenz $\omega_{13} = \omega_{31} = \alpha \sqrt{10}$. Die einfachsten Fälle der zugehörigen Knotenlinien, die dem der Frequenz $\omega_{12} = \omega_{21} = \alpha \sqrt{5}$ entsprechen, zeigt Abb. 129. Sämtliche Figuren stellen nichts anderes dar als die aus der Akustik bekannten *Chladnischen Klangfiguren*.

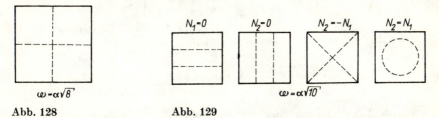

Abb. 128   Abb. 129

Die *erzwungenen Schwingungen einer Membran* werden genauso untersucht wie die erzwungenen Schwingungen einer Saite, nur mit dem Unterschied, daß die äußere Kraft $f(x, y, t)$ nicht in eine einfache, sondern in eine doppelte Fourier-Reihe zu entwickeln ist.

191. Die kreisförmige Membran. Die kreisförmige Membran liefert uns ein Beispiel für die Entwicklung einer gegebenen Funktion nach Besselschen Funktionen, das nicht so sehr als Anwendung auf die Theorie der Membranschwingung von Bedeutung ist, als vielmehr deshalb, weil solche Entwicklungen in vielen sehr wichtigen Problemen der mathematischen Physik auftreten.

Es sollen also die freien Schwingungen (Eigenschwingungen) einer kreisförmigen Membran untersucht werden, deren Berandung ein Kreis vom Radius l mit dem Mittelpunkt im Koordinatenursprung ist. Wie zuvor nehmen wir an, daß sich die Membran am Rand nicht bewegt. Anstelle der rechtwinkligen Koordinaten x, y werden Polarkoordinaten r, θ eingeführt, so daß

$$u|_{r=l} = 0$$

gilt.

Wie bei der rechteckigen Membran suchen wir spezielle Lösungen der Gleichung (105) in der Form

$$(\alpha \cos \omega t + \beta \sin \omega t) U,$$

doch werde hierbei U als Funktion von r, θ statt x, y angesehen. Die Funktion U genügt wiederum der Differentialgleichung

$$\frac{\partial^2 U}{\partial x^2} + \frac{\partial^2 U}{\partial y^2} + k^2 U = 0, \tag{116}$$

nur muß diese jetzt auf die neuen Veränderlichen r, θ transformiert werden. Hierzu genügt es, den Laplaceschen Operator

$$\Delta U = \frac{\partial^2 U}{\partial x^2} + \frac{\partial^2 U}{\partial y^2} \tag{117}$$

in Polarkoordinaten darzustellen. Bekanntlich lautet der Laplacesche Operator für drei Veränderliche,

$$\Delta U = \frac{\partial^2 U}{\partial x^2} + \frac{\partial^2 U}{\partial y^2} + \frac{\partial^2 U}{\partial z^2},$$

in Zylinderkoordinaten folgendermaßen [131]:

$$\Delta U = \frac{1}{\varrho} \left[\frac{\partial}{\partial \varrho} \left(\varrho \frac{\partial U}{\partial \varrho} \right) + \frac{1}{\varrho} \frac{\partial^2 U}{\partial \varphi^2} + \varrho \frac{\partial^2 U}{\partial z^2} \right].$$

Sieht man jetzt U als unabhängig von z an, so ergibt sich die Darstellung von (117) in Polarkoordinaten. Im folgenden werde die Länge des Radiusvektors mit r statt ϱ und der Polarwinkel mit θ anstelle von φ bezeichnet:

$$\frac{\partial^2 U}{\partial x^2} + \frac{\partial^2 U}{\partial y^2} = \frac{\partial^2 U}{\partial r^2} + \frac{1}{r} \frac{\partial U}{\partial r} + \frac{1}{r^2} \frac{\partial^2 U}{\partial \theta^2}.$$

Die Gleichung (116) geht dann über in

$$\frac{\partial^2 U}{\partial r^2} + \frac{1}{r} \frac{\partial U}{\partial r} + \frac{1}{r^2} \frac{\partial^2 U}{\partial \theta^2} + k^2 U = 0.$$

Für die Lösung machen wir den Produktansatz

$$U(r, \theta) = T(\theta) R(r),$$

was

$$T(\theta) \left[R''(r) + \frac{1}{r} R'(r) + k^2 R(r) \right] + \frac{1}{r^2} T''(\theta) R(r) = 0$$

bzw.

$$\frac{T''(\theta)}{T(\theta)} = -\frac{r^2 R''(r) + r R'(r) + k^2 r^2 R(r)}{R(r)} = -\lambda^2$$

liefert, also letzten Endes

$$T''(\theta) + \lambda^2 T(\theta) = 0, \tag{118}$$

$$R''(r) + \frac{1}{r} R'(r) + \left(k^2 - \frac{\lambda^2}{r^2}\right) R(r) = 0. \tag{119}$$

Die Differentialgleichung (118) hat die allgemeine Lösung

$$T(\theta) = C \cos \lambda\theta + D \sin \lambda\theta;$$

da die Funktion U dem Sinn der Aufgabe entsprechend eine eindeutige periodische Funktion von θ mit der Periode 2π ist, muß auch die Funktion $T(\theta)$ dieselbe Eigenschaft besitzen. Dies ist nur möglich, falls λ eine ganze Zahl ist. Bei Beschränkung auf positive Werte von λ ist also $\lambda = 0, 1, 2, \ldots, n, \ldots$ zu setzen; die entsprechenden Ausdrücke für die Funktion $T(\theta)$ und $R(r)$ bezeichnen wir mit

$$T_0(\theta), T_1(\theta), T_2(\theta), \ldots, T_n(\theta), \ldots,$$

$$R_0(r), R_1(r), R_2(r), \ldots, R_n(r), \ldots$$

Auf diese Weise erhalten wir ein unendliches System von Lösungen der Differentialgleichung (105) in der Form

$$(\alpha \cos \omega t + \beta \sin \omega t)(C \cos n\theta + D \sin n\theta) R_n(r) \qquad (\omega = ak). \tag{120}$$

Die Funktion $R_n(r)$ genügt der Differentialgleichung (119), wenn dort λ durch n ersetzt wird:

$$R_n''(r) + \frac{1}{r} R_n'(r) + \left(k^2 - \frac{n^2}{r^2}\right) R_n(r) = 0. \tag{121}$$

Wie wir in [49] gesehen hatten, lautet das allgemeine Integral dieser Gleichung

$$R_n(r) = C_1 J_n(kr) + C_2 K_n(kr); \tag{122}$$

dabei ist $J_n(x)$ eine Besselsche Funktion und $K_n(x)$ die zweite Lösung der Besselschen Gleichung, die für $x = 0$ unendlich wird. Da dem Sinn der Aufgabe entsprechend die gesuchten Lösungen in allen Punkten der Membran beschränkt sein müssen und im Koordinatenursprung $r = 0$ ist, ist in der vorstehenden Formel für $R_n(r)$ das Glied mit $K_n(kr)$ wegzulassen; also ist $C_2 = 0$. Ohne Beschränkung der Allgemeinheit kann $C_1 = 1$ angenommen, d. h.

$$R_n(r) = J_n(kr) \tag{123}$$

gesetzt werden; die Randbedingung

$$u|_{r=l} = 0$$

liefert dann

$$J_n(kl) = 0. \tag{124}$$

Mit $kl = \mu$ ergibt sich zur Bestimmung von μ die transzendente Gleichung

$$J_n(\mu) = 0. \tag{125}$$

Wie in der Theorie der Besselschen Funktionen bewiesen wird, besitzt diese unendlich viele positive Lösungen

$$\mu_1^{(n)}, \mu_2^{(n)}, \mu_3^{(n)}, \ldots, \mu_m^{(n)}, \ldots, \tag{126}$$

denen die Werte

$$k_1^{(n)}, k_2^{(n)}, k_3^{(n)}, \ldots, \qquad k_m^{(n)} = \frac{\mu_m^{(n)}}{l} \tag{127}$$

des Parameters k und gemäß (107) die Werte

$$\omega_{m,n} = a k_m^{(n)} \quad (n = 0, 1, 2, \ldots;\ m = 1, 2, \ldots) \tag{128}$$

der Frequenz ω entsprechen. Die ersten neun Nullstellen der ersten sechs Besselschen Funktionen sind in der folgenden Tabelle angegeben:

1	2,405	3,832	5,135	6,379	7,586	8,780
2	5,520	7,016	8,417	9,760	11,064	12,339
3	8,654	10,173	11,620	13,017	14,373	15,700
4	11,792	13,323	14,796	16,224	17,616	18,982
5	14,931	16,470	17,960	19,410	22,827	22,220
6	18,076	19,616	21,117	22,583	24,018	25,431
7	21,212	22,760	24,270	25,749	27,200	28,628
8	24,353	25,903	27,421	28,909	30,371	31,813
9	27,494	29,047	30,571	32,050	33,512	34,983

Die weiteren Nullstellen können nach der Näherungsformel

$$k_m^{(n)} \approx \frac{1}{4}\pi(2n - 1 + 4m) - \frac{4n^2 - 1}{\pi(2n - 1 + 4m)} \tag{129}$$

berechnet werden, die bei gegebenem n um so genauer ist, je größer m ist. Auf eine Begründung der Formel (129) kann hier nicht eingegangen werden.

Aus Formel (120) folgt nun, daß sich die erhaltenen speziellen Lösungen in der Form

$$(\alpha_{m,n}^{(1)} \cos \omega_{m,n} t + \alpha_{m,n}^{(2)} \sin \omega_{m,n} t) \cos n\theta \cdot J_n(k_m^{(n)} r)$$
$$+ (\beta_{m,n}^{(1)} \cos \omega_{m,n} t + \beta_{m,n}^{(2)} \sin \omega_{m,n} t) \sin n\theta \cdot J_n(k_m^{(n)} r)$$
$$(n = 1, 2, \ldots;\ m = 1, 2, \ldots) \tag{130}$$

darstellen lassen.

Zu bemerken ist noch, daß $T \equiv \text{const}$ und $T \equiv \theta$ Lösungen der Gleichung (118) im Fall $\lambda = 0$ darstellen. Die zweite Lösung scheidet als nichtperiodisch aus. Im ersten Fall liefert (120) die Lösung

$$(\alpha_{m,0}^{(1)} \cos \omega_{m,0} t + \alpha_{m,0}^{(2)} \sin \omega_{m,0} t) J_0(k_m^{(0)} r).$$

Diese hat auch die Form (130) (für $n = 0$), nur mit dem Unterschied, daß für $n = 0$ das zweite Glied in (130) wegen des Faktors $\sin n\theta$ Null wird.

Es sind jetzt nur noch die Anfangsbedingungen

$$u\bigg|_{t=0} = \varphi_1(r, \theta), \qquad \frac{\partial u}{\partial t}\bigg|_{t=0} = \varphi_2(r, \theta) \tag{131}$$

zu erfüllen.

Zu diesem Zweck setzen wir u mit Rücksicht auf die erhaltenen partikulären Lösungen in Form einer Doppelreihe an:

$$u(r, \theta, t) = \sum_{\substack{n=0 \\ m=1}}^{\infty} (\alpha_{m,n}^{(1)} \cos \omega_{m,n} t + \alpha_{m,n}^{(2)} \sin \omega_{m,n} t) \cos n\theta \cdot J_n(k_m^{(n)} r)$$

$$+ \sum_{\substack{n=1 \\ m=1}}^{\infty} (\beta_{m,n}^{(1)} \cos \omega_{m,n} t + \beta_{m,n}^{(2)} \sin \omega_{m,n} t) \sin n\theta \cdot J_n(k_m^{(n)} r).$$

Nachdem wir noch

$$\frac{\partial u}{\partial t} = \sum_{\substack{n=0 \\ m=1}}^{\infty} \omega_{m,n}(\alpha_{m,n}^{(2)} \cos \omega_{m,n} t - \alpha_{m,n}^{(1)} \sin \omega_{m,n} t) \cos n\theta \cdot J_n(k_m^{(n)} r)$$

$$+ \sum_{\substack{n=1 \\ m=1}}^{\infty} \omega_{m,n}(\beta_{m,n}^{(2)} \cos \omega_{m,n} t - \beta_{m,n}^{(1)} \sin \omega_{m,n} t) \sin n\theta \cdot J_n(k_m^{(n)} r)$$

berechnet haben, setzen wir in diesen Formeln $t = 0$. Wegen (131) ist es also notwendig, die vorgegebenen Funktionen $\varphi_1(r, \theta)$ und $\varphi_2(r, \theta)$ in Doppelreihen der Form

$$\varphi_1(r, \theta) = \sum_{\substack{n=0 \\ m=1}}^{\infty} (\alpha_{m,n}^{(1)} \cos n\theta + \beta_{m,n}^{(1)} \sin n\theta) \cdot J_n(k_m^{(n)} r),$$

$$\varphi_2(r, \theta) = \sum_{\substack{n=1 \\ m=1}}^{\infty} \omega_{m,n}(\alpha_{m,n}^{(2)} \cos n\theta + \beta_{m,n}^{(2)} \sin n\theta) \cdot J_n(k_m^{(n)} r)$$

(132)

zu entwickeln.

Wird die Funktion $\varphi_1(r, \theta)$ als periodische Funktion von θ in eine gewöhnliche Fourier-Reihe entwickelt, so ergibt sich

$$\varphi_1(r, \theta) = \frac{\varphi_0^{(1)}}{2} + \sum_{n=1}^{\infty} (\varphi_n^{(1)} \cos n\theta + \psi_n^{(1)} \sin n\theta)$$

mit

$$\varphi_n^{(1)} = \frac{1}{\pi} \int_{-\pi}^{\pi} \varphi_1(r, \theta) \cos n\theta \, d\theta, \quad \psi_n^{(1)} = \frac{1}{\pi} \int_{-\pi}^{\pi} \varphi_1(r, \theta) \sin n\theta \, d\theta \qquad (133)$$

$(n = 0, 1, 2, \ldots)$.

Durch Vergleich dieser Entwicklung mit der ersten der Formeln (132) findet man leicht

$$\varphi_0^{(1)} = 2 \sum_{n=1}^{\infty} \alpha_{m,0}^{(1)} \cdot J_0(k_m^{(0)} r), \quad \varphi_n^{(1)} = \sum_{m=1}^{\infty} \alpha_{m,n}^{(1)} \cdot J_n(k_m^{(n)} r),$$

$$\psi_n^{(1)} = \sum_{m=1}^{\infty} \beta_{m,n}^{(1)} \cdot J_n(k_m^{(n)} r).$$

(134)

Die Koeffizienten $\varphi^{(1)}$ und $\psi^{(1)}$ hängen offenbar von r ab, wie die Ausdrücke (133) zeigen. Wir kommen damit zu der Aufgabe, eine gegebene Funktion von r in eine Reihe nach Funktionen $J_n(k_m^{(n)} r)$ bei festgehaltenem n zu entwickeln. Ist dies geschehen, so bestimmen wir die Koeffizienten α und β, womit die gestellte Aufgabe vollständig gelöst ist.

Es ist also eine gegebene Funktion $f(r)$ in eine Reihe der Form

$$f(r) = \sum_{m=1}^{\infty} A_m J_n(k_m^{(n)} r) \qquad (135)$$

zu entwickeln.

Hier soll nur unter der Annahme, daß diese Entwicklung möglich ist und gliedweise integriert werden kann, gezeigt werden, wie die Koeffizienten A_m zu bestimmen sind. Zu diesem Zweck beweisen wir, daß *die Funktionen*

$$J_n(k_1^{(n)} r), \quad J_n(k_2^{(n)} r), \ldots, J_n(k_m^{(n)} r), \ldots$$

in einem verallgemeinerten Sinne orthogonal sind, und zwar gilt

$$\int_0^l J_n(k_\sigma^{(n)} r) J_n(k_\tau^{(n)} r) r\, dr = 0 \quad \text{für} \quad \sigma \neq \tau. \tag{136}$$

Ersetzen wir nämlich in der Differentialgleichung (121) k^2 durch $k_\sigma^{(n)2}$ bzw. $k_\tau^{(n)2}$ und entsprechend $R_n(r)$ durch $J_n(k_\sigma^{(n)} r)$ bzw. $J_n(k_\tau^{(n)} r)$, so liefert diese Gleichung

$$\frac{d^2 J_n(k_\sigma^{(n)} r)}{dr^2} + \frac{1}{r} \frac{dJ_n(k_\sigma^{(n)} r)}{dr} + \left(k_\sigma^{(n)2} - \frac{n^2}{r^2}\right) J_n(k_\sigma^{(n)} r) = 0,$$

$$\frac{d^2 J_n(k_\tau^{(n)} r)}{dr^2} + \frac{1}{r} \frac{dJ_n(k_\tau^{(n)} r)}{dr} + \left(k_\tau^{(n)2} - \frac{n^2}{r^2}\right) J_n(k_\tau^{(n)} r) = 0.$$

Nachdem wir die erste Gleichung mit $r J_n(k_\tau^{(n)} r)$, die zweite mit $r J_n(k_\sigma^{(n)} r)$ multipliziert haben, subtrahieren wir die so erhaltenen Gleichungen voneinander und integrieren über r von 0 bis l; dann folgt

$$(k_\sigma^{(n)2} - k_\tau^{(n)2}) \int_0^l J_n(k_\sigma^{(n)} r) J_n(k_\tau^{(n)} r) r\, dr$$

$$= \int_0^l \left[\frac{d^2 J_n(k_\tau^{(n)} r)}{dr^2} J_n(k_\sigma^{(n)} r) - \frac{d^2 J_n(k_\sigma^{(n)} r)}{dr^2} J_n(k_\tau^{(n)} r)\right] r\, dr$$

$$+ \int_0^l \left[\frac{dJ_n(k_\tau^{(n)} r)}{dr} J_n(k_\sigma^{(n)} r) - \frac{dJ_n(k_\sigma^{(n)} r)}{dr} J_n(k_\tau^{(n)} r)\right] dr.$$

Durch partielle Integration ergibt sich

$$\int \frac{d^2 J_n(k_\tau^{(n)} r)}{dr^2} J_n(k_\sigma^{(n)} r) r\, dr = \frac{dJ_n(k_\tau^{(n)} r)}{dr} r J_n(k_\sigma^{(n)} r) - \int \frac{dJ_n(k_\tau^{(n)} r)}{dr} \cdot \frac{d[r J_n(k_\sigma^{(n)} r)]}{dr} dr$$

$$= \frac{dJ_n(k_\tau^{(n)} r)}{dr} r J_n(k_\sigma^{(n)} r) - \int \frac{dJ_n(k_\tau^{(n)} r)}{dr} \cdot \frac{dJ_n(k_\sigma^{(n)} r)}{dr} r\, dr$$

$$- \int \frac{dJ_n(k_\tau^{(n)} r)}{dr} J_n(k_\sigma^{(n)} r)\, dr$$

und entsprechend

$$\int \frac{d^2 J_n(k_\sigma^{(n)} r)}{dr^2} J_n(k_\tau^{(n)} r) r\, dr = \frac{dJ_n(k_\sigma^{(n)} r)}{dr} r J_n(k_\tau^{(n)} r) - \int \frac{dJ_n(k_\sigma^{(n)} r)}{dr} \cdot \frac{dJ_n(k_\tau^{(n)} r)}{dr} r\, dr$$

$$- \int \frac{dJ_n(k_\sigma^{(n)} r)}{dr} J_n(k_\tau^{(n)} r)\, dr.$$

Hieraus folgt leicht

$$(k_\sigma^{(n)2} - k_\tau^{(n)2}) \int_0^l J_n(k_\sigma^{(n)} r) J_n(k_\tau^{(n)} r) r\, dr = r \left[\frac{dJ_n(k_\tau^{(n)} r)}{dr} J_n(k_\sigma^{(n)} r)\right.$$

$$\left. - \frac{dJ_n(k_\sigma^{(n)} r)}{dr} J_n(k_\tau^{(n)} r)\right]\Bigg|_{r=0}^{r=l}$$

Gemäß der Definition der Werte $k_\sigma^{(n)}$, $k_\tau^{(n)}$ gilt aber gerade

$$J_n(k_\sigma^{(n)} l) = J_n(k_\tau^{(n)} l) = 0.$$

Daraus folgt, daß die rechte Seite der angegebenen Gleichung für $r = l$ verschwindet. Wegen des Faktors r und der Beschränktheit von $J_n(x)$ und $J_n'(x)$ für $r = 0$ muß die rechte Seite auch an der unteren Grenze ($r = 0$) Null werden; da aber für $\sigma \neq \tau$ auch $k_\sigma^{(n)} \neq k_\tau^{(n)}$ ist, folgt hieraus

$$\int_0^l J_n(k_\sigma^{(n)} r) J_n(k_\tau^{(n)} r) r \, dr = 0,$$

was zu beweisen war.

Nachdem die Beziehung (136) bewiesen ist, bereitet die Bestimmung der Koeffizienten A_m in der Entwicklung (135) keinerlei Schwierigkeiten: Wir multiplizieren beide Seiten der Gleichung (135) mit $r J_n(k_p^{(n)} r)$, integrieren über r von 0 bis l und benutzen die Formel (136). Dann wird

$$\int_0^l f(r) J_n(k_p^{(n)} r) r \, dr = A_p \int_0^l J_n^2(k_p^{(n)} r) r \, dr.$$

Unter der Voraussetzung, daß die Entwicklung (135) möglich ist und diese gliedweise integriert werden kann, lassen sich also die Koeffizienten A_m aus den Beziehungen

$$A_m = \frac{\int_0^l f(r) J_n(k_m^{(n)} r) r \, dr}{\int_0^l J_n^2(k_m^{(n)} r) r \, dr}$$

bestimmen.

Die Formeln (133) und (134) liefern uns jetzt für die Koeffizienten $\alpha^{(1)}$ und $\beta^{(1)}$ die Ausdrücke

$$\alpha_{m,0}^{(1)} = \frac{1}{2} \frac{\int_0^l \varphi_0^{(1)} J_0(k_m^{(0)} r) r \, dr}{\int_0^l J_0^2(k_m^{(0)} r) r \, dr}$$

$$= \frac{1}{2 \pi \int_0^l J_0^2(k_m^{(0)} r) r \, dr} \int_{-\pi}^{\pi} d\theta \int_0^l \varphi_1(r, \theta) J_0(k_m^{(0)} r) r \, dr,$$

$$\alpha_{m,n}^{(1)} = \frac{1}{\pi \int_0^l J_n^2(k_m^{(n)} r) r \, dr} \int_{-\pi}^{\pi} d\theta \int_0^l \varphi_1(r, \theta) \cos n\theta \cdot J_n(k_m^{(n)} r) r \, dr,$$

$$\beta_{m,n}^{(1)} = \frac{1}{\pi \int_0^l J_n^2(k_m^{(n)} r) r \, dr} \int_{-\pi}^{\pi} d\theta \int_0^l \varphi_1(r, \theta) \sin n\theta \cdot J_n(k_m^{(n)} r) \, dr.$$

Unter Benutzung der gleichen Überlegungen bestimmen wir auch die Koeffizienten $\alpha^{(2)}$, $\beta^{(2)}$; dabei ist nur in den vorstehenden Formeln φ_1 durch φ_2 zu ersetzen, außerdem müssen die entsprechenden Ausdrücke durch $\omega_{m,n}$ dividiert werden.

So wie im Fall der rechteckigen Membran setzt sich die allgemeinste Schwingung der kreisförmigen Membran aus unendlich vielen harmonischen Eigenschwingungen zusammen, wobei ein und derselben Frequenz unendlich viele verschiedene Fälle hinsichtlich der Lage der Knotenlinien entsprechen können. In Abb. 130 sind einige Lagen der Knotenlinien mit Angabe der entsprechenden Frequenz dargestellt, wobei als Einheit die Frequenz des Grundtons gewählt wurde; zugleich sind auch die Radien der kreisförmigen Knotenlinien angegeben, und zwar sind diese Radien in Vielfachen des Membranradius ausgedrückt.

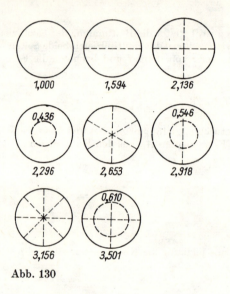

Abb. 130

Bei der Anwendung der Fourierschen Methode im Fall einer beliebigen Berandung kann nur der von t abhängige Faktor gemäß Formel (106) abgetrennt werden, was zu der Gleichung

$$\frac{\partial^2 U}{\partial x^2} + \frac{\partial^2 U}{\partial y^2} + k^2 U = 0 \tag{137}$$

führt. Es sind diejenigen Werte des Parameters k zu bestimmen, für welche die angegebene Gleichung von Null verschiedene, die Randbedingung (102) erfüllende Lösungen besitzt; dann müssen diese selbst auch noch bestimmt werden. In den vorhergehenden Beispielen war uns das mit Hilfe einer weiteren Trennung der Variablen gelungen. Im allgemeinen Fall ist diese Methode nicht anwendbar, und die Gleichung (137) muß unmittelbar untersucht werden. Die Aufgabe läßt sich naturgemäß nicht in expliziter Form lösen. Eine theoretische Lösung dieses Problems sowie einige qualitative, sich hierauf beziehende Ergebnisse werden in Teil IV gebracht. Die Randwertaufgabe für die Wellengleichung im dreidimensionalen Raum ist im Fall eines rechtwinkligen Parallelepipeds genauso zu lösen wie in [**190**], doch treten hierbei Fourier-Reihen in den drei Veränderlichen x, y und z auf. Der Fall der Kugel führt wiederum auf Besselsche Funktionen. Wir werden dies in Teil III$_2$ im Zusammenhang mit einer eingehenderen Darstellung der Theorie der Besselschen Funktionen behandeln.

Die Konvergenz der Fourier-Reihen, die man bei der Lösung des Randwertproblems der Wellengleichung im Fall zweier und mehrerer räumlicher Veränderlicher erhält, wird in Teil IV eingehend untersucht.

192. Der Eindeutigkeitssatz. Im folgenden soll die Eindeutigkeit der Lösung der Wellengleichung bewiesen werden, und zwar sowohl für den Fall des unbegrenzten Raumes mit vorgegebenen Anfangsbedingungen als auch bei zusätzlich vorgegebenen Randbedingungen. Der Einfachheit halber sei die Geschwindigkeit $a = 1$ angenommen, was sich stets erreichen läßt, indem in der Wellengleichung t durch $\dfrac{t}{a}$ ersetzt wird. Wir legen die Wellengleichung in drei unabhängigen Veränderlichen zugrunde:

$$\frac{\partial^2 u}{\partial t^2} = \frac{\partial^2 u}{\partial x^2} + \frac{\partial^2 u}{\partial y^2} \tag{138}$$

und beginnen mit der Untersuchung des Falles, daß in der ganzen Ebene nur Anfangsbedingungen vorgegeben sind:

$$u\Big|_{t=0} = \varphi(x, y), \quad \frac{\partial u}{\partial t}\Big|_{t=0} = \varphi_1(x, y). \tag{139}$$

Die Lösung dieses Problems ist bereits früher angegeben worden [185], und es wäre durchaus möglich, direkt mittels dieser Lösungsmethode die Eindeutigkeit nachzuweisen. Wir wollen hier einen anderen Eindeutigkeitsbeweis bringen, der auch für das Problem mit Randbedingungen anwendbar ist. Besitzt die Gleichung (138) mit den Anfangsbedingungen (139) zwei Lösungen u_1 und u_2, so muß die Differenz $u = u_2 - u_1$ der Gleichung (138) und den homogenen Anfangsbedingungen

$$u\Big|_{t=0} = 0, \quad \frac{\partial u}{\partial t}\Big|_{t=0} = 0 \tag{140}$$

genügen. Es ist nun zu zeigen, daß u hierbei identisch Null werden muß für alle Werte x, y und für alle $t > 0$. Wir betrachten den dreidimensionalen Raum (x, y, t) und wählen in ihm einen Punkt $N(x_0, y_0, t_0)$ derart, daß $t_0 > 0$ ist. Mit diesem Punkt als Spitze konstruieren wir den Kegel

$$(x - x_0)^2 + (y - y_0)^2 - (t - t_0)^2 = 0 \tag{141}$$

bis zum Schnitt mit der Ebene $t = 0$. Ferner konstruieren wir die Ebene $t = t_1$, wobei $0 < t_1 < t_0$ ist; es sei D der dreidimensionale Bereich, der von der Mantelfläche Γ des erwähnten Kegels und von den Ebenen $t = 0$ und $t = t_1$ begrenzt wird (D ist ein Kegelstumpf). Man bestätigt leicht die elementare Identität

$$2 \frac{\partial u}{\partial t} \left(\frac{\partial^2 u}{\partial t^2} - \frac{\partial^2 u}{\partial x^2} - \frac{\partial^2 u}{\partial y^2} \right) = \frac{\partial}{\partial t} \left[\left(\frac{\partial u}{\partial x} \right)^2 + \left(\frac{\partial u}{\partial y} \right)^2 + \left(\frac{\partial u}{\partial t} \right)^2 \right] \\ - 2 \frac{\partial}{\partial x} \left(\frac{\partial u}{\partial t} \frac{\partial u}{\partial x} \right) - 2 \frac{\partial}{\partial y} \left(\frac{\partial u}{\partial t} \frac{\partial u}{\partial y} \right). \tag{142}$$

Wir integrieren beide Seiten der Identität über den erwähnten Bereich D. Das Integral der linken Seite muß verschwinden, weil u eine Lösung der Gleichung (138) ist. Das Integral der rechten Seite können wir mit Hilfe der Gauß-Ostrogradskischen Formel in ein Integral über die Oberfläche des Bereiches D umformen:

$$\iint \left\{ \left[\left(\frac{\partial u}{\partial x}\right)^2 + \left(\frac{\partial u}{\partial y}\right)^2 + \left(\frac{\partial u}{\partial t}\right)^2 \right] \cos(n,t) \right.$$
$$\left. - 2 \frac{\partial u}{\partial t} \frac{\partial u}{\partial x} \cos(n,x) - 2 \frac{\partial u}{\partial t} \frac{\partial u}{\partial y} \cos(n,y) \right\} ds. \tag{143}$$

Auf der unteren Grundfläche des Kegelstumpfes D sind die Funktion u und ihre sämtlichen partiellen Ableitungen erster Ordnung wegen (140) gleich Null; das Integral (143) über die untere Grundfläche verschwindet daher. Auf der oberen Grundfläche (σ), die in der Ebene $t = t_1$ liegt, gilt

$$\cos(n,x) = \cos(n,y) = 0 \quad \text{und} \quad \cos(n,t) = 1.$$

Auf der Mantelfläche Γ des Kegels erfüllen die Richtungskosinus der Normalen die Beziehung

$$\cos^2(n,t) - \cos^2(n,x) - \cos^2(n,y) = 0.$$

Das Integral (143) über Γ kann demnach umgeformt werden in

$$J = \iint_\Gamma \frac{1}{\cos(n,t)} \left\{ \left[\frac{\partial u}{\partial x} \cos(n,t) - \frac{\partial u}{\partial t} \cos(n,x) \right]^2 \right.$$
$$\left. + \left[\frac{\partial u}{\partial y} \cos(n,t) - \frac{\partial u}{\partial t} \cos(n,y) \right]^2 \right\} ds,$$

und wir erhalten schließlich

$$J + \iint_{(\sigma)} \left[\left(\frac{\partial u}{\partial x}\right)^2 + \left(\frac{\partial u}{\partial y}\right)^2 + \left(\frac{\partial u}{\partial t}\right)^2 \right] ds = 0.$$

Auf der Fläche Γ gilt $\cos(n,t) > 0$; folglich ist $J \geqq 0$ und daher

$$\iint_{(\sigma)} \left[\left(\frac{\partial u}{\partial x}\right)^2 + \left(\frac{\partial u}{\partial y}\right)^2 + \left(\frac{\partial u}{\partial t}\right)^2 \right] ds = 0.$$

Daraus folgt, daß in allen Punkten innerhalb des Kegels mit der Spitze $N(x_0, y_0, t_0)$ die partiellen Ableitungen erster Ordnung der Funktion u gleich Null sind und somit die Funktion u selbst konstant ist. Auf der Grundfläche des Kegels ist sie gemäß (140) gleich Null; folglich ist u auch im Punkt N gleich Null.

Der angegebene Beweis des Eindeutigkeitssatzes läßt sich ohne Schwierigkeit auch auf das Randwertproblem für die Gleichung (138) übertragen. Es werde eine Lösung der Gleichung (138) in einem Bereich B der x, y-Ebene bei vorgegebenen Anfangs- und Randbedingungen gesucht, wobei sich die Randbedingungen auf die Berandung l des Bereiches B beziehen. Wir konstruieren einen Zylinder mit der

Basis B, dessen Erzeugende parallel zur t-Achse sind. Jedem Punkt dieses Zylinders entspricht ein bestimmter Punkt im Bereich B und ein bestimmter Zeitpunkt t. Wir nehmen an, im Bereich B seien die homogenen Anfangswerte (140) gegeben; auf der Berandung l des Bereiches B möge die homogene Randbedingung

$$u|_l = 0 \tag{144}$$

vorliegen. Wir werden beweisen, daß die Funktion u in allen Punkten des erwähnten Zylinders gleich Null ist. Dazu wählen wir einen wie oben erklärten Punkt N und legen durch ihn den Kegel (141). Es sei D der Bereich, der von der Mantelfläche dieses Kegels, dem erwähnten Zylinder sowie von den Ebenen $t = 0$ und $t = t_1$ begrenzt wird. Wir integrieren wieder beide Seiten der Identität (142) über diesen Bereich. Alle Schlußfolgerungen bleiben erhalten, doch tritt auf der rechten Seite noch das Integral über die Mantelfläche des Zylinders auf. Wenn dieses Integral gleich Null wird, bleibt der frühere Beweis des Eindeutigkeitssatzes voll bestehen. Im Integral über die Mantelfläche des Zylinders stimmt der Integrand mit dem Integranden des Integrals (143) überein. Auf dieser Fläche ist aber $\cos(n, t) = 0$, außerdem gilt dort $\dfrac{\partial u}{\partial t} = 0$. Die letzte Beziehung folgt unmittelbar aus der Tatsache, daß die Punkte der Mantelfläche des Zylinders Punkte der Berandung l zu verschiedenen Zeitpunkten t darstellen und auf der Berandung l für jedes t die homogene Randbedingung (144) gilt. Somit wird der Integrand des Integrals (143) auf der ganzen Mantelfläche des Zylinders Null, und der früher angegebene Beweis des Eindeutigkeitssatzes bleibt auch für das soeben formulierte Randwertproblem voll gültig. Zum Beweis des Eindeutigkeitssatzes mußten wir die rechte Seite des Ausdrucks (142) über den Bereich D integrieren und dabei die Gauß-Ostrogradskische Formel anwenden. Diese Operationen sind gewiß zulässig, wenn wir voraussetzen, daß die Funktion u stetige Ableitungen bis zur zweiten Ordnung besitzt, die im Innern des Bereiches D beschränkt bleiben.

Wir erwähnten oben bereits, daß bei der Untersuchung von praktisch interessanten Problemen die Einführung der sogenannten verallgemeinerten Lösung notwendig wird. In Teil IV zeigen wir, daß der Eindeutigkeitssatz auch für die Klasse der verallgemeinerten Lösungen gilt.

193. Anwendung des Fourierschen Integrals. Wir betrachten die eindimensionale Wellengleichung

$$\frac{\partial^2 u}{\partial t^2} = a^2 \frac{\partial^2 u}{\partial x^2} \tag{145}$$

für den halbunendlichen Bereich $x \geqq 0$ mit den Anfangsbedingungen

$$u \bigg|_{t=0} = \varphi(x), \quad \frac{\partial u}{\partial t} \bigg|_{t=0} = \varphi_1(x) \quad (x \geqq 0) \tag{146}$$

und der Randbedingung

$$u|_{x=0} = 0. \tag{147}$$

Dieses Problem ist leicht nach der in [179] angegebenen Methode zu lösen. In der Tat, man braucht nur die in dem Intervall $(0, \infty)$ vorgegebenen Funktionen $\varphi(x)$ und $\varphi_1(x)$ ungerade in das Intervall $(-\infty, 0)$ fortzusetzen und dann die Formel (17) für die unendliche Saite anzuwenden. Setzt man in dieser Formel $x = 0$, so ergibt sich

$$u|_{x=0} = \frac{\varphi(-at) + \varphi(at)}{2} + \frac{1}{2a} \int_{-at}^{at} \varphi_1(z)\, dz;$$

beide Glieder werden Null wegen der ungeraden Fortsetzung von $\varphi(z)$ und $\varphi_1(z)$, so daß die Randbedingung sicher erfüllt ist.

Bei Anwendung der Fourierschen Methode auf das vorliegende Problem ergibt sich anstelle einer Fourier-Reihe ein Fouriersches Integral. Wie wir in [180] gesehen hatten, führt die Anwendung der Fourierschen Methode unter Berücksichtigung der Randbedingung (147) auf eine Lösung der Form

$$u = (A \cos akt + B \sin akt) \sin kx.$$

Eine zweite Randbedingung liegt nicht vor; daher sind alle Werte des Parameters k zulässig, d. h., wir kommen zu einem kontinuierlichen Spektrum der möglichen Frequenzen k für die halbunendliche Saite. An die Stelle der in [180] verwendeten Summation über diskrete Werte von k tritt hier eine Integration über den Parameter k, wobei natürlich A und B als Funktionen von k anzusehen sind. Wir erhalten somit

$$u(x, t) = \int_{-\infty}^{\infty} [A(k) \cos akt + B(k) \sin akt] \sin kx\, dk. \tag{148}$$

Die Funktionen $A(k)$ und $B(k)$ müssen aus den Anfangsbedingungen von (146) bestimmt werden. Diese liefern

$$\varphi(x) = \int_{-\infty}^{\infty} A(k) \sin kx\, dk,$$

$$\varphi_1(x) = \int_{-\infty}^{\infty} akB(k) \sin kx\, dk. \tag{149}$$

Durch Vergleich dieser Beziehungen mit der Fourierschen Formel für eine ungerade Funktion

$$f(x) = \frac{1}{\pi} \int_{-\infty}^{\infty} \left[\int_{0}^{\infty} f(t) \sin \alpha t\, dt \right] \sin \alpha x\, d\alpha$$

finden wir für die Funktionen $A(k)$ und $B(k)$ die Werte

$$A(k) = \frac{1}{\pi} \int_{0}^{\infty} \varphi(\xi) \sin k\xi\, d\xi,$$

$$B(k) = \frac{1}{\pi ak} \int_{0}^{\infty} \varphi_1(\xi) \sin k\xi\, d\xi.$$

Nach Einsetzen in (148) ergibt sich als Lösung des Problems

$$u(x, t) = \frac{1}{\pi} \int\limits_{-\infty}^{\infty} \left\{ \int\limits_{0}^{\infty} \left[\varphi(\xi) \cos akt + \frac{1}{ak} \varphi_1(\xi) \sin akt \right] \sin k\xi \, d\xi \right\} \sin kx \, dk$$

bzw., wenn wir beachten, daß der Integrand eine gerade Funktion von k ist,

$$u(x, t) = \frac{2}{\pi} \int\limits_{0}^{\infty} \left\{ \int\limits_{0}^{\infty} \left[\varphi(\xi) \cos akt + \frac{1}{ak} \varphi_1(\xi) \sin akt \right] \sin k\xi \, d\xi \right\} \sin kx \, dk.$$

Mit Hilfe der Fourierschen Formel überzeugt man sich mühelos, daß diese Beziehung mit der Formel (17) unter der Bedingung übereinstimmt, daß $\varphi(x)$ und $\varphi_1(x)$ ungerade sind.

Ganz analog kann im Fall der Gleichung

$$\frac{\partial^2 u}{\partial t^2} = a^2 \left(\frac{\partial^2 u}{\partial x^2} + \frac{\partial^2 u}{\partial y^2} \right)$$

die Randwertaufgabe für die Halbebene $y \geqq 0$ mit der Randbedingung

$$u|_{y=0} = 0 \tag{150}$$

und den beliebigen Anfangsbedingungen

$$u\bigg|_{t=0} = \varphi(x, y), \quad \frac{\partial u}{\partial t}\bigg|_{t=0} = \varphi_1(x, y) \tag{151}$$

$$(-\infty < x < \infty; \; y \geqq 0)$$

behandelt werden.

Wie leicht nachzuprüfen ist, liefert die Formel (80) eine Lösung des Problems unter der Bedingung, daß die Funktionen $\varphi(x, y)$ und $\varphi_1(x, y)$ in bezug auf das Argument y ungerade in das Intervall $(-\infty, 0)$ fortgesetzt werden. Für $y = 0$ kann nämlich das erste Glied in (80) folgendermaßen geschrieben werden:

$$\frac{1}{2\pi a} \int\limits_{x-at}^{x+at} \left[\int\limits_{-\sqrt{a^2 t^2 - (\alpha - x)^2}}^{+\sqrt{a^2 t^2 - (\alpha - x)^2}} \frac{\varphi_1(\alpha, \beta)}{\sqrt{a^2 t^2 - (\alpha - x)^2 - \beta^2}} \, d\beta \right] d\alpha,$$

das innere Integral verschwindet für beliebige x und t, da der Integrand eine ungerade Funktion von β ist. Analog wird auch das zweite Glied der Formel (80) Null, so daß die Bedingung (150) tatsächlich erfüllt ist. Wir hätten im vorliegenden Fall auch die Fouriersche Methode anwenden können, indem wir die Darstellung einer Funktion von zwei Veränderlichen durch ein Fouriersches Integral benutzen. Die Bestätigung der Identität der auf diese Art erhaltenen Lösung mit der durch Formel (80) definierten bereitet größere Schwierigkeiten als im eindimensionalen Fall. Ganz entsprechend kann die Wellengleichung in dem Halbraum $z \geqq 0$ mit der Randbedingung $u = 0$ für $z = 0$ behandelt werden. Die Fouriersche Methode wendet man auch bei der Lösung der Wellengleichung für den unbegrenzten Raum an, wenn also nur Anfangsbedingungen vorliegen; sie führt hier aber zu komplizierteren Rechnungen als in dem oben behandelten Fall.

§ 18. Die Telegraphengleichung

194. Die Grundgleichungen. Die beiden oben auseinandergesetzten Verfahren — das (d'Alembertsche) Charakteristikenverfahren und das (Fouriersche) Verfahren der stehenden Wellen — lassen sich mit Erfolg auch bei der Untersuchung der sogenannten *Telegraphengleichung* anwenden, die in der Theorie der Ausbreitung quasistationärer elektrischer Schwingungen in Kabeln fundamentale Bedeutung besitzt.

Gegeben sei ein Kreis, der aus einem Hin- und Rückleiter der Länge l besteht. Wir nehmen an, über diesen ganzen Kreis seien der Ohmsche Widerstand R, die Selbstinduktion L, die Kapazität C und der Isolationsverlust A pro Längeneinheit gleichmäßig verteilt; hierin unterscheidet sich dieser Fall von dem in [I, 181] behandelten wo wir den Widerstand, die Selbstinduktion und die Kapazität nur an einzelnen, Stellen des Leiters konzentriert und die übrigen Teile vernachlässigt hatten. Mit v und i werden Spannung bzw. Stromstärke in einem Leiterquerschnitt im Abstand x von dem Endpunkt $x = 0$ bezeichnet. Diese Funktionen von x und t sind durch zwei Differentialgleichungen verknüpft, die jetzt hergeleitet werden sollen.

Wird das Induktionsgesetz auf ein Element dx des Leiters angewandt, so haben wir zum Ausdruck zu bringen, daß sich der Spannungsabfall

$$v - (v + dv) = -dv = -\frac{\partial v}{\partial x} dx$$

in diesem Element aus dem Ohmschen Anteil $R\,dx \cdot i$ und dem induktiven Anteil $L\,dx\,\dfrac{\partial i}{\partial t}$ zusammengesetzt; nach Division durch dx ergibt sich dann

$$\frac{\partial v}{\partial x} + L \frac{\partial i}{\partial t} + R i = 0. \tag{1}$$

Ferner setzt sich die Differenz zwischen ein- und austretendem Strom im Element dx, d. h.

$$i - (i + di) = -di = -\frac{\partial i}{\partial x} dx,$$

aus dem Aufladungsstrom $C\,dx\,\dfrac{\partial v}{\partial t}$ und dem Verluststrom $A\,dx \cdot v$ zusammen, was

$$\frac{\partial i}{\partial x} + C \frac{\partial v}{\partial t} + A v = 0 \tag{2}$$

liefert.

Besonders wichtig sind die *Randbedingungen*, die an den Enden des Leiters erfüllt sein müssen. Ist das Ende des Leiters offen, so muß in diesem Endpunkt

$$i = 0 \quad (\text{für } x = 0 \text{ oder } x = l) \tag{3}$$

gelten.

Ist allgemein am Ende des Leiters die äußere elektromotorische Kraft E, der Widerstand r und die Selbstinduktion λ angeschlossen, so ist in diesem Endpunkt

$$v = E + ri + \lambda \frac{di}{dt} \quad \text{(für } x = 0 \text{ oder } x = l) \tag{4}$$

zu setzen.

Wird z. B. das eine Ende $x = 0$ unter der Spannung E gehalten und das andere Ende $x = l$ kurzgeschlossen, so gilt speziell

$$v|_{x=0} = E, \quad v|_{x=l} = 0. \tag{5}$$

195. Stationäre Prozesse. Zunächst sei einiges zu den stationären Prozessen gesagt, bei denen die auf den Leiter wirkenden äußeren Faktoren entweder 1. konstant oder 2. durch Sinuskurven darstellbare Größen sind; dabei können im ersten Fall v und i als unabhängig von t angesehen werden.

1. Im ersten Fall liefern die Gleichungen (1) und (2)

$$\frac{dv}{dx} + Ri = 0, \quad \frac{di}{dx} + Av = 0. \tag{6}$$

Durch Differentiation der ersten dieser Gleichungen entsteht unter Berücksichtigung der zweiten Gleichung

$$\frac{d^2v}{dx^2} - RAv = 0. \tag{7}$$

Die Funktion v läßt sich sofort nach der in [28] angegebenen Methode bestimmen, und zwar wird

$$v(x) = C_1 e^{bx} + C_2 e^{-bx} \tag{8}$$

mit

$$b = \sqrt{RA}.$$

Nachdem v bekannt ist, erhält man aus der ersten der Gleichungen (6)

$$i(x) = -\frac{1}{R}\frac{dv}{dx} = -\frac{b}{R}(C_1 e^{bx} - C_2 e^{-bx}). \tag{9}$$

Beispiel. Steht ein Leiter unter der konstanten Spannung E an dem einen Ende und ist er am anderen Ende kurzgeschlossen, so liegen die Bedingungen (5) vor, aus denen die in Formel (8) auftretenden willkürlichen Konstanten zu bestimmen sind:

$$C_1 + C_2 = E,$$
$$C_1 e^{bl} + C_2 e^{-bl} = 0,$$

also

$$C_1 = -\frac{E}{e^{2bl}-1} = -\frac{E e^{-bl}}{e^{bl}-e^{-bl}},$$
$$C_2 = \frac{E e^{bl}}{e^{bl}-e^{-bl}}.$$

Nach Einsetzen in (8) erhalten wir

$$v(x) = E \frac{e^{b(l-x)} - e^{-b(l-x)}}{e^{bl} - e^{-bl}} = E \frac{\sinh b(l-x)}{\sinh bl},\qquad(10_1)$$

und Formel (9) liefert

$$i(x) = E \sqrt{\frac{A}{R}} \frac{\cosh b(l-x)}{\sinh bl}.\qquad(10_2)$$

2. Es möge jetzt auf den Leiter eine sinusförmige äußere elektromotorische Kraft mit der konstanten Frequenz ω wirken. Wir können dann nach der in [**I, 180**] beschriebenen Methode von den realen physikalischen Größen zu Vektoren übergehen. Unter den erzwungenen Schwingungen verstehen wir dann sinusförmige Schwingungen der Spannung und des Stromes des Leiters mit derselben Frequenz ω. Unter Berücksichtigung der Regeln aus [**I, 180**] führen wir den Stromvektor $\mathfrak{J}$ und den Spannungsvektor $\mathfrak{V}$ ein, die im vorliegenden Fall von x abhängen. Damit geht das System der Differentialgleichungen (1) und (2) in

$$\frac{d\mathfrak{V}}{dx} + (R + i\omega L)\mathfrak{J} = 0, \quad \frac{d\mathfrak{J}}{dx} + (A + i\omega C)\mathfrak{V} = 0 \qquad(11)$$

über.

Durch Differentiation der ersten Gleichung nach x wird $\mathfrak{J}$ mit Hilfe der zweiten Gleichung eliminiert:

$$\frac{d^2\mathfrak{V}}{dx^2} - (R + i\omega L)(A + i\omega C)\mathfrak{V} = 0.$$

Dieselbe Gleichung läßt sich auch für $\mathfrak{J}$ ableiten, wie leicht zu zeigen ist.

Somit stellen $\mathfrak{J}$ und $\mathfrak{V}$ Lösungen ein und derselben Differentialgleichung zweiter Ordnung dar. Wird

$$(R + i\omega L)(A + i\omega C) = \varkappa^2 \qquad(12)$$

gesetzt, so liefert die Methode aus [**28**]

$$\mathfrak{V} = \mathfrak{A}_1 e^{\varkappa x} + \mathfrak{A}_2 e^{-\varkappa x},\qquad(13)$$

wobei $\mathfrak{A}_1$ und $\mathfrak{A}_2$ willkürliche konstante Vektoren sind. Mittels Einsetzen dieses Ausdrucks in die erste der Gleichungen (11) finden wir

$$\mathfrak{J} = -\frac{1}{R + i\omega L}\frac{d\mathfrak{V}}{dx} = \sqrt{\frac{A + i\omega C}{R + i\omega L}}(\mathfrak{A}_2 e^{-\varkappa x} - \mathfrak{A}_1 e^{\varkappa x}).\qquad(14)$$

Zur endgültigen Lösung des Problems müssen die konstanten Vektoren $\mathfrak{A}_1$ und $\mathfrak{A}_2$ bestimmt werden, was sich mit Hilfe zweier Randbedingungen durchführen läßt (von Anfangsbedingungen kann hier natürlich nicht gesprochen werden). Anstatt je eine Bedingung für jeden Endpunkt besonders vorzugeben, kann man dabei auch zwei Bedingungen für denselben Endpunkt vorschreiben, z. B. den Spannungsvektor und den Stromvektor.

In jedem Fall bestimmen die Formeln (13) und (14) die Vektoren der erzwungenen Schwingungen in Abhängigkeit von x; diese ändern sich also längs des Leiters sowohl der Amplitude als auch der Phase nach. Wird jeder Vektor $m + ni$ durch einen Punkt in der komplexen Ebene dargestellt und variiert man x von 0 bis l, so erhält man für $\mathfrak{V}$ und $\mathfrak{J}$ zwei Kurven, die sogenannten *Vektordiagramme der Spannung und des Stromes*. Bei der Bestimmung der Kurvenform ist zu bedenken, daß $\varkappa$ im allgemeinen eine komplexe Zahl ist; setzt man $\varkappa = a + ib$,

so wird
$$\mathfrak{V} = \mathfrak{A}_1 e^{ax}(\cos bx + i \sin bx) + \mathfrak{A}_2 e^{-ax}(\cos bx - i \sin bx).$$

Jedes Glied auf der rechten Seite liefert eine Spirale [I, 183]. $\mathfrak{V}$ ergibt sich durch „geometrische Addition" dieser beiden Spiralen; der Radiusvektor eines Punktes der Kurve $\mathfrak{V}$, der irgendeinem Wert x entspricht, ist gleich der Summe der Radiusvektoren zu den Punkten dieser beiden Spiralen für denselben Wert x. Dasselbe gilt auch bezüglich des Vektors $\mathfrak{J}$. Führt man den als *Wellenwiderstand* bezeichneten Faktor

$$v = \sqrt{\frac{R + i\omega L}{A + i\omega C}} \tag{15}$$

ein, so können die Ausdrücke für $\mathfrak{V}$ und $\mathfrak{J}$ in der Form

$$\mathfrak{V} = \mathfrak{A}_1 e^{\varkappa x} + \mathfrak{A}_2 e^{-\varkappa x}, \quad \mathfrak{J} = \frac{1}{v}(\mathfrak{A}_2 e^{-\varkappa x} - \mathfrak{A}_1 e^{\varkappa x}) \tag{16}$$

geschrieben werden.

Kehren wir von der Vektorform zu der gewöhnlichen Form zurück, so erhalten wir für die gesuchten Funktionen v und i Ausdrücke der Form

$$v = V(x) \sin[\omega t + \psi(x)], \quad i = I(x) \sin[\omega t + \chi(x)], \tag{17}$$

die harmonische Schwingungen derselben Frequenz ω wie die äußere Kraft liefern und in denen die Amplituden $V(x)$ und $I(x)$ sowie die Phasen $\psi(x)$ und $\chi(x)$ von der Lage des betrachteten Leiterquerschnitts abhängen.

3. *Ein Leiter, der an einem Ende unter einer sinusförmigen Spannung steht und am anderen Ende offen ist.* Den am Endpunkt $x = 0$ gegebenen Spannungsvektor bezeichnen wir mit $\mathfrak{V}_0$. Außer den Gleichungen (11) haben wir noch die Randbedingungen

$$\mathfrak{V}|_{x=0} = \mathfrak{V}_0, \quad \mathfrak{J}|_{x=l} = 0,$$

die nach (16)

$$\mathfrak{A}_1 + \mathfrak{A}_2 = \mathfrak{V}_0, \quad \mathfrak{A}_2 e^{-\varkappa l} - \mathfrak{A}_1 e^{\varkappa l} = 0$$

liefern. Lösen wir diese Gleichungen und setzen in (16) ein, so finden wir mühelos

$$\mathfrak{V} = \mathfrak{V}_0 \frac{\cosh \varkappa(l-x)}{\cosh \varkappa l}, \quad \mathfrak{J} = \frac{\mathfrak{V}_0}{v} \frac{\sinh \varkappa(l-x)}{\cosh \varkappa l}.$$

Für $x = 0$ ergibt sich der komplexe Widerstand im Punkt $x = 0$ in der Form

$$\varphi_0 = v \frac{\cosh \varkappa l}{\sinh \varkappa l}.$$

196. Einschwingvorgänge. Wir stellen jetzt zwei Formen erzwungener Schwingungen nebeneinander, die in ein und demselben Leiter unter der Einwirkung verschiedenartiger äußerer Faktoren entstehen. Diese Schwingungen seien mit (I) und (II) bezeichnet; Spannung und Strom der Schwingung (I) seien v_1, i_1, die entsprechenden Größen bei (II) seien v_2 und i_2.

Werden die äußeren Bedingungen, unter denen die Schwingungen (I) stattfinden, plötzlich durch diejenigen ersetzt, denen die Form (II) entspricht, so geht das System nicht sofort von (I) in (II) über, sondern erst im Verlauf eines gewissen

Zeitintervalls, das theoretisch unendlich sein kann, praktisch jedoch als endlich angesehen werden kann. In dem Leiter treten *freie Schwingungen* (bzw. *Einschwingvorgänge*) auf, die durch die Größen v und i der Spannung bzw. des Stromes charakterisiert werden; dabei sei der Zustand des Leiters während des Übergangs durch Überlagerung des Zustands (II) mit freien gedämpften Schwingungen gegeben; Spannung und Strom während des Einschwingvorgangs werden also durch die Summen

$$v_2 + v, \quad i_2 + i \tag{18}$$

definiert.

Für $t = 0$, d. h. zu Beginn des Einschwingvorgangs, müssen diese Summen in v_1 bzw. i_1 übergehen. Die Funktionen v und i genügen den Differentialgleichungen (1) und (2) [194] sowie den Randbedingungen (3) bzw. (4), je nach den Bedingungen an den Endpunkten. Darüber hinaus müssen noch die Anfangsbedingungen

$$\begin{aligned} v|_{t=0} &= (v_1 - v_2)|_{t=0} = g(x), \\ i|_{t=0} &= (i_1 - i_2)|_{t=0} = \sqrt{\frac{C}{L}}\, h(x)^1) \end{aligned} \tag{19}$$

erfüllt sein.

Die gesuchten Funktionen v und i ermitteln wir nicht direkt, sondern drücken sie erst durch eine neue unbekannte Funktion w aus, wozu wir

$$v = \frac{\partial w}{\partial x}$$

setzen. Die Gleichung (2) liefert dann

$$\frac{\partial i}{\partial x} + C \frac{\partial^2 w}{\partial x \partial t} + A \frac{\partial w}{\partial x} = \frac{\partial}{\partial x}\left(i + C \frac{\partial w}{\partial t} + A w\right) = 0;$$

hieraus folgt

$$i + C \frac{\partial w}{\partial t} + A w = c,$$

wobei c nicht von x abhängt. Ohne Beschränkung der Allgemeinheit kann jedoch $c = 0$ gesetzt werden, da sich der Wert $v = \dfrac{\partial w}{\partial x}$ nicht ändert, wenn zu w ein beliebiges von x unabhängiges Glied hinzugefügt wird.

Mithin gilt

$$v = \frac{\partial w}{\partial x}, \quad i = -C \frac{\partial w}{\partial t} - A w, \tag{20}$$

---

[1]) Der Faktor $\sqrt{\dfrac{C}{L}}$ wurde zur Vereinfachung der nachfolgenden Rechnungen eingeführt.

und die Gleichung (2) ist erfüllt. Nach Einsetzen von (20) in die Gleichung (1) entsteht die Differentialgleichung, der die Funktion $w(x, t)$ genügen muß:

$$\frac{\partial}{\partial x}\left(\frac{\partial w}{\partial x}\right) - L\frac{\partial}{\partial t}\left(C\frac{\partial w}{\partial t} + Aw\right) - R\left(C\frac{\partial w}{\partial t} + Aw\right) = 0$$

oder

$$\frac{\partial^2 w}{\partial x^2} - LC\frac{\partial^2 w}{\partial t^2} - (LA + RC)\frac{\partial w}{\partial t} - RAw = 0. \tag{21}$$

Diese Differentialgleichung heißt *Telegraphengleichung*.

Zu ihrer Vereinfachung führen wir die neue unbekannte Funktion $u(x, t)$ mittels

$$w(x, t) = e^{-\mu t} u(x, t) \tag{22}$$

ein und suchen den konstanten Faktor μ so zu bestimmen, daß in der Gleichung für u das Glied mit $\dfrac{\partial u}{\partial t}$ wegfällt. Nach Differentiation und Wegheben von $e^{-\mu t}$ wird

$$\frac{\partial^2 u}{\partial x^2} - LC\left(\mu^2 u - 2\mu\frac{\partial u}{\partial t} + \frac{\partial^2 u}{\partial t^2}\right) - (LA + RC)\left(-\mu u + \frac{\partial u}{\partial t}\right) - RAu = 0;$$

es genügt also, μ der Bedingung

$$2\mu LC - (LA + RC) = 0$$

entsprechend zu wählen, d. h.

$$\mu = \frac{LA + RC}{2LC}. \tag{23}$$

Einsetzen dieses Wertes von μ liefert nach einfachen Umformungen für u die Gleichung

$$\frac{\partial^2 u}{\partial t^2} = \frac{1}{LC}\frac{\partial^2 u}{\partial x^2} + \delta^2 u \tag{24}$$

mit

$$\delta = \frac{LA - RC}{2LC}.$$

Wir untersuchen zunächst den Fall, daß die Größe δ vernachlässigt werden kann bzw. gleich Null ist, d. h.

$$\frac{R}{L} = \frac{A}{C}. \tag{25}$$

Hierbei wird

$$\mu = \frac{R}{L} = \frac{A}{C}. \tag{26}$$

Setzt man
$$\frac{1}{LC} = a^2, \qquad (27)$$
so ergibt sich für u die Differentialgleichung
$$\frac{\partial^2 u}{\partial t^2} = a^2 \frac{\partial^2 u}{\partial x^2}, \qquad (28)$$
die bereits früher untersucht wurde. Ihre allgemeine Lösung lautet [177]
$$u(x, t) = \theta_1(x - at) + \theta_2(x + at); \qquad (29)$$
die Konstante $a = \sqrt{\dfrac{1}{LC}}$ liefert die Ausbreitungsgeschwindigkeit einer Störung in dem Kabel. Formel (22) ergibt $w(x,t) = e^{-\mu t}[\theta_1(x-at) + \theta_2(x+at)]$, und aus (20) erhalten wir schließlich

$$v(x, t) = \frac{\partial w}{\partial x} = e^{-\mu t}[\theta_1'(x - at) + \theta_2'(x + at)],$$

$$\begin{aligned}
i(x, t) &= -C \frac{\partial w}{\partial t} - A w \\
&= -e^{-\mu t}[-aC\theta_1'(x - at) + aC\theta_2'(x + at) \\
&\quad - \mu C \theta_1(x - at) - \mu C \theta_2(x + at) \\
&\quad + A \theta_1(x - at) + A \theta_2(x + at)] \\
&= aCe^{-\mu t}[\theta_1'(x - at) - \theta_2'(x + at)],
\end{aligned}$$

da wegen (26) und (25) offenbar $\mu C = A$ ist, so daß sich die übrigen Glieder wegheben. Anstelle der willkürlichen Funktionen θ_1 und θ_2 werden zweckmäßiger unmittelbar die Funktionen $\varphi_1(x) = \theta_1'(x)$ und $\varphi_2(x) = \theta_2'(x)$ eingeführt, wonach sich die endgültigen Ausdrücke für v und i in der Form

$$\begin{aligned}
v(x, t) &= e^{-\mu t}[\varphi_1(x - at) + \varphi_2(x + at)], \\
i(x, t) &= \frac{e^{-\mu t}}{\alpha}[\varphi_1(x - at) - \varphi_2(x + at)]
\end{aligned} \qquad (30)$$

ergeben; dabei wurde zur Abkürzung $\alpha = \sqrt{\dfrac{L}{C}}$ gesetzt. Diese Ausdrücke werden wir nun benutzen. Die Funktionen $\varphi_1(x)$ und $\varphi_2(x)$ sind aus den Anfangsbedingungen (19) zu bestimmen, die uns

$$\varphi_1(x) + \varphi_2(x) = g(x), \quad \varphi_1(x) - \varphi_2(x) = h(x)$$

liefern, woraus

$$\varphi_1(x) = \frac{g(x) + h(x)}{2}, \quad \varphi_2(x) = \frac{g(x) - h(x)}{2} \qquad (31)$$

folgt.

Das Problem könnte als gelöst angesehen werden, wenn die Funktionen $g(x)$ und $h(x)$ oder, was dasselbe ist, $\varphi_1(x)$ und $\varphi_2(x)$ in dem ganzen Intervall $(-\infty, \infty)$ gegeben wären. Tatsächlich sind sie jedoch nur in dem Intervall $(0, l)$ bekannt; um die erhaltene Lösung gebrauchen zu können, muß man die genannten Funktionen *ins Äußere dieses Intervalls fortsetzen*. Dies läßt sich so wie bei der Saite mit Hilfe der Randbedingungen ausführen; *physikalisch bedeutet diese Fortsetzung hier nichts anderes als die Spiegelung der Welle in der einen oder der anderen Form an den Enden des Leiters*.

Die Vorgänge, die der vorliegenden Lösung (30) entsprechen, sind analog den früher bei der Saite erhaltenen. Wir haben hier zwei Wellen, eine hin- und eine rücklaufende Welle, die bei Eintreffen an den Endpunkten dort jeweils reflektiert werden. Der wesentliche Unterschied gegenüber dem Fall der Saite besteht in dem Auftreten des Faktors $e^{-\mu t}$, der im Verlauf der Zeit abnimmt und eine *Dämpfung der Schwingungen* hervorruft, die um so schneller vor sich geht, je größer der Exponent μ, das *logarithmische Dämpfungsdekrement*, ist.

197. Beispiele. Ist das Ende $x = l$ **offen,** so liefert die Bedingung $i|_{x=l} = 0$ wegen (30)

$$\varphi_2(l + at) = \varphi_1(l - at)$$

bzw., wenn man at durch x ersetzt,

$$\varphi_2(l + x) = \varphi_1(l - x),$$

d. h., *in diesem Endpunkt wird die Welle so reflektiert, daß sie dem Betrag und dem Vorzeichen nach unverändert bleibt*. Die Funktion $\varphi_2(x)$ wird nämlich eine gerade Fortsetzung der Funktion $\varphi_1(x)$. Dasselbe ergibt sich auch, wenn das offene Ende im Punkt $x = 0$ liegt.

Ist der Endpunkt $x = l$ **kurzgeschlossen,** also $v|_{x=l} = 0$, so folgt aus (30), wenn at durch x ersetzt wird,

$$\varphi_2(l + x) = -\varphi_1(l - x).$$

Die Welle wird demnach so reflektiert, daß der Absolutbetrag erhalten bleibt, aber das Vorzeichen geändert wird; die Funktion $\varphi_2(x)$ wird nämlich eine ungerade Fortsetzung der Funktion $\varphi_1(x)$. Die weitere Fortsetzung verläuft so wie bei der Saite.

1. An den an einem Ende offenen Leiter ist eine sinusförmige veränderliche Spannung der Frequenz ω angelegt. Dem stationären Endzustand (II) entsprechen die harmonischen Schwingungen der Frequenz ω, die bereits früher hergeleitet wurden [**195**]:

$$v_2 = V(x) \sin[\omega t + \psi(x)], \quad i_2 = I(x) \sin[\omega t + \chi(x)].$$

Wenn vor dem Einschalten der Kreis stromlos war, gilt $v_1 = 0$, $i_1 = 0$. Den Formeln (19) zufolge lauten daher die Anfangsbedingungen

$$v|_{t=0} = -V(x) \sin \psi(x) = g(x),$$

$$i|_{t=0} = -I(x) \sin \chi(x) = \frac{1}{\alpha} h(x).$$

Die Randbedingungen bestehen nun in folgendem: An dem offenen Ende $x = l$ muß $i|_{x=l} = 0$ sein. Im Endpunkt $x = 0$ können wir $v|_{x=0} = 0$ annehmen; denn uns interessieren bei dem betrachteten Einschwingvorgang nur diejenigen Schwingungen, die durch die Abweichung der Anfangsbedingungen im Leiter von den erzwungenen Schwingungen der

Frequenz ω hervorgerufen werden. Wir bestimmen die Funktionen $\varphi_1(x)$ und $\varphi_2(x)$ nach (31) und setzen sie dann ungerade über den Endpunkt $x = l$ und gerade über den Endpunkt $x = 0$ hinaus fort.

2. Wir betrachten nun einen gedämpften Prozeß mit den Anfangsbedingungen

$$v|_{t=0} = -E, \quad i|_{t=0} = 0,$$

wobei E eine Konstante ist, und mit den Randbedingungen

$$v|_{x=0} = 0, \quad i|_{x=l} = 0.$$

Die Formeln (31) liefern

$$\varphi_1(x) = \varphi_2(x) = -\frac{E}{2} \quad \text{für} \quad 0 < x < l.$$

Aus den Randbedingungen erhalten wir

$$\varphi_1(-x) = -\varphi_2(x), \quad \varphi_1(l-x) = \varphi_2(l+x), \tag{32}$$

woraus hervorgeht, daß $\varphi_2(x)$ im Intervall $(l, 2l)$ eine gerade Fortsetzung von $\varphi_1(x)$ und die Funktion $\varphi_1(x)$ im Intervall $(-l, 0)$ eine ungerade Fortsetzung von $\varphi_2(x)$ darstellt, d. h.

$$\varphi_2(x) = -\frac{E}{2} \quad \text{für} \quad 0 < x < 2l,$$

$$\varphi_1(x) = \begin{cases} \dfrac{E}{2} & \text{für} \quad -l < x < 0, \\ -\dfrac{E}{2} & \text{für} \quad 0 < x < l. \end{cases}$$

Wird in der zweiten der Gleichungen (32) x durch $l + x$ ersetzt und die dadurch erhaltene Identität mit der ersten der Gleichungen (32) verglichen, so finden wir

$$\varphi_2(2l + x) = -\varphi_2(x);$$

entsprechend erhalten wir leicht

$$\varphi_1(2l - x) = -\varphi_1(-x).$$

Die Funktionen $\varphi_1(x)$ und $\varphi_2(x)$ wechseln also bei Hinzufügen von $2l$ zum Argument das Vorzeichen, und ihre Periode wird $4l$.

Fassen wir alles Gesagte zusammen, so erkennen wir leicht, daß die Funktionen $\varphi_1(x)$ und $\varphi_2(x)$ übereinstimmen und die in Abb. 131 dargestellte Bildkurve haben.

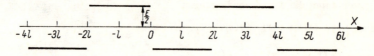

Abb. 131

Um die Werte von v und i zu erhalten, verschieben wir diese Bildkurve mit der Geschwindigkeit a sowohl nach links als auch nach rechts und nehmen für v den halben Wert der mit $e^{-\mu t}$ multiplizierten Ordinatensumme und für i den halben Wert der mit $e^{-\mu t}/\alpha$ multiplizierten

Ordinatendifferenz. In Abb. 132 ist der Spannungsverlauf am Endpunkt $x = l$ dargestellt. Dabei ist zur freien Schwingung v noch die stationäre Schwingung $v_2 = E$ hinzugefügt worden, und $\tau = \dfrac{4l}{a}$ ist die Periode der freien Schwingung.

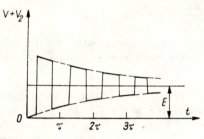

Abb. 132

Wird am Endpunkt $x = l$ der Ohmsche Widerstand r_l und die Selbstinduktion λ_l angelegt, so liefert die Bedingung (4) die folgende Beziehung für die Fortsetzung der Funktion $\varphi_2(x)$ in das Intervall $(l, 2l)$:

$$e^{-\mu t}[\varphi_1(l - at) + \varphi_2(l + at)] = \left[r_l + \lambda_l \frac{d}{dt}\right]\left\{\frac{e^{-\mu t}}{\alpha}[\varphi_1(l - at) - \varphi_2(l + at)]\right\}. \tag{33}$$

Wird hierin das Argument at durch x ersetzt, so entsteht eine Differentialgleichung zur Bestimmung der gesuchten Funktion $\Phi(x) = \varphi_2(l + x)$ für $0 < x < l$.

Ein analoges Resultat erhalten wir, wenn die Randbedingung am Endpunkt $x = 0$ für die Fortsetzung von $\varphi_1(x)$ in das Intervall $(-l, 0)$ benutzt wird.

3. Im Endpunkt $x = l$ sei nur der Ohmsche Widerstand r_l angelegt. Die Gleichung (33) ist dann durch

$$e^{-\mu t}[\varphi_1(l - at) + \varphi_2(l + at)] = r_l \frac{e^{-\mu t}}{\alpha}[\varphi_1(l - at) - \varphi_2(l + at)]$$

zu ersetzen, woraus wir $\varphi_2(l + x)$ nach Einführung von x anstelle von at bestimmen:

$$\varphi_2(l + x) = q\varphi_1(l - x), \quad q = \frac{r_l - \alpha}{r_l + \alpha}. \tag{34}$$

Somit wird im vorliegenden Fall bei der Reflexion im Endpunkt $x = l$ die Welle mit dem Faktor q multipliziert. Offenbar ist $|q| \leqq 1$, d. h., die Welle verkleinert sich höchstens dem Absolutbetrag nach, und es tritt eine *Absorption* auf. Für $r_l = \alpha$ wird dieser Faktor Null; es liegt dann eine *totale Absorption der Welle* vor. Für $r_l = \infty$ ist der Faktor $q = 1$, und wir erhalten eine Reflexion der Welle ohne Veränderung, was auch zu erwarten war, da dieser Fall dem offenen Leiter entspricht.

Nachdem in dieser Weise $\varphi_2(x)$ in das Intervall $(l, 2l)$ und in entsprechender Weise $\varphi_1(x)$ in das Intervall $(-l, 0)$ fortgesetzt worden ist, setzen wir $\varphi_2(x)$ nach Formel (34) in das Intervall $(2l, 3l)$ fort, usw.

Hierbei ergibt sich natürlich keine periodische Funktion; wenn $|q| < 1$ ist, tritt bei den aufeinanderfolgenden Reflexionen eine immer stärkere Absorption der Welle auf. Die Funktion $\varphi_2(x)$ ist somit definiert für $x > 0$ und die Funktion $\varphi_1(x)$ für $x < l$; mehr benötigen wir aber nicht, da die Argumente $x - at$ und $x + at$, von denen $\varphi_1(x)$ und $\varphi_2(x)$ abhängen, gerade diese Ungleichungen erfüllen.

198. Die verallgemeinerte Gleichung der Schwingungen einer Saite. Bisher wurde die Telegraphengleichung in dem Spezialfall $\delta = 0$ behandelt. Bevor wir zu dem allgemeinen Fall übergehen, untersuchen wir zunächst die verallgemeinerte eindimensionale Wellengleichung

$$\frac{\partial^2 v}{\partial t^2} = a^2 \frac{\partial^2 v}{\partial x^2} + a_1 \frac{\partial v}{\partial x} + a_2 \frac{\partial v}{\partial t} + a_3 v; \tag{35}$$

hierin ist der erste Koeffizient a^2 als positiv vorausgesetzt, die übrigen können beliebiges Vorzeichen haben. Wir führen statt v eine neue Funktion u durch

$$v = e^{\alpha t + \beta x} u \tag{36}$$

ein und zeigen so wie früher, daß die Werte α und β stets so gewählt werden können, daß in der Differentialgleichung für u die Glieder mit den partiellen Ableitungen erster Ordnung wegfallen. Setzen wir (36) in (35) ein, heben $e^{\alpha t + \beta x}$ heraus und fassen die entsprechenden Glieder zusammen, so gelangen wir zu

$$\frac{\partial^2 u}{\partial t^2} = a^2 \frac{\partial^2 u}{\partial x^2} + (a_1 + 2a^2\beta) \frac{\partial u}{\partial x} + (a_2 - 2\alpha) \frac{\partial u}{\partial t}$$
$$+ (a_3 + a^2\beta^2 + a_1\beta + a_2\alpha - \alpha^2) u = 0;$$

wird jetzt $\alpha = \dfrac{a_2}{2}$, $\beta = -\dfrac{a_1}{2a^2}$ gesetzt, so entsteht eine Gleichung der Form

$$\frac{\partial^2 u}{\partial t^2} = a^2 \frac{\partial^2 u}{\partial x^2} + c^2 u, \tag{37}$$

wobei der Koeffizient c^2 entweder positiv oder negativ sein kann; die Konstante c ist also entweder als reeller oder als rein imaginärer Wert anzusehen.

Wir lösen Gleichung (37) unter den für die ganze x-Achse vorgegebenen Anfangsbedingungen

$$u\Big|_{t=0} = 0, \quad \frac{\partial u}{\partial t}\Big|_{t=0} = \omega(x). \tag{38}$$

Zu dem Zweck betrachten wir anstelle der vorliegenden, durch die Beziehungen (37) und (38) definierten Aufgabe zunächst ein anderes Problem, das durch folgende Gleichung und Anfangsbedingungen definiert wird:

$$\frac{\partial^2 w}{\partial t^2} = a^2 \left(\frac{\partial^2 w}{\partial x^2} + \frac{\partial^2 w}{\partial y^2} \right), \tag{39_1}$$

$$w\Big|_{t=0} = 0, \quad \frac{\partial w}{\partial t}\Big|_{t=0} = \omega(x) e^{\frac{c}{a} y} \tag{39_2}$$

Gemäß Formel (80) aus [185] können wir die Lösung dieses Problems unmittelbar hinschreiben:

$$w(x, y, t) = \frac{1}{2\pi a} \iint\limits_{(C_{at})} \frac{\omega(\alpha) e^{\frac{c}{a}\beta} \, d\alpha \, d\beta}{\sqrt{a^2 t^2 - (\alpha - x)^2 - (\beta - y)^2}};$$

hierbei bedeutet (C_{at}) die Kreisfläche mit dem Mittelpunkt (x, y) und dem Radius at. Werden statt α und β die neuen Veränderlichen $\alpha' = \alpha - x$ und $\beta' = \beta - y$ eingeführt, so transformiert sich das angegebene Doppelintegral in ein Integral über die Kreisfläche (C'_{at}) mit dem Mittelpunkt im Ursprung und dem Radius at:

$$w(x, y, t) = \frac{1}{2\pi a} \iint\limits_{(C'_{at})} \frac{\omega(\alpha' + x) e^{\frac{c}{a}(\beta'+y)} d\alpha' \, d\beta'}{\sqrt{a^2 t^2 - \alpha'^2 - \beta'^2}};$$

ziehen wir noch den Faktor $e^{\frac{c}{a} y}$ vor das Integral, so können wir

$$w(x, y, t) = e^{\frac{c}{a} y} u(x, t) \tag{40}$$

schreiben, wobei der zweite Faktor

$$u(x, t) = \frac{1}{2\pi a} \iint\limits_{(C'_{at})} \frac{\omega(\alpha' + x) e^{\frac{c}{a}\beta'} d\alpha' \, d\beta'}{\sqrt{a^2 t^2 - \alpha'^2 - \beta'^2}} \tag{41}$$

jetzt offenbar nicht von y abhängt. Es soll nun gezeigt werden, daß der Ausdruck (41) unsere ursprüngliche Aufgabe löst, d. h. die Differentialgleichung (37) und die Anfangsbedingungen (38) erfüllt. In der Tat genügt w der Differentialgleichung (39_1), und wenn wir den Ausdruck (40) in (39_1) einsetzen, erhalten wir nach Wegheben von $e^{\frac{c}{a} y}$ die Gleichung (37) für u. Die Anfangsbedingungen für u ergeben sich unmittelbar aus den Anfangsbedingungen (39_2) für w sowie aus (40). Die Lösung der Differentialgleichung (37) mit den Anfangsbedingungen (38) ist also durch die Formel (41) gegeben. Der auf der rechten Seite dieser Formel stehende Ausdruck soll noch in eine andere Form gebracht werden.

Dazu führen wir das Doppelintegral über die Kreisfläche (C'_{at}) auf zwei Quadraturen zurück:

$$u(x, t) = \frac{1}{2\pi a} \int\limits_{-at}^{at} \left[\int\limits_{-\sqrt{a^2 t^2 - \alpha'^2}}^{\sqrt{a^2 t^2 - \alpha'^2}} \frac{e^{\frac{c}{a}\beta'}}{\sqrt{a^2 t^2 - \alpha'^2 - \beta'^2}} d\beta' \right] \omega(\alpha' + x) \, d\alpha'. \tag{42}$$

Wird nun in dem inneren Integral anstelle von β' mittels der Beziehung $\beta' = \sqrt{a^2 t^2 - \alpha'^2} \sin \varphi$ die neue Integrationsvariable φ eingeführt, so nimmt dieses die Form

$$\int\limits_{-\pi/2}^{\pi/2} e^{\frac{c}{a}\sqrt{a^2 t^2 - \alpha'^2} \sin \varphi} d\varphi$$

an. Definiert man eine neue transzendente Funktion $I(z)$ durch das von dem Parameter z abhängende Integral

$$I(z) = \frac{1}{\pi} \int_{-\pi/2}^{\pi/2} e^{z \sin \varphi} \, d\varphi, \tag{43}$$

so kann die Formel (42) folgendermaßen geschrieben werden:

$$u(x, t) = \frac{1}{2a} \int_{-at}^{at} I\left(\frac{c}{a} \sqrt{a^2 t^2 - \alpha'^2}\right) \omega(\alpha' + x) \, d\alpha'.$$

Wird schließlich noch die Integrationsvariable $\alpha = \alpha' + x$ substituiert, so ergibt sich

$$u(x, t) = \frac{1}{2a} \int_{x-at}^{x+at} I\left(\frac{c}{a} \sqrt{a^2 t^2 - (\alpha - x)^2}\right) \omega(\alpha) \, d\alpha.$$

Differenzieren wir die erhaltene Lösung nach t, so erhalten wir so wie in [184] die neue Lösung $u_1 = \dfrac{\partial u}{\partial t}$ von (37), die jetzt statt der Anfangsbedingungen (38) die Bedingungen

$$u\bigg|_{t=0} = \omega(x), \quad \frac{\partial u}{\partial t}\bigg|_{t=0} = 0 \tag{44}$$

erfüllt. Um eine Lösung von (37) zu gewinnen, die den Anfangsbedingungen in der allgemeinen Form

$$u\bigg|_{t=0} = \varphi(x), \quad \frac{\partial u}{\partial t}\bigg|_{t=0} = \varphi_1(x) \tag{45}$$

genügt, braucht man nur in den Anfangsbedingungen (38) $\omega(x) = \varphi_1(x)$ sowie in den Anfangsbedingungen (44) $\omega(x) = \varphi(x)$ zu wählen und dann die entsprechenden Ausdrücke für u zu addieren, was zu der Formel

$$u(x, t) = \frac{1}{2a} \int_{x-at}^{x+at} I\left(\frac{c}{a} \sqrt{a^2 t^2 - (\alpha - x)^2}\right) \varphi_1(\alpha) \, d\alpha$$

$$+ \frac{\partial}{\partial t}\left[\frac{1}{2a} \int_{x-at}^{x+at} I\left(\frac{c}{a} \sqrt{a^2 t^2 - (\alpha - x)^2}\right) \varphi(\alpha) \, d\alpha\right] \tag{46}$$

führt. Wird die Differentiation nach t in der oberen und unteren Grenze sowie auch unter dem Integralzeichen ausgeführt und dabei beachtet, daß gemäß (43)

$I(0) = 1$ ist, so läßt sich (46) folgendermaßen schreiben:

$$u(x,t) = \frac{\varphi(x-at) + \varphi(x+at)}{2} + \frac{1}{2a} \int_{x-at}^{x+at} I\left(\frac{c}{a}\sqrt{a^2 t^2 - (\alpha - x)^2}\right) \varphi_1(\alpha)\, d\alpha$$

$$+ \frac{ct}{2} \int_{x-at}^{x+at} \frac{1}{\sqrt{a^2 t^2 - (\alpha - x)^2}} I'\left(\frac{c}{a}\sqrt{a^2 t^2 - (\alpha - x)^2}\right) \varphi(\alpha)\, d\alpha, \qquad (47)$$

wobei mit $I'(z)$ die Ableitung von $I(z)$ nach dem Argument z bezeichnet ist.

Wir stellen jetzt die Beziehung zwischen der Funktion $I(z)$ und der Besselschen Funktion nullter Ordnung

$$J_0(x) = \sum_{s=0}^{\infty} \frac{(-1)^s}{(s!)^2} \left(\frac{x}{2}\right)^{2s} \qquad (48)$$

her [48]. Wird $e^{z \sin \varphi}$ in die Potenzreihe $e^{z \sin \varphi} = \sum\limits_{n=0}^{\infty} \dfrac{z^n \sin^n \varphi}{n!}$ entwickelt und diese dann über das Intervall $\left(-\dfrac{\pi}{2}, \dfrac{\pi}{2}\right)$ gliedweise integriert, was wegen der gleichmäßigen Konvergenz der Reihe erlaubt ist, so ergibt sich

$$I(z) = \sum_{n=0}^{\infty} \frac{z^n}{n!} \cdot \frac{1}{\pi} \int_{-\pi/2}^{\pi/2} \sin^n \varphi\, d\varphi.$$

Für ungerades n verschwinden offenbar die auftretenden Integrale; für gerades $n = 2s$ gilt [**I, 100**]

$$\int_{-\pi/2}^{\pi/2} \sin^{2s} \varphi\, d\varphi = 2 \int_0^{\pi/2} \sin^{2s} \varphi\, d\varphi = \frac{(2s-1)(2s-3) \cdots 1}{2s \cdot (2s-2) \cdots 2} \pi,$$

woraus

$$I(z) = \sum_{s=0}^{\infty} \frac{z^{2s}}{(2s)!} \cdot \frac{(2s-1)(2s-3) \cdots 1}{2s \cdot (2s-2) \cdots 2},$$

also

$$I(z) = \sum_{s=0}^{\infty} \frac{1}{(s!)^2} \left(\frac{z}{2}\right)^{2s} \qquad (49)$$

folgt. Durch Vergleich dieser Entwicklung mit (48) erhalten wir

$$I(z) = J_0(iz). \qquad (50)$$

199. Der unbegrenzte Leiter im allgemeinen Fall. Wir gehen jetzt zur Behandlung der Telegraphengleichung für den unbegrenzten Leiter über. Zunächst sei bemerkt, daß der in [**196**] für die Hilfsfunktion w gefundenen Differentialgleichung (21) insbesondere auch die Spannung v und der Strom i genügen müssen.

Um dies zu zeigen, gehen wir auf die Grundgleichungen (1) und (2) zurück und eliminieren in diesen i. Hierzu differenzieren wir die Gleichung (1) nach x und setzen für $\dfrac{\partial i}{\partial x}$ den sich aus Gleichung (2) ergebenden Ausdruck ein:

$$\frac{\partial^2 v}{\partial x^2} + L\frac{\partial^2 i}{\partial t\,\partial x} + R\frac{\partial i}{\partial x} = 0,$$

also

$$\frac{\partial^2 v}{\partial x^2} - L\frac{\partial}{\partial t}\left(C\frac{\partial v}{\partial t} + Av\right) - R\left(C\frac{\partial v}{\partial t} + Av\right) = 0.$$

Für v entsteht dann die Gleichung (21)

$$\frac{\partial^2 v}{\partial x^2} - LC\frac{\partial^2 v}{\partial t^2} - (LA + RC)\frac{\partial v}{\partial t} - RAv = 0. \tag{51}$$

Hätten wir aus den Gleichungen (1) und (2) zuerst die Spannung v eliminiert, so würde sich für i dieselbe Gleichung ergeben haben.

Nachdem v ermittelt ist, kann i so bestimmt werden, daß es den Gleichungen (1) und (2) genügt. Wir erhalten z. B. unter Benutzung der Gleichung (2)

$$i = -\int\left(C\frac{\partial v}{\partial t} + Av\right)dx + B(t), \tag{52}$$

wobei die Integration über x bei konstantem t auszuführen ist und $B(t)$ eine zunächst willkürliche Funktion von t ist. Setzen wir diesen Ausdruck für i in die Gleichung (1) ein und differenzieren unter dem Integralzeichen nach dem Parameter t, so erhalten wir

$$\begin{aligned}\frac{\partial v}{\partial x} - \int\left(LC\frac{\partial^2 v}{\partial t^2} + LA\frac{\partial v}{\partial t}\right)dx &- \int\left(RC\frac{\partial v}{\partial t} + RAv\right)dx \\ + LB'(t) + RB(t) &= 0.\end{aligned} \tag{53}$$

Wird die Summe der ersten drei Glieder nach x differenziert, so ergibt sich wegen (51) Null; diese Summe stellt also eine bekannte Funktion von t allein dar, und es entsteht zur Bestimmung von $B(t)$ eine lineare Differentialgleichung erster Ordnung. Die willkürliche Konstante, die sich bei deren Integration ergibt, kann gewöhnlich aus der Anfangsbedingung bestimmt werden.

Die Gleichung (51) läßt sich wie früher [**196**] auf die Form

$$\frac{\partial^2 u}{\partial t^2} = \frac{1}{LC}\frac{\partial^2 u}{\partial x^2} + c^2 u \tag{54}$$

bringen mit Hilfe der Substitution

$$v(x,t) = e^{-\mu t}u(x,t), \tag{55}$$

wobei

$$\mu = \frac{LA + RC}{2LC}, \quad c = \frac{|LA - RC|}{2LC} \tag{56}$$

ist. Sind v und i für $t = 0$ längs des Leiters vorgegeben, so sind damit auch $\dfrac{\partial v}{\partial x}$ und $\dfrac{\partial i}{\partial x}$ für $t = 0$ bekannt, und die Gleichungen (1) und (2) liefern $\dfrac{\partial v}{\partial t}$ und $\dfrac{\partial i}{\partial t}$ für $t = 0$. Wir können somit annehmen, daß neben der Gleichung (51) die gewöhnlichen Anfangsbedingungen

$$v\bigg|_{t=0} = \Phi(x), \quad \frac{\partial v}{\partial t}\bigg|_{t=0} = \Psi(x) \tag{57}$$

gegeben sind.

Unter Benutzung von (55) werden daraus die folgenden Anfangsbedingungen für u:

$$u\bigg|_{t=0} = \Phi(x), \quad \frac{\partial u}{\partial t}\bigg|_{t=0} = \mu \Phi(x) + \Psi(x). \tag{58}$$

Mit Hilfe der Formel (47) für u erhalten wir schließlich unter Berücksichtigung von (55)

$$v(x,t) = \frac{1}{2} e^{-\mu t} \Bigg\{ \Phi(x-at) + \Phi(x+at)$$

$$+ \frac{1}{a} \int_{x-at}^{x+at} [\mu \Phi(\alpha) + \Psi(\alpha)] I\left(\frac{c}{a}\sqrt{a^2 t^2 - (\alpha - x)^2}\right) d\alpha$$

$$+ \frac{ct}{2} \int_{x-at}^{x+at} \frac{1}{\sqrt{a^2 t^2 - (\alpha - x)^2}} I'\left(\frac{c}{a}\sqrt{a^2 t^2 - (\alpha - x)^2}\right) \Phi(\alpha) \, d\alpha \Bigg\}, \tag{59}$$

wobei μ und c die frühere Bedeutung haben und $a = \frac{1}{\sqrt{LC}}$ ist.

So wie bei der Schwingung einer Saite gibt es hier eine bestimmte Ausbreitungsgeschwindigkeit a einer Störung. Ist z. B. die durch die Funktionen $\Phi(x)$ und $\Psi(x)$ gegebene Anfangsstörung nur in einem endlichen Intervall $p \leqq x \leqq q$ von Null verschieden, so zeigt sich bei Anwendung der Formel (57) auf einen Punkt x mit $x > q$, daß $v(x,t)$ bis zum Zeitpunkt $t = \frac{1}{a}(x-q)$ gleich Null ist. Ein wesentlicher Unterschied gegenüber der Saite besteht darin, daß sich die Funktion $v(x,t)$ nach dem Durchlaufen der hinteren Front der Anfangsstörung nicht auf eine Konstante (insbesondere nicht auf Null) reduziert. Ist nämlich $t > \frac{1}{a}(x-p)$, so werden zwar die vor den Integralen stehenden Glieder der Formel (59) Null, es verbleiben jedoch die Integrale, die über das feste Intervall (p,q) zu erstrecken sind. Gleichwohl treten aber die Veränderlichen x und t in den Integralen als Parameter auf.

Wenn z. B. für $t=0$ in dem Leiter kein Strom fließt, aber das Potential v durch die Funktion $\Phi(x)$ bestimmt wird, gilt wegen (2)

$$\frac{\partial v}{\partial t}\bigg|_{t=0} = -\frac{A}{C} \Phi(x). \tag{60}$$

Nimmt man $A = 0$ an, d. h., vernachlässigt man die Leitungsverluste, so wird die rechte Seite gleich Null.

200. Das Fouriersche Verfahren für den begrenzten Leiter.

Das Fouriersche Verfahren läßt sich ohne Schwierigkeit auf die Integration der Differentialgleichung (51) mit vorgegebenen Anfangs- und Randbedingungen bei einem begrenzten Leiter anwenden. Es werde angenommen, daß das eine Ende des Leiters, etwa $x = 0$, unter einer vorgegebenen konstanten Spannung E gehalten wird und am anderen Ende $v = 0$ ist, also folgende Randbedingungen gegeben sind:

$$v|_{x=0} = E \quad \text{und} \quad v|_{x=l} = 0. \tag{61}$$

Ferner sei angenommen, daß der Leiter zum Anfangszeitpunkt $t = 0$ sowohl spannungs- als auch stromlos ist, also

$$v|_{t=0} = 0 \quad \text{und} \quad i|_{t=0} = 0 \tag{62}$$

für $0 < x < l$ gilt. Aus den Gleichungen (1) und (2) geht dann hervor, daß

$$\left.\frac{\partial v}{\partial t}\right|_{t=0} = 0 \quad \text{und} \quad \left.\frac{\partial i}{\partial t}\right|_{t=0} = 0 \tag{63}$$

wird.

Die Differentialgleichung (51) ist somit unter den Randbedingungen (61) und den Anfangsbedingungen

$$v\bigg|_{t=0} = 0, \quad \left.\frac{\partial v}{\partial t}\right|_{t=0} = 0 \quad (0 < x < l) \tag{64}$$

zu integrieren.

Wir stellen zunächst eine nur von x abhängige Lösung $v = F(x)$ der Gleichung (51) auf, die den Randbedingungen (61) genügen möge. Für $F(x)$ ergibt sich die Gleichung

$$F''(x) - b^2 F(x) = 0 \qquad (b^2 = RA).$$

In dem Beispiel aus [195] hatten wir gerade eine Lösung dieser Gleichung gefunden, die die Bedingungen (61) erfüllt, nämlich

$$F(x) = E \frac{\sinh b(l-x)}{\sinh bl}. \tag{65}$$

Wir führen jetzt anstelle von $v(x, t)$ die Funktion $w(x, t)$ ein mittels der Beziehung

$$w(x, t) = v(x, t) - F(x). \tag{66}$$

Zur Bestimmung von $w(x, t)$ ergeben sich dieselbe Differentialgleichung (51), die homogenen Randbedingungen

$$w|_{x=0} = 0, \quad w|_{x=l} = 0 \tag{67}$$

und die Anfangsbedingungen

$$w\bigg|_{t=0} = -F(x), \quad \left.\frac{\partial w}{\partial t}\right|_{t=0} = 0. \tag{68}$$

Der Kürze halber schreiben wir die Gleichung (51) für w in der Form

$$\frac{\partial^2 w}{\partial x^2} - a^2 \frac{\partial^2 w}{\partial t^2} - 2h \frac{\partial w}{\partial t} - b^2 w = 0 \tag{69}$$

mit

$$a^2 = LC, \quad 2h = LA + RC, \quad b^2 = RA. \tag{70}$$

Der weitere Lösungsgang besteht in der üblichen Anwendung der Fourierschen Methode. Es wird eine Lösung der Gleichung (69) in der Form eines Produkts aus einer Funktion von x allein und einer Funktion von t allein gesucht: $w = XT$. Nach Einsetzen in die Gleichung (69) und Separation der Veränderlichen entsteht

$$\frac{X''}{X} = \frac{a^2 T'' + 2hT' + b^2 T}{T} = -\frac{m^2 \pi^2}{l^2}$$

mit der zunächst willkürlichen Konstanten m^2. Es ergeben sich zwei lineare Differentialgleichungen mit konstanten Koeffizienten:

$$X'' + \frac{m^2 \pi^2}{l^2} X = 0, \qquad a^2 T'' + 2hT' + \left(b^2 + \frac{m^2 \pi^2}{l^2}\right) T = 0.$$

Im Hinblick auf die Randbedingungen (67) wählen wir als Lösung der ersten Gleichung

$$X_m = \sin \frac{m\pi x}{l} \qquad (m = 1, 2, \ldots)$$

mit ganzzahligem positivem m. Die Gleichung für T hat die allgemeine Lösung

$$T_m = A_m e^{\alpha_m t} + A_m' e^{\alpha_m' t},$$

wobei A_m und A_m' willkürliche Konstanten und α_m sowie α_m' die Wurzeln der Gleichung

$$a^2 l^2 \alpha^2 + 2hl^2 \alpha + (b^2 l^2 + m^2 \pi^2) = 0 \tag{71}$$

sind; wir setzen dabei voraus, daß die Konstanten R, L, C und A des Leiters Werte besitzen, für welche diese Gleichung für jedes ganzzahlige m verschiedene Wurzeln hat. Es ergibt sich somit ein unendliches System von Lösungen

$$w_m = (A_m e^{\alpha_m t} + A_m' e^{\alpha_m' t}) \sin \frac{m\pi x}{l}, \tag{72}$$

die den Randbedingungen genügen. Wir bilden nun formal die Summe dieser Lösungen,

$$w = \sum_{m=1}^{\infty} (A_m e^{\alpha_m t} + A_m' e^{\alpha_m' t}) \sin \frac{m\pi x}{l}, \tag{73}$$

und wählen die Konstanten A_m und A_m' so, daß die Anfangsbedingungen (68) erfüllt werden. Das liefert

$$\sum_{m=1}^{\infty} (A_m + A_m') \sin \frac{m\pi x}{l} = -F(x),$$

$$(0 < x < l).$$

$$\sum_{m=1}^{\infty} (\alpha_m A_m + \alpha_m' A_m') \sin \frac{m\pi x}{l} = 0$$

Werden die Fourier-Koeffizienten in der üblichen Weise bestimmt, so ergeben sich zwei Gleichungen für A_m und A_m':

$$A_m + A_m' = -\frac{2}{l} \int_0^l F(x) \sin \frac{m\pi x}{l} dx,$$

$$\alpha_m A_m + \alpha_m' A_m' = 0. \tag{74}$$

Nach Einsetzen der Funktion (65) unter dem Integralzeichen kann die Integration ausgeführt werden:

$$\frac{2}{l} \int_0^l F(x) \sin \frac{m\pi x}{l} \, dx = \frac{2 m \pi}{b^2 l^2 + m^2 \pi^2} E.$$

Die Auflösung des Gleichungssystems (73) ergibt

$$A_m = \frac{2 m \pi}{b^2 l^2 + m^2 \pi^2} \cdot E \, \frac{\alpha_m'}{\alpha_m - \alpha_m'}, \qquad A_m' = -\frac{2 m \pi}{b^2 l^2 + m^2 \pi^2} \cdot E \, \frac{\alpha_m}{\alpha_m - \alpha_m'}.$$

Nach Einsetzen dieser Werte in (76) entsteht

$$w = E \sum_{m=1}^{\infty} \frac{2 m \pi}{b^2 l^2 + m^2 \pi^2} \cdot \frac{\alpha_m' e^{\alpha_m t} - \alpha_m e^{\alpha_m' t}}{\alpha_m - \alpha_m'} \sin \frac{m \pi x}{l}. \tag{75}$$

Die Wurzeln der Gleichung (71) sind entweder negativ reell oder konjugiert komplex mit negativem Realteil. In jedem Fall klingt die Lösung (75) mit wachsendem t ab. Sie bestimmt den Prozeß des Übergangs von einem stromlosen Leiter zu dem durch die Funktion (65) definierten stationären Zustand. Die Formel (66) ergibt als endgültigen Ausdruck für die Spannung

$$v = E \frac{\sinh b(l-x)}{\sinh b l} + E \sum_{m=1}^{\infty} \frac{2 m \pi}{b^2 l^2 + m^2 \pi^2} \cdot \frac{\alpha_m' e^{\alpha_m t} - \alpha_m e^{\alpha_m' t}}{\alpha_m - \alpha_m'} \sin \frac{m \pi x}{l}. \tag{76}$$

Die Auflösung der quadratischen Gleichung (71) liefert für die Wurzeln Ausdrücke der Form

$$\alpha_m = -\nu + k_m, \qquad \alpha_m' = -\nu - k_m \tag{77}$$

mit

$$\nu = \frac{h}{a^2}, \qquad k_m = \frac{1}{a^2 l} \sqrt{h^2 l^2 - a^2 (b^2 l^2 + m^2 \pi^2)}. \tag{78}$$

Nach Einsetzen in Formel (76) läßt sich diese folgendermaßen schreiben:

$$v = E \frac{\sinh b(l-x)}{\sinh b l} - E e^{-\nu t} \sum_{m=1}^{\infty} \frac{2 m \pi}{b^2 l^2 + m^2 \pi^2} \left(\cosh k_m t + \frac{\nu}{k_m} \sinh k_m t \right) \sin \frac{m \pi x}{l}. \tag{79}$$

Wir bestimmen jetzt i nach der im vorhergehenden Abschnitt angegebenen Methode. Gleichung (2) liefert uns

$$\frac{\partial i}{\partial x} = -A E \frac{\sinh b(l-x)}{\sinh b l} + A E e^{-\nu t} \sum_{m=1}^{\infty} \frac{2 m \pi}{b^2 l^2 + m^2 \pi^2} \left(\cosh k_m t + \frac{\nu}{k_m} \sinh k_m t \right) \sin \frac{m \pi x}{l}$$

$$+ C E e^{-\nu t} \sum_{m=1}^{\infty} \frac{2 m \pi}{b^2 l^2 + m^2 \pi^2} \left(k_m - \frac{\nu^2}{k_m} \right) \sinh k_m t \sin \frac{m \pi x}{l}.$$

Berücksichtigen wir noch, daß nach (78)

$$\nu^2 - k_m^2 = \frac{b^2 l^2 + m^2 \pi^2}{a^2 l^2}$$

ist, so erhalten wir bei Integration über x unter Beachtung von $a^2 = LC$

$$i = \frac{AE}{b} \cdot \frac{\cosh b(l-x)}{\sinh bl}$$

$$-2AEle^{-\nu t} \sum_{m=1}^{\infty} \frac{1}{b^2 l^2 + m^2\pi^2} \left(\cosh k_m t + \frac{\nu'}{k_m} \sinh k_m t\right) \cos \frac{m\pi x}{t} \quad (80)$$

$$+ \frac{2E}{Ll} e^{-\nu t} \sum_{m=1}^{\infty} \frac{1}{k_m} \sinh k_m t \cos \frac{m\pi x}{l} + B(t).$$

Nach Einsetzen in Gleichung (1) entsteht zur Bestimmung von $B(t)$ die Differentialgleichung $LB'(t) + RB(t) = 0$, woraus

$$B(t) = B_0 e^{-\frac{R}{L}t} \quad (81)$$

mit der willkürlichen Konstanten B_0 folgt; diese ist aus der Bedingung zu bestimmen, daß i für $t = 0$ längs des ganzen Leiters verschwindet. Führen wir den Ausdruck (81) in (80) ein und setzen dann $i = 0$, so wird

$$0 = \frac{AE}{b} \frac{\cosh b(l-x)}{\sinh bl} - 2AEl \sum_{m=1}^{\infty} \frac{1}{b^2 l^2 + m^2\pi^2} \cos \frac{m\pi x}{l} + B_0. \quad (82)$$

Eine Entwicklung des ersten rechts stehenden Gliedes in eine Fourier-Reihe nach Kosinusgliedern im Intervall $0 < x < t$ liefert aber

$$\frac{AE}{b} \frac{\cosh b(l-x)}{\sinh bl} = \frac{AE}{lb^2} + 2AEl \sum_{m=1}^{\infty} \frac{1}{b^2 l^2 + m^2\pi^2} \cos \frac{m\pi x}{l} \quad (0 < x < l),$$

so daß aus der Bedingung (82)

$$B_0 = -\frac{AE}{lb^2} = -\frac{E}{Rl}$$

folgt, also

$$B(t) = -\frac{E}{Rl} e^{-\frac{R}{L}t}.$$

Durch Einsetzen dieses Ausdrucks für $B(t)$ in (80) ergibt sich der endgültige Ausdruck für die Stromstärke.

Eine eingehende Untersuchung des angegebenen Lösungsverfahrens ist in der Arbeit von A. N. Krylow „Über die Ausbreitung des Stromes in einem Kabel" (А. Н. Крылов, О распространении тока по кабелю) (Journal für angewandte Physik, Bd. VI, Heft 2, 1929, S. 66) zu finden.

201. Die verallgemeinerte Wellengleichung. In [198] wurde die verallgemeinerte Wellengleichung im eindimensionalen Fall, d. h. mit zwei unabhängigen Veränderlichen, behandelt. Unter Verwendung derselben Methode kann auch die verallgemeinerte Wellengleichung mit drei und vier unabhängigen Veränderlichen untersucht werden. Zur Vereinfachung der nachfolgenden Beziehungen nehmen wir an, daß in der Wellengleichung die Geschwindigkeit $a = 1$ ist. Für den Übergang von den später erhaltenen Resultaten zu den Formeln für beliebiges a braucht in diesen nur t jeweils durch at ersetzt zu werden.

Gegeben sei für die unbegrenzte Ebene die Differentialgleichung

$$\frac{\partial^2 u}{\partial t^2} = \frac{\partial^2 u}{\partial x^2} + \frac{\partial^2 u}{\partial y^2} + c^2 u \tag{83}$$

mit den Anfangsbedingungen

$$u\bigg|_{t=0} = 0, \quad \frac{\partial u}{\partial t}\bigg|_{t=0} = \omega(x, y). \tag{84}$$

Wir betrachten statt dessen ein anderes Problem, nämlich die Integration der Wellengleichung

$$\frac{\partial^2 w}{\partial t^2} = \frac{\partial^2 w}{\partial x^2} + \frac{\partial^2 w}{\partial y^2} + \frac{\partial^2 w}{\partial z^2}$$

mit den Anfangsbedingungen

$$w\bigg|_{t=0} = 0, \quad \frac{\partial w}{\partial t}\bigg|_{t=0} = \omega(x, y)e^{cz}.$$

Das neue Problem ist unmittelbar mit Hilfe der Poissonschen Formel zu lösen; man erhält

$$w = \frac{t}{4\pi} \int\limits_0^{2\pi} \int\limits_0^{\pi} \omega(x + t\sin\theta\cos\varphi, y + t\sin\theta\sin\varphi) e^{c(z+t\cos\theta)} \sin\theta \, d\theta \, d\varphi.$$

Diese Beziehung läßt sich folgendermaßen umformen:

$$w(x, y, z, t) = e^{cz} u(x, y, t),$$

wobei

$$u(x, y, t) = \frac{t}{4\pi} \int\limits_0^{2\pi} \int\limits_0^{\pi} \omega(x + t\sin\theta\cos\varphi, \ y + t\sin\theta\sin\varphi) e^{ct\cos\theta} \sin\theta \, d\theta \, d\varphi \tag{85}$$

ist; so wie in [198] läßt sich nun nachweisen, daß diese Funktion der Gleichung (83) und den Anfangsbedingungen (84) genügt. Wir bringen jetzt die Formel (85) auf eine einfachere Form. Dazu wird anstelle von θ die neue Integrationsvariable ϱ durch die Beziehung $t \cos\theta = \varrho$ eingeführt, womit

$$t \sin\theta \, d\theta = -d\varrho \quad \text{und} \quad \sin\theta = \sqrt{1 - \frac{\varrho^2}{t^2}}$$

wird.

Die Integration über θ in Formel (85) erhält mit der neuen Variablen die Form

$$\frac{1}{t} \int\limits_{-t}^{t} \omega\big(x + \sqrt{t^2 - \varrho^2} \cos\varphi, \ y + \sqrt{t^2 - \varrho^2} \sin\varphi\big) e^{c\varrho} d\varrho.$$

Zerlegen wir noch das Integrationsintervall in die beiden Teilintervalle $(-t, 0)$ und $(0, t)$ und ersetzen in dem ersten ϱ durch $-\varrho$, so können wir für das letzte

Integral auch

$$\frac{2}{t}\int_0^t \omega\left(x + \sqrt{t^2 - \varrho^2}\cos\varphi,\ y + \sqrt{t^2 - \varrho^2}\sin\varphi\right)\cosh c\varrho\, d\varrho$$

schreiben; die Beziehung (85) nimmt somit folgende Form an:

$$u(x, y, t) = \int_0^t \left[\frac{1}{2\pi}\int_0^{2\pi} \omega\left(x + \sqrt{t^2 - \varrho^2}\cos\varphi,\ y + \sqrt{t^2 - \varrho^2}\sin\varphi\right)d\varphi\right]\cosh c\varrho\, d\varrho.$$

Die Integration über φ in dieser Formel liefert das arithmetische Mittel der Funktionswerte $\omega(x, y)$ auf dem Kreis mit dem Mittelpunkt (x, y) und dem Radius $\sqrt{t^2 - \varrho^2}$ in der x, y-Ebene. Wird nun dieses arithmetische Mittel mit $T_{\sqrt{t^2-\varrho^2}}\{\omega(x, y)\}$ bezeichnet, so können wir schließlich (85) in der Form

$$u(x, y, t) = \int_0^t T_{\sqrt{t^2-\varrho^2}}\{\omega(x, y)\}\cosh c\varrho\, d\varrho \tag{86}$$

schreiben.

Wir bemerken, daß $\cosh c\varrho = \cos c_1\varrho$ wird, wenn $c = c_1 i$ rein imaginär ist. Durch Differentiation der gewonnenen Lösung nach t erhalten wir in $u_1 = \dfrac{\partial u}{\partial t}$ eine Lösung von (83), die den Anfangsbedingungen

$$u_1\bigg|_{t=0} = \omega(x, y),\quad \frac{\partial u_1}{\partial t}\bigg|_{t=0} = 0$$

genügt.

Entsprechend benutzt man für die Integration der Differentialgleichung

$$\frac{\partial^2 u}{\partial t^2} = \frac{\partial^2 u}{\partial x^2} + \frac{\partial^2 u}{\partial y^2} + \frac{\partial^2 u}{\partial z^2} + c^2 u \tag{87}$$

mit den Anfangsbedingungen

$$u\bigg|_{t=0} = 0,\quad \frac{\partial u}{\partial t}\bigg|_{t=0} = \omega(x, y, z) \tag{88}$$

die Formel (82_2) aus [186] für $n = 4$, wobei ω durch $\omega(x_2, x_3, x_4)e^{cx_1}$ zu ersetzen ist. Nach einigen einfachen Umformungen ergibt sich als Lösung der Gleichung (87) mit den Anfangsbedingungen (88)

$$u(x, y, z, t) = \frac{1}{t}\frac{\partial}{\partial t}\int_0^t \varrho^2 I_0\left(ic\sqrt{t^2 - \varrho^2}\right)T_\varrho\{\omega(x, y, z)\}\, d\varrho, \tag{89}$$

wobei $T_\varrho\{\omega(x, y, z)\}$ wie üblich das arithmetische Mittel der Funktion $\omega(x, y, z)$ auf der Kugelfläche mit dem Mittelpunkt (x, y, z) und dem Radius ϱ ist.

§ 19. Die Laplacesche Gleichung

202. Harmonische Funktionen. In diesem Paragraphen behandeln wir die partielle Differentialgleichung

$$\frac{\partial^2 U}{\partial x^2} + \frac{\partial^2 U}{\partial y^2} + \frac{\partial^2 U}{\partial z^2} = 0, \tag{1}$$

in der U eine Funktion von x, y und z darstellt. Die Gleichung (1) heißt, wie bereits erwähnt, *Laplacesche Gleichung*. Die linke Seite von (1) wird bekanntlich mit dem Symbol ΔU bezeichnet; man sagt, der *Laplacesche Operator* Δ werde auf die Funktion U angewendet. In [90] hatten wir ferner gesehen, daß der Differentialgleichung (1) das Potential der Gravitationskräfte oder der Anziehungskräfte elektrischer Ladungen in allen Raumpunkten genügt, die außerhalb der das Feld bildenden anziehenden Massen oder Ladungen liegen.

Eine Gleichung der Form (1) trat auch in [126] auf, und zwar wird sie erfüllt von dem Geschwindigkeitspotential der wirbelfreien Strömung einer inkompressiblen Flüssigkeit. In [129] hatte sich gezeigt, daß die Temperatur in einem homogenen Körper ebenfalls der Differentialgleichung (1) genügt, wenn der Wärmeaustausch stationär ist, d. h., wenn die Temperatur U nur vom Ort und nicht von der Zeit abhängt. Genauso ergab sich in [130] bei der Behandlung des stationären elektromagnetischen Feldes die Laplacesche Gleichung.

Hängt die Funktion U von einer der Koordinaten, z. B. von z, nicht ab, so reduziert sich die Differentialgleichung (1) auf die Form

$$\frac{\partial^2 U}{\partial x^2} + \frac{\partial^2 U}{\partial y^2} = 0. \tag{2}$$

In diesem Fall nimmt U auf jeder zur z-Achse parallelen Geraden denselben Wert an; das Bild der U-Werte in allen zur x, y-Ebene parallelen Ebenen ist also dasselbe, so daß man nur die x, y-Ebene zu betrachten braucht.

Eine Funktion, die einschließlich ihrer Ableitungen bis zur zweiten Ordnung in einem bestimmten räumlichen (dreidimensionalen) Bereich (D) stetig ist und dort die Differentialgleichung (1) erfüllt, heißt *in (D) harmonisch*. Diese Bezeichnung wird auch im Zusammenhang mit der Differentialgleichung (2) für einen Bereich in der x, y-Ebene verwendet. Im folgenden sollen einige Eigenschaften der harmonischen Funktionen abgeleitet werden.

In den Problemen der mathematischen Physik muß gewöhnlich die Funktion U außer der Differentialgleichung (1) noch eine gewisse Randbedingung erfüllen. Anfangsbedingungen bestehen im vorliegenden Fall natürlich nicht. Die fundamentale Randwertaufgabe für die Differentialgleichung (1) besteht in dem folgenden Problem: Es ist eine im Bereich (D) harmonische Funktion zu bestimmen, deren Werte auf der Berandung (S) dieses Bereichs vorgegeben sind. Diese Aufgabe wird gewöhnlich *Dirichletsches Problem* genannt. Bei der Formulierung des Problems werden unter den Werten U auf der Berandung (S) die Grenzwerte verstanden, die U bei beliebiger Annäherung vom Innern des Bereichs (D) her an die Punkte der Berandung (S) annimmt. Genauer kann man die Aufgabe so formulieren: Gesucht ist eine Funktion U, die innerhalb (D) harmonisch und im Bereich (D) einschließlich des Randes (S) stetig ist, wobei die Werte von U auf (S) vorgegeben sind. Diese auf (S) vorgegebene Funktion muß dann natürlich stetig sein. Der Einfachheit halber sei angenommen, daß die Berandung von (D) eine einzige geschlossene Fläche (S) darstellt. Wir bemerken noch, daß der Bereich (D) sowohl endlich als auch unendlich sein kann. Im letzten Fall liegt er im Äußeren von (S). Im Fall des endlichen Bereichs spricht man vom *inneren Dirichletschen Problem*, beim unendlichen Bereich vom *äußeren Dirichletschen Problem*. In dem letzten Problem wird noch gefordert, daß die Funktion im Unendlichen Null wird. Die Randbedingung im Dirichletschen Problem schreibt man in der Form

$$U|_{(S)} = f(M), \tag{3}$$

worin $f(M)$ eine vorgegebene stetige Funktion auf der Fläche (S) und M ein variabler Punkt dieser Fläche ist. Analog wird auch das innere Dirichletsche Problem im Fall der Differentialgleichung (2) für einen ebenen Bereich formuliert; dabei stellt die Vorgabe von U auf der Berandung des Bereiches die Randbedingung dar. Bei dem äußeren Dirichletschen Problem in der Ebene wird gefordert, daß die Funktion im Unendlichen einen endlichen Grenzwert besitzt.

Es sei noch eine Form der Randbedingung erwähnt, nämlich der Fall, daß auf der Berandung (S) der Wert der Ableitung in der Normalenrichtung vorgegeben ist:

$$\frac{\partial U}{\partial n}\bigg|_{(S)} = f(M). \tag{4}$$

Die Ermittlung einer harmonischen Funktion, die einer solchen Randbedingung genügt, wird als *Neumannsches Problem* bezeichnet. Es tritt in der Hydrodynamik bei der Untersuchung der Bewegung eines festen Körpers in einer idealen inkompressiblen Flüssigkeit auf. Die Randbedingung (4) drückt dabei aus, daß die Normalkomponenten der Geschwindigkeit des Punktes M auf der Körperoberfläche (S) und die Geschwindigkeit des an den Punkt M angrenzenden Flüssigkeitsteilchens übereinstimmen. Das Neumannsche Problem kann auch für die Differentialgleichung (2) formuliert werden.

Bevor wir zu einer Untersuchung der Eigenschaften der harmonischen Funktionen übergehen, sollen einige im folgenden benötigte Formeln hergeleitet werden.

203. Die Greensche Formel. Es seien (D) ein endlicher Bereich, (S) seine Berandung, U und V zwei Funktionen, die stetig sind und im Bereich (D) stetige Ableitungen bis zur zweiten Ordnung bis an dessen Berandung (S) heran besitzen.[1] Wir betrachten das Integral

$$I = \iiint\limits_{(D)} \left(\frac{\partial U}{\partial x}\frac{\partial V}{\partial x} + \frac{\partial U}{\partial y}\frac{\partial V}{\partial y} + \frac{\partial U}{\partial z}\frac{\partial V}{\partial z} \right) dv = \iiint\limits_{(D)} \operatorname{grad} U \cdot \operatorname{grad} V \, dv.$$

---

[1] Eine in einem Bereich (D) stetige Funktion heißt *bis an dessen Berandung (S) stetig*, wenn sie auf (S) Randwerte in dem bereits erklärten Sinne besitzt, die dort stetig sind. (D. Red.)

Unter Verwendung der Identität

$$\frac{\partial U}{\partial x}\frac{\partial V}{\partial x} = \frac{\partial}{\partial x}\left(U\frac{\partial V}{\partial x}\right) - U\frac{\partial^2 V}{\partial x^2}$$

sowie der beiden analogen Identitäten für $\dfrac{\partial}{\partial y}$ und $\dfrac{\partial}{\partial z}$ können wir das Integral folgendermaßen schreiben:

$$I = \iiint\limits_{(D)}\left[\frac{\partial}{\partial x}\left(U\frac{\partial V}{\partial x}\right) + \frac{\partial}{\partial y}\left(U\frac{\partial V}{\partial y}\right) + \frac{\partial}{\partial z}\left(U\frac{\partial V}{\partial z}\right)\right]dv - \iiint\limits_{(D)} U\,\Delta V\,dv.$$

Das erste Glied auf der rechten Seite formen wir nach der Gauß-Ostrogradskischen Formel um:

$$I = \iint\limits_{(S)}\left[U\frac{\partial V}{\partial x}\cos(n,x) + U\frac{\partial V}{\partial y}\cos(n,y) + U\frac{\partial V}{\partial z}\cos(n,z)\right]dS$$

$$- \iiint\limits_{(D)} U\,\Delta V\,dv$$

bzw. [120]

$$I = \iint\limits_{(S)} U\frac{\partial V}{\partial n}\,dS - \iiint\limits_{(D)} U\,\Delta V\,dv;$$

hierbei ist n die Richtung der ins Äußere des Bereiches (D) weisenden Normalen in den Punkten der Oberfläche (S).

Wir gelangen auf diese Weise zu der sogenannten *Greenschen Zwischenformel*

$$\iiint\limits_{(D)}\left(\frac{\partial U}{\partial x}\frac{\partial V}{\partial x} + \frac{\partial U}{\partial y}\frac{\partial V}{\partial y} + \frac{\partial U}{\partial z}\frac{\partial V}{\partial z}\right)dv = \iint\limits_{(S)} U\frac{\partial V}{\partial n}\,dS - \iiint\limits_{(D)} U\,\Delta V\,dv. \tag{5}$$

Die linke Seite dieser Gleichung ändert sich bei Vertauschen der Funktionen U und V nicht; daher gilt dasselbe auch für die rechte Seite. Es ist also

$$\iint\limits_{(S)} U\frac{\partial V}{\partial n}\,dS - \iiint\limits_{(D)} U\Delta V\,dv = \iint\limits_{(S)} V\frac{\partial U}{\partial n}\,dS - \iiint\limits_{(D)} V\Delta U\,dv,$$

woraus sich die *Greensche Formel in der endgültigen Gestalt*

$$\iiint\limits_{(D)} (U\,\Delta V - V\,\Delta U)\,dv = \iint\limits_{(S)}\left(U\frac{\partial V}{\partial n} - V\frac{\partial U}{\partial n}\right)dS \tag{6}$$

ergibt. Bisweilen wird nicht die äußere, sondern die innere Normale benutzt; hierbei muß nur das Vorzeichen bei den Ableitungen nach der Normalen auf der rechten Seite der Formel abgeändert werden. Für den Fall der inneren Normalen sieht die Greensche Formel dann folgendermaßen aus:

$$\iiint\limits_{(D)} (U \Delta V - V \Delta U)\, dv = \iint\limits_{(S)} \left(V\, \frac{\partial U}{\partial n_i} - U\, \frac{\partial V}{\partial n_i} \right) dS \tag{6_1}$$

mit n_i als Richtung der ins Innere von (D) weisenden Normalen.

Der Bereich (D) kann auch von mehreren Flächen (S) begrenzt sein. Die Greensche Formel ist dann ebenfalls anwendbar, nur muß das auf der rechten Seite dieser Formel stehende Oberflächenintegral über alle den Bereich (D) begrenzenden Flächen erstreckt werden. Wir bemerken, daß hierbei die ins Äußere des Bereichs (D) weisende Normale n auf solchen Flächen, die diesen Bereich von innen her begrenzen, ins Innere der Flächen gerichtet ist [66].

Wie bereits erwähnt wurde, genügt bei der Herleitung der Greenschen Formel (6) die Forderung, daß die Funktionen U und V nebst ihren Ableitungen bis zur zweiten Ordnung bis an (S) heran stetig sind. Natürlich sind auch einige Forderungen an die Fläche (S) zu stellen. Man kann dabei auf die Bedingungen verweisen, unter denen die Gauß-Ostrogradskische Formel hergeleitet wurde [66]. Diese Bedingungen liefen auf das Folgende hinaus: Die Fläche (S) ist in endlich viele Teilflächen zerlegbar derart, daß die Gleichung jeder dieser Teilflächen in der expliziten Form $z = \varphi(x, y)$ dargestellt werden kann, wobei $\varphi(x, y)$ zusammen mit den Ableitungen erster Ordnung in dem entsprechenden Bereich der x, y-Ebene bis an den Rand dieses Bereichs heran stetig ist. Eine entsprechende Bedingung muß auch in bezug auf die x- und y-Achse erfüllt sein. Die Fläche kann auch Kanten besitzen. Flächen mit den angegebenen Eigenschaften nennen wir *stückweise glatt*. Wir bemerken, daß die Wahl des Bezugssystems willkürlich und die Schreibweise (6) der Formel koordinatenfrei ist.

Als Folgerung der Greenschen Formel ergibt sich eine für die Anwendung wichtige Formel, die die Darstellung des Funktionswertes in einem beliebigen Punkt M_0 in (D) durch die Summe eines Oberflächenintegrals und eines Volumenintegrals liefert. Es sei $U(M)$ eine Funktion, die im Bereich (D) definiert ist und nebst ihren Ableitungen bis zur zweiten Ordnung bis an (S) heran stetig ist.

Wir wenden die Greensche Formel auf diese Funktion und die Funktion $V = \dfrac{1}{r}$ an, wobei r der Abstand eines bestimmten innerhalb (D) liegenden Punktes M_0 von dem variablen Punkt M ist. Die Funktion $V = \dfrac{1}{r}$ wird Unendlich, wenn der Punkt M mit M_0 zusammenfällt; daher können wir die Greensche Formel nicht auf den ganzen Bereich (D) anwenden. Wir schneiden aus diesem eine Kugel um den Punkt M_0 mit dem kleinen Radius ϱ heraus und bezeichnen mit (D_1) den restlichen Teil des Bereiches (D) und mit (Σ_ϱ) die Oberfläche der herausgeschnittenen Kugel (Abb. 133). Im Bereich (D_1) besitzen die Funktionen U und $V = \dfrac{1}{r}$ die erforderlichen Stetigkeitseigenschaften; wird nun auf diesen Bereich die Greensche Formel angewendet, so ergibt sich

$$\iiint\limits_{(D_1)} \left[U \Delta \frac{1}{r} - \frac{1}{r} \Delta U \right] dv$$

$$= \iint\limits_{(S)} \left[U \frac{\partial \frac{1}{r}}{\partial n} - \frac{1}{r} \frac{\partial U}{\partial n} \right] dS + \iint\limits_{(\Sigma_\varrho)} \left[U \frac{\partial \frac{1}{r}}{\partial n} - \frac{1}{r} \frac{\partial U}{\partial n} \right] dS, \quad (7)$$

wobei die Integration über die beiden den Bereich (D_1) begrenzenden Flächen (S) und (Σ_ϱ) zu erstrecken ist. Bekanntlich genügt aber die Funktion $V = \frac{1}{r}$ der Laplaceschen Gleichung, d. h., es gilt $\Delta \left(\frac{1}{r} \right) = 0$ [131]. Außerdem ist auf der Kugelfläche (Σ_ϱ) die ins Innere der Kugel weisende Normale n gerade zum Radius

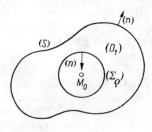

Abb. 133

r entgegengesetzt gerichtet, so daß die Ableitung nach der Normalen in dem Integral über (Σ_ϱ) die mit entgegengesetztem Vorzeichen genommene Ableitung nach r darstellt. Mit Rücksicht hierauf können wir die Beziehung (7) folgendermaßen umformen:

$$\iiint\limits_{(D_1)} \frac{\Delta U}{r} dv + \iint\limits_{(S)} \left[U \frac{\partial \frac{1}{r}}{\partial n} - \frac{1}{r} \frac{\partial U}{\partial n} \right] dS$$

$$+ \iint\limits_{(\Sigma_\varrho)} \frac{1}{r^2} U \, dS - \iint\limits_{(\Sigma_\varrho)} \frac{1}{r} \frac{\partial U}{\partial n} dS = 0. \quad (8)$$

Wir lassen jetzt den Radius ϱ der herausgeschnittenen Kugel gegen Null gehen. Hierbei strebt das erste Glied in der angegebenen Beziehung gegen das Volumenintegral über den ganzen Bereich (D) [89]. Das zweite Glied hängt nicht von ϱ

ab. Wir zeigen, daß das dritte der angegebenen Glieder gegen den Grenzwert $4\pi U(M_0)$ strebt. Da r auf (Σ_ϱ) den konstanten Wert ϱ annimmt, kann

$$\iint\limits_{(\Sigma_\varrho)} \frac{1}{r^2} U(M)\, dS = \frac{1}{\varrho^2} \iint\limits_{(\Sigma_\varrho)} U(M)\, dS$$

gesetzt werden.

Durch Anwendung des Mittelwertsatzes ergibt sich

$$\iint\limits_{(\Sigma_\varrho)} \frac{1}{r^2} U(M)\, dS = \frac{1}{\varrho^2} U(M_\varrho) \cdot 4\pi\varrho^2 = 4\pi U(M_\varrho),$$

wobei M_ϱ ein Punkt auf der Kugelfläche (Σ_ϱ) ist. Dieser Punkt geht für $\varrho \to 0$ gegen M_0, so daß der zuvor hingeschriebene Ausdruck gegen $4\pi U(M_0)$ strebt. Entsprechend liefert die Anwendung des Mittelwertsatzes auf das letzte Glied

$$-\iint\limits_{(\Sigma_\varrho)} \frac{1}{r} \frac{\partial U}{\partial n}\, dS = -\frac{1}{\varrho} \iint\limits_{(\Sigma_\varrho)} \frac{\partial U}{\partial n}\, dS$$

$$= -\frac{1}{\varrho} \frac{\partial U}{\partial n}\bigg|_{M_\varrho} 4\pi\varrho^2 = -\frac{\partial U}{\partial n}\bigg|_{M_\varrho} 4\pi\varrho.$$

Die Ableitungen erster Ordnung der Funktion U nach einer beliebigen Richtung bleiben bei der Annäherung von M_ϱ an M_0 beschränkt, da nach Voraussetzung die Funktion U überall innerhalb (D) stetige Ableitungen bis zur zweiten Ordnung besitzt. Der Faktor $4\pi\varrho$ strebt für $\varrho \to 0$ gegen Null. Somit geht offenbar das letzte Glied in (8) gegen Null. Die Formel (8) liefert uns im Grenzfall schließlich die gesuchte Folgerung aus der Greenschen Formel:

$$\iiint\limits_{(D)} \frac{\Delta U}{r}\, dv + \iint\limits_{(S)} \left[U \frac{\partial \frac{1}{r}}{\partial n} - \frac{1}{r} \frac{\partial U}{\partial n} \right] dS + 4\pi U(M_0) = 0$$

oder

$$U(M_0) = \frac{1}{4\pi} \iint\limits_{(S)} \left[\frac{1}{r} \frac{\partial U}{\partial n} - U \frac{\partial \frac{1}{r}}{\partial n} \right] dS - \frac{1}{4\pi} \iiint\limits_{(D)} \frac{\Delta U}{r}\, dv. \qquad (9)$$

Es sei nochmals darauf hingewiesen, daß diese Formel für eine beliebige Funktion U gültig ist, die im Bereich (D) einschließlich ihrer Ableitungen zweiter Ordnung bis an (S) heran stetig ist.

Ganz analoge Formeln gelten auch für den ebenen Fall. Wir führen sie an, ohne auf ihren Beweis einzugehen. Es sei (B) ein Bereich in der Ebene, (l) die Berandung dieses Bereichs und n die Richtung der ins Äußere von (B) weisenden Normalen zu dieser Berandung. Der Laplacesche Operator lautet hierbei in kartesischen Koordinaten

$$\Delta U = \frac{\partial^2 U}{\partial x^2} + \frac{\partial^2 U}{\partial y^2}.$$

In Analogie zu (6) gilt in der Ebene die Beziehung

$$\iint\limits_{(B)} (U \Delta V - V \Delta U)\, dS = \int\limits_{(l)} \left(U \frac{\partial V}{\partial n} - V \frac{\partial U}{\partial n} \right) ds. \tag{10}$$

In bezug auf Formel (9) wird die Analogie nicht vollständig; bei der Herleitung von (9) war nämlich wesentlich, daß die Funktion $\frac{1}{r}$ der Laplaceschen Gleichung genügt. Für den Fall der Ebene gilt dies nicht. Anstelle der Funktion $\frac{1}{r}$ ist als Lösung der Laplaceschen Gleichung $\log r$ oder $\log \frac{1}{r} = -\log r$ zu wählen, wobei r der Abstand des variablen Punktes M von einem festen Punkt der Ebene ist. Statt (9) gilt somit in der Ebene

$$U(M_0) = \frac{1}{2\pi} \int\limits_{(l)} \left[U \frac{\partial \log r}{\partial n} - \log r \frac{\partial U}{\partial n} \right] ds + \frac{1}{2\pi} \iint\limits_{(B)} \Delta U \cdot \log r\, dS; \tag{11}$$

hierin bedeutet M_0 einen beliebigen festen Punkt innerhalb von (B) und r den Abstand des variablen Punktes M vom Punkt M_0.

Offenbar stellt das dreifache Integral in der Formel (9) ein uneigentliches Integral dar, da der Integrand im Punkt M_0 Unendlich wird. Dieses Integral konvergiert aber offensichtlich, da der Integrand dem Absolutbetrag nach kleiner ist als der Ausdruck $\frac{A}{r^p}$ für $p = 1$. Entsprechendes gilt auch für (11).

204. Fundamentaleigenschaften der harmonischen Funktionen. Gegeben sei die harmonische Funktion U in dem beschränkten Bereich (D) mit der Berandung (S). Unter der Annahme, daß U einschließlich der Ableitungen zweiter Ordnung bis an (S) heran stetig ist, erhalten wir bei Anwendung der Greenschen Formel (6) auf diese Funktion U und die Funktion $V \equiv 1$ wegen $\Delta V = \Delta(1) = 0$ und $\frac{\partial (1)}{\partial n} = 0$

$$\iint\limits_{(S)} \frac{\partial U}{\partial n}\, dS = 0; \tag{12}$$

hieraus folgt als erste Eigenschaft einer harmonischen Funktion: *Das Integral über die Ableitung in der Normalenrichtung einer in einem abgeschlossenen Bereich harmonischen Funktion, erstreckt über den Rand dieses Bereichs, ist gleich Null.*

Bei Anwendung der Formel (9) auf die harmonische Funktion U ergibt sich wegen $\Delta U = 0$

$$U(M_0) = \frac{1}{4\pi} \iint\limits_{(S)} \left[\frac{1}{r} \frac{\partial U}{\partial n} - U \frac{\partial \frac{1}{r}}{\partial n}\right] dS. \tag{13}$$

Dies liefert die zweite Eigenschaft einer harmonischen Funktion: *Der Wert einer harmonischen Funktion in einem beliebigen Punkt innerhalb des Bereichs läßt sich mittels* (13) *durch die Werte dieser Funktion und ihrer Normalableitung auf dem Rand des Bereichs ausdrücken.*

Dabei ist zu bemerken, daß die Integrale in den Formeln (12) und (13) keine Ableitungen zweiter Ordnung der Funktion U enthalten; für die Anwendbarkeit dieser Formeln genügt es vorauszusetzen, daß die harmonische Funktion nebst ihren Ableitungen erster Ordnung bis an (S) heran stetig ist. Um sich hiervon zu überzeugen, braucht man nur die Fläche (S) etwas zusammenzuziehen und die Formeln (12) und (13) für den verkleinerten Bereich (D') hinzuschreiben, in welchem auch die Stetigkeit der Ableitungen zweiter Ordnung bis an diese Fläche heran gegeben ist; dann geht man zum Grenzwert durch Erweiterung von (D') auf (D) über. Dieses Zusammenziehen kann z. B. in der Weise erfolgen, daß man auf der inneren Normalen zu (S) von jedem Flächenpunkt aus dieselbe kleine Strecke der Länge δ abträgt. Die Endpunkte dieser Strecken bilden eine neue (gleichsam zusammengezogene) Fläche. Hierbei muß die Fläche (S) so beschaffen sein, daß die beschriebene Verformung für alle hinreichend kleinen δ zu einer Fläche führt, die sich nicht selbst durchdringt und die stückweise glatt ist [203]. Diese Frage wird in Teil IV näher erörtert.

Wir wenden nun die Formel (13) auf einen speziellen Bereich an, und zwar auf eine Kugel mit dem Mittelpunkt M_0 und dem Radius R. Dabei wird natürlich vorausgesetzt, daß die Funktion U in dieser Kugel harmonisch und einschließlich der Ableitungen erster Ordnung bis an die Berandung (Σ_R) heran stetig ist.

Im vorliegenden Fall stimmt die Richtung der äußeren Normalen n mit der Richtung des Kugelradius überein, so daß

$$\frac{\partial \frac{1}{r}}{\partial n} = \frac{\partial \frac{1}{r}}{\partial r} = -\frac{1}{r^2}$$

gilt. Formel (13) liefert dann

$$U(M_0) = \frac{1}{4\pi} \iint\limits_{(\Sigma_R)} \left(\frac{1}{r} \frac{\partial U}{\partial n} + \frac{1}{r^2} U\right) dS.$$

Auf der Kugeloberfläche (Σ_R) hat aber r den konstanten Wert R, so daß

$$U(M_0) = \frac{1}{4\pi R} \iint\limits_{(\Sigma_R)} \frac{\partial U}{\partial n} dS + \frac{1}{4\pi R^2} \iint\limits_{(\Sigma_R)} U\, dS$$

wird. Wegen (12) ergibt sich somit schließlich

$$U(M_0) = \frac{\iint\limits_{(\Sigma_R)} U\, dS}{4\pi R^2}. \qquad (14)$$

Diese Formel drückt die dritte Eigenschaft einer harmonischen Funktion aus: *Der Wert einer harmonischen Funktion im Mittelpunkt einer Kugel ist gleich dem arithmetischen Mittel der Funktionswerte auf der Kugeloberfläche, also gleich dem Integral über die Funktionswerte auf der Kugeloberfläche, dividiert durch den Inhalt dieser Fläche.*

Hieraus folgt fast unmittelbar die nachstehende vierte Eigenschaft einer harmonischen Funktion: *Eine im Innern eines Bereichs harmonische und bis an den Rand des Bereichs heran stetige Funktion nimmt ihren größten und ihren kleinsten Wert nur auf dem Rand des Bereichs an, außer in dem Fall, daß diese Funktion konstant ist.* Diese Behauptung soll jetzt im einzelnen bewiesen werden. Die Funktion $U(M)$ möge ihren größten Wert in einem inneren Punkt M_1 des Bereichs (D) annehmen, in welchem $U(M)$ harmonisch ist. Dann konstruieren wir eine (D) angehörende Kugelfläche Σ_ϱ mit dem Mittelpunkt M_1 und dem Radius ϱ. Auf diese wenden wir die Formel (14) an und ersetzen in dem Integral die Funktion U durch ihren größten Wert $U_\varrho^{(\max)}$ auf der Kugelfläche Σ_ϱ. Damit ergibt sich

$$U(M_1) \leqq U_\varrho^{(\max)},$$

wobei das Gleichheitszeichen nur für den Fall gilt, daß U auf Σ_ϱ konstant gleich $U(M_1)$ ist. Da nach Voraussetzung $U(M_1)$ der größte Wert von $U(M)$ in (D) ist, muß das Gleichheitszeichen gelten; folglich ist $U(M)$ im Innern und auf der Oberfläche jeder (D) angehörenden Kugel mit dem Mittelpunkt M_1 gleich einer Konstanten. Wir werden zeigen, daß hieraus auch die Konstanz von $U(M)$ im ganzen Bereich (D) folgt.

Es sei N ein beliebiger im Innern von (D) liegender Punkt. Dann ist also zu zeigen, daß $U(N) = U(M_1)$ ist. Wir verbinden M_1 mit N durch eine Kurve l endlicher Länge, z. B. durch einen im Inneren von (D) liegenden Polygonzug. Es sei d der kürzeste Abstand zwischen l und der Berandung (S) des Bereichs (D) (d ist ein positiver Wert). Auf Grund des zuvor Bewiesenen ist $U(M)$ gleich der Konstanten $U(M_1)$ in einer Kugel mit dem Mittelpunkt M_1 und dem Radius d. Von M_1 aus gerechnet sei M_2 der letzte Schnittpunkt der Kurve l mit der Oberfläche der genannten Kugel. Es gilt $U(M_2) = U(M_1)$, und nach dem zuvor Bewiesenen ist $U(M)$ auch gleich der Konstanten $U(M_1)$ in der Kugel mit dem Mittelpunkt M_2 und dem Radius d. Es sei M_3 der letzte Schnittpunkt von l mit der Oberfläche dieser Kugel. So wie vorher ist die Funktion $U(M)$ auch in der Kugel mit dem Mittelpunkt M_3 und dem Radius d gleich der Konstanten $U(M_1)$ usw. Mittels Konstruktion endlich vieler solcher Kugeln überzeugen wir uns davon, daß $U(N) = U(M_1)$ ist, was zu beweisen war. Man kann auch zeigen, daß $U(M)$ im Innern von (D) weder relative Maxima noch Minima besitzen kann. Aus der eben bewiesenen Eigenschaft der harmonischen Funktionen folgt leicht, daß *das in* [202] *erwähnte innere Dirichletsche Problem nur eine einzige Lösung haben kann*. Nimmt man nämlich an, daß zwei harmonische Funktionen $U_1(M)$ und $U_2(M)$ innerhalb von (D) existieren und auf der Oberfläche (S) dieses Bereichs dieselben Randwerte $f(M)$ annehmen, so genügt die Differenz $V(M) = U_1(M) - U_2(M)$ innerhalb von (D) ebenfalls der Laplaceschen Gleichung. Sie stellt also eine harmonische Funktion dar, deren Randwerte auf der Fläche (S) überall gleich Null sind. Hieraus folgt auf Grund des zuvor Bewiesenen unmittelbar, daß $V(M)$ in dem ganzen Bereich (D) identisch Null wird, da $V(M)$ anderenfalls im Innern einen positiven größten Wert oder einen negativen kleinsten Wert erreichen müßte, was aber unmöglich ist. Somit müssen die beiden Lösungen $U_1(M)$ und $U_2(M)$ des Dirichletschen Problems im ganzen Bereich (D) übereinstimmen. Genauso läßt sich auch die Eindeutigkeit für das äußere Dirichletsche Problem beweisen, wenn man berücksichtigt, daß nach Voraussetzung die harmonische Funktion im Unendlichen verschwinden muß.

Ganz analoge Eigenschaften ergeben sich auch für die harmonischen Funktionen in der Ebene. In diesem Fall gilt anstelle von (13) die Formel

$$U(M_0) = \frac{1}{2\pi} \int_{(l)} \left(U \frac{\partial \log r}{\partial n} - \log r \frac{\partial U}{\partial n} \right) ds, \tag{15}$$

und der Mittelwertsatz kann in der Gestalt

$$U(M_0) = \frac{1}{2\pi R} \int_{\lambda_R} U \, ds \tag{16}$$

dargestellt werden; dabei ist λ_R ein Kreis mit dem Mittelpunkt M_0 und dem Radius R. Beim äußeren Dirichletschen Problem wird nicht wie im dreidimensionalen Fall das Verschwinden im unendlich fernen Punkt gefordert, sondern nur die Existenz eines endlichen Grenzwertes; die Eindeutigkeit des Dirichletschen Problems muß auf anderem Weg als zuvor bewiesen werden. Wir bringen diesen Beweis in Teil IV, wo wir das Dirichletsche und das Neumannsche Problem eingehender untersuchen werden.

Hier sei nur noch bemerkt, daß jede Konstante eine harmonische Funktion ist, die die Randbedingung

$$\left. \frac{\partial U}{\partial n} \right|_{(S)} = 0$$

erfüllt; hieraus geht hervor, daß bei Hinzufügen einer willkürlichen Konstanten zu einer Lösung des Neumannschen Problems die erhaltene Summe ebenfalls eine Lösung des Neumannschen Problems mit denselben Randwerten $\frac{\partial U}{\partial n}$ wird, d. h., die Lösung des Neumannschen Problems ist nur bis auf ein willkürliches konstantes Glied genau bestimmt. Aus Formel (12) folgt auch, daß die in der Randbedingung des inneren Neumannschen Problems auftretende Funktion $f(M)$ nicht willkürlich sein kann, sondern die Bedingung

$$\iint\limits_{(S)} f(M) \, dS = 0$$

erfüllen muß.

Zum Abschluß erwähnen wir noch, daß die Formel (13) auch für den Fall gültig ist, daß $U(M)$ eine harmonische Funktion in dem *unendlichen Bereich* ist, der von dem außerhalb der Fläche (S) liegenden Teil des Raumes gebildet wird. Hierbei hat man nur eine Voraussetzung zu treffen bezüglich der Ordnung des Verschwindens von $U(M)$ im Unendlichen, d. h. bezüglich des Verhaltens bei unbegrenzt zunehmender Entfernung des Punktes M von einem festen Punkt. Hinreichend (und notwendig) ist die Voraussetzung, daß bei unbegrenzt zunehmender Entfernung die Ungleichungen

$$R\,|U(M)| \leq A, \qquad R^2 \left| \frac{\partial U(M)}{\partial l} \right| \leq A \tag{*}$$

erfüllt sind, wenn R der Abstand zwischen M und dem Ursprung oder irgendeinem anderen festen Punkt des Raumes, A ein konstanter Wert und l eine beliebige Richtung im Raum ist. Zum Beweis der Beziehung (13) für den unbegrenzten Raum unter den angegebenen Bedingungen braucht man nur die Formel (13) auf den endlichen Bereich anzuwenden, der von der Fläche (S) und z. B. einer Kugel von hinreichend großem Radius mit dem Mittelpunkt im Punkt M_0 begrenzt wird. Bei unbegrenzt zunehmendem Radius strebt das Integral über die Kugelfläche infolge der Bedingungen (*) gegen Null, und wir erhalten die Formel (13) für einen beliebigen außerhalb (S) liegenden Punkt M_0. Wie wir in Teil IV sehen werden, sind die Bedingungen (*) sicher erfüllt, wenn $U(M)$ bei unbegrenzt zunehmender Entfernung des Punktes M gegen Null strebt.

205. Die Lösung des Dirichletschen Problems für den Kreis. Im vorhergehenden Abschnitt haben wir gesehen, daß das Dirichletsche Problem höchstens eine Lösung haben kann, doch wissen wir noch nicht, ob es überhaupt eine Lösung gibt. Wir wollen hier diese Frage nicht allgemein behandeln, sondern uns auf spezielle Fälle beschränken. Hierbei kann man zur Lösung des Problems verschiedene Methoden anwenden. Wir beginnen mit dem ebenen Fall.

Es sei verlangt, die Funktion zu finden, die im Innern der Kreisfläche harmonisch ist und auf dem Rand der Kreisfläche vorgegebene Werte annimmt. Es sei R der Radius dieser Kreisfläche; den Kreismittelpunkt nehmen wir als Koordinatenursprung. Hierbei stellen die vorgegebenen Randwerte auf dem Kreis eine bekannte stetige Funktion $f(\theta)$ des Polarwinkels dar. Wir wählen im Innern der Kreisfläche den variablen Punkt M mit den Polarkoordinaten r, θ. Die gesuchte Funktion muß die Laplacesche Gleichung erfüllen [**131**]:

$$\frac{\partial}{\partial r}\left(r\,\frac{\partial U}{\partial r}\right) + \frac{1}{r}\frac{\partial^2 U}{\partial \theta^2} = 0$$

bzw.

$$r^2\,\frac{\partial^2 U}{\partial r^2} + r\,\frac{\partial U}{\partial r} + \frac{\partial^2 U}{\partial \theta^2} = 0. \tag{17}$$

Es soll nun im vorliegenden Fall die Fouriersche Methode angewendet werden: dazu suchen wir eine Lösung der Differentialgleichung (17) in Form eines Produkts aus einer Funktion von θ und einer Funktion von r allein:

$$U = \chi(\theta)\,\omega(r). \tag{18}$$

Diesen Ausdruck setzen wir in die Differentialgleichung (17) ein und erhalten

$$r^2\omega''(r)\chi(\theta) + r\omega'(r)\chi(\theta) + \chi''(\theta)\omega(r) = 0$$

oder

$$\frac{\chi''(\theta)}{\chi(\theta)} = -\frac{r^2\omega''(r) + r\omega'(r)}{\omega(r)}. \tag{18_1}$$

Die linke Seite dieser Gleichung enthält nur die unabhängige Veränderliche θ, die rechte Seite nur die unabhängige Veränderliche r; folglich müssen beide Seiten gleich ein und derselben Konstanten sein, die mit $-k^2$ bezeichnet werde. Auf diese Weise ergeben sich die beiden Differentialgleichungen

$$\chi''(\theta) + k^2\chi(\theta) = 0 \quad \text{und} \quad r^2\omega''(r) + r\omega'(r) - k^2\omega(r) = 0.$$

Die erste liefert für $k \not\equiv 0$

$$\chi(\theta) = A\cos k\theta + B\sin k\theta.$$

Die zweite ist eine Eulersche Gleichung [42]. Ihre Lösung setzen wir in der Form $\omega(r) = r^m$ an; es ergibt sich damit

$$r^2 \cdot m(m-1)r^{m-2} + rmr^{m-1} - k^2 r^m = 0;$$

hieraus folgt nach Wegheben von r^m die Beziehung $m^2 - k^2 = 0$, d. h. $m = \pm k$. Das allgemeine Integral der Differentialgleichung lautet somit

$$\omega(r) = Cr^k + Dr^{-k},$$

sofern die Konstante k von Null verschieden ist. Nach Einsetzen in die Beziehung (18) ergibt sich für U der Ausdruck

$$U = (A\cos k\theta + B\sin k\theta)(Cr^k + Dr^{-k}). \tag{19}$$

Für $k = 0$ haben wir die Differentialgleichungen

$$\chi''(\theta) = 0 \quad \text{und} \quad r\omega''(r) + \omega'(r) = 0$$

und erhalten, wie leicht zu zeigen ist,

$$U = (A + B\theta)(C + D\log r). \tag{19_1}$$

In den Formeln (19) und (19$_1$) sind A, B, C, D und k Konstanten, zu deren Bestimmung wir sogleich übergehen. Wir bemerken, daß ein Hinzufügen des Wertes 2π zum Winkel θ mit einem vollen Umlauf um den Koordinatenursprung gleichbedeutend ist. Hierbei muß die eindeutige Funktion $U(r, \theta)$ wieder auf ihren Ausgangswert zurückkehren, d. h., in Formel (19) muß der erste, von θ abhängige

Faktor eine periodische Funktion von θ mit der Periode 2π sein. Hieraus folgt, daß die Konstante k nur die ganzzahligen Werte $k = \pm 1, \pm 2, \pm 3, \ldots, \pm n, \ldots$ annehmen kann.

Wird aber in Formel (19) $k = n$ oder $k = -n$ eingesetzt, so ergibt sich wegen des beliebig wählbaren Koeffizienten B im wesentlichen dasselbe Resultat; wir können uns daher auf die positiven ganzzahligen Werte der Konstanten k (charakteristische Werte des Problems) beschränken, d. h. auf $k = n$ ($n = 1, 2, \ldots$).

Die Periodizität der Lösung (19_1) erfordert, daß dort die Konstante B gleich Null ist. Wir gelangen somit zu den folgenden Lösungen:

$$U_n(r, \theta) = (A_n \cos n\theta + B_n \sin n\theta)(C_n r^n + D_n r^{-n}) \quad (n = 1, 2, \ldots),$$
$$U_0(r, \theta) = A_0(C_0 + D_0 \log r);$$

dabei können die Konstanten für die einzelnen ganzzahligen Werte n verschieden sein, weshalb sie mit Indizes versehen wurden. Was jetzt den zweiten von r abhängigen Faktor betrifft, so bemerken wir, daß die gesuchte Lösung im Mittelpunkt der Kreisfläche, d. h. für $r = 0$, endlich und stetig sein muß. Hieraus folgt, daß alle Konstanten D_n und D_0 gleich Null zu setzen sind. Bezeichnen wir jetzt die willkürlichen Konstanten $A_n C_n$ mit A_n, ferner $B_n C_n$ mit B_n und $A_0 C_0$ mit $\dfrac{A_0}{2}$, so läßt sich die Lösung in der Form

$$U_n(r, \theta) = (A_n \cos n\theta + B_n \sin n\theta) r^n \quad (n = 1, 2, \ldots),$$
$$U_0(r, \theta) = \frac{A_0}{2}$$

schreiben.

Da die Laplacesche Gleichung linear und homogen ist, stellt die Summe dieser Lösungen,

$$U(r, \theta) = \frac{A_0}{2} + \sum_{n=1}^{\infty} (A_n \cos n\theta + B_n \sin n\theta) r^n, \tag{20}$$

ebenfalls eine Lösung dar.

Die willkürlichen Konstanten A_n und B_n bestimmen wir jetzt gemäß der vorgegebenen Randbedingung

$$U(r, \theta)|_{r=R} = f(\theta). \tag{21}$$

Hier ist $f(\theta)$ eine im Intervall $-\pi \leq \theta \leq \pi$ stetige Funktion mit $f(-\pi) = f(\pi)$. Die Bedingung (21) liefert

$$f(\theta) = \frac{A_0}{2} + \sum_{n=1}^{\infty} (A_n \cos n\theta + B_n \sin n\theta) R^n. \tag{22}$$

Hieraus geht hervor, daß $A_n R^n$ und $B_n R^n$ die Fourier-Koeffizienten der Funktion $f(\theta)$ sind. Werden diese nach den bekannten Formeln

$$A_n = \frac{1}{\pi R^n} \int_{-\pi}^{\pi} f(t) \cos nt\, dt, \qquad B_n = \frac{1}{\pi R^n} \int_{-\pi}^{\pi} f(t) \sin nt\, dt \tag{23}$$

berechnet und die erhaltenen Werte in (20) eingesetzt, so ergibt sich die gesuchte Lösung des Dirichletschen Problems.

Vergleichen wir die Fourier-Reihe (22) mit Formel (20), die die Lösung des Problems liefert, so kann das erhaltene Resultat folgendermaßen formuliert werden: *Um die Lösung des Dirichletschen Problems für den Kreis zu erhalten, bilde man die Fourier-Reihe für die Randwertverteilung $f(\theta)$ und multipliziere das $(n + 1)$-te Glied dieser Reihe mit dem Faktor $\left(\dfrac{r}{R}\right)^n$.*

Statt durch die unendliche Reihe (20) läßt sich die Lösung auch in der Form eines bestimmten Integrals darstellen. Wir setzen in Formel (20) die Werte (23) der Koeffizienten ein:

$$U(r, \theta) = \frac{1}{2\pi} \int_{-\pi}^{\pi} f(t)\, dt + \sum_{n=1}^{\infty} \frac{1}{\pi} \int_{-\pi}^{\pi} f(t) \cos n(t - \theta) \cdot \left(\frac{r}{R}\right)^n dt$$

oder

$$U(r, \theta) = \frac{1}{2\pi} \int_{-\pi}^{\pi} f(t) \left[1 + 2 \sum_{n=1}^{\infty} \left(\frac{r}{R}\right)^n \cos n(t - \theta)\right] dt.$$

Formel (14) aus [I, 174] liefert unmittelbar

$$1 + 2 \sum_{n=1}^{\infty} r^n \cos n\varphi = \frac{1 - r^2}{r^2 - 2r \cos \varphi + 1} \qquad (0 \leq r < 1). \tag{24}$$

Ersetzen wir hierin r durch $\dfrac{r}{R}$ sowie φ durch $t - \theta$, so ergibt sich schließlich für $U(r, \theta)$ der Ausdruck

$$U(r, \theta) = \frac{1}{2\pi} \int_{-\pi}^{\pi} f(t) \frac{R^2 - r^2}{R^2 - 2rR \cos(t - \theta) + r^2}\, dt. \tag{25}$$

Dazu ist noch folgendes zu bemerken: Wären beide Seiten der Gleichung (18_1) nicht mit $-k^2$, sondern mit k^2 bezeichnet worden, so hätten wir anstelle von $A \cos k\theta + B \sin k\theta$ in dem Ausdruck (19) den Faktor $A e^{k\theta} + B e^{-k\theta}$ erhalten; doch dieser ist für kein reelles k periodisch.

Bei der Herleitung der Formel (25) war vorausgesetzt worden, daß die Lösung des Dirichletschen Problems, d. h. die gesuchte Funktion $U(r, \theta)$, existiert. Außerdem hatten wir die Entwicklung von $f(\theta)$ in die Fourier-Reihe (22) benutzt, was nicht unbedingt statthaft ist; dann hatten wir in dieser Entwicklung unmittelbar r statt R eingesetzt. All dies erfordert eine Bestätigung der Formel (25); wir müssen also zeigen, daß das auf der rechten Seite der Formel (25) stehende Integral eine harmonische Funktion im Innern der Kreisfläche $r < R$ liefert und daß $f(\theta)$ die Grenzwerte dieser Funktion auf dem Rand dieser Kreisfläche sind. Es sei noch erwähnt, daß das Integral der Formel (25) gewöhnlich *Poissonsches Integral* genannt wird.

206. Das Poissonsche Integral. Der einfacheren Schreibweise halber werden wir in diesem Abschnitt den Kreisradius R gleich Eins annehmen, so daß die Formel (25) übergeht in

$$U(r, \theta) = \frac{1}{2\pi} \int_{-\pi}^{\pi} f(t) \frac{1 - r^2}{1 - 2r \cos(t - \theta) + r^2} \, dt. \tag{26}$$

Das Integral liefert eine Funktion von r und θ, da der zweite Faktor

$$\frac{1 - r^2}{1 - 2r \cos(t - \theta) + r^2} \tag{27}$$

des Integranden außer der Integrationsvariablen t noch die Parameter r und θ enthält. Hierbei hat die Funktion (27) und damit auch (26) die Periode 2π bezüglich der Veränderlichen θ. Aus der leicht zu bestätigenden Ungleichung

$$1 - 2r \cos(t - \theta) + r^2 \geqq 1 - 2r + r^2 = (1 - r)^2$$

folgt, daß der Ausdruck (27) und seine Ableitungen beliebiger Ordnung für $0 \leqq r < 1$ stetige Funktionen von r und θ sind. Daraus folgt weiter, daß das Integral (26) unter dem Integralzeichen nach r und θ differenziert werden darf [83]; diese Differentiation bezieht sich dabei nur auf den Faktor (27). Mit Hilfe des Laplaceschen Operators in Polarkoordinaten [131] bestätigt man aber leicht, daß die Funktion (27) die Laplacesche Gleichung erfüllt. Folglich definiert die Beziehung (26) eine für $r < 1$ harmonische Funktion $U(r, \theta)$. Es bleibt noch zu zeigen, daß ihre Randwerte auf dem Kreis $r = 1$ gleich $f(\theta)$ sind, worin der wesentliche Teil des Beweises besteht.

Zunächst ist folgendes festzustellen: Gilt $f(t) \equiv 1$, so wird auch die zugehörige harmonische Funktion $U(r, \theta)$ identisch Eins; nach Formel (26) ist also zu erwarten, daß die Beziehung

$$1 = \frac{1}{2\pi} \int_{-\pi}^{\pi} \frac{1 - r^2}{1 - 2r \cos(t - \theta) + r^2} \, dt \tag{28}$$

besteht.

Zum Beweis beachte man, daß gemäß (24)

$$\frac{1 - r^2}{1 - 2r \cos(t - \theta) + r^2} = 1 + 2 \sum_{n=1}^{\infty} r^n \cos n(t - \theta) \quad (0 \leqq r < 1)$$

gilt, wobei die rechts stehende Reihe gleichmäßig in t konvergiert, da die Glieder dieser Reihe dem Absolutbetrag nach nicht größer als $2r^n$ sind. Integrieren wir diese Reihe gliedweise über t, so ergibt sich (28).

Die auf dem Kreis $r = 1$ definierte Funktion $f(t)$ hat die Periode 2π, es ist also $f(-\pi) = f(\pi)$. Wir setzen sie periodisch über das Intervall $(-\pi, \pi)$ hinaus fort. Auf diese Weise erhalten wir eine im Intervall $-\infty < t < \infty$ stetige Funktion $f(t)$ mit der Periode 2π. Wir führen anstelle von t die neue Integrationsvariable $t - \theta = \varphi$ ein, d. h., $t = \varphi + \theta$ und $dt = d\varphi$. In Anbetracht der Periodizität von $f(t)$ und $\cos(t - \theta)$ können wir das frühere Integrationsintervall $(-\pi, \pi)$ beibehalten [154] und

$$U(r, \theta) = \frac{1}{2\pi} \int_{-\pi}^{\pi} f(\varphi + \theta) \frac{1 - r^2}{1 - 2r\cos\varphi + r^2} d\varphi \tag{29}$$

setzen.

Der Punkt (r, θ) strebe jetzt gegen den Punkt $(1, \theta_0)$ auf der Kreisperipherie. Dann ist zu beweisen, daß dabei

$$\lim U(r, \theta) = f(\theta_0)$$

wird.

In dem Integral (28) führen wir ebenfalls die obige Substitution der Variablen aus; nach Multiplikation mit $f(\theta_0)$ subtrahieren wir die erhaltene Gleichung von (29):

$$U(r, \theta) - f(\theta_0) = \frac{1}{2\pi} \int_{-\pi}^{\pi} [f(\varphi + \theta) - f(\theta_0)] \frac{1 - r^2}{1 - 2r\cos\varphi + r^2} d\varphi. \tag{30}$$

Es ist nun zu zeigen, daß das rechts stehende Integral für $r \to 1$ und $\theta \to \theta_0$ gegen Null strebt, d. h., daß es dem Absolutbetrag nach beliebig klein wird, wenn r und θ in hinreichend kleinen Umgebungen von Eins bzw. θ_0 liegen. Zu einem beliebig vorgegebenen positiven ε läßt sich ein $\eta > 0$ so angeben, daß im Intervall $-\eta \leq \varphi \leq \eta$

$$|f(\varphi + \theta) - f(\theta_0)| < \frac{\varepsilon}{2} \tag{31}$$

wird für alle θ mit $|\theta - \theta_0| \leq \eta$. Im Integral (30) zerlegen wir das gesamte Integrationsintervall in die drei Teilintervalle

$$(-\pi, -\eta), \quad (-\eta, \eta), \quad (\eta, \pi). \tag{32}$$

Wir geben zunächst eine Abschätzung für den Absolutbetrag des Integrals über das zweite Intervall

$$I_2 = \frac{1}{2\pi} \int_{-\eta}^{\eta} [f(\varphi + \theta) - f(\theta_0)] \frac{1 - r^2}{1 - 2r\cos\varphi + r^2} d\varphi.$$

Mit Rücksicht darauf, daß der unter dem Integralzeichen stehende Quotient positiv ist, ergibt sich bei Ersetzen der dort stehenden Differenz durch ihren Absolutbetrag unter Benutzung von (31)

$$|I_2| < \frac{\varepsilon}{2} \cdot \frac{1}{2\pi} \int_{-\eta}^{\eta} \frac{1-r^2}{1-2r\cos\varphi + r^2}\, d\varphi$$

bzw. durch Vergrößern des Integrationsintervalls

$$|I_2| < \frac{\varepsilon}{2} \cdot \frac{1}{2\pi} \int_{-\pi}^{\pi} \frac{1-r^2}{1-2r\cos\varphi + r^2}\, d\varphi;$$

folglich gilt wegen (28)

$$|I_2| < \frac{\varepsilon}{2} \qquad (|\theta - \theta_0| \leqq \eta). \tag{33}$$

Wir betrachten jetzt das Integral über das erste der Intervalle (32). In diesem Intervall ist $\cos\varphi \leqq \cos\eta$ und daher

$$1 - 2r\cos\varphi + r^2 \geqq 1 - 2r\cos\eta + r^2 = (1-r)^2 + 2r(1-\cos\eta)$$

oder

$$1 - 2r\cos\varphi + r^2 \geqq 4r\sin^2\frac{\eta}{2}.$$

Der Absolutbetrag der Differenz $f(\varphi + \theta) - f(\theta_0)$ überschreitet einen festen positiven Wert M nicht, da $f(t)$ eine stetige periodische Funktion ist. Somit erhalten wir für das Integral über das erste der Intervalle (32) die Abschätzung

$$|I_1| < \frac{M}{8\pi r \sin^2\frac{\eta}{2}} (1 - r^2)(\pi - \eta).$$

Die gleiche Abschätzung gilt für das Integral über das dritte der Intervalle (32). Für $r \to 1$ strebt die rechte Seite der vorstehenden Ungleichung gegen Null; folglich wird die Summe der Integrale über das erste und das dritte der Intervalle (32) für alle r aus einer hinreichend kleinen Umgebung von Eins dem Absolutbetrag nach $< \frac{\varepsilon}{2}$. Wegen (33) und da ε beliebig klein wählbar ist, strebt die rechte Seite der Gleichung (30) für $r \to 1$ und $\theta \to \theta_0$ tatsächlich gegen Null.

Wir erwähnen noch den Zusammenhang des Integrals (26) mit der Fourier-Entwicklung der Funktion $f(\theta)$. Diese Fourier-Reihe hat die Form (22), in der hier $R = 1$ zu setzen ist:

$$\frac{A_0}{2} + \sum_{n=1}^{\infty} (A_n \cos n\theta + B_n \sin n\theta); \tag{34}$$

die Koeffizienten sind dabei nach den Formeln (23) für $R = 1$ zu bestimmen. Erfüllt z. B. $f(\theta)$ die Dirichletschen Bedingungen [**155**], so konvergiert die Reihe (34) für jedes θ. Im allgemeinen Fall einer stetigen Funktion können wir das jedoch nicht behaupten. Jedenfalls gilt aber $A_n \to 0$, $B_n \to 0$ für $n \to \infty$, so daß die Reihe

$$\frac{A_0}{2} + \sum_{n=1}^{\infty} (A_n \cos n\theta + B_n \sin n\theta) r^n \qquad (35)$$

für $r < 1$ konvergiert; wie nun aus [**205**] hervorgeht, liefert die Summe dieser Reihe gerade die Funktion (26). Ferner zeigt sich, daß die Summe der Reihe (35) für $r \to 1$ gegen $f(\theta)$ strebt, also gegen die Funktion, aus der die möglicherweise divergente Fourier-Reihe (34) hervorging.

Wir wenden nun diesen Gedanken auf die beliebige Reihe

$$\sum_{n=1}^{\infty} u_n \qquad (36)$$

an. Konvergiert diese Reihe und hat sie die Summe s, so zeigt der Abelsche Satz für Potenzreihen [**I, 148**], daß für $0 \leq r < 1$ die Reihe

$$\omega(r) = \sum_{n=0}^{\infty} u_n r^n \qquad (37)$$

konvergiert und wegen ihrer gleichmäßigen Konvergenz im Intervall $0 \leq r \leq 1$

$$\lim_{r \to 1-0} \omega(r) = s \qquad (38)$$

gilt [**I, 149**].

Es kann aber auch der Fall eintreten, daß die Reihe (36) divergiert, jedoch die Reihe (37) für $0 \leq r < 1$ konvergiert und $\omega(r)$ für $r \to 1 - 0$ einen Grenzwert besitzt, d. h. (38) gilt. In diesem Fall wird s als verallgemeinerte Summe der divergenten Reihe (36) im Abelschen Sinn bezeichnet, und man sagt, die Reihe (36) sei *im Abelschen Sinne summierbar*. Aus dem oben Gesagten folgt unmittelbar, daß bei einer konvergenten Reihe diese verallgemeinerte Summe existiert und mit der gewöhnlichen Summe der Reihe übereinstimmt.

Unsere bezüglich des Poissonschen Integrals erhaltenen Resultate können nun folgendermaßen formuliert werden: *Die Fourier-Reihe einer stetigen periodischen Funktion $f(\theta)$ ist für jedes θ im Abelschen Sinne summierbar und besitzt einen verallgemeinerten Summenwert, der gleich $f(\theta)$ ist.* Wir bemerken noch, daß bei der Untersuchung des Poissonschen Integrals der Punkt (r, θ) in beliebiger Weise, also nicht unbedingt auf einem Radiusvektor, gegen den Randpunkt $(1, \theta_0)$ strebt.

Es sei jetzt im Integral (26) $r > 1$. So wie vorher überzeugen wir uns davon, daß das Integral (26) eine harmonische Funktion außerhalb des Einheitskreises liefert. Zur Untersuchung seiner Randwerte formen wir es um in

$$U(r, \theta) = -\frac{1}{2\pi} \int\limits_{-\pi}^{\pi} f(t) \frac{1 - \left(\frac{1}{r}\right)^2}{1 - 2\frac{1}{r}\cos(t - \theta) + \left(\frac{1}{r}\right)^2} dt. \qquad (26_1)$$

Dieses Integral stimmt mit dem Integral (26) überein, wenn in dem letzten r durch $\frac{1}{r}$ ersetzt wird, wobei $\frac{1}{r} < 1$ gilt wegen $r > 1$. Es sind somit auf das in (26$_1$) auftretende Integral alle früheren Überlegungen anwendbar, falls r durch $\frac{1}{r}$ ersetzt wird; die Funktion (26$_1$) strebt gegen $-f(\theta_0)$, wenn der Punkt (r, θ) vom Äußeren des Kreises her gegen den Punkt $(1, \theta_0)$ strebt. Offenbar liefert also die Funktion

$$V(r, \theta) = \frac{1}{2\pi} \int\limits_{-\pi}^{\pi} f(t) \frac{r^2 - 1}{1 - 2r\cos(t - \theta) + r^2} dt$$

die Lösung des Dirichletschen Problems für das Äußere des Einheitskreises bei vorgegebenen Randwerten $f(\theta)$. Bei unbegrenzt zunehmender Entfernung des Punktes (r, θ) hat die Funktion $V(r, \theta)$, wie aus der letzten Formel hervorgeht, den endlichen Grenzwert

$$\lim_{r \to \infty} V(r, \theta) = \frac{1}{2\pi} \int\limits_{-\pi}^{\pi} f(t) \, dt.$$

Wie bereits erwähnt, ist die Lösung $u(M)$ des Dirichletschen Problems für den unendlichen, außerhalb einer geschlossenen Berandung l liegenden Teil der Ebene unter der Voraussetzung eindeutig, daß die gesuchte Funktion im Unendlichen gegen einen endlichen Grenzwert strebt (siehe Teil IV).

207. Das Dirichletsche Problem für die Kugel. Es sei R der Radius der Kugel (Σ). Durch $f(M')$ seien die Randwerte der harmonischen Funktion auf der Kugeloberfläche vorgegeben, dabei bedeute M' einen variablen Punkt dieser Fläche. Die Funktion $f(M')$ sei auf der Kugeloberfläche stetig. Wir wählen einen festen Punkt M_0 im Innern von (Σ) und bezeichnen mit r den Abstand eines variablen Raumpunktes M von M_0. Außer M_0 betrachten wir noch den Punkt M_1, der so auf der Verlängerung des Kugelradius $\overline{OM_0}$ gelegen ist, daß (Abb. 134)

$$|OM_0| \cdot |OM_1| = R^2 \qquad (39)$$

wird.

Der außerhalb der Kugel (Σ) liegende Punkt M_1 wird bisweilen Spiegelpunkt zu M_0 in bezug auf (Σ) genannt. Wir bezeichnen mit r_1 den Abstand des variablen Punktes M von M_1. Fällt M mit dem Punkt M' auf der Fläche (Σ) zusammen, so sind die Werte r und r_1 durch eine einfache Beziehung verknüpft, die wir jetzt ableiten wollen. Dazu sei bemerkt, daß die Dreiecke OM_0M' und OM_1M' ähnlich sind, da sie einen gemeinsamen Winkel in der Ecke O besitzen und die Seiten, die diesen Winkel einschließen, wegen (39) proportional sind. Aus der Ähnlichkeit folgt

$$\frac{|M_0M'|}{|M_1M'|} = \frac{|OM_0|}{|OM'|}$$

oder

$$\frac{r}{r_1} = \frac{|OM_0|}{R},$$

was

$$\frac{1}{r_1} = \frac{\varrho}{R} \cdot \frac{1}{r} \tag{40}$$

liefert; dabei ist $\varrho = |OM_0|$ die Länge des Radiusvektors vom Mittelpunkt der Kugel zum Punkt M_0. Die Funktion $\dfrac{1}{r_1}$ wird innerhalb der Kugel nicht unend-

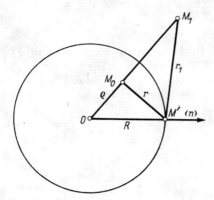

Abb. 134

lich, da M_1 außerhalb der Kugel liegt; sie ist also eine harmonische Funktion im Innern der Kugel [131]. Die Formel (40) liefert die Randwerte dieser Funktion auf der Kugeloberfläche. Es sei $U(M)$ die gesuchte Lösung des Dirichletschen Problems. Aus (13) folgt dann

$$U(M_0) = \frac{1}{4\pi} \iint\limits_{(\Sigma)} \left(\frac{1}{r} \frac{\partial U}{\partial n} - U \frac{\partial \frac{1}{r}}{\partial n} \right) dS. \tag{41}$$

Wird die Formel (6) auf die harmonischen Funktionen U und $V = \dfrac{1}{r_1}$ angewendet, so ergibt sich andererseits

$$0 = \iint\limits_{(\Sigma)} \left(\frac{1}{r_1} \frac{\partial U}{\partial n} - U \frac{\partial \frac{1}{r_1}}{\partial n} \right) dS. \tag{42}$$

Wir eliminieren $\dfrac{\partial U}{\partial n}$ auf Grund der Beziehung (40), indem wir (42) gliedweise mit dem konstanten Wert $\dfrac{R}{4\pi\varrho}$ multiplizieren und von (41) subtrahieren:

$$U(M_0) = \frac{1}{4\pi} \iint\limits_{(\Sigma)} U \cdot \left[\frac{R}{\varrho} \frac{\partial \frac{1}{r_1}}{\partial n} - \frac{\partial \frac{1}{r}}{\partial n} \right] dS.$$

Die Werte von U auf (Σ) stellen aber die vorgegebene Funktion $f(M')$ dar, und wir können daher

$$U(M_0) = \frac{1}{4\pi} \iint\limits_{(\Sigma)} f(M') \left[\frac{R}{\varrho} \frac{\partial \frac{1}{r_1}}{\partial n} - \frac{\partial \frac{1}{r}}{\partial n} \right] dS \tag{43}$$

schreiben.

Diese Formel löst das Dirichletsche Problem für die Kugel, da unter dem Integralzeichen bekannte Größen stehen. Wir formen noch die in eckigen Klammern stehende Differenz um. Zunächst ist festzustellen, daß die Flächen $r = \text{const}$ Kugeln mit dem Mittelpunkt M_0 sind, so daß grad r ein Einheitsvektor in Richtung $\overrightarrow{M_0 M}$ wird; folglich gilt

$$\frac{\partial r}{\partial n} = \text{grad}_n r = \cos(r, n)$$

und

$$\frac{\partial \frac{1}{r}}{\partial n} = \frac{\partial \frac{1}{r}}{\partial r} \cdot \frac{\partial r}{\partial n} = -\frac{1}{r^2} \cos(r, n).$$

Genauso wird

$$\frac{\partial \frac{1}{r_1}}{\partial n} = -\frac{1}{r_1^2} \cos(r_1, n),$$

wobei r und r_1 im Argument des Kosinus die Richtungen von $\overrightarrow{M_0 M}$ bzw. $\overrightarrow{M_1 M}$ bezeichnen. Dies liefert

$$\frac{R}{\varrho} \frac{\partial \frac{1}{r_1}}{\partial n} - \frac{\partial \frac{1}{r}}{\partial n} = \frac{1}{r^2} \cos(r, n) - \frac{R}{\varrho r_1^2} \cos(r_1, n). \tag{44}$$

207. Das Dirichletsche Problem für die Kugel

Führt man die Größe $\varrho_1 = |OM_1| = \dfrac{R^2}{\varrho}$ ein, so folgen für die Dreiecke $OM'M_0$ und $OM'M_1$ die Beziehungen

$$\varrho^2 = R^2 + r^2 - 2Rr\cos(r,n), \qquad \varrho_1{}^2 = R^2 + r_1{}^2 - 2Rr_1\cos(r_1,n).$$

Werden hieraus $\cos(r,n)$, $\cos(r_1,n)$ bestimmt und in den Ausdruck (44) eingesetzt, so ergibt sich unter Benutzung von (40) sowie der Definition von ϱ_1

$$\frac{R}{\varrho}\frac{\partial \frac{1}{r_1}}{\partial n} - \frac{\partial \frac{1}{r}}{\partial n} = \frac{R^2-\varrho^2}{Rr^3};$$

die Gleichung (43) kann man somit in der Form

$$U(M_0) = \frac{1}{4\pi R}\iint\limits_{(\Sigma)} f(M')\frac{R^2-\varrho^2}{r^3}\,dS \qquad (45)$$

schreiben. Führt man noch den Winkel γ zwischen dem Radiusvektor $\overrightarrow{OM_0}$ und dem variablen Radiusvektor $\overrightarrow{OM'}$ sowie die sphärischen Winkel (θ', φ') des Punktes M' und schließlich, mit dem Punkt O als Ursprung, die Kugelkoordinaten $(\varrho, \theta_0, \varphi_0)$ des Punktes M_0 ein, so lautet diese Beziehung

$$U(\varrho, \theta_0, \varphi_0) = \frac{R}{4\pi}\int_0^{2\pi}\!\!\int_0^{\pi} f(\theta', \varphi')\frac{R^2-\varrho^2}{(R^2-2\varrho R\cos\gamma+\varrho^2)^{3/2}}\sin\theta'\,d\theta'\,d\varphi'. \qquad (46)$$

Die erhaltene Integraldarstellung von $U(M_0)$ entspricht dem Poissonschen Integral im Fall der Ebene. Zum Nachweis, daß das in (45) auftretende Integral eine harmonische Funktion liefert, genügt es zu zeigen, daß bei festgehaltenem Punkt M' der Quotient $\dfrac{R^2-\varrho^2}{r^3}$ eine harmonische Funktion von M_0 darstellt. Wir führen ein Kugelkoordinatensystem mit dem Ursprung im Punkt M' ein, dessen z-Achse von M' nach O weist, und setzen, wie stets bei Kugelkoordinaten, $\theta = \measuredangle\, OM'M_0$. Damit wird $\varrho^2 = R^2 - 2Rr\cos\theta + r^2$ und

$$\frac{R^2-\varrho^2}{r^3} = \frac{2R\cos\theta}{r^2} - \frac{1}{r}.$$

Durch Einsetzen dieser Differenz in die Laplacesche Gleichung in Kugelkoordinaten überzeugt man sich davon, daß der vorliegende Quotient eine harmonische Funktion des Punktes M_0 ist.

Wir beweisen jetzt, daß bei beliebiger Lage von M_0 im Innern der Kugel die Identität

$$\frac{1}{4\pi R}\iint\limits_{(\Sigma)} \frac{R^2-\varrho^2}{r^3}\,dS = 1 \qquad (*)$$

gilt. Hierzu wird ein Kugelkoordinatensystem mit dem Ursprung im Punkt O eingeführt, dessen z-Achse von O nach M_0 weist, wobei im vorliegenden Fall $\theta = \measuredangle\, M_0 O M'$ und $r^2 = R^2 - 2R\varrho \cos\theta + \varrho^2$ ist. Das in der Formel (*) stehende Integral lautet dann

$$\frac{R^2 - \varrho^2}{4\pi R} \int_0^{2\pi}\int_0^{\pi} \frac{R^2 \sin\theta\, d\theta\, d\varphi}{(R^2 - 2R\varrho \cos\theta + \varrho^2)^{3/2}}$$

$$= \frac{(R^2 - \varrho^2) R}{2} \int_0^{\pi} \frac{\sin\theta\, d\theta}{(R^2 - 2\varrho R \cos\theta + \varrho^2)^{3/2}}$$

$$= \frac{R^2 - \varrho^2}{2\varrho} (R^2 - 2\varrho R \cos\theta + \varrho^2)^{-\frac{1}{2}} \Big|_{\theta=\pi}^{\theta=0};$$

wegen $\varrho < R$ folgt hieraus die Formel (*)

$$\frac{1}{4\pi R} \iint\limits_{(\Sigma)} \frac{R^2 - \varrho^2}{r^3}\, dS = \frac{R^2 - \varrho^2}{2\varrho}\left(\frac{1}{R - \varrho} - \frac{1}{R + \varrho}\right) = 1.$$

Der weitere Beweis dafür, daß das Integral (45) auf der Kugel die Randwerte $f(M')$ besitzt, wird ebenso durchgeführt wie beim Poissonschen Integral.

Die Lösung des äußeren Dirichletschen Problems mit den Randwerten $f(M')$ wird durch die Formel

$$U(M_0) = \frac{1}{4\pi R} \iint\limits_{(\Sigma)} f(M')\, \frac{\varrho^2 - R^2}{r^3}\, dS \qquad (45_1)$$

geliefert oder auch durch

$$U(\varrho, \theta_0, \varphi_0) = \frac{R}{4\pi} \int_0^{2\pi}\int_0^{\pi} f(\theta', \varphi') \frac{\varrho^2 - R^2}{(R^2 - 2\varrho R \cos\gamma + \varrho^2)^{3/2}} \sin\theta'\, d\theta'\, d\varphi' \qquad (46_1)$$

mit $\varrho = |OM_0|$, $r = |M_0 M'|$ und $\gamma = \measuredangle\, M_0 O M'$, wobei aber im vorliegenden Fall $\varrho > R$ ist. So wie früher überzeugen wir uns davon, daß das Integral der Formel (45_1) eine harmonische Funktion außerhalb der Kugel liefert. Zur Bestätigung, daß die Randwerte von $U(M_0)$ gleich $f(M')$ sind, formen wir (46_1) um in

$$U(\varrho, \theta_0, \varphi_0) = \frac{\varrho'}{4\pi} \int_0^{2\pi}\int_0^{\pi} f(\theta', \varphi') \frac{R'^2 - \varrho'^2}{(R'^2 - 2\varrho' R' \cos\gamma + \varrho'^2)^{3/2}} \sin\theta'\, d\theta'\, d\varphi', \qquad (46_2)$$

wobei $\varrho' = \varrho^{-1}$ und $R' = R^{-1}$ ist. Hier gilt jetzt $\varrho' < R'$; strebt nun der Punkt $(\varrho, \theta_0, \varphi_0)$ gegen den auf der Kugelfläche (Σ) liegenden Punkt $M(R, \theta, \varphi)$, so geht $(\varrho', \theta_0, \varphi_0)$ gegen (R', θ, φ). Nach dem für das Kugelinnere erhaltenen Resultat gilt

$$\frac{R'}{4\pi} \int_0^{2\pi} \int_0^{\pi} f(\theta', \varphi') \frac{R'^2 - \varrho'^2}{(R'^2 - 2\varrho' R' \cos\gamma + \varrho'^2)^{3/2}} \sin\theta' \, d\theta' \, d\varphi' \to f(M);$$

wegen $\varrho' \to R'$ folgt dann, daß auch die rechte Seite der Formel (46_2) gegen $f(M)$ strebt, was zu beweisen war. Wir erwähnen noch, daß $U(\varrho, \theta_0, \varphi_0)$ gemäß (46_1) gegen Null strebt, wenn M_0 nach Unendlich geht, d. h. für $\varrho \to \infty$. Dies folgt daraus, daß der Zähler unter dem Integral der Formel (46_1) ϱ^2 enthält, während sich der Nenner offenbar wie ϱ^3 verhält.

208. Die Greensche Funktion. Aus der oben angegebenen Lösung des Dirichletschen Problems für die Kugel lassen sich Hinweise für den allgemeinen Fall des Dirichletschen Problems bei beliebiger Berandung (S) gewinnen. Die Formel (13) liefert die Lösung des Problems nicht unmittelbar, da in dem Doppelintegral nicht nur U selbst auftritt, dessen Werte auf der Berandung vorgegeben sind, sondern auch $\dfrac{\partial U}{\partial n}$. Um die Lösung des Problems zu erhalten, ist $\dfrac{\partial U}{\partial n}$ zu eliminieren. Es sei M_0 ein fester Punkt innerhalb (S). Es möge uns die Funktion $G_1(M; M_0)$ mit den folgenden zwei Eigenschaften bekannt sein: 1. Als Funktion des variablen Punktes M stellt sie eine harmonische Funktion innerhalb (S) dar; 2. auf der Fläche (S) sind ihre Randwerte gleich $\dfrac{1}{r}$, wobei r der Abstand eines variablen Punktes auf (S) von M_0 ist. Es sei $U(M)$ die gesuchte Lösung des Dirichletschen Problems. Anwendung der Formel (6) auf die harmonischen Funktionen $U(M)$ und $G_1(M; M_0)$ liefert

$$0 = \iint_{(S)} \left[U(M) \frac{\partial G_1(M; M_0)}{\partial n} - G_1(M; M_0) \frac{\partial U(M)}{\partial n} \right] dS$$

bzw. in Anbetracht der Randbedingungen für $G_1(M; M_0)$

$$0 = \iint_{(S)} \left[U(M) \frac{\partial G_1(M; M_0)}{\partial n} - \frac{1}{r} \frac{\partial U(M)}{\partial n} \right] dS.$$

Wird diese Gleichung mit $\dfrac{1}{4\pi}$ multipliziert und zu (13) addiert, so ergibt sich

$$U(M_0) = -\frac{1}{4\pi} \iint_{(S)} U(M) \frac{\partial}{\partial n} \left[\frac{1}{r} - G_1(M; M_0) \right] dS. \tag{47}$$

Diese Formel liefert nun die Lösung des Dirichletschen Problems, wenn die Funktion $G_1(M; M_0)$ bekannt ist. Die in eckigen Klammern stehende Differenz

$$G(M; M_0) = \frac{1}{r} - G_1(M; M_0) \tag{48}$$

heißt *Greensche Funktion für den von der Fläche (S) berandeten Bereich mit dem Pol im Punkt M_0*. Aus der Definition von $G_1(M; M_0)$ folgen zwei Fundamentaleigenschaften der Greenschen Funktion:

1. $G(M; M_0)$ ist eine harmonische Funktion innerhalb (S) mit Ausnahme des Punktes M_0, in dem sie Unendlich wird, wobei aber die Differenz $G(M; M_0) - \dfrac{1}{r}$ endlich bleibt und innerhalb (S) überall eine harmonische Funktion ist.

2. Die Randwerte von $G(M; M_0)$ auf der Fläche (S) sind gleich Null.

Bringen wir in den Punkt M_0 eine positive Ladungseinheit und erden die als leitend angenommene Fläche (S), so liefert die Greensche Funktion $G(M; M_0)$ das elektrostatische Potential des innerhalb (S) entstehenden Feldes.

Im Fall der Kugel wird nach Formel (43) die Funktion $G_1(M; M_0)$ gleich $\dfrac{R}{\varrho} \cdot \dfrac{1}{r_1}$, und die Greensche Funktion lautet

$$G(M; M_0) = \frac{1}{r} - \frac{R}{\varrho} \cdot \frac{1}{r_1}. \tag{49}$$

Wir erhielten die Beziehung (47) unter Benutzung der Formel (13) sowie durch Anwendung der Greenschen Integralformel auf $U(M)$ und $G_1(M; M_0)$. Die Zulässigkeit der Anwendung dieser Integralformeln erfordert besondere Beweise, die auf einer Untersuchung des Verhaltens der Ableitungen bei der Annäherung an die Fläche (S) beruhen. Ein strenger Beweis der Formel (47) unter weitgefaßten Voraussetzungen bezüglich der Fläche (S) und der Funktion $U(M)$ auf (S) wurde zuerst von A. M. LJAPUNOW gegeben.

Ganz analog besteht im Fall der Ebene für die Lösung des inneren Dirichletschen Problems die Beziehung

$$U(M_0) = -\frac{1}{2\pi} \int\limits_{(l)} U(M) \frac{\partial G(M; M_0)}{\partial n} dS, \tag{47$_1$}$$

wobei die Greensche Funktion $G(M; M_0)$ für den Bereich mit der Berandung (l) und mit dem Pol M_0 die folgenden zwei Eigenschaften besitzt.

1. $G(M; M_0)$ ist eine harmonische Funktion innerhalb (l) mit Ausnahme des Punktes M_0, in dem sie Unendlich wird, wobei die Differenz $G(M; M_0) - \log \dfrac{1}{r}$ eine harmonische Funktion im Punkt M_0 darstellt.

2. Die Randwerte von $G(M; M_0)$ auf der Berandung (l) sind gleich Null.

Wie leicht zu zeigen ist, kann nur eine einzige Funktion mit den angegebenen zwei Eigenschaften existieren. Gäbe es nämlich zwei derartige Funktionen $G^{(1)}(M; M_0)$ und $G^{(2)}(M; M_0)$, so müßte deren Differenz $G^{(2)}(M; M_0) - G^{(1)}(M; M_0)$ überall innerhalb (S) bzw. (l) harmonisch sein und verschwindende Randwerte auf (S) bzw. (l) haben, d. h., sie wäre identisch Null innerhalb (S) bzw. (l).

209. Der Fall des Halbraums. Als Anwendung der Formel (47) betrachten wir das Dirichletsche Problem für den Halbraum. Gesucht ist eine in dem Halbraum $z > 0$ harmonische Funktion $U(x, y, z)$, deren Randwerte $f(x, y)$ auf der Ebene $z = 0$ vorgegeben sind:

$$U|_{z=0} = f(x, y). \tag{50}$$

Es sei r der Abstand des variablen Punktes M vom Punkt $M_0(x_0, y_0, z_0)$ mit $z_0 > 0$, ferner r_1 der Abstand des variablen Punktes M vom Punkt $M_0'(x_0, y_0, -z_0)$, der spiegelbildlich zu M_0 in bezug auf die Ebene $z = 0$ liegt. Der Quotient $\dfrac{1}{r_1}$ ist eine im Halbraum $z > 0$ harmonische Funktion des Punktes M, da M_0' außerhalb dieses Halbraums liegt. Befindet sich M

auf der Ebene $z = 0$, so wird offenbar $\dfrac{1}{r_1} = \dfrac{1}{r}$. Die Greensche Funktion hat im vorliegenden Fall die Form

$$G(M; M_0) = \frac{1}{r} - \frac{1}{r_1}$$

$$= \frac{1}{\sqrt{(x-x_0)^2 + (y-y_0)^2 + (z-z_0)^2}} - \frac{1}{\sqrt{(x-x_0)^2 + (y-y_0)^2 + (z+z_0)^2}}.$$

Die ins Äußere des Halbraums $z > 0$ weisende Normale zur Ebene $z = 0$ hat eine zur positiven z-Achse entgegengesetzte Richtung; es wird also $\dfrac{\partial}{\partial n} = -\dfrac{\partial}{\partial z}$, und die Formel (47) liefert

$$U(x_0, y_0, z_0) = \frac{1}{4\pi} \int_{-\infty}^{\infty} \int_{-\infty}^{\infty} f(x,y) \frac{\partial}{\partial z} \left[\frac{1}{\sqrt{(x-x_0)^2 + (y-y_0)^2 + (z-z_0)^2}} \right.$$
$$\left. - \frac{1}{\sqrt{(x-x_0)^2 + (y-y_0)^2 + (z+z_0)^2}} \right]_{z=0} dx\, dy.$$

Nach Differentiation des Ausdrucks in der eckigen Klammer ist $z = 0$ zu setzen. Die Ausführung der einfachen Rechnung liefert schließlich

$$U(x_0, y_0, z_0) = \frac{z_0}{2\pi} \int_{-\infty}^{\infty} \int_{-\infty}^{\infty} \frac{f(x,y)}{[(x-x_0)^2 + (y-y_0)^2 + z_0^2]^{3/2}} \, dx\, dy. \tag{51}$$

Wir wollen nicht im einzelnen nachprüfen, ob die rechte Seite eine harmonische Funktion darstellt und die Randwerte $f(x,y)$ besitzt, wenn (x_0, y_0, z_0) gegen $(x, y, 0)$ strebt. In dem behandelten Fall erstreckt sich die Berandung des Bereichs ins Unendliche; man bestätigt leicht, daß die konstruierte Lösung die folgende Eigenschaft besitzt: Ist $f(x,y)$ auch im Unendlichen stetig, d. h., besitzt $f(x, y)$ einen bestimmten endlichen Grenzwert a bei unbegrenzt zunehmender Entfernung des Punktes (x, y) in der Ebene $z = 0$, so nimmt auch $U(x_0, y_0, z_0)$ denselben Grenzwert an für einen beliebig nach Unendlich strebenden Punkt (x_0, y_0, z_0) im Halbraum $z > 0$.

Mit anderen Worten: Ist $f(x, y)$ (auf der Ebene) im Unendlichen stetig, so hat die angegebene Lösung dort auch den geforderten Randwert.

Ganz analog lautet die Greensche Funktion bei der Lösung des Dirichletschen Problems für die Halbebene $y > 0$

$$\log \frac{1}{r} - \log \frac{1}{r_1} = \log \frac{1}{\sqrt{(x-x_0)^2 + (y-y_0)^2}} - \log \frac{1}{\sqrt{(x-x_0)^2 + (y+y_0)^2}},$$

und die Formel (47_1) liefert mit den Randwerten

$$U|_{y=0} = f(x) \tag{52}$$

die Lösung des Problems:

$$U(x_0, y_0) = \frac{y_0}{\pi} \int_{-\infty}^{\infty} \frac{f(x)}{(x-x_0)^2 + y_0^2} \, dx. \tag{53}$$

Die eingehende Untersuchung des Neumannschen Problems verschieben wir auf den Teil IV.

210. Das Potential räumlich verteilter Massen. Wir betrachten die der Laplaceschen Gleichung zugeordnete inhomogene Differentialgleichung

$$\frac{\partial^2 U}{\partial x^2} + \frac{\partial^2 U}{\partial y^2} + \frac{\partial^2 U}{\partial z^2} = \varphi(x, y, z) \tag{54}$$

in dem endlichen Bereich (D) mit der Berandung (S). Jede Lösung dieser Differentialgleichung läßt sich als Summe irgendeiner partikulären Lösung und einer in (D) harmonischen Funktion darstellen. Es sei eine Lösung der Differentialgleichung (54) gegeben, auf die die Formel (9) anwendbar ist. Da die Ableitung von $\frac{1}{r}$ nach einer beliebigen festen Richtung der Laplaceschen Gleichung genügt, sind der Integrand in dem Oberflächenintegral der Formel (9) und dieses Integral selbst harmonische Funktionen in (D). Daher muß das Dreifachintegral die Differentialgleichung (54) erfüllen. Auf Grund von (54) kann aber in diesem Integral ΔU durch $\varphi(x, y, z)$ ersetzt werden, und wir erhalten somit eine partikuläre Lösung der Differentialgleichung (54) in der Form

$$U(x, y, z) = -\frac{1}{4\pi} \iiint\limits_{(D)} \frac{\varphi(\xi, \eta, \zeta)}{r} dv \tag{55}$$

$$(r = \sqrt{(\xi - x)^2 + (\eta - y)^2 + (\zeta - z)^2}).$$

Dieses Resultat ergab sich unter der Voraussetzung, daß die Differentialgleichung (54) eine Lösung besitzt, auf welche die Formel (9) anwendbar ist. Zur vollständigen Lösung des Problems müssen wir das räumliche Potential (55) unter bestimmten Voraussetzungen bezüglich der Funktion $\varphi(N)$ eingehender untersuchen. Wir setzen $\mu(N) = -\frac{\varphi(N)}{4\pi}$ und betrachten das folgende Potential räumlicher Massen:

$$V(M) = \iiint\limits_{(D)} \frac{\mu(N)}{r} dv \tag{56}$$

bzw.

$$V(x, y, z) = \iiint\limits_{(D)} \frac{\mu(\xi, \eta, \zeta)}{r} dv. \tag{56_1}$$

Vorausgesetzt sei, daß $\mu(N)$ in (D) bis an (S) heran stetig ist. Wie bereits erwähnt, stellt das Integral (56) ein eigentliches Integral dar, wenn M außerhalb (D) liegt. In diesem Fall besitzt die Funktion $V(M)$ partielle Ableitungen beliebiger Ordnung. Diese Ableitungen können durch Differentiation unter dem Integralzeichen erhalten werden, und $V(M)$ erfüllt die Laplacesche Gleichung $\Delta V = 0$. Gehört M zu (D), so existieren das uneigentliche Integral (56) sowie das Integral, das sich durch Differentiation des Integranden z. B. nach x ergibt. Es war aber nicht bewiesen worden, daß dieses Integral die partielle Ableitung von V nach x liefert. Wir beweisen nun bezüglich des Integrals (56) zwei Sätze:

Satz 1. *Ist $\mu(N)$ im Bereich (D) bis an (S) heran stetig, so sind $V(M)$ und dessen partielle Ableitungen erster Ordnung überall stetig, und diese partiellen Ableitungen können durch Differentiation unter dem Integralzeichen erhalten werden.*

Der Beweis werde für eine beliebige Lage von M in bezug auf den Bereich (D) durchgeführt. Anstelle von $\frac{1}{r}$ führen wir bei vorgegebenem positivem ε eine neue Funktion ein, die sich von $\frac{1}{r}$ nur für $r < \varepsilon$ unterscheidet; diese sei jetzt aber stetig und besitze stetige Ableitungen nach den Koordinaten auch für $r = 0$. Hierzu ersetzen wir $\frac{1}{r}$ für $r < \varepsilon$ durch das Polynom

$$\alpha + \beta r^2 = \alpha + \beta[(\xi - x)^2 + (\eta - y)^2 + (\zeta - z)^2],$$

nachdem wir α und β so gewählt haben, daß für $r = \varepsilon$

$$\alpha + \beta \varepsilon^2 = \frac{1}{\varepsilon} \quad \text{und} \quad 2\beta\varepsilon = -\frac{1}{\varepsilon^2}$$

gilt, womit die Stetigkeit der Ableitungen beim Aneinanderfügen der Funktionen $\frac{1}{r}$ und $\alpha + \beta r^2$ bei $r = \varepsilon$ gesichert ist.

Die angegebenen Beziehungen liefern $\alpha = \frac{3}{2\varepsilon}$, $\beta = -\frac{1}{2\varepsilon^2}$; dies führt zu der Funktion $g_\varepsilon(r)$, die durch die Beziehungen

$$\begin{aligned} g_\varepsilon(r) &= \frac{1}{r} & \text{für} \quad r \geqq \varepsilon, \\ g_\varepsilon(r) &= \frac{3}{2\varepsilon} - \frac{1}{2\varepsilon^3} r^2 & \text{für} \quad r < \varepsilon, \end{aligned} \qquad (57)$$

definiert ist.

Wird diese statt $\frac{1}{r}$ in das Integral (56) eingesetzt, so entsteht anstelle von $V(M)$ die neue Funktion

$$V_\varepsilon(M) = \iiint\limits_{(D)} \mu(N) g_\varepsilon(r) \, dv, \qquad (58)$$

die im ganzen Raum stetig ist und stetige Ableitungen besitzt, die durch Differentiation unter dem Integralzeichen erhalten werden können. Der Integrand in (58) ist nämlich selbst stetig und besitzt stetige Ableitungen für $r \geqq 0$. Es kann also z. B.

$$\frac{\partial V_\varepsilon(M)}{\partial x} = \iiint\limits_{(D)} \mu(N) \frac{\partial}{\partial x} g_\varepsilon(r) \, dv \qquad (59)$$

gesetzt werden.

Wir bilden jetzt die Differenz

$$V(M) - V_\varepsilon(M) = \iiint\limits_{(D)} \mu(N) \left[\frac{1}{r} - g_\varepsilon(r)\right] dv. \tag{60}$$

Da $\dfrac{1}{r}$ und $g_\varepsilon(r)$ für $r \geqq \varepsilon$ übereinstimmen, verschwindet die unter dem Integral stehende Differenz in allen Punkten N, die außerhalb der Kugel (σ_ε) mit dem Mittelpunkt M und dem Radius ε liegen. Befindet sich z. B. M außerhalb (D) und ist ε kleiner als der Abstand zwischen M und (D), so wird das auf der rechten Seite von (60) stehende Integral gleich Null.

Andererseits kann die Kugel (σ_ε) teilweise oder vollständig in den Bereich (D) fallen. Bezeichnen wir mit m den größten Absolutbetrag von $\mu(N)$ in (D) und berücksichtigen, daß $g_\varepsilon(r)$ eine positive Funktion ist, so erhalten wir für den Integranden der rechten Seite die Abschätzung

$$\left|\mu(N)\left[\frac{1}{r} - g_\varepsilon(r)\right]\right| \leqq m\left[\frac{1}{r} + g_\varepsilon(r)\right]; \tag{61}$$

außerhalb der Kugel (σ_ε) verschwindet der Integrand, wie bereits angegeben. Wird die auf der rechten Seite von (61) stehende positive Funktion über die ganze Kugel (σ_ε) integriert, so ergibt sich offenbar die Abschätzung

$$|V(M) - V_\varepsilon(M)| \leqq m \int_0^\varepsilon \int_0^{2\pi} \int_0^\pi \left[\frac{1}{r} + g_\varepsilon(r)\right] r^2 \sin\theta \, d\theta \, d\varphi \, dr.$$

Setzen wir für $g_\varepsilon(r)$ den zweiten Ausdruck (57) ein und führen die Integration aus, so wird

$$|V(M) - V_\varepsilon(M)| < \frac{18\pi}{5} m\varepsilon^2.$$

Hieraus geht hervor, daß die stetige Funktion $V_\varepsilon(M)$ für $\varepsilon \to 0$ gleichmäßig in bezug auf die Lage des Punktes M gegen $V(M)$ strebt; daher ist $V(M)$ ebenfalls eine stetige Funktion [I, 144]. Zur Untersuchung der partiellen Ableitungen der Funktion $V(M)$ differenzieren wir das Integral in Formel (56) unter dem Integralzeichen nach x und bezeichnen die so entstehende Funktion mit $W(M)$:

$$W(M) = \iiint\limits_{(D)} \mu(N) \frac{\partial}{\partial x}\left(\frac{1}{r}\right) dv. \tag{62}$$

Wie zuvor bilden wir die Differenz

$$W(M) - \frac{\partial V_\varepsilon(M)}{\partial x} = \iiint\limits_{(D)} \mu(N) \left[\frac{\partial}{\partial x}\left(\frac{1}{r}\right) - \frac{\partial}{\partial x} g_\varepsilon(r)\right] dv.$$

Da nun für eine beliebige Funktion $h(r)$

$$\frac{\partial}{\partial x} h(r) = \frac{dh(r)}{dr} \frac{x-\xi}{r}$$

gilt und $\left|\dfrac{x-\xi}{r}\right| \leq 1$ ist, ergibt sich für den Integranden des letzten Integrals die Ungleichung

$$\left| \mu(N) \left[\frac{\partial}{\partial x}\left(\frac{1}{r}\right) - \frac{\partial}{\partial x} g_\varepsilon(r) \right] \right| \leq m \left[\frac{1}{r^2} + \left| \frac{dg_\varepsilon(r)}{dr} \right| \right],$$

und es wird analog dem Früheren

$$\left| W(M) - \frac{\partial V_\varepsilon(M)}{\partial x} \right| \leq m \int_0^\varepsilon \int_0^{2\pi} \int_0^\pi \left[\frac{1}{r^2} + \left| \frac{dg_\varepsilon(r)}{dr} \right| \right] r^2 \sin\theta \, d\theta \, d\varphi \, dr.$$

Nach (57) gilt

$$\left| \frac{dg_\varepsilon(r)}{dr} \right| = \frac{r}{\varepsilon^3} \quad \text{für} \quad r \leq \varepsilon,$$

so daß die Ausführung der Integration

$$\left| W(M) - \frac{\partial V_\varepsilon(M)}{\partial x} \right| \leq 5\pi m \varepsilon$$

liefert; hieraus folgt, daß die Ableitung $\left|\dfrac{\partial V_\varepsilon(M)}{\partial x}\right|$ für $\varepsilon \to 0$ gleichmäßig bezüglich M gegen $W(M)$ strebt. Oben war die gleichmäßige Konvergenz von $V_\varepsilon(M)$ gegen $V(M)$ bewiesen worden. Damit folgt aus dem Satz in [I, 144], daß $W(M)$ die partielle Ableitung von $V(M)$ nach x darstellt, d. h. wegen (62)

$$\frac{\partial}{\partial x} \iiint_{(D)} \mu(N) \frac{1}{r} \, dv = \iiint_{(D)} \mu(N) \frac{\partial}{\partial x}\left(\frac{1}{r}\right) dv.$$

Die Stetigkeit von $W(M)$ ergibt sich aus der Stetigkeit der partiellen Ableitungen (59) und ihrer gleichmäßigen Konvergenz gegen den Grenzwert $W(M)$, womit der Satz vollständig bewiesen ist. Die Ableitungen nach y und z sind genauso zu untersuchen. Bei nochmaligem Durchgehen des Beweises erkennt man übrigens, daß nur die Beschränktheit und Integrierbarkeit von $\mu(N)$ benutzt wurde.

211. Die Poissonsche Gleichung. Zur Bildung der Ableitungen zweiter Ordnung der Funktion $V(M)$ müssen wir unsere Voraussetzungen bezüglich $\mu(N)$ verschärfen.

Satz 2. *Besitzt die stetige Funktion $\mu(N)$ stetige Ableitungen erster Ordnung im Innern von (D), so hat $V(M)$ stetige Ableitungen zweiter Ordnung im Innern von (D) und genügt dort der Differentialgleichung*

$$\Delta V(M) = -4\pi \mu(M). \tag{63}$$

Wir wählen im Innern von (D) einen festen Punkt $M_0(x_0, y_0, z_0)$. Es sei (σ_ε) eine Kugel mit dem Mittelpunkt M_0 und dem Radius ε, die ganz in (D) liegt; schließlich sei (D_1) der Restbereich von (D) außerhalb (σ_ε). Nun zerlegen wir das Potential (56) in zwei Anteile:

$$V(M) = \iiint\limits_{(D_1)} \mu(N) \frac{1}{r} dv + \iiint\limits_{(\sigma_\varepsilon)} \mu(N) \frac{1}{r} dv = V_1(M) + V_0(M). \quad (64)$$

Auf Grund des Satzes 1 wird

$$\frac{\partial V(M)}{\partial x} = \iiint\limits_{(D_1)} \mu(N) \frac{\partial}{\partial x}\left(\frac{1}{r}\right) dv + \iiint\limits_{(\sigma_\varepsilon)} \mu(N) \frac{\partial}{\partial x}\left(\frac{1}{r}\right) dv$$

$$= \frac{\partial V_1(M)}{\partial x} + \frac{\partial V_0(M)}{\partial x}. \quad (65)$$

Ferner gilt

$$\frac{\partial}{\partial x}\left(\frac{1}{r}\right) = -\frac{\partial}{\partial \xi}\left(\frac{1}{r}\right) \quad (r = \sqrt{(\xi - x)^2 + (\eta - y)^2 + (\zeta - z)^2}),$$

so daß wir

$$\mu(N) \frac{\partial}{\partial x}\left(\frac{1}{r}\right) = -\frac{\partial}{\partial \xi}\left[\mu(N) \frac{1}{r}\right] + \frac{\partial \mu(N)}{\partial \xi} \cdot \frac{1}{r}$$

schreiben können.

Wird jetzt dieser Ausdruck in Formel (65) im Integral über (σ_ε) eingesetzt, so liefert die Anwendung der Gauß-Ostrogradskischen Formel

$$\frac{\partial V(M)}{\partial x} = \iiint\limits_{(D_1)} \mu(N) \frac{\partial}{\partial x}\left(\frac{1}{r}\right) dv$$

$$+ \iiint\limits_{(\sigma_\varepsilon)} \frac{\partial \mu(N)}{\partial \xi} \cdot \frac{1}{r} dv - \iint\limits_{(S_\varepsilon)} \mu(N) \cos(n,x) \frac{1}{r} dS. \quad (66)$$

Dabei bedeutet (S_ε) die Oberfläche der Kugel (σ_ε) und n die Richtung der äußeren Normalen zu (S_ε) im Punkt N. Das erste Glied der rechten Seite stellt ein eigentliches Integral für die im Innern von (σ_ε) liegenden Punkte M dar und besitzt dort Ableitungen beliebiger Ordnung. Dasselbe gilt auch bezüglich des dritten Gliedes, das ein Integral über die Berandung der Kugel (σ_ε) darstellt. Das zweite Glied ist ein Volumenintegral über (σ_ε) mit der stetigen Dichte $\frac{\partial \mu(M)}{\partial \xi}$ und besitzt nach Satz 1 stetige Ableitungen erster Ordnung im ganzen Raum. Somit hat $\frac{\partial V(M)}{\partial x}$ stetige Ableitungen erster Ordnung im Innern von (σ_ε). Da der Punkt M_0 in (D) beliebig gewählt ist, folgt also, daß $\frac{\partial V(M)}{\partial x}$ überall in (D) stetige Ableitungen erster Ordnung aufweist. Dieselben Schlußfolgerungen, auf $\frac{\partial V(M)}{\partial y}$

und $\dfrac{\partial V(M)}{\partial z}$ angewendet, zeigen, daß $V(M)$ im Innern von (D) stetige Ableitungen zweiter Ordnung besitzt.

Es bleibt noch die Formel (63) für einen beliebigen Punkt M_0 in (D) zu beweisen. Hierzu greifen wir auf die Formeln (64) und (66) zurück. Wie wir wissen, ist das Potential $V_1(M)$ der räumlichen Massen im Bereich (D_1) eine harmonische Funktion in (σ_ε), weil (σ_ε) außerhalb (D_1) liegt; es ist also $\Delta V_1(M) = 0$ und damit $\Delta V(M) = \Delta V_0(M)$ in (σ_ε). Zur Bildung von $\Delta V(M)$ braucht man somit nur diejenigen Glieder in (66) unter dem Integralzeichen nach x zu differenzieren (entsprechend Satz 1), in denen die Integration über (σ_ε) und (S_ε) erstreckt ist. Dann sind die analogen Ausdrücke für die Ableitungen zweiter Ordnung nach y und z zu bilden und alle drei Ableitungen zu addieren. Dabei ist zu bedenken, daß unter dem Integralzeichen nur der Faktor $\dfrac{1}{r}$ von (x, y, z) abhängt. Nachdem wir in dieser Weise $\Delta V(M)$ im Innern von (σ_ε) gebildet haben, bestimmen wir nun dessen Wert im Mittelpunkt M_0 der Kugel (σ_ε). Wird dieser mit $\Delta V(M_0)$ und der Abstand von M_0 bis zu dem variablen Integrationspunkt mit r_0 bezeichnet, so ergibt sich

$$\Delta V(M_0) = \iiint\limits_{(\sigma_\varepsilon)} \left[\frac{\partial \mu(N)}{\partial \xi} \frac{\xi - x_0}{r_0^3} + \frac{\partial \mu(N)}{\partial \eta} \frac{\eta - y_0}{r_0^3} + \frac{\partial \mu(N)}{\partial \zeta} \frac{\zeta - z_0}{r_0^3} \right] dv$$
$$- \iint\limits_{(S_\varepsilon)} \mu(N) \left[\frac{\xi - x_0}{r_0^3} \cos(n, x) + \frac{\eta - y_0}{r_0^3} \cos(n, y) + \frac{\zeta - z_0}{r_0^3} \cos(n, z) \right] dS. \quad (67)$$

Diese Beziehung gilt bei beliebig gewähltem Radius ε, sofern die Kugel (σ_ε) im Innern von (D) liegt; der Wert $\Delta V(M_0)$ hängt aber offenbar nicht von der Wahl des ε ab. Wir lassen nun ε gegen Null gehen und beweisen, daß hierbei das dreifache Integral gegen Null strebt. Es genügt, das Integral über eines der Glieder zu betrachten. Es sei m das Maximum des Absolutbetrags der stetigen Funktionen $\dfrac{\partial \mu(M)}{\partial \xi}$ in einer hinreichend klein gewählten Kugel (σ_{ε_0}). Für $\varepsilon \leq \varepsilon_0$ gilt unter Beachtung von $\left| \dfrac{\xi - x_0}{r_0} \right| \leq 1$

$$\left| \iiint\limits_{(\sigma_\varepsilon)} \frac{\partial \mu(N)}{\partial \xi} \cdot \frac{\xi - x_0}{r_0^3} dv \right| \leq m \iiint\limits_{(\sigma_\varepsilon)} \frac{dv}{r_0^2}.$$

Führt man Kugelkoordinaten mit dem Ursprung in M_0 ein und setzt $dv = r_0^2 \sin\theta\, d\theta\, d\varphi\, dr_0$, so erkennt man, daß der rechts stehende Ausdruck gleich $m \cdot 4\pi\varepsilon$ ist, woraus hervorgeht, daß das dreifache Integral für $\varepsilon \to 0$ gegen Null strebt.

Wir befassen uns jetzt mit dem Oberflächenintegral in (67). Da offenbar die äußere Normale n die Richtung des Kugelradius hat, wird

$$\frac{\xi - x_0}{r_0^3} \cos(n, x) + \frac{\eta - y_0}{r_0^3} \cos(n, y) + \frac{\zeta - z_0}{r_0^3} \cos(n, z)$$

$$= \frac{1}{r_0^2} [\cos^2(n, x) + \cos^2(n, y) + \cos^2(n, z)] = \frac{1}{r_0^2};$$

folglich kann das Oberflächenintegral in der Form

$$\frac{1}{\varepsilon^2} \iint\limits_{(S_\varepsilon)} \mu(N) \, dS$$

geschrieben werden bzw., unter Benutzung des Mittelwertsatzes,

$$\frac{1}{\varepsilon^2} \iint\limits_{(S_\varepsilon)} \mu(N) \, dS = 4\pi \mu(N_\varepsilon),$$

wobei N_ε ein gewisser Punkt auf (S_ε) ist. Für $\varepsilon \to 0$ strebt N_ε gegen den Punkt M_0 und $\mu(N_\varepsilon)$ gegen $\mu(M_0)$; somit liefert das Oberflächenintegral der Formel (67) im Grenzfall $4\pi\mu(M_0)$, was zu der Formel (63) führt. Diese wird gewöhnlich als *Poissonsche Formel* oder *Poissonsche Gleichung* bezeichnet.

Aus dem soeben bewiesenen Satz folgt unmittelbar: Ist die Funktion $\varphi(x, y, z)$ im Bereich (D) bis an die Berandung (S) heran stetig und besitzt sie stetige partielle Ableitungen erster Ordnung im Innern von (D), so liefert die Formel (55) eine Lösung der Differentialgleichung (54). Wenn überdies $\varphi(N)$ im ganzen Raum definiert ist und im Unendlichen hinreichend stark abnimmt, kann als Bereich (D) der ganze Raum genommen werden.

Analoge Sätze können auch für das Integral über einen ebenen Bereich,

$$V(M) = \iint\limits_{(B)} \mu(N) \log \frac{1}{r} \, d\sigma$$

bzw.

$$V(x, y) = \iint\limits_{(B)} \mu(\xi, \eta) \log \frac{1}{r} \, d\sigma \qquad (r = \sqrt{(\xi - x)^2 + (\eta - y)^2})$$

bewiesen werden. Ist $\mu(N)$ in (B) bis an die Berandung dieses Bereiches heran stetig, so ist $V(M)$ selbst stetig und besitzt stetige partielle Ableitungen erster Ordnung in der ganzen Ebene, wobei diese Ableitungen durch Differentiation unter dem Integralzeichen erhalten werden können. Hat $\mu(N)$ außerdem stetige partielle Ableitungen erster Ordnung in (B), so besitzt $V(M)$ stetige partielle Ableitungen zweiter Ordnung in (B) und genügt dort überall der Poissonschen Gleichung

$$\Delta V(M) = -2\pi \mu(M).$$

Wir bilden jetzt neben dem Integral (55) noch das Integral

$$U_1(M) = - \frac{1}{4\pi} \iiint\limits_{(D)} \varphi(N) G(M; N)\, dv; \qquad (55_1)$$

hier ist $G(M; N)$ die Greensche Funktion des Bereichs (D) mit einem Pol in N. Im Integral (55_1) erstreckt sich die Integration über den Punkt N. Unter Berücksichtigung der Formel (48) kann hierfür

$$U_1(M) = - \frac{1}{4\pi} \iiint\limits_{(D)} \frac{\varphi(N)}{r}\, dv + \frac{1}{4\pi} \iiint\limits_{(D)} \varphi(N) G_1(M; N)\, dv$$

geschrieben werden. Dabei ist $G_1(M; N)$ eine überall in (D) harmonische Funktion von M, die auf (S) die Randwerte $\frac{1}{\varrho}$ besitzt; hier ist ϱ der Abstand des variablen Punktes auf (S) vom Punkt N. Das zweite Integral stellt eine Funktion des unter dem Integralzeichen als Parameter auftretenden Punktes M dar, und da $G_1(M; N)$ überall im Innern von (D) eine harmonische Funktion ist, wird auch das zweite Integral in (D) eine harmonische Funktion von M. Der Laplacesche Operator liefert beim ersten Glied auf der rechten Seite nach dem früher Bewiesenen $\varphi(M)$, und somit genügt die durch Formel (55_1) definierte Funktion der Differentialgleichung (54). Beachten wir ferner, daß $G(M; N)$ gleich Null wird, wenn M auf der Fläche (S) liegt, so folgt aus (55), daß $U_1(M)$ auf (S) der Randbedingung

$$U_1(M)|_S = 0$$

genügt.

Die Formel (55_1) *definiert also eine der angegebenen Randbedingung genügende Lösung der Differentialgleichung* (54). Die Randwerte der Lösung (55), die sich als Werte des auf der rechten Seite stehenden Integrals ergeben, wenn der Punkt (x, y, z) auf (S) liegt, hängen von $\varphi(x, y, z)$ ab. Wir bemerken, daß die eben durchgeführte Untersuchung der Funktion (55_1) nicht ganz streng ist. Sie erfordert eine zusätzliche Untersuchung von $G(M; N)$ als Funktion von N sowie einen Beweis für die Zulässigkeit der Differentiation unter dem Integralzeichen und des Grenzübergangs unter dem Integralzeichen, wenn M gegen einen Punkt der Berandung (S) strebt.

Ein strenger Beweis wird in Teil IV geführt.

212. Die Kirchhoffsche Formel. Die Formel (13) liefert für eine im Innern der Fläche (S) harmonische Funktion den Wert in jedem inneren Punkt in der Gestalt eines Integrals über die Fläche (S). Eine analoge Formel läßt sich auch für die der Wellengleichung

$$\frac{\partial^2 V}{\partial t^2} = a^2 \Delta V \qquad (68)$$

genügende Funktion $V(x, y, z; t) = V(M; t)$ herleiten. Die Funktion $V(M; t)$ sei mit ihren Ableitungen bis zur zweiten Ordnung in dem von der Fläche (S) begrenzten Bereich (D) stetig für alle $t > 0$. Ferner sei M_0 ein fester Punkt im Innern von (D). Mit r werde der Abstand $r = |M_0 M|$ zwischen M_0 und dem variablen Punkt M bezeichnet. Wir wollen jetzt die allgemeine Formel (9) auf die Funktion

$$U(x, y, z; t) = V\left(x, y, z; t - \frac{r}{a}\right) \qquad (69)$$

VII. Partielle Differentialgleichungen der mathematischen Physik

oder kürzer

$$U(M;t) = V\left(M; t - \frac{r}{a}\right) \tag{70}$$

anwenden.

Ist $\omega(t)$ eine Funktion von t, so bezeichnen wir mit dem Symbol $[\omega]$ die Funktion, die sich aus $\omega(t)$ durch Einsetzen von $t - \dfrac{r}{a}$ anstelle von t ergibt, also $[\omega] = \omega\left(t - \dfrac{r}{a}\right)$.

Gewöhnlich wird $[\omega]$ als *retardierter Wert der Funktion* $\omega(t)$ bezeichnet. Die Bezeichnung wird verständlich bei der Vorstellung, daß a die Ausbreitungsgeschwindigkeit irgendeines Vorgangs ist.

Mit dieser Bezeichnungsweise können wir die Beziehung (69) bzw. (70) in der Form $U = [V]$ schreiben. Bei der Differentiation der Funktion (69) nach den Koordinaten muß beachtet werden, daß $[V]$ von den Koordinaten sowohl direkt als auch mittels r abhängt, das in dem vierten Argument auftritt. Es ergibt sich somit

$$\frac{\partial U}{\partial n} = \left[\frac{\partial V}{\partial n}\right] - \frac{1}{a}\left[\frac{\partial V}{\partial t}\right]\frac{\partial r}{\partial n}. \tag{71}$$

Wenn wir die Darstellung des Laplaceschen Operators in Polarkoordinaten mit dem Ursprung M_0 benutzen [131],

$$\Delta U = \frac{\partial^2 U}{\partial r^2} + \frac{2}{r}\frac{\partial U}{\partial r} + \frac{1}{r^2 \sin\theta}\frac{\partial}{\partial \theta}\left(\sin\theta \frac{\partial U}{\partial \theta}\right) + \frac{1}{r^2 \sin^2\theta}\frac{\partial^2 U}{\partial \varphi^2},$$

und außerdem beachten, daß

$$\frac{\partial U}{\partial \theta} = \left[\frac{\partial V}{\partial \theta}\right], \quad \frac{\partial^2 U}{\partial \theta^2} = \left[\frac{\partial^2 V}{\partial \theta^2}\right], \quad \frac{\partial^2 U}{\partial \varphi^2} = \left[\frac{\partial^2 V}{\partial \varphi^2}\right],$$

$$\frac{\partial U}{\partial r} = \left[\frac{\partial V}{\partial r}\right] - \frac{1}{a}\left[\frac{\partial V}{\partial t}\right], \quad \frac{\partial^2 U}{\partial r^2} = \left[\frac{\partial^2 V}{\partial r^2}\right] - \frac{2}{a}\left[\frac{\partial^2 V}{\partial t \partial r}\right] + \frac{1}{a^2}\left[\frac{\partial^2 V}{\partial t^2}\right]$$

ist, erhalten wir

$$\Delta U = [\Delta V] - \frac{2}{a}\left[\frac{\partial^2 V}{\partial t \partial r}\right] + \frac{1}{a^2}\left[\frac{\partial^2 V}{\partial t^2}\right] - \frac{2}{ar}\left[\frac{\partial V}{\partial t}\right].$$

Wegen (68) gilt aber $[\Delta V] = \dfrac{1}{a^2}\left[\dfrac{\partial^2 V}{\partial t^2}\right]$ und folglich

$$\Delta U = \frac{2}{a}\left\{\frac{1}{a}\left[\frac{\partial^2 V}{\partial t^2}\right] - \left[\frac{\partial^2 V}{\partial t \partial r}\right] - \frac{1}{r}\left[\frac{\partial V}{\partial t}\right]\right\}.$$

Man zeigt leicht, daß der Ausdruck

$$-\frac{\Delta U}{r} = -\frac{2}{a}\left\{\frac{1}{ar}\left[\frac{\partial^2 V}{\partial t^2}\right] - \frac{1}{r}\left[\frac{\partial^2 V}{\partial t \partial r}\right] - \frac{1}{r^2}\left[\frac{\partial V}{\partial t}\right]\right\} \tag{72}$$

als Divergenz eines Vektors dargestellt werden kann:

$$-\frac{\Delta U}{r} = \mathrm{div}\left\{\frac{2}{a}\left[\frac{\partial V}{\partial t}\right]\mathrm{grad}\,(\log r)\right\}. \tag{73}$$

Es gilt nämlich die Beziehung [112]
$$\operatorname{div}(f\mathfrak{A}) = f\operatorname{div}\mathfrak{A} + \operatorname{grad} f \cdot \mathfrak{A}.$$

Im vorliegenden Fall ist $f = \dfrac{2}{a}\left[\dfrac{\partial V}{\partial t}\right]$, und $\mathfrak{A} = \operatorname{grad}(\log r)$ stellt einen Vektor der Länge $\dfrac{1}{r}$ in Richtung des Radiusvektors von M_0 aus dar. Das skalare Produkt $\operatorname{grad} f \cdot \mathfrak{A}$ ist gleich dem Produkt aus $|\mathfrak{A}|$ und der Projektion von $\operatorname{grad} f$ auf die Richtung von $\mathfrak{A}$, d. h. der Ableitung von f in Richtung des Vektors $\mathfrak{A}$. Somit gilt also

$$\operatorname{div}\left\{\frac{2}{a}\left[\frac{\partial V}{\partial t}\right]\operatorname{grad}\log r\right\} = \frac{2}{a}\left[\frac{\partial V}{\partial t}\right]\Delta \log r + \frac{2}{ar}\frac{\partial}{\partial r}\left[\frac{\partial V}{\partial t}\right].$$

Differentiation von $\dfrac{\partial V}{\partial t}$ entsprechend der Kettenregel zeigt unter Berücksichtigung von (72) die Richtigkeit der Formel (73). Bei Anwendung der Gauß-Ostrogradskischen Formel ergibt sich unter Beachtung von $\operatorname{grad}_n(\log r) = \dfrac{1}{r}\dfrac{\partial r}{\partial n}$

$$-\iiint\limits_{(D)} \frac{\Delta U}{r}\,dv = \frac{2}{a}\iint\limits_{(S)}\left[\frac{\partial V}{\partial t}\right]\frac{1}{r}\frac{\partial r}{\partial n}\,dS.$$

Setzen wir dies und den Ausdruck (71) in die rechte Seite der Formel (9) ein und beachten, daß wegen $r = 0$ im Punkt M_0 die Beziehung $U(M_0;t) = V(M_0;t)$ gilt, so erhalten wir die Kirchhoffsche Formel

$$V(M_0;t) = \frac{1}{4\pi}\iint\limits_{(S)}\left\{\frac{1}{r}\left[\frac{\partial V}{\partial n}\right] + \frac{1}{ar}\left[\frac{\partial V}{\partial t}\right]\frac{\partial r}{\partial n} - [V]\frac{\partial \frac{1}{r}}{\partial n}\right\}dS. \tag{74}$$

Mittels dieser Formel wird $V(M_0;t)$ durch die retardierten Werte von V, $\dfrac{\partial V}{\partial t}$ und $\dfrac{\partial V}{\partial n}$ auf der Fläche (S) ausgedrückt. So wie bei Formel (9) für die harmonischen Funktionen ist auch im vorliegenden Fall wegen des Auftretens von $\dfrac{\partial V}{\partial n}$ nicht die Möglichkeit gegeben, die Formel (74) unmittelbar zur Lösung der mit der Wellengleichung verknüpften Probleme anzuwenden. Die von KIRCHHOFF angegebene Formel (74) hängt eng mit dem Huygensschen Prinzip zusammen.

Es sei nun (S) die Kugelfläche mit dem Mittelpunkt M_0 und dem Radius r. Dann ist $\dfrac{\partial}{\partial n} = \dfrac{\partial}{\partial r}$, und die Formel (74) lautet

$$V(M_0;t) = \frac{1}{4\pi r^2}\iint\limits_{(S)}\left\{r\left[\frac{\partial V}{\partial r}\right] + \frac{r}{a}\left[\frac{\partial V}{\partial t}\right] + [V]\right\}dS$$

oder auch, wenn $dS = r^2 \sin\theta\, d\theta\, d\varphi = r^2\, d\omega$ eingesetzt wird,

$$V(M_0;t) = \frac{1}{4\pi}\iint\limits_{(S)}\left[\frac{\partial(rV)}{\partial r}\right]d\omega + \frac{r}{4\pi a}\iint\limits_{(S)}\left[\frac{\partial V}{\partial t}\right]d\omega. \tag{75}$$

Wählen wir als Kugelradius $r = at$, so wird $t - \dfrac{r}{a} = 0$, d. h., der retardierte Wert reduziert sich auf den Wert der Funktion für $t = 0$; (75) liefert dann die Poissonsche Formel

(81) aus [184], die das Problem der Ausbreitung von Schwingungen im unbegrenzten Raum bei vorgegebenen Anfangswerten löst:

$$V(M_0; t) = \frac{t}{4\pi} \iint\limits_{(S_{at})} \left(\frac{\partial V}{\partial t}\right)_0 d\omega + \frac{1}{4\pi} \frac{\partial}{\partial t} \left\{ t \iint\limits_{(S_{at})} (V)_0 \, d\omega \right\}; \tag{76}$$

der Index Null bedeutet, daß $\dfrac{\partial V}{\partial t}$ und V für $t = 0$ zu nehmen sind. Die Integration erstreckt sich dabei über die Kugel mit dem Mittelpunkt M_0 und dem Radius at. Die Form (74) der Kirchhoffschen Formel hängt eng mit dem Begriff des *retardierten Potentials* zusammen. Für eine beliebige, nebst ihren Ableitungen bis zur zweiten Ordnung stetige Funktion $\omega(t)$ stellt, wie wir früher gesehen hatten, die Funktion

$$\frac{1}{r} \omega \left(t - \frac{r}{a} \right) = \frac{[\omega]}{r} \tag{77}$$

eine Lösung der Differentialgleichung (68) dar. Dabei ist r der Abstand eines beliebigen festen Raumpunktes von dem variablen Punkt [188].

Analog dem Vorhergehenden läßt sich auch die Kirchhoffsche Formel für eine beliebige Lösung der inhomogenen Wellengleichung

$$\frac{\partial^2 V}{\partial t^2} = a^2 \Delta V + f(x, y, z, t) \tag{78}$$

im Bereich (D) aufstellen; diese Formel enthält außer dem Flächenintegral noch ein dreifaches Integral:

$$V(M_0; t) = \frac{1}{4\pi} \iint\limits_{(S)} \left\{ \frac{1}{r} \left[\frac{\partial V}{\partial n} \right] + \frac{1}{ar} \left[\frac{\partial V}{\partial t} \right] \frac{\partial r}{\partial n} - [V] \frac{\partial \frac{1}{r}}{\partial n} \right\} dS + \frac{1}{4\pi a^2} \iiint\limits_{(D)} \frac{[f]}{r} dv.$$

(79)

Wenden wir diese Formel auf eine Kugel mit dem Mittelpunkt M_0 und dem Radius at in dem Fall an, daß die Anfangswerte für $t = 0$ verschwinden, so ergibt sich die Formel (91) aus [187].

§ 20. Die Wärmeleitungsgleichung

213. Grundgleichungen. Wie wir gesehen hatten [129], hat die *Differentialgleichung der Wärmeleitung* in einem homogenen Medium die Form

$$\frac{\partial U}{\partial t} = a^2 \left(\frac{\partial^2 U}{\partial x^2} + \frac{\partial^2 U}{\partial y^2} + \frac{\partial^2 U}{\partial z^2} \right) \tag{1}$$

mit

$$a = \sqrt{\frac{k}{c\varrho}}; \tag{2}$$

dabei bedeutet k das Wärmeleitvermögen, c die spezifische Wärme des Stoffes und ϱ die Dichte. Außer der Differentialgleichung (1) ist noch die *Anfangsbedin-*

gung, die die Anfangsverteilung der Temperatur für $t = 0$ liefert, in Betracht zu ziehen:

$$U|_{t=0} = f(x, y, z). \tag{3}$$

Ist der Körper von einer Fläche (S) begrenzt, so liegt auf dieser Fläche auch noch eine Randbedingung vor, die von den physikalischen Gegebenheiten abhängt. Zum Beispiel kann die Fläche (S) auf einer vorgeschriebenen, eventuell noch zeitlich veränderlichen Temperatur gehalten werden. Hier läuft die Randbedingung auf eine Vorgabe der Funktion U auf der Fläche (S) hinaus, wobei diese vorgegebene Funktion noch von der Zeit t abhängen kann. Wird die Temperatur der Oberfläche nicht festgehalten, sondern ist eine Ausstrahlung in das umgebende Medium mit der gegebenen Temperatur U_0 vorhanden, so wird nach dem allerdings nur näherungsweise gültigen Newtonschen Gesetz der Wärmestrom durch die Fläche (S) proportional der Temperaturdifferenz zwischen dem umgebenden Raum und der Körperoberfläche (S). Es entsteht damit eine Randbedingung der Form

$$\frac{\partial U}{\partial n} + h(U - U_0) = 0 \quad \text{(auf } (S)\text{),} \tag{4}$$

wobei der Proportionalitätsfaktor h als *Koeffizient der äußeren Wärmeleitung* (Wärmeübergangszahl) bezeichnet wird.

Bei der Wärmeausbreitung in einem Körper linearer Ausdehnung, d. h. in einem homogenen Stab, den wir uns längs der x-Achse erstreckt denken, gilt anstelle von (1) die Differentialgleichung

$$\frac{\partial U}{\partial t} = a^2 \frac{\partial^2 U}{\partial x^2}. \tag{5}$$

Bei dieser Form der Differentialgleichung wird natürlich der Wärmeaustausch zwischen der Staboberfläche und dem umgebenden Medium nicht berücksichtigt. Die Differentialgleichung (5) läßt sich auch unmittelbar aus der Differentialgleichung (1) herleiten, indem U als unabhängig von y und z vorausgesetzt wird. Die Anfangsbedingung lautet beim Stab:

$$U|_{t=0} = f(x). \tag{6}$$

Ist der Stab begrenzt, so liegt an beiden Enden eine Randbedingung vor. Wie vorher kann das Ende unter einer bestimmten Temperatur gehalten werden. Bei Ausstrahlung nimmt die Randbedingung (4) die Form

$$\frac{\partial U}{\partial x} \mp h(U - U_0) = 0 \quad \text{(am Stabende)} \tag{7}$$

an, wobei das Minuszeichen für das linke Ende (kleinere Abszisse x), das Pluszeichen für das rechte Ende gilt und h eine positive Konstante ist.

214. Der unbegrenzte Stab. Wir beginnen mit dem *unbegrenzten Stab*, für den außer der Differentialgleichung (5) nur die Anfangsbedingung (6) zu erfüllen ist. Nach dem Fourierschen Verfahren suchen wir zunächst eine partikuläre Lösung der Differentialgleichung (5) in der Form

$$T(t) X(x),$$

was

$$T''(t) X(x) = a^2 T(t) X''(x)$$

bzw.

$$\frac{T'(t)}{a^2 T(t)} = \frac{X''(x)}{X(x)} = -\lambda^2$$

liefert, wobei λ^2 eine Konstante ist. Es ergibt sich auf diese Weise

$$T'(t) + \lambda^2 a^2 T(t) = 0, \quad X''(x) + \lambda^2 X(x) = 0, \tag{8}$$

woraus unter Weglassen des konstanten Faktors in dem Ausdruck für $T(t)$

$$T(t) = e^{-\lambda^2 a^2 t}, \quad X(x) = A \cos \lambda x + B \sin \lambda x$$

folgt; die Konstanten A und B können dabei von λ abhängen.

Da hier keinerlei Randbedingungen vorliegen, ist der Parameter λ aller Werte fähig; setzt man die Funktion $u(x, t)$ in der Form

$$\sum_{(\lambda)} e^{-\lambda^2 a^2 t} [A(\lambda) \cos \lambda x + B(\lambda) \sin \lambda x]$$

an, so sind demnach in dieser Summe alle λ-Werte gleichberechtigt. Daher ist die *Summe* über einzelne λ-Werte sinngemäß durch ein über den Parameter λ von $-\infty$ bis ∞ erstrecktes *Integral* zu ersetzen. Man macht also den Ansatz

$$u(x, t) = \int_{-\infty}^{\infty} e^{-\lambda^2 a^2 t} [A(\lambda) \cos \lambda x + B(\lambda) \sin \lambda x] \, d\lambda. \tag{9}$$

Durch Differentiation unter dem Integralzeichen überzeugen wir uns ohne Schwierigkeit davon, daß die angegebene Funktion tatsächlich eine Lösung der Differentialgleichung (5) liefert. Wir gehen jetzt zu der Anfangsbedingung (6) über, die uns

$$u|_{t=0} = f(x) = \int_{-\infty}^{\infty} [A(\lambda) \cos \lambda x + B(\lambda) \sin \lambda x] \, d\lambda \tag{10}$$

liefert.

Wird das Integral auf der rechten Seite mit der Fourierschen Integralformel für die Funktion $f(x)$,

$$f(x) = \frac{1}{2\pi} \int_{-\infty}^{\infty} d\lambda \int_{-\infty}^{\infty} f(\xi) \cos \lambda(\xi - x) \, d\xi$$

$$= \frac{1}{2\pi} \int_{-\infty}^{\infty} \left[\cos \lambda x \int_{-\infty}^{\infty} f(\xi) \cos \lambda \xi \, d\xi + \sin \lambda x \int_{-\infty}^{\infty} f(\xi) \sin \lambda \xi \, d\xi \right] d\lambda,$$

verglichen, so zeigt sich, daß die Bedingung (10) durch

$$A(\lambda) = \frac{1}{2\pi} \int_{-\infty}^{\infty} f(\xi) \cos \lambda \xi \, d\xi, \quad B(\lambda) = \frac{1}{2\pi} \int_{-\infty}^{\infty} f(\xi) \sin \lambda \xi \, d\xi$$

erfüllt werden kann.

Substitution der erhaltenen Ausdrücke für $A(\lambda)$ und $B(\lambda)$ in (9) liefert

$$u(x, t) = \int_{-\infty}^{\infty} f(\xi)\, d\xi \int_{-\infty}^{\infty} e^{-\lambda^2 a^2 t} [\cos \lambda \xi \cos \lambda x + \sin \lambda \xi \sin \lambda x]\, d\lambda$$

$$= \frac{1}{2\pi} \int_{-\infty}^{\infty} f(\xi)\, d\xi \int_{-\infty}^{\infty} e^{-\lambda^2 a^2 t} \cos \lambda(\xi - x)\, d\lambda$$

$$= \frac{1}{\pi} \int_{-\infty}^{\infty} f(\xi)\, d\xi \int_{0}^{\infty} e^{-\lambda^2 a^2 t} \cos \lambda(\xi - x)\, d\lambda; \tag{11}$$

dabei wurde noch die Tatsache benutzt, daß der Integrand eine gerade Funktion von λ ist.

Formel (11) liefert die Lösung des Problems; doch kann sie noch vereinfacht werden. Hierzu braucht man nur zu beachten, daß [84]

$$\int_{0}^{\infty} e^{-\alpha^2 \lambda^2} \cos \beta \lambda\, d\lambda = \frac{\sqrt{\pi}}{2\alpha} e^{-\frac{\beta^2}{4\alpha^2}}$$

ist und daher

$$\frac{1}{\pi} \int_{0}^{\infty} e^{-\lambda^2 a^2 t} \cos \lambda(\xi - x)\, d\lambda = \frac{1}{2a\sqrt{\pi t}} e^{-\frac{(\xi-x)^2}{4a^2 t}}$$

wird, womit (11) in

$$u(x, t) = \int_{-\infty}^{\infty} f(\xi) \frac{1}{2a\sqrt{\pi t}} e^{-\frac{(\xi-x)^2}{4a^2 t}}\, d\xi \tag{12}$$

übergeht.

Der in dieser Form dargestellten Lösung kommt eine fundamentale physikalische Bedeutung zu. Zunächst sei bemerkt, daß die Funktion

$$\frac{1}{2a\sqrt{\pi t}} e^{-\frac{(\xi-x)^2}{4a^2 t}}, \tag{13}$$

als Funktion von (x, t) aufgefaßt, ebenfalls eine Lösung der Differentialgleichung (5) darstellt, was einmal direkt aus der Art und Weise ihrer Ermittlung hervorgeht und zum anderen auch durch Differentiation unmittelbar bestätigt werden kann. Worin besteht nun die physikalische Bedeutung dieser Lösung?

Um den Punkt x_0 herum werde ein kleines Stabelement $(x_0 - \delta, x_0 + \delta)$ herausgegriffen; die Funktion $f(x)$ sei außerhalb des Intervalls $(x_0 - \delta, x_0 + \delta)$ gleich Null und habe in seinem Innern den konstanten Wert U_0. Physikalisch kann man sich den Sachverhalt so vorstellen, daß im Anfangszeitpunkt diesem Element die Wärmemenge $Q = 2\delta c\varrho U_0$ zugeführt wurde, die eine Temperaturerhöhung um U_0 in diesem Teilstück hervorrief. In den folgenden Zeitpunkten ist die Temperaturverteilung in dem Stab durch die Formel (12) gegeben, die in unserem Fall die Form

$$\int\limits_{x_0-\delta}^{x_0+\delta} U_0 \frac{1}{2a\sqrt{\pi t}} e^{-\frac{(\xi-x)^2}{4a^2 t}} d\xi = \frac{Q}{2c\varrho a\sqrt{\pi}} \frac{1}{2\delta} \int\limits_{x_0-\delta}^{x_0+\delta} e^{-\frac{(\xi-x)^2}{4a^2 t}} d\xi$$

annimmt.

Lassen wir jetzt δ gegen Null gehen, nehmen wir also an, daß dieselbe Wärmemenge Q auf ein immer kleineres Teilstück verteilt und im Grenzfall dem Stab im Punkt x_0 zugeführt wird, so liegt eine *momentane Wärmequelle der Intensität* Q *im Punkt* $x = x_0$ vor. Aus der Existenz einer solchen Wärmequelle im Stab ergibt sich die Temperaturverteilung nach der Formel

$$\lim_{\delta \to 0} \frac{Q}{2c\varrho a\sqrt{\pi t}} \frac{1}{2\delta} \int\limits_{x_0-\delta}^{x_0+\delta} e^{-\frac{(\xi-x)^2}{4a^2 t}} d\xi.$$

Da nach dem Mittelwertsatz

$$\frac{1}{2\delta} \int\limits_{x_0-\delta}^{x_0+\delta} e^{-\frac{(\xi-x)^2}{4a^2 t}} d\xi = e^{-\frac{(\xi_0-x)^2}{4a^2 t}} \quad \text{mit} \quad x_0 - \delta < \xi_0 < x_0 + \delta$$

ist, geht mit $\xi_0 \to x_0$ für $\delta \to 0$ der vorhergehende Ausdruck über in

$$\frac{Q}{c\varrho} \frac{1}{2a\sqrt{\pi t}} e^{-\frac{(x_0-x)^2}{4a^2 t}}.$$

Folglich liefert die Funktion (13) *die Temperaturverteilung, die von einer im Anfangszeitpunkt* $t = 0$ *an der Stelle* $x = \xi$ *des Stabes angebrachten momentanen Wärmequelle der Intensität* $Q = c\varrho$ *hervorgerufen wird* (wenn noch x_0 durch ξ ersetzt wird). Die Lösung (12) wird jetzt verständlich. Um dem Stabquerschnitt ξ die Temperatur $f(\xi)$ im Anfangszeitpunkt zu geben, müssen wir auf dem infinitesimalen Element $d\xi$ bei diesem Punkt die Wärmemenge

$$dQ = c\varrho f(\xi) d\xi$$

verteilen, oder, was dasselbe ist, im Punkt ξ eine momentane Wärmequelle der Intensität dQ anbringen; die von dieser Quelle hervorgerufene Temperaturverteilung wird gemäß Formel (13)

$$f(\xi) d\xi \frac{1}{2a\sqrt{\pi t}} e^{-\frac{(\xi-x)^2}{4a^2 t}}.$$

Die Gesamtwirkung der Anfangstemperatur $f(\xi)$ in allen Punkten des Stabes summiert sich aus diesen einzelnen Elementen, was die oben erhaltene Lösung (12) liefert:

$$u(x, t) = \int_{-\infty}^{\infty} f(\xi) \frac{1}{2a \sqrt{\pi t}} e^{-\frac{(\xi-x)^2}{4a^2 t}} d\xi.$$

Die Temperatur $f(x)$ sei nun zum Anfangszeitpunkt $t = 0$ überall gleich Null mit Ausnahme eines Intervalls (α_1, α_2), in welchem sie positiv ist. Die Lösung (12) lautet hier

$$u(x, t) = \int_{\alpha_1}^{\alpha_2} f(\xi) \frac{1}{2a \sqrt{\pi t}} e^{-\frac{(\xi-x)^2}{4a^2 t}} d\xi. \qquad (14)$$

Wählt man t beliebig klein und x beliebig groß, wählt man also eine beliebig weit entfernte Stelle des Stabes in einem Zeitpunkt, der dem Anfangszeitpunkt beliebig nahe liegt, so liefert die Formel (14) für $u(x, t)$ einen positiven Wert, da der Integrand positiv ist. Aus Formel (12) folgt somit die Tatsache, daß sich die Wärme nicht mit einer endlichen Geschwindigkeit ausbreitet, sondern momentan. Hierin unterscheidet sich die Wärmeleitungsgleichung wesentlich von der Wellengleichung, die wir bei der Betrachtung der Schwingung einer Saite erhalten hatten.

Bei der Wärmeausbreitung in einem unbegrenzten dreidimensionalen Medium gelten die Differentialgleichung (1) und die Anfangsbedingung (3); an die Stelle der Formel (12) tritt dann als Lösung

$$u(x, y, z, t) = \int_{-\infty}^{\infty} \int_{-\infty}^{\infty} \int_{-\infty}^{\infty} f(\xi, \eta, \zeta) \frac{1}{(2a \sqrt{\pi t})^3} e^{-\frac{(\xi-x)^2+(\eta-y)^2+(\zeta-z)^2}{4a^2 t}} d\xi\, d\eta\, d\zeta. \qquad (15)$$

Wir wollen noch bestätigen, daß die durch Formel (12) definierte Funktion die Differentialgleichung (5) und die Anfangsbedingung (6) erfüllt. Die erste Behauptung folgt unmittelbar aus der Tatsache, daß die Funktion (13) der Differentialgleichung (5) genügt, sowie aus der Möglichkeit, das Integral (12) nach t und x unter dem Integralzeichen zu differenzieren, wenn z. B. $f(x)$ stetig und in dem Intervall $(-\infty, \infty)$ absolut integrierbar ist. Zur Nachprüfung der Anfangsbedingung (6) führen wir anstelle von ξ die neue Veränderliche α durch die Beziehung

$$\alpha = \frac{\xi - x}{2a \sqrt{t}}$$

ein, wobei natürlich $t > 0$ vorausgesetzt ist. Die Formel (12) kann dann in der Form

$$u(x, t) = \frac{1}{\sqrt{\pi}} \int_{-\infty}^{\infty} f\left(x + \alpha\, 2a \sqrt{t}\right) e^{-\alpha^2} d\alpha \qquad (16)$$

geschrieben werden. Nach [81] gilt nun die Beziehung

$$1 = \frac{1}{\sqrt{\pi}} \int_{-\infty}^{\infty} e^{-\alpha^2} \, d\alpha. \tag{17}$$

Diese multiplizieren wir beiderseits mit $f(x)$ und subtrahieren sie dann von (16),

$$u(x, t) - f(x) = \frac{1}{\sqrt{\pi}} \int_{-\infty}^{\infty} [f(x + \alpha 2a \sqrt{t}) - f(x)] e^{-\alpha^2} \, d\alpha,$$

woraus

$$|u(x, t) - f(x)| \leq \frac{1}{\sqrt{\pi}} \int_{-\infty}^{\infty} |f(x + \alpha 2a \sqrt{t}) - f(x)| e^{-\alpha^2} \, d\alpha \tag{18}$$

folgt.

Außer der Stetigkeit und der absoluten Integrierbarkeit setzen wir jezt noch die Beschränktheit von $f(x)$, also $|f(x)| \leq c$ voraus; für beliebiges x, t und α gilt somit $|f(x + \varrho 2a \sqrt{t}) - f(x)| \leq 2c$. Es sei ε ein vorgegebener positiver Wert. Man kann nun ein positives N so groß wählen, daß

$$\frac{2c}{\sqrt{\pi}} \int_{-\infty}^{N} e^{-\alpha^2} \, d\alpha \leq \frac{\varepsilon}{3} \quad \text{und} \quad \frac{2c}{\sqrt{\pi}} \int_{N}^{\infty} e^{-\alpha^2} \, d\alpha \leq \frac{\varepsilon}{3}$$

wird. Damit folgt dann aus (18)

$$|u(x, t) - f(x)| \leq \frac{2}{3} \varepsilon + \frac{1}{\sqrt{\pi}} \int_{-N}^{N} |f(x + \alpha 2a \sqrt{t}) - f(x)| e^{-\alpha^2} \, d\alpha.$$

Wegen der Stetigkeit von $f(x)$ gilt für alle t aus einer hinreichend kleinen Umgebung von Null und für $|\alpha| \leq N$

$$|f(x + \alpha 2a \sqrt{t}) - f(x)| \leq \frac{1}{3} \varepsilon,$$

so daß die letzte Ungleichung

$$|u(x, t) - f(x)| \leq \frac{2}{3} \varepsilon + \frac{\varepsilon}{3} \cdot \frac{1}{\sqrt{\pi}} \int_{-N}^{N} e^{-\alpha^2} \, d\alpha$$

liefert. Um so mehr wird dann

$$|u(x, t) - f(x)| \leq \frac{2}{3} \varepsilon + \frac{\varepsilon}{3} \cdot \frac{1}{\sqrt{\pi}} \int_{-\infty}^{\infty} e^{-\alpha^2} \, d\alpha;$$

wegen (17) gilt daher $|u(x, t) - f(x)| \leq \varepsilon$ für alle hinreichend kleinen t, woraus,

da ε beliebig ist,
$$\lim_{t \to +0} u(x, t) = f(x)$$
folgt, worin die Anfangsbedingung (6) zum Ausdruck kommt. Wir bemerken, daß t von positiven Werten her gegen Null strebt. Sind m und M untere bzw. obere Schranken der Werte von $f(x)$, d. h. gilt $m \leq f(x) \leq M$, so folgt aus (16)

$$\frac{m}{\sqrt{\pi}} \int_{-\infty}^{\infty} e^{-\alpha^2} d\alpha \leq u(x, t) \leq \frac{M}{\sqrt{\pi}} \int_{-\infty}^{\infty} e^{-\alpha^2} d\alpha.$$

Wegen (17) gilt daher $m \leq u(x, t) \leq M$. Die Temperatur $u(x, t)$ liegt also für alle positiven t zwischen denselben Grenzen wie die Anfangstemperatur. In der gleichen Weise wie zuvor kann auch Formel (15) bestätigt werden.

215. Der einseitig begrenzte Stab. Der Endpunkt des Stabes befinde sich an der Stelle $x = 0$ ($x \geq 0$). Wir nehmen an, daß an diesem Ende in das umgebende Medium der Temperatur 0 Wärme ausgestrahlt wird.

In diesem Fall besteht neben der Anfangsbedingung (6) noch die Randbedingung

$$\left.\frac{\partial u}{\partial x}\right|_{x=0} = h u \Big|_{x=0}. \tag{19}$$

Die Lösung (12) ist hier nicht unmittelbar brauchbar, da laut Anfangsbedingung der Integrand $f(x)$ nur in dem Intervall $(0, \infty)$ definiert ist. Um die Formel (12) anwenden zu können, ist also die Funktion $f(x)$ in das Intervall $(-\infty, 0)$ fortzusetzen.

Hierzu schreiben wir die Gleichung (12) in der Form

$$u(x, t) = \frac{1}{2a \sqrt{\pi t}} \int_0^\infty \left[f(\xi) e^{-\frac{(x-\xi)^2}{4a^2 t}} + f(-\xi) e^{-\frac{(x+\xi)^2}{4a^2 t}} \right] d\xi, \tag{20}$$

deren Gültigkeit sich leicht nachweisen läßt, indem $\int_{-\infty}^{\infty}$ in $\int_{-\infty}^{0}$ und $\int_{0}^{\infty}$ zerlegt und in dem ersten Integral ξ durch $-\xi$ ersetzt wird. Wir berechnen ferner

$$\frac{\partial u}{\partial x} = \frac{1}{2a \sqrt{\pi t}} \int_0^\infty \left[f(\xi) \frac{\xi - x}{2a^2 t} e^{-\frac{(x-\xi)^2}{4a^2 t}} - f(-\xi) \frac{\xi + x}{2a^2 t} e^{-\frac{(x+\xi)^2}{4a^2 t}} \right] d\xi.$$

Für $x = 0$ ergibt sich dann

$$u|_{x=0} = \frac{1}{2a \sqrt{\pi t}} \int_0^\infty e^{-\frac{\xi^2}{4a^2 t}} [f(\xi) + f(-\xi)] d\xi,$$

$$\left.\frac{\partial u}{\partial x}\right|_{x=0} = \frac{1}{2a \sqrt{\pi t}} \int_0^\infty e^{-\frac{\xi^2}{4a^2 t}} [f(\xi) - f(-\xi)] \frac{\xi d\xi}{2a^2 t}.$$

Durch partielle Integration erhält man[1])

$$\int_0^\infty f(\xi) e^{-\frac{\xi^2}{4a^2t}} \frac{\xi\, d\xi}{2a^2t} = -\int_0^\infty f(\xi)\, d\left(e^{-\frac{\xi^2}{4a^2t}}\right)$$

$$= -e^{-\frac{\xi^2}{4a^2t}} f(\xi)\Big|_{\xi=0}^{\xi=\infty} + \int_0^\infty f'(\xi) e^{-\frac{\xi^2}{4a^2t}}\, d\xi$$

$$= f(+0) + \int_0^\infty f'(\xi) e^{-\frac{\xi^2}{4a^2t}}\, d\xi$$

und entsprechend

$$\int_0^\infty f(-\xi) e^{-\frac{\xi^2}{4a^2t}} \frac{\xi\, d\xi}{2a^2t} = f(-0) - \int_0^\infty f'(-\xi) e^{-\frac{\xi^2}{4a^2t}}\, d\xi.$$

Die Funktion $f(x)$ werde nun stetig in das Intervall $(-\infty, 0)$ fortgesetzt. Dann gilt offenbar
$$f(+0) = f(-0) = f(0)$$
und

$$\frac{\partial u}{\partial x}\bigg|_{x=0} = \frac{1}{2a\sqrt{\pi t}} \int_0^\infty e^{-\frac{\xi^2}{4a^2t}} [f'(\xi) + f'(-\xi)]\, d\xi.$$

Die Bedingung (19) lautet jetzt

$$\frac{1}{2a\sqrt{\pi t}} \int_0^\infty e^{-\frac{\xi^2}{4a^2t}} \{[f'(\xi) + f'(-\xi)] - h[f(\xi) + f(-\xi)]\}\, d\xi = 0;$$

sie ist sicher erfüllt, wenn
$$f'(-\xi) + f'(\xi) = h[f(-\xi) + f(\xi)]$$
gesetzt, also die mittels
$$\Phi(\xi) = f(-\xi), \qquad \Phi'(\xi) = -f'(-\xi)$$
eingeführte Funktion $\Phi(\xi)$ aus der Differentialgleichung
$$\Phi'(\xi) + h\Phi(\xi) = f'(\xi) - hf(\xi) \qquad (\xi \geqq 0)$$
bestimmt wird.

Die Integration dieser Differentialgleichung liefert

$$\Phi(\xi) = e^{-h\xi}\left\{C + \int_0^\xi e^{h\xi}[f'(\xi) - hf(\xi)]\, d\xi\right\}.$$

---

[1]) Unter der Voraussetzung $e^{-\frac{\xi^2}{4a^2t}} f(\xi) \to 0$ für $\xi \to \infty$.

Die Konstante C ergibt sich, wenn wir $\xi = 0$ setzen,

$$C = \Phi(0) = f(0);$$

wegen

$$\int_0^\xi e^{h\xi} f'(\xi) \, d\xi = f(\xi) e^{h\xi} \bigg|_{\xi=0}^{\xi=\xi} - h \int_0^\xi e^{h\xi} f(\xi) \, d\xi = e^{h\xi} f(\xi) - f(0) - h \int_0^\xi e^{h\xi} f(\xi) \, d\xi$$

wird dann

$$f(-\xi) = \Phi(\xi) = f(\xi) - 2h e^{-h\xi} \int_0^\xi e^{h\xi} f(\xi) \, d\xi.$$

Setzen wir diesen Ausdruck für $f(-\xi)$ in die Formel (20) ein, so erhalten wir die endgültige Lösung unseres Problems. Aus der letzten Formel folgt für $\xi \to +0$ übrigens $f(-0) = f(+0)$, also die stetige Fortsetzung von $f(x)$ in das Intervall $(-\infty, 0)$, die zuvor vorausgesetzt wurde.

Ist z. B. die Anfangstemperatur konstant,

$$f(x) = u_0 \quad \text{für} \quad x \gtreqless 0,$$

so wird

$$f(-x) = u_0 - 2h e^{-hx} \int_0^x u_0 e^{hx} dx = u_0(2e^{-hx} - 1),$$

und Formel (20) liefert

$$u(x, t) = \frac{u_0}{2a\sqrt{\pi t}} \left\{ \int_0^\infty e^{-\frac{(\xi-x)^2}{4a^2 t}} d\xi - \int_0^\infty e^{-\frac{(\xi+x)^2}{4a^2 t}} d\xi + 2 \int_0^\infty e^{-\frac{(\xi+x)^2}{4a^2 t} - h\xi} d\xi \right\}. \tag{21}$$

Wir überlassen dem Leser den unschwer zu erbringenden Nachweis, daß diese Lösung durch die Funktion

$$\Theta(x) = \frac{2}{\sqrt{\pi}} \int_0^x e^{-x^2} dx$$

folgendermaßen dargestellt werden kann:

$$u(x, t) = u_0 \Theta\left(\frac{x}{2a\sqrt{t}}\right) + u_0 e^{a^2 h^2 t + hx} \left[1 - \Theta\left(\frac{x}{2a\sqrt{t}} + ah\sqrt{t}\right)\right]. \tag{22}$$

Ein einfacheres Resultat ergibt sich, wenn am Endpunkt $x = 0$ keine Ausstrahlung vorliegt, sondern dieses Ende auf der Temperatur 0 gehalten wird. Wir haben dann die Randbedingung

$$u|_{x=0} = 0, \tag{23}$$

die auch aus (19) hergeleitet werden kann, indem dort durch h dividiert und danach der Grenzübergang $h \to \infty$ durchgeführt wird. Die Lösung läßt sich aus der Formel (22) für $h \to \infty$ ermitteln, doch geht man einfacher direkt vor, indem man die Funktion $f(x)$ in das Intervall $(-\infty, 0)$ so fortsetzt, daß die Bedingung

$$u|_{x=0} = \frac{1}{2a\sqrt{\pi t}} \int_0^\infty e^{-\frac{\xi^2}{4a^2 t}} [f(\xi) + f(-\xi)] \, d\xi = 0$$

erfüllt wird; hierzu braucht man nur $f(x)$ durch die Vorschrift

$$f(-\xi) = -f(\xi),$$

d. h. ungerade, fortzusetzen.

Die Formel (20) lautet dann

$$u(x, t) = \frac{1}{2a\sqrt{\pi t}} \int_0^\infty f(\xi) \left[e^{-\frac{(x-\xi)^2}{4a^2 t}} - e^{-\frac{(x+\xi)^2}{4a^2 t}} \right] d\xi. \tag{24}$$

Ist speziell

$$u|_{t=0} = f(x) = u_0,$$

so geht sie über in

$$u(x, t) = \frac{u_0}{\sqrt{\pi}} \int_{-\frac{x}{2a\sqrt{t}}}^{\frac{x}{2a\sqrt{t}}} e^{-\xi^2} d\xi = u_0 \Theta\left(\frac{x}{2a\sqrt{t}}\right). \tag{25}$$

Wir betrachten jetzt den Stab, der einseitig bei $x = 0$ *begrenzt ist und dort auf der vorgegebenen Temperatur* $U = \varphi(t)$ *gehalten wird.*

Zunächst möge die Anfangstemperatur Null sein, also

$$u|_{t=0} = 0. \tag{26}$$

Wir beginnen mit dem Spezialfall $\varphi(t) = 1$, d. h.

$$u|_{x=0} = 1. \tag{27}$$

Eine Lösung der Differentialgleichung (5), die die Bedingungen (26) und (27) erfüllt, ist leicht zu erhalten. Hierzu setzen wir

$$u = v + 1;$$

die Funktion v wird dann ebenfalls eine Lösung der Differentialgleichung (5), muß aber die Bedingungen

$$v|_{x=0} = 0, \quad v|_{t=0} = -1$$

erfüllen, so daß sich nach Formel (25), wenn dort $u_0 = -1$ eingesetzt wird, sofort

$$v(x, t) = -\Theta\left(\frac{x}{2a\sqrt{t}}\right) \quad \text{und} \quad u(x, t) = 1 - \Theta\left(\frac{x}{2a\sqrt{t}}\right) \tag{28}$$

ergibt.

Wir bestimmen jetzt die Temperaturverteilung für den Fall, daß die Temperatur im Endpunkt $x = 0$ bis zum Zeitpunkt τ gleich 0 war und danach gleich 1 ist. Diese Verteilung werde mit $u_\tau(x, t)$ bezeichnet. Bis zum Zeitpunkt $t = \tau$ gilt dann offenbar $u_\tau = 0$. Nach diesem Zeitpunkt stimmt u_τ mit der zuvor erhaltenen Lösung überein, wenn t nicht von 0, sondern von τ aus beginnt, also in dem Ausdruck (28) t durch $t - \tau$ ersetzt wird. Dies liefert

$$u_\tau(x, t) = \begin{cases} 0 & \text{für } t \leq \tau, \\ 1 - \Theta\left(\dfrac{x}{2a\sqrt{t-\tau}}\right) & \text{für } t \geq \tau. \end{cases}$$

Wird nun am Endpunkt $x = 0$ die Temperatur 1 nur während des Intervalls $(\tau, \tau + d\tau)$ unterhalten und ist sie die ganze übrige Zeit gleich Null, so wird die entsprechende Temperaturverteilung offenbar

$$u_\tau(x, t) - u_{\tau+d\tau}(x, t) = -\frac{\partial u_\tau}{\partial \tau} d\tau.$$

Hält man schließlich die Temperatur während des Intervalls $(\tau, \tau + d\tau)$ auf dem Wert $\varphi(\tau)$ statt 1, so lautet die Lösung

$$-\varphi(\tau) \frac{\partial u_\tau}{\partial \tau} d\tau.$$

Das bedeutet aber folgendes: Wird der Endpunkt $x = 0$ für alle $\tau > 0$ auf der Temperatur $\varphi(\tau)$ gehalten, so ergibt sich für τ-Werte von 0 bis t der Gesamteffekt durch Überlagerung aller Elementareffekte. Die gesuchte Lösung des Problems nimmt dann die Form

$$u(x, t) = -\int_0^t \varphi(\tau) \frac{\partial u_\tau}{\partial \tau} d\tau$$

an; da für $t \geq \tau$

$$-\frac{\partial u_\tau}{\partial \tau} = \frac{\partial}{\partial \tau} \Theta\left(\frac{x}{2a \sqrt{t-\tau}}\right) = \frac{\partial}{\partial \tau} \frac{2}{\sqrt{\pi}} \int_0^{\frac{x}{2a\sqrt{t-\tau}}} e^{-x^2} dx$$

$$= \frac{x}{2a \sqrt{\pi}(t-\tau)^{3/2}} e^{-\frac{x^2}{4a^2(t-\tau)}}$$

ist, wird schließlich

$$u(x, t) = \frac{x}{2a \sqrt{\pi}} \int_0^t \frac{\varphi(\tau)}{(t-\tau)^{3/2}} e^{-\frac{x^2}{4a^2(t-\tau)}} d\tau. \tag{29}$$

Um die Lösung zu erhalten, die die Randbedingung

$$u|_{x=0} = \varphi(t),$$

aber statt (26) eine Anfangsbedingung der allgemeinen Form

$$u|_{t=0} = f(x)$$

erfüllt, braucht man offenbar nur zur Lösung (29) die früher erhaltene Lösung (24) zu addieren.

216. Der beidseitig begrenzte Stab. Wir untersuchen nun einen der charakteristischen Fälle: Am Endpunkt $x = 0$ werde die Temperatur Null aufrechterhalten,

$$u|_{x=0} = 0, \tag{30}$$

und am Endpunkt $x = l$ liege eine Wärmeausstrahlung in das umgebende Medium vor:

$$\left.\frac{\partial u}{\partial x}\right|_{x=l} = -h u \bigg|_{x=l}. \tag{31}$$

Schließlich sei die Anfangstemperatur

$$u|_{t=0} = f(x) \qquad (0 \leq x \leq l). \tag{32}$$

Diese Aufgabe ist überaus einfach nach der Fourierschen Methode zu lösen.

Da hier Randbedingungen vorliegen, unterwerfen wir die früher gefundene Lösung

$$e^{-\lambda^2 a^2 t} X(x) = e^{-\lambda^2 a^2 t} [A \cos \lambda x + B \sin \lambda x] \tag{33}$$

den Bedingungen (30) und (31), was

$$X(0) = 0, \quad \text{also} \quad A = 0, \quad X'(l) = -h X(l)$$

liefert; hieraus folgt, wenn wir den konstanten Faktor B weglassen,

$$X(x) = \sin \lambda x \tag{34}$$

und

$$\lambda \cos \lambda l = -h \sin \lambda l. \tag{35}$$

Wird $\lambda l = v$ gesetzt, so ergibt sich die transzendente Gleichung

$$\tan v = \alpha v \quad \text{mit} \quad \alpha = -\frac{1}{hl}. \tag{36}$$

Diese Gleichung besitzt unendlich viele reelle Lösungen [37], von denen wir nur die positiven in Betracht ziehen:

$$v_1, v_2, v_3, \ldots, v_n, \ldots \tag{37}$$

Diesen entsprechen die λ-Werte

$$\lambda_1, \lambda_2, \lambda_3, \ldots, \lambda_n, \ldots \quad \text{mit} \quad \lambda_n = \frac{v_n}{l} \tag{38}$$

und diesen ihrerseits wieder die folgenden partikulären Lösungen der Differentialgleichung (5),

$$B_n e^{-\lambda_n^2 a^2 t} \sin \lambda_n x \quad (n = 1, 2, 3, \ldots),$$

die dann offenbar den Randbedingungen genügen.

Um die Anfangsbedingungen zu erfüllen, machen wir für u den Ansatz

$$u(x, t) = \sum_{n=1}^{\infty} B_n e^{-\lambda_n^2 a^2 t} \sin \lambda_n x \tag{39}$$

und erhalten dann für $t = 0$

$$u|_{t=0} = f(x) = \sum_{n=1}^{\infty} B_n \sin \lambda_n x = \sum_{n=1}^{\infty} B_n X_n(x), \tag{40}$$

wobei $X_n(x) = \sin \lambda_n x$ gesetzt wurde.

Wir beweisen jetzt, daß die Funktionen $X_n(x)$ zueinander orthogonal sind. Dazu denken wir uns zwei beliebige dieser Funktionen in die entsprechenden Differentialgleichungen (8) eingesetzt:

$$X_m''(x) + \lambda_m^2 X_m(x) = 0, \quad X_n''(x) + \lambda_n^2 X_n(x) = 0.$$

Die erste wird mit $X_n(x)$, die zweite mit $X_m(x)$ multipliziert; dann subtrahieren wir gliedweise die erhaltenen Gleichungen und integrieren über das Intervall $(0, l)$:

$$\int_0^l [X_m''(x) X_n(x) - X_n''(x) X_m(x)]\, dx + (\lambda_m^2 - \lambda_n^2) \int_0^l X_m(x) X_n(x)\, dx = 0.$$

Wird das erste Integral partiell integriert, so entsteht

$$X_m'(l) X_n(l) - X_n'(l) X_m(l) + X_n'(0) X_m(0) - X_m'(0) X_n(0)$$
$$+ (\lambda_m^2 - \lambda_n^2) \int_0^l X_m(x) X_n(x)\, dx = 0. \tag{41}$$

Nun genügen aber $X_m(x)$ und $X_n(x)$ den Randbedingungen (30) und (31); somit gilt also

$$X_m(0) = X_n(0) = 0, \quad X_m'(l) = -h X_m(l), \quad X_n'(l) = -h X_n(l).$$

Folglich verschwindet das integralfreie Glied in der Beziehung (41); wegen $\lambda_m^2 - \lambda_n^2 \neq 0$ für $m \neq n$ wird daher

$$\int_0^l X_m(x) X_n(x)\, dx = 0 \quad \text{für} \quad m \neq n.$$

Nachdem die Orthogonalität bewiesen ist, überzeugen wir uns in der üblichen Weise davon, daß sich die Koeffizienten B_n in der Entwicklung (40) aus der Beziehung

$$B_n = \frac{\int_0^l f(x) X_n(x)\, dx}{\int_0^l X_n^2(x)\, dx}$$

bestimmen lassen.

Damit ist die Aufgabe, die Funktion $f(x)$ nach den Funktionen $X_n(x)$ zu entwickeln, gelöst; dies liefert zugleich die Lösung des gestellten Problems in Gestalt der Reihe (39). In Teil IV werden wir zeigen, daß die Funktionen $X_n(x)$, die sich wie üblich bei Anwendung der Fourierschen Methode auf die typischen Probleme der mathematischen Physik ergeben, ein vollständiges System bilden und daß die Funktion $f(x)$ unter gewissen Voraussetzungen in dem Grundintervall in eine gleichmäßig konvergente Reihe nach den Funktionen $X_n(x)$ entwickelt werden kann. Zu erwähnen ist noch, daß wir unter Zugrundelegung der Randbedingungen $u = 0$ für $x = 0$ und $x = l$ anstelle der Randbedingungen (30) und (31) $X_n(x) = \sin \dfrac{n\pi}{l} x$ erhalten hätten und so zu einer gewöhnlichen Fourier-Reihe nach Sinusfunktionen gelangt wären.

Bei der Untersuchung der Wärmeausbreitung in einem Ring ist anstelle der Randbedingungen die Bedingung der Periodizität der Temperatur zu stellen [205]. Nehmen wir den Radius des Ringes gleich Eins an, so daß die Länge des ganzen Ringes gleich 2π wird, und bezeichnen wir mit x die von einem bestimmten Punkt aus gerechnete Bogenlänge dieses Ringes, so ergibt sich die Lösung in der Form

$$u(x,t) = \frac{a_0}{2} + \sum_{n=1}^{\infty}(a_n \cos nx + b_n \sin nx)e^{-a^2 nt},$$

wobei

$$\frac{a_0}{2} + \sum_{n=1}^{\infty}(a_n \cos nx + b_n \sin nx)$$

die Fourier-Reihe der Anfangstemperaturverteilung $f(x)$ im Ring ist.

Die hier angewandte Methode wird in Teil IV exakt begründet.

217. Ergänzende Bemerkungen. Es liege jetzt die *verallgemeinerte Wärmeleitungsgleichung*

$$\frac{\partial v}{\partial t} = a^2 \frac{\partial^2 v}{\partial x^2} - cv \tag{42}$$

vor, die sich bei Berücksichtigung der von der gesamten Staboberfläche ausgehenden Ausstrahlung in das umgebende Medium ergibt. Dabei werde dessen Temperatur gleich Null angenommen.

Man bestätigt leicht, daß die Differentialgleichung (42) durch die einfache Substitution

$$v = e^{-ct} u$$

auf die Differentialgleichung (5) für u zurückzuführen ist.

Die inhomogene Differentialgleichung

$$\frac{\partial u}{\partial t} = a^2 \frac{\partial^2 u}{\partial x^2} + F(x,t) \tag{43}$$

hat im Fall eines unbegrenzten Stabes mit der Anfangstemperatur Null, also unter der Bedingung $u = 0$ für $t = 0$, eine Lösung der Form

$$u(x,t) = \int_0^t \int_{-\infty}^{\infty} F(\xi,\tau) \frac{1}{2a\sqrt{\pi(t-\tau)}} e^{-\frac{(\xi-x)^2}{4a^2(t-\tau)}} d\xi\, d\tau. \tag{44}$$

Diese kann entweder nach der in [187] auf die inhomogene Wellengleichung angewendeten Methode erhalten werden oder aber durch Superposition singulärer Fundamentallösungen der Form (13), in welchen wir t durch $t - \tau$ ersetzen und nach Multiplikation mit $F(\xi,\tau)$ über ξ von $-\infty$ bis ∞ sowie über τ von $\tau = 0$ bis $\tau = t$ integrieren. Die physikalische Bedeutung dieser Operation liegt auf der Hand. Die Lösung der Gleichung (43) ergibt sich durch Superposition von Quellen, die längs des ganzen Stabes mit der Intensität $F(\xi,\tau)$ verteilt sind, wobei eine solche Quelle vom Zeitpunkt τ an wirksam ist. Die Superposition dieser Quellen ist nun auch bezüglich der Zeit vorzunehmen.

Die Anwendung der Fourierschen Methode läßt sich im zweidimensionalen und dreidimensionalen Fall genauso durchführen wie bei der Wellengleichung, nur daß der von der Zeit abhängige Faktor im vorliegenden Fall eine Exponentialfunktion wird.

So ergibt sich z. B. für die Differentialgleichung

$$\frac{\partial u}{\partial t} = a^2 \left(\frac{\partial^2 u}{\partial x^2} + \frac{\partial^2 u}{\partial y^2}\right)$$

im Fall einer rechteckigen Platte die Lösung in der Form

$$u = e^{-\omega^2 t} U(x, y), \tag{45}$$

wobei im Hinblick auf die Verwendung der Formeln aus [190] ω^2 im Exponenten eingeführt wurde. Es sei die Randbedingung $u = 0$ auf C und die Anfangsbedingung $u = \varphi_1(x, y)$ für $t = 0$ vorgegeben. Die Lösung wird dann durch die Reihe

$$u = \sum_{\sigma, \tau = 1}^{\infty} a_{\sigma, \tau} e^{-\omega_{\sigma, \tau}^2 t} \sin \frac{\sigma \pi x}{l} \sin \frac{\tau \pi y}{m}$$

dargestellt, wobei $\omega_{\sigma, \tau}^2$ nach Formel (113) aus [190] und $a_{\sigma, \tau}$ nach der ersten der Formeln (114) zu bestimmen ist.

Im Fall der Kreisscheibe [191] führt der gleiche Ansatz (45) zu der Lösung

$$u = \sum_{\substack{n=0 \\ m=1}}^{\infty} \alpha_{m,n} e^{-\omega_{m,n}^2 t} \cos n\theta \cdot J_n(k_m^{(n)} r) + \sum_{\substack{n=1 \\ m=1}}^{\infty} \beta_{m,n} e^{-\omega_{m,n}^2 t} \sin n\theta \cdot J_n(k_m^{(n)} r),$$

wobei $\alpha_{m,n}$ und $\beta_{m,n}$ nach denselben Formeln wie $\alpha_{m,n}^{(1)}$ und $\beta_{m,n}^{(1)}$ aus [191] und $\omega_{m,n}$ nach Formel (128) zu bestimmen sind.

218. Der kugelsymmetrische Fall. Wir wollen jetzt für den Fall der Kugel parallel die Wellengleichung und die Wärmeleitungsgleichung

$$\frac{\partial^2 u}{\partial t^2} = a^2 \Delta u, \tag{46}$$

$$\frac{\partial v}{\partial t} = a^2 \Delta v \tag{47}$$

unter der Annahme betrachten, daß die Anfangswerte nur vom Abstand r vom Kugelmittelpunkt abhängen:

$$u\Big|_{t=0} = \varphi_1(r), \quad \frac{\partial u}{\partial t}\Big|_{t=0} = \varphi_2(r), \tag{48}$$

$$v|_{t=0} = \psi(r). \tag{49}$$

Die Randbedingungen wählen wir in der Form

$$\frac{\partial u}{\partial r} = 0 \quad \text{für} \quad r = R, \tag{50}$$

$$\frac{\partial v}{\partial r} + hv = 0 \quad \text{für} \quad r = R; \tag{51}$$

dabei ist R der Kugelradius und $h > 0$. Wegen der Kugelsymmetrie hängen dann die Lösungen ebenfalls nicht von den sphärischen Winkeln ab und werden somit Funktionen von r und t allein. Setzt man

$$u = (A \cos \omega t + B \sin \omega t) U(r), \tag{52}$$

$$v = A e^{-\omega^2 t} V(r), \tag{53}$$

so ergibt sich für $U(r)$ und $V(r)$ dieselbe Differentialgleichung $\Delta W + k^2 W = 0$ mit $k^2 = \dfrac{\omega^2}{a^2}$. Stellen wir den Laplaceschen Operator in Kugelkoordinaten dar und beachten, daß W nur von r abhängt, so entsteht die Differentialgleichung

$$\frac{1}{r^2} \frac{d}{dr}\left(r^2 \frac{dW}{dr}\right) + k^2 W = 0,$$

d. h.

$$\frac{d^2 W}{dr^2} + \frac{2}{r} \frac{dW}{dr} + k^2 W = 0.$$

Anstelle von W führen wir als neue unbekannte Funktion

$$R(r) = r W(r)$$

ein: Nach Einsetzen von $W(r) = \dfrac{R(r)}{r}$ in die Differentialgleichung für W ergibt sich für $R(r)$ die Differentialgleichung $R''(r) + k^2 R(r) = 0$, woraus $R(r) = C_1 \cos kr + C_2 \sin kr$ folgt, also

$$W(r) = C_1 \frac{\cos kr}{r} + C_2 \frac{\sin kr}{r}.$$

Mit Rücksicht darauf, daß die Lösung im Kugelmittelpunkt, d. h. für $r = 0$, endlich bleiben muß, ist $C_1 = 0$ zu wählen, was nach Einsetzen in (52) und (53) die Lösungen in der Form

$$u = (A \cos \omega t + B \sin \omega t) \frac{\sin kr}{r}, \tag{54}$$

$$v = A e^{-\omega^2 t} \frac{\sin kr}{r} \tag{55}$$

liefert.

Die Konstante k, und damit auch $\omega = ak$, ist aus der Randbedingung (50) bzw. (51) zu bestimmen. Die zweite von ihnen liefert, auf $\dfrac{\sin kr}{r}$ angewandt, für k die Gleichung

$$kR \cot kR = 1 - hR. \tag{56}$$

Für $h = 0$ entsteht die zu der Randbedingung (50) gehörige Gleichung

$$\tan kR = kR. \tag{57}$$

Wird $kR = v$ gesetzt, so sehen wir, daß die Gleichungen (56) und (57) ganz analog der Gleichung (36) gebaut sind. Es seien $k_1, k_2, \ldots$ die positiven Lösungen der Gleichung (56). Wegen (55) ergibt sich für $v(r, t)$:

$$v(r, t) = \sum_{n=1}^{\infty} a_n e^{-a^2 k_n^2 t} \frac{\sin k_n r}{r}. \tag{58}$$

Die Anfangsbedingung (49) liefert

$$r\psi(r) = \sum_{n=1}^{\infty} a_n \sin k_n r. \tag{59}$$

218. Der kugelsymmetrische Fall

So wie in [**216**] sind auch die Funktionen $\sin k_n r$ auf dem Intervall $(0, R)$ paarweise orthogonal; daher lassen sich die Koeffizienten der Entwicklung (59) aus den Beziehungen

$$a_n = \frac{\int_0^R r\psi(r) \sin k_n r \, dr}{\int_0^R \sin^2 k_n r \, dr}$$

bestimmen.

Zur Gleichung für u übergehend, bezeichnen wir so wie zuvor mit k_n ($n = 1, 2, \ldots$) die positiven Lösungen der Gleichung (57). Hier müssen wir auch die Lösung $k = 0$ in Betracht ziehen, die der Frequenz $\omega = 0$ entspricht. Anstelle von $A \cos \omega t + B \sin \omega t$ hat man dann $A + Bt$ zu schreiben; die Differentialgleichung für $R(r)$ lautet somit $R''(r) = 0$, und $W(r) = \frac{1}{r} R(r)$ wird eine Konstante, so daß die entsprechende Lösung der Differentialgleichung (46) die Form $a_0 + b_0 t$ hat. Sie erfüllt offenbar für beliebige Werte der Konstanten a_0 und b_0 die Randbedingung (50). Für u erhalten wir schließlich

$$u(r, t) = a_0 + b_0 t + \sum_{n=1}^{\infty} (a_n \cos k_n t + b_n \sin k_n t) \frac{\sin k_n r}{r}.$$

Durch Differentiation nach t und Einsetzen von $t = 0$ ergeben sich für die in den Anfangsbedingungen (48) auftretenden Funktionen die Entwicklungen

$$r\varphi_1(r) = a_0 r + \sum_{n=1}^{\infty} a_n \sin k_n r,$$

$$r\varphi_2(r) = b_0 r + \sum_{n=1}^{\infty} k_n b_n \sin k_n r.$$

Unter Heranziehung der Gleichung (57) bestätigt man leicht, daß die Funktionen $\sin k_n r$ nicht nur zueinander orthogonal sind, sondern auch zu der Funktion r auf dem Intervall $(0, R)$, also ist

$$\int_0^R r \sin k_n r \, dr = 0$$

und

$$\int_0^R \sin k_m r \sin k_n r \, dr = 0 \quad \text{für} \quad m \neq n;$$

die Koeffizienten in den zuletzt angegebenen Entwicklungen lassen sich nach der üblichen Regel zu

$$a_0 = \frac{\int_0^R r^2 \varphi_1(r) \, dr}{\int_0^R r^2 \, dr} = \frac{3}{R^3} \int_0^R r^2 \varphi_1(r) \, dr, \qquad a_n = \frac{\int_0^R r\varphi_1(r) \sin k_n r \, dr}{\int_0^R \sin^2 k_n r \, dr}$$

bestimmen.

Analoge Formeln ergeben sich auch für die Koeffizienten b_n.

Wir erwähnen noch, daß sich für die Differentialgleichung (47) im Fall $\omega = 0$ die Lösung $v = \text{const}$ ergibt, doch genügt diese Lösung nicht der Randbedingung (51), da nach Voraussetzung $h > 0$ ist.

Die Gleichung (46) kann als Differentialgleichung für das Potential der Geschwindigkeit u bei Schwingungen eines Gases aufgefaßt werden. Die Randbedingung (50) drückt dabei die Tatsache aus, daß die Geschwindigkeit der Gasteilchen an der Kugeloberfläche in Richtung der Normalen gleich Null ist.

Die Randbedingung (51) für die Wärmeleitungsgleichung (47) bringt zum Ausdruck, daß die Kugeloberfläche Wärme in den umgebenden Raum ausstrahlt, dessen Temperatur gleich Null gesetzt ist.

219. Der Eindeutigkeitssatz. Es soll jetzt die Frage nach der Eindeutigkeit der Lösung der Wärmeleitungsgleichung bei vorgegebenen Anfangs- und Randbedingungen untersucht werden (vgl. [192]). Dazu werde das eindimensionale Problem, also die Differentialgleichung

$$\frac{\partial u}{\partial t} = a^2 \frac{\partial^2 u}{\partial x^2}, \qquad (60)$$

für den begrenzten Stab $0 \leq x \leq l$ gewählt. Wir konstruieren in der x, t-Ebene den Bereich G, der von den Geraden $x = 0$, $x = l$ begrenzt wird und oberhalb des Abschnitts $0 \leq x \leq l$ der x-Achse liegt (Abb. 135). Außerdem ziehen wir parallel zur x-Achse die Gerade $t = t_0$ ($t_0 > 0$). Diese schneidet von dem Bereich G das Rechteck $OAQP$ ab, das mit dem Buchstaben H bezeichnet sei. Wir beweisen den folgenden

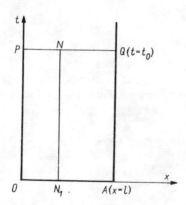

Abb. 135

Satz. *Die Funktion $u(x, t)$ genüge im Innern von G der Differentialgleichung (60) und sei stetig bis an den Rand von G heran. Dann nimmt $u(x, t)$ sein Maximum und sein Minimum auf demjenigen Teil J der Berandung von H an, der von den Seiten $\overline{OP}, \overline{OA}$ und $\overline{AQ}$ gebildet wird.*

Wir beschränken uns auf die Untersuchung des Maximums und führen den Beweis indirekt. Es werde also angenommen, daß das Maximum von $u(x, t)$ nicht auf J, sondern im Innern von H oder auf der Seite $\overline{PQ}$ erreicht wird; hieraus leiten wir einen Widerspruch ab. Dieses Maximum möge im Punkt (x', t') angenommen werden und gleich M sein. Hiermit wird das Maximum der Funktion $u(x, t)$ auf J kleiner als M. Wir bilden in der folgenden Weise die neue Funktion

$$v(x, t) = u(x, t) - k(t - t_0) \tag{61}$$

mit dem positiven Wert k, den wir alsbald näher festlegen. In dem Rechteck gilt

$$u(x, t) \leqq v(x, t) \leqq u(x, t) + k t_0;$$

der Wert k kann nun so klein gewählt werden, daß das Maximum von $v(x, t)$ auf J, ebenso wie bei $u(x, t)$, kleiner wird als der Wert von $v(x, t)$ im Punkt (x', t'). Bei dieser Wahl von k nimmt dann die Funktion $v(x, t)$ ihr Maximum in H nicht auf J, sondern im Innern von H oder auf der Seite $\overline{PQ}$ an. Wir betrachten diese Fälle gesondert und führen beide zu einem Widerspruch.

Es möge $v(x, t)$ das Maximum in dem Punkt $C(x_1, t_1)$ im Innern von H annehmen. Damit liegt dann in diesem Punkt C sicher ein relatives Maximum der Funktion $v(x, t)$ vor, und es muß dort [**I, 58**]

$$\frac{\partial v}{\partial t} = 0 \quad \text{und} \quad \frac{\partial^2 v}{\partial x^2} \leqq 0$$

sein, woraus

$$\frac{\partial v}{\partial t} - a^2 \frac{\partial^2 v}{\partial x^2} \geqq 0$$

folgt, also wegen (61)

$$\frac{\partial u}{\partial t} - a^2 \frac{\partial^2 u}{\partial x^2} - k \geqq 0.$$

Innerhalb H genügt nun aber die Funktion u der Differentialgleichung (60), so daß die vorstehende Ungleichung zu der widersinnigen Beziehung $-k \geqq 0$ führt.

Es werde nun angenommen, daß $v(x, t)$ das Maximum im Punkt $N(x_1, t_0)$ erreicht, der im Innern der Seite $\overline{PQ}$ liegt. Verfolgen wir die Änderung von $v(x, t)$ längs des zur t-Achse parallelen Abschnittes $\overline{N_1 N}$, so gelangen wir zu der Ungleichung $\frac{\partial v}{\partial t} \geqq 0$ im Punkt N, da der Wert der Funktion $v(x, t)$ im Punkt N nicht kleiner ist als deren Werte auf dem ganzen Abschnitt $\overline{N_1 N}$. Betrachten wir jetzt die Änderung von $v(x, t)$ längs $\overline{PQ}$, so kommen wir zu der Ungleichung $\frac{\partial^2 v}{\partial x^2} \leqq 0$ im Punkt N, da $v(x, t_0)$ im Punkt N ($x = x_1$) ein Maximum besitzt. Somit ist $\frac{\partial v}{\partial t} - a^2 \frac{\partial^2 v}{\partial x^2} \geqq 0$ im Punkt N, und es ergibt sich genauso wie vorher ein Widerspruch, womit der Satz bewiesen ist.

Aus ihm folgt unmittelbar: Falls $u(x, t)$ auf dem ganzen Rand J Null wird, ist $u(x, t)$ auch in dem ganzen Rechteck H gleich Null; dies führt sehr einfach zu dem Eindeutigkeitssatz.

Außer der Differentialgleichung (60) seien die Anfangsbedingungen und die Randbedingungen (Temperatur an den Enpdunkten) vorgegeben:

$$u|_{t=0} = f(x) \quad (0 \leq x \leq l), \quad u|_{x=0} = \omega(t), \quad u|_{x=l} = \omega_1(t). \tag{62}$$

Diese Bedingungen laufen auf eine Vorgabe der Funktion $u(x, t)$ auf dem Rand von G hinaus. Wir setzen voraus, daß diese Randwerte eine stetige Funktion auf dem ganzen Rand von G einschließlich der Punkte O und A darstellen, also $\omega(0) = f(0)$ und $\omega_1(0) = f(l)$ gilt. Unter den Bedingungen (62) mögen jetzt innerhalb von G zwei Lösungen $u_1(x, t)$ und $u_2(x, t)$ von (60) existieren, die bis an den Rand von G heran stetig sind. Damit ist deren Differenz $u(x, t) = u_1(x, t) - u_2(x, t)$ eine Lösung von (60), die auf dem ganzen Rand von G gleich Null ist. Aus dem zuvor bewiesenen Satz folgt unmittelbar, daß u überall im Innern von G verschwindet, d. h., $u_1(x, t)$ stimmt mit $u_2(x, t)$ überein. Wir erwähnen noch, daß der Eindeutigkeitssatz auch dann bestehenbleibt, wenn nicht die Stetigkeit von $u(x, t)$ in den Punkten O und A gefordert wird, sondern lediglich die Beschränktheit dieser Funktion in der Umgebung der angegebenen Punkte. Damit brauchen auch die Randwerte in diesen Punkten nicht stetig zu sein.

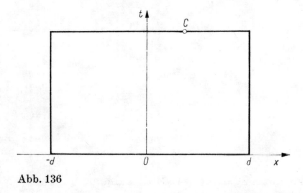

Abb. 136

Für den unbegrenzten Stab wird die Lösung durch die Formel (12) geliefert. Wir setzen voraus, daß die vorgegebene Funktion $f(x)$ stetig und außerhalb eines gewissen Intervalls $(-b, b)$ gleich Null ist, so daß

$$u(x, t) = \frac{1}{2a\sqrt{\pi t}} \int_{-b}^{b} f(\xi) e^{-\frac{(\xi-x)^2}{4a^2 t}} d\xi$$

wird.

Mit Hilfe dieser Formel zeigt man leicht: Für $x \to \infty$ oder $x \to -\infty$ gilt $u(x, t) \to 0$ gleichmäßig bezüglich t. Zu einem beliebig vorgegebenen positiven ε gibt es also einen positiven Wert N derart, daß für $|x| \geq N$ und beliebiges t die Ungleichung $|u(x, t)| \leq \varepsilon$ gilt. Im folgenden beweisen wir, daß nur eine Lösung mit dieser Eigenschaft bei vorgegebener Anfangsbedingung (6) existiert. So wie vorher genügt es zu zeigen, daß $u(x, t)$ den größten und den kleinsten Wert auf der x-Achse annimmt. Der Beweis werde indirekt geführt: $u(x, t)$ möge den größten Wert M in einem Punkt $C(x_1, t_1)$ annehmen, wobei $t_1 > 0$ ist, so daß $f(x) < M$ im Intervall $-\infty < x < \infty$ gilt. Da $f(x)$ außerhalb des Intervalls $(-b, b)$ gleich Null ist, gilt $M > 0$. Wir ziehen nun zwei Geraden $x = d$ und $x = -d$, wobei d so groß gewählt wird, daß auf den angegebenen Geraden die Ungleichung $|u(x, t)| < M$ erfüllt ist, und konstruieren das Rechteck H aus den genannten Geraden, der x-Achse und der zu ihr parallelen Geraden, die durch den Punkt C verläuft (Abb. 136). Der Wert der Funktion $u(x, t)$ im Punkt C ist größer als deren Werte auf dem von den drei Seiten $x = d$, $x = -d$ und $t = 0$ gebildeten Teil des Randes von H. Somit erreicht die Funktion $u(x, t)$ in dem Rechteck H den größten Wert entweder im Innern von H oder auf der durch den Punkt C verlaufenden Seite, und dies führt so wie früher zu einem Widerspruch. Die Eindeutigkeit der Lösung mit der oben angegebenen Eigenschaft ist also unter den bezüglich $f(x)$ getroffenen Voraussetzungen bewiesen.

LITERATURHINWEISE DER HERAUSGEBER

Die folgende Zusammenstellung erhebt keinen Anspruch auf Vollständigkeit; es sind vor allem solche Werke aufgeführt, die sich an den hauptsächlichsten Leserkreis dieses Buches wenden.

Der in diesem Band behandelte Stoff findet sich zum Teil auch in folgenden Werken:

COURANT, R.: Vorlesungen über Differential- und Integralrechnung 1, 2, 4. Auflage, Springer-Verlag, Berlin/Heidelberg/New York 1971 bzw. 1972. bzw. 1963.
COURANT, R., und D. HILBERT: Methoden der mathematischen Physik, Band I, 3. Auflage; Band II, 2. Auflage, Springer-Verlag, Berlin/Heidelberg/New York 1968.
DIEUDONNÉ, J.: Grundzüge der modernen Analysis, Bd. 2, 3, VEB Deutscher Verlag der Wissenschaften, Berlin 1975 bzw. 1976 (Übersetzung aus dem Französischen).
GOURSAT, ED.: Cours d'analyse mathématique, Tome I, 5ème édition, Gauthier-Villars, Paris 1943.
HADAMARD, J.: Cours d'analyse, Tome I, Hermann et Cie, Paris 1927.
HAHN, H., und H. TIETZE: Einführung in die Elemente der höheren Mathematik, S. Hirzel, Leipzig 1925.
JOOS, G., und E. RICHTER: Höhere Mathematik für den Praktiker, 11. Auflage, J. A. Barth, Leipzig 1969.
JORDAN, C.: Cours d'analyse, Tome II, III, Gauthier-Villars, Paris 1913 bzw. 1915.
KOWALEWSKI, G.: Lehrbuch der höheren Mathematik, 3. Band, W. de Gruyter, Berlin und Leipzig 1933.
LENSE, J.: Vorlesungen über höhere Mathematik, R. Oldenbourg, München 1948.
MADELUNG, E.: Die mathematischen Hilfsmittel des Physikers, 7. Auflage, Springer-Verlag, Berlin/Göttingen/Heidelberg 1964.
VON MANGOLDT, H., und K. KNOPP: Einführung in die höhere Mathematik. Band II, 14. Auflage; Band III, 13. Auflage. S. Hirzel, Leipzig 1972 bzw. 1970.
OBERDORFER, G.: Lehrbuch der Elektrotechnik, Band II: Rechenverfahren und allgemeine Theorien der Elektrotechnik, 5. Auflage, R. Oldenbourg, München 1949.
PICARD, E.: Traité d'analyse, Tome I, 4ème édition; Tome II, 3ème édition; Tome III, 2ème édition, Gauthier-Villars, Paris 1942 bzw. 1926 bzw. 1908.
ROTHE, R.: Höhere Mathematik, Band II, 17. Auflage; Band III, 12. Auflage; Band IV, 12. bzw. 11. Auflage, B. G. Teubner, Leipzig 1962—1965.
SAUER, R.: Ingenieur-Mathematik, Band I: Differential- und Integralrechnung, 4. Auflage, Springer-Verlag, Berlin/Heidelberg/New York 1969.
SAUER, R.: Ingenieur-Mathematik, Band II: Differentialgleichungen und Funktionentheorie, 3. Auflage, Springer-Verlag, Berlin/Heidelberg/ New York 1968.
SCHRUTKA, L.: Elemente der höheren Mathematik für Studierende der technischen Naturwissenschaften, 3./4. Auflage, Deuticke, Leipzig und Wien 1924.
TRICOMI, F. G.: Repertorium der Theorie der Differentialgleichungen, Springer-Verlag, Berlin/Heidelberg/New York 1968.
TRIEBEL, H.: Höhere Analysis, VEB Deutscher Verlag der Wissenschaften, Berlin 1972.

DE LA VALLÉE-POUSSIN, CH.: Cours d'analyse infinitésimale, Tome I, 6ème édition, Gauthier-Villars, Paris 1926.
WHITTAKER, E. T., and G. N. WATSON: A course of modern analysis, 4th edition, at the University Press, Cambridge 1927.

An Aufgabensammlungen seien genannt:

БЕРМАН, Г. Н.: Сборник задач по курсу математического анализа, 11. Auflage, Gostechisdat, Moskau 1962.
ДЕМИДОВИЧ, Б. П.: Сборник задач и упражнений по математическому анализу, 5. Auflage, Gostechisdat. Moskau 1962.
GÜNTER, N. M., und R. O. KUSMIN: Aufgabensammlung zur höheren Mathematik, 1. Band, 10. Auflage; 2. Band, 6. Auflage, VEB Deutscher Verlag der Wissenschaften, Berlin 1978 bzw. 1976 (Übersetzung aus dem Russischen).

Speziell zum 1. und 2. Kapitel seien genannt:

ALBRECHT, R., H. HOCHMUTH und K. ZUSER: Übungsaufgaben zur höheren Mathematik, Teil III, 2. Auflage, R. Oldenbourg, München 1963.
ARNOL'D, V. I.: Gewöhnliche Differentialgleichungen, VEB Deutscher Verlag der Wissenschaften, Berlin 1979 (Übersetzung aus dem Russischen).
BAULE, B.: Die Mathematik des Naturforschers und Ingenieurs, Band IV: Gewöhnliche Differentialgleichungen, 9. Auflage, S. Hirzel, Leipzig 1970.
BEHNKE, H.: Gewöhnliche Differentialgleichungen, Ausarbeitungen mathematischer und physikalischer Vorlesungen, Band II, Aschendorff, Münster 1950.
BERG, L.: Einführung in die Operatorenrechnung, 2. Auflage, VEB Deutscher Verlag der Wissenschaften, Berlin 1965.
BERG, L.: Operatorenrechnung, Band I: Algebraische Methoden; Band II: Funktionentheoretische Methoden, VEB Deutscher Verlag der Wissenschaften, Berlin 1972 bzw. 1974.
BIEBERBACH, L.: Einführung in die Theorie der Differentialgleichungen im reellen Gebiet, Springer-Verlag, Berlin/Göttingen/Heidelberg 1956.
BIEBERBACH, L.: Theorie der Differentialgleichungen, 3. Auflage, Springer, Berlin 1930.
BIEBERBACH, L.: Theorie der gewöhnlichen Differentialgleichungen (auf funktionentheoretischer Grundlage dargestellt), 2. Auflage, Springer-Verlag, Berlin/Heidelberg/New York 1965.
BORŮVKA, O.: Lineare Differentialtransformationen 2. Ordnung, VEB Deutscher Verlag der Wissenschaften, Berlin 1967.
BOURBAKI, N.: Fonctions d'une variable réelle, Chap. IV—VII, Hermann et Cie, Paris 1951.
BRÄUNING, G.: Gewöhnliche Differentialgleichungen, 4. Auflage, VEB Fachbuchverlag, Leipzig 1975.
CESARI, L.: Asymptotic behavior and stability problems in ordinary differential equations, 3rd edition, Springer-Verlag, Berlin/Heidelberg/New York 1971.
CODDINGTON, EARL A., and N. LEVINSON: Theory of ordinary differential equations, McGraw-Hill Book Comp., New York/Toronto/London 1955.
COLLATZ, L.: The numerical treatment of differential equations, 2nd printing of the 3rd edition, Springer-Verlag, Berlin/Göttingen/Heidelberg 1966.
COLLATZ, L.: Numerische und graphische Methoden, aus Handbuch der Physik, Band II: Mathematische Methoden II, Springer-Verlag, Berlin/Göttingen/Heidelberg 1955.
DUSCHEK, A.: Vorlesungen über höhere Mathematik, 3. Band, 2. Auflage, Springer-Verlag, Wien 1960.
FORBAT, N.: Analytische Mechanik der Schwingungen, VEB Deutscher Verlag der Wissenschaften, Berlin 1966.
FORD, L. R.: Differential equations, 2nd edition, McGraw-Hill Book Comp., Inc., New York/Toronto/London 1955.

FORSYTH, A. R.: Theorie der Differentialgleichungen, Teil I, B. G. Teubner, Leipzig 1893.
FORSYTH, A. R.: Theory of differential equations, Part I, II, at the University Press, Cambridge 1890 bzw. 1900.
FORSYTH, A. R., und W. JACOBSTHAL: Lehrbuch der Differentialgleichungen, 2. Auflage, F. Vieweg, Braunschweig 1912 (Übersetzung aus dem Englischen).
GOLUBEW, W. W.: Differentialgleichungen im Komplexen, VEB Deutscher Verlag der Wissenschaften, Berlin 1958 (Übersetzung aus dem Russischen).
GOURSAT, ED.: Cours d'analyse mathématique, Tome II, 3ème édition, Gauthier-Villars, Paris 1918.
GULDBERG, A.: Gewöhnliche Differentialgleichungen und Differenzengleichungen, aus E. PASCAL: Repertorium der höheren Mathematik, 1. Band, 2. Teilband, 2. Auflage, B. G. Teubner, Leipzig und Berlin 1927. Hierin sind viele Literaturhinweise auf Lehrbücher und Originalarbeiten.
HADAMARD, J.: Cours d'analyse, Tome II, Hermann et Cie, Paris 1930.
HOHEISEL, G.: Neuere Entwicklungen zur Theorie der gewöhnlichen Differentialgleichungen, aus E. PASCAL: Repertorium der höheren Mathematik, 1. Band, 3. Teilband, 2. Auflage, B. G. Teubner, Leipzig und Berlin 1929. Fortsetzung des Artikels von A. GULDBERG (s. o.).
HOHEISEL, G.: Aufgabensammlung zu den gewöhnlichen und partiellen Differentialgleichungen, 4. Auflage, W. de Gruyter, Berlin 1964.
HOHEISEL, G.: Gewöhnliche Differentialgleichungen, 7. Auflage, W. de Gruyter, Berlin 1965.
HORN, J.: Gewöhnliche Differentialgleichungen, 6. Auflage, W. de Gruyter, Berlin 1960.
KAMKE, E.: Differentialgleichungen, Band I, Gewöhnliche Differentialgleichungen, 6. Auflage, Akademische Verlagsgesellschaft, Leipzig 1969.
KAMKE, E.: Differentialgleichungen, Lösungsmethoden und Lösungen, Band I: Gewöhnliche Differentialgleichungen, 8. Auflage, Akademische Verlagsgesellschaft, Leipzig 1967. In diesem einzigartigen Werk wird keine Theorie entwickelt (dazu vergleiche den vorigen Titel), vielmehr sind die wichtigsten Differentialgleichungen katalogisiert und ihre Lösungsmethoden und Lösungen angegeben.
KNESCHKE, A.: Differentialgleichungen und Randwertprobleme, Band I: Gewöhnliche Differentialgleichungen, 3. Auflage, B. G. Teubner, Leipzig 1965.
LEFSCHETZ, S.: Lectures of differential equations, Oxford University Press, London 1946.
LENSE, J.: Grundbegriffe der klassischen Analysis, gewöhnliche Differentialgleichungen, Funktionentheorie, aus Handbuch der Physik, Band I: Mathematische Methoden I, Springer-Verlag, Berlin/Göttingen/Heidelberg 1956.
МИКЕЛАДЗЕ, Ш. Е.: Новые методы интегрирования дифференциальных уравнений, Gostechisdat, Moskau/Leningrad 1951.
MURRAY, F. J., and K. S. MILLER: Existence theorems for ordinary differential equations, New York University Press, New York 1954.
PAINLEVÉ, P.: Gewöhnliche Differentialgleichungen; Existenz der Lösungen, aus Encyklopädie der mathematischen Wissenschaften, 2. Band, 1. Teil, 1. Hälfte, B. G. Teubner, Leipzig 1899—1916.
PFORR, E. A., und W. SCHIROTZEK: Differential- und Integralrechnung für Funktionen mit einer Variablen, 3. Aufl., BSB B. G. Teubner Verlagsgesellschaft, Leipzig 1978.
PETROWSKI, I. G.: Vorlesungen über die Theorie der gewöhnlichen Differentialgleichungen, B. G. Teubner, Leipzig 1955 (Übersetzung aus dem Russischen).
PONTRJAGIN, L. S.: Gewöhnliche Differentialgleichungen, VEB Deutscher Verlag der Wissenschaften, Berlin 1965 (Übersetzung aus dem Russischen).
RUNGE, C., und FR. A. WILLERS: Numerische und graphische Quadratur und Integration gewöhnlicher und partieller Differentialgleichungen, aus Encyklopädie der mathematischen Wissenschaften, 2. Band, 3. Teil, 1. Hälfte, B. G. Teubner, Leipzig 1909—1921.
VON SANDEN, H.: Praxis der Differentialgleichungen, 4. Auflage, W. de Gruyter, Berlin 1955.
SANSONE, G.: Equazione differenziali nel campo reale I, II, 2da edizione, Zanichelli, Bologna 1948 bzw. 1949.

Schlesinger, L.: Vorlesungen über lineare Differentialgleichungen, B. G. Teubner, Leipzig 1908.
Schlesinger, L.: Einführung in die Theorie der gewöhnlichen Differentialgleichungen auf funktionentheoretischer Grundlage, W. de Gruyter, Berlin und Leipzig 1922.
Serret, J. A., und G. Scheffers: Lehrbuch der Differential- und Integralrechnung, 3. Band, 6. Auflage, B. G. Teubner, Leipzig und Berlin 1924.
Stepanow, W. W.: Lehrbuch der Differentialgleichungen, 4. Auflage, VEB Deutscher Verlag der Wissenschaften, Berlin 1976 (Übersetzung aus dem Russischen).
Tricomi, F.: Equazioni differenziali, Einaudi, Torino 1948.
Vessiot, É.: Gewöhnliche Differentialgleichungen; elementare Integrationsmethoden, aus Encyklopädie der mathematischen Wissenschaften, 2. Band, 1. Teil, 1. Hälfte, B. G. Teubner, Leipzig 1899—1916.
Watzlawek, H.: Gewöhnliche Differentialgleichungen. Durchgerechnete Beispiele, Deuticke, Wien 1952.
Weise, K. H.: Gewöhnliche Differentialgleichungen, Wolfenbüttler Verlagsanstalt, Wolfenbüttel und Hannover 1948.
Wenzel, H.: Gewöhnliche Differentialgleichungen, Teil 1, 2, BSB B. G. Teubner Verlagsgesellschaft, Leipzig 1977 bzw. 1979.

Zum 3. Kapitel seien folgende Bücher genannt:

Alexandroff, P. S.: Einführung in die Mengenlehre und die Theorie der reellen Funktionen, 6. Auflage, VEB Deutscher Verlag der Wissenschaften, Berlin 1973 (Übersetzung aus dem Russischen).
Bieberbach, L.: Differential- und Integralrechnung, Band II: Integralrechnung, 4. Auflage, B. G. Teubner, Leipzig und Berlin 1942.
Burkill, J. C.: The Lebesgue integral, University Press, Cambridge 1951.
Fichtenholz, G. M.: Differential- und Integralrechnung, Band II, 7. Auflage; Band III, 10. Auflage, VEB Deutscher Verlag der Wissenschaften, Berlin 1978 bzw. 1981 (Übersetzung aus dem Russischen).
Fraenkel, A.: Einleitung in die Mengenlehre, 3. Auflage, Springer, Berlin 1928.
Goering, H.: Elementare Methoden zur Lösung von Differentialgleichungsproblemen, 2. Aufl., Akademie-Verlag, Berlin 1971.
Grüss, G.: Differential- und Integralrechnung, Akademische Verlagsgesellschaft, Leipzig 1949.
Halmos, P. R.: Measure theory, 2nd printing, D. van Nostrand Comp. Inc., Toronto/New York/London 1950.
Haupt, O., G. Aumann und Ch. Pauc: Differential- und Integralrechnung, Band III, W. de Gruyter, Berlin 1955.
Hausdorff, F.: Mengenlehre, 2. Auflage, W. de Gruyter, Berlin 1927.
Heffter, L.: Kurvenintegrale und Begründung der Funktionentheorie, Springer-Verlag, Berlin 1948.
Kamke, E.: Das Lebesguesche Integral, B. G. Teubner, Leipzig/Berlin 1925.
Kamke, E.: Mengenlehre, 5. Auflage, W. de Gruyter, Berlin 1965.
Kowalewski, G.: Grundzüge der Differential- und Integralrechnung, 2. Auflage, B. G. Teubner, Leipzig 1919.
Mayrhofer, K.: Inhalt und Maß, Springer-Verlag, Wien 1952.
Michel, H.: Maß- und Integrationstheorie I, VEB Deutscher Verlag der Wissenschaften, Berlin 1978.
Natanson, I. P.: Theorie der Funktionen einer reellen Veränderlichen, 2. Auflage, Akademie-Verlag, Berlin 1961 (Übersetzung aus dem Russischen).
Riesz, F., und B. Sz.-Nagy: Vorlesungen über Funktionalanalysis, 3. Auflage, VEB Deutscher Verlag der Wissenschaften, Berlin 1973 (Übersetzung aus dem Französischen).

SCHLESINGER, L., und A. PLESSNER: Lebesguesche Integrale und Fouriersche Reihen, W. de Gruyter, Berlin 1926.
SMIRNOW, W. I.: Lehrgang der höheren Mathematik, Teil V, 8. Auflage, VEB Deutscher Verlag der Wissenschaften, Berlin 1979 (Übersetzung aus dem Russischen).

Zum 4. Kapitel seien folgende Bücher genannt:

BECKER, R.: Theorie der Elektrizität, Band I, 15. Auflage, B. G. Teubner, Leipzig 1951.
BOSECK, H.: Einführung in die Theorie der linearen Vektorräume, 3. Auflage, VEB Deutscher Verlag der Wissenschaften, Berlin 1973.
BOSECK, H.: Tensorräume, VEB Deutscher Verlag der Wissenschaften, Berlin 1972.
BRAND, L.: Vector and tensor analysis, John Wiley & Sons/Chapman & Hall, New York/London 1955.
BREHMER, S., und H. HAAR, Differentialformen und Vektoranalysis, VEB Deutscher Verlag der Wissenschaften, Berlin 1973.
COBURN, N.: Vector and tensor analysis, Macmillan Comp., New York 1955.
CRAIG, H. V.: Vector and tensor analysis, 1st edition, 5th impression, McGraw-Hill Book Comp., New York and London 1943.
DENIS-PAPIN, M., et A. KAUFMANN: Cours de calcul tensoriel appliqué, 2ème édition, Albin Michel, Paris 1953.
DUSCHEK, A.: Vorlesungen über höhere Mathematik, 2. Band, 3. Auflage, Springer, Wien 1963.
DUSCHEK, A., und A. HOCHRAINER: Grundzüge der Tensorrechnung in analytischer Darstellung, 1. Teil: Tensoralgebra, 5. Auflage; 2. Teil: Tensoranalysis, 3. Auflage; 3. Teil: Anwendungen in Physik und Technik, 2. Auflage, Springer, Wien 1968 bzw. 1970 bzw. 1965.
IWANENKO, D., und A. SOKOLOW: Klassische Feldtheorie, Akademie-Verlag, Berlin 1953 (Übersetzung aus dem Russischen).
JOOS, G.: Lehrbuch der theoretischen Physik, 11. Auflage, Akademische Verlagsgesellschaft, Leipzig 1964.
KÄSTNER, S.: Vektoren, Tensoren, Spinoren, Akademie-Verlag, Berlin 1960.
LAGALLY, M.: Vorlesungen über Vektorrechnung, 7. Auflage, Akademische Verlagsgesellschaft, Leipzig 1964.
LICHNEROWICZ, A.: Lineare Algebra und lineare Analysis, VEB Deutscher Verlag der Wissenschaften, Berlin 1956 (Übersetzung aus dem Französischen).
LICHNEROWICZ, A.: Éléments de calcul tensoriel, 2ème édition, Armand Colin, Paris 1951.
LICHTENSTEIN, L.: Grundlagen der Hydromechanik, Springer, Berlin 1929. Hieraus vor allem das 2. Kapitel.
LOHR, E.: Vektor- und Dyadenrechnung für Physiker und Techniker, 2. Auflage, W. de Gruyter, Berlin 1950.
LOTZE, A.: Vektor- und Affinor-Analysis, R. Oldenbourg, München 1950.
OLLENDORFF, F.: Die Welt der Vektoren, Springer-Verlag, Wien 1950.
RASCHEWSKI, P. K.: Riemannsche Geometrie und Tensoranalysis, VEB Deutscher Verlag der Wissenschaften, Berlin 1959 (Übersetzung aus dem Russischen). Besonders für Techniker ist ein Sonderdruck des 1. Kapitels dieses Buches „Elementare Einführung in die Tensorrechnung" vorhanden (2. Auflage 1966).
REICHARDT, H.: Vorlesungen über Vektor- und Tensorrechnung, 2. Auflage, VEB Deutscher Verlag der Wissenschaften, Berlin 1968.
RUNGE, C.: Vektoranalysis I, 2. Auflage, S. Hirzel, Leipzig 1926.
RUTHERFORD, D. E.: Vector methods, applied to differential geometry, mechanics and potential theory, 9th edition, Oliver and Boyd, Edinburgh and London 1957.
Шилов, Г. Е.: Лекции по векторному анализу, Gostechisdat, Moskau 1954.
SCHLEGELMILCH, W.: Die Differentialoperatoren der Vektoranalysis und ihre Bedeutung in Physik und Technik, VEB Verlag Technik, Berlin 1955.
SCHULTZ-PISZACHICH, W.: Tensoralgebra und -analysis, BSB B. G. Teubner Verlagsgesellschaft, Leipzig 1977.

Smirnow, W. I.: Lehrgang der höheren Mathematik, Teil III$_1$, 10. Auflage, VEB Deutscher Verlag der Wissenschaften, Berlin 1981 (Übersetzung aus dem Russischen).
Sokolnikoff, I. S.: Tensor analysis: Theory and applications to geometry and mechanics of continua, 2nd edition, John Wiley & Sons, New York 1964.
Spain, B.: Tensor calculus, 2nd edition, Oliver and Boyd, Edinburgh and London 1956.
Synge, J. L., and A. Shild: Tensor calculus, 2nd edition, University of Toronto Press, Toronto 1952.
Wade, T. L.: Algebra of vectors and matrices, Addison-Wesley, Cambridge 1951.

Aus der besonders umfangreichen Literatur zum 5. Kapitel seien die folgenden leichter zugänglichen Werke erwähnt:

Alexandrow, A. D.: Kurven und Flächen, VEB Deutscher Verlag der Wissenschaften, Berlin 1959 (Übersetzung aus dem Russischen).
Baule, B.: Die Mathematik des Naturforschers und Ingenieurs, Band VII: Differentialgeometrie, 6. Auflage, S. Hirzel, Leipzig 1965.
Behnke, H.: Differentialgeometrie, 2. Auflage, Aschendorff, Münster 1949.
Bianchi, L.: Vorlesungen über Differentialgeometrie, B. G. Teubner, Leipzig 1899.
Bieberbach, L.: Differentialgeometrie, B. G. Teubner, Leipzig und Berlin 1932.
Blaschke, W.: Vorlesungen über Differentialgeometrie, Band I: Elementare Differentialgeometrie, 4. Auflage, Springer, Berlin 1945.
Blaschke, W., und H. Reichardt: Einführung in die Differentialgeometrie, 2. Auflage, Springer-Verlag, Berlin/Göttingen/Heidelberg 1960.
Chern, S. S.: Topics in differential geometry, Inst. for Advanced Study, Princeton 1921.
Eisenhardt, L. P.: An introduction to differential geometry with use of the tensor calculus, 2nd edition, Princeton University Press, Princeton 1947.
Фиников, С. П.: Курс дифференциальной геометрии, Gostechisdat, Moskau 1952.
Haack, W.: Elementare Differentialgeometrie, Verlag Birkhäuser, Basel 1955.
Kobayashi, S., and K. Nomizu: Foundations of differential geometry I, II, Interscience Publishers/J. Wiley & Sons, New York/London 1963, 1969.
Kreyszig, E.: Differentialgeometrie, 2. Auflage, Akademische Verlagsgesellschaft, Leipzig 1968.
Lense, J.: Kurze Einführung in die Differentialgeometrie des Raumes, R. Oldenbourg, München 1954.
Norden, A. P.: Differentialgeometrie I/II, VEB Deutscher Verlag der Wissenschaften, Berlin 1956 bzw. 1957 (Übersetzung aus dem Russischen).
Погорелов, А. В.: Лекции по дифференциальной геометрии, Charkow 1955 [Englische Übersetzung: Groningen 1959].
Pogorelow, A. W.: Einige Untersuchungen zur Riemannschen Geometrie, VEB Deutscher Verlag der Wissenschaften, Berlin 1960 (Übersetzung aus dem Russischen).
Rothe, R.: Differentialgeometrie I, Neudruck der 1. Auflage, W. de Gruyter, Berlin 1944.
Scheffers, G.: Anwendung der Differential- und Integralrechnung auf die Geometrie I/II, 3. Auflage, W. de Gruyter, Berlin und Leipzig 1922 bzw. 1923.
Schouten, J. A., und D. J. Struik: Einführung in die neueren Methoden der Differentialgeometrie I/II, 2. Auflage, P. Noordhoff, Groningen und Batavia 1935 bzw. 1938.
Strubecker, K.: Differentialgeometrie, Band I: Kurventheorie der Ebene und des Raumes; Band II: Theorie der Flächenmetrik; Band III: Theorie der Flächenkrümmung, 2. Auflage, W. de Gruyter, Berlin 1964 bzw. 1969 bzw. 1969.
Struik, D. J.: Grundzüge der mehrdimensionalen Differentialgeometrie, Springer, Berlin 1922.
Sulanke, R., und P. Wintgen: Differentialgeometrie und Faserbündel, VEB Deutscher Verlag der Wissenschaften, Berlin 1972.
Tietz, H.: Geometrie, Abschnitt B, aus Handbuch der Physik, Band II: Mathematische Methoden II, Springer-Verlag, Berlin/Göttingen/Heidelberg 1955.

VEBLEN, O., and J. H. C. WHITEHEAD: The foundations of differential geometry, at the University Press, Cambridge 1932.
VRĂNCEANU, G.: Vorlesungen über Differentialgeometrie I/II, Akademie-Verlag, Berlin 1961 (Übersetzung aus dem Rumänischen und Französischen).
WEATHERBURN, C. E.: Differential geometry of three dimensions, vol. I, II, at the University Press, Cambridge 1927 bzw. 1930.
Выгодский, М. Я.: Дифференциальная геометрия, Gostechisdat, Moskau/Leningrad 1949.

An Literatur zum 6. Kapitel sei genannt:

ACHIESER, N. I.: Vorlesungen über Approximationstheorie, Akademie-Verlag, Berlin 1954 (Übersetzung aus dem Russischen).
ALEXITS, G.: Konvergenztheorie der Orthogonalreihen, VEB Deutscher Verlag der Wissenschaften/Akadémiai Kiadó, Berlin—Budapest 1960.
Бари, Н. К.: Тригонометрические ряды, Gostechisdat, Moskau 1961.
BOCHNER, S.: Vorlesungen über Fouriersche Integrale, Akademische Verlagsgesellschaft, Leipzig 1932.
BURKHARDT, H.: Trigonometrische Reihen und Integrale, aus Encyklopädie der mathematischen Wissenschaften, 2. Band, 1. Teil, 2. Hälfte, B. G. Teubner, Leipzig 1914—1915. Dieser Artikel enthält ein ausführliches Literaturverzeichnis.
CARSLAW, H. S.: Mathematical theory of the conduction of heat in solids, Macmillan, London 1921.
CARSLAW, H. S.: Introduction to the theory of Fourier series and integrals, 3rd edition, Macmillan, London 1930.
CHURCHILL, R. V.: Fourier series and boundary value problems, 2nd edition, McGraw-Hill Book Comp., Inc., New York 1963.
CHURCHILL, R. V.: Operational mathematics, 2nd edition, McGraw-Hill Book Comp., Inc., New York 1958.
COLLATZ, L., und W. KRABS: Approximationstheorie, B. G. Teubner, Stuttgart 1973.
DÖRRIE, H.: Unendliche Reihen, R. Oldenbourg, München 1951, 7. Abschnitt.
FICHTENHOLZ, G. M.: Differential- und Integralrechnung, Band III, 10. Auflage, VEB Deutscher Verlag der Wissenschaften, Berlin 1981 (Übersetzung aus dem Russischen).
HARDY, G. H., and W. W. ROGOSINSKI: Fourier series, 3rd edition, at the University Press, Cambridge 1950.
HILB, E., und M. RIESZ: Neuere Untersuchungen über trigonometrische Reihen, aus Enzyklopädie der mathematischen Wissenschaften, 2. Band, 3. Teil, 2. Hälfte, B. G. Teubner, Leipzig 1923—1927.
KACZMARZ, S., und H. STEINHAUS: Theorie der Orthogonalreihen, Monografie Matematycne, Tom VI, Warschau 1935 (corrected reprint of the 1st edition New York 1951).
KIESEWETTER, H.: Vorlesungen über lineare Approximation, VEB Deutscher Verlag der Wissenschaften, Berlin 1973.
KNOPP, K.: Theorie und Anwendung der unendlichen Reihen, 5. Auflage, Springer-Verlag, Berlin/Göttingen/Heidelberg 1964. In diesem Buch sind viele Hinweise auf Originalarbeiten enthalten.
LEBESGUE, H.: Leçons sur les séries trigonométriques, Gauthier-Villars, Paris 1906.
LECAT, M.: Bibliographie des séries trigonométriques avec un appendix sur le calcul des variations, Chez l'Auteur, Louvain/Bruxelles 1921. Hierin sind 532 Titel von Büchern und Originalarbeiten enthalten.
LÉVY, P.: Cours d'analyse, Tome I, Gauthier-Villars, Paris 1930, Chapitre IV—V.
OSTROWSKI, A.: Vorlesungen über Differential- und Integralrechnung, Band III: Integralrechnung auf dem Gebiete mehrerer Variablen, 2. Auflage, Verlag Birkhäuser, Basel 1967.

PLESSNER, A.: Trigonometrische Reihen, aus E. PASCAL: Repertorium der höheren Mathematik, 1. Band, 3. Teilband, Kapitel 25, 2. Auflge, B. G. Teubner, Leipzig und Berlin 1929. Am Ende des Artikels ist ein ausführliches Literaturverzeichnis über Originalarbeiten.
ROGOSINSKI, W.: Fouriersche Reihen, W. de Gruyter, Berlin und Leipzig 1930.
SCHLESINGER, L., und A. PLESSNER: Lebesguesche Integrale und Fouriersche Reihen, Abschnitt VI, W. de Gruyter, Berlin und Leipzig 1926.
SCHLÖGL, F.: Randwertprobleme, Abschnitt A, aus Handbuch der Physik, Band I: Mathematische Methoden I, Springer-Verlag, Berlin/Göttingen/Heidelberg 1956.
СЕРЕБРЕННИКОВ, М. Г.: Гармонический анализ, Gostechisdat, Moskau/Leningrad 1948. Dieses Werk ist besonders nützlich für praktische Anwendungen.
SERRET, J. A., A. HARNACK und G. SCHEFFERS: Lehrbuch der Differential- und Integralrechnung, 2. Band, 5. Auflage, B. G. Teubner, Leipzig und Berlin 1911. Dieses Buch enthält einen Anhang von A. HARNACK: Grundriß der Theorie der Fourierschen Reihen und der Fourierschen Integrale.
TITCHMARSH, E. C.: Introduction to the theory of Fourier integrals, at the Clarendon Press, Oxford 1937.
TOLSTOW, G. P.: Fourierreihen, VEB Deutscher Verlag der Wissenschaften, Berlin 1955 (Übersetzung aus dem Russischen).
TRICOMI, F. G.: Vorlesungen über Orthogonalreihen, 2. Auflage, Springer-Verlag, Berlin/Heidelberg/New York 1970.
DE LA VALLÉE POUSSIN, CH.: Cours d'analyse infinitésimale, Tome II, 7ème édition, Louvain, Paris 1937.
WOLFF, J.: Fouriersche Reihen mit Aufgaben, P. Noordhoff, Groningen 1931.
ZYGMUND, A.: Trigonometrical series, Monografie Matematyczne, Tom V, Warszawa/Lwow 1935.

Der im 7. Kapitel behandelte Stoff findet sich auch schon in den Büchern, die zu Anfang und zum 1. und 2. Kapitel genannt wurden. Weiter seien noch erwähnt:

BATEMAN, H.: Partial differential equations of mathematical physics, Dover Publications, New York 1944.
BAULE, B.: Die Mathematik des Naturforschers und Ingenieurs, Band VI: Partielle Differentialgleichungen, 8. Auflage, S. Hirzel, Leipzig 1970.
COLLATZ, L.: Eigenwertaufgaben mit technischen Anwendungen, 2. Auflage, Akademische Verlagsgesellschaft, Leipzig 1963.
DUFF, G. F. D.: Partial differential equations, University of Toronto Press, Toronto 1956.
FRANK, PH., und R. VON MISES: Die Differential- und Integralgleichungen der Mechanik und Physik, Band I, II, 2. Auflage, F. Vieweg, Braunschweig 1930 bzw. 1935.
GERONIMUS, J. L.: W. A. Steklow-Integration der Differentialgleichungen der mathematischen Physik, VEB Verlag Technik, Berlin 1954 (Übersetzung aus dem Russischen).
GULDBERG, A.: Partielle und totale Differentialgleichungen, aus E. PASCAL: Repertorium der höheren Mathematik, 1. Band, 2. Teilband, B. G. Teubner, Leipzig und Berlin 1927.
GÜNTER, N. M.: Die Potentialtheorie, B. G. Teubner, Leipzig 1957 (Übersetzung aus dem Russischen).
HELLWIG, G.: Differentialoperatoren der mathematischen Physik, Eine Einführung, Springer-Verlag, Berlin/Göttingen/Heidelberg 1964.
HOHEISEL, G.: Partielle Differentialgleichungen, 5. Auflage, W. de Gruyter, Berlin 1968.
HÖRMANDER, L.: Linear partial differential operators, 3rd printing, Springer-Verlag, Berlin/Göttingen/Heidelberg 1969.
HORN, J.: Partielle Differentialgleichungen, 4. Auflage, W. de Gruyter, Berlin 1949.
HORT, W., und A. THOMA: Die Differentialgleichungen der Technik und Physik, 7. Auflage, J. A. Barth, Leipzig 1956.

KAMKE, E.: Differentialgleichungen, Lösungsmethoden und Lösungen, Band II: Partielle Differentialgleichungen erster Ordnung für eine gesuchte Funktion, 5. Auflage, Akademische Verlagsgesellschaft, Leipzig 1965.

KANTOROWITSCH, L. W., und W. I. KRYLOW: Näherungsmethoden der höheren Analysis, VEB Deutscher Verlag der Wissenschaften, Berlin 1956 (Übersetzung aus dem Russischen).

KNESCHKE, A.: Differentialgleichungen und Randwertprobleme, Band II: Partielle Differentialgleichungen; Band III: Anwendungen der Differentialgleichungen, 2. Auflage, B. G. Teubner, Leipzig 1961 bzw. 1968.

Крылов, А. Н.: О некоторых дифференциальных уравнениях математической физики, 5. Auflage, Gostechisdat, Moskau/Leningrad 1950.

LENSE, J.: Partielle Differentialgleichungen, aus Handbuch der Physik, Band I: Mathematische Methoden I, Springer-Verlag, Berlin/Göttingen/Heidelberg 1956.

LEWIN, W. I., und J. I. GROSBERG: Differentialgleichungen der mathematischen Physik, VEB Verlag Technik, Berlin 1952 (Übersetzung aus dem Russischen).

MILLER, F. H.: Partial differential equations, 6th reprint, John Wiley & Sons/Chapman & Hall, New York/London 1953.

MILLER, K. S.: Partial differential equations in engineering problems, Prentice-Hall, New York 1953.

PAINLEVÉ, M. P.: Leçons sur l'intégration des équations différentielles de la méchanique et applications, Hermann, Paris 1895.

PETROWSKI, I. G.: Vorlesungen über partielle Differentialgleichungen, B. G. Teubner, Leipzig 1955 (Übersetzung aus dem Russischen).

PICARD, E.: Leçons sur quelques types simples d'équations aux dérivées partielles avec des applications à la physique mathématique, Gauthier-Villars, Paris 1950.

SAUER, R.: Anfangswertprobleme bei partiellen Differentialgleichungen, 2. Auflage, Springer-Verlag, Berlin/Göttingen/Heidelberg 1958.

SAUTER, F.: Differentialgleichungen der Physik, 4. Auflage, W. de Gruyter, Berlin 1966.

SNEDDON, I. N.: Elements of partial differential equations, McGraw-Hill Book Comp., Inc., New York/Toronto/London 1957.

Соболев, С. Л.: Уравнения математической физики, 4. Auflage, Gostechisdat, Moskau 1966.

SOMMERFELD, A.: Vorlesungen über theoretische Physik, Band VI: Partielle Differentialgleichungen der Physik, 6. Auflage, Akademische Verlagsgesellschaft, Leipzig 1966.

SMIRNOW, M. M.: Aufgaben zu den partiellen Differentialgleichungen der mathematischen Physik, VEB Deutscher Verlag der Wissenschaften, Berlin 1955 (Übersetzung aus dem Russischen).

TRICOMI, F. G.: Lezioni sulle equazioni a derivate parziali, Gherardi, Torino 1954.

TYCHONOFF, A. N., und A. A. SAMARSKI: Differentialgleichungen der mathematischen Physik, VEB Deutscher Verlag der Wissenschaften, Berlin 1959 (Übersetzung aus dem Russischen).

VEKUA, I. N.: Systeme von Differentialgleichungen erster Ordnung vom elliptischen Typus und Randwertaufgaben, VEB Deutscher Verlag der Wissenschaften, Berlin 1956 (Übersetzung aus dem Russischen).

VON WEBER, E.: Partielle Differentialgleichungen, aus Encyklopädie der mathematischen Wissenschaften, 2. Band, 1. Teil, 1. Hälfte, B. G. Teubner, Leipzig 1899—1916.

WEBSTER, A. G., und G. SZEGÖ: Partielle Differentialgleichungen der mathematischen Physik, B. G. Teubner, Leipzig und Berlin 1930.

WLADIMIROW, W. S.: Gleichungen der mathematischen Physik, VEB Deutscher Verlag der Wissenschaften, Berlin 1972.

NAMEN- UND SACHVERZEICHNIS

Abbildung, sphärische, einer Fläche 450
Abelsches Problem 268, 292
abgeschlossene Menge 304
Abgeschlossenheit eines orthonormalen Funktionensystems 493
Ableitung einer Funktion in einer Richtung 373
— einer Menge 305
Abschließung einer Menge 305
absolute Stetigkeit des Lebesgueschen Integrals 344
Absorption 607
Abstand zweier Mengen 306
Abweichung, größte 477
abwickelbare Fläche 451, 459
abzählbare Menge 308
Additivität des Maßes 314
—, vollständige, des Lebesgueschen Integrals 344
—, —, des Lebesgueschen Maßes 332
adiabatischer Prozeß 261
Ähnlichkeitstransformation 24
d'Alembertsche Lösung 543
Amplitude 109
-Analyse, harmonische 464
Anfangsamplitude 106
Anfangsbedingung 15, 65, 540, 541, 581, 656
Anfangsphase 106
Anziehungskraft auf einen Massenpunkt 298
— einer homogenen Kugel 302
Approximation durch Polynome 508
äquivalente Funktionen 335
Arbeit der Gravitationskraft 376
— im Kraftfeld 232
Astroide 46, 48
Ausbreitung des Schalls 392
— einer Welle 545
Ausbreitungsgeschwindigkeit 545, 571

äußeres Maß 327
autonomes Differentialgleichungssystem 177

Begleitendes Dreibein 421
Bereich 305
—, mehrfach zusammenhängender 251
—, offener 163, 304
Bernoullische Differentialgleichung 32
— Zahlen 474
BERNSTEIN, S. N. 513
beschränkte Funktion 334
— Menge 304
Besselsche Differentialgleichung 142
— Funktionen 143, 144, 587ff.
— Ungleichung 483, 486, 492
Bewegung eines Massenpunktes 69
Bewegungsgleichung der schwingenden Saite 540, 610
Binormaleneinheitsvektor 421
Boyle-Mariotte-Gay-Lussacsche Formel 235
Bunjakowskische Ungleichung 487

Cauchy-Folge 489
Cauchy-Riemannsche Differentialgleichungen 255
Cauchysches Kriterium 280, 282
Charakteristiken eines Punktes 546
Charakteristikenmethode 546ff., 553
charakteristische Gleichung 92, 141
Chladnische Klangfiguren 585
Clairautsche Differentialgleichung 43
Clapeyronsche Formel 235
Cornusche Spirale 420

Dämpfung einer Schwingung 605
Dämpfungsdekrement, logarithmisches 605
Dämpfungskoeffizient 107
Dichte einer Massenverteilung 200, 201

Differentialgleichung 13
—, nicht nach der Ableitung auflösbare 40
—, Bernoullische 32
—, Besselsche 142
—en der Bewegung 69
—en, Cauchy-Riemannsche 255
—, Clairautsche 43
—, Eulersche 125
—, Existenz- und Eindeutigkeitssatz für die Lösung einer 17, 55, 148, 156, 162, 593, 674
— der Feldlinien 377
—, gewöhnliche 13
—, —, n-ter Ordnung 54
—, charakteristische Gleichung einer 92, 141
—, homogene 24
—en der Hydrodynamik in der Eulerschen Form 392
—, Integral einer 39
—, allgemeines Integral einer 14
—, Integralkurve einer 56
—, Integration einer 54
—, Lagrangesche 46
—, Laplacesche 300, 384, 391, 395, 402, 620
—, linear unabhängige Lösungen einer 86, 90
—, lineare, erster Ordnung 28
—, — homogene, zweiter Ordnung 84
—, — —, — — mit konstanten Koeffizienten 91
—, —, —, n-ter Ordnung 89
—, — —, — — mit konstanten Koeffizienten 101, 120
—, — inhomogene 88
—, — —, mit konstanten Koeffizienten 94, 123
—, — partielle 76
—, Lösung einer gewöhnlichen 14
—, singuläre Lösung einer 40
—, Ordnung einer 13
— erster Ordnung 13
— n-ter Ordnung, allgemeines Integral 55
— — —, partikuläre Lösung 55
— — —, singuläre Lösung 56
—, partielle 13
—, —, geometrische Interpretation 78
—, singulärer Punkt einer 168
—, Reduktion der Ordnung einer 61
—, Riccatische 33
— der schwingenden Saite 540, 610
— mit separierbaren Veränderlichen 19
—, vollständige 256
—, —, im Fall dreier Veränderlicher 261

Differentialgleichung der Wärmeleitung 394, 656
— — —, verallgemeinerte 671
Differentialgleichungssystem *siehe* System
Differentialoperator 384
Differentialquotient, lokaler 405
—, substantieller 405
Differentiation unter dem Integralzeichen 271
— eines Vektors 371
Differenz von Mengen 309
— von Vektoren 359
Diffraktionsintegrale 286
Diffusion von Wellen 573
Dirichletsche Bedingungen 465
— Formel 268
—r Satz 465, 475, 507
—s Integral 503
—s Problem 620
—s, —, äußeres 621
—s —, inneres 621
—s —, Lösung für den Halbraum 644
—s —, — für den Kreis 630
—s —, — für die Kugel 638
Divergenz eines Geschwindigkeitsfeldes 380
— eines Potentialfeldes 384
— der Rotation 384
— eines Vektorfeldes 378
— eines Verschiebungsfeldes 388
Doppelintegral 188, 191, 192, 321
—, Substitution der Veränderlichen in einem 263
Drehung eines starren Körpers um einen Punkt 385
Dreibein, begleitendes 421
dreifaches Integral 201
Dupinsche Indikatrix 439
—r Satz 447
Durchmesser einer Menge 307

Ebene Kurve 411
— Welle 537
EGOROW, D. F. 339
Eigenfunktion 115
Eigenschwingung 106
Eigenwert 115
einfache Kurve 315
Einheitsvektor 362, 411
Einhüllende 48
— einer Flächenschar 454
— einer Kurvenschar im Raum 456
— einer Normalenschar 414

Einschaltvorgang 31
Einschwingvorgänge 109, 602
Einzelkraft 562
Ellipsoid 449
elliptische Koordinaten 449
—r Flächenpunkt 438
Empfindlichkeit, dynamische 110
endliche Menge 304
Energie, innere 259
—, kinetische 71
—, potentielle 70
Entropie 259
erzwungene Schwingungen 560
— — einer Membran 585
— — einer Saite 537, 560
Eulersche Differentialgleichung 125
— Formel 441
— Zahlen 474
Euler-Cauchysches Verfahren 33, 165
Evolute 413, 414
— einer Ellipse 416
— einer Parabel 416
— einer Zykloide 417
Evolvente 417
Existenz- und Eindeutigkeitssatz 17, 55, 148, 156, 162, 593, 674

Faktor, integrierender 256, 261
fast überall 334
Fehler, mittlerer quadratischer 477, 479
Fehlerquadrat 477
Feld von Einheitsvektoren 429
—, skalares 358, 373
—, vektorielles 373
Feldlinie 377
Feldtheorie 371
FICHTENHOLZ, G. M. 215
Fläche, sphärische Abbildung einer 450
—, abwickelbare 451, 459
—, einseitige 222
—, Koordinatenlinien einer 431
—, Krümmungslinie einer 444
—, Parameterdarstellung einer 430
—, stückweise glatte 623
—, Tangentialebene an eine 431
—, zweiseitige 222
Flächenelement in rechtwinkligen Koordinaten 193
— einer Kugelfläche 209
— einer Oberfläche 215
—, orientiertes 382
— in Polarkoordinaten 195

Flächeninhalt 213, 236
Flächenintegral 191, 217
Flächennormale 432
Flächenpunkt, elliptischer, hyperbolischer bzw. parabolischer 438
Flüssigkeit, ideale 391
—, inkompressible 254, 390
Folge, in sich konvergente 489
Fourier-Entwicklung 494
Fourier-Koeffizienten 464, 482, 486, 491
—, verallgemeinerte 482
Fourier-Reihe 464, 491
— in komplexer Form 533
—, Konvergenz einer 516, 520
—, mehrfache 534
—, verallgemeinerte 482
Fouriersche Formel 527
— — für Funktionen von zwei Veränderlichen 536
— Integralgleichung 531
— Methode 558, 581, 585, 613, 630, 657, 668, 670
—r Satz 527
—s Integral 527, 595
freie Schwingungen 602
—r Vektor 359
Freiheitsgrad 128
Frenetsche Formeln 425
Frequenz einer Schwingung 557
Fresnelsche Integrale 286
FUBINI, G. 354
Fundamentaleigenschaften mehrfacher Integrale 212
Fundamentalfolge 489
Fundamentalform, erste Gaußsche 433
—, zweite Gaußsche 434
Fundamentalgrößen einer Raumkurve 421
Fundamentalsatz für Lebesguesche Integrale 342
Funktion, „abgeschnittene" 346
—, Ableitung einer, in einer Richtung 373
—, Approximation durch Polynome 508
—en, äquivalente 335
—, bis an die Berandung stetige 621
—, beschränkte 334
—, harmonische 461, 620
—, k-te harmonische 461
—, homogene 23
—, integrierbare 319, 340
—, zyklische Konstanten einer 251
—, meßbare 335
—, stetige 621

Funktion, summierbare 347, 356
—, retardierter Wert einer 654
Funktionaldeterminante 198, 211, 325
Funktionensystem, orthogonales 481
—, orthonormales 482, 486
—, — abgeschlossenes 493
—, —, in L_2 491
—, — vollständiges 483, 493

GAUSS, C. F. 450
Gaußsche Fundamentalform, erste 433
— —, zweite 434
— Krümmung 443, 449
Gauß-Ostrogradskische Formel 220
Gebiet 304
gebundener Vektor 359
geodätische Linie 428
Geschwindigkeitspotential 255, 390
Geschwindigkeitsvektor 225
gewöhnliche Differentialgleichung 13
— — n-ter Ordnung 54
gezupfte Saite 553
Gleichgewichtsbedingung einer Saite 539
Gleichung, charakteristische 92, 141
Gradient 375
graphische Integration 56
Gravitationsfeld 298, 376
Gravitationskraft 376
Greensche Formel 240, 622
— Funktion 643
— Zwischenformel 622
Grenzmenge 333
Grenzübergang unter dem Integralzeichen 350
Grenzzyklus 179
Grundton 557
Grundvektor 362

Harmonische 558
harmonische Analyse 464
— Funktion 461, 620
— Schwingung 106, 460
Häufungspunkt einer Menge 304
Hauptkrümmungsradius 441
Hauptkrümmungsrichtung 441
Hauptnormale, Richtung der 421
Hauptnormaleneinheitsvektor 421
homogene Differentialgleichung 24
— Funktion 23
Huygenssches Prinzip 549
hydrodynamische Gleichungen einer idealen Flüssigkeit 391

hyperbolischer Flächenpunkt 438
Hyperboloid, einschaliges bzw. zweischaliges 449
Hyperfläche 325

Ideale Flüssigkeit 391
Indexgleichung 141
Indikatrix, Dupinsche 439
Inhalt einer Fläche 236
— einer einfachen Kurve 315
— einer Menge 310
— — —, äußerer 311
— — —, innerer 311
Inkompressibilitätsbedingung 254, 390
innere Energie 259
—r Punkt einer Menge 304
Integral, absolut konvergentes 280
—, — — mehrfaches 294
— einer Differentialgleichung 39
— — —, allgemeines 14
— — — n-ter Ordnung, allgemeines 55
— eines Differentialgleichungssystems, allgemeines 66.
— — —, erstes 66
—e — —, unabhängige 68
—, Dirichletsches 503
—, dreifaches 201
—, Fouriersches 527, 595
—e, Fresnelsche 286
— über ein Gebiet 319
—, gleichmäßig konvergentes 287
—, iteriertes 188
— der lebendigen Kraft 72
—, Lebesguesches 340, 342—346, 356
— über Mengen mit unendlichem Maß 356
—, nicht absolut konvergentes 283
—, bezüglich eines Parameters gleichmäßig konvergentes 297
—, Poissonsches 634
—, Riemannsches 191
— über eine Seite einer Fläche 221
—, uneigentliches 279
—, —, einer unstetigen Funktion 279
—, —, mit unendlichen Integrationsgrenzen 282
—, — mehrfaches 293
—, zweifaches 191
Integralgleichung 269, 531
Integralkurve 14, 56
Integralkurvenschar 24
Integration 14, 54
—, graphische 56

Integration unter dem Integralzeichen 265
— mittels Potenzreihen 36, 56, 135
integrierbare Funktion 319, 340
integrierender Faktor 256, 261
isogonale Trajektorien 51
Isokline 43
Isoklinenschar 43
isolierter Punkt einer Menge 305
Isotherme 261
iteriertes Integral 188

JORDAN, M. E. C. 303
Jordansches Maß 303

Kinetische Energie 71
Kirchhoffsche Formel 655
Klangfarbe eines Musikinstruments 558
Klangfiguren, Chladnische 585
Klasse L_2 487
Knoten 558
Knotenlinien 583
Knotenpunkt 174
Koeffizient der kubischen Deformation 388
— der äußeren Wärmeleitung 657
Komplement einer Menge 305, 309
Komponenten eines Vektors 362
Konstanten, zyklische, einer Funktion 251
Kontinuitätsgleichung 390
Konvergenz, absolute, uneigentlicher Integrale 280, 282, 294, 296
— einer Fourier-Reihe 516, 520
— in L_2 488
— im Mittel 488
Konvergenzkriterien für uneigentliche Integrale 280, 284, 289, 296
Koordinaten, elliptische 449
—, krummlinige 196
—, —, im Raum 210
—, sphärische 207
Koordinateneinheitsvektor 362
Koordinatenflächen 400
Koordinatenlinien 399, 431
Kräftepotential 70
Kraftfeld 232
Kreisprozeß 235
Kreispunkt 442
krummlinige Koordinaten 196
— — im Raum 210
Krümmung von Flächenkurven 436
—, Gaußsche 443, 449
— einer ebenen Kurve 412, 421
—, mittlere 443

Krümmungslinie 444
Krümmungsmittelpunkt 413
Krümmungsradius 412, 421
—, zweiter 422
Krümmungsvektor 412, 421
KRYLOW, A. N. 523, 617
Kugelkoordinaten 207
Kurve, ebene 411
—, einfache 315
—, natürliche Gleichung einer 418
—n, parallele 418
—, Tangente an eine 432
—, Torsion einer 422
Kurvenintegral 228
—, räumliches 252
—, Unabhängigkeit vom Weg 244, 249, 252

Lagrangesche Differentialgleichung 46
— Identität 365
— Methode der Variation der Konstanten 29, 89
Laplacesche Differentialgleichung 300, 384, 391, 395, 402, 620
—r Operator 385, 398, 399, 620
Längsschwingung eines Stabes 553
LEBESGUE, H. L. 303, 342, 459
Lebesguesche Summen 342
— Zerlegung 342
—s Integral 303, 340, 342—346, 356
—s Maß 327
leere Menge 309
Leiter, begrenzter 613
—, unbegrenzter 611
Leitungsstrom 396
lineare Differentialgleichung erster Ordnung 28
— partielle Differentialgleichung 76
Linie gleicher Richtung 43
Lipschitz-Bedingung 157
LJAPUNOW, A. M. 483, 644
lokaler Differentialquotient 405
LOSINSKI, S. M. 163
Lösung einer gewöhnlichen Differentialgleichung 14
— — — —, linear unabhängige 86, 90
— — — —, oszillierende 99
— — — —, partikuläre 14, 55
— — — —, singuläre 30, 56
— einer partiellen Differentialgleichung, d'Alembertsche 543
— — — —, verallgemeinerte 544

Lösung eines Systems gewöhnlicher Differentialgleichungen 65
LUSIN, N. N. 339

Maß 312, 329
—, äußeres 327
—, Jordansches 303
—, Lebesguesches 327
Maßtheorie 303
— im n-dimensionalen Raum 318
Maxwellsche Gleichungen 397
Membran 580
—, kreisförmige 585
—, quadratische 583
—, Querschwingungen einer 580
—, rechteckige 581
—, erzwungene Schwingungen einer 585
meßbare Funktion 335
Menge, abgeschlossene 304
—, Ableitung einer 305
—, Abschließung einer 305
—n, Abstand zweier 306
—, abzählbare 308
—, beschränkte 304
—n, Differenz von 309
—, Durchmesser einer 307
—, endliche 304
—, Häufungspunkt einer 304
—, Inhalt einer 311
—, äußerer Inhalt einer 311
—, innerer Inhalt einer 311
—, Komplement einer 305, 309
—, leere 309
—, Maß einer 312, 329
—, äußeres Maß einer 327
—, Jordansches Maß einer 303
—, Lebesguesches Maß einer 327
— vom Maß Null 312, 329
—, meßbare 312, 329
—, offene 304
—n, Produkt von 309
—, innerer Punkt einer 304
—, isolierter Punkt einer 305
—, Rand einer 304, 305
—n, Summe von 309
— vom Typ (α) 310
— — — (β) 317
—, unendliche 304
meßbare Menge 312, 329
Methode der sukzessiven Approximation für lineare Differentialgleichungen 148

Methode der sukzessiven Approximation für nichtlineare Differentialgleichungen 156
— der unbestimmten Koeffizienten 37
— der Variation der Konstanten 29, 89
Minimalfläche 452
Mittelwertsatz 212
—, zweiter 499
mittlere Krümmung 443
Möbiussches Band 222
Moment einer Kraft 369
— nullter Ordnung 223
— k-ter Ordnung 223
—, statisches 223
— eines Vektors 370

Nabelpunkt 442
natürliche Gleichung einer Kurve 418
Neumannsches Problem 621
Niveaufläche 374
Normalschnitt 436
Nullstellen einer Lösungsfunktion 98
Nullvektor 360

Oberflächenintegral 217
Obertöne 557
offene Menge 304
—r Bereich 304
Operator, Laplacescher 385, 398, 399, 620
—, —, in orthogonalen Koordinaten 399
Operatorenmethode 101, 117
Ordnung einer Differentialgleichung 13
— — —, Reduktion der 61
orientiertes Flächenelement 382
orthogonale Trajektorien 51
—s Funktionensystem 462, 481
orthonormales Funktionensystem 482, 486
— —, abgeschlossenes 493
— — in L_2 491
— —, vollständiges 493
Ortsfunktion 252
oszillierende Lösungen 99

Parabel, kubische 51
—, semikubische 50
parabolischer Flächenpunkt 438
parallele Kurven 418
Parameterdarstellung einer Fläche 430
Parsevalsche Gleichung 483
Partialbruchzerlegung von $\dfrac{1}{\sin \pi z}$, $\cot \pi z$ bzw. $\dfrac{1}{\sin^2 \pi z}$ 472
partielle Differentialgleichung 13

partikuläre Lösung 14, 55
Pendel 104
Phasenverschiebung 109
Plateausches Problem 452
POINCARÉ, H. 184
Poissonsche Formel 570, 652
— — Gleichung 303, 652
—s Integral 634
Polarkoordinaten, räumliche 207
Polygonzug 318
Polynom, trigonometrisches 460
—, —, n-ter Ordnung 461, 476
PONTRJAGIN, L. S. 179
Potential 299, 376
— der einfachen Belegung 303
— einer homogenen Kugel 302
— räumlich verteilter Massen 646
—, retardiertes 578
Potentialfeld 380
—es, Divergenz und Rotation eines 384
Potentialströmung 390
Potentialvektor 387
potentielle Energie 70
Potenzreihenentwicklung von cot z 473
Problem, Abelsches 268, 292
—, Dirichletsches 620
—, Neumannsches 621
Produkt von Mengen 309
— von Vektoren, äußeres 364
— — —, skalares 362
— eines Vektors mit einem Skalar 360
Prozeß, adiabatischer 261
—, isothermer 260
—, stationärer 599
Pseudovektoren 364
Punkt, innerer, einer Menge 304
—, isolierter, einer Menge 305
—, singulärer, einer Differentialgleichung 168
—es, Umgebung eines 304

Quadratur 17
Quasipotentialfeld 381
Quelle 235
—, punktförmige 579
Querschwingungen einer Membran 580

Rand einer Menge 304, 305
Randbedingungen 113, 541, 581, 598, 657
Randwertaufgaben 114
Raumintegral 201
Raumkurve, Fundamentalgrößen einer 421
räumlicher Winkel 210

Rechtssystem 244
Reduktion der Ordnung einer Differentialgleichung 61
Regelfläche 457
Reihe im Abelschen Sinne summierbare 637
Resonanz 112, 563
retardierter Wert einer Funktion 654
retardiertes Potential 578
Riccatische Differentialgleichung 33
Richtungsfeld 16, 78
Richtungssinn auf einer Kurve 239, 243
Riemannsches Integral 191, 303
RODRIGUES, O. 445
Rodriguessche Formel 445
Rotation eines Körpers um eine Achse 227
— eines Vektorfeldes 379
Rotationsellipsoid, abgeplattetes 447
Rückführungskoeffizient 106
Ruhepunkt 178

Saite 537
—, begrenzte 541, 549
—, gezupfte 553
—, Gleichgewichtsbedingung einer 539
—, erzwungene Schwingungen einer 537, 560
—, unendlich lange 541
Sattelpunkt 172
Satz von DIRICHLET 465, 475, 507
— von DUPIN 447
— von EGOROW 339
— von FOURIER 527
— von FUBINI 353
— von LAGRANGE-DIRICHLET 74
— von LOSINSKI 163
— von LUSIN 339
— von MEUSNIER 437
— von RIESZ-FISCHER 492
— von STURM 99
— von WEIERSTRASS 509, 511
Schallausbreitung 392
Schmiegebene 426
Schraubenlinie 427
Schwarzsche Ungleichung 487
Schwerpunkt eines homogenen Kugelsektors 224
— eines Systems von Massenpunkten 223
Schwingung, durch Einzelkraft hervorgerufene 562
—, erzwungene 108, 560
—, —, einer Membran 585
—, —, einer Saite 537, 560
—, freie 106, 602

Schwingung, gedämpfte 106, 605
—, harmonische 460
—en, kleine 104
— eines Pendels 104
—, rein harmonische 106
—, vertikale 103
Schwingungsbäuche 558
Schwingungsfrequenz 107, 557
Schwingungskreis 105
Schwingungsvorgänge 103
Senke 235
Separation der Veränderlichen 18
singuläre Lösung 40, 56
—r Punkt 168
Singularität, außerwesentliche 140
Skalar 358
Skalarfeld 358, 373
—, veränderliches 404
Skalarprodukt 362
Solenoidalfeld 381
sphärische Abbildung einer Fläche 450
— Koordinaten 207
Stab, beidseitig begrenzter 667
—, einseitig begrenzter 663
—, unbegrenzter 657
Stabilität einer Lösung 72
stationäre Strömung 254
—r Prozeß 599
statischer Ausschlag 110
statisches Moment 223
stehende Welle 557
STEKLOW, W. A. 483
Stelle der Bestimmtheit 140
stetige Funktion 622
Stokessche Formel 243
Stromfunktion 254
Strömung einer inkompressiblen Flüssigkeit 233, 235
—, stationäre 254
—, wirbelfreie 255
Strudelpunkt 173
stückweise glatte Fläche 623
substantieller Differentialquotient 405
Substitution der Veränderlichen in einem Doppelintegral 198, 264
— — — in einem dreifachen Integral 206, 208, 211
— — — in einem n-fachen Integral 324
Summe von Mengen 308
— — Vektoren 359
—n, Lebesguesche 342
summierbare Funktion 347, 356

Summierung einer divergenten Reihe 637
System von Differentialgleichungen 65
— — —, autonomes 177
— — —, allgemeines Integral 66
— — — mit konstanten Koeffizienten 128

Tangente an eine Flächenkurve 432
Tangenteneinheitsvektor 372, 412, 421
Tangentialebene an eine Fläche 431
Tautochrone 270
Telegraphengleichung 398, 598, 603, 611
— für den begrenzten Leiter 614
— für den unbegrenzten Leiter 612
Tonhöhe 557
Torse 457
Torsion 422
Torsionsradius 422
Torsionsvektor 422
Trägheitskraft 539
Trägheitsmomente 223
Trajektorien, isogonale bzw. orthogonale 51
Transversalschwingung 537
—, erzwungene, einer Saite 540
Trennung der Veränderlichen 18
trigonometrisches Polynom 460
— — n-ter Ordnung 461, 476

Umgebung eines Punktes 304
unendliche Menge 304

Variation der Konstanten 29, 89
Vektor 358
—, freier 359
—, gebundener 359
—en, komplanare 361
— des Wärmeflusses 377
— der momentanen Winkelgeschwindigkeit 369, 386
Vektoraddition 359
Vektordiagramm 600
Vektordifferentiation 371
Vektorfeld 358, 373
—es, Divergenz eines 378
—, veränderliches 404
Vektorfluß 378
Vektorkomponenten 362
Vektormultiplikation 360, 362, 364
Vektorprodukt 364
Vektorröhre 377, 382
Vektorsubtraktion 359
verallgemeinerte Fourier-Reihe 482
— Lösung 544

verallgemeinerte Vollständigkeitsrelation 485, 486
— Wellengleichung 617
Verfahren der stehenden Wellen 558
Verschiebungsstrom 396
Verschiebungsvektor 386
Verteilungsdichte, räumliche 201
vollständige Additivität des Lebesgueschen Integrals 344
— — des Lebesgueschen Maßes 332
— Differentialgleichung 256
— — im Fall dreier Veränderlicher 261
—s orthonormiertes Funktionensystem 483, 493
Vollständigkeitsrelation 481, 483, 486, 492, 513
—, verallgemeinerte 485, 486
Volumenbestimmung 186
Volumenelement in krummlinigen Koordinaten 210
— in rechtwinkligen Koordinaten 204
— in sphärischen Koordinaten 208
— in Zylinderkoordinaten 206

Wärmefluß 235, 376
Wärmeleitungsgleichung 394, 656
—, Eindeutigkeit der Lösung der 674
— für den beidseitig begrenzten Stab 667
— für den einseitig begrenzten Stab 663
— für den unbegrenzten Stab 657
—, verallgemeinerte 670
Wärmeleitzahl 377
Wärmequelle, momentane 660
Wärmeübergangszahl 657
Weierstraßscher Approximationssatz 509, 511
Welle, totale Absorption einer 607
—, Ausbreitung einer 545
—, ebene 537
—, fortschreitende 545
—, rücklaufende 545

Welle, stehende 557, 558
—, zylindrische 571
Wellendiffusion 573
Wellengleichung 394, 537, 574, 653
—, allgemeine 566
—, Eindeutigkeit der Lösung der 593
—, eindimensionale 595
—, inhomogene 575
—, Lösung im dreidimensionalen Fall 566
—, — im ebenen Fall 571
—, — im n-dimensionalen Raum 573
—, — im Fall einer Saite 541
—, verallgemeinerte 617
Wellenwiderstand 601
Widerstandskoeffizient 106
Winkel, räumlicher 210
Winkelgeschwindigkeit, momentane 369, 386
wirbelfreie Strömung 255
Wirbelpunkt 174
Wronskische Determinante 85, 91

Zeitkonstante eines Leiters 32
Zentrifugalmomente 223
Zerlegung 339
—, Fortsetzung einer 340
—, Lebesguesche 342
Zirkulation eines vollständigen Differentials 251
— eines veränderlichen Vektors 408
— eines Vektorfeldes 379
Zuordnung, gegenläufige 263
—, gleichsinnige 263
Zustandsgleichung eines idealen Gases 259
zweifaches Integral 191
zyklische Konstanten einer Funktion 251
Zyklus 178
Zylinderfunktion erster Art 143
— zweiter Art 144
Zylinderkoordinaten 205
Zylinderwellen 571, 573

S. Brehmer — H. Haar

Differentialformen und Vektoranalysis

1973, 303 Seiten, 82 Abbildungen, 16,5 × 23 cm, Leinen, 30,— M

Das Anliegen dieses Buches ist es, eine ausführliche Einführung in den Kalkül der Differentialformen und gleichzeitig eine möglichst elementare Begründung der damit zusammenhängenden Begriffsbildungen zu geben. Die Theorie der alternierenden Differentialformen ist sehr vieler Anwendungen fähig. Die Autoren haben sich bemüht, die Möglichkeiten für die Vektoranalysis und für einige Probleme aus der Theorie der Riemannschen Räume zu zeigen. Vorkenntnisse werden vom Leser im Umfang einer Grundvorlesung in Differential- und Integralrechnung für Funktionen einer Veränderlichen sowie in der linearen Algebra und analytischen Geometrie vorausgesetzt. Die benötigten Hilfsmittel aus der elementaren Topologie sind im ersten Kapitel ohne Beweis zusammengestellt. Um den Rahmen des Buches nicht zu sprengen und gleichzeitig die Darstellung möglichst elementar zu halten, haben sich die Autoren auf die Entwicklung der Riemannschen Integrationstheorie beschränkt und auf die Einbeziehung moderner Integralbegriffe verzichtet. Zahlreiche Beispiele und Übungsaufgaben erleichtern das Verständnis und regen zum Studium weiterführender Literatur an.

VEB Deutscher Verlag der Wissenschaften · Berlin